Untersuchungen zur antiken Literatur und Geschichte

Herausgegeben von
Heinz-Günther Nesselrath, Peter Scholz
und Otto Zwierlein

Band 110

De Gruyter

Renate Burri
Die *Geographie* des Ptolemaios
im Spiegel der griechischen Handschriften

Die *Geographie* des Ptolemaios im Spiegel der griechischen Handschriften

von

Renate Burri

De Gruyter

MIX
Papier aus verantwortungsvollen Quellen
FSC® C016439
www.fsc.org

ISBN 978-3-11-028016-6
e-ISBN 978-3-11-028157-6
ISSN 1862-1112

Library of Congress Cataloging-in-Publication Data

A CIP catalog record for this book has been applied for at the Library of Congress.

Bibliografische Information der Deutschen Nationalbibliothek

Die Deutsche Nationalbibliothek verzeichnet diese Publikation in der Deutschen Nationalbibliografie; detaillierte bibliografische Daten sind im Internet über http://dnb.dnb.de abrufbar.

Satz: Dörlemann Satz GmbH & Co. KG, Lemförde
Druck: Hubert & Co. GmbH & Co. KG, Göttingen
∞ Gedruckt auf säurefreiem Papier

Printed in Germany

www.degruyter.com

Inhaltsverzeichnis

Vorwort und Dank

Dieses Buch ist die revidierte Fassung meiner Dissertation, die Ende September 2010 bei der Philosophischen Fakultät der Georg-August-Universität Göttingen zur Promotion eingereicht wurde.

Ohne die Hilfe verschiedenster Institutionen und Personen wäre meine Arbeit über die griechischen Handschriften der ptolemäischen *Geographie* nicht realisierbar gewesen. Ihnen allen sei hier mein herzlichster Dank ausgesprochen:

Dem Schweizerischen Nationalfonds, der Janggen-Pöhn-Stiftung (St. Gallen), der Graduiertenschule für Geisteswissenschaften Göttingen und der Newberry Library (Chicago/IL) bin ich zu großem Dank verpflichtet für ihre finanzielle Unterstützung des Dissertationsprojekts durch Stipendien. Folgenden Bibliotheken und Institutionen möchte ich für die großzügige Zurverfügungstellung ihrer Bestände, Materialien und Infrastruktur danken: Biblioteca Ambrosiana (Mailand), Biblioteca Apostolica Vaticana (Vatikanstadt), Biblioteca Medicea Laurenziana (Florenz), Biblioteca Nazionale Marciana (Venedig), Biblioteca Universitaria di Bologna, Bibliothèque nationale de France (Paris), Bodleian Library (Oxford), British Library (London), Istituto Svizzero di Roma mit Sede di Venezia (Rom und Venedig), Kunsthistorisches Institut in Florenz – Max-Planck-Institut (Florenz), Newberry Library (Chicago/IL), Ptolemaios-Forschungsstelle (Bern), Section grecque de l'Institut de recherche et d'histoire des textes (IRHT/CNRS, Paris).

Sehr herzlich bedanke ich mich bei allen an und in den genannten Bibliotheken und Institutionen tätigen Personen, die mich mit ihrer großartigen fachlichen und/oder organisatorischen Hilfe unterstützt haben, namentlich bei Dr. Pierre Augustin, Dr. Davide Baldi, Angelo Bernasconi, Valerio Brambilla, Msgr. Paul Canart, Nino Cellamaro, Dr. Christian Förstel, Dr. Paul Géhin, Orfea Granzotto, Dr. Robert W. Karrow, Dr. Laura Miani, Dr. Ida Giovanna Rao, Ferdinando Righetto, Dr. Jacques-Hubert Sautel, Dr. David Speranzi und bei Prof. Dr. Alfred Stückelberger. Ein besonderer Dank geht an Dr. Raphaëlle Ziadé, Kommissarin der Ausstellung „Le Mont Athos et l'Empire Byzantin. Trésors de la Sainte Montagne“ (Paris, Petit Palais, 10. April – 5. Juli 2009), die für mich eine kurze Konsultation der Athos-Handschrift Vatopedi 655 arrangierte und so scheinbar Unmögliches möglich machte.

Diese Arbeit wäre nicht zustande gekommen ohne die bereitwillige, vorbildlichste und geduldige Betreuung durch meinen Zweitgutachter, Prof. Dr. Peter Kuhlmann, und vor allem durch meinen Doktorvater, Prof. Dr. Heinz-Günther Nesselrath, sowie die großzügige und stetige Beratung in allen handschriftenkundlichen Fragen durch PD Dr. Patrick Andrist. Außerordentlich dankbar bin ich Dr. Styliani Chrysochoou für den freundschaftlichen Gedankenaustausch und für zahlreiche wertvolle fachliche Hinweise; ihre Dissertation zur Überlieferung der ptolemäischen Karten wird in Bälde als Buch erscheinen.

Im Hinblick auf die Drucklegung danke ich Prof. Dr. Alfred Stückelberger sehr herzlich für die Zurverfügungstellung der Vorlagen für die Konstruktionszeichnungen und ebenso herzlich Peter Burri für deren Bearbeitung wie auch für seine Hilfe beim Erstellen des Index. Äußerst dankbar bin ich auch Nils Jäger, der dem Index den letzten Schliff gab. Dr. Andreas Neumann hat in verdankenswertester Weise die deutsche Übersetzung einer arabischen Quelle angefertigt und mich bei der Umschrift arabischer Wörter und Namen beraten. Schließlich gebührt mein großer Dank den Herausgebern für die Aufnahme meiner Arbeit in die Reihe *Untersuchungen zur antiken Literatur und Geschichte* sowie Dr. Sabine Vogt, Dr. Serena Pirrotta, Katja Brockmann und insbesondere Katharina Legutke vom Verlag De Gruyter für ihre hervorragende Betreuung und Beratung.

Ich widme dieses Buch denjenigen, die während seiner ganzen Entstehung immer für mich da waren: Meinen Eltern.

Berlin, im April 2013
Renate Burri

Meinen Eltern

I. Einleitung

1. Zu diesem Buch

Im Mittelpunkt dieses Buches stehen die griechischen Handschriften der *Geographie* des Ptolemaios. Sie sind gleichsam ein Spiegel der Überlieferungs- und Rezeptionsgeschichte dieses Werkes. Wenngleich die ältesten unter ihnen erst aus einer Zeit um 1300 stammen, war die *Geographie*, die um die Mitte des 2. Jh. n. Chr. entstand, in den dazwischenliegenden Jahrhunderten kein unbekanntes Werk.[1] Insofern scheint es in der Tat nicht ganz angebracht, wenn wir von einer Wiederentdeckung des Werkes durch den byzantinischen Mönch Maximos Planudes sprechen.[2] Allerdings ist es das Verdienst des Planudes, kurz vor 1300 in Konstantinopel eine griechische Handschrift der *Geographie* wiederentdeckt zu haben.[3] Dadurch erlangte das Werk ein neues Interesse, das sich in der von jenem Moment ausgehenden handschriftlichen (Re-)Produktion äußerte und sich bis heute in den erhaltenen Handschriften widerspiegelt.

Einen vergleichbaren Impetus erhielt die handschriftliche Verbreitung der *Geographie* sowohl in griechischer als zunehmend auch in lateinischer Sprache im humanistischen Italien des beginnenden Quattrocento. Eine *Geographie*-Handschrift, die der Byzantiner Manuel Chrysoloras mit nach Florenz brachte, als er 1397 dort eintraf, um auf die Einladung des Coluccio Salutati und seines Gelehrtenkreises hin Griechisch zu lehren, bildete damals den Ausgangspunkt für die Wiederentdeckung des Werkes im Original oder in Übersetzung und seine direkte hand-

---

1 Dazu umfassender unten Kap. II.2.4.

2 Gautier Dalché 2009, 82 setzte den Begriff „redécouverte“ deshalb in Anführungszeichen. Der große Byzantinist Ihor Ševčenko äußerte sich folgendermaßen zu Wiederentdeckungen in byzantinischer Zeit im Allgemeinen und in der Palaiologenzeit im Besonderen: „La culture antique, littéraire et scientifique, était endémique à Byzance. [...] Ce que l'on appelle les renaissances byzantines ne sont qu'intensifications des contacts de l'élite avec l'Antiquité, contacts, du reste, jamais interrompus, plutôt que redécouvertes d'une culture ancienne. La renaissance des premiers Paléologues était l'une de ces intensifications d'une tradition ininterrrompue“ (Ihor Ševčenko, „Théodore Métochites, Chora et les courants intellectuels de l'époque“, in: *Art et société à Byzance sous les Paléologues. Actes du Colloque organisé par l'Association Internationale des Études Byzantines à Venise en septembre 1968*, no. 4 [Venise 1971] 15–39, dort 15; ND in: Id., *Ideology, Letters and Culture in the Byzantine World* [London 1982] VIII]).

3 Näheres dazu unten in Kap. V.1.

schriftliche Verbreitung in Westeuropa, wo die *Geographie* zu jenem Zeitpunkt nur noch über Zwischenquellen bekannt war.

Vor über achtzig Jahren fand Adolf Deissmann in der Bibliothek des Topkapı Sarayı in Istanbul eine *Geographie*-Handschrift auf, von deren Existenz zuvor niemand mehr wusste, die Handschrift Seragl. G. İ. 57 (K). Ihre Wiederauffindung durch Deissmann hat den Vorgängen um die Wiederentdeckung einer *Geographie*-Handschrift durch Planudes eine neue Dimension verliehen.

Auch die Beschäftigung mit der vorliegenden Arbeit hat zu „Wiederentdeckungen" von *Geographie*-Handschriften geführt. Es ist der fehlenden Abgleichung zwischen den Erkenntnissen der einzelnen Disziplinen, aber auch dem in der Wissenschaft nicht selten auftretenden Übel zuzuschreiben, Daten aus Publikationen ungeprüft zu übernehmen, dass zwei griechische *Geographie*-Handschriften bisher zu Unrecht als verschollen galten: Die Handschrift Bologna, Biblioteca Universitaria 2280 (g) war seinerzeit 1914 aus unbekannten Gründen nicht auffindbar.[4] Diese Information hat sich unter denjenigen Forschenden, die sich mit der *Geographie* beschäftigten, gehalten, obwohl sich das Manuskript regulär und in ausgezeichnetem Erhaltungszustand an Ort und Stelle befindet. Es wurde im Rahmen dieser Arbeit eingehend untersucht; die Ergebnisse dieser Untersuchung werden unten auf S. 141–153 vorgestellt.

Die in der gängigen Sekundärliteratur unter der Signatur Romanus Monasterii Sancti Gregorii in monte Coelio 15 (n) zitierte *Geographie*-Handschrift war spätestens 1923 nicht mehr an ihrem erwarteten Aufbewahrungsort vorhanden.[5] Dass sie bereits im Jahr 1958 mit dem heutigen Ayer MS 743 der Newberry Library in Chicago (Illinois) identifiziert werden konnte,[6] wurde von den Forschenden, die sich mit der *Geographie* des Ptolemaios auseinandersetzten, bisher nicht zur Kenntnis genommen. Diese Handschrift ist im Rahmen eines Forschungsaufenthalts in Chicago erfasst worden und wird unten auf S. 153–175 eingehend beschrieben.[7]

Das vorliegende Buch ist ein Versuch, das Bild der Tradierung der ptolemäischen *Geographie* im Spiegel der griechischen Handschriften

---

4 Siehe Cuntz 1923, 36: „Leider ist ihr Verbleib [*sc.* derjenige von Handschrift g, die Cuntz noch unter ihrer ehemaligen Signatur Bononiensis Ecclesiae Sancti Salvatoris 305 zitierte] heute unbekannt. Der Direktor der Bibl. comunale dell'Archiginnasio in Bologna, A. Sorbelli, gab mir 1914 die Auskunft, dass sie weder in seiner Bibliothek sei noch in der R. Biblioteca Universitaria."

5 Siehe Cuntz 1923, 31: „Wo die Hs. sich heute befindet, ist unbekannt."

6 Mioni 1958, 330. Dort wird für die inzwischen rekatalogisierte Handschrift noch ihre alte Nummer 39 angegeben.

7 Mitgeteilt wurden die beiden „Wiederentdeckungen" zum ersten Mal von Renate Burri, „Übersicht über die griechischen Handschriften der ptolemäischen *Geographie*", in: Stückelberger, EB 10–20, dort 11.

schärfer darzustellen – ein Versuch, der hoffentlich auch in der zukünftigen Forschung zu weiteren (Wieder-)Entdeckungen beitragen kann.

Was dieses Buch bietet

– In diesem Buch wird eine vollständige, aktualisierte Zusammenstellung aller bekannten griechischen Handschriften gegeben, in denen die *Geographie* des Ptolemaios ganz oder teilweise enthalten ist (S. 97–112).[8]
– Des Weiteren bieten diese Seiten eine erste vollständige Zusammenstellung des bekannten griechischen und arabischen Quellenmaterials zur Biographie des Ptolemaios, mit deutscher Übersetzung der griechischen Quellen (S. 10–24).
– Im Hinblick auf die Untersuchung der Handschriften wurde ein erster umfassender Überblick über die Anhänge zur *Geographie* mit anschließendem allgemeinen Befund erstellt (S. 132–140); außerdem wurden die Anhänge in den beschriebenen Handschriften systematisch analysiert (die Ergebnisse finden sich in Kap. IV jeweils im Abschnitt *Stemmatologische Notizen*).
– Ebenso wurden die Konstruktionszeichnungen in den beschriebenen Handschriften erstmals einer systematischen Analyse unterzogen (für eine Einführung mit allgemeinem Befund s. u. S. 124–132; in Kap. IV werden die Zeichnungen jeweils im Abschnitt *Ausstattung, Buchschmuck, Illustrationen* besprochen).
– Der Katalog dieser Arbeit bietet eine ausführliche Beschreibung von 24 griechischen *Geographie*-Handschriften (Kap. IV.1).[9] Die Beschreibungen wurden mit zwei Ausnahmen anhand der Originale erarbeitet.
– Der Katalog wird mit vorläufigen Bemerkungen zu 8 griechischen *Geographie*-Handschriften abgerundet (Kap. IV.2).

Für einen „selektiveren" Überblick über die Ergebnisse der handschriftlichen Untersuchungen sei besonders auf die Kap. III.3, III.4 und

8 Der letzten summarischen Zusammenstellung, die von der Schreibenden in STÜCKELBERGER, EB 10–20 vorgestellt wurde (siehe vorangehende Anm.), können in der vorliegenden Arbeit insgesamt elf zusätzliche *Geographie*-Handschriften hinzugefügt werden (vgl. den tabellarischen Überblick unten S. 97–112). Als wichtiges Findmittel dazu erwies sich die seit Juli 2008 (und somit um einige Zeit nach Redaktionsschluss des oben genannten Beitrages) online gestellte Datenbank „Pinakes" (für den Link s. u. S. 556).

9 Bei der Qualität und Vollständigkeit der Handschriftenbeschreibungen waren Schwankungen nicht zu vermeiden, die zum Teil auf der Methodik und Systematik beruhen, die im Verlauf der Kontrollen an den Handschriften ständig weiterentwickelt wurden. Anderseits waren die Rahmenbedingungen für eine Untersuchung der Handschriften nicht in jedem Fall gleich, und es konnte für allfällige Nachkontrollen nicht in jedem Fall auf Reproduktionen zurückgegriffen werden. Diese Umstände haben den hier präsentierten Katalog beeinflusst.

V hingewiesen sowie auf die Abschnitte *Stemmatologische Notizen* und *Geschichte* in den Handschriftenbeschreibungen von Kap. IV.

Was dieses Buch nicht bietet

– Im Laufe der Arbeit mussten aus unterschiedlichsten Gründen einzelne einmal vorgesehene Themenkreise außer Acht gelassen werden. Darunter fällt namentlich ein Vergleich der handschriftlichen Überlieferung der *Geographie* des Ptolemaios mit der Texttradierung zweier weiterer antiker geographischer Werke, der *Geographika* Strabons und der *Periegese* des Dionysios.[10]

– Wegen der mehrjährigen Schließung der Biblioteca Apostolica Vaticana (Sommer 2007 – Herbst 2010) waren die dort aufbewahrten *Geographie*-Handschriften gerade während der Zeit meiner Unterstützung durch den Schweizerischen Nationalfonds nicht zugänglich. Deshalb werden hier nur für einige von ihnen vorläufige Bemerkungen gegeben, die im Rahmen eines Kurzaufenthalts in Rom (März 2012) wenn auch nur punktuell auf der Basis der Originale überprüft werden konnten.

Es besteht der Wunsch und bleibt die Hoffnung, dass diese im vorliegenden Buch nicht näher behandelten Bereiche, insbesondere die eingehenden Beschreibungen der Vaticani, in einer zukünftigen Publikation dargestellt werden können.

2. Richtlinien

Beim Zitieren von Sekundärliteratur wird immer auf Seitenzahlen verwiesen, falls nicht ausdrücklich anders vermerkt. Im Literaturverzeichnis (s.u. S. 543–556) sind nur diejenigen Publikationen verzeichnet, auf die in der vorliegenden Arbeit mehr als einmal verwiesen wird; sie werden in abgekürzter Form zitiert.

Zitate aus der *Geographie* richten sich nach der Ausgabe von Stückelberger. Übersetzte Stellen der *Geographie* folgen in der Regel (manchmal mit kleinen Anpassungen oder Änderungen) der Ausgabe von Stückelberger.[11] Handelt es sich um eigene Übersetzungen von *Geographie*-Stellen, stehen diese in einfachen Anführungszeichen (‚ ‘).

---

10 Vgl. mein unter der Rubrik „Theses in progress“ vorgestelltes Abstract der Dissertation in der Zeitschrift *Imago mundi*: Renate Burri, „The Rediscovery of Ptolemy’s *Geography* (End of the Thirteenth to End of the Fifteenth Century)“, *Imago mundi* 61/1 (2009) 124f., dort 125.

11 Erklärende Zusätze, die dort durch halbe eckige Klammern markiert sind, werden hier nicht gekennzeichnet.

Bei allen anderen deutschen Übersetzungen von Quellentexten stehen entweder die bibliographischen Angaben, oder es handelt sich um eigene Übersetzungen.

Zitate aus Handschriften stehen zwischen Guillemets («»). Bei der diplomatischen Transkription griechischer Zitate aus Handschriften werden Orthographie, das (Nicht-)Vorhandensein von *Iota subscriptum*, Akzente und Spiritus so wiedergegeben, wie sie in der Handschrift stehen, ungeachtet ihrer Richtigkeit.[12] Die Interpunktion wird bisweilen leicht angepasst (z.B. indem die in Handschriften sehr beliebten Hochpunkte durch Kommata ersetzt werden). Tremata, Abkürzungen, Zeichen vor/nach Titeln oder am Anfang/Ende von Abschnitten (wie z.B. Kreuzchen, Wellenlinien ohne/mit Punkten usw.) und Ähnliches sind in der Regel nicht verzeichnet. Eigennamen von Personen und Orten und deren Ableitungen werden in jedem Fall groß geschrieben. Zeilenumbrüche werden mit einem Schrägstrich (/), Abschnittswechsel oder Seitenumbrüche mit einem doppeltem Schrägstrich (//) gekennzeichnet.

Für die griechischen Handschriften der ptolemäischen *Geographie* wird jeweils im Anschluss an die Signatur in Klammern ihre Sigle gemäß SCHNABEL 1938, 6–33 angegeben.

3. Verzeichnis der Abkürzungen (alphabetisch)

Af.	= Afrika-Karte(n)	p.	= pagina(e)
As.	= Asien-Karte(n)	Pap.	= Papier ohne Wasserzeichen
B.	= Buch	Pap.*	= Papier mit Wasserzeichen
Bd.	= Band	Perg.	= Pergament
Bde.	= Bände	r	= recto
Eu.	= Europa-Karte(n)	S.	= Seite(n)
exp.	= explicit	*sc.*	= scilicet
f.	= folium / folio / folia	s.v.	= sub voce
f. s. n.	= folium sine numero	Taf.	= Tafel
Hs.	= Handschrift	TK	= Teilkarte(n)
inc.	= incipit	v	= verso
KE	= Kodikologische Einheit(en)	WK	= Weltkarte(n)
KK	= Kontinentkarte(n)	Z.	= Zeile(n)
KP	= Konstantinopel		
Kol.	= Kolumne(n)		

12 Diese Komponenten können bisweilen auch Aufschluss über Zusammenhänge zwischen Handschriften geben.

II. Ptolemaios und seine *Geographie*

1. Klaudios Ptolemaios

Mit Ptolemaios verbindet man heute vor allem das ptolemäische Weltbild; man weiß zwar nicht mehr genau, wie dieses ptolemäische Weltbild aussah, weiß aber noch genau, dass es falsch war. Oder aber man meint mit Ptolemaios einen der vielen gleichnamigen hellenistischen Könige Ägyptens, mit denen Klaudios Ptolemaios immer wieder verwechselt wurde.[1] Bisweilen wurde er denn auch als ägyptischer König dargestellt.[2] – So vage und undifferenziert die Assoziationen zu Ptolemaios sind, sie widerspiegeln wesentliche Fakten zu seiner Person: Ptolemaios war vor allem Astronom und vor allem durch sein astronomisches Œuvre, das auf einem geozentrischen Weltbild basierte, bekannt und nachhaltig prägend. Ptolemaios war aber nicht nur Astronom, sondern auch Astrologe, Musiktheoretiker, Optiker, Mathematiker, Philosoph und Geograph – einer der Naturwissenschaftler, die im 2. nachchristlichen Jahrhundert im ägyptischen Alexandria forschten, dem Nabel der Wissenschaften in der Antike.

---

1 Siehe z.B. arabische Quellen 1, 3 und 4 (unten S. 13–17); Johannes MALALAS (6. Jh.), *Chronographia* 8: Τῆς δὲ Αἰγύπτου πάσης καὶ τῆς Λιβύης ἦν διαταξάμενος ὁ αὐτὸς Ἀλέξανδρος κρατεῖν καὶ βασιλεύειν Πτολεμαῖον τὸν Λάγου τὸν ἀστρονόμον … (Ed. L. Dindorf [Bonnae 1831] 196, Z. 12–14); ISIDORUS Hisp. (6./7. Jh.), *Etym.* 3,25: … *diversorum quidem sunt de astronomia scripta volumina, inter quos tamen Ptolemaeus rex Alexandriae apud Graecos praecipuus habetur*; RAVENNATIS ANONYMI (9. Jh.) *Cosmographia* 1,9: *Ptolemaeum regem Aegyptiorum ex stirpe Macedonum arctoae partis descriptorem*; AL-MA'SUDI (9./10. Jh.), *Murug adh-dhahab wa-ma'adin al-gauhar* 2,27: „Le gouvernement des Grecs passa ensuite à Ptolémée (Épiphane), célèbre par sa science des révolutions du ciel et des étoiles, l'auteur de l'Almageste et d'autres ouvrages" (Übersetzung nach MAÇOUDI, *Les Prairies d'or*, texte et traduction par Charles Barbier de Meynard / Abel Pavet de Courteille, t. 2 [Paris 1863] 285); ALBERTUS MAGNUS (um 1200 [1193?] – 1280), *Speculum astronomicum* Kap. 2 (vgl. CCAG 5.1, 89): *‚Liber canonum Ptolemaei',* […] *qui fuit unus forsan ex regibus Aegypti*.

2 Ein prächtiges Beispiel davon befindet sich in der *Geographie*-Handschrift Marcianus graecus Z. 388 auf f. VIv (dazu unten die Beschreibung der Handschrift p, *Ausstattung*). Weitere Beispiele bei STÜCKELBERGER, EB 403–406.

1.1 Ptolemaios über sich[3]

Über sein Leben äußert sich Ptolemaios in seinen Schriften nicht explizit. Dementsprechend wenig biographische Hinweise können aus seinem Werk erschlossen werden. Präzise biographische Daten lassen sich allein dem Hauptwerk des Ptolemaios entnehmen, der *Μαθηματικὴ σύνταξις*, besser bekannt unter dem arabischen Namen *Almagest*.[4] Diese Daten gehen aus den knapp vierzig astronomischen Beobachtungen hervor, die Ptolemaios gemäß seiner Darstellung persönlich durchführte,[5] und beziehen sich auf den Zeitraum zwischen dem 26. März[6] 127 (Beobachtung einer Opposition des Saturn zur Sonne) und dem 2. Februar 141 (Messung der maximalen Elongation für Merkur).[7] Zum Teil wird eine Beobachtung einer Mondfinsternis vom 5. April 125 als älteste Referenz angegeben.[8] Aus dem Wortlaut der betreffenden *Almagest*-Stelle kann zwar nicht mit Sicherheit gefolgert werden, dass Ptolemaios diese Beobachtung selbst vorgenommen hat;[9] in Anbetracht der zeitlichen Nähe zur Beobachtung von 127 und der Tatsache, dass die betreffende Mondfinsternis explizit in Alexandria beobachtet wurde, von wo aus Ptolemaios

3 Zur Biographie des Ptolemaios siehe v.a. Boll 1894, besonders 53–66 (Überblick über Testimonien); Fischer 1932, tom. prodr. 1, 10–32; van der Waerden 1959; Toomer 1981; Gamba 2000 (nahezu erschöpfend).

4 Näheres zu diesem Werk in Kap. II.1.3; zu seinem Namen siehe S. 26, Anm. 92.

5 Nicht eingeschlossen in diese Zahl sind diejenigen Beobachtungen, die Ptolemaios zwar ebenfalls selbst vornahm, chronologisch aber nicht näher definierte.

6 Newton 1977, 342 gibt – offensichtlich falsch – den 6. März an. Siehe Ptol., *Synt.* 11,5 (Heiberg 1.2, 392 bzw. Manitius 1963, 2, 228).

7 Ptol., *Synt.* 9,7 (Heiberg 1.2, 263f. bzw. Manitius 1963, 2, 131). – Gemäß der Mehrzahl der Handschriften fand die jüngste von Ptolemaios durchgeführte und im *Almagest* verzeichnete Beobachtung im 14. Regierungsjahr von Antoninus Pius statt, umgerechnet genau am 27./28 Juli 150 (*Synt.* 10,1). Diese Textstelle war zuerst Boll verdächtig, weil „keine der übrigen Beobachtungen über die Anfangsjahre der Regierung des Antoninus hinausgeht" (Boll 1894, 63). Er vermutete, hier liege eine bloße Dittographie vor (TΩΙΙΔ [statt TΩΙΔ] ETEI) und die Zeitangabe beziehe sich ursprünglich auf das vierte Regierungsjahr von Antoninus Pius bzw. auf die Jahre 140/141. Später wies Manitius darauf hin, dass eine der besten *Almagest*-Handschriften, der Vaticanus graecus 180, eigentlich die (korrekte) Lesart «δ'» bietet, die jedoch von anderer Hand in «ιδ'» korrigiert wurde (Manitius 1963, 2, 412 Anm. 11; so bereits vermerkt im textkritischen Apparat bei Heiberg 1.2, 297, der dieser korrigierten Variante den Vorzug gab. Gemäß Toomer 1984, 469 Anm. 4 hat sich die richtige Lesart auch in der arabischen Tradition erhalten). Zusätzlich stellte Manitius fest, dass die anschließende Berechnung des mittleren Sonnenortes nicht auf das 14. Jahr der Regierungszeit von Antoninus Pius zutrifft, sondern auf das vierte. Umgerechnet wurde die hier beschriebene Beobachtung demnach am 29./30. Juli 140 durchgeführt.

8 So z.B. bei Aujac 1993, 9; Stückelberger 9. In HAMA 834 wird der Beginn des Beobachtungszeitraums sogar mit 124 n.Chr. angegeben, allerdings tritt dieses Datum in Fig. 15 (HAMA 1375), auf die explizit verwiesen wird, nicht auf.

9 Ptol., *Synt.* 4,9 (Heiberg 1.1, 329 bzw. Manitius 1963, 1, 239).

nach seinen eigenen Worten seinen Forschungen nachging,[10] ist es aber zumindest möglich, dass er die Daten zu dieser Beobachtung hier selbst erhoben hat. Sie könnten hingegen auch von einem gewissen Theon stammen, der Ptolemaios offenbar auch anderes Beobachtungsmaterial ausgehändigt hatte.[11] Über die Identität und Funktion dieses Theon können mehr Vermutungen als Aussagen gemacht werden. Ptolemaios bezeichnet ihn als μαθηματικός (*Synt.* 10,1 [Heiberg 1.2, 296]). Aus den entsprechenden Textstellen im *Almagest* geht hervor, dass er ein Zeitgenosse des Ptolemaios war (die Daten, die er ihm zur Verfügung stellte, beziehen sich auf die Jahre 127–132) und die beiden sich persönlich gekannt haben dürften.[12] Dass Theon der Lehrer des Ptolemaios gewesen sei[13] und mit Theon von Smyrna identisch sein könnte,[14] sind mögliche, aber nicht gesicherte Thesen. Letztlich hat die Urheberschaft der Beobachtung der Mondfinsternis in Alexandria am 5. April 125 keinen nennenswerten Einfluss auf die biographischen Eckdaten des Ptolemaios.[15] Zusammenfassend kann aus dem *Almagest* gefolgert werden, dass Ptolemaios zwischen 127 und 141 (wohl vornehmlich) in Alexandria forschte.

Häufig wird als weiteres gesichertes Datum zum Leben des Ptolemaios das Widmungsjahr der *Kanobos-Inschrift* genannt. Der Text dieser Inschrift, die sich auf einer nicht erhaltenen, einst in Kanobos errichteten Stele befunden haben soll, einer rund 20 km nordöstlich von Alexandria gelegenen Hafenstadt, ist in einer Handvoll Handschriften überliefert, die astronomische Werke des Ptolemaios enthalten.[16] Die Inschrift, die hauptsächlich aus astronomischen Daten besteht, wurde ihrem Wortlaut nach von Klaudios Ptolemaios dem „Rettergott" (Θεῷ σωτῆρι) gewidmet[17] und „in Kanobos im zehnten Jahr des Antoninus Pius" errichtet,

---

10 Z.B. *Synt.* 4,6 (Heiberg 1.1, 314); 5,3 (Heiberg 1.1, 362); 5,12 (Heiberg 1.1, 407) usw. (ein vollständiger Überblick im Index s.v. „Alexandria" bei Toomer 1984, 683).

11 Siehe Ptol., *Synt.* 9,9 (Heiberg 1.2, 275); 10,1 (Heiberg 1.2, 296 und 297, zwei Erwähnungen); 10,2 (Heiberg 1.2, 299).

12 *Synt.* 10,1 (Heiberg 1.2, 296): ἐν μὲν γὰρ ταῖς παρὰ Θέωνος τοῦ μαθηματικοῦ δοθείσαις ἡμῖν …

13 So Toomer 1981, 187.

14 Vgl. dazu Kurt von Fritz, Art. „Theon [14]", *RE* 5 (1934) 2067–2075, besonders 2067f.; Toomer 1984, 456 Anm. 83.

15 Zu der Urheberschaft der Beobachtung zusammenfassend Gamba 2000, 79.

16 Es sind dies die Handschriften Laurentianus Pluteus 28.1, Marcianus graecus Z. 313, Parisinus graecus 2390 und Vaticanus graecus 184, ferner enthielt den Text vermutlich ursprünglich auch der Vaticanus graecus 1594 (vgl. Heiberg 2, X und CLXXV; Gamba 2000, 81f. Anm. 17). Für den Wortlaut der Inschrift siehe Heiberg 2, 149–155.

17 Vielleicht war mit diesem Gott der in Kanobos hochverehrte Serapis gemeint, siehe dazu Gamba 2000, 82 Anm. 19.

also 146/147 n. Chr.[18] Die Echtheit der *Kanobos-Inschrift* wurde vereinzelt in Frage gestellt,[19] steht aber für die Mehrheit der Forschung fest. Generell gilt sie als jünger gegenüber dem *Almagest*, da sie Datenmaterial präsentiert, das Ptolemaios *in extenso* im *Almagest* behandelte, aber auch in anderen astronomischen Werken, namentlich in den *Handlichen Tafeln* und den *Hypothesen der Planeten*. Zudem weisen die Daten der *Kanobos-Inschrift* gegenüber dem *Almagest* zum Teil leichte Verbesserungen auf, die auf weitere, präzisierende Beobachtungen zurückgehen könnten. In neuerer Zeit wurde die *Kanobos-Inschrift* vereinzelt zeitlich vor dem *Almagest* angesetzt.[20] Diese Chronologie scheint sich jedoch nicht etabliert zu haben.[21] Für die Biographie des Ptolemaios liefert die *Kanobos-Inschrift* mit dem Jahr 146/147 das späteste historisch belegte Datum.

1.2 Andere über Ptolemaios

Die Sekundärquellen zum Leben des Ptolemaios sind weder besonders zahlreich noch bieten sie besonders viel biographisches Material. Dazu

18 Toomer 1981, 186 gibt für das „zehnte Jahr des Antoninus Pius" die Jahre 147/148 an (hingegen Toomer 1984, 1: 146/147, wie auch allgemein). – Toomer 1981, 203 Anm. 3 berichtet von einer Handschriftenvariante, die für die Errichtung der Stele das fünfzehnte Jahr des Antoninus Pius angebe, was den Jahren 151/152 n. Chr. entspräche. Gemäß dem textkritischen Apparat bei Heiberg 2, 155 weisen die Handschriften Marcianus graecus Z. 313, Parisinus graecus 2390 und Vaticanus graecus 184 die Variante «ι͞ϛ» statt «ι΄ ἔτει» auf; ob das (mir aufgrund ergebnisloser Recherchen unbekannte) Zeichen «ϛ» als 5 interpretiert werden kann, scheint fragwürdig.

19 Eine Fälschung besonders des letzten Teils der Inschrift vermutete Carl von Jan, „Die Harmonie der Sphären", *Philologus* 52 (1893) 13–37, dort 35–37; ähnlich HAMA 913, 917 und 934 Anm. 14. Während Toomer 1981, 186 die Autorschaft des Ptolemaios bezweifelte, allerdings ohne Angabe von Argumenten, stellte er später die Authentizität der *Kanobos-Inschrift* nicht mehr in Frage (vgl. Toomer 1984, 1).

20 Toomer 1981, 186 ging noch von einer Posteriorität der Inschrift gegenüber dem *Almagest* aus und verstand sie als eine Art Exzerpt von Daten aus dem *Almagest* und aus weiteren Werken des Ptolemaios. In seiner *Almagest*-Übersetzung jedoch (Toomer 1984, 1) vertritt er die chronologische Priorität der Inschrift gegenüber dem *Almagest*. Er stützt sich dabei auf die von Norman T. Hamilton gemachte Entdeckung, dass bei Anwendung einer in *Synt.* 4,9 verworfenen, auf Hipparch zurückgehenden Messmethode der Wert der mittleren Bewegung des Mondes für seine Breite mit demjenigen in der *Kanobos-Inschrift* übereinstimmt (Toomer 1984, 205 f. Anm. 51 f.; siehe auch Norman T. Hamilton / Noel M. Swerdlow / Gerald J. Toomer, „The Canobic Inscription: Ptolemy's Earliest Work", in: J. Lennart Berggren [Hrsg.], *From Ancient Omens to Statistical Mechanics. Essays on the Exact Sciences presented to Asger Aaboe* [Copenhagen 1987] 55–73, dort 60; Bartel Leendert van der Waerden, *Die Astronomie der Griechen. Eine Einführung* [Darmstadt 1988] 255 und 299).

21 Vgl. z. B. Gamba 2000, 94 f. Anm. 79; Folkerts 2001, 559. Van Brummelen 2009, 69 und Anm. 90 übernimmt jedoch die neue Chronologie.

kommt, dass ihr Wahrheitsgehalt zum Teil in Frage gestellt oder verworfen werden muss.

Die bekannten Sekundärquellen setzen sich aus griechischen und arabischen Zeugnissen zusammen, wobei sich in einem Fall der letzteren lateinische Übersetzungen hinzugesellen. Die griechischen Zeugnisse stammen aus einem Zeitraum, der sich von der Spätantike bis zum Ende des 14. Jh. erstreckt. Die älteste arabische Quelle wurde etwa in der Mitte des 10 Jh. geschrieben, die jüngste im 16. Jh.

Quellenmaterial zur Biographie des Ptolemaios

Wiedergegeben werden jeweils nur diejenigen Passagen, die unmittelbare Informationen zur Biographie des Ptolemaios liefern.

Griechische Quellen

1) *Scholion* in verschiedenen Ptolemaios-Handschriften:[22]

Οὗτος ὁ Πτολεμαῖος κατὰ τοὺς Ἀνδριανοῦ [sic] μὲν ἤνθησε χρόνους, διήρκεσε δὲ καὶ μέχρι Μάρκου τοῦ Ἀντωνίνου [...].
„Dieser Ptolemaios hatte seine Blüte zu Hadrians Zeiten, lebte aber fort bis Marcus, dem Sohn des Antoninus.[23] [...]"

2) Olympiodorus (6. Jh. n. Chr.), *In Platonis Phaedonem commentaria* 10,4:[24]

Ἐλέγετο δὲ οὗτος ἀεὶ καθεύδειν, διότι ἀστρονομῶν ἐπ' ἐρημίας διέτριβεν· διὸ καὶ φίλος τῇ Σελήνῃ, ὃ καὶ περὶ Πτολεμαίου φασίν· οὗτος γὰρ ἐπὶ τεσσαράκοντα ἔτη ἐν τοῖς λεγομένοις Πτεροῖς τοῦ Κανώβου ᾤκει ἀστρονομίᾳ σχολάζων, διὸ καὶ ἀνεγράψατο τὰς στήλας ἐκεῖ τῶν εὑρημένων αὐτῷ ἀστρονομικῶν δογμάτων.
„Dieser [*sc.* Endymion], sagte man, schlafe immer, weil er seine Zeit einsam damit verbrachte, die Sterne zu beobachten. Deswegen sei er auch der Selene lieb, was man auch über Ptolemaios sagt. Dieser wohnte nämlich 40 Jahre lang in den sogenannten *Ptera*/Flügeln[25] von Kanobos und beschäftigte sich mit Astronomie, weshalb er dort auch die Stelen mit den von ihm herausgefundenen astronomischen Lehrsätzen beschriften ließ."

---

22 Gemäß Boll 1894, 53 handelt es sich um ein „zweifellos altes Scholion". Für den Wortlaut siehe Heiberg 2, CXLVIIIf. Das Scholion befindet sich in den Handschriften Monacensis graecus 287 (f. 77r), Mutinensis III C 6 (f. 5 [r oder v? Angabe fehlt]), Vindobonensis phil. graecus 179 (f. 13r) und Neapolitanus II C 33 (f. 561r) (siehe dazu Heiberg 2, CXLVIII und Rohde 1878/1879, 169 Anm. 4).

23 = Mark Aurel.

24 *Olympiodori Philosophi in Platonis Phaedonem commentaria*, ed. William Norvin (Lipsiae 1913, ND Hildesheim 1968) 59, bzw. Leendert Gerrit Westerink, *The Greek Commentaries on Plato's Phaedo*, vol. 1: *Olympiodorus* (Amsterdam etc. 1976) 143.

25 Zu den *Ptera* mehr unten S. 23 mit Anm. 83.

3) *Suda* (10. Jh.) s. v. Πτολεμαῖος:[26]

Πτολεμαῖος, ὁ Κλαύδιος χρηματίσας, Ἀλεξανδρεύς, φιλόσοφος, γεγονὼς ἐπὶ τῶν χρόνων Μάρκου τοῦ βασιλέως. οὗτος ἔγραψε Μηχανικὰ βιβλία γʹ, Περὶ φάσεων καὶ ἐπισημασιῶν ἀστέρων ἀπλανῶν βιβλία βʹ, Ἅπλωσιν ἐπιφανείας σφαίρας, Κανόνα πρόχειρον, τὸν Μέγαν ἀστρονόμον ἤτοι Σύνταξιν· καὶ ἄλλα.

„Ptolemaios, genannt Klaudios, aus Alexandria, Philosoph, lebte[27] zur Zeit des Kaisers Marcus [*sc.* Aurelius]. Er schrieb drei Bücher *Mechanica*, zwei Bücher über die *Phasen und Bezeichnungen der Fixsterne*, eine *Vereinfachung der Kugeloberfläche*,[28] eine *Handliche Tafel*, den *Großen Astronomen* oder die *Syntaxis* und anderes."

4) Nikephoros Gregoras (ca. 1293–1359/1361), *Scholion* zu Ptolemaios, *Harmonica* 3,14 (in zwei Varianten):

(Variante 1)[29] Ταὐτόν τι συνέβη καὶ Πτολεμαίῳ ἐνταῦθα περὶ τὸ τῆς ἁρμονικῆς τελευταῖον βιβλίον, ὁποῖον πάλαι Σόλωνι καὶ Πλάτωνι καὶ Ἀριστείδῃ τῷ ῥήτορι καὶ πρός γε ἔτι τῷ μεγάλῳ Βασιλείῳ· [...] κατὰ δὴ τὸν αὐτὸν τρόπον καὶ Πτολεμαίου τὸ τρίτον βιβλίον αὐτοῦ τῆς ἁρμονικῆς ἀτελὲς καταλιπόντος διὰ τὸ προκαταλελυκέναι τὸν βίον.

„Etwas Gleichartiges stieß hier auch dem Ptolemaios zu bezüglich des letzten Buches der *Harmonica*, wie einst dem Solon, Platon, Aristeides dem Redner und sogar noch dazu dem großen Basileios. [...] Auf dieselbe Weise hinterließ auch Ptolemaios das dritte Buch seiner *Harmonica* unvollendet, weil er vorher verstarb."

(Variante 2)[30] Τὸ παρὸν κεφάλαιον καὶ τὰ ἐφεξῆς, ἰστέον, ὡς ἀπὸ πάντων παλαιῶν βιβλίων λείπουσιν· οὐκ οἶδα δι' ἣν αἰτίαν. Ὁ μέντοι σοφώτατος Γρηγορᾶς, ἐπιστήσας τὸν νοῦν τῇ τῶν κεφαλαίων ἀκολουθίᾳ, τὸ ἐνδέον ἀνεπλήρωσε προσηκόντως,[31] ἔκ τε τῶν διαφορῶν τῶν ἐμμελειῶν καὶ ἐκ τῶν οὐρανίων κινήσεων. Ἔοικε δὲ ὅτι μέχρι τοῦ παρόντος κεφαλαίου ἐλθὼν ὁ Πτολεμαῖος τέλει τοῦ βίου ἐχρήσατο, πρὶν προσθεῖναι καὶ τὰ ἐφεξῆς κεφάλαια ὅσα ἐν τῷ πίνακι προέθετο [...]. Παραπλήσιον δὲ καὶ ὁ Γρηγορᾶς ἐπὶ τοῦ παρόντος πεποίηκε βιβλίου, συνθεὶς ἐκ τῆς ἑαυτοῦ διανοίας τὰ λείποντα κεφάλαια τρία.

---

26 *Suidae Lexicon*, ed. Ada Adler, 4 (Lipsiae 1935) 254, Lemma Π 3033.

27 Offenbar wird γεγονώς und Ähnliches im *Suda*-Lexikon häufig in der Bedeutung ὤν oder ἀκμάζων verwendet, bezeichnet also die Lebens- oder insbesondere Blütezeit einer Person und nicht den Zeitpunkt ihrer Geburt (vgl. dazu die Untersuchungen von Rohde 1878/1879). Boll 1894, 64 weist darauf hin, dass es sich im vorliegenden Beispiel vielleicht sogar, wie vereinzelt andernorts auch (Rohde 1878/1879, 183 f.), um eine Verwechslung von ἀκμή und τελευτή handeln könnte. Diese Interpretation würde mit der Auskunft des Scholions (griechische Quelle 1) kongruieren.

28 Der nur in arabischer und lateinischer Übersetzung erhaltene Traktat *Planisphaerium*.

29 Das Scholion befindet sich in der Handschrift Coislin 173 (Boll 1894, 55 gab falsch die Nummer 172 an), die unter anderem die theoretischen Teile der *Geographie* enthält, auf f. 30v–31r (siehe dazu die Beschreibung der Handschrift r, *Inhalt*). Zitiert wird es hier nach Düring 1930, LXXXII.

30 Dieses Scholion steht in mehreren Handschriften (siehe dazu Düring 1930, LXXXI Anm. 2), darunter auch in der *Geographie*-Handschrift Vaticanus graecus 176 (Q), f. 158r (am äußeren Rand). Der griechische Text wird hier (mit wenigen kleinen Änderungen) wiedergegeben nach *Claudii Ptolemaei Harmonicorum Libri Tres*. Ex Codd. MSS. Undecim, nunc primum Graece editus [*sic*], ed. Johannes Wallis (Oxonii 1682) 268.

31 Diese Lesart schlägt Boll 1894, 55 vor für das bei Wallis (siehe vorangehende Anm.) gedruckte προσήκοντος.

„Zu diesem Kapitel und den folgenden muss man wissen, dass sie von allen alten Büchern ausgelassen werden – aus welchem Grund, weiß ich nicht. Doch der sehr weise Gregoras richtete seine Aufmerksamkeit auf die Fortsetzung der Kapitel und ergänzte das Fehlende angemessen aus den Verschiedenheiten der Harmonien und aus den Himmelsbewegungen. Es scheint, dass Ptolemaios bis zu diesem Kapitel hier gekommen und verstorben ist, bevor er auch die anschließenden Kapitel hinzufügen konnte, so viele er im Inhaltsverzeichnis festgelegt hatte. [...] Ähnlich hat es auch Gregoras beim vorliegenden Buch gemacht, indem er aus dem eigenen Verstand heraus die drei fehlenden Kapitel verfasste."

5) Theodorus Meliteniotes († 1393), *Ἀστρονομικὴ Τρίβιβλος* 1,1:[32]

Ὁ δὲ δὴ Κλαύδιος οὑτοσὶ Πτολεμαῖος καὶ Πτολεμαίδος μὲν ἐκφὺς τῆς ἐν Θηβαΐδι καλουμένης Ἑρμείου, Αἰλίῳ δὲ Ἀντωνίνῳ βασιλεῖ Ῥωμαίων σύγχρονος γεγονώς, κατὰ πάντων τὰ πρῶτα φέρεται, „πάσης μέν", ὡς αὐτὸς γράφων ἐν πρώτοις παραδηλοῖ, „μαθηματικῆς ἐπιμεληθεὶς θεωρίας, ἐξαιρέτως δὲ τῆς περὶ τὰ θεῖα κατανοουμένης καὶ τὰ οὐράνια" [...].

„Dieser Klaudios Ptolemaios hier wurde im sogenannten Ptolemaïs Hermeiu in der Thebais geboren, lebte zur gleichen Zeit wie der römische Kaiser Aelius Antoninus[33] und nimmt gegenüber allen den ersten Rang ein. Er beschäftigte sich, wie er selbst schreibend am Anfang ⟨des *Almagest*⟩ klar macht,[34] mit aller mathematischen Theorie, vor allem aber mit derjenigen, die das Göttliche und die Himmelserscheinungen ins Auge fasst."

Arabische Quellen

1) Al-Ma'sudi (895–957), *Kitab at-tanbih wa'l-ishraf* (geschrieben 955/956):[35]

„Ptolémée Claudius, l'auteur de l'*Almageste* et d'autres ouvrages, n'est pas l'un de ces Ptolémées; il n'était pas roi. Nous avons parlé de lui succinctement dans le ‚Livre des histoires des anciens empereurs romains',[36] à l'endroit où il est question de l'empereur Antonin le Pieux [...]."

„Le dix-septième est Antonin le Pieux, qui régna vingt-deux ans. C'est sous le règne de ce prince que fleurit Ptolémée Claudius, l'auteur du traité de l'*Almageste*, de la *Géographie*, des *Quatre livres*, des *Canons* que commenta Théon d'Alexandrie, du livre *Des levers et des couchers*[37] et du traité sur la *Musique*, par lequel on voit que le luth a été inventé après lui, car il n'en parle pas; on lui attribue encore d'autres ouvrages. Son nom est Ptolemaeus dans la langue latine. On a voulu faire de lui le fils de Claude, sixième empereur romain, comme nous l'avons dit plus haut dans ce livre; mais ses observations astronomiques qui lui servirent à composer l'*Almageste* furent faites sous l'Antonin dont

32 Théodore Méliténiote, *Tribiblos astronomique*, livre I, par Régine Leurquin (Amsterdam 1990) 100.

33 = Antoninus Pius.

34 Vgl. Ptol., *Synt.* 1,1: ... προήχθημεν ἐπιμεληθῆναι μάλιστα πάσης μὲν κατὰ δύναμιν τῆς τοιαύτης θεωρίας, ἐξαιρέτως δὲ τῆς περὶ τὰ θεῖα καὶ οὐράνια κατανοουμένης ... (Heiberg 1.1, 6).

35 Übersetzungen nach Carra de Vaux 1897, 162 bzw. 180–182.

36 Gemäß Gamba 2000, 89 Anm. 56 ist dieses Werk heute verloren.

37 Al-Ma'sudi weist Ptolemaios hier ein Werk zu, bei dem es sich vermutlich um den Traktat *Aufgang und Untergang der Gestirne* des Autolykos handelt, vgl. dazu Carra de Vaux 1897, 25 Anm. 1.

nous parlons, ce que l'on peut lire dans le neuvième livre de ce traité.[38] [...] Beaucoup de personnes [...] ont fait erreur en regardant Ptolémée comme l'un des rois grecs successeurs d'Alexandre, que l'on désigne par ce nom. Ces auteurs voient en lui le père de la reine Cléopâtre, la savante, avec laquelle finit l'empire des princes grecs [...]. Ce qui prouve la fausseté de leur opinion est que Ptolémée a écrit dans le huitième paragraphe de la troisième proposition du livre de l'*Almageste*,[39] qu'il a observé le soleil à Alexandrie et qu'il a constaté l'équinoxe d'automne le septième jour du troisième mois copte de l'an 880 de Nabuchodonosor. Or, si nous comptons l'intervalle de temps qui sépare le règne de Nabuchodonosor de la défaite de Darius par Alexandre, soit 429 ans et 316 jours, puis l'intervalle entre la victoire d'Alexandre et la fin du règne de Cléopâtre, avec qui se termine la série des princes grecs, dits Ptolémées, qui régnèrent à Alexandrie après Alexandre, jusqu'au moment où Auguste l'empereur romain s'empara, comme nous l'avons dit plus haut, du royaume de Cléopâtre, soit un intervalle de 286 ans et 18 jours, ensuite l'intervalle de la victoire d'Auguste à sa mort, soit 44 ans, et celui qui comprend les règnes des empereurs romains successeurs d'Auguste jusqu'à Antonin, sous le règne duquel nous avons placé Ptolémée, soit 123 ans et 7 mois, nous obtenons, d'après cette supputation, pour le temps écoulé entre Nabuchodonosor et Antonin, un total de 882 ans, 8 mois et 14 jours. Ce résultat concorde avec le chiffre que nous avons tiré des observations de Ptolémée."

2) AN-NADIM († 990), *Fihrist („Index, Katalog"*, geschrieben 987/988*)* Kap. 7, Sektion 2:[40]

„Ptolemy, Author of the Book *Almagest*. He lived during the days of Hadrian and Antoninus, in whose time he observed the stars and for one of whom he wrote the book *Almagest*. He was the first person to make the spherical astrolabe, astronomical instruments, measurements, and observations, but Allāh knows [the truth about this]. It is said that before his time, [astronomical] observations were made by a group of men among whom there was Hipparchus, who was said to have been his teacher, from whom he derived information. As an observation cannot be accomplished without an instrument, [evidently] the first man to observe the stars was the maker of the instrument."

3) ABU L-WAFA' AL-MUBASHIR IBN FATIK, Ausschnitt aus dem Werk *Muhtar al-hikam wa-mahasin al-kalim („Sprüche und Worte der Philosophen"*,[41] geschrieben um 1053/1054*)* (in zwei Varianten):

38 Angespielt wird auf mehrere Beobachtungen zu Merkur in Ptol., *Synt.* 9, die anhand der Angabe des entsprechenden Regierungsjahrs des Antoninus Pius datiert werden.

39 D.h. *Synt.* 3,8. Gemeint ist gemäß moderner Zählung jedoch *Synt.* 3,7.

40 Übersetzung nach DODGE 1970, 2, 639.

41 Die deutsche Übersetzung des Werktitels hier beruht auf dem englischen Titel dieses Werkes: *The Dicts and Sayings of the Philosophers*, The Translations made by Stephen Scrope, William Worcester and an Anonymous Translator, ed. by Curt F. BÜHLER (London 1941). Der betreffende Ausschnitt im Original ist nachzulesen bei ABU L-WAFA' AL-MUBASHIR IBN FATIK, *Los bocados de oro (Mujtār al-ḥikam)*, edición crítica del texto árabe con prólogo y notas por 'Abdurraḥman Badawi (Madrid 1958) 251. Für das Verhältnis des arabischen Originals zu den zwei lateinischen Varianten siehe KUNITZSCH 1974, 126f. Anm. 50.

(Variante 1)[42] *Quidam princeps nomine Albuguafe in libro suo (quem Scientiarum electionem: et verborum nominavit pulchritudinem) dixit: quod hic Ptolemeus fuit vir in disciplinarum scientia prepotens: preeminens alijs. In duabus artibus subtilis: id est Geometria et Astrologia. Et fecit libros multos, de quorum numero iste est: qui Megasiti dicitur, cuius significatio est Maior perfectus. Quem ad linguam volentes convertere Arabicam: nominaverunt Almagesti. Hic autem ortus et educatus fuit in Alexandria maiori terra Egypti. Cuius tamen propago de terra Sem: et de provincia que dicitur Pheuludia.*[43] *Qui in Alexandria cursus syderum consideravit instrumentis tempore regis Adriani et aliorum. Et super considerationes quas Abrachis in Rhodo expertus est: opus suum edidit. Ptolemeus vero hic non fuit unus regum Egypti: qui Ptolemei vocati sunt: sicut quidam estimant: sed Ptolemeus fuit eius nomen: ac si aliquis vocaretur Cosdrohe aut Cesar. Hic autem in statu moderatus fuit: colore albus: incessu largus: subtiles habens pedes, in maxilla dextra signum habens rubeum, barba eius spissa et nigra: dentes anteriores habens discoopertos et apertos. Os eius parvum: loquele bone et dulcis: fortis ire: tarde sedabatur: multum spaciabatur et equitabat; parum comedebat: multum ieiunabat: redolentem habens anhelitum: et indumenta nitida. Mortuus est anno vite sue septuagesimo octavo.*
„Ein gewisser Emir namens Albuguafe[44] sagte in seinem Buch, das er ‚Auswahl der Wissenschaften und Schönheit der Worte' nannte, dass dieser Ptolemaios in der Kenntnis der Wissenschaften ein äußerst bedeutender Mann gewesen sei, weit herausragend vor anderen, verfeinert in zwei Disziplinen, nämlich der Geometrie und der Astrologie. Und er schrieb viele Bücher, zu deren Anzahl auch dieses gehört, das ‚Megasiti' heißt, was „größeres vollkommenes ⟨Buch/Werk⟩" bedeutet.[45] Diejenigen, die es ins Arabische übersetzen wollten, nannten es ‚Almagesti'. Dieser aber wurde im größeren Alexandria im Land Ägypten geboren,[46] wo er auch erzogen wurde. Dennoch kommt seine Familie aus dem

---

42 Die hier präsentierte Übersetzung gibt ihrerseits die lateinische Übersetzung des arabischen Originals durch Gerhard von Cremona (1114–1187) wieder. Gerhard beschränkte sich auf den kurzen Abschnitt aus den *„Sprüchen und Worten der Philosophen"* (zu diesem Titel siehe oben S. 14, Anm. 41), der Ptolemaios betrifft, und fügte ihn in die Einleitung zu seiner lateinischen *Almagest*-Übersetzung ein, die auf der arabischen Version des Werkes basiert und 1175 in Toledo abgeschlossen wurde (der Genauigkeit halber sei erwähnt, dass Kunitzsch 1974, 98 f. aufgrund stilistischer Beobachtungen vermutet, die Ptolemaios-Biographie sei eher nicht von Gerhard selbst, sondern von einem seiner Schüler oder Mitarbeiter übersetzt worden). Gedruckt wurde diese *Almagest*-Übersetzung erst 1515 in Venedig (*Almagestum Cl. Ptolemei Pheludiensis Alexandrini Astronomorum principis: Opus ingens ac nobile omnes Celorum motus continens. Felicibus Astris eat in lucem: Ductu Petri Liechtenstein Coloniensis Germani. Anno Virginei Partus. 1515. Die. 10. Ja. Venetijs ex officina eiusdem litteraria* – zum Terminus *Pheludiensis* weiter unten S. 21 f.); der Passus über Ptolemaios befindet sich auf S. 1r (hier zitiert nach dem Exemplar der Niedersächsischen Staats- und Universitätsbibliothek Göttingen).

43 In den Handschriften wird die Form teils so, teils in der vorzuziehenden (und unten in der Übersetzung wiedergegebenen) Variante «Pheludia» überliefert (siehe Kunitzsch 1974, 127 Anm. 53). Zum Namen *Pheludia* weiter unten S. 23.

44 Damit ist Abu l-Wafa' gemeint.

45 Die entsprechende Stelle im arabischen Original lautet übersetzt: „ … ein Buch, bekannt als māǧāsṭ(u)n [= μέγιστον], das bedeutet: das Gewaltige, Vollkommene" (Kunitzsch 1974, 116 Anm. 9).

46 Die Textstelle ist problematisch. Die Handschriften weisen «terre» (für *terrae*) statt *terra* in der *editio princeps* auf, was offenbar den arabischen Wortlaut genauer wiedergibt (Kunitzsch 1974, 127 Anm. 51). Wie ist *in Alexandria maiori* zu verstehen? Ein als größer bezeichnetes Alexandria in Ägypten impliziert ein kleineres Alexandria (in der Nähe), von dem die ägyptische Großstadt klar unterschieden werden soll. Unter den zahlreichen Städten namens Alexandria (zwanzig Beispiele in der *RE* s.v. „Alexandreia") kommt dazu am ehesten Alexandria bei Issos in Frage (Ptol., *Geogr.* 5,15,2: Ἀλεξάνδρεια ἡ κατὰ

Land Sem und aus der Provinz, die Pheludia heißt. Er beobachtete in Alexandria den Lauf der Gestirne mit ⟨astronomischen⟩ Instrumenten zur Zeit des Königs Hadrian und anderer. Und er gab über die Beobachtungen, die Abrachis[47] auf Rhodos gemacht hatte, sein eigenes Werk heraus. Dieser Ptolemaios war aber nicht einer der Könige Ägyptens, die Ptolemaei genannt wurden, wie manche meinen, sondern Ptolemaios war sein Name, wie einer Cosdrohe oder Caesar genannt würde. Er war nicht besonders groß, von heller Gesichtsfarbe, schritt beim Gehen weit aus und hatte zarte Füße. Rechts am Kinn hatte er ein rotes Muttermal. Sein Bart war dicht und schwarz, er hatte hervorstehende Vorderzähne und Zahnlücken. Sein Mund war klein, die Art, wie er sprach, war gut und angenehm. Von heftigem Zorn, ließ er sich nur langsam beruhigen. Er unternahm oft Spaziergänge zu Fuß und zu Pferd. Er pflegte zu wenig zu essen, oft fastete er. Er hatte Mundgeruch und trug glänzende Kleidung. Er verstarb in seinem 78. Lebensjahr."

(Variante 2)[48] *Ptholomeus fuit homo valde intelligens in quadrivialibus scienciis et maxime in astrologia, et libros plures et nobiles edidit; et ex eis, unus fuit magnus et completus, liber nominatus Almagesti. Natus fuit in Alexandria majori, que est in terra Egipti. Illic etiam fecit suas consideraciones tempore regis Adriani, et fecit suas rationes super consideracionibus Abrakis, quas consideravit in Rodes. Et Ptholomeus non fuit rex, sicut aliqui crediderunt, immo vocaverunt eum regem Ptholomeum sicut alius vocatus est Cesar. Fuit autem Ptholomeus bone forme, albi coloris, habens in maxilla dextra rubeum quoddam signum, et raros dentes, et os parvum, boni et dulcis eloquii, fortis ire et dominabilis; multum equitabat et parum comedebat, bene redolebat. Obiit in LXXVIII anno.*
„Ptolemaios war ein Mensch, der sich sehr gut auskannte in den Wissenschaften des Quadriviums, am meisten in der Astrologie, und gab mehrere vortreffliche Bücher heraus. Darunter war eines groß und vollkommen, das Buch mit dem Titel *Almagesti*. Geboren wurde er im größeren Alexandria, das sich im Land Ägypten befindet. Dort machte er auch seine Beobachtungen zur Zeit des Königs Hadrian, und er machte seine Berechnungen auf der Basis der Beobachtungen des Abrakis, die dieser auf Rhodos vorgenommen hatte. Und Ptolemaios war kein König, wie manche glaubten, vielmehr nannten sie ihn König Ptolemaios, wie ein anderer Caesar heißt. Ptolemaios war stattlich und von heller Gesichtsfarbe. Er hatte rechts am Kinn eine Art rotes Muttermal und Zahnlücken, einen kleinen Mund, eine gute und angenehme Art zu sprechen, war im Zorn heftig und herrschsüchtig. Er ritt oft aus und pflegte zu wenig zu essen, duftete gut. Er starb mit 78 Jahren."

'Ισσόν), das heutige İskenderun ganz im Süden der Türkei. Als das „Kleine Alexandria" erhielt diese hellenistische Stadt später den Namen Alexandrette.
KUNITZSCH 1974, 126 gibt den Passus in deutscher Übersetzung nach der arabischen Ptolemaios-Biographie des Abu l-Wafa' folgendermaßen (und mit den einleitenden Worten „Dort heißt es wörtlich:") wieder: „Der Ort, wo er geboren wurde und aufwuchs, war Alexandria, die Großstadt im Lande Ägypten". In der dem Johannes von Procida zugewiesenen Kurzversion dieses Textes (vgl. dazu weiter unten Variante 2) lautet die entsprechende Stelle *in Alexandria majori, que est in terra Egipti*.

47 = Hipparch; Gerhard übertrug den arabischen Namen Hipparchs ('.b.r.kh.s.) mit *Abrachis* (siehe dazu Paul KUNITZSCH, „John of London and his unknown arabic source", *Journal for the History of Astronomy* 17 [1986] 51–57, dort 51 f.).

48 Diese kürzere und weniger detaillierte Fassung des Passus über Ptolemaios entstammt einer lateinischen Gesamtübersetzung der *„Sprüche und Worte der Philosophen"* aus der zweiten Hälfte des 13. Jh. Sie wurde Johannes von Procida (Giovanni da Procida) zugewiesen und trägt den Titel *Liber de dictis philosophorum antiquorum* oder *Liber Philosophorum Moralium Antiquorum*. Diese lateinische Version beruht nicht auf dem arabischen Original, sondern auf einer altspanischen Übersetzung des Werkes (siehe Giuseppe BILLANOVICH, „La tradizione del ‚Liber de dictis philosophorum antiquorum' e la cultura di Dante del Petrarca e del Boccaccio", *Studi petrareschi* 1 [1948], 111–123, dort 112–120). Für den lateinischen Text siehe Ezio FRANCESCHINI, *Il „Liber philosophorum moralium antiquorum"* (Venezia 1932) 531 f.

4) Sa'id al-Andalusi (1029–1070), *Kitab Tabaqat al-'Umam („Buch über die Kategorien der Nationen")* (geschrieben 1068), Ausschnitt aus Kap. 8:[49]

„There is also Baṭlymus al-Qaluzi, the author of the book *al-Majisṭi* [*Almagest*], the book *al-Manāẓir* [*Optics*], and the book *al-Maqālāt al-Arba'* [the Four Articles, *Tetrabiblos*] on the study of astronomy. He also authored the book *al-Musiqa* [Music], the book *al-Anwā'* [Sea Storms] or *al-Anwār* [Lights], and also the book *al-Qānūn* [Canon],[50] which he extracted from *Almagest*. He was a contemporary of Idriyanūs [Hadrian] and Antonin, the two Roman emperors; that is, he lived some 280 years after Hipparchus.

Many people who claim knowledge of the history of nations include Claudius Ptolemy with the Greek Ptolemies who reigned after Alexander. This is clearly an error because Ptolemy mentions in his book *Almagest*, specifically in the third section of the third book[51] where he discusses all the motions of the sun, its observations, and all its variations, that he observed the fall equinox during the nineteenth year of the reign of Hadrian. This means that from the first year of the reign of Nebuchadnezzar to the time of this fall equinox, there were 879 years, 36 days, and 6 hours.[52] Subdividing this period, he stated that from the first year of the reign of Nebuchadnezzar until the death of Alexander of Macedon, the grandfather of Alexander Dhu al-Qarnayn,[53] there are 424 Egyptian years; and from the death of Alexander to the time of King Augustus, the first of the Roman emperors, there are 294 years, and from the first year in the reign of Augustus to the observation of the fall equinox, there are 161 years, 66 days, and 2 hours. Thus Ptolemy demonstrated in a clear and concise fashion that from the time of Augustus to his own time there are 161 years. [...]

With this Ptolemy, the science of astronomy and the knowledge of the secrets of the skies reached perfection. He collected all the fragments of this science that were obtained by the Greeks, the Romans, and the rest of the people who lived in the western region of the earth. He organized its parts and clarified its obscurities; and I do not know of anybody after him who even tried to author a book that resembles his book *Almagest* or anybody who tried to criticize it [...]."

---

49 Übersetzung nach Sa'id al-Andalusi, *Science in the Medieval World. „Book of the Categories of Nations"*, translated and edited by Sema'an I. Salem / Alok Kumar (Austin 1991) 27f.

50 Mit dem Werk „*al-Musiqa* [Music]" müssen die *Harmonica* gemeint sein, mit „*al-Qānūn* [Canon]" die *Handlichen Tafeln*. Die Identität des Buches „*al-Anwā'* [Sea Storms]" bzw. „*al-Anwār* [Lights]" ist hingegen unklar; vermutlich handelt es sich um ein Werk, das dem Ptolemaios versehentlich zugewiesen wird.

51 Nach moderner Zählung handelt es sich um das siebente Kapitel des dritten Buches. Die englische Übersetzung gibt aber offenbar den arabischen Originaltext, den Andreas Neumann (Erlangen) freundlicherweise für mich prüfte, korrekt wieder.

52 Gemeint müssen 2 Stunden sein, wie es korrekt weiter unten und auch in Ptol., *Synt.* 3,7 geschrieben steht. Ptolemaios spricht dort übrigens nicht von Nebukadnezars, sondern von Nabonassars erstem Regierungsjahr. Vermutlich liegt hier diesbezüglich dasselbe Versehen vor wie im Text des al-Qifti (s.u. arabische Quelle 5; vgl. auch S. 18, Anm. 56).

53 Den Beinamen Dhu l-Qarnain trägt im arabischen Raum in der Regel Alexander der Große. Hier scheint er jedoch Alexanders gleichnamigem Sohn (Alexander IV.) beigefügt zu werden, der offenbar häufig mit seinem berühmten Vater verwechselt wurde (siehe dazu Gamba 2000, 88 Anm. 48). Aber auch mit dieser Erklärung bleibt der Passus unklar: An der entsprechenden *Almagest*-Stelle (*Synt.* 3,7) bezieht sich Ptolemaios jedenfalls auf den Tod Alexanders des Großen selbst. Vielleicht entspricht die deutsche Übersetzung der Parallelstelle bei al-Qifti (arabische Quelle 5) den realen Verhältnissen besser, wo nicht vom Tod des Großvaters, sondern des Vorfahren von Alexander Dhu l-Qarnain gesprochen wird.

5) Ibn al-Qifti (1172–1248), Ausschnitt aus dem Werk *Ta'rih al-hukama'*:[54]

„Ptolemäos der Klaudier ist der Verfasser des *Almagest* und anderer Werke, eine Autorität in den mathematischen Wissenschaften, einer der ausgezeichnetsten griechischen Gelehrten. Er lebte zur Zeit der römischen Herrscher Hadrian und Antoninus, zweihundertachtzig Jahre nach Hipparchos. Viele von den Leuten, die behaupten, dass sie in der Geschichte der (vorislamischen) Völker bewandert seien, bilden sich ein, dass er einer der griechischen Ptolemäerkönige war, die in Alexandrien und anderswo nach Alexanders Tode geherrscht haben. Das ist jedoch ein ganz klarer Fehler; denn Ptolemäos erwähnt im *Almagest*, im achten Kapitel des dritten Buches,[55] das von den Bewegungen der Sonne und den diesbezüglichen Beobachtungen und Zuständen handelt, dass er im Jahre 17 der Regierung Hadrians astronomische Beobachtungen angestellt habe. Er erwähnt, dass es vom ersten Jahr Nabonassars[56] bis zu dieser Herbstnachtgleiche im ganzen 879 Jahre, 66 Tage und 6 Stunden[57] seien, die wie folgt zu verteilen seien: Vom ersten Jahr Nabonassars bis zum Tode Alexanders des Mazedoniers, des Vorfahren von Alexander Ḏū l-Qarnain,[58] sind es im ganzen 424 ägyptische Jahre; vom Tode Alexanders bis zur Regierung des Augustus, des ersten römischen Herrschers, sind es 294 Jahre; und vom ersten Jahr der Regierung des Augustus bis zur Zeit der beobachteten Herbstnachtgleiche sind es 161 Jahre, 66 Tage und 2 Stunden. Diese Zahlangaben zeigen deutlich, wann er wirklich gelebt hat, nämlich 161 Jahre nach dem Zeitalter des Augustus. [...]

Das Wissen von den Bewegungen der Sterne und die Kenntnis der Geheimnisse des Firmaments haben bei diesem Ptolemäos ihren Höhepunkt erreicht. In seinen Händen hat sich das ganze Wissen dieser Disziplin zusammengefunden, das bei den Griechen, Römern und anderen Einwohnern der westlichen Hälfte der Erde verstreut war. Er hat Ordnung darein gebracht und alle Dunkelheiten aufgeklärt. Nach ihm hat es meines Wissens niemand gegeben, der sich an die Abfassung eines Werkes wie des *Almagest* gewagt hätte oder es hätte nachahmen wollen. [...]

Muḥammad b. Isḥāq an-Nadīm sagt in seinem Werk:[59] Ptolemäos, der Verfasser des *Almagest*, zur Zeit des Hadrian und Antoninus, die über das griechische Reich herrschten. Zu ihren Zeiten hat er die Sterne beobachtet und für den einen von ihnen den *Almagest* verfasst. Er ist der erste gewesen, der sphärische Astrolabe, astronomische Instrumente, das Planisphärium, Messapparate und Instrumente für astronomische Beobachtungen hergestellt hat. Man sagt auch, dass Hipparchos sein Lehrer gewesen sei. – Das ist Unsinn, da zwischen den beiden Beobachtungen neunhundert Jahre liegen.[60] Ptolemäos ist der größte astronomische Beobachter und der geschickteste Verfertiger von Instrumenten für

---

54 Der Ausschnitt – hier in Übersetzung nach Rosenthal 1965, 49–52 – geht größtenteils auf den oben zitierten Passus aus dem Werk *Kitab Tabaqat al-'Umam („Buch über die Kategorien der Nationen")* des Sa'id al-Andalusi zurück und gibt diesen nahezu wörtlich wieder (arabische Quelle 4). Der letzte Abschnitt hingegen beruht auf an-Nadim (arabische Quelle 2).

55 Siehe dazu oben S. 17, Anm. 51.

56 Im Arabischen steht hier und im Folgenden versehentlich „Buḫtnaṣṣar" (= Nebukadnezar, vgl. *The Encyclopaedia of Islam*, new edition, vol. 1 [Leiden 1960] s.v. „Bukht-Naṣ(ṣ)ar"); siehe dazu Ptol., *Synt.* 3,7.

57 Siehe dazu oben S. 17, Anm. 52.

58 Siehe dazu oben S. 17, Anm. 53.

59 An-Nadim, der Autor des *Fihrist*, s.o. arabische Quelle 2.

60 Bei den neunhundert Jahren muss es sich um die aufgerundete Summe der Jahre vom ersten Regierungsjahr des Nabonassar bis zur Beobachtung der Herbstnachtgleiche durch Ptolemaios im 17. Regierungsjahr Hadrians (132 n. Chr.) handeln.

astronomische Beobachtungen gewesen. – Astronomische Beobachtungen können nur mit Instrumenten unternommen werden, und wer zuerst Beobachtungen anstellt, muss auch die entsprechenden Instrumente anfertigen."

6) Yaqut Ibn ʿAbdallah al-Hamawi (1179–1229), *Muʿgam al-Buldan / Geographisches Wörterbuch* s.v. „Qalawdhiyya":[61]

„Es ist eine Festung in der Nähe von Malatya. Über Malatya wird erwähnt, dass es zerstört worden sei. Sodann hat es al-Hasan b. Qahtaba wieder aufgebaut im Jahre 141 zur Regierungszeit al-Mansurs. Und nach ihr (Qalawdhiyya) wird Ptolemaios, der Verfasser des al-Magisti, herkunftsmäßig benannt."

7) Taqi ad-Din b. Muhammad b. Marʿuf (1520/1521 oder 1525–1585), Scholion in der Handschrift Tunis, Bibliothèque Nationale, Nr. 07116, auf der Rectoseite des zweiten Vorsatzblattes:[62]

„In sämtlichen griechischen Texten steht *Qilāwdī*[63] (*q* mit *i*, unpunktiertes *d* mit *i*), das ist das Zugehörigkeitsadjektiv in bezug auf seinen Namensgeber [Namenspatron?], wie es ihre Sitte ist. Dagegen *Filūzī*[64] (*f* mit *i*, *l* mit *u*, *z* mit *i*, dahinter die Endung -ī des Zugehörigkeitsadjektivs [*nisba*]) ist der Name einer Stadt [d.h. Pelusium], in der er angeblich geboren wurde, und zwar ist das Damiette, wie es ausdrücklich in der *Geographie* heißt.[65] Später siedelte er nach Alexandria über; dort studierte er die Naturwissenschaften und trieb astronomische Beobachtungen. Zuweilen nennt man ihn danach Lāsandrīnī [= (Ἀ)λεξανδρινός], d.h. der Alexandriner."

Beurteilung und Auswertung der Quellen

Untersucht man die Quellen nach chronologischen biographischen Anhaltspunkten, stellt man fest, dass Angaben zum Zeitpunkt der Geburt des Ptolemaios gänzlich fehlen. Zu seiner Lebensdauer bzw. zum Zeitpunkt seines Todes lässt sich dem Scholion (griechische Quelle 1) entnehmen, Ptolemaios habe bis in die Regierungszeit Mark Aurels gelebt,[66]

61 Ich danke Andreas Neumann (Erlangen) sehr herzlich für seine hier zum ersten Mal präsentierte deutsche Übersetzung aus dem Arabischen. Sie fußt auf: Ferdinand Wüstenfeld (Hrsg.), *Jacut's Geographisches Wörterbuch*, aus den Handschriften zu Berlin, St. Petersburg, Paris, London und Oxford (Leipzig 1866–1875, ND Frankfurt a. M. 1994); für „Qalawdhiyya" siehe Bd. 4, 167. Das Werk liegt offenbar, abgesehen von einer Teilübersetzung ins Russische (Jakut al-Chamavi u. a., *Mu'džam al-buldan [Svedenija ob Azerbaidžane] u. a.*, übersetzt aus dem Arabischen von Z. M. Bunijatov und P. K. Žuze [Baku 1983]), nur in der Originalsprache vor.

62 Die hier übernommene Übersetzung stammt von Kunitzsch 1974, 125f. Anm. 43, der das arabische Scholion dort auch mit lateinischer Schrift transkribiert wiedergibt.

63 Zu dieser arabischen Umschrift des Namens Klaudios s.u. S. 23.

64 Zu dieser Form der arabischen Umschrift für den Namen Klaudios s.u. S. 22, Anm. 74.

65 Diese Aussage trifft nicht zu. Pelusion wird zwar genannt (*Geogr.* 4,5,11, als Bedeutende Stadt auch in 8,15,11), ist aber nicht mit Damiette gleichzusetzen. Damiette, das antike Tamiathis, das erst in byzantinischer Zeit bedeutend wurde, findet in der *Geographie* keine Erwähnung.

66 So könnte auch der *Suda*-Eintrag zu verstehen sein, siehe dazu oben S. 12, Anm. 27.

während gemäß Abu l-Wafa' Ptolemaios in seinem 78. Lebensjahr gestorben ist. Die Akme des Ptolemaios wird von den Quellen einhellig in die Zeit Hadrians bzw. Hadrians und des Antoninus Pius gesetzt.[67] In Jahreszahlen ausgedrückt, ist der Tod des Ptolemaios zwischen 161 und 180 n. Chr. anzunehmen (Regierungszeit Mark Aurels), wobei die Formulierungen in den Quellen eher an die ersten Jahre der Herrschaft Mark Aurels denken lassen. Werden die 78 Lebensjahre des Ptolemaios davon in Abzug gebracht, ergibt sich für seine Geburt ein Zeitfenster zwischen 83 und 102 n. Chr. Geht man davon aus, dass Ptolemaios als junger Mann begann, Beobachtungen durchzuführen und aufzuzeichnen, und bedenkt man, dass das früheste Beispiel dafür spätestens aus dem Jahr 127, vielleicht schon von 125 stammt, scheint es plausibler, sein Geburtsjahr eher am oberen Ende dieses Zeitfensters zu vermuten. Dies würde freilich wiederum bedeuten, dass Ptolemaios bei einer Lebenszeit von 78 Jahren doch bis nahe an das Ende von Mark Aurels Regierungszeit gelebt hätte. Letztlich ist es nicht sicher, ob die Altersangabe bei Abu l-Wafa' zutrifft bzw. ob der Wortlaut der Quellen tatsächlich impliziert, Ptolemaios habe nur die frühen Regierungsjahre Mark Aurels gesehen. Sein *floruit* erlebte der Naturwissenschaftler gemäß den Quellen zwischen 117 und 138 (Regierungszeit Hadrians) oder sogar im Zeitraum von 117–160 (von Hadrian bis Antoninus Pius). Dies mag als (zu) lange Zeitspanne für eine Blüte anmuten. Zieht man jedoch in Betracht, dass der *Almagest* nachweislich eines seiner ersten Werke war und frühestens im Verlauf des Jahres 141 fertig sein konnte, und dass andere Werke wie die *Geographie* und die *Harmonik* ähnlich bedeutend und epochal waren wie sein astronomisches Hauptwerk, so scheint eine über mehrere Jahrzehnte andauernde Blütezeit durchaus möglich. Allerdings ist es auffällig, dass sich die aus dem Werk des Ptolemaios erschließbaren biographischen Daten auf die zweite Hälfte von Hadrians Herrschaft und die ersten Jahre unter Antoninus Pius beschränken. Kann es sein, dass auch den Verfassern der Quellen nur gerade diese Daten zur Verfügung standen und das *floruit* des Ptolemaios allein auf dieser Datenbasis definiert wurde?[68] Der

67 Zu dem scheinbar in diesem Punkt abweichenden Eintrag im *Suda*-Lexikon s.o. S. 12, Anm. 27. Wenn bei an-Nadim steht „It is said that **before his time**, [astronomical] observations were made by a group of men among whom there was **Hipparchus, who was said to have been his teacher, from whom he derived information**" (Hervorhebungen von mir), wird damit nicht zwingend behauptet, Hipparch sei der persönliche Lehrer des Ptolemaios und deshalb Ptolemaios ein Zeitgenosse Hipparchs gewesen (so interpretiert von Gamba 2000, 100).

68 Eine plausible Vermutung von Gamba 2000, 99. Weniger überzeugend ist die Bedeutung, die er dem ersten Regierungsjahr des Antoninus Pius für die Biographie des Ptolemaios beimisst, auch wenn Ptolemaios das betreffende Jahr (mit Beginn ab dem 20. Juli 137) als Referenzjahr für den berühmten Sternkatalog in den Büchern 7–8 des *Almagest* gewählt hat (*Synt.* 7,4; vgl. Heiberg 1.2, 36 bzw. Manitius 1963, 2, 31). Vielleicht wählte Pto-

Wahrheitsgehalt der Nachricht des Nikephoros Gregoras (griechische Quelle 4), dass Ptolemaios vor der Vollendung seines letzten Werkes, der *Harmonica*, verstorben sei, wird allgemein bezweifelt.[69] Zwar könnten die *Harmonica* in der Tat das jüngste Werk des Ptolemaios sein. Und tatsächlich ist die Schrift unfertig überliefert, obwohl alle Kapiteltitel des dritten und letzten Buches erhalten sind und echt ptolemäisch sein dürften. Da die Erklärung dafür mit dem vorzeitigen Tod des Ptolemaios aber erst im Zusammenhang mit der byzantinischen Redaktion der *Harmonica* aufkam, scheint die Annahme wahrscheinlicher, dass dieses Werk ursprünglich durchaus vollständig war, aber in byzantinischer Zeit nur noch in unvollständigem Zustand vorlag.

Was den Geburtsort des Ptolemaios betrifft, so wird als solcher bei Abu l-Wafa' und in den lateinischen Übersetzungen seines Textes Alexandria genannt, und die *Suda* bezeichnet Ptolemaios als Ἀλεξανδρεύς. Gemäß Taqi ad-Din soll dem Ptolemaios dieses Adjektiv jedoch nur zugeordnet worden sein, weil er in Alexandria studierte und forschte, geboren worden sei er aber in Damiette, wobei er mit Damiette die antike Stadt Pelusion meint; auf Pelusion spielt auch die Bemerkung des Abu l-Wafa' zur Herkunft der Familie des Ptolemaios an (*cuius tamen propago de terra Sem et de provincia que dicitur Pheludia*). Meliteniotes schließlich gibt Ptolemaïs Hermeiu als Geburtsort des Ptolemaios an. Die jüngste Aussage, diejenige des Taqi ad-Din, ist in doppelter Hinsicht falsch: Erstens setzt Taqi ad-Din die Stadt Pelusion zu Unrecht mit Damiette gleich (siehe dazu oben arabische Quelle 7 und S. 19, Anm. 65). Zweitens übernimmt er einen Fehler, der schon lange vor ihm entstand und dazu führte, dass Ptolemaios in einigen Handschriften und alten Drucken seiner Werke als *Pheludensis* oder *Pheludiensis*, „aus Pelusion stammend", bezeichnet wird.[70] Das Zustandekommen dieses Irrtums ist seit längerem bekannt[71] und beruht auf der arabischen Transkription der Namensform Πτολεμαῖος ὁ Κλαύδιος (die offenbar im arabischen Raum

---

lemaios dieses Jahr als Ausgangspunkt, weil es von den Ägyptern zum Anfang eines neuen Saros (eines 18-jährigen Mondfinsternis-Zyklus) bestimmt wurde.

69 Siehe etwa BOLL 1894, 65; DÜRING 1930, LXXf. und LXXXIIf.; Nigel Guy WILSON, *Scholars of Byzantium* (London 1983, rev. Ed. *ibid.* 1996) 267; SOLOMON 2000, xxx.

70 Z.B. in Gerhard von Cremonas lateinischer *Almagest*-Übersetzung, s.o. S. 15, Anm. 42.

71 Vgl. dazu Philipp BUTTMANN, „Über den Ptolemäus in der Anthologie und den Klaudius Ptolemäus", *Museum der Alterthums-Wissenschaft* 2 (Berlin 1810) 455–506, besonders 475–487, der die Entschlüsselung dieses Irrtums dem Arabisten und klassischen Philologen Johann Jacob Reiske zuordnete (vgl. Johann Jacob REISKE, Anmerkung s.v. „Faludhi", in: Barthélemy d'Herbelot de Monainville, *Orientalische Bibliothek oder Universalwörterbuch, welches alles enthält, was zur Kenntniß des Orients nothwendig ist*, übersetzt von Johann Christoph Friedrich Schulz, Bd. 2 [1787] 375); Albert FORBIGER, *Handbuch der alten Geographie, aus den Quellen bearbeitet*, Bd. 1: *Historische Einleitung und mathematische und physische Geographie der Alten* (Leipzig 1842, ND Graz 1966) 402 Anm. 29.

gegenüber der Form Κλαύδιος Πτολεμαῖος vorherrschte) und der Interpretation von ὁ Κλαύδιος als Zugehörigkeitsadjektiv.[72] Daraus resultierte die Namensform Batlamyus al-Faludhi, deren zweite Komponente von Gerhard von Cremona, der als erster und einziger die arabische Übersetzung des *Almagest* ins Lateinische übertrug,[73] als „aus Pelusion stammend" verstanden und mit *Phelud(i)ensis* übersetzt wurde (vgl. auch *de provincia que dicitur Phe(u)ludia*).[74] Insofern scheidet Pelusion als reale Geburtsstätte des Ptolemaios mit Sicherheit aus. Obwohl Ptolemaïs Hermeiu als Geburtsort des Ptolemaios eine gewisse Zustimmung genießt[75] und diese Information des Theodoros Meliteniotes nicht mit Belegen verworfen werden kann, scheint diese Stadt in der Thebais (Oberägypten) vor allem wegen ihres Namens mit Ptolemaios in Verbindung gebracht worden zu sein.[76] Meines Erachtens ist die Zuweisung von Ptolemaïs Hermeiu als Geburtsort von Ptolemaios fragwürdig und dürfte vielmehr ähnlich zustande gekommen sein wie die Verwechslung des Ptolemaios mit den ägyptischen Ptolemäerkönigen. Bleibt Alexandria, von wo aus Ptolemaios gemäß seinen eigenen Worten astronomische Beobachtungen durchgeführt hat und das demnach mit Sicherheit Wirkungsstätte des Ptolemaios war. Auch für oder gegen Alexandria als Geburtsort des Ptolemaios fehlen letztlich Beweise. Ob Ἀλεξανδρεύς wie im *Suda*-Lexikon die Herkunft des Ptolemaios meint oder dem Ptolemaios aufgrund seiner dortigen Tätigkeiten zugeordnet wurde, wie es Taqi ad-Din darstellt, bleibt offen.[77] Einer kurzen Erklärung bedarf schließlich noch der Zusatz *de terra Sem* in der Ptolemaios-Biographie des Abu l-Wafa' bzw. in deren lateinischer Wiedergabe durch Gerhard von Cremona: Laut Kunitzsch 1974, 127 handelt es sich hierbei um nichts anderes als um die phonetische Transkription des arabischen Begriffs für Syrien ([aš-]Ša'm). Im damaligen Syrien wiederum lag der Ort

72 Die sogenannte *nisben*-Form, die Zugehörigkeit zu einer Familie oder Herkunft aus einer Stadt oder Gegend bezeichnet.

73 Näheres dazu oben S. 15, Anm. 42.

74 Vgl. dazu oben arabische Quelle 3; Näheres zu *Pheludia* gleich weiter unten. Die Lesart „al-Faludhi" entstand ihrerseits aufgrund einer falschen Punktierung der phonetischen Transkription „al-Qaludhi" für ὁ Κλαύδιος, wodurch „Q" als „F" gelesen wurde (dazu Kunitzsch 1974, 126 Anm. 44). Offensichtlich bot die von Gerhard benutzte Vorlage diese Lesart „al-Faludhi". Einen analogen Fall beschreibt Taqi ad-Din (arabische Quelle 7): „Dagegen *Filūzī* (*f* mit *i*, *l* mit *u*, *z* mit *i*, dahinter die Endung -ī des Zugehörigkeitsadjektivs) ist der Name einer Stadt." Hier wurde allerdings zusätzlich „dh" zu „z" verschrieben.

75 Vgl. etwa Boll 1894, 63; Fischer 1932, tom. prodr. 1, 24; Toomer 1981, 186; HAMA 2, 834.

76 So auch Gamba 2000, 107. Diesen Einwand äußerte bereits Fischer 1932, tom. prodr. 1, 24.

77 Ich möchte ersterer Möglichkeit den Vorzug geben, entgegen Gamba 2000, 104; ähnliche Epitheta anderer griechischer und lateinischer Autoren beziehen sich jedenfalls in der Regel auf deren Herkunftsort.

Κλαυδιάς bzw. arabisch Qalawdhiyya,[78] der offenbar wegen seiner Namensgleichheit zu ὁ Κλαύδιος mit Ptolemaios in Zusammenhang gebracht und deshalb als sein Herkunftsort betrachtet wurde.[79] Ob diese Verbindung bereits spätantiken oder erst späteren Ursprungs ist, kann nicht rekonstruiert werden. Jedenfalls wurde die arabische Schreibweise „lwdhy“ für diesen Ortsnamen von Gerhard von Cremona offensichtlich mit *Pheludia* transkribiert, wobei diese Übertragung in Analogie zu al-Qaludhi = al-Faludhi = *Pheludensis* zustande gekommen sein dürfte.[80]

Auf der Basis der Messungen, die Ptolemaios nach seinen eigenen Worten im *Almagest* von Alexandria aus gemacht hat, und vor dem Hintergrund der zentralen Bedeutung und Funktion dieser Stadt als Wissenschaftsstandort mit ihrem bis in die Mitte des 3. Jh. n. Chr. blühenden wissenschaftlichen Betrieb der Bibliotheken des Museion und Serapeion ist die Vermutung naheliegend, dass Ptolemaios vorwiegend und während seiner ganzen Karriere von Alexandria aus operierte. Während diese Annahme oben in den arabischen Quellen 3 (Variante 1) und 7 bestätigt wird, gab Olympiodor als Wirkungsstätte des Ptolemaios Kanobos an (griechische Quelle 2). Dort soll er 40 Jahre lang geforscht und gelebt haben, genau genommen „in den sogenannten *Ptera*/Flügeln von Kanobos“. In Kanobos habe er auch seine Forschungsresultate auf „den Stelen“ anbringen lassen. Letztere Information scheint sich auf die *Kanobos-Inschrift* zu beziehen und deren Echtheit zu bezeugen. Obwohl Olympiodor von mehr als einer Stele spricht, meint er *expressis verbis* Stelen mit Aufschriften astronomischen Inhalts – vermutlich also tatsächlich die *Kanobos-Inschrift*.[81] Die übrigen Angaben Olympiodors dürften mit Vorsicht zu behandeln sein, Entsprechungen in anderen Quellen finden sie nirgends.[82] Kanobos als Wirkungsstätte ist wenig plausibel; was unter den *Ptera* zu verstehen ist, bleibt offen;[83] die Information über eine 40-jährige Karriere kann, ähnlich wie die Altersangabe bei Abu l-Wafa', zutreffen oder nicht.

---

78 Vgl. auch Ptol., *Geogr.* 5,7,9. Der Ort wird dort Kleinarmenien, genauer der Präfektur Laviansene am Euphrat zugeschrieben.

79 So auch bei Yaqut, s. o. arabische Quelle 6.

80 Näheres zu dieser Entstehungsreihe oben S. 22, Anm. 74.

81 Dass hier eine Verwechslung mit dem berühmten Dekret von Kanobos vorliege, einer griechisch-demotischen Inschrift vom 7. März 238 v. Chr. mit einer Kalenderreform, kann zwar nicht völlig ausgeschlossen werden (vgl. Gamba 2000, 103), scheint aber weit hergeholt zu sein.

82 Eine ähnlich skeptische Haltung gegenüber Olympiodors Angaben vertritt Gamba 2000, 96f. und 101–103, der dort auch Argumente Dritter referiert, welche die Nachrichten Olympiodors zu erklären versuchten.

83 Verschiedentlich werden sie für Gebäudeflügel des Serapeums in Alexandria, das von Olympiodor mit demjenigen in Kanobos verwechselt worden sei, gehalten (dazu Gamba 2000, 102f.).

Zusammenfassung

Zusammenfassend lässt sich für die Biographie des Ptolemaios Folgendes festhalten:

Klaudios Ptolemaios lebte im 2 Jh. n. Chr. in Ägypten. Sein Name Ptolemaios war im hellenisierten Ägypten weit verbreitet und weist auf griechische, in Ägypten ansässige Vorfahren hin. Der römische Vorname Klaudios bzw. Claudius impliziert, dass Ptolemaios römischer Bürger war; vermutlich war einer seiner Vorfahren Freigelassener eines Claudius und gelangten Vorname und römisches Bürgerrecht so in seine Familie.[84] Vielleicht stammte Ptolemaios aus Alexandria, wo er wahrscheinlich auch seine Ausbildung genoss. Auf jeden Fall war die Stadt wohl seine Hauptwirkungsstätte. Von dort aus führte er mit Sicherheit mehrere astronomische Beobachtungen durch, die er in seinem Hauptwerk, dem *Almagest*, verwertete. Seine wissenschaftliche Produktivität begann während der Herrschaft Hadrians (117–138), denn spätestens im Jahr 127 unternahm Ptolemaios die erste Messung, die er im *Almagest* verarbeitete. Seine Forschungstätigkeiten setzten sich fort während der Herrschaft des Antoninus Pius (138–161), was die jüngste im *Almagest* festgehaltene und von Ptolemaios persönlich durchgeführte Beobachtung aus dem Jahr 141 und die 146/147 von Ptolemaios veranlasste Errichtung der *Kanobos-Inschrift* bezeugen. Der *Almagest* wurde frühestens nach der Beobachtung vom 2. Februar 141 abgeschlossen und ist sicher eines der ersten Werke, wenn nicht sogar das Erstlingswerk des Ptolemaios.[85] Vielleicht war Ptolemaios bis in die Regierungszeit Mark Aurels (161–180) wissenschaftlich aktiv. Zumindest sein Tod scheint in die Regierungszeit Mark Aurels gefallen zu sein, wohl eher in die frühen Jahre dieser Regentschaft. Wenn man davon ausgeht, dass Ptolemaios als junger Mann begann, seine Forschungen zu betreiben, und eventuell im Alter von 78 Jahren verstarb, ist sein Geburtsjahr Ende des 1. oder Anfang des 2. Jh. n. Chr. anzusetzen.

1.3 Die Werke des Ptolemaios

Der universale Naturwissenschaftler Ptolemaios schuf in mehreren Disziplinen Standardwerke, die in ihrem Bereich bis ins 16. Jh. und somit nahezu anderthalb Jahrtausende ausschlaggebend blieben. Von der Spätantike bis in die Renaissance kamen Naturwissenschaftler des griechischen, römischen, byzantinischen, islamischen und europäischen Kultur-

84 Zu den Namen Klaudios und Ptolemaios siehe auch TOOMER 1981, 187; STÜCKELBERGER 9.

85 Zum chronologischen Verhältnis *Almagest* – *Kanobos-Inschrift* s.o. S. 10. Zu Rückverweisen auf den *Almagest* in anderen Werken des Ptolemaios s.u. S. 31.

kreises unweigerlich mit diesen Standardwerken in Berührung, die Astronomen mit der *Μαθηματικὴ Σύνταξις* (im Folgenden *Almagest* genannt), die Musiktheoretiker mit den *Ἁρμονικά* (bzw. der *Harmonielehre*), die Geographen mit der *Γεωγραφικὴ ὑφήγησις* (*Geographie*). Methodisch pflegte Ptolemaios in diesen Standardwerken grob gesagt die bestehenden Kenntnisse im betreffenden Bereich umfassend zusammenzustellen – ganz in der Tradition des Anspruchs, den die Bibliothek des Museion in Alexandria erfüllen sollte, nämlich das gesammelte Wissen der Oikumene verfügbar zu machen –, kritisch zu analysieren und, an erster Stelle, diese aufgrund eigener empirischer Forschungen weiterzuentwickeln. Insofern war seine Arbeitsweise wissenschaftlich im modernen Sinn. Vermutlich genau deshalb wurden die Werke des Ptolemaios in der Neuzeit nach „modernen" Standards und aus einer zeitgenössischen Sicht heraus beurteilt, eine Tendenz, die selbst heute noch beobachtet werden kann. So fiel Ptolemaios ab dem späten 17. Jh. bis weit in das 20. Jh. hinein vielfach in wissenschaftliche Ungnade und wurde der bewussten Fälschung von Daten zugunsten seiner theoretischen Modelle bezichtigt.[86] Die Streitfrage, ob Ptolemaios Daten bewusst gefälscht, retuschiert und/oder gar erfunden hat bzw. ob unzutreffende Daten auf methodischen Fehlern beruhen, die mit den damals beschränkten technischen Mitteln, mit dadurch bedingten Falschannahmen oder mit dem bewusst selektiven oder „lockeren" Umgang mit Datenmaterial begründet werden können, diese Streitfrage bezieht sich vor allem auf den *Almagest* und wird nach wie vor diskutiert.[87] Hier sei lediglich festgehalten, dass

86 Bereits der englische Astronom und Mathematiker Edmond Halley (1656–1742) machte auf Fehler im *Almagest* aufmerksam und warf Ptolemaios mangelnde Sorgfalt und/oder Aufrichtigkeit vor (siehe Edmond Halley, „A Discourse concerning a method of discovering the true moment of the Sun's ingress into the tropical signs", *Philosophical Transactions* 19 [1695] 12–18, dort 17: „Which principal Error in so Fundamental a Point, does vitiate the whole Superstructure of the *Almagest*, and serves to convict its Author of want of Diligence, or Fidelity, or both"). Eine Art Klimax der Ptolemaios-Kritik bildet das Buch *The Crime of Claudius Ptolemy* von Robert R. Newton aus dem Jahr 1977, dessen Urteil im „Final Summary" vernichtend ausfällt (Newton 1977, 378f.): „His writing of the *Syntaxis* has caused us to lose much of the genuine work in Greek astronomy. […] All research in either history or astronomy that has been based upon the *Syntaxis* must now be done again. […] … to me there is only one final assessment: The *Syntaxis* has done more damage to astronomy than any other work ever written, and astronomy would be better off if it had never existed. Thus Ptolemy is not the greatest astronomer of antiquity, but he is something still more unusual: He is the most successful fraud in the history of science."

87 Jüngstens dazu (contra) Hugh Thurston, „Greek Mathematical Astronomy Reconsidered", *Isis* 93 (2002) 58–69 und, nahtlos daran anschließend, (pro) Owen Gingerich, „The Trouble with Ptolemy", *ibid.* 70–74. Für einen Überblick über die Ptolemaios-Kritik vgl. Solomon 2000, xxviif. mit den ausführlichen Anm. 30–32. Gut erfasst wird die Gesamtproblematik von Van Brummelen 2009, 70: „Its [*sc.* the *Almagest*'s] goal is almost startlingly modern […]. Indeed, the scientific appearance of the *Almagest* has often led to its being judged by modern standards. The slim observational data set from which Pto-

auch die Verteidiger des Ptolemaios die durchaus vorhandenen Unstimmigkeiten im *Almagest* einräumen, diese aber nicht als Fehler oder Manipulationen, sondern als Folge der damaligen wissenschaftlichen Möglichkeiten und Herangehensweise zu erklären versuchen.[88] Wie auch immer man die Qualität dieses Werkes und die Eigenleistung des Ptolemaios darin beurteilt, für die Astronomie sowohl im abendländischen wie auch im orientalischen Raum war und blieb der *Almagest* von seiner Abfassung bis in die frühe Neuzeit absolut dominant.

Übersicht über die Werke des Ptolemaios nach Fachbereichen[89]

Astronomische Werke

– ⟨Ἅπλωσις ἐπιφανείας σφαίρας⟩[90] / *Planisphaerium*:
Traktat über die Projektion von Kreisen der Himmelssphäre auf eine Ebene; nur in arabischer Übersetzung und in einer von Hermann von Kärnten übersetzten lateinischen, auf einer erweiterten arabischen Fassung basierenden Version erhalten.

– *Kanobos-Inschrift*:
Zusammenstellung astronomischer Daten; Inschrift als archäologisches Objekt nicht erhalten, nur handschriftlich überliefert.[91]

– Μαθηματικὴ σύνταξις / *Almagest*:[92]
Grundlagenwerk der mathematischen Astronomie, in 13 Büchern.

---

lemy develops his theory functions almost as an axiomatic base for the work, and the data generally provide far too perfect a match with the astronomical parameters Ptolemy is hoping to arrive at than one would reasonably expect. Thus every so often Ptolemy has been accused of scientific fraud, and defended on the basis that he likely selected nice observations from a larger set to fit his didactic purposes."

88 Zu kritischen Stimmen bezüglich der *Geographie* des Ptolemaios s. u. S. 44.

89 Angegeben werden jeweils der griechische Originaltitel und der gebräuchliche deutsche Titel sowie eine knappe Charakteristik. Innerhalb der Fachbereiche sind die Werke hier in alphabetischer Reihenfolge geordnet. Zur Chronologie der Werke s. u. S. 30–33.

90 So lautete wahrscheinlich der Titel dieses in der Originalsprache verlorenen Traktats – zumindest wird das *Planisphaerium* unter diesem Titel im *Suda*-Lexikon zitiert (s. o. griechische Quelle 3).

91 Vgl. dazu oben S. 9, Anm. 16.

92 Die lateinisch-westliche Bezeichnung *Almagest* für das Werk mit dem wörtlich übersetzten Originaltitel „Mathematische Zusammenstellung" geht auf die lateinische Übersetzung *almagesti* (indeklinabel, bzw. später *almagestum*, sg. neutrum) zurück, einer genauen Wiedergabe der arabischen Titelbezeichnung *al-mgsti* für die *Syntaxis mathematica*. Bei dieser arabischen Titelbezeichnung muss es sich um die Transkription des griechischen Wortes μεγίστη (*sc.* σύνταξις) handeln. Ungeklärt ist jedoch, wann, wo und nach welcher griechischen Vorlage diese Titelvariante ins Arabische übernommen wurde, da in der griechischen Textgeschichte des *Almagest* für den Werktitel zwar neben Μαθηματικὴ σύνταξις auch die Bezeichnung Μεγάλη σύνταξις kursierte, die Form Μεγίστη σύνταξις aber erst in griechischen Quellen des 11. Jh. und später belegt ist und ihrerseits auf der damals schon lange vorliegenden arabischen Bezeichnung beruhen dürfte (vgl. KUNITZSCH 1974, 117–125, insbesondere Anm. 16 und 17).

– *Περὶ ἀναλήμματος / (Über das) Analemma*:[93]
Traktat zur Ermittlung von Winkeln, die für die Konstruktion von Sonnenuhren benötigt werden; nur in der von Wilhelm von Moerbeke um 1270 aus dem Griechischen ins Lateinische übersetzten Version erhalten.[94]

– *Πρόχειροι κανόνες / Handliche Tafeln*:
Sammlung von Tafeln bzw. Tabellen astronomischer Daten mit einer Einleitung (Titel: *Προχείρων κανόνων διάταξις καὶ ψηφοφορία*[95]); die Tafeln selbst sind nur in einer Bearbeitung von Theon von Alexandria (um 360 n. Chr.) erhalten.

– *Ὑποθέσεις τῶν πλανωμένων / Hypothesen der Planeten*:
Schrift über die Bewegungen der Planeten, in zwei Büchern; nur der erste Teil von Buch 1 ist im Original erhalten, das ganze Werk liegt in arabischer Übersetzung vor.

– *Φάσεις ἀπλανῶν ἀστέρων καὶ συναγωγὴ ἐπισημασιῶν / Phasen der Fixsterne*:
Schrift über die heliakischen Auf- und Untergänge von Fixsternen und die damit verbundenen Wetterphänomene, in zwei Büchern; Buch 1 ist verloren,[96] Buch 2 besteht vornehmlich aus einem *Kalender* für die in dem Werk behandelten Phänomene.

Astrologisches Werk

– *Τετράβιβλος* oder *Ἀποτελεσματικά*[97] / *Tetrabiblos*:
Astrologisches Grundlagenwerk über die Einflüsse der Himmelskörper auf irdische Vorgänge und das menschliche Leben, in vier Büchern.

---

93 Die genaue Bedeutung des Wortes „Analemma" hier (griechisch wörtlich „etwas Hinaufragendes", in der Regel eine Sonnenuhr bezeichnend) scheint nicht völlig geklärt zu sein, dazu Paul LUCKEY, „Das Analemma von Ptolemäus", *Astronomische Nachrichten* 230 (1927) 17–46, dort 24: „Das nicht genügend geklärte Wort ἀνάλημμα hat man mit ‚Aufnahme' übersetzt und hierbei daran gedacht, dass es sich […] um eine senkrechte Projektion gewisser Himmelskreise in die Ebene des Meridians handelt. Es sei aber betont, dass außer den Projektionen Umklappungen vorliegen […]"; weiter oben (19) erklärt Luckey das Problem des Analemma als die „Darstellung gewisser Winkel, die für die Konstruktion der Sonnenuhren gebraucht werden".

94 Fragmente des griechischen Originaltexts finden sich in der Palimpsesthandschrift Milano, Biblioteca Ambrosiana, L 99 sup. (= MB 491).

95 Etwa ‚Aufbau und Berechnung der Handlichen Tafeln'.

96 Erhalten hat sich nur ein Fragment in arabischer Übersetzung, vgl. Regis MORELON, „Fragment arabe du premier livre du *Phaseis* de Ptolémée", *Journal for the History of Arabic Science* 5 (1981) 3–22.

97 Ἀποτελεσματικά bedeutet soviel wie „was zu den Einflüssen der Gestirne gehört". Wie der Originaltitel des Werkes lautete, ist nicht bekannt, siehe dazu *Claudii Ptolemaei Opera quae exstant omnia*, vol. 3,1: *Ἀποτελεσματικά*, post F. Boll et Ae. Boer secundis curis ed. Wolfgang HÜBNER (Stutgardiae et Lipsiae 1998) XXXVI–XXXIX.

Geographisches Werk

– *Γεωγραφικὴ ὑφήγησις / Geographie*:[98]
Geo-kartographisches Grundlagenwerk zur Abbildung der damals bekannten Welt, in acht Büchern.

Musiktheoretisches Werk

– *Ἁρμονικά / Harmonik* oder *Harmonielehre*:
Musiktheoretisches Grundlagenwerk, in drei Büchern.

Optisches Werk

– *De aspectibus / Optik*:
Grundlagenwerk zur Optik, zum Teil auf der Basis von Selbstversuchen, in fünf Büchern. Das griechische Original ist verloren,[99] ebenso eine arabische Übersetzung; erhalten ist lediglich eine auf eine arabische Version zurückgehende, von Eugenius von Palermo im 12. Jh. verfertigte lateinische Übersetzung mit dem Titel *De aspectibus*, wobei Buch 1 ganz und von Buch 5 das Ende fehlt.

Erkenntnistheoretisches Werk

– *Περὶ κριτηρίου καὶ ἡγεμονικοῦ / Kriterion*:
Kurzer Traktat über den Prozess des Erkennens; die Autorschaft des Ptolemaios ist umstritten, wird in der Regel aber nicht verworfen.[100]

---

98 Der Originaltitel, wörtlich etwa ‚Geo-graphische Anleitung' (*sc.* ‚Anleitung zum Zeichnen der Erde'; ähnlich BERGGREN/JONES 2000, 4 und 55: „Guide to Drawing a World Map" bzw. „Guide to Drawing a Map of the World"), weist darauf hin, dass dieses Werk über eine bloße Zusammenstellung von Wissen hinausgeht und eine praktische Komponente enthält. Diesem Aspekt werden weder der deutsche Standardtitel *Geographie* noch der für die jüngste Gesamtausgabe (STÜCKELBERGER) gewählte Titel *Handbuch der Geographie* gerecht. „Einleitung in die (theoretische und praktische) Kartographie" würde in heutiger Terminologie den Titel *Γεωγραφικὴ ὑφήγησις* sprachlich und sachlich treffender wiedergeben (siehe dazu auch unten S. 34, Anm. 124; vgl. die Definition von Kartographie gemäß der Internationalen Kartographischen Vereinigung aus dem Jahr 1973 [zitiert nach Günter HAKE / Dietmar GRÜNREICH, *Kartographie* (Berlin/New York 1994) 3]: Kartographie ist die „Wissenschaft, Technik und Kunst der Herstellung von Karten und kartenverwandten Darstellungen, ausgehend von unmittelbaren Beobachtungen und/oder der Auswertung von Quellen, mit den Arbeitsvorgängen des Kartenentwerfens, der Kartengestaltung, der Ausführung des Kartenoriginals und der Vervielfältigung, sowie der Lehre von der Kartenbenutzung").

99 Gemäß SIMPLICIUS, *In Aristotelem ‚De caelo'* 20 Heiberg lautete der Originaltitel des Werkes *Ὀπτικά*.

100 Skeptisch z.B. TOOMER 1981, 201: „There is nothing in its contents conflicting with Ptolemy's general philosophical position, but the style bears little resemblance to his other works; and the ascription, while generally accepted, seems dubious"; andernorts wird der Traktat kommentarlos in die Reihe der Werke des Ptolemaios aufgenommen, vgl. z.B. FOLKERTS 2001, 566.

Verlorene Werke

– *Μηχανικά / Mechanik*:
Schrift über Mechanik, in drei Büchern; erwähnt im *Suda*-Lexikon (s.o. griechische Quelle 3), mit Nennung des Titels.

– *Περὶ διαστάσεως / Über Dimensionen*:
Traktat über Dimensionen mit Beweisführung, dass es nur drei Dimensionen gebe; erwähnt von SIMPLICIUS (6. Jh.), *In Aristotelis ‚De caelo' commentaria* 9 Heiberg, mit Nennung des Titels (ὁ δὲ θαυμαστὸς Πτολεμαῖος ἐν τῷ Περὶ διαστάσεως μονοβίβλῳ …).

– *Περὶ ῥοπῶν / Über Gewichte*:
Traktat über das Gewicht von Luft und Wasser; erwähnt von SIMPLICIUS, *In Aristotelis ‚De caelo' commentaria* 710 Heiberg, mit Nennung des Titels (Πτολεμαῖος δὲ ὁ μαθηματικὸς ἐν τῷ Περὶ ῥοπῶν τὴν ἐναντίαν ἔχων τῷ Ἀριστοτέλει δόξαν …), und EUTOCIUS (* ca. 480 n.Chr.), *Εἰς τὸ πρῶτον τῶν Ἀρχιμήδους ἰσορροπικῶν*, mit Nennung des Titels (… ἔκ τε τοῦ περὶ ῥοπῶν βιβλίου τῷ Πτολεμαίῳ συγγεγραμμένου).[101]

– *Περὶ τῶν στοιχείων / Über die Elemente*:[102]
Traktat über die Elemente; erwähnt von SIMPLICIUS, *In Aristotelis ‚De caelo' commentaria* 20 Heiberg, mit Nennung des Titels (… καὶ Πτολεμαῖος ἐν τῷ Περὶ τῶν στοιχείων βιβλίῳ …).

– *Über das Parallelenpostulat*:[103]
Den Inhalt dieses Traktats griff Proklos (421–485 n.Chr.) auf: „*Wenn eine Gerade zwei andere schneidet und dabei die inneren Winkel, die nach derselben Seite liegen, kleiner als zwei Rechte bildet, so müssen die Geraden, ins Unendliche verlängert, auf der Seite sich schneiden, wo die Winkel liegen, die kleiner sind als zwei Rechte.* Dieser Satz ist aus der Reihe der Forderungen völlig zu streichen; denn er ist ein Lehrsatz mit vielen Schwierigkeiten, die zu lösen Ptolemaios in einem Buche sich als Aufgabe stellte" (PROCLUS, *In primum Euclidis elementorum librum*

---

101 Siehe ARCHIMEDES, *Opera omnia*, vol. 3, ed. Iohan Ludvig HEIBERG (Leipzig 1915, ND Stuttgart 1972) 264, Zeile 7f.

102 Zu dieser Schrift und den bereits erwähnten Werken *Μηχανικά* und *Περὶ ῥοπῶν* bemerkt HEIBERG 2, 264 (Fußnote): „Propter rerum similitudinem crediderim librum de elementis eundem esse ac librum *Περὶ ῥοπῶν*, et his titulis significari partem *Mechanicorum*, quae citat Suidas." Ähnlich zieht VAN DER WAERDEN 1959, 1859 in Betracht, die Schrift *Über die Elemente* könnte identisch mit der *Mechanik* sein; TOOMER 1981, 201 geht so weit, dass er für die verlorene Schrift über Mechanik in drei Büchern den Titel *Περὶ ῥοπῶν* angibt.

103 Ein griechischer Titel für dieses Werk ist nicht überliefert. Proklos spricht von ἐν οἷς ἀποδεῖξαι προέθετο τὰς ἀπ' ἐλαττόνων ἢ δύο ὀρθῶν ἐκβαλλομένας συμπίπτειν bzw. ἐν τῷ περὶ τοῦ τὰς ἀπ' ἐλαττόνων ἢ δύο ὀρθῶν ἐκβαλλομένας συμπίπτειν (362 bzw. 365 Friedlein). Vielleicht ist dies ein Hinweis auf den Titel des Traktats.

commentarii 191 Friedlein, Übersetzung nach Proklus Diadochus, *Kommentar zum ersten Buch von Euklids „Elementen"*, aus dem Griechischen ins Deutsche übertragen und mit textkritischen Anmerkungen versehen von Leander Schönberger [Halle (Saale) 1945] 301).

Unechtes Werk
– Καρπός / *Karpos*, bisweilen *Centiloquium* oder *Frucht*:
Sammlung von hundert astrologischen Aphorismen.[104]

Mit wenigen Ausnahmen hat Ptolemaios die meisten seiner Werke einem gewissen Syros gewidmet. Ausgenommen von einer solchen Widmung sind die *Geographie*, die *Harmonik*, die *Kanobos-Inschrift* sowie das *Kriterion*. Für die *Phasen der Fixsterne* und die *Optik* bleibt die Frage offen, da ihre Werkanfänge, in denen sich die Widmung befunden haben könnte, verloren sind. Demgegenüber enthält selbst der für unecht gehaltene Traktat *Karpos* eine Widmung an Syros.[105]

Die Tatsache, dass zu diesem Syros keine weiteren Informationen vorliegen, bedeutet nicht, dass es sich hierbei um eine fiktive Person handeln muss.[106] An-Nadim und der auf ihn zurückgreifende Ibn al-Qifti bezeichneten Syros als einen Schüler des Ptolemaios.[107] Andere vermuteten in ihm einen Verwandten oder einfach einen Freund.[108] Dass die *Geographie* und die *Harmonik*, die erwiesenermaßen als Spätwerke einzustufen sind (dazu gleich unten), einer solchen Widmung entbehren, könnte darauf hinweisen, dass zum Zeitpunkt ihrer Abfassung diese Person, welche Beziehung zu Ptolemaios sie auch immer gehabt haben mag, bereits verstorben war.

Zur Chronologie der Werke

Das früheste, für uns noch greifbare Werk des Ptolemaios ist, wie bereits erörtert, entweder der *Almagest* oder die *Kanobos-Inschrift* (siehe dazu oben S. 9f.). Aus Vorverweisen bzw. Rückverweisen, die Ptolemaios in

104 Daher der lateinische Titel *Centiloquium* (‚hundert Sprüche').

105 Die Widmung an Syros galt schon in der Antike als eine Art „Echtheitssiegel" bzw. σφραγίς für die Autorschaft des Ptolemaios und wurde der unptolemäischen Spruchsammlung wohl genau deswegen beigefügt (vgl. Gamba 2000, 115).

106 Diese Interpretation findet sich offenbar in einem anonymen Kommentar zur *Tetrabiblos*, vgl. dazu Gamba 2000, 115.

107 „His (*sc.* Ptolemy's) additional books were: The Four (*sc.* = *Tetrabiblos*). He wrote it for *Syrus*, his disciple" (Übersetzung nach Dodge 1970, 2, 640).

108 Dass Syros in den anonymen bzw. dem Pappos von Alexandria zugeschriebenen *Prolegomena zum Almagest* als ἀδελφός bezeichnet werde (so Gamba 2000, 114), trifft jedoch nicht zu, vgl. *Pappi Alexandrini Collectionis quae supersunt*, ed. Fridericus Hultsch, vol. 3, tom. 1 (Amsterdam 1965 = ND Berlin 1878) XVII: Τὴν ἀστρονομίαν ἐν τοῖς πρὸς Σύρον γενεθλιακοῖς τέτρασι βιβλίοις ὁ Πτολεμαῖος οὕτως ὡρίσατο ...

seinen Werken bezüglich anderer eigener Werke machte, können weitere Schlüsse für die chronologische Reihenfolge seiner Schriften gezogen werden: So wird auf den *Almagest* sowohl in der *Tetrabiblos* als auch in den *Handlichen Tafeln*, in den *Hypothesen der Planeten* und in der *Geographie* zurückverwiesen,[109] die somit allesamt nach dem *Almagest* entstanden. Andererseits kündigte Ptolemaios die *Geographie* bereits im *Almagest* an, die er demnach als Konzept wohl schon längere Zeit im Kopf hatte, mit Sicherheit aber nach dem *Almagest* verfasste.[110]

Schließlich wurden verschiedentlich Versuche unternommen, die Schriften des Ptolemaios hinsichtlich ihres inhaltlichen wissenschaftlichen Entwicklungsstandes chronologisch zu ordnen.[111] Dies trifft insbesondere für seine astronomischen Werke zu. So werden die *Handlichen Tafeln* aufgrund ihrer numerischen Werte allgemein als Verbesserung gegenüber *Almagest* und *Kanobos-Inschrift* betrachtet sowie die *Hypothesen der Planeten* als weiterer Fortschritt gegenüber den *Handlichen*

---

109 *Tetrabiblos* 1,1: Τῶν τὸ δι' ἀστρονομίας προγνωστικὸν τέλος παρασκευαζόντων, ὦ Σύρε, δύο τῶν μεγίστων καὶ κυριωτάτων ὑπαρχόντων, ἑνὸς μὲν τοῦ πρώτου καὶ τάξει καὶ δυνάμει, καθ' ὃ τοὺς γινομένους ἑκάστοτε σχηματισμοὺς τῶν κινήσεων ἡλίου καὶ σελήνης καὶ ἀστέρων πρὸς ἀλλήλους τε καὶ τὴν γῆν καταλαμβανόμεθα· δευτέρου δὲ καθ' ὃ διὰ τῆς φυσικῆς τῶν σχηματισμῶν αὐτῶν ἰδιοτροπίας τὰς ἀποτελουμένας μεταβολὰς τῶν ἐμπεριεχομένων ἐπισκεπτόμεθα· τὸ μὲν πρῶτον ἰδίαν ἔχον καὶ δι' ἑαυτὴν αἱρετὴν θεωρίαν, κἂν μὴ τὸ ἐκ τῆς ἐπιζεύξεως τοῦ δευτέρου τέλος συμπεραίνηται, **κατ' ἰδίαν σύνταξιν** ὡς μάλιστα ἐνῆν ἀποδεικτικῶς σοι περιώδευται. – *Handliche Tafeln* (*Προχείρων κανόνων διάταξις καὶ ψηφοφορία*) 1: ἐν τοῖς **διὰ τῆς συντάξεως** ἀποδεδειγμένοις λόγοις. – *Hypothesen* 1,1: ἐν μὲν τοῖς **τῆς μαθηματικῆς συντάξεως** ὑπομνήμασιν; 1,2: τοῖς **ἐν τῇ Συντάξει** διωρισμένοις; 2,13: „... da sie bereits **anderswo** [*sc.* im *Almagest*] erwähnt wurden ..." (Übersetzung nach HEIBERG 2, 131). – *Geogr.* 8,2,3: Ἐπειδήπερ ἀπεδείξαμεν **ἐν τῇ Μαθηματικῇ Συντάξει** ...

110 *Synt.* 2,13: Ἐφωδευμένης δὴ καὶ τῆς τῶν γωνιῶν πραγματείας, λείποντος δὲ τοῖς ὑποτιθεμένοις τοῦ τὰς ἐποχὰς τῶν καθ' ἑκάστην ἐπαρχίαν ἐπισημασίας ἀξίων πόλεων ἐπεσκέφθαι κατὰ μῆκος καὶ κατὰ πλάτος πρὸς τοὺς τῶν ἐν αὐταῖς φαινομένων ἐπιλογισμοὺς τὴν μὲν τοιαύτην ἔκθεσιν ἐξαιρέτου καὶ γεωγραφικῆς ἐχομένην πραγματείας καθ' αὑτὴν ὑπ' ὄψιν ποιησόμεθα ἀκολουθήσαντες ταῖς τῶν ἐπεξειργασμένων ὡς ἔνι μάλιστα τοῦτο τὸ εἶδος ἱστορίαις καὶ παραγράφοντες, ὅσας μοίρας ἀπέχει τοῦ ἰσημερινοῦ τῶν πόλεων ἑκάστη κατὰ τὸν δι' αὐτῆς γραφόμενον μεσημβρινόν, καὶ πόσας οὗτος τοῦ δι' Ἀλεξανδρείας γραφομένου μεσημβρινοῦ πρὸς ἀνατολὰς ἢ δύσεις ἐπὶ τοῦ ἰσημερινοῦ, διὰ τὸ πρὸς τοῦτον ἡμῖν συνίστασθαι τοὺς τῶν ἐποχῶν χρόνους (HEIBERG 1.1, 188) / „Nachdem nun auch die Abhandlung von den Winkeln zum Abschluss gebracht ist, fehlt an den nötigen Unterlagen nur noch die Feststellung der geographischen Lage der namhaftesten Städte jeder Provinz nach Länge und Breite zur Berechnung der für ihren Horizont eintretenden Himmelserscheinungen. Die Tabelle mit den hierauf bezüglichen Angaben werden wir aber erst als Anhang eines besonderen geographischen Werkes veröffentlichen, und zwar im engen Anschluss an die Forschungen der Männer, die sich ganz besonders durch wissenschaftliche Leistungen um dieses Gebiet verdient gemacht haben. Dieses Verzeichnis soll die nötigen Angaben enthalten, wieviel Grade jede Stadt auf dem durch sie gehenden Meridian Abstand vom Äquator hat, und wieviel Grade dieser Meridian von dem durch Alexandria gezogenen nach Osten oder Westen auf dem Äquator entfernt ist" (Übersetzung nach MANITIUS 1963, 1, 129).

111 Siehe z.B. VAN DER WAERDEN 1959, 1797; TOOMER 1981, 187.

Tafeln. Abgesehen davon wird die Posteriorität der *Handlichen Tafeln* gegenüber dem *Almagest* von al-Mas'udi und al-Andalusi bestätigt.[112] Auch für die Posteriorität der *Geographie* gegenüber dem *Almagest* lässt sich neben den bereits erwähnten werkinternen Anhaltspunkten ein inhaltliches Argument anfügen, das von einer wissenschaftlichen Entwicklung zeugt: Während bei der Ankündigung eines geographischen Werkes im *Almagest* als Nullmeridian der durch Alexandria verlaufende Meridian vorgesehen war,[113] wurde in der *Geographie* dieses Konzept geändert und als Nullmeridian der durch die Inseln der Glückseligen[114] verlaufende Meridian gewählt, der gleichzeitig die damals bekannte Oikumene im Westen begrenzte. Dank dieser Adaptierung konnten die geographischen Längen in ein und dieselbe Richtung gezählt werden, wodurch das System vereinfacht und benutzerfreundlicher gemacht wurde. Außerdem kam Paul Schnabel aufgrund der Entwicklung des kartographischen Konzepts in ptolemäischen Schriften zum Schluss, dass die *Geographie* später als der *Almagest*, die *Tetrabiblos* und die *Handlichen Tafeln* (in dieser Reihenfolge) entstanden sein müsse.[115] Ebenfalls gilt die *Optik* auf der Basis ihres Inhalts allgemein als nach dem *Almagest*, nach den *Hypothesen der Planeten* und wahrscheinlich auch nach dem *Kriterion* entstandenes Werk.[116] Zu den Spätwerken gehört vermutlich auch die *Harmonielehre*, die aus inhaltlichen, aber auch sprachlichen Gründen nach dem *Almagest*, nach dem *Kriterion* und aus Gründen der Weiterentwicklung der Theorien wahrscheinlich auch nach der *Tetrabiblos* verfasst worden sein dürfte.[117] Dass jedoch die Nachricht des Nikephoros Gregoras, das fehlende Ende der *Harmonielehre* sei auf den Tod des Autors vor der Vollendung des Werkes zurückzuführen, wohl unzutreffend ist,

---

112 Al-Mas'udi, *Kitab at-tanbih wa'l-ishraf*: „Lorsqu'on dit simplement: la table de Habach, on entend la table d'observations, dont la partie empruntée à Ptolémée n'est autre que le canon de Théon, établi par cet auteur d'après l'*Almageste*" (Übersetzung nach Carra de Vaux 1897, 295); Sa'id al-Andalusi, *Kitab Tabaqat al-'Umam* Kap. 8: „the book *al-Qānūn* [Canon], which he extracted from *Almagest*" (s.o. arabische Quelle 4).

113 Vgl. oben S. 31, Anm. 110 (Zitatschluss).

114 Αἱ τῶν Μακάρων νῆσοι, *Insulae Fortunatae*, die Kanarischen Inseln.

115 Schnabel 1930, 221. – Zur Beurteilung des zeitlichen Verhältnisses der *Handlichen Tafeln* bzw. insbesondere der ersten Tafel in diesem Werk, des *Kanons Bedeutender Städte* (*Κανὼν ἐπισήμων πόλεων*) gegenüber der *Geographie*, genau genommen gegenüber dem Ortskatalog (*Geogr.* 2–7,4) einerseits und dem 8. Buch der *Geographie* anderseits, s.u. S. 45–48.

116 Dazu Albert Mark Smith, *Ptolemy's Theory of Visual Perception*, An English Translation of the *Optics* with Introduction and Commentary (Philadelphia 1996) 2. Die Posteriorität der *Optik* gegenüber dem *Kriterion* wurde von Johannes Ev. Stigler, *Die Optik des Claudius Ptolemäus* (Diss. Erlangen 1921) 12 dargelegt, dessen Buch mir leider nicht zugänglich war.

117 Zur Posteriorität gegenüber *Almagest* und *Kriterion* Boll 1894, 97f., zur Posteriorität gegenüber der *Tetrabiblos* Düring 1930, LXX mit Anm. 2.

wurde oben bereits besprochen (siehe S. 21). Ein weiteres Zeichen dafür, dass die *Geographie* und die *Harmonik* die jüngsten Produktionen des Ptolemaios sein könnten, ist vielleicht der Umstand, dass diese beiden Werke keine Widmung an Syros aufweisen.[118]

Kombiniert man die hier dargelegten Aspekte, ergibt sich folgende Chronologie für die Werke des Ptolemaios: *Almagest / Kanobos-Inschrift – Tetrabiblos – Handliche Tafeln – Hypothesen der Planeten – Kriterion – Geographie / Optik / Harmonik.*

2. Die *Geographie* des Ptolemaios

Die ptolemäische *Geographie* gilt als ältestes erhaltenes Schriftwerk, das geographische Daten nicht deskriptiv, sondern wissenschaftlich-systematisch abhandelt, und das die Abbildung der Erde kartographisch korrekt darlegt. Somit spielt das Werk in der Geschichte der Geographie und in der Wissenschaftsgeschichte eine einschneidende und prominente Rolle. Für die *Geographie* des Ptolemaios ist ein Entstehungsdatum um 150 n. Chr. anzunehmen.[119] Die ältesten erhaltenen griechischen Textzeugen des Werkes sind deutlich mehr als ein Jahrtausend später produziert worden (!) und dürften aus den Jahren unmittelbar um 1300 stammen.[120] Damit liegt zwischen der Entstehung des Werks und der Anfertigung der ältesten noch greifbaren griechischen *Geographie*-Handschriften ein weit größerer Zeitraum als zwischen diesen Handschriften und unserer Zeit. Auf dem Gebiet der Geo- und Kartographie blieb die ptolemäische *Geographie* das dominante Referenzwerk bis ins 16. Jh. Erst mit dem Beginn der europäischen Expansion nach Übersee und der kartographischen Umsetzung der durch diese Seereisen erlangten neuen Kenntnisse wurde die *Geographie* des Ptolemaios von neuen Kartenwerken abgelöst und zu einem Dokument antiker Geographie.

---

118 Näheres dazu weiter oben S. 30. Wie diesbezüglich die *Phasen der Fixsterne* und die *Optik* zu beurteilen sind, kann aufgrund ihres Erhaltungszustands nicht bestimmt werden, siehe ebendort.

119 Zur chronologischen Position der *Geographie* im Schaffen des Ptolemaios siehe oben S. 30–33 sowie unten S. 45–48.

120 Siehe unten im Katalog die vorläufigen Bemerkungen zu den Handschriften Urb. gr. 82 (U), Seragl. G. İ. 57 (K) und Vat. gr. 191 (X) sowie die Beschreibungen der Handschriften Fabr. 23,2° (F), Paris. gr. 2423 (G) und Arch. Selden. B. 46 (N).

2.1 Struktur und Inhalt der *Geographie*

Das Werk mit dem intern, literarisch und handschriftlich gut belegten Titel *Γεωγραφικὴ ὑφήγησις*[121] ist äußerlich in acht Bücher (βιβλία) gegliedert, die ihrerseits in eine unterschiedliche Anzahl von Kapiteln (κεφάλαια) unterteilt sind. Diese formalen Strukturen dürften auf Ptolemaios selbst zurückgehen.[122] Jedoch gelten die Kapitelübersichten am Anfang eines jeden Buches, wie sie sich in aller Regel in den Handschriften präsentieren, als nachptolemäischer Zusatz.[123]
Inhaltlich lassen sich in der *Geographie* drei Teile unterscheiden:

1) Theoretischer Teil (*Geogr.* 1; 7,6)
Der theoretische Teil umfasst das ganze 1. Buch sowie das 6. Kapitel des 7. Buches. In diesem Teil geht es um die Auseinandersetzung mit den Grundlagen und mit bereits bekannten sowie mit neu entwickelten Methoden zur Darstellung der Oikumene.

Ptolemaios beginnt mit einer kurzen allgemeinen Einleitung (*Geogr.* 1,1–5). Zuerst wird der Begriff Geographie definiert und der Hauptunterschied zwischen der Geographie und der Chorographie erläutert: Geographie ist die zeichnerische Nachbildung des gesamten bekannten Teiles der Erde, die vor allem die korrekten Größen- und Distanzverhältnisse von Orten wiedergeben soll, während die Chorographie insbesondere die Beschaffenheit von Orten im Detail darstellen will.[124] Als Datenquellen

---

121 Werkinterner Beleg: *Geogr.* 8,1,1 (Ὅσα μὲν οὖν ἐχρῆν εἰς τὴν Γεωγραφικὴν ὑφήγησιν συνεισενεγκεῖν ... αὐτάρκως ἔχειν ἡγοῦμαι); für die handschriftliche Überlieferung des Werktitels vgl. STÜCKELBERGER 39 (zu den Büchertiteln) sowie *ibid.* 50 (dort textkritischer Apparat).

122 BERGGREN/JONES 2000, 4 Anm. 2 schränken ein, dass die Authentizität der Kapiteleinteilung unsicher sei (mit Verweis auf TOOMER 1984, 5, der die Kapiteleinteilung und -überschriften im *Almagest* für unecht hält). Gewisse Kapiteltitel in der *Geographie* unterbrechen den Textfluss ihrer Meinung nach in fraglicher Weise oder passen schlecht zum Inhalt des Folgenden – ein Befund, der zumindest im Fall von *Geogr.* 1 zum Teil zutrifft. In der Ausgabe von STÜCKELBERGER wird die Frage nach der Echtheit der Kapiteleinteilung nicht gestellt, hingegen wird im Fall von *Geogr.* 8,1 der Kapiteltitel für unptolemäisch gehalten (vgl. STÜCKELBERGER 769 Anm. 4); in STÜCKELBERGER, EB 85 Anm. 126 werden die Kapitelüberschriften im Ortskatalog als nachptolemäisch eingestuft (dem möchte ich nur für diejenigen Titel zustimmen, die vor einem Abschnitt ohne *Periorismos* [zu diesem Begriff unten S. 39] stehen und wohl erst im Lauf der Überlieferung zu Kapiteltiteln gemacht wurden). Für die Kapiteleinteilung und -überschriften z. B. in der *Harmonielehre* des Ptolemaios scheinen keine Bedenken bezüglich ihrer Echtheit vorzuliegen (vgl. dazu DÜRING 1930, LXXI).

123 Vgl. SCHNABEL 1938, 61–64.

124 Es ist nicht einfach, ein modernes Äquivalent zu finden für Ptolemaios' Gebrauch des Begriffs γεωγραφία. Vorschläge wie „world cartography" (BERGGREN/JONES 2000, 57 mit Anm. 1) oder „(darstellende) Erdkunde" (STÜCKELBERGER 53 mit Anm. 2) überzeugen nicht. AUJAC 1993, 305 Anm. 1 umschreibt γεωγραφία treffend mit „l'art de tracer une carte de la terre": Der Begriff bezeichnet eine τέχνη bzw. die Kunst/Technik, die Erde ab-

für das Ziel des Werkes, die Oikumene „möglichst proportionsgetreu gegenüber den realen Verhältnissen darzustellen" (*Geogr.* 1,2,2),[125] nennt Ptolemaios die Reiseberichterstattung (ἱστορία περιοδική) sowie geometrische und astronomische Messungen, wobei letztere am zuverlässigsten sind, aber nur in kleiner Zahl vorliegen, weshalb sie beim Erstellen einer Karte mit Vorzug zu behandeln und als Grundpfeiler (θεμέλιοι) zuerst einzutragen seien. Ptolemaios schließt seine Einleitung mit dem Appell, beim Anfertigen einer Karte insbesondere auch die jüngsten (Forschungs-)Berichte zu berücksichtigen.

Es folgt eine ausführliche und kritische Auseinandersetzung mit dem geographischen Werk des Marinos von Tyros (*Geogr.* 1,6–17).[126] Dieser

---

zubilden / eine Erdkarte zu zeichnen. In der heutigen Terminologie entspricht dem, was Ptolemaios hier unter γεωγραφία versteht, wohl am ehesten die praktische Kartographie (Kartentechnik: Produktion, Redaktion und Aktualisierung von Karten). Demgegenüber befasst sich der theoretische Teil der *Geographie* mit dem Bereich der theoretischen Kartographie, die sich mit Möglichkeiten und Zielsetzungen der kartographischen Darstellung beschäftigt. In etwas anderer, konkreter Bedeutung verwendet Ptolemaios das Wort γεωγραφία in *Geogr.* 1,4,2; dort bezeichnet es das Produkt des kartographischen Vorgangs, also eine Erdkarte.

125 In doppelten Anführungszeichen („ ") wiedergegebene Passagen aus der *Geographie* in Übersetzung sind der Ausgabe von STÜCKELBERGER entnommen.

126 Über diesen Autor sind wir nur dank den Zitierungen und Zeugnissen des Ptolemaios in der *Geographie* informiert, denn alle arabischen Quellen zu Marinos gehen auf Ptolemaios zurück (siehe dazu Ernst HONIGMANN, Art. „Marinos (Geograph)", *RE* 14,2 [1930] 1767–1796, dort 1794; Hans Armin GÄRTNER, Art. „Marinos [1]", DNP 7 [1999] 896–898, dort 896). Von seinem zwischen 107 und 114/115 n. Chr. entstandenen geographischen Werk, dessen Titel vielleicht ebenfalls Γεωγραφικὴ ὑφήγησις (vgl. Ptol., *Geogr.* 1,6: Titel) oder Ἡ τοῦ γεωγραφικοῦ πίνακος διόρθωσις (siehe Ptol., *Geogr.* 1,6,1) lautete, scheint es mehrere Fassungen (συντάξεις, vgl. Ptol., *Geogr.* 1,6,2; 1,7,4; 1,17,1) und Publikationen (ἐκδόσεις, vgl. Ptol., *Geogr.* 1,6,1; 1,17,1) gegeben zu haben. Außerdem ist er nach eigenen Aussagen offenbar nicht mehr dazu gekommen, der letzten ἔκδοσις eine Karte beizufügen, die ihm erlaubt hätte, die Klimata (κλίματα, Breitensektoren) und Stundenabschnitte (ὡριαῖα, Längensektoren) zu berichtigen (siehe Ptol., *Geogr.* 1,17,1; 1,18,3). Allerdings wird der Name des/der Werktitel(s) unterschiedlich interpretiert, und genauso unterschiedlich werden die von Ptolemaios benutzten Begriffe σύνταξις und ἔκδοσις im Zusammenhang mit dem Werk des Marinos gedeutet, vgl. dazu etwa die entsprechenden Textstellen in den Übersetzungen von Hans von MŽIK, *Des Klaudios Ptolemaios Einführung in die darstellende Erdkunde, 1. Teil: Theorie und Grundlagen der darstellenden Erdkunde* (Wien 1938) 1–109, AUJAC 1993, BERGGREN/JONES 2000 und STÜCKELBERGER. Zum Begriff σύνταξις siehe auch GAUTIER DALCHÉ 2009, 19 Anm. 26: „L'emploi de σύνταξις par Ptolémée est significatif, puisqu'il use du même terme pour son propre grand oeuvre astronomique, dont on traduit habituellement le titre par «Composition mathématique». Il est donc inapproprié de faire disparaître cet écho en rendant cette occurrence par «Abhandlung» (A. STÜCKELBERGER, G. GRASSHOFF, *éd. cit.* [= STÜCKELBERGER], p. 69); Berggren-Jones traduisent plus justement: «compilation» (*trad. citée* [= BERGGREN/JONES 2000], p. 64)." Übrigens verweist Ptolemaios gegen den Schluss der *Geographie* hin zweimal auf den Anfang der *Geographie* mit den identischen Worten ἐν ἀρχῇ τῆς συντάξεως (*Geogr.* 7,4,14; 8,1,6); insofern scheint es nicht ausgeschlossen, dass Ptolemaios mit συντάξεις ‚die (verschiedenen) Werke des Marinos' meint. Zum Begriff ἔκδοσις vgl. Tiziano DORANDI, „Tradierung der

Geograph ist gemäß den Worten des Ptolemaios sein unmittelbarer Vorgänger auf dem Gebiet der theoretischen und praktischen Kartographie und scheint ähnlich vorgegangen zu sein wie Ptolemaios selbst, indem er das bereits bestehende Material zu dieser Disziplin zusammentrug, es kritisch betrachtete und berichtigte.[127] Ptolemaios sieht besonders in Bezug auf die Stimmigkeit, d.h. die richtigen Proportionen, und auf die Benutzerfreundlichkeit, d.h. die praktische Verwendbarkeit, Verbesserungsbedarf im Werk des Marinos. Zuerst wird die von Marinos aufgrund von Reiseberichten zu Land und zur See sowie mittels weniger astronomischer Beobachtungen errechnete Breiten- und Längenausdehnung der Oikumene analysiert, kritisiert und berichtigt, d.h. reduziert: Die Breitenausdehnung von annähernd 87° nach Marinos vermindert Ptolemaios auf runde 80°, die Längenausdehnung von 225° auf höchstens 180°.[128] Dabei bemängelt Ptolemaios v.a. die ungenügende Abstützung der Werte des Marinos auf astronomische Daten, worin er die Ursache für dessen übermäßige Breite und Länge sieht. Allerdings räumt er ein, dass gerade für die südlich des Äquators gelegenen Zonen Himmelsbeobachtungen fehlen, weshalb nichts anderes übrig bleibe, „als nach einfacherem Verfahren auf gröbere Weise das vernünftige Maß zu ermitteln, wie weit die Oikumene über den Äquator hinausgeht" (*Geogr.* 1,9,8). Dasselbe trifft auch auf den östlichen Bereich der Oikumene zu, für den sich auch Ptolemaios auf Reiseberichterstattungen stützen muss.

Im letzten Teil der theoretischen Ausführungen präsentiert Ptolemaios drei neuartige Projektionsmethoden für die Zeichnung einer Weltkarte, welche die richtigen Proportionen und die Kugelförmigkeit der Erde zum Ausdruck bringen sollen (*Geogr.* 1,18–24; 7,6). Um zu vermeiden, dass die Kartenzeichnung infolge wiederholten Kopierens von früheren Vorlagen auf spätere verändert/verfälscht wird oder wegen mangelnder Systematik der (textlichen) Ausführungen unmöglich ist – wie im Fall des Werkes des Marinos, in dem man sich die Informationen aus verschiedenen Teilen zusammensuchen müsse, weshalb die fehlende Karte auf der Grundlage der letzten Fassung nicht rekonstruiert werden könne (*Geogr.* 1,18,3–4; siehe dazu auch S. 35, Anm. 126) –, will Ptolemaios nun zeigen, „wie man – auch wenn keine Kartenvorlage vorhanden ist – einzig aufgrund der Angaben im Text so leicht wie möglich die Kartenzeichnung bewerkstelligen kann" (*Geogr.* 1,18,2). Vor den Konstruktionsanleitungen für die drei Projektionsmethoden beschreibt Ptolemaios knapp die Darstel-

Texte im Altertum; Buchwesen", in: Heinz-Günther Nesselrath (Hrsg.), *Einleitung in die griechische Philologie* (Stuttgart/Leipzig 1997) 3–16, dort 10.

127 Zur Arbeitsweise des Ptolemaios s.o. S. 25.

128 Ptolemaios verminderte die Ausdehnungen der Oikumene nach Marinos zu Recht, jedoch sind auch die von ihm vorgeschlagenen Werte, vergleicht man sie mit den tatsächlichen Verhältnissen, noch deutlich zu hoch (siehe dazu STÜCKELBERGER 22).

lung der Oikumene auf einem Globus (*Geogr.* 1,22) und gibt ein Verzeichnis der einzutragenden Meridiane und Parallelkreise (*Geogr.* 1,23). Die äußerst präzisen Anweisungen zur Konstruktion der ersten, zweiten und dritten Projektionsmethode (*Geogr.* 1,24,1–9: Gerade/Einfache Kegelprojektion = 1. ptolemäische Projektion; *Geogr.* 1,24,10–29: Gekrümmte/Modifizierte Kegelprojektion = 2. ptolemäische Projektion; *Geogr.* 7,6: Armillarsphäre = 3. ptolemäische Projektion) werden von fünf Zeichnungen illustriert (dazu unten S. 124–132 und Abb. 3–7). Warum Ptolemaios die letzte Projektionsart erst nach dem Ortskatalog einfügte, obwohl sie inhaltlich eigentlich *Geogr.* 1,24 fortführt, ist unklar.

Bei der ersten Projektionsmethode werden die Meridiane als Geraden gezogen, die Parallelkreise als Kreisbogen. Das Verhältnis zwischen dem größten Kreisbogen (Äquator) und dem kleinsten Kreisbogen (Parallelkreis durch Thule) entspricht den Proportionen auf der Kugeloberfläche. Die Längenausdehnung der Oikumene auf dem Parallelkreis von Rhodos im Verhältnis zur Breitenausdehnung entlang dem Mittelmeridian der Oikumene ist korrekt. Die Abstände entlang der Meridiane zwischen den Parallelkreisen von Anti-Meroë und Thule entsprechen den Meridiangraden auf dem Globus. Mit zunehmender Entfernung vom Parallelkreis durch Rhodos in nördliche bzw. südliche Richtung wird jedoch die Disproportionalität zwischen den West-Ost-Abständen und den Nord-Süd-Abständen ständig größer. Für den südlich des Äquators gelegenen Teil der Oikumene schlägt Ptolemaios ein „Abknicken" der Meridiane vor, das dadurch entsteht, dass der südlichste Parallelkreis (Parallelkreis durch Anti-Meroë) gleichsam als Spiegelung des Parallelkreises durch Meroë (der denselben Abstand vom Äquator in nördliche wie der südlichste in südliche Richtung hat) dargestellt wird.[129]

Die zweite Projektionsmethode ist gemäß Ptolemaios zwar schwieriger zu bewerkstelligen, gibt die Verhältnisse auf der Kugeloberfläche aber ähnlicher und proportionsgetreuer wieder und ist deshalb vorzuziehen. In dieser ebenso pseudo-konischen Projektionsart ist nur der Mittelmeridian eine Gerade, die übrigen Meridiane werden gekrümmt dargestellt. Außerdem entspricht das Verhältnis sämtlicher Parallelkreise untereinander den Proportionen auf der Kugeloberfläche. Die Proportionen der West-Ost- und Nord-Süd-Abstände sind nahezu gleichmäßig auf allen Breitenkreisen gewährleistet.[130]

Schließlich beschreibt Ptolemaios, wie die Oikumene umgeben von einer Armillarsphäre abgebildet werden kann. Eine Armillarsphäre

---

129 Dadurch entsteht genau genommen eine pseudo-konische Projektionsart.

130 So urteilt Ptolemaios (*Geogr.* 1,24,24). Mathematisch gesehen stimmen die Proportionen nur entlang der drei Parallelkreise von Thule (nördliche Begrenzung der Oikumene), von Syene (Mitte der Breitenausdehnung der Oikumene) und von Anti-Meroë (südliche Begrenzung) (siehe dazu auch Berggren/Jones 2000, 38).

(κρικωτὴ σφαῖρα) ist eine die Himmelssphäre repräsentierende, aus Ringen gebaute Kugel, wobei die Ringe den Himmelsäquator, den Ekliptikkreis, den Sommer- und Winterwendekreis, den Meridian durch die Äquinoktialpunkte (d.h. durch die Schnittpunkte des Äquators mit dem Ekliptikkreis) und die beiden Polarkreise darstellen;[131] Ptolemaios setzt zudem einen achten Ring voraus, der den Meridian durch die Solstitiumpunkte bildet. Die dritte Projektionsmethode besteht darin, dass die Oikumene von dieser Ringkonstruktion der Armillarsphäre umgeben dargestellt wird. Für die Proportionalitäten der Oikumene-Darstellung gilt dasselbe wie bei der zweiten Projektionsmethode. Die pseudo-perspektivische Konstruktion verbindet gleichzeitig eine perspektivische Darstellungsweise (indem der Blickpunkt [ὄψις] in der dritten Dimension „über" der Zeichnung gedacht ist: Der Betrachter hat die Zeichnung auf dem Tisch liegen und beugt sich über sie) mit einer zweidimensionalen (indem dieser Blickpunkt gleichsam rechts zur Seite geklappt wird: Das Auge des Betrachters, also der Blickpunkt, wird auf dem Blatt rechts von der Zeichnung dargestellt).[132]

2) Ortskatalog[133] (*Geogr.* 2–7,4,13)

Der Ortskatalog[134] beginnt mit Buch 2 und endet in Buch 7 (an der Stelle *Geogr.* 7,4,13); er macht textlich quantitativ den Löwenanteil des Werkes aus. Dieser Teil besteht aus einem kurzen Prolog und der Beschreibung der Oikumene nach Teilgebieten.

Im Prolog skizziert Ptolemaios den Aufbau des Ortskatalogs: Zu jedem Toponym Gradangaben, zuerst die Längengrade, dann die Breitengrade, in Tabellenform; Beschreibung der einzelnen Teile der Oikumene jeweils von Norden nach Süden und von Westen nach Osten;[135] zuerst Europa, dann Afrika, zuletzt Asien; Zylinderprojektion für die Teilkar-

---

131 Siehe Berggren/Jones 2000, 112 Anm. 8.

132 Vgl. dazu Berggren/Jones 2000, 39: „Ptolemy carries out the projection by treating the drawing plane first as the vertical plane containing the eye and the center of the globe, and thereafter as the plane of projection, which is at right angle to the former plane, so that the final drawing is made on the same plane as the geometrical construction of the perspective projection. This device, which eliminates the need for transferring measurements from one diagram to another, is reminiscent of the *analemma* constructions of sundial theory."

133 *Stricto sensu* trifft dieser Begriff, der sich im Zusammenhang mit der *Geographie* des Ptolemaios und vielleicht in Anlehnung an den Sternkatalog im *Almagest* eingebürgert hat, nicht zu: Im Ortskatalog sind neben Orten auch verschiedenste andere Objekte verzeichnet (dazu gleich unten).

134 Ptolemaios nennt diesen Teil am Anfang (*Geogr.* 2,1,2 und 2,1,11) und nach seinem Ende (*Geogr.* 7,4,14) ἡ κατὰ μέρος ὑφήγησις/ἔκθεσις (‚die Anleitung im Einzelnen').

135 Diese Reihenfolge begründet Ptolemaios allein mit dem Vorteil für den Kartenzeichner, dessen „Hand somit von den bereits eingetragenen Objekten zu den noch nicht eingetragenen weitergehen kann" (*Geogr.* 2,1,4) und die Zeichnung nicht verschmiert.

ten. Nach diesen Prinzipien wird im Anschluss die ganze Oikumene nach Teilgebieten beschrieben. Dabei beginnt Ptolemaios in der Regel mit einem *Periorismos* (Grenzbeschreibung nach den vier Himmelsrichtungen) des betreffenden Gebietes, oft nach Völkern oder Gegenden geordnet. Darauf fährt er mit der Aufzählung vorhandener Flüsse und Berge fort. Es folgen die im Landesinnern liegenden Toponyme, wiederum häufig nach Völkern oder Gegenden geordnet. Den Abschluss bilden – falls vorhanden – zu dem besprochenen Teil zugehörige Inseln. Die meisten Toponyme sind Städte und sogenannte Bedeutende Städte (πόλεις διάσημοι/διασημότεροι, bisweilen πόλεις ἐπίσημοι/ἐπισημότεροι, dazu unten S. 45–48) oder andere Siedlungsstrukturen wie z.B. Dörfer, Kolonien, Häfen oder Heiligtümer usw. Daneben werden auch hydrographische Punkte (z.B. Flussmündungen, markante Merkmale in Flussverläufen, Buchten, Seen usw.) und weitere verschiedenste topographisch relevante Objekte (z.B. Wälder, Ebenen usw.) angegeben. Fast 80 Prozent der knapp 8000 Toponyme des Ortskatalogs[136] sind mittels einer bis auf den zwölften Teil eines Grades (bzw. bis auf fünf Bogenminuten) genauen geographischen Länge (μῆκος) und Breite (πλάτος) definiert. Damit können sie in ein erstmals von Ptolemaios konzipiertes Koordinatensystem eingefügt werden, dessen Nullmeridian durch die Inseln der Glückseligen verläuft (*Geogr.* 4,6,34; die heutigen Kanaren) und die westliche Begrenzung der dem Ptolemaios bekannten Oikumene bildet. Der östlichste Eintrag ist die Metropole Sinai, die Hauptstadt der Sinen (Chinesen) auf einer Länge von 180° (*Geogr.* 7,3,6), womit die Gesamtlängenausdehnung der Oikumene gegeben ist. Die Breitenangaben des ptolemäischen Koordinatennetzes werden, genau gleich wie auf heutigen Karten, vom Äquator aus gemessen. Das am nördlichsten verzeichnete Toponym auf der ptolemäischen Weltkarte ist die Insel Thule bei 63°N (*Geogr.* 2,3,32), deren Identifizierung nicht mit Sicherheit möglich ist. Die südlichsten dem Ptolemaios bekannten Örtlichkeiten sind die Gegend Agisymba (*Geogr.* 4,8,5–6; wohl mit dem Gebiet nördlich des Tschadsees zu identifizieren)[137] mit dem Kap Prason (*Geogr.* 4,8,2; vielleicht das heutige Kap Delgado), die er ungefähr auf der Gegenbreite von Meroë, d.h. auf 16° 25′S vermutete:[138] Der Parallelkreis durch Anti-Me-

136 Gemäß Stückelberger 23 umfasst der Ortskatalog 6345 Einträge mit und rund 1600 Einträge ohne Koordinatenangaben (letztere betreffen Völker, kleinräumigere Gegenden, großräumigere Gebiete und Meere).

137 Geht man von dieser Identifizierung aus, wurde die Gegend Agisymba von Ptolemaios wesentlich zu weit südlich angesetzt (siehe Stückelberger 75 Anm. 46 und 445 Anm. 175).

138 Im Ortskatalog wird für das Kap Prason eine geographische Breite von 15°S angegeben (*Geogr.* 4,8,2). Die Stadt Meroë selbst liegt nach Ptolemaios (*Geogr.* 4,7,21) auf einer Breite von 16° 25′N.

roë, d.h. derjenige Breitenkreis, der im selben Abstand von 16° 25′ vom Äquator nach Süden wie Meroë nach Norden entfernt ist, bildet die südliche Begrenzung der ptolemäischen Weltkarte; in den Konstruktionszeichnungen **1** und **4** des 1. Buches wird er denn auch mit νοτιώτατος (*sc.* παράλληλος) beschriftet (vgl. Abb. 3 und 6). Die Gesamtbreitenausdehnung beträgt somit genau 79° 25′ oder rund 80°.[139]

3) Atlasteil (*Geogr.* 7,4,14–7,5; 7,7; 8)

Zum Atlasteil gehört der Schluss des 7. Buches (*Geogr.* 7,4,14–7,7,4), mit Ausnahme des 6. Kapitels, sowie das ganze 8. Buch. Der Atlasteil der *Geographie* besteht aus 3 Weltkarten (dazu gleich unten mehr) und 26 Teilkarten[140] sowie aus Bildunterschriften (ὑπογραφαί) zu jeder einzelnen Karte.[141] Da diese Bildunterschriften in den Handschriften in der Regel dem zugehörigen Kartenbild vorangehen, seien diese im Folgenden ‚Beischrift' genannt.

Nach einem kurzen überleitenden Abschnitt (*Geogr.* 7,4,14) werden in der summarischen Beischrift zur Weltkarte (*Geogr.* 7,5, Titel: ὑπογραφὴ κεφαλαιώδης τοῦ τῆς οἰκουμένης πίνακος), die für beide Kegelprojektionsarten gültig ist (Weltkarten 1–2), zuerst die Grenzgebiete der Oikumene für jede Himmelsrichtung beschrieben, dann die Meere aufgezählt, die Lage der Kontinente zueinander und ihre Größe besprochen sowie Meere und nennenswerte Golfe und Inseln in der Reihenfolge ihrer Größe genannt. Daran schließen sich Angaben und Daten zur Breiten- und Längenausdehnung der Oikumene und zu den wichtigen Parallelkreisen durch Rhodos (zu dem am meisten Messungen vorliegen) und Syene (heute Assuan; dieser Parallelkreis liegt in der Mitte der Gesamtbreite der Oikumene) an. In der Beischrift zu einer Karte nach der planisphärischen Projektion (*Geogr.* 7,7, Titel: ὑπογραφὴ τοῦ ἐκπετάσματος), die mittels der Zeichnung einer Armillarsphäre mit eingeschlossener Erde wiedergegeben werden soll (Weltkarte 3), gibt Ptolemaios Anweisungen, welcher Blickpunkt (ὄψις) für die Zeichnung zu wählen und wie die Oikumene und der Tierkreis zu positionieren seien.

In der Ξ-Rezension bzw. deren einzigem reinen Vertreter, dem Vat. gr. 191 (X), verhält sich die Abfolge von *Geogr.* 7,5–7 minimal anders

139 Die Angaben zur Begrenzung der Oikumene in allen vier Himmelsrichtungen sind in der summarischen Beischrift zur Weltkarte im Atlasteil zusammengestellt (*Geogr.* 7,5,12–14; dazu gleich unten).

140 Dies scheint mir der treffendste Begriff für οἱ κατὰ μέρος πίνακες (*Geogr.* 8,1,6). Die andernorts auftretenden Bezeichnungen/Übertragungen wie etwa Provinzkarten, Regionalkarten oder Länderkarten sind sowohl sachlich als auch nach unserem modernen Sprachgebrauch ungenau und irreführend.

141 Für Weltkarte 1 und 2 ist dieselbe Beischrift vorgesehen.

und sind Anhänge dazwischen geschoben, die in der ω-Rezension erst ganz am Schluss nach dem *Geographie*-Text erscheinen:[142] Der Paragraph 7,5,1 fehlt dort, wo man ihn erwarten würde (f. 165r, Kol. 3, unten); Kapitel 7,5 setzt nach dem Titel gleich mit dem Paragraphen 7,5,2 ein. Zwischen Kapitel 7,6 und 7,7 ist erstens die Liste der Provinzen oder Satrapien der Oikumene (= Anhang **1**) eingeschoben; zweitens schließt sich daran der weiter oben fehlende Paragraph 7,5,1, und zwar unter dem Titel «⟨Τ⟩ὰ προγραφόμενα πρὸ της [*sic*] καιφαλαιώδης [*sic*] ὑπογραφης [*sic*] τῆς οἰκουμένης καὶ τῶν ἐπαρχιῶν», also gleichsam einer Variante des Titels von Kapitel 7,5. Dann erst folgt Kap. 7,7. Am Schluss dieses Kapitels, d.h. zwischen Buch 7 und 8, sind die Scholien zur Armillarsphäre (Anhang **2**) eingefügt.

In denjenigen griechischen Handschriften, die Karten enthalten, folgt nun im Anschluss an Buch 7 die Abbildung einer Weltkarte nach der 1. ptolemäischen Projektionsart, mit Ausnahme des Seragl. G. İ. 57 (K), der einzigen griechischen Handschrift mit einer Karte nach der 2. ptolemäischen Projektionsart. Es ist anzunehmen, dass Ptolemaios eine Weltkarte in jeder der von ihm vorgeschlagenen drei Projektionsarten vorsah, Weltkarten 1–2 in den beiden Kegelprojektionen nach der ersten Beischrift (*Geogr.* 7,5), Weltkarte 3 als Armillarsphäre nach der zweiten Beischrift (*Geogr.* 7,7).[143] Dass in den Handschriften jeweils höchstens eine Weltkarte erscheint, könnte bereits in einer frühen Überlieferungsstufe materielle (Pergament, Farbpigmente, Zeit) und technische Gründe (Konstruktionsmethoden) gehabt haben; wahrscheinlich wurden die Weltkarten bereits früher, wie in den noch erhaltenen Handschriften auch, auf Doppelblättern abgebildet, die kodikologisch gesehen unabhängig von den übrigen Bestandteilen der entsprechenden Handschrift waren und deshalb leichter abhanden kommen konnten, z.B. durch Verkauf oder Raub (dass die Weltkarte ein besonders kostbarer und beeindruckender Teil des Werkes war, davon zeugen die heute noch vorhandenen Exemplare in unbestreitbarer Weise) oder durch Verlust anderer Natur.

Das 8. Buch der *Geographie* beginnt mit Vorbemerkungen zu den Teilkarten (*Geogr.* 8,1–2): Der Hauptzweck einer Unterteilung der Gesamtdarstellung der Oikumene in mehrere Karten ist die Möglichkeit, alle im Ortskatalog verzeichneten Objekte maßstabgetreu auf der entsprechenden Teilkarte einzutragen. Die Verzerrungen der Größenverhältnisse auf Weltkarten und der Irrtum, die Erde werde rundum vom Ozean umflossen, beruhen gemäß Ptolemaios genau auf dem Problem, dass die

142 Siehe dazu auch die Beschreibung der Handschrift X, *Stemmatologische Notizen*. Zu den Anhängen Weiteres unten S. 132–140.

143 So gelöst auch in der Ausgabe Stückelberger 742–765.

einzutragenden Objekte für Europa ungleich viel zahlreicher sind als diejenigen für Afrika und Asien; deshalb wurde die zur Verfügung stehende Kartenfläche jeweils so eingeteilt, dass die Platzverhältnisse der Menge der einzuzeichnenden Objekte entsprachen, ungeachtet der eigentlichen Größenverhältnisse. Wiederum aus Platzgründen und mangels Kenntnis der westlichen Küstenlinien Afrikas und Hinterindiens zog man dann den Ozean den Kartenrändern entlang weiter – dort, wo noch Platz zur Verfügung stand –, so dass er die gesamte Oikumene umgab.[144] Aus diesen Gründen schlägt Ptolemaios für die Teilkarten von Gebieten, für die viele Objekte bekannt und einzutragen sind, kleinere Maßstäbe vor und umgekehrt.[145] Die Teilkarten, für welche die Zylinderprojektion genügt, müssen und sollen demnach nicht alle denselben Maßstab, aber unbedingt eine „Gradeinteilung entsprechend dem Verhältnis der mittleren Parallele der Karte zum größten Kreis" (*Geogr.* 8,1,7), d.h. Proportionstreue aufweisen. Da sich die Längengrade vom Äquator zu den Polen konstant verkürzen, ist der Abstand zwischen Längengrad A und Längengrad B auf der Breite des Äquators größer als z.B. auf einer geographischen Breite von 36°N oder S. Um diesem Umstand Rechnung zu tragen und verfremdende Verzerrungen auf dem Kartenbild zu vermeiden, soll für die rechteckigen Teilkarten in Zylinderprojektion deshalb jeweils das passende Verhältnis von Längen- zu Breitengrad berücksichtigt werden. Dieses Verhältnis, der sogenannte Verkürzungsfaktor, wird in den Beischriften zu den Teilkarten (dazu gleich unten) für jede einzelne Karte festgelegt.[146] Schließlich kündigt Ptolemaios an, dass er für Europa 10, für Afrika 4 und für Asien 12 Teilkarten (= insgesamt 26 Teilkarten) vorgesehen hat, und wie die Beischrift (*Hypographe*) für jede einzelne dieser Karten im Folgenden gestaltet ist: Angabe des Kontinents, zu dem die

144 Demgegenüber sind die Kontinente Afrika und Asien ganz im Süden der ptolemäischen Weltkarte miteinander verbunden, weshalb der Indische Ozean zu einem Binnenmeer wird, vgl. Ptol., *Geogr.* 7,5,4–5: „Ebenso ist auch das ganze Indische Meer [...] allseits vom Land umgeben. Somit hängt auch von den drei Kontinenten Asien zunächst mit Afrika zusammen, und zwar sowohl durch die Landenge, die das Mittelmeer vom Arabischen Golf [heutigen Roten Meer] trennt, wie auch durch das unbekannte Land, welches das Indische Meer umschließt."

145 Offenbar vermochte auch diese Maßnahme das von Ptolemaios bemängelte Vorgehen nicht vollständig auszumerzen, wie eine Analyse der handschriftlich überlieferten Karten des 6. Buches der *Geographie* gezeigt hat, vgl. HUMBACH/ZIEGLER 2, 3: „There is reason to believe that map-makers entered the names of peoples and regions often in an extremely subjective manner, mostly because of the space available, be it to avoid overloading or to fill blanks."

146 Für die 6. Europa-Karte lautet das Verhältnis z.B. 3 : 4, vgl. *Geogr.* 8,8,1. – Mathematisch gesehen entspricht das Verhältnis von Längen- zu Breitengrad dem Cosinus des Breitenwinkels φ des Mittelparallelkreises (wobei φ die geographische Breite bezeichnet und unter dem Mittelparallelkreis der die betreffende Karte halbierende Parallelkreis zu verstehen ist).

Karte gehört, der Kartennummer, des Karteninhalts, des Verkürzungsfaktors und der Kartengrenzen; darauf Angabe der Polhöhen (= geographische Breiten) der im behandelten Gebiet liegenden Bedeutenden Städte, umgerechnet in die Dauer des längsten Tages, sowie Angabe ihrer Abstände vom Meridian durch Alexandria nach Osten oder Westen in Äquinoktialstunden;[147] schließlich, nur für die unter dem Tierkreis gelegenen Orte, Angaben zum Sonnenstand, namentlich ob die Sonne am entsprechenden Ort einmal oder zweimal (jährlich) im Zenit steht, und welchen Abstand sie dabei von den Wendepunkten einnimmt.

Genau nach diesem Prinzip sind die nun anschließenden Beischriften zu den Teilkarten (*Geogr.* 8,3–28) aufgebaut. Die Textstücke, die sich nach den Beischriften in vielen Handschriften anschließen, gelten als unptolemäische spätere Zusätze und werden weiter unten eingehend behandelt (S. 132–140). Im Vat. gr. 191 (X), der für die Ξ-Rezension steht, befindet sich nach dem Schluss der *Geographie* (d.h. dem Ende der Beischriften) nur noch die Notiz über eine Vorlage mit 27 (statt der regulären 26) Teilkarten (unten S. 133 als Anhang **x** bezeichnet, in keiner anderen Handschrift auftretend), die übrigen Anhänge fehlen in Handschrift X (mit Ausnahme der im und nach dem 7. Buch eingeschobenen Anhänge **1**–**2**, s.o. S. 41). In den griechischen (und lateinischen) Handschriften mit Karten wird in der Regel nach jeder einzelnen Beischrift die dazu passende Karte geboten, entsprechend der Anzahl der Beischriften 26 an der Zahl. In einer Reihe von Handschriften tauchen allerdings insgesamt 64 Teilkarten auf, die in den Ortskatalog eingeschoben wurden, meist jeweils unmittelbar nach der Beschreibung des Gebietes, das sie abbilden. Diese sogenannte B-Redaktion der Karten (gegenüber der A-Redaktion mit 26 Teilkarten) wurde erstmals von Joseph Fischer am Deutschen Geographentag 1912 in Innsbruck einem größeren Publikum vorgestellt.[148] Gemäß verschiedenen Untersuchungen stammt die Neuredaktion der Teilkarten aus dem frühen 14. Jh. – vielleicht ist der Zeichner der Karten des Plut. 28.49 (O), der ältesten erhaltenen Handschrift mit 64 Teilkarten, der Autor dieser Neuredaktion. Obwohl die von Fischer geprägten Begriffe A- und B-Redaktion vom aktuellen Forschungsstandpunkt aus nicht mehr angebracht sind, da für die B-Redaktion ein spätantiker Ursprung ausgeschlossen werden kann und somit genauer von einer ptolemäischen und einer byzantinischen Kartenredaktion gesprochen würde, bediene ich mich der Einfachheit halber der herkömmlichen Bezeichnungen.

147 Die Äquinoktialstunde (ὥρα ἰσημερινή) ist der 24. Teil des Sonnentages (also 1 Stunde). Sie entspricht 15 Äquatorialgraden (siehe Ptol., *Geogr.* 1,23,1).

148 Vgl. DINSE 1913, 384.

Auch die *Geographie* des Ptolemaios blieb von Kritik nicht verschont. Dabei wurde Ptolemaios weniger der Fälschung von Daten bezichtigt, wie im Fall des *Almagest*,[149] als vielmehr der Fehlerhaftigkeit von Daten, deren Ursache wiederum in falschem methodischem Vorgehen gesehen wurde. Das meines Wissens früheste noch greifbare kritische Zeugnis stammt von dem arabischen Philosophen, Historiker und Geographen al-Mas'udi, der in seinem 955/956 verfassten *Kitab at-tanbih wa'l-ishraf* schrieb:[150] „Claude Ptolémée a souvent critiqué ceux de ses prédécesseurs qui ont traité de la population de la terre, des confins et des limites de la terre habitée, tels que Marinus, Hipparque, Timosthène et autres, parce qu'ils ont accepté des informations fournies par des marchands ou autres voyageurs de cette sorte, sur les peuples habitant aux extrémités de la terre. L'erreur par excès et par défaut s'est glissée dans les rapports que ces individus ont fait de leurs voyages sur terre et sur mer dans des contrées si lointaines et chez des peuplades si éloignées. Cependant lorsque Ptolémée voulut avoir sur ces questions des résultats arrêtés, il fut forcé de se servir pour recueillir ses informations des mêmes moyens qu'il avait blâmés chez les autres. Il se fia aux voyageurs qu'il envoya dans les divers climats pour connaître les limites de la terre habitable, et il en fit l'évaluation d'après leurs renseignements en s'aidant des indications tirées des astres. Il se replaça ainsi sous le coup de sa propre critique." Auch an modernen Fehleranalysen der *Geographie* mangelt es nicht;[151] zu Recht hat jedoch Patrick Gautier Dalché unlängst auf die Problematik und Fragwürdigkeit solcher Untersuchungen hingewiesen, da sie das antike Werk aus der Warte heutiger geo- und kartographischer Auffassung beurteilen.[152]

---

149 Siehe dazu oben S. 25f.

150 Übersetzung nach Carra de Vaux 1897, 47f.

151 Siehe z.B. Francis J. Carmody, „Ptolemy's Triangulation of the Eastern Mediterranean", *Isis* 67 (1976) 601–609 (der immerhin zum Schluss kommt [*ibid.* 609]: „It is worthwhile to take his coordinates seriously and to examine them rather than criticize them"); Florian Mittenhuber, „Falsche Breitenwerte und ihre Folgen", in: Stückelberger, EB 245–252 (mit dem Fazit [*ibid.* 252]: „Unglücklicherweise hatten diese Fehler für das ptolemäische Kartenbild weitreichende Folgen – aus wissenschaftshistorischer Sicht jedoch sind sie ein Glücksfall, denn so lassen sich zumindest Rückschlüsse auf die Genese der ptolemäischen *Geographie* ziehen"). Siehe auch Andreas Kleineberg u.a., *Germania und die Insel Thule. Die Entschlüsselung von Ptolemaios' ‚Atlas der Oikumene'* (Darmstadt 2010, [2]2011) sowie das Fortsetzungsbuch *Europa in der Geographie des Ptolemaios. Die Entschlüsselung des ‚Atlas der Oikumene': Zwischen Orkney, Gibraltar und den Dinariden* (Darmstadt 2012).

152 Gautier Dalché 2009, 19: „Plutôt que […] de déplorer ses ‚erreurs' ou ses ‚défauts' – ce qui n'a strictement aucun intérêt, puisque un tel jugement a pour point de départ *notre* conception de la convenance géographique, alors que c'est la nature même d'une oeuvre qui est à saisir dans son contexte de production et de réception –, on se plaira à relever tout d'abord l'énorme travail de collecte et d'interprétation des données auquel s'est consacré son auteur."

Mehrere Aspekte der *Geographie* haben außerdem verschiedentlich den Verdacht aufkommen lassen, gewisse Elemente des Werkes seien unptolemäisch. Zu diesem Verdacht führten insbesondere der parenthetische Stil des Ptolemaios (so ist z.B. *Geogr.* 7,6 inhaltlich eigentlich die Fortsetzung von *Geogr.* 1,24), die vielen Wiederholungen (z.B. in den *Hypographai*, die andernorts im Werk erwähnte Daten wiedergeben), gewisse Inkonsistenzen (v.a. die Tatsache, dass in *Geogr.* 8 die Positionen der Bedeutenden Städte nicht mit Längen- und Breitenangaben bestimmt werden wie im Ortskatalog, sondern anhand der Dauer des längsten Tages und der Entfernung von Alexandria) und nicht zuletzt die Karten (dazu gleich unten). Diese Zweifel an der Authentizität und Integrität der *Geographie* gingen im Extremfall bis zur Hypothese, dass die überlieferte Form des Werkes und mehrere Teile davon nichts mehr mit Ptolemaios zu tun haben.[153] Heute wird das Werk allgemein als einheitlich und echt betrachtet, allerdings bleibt die eben erwähnte Inkonsistenz der Positionsangaben im Ortskatalog und in *Geogr.* 8 nach wie vor unerklärt und wird die Autorschaft des Ptolemaios für die Karten zum Teil nach wie vor in Frage gestellt. Diesen beiden Punkten sind die folgenden Abschnitte gewidmet.

2.2 Die Bedeutenden Städte

Der Begriff Πόλεις ἐπίσημοι (oder Πόλεις διάσημοι) wird im Deutschen meist mit ‚Bedeutende / Berühmte / Namhafte / Ausgezeichnete Städte' u.ä. übersetzt.[154] Er bezeichnet bei Ptolemaios (und bezeichnete wahrscheinlich schon vor ihm) „eine ziemlich genau festgelegte Auswahl bestimmter Städte".[155] Von Ptolemaios sind drei solcher Zusammenstellungen von Städten überliefert: Erstens werden in den Beischriften (*Hypographai*) zu den Teilkarten im 8. Buch der *Geographie* (*Geogr.* 8,3–28)

153 So z.B. Bagrow 1945, 387: „I sum up: 1) ‚Ptolemy's' Geographia, in the form extant, is not Ptolemy's work. 2) The ‚Geographia' has been compiled by a Byzantine scholar, unknown to us, of the 10–11th century. 3) Its basis are Ptolemy's works about the theory of map-making and his list of the excellent cities [*sc.* der *Kanon der Bedeutenden Städte*]. 4) The maps are of later origin than the text. […] 6) In dealing with historical-geographic questions we cannot use the material of the ‚Geographia' for purposes of dating, since we have no certainty that it refers to the 2nd century."

154 Der Terminus ist offenbar vor Ptolemaios literarisch nicht belegt. Gemäß Honigmann 1929, 63 und 67 zeigt die Verwendung des Begriffs durch Ptolemaios, dass es sich um einen feststehenden, nicht erst von Ptolemaios geprägten Ausdruck handle. In der *Geographie* scheint Ptolemaios πόλις ἐπίσημος und πόλις διάσημος (auch im Komparativ: πόλις ἐπισημότερος/διασημότερος) in gleicher Bedeutung zu verwenden. Im *Kanon Bedeutender Städte* ist nur von πόλεις ἐπίσημοι die Rede.

155 Siehe Honigmann 1929, 62.

insgesamt 360 Bedeutende Städte und ihre geographischen Positionen mittels der Dauer ihres längsten Tages (für die Breitenangabe) und ihrem Abstand vom Meridian durch Alexandria (für die Längenangabe) aufgezählt.[156] Zweitens sind alle in *Geogr.* 8 genannten Bedeutenden Städte auch in den Ortskatalog der *Geographie* (*Geogr.* 2–7,4) eingeflochten, wo ihre Position in Gradangaben definiert ist. Drittens bieten die *Handlichen Tafeln* (*Πρόχειροι Κανόνες*, dazu oben S. 27) gleich am Anfang den *Kanon Bedeutender Städte* (*Κανὼν ἐπισήμων πόλεων*), deren geographische Lage ebenfalls in Graden angegeben ist. Bereits vor Ptolemaios existierten solche Listen ansatzweise, und auch nach ihm wurden die Städtelisten weiter verwendet und bearbeitet.[157] Sie stellten in erster Linie ein Handwerkzeug für astronomische Berechnungen dar.

Wie bereits angedeutet, hat die Tatsache, dass eine solche Städteliste innerhalb der *Geographie* doppelt auftritt und die Positionen der Städte im Ortskatalog in Koordinaten, in *Geogr.* 8 aber in Stunden angegeben werden, zu verschiedenen Spekulationen geführt, die sich zum einen um die Frage der Echtheit des 8. Buches drehten; zum anderen hat vor allem die Inkonsistenz in der Art der Positionsbestimmungen innerhalb der *Geographie* und die Mitberücksichtigung des *Kanons Bedeutender Städte* zu zahlreichen Thesen bezüglich des entstehungsgeschichtlichen Zusammenhangs dieser drei Städtelisten (Ortskatalog der *Geographie*, *Geogr.* 8, *Kanon*) geführt. Hier sei lediglich festgestellt, dass das chronologische Verhältnis erstens des *Kanons Bedeutender Städte* (*Κανὼν ἐπισήμων πόλεων*), zweitens des Ortskatalogs (*Geogr.* 2–7,4) und drittens des 8. Buches der *Geographie* zueinander unterschiedlich beurteilt wird und nach wie vor nicht eindeutig geklärt werden kann.[158] Allerdings

---

156 Diese Zahl wird in der Kapitelübersicht zu *Geogr.* 8 genannt. Zur Anzahl der Bedeutenden Städte siehe auch unten auf S. 47 die Fortsetzung der Anm. 158.

157 Ausführlich widmet sich diesem Thema HONIGMANN 1929; ein kurzer Überblick über vorptolemäische Listen bei STÜCKELBERGER, EB 134–138.

158 So hielt z.B. CUNTZ 1923, 37 den *Kanon* für ein Exzerpt aus *Geogr.* 8, verbunden mit der Entnahme der Gradangaben aus dem Ortskatalog. SCHNABEL 1930 propagierte umgekehrt die Reihenfolge *Kanon* – *Geogr.* 8 (bzw. der Vorstufentext zu *Geogr.* 8 mit dem Titel *Ἔκθεσις τῶν πινάκων τῆς οἰκουμένης*) – Ortskatalog (bzw. die *Geographie* insgesamt). BERGGREN/JONES 2000, 20 Anm. 18 und 50 vertreten die Priorität der *Geographie* gegenüber dem *Kanon*, äußern sich aber nicht zum Verhältnis Ortskatalog – *Geogr.* 8. Widersprüchlich die Haltung in zwei in kurzem Abstand erschienenen Publikationen derselben Autoren: Florian MITTENHUBER / Lutz KOCH, „Der handschriftliche Bestand des ptolemäischen *Kanons bedeutender Städte* und sein Verhältnis zur *Geographie*", *Museum Helveticum* 66,1 (2009) 29–58, dort 52: „Der Grundbestand des *Kanons* ist strukturell mit dem 8. Buch der *Geographie* verwandt und steht in engem Verhältnis zur Ξ-Rezension; das Datenmaterial stammt jedoch hauptsächlich aus dem Ortskatalog. Im *Kanon* ist also keine Datentransformation aus dem 8. Buch der *Geographie* erfolgt; vielmehr wurden die Koordinaten des *Kanons* aus dem Ortskatalog direkt übernommen. Unabhängig davon wurde derselbe Datenpool in die Stundenwerte des 8. Buches transformiert" (Abfolge: Ortskatalog – *Kanon*/*Geogr.* 8); DIESELBEN (zusammen mit Alfred STÜCKELBERGER)

sagt Ptolemaios in seiner Beschreibung, wie eine Beischrift (*Hypographe*) zu einer Teilkarte gestaltet werden soll, klar und deutlich, dass die geographischen Breiten der Bedeutenden Städte in den *Hypographai* **umgerechnet** in die Dauer des längsten Tages angegeben werden.[159] Nicht nur dieser Punkt, sondern auch alle anderen Einzelheiten, die Ptolemaios in *Geogr.* 8,2,1 für die *Hypographai* festlegt (s.o. S. 42f.), werden in den folgenden Beischriften zu den Teilkarten (*Geogr.* 8,3–28) haargenau eingehalten. Es besteht kein Anlass, der Aussage des Ptolemaios, die Dauer des längsten Tages sei aus Gradwerten umgerechnet, keinen Glauben zu schenken, und es scheint nahe liegend, dass er dabei auf die im Ortskatalog errechneten Koordinatenangaben zurückgriff. Hinzu kommt, dass die Anlage der Städteliste in den *Handlichen Tafeln* im Wesentlichen voll und ganz der Anlage des Ortskatalogs und des 8. Buches der *Geographie* entspricht.[160] Für die Erstellung dieses *Kanons Bedeutender Städte* scheint Ptolemaios das Konzept seiner *Geographie* zumindest bereits erarbeitet haben zu müssen. Diesen Gedanken bestätigt ein Passus aus dem *„Langen" Kommentar* Theons von Alexandria zu den *Handlichen Tafeln* des Ptolemaios, in dem sich Theon zum Zweck der ersten dieser Tafeln, dem *Kanon Bedeutender Städte*, äußert: „Dazu erstellt er demnach eine erste Tafel, welche die Namen der Bedeutenden Städte unserer nördlichen Oikumene enthält, denen er aus der von ihm zusammengestellten geographischen Abhandlung in der ersten Kolumne ihre Längenposition, in der zweiten Kolumne die Breitenposition beifügte, den Wert der Zahlen für die Länge von Westen her berechnend, wie

---

in: STÜCKELBERGER, EB 144: „Auf das Ganze gesehen, ist der Grundbestand des *Kanons* strukturell mit dem 8. Buch der *Geographie* verwandt und steht in engem Verhältnis zur Ξ-Rezension; das Datenmaterial steht jedoch dem Ortskatalog näher. Im *Kanon* ist keine Datentransformation aus dem 8. Buch erfolgt; vielmehr bildet der *Kanon* einen vorgängig erstellten Grundstock von Daten, der in den Ortskatalog sowie – in umgerechneter Form – in das 8. Buch der *Geographie* eingeflossen ist" (Abfolge: *Kanon* – Ortskatalog – *Geogr.* 8). Methodisch fraglich errechnet sind außerdem die Zahlen, die in diesen beiden Publikationen für die Grundbestände (also wohl die ursprünglichen Bestände) an Bedeutenden Städten in *Geogr.* 8 und im *Kanon* vorausgesetzt werden: Als Grundbestände werden die Schnittmengen der in allen für relevant gehaltenen Textzeugen auftretenden Städte betrachtet. Zur Beziehung Ortskatalog – *Geogr.* 8 – *Kanon* siehe auch unten S. 90f. den Befund von SCHMIDT 1999.

159 *Geogr.* 8,2,1: […] ὑποτάσσοντες δὲ τῶν καθ' ἑκάστην χώραν διασήμων πόλεων τὰ μὲν ἐξάρματα **μετειλημμένα** εἰς τὰ μεγέθη τῶν ἐν αὐταῖς μεγίστων ἡμερῶν („Darauf folgen die Polhöhen der Bedeutenden Städte der jeweiligen Länder, umgerechnet in die Dauer des längsten Tages").

160 Offenbar stimmen außerdem die Koordinaten des *Kanons* insgesamt gut mit den in der *Geographie* gegebenen Werten überein, wobei die Übereinstimmung *Kanon* – Ortskatalog noch etwas besser ist als die Übereinstimmung *Kanon* – *Geogr.* 8 (vgl. dazu STÜCKELBERGER, EB 143).

er selbst in der *Geographie* sagt […].“[161] Diese Beobachtungen sprechen dafür, dass sowohl *Geogr.* 8 als auch der *Kanon* auf den Ortskatalog zurückgehen; das chronologische Verhältnis zwischen *Geogr.* 8 und *Kanon* bleibt dabei freilich offen.

In den griechischen *Geographie*-Handschriften werden die Bedeutenden Städte im Ortskatalog in der Regel durch eine herausgestellte, oft mit Auszeichnungstinte ausgeführte Initiale hervorgehoben. Allerdings stimmen die so ausgezeichneten Städte meist nicht genau mit der in *Geogr.* 8 zusammengestellten Auswahl überein, sondern sind einige Städte „zu Unrecht“ mit einer herausgestellten Initiale versehen, während bisweilen Bedeutende Städte keine solche Markierung aufweisen. Auf den handschriftlich überlieferten Karten haben die Bedeutenden Städte eine besondere Vignette, die meist drei oder mehrere Türme trägt.

2.3 Die ptolemäischen Karten

Das geographische Weltbild des Ptolemaios, die damit verbundenen kartographiehistorischen Fragen sowie die handschriftlich überlieferten Karten sollen und können in der vorliegenden Arbeit nicht näher behandelt werden.[162] Wie bisherige Untersuchungen allgemein zeigten, hat die Überlieferung der Karten ihre eigene, weitgehend vom Text der *Geographie* losgelöste Geschichte.[163] Trotzdem dürften sich Text und Karten im Lauf der Überlieferung zu einem gewissen Grad wechselseitig beeinflusst haben.[164]

Zu den nach wie vor diskutierten Streitfragen, ob Ptolemaios selbst seinem Werk überhaupt Karten beigegeben habe und ob die erhaltenen handschriftlichen Karten auf antike Vorlagen zurückgehen oder Rekon-

161 Theon, *Εἰς τοὺς Προχείρους κανόνας* („*Langer“ Kommentar*) 1,1: Ἐκτίθεται οὖν εἰς τοῦτο πρῶτον κανόνιον περιέχον τῶν τῆς καθ' ἡμᾶς βορειοτέρας οἰκουμένης ἐπισημοτέρων πόλεων τὰς ὀνομασίας, παραθεὶς αὐταῖς ἐκ τῆς συντεταγμένης αὐτῷ γεωγραφικῆς πραγματείας ἐπὶ μὲν οὖν πρώτου σελιδίου τὰς κατὰ μῆκος αὐτῶν ἐποχάς, ἐπὶ δὲ τοῦ δευτέρου τὰς κατὰ πλάτος, τὴν ποσότητα τῶν ἀριθμῶν ποιησάμενος ἐπὶ μὲν τοῦ μήκους ἀπὸ τῶν δυσμικωτέρων, ὡς αὐτός φησιν ἐν τῇ Γεωγραφίᾳ […].

162 Zu diesen Themen sei in Auswahl verwiesen auf Dilke 1987 und 1987b; Diller 1940; Fischer 1932; Gentile 1992b; Humbach/Ziegler 2; Mittenhuber 2009; Stückelberger, EB 34–108. In Bälde ist außerdem die Publikation von Styliani Chrysochoous Dissertation *The Cartographical Tradition of Ptolemy's* Geographike Hyphegesis *in the Palaeologan Period and the Renaissance (13th–16th century)* zu erwarten.

163 Eine kurze Übersicht über das Stemma der Karten gibt Schmidt 1999, 13–15.

164 Vgl. dazu Renou 1925, XI: „On peut supposer qu'il y a eu une tradition propre aux cartes, laquelle aurait été recouverte par une adaptation systématique au texte particulier des manuscrits.“

struktionen aus späterer Zeit seien,[165] sei hier festgehalten, dass es kaum vorstellbar scheint, dass Ptolemaios die in der *Geographie* dargelegten Projektionsarten und das oikumene-weite Koordinatensystem ganz ohne die Hilfe von Kartenmaterial entwerfen konnte. Ob Ptolemaios solche (Hilfs-)Karten selbst anfertigte oder von „Assistenten" zeichnen ließ (vielleicht von dem Agathodaimon, dessen Subskription in vielen Handschriften auftaucht? [dazu unten S. 138 f.]) und ob diese, vielleicht in einer überarbeiteten, „editionstüchtigen" Form, der ἔκδοσις der *Geographie* beigefügt wurden (und ob [auch] sie das Werk des Agathodaimon waren?), kann mangels Beweislage nicht entschieden werden. Außerdem zeigten Maria Gabriela Schmidt und unlängst Patrick Gautier Dalché in fundierter und differenzierter Weise,[166] dass der Autor der armenischen *‚Weltschau'* (*Ašxarhacʿoycʿ*), wohl Ananias von Širak (7. Jh.), für sein Werk die (verlorene) Χωρογραφία οἰκουμενική des Pappos von Alexandria (*floruit* um 320 n. Chr.) benutzt hatte, und dass Pappos seinerseits für seine *Chorographie* die *Geographie* des Ptolemaios hinzugezogen hatte, und zwar ein Exemplar mit Karten. Dass wenig später auch dem Theon von Alexandria (4. Jh., 2. Hälfte) ein mit Karten ausstaffiertes Exemplar der ptolemäischen *Geographie* zur Hand war, ist wahrscheinlich, explizite Nachweise scheinen jedoch zu fehlen.[167] Ähnlich ist die Beweislage im Fall des nicht mit Sicherheit datierbaren Markianos von Herakleia (zwischen 3. und 6. Jh. [Anfang]) zu wenig stabil, um mit Sicherheit davon ausgehen zu können, dass er Ptolemaios-Karten benutzte.[168]

Demgegenüber muss hier festgehalten werden, dass von den zahlreichen Belegen, die von anderer Seite für den Beweis der Existenz von Ptolemaios-Karten *in der Spätantike* ins Feld geführt werden, kaum einer wissenschaftlich haltbar ist (ich beziehe mich im Folgenden auf die Zusammenstellung dieser Argumente von Mittenhuber 2009b, dort 76–91 [„Belege für eine in die Antike zurückreichende Kartentradition"]). So wird zum Beispiel „die fast völlige Übereinstimmung bei der Farbgebung der Länder auf den Karten von UKF [*sc.* Urb. gr. 82, Seragl. G. İ. 57, Fabr. 23,2°]" angeführt, die zunächst allerdings lediglich auf eine gemeinsame

165 Zusammenfassend dazu Alfred Stückelberger, „Klaudios Ptolemaios", in: W. Hübner (Hrsg.), *Geschichte der Mathematik und der Naturwissenschaften in der Antike*, Bd. 2: *Geographie* (Stuttgart 2000) 185–208, dort 189 f.; Gautier Dalché 2009, 17–19. Einen Überblick über Literatur zu den beiden Forschungsmeinungen gibt Oswald Ashton Wentworth Dilke, *Greek and Roman Maps* (Ithaca/New York/London 1985) 207, Nr. 28. Siehe dazu auch unten S. 522, Anm. 6.

166 Schmidt 1999, 67–120; Gautier Dalché 2009, 29–31.

167 Gautier Dalché 2009, 33–35 geht davon aus, dass Theon Zugang zu Ptolemaios-Karten hatte, der praktische Aspekt der Abbildung/Darstellung der Erde zu jener Zeit aber nicht mehr interessierte.

168 Schmidt 1999, 44 befürwortet vorsichtig den Gebrauch einer Karte; ähnlich Gautier Dalché 2009, 47.

Vorlage schließen lasse. Freilich stellt weder die eine noch die andere Aussage ein Indiz für die Existenz von Karten in der Spätantike dar. Hinzu kommt, dass für die drei genannten Handschriften sowie für den Vatopedi 655 (L), die alle aus der Zeit um 1300 stammen, verwandte kodikologische Merkmale festgestellt worden sind, die auf einen gemeinsamen Produktionsplan hinweisen.[169] Die nahezu identische Kartenkolorierung in U, K und F kann demnach auch dadurch zustande gekommen sein, dass die Karten dieser Handschriften in demselben Skriptorium bzw. unter derselben Leitung angefertigt und gleichsam „seriell" eingefärbt worden sind; diese Farbgebung kann auch eigenständig und unabhängig von einer Vorlage vorgenommen worden sein. Außerdem kann die zwar durchaus plausible Annahme einer gemeinsamen Vorlage für diese Handschriften nicht ‚automatisch' als Beweis für einen spätantiken Ursprung gehandelt werden, denn über das Alter dieser Vorlage lässt sich vorerst keine Aussage machen. Des Weiteren ist die Behauptung, die Verwendung von Majuskeln für Beschriftungen auf den Karten für Meeres-, Ländernamen u.ä. in den Handschriften U, K und F könne nur mit einem Majuskelkodex als Vorlage erklärt werden, da die Majuskelschrift zur Entstehungszeit dieser Kodizes längst aus der Mode gekommen sei,[170] unsachverständig und als Argument für eine antike Kartentradition haltlos. Majuskeln wurden als Auszeichnungsschrift für verschiedenste Arten von Hervorhebungen wie Titel, Initialen, Beschriftungen (z.B auf Miniaturen) usw. benutzt, so lange Handschriften produziert wurden, also bis weit über die Erfindung des Buchdrucks hinaus. Zahlreiche Beispiele dafür sind z.B. im CBM oder im Ausstellungskatalog Mont Athos zu finden (siehe Literaturverzeichnis). Außerdem kann der Hervorhebungscharakter der Majuskelbeschriftungen auf den Teilkarten schon daran erkannt werden, dass in der Regel die Länder- und Provinznamen angrenzender Gebiete, die nicht eigentlicher Gegenstand der entsprechenden Teilkarte sind, in Minuskelschrift gehalten sind. Alle übrigen in der oben genannten Publikation aufgezählten, in den überlieferten Karten zu findenden Belege müssen mit denselben Gegenargumenten wie unter dem „Beleg" der gemeinsamen Farbgebung entkräftet werden: Die sehr ähnliche Zeichnung der Stadtvignetten und die weitgehende Übereinstimmung der den Städten zugeordneten Symbole für die Angabe der ethnischen Zugehörigkeit auf den Karten von U, K und F können zwar auf eine gemeinsame Vorlage zurückgehen, müssen dies aber nicht, sondern können auch auf dem Gesamtkonzept, unter dem diese Handschriften offenbar hergestellt wurden, beruhen. Dasselbe gilt für verschiedene auf den

---

169 Siehe Diller 1940, *passim*.

170 Dieselbe Behauptung wird weiter unten (Stückelberger, EB 330) wiederholt; ähnlich auch *ibid.* 85 Anm. 127 und 86.

Karten zu findende Informationen, die der Text der *Geographie* nicht enthält, namentlich die bereits erwähnten Symbole der ethnischen Zugehörigkeit, von denen im Text der *Geographie* nirgends die Rede ist, aber auch sehr ähnlich gezeichnete Küstenverläufe für Abschnitte, die in Ermangelung genügender durch Koordinaten vorgegebener Punkte zu einem gewissen Grad dem Ermessen des Kartenzeichners überlassen waren:[171] Dieses Mehr an Informationen auf den Karten gegenüber dem Text beweist weder eine gemeinsame Vorlage noch eine eigene Kartentradition; die Möglichkeit einer gemeinsamen Vorlage besteht, genauso möglich ist aber wiederum das Szenario, diese sehr ähnlichen Zusatzinformationen auf den Karten von U und K in einem gemeinsamen Unternehmen zur Herstellung dieser Handschriften zu suchen. Gerade die von Ptolemaios nirgends erwähnten Symbole der ethnischen Zugehörigkeit, die den Städten und Völkern auf den Karten beigefügt wurden, könnten eine gewisse Hilfsfunktion für die Kartenzeichner (und die Kartenbenutzer) gehabt haben und durchaus eine Erfindung der Hersteller der Handschriften U, K und F sein. Für diese These könnte zusätzlich sprechen, dass der Hersteller der Karten des Plut. 28.49 (O), der ältesten und vermutlich ersten Kartenhandschrift, in der 64 (statt der traditionellen 26) Teilkarten erscheinen, die Auswahl an Symbolen ethnischer Zugehörigkeit offenbar erweitert hat.[172] Auch die sehr ähnlich gestalteten, nicht in jedem Punkt den Informationen aus dem *Geographie*-Text entsprechenden Flussverläufe sowie ein im Text nicht erwähntes, auf den Karten eingezeichnetes Gebirge auf der 2. Europa-Karte werden durchwegs mit einer gemeinsamen Vorlage und einer textunabhängigen Kartentradition erklärt, während die Möglichkeit einer Herstellung der Handschriften von U, K und F unter einer gemeinsamen Ägide und die Ähnlichkeiten in der Gestaltung der Karten aus diesem Grund nicht in Betracht gezogen werden. Eine solche Reduktion ist aus handschriftenkundlicher Sicht problematisch. Auch zwei weitere Kartendetails, die „ein Mehr an Information bieten und reale Sachverhalte aus der Antike dokumentieren, die in den Texten verloren sind und die somit auf eine in die Antike zurückreichende Kartentradition hinweisen“, vermögen nicht zu überzeugen: So werden die Städte Panormos und Ikonion in *Geogr.* 8 nicht unter den Bedeutenden Städten verzeichnet, auf den Karten von U und K (von F sind in diesem Fall keine Karten überliefert) jedoch mit einer mehrturmigen Vignette als

171 Als Beispiel wird die Halbinsel der Novanten im Norden Britanniens auf den Karten der Handschriften U und K genannt, vgl. Mittenhuber 2009b, 77f. mit Abbildungen 27–28.

172 Siehe Mittenhuber 2009b, 77; dort wird jedoch vermutet, dass die zusätzlichen Symbole auf den Karten der Handschrift O, die in den Handschriften U, K und F fehlen, vom Hersteller der Handschrift O aus verschiedenen Kartenvorlagen übernommen seien, „wobei die eine der ω-Rezension, die andere wohl der Ξ-Rezension angehörte“.

Polis episemos ausgezeichnet; dies geschehe zu Recht, wird argumentiert, da die beiden Städte im *Kanon Bedeutender Städte* aufgezählt werden. Ein weiteres Mal ist damit aber nicht bewiesen, dass die Karten hier eine frühere Überlieferungsstufe gegenüber dem Text der *Geographie* repräsentieren: Es ist denkbar, dass die Hersteller der Karten die *Handlichen Tafeln*, ein in Konstantinopel gut bekanntes und viel benutztes Werk, und somit den darin enthaltenen *Kanon* kannten und den Städten Panormos und Ikonion auf dieser Grundlage den Status einer *Polis episemos* ‚verliehen'. Außerdem sind *Geogr.* 8 und der *Kanon*, wie oben dargestellt (S. 45–48), zwei mehr oder weniger voneinander unabhängig entstandene Einheiten. Nicht zuletzt sind im Ortskatalog der Handschrift U die beiden Städte durch eine herausgestellte Initiale markiert (f. 23r, Kol. 1, Z. 11 bzw. f. 41r, Kol. 2, Z. 3).[173] Des Weiteren ist es zwar möglich, dass Europa-Karte 2 (Spanien), auf der in „sämtlichen Handschriften"[174] die Flüsse Anas und Baetis jeweils sowohl eine östliche als auch eine westliche Mündung haben, eine frühere und vollständigere Überlieferungsstufe wiedergibt als der Text sämtlicher Handschriften beider Rezensionen, wo jeweils nur eine östliche Mündung für diese Flüsse erwähnt wird und die Vermutung nahe liegen könnte, dass die Nennung der westlichen Mündung im Lauf der Überlieferung ausgefallen ist. Es trifft auch zu, dass die doppelten Flussmündungen des Anas und des Baetis auch anderen antiken Autoren bekannt waren, namentlich Strabon (*Geogr.* 3,1,9), Pomponius Mela (der aber nur für den Baetis zwei Mündungen erwähnt [*Chorogr.* 3,5]) und dem erst im 4. Jh. n. Chr. schreibenden Avienus (*Ora maritima* 208 [Anas] bzw. 289–290 [Baetis, für den er aber 4 Mündungsarme nennt!]).[175] Und es ist zweifellos auffällig, dass Markianos von Herakleia, der nach seinen eigenen Worten neben Artemidoros von Ephesos, einem Geographen namens Protagoras und weiteren alten Autoren auch die *Geographie* des Ptolemaios benutzt hat, ebenfalls jeweils nur eine östliche Mündung des Anas und des Baetis erwähnt (siehe GGM 1, 545 f. [= *Periplus* 2,9]).[176] Dennoch ist daraus der Schluss,

173 In Handschrift K werden die Bedeutenden Städte im Ortskatalog allgemein nicht hervorgehoben.

174 So Mittenhuber 2009b, 79; damit sind lediglich die Handschriften U, K, F, O und Marc. gr. Z. 516 (R) gemeint.

175 Über die Quellen für die *Ora maritima* ist sich die Forschung offenbar uneinig, vgl. dazu Jochem Küppers, Art. „Avienus", DNP 2 (1997) 370 f. – Übrigens haben beide Flüsse, die Guadiana (Anas) und der Guadalquivir (Baetis), aufgrund der Versandung heute nur noch je eine Mündung.

176 So bereits Müller 1.1, 107 f.; siehe auch Berggren/Jones 2000, 153 Anm. a). Wie der Autor des hier besprochenen Artikels jedoch selbst einräumt, geht aus den Distanzberechnungen des Markianos nicht hervor, ob eine Ptolemaios-Karte oder der *Geographie*-Text die Grundlage dazu bildete. Für die Annahme der Verwendung von Karten durch Markianos s. o. S. 49.

dass die Karten „hier das Richtige bieten und somit einen älteren Stand bewahrt haben“, nicht zwingend. Denn es ist genauso denkbar, dass die beiden westlichen Mündungen auf den entsprechenden Karten der Handschriften von den Kartenzeichnern der Handschriften U, K und F ergänzt wurden – wiederum aus demselben Grund, weil man aus der antiken Literatur davon wusste. Für diese Variante könnten die Strabon-Scholien in Handschrift U sprechen: Den Herstellern der Handschrift U war Strabon offensichtlich bekannt. Dasselbe trifft auf Maximos Planudes zu, der das gesamte Werk Strabons exzerpiert hat[177] und der immer wieder in Zusammenhang mit den Handschriften U, K und F gebracht wird. Betrachtet man den Kontext in *Geogr.* 2,4,3 und 2,4,5, wo Ptolemaios die beiden Flüsse erwähnt, lassen sich die beiden westlichen Mündungen zwar ohne Weiteres einfügen,[178] ihr Fehlen stört aber weder die Systematik der Aufzählung noch die Logik des Verständnisses. Abschließend sei bemerkt, dass Ptolemaios die Baetis-Mündung auch in *Geogr.* 1,12,11 und 1,14,9 bei der Erörterung der Längenabstände nennt, ohne auf zwei Mündungsarme einzugehen. Soviel zu den „Belegen in den überlieferten Karten“. Die von Mittenhuber unter „handschrifteninterne verbale Verweise“ zitierten Scholien aus den Handschriften Vat. gr. 191 (X), Vat. gr. 177 (V) und Marc. gr. Z. 516 (R) belegen zwar eindeutig Vorlagen mit Karten, das Alter dieser Vorlagen bleibt aber im Fall der Handschriften X und R unbestimmbar (für die Handschrift V s.u. S. 524f.). Überzeugender sind die allgemein bekannten Zusätze, die Hilfen zum Verfertigen von Karten darstellen – die Kurzinstruktionen an den Kartenzeichner nach den Inhaltsverzeichnissen von *Geogr.* 2, 4 und 5 (d.h. jeweils vor der Beschreibung eines neuen Kontinents) und das Verzeichnis der Länge und Breite der einzelnen Karten (*Geogr.* 8,30 = Anhang **6**) – sowie die vieldiskutierte Agathodaimon-Subskription (= Anhang **8**).[179] Diese Elemente zeugen mit Sicherheit von einer Beschäftigung mit dem Anfertigen von Karten. Die Datierung dieser Zusätze ist zwar spekulativ, es scheint jedoch wahrscheinlich, dass sie bereits in spätantiker Zeit in das Textcorpus der *Geographie* aufgenommen wurden.[180] Ob die Liste der Provinzen oder Satrapien der Oikumene (*Geogr.* 8,29 = Anhang **1**), die ebenfalls als Beleg für (spätantike) Karten aufgeführt wird,[181] tatsächlich ein Exzerpt

---

177 Siehe z.B. Radt 2002, XIV.

178 So geschehen in der Ausgabe Stückelberger 158 und 160. Aufgrund der von Ptolemaios erörterten Längenabstände nach Marinos in *Geogr.* 1,12,11 und 1,14,9 wäre für die westliche Mündung des Baetis jedoch einer Länge von 5° (statt 5° 5′, wie in der Ausgabe) der Vorzug zu geben.

179 Näheres zu den Anhängen unten S. 132–140.

180 Vgl. dazu Stückelberger 909, Anm. 74; zur Datierung der Agathodaimon-Subskription zusätzlich Gautier Dalché 2009, 18.

181 Mittenhuber 2009b, 85.

aus einer Weltkarte darstellt, ist hingegen fragwürdig; wie sich dann die grammatikalischen Kasus der Toponyme in der Ξ-Rezension der Liste erklären lassen (sie stehen teils im Genitiv, teils im Akkusativ), bleibt auf jeden Fall unerklärt. Die unter „externe Testimonien für Karten" genannten lateinischen, griechischen und arabischen Textzeugnisse (Ammian, Cassiodor, Markian, *Diagnosis*, *Hypotyposis*, Planudes, al-Mas'udi) belegen zwar sehr wohl die Kenntnis der ptolemäischen *Geographie*. Für die Existenz von Karten findet sich bei Ammian und Cassiodor jedoch kein einziger sicherer Beweis. Anders verhält sich dies im Fall des anonymen Traktats *Diagnosis*, doch ist dessen Abfassungszeit so unsicher,[182] dass die Behauptung, er stelle einen Beleg für die Existenz von Karten in der Spätantike dar, als tendenziös gewertet werden muss. Ähnlich problematisch ist es, die ebenfalls anonyme *Hypotyposis*, die in der Tat auf die Kenntnis einer Ptolemaios-Karte hinzuweisen scheint, ins 5./6. Jh. zu datieren. Sie dürfte zwar tatsächlich ursprünglich im Heidelberger Kodex Pal. gr. 398 (9. Jh., drittes Viertel) – der übrigens keine Vatikanhandschrift ist, wie von Mittenhuber 2009b, 89 angegeben – vorhanden gewesen sein, und zwar in den ersten fünf heute verlorenen Quaternionen, wie dem Pinax der mit dem Palatinus teilweise eng verwandten, im frühen 14. Jh. entstandenen *Geographie*-Handschrift Vatopedi 655 (L) entnommen werden kann, die den Traktat enthält (s.u. S. 238).[183] Es liegen jedoch keine gesicherten Hinweise dafür vor, dass diese anonyme *Hypotyposis* wesentlich älter ist als ihr vermutlich ältester Textzeuge Pal. gr. 398.[184] Das Hexametergedicht des Planudes schließlich,[185] in dem der Byzantiner von einer „uralten" *Geographie*-Handschrift spricht – mit Bezug auf V. 28–29 des Gedichts (ἔργον ἀτὰρ τόδε τηλίκον οἷον / νηρίθμοις ἐτέεσσι κεκευθμένον) –, zeugt von einem in den Augen des

182 In Betracht gezogen wird ein Datierungszeitraum zwischen dem 5. und 13. Jh., wobei ein später Ansatz plausibler zu sein scheint, siehe Aubrey Diller, „The Anonymous *Diagnosis* of Ptolemaic Geography", in: *Classical Studies in Honor of William Abbott Oldfather* (1943) 39–49, dort 49; ebenso Gautier Dalché 2009, 72 Anm. 216.

183 Vgl. dazu z.B. Ronconi 2007, 34f. und 38; zur Datierung des Heidelberger Palatinus *ibid.* 36.

184 Siehe Kai Brodersen, Art. „Agathemeros", DNP 1 (1996) 235; Gautier Dalché 2009, 72f. Mittenhuber 2009b, 89 Anm. 145 argumentiert, dass aufgrund offensichtlicher Abschreibefehler in *Hypotyposis* § 23 dem Kopisten dieses Traktats keine Karte mehr vorgelegen haben könne, womit diese Fehler nicht dem Schreiber der Handschrift L unterlaufen seien, der ja auf die in derselben Handschrift enthaltenen Ptolemaios-Karten hätte zurückgreifen können, sondern bereits dem Kopisten des Palatinus. Die Entstehungszeit der *Hypotyposis* müsse deshalb noch weiter als die Abschrift des Palatinus zurückliegen. Das vorgeschlagene Fazit vermag keine überzeugende Begründung zu geben: „Da im 7./8. Jh. die Voraussetzungen für eine kompilatorische Arbeit kaum günstig gewesen sein dürften, führt dies wieder auf eine wahrscheinliche Abfassungszeit der *Hypotyposis* im 5./6. Jh."

185 Erste Gesamtedition dieses Gedichts in Stückelberger 1996, 200f.

Planudes alten Kartenkodex. Will man für diesen einen spätantiken Ursprung annehmen, bedürfte diese Hypothese wiederum der näheren Begründung. Dasselbe gilt für die ältesten arabischen und zweifelsohne expliziten Testimonien für eine griechische *Geographie*-Handschrift mit Karten des al-Mas'udi (895–957): Weder äußert er sich in den beiden von ihm erhaltenen Werken über das Alter der betreffenden Handschrift, noch lässt sich dies aus seiner Beschreibung erschließen.[186]

2.4 Zur Kenntnis der *Geographie* in den Jahrhunderten vor den überlieferten Handschriften

Im Fall der *Geographie* des Ptolemaios setzt die handschriftliche Überlieferung für uns erst ab einem verhältnismäßig späten Datum ein (um 1300). Für andere Werke des Ptolemaios, namentlich für sein Hauptwerk, den *Almagest*, und für die *Handlichen Tafeln*, können wir heute auf wesentlich ältere Textzeugen zurückgreifen, die im 9. Jh. noch in Majuskelschrift kopiert wurden.[187] Dennoch bezeugen verschiedenste literarische Belege die Kenntnis der *Geographie* durch die Spätantike hindurch bis zur Entstehungszeit der noch vorhandenen griechischen Handschriften. Nicht nur für diese Zeitspanne, sondern auch für das 14.–16. Jh. hat Patrick Gautier Dalché in drei jüngeren Publikationen die Kenntnis der *Geographie* und die Rezeptionsgeschichte dieses Werkes umfassend dargestellt, wobei jedoch die griechischen *Geographie*-Handschriften und

186 AL-MAS'UDI, *Murug adh-dhahab („Buch der goldenen Wiesen"*, um 950) Kap. 8: „Alle diese Meere sind in dem Buch *Geographie* mit verschiedenen Farben gezeichnet und in unterschiedlich geformten Ausmaßen dargestellt. [...] Jedoch sind ihre Namen in diesem Buch griechisch und schwer zu verstehen" (Übersetzung nach Gotthard Strohmaier in: STÜCKELBERGER, EB 90; siehe auch MAÇOUDI, *Les Prairies d'or*, texte et traduction par C. Barbier de Meynard et Pavet de Courteille, tome 1 [Paris 1861] 185); AL-MAS'UDI, *Kitab at-tanbih wa 'l-ishraf* (geschrieben 955/956): „Dans son livre intitulé: ‚De la terre habitée', il fait mention de villes et de localités nombreuses dont il donne les latitudes et les longitudes et il offre au public un dessin de la terre habitée sur lequel il marque la situation des pays, des mers et des fleuves en longitude et en latitude" (Übersetzung nach CARRA DE VAUX 1897, 48).

187 Der *Almagest* ist in dem hauptsächlich in Majuskeln geschriebenen Paris. gr. 2389 des 9. Jh. enthalten; auch der Vat. gr. 1594, eine ebenso alte Minuskelhandschrift, bietet dieses Werk (vgl. TOOMER 1984, 3). Von den *Handlichen Tafeln* sind vier Majuskelhandschriften erhalten: Der Leidensis *BPG* 78 (unter Leo V. [813–820] kopiert), der Vat. gr. 1291 (unter Theophilos [829–842] kopiert), der Laur. Plut. 28.26 und der Marc. gr. Z. 331 (552) (beide unter Leo VI. [886–912] kopiert); siehe dazu TIHON 1992, 48. Außerdem verfügen wir im Fall der *Handlichen Tafeln* über den Papyrus Rylands Nr. 522 (3. Jh. n. Chr., Anfang), der einen Ausschnitt aus dem *Kanon Bedeutender Städte* bietet.

ihre Wege dort nur sehr am Rand betrachtet werden.[188] Diese Lücke soll im Katalogteil der vorliegenden Arbeit, insbesondere in den Abschnitten, in welchen die Geschichte der betreffenden Handschrift rekonstruiert wird, so weit als im gegebenen Rahmen möglich geschlossen werden. Demgegenüber wird den Spuren der *Geographie* vom Zeitpunkt ihrer Entstehung bis zum Zeitpunkt der Entstehung der ältesten griechischen Handschriften hier nur ein kurzer Abschnitt gewidmet; für Näheres sei auf die erwähnte Literatur verwiesen. Im folgenden Überblick sind die bekannten Zeugnisse nach ihrer Sprache und ihrem Alter geordnet.[189]

Griechische Zeugnisse

– Pappos von Alexandria (*floruit* um 320), *Chorographie*:

Die heute verlorene *Chorographie* (*Χωρογραφία οἰκουμενική*) des Pappos von Alexandria ist uns nur bekannt, weil Ananias von Širak (7. Jh.) sie als Quelle für seine armenische ‚*Weltschau*' (*Ašxarhacʻoycʻ*) benutzte. Pappos seinerseits hatte für seine *Chorographie* auf Text- und Kartenmaterialien der *Geographie* des Ptolemaios zurückgegriffen.[190]

– Theon von Alexandria (4. Jh., 2. Hälfte), *„Langer" Kommentar zu den Handlichen Tafeln*:

Für seinen Kommentar zu den *Handlichen Tafeln* des Ptolemaios (*„Langer" Kommentar / Εἰς τοὺς Προχείρους κανόνας*) hatte Theon von Alexandria ein Exemplar der ptolemäischen *Geographie* zur Verfügung, das vielleicht auch mit Karten bestückt war.[191]

188 Gautier Dalché 1999, Id. 2007, Id. 2009; für das vorliegende Kapitel wurden hauptsächlich diese Publikationen verwendet und durch eigene Recherchen erweitert. Zu diesem Themenbereich siehe auch Schmidt 1999.

189 Zur Frage, ob die Zeugnisse von einem Werk mit oder ohne Karten sprechen, s.o. S. 48–55. Ob den Zeugnissen eine direkte oder eine indirekte Kenntnis/Benutzung der *Geographie* des Ptolemaios zugrunde liegt, wird nicht berücksichtigt. Hingegen werden Testimonien, die auf bereits in der Liste aufgeführte Zeugnisse zurückgehen, nicht aufgeführt (Suhrāb; Priscianus Lydus; Leser und Kommentatoren des Martianus Capella; verschiedene Scholien, u.a. zu Strabons *Geographika* und zu Dialogen Platons, die sich auf die *Geographie* des Ptolemaios berufen; Raymond von Marseille). Die Entstehung des Traktats *Diagnosis* ist wohl mit dem Kreis um Maximos Planudes in Verbindung zu bringen, siehe dazu oben S. 54, Anm. 182. Von den arabischen Zeugnissen gibt es neben ihren Übersetzungen ins Lateinische oft auch solche in andere Sprachen; diese werden hier nicht vollständig genannt, auch wenn gerade durch sie die Kenntnis der *Geographie* des Ptolemaios auch erhebliche Zeit nach der Entstehung der betreffenden arabischen Quelle in einem anderen Kulturkreis weitergetragen wurde. Für umfassendere Auskünfte zu den arabischen Werken und deren Nachleben sei verwiesen auf Thomas Hockey u.a. (Hrsgg.), *The Biographical Encyclopedia of Astronomers* (New York 2007), jeweils unter dem Namen des betreffenden Werkautors.

190 Zu Pappos siehe auch oben S. 49.

191 Siehe dazu weiter oben S. 49.

– MARKIANOS von Herakleia (3.–6. Jh. [?]), *Periplus*:
Markianos von Herakleia am Pontos hat für seinen *Periplus* (*Περίπλους τῆς ἔξω θαλάσσης*) mit Sicherheit die *Geographie* des Ptolemaios herangezogen und vielleicht auch Zugang zu den Ptolemaios-Karten gehabt.[192]

– STEPHANOS von Byzanz (um 530), *Ethnika*:
In diesem ethnographischen Lexikon (*Ἐθνικά*) wird an vier Stellen so auf die *Geographie* des Ptolemaios Bezug genommen, dass Stephanos von Byzanz dieses Werk wohl nur aus zweiter Hand gekannt haben kann.

– Ioannes PHILOPONOS (ca. 490 – ca. 570), *De opificio mundi* (vollendet wohl vor 553):
Dieses theologische Werk des in Alexandria geborenen und tätigen Ioannes Philoponos weist Zitate aus der *Geographie* des Ptolemaios auf. Nicht sicher zu entscheiden ist, ob Philoponos die *Geographie* direkt oder nur indirekt sowie ob er sie mit oder ohne Kartenmaterial kannte.

– ANONYMUS, *Hypotyposis* (9. Jh. [?]):[193]
In dem anonymen Traktat *Hypotyposis* (*Ὑποτύπωσις γεωγραφίας ἐν ἐπιτομῇ*) wurden Angaben zur Oikumene sowohl aus Strabons *Geographika* als auch aus Ptolemaios' *Geographie* kompiliert. Dabei muss dem Verfasser dieser Schrift auch der Atlasteil der ptolemäischen *Geographie* vorgelegen haben.

– ANONYMUS, *Chrestomathie Strabons* (9. Jh., drittes Viertel):
Die im Heidelberger Palatinus gr. 398 überlieferte sogenannte *Chrestomathie*, die kürzere und oft abweichend formulierte Auszüge aus Strabons *Geographika* bietet, beruft sich an drei Stellen explizit auf Ptolemaios und zeugt vom Gebrauch von Ptolemaios-Karten. Die Heidelberger Handschrift, der älteste Textzeuge der *Chrestomathie*, wurde im dritten Viertel des 9. Jh. in Konstantinopel angefertigt und ist eine Minuskelhandschrift.

– Ioannes TZETZES (ca. 1110 – ca. 1180), *Historien* (wohl verfasst zwischen 1144 und 1176):
Der in Konstantinopel geborene und tätige Gelehrte Tzetzes hat für die Anfertigung seiner *Historien* (auch bekannt unter dem Titel *Chiliaden*) Material aus der *Geographie* herangezogen. Ob er nur indirekt oder direkt Zugang zu dem Werk hatte und ob seine Quelle Karten enthielt oder nicht, kann aus den *Historien* jedoch nicht erschlossen werden.

192 Dazu oben S. 49 mit Anm. 168.
193 Zur unsicheren Datierung dieses Textes s.o. S. 54.

Lateinische Zeugnisse

– Ammianus Marcellinus (ca. 330 – ca. 395), *Res gestae*:
In Ammians Geschichtswerk *Res gestae*, das er in Rom verfasste, wo der gebürtige Grieche seinen Lebensabend verbrachte, sind Einflüsse der *Geographie* des Ptolemaios, der auch zweimal namentlich zitiert wird, unbestreitbar festzustellen. Ob er das Werk direkt zur Verfügung hatte oder über ein Zwischenglied über dessen Inhalt im Bild war, ist in der Forschung ähnlich umstritten wie die Frage, ob er auf Karten zurückgreifen konnte oder nicht.

– Martianus Capella (5./6. Jh.?), *De nuptiis Philologiae et Mercurii*:
Im sechsten Buch des vielleicht in Rom entstandenen Werkes *De nuptiis Philologiae et Mercurii* des zeitlich schwer einzuordnenden Martianus Capella wird auf die *Geographie* des Ptolemaios angespielt, die Martianus jedoch nur über eine Zwischenquelle gekannt haben dürfte.

– Cassiodorus (ca. 485 – ca. 580), *Institutiones divinarum et saecularium litterarum* 1,25:
Diese in Verbindung mit Ptolemaios' *Geographie* oft und immer wieder zitierte Textstelle, in der Cassiodor den Mönchen im kalabrischen Kloster Vivarium die Lektüre der *Geographie* des Ptolemaios ans Herz legt, bezeugt die Präsenz einer *Geographie*-Handschrift in der Klosterbibliothek von Vivarium. Ob diese Handschrift die Karten enthielt oder nicht, kann aus dem Passus nicht eindeutig gefolgert werden. Die wahrscheinlich 550–551 in Konstantinopel entstandenen *Getica* des Iordanes († nach 552) greifen auf Material aus der *Geographie* des Ptolemaios zurück; Iordanes zog diese Informationen jedoch kaum aus der *Geographie* direkt, sondern fand sie in Cassiodors (heute verlorener) *Historia Gothorum*, von der die *Getica* eine Art Zusammenfassung darstellen.

– Stephanus von Antiochia (*floruit* um 1120–1130), *Liber Mamonis*:
Die Anspielungen auf Ptolemaios und seine *Geographie* im *Liber Mamonis* des Stephanus gehen auf Ibn al-Haitham (bzw. lateinisch Alhazen) zurück (965 – ca. 1040), namentlich auf dessen Werk *Fi Hai'at al-ʿalam* (in lateinischer Übersetzung heißt es *De configuratione mundi*). Ibn al-Haitham verbrachte den größten Teil seines Lebens in Kairo.

– Hermann von Carinthia/Kärnten (ca. 1100 – ca. 1155), *De essentiis* (verfasst 1143):
In seinem philosophischen Werk *De essentiis* sind Einflüsse der *Geographie* des Ptolemaios feststellbar. Diese Kenntnisse der *Geographie* gehen jedoch lediglich auf Hermanns arabische Quellen zurück.

– Aegidius de Thebaldis, *De iudiciis astrorum* (1256):
In dieser lateinischen Übersetzung des arabischen *Kitab al-bari' fi ah-*

kam an-nugum[194] des Abu l-Hasan ʻAli b. Abi r-Ridjal (10./11. Jh.), auch bekannt unter den Namen Albohazen und Abenragel, Hofastrologe des tunesischen Herrschers, sowie in den lateinischen Übersetzungen weiterer arabischer Werke durch Aegidius de Thebaldis[195] wird die *Geographie* des Ptolemaios genannt. Direkte Kenntnis der *Geographie* dürfte der am Hof des kastilischen Königs Alfons X. in Toledo tätige Aegidius de Thebaldis jedoch nicht gehabt haben.

Arabische Zeugnisse

– Al-Khwarizmi (ca. 780 – ca. 850), *,Buch vom Bild der Erde'* (*Kitab surat al-ard*):
In seinem geographischen Werk *Kitab surat al-ard* vereinte der vorwiegend in Bagdad wirkende al-Khwarizmi Material aus der *Geographie* des Ptolemaios mit Toponymen und Koordinatenangaben aus anderen Quellen.

– Al-Battani († 929), *az-Zig as-Sabi'*:
In seinem Hauptwerk, einem astronomischen Handbuch, dessen Titel in der lateinischen Übersetzung des Platon von Tivoli *De scientia astrorum* lautet, erwähnte der vorwiegend im ostsyrischen Ar-Raqqa tätige al-Battani die *Geographie* des Ptolemaios.

– Ibn as-Saffar († 1035), *,Über den Gebrauch des Astrolabs'*:[196]
In seinem berühmtesten Werk über den Gebrauch des Astrolabs (der Werktitel der lateinischen Übersetzungen des Johannes Hispalensis [ca. 1120 – ca. 1160] und des Platon von Tivoli [*floruit* um 1134–1145] lautet *De operatione astrolabii*) nimmt der andalusische Astronom as-Saffar, der hauptsächlich in seinem Geburtsort Cordoba wirkte, Bezug auf die *Geographie* des Ptolemaios. Johannes Hispalensis war vorwiegend in Toledo tätig, damals ein Zentrum für die Übersetzung arabischer Werke ins Lateinische. Auch der in Barcelona lebende Platon hatte enge Verbindungen nach Toledo.

Syrische Zeugnisse

– Anonymus (Pseudo-Zacharias Rhetor), *Chronik* (vollendet vor 569):
Im zwölften und letzten Buch dieser vielleicht in Amida (Südtürkei) oder

194 Genau genommen geht die lateinische Übersetzung *De iudiciis astrorum* auf eine altkastilische Übersetzung des arabischen Originals zurück, die kurz zuvor (1254) von Yehuda ben Moshe angefertigt worden war.

195 Die einzelnen Werke werden zitiert von Gautier Dalché 1999, 99f. und 106 sowie Id. 2009, 111–115.

196 Der arabische Originaltext wurde herausgegeben von José Maria Millás Vallicrosa, „Los primeros tratados de astrolabio en la España árabe", *Revista del Instituto Egipcio de Estudios Islámicos* 3 (1955) 47–76.

Mesopotamien entstandenen syrischen *Chronik*, die in den Büchern 3–6 eine Kompilation der verlorenen griechischen Kirchengeschichte des Zacharias von Mytilene darstellt, wurde eindeutig auf den Text der *Geographie* zurückgegriffen.[197] Zacharias (ca. 465 – nach 536), der auch längere Zeit seines Lebens in Alexandria und Konstantinopel verbracht hatte, schrieb seine Kirchengeschichte wohl noch im 5. Jh.

– Jakob von Edessa (633–708), *Hexaemeron*:
Dieser Kommentar zum Schöpfungsbericht weist Elemente aus Ptolemaios' *Geographie* auf. Ob Jakob direkten Zugang zu diesem Werk hatte, ist unsicher; seine Quelle könnte aber auch Kartenmaterial aufgewiesen haben. Jakob verbrachte einen Teil seiner Studien in Alexandria, bevor er den Bischofssitz in dem heute in der Südtürkei gelegenen historischen Edessa übernahm.

Außerdem sind arabische Übersetzungen und eine syrische Übersetzung der *Geographie* des Ptolemaios bezeugt, wobei zumindest die arabischen Übersetzungen offenbar im 9. Jh. in Bagdad entstanden sind (zu dieser Datierung siehe Anm. 199 auf dieser Seite):

An-Nadim († 990), *Fihrist („Index, Katalog"*, geschrieben 987/988*)* Kap. 7, Sektion 2:[198]
„His (*sc.* Ptolemy's) additional books were: […] Geography of the Inhabited Lands and a Description of the Earth. This book was in eight sections. Al-Kindī made a bad translation of it and then *Thābit* [ibn Qurrah] made an excellent Arabic translation. It ist also extant in Syriac."[199]

Auswertung der Zeugnisse
In **Alexandria** war die *Geographie* des Ptolemaios mit Kartenwerk auch im 4. Jh. noch vorhanden (Pappos, Theon). Selbst im 6. Jh. hatte Ioannes Philoponos dort Zugang zu dem Werk, vielleicht aber lediglich über eine Zwischenquelle. Ob allenfalls auch das Zeugnis des Ibn al-Haitham, das von Stephanos von Antiochia aufgenommen wurde, auf das

197 Gautier Dalché 2009, 51 plädiert auch im Fall der auf die *Geographie* des Ptolemaios zurückgehenden Passagen der *Chronik* für Zacharias Rhetor als Quelle.
198 Übersetzung nach Dodge 1970, 2, 640.
199 Sowohl al-Kindi (ca. 800 – nach 870) als auch Thabit b. Qurrah (ca. 830–18. 02. 901) wirkten in Bagdad. Auch der zum Teil auf an-Nadim zurückgreifende Ibn al-Qifti (1172–1248) bezeugt in seinem Werk *Ta'rih al-hukama'* eine arabische und eine syrische Übersetzung der ptolemäischen *Geographie*: „Bekannte, ins Arabische übersetzte Werke des Ptolemäos sind die folgenden: […] Die Geographie, über den bewohnten Teil der Erde, von al-Kindī gut ins Arabische übersetzt und auch auf Syrisch vorhanden" (Übersetzung nach Rosenthal 1965, 52f.).

Vorhandensein der *Geographie* in Alexandria im 10./11. Jh. hinweist – al-Haitham lebte in Kairo –, ist eine von mir erwogene Vermutung, die der näheren Abklärung bedürfte.

Im lateinischsprachigen Kulturraum kannte man die *Geographie* und ihren Inhalt in **Rom** im 4. Jh. und wohl auch noch später, hatte sie vermutlich aber nicht direkt zur Verfügung; davon zeugen die Erwähnungen bei Ammianus Marcellinus und Martianus Capella. Jedoch befand sich im 6. Jh. ein Exemplar der ptolemäischen *Geographie*, vielleicht mit Karten, in der Bibliothek des von Cassiodor gegründeten Klosters **Vivarium** in Kalabrien.

In **Konstantinopel** war die *Geographie* des Ptolemaios bereits im 6. Jh. bekannt, aber wohl (noch) nicht vorhanden (Stephanos von Byzanz zitiert das Werk über eine Zwischenquelle). Geht man davon aus, dass die *Hypotyposis* und die *Chrestomathie Strabons* nicht wesentlich älter sind als ihr ältester Textzeuge, der in Konstantinopel entstandene Heidelberger Pal. gr. 398 (9. Jh., drittes Viertel), so darf dort um diese Zeit die Präsenz eines Kodex der ptolemäischen *Geographie* mit Karten vermutet werden, der offenbar als geographisches Referenz- und Vergleichswerk herangezogen wurde. Bemerkenswerterweise hatte Ioannes Tzetzes im Konstantinopel des 12. Jh. nach wie vor Zugang zu der *Geographie* des Ptolemaios, sei es direkt oder indirekt; dass er auch Kartenmaterial, namentlich eine Weltkarte, konsultieren konnte, ist zwar unsicher, aber aufgrund seiner Äußerungen nicht ausgeschlossen.[200] Das Werk war demnach in Konstantinopel bereits in der Spätantike bekannt und wohl ab dem 9. Jh. und vielleicht bis ins 12. Jh. greifbar.

Für den arabischsprachigen Kulturraum lässt sich festhalten, dass im **Bagdad** des 9. Jh. mit Sicherheit der griechische Text der *Geographie* bekannt und vorhanden war und offenbar zweimal, von al-Kindi und von Thabit b. Qurrah, ins Arabische übersetzt wurde. Des Weiteren kannten mehrere arabische Gelehrte (z.B. Abu l-Hasan ‘Ali b. Abi r-Ridjal, al-Battani) das Werk und erwähnten es in ihren eigenen Schriften. Die ptolemäische *Geographie* war demnach in der arabischsprachigen Gelehrtenwelt des 9.–11. Jh. offenbar populär. Allerdings interessierte vor allem der Ortskatalog mit seinen Toponymen und Koordinaten, während die theoretischen Teile des Werkes kaum Beachtung fanden. Dies beeinflusste selbstverständlich die Kenntnis der *Geographie* im mittelalterlichen Westeuropa, die offenbar allein auf arabischen Quellen fußte. Vielleicht ist in diesem auf den Ortskatalog beschränkten Interesse einer der Gründe für die Aufspaltung der Überlieferung von Text und Karten zu sehen.[201]

---

200 Siehe dazu Gautier Dalché 2009, 81.

201 Zu weiteren Gründen für eine separate Text- und Kartentradition s.u. S. 89.

Im **syrischsprachigen Raum**, insbesondere im Gebiet der heutigen Südtürkei, scheint die *Geographie* des Ptolemaios bereits im 5./6. Jh. bekannt gewesen zu sein. Auch eine syrische Übersetzung des Werkes ist bezeugt.

Auf der iberischen Halbinsel, vor allem im **Toledo** des 12. und 13. Jh., als die Stadt zu einem bedeutenden Übersetzungszentrum für Texte aus dem Arabischen ins Lateinische wurde, kannte man die *Geographie* des Ptolemaios aus arabischen Werken, die auf sie Bezug nahmen.

Kurz vor 1300 stieß der byzantinische Mönch und Gelehrte Maximos Planudes (ca. 1255/1260 – ca. 1305/1310) in Konstantinopel auf eine Handschrift der *Geographie* des Ptolemaios.[202] Dank diesem Fund und dem Interesse und den Bemühungen des Planudes wurde dieses zuvor offenbar weitgehend in Vergessenheit geratene und kaum mehr zugängliche Werk in der Folge rege benutzt, kopiert und bearbeitet, vorerst in und um Konstantinopel, ab dem Ende des 14. Jh. auch in Italien. Heute sind 64 griechische Handschriften bekannt, die das Werk ganz oder teilweise enthalten. Um sie geht es in den nächsten Kapiteln dieser Arbeit.

202 Näheres dazu unten S. 521–531.

III. Die griechischen Handschriften der ptolemäischen *Geographie*

1. Die Erfassung des handschriftlichen Bestandes und die Erforschung des Stemmas

Das Aufspüren der griechischen Handschriften der *Geographie* des Ptolemaios und das Erstellen eines *Stemma codicum* hing eng mit dem Erarbeiten von Textausgaben dieses Werkes zusammen. Die griechische, kartenlose *Editio princeps*, die von keinem Geringeren als Desiderius Erasmus auf der Grundlage des Vat. Pal. gr. 388 (A) vorbereitet wurde und 1533 in Basel bei Hieronymus Froben erschien,[1] war knappe 60 Jahre jünger als ihr lateinisches Pendant, das bereits 1475 in Vicenza auf der Basis der lateinischen Erstübersetzung durch Jacopo Angeli da Scarperia von Angelus Vadius und Barnabas Picardus besorgt und bei Hermann Liechtenstein (Levilapis) gedruckt worden war.[2] Der lateinischen Erstausgabe folgte 1477 – nur zwei Jahre später – ein mit 26 Kupferstichkarten ausgestatteter Druck bei Domenico de' Lapi in Bologna, dessen Text gegenüber der Edition aus dem Jahr 1475 von einem Korrektorenteam durchredigiert worden war. Nach einem Nachdruck der griechischen *Editio princeps* 1546 in Paris bei Chrétien Wechel kam 1605 in Frankfurt und Amsterdam bei Jodocus Hondius (dem Älteren) und Cornelius Nicolai eine mit 28 Kupferstichkarten versehene lateinisch-griechische Ausgabe heraus, die Petrus Montanus und Gerardus Mercator (der für die Karten verantwortlich zeichnete) erarbeitet hatten. Ihr Text beruhte auf Kollationen der beiden Vaticani Palatini graeci 314 (Z) und 388 (A).[3] Auch diese Ausgabe erfuhr einen Nachdruck, den Petrus Bertius 1618 in

1 Die Rolle des Erasmus wurde in letzter Zeit jedoch in Frage gestellt, siehe Cornelis Reedijk, „The Story of a Fallacy: Erasmus' Share in the First Printed Edition in Greek of Ptolemy's *Geography* (Basel 1533)", in: Anthony R. A. Croiset u. a. (Hrsgg.), *Theatrum orbis librorum: Liber Amicorum Presented to Nico Israel* (Utrecht 1989) 250–276 (ich danke Sorin Fortiu für diesen Hinweis).

2 Einen guten tabellarischen Überblick über lateinische und griechische Drucke der *Geographie* von 1475 bis 1650 gibt Gautier Dalché 2007, 361–364. Zum Thema siehe auch Angela Codazzi, *Le Edizioni quattrocentesche e cinquecentesche della „Geografia" di Tolomeo* (Milano/Venezia/Firenze 1950) und Benjamin Weiss, „The *Geography* in Print: 1475–1530", in: Shalev/Burnett 2011, 91–120.

3 Siehe dazu auch unten S. 66.

Leiden bei Jodocus Hondius (dem Jüngeren) im ersten Band des *Theatrum geographiae veteris* publizierte. Neben ein paar Teilausgaben, die jeweils nur auf einer oder wenigen Handschriften fußten,[4] wurde erst im 19. Jh. ein erneuter Versuch unternommen, eine Gesamtausgabe der *Geographie* vorzunehmen, die sich nun erstmals auch auf eine breitere handschriftliche Basis stützte.[5]

1.1 Wilbergs Ausgabe

Friedrich Wilhelm Wilberg (1798–1852) ist die erste textkritische Ausgabe der ptolemäischen *Geographie* zu verdanken. Als Gesamtausgabe geplant, blieb diese unvollendet und bietet nur *Geogr.* 1–6. Die Bücher erschienen faszikelweise zwischen 1838 und 1845,[6] ab Faszikel 2 in Zusammenarbeit mit Carl Heinrich Friedrich Grashof. Die Seitenzählung ist durchgehend. Den Faszikeln 1, 2, 4 und 5 geht ein kurzes lateinisches Vorwort voraus (vgl. dazu unten). Dem griechischen Text ist eine qualitativ gute lateinische Übersetzung gegenübergestellt. Der ausführliche textkritische Apparat wird in *Geogr.* 1 zusätzlich erweitert durch einen recht umfangreichen Kommentarteil („Observationes“) und gegebenenfalls durch das Anführen von Scholien aus den Handschriften. Im Anhang zu *Geogr.* 1 befinden sich zwei Tafeln. Die eine bietet Schriftproben aus den sechs Pariser Handschriften C, D, E, a, b und f. Die zweite Tafel zeigt elf Figuren, die teils zur Illustration der Darlegungen im Kommentarteil dienen, teils handschriftlich überliefert sind. An *Geogr.* 4 schließt sich eine Tafel mit dem lithographischen Abdruck einer Seite aus dem Codex Bas. O IV 32 an (siehe zu dieser Handschrift gleich unten), zur Veranschaulichung der lateinischen und griechischen Randnotizen in dieser Handschrift.

4 John Hudson, *Geographiae veteris scriptores graeci minores*, vol. 3 (1712) pars 7: *Geogr.* 5,17 und 5,19 sowie 6,7 (Arabien betreffende Kapitel), zurückgehend auf den Arch. Selden. B. 46 (N); siehe dazu auch die Beschreibung der Handschrift N, *Geschichte*. Halma 1828 edierte *Geogr.* 1 und 7,4,14–7,7,4 unter Beizug der Handschriften Paris. gr. 1402 (D), 1403 (E), 1401 (a) und 1404 (b) (sowie lateinischer Handschriften). Schließlich ist zu nennen die Teilausgabe von Friedrich C. L. Sickler, *Claudii Ptolemaei Pelusiotae Germania* (Castellum Cattorum [Hessencassel] 1813), die nur *Geogr.* 2,11 (Großgermanien) bietet und auf Handschrift a und weiteren drei Parisini sowie auf dem Vind. hist. gr. 1 (m) beruht.

5 Im folgenden werden in diesem Kapitel hier die griechischen *Geographie*-Handschriften nur mit ihren (Schnabel'schen) Siglen genannt; für eine nach Siglen geordnete Zusammenstellung der Handschriften siehe die Tabelle unten S. 97–112.

6 *Geogr.* 1 = Fasz. 1 (1838); *Geogr.* 2 = Fasz. 2 (1839); *Geogr.* 3 = Fasz. 3 (1842); *Geogr.* 4 = Fasz. 4 (1843); *Geogr.* 5 = Fasz. 5 (1844); *Geogr.* 6 = Fasz. 6 (1845).

In den Vorworten zu den einzelnen Faszikeln[7] beschreibt Wilberg knapp die bei der Konstitution des Textes verwendeten griechischen und lateinischen Handschriften und Editionen, die er teils selber kollationiert hat, teils gab er die Kollationen in Auftrag oder er hatte sie zur Verfügung.[8]

Folgende griechische Handschriften wurden beigezogen: Für die gesamte Ausgabe A, C, D, E, G, Z, a, b, f;[9] ab *Geogr.* 2 außerdem m (nur für *Geogr.* 2,11) und s;[10] ab *Geogr.* 4 zusätzlich p.[11]

Lateinische Handschriften kamen folgende zum Zug: ab *Geogr.* 2 „codices duo latini Mss. a Mannerto collati“,[12] ab *Geogr.* 4 zusätzlich der Codex Bas. O IV 32 (eine Übersetzung des Johannes Regiomontanus).

Folgende Editionen wurden von Wilberg konsultiert: Für die ganze Ausgabe der Nachdruck der griechischen *Editio princeps* (Paris, bei Wechel 1546), die griechisch-lateinischen Ausgaben des Montanus (Frankfurt/Amsterdam 1605) und Bertius (Leiden 1618) und die griechisch-französische Ausgabe von Halma 1828; ab *Geogr.* 2 außerdem die lateinischen Ausgaben Ulm 1482, Straßburg 1513 und Lyon 1535 sowie die griechische *Editio princeps* des Erasmus (Basel 1533).

Die verwerteten Handschriften wurden in keine Beziehung zueinander gesetzt. Wilbergs Ausgabe stützt sich somit – abgesehen von den „indirekten Einflüssen“ der lateinischen Handschriften und der Drucke – auf ein Dutzend griechische Handschriften, vorwiegend auf die sieben Parisini C, D, E, G, a, b, f und auf die beiden Vaticani A und Z.

Daraus folgt, dass die Ξ-Rezension in Wilbergs Ausgabe durch keinen reinen Vertreter (als einziger solcher gilt die Handschrift X) und die ω-Rezension durch keinen ihrer drei besten Textzeugen (F, K, U) ver-

---

7 Nur das Vorwort zu Fasz. 1 ist mit Seitenzahlen versehen (V–VI), die übrigen sind ohne Seitenangaben und ausgenommen von der durchgehenden Seitenzählung (zumindest in dem mir zur Verfügung stehenden Exemplar der Universitätsbibliothek Bern; anders dazu Schmidt 1999, 8 Anm. 18).

8 So bediente er sich der von Friedrich Sylburg vorgenommenen Kollationen von A und Z (veröffentlicht 1546), auf die schon Petrus Bertius für seine Ausgabe von 1618 zurückgegriffen hatte; vgl. dazu Wilberg, Vorwort Fasz. 1, VI.

9 Bei Wilberg lauten die Siglen folgendermaßen (die von den Schnabel'schen abweichenden Siglen sind fett markiert): **P2** (im Apparat **Pal. 2**), C, D, E, G, **P1** (im Apparat **Pal. 1**), **A**, **B**, **F**. Ab *Geogr.* 4 führt Wilberg die Sigle „Codd.“ für den Konsens folgender Handschriften ein: D, E, Z, a, b, f.

10 Bei Wilberg **Vind.** und **Med.** Die Varianten aus der erstgenannten Handschrift beruhen auf der Teilausgabe von Sickler (siehe dazu oben S. 64, Anm. 4).

11 Bei Wilberg **Ven. 383**, trotz seiner Erklärung im Vorwort zu Fasz. 4: „Parthejus (von dem Wilberg die Angaben zu p hatte) in schedis mecum communicatis codicem suum numero modo CCCLXXXVIII mox 383 signat; sed quum verior prior esse videatur in libro nostro ubique prior numerus pro altero ponendus erit.“ Die Handschrift p hat aber die Signatur Venet. Marc. gr. Z. 388.

12 Es muss sich um die beiden Handschriften Nürnberg, Stadtbibliothek, Cent. III, 24 und Cent. V, 55 handeln (vgl. dazu Nobbe XXVI).

treten ist. Der aus heutiger Sicht größte Mangel an Wilbergs Ausgabe ist demnach die dünne Basis der textkritisch relevanten Handschriften beider Rezensionen:[13] Darunter fallen lediglich C als reiner Vertreter der von Schnabel definierten Textgruppe Π sowie A und Z, die einen Mischtext beider Rezensionen aufweisen. Demgegenüber ist die Berücksichtigung der Handschrift G begrüßenswert (siehe dazu unten die Beschreibung der Handschrift G, *Geschichte*) und erlaubt es Wilbergs Apparat, sich ein präzises und zuverlässiges Bild von den Varianten in den verschiedenen Handschriften und Editionen zu machen.

1.2 Nobbes Ausgabe

In den Jahren 1843–1845 – gleichzeitig mit den letzten drei Faszikeln von Wilbergs Ausgabe – erschien eine von Carl Friedrich August Nobbe (1791–1878) erarbeitete Gesamtausgabe der *Geographie* in drei Bänden. Sie ist heute als Nachdruck in einem handlichen Bändchen und erweitert durch ein lateinisches Vorwort von Aubrey Diller erhältlich.[14] Bis vor nicht langer Zeit war sie die jüngste Gesamtausgabe des Werkes.

In seinem den Nachdrucken beigefügten Vorwort beschrieb Diller zuerst die „codices capitales" (Diller 1966, V) der *Geographie*, von denen er die meisten selber eingesehen hatte. Zum Teil benutzte er dabei aus unersichtlichen Gründen eigene Siglen, was die Sache unnötig verkompliziert. Ein kurzer, praktischer Überblick über griechische Gesamt- und Teileditionen der *Geographie* sowie über die wichtigsten Beiträge zum Thema aus der Sekundärliteratur rundet dieses Vorwort ab.

Nobbe sammelte ab 1835 Material für seinen ursprünglichen Plan zweier *Geographie*-Ausgaben, einer *Editio minor* und einer *Editio maior*. Das Konzept für die *Editio maior* sah die Berücksichtigung mehrerer Handschriften zur Konstituierung des Textes, einen textkritischen Apparat, einen umfassenden lateinischen Index und die Beigabe von Karten vor. Offensichtlich durch Wilbergs gleichzeitiges Unterfangen einer *Geographie*-Ausgabe unter Druck geraten, entschloss sich Nobbe, seine *Editio minor* vorzeitig zu veröffentlichen. Bei dieser Ausgabe sollte es bleiben.

Was die griechischen Handschriften betrifft, basiert Nobbes Text hauptsächlich auf den durch Montfaucon[15] vorgenommenen Kollationen von f und auf Sylburgs[16] Kollationen von A und Z. Außerdem konnte

13 Als textkritisch relevant werden seit Ronca 1971, 10 folgende zwölf Handschriften betrachtet: A, C, K, N, O, R, U, V, W, X, Z, v. Siehe auch unten S. 87f.
14 Dieses Vorwort wird in der vorliegenden Arbeit mit Diller 1966 zitiert.
15 Die Kollationen wurden publiziert von Montfaucon 1715, 611–768.
16 Vgl. dazu oben S. 65, Anm. 8 und Diller 1966, XI.

Nobbe zurückgreifen auf die Kollationen von X und einer weiteren Vatikan-Handschrift von unbekannter Nummer.[17] Er ließ sich Kollationen der Pariser Handschriften D, E, a und b anfertigen und erkannte bereits die Verwandtschaft von D und a respektive von E und b, wie sie Schnabels Zuweisung zu Textfamilien später bestätigte.[18] Die Kollationen der Handschrift C erhielt er zugestellt. Von den fünf Florentiner Handschriften lagen die Kollationen, die Nobbe in Auftrag gegeben hatte, erst für *Geogr.* 2,11 (Großgermanien) vor, für dasselbe Kapitel standen auch die Lesarten aus m zur Verfügung.[19] Zumindest Kenntnis hatte er von Handschrift x. Kollationen von griechischen Handschriften scheint Nobbe selber keine vorgenommen zu haben.

Von den griechischen Drucken zog Nobbe die *Editio princeps* samt deren Nachdruck, die Montanus- und die Bertius-Ausgabe und soweit möglich bereits Wilbergs Edition bei.

Lateinische Handschriften und Drucke wurden von Nobbe folgende verwendet: die beiden Nürnberger *Cosmographia*-Kodizes,[20] die Erstdrucke ohne und mit Karten nach der Übersetzung des Jacopo Angeli (Vicenza 1475, Bologna 1477[21]), die von Domitius Calderinus besorgte, 1478 in Rom erschienene Edition, die Ulmer Ausgabe von 1482 sowie die Ausgaben Straßburg 1513 und Basel 1542.

An nützlichen Beigaben in der Ausgabe von Nobbe sind zu nennen: die Zusammenstellung der Testimonia zum Leben des Ptolemaios und seiner *Geographie* (drei kurze biographische Notizen,[22] zwei dem Ptolemaios zugeschriebene Epigramme[23] und sechs hexametrische Kurzgedichte, wovon vier dem Planudes zugeschrieben werden und zwei anonym sind[24]) und eine kurze Erläuterung des ptolemäischen Gradnetzes.

---

17 Siehe dazu Nobbe XXII; welche Handschrift er damit meinte, kann aus seinen Worten nicht erschlossen werden.

18 E und b gehören zu Schnabels Textfamilie ζ, D und a zu Familie ψ.

19 Vgl. dazu oben S. 65, Anm. 10.

20 Die bereits erwähnten Handschriften Cent. III, 24 und Cent. V, 55. Statt letzterer gibt Nobbe XXVI zwar die Nr. 62 an (für Cent. V, 62), die jedoch den *Almagest* in der lateinischen Übersetzung des Georgios Trapezuntios enthält. Auf jeden Fall sind Datierung, Herkunft und Schreiber der Handschriften Cent. V, 55 und Cent. V, 62 identisch, das Format ist beinahe gleich; immerhin zitiert Nobbe „seine" Nürnberger Handschrift in den textkritischen Anmerkungen, so dass er sich höchstwahrscheinlich in der Nummer täuschte.

21 Nobbe gibt noch das irrtümliche Erscheinungsjahr 1462 an, vgl. dazu Józef Babicz, Art. „Ptolemäus", *Lexikon zur Geschichte der Kartographie* 2 (1986) 644–651, dort 649.

22 Es handelt sich um ein anonymes, in verschiedenen Ptolemaios-Handschriften auftauchendes Scholion, um das Scholion des Olympiodor zu Platons *Phaidon* und um den Eintrag im *Suda*-Lexikon. Ausführlich dazu oben S. 11 f.

23 *Anth. Pal.* 9,577 und 7,314.

24 Das eine (siehe Nobbe XXXIV, Nr. X: Ἐν γραμμαῖς τὸν κόσμον) ist fester Bestandteil der Anhänge zur *Geographie*, siehe dazu unten S. 138.

Der griechische Text präsentiert sich ohne textkritischen Apparat, stattdessen fügte Nobbe bei einigen Namen und Koordinaten Varianten (meist in Klammern) bei.[25] Deren Zeugen werden in einem „Index criticus" angegeben. Ein eigenes Siglensystem, eine umständliche Notationsmethode, Unvollständigkeit und die Separierung vom Text entwerten jedoch diese Anmerkungen im „Index criticus". Nobbe hat den Text in nicht immer ganz schlüssiger Weise in Paragraphen gegliedert und ihm die wichtigsten Scholien beigefügt. In Anlehnung an die handschriftliche Tradition ist das erste Buch mit vier und das siebte Buch mit zwei Zeichnungen bereichert. Letzterem wurde außerdem eine Skizze der Armillarsphäre beigegeben. Sehr praktisch sind die übrigen Indizes, unterteilt in einen Index geographischer Namen und in einen Wortindex (beide auf Griechisch). Die kleinformatige schwarzweiße Weltkarte in der 2. ptolemäischen Projektion mit lateinischen Bezeichnungen am Schluss der Edition vermag nicht viel mehr, als einen Eindruck vom Umfang der Oikumene nach Ptolemaios zu vermitteln.

Vom (heutigen) Standpunkt der Kenntnis des *Stemma codicum* aus gesehen bringt Nobbes Ausgabe gegenüber derjenigen Wilbergs keinen großen Gewinn. Die Abhängigkeit der Handschriften voneinander spielt nach wie vor keine Rolle, auch wenn Nobbe vereinzelte Beobachtungen dazu machte und erste Vermutungen hegte, dass zwei Textrezensionen unterschieden werden können.[26] Wichtigste Neuerung ist die Berücksichtigung der Ξ-Rezension durch die Verwertung der Handschrift X, deren Lesungen Nobbe jedoch nicht viel Gewicht beimaß. Die übrige Erweiterung der handschriftlichen Basis durch Hinzuziehen der Florentiner Handschriften ist nur punktuell.[27] Die Hauptvertreter beider Textgruppen der Ω-Rezension wurden nach wie vor kaum benützt (mit Ausnahme von C und stellenweise O).

1.3 Müllers „Rapports"

Einen ersten umfassenden Überblick über die griechischen Handschriften der ptolemäischen *Geographie* zusammen mit einem ersten Entwurf eines Stemmas unternahm Karl Müller. Im Zuge der Vorarbeiten für seine kritische Textausgabe (s. u. 1.4) verfasste er 1866 zwei Berichte mit ersten Ergebnissen zu Bestand und Bedeutung der *Geographie*-Hand-

25 Inspiriert zu diesem Vorgehen wurde Nobbe durch Handschrift a, die – wie auch manch andere Handschrift – für Toponyme bisweilen Varianten gibt.

26 Vgl. oben S. 67 mit Anm. 18 zu D, E, a und b sowie Nobbe XXIIIf.

27 Vgl. dazu oben. Die Florentiner Handschriften decken die Textfamilie σ ab (S, P, B) und bieten mit O den wichtigsten Vertreter der Textfamilie ω sowie mit d eine direkte Abschrift von U, also einem der Hauptzeugen der Ω-Rezension.

schriften (publiziert 1867).[28] Müllers Siglensystem (vervollständigt erst für seine Edition) übernahm Schnabel später nur teilweise. Um die Verwirrung möglichst gering zu halten, wird im Folgenden (wie *passim*) nur mit Schnabels Siglen operiert.

Zu den in diesen Berichten insgesamt 42 zusammengestellten Handschriften sind folgende Bemerkungen anzufügen:

1.) Unter der Sigle H fasste Müller die Parisini graeci 1407 (bei Schnabel Sigle l) und 1411 (bei Schnabel ohne Sigle) zusammen, da letzterer als Kopie von ersterem betrachtet wurde.[29]

2.) Erst im zweiten Bericht stellte Müller explizit die Zusammengehörigkeit von den im ersten Bericht noch unter den Nummern 11 und 42 aufgeführten Handschriften London, British Library, Additional 19391 respektive Hagion Oros, Μονὴ Βατοπεδίου 655 fest; letztere beschreibt er vorerst lediglich als „Codex d'un monastère du mont Athos, que M. Sebastianoff a reproduit par la photographie".[30] Es handelt sich in beiden Fällen um Teile der Handschrift L ($L_L + L_A$).

3.) Die Handschrift U nahm Müller zwar in seine Liste auf, dieser wichtige Vertreter der ω-Rezension war für ihn jedoch nicht auffind- und einsehbar.[31]

4.) Müller hat die Handschriften g und n offenbar noch gesehen und kollationiert. Handschrift g befand sich damals noch in der Bibliothek der Canonici regolari di San Salvatore in Bologna;[32] im Fall von Handschrift n äußerte sich Müller diesbezüglich nicht explizit, doch darf aufgrund der Signatur, unter der er die Handschrift zitierte, vermutet werden, dass sie damals noch im Kamaldulenserkloster San Gregorio al Monte Celio in Rom aufbewahrt wurde. Spätestens ein gutes halbes Jahrhundert danach waren beide Handschriften nicht mehr auffindbar.[33] Handschrift g befindet sich heute in der Biblioteca Universitaria in Bologna unter der Nummer 2280, während Handschrift n jetzt in der

---

28 = Müller 1867.

29 So auch Schnabel 1938, 33. Demgegenüber ist der Paris. gr. 1411 unmöglich eine „Abschrift des 16. Jh. der ganzen Hs. l" (*ibid.*), da deren Inhalte – bis auf die *Geographie*-Exzerpte – völlig verschieden sind.

30 Müller 1867, 284; damit spielte er auf die 1867 veröffentlichte Faksimile-Ausgabe des auf dem Athos aufbewahrten Teils dieser Handschrift an (= Langlois 1867). Zwar schien sich Müller bereits im ersten Bericht der Zusammengehörigkeit der beiden Handschriften bewusst zu sein, als er schrieb, dass er von der Athos-Handschrift vor einigen Jahren die ersten Blätter (nämlich die in London befindlichen) gesehen und kollationiert habe (siehe *ibid.*). Vielleicht blieb er aber vorerst zurückhaltend, weil er die Fotolithographien zu jenem Zeitpunkt offensichtlich noch nicht gesehen hatte (vgl. Müller 1867, 298).

31 „Ce ms. de la Vaticana ne se trouve pas à sa place. Jusqu'à présent toutes les recherches faites pour le retrouver ont été infructueuses" (Müller 1867, 283).

32 Siehe Müller 1867, 298.

33 Vgl. Cuntz 1923, 31 und 36, ebenso Schnabel 1938, 32 mit Anm. 2.

Newberry Library in Chicago in der Ayer Collection unter der Nummer 743 ist (s.o. S. 2, für die Beschreibung der Handschriften unten S. 141–175).

5.) In seiner Liste verzeichnet Müller einen Codex Toletanus, zu dem er sich sonst ausschweigt. Weder in Müllers Textausgabe noch vor oder nach Müllers Veröffentlichungen finden sich Anhaltspunkte zu einer angeblich in Toledo befindlichen *Geographie*-Handschrift. Im Katalog der dortigen Biblioteca del Cabildo[34] ist denn auch unter den 45 beschriebenen griechischen Handschriften (einschließlich der 10 Handschriften, die 1869 nach Madrid in die Biblioteca Nacional gelangten) kein entsprechender Kodex verzeichnet. Die einzige Ptolemaios-Handschrift im weiteren Sinn ist die Handschrift mit der Nummer 98–14, welche die Kommentare des Theon (nicht alle Bücher) und des Pappos zum *Almagest* enthält. Die einzige Handschrift geographischen Inhalts in Toledo ist die Nr. 45–30 mit den *Ethnika* des Stephanos von Byzanz. Eine griechische Handschrift der *Geographie* des Ptolemaios gibt es in Toledo demnach nicht.

6.) Der Paris. gr. 2399, den Müller unter der Sigle K in seine Liste aufnahm, ist keine eigentliche *Geographie*-Handschrift (siehe dazu unten S. 94).

Berücksichtigt man diese Punkte, führt Müller de facto 40 Handschriften auf, die er bis auf wenige Ausnahmen kollationiert hat. Unter diese Ausnahmen fällt *a priori* Handschrift U, die er nie gesehen hat. Nicht ganz klar aus den Berichten geht hervor, ob er von den Handschriften c und w lediglich Kenntnis hatte oder diese durch Autopsie kannte.

Vom heutigen Forschungsstandpunkt aus gesehen ins Gewicht fällt, dass Müller die drei Hauptvertreter der ω-Rezension (die gleichzeitig die drei ältesten Kartenhandschriften sind) nicht berücksichtigt hat, da er von F und K keine Kenntnis hatte und U nicht konsultieren konnte. Ebenfalls unbekannt waren Müller H (dessen nächstverwandte Handschriften E, Z und b er aber allesamt kannte), ferner v und die reine Kartenhandschrift z. Die übrigen von Müller nicht erwähnten Handschriften enthalten nur Teile der *Geographie* oder sind neuzeitliche Abschriften.

Müller teilte die Handschriften in drei Gruppen ein:

1.) X: Richtig und „mit scharfem Auge“[35] erkannte Müller die Sonderstellung von X, das er als vorerst alleinigen Vertreter der ältesten Textfamilie und als beste Handschrift einstufte. Tatsächlich ist X der einzige

---

34 Vgl. Albert Martin, „Rapport sur une mission en Espagne et en Portugal“, Notices sommaires des manuscrits grecs d'Espagne et de Portugal, *Nouvelles Archives des Missions scientifiques et littéraires* 2 (1892) 1–322, dort 229–298 und Charles Graux, „Rapport sur une mission en Espagne“, *Archives des missions scientifiques et littéraires*, 3e série 5 (1879) 111–136, ND in: Graux 1893, 187–212.

35 So später das Urteil von Schnabel 1938, 39.

reine Vertreter der Ξ-Rezension, eine der ältesten erhaltenen *Geographie*-Handschriften und ein äußerst wertvoller Textzeuge des Werkes.

Wenig überzeugen hingegen Müllers Argumente für seine Vermutung, dass die Vorlage von X entweder in Makedonien oder in Untermösien produziert worden sei. Für eine Herkunft aus Makedonien sprächen korrekte Ortsnamen für *Geogr.* 3,13 in X dort, wo die übrigen Handschriften korrupte Formen böten. Diese Beobachtung mag so zutreffen. Jedoch ist dies weniger auf die besseren Ortskenntnisse des Schreibers der Vorlage von X zurückzuführen; vielmehr können die meisten verderbten Namensformen der übrigen Handschriften durch fehlerhaftes Interpretieren einer Vorlage erklärt werden.[36] Die weiteren Argumente – die Nennung eines zusätzlichen Toponyms in X, das keine der übrigen Handschriften verzeichnet; zwei Glossen aus späterer Zeit, die in einer Vorlage am Rand gestanden haben müssen und in X in den Haupttext „rutschten“ (die eine am Ende von *Geogr.* 3,10 zu Untermösien, die andere in 3,13,16 zu Makedonien) – sind deshalb nicht stichhaltig, weil solche Fälle in X auch an anderen Stellen vorkommen.[37]

2.) Asiatische Gruppe: Die Bezeichnung verdankt die Gruppe den drei nach Müllers Einschätzung aus Kleinasien stammenden Handschriften O, s und l, wobei erstere den besten Vertreter der Gruppe darstelle.[38]

36 Vgl. die von Müller 1867, 291 genannten Exempla: Die korrupte Form Καναλουίων für korrekt Κανδαυίων (Müller liest falsch Κανδαουίων) ist höchstwahrscheinlich im Verlesen von ΚΑΝΔΑ(Ο)ΥΙΩΝ zu ΚΑΝΑΛΟΥΙΩΝ begründet, also in (sehr häufig auftretenden) Majuskelfehlern. Insofern müssen diese in einem früheren Überlieferungsstadium bzw. spätestens bei der Transkription einer Majuskelhandschrift der *Geographie* in die Minuskel unterlaufen sein. Beim Beispiel Αἴστραιον (übrige Handschriften) gegen Ἀστραῖον (X) muss man sogar davon ausgehen, dass X die fehlerhafte(re) Variante bietet: Erstens ist das Auslassen eines Iota ein häufiger Fehler, und zweitens weist der unmittelbar vor dem Toponym genannte Völkername Αἰστραίων (übrige Handschriften) bzw. ’Εστρέων (X) darauf hin, dass der Ort bei Ptolemaios ursprünglich Αἴστραιον hieß (über die Namensform des Ortes gibt es auch in anderen Quellen uneinheitliche Angaben, vgl. dazu den Apparat *ad loc.* in der Textausgabe von Müller sowie die *Tabula Imperii Romani K 34 Sofia: Naissus-Dyrrhachion-Scupi-Serdica-Thessalonike* [Ljubljana 1976] 19, schließlich Fanoula Papazoglou, *Les villes de Macédoine à l’époque romaine, Bulletin de Correspondance Hellénique* Suppl. 16 [1988] 333–335). Als weiteres Beispiel nennt Müller die korrekte X-Form Γιγωνίς statt des defekten ‘Ηγωνίς/’Ηγωνίς/’Εγωνίς der übrigen Handschriften (letztere beide Formen im Apparat *ad loc.* der Ausgabe von Müller korrekt; in Müller 1867, 291 jedoch falsch ’Ηγανίς/’Εγανίς). Der Name in X lautet aber «Σιγονίς» (über die leider nicht selten unkorrekt wiedergegebenen Lesarten im Apparat von Müllers Edition vgl. unten S. 74). Die richtige Namensform Γιγωνίς beruht auf einer Konjektur Grashofs. Im Fall von ‘Ηγωνίς/’Ηγωνίς kann man eine Vorlage vermuten, in der die Initiale fehlte – ein äußerst häufiges Vorkommnis.

37 Unzutreffend also die Aussage: „Si l’on excepte les deux gloses mentionnées plus haut, le texte est pur de tout élément étranger“ (Müller 1867, 292).

38 Dass auch O aus Kleinasien stamme, schrieb Müller nirgends ausdrücklich. Erst in seinem zweiten Bericht äußerte er sich zu O und identifizierte es als Vorlage von s, bzw. s als Abschrift von O. Daraus darf wohl gefolgert werden, dass der im ersten Bericht der Hand-

Müller wies dieser Gruppe insgesamt folgende Handschriften zu: O mit seinen Abschriften s, t und e; E und Z mit ihrem Abkömmling b; l; der Paris. gr. 2399;[39] die Untergruppe S, B, und P einschließlich des Fragments G.[40] Die Asiatische Gruppe umfasst somit 13 Handschriften. Unter Berufung auf Markianos von Herakleia, dessen *Periplus* als Nebenüberlieferung der *Geographie* gewertet wird,[41] vermutete Müller die Bildung dieser Asiatischen Gruppe bereits im 4. oder 5. Jh. n. Chr.

3.) Byzantinische Gruppe: Diese Bezeichnung wählte Müller, weil die ältesten Vertreter dieser Gruppe (V, f, L, N) aus Konstantinopel oder seiner weiteren Umgebung (Athos, Propontis) stammen. Ihre besten Vertreter seien f, N, D, x und L.

Diese Gruppe setzt sich gemäß Müller aus folgenden Handschriften zusammen: a; C; D; die Handschriften f und N, für die Müller ein Schwesternverhältnis annahm;[42] d, dessen Abschrift m und wiederum dessen Abschrift o; R; V mit seinem Abkömmling p, auf den wiederum teilweise b zurückgeht; W; A; x; n; L; die Untergruppe q, h, Q und y mit den theoretischen Partien der *Geographie*; g.[43] Die Byzantinische Gruppe enthält demnach 22 Handschriften.

Als wichtigstes verbindendes Merkmal der Byzantinischen Gruppe nannte Müller Kolumnenzahlen, die in der Kapitelübersicht zu *Geogr.* 2 in 14 dieser Handschriften erscheinen und sich auf die Zählung einer gemeinsamen Vorlage beziehen müssen.[44] Die Byzantinische Gruppe

---

schrift s zuerkannte erste Platz innerhalb der Asiatischen Gruppe von O übernommen und diesem ebenfalls kleinasiatische Herkunft zugedacht wird.

39 Zu dieser vermeintlichen *Geographie*-Handschrift s. u. S. 94.

40 In dieselbe Untergruppe gehört schließlich „le manuscrit perdu que Picus de Mirandola envoya de l'Italie à Strasbourg pour y servir de base à l'édition latine publiée en 1513" (Müller 1867, 297). Siehe auch unten S. 196, Anm. 83.

41 Siehe dazu oben S. 49.

42 Zum verwandtschaftlichen Verhältnis dieser beiden Handschriften siehe unten die Beschreibungen der Handschriften N und f, *Stemmatologische Notizen*.

43 Zur byzantinischen Gruppe rechnete Müller außerdem die seiner Ansicht nach verlorene Vorlage zur griechischen *Editio princeps* der *Geographie* (von Müller 1867, 287 als „manuscrit d'Ingolstadt" bezeichnet; vgl. *ibid.* 283: Die Vorlage zum griechischen Erstdruck sei eine verlorene Handschrift, die dem Arzt Fettich aus Ingolstadt gehört habe). Die tatsächliche Vorlage für den griechischen Erstdruck dürfte Handschrift A gewesen sein. Im Vorwort zur *Editio princeps* nennt der für diese Ausgabe verantwortliche Erasmus von Rotterdam denn auch einen Arzt Theobald Fettich, durch den er zu der Handschrift gekommen sei (siehe auch Schnabel 1938, 12). Insofern dürfte Müllers „manuscrit d'Ingolstadt" identisch mit Handschrift A sein und ist somit glücklicherweise nicht verloren.

44 Während Müller 1867, 287 von der Paginierung eines Handschriftenprototyps (-hyparchetyps?) sprach und anhand der Zahlen ein kleinformatiges Manuskript als Vorfahren dieser Gruppe rekonstruierte, bezog Schnabel 1938, 67 die Zahlen auf die Kolumnen einer Papyrusrolle. Entscheidend ist die Auslegung des Begriffs σελίς, der in den Handschriften vor der Nennung der ersten Zahl in abgekürzter Form erscheint (vgl. dazu Cuntz 1923, 6f.; siehe dazu auch unten S. 76).

schätzte er ein als „la plus jeune et la moins authentique" (MÜLLER 1867, 288).

SCHNABEL 1938, 39 klassierte Müllers stemmatologische Folgerungen als „das Beste [...], was bisher über die Handschriften der ‚Geographie' gesagt worden ist", kritisierte aber vor allem die Aufstellung einer dritten Handschriftengruppe neben X und der Byzantinischen Gruppe, während jene dritte Gruppe, d.h. Müllers Asiatische Gruppe, lediglich eine Vermischung der beiden Rezensionen darstelle.

1.4 Müllers Ausgabe

Ausgehend von den in seinen „Rapports" referierten Erkenntnissen zu den *Geographie*-Handschriften machte sich Müller an eine neue Gesamtausgabe der *Geographie*. Die Edition sollte erstmals einen textkritischen Apparat enthalten, der sich auf eine breite Basis von Handschriften stützte, deren textgeschichtlicher Wert bis zu einem gewissen Grad bestimmt worden war. Zusätzlich sollte der Text umfassend kommentiert sein. Wie Wilbergs Ausgabe ist aber auch diejenige Müllers durch dessen vorzeitigen Tod im Jahr 1893 unvollständig geblieben und umfasst nur die ersten fünf Bücher der *Geographie*, gegliedert in zwei Teilbände (erschienen 1883 respektive 1901). Der zweite Teilband, erst nach Müllers Tod veröffentlicht, wurde von Curt Theodor FISCHER herausgegeben, der weitgehend auf Müllers Material zurückgreifen konnte, mit Ausnahme der letzten vier Kapitel von *Geogr.* 5.

Dem nur ganz knappen (lateinischen) Vorwort des ersten Teilbandes ist zu entnehmen, dass mit der Herausgabe der übrigen Bücher ausführliche „Prolegomena" und schließlich als Band 3 ein Kartenband geplant waren. Im (ebenfalls lateinischen) Vorwort des zweiten Teilbandes kündigte Fischer einen von ihm zu besorgenden zweiten Band mit den verbleibenden Büchern 6–8 an, der ähnlich dem ersten, aber mit einem sehr viel schlankeren Kommentar daherkommen, in einem Vor- oder Nachspann Werk und Textgeschichte eingehend behandeln und mit vollständigen Indizes versehen sein sollte. All diese Vorhaben gelangten nie zur Realisierung. In Teilband 1 ist im Anschluss an das Vorwort noch eine Übersicht über die benützten Handschriften („Index Codicum") zu finden, ansonsten bietet die Edition keine Beigaben.

Der griechische Text wird begleitet von einer lateinischen Übersetzung. Bei der Gliederung in Kapitel und insbesondere in Paragraphen ging Müller eigene Wege, weshalb beim Zitieren von Stellen die Ausgaben von NOBBE und MÜLLER ungünstigerweise meistens nicht übereingehen. Der ausführliche textkritische Apparat und der reichhaltige und nützliche lateinische Kommentar sind ineinander geflochten, weshalb sie in der Regel den Löwenanteil einer Seite ausmachen, was freilich modernen Kriterien wie rascher Orientierung, Übersichtlichkeit und Benutzerfreundlichkeit nur wenig entspricht.

Der „Index Codicum" verzeichnet 38 Handschriften.[45] Dazu werden die Lesungen der bis dahin erschienenen griechischen Drucke und Textausgaben sowie bisweilen diejenigen lateinischer Handschriften und Drucke einbezogen. Gegenüber den in den „Rapports" zusammengestellten Handschriften werden hier nicht mehr aufgenommen: U, der Venet. Marc. gr. II, 103 und der ominöse Codex Toletanus.[46]

Müllers hoher Werteinschätzung von X entsprechend ist die Konstituierung des Textes stark nach dieser Handschrift ausgerichtet.[47] Diese Betonung erhält zusätzlich Gewicht durch den Umstand, dass Müller die drei besten Vertreter der ω-Rezension nicht kannte (F und vor allem K) bzw. nicht konsultieren konnte (U). Dass Müller diese drei Handschriften nicht aufgenommen und die verwandtschaftlichen Bezüge der übrigen erst in groben Zügen erfasst hat, dass sein Apparat dadurch wichtiger Varianten entbehrt und zum Teil mit wenig ergiebiger Information aufgebläht ist, dies sind die größten (und berechtigten) Vorwürfe gegen diese Ausgabe. Dem muss hier hinzugefügt werden, dass trotz Müllers Sammelns und Verwertens einer eindrücklichen Menge von Material der Apparat infolge Verlesungen leider zu oft und in entscheidenden Fällen fehlerhaft ist. Außerdem vermisst man hier und da eine textkritische Notiz. So bietet diese Ausgabe für Varianten eine nützliche und reiche Fundgrube, der aber Unvollständigkeit und eine gewisse Unzuverlässigkeit anhaften.

Zu wenig Beachtung hat der gleichzeitig mit dem zweiten Teilband erschienene, das Gesamtkonzept abrundende Kartenband erhalten. Ebenfalls von Fischer auf der Basis von Müllers Vorarbeiten zu Ende geführt, ist freilich auch dieser unvollständig geblieben und bricht mit Asien-Karte 4 ab, dokumentiert also die ersten fünf Bücher der *Geographie*. Alle Bezeichnungen auf den Karten sind lateinisch. Der kolorierte Kartensatz wird eröffnet mit einer Weltkarte nach der 2. ptolemäischen Projektion. Die zehn Europa-Karten, vier Afrika-Karten und die ersten vier Asien-Karten werden jeweils in zwei einander gegenübergestellten Ausführungen abgebildet, einmal nach dem ptolemäischen Koordinatensystem (beruhend auf der Textausgabe),[48] einmal werden die Toponyme

45 Genau genommen handelt es sich um 39, da Müller unter die Sigle H zwei Handschriften fasste (siehe dazu oben S. 69).

46 Zu erst- und letztgenannter Handschrift s.o. S. 69f. Im „Index Codicum" verzeichnet, aber im Apparat nicht vertreten, sind natürlich der Paris. gr. 2399 (dazu unten S. 94), außerdem g, Q und y.

47 Vgl. auch Müller 1880, dort insbesondere 303.

48 Auf die von Ptolemaios gewählte Zylinderprojektion wurde jedoch verzichtet.

projiziert auf moderne Kartenumrisse. Dies veranschaulicht deutlich und in aufschlussreicher Weise markante Phänomene der Geo-Kartographie bei Ptolemaios, wie etwa die altbekannte rechtwinklige ‚Abdrehung' Schottlands[49] oder die überdimensional große Maiotis (Asowsches Meer).

1.5 Cuntz' Ergebnisse

Cuntz stützte sich bei seinen Untersuchungen einerseits auf Müllers Arbeiten zur ptolemäischen *Geographie*, andererseits nahm er eigene Kollationen vor, wobei er sich auf *Geogr.* 2, *Geogr.* 3,1–4 und *Geogr.* 8,1–9 beschränkte (also auf das Material aus Ortskatalog und Buch 8, das sich auf die Europa-Karten 1–7 bezieht). In seine Textausgabe nahm er jedoch nur *Geogr.* 2,7–3,1 auf. Cuntz' Hauptinteresse galt bei seinen Untersuchungen der Erhellung des Zusammenhangs zwischen den ptolemäischen Angaben und römischen Itineraren, wie sie Ptolemaios unter anderem als Quellenmaterial gedient haben dürften. Mit dem Textabschnitt zu Gallien, den Donauländern und Italien hat sich Cuntz zu diesem Zweck für gut bekannte Gebiete des *Imperium Romanum* entschieden, für die sowohl die *Geographie* als auch die Itinerare reichlich Material liefern.

Für die Kollationen traf er eine Auswahl von nur sieben Handschriften, die seines Erachtens die Überlieferung der *Geographie* abdecken. Es sind dies die Handschriften O, R, S, W, X, Z und U, die Müller nicht zugänglich gewesen war.[50] All diese Handschriften kannte Cuntz aus Autopsie. Als Erster bezog er auch die handschriftlichen Karten in die Kollationsarbeiten mit ein, welche in O, R, und U vorliegen.

Unter den sieben ausgewählten Handschriften unterschied Cuntz zwei Klassen. Ausgangspunkt seiner Unterscheidung bildet die Inhaltsübersicht zu *Geogr.* 2, die in einer kürzeren und einer längeren Version überliefert ist.[51] Die eine Klasse, die sogenannte X-Klasse, enthält die

---

49 Vgl. dazu etwa James J. Tierney, „Ptolemy's map of Scotland", *Journal of Hellenic Studies* 79 (1959) 132–148; Barri Jones / Ian Keillar, „Marinus, Ptolemy and the turning of Scotland", *Britannia* 27 (1996) 43–49; Alastair Strang, „Explaining Ptolemy's Roman Britain", *Britannia* 28 (1997) 1–30.

50 Cuntz übernahm Müllers Siglen, für U (bei Müller Δ) wählte er hingegen die Sigle Ur.

51 Die Inhaltsübersicht besteht aus folgenden Elementen: a) Buchtitel; b) erläuternder Untertitel; c) Inhaltsübersicht; d) Periorismos; e) Untertitel. Der Buchtitel zu *Geogr.* 2 und der erläuternde Untertitel (Elemente a und b) befinden sich in beiden Klassen und unterscheiden sich mäßig voneinander. Die Inhaltsübersicht und der Untertitel (Elemente c und e) befinden sich in beiden Klassen und unterscheiden sich erheblich voneinander: c) ist in der X-Klasse nur ein stark geraffter Überblick über die in *Geogr.* 2 behandelten Gebiete; in der RW-Klasse gibt c) die Kapiteltitel von *Geogr.* 2 wieder und ist außerdem je nach

Kurzfassung dieser Inhaltsübersicht. Die X-Klasse besteht aus der Handschrift X, deren außerordentlich hoher Wert auch von Cuntz betont wurde, und aus Handschrift S, für diese jedoch nur bis und mit *Geogr.* 2,10. Bis dort nämlich geht S sehr eng mit X zusammen, wie bereits Müller erkannt hatte.[52] Ab *Geogr.* 2,11 folgt der Text von S dem Gros der übrigen Handschriften und bietet nur noch vereinzelt Varianten aus der X-Klasse. Trotz der nahen Verwandtschaft der beiden Handschriften schloss Cuntz aus, dass S eine direkte Abschrift von X sei, denn was der Rubrikator in X ausgelassen habe, finde man in S vor. Als Vorlage von S vermutete er eine X formal und zeitlich äußerst nahestehende Handschrift. Nicht unmöglich schien ihm, dass die beiden Handschriften dieselbe Vorlage gehabt hätten. Die andere Klasse bezeichnete Cuntz als RW-Klasse. Sie weist die lange Fassung der Inhaltsübersicht zu *Geogr.* 2 auf und schließt neben R und W die Handschriften O, S ab *Geogr.* 2,11, U und Z ein. Die namengebenden Handschriften dieser Klasse sah Cuntz als „Antipoden" zu X. Die einander eng verwandten, aber nicht voneinander abhängigen Handschriften R und W würden mancherorts gegenüber allen übrigen der sieben ausgewählten Handschriften die richtige Lesart, d.h. die Lesart des Archetyps bieten. Zudem gäben sie am getreuesten den Text derjenigen verlorenen Handschrift wieder, auf deren Seiten sich Überreste von Zahlen beziehen würden, die sich in der Inhaltsübersicht der meisten Handschriften dieser Klasse erhalten haben (= Archetyp der RW-Klasse).[53] Von den Handschriften O, S, U und Z zeigten einzelne oder mehrere oft dieselben Varianten mit X. U stehe RW jedoch am nächsten, insgesamt sei der Bezug von O, S, U und Z zu R enger als zu W, und O habe U zum Teil direkt benützt.[54] Aus diesen Beobachtungen folgerte Cuntz, dass R und W auf einen gemeinsamen Hyparchetyp zurückgingen[55] und dass O, S, U und Z einen aus der RW- und der X-Klasse gemischten Text aufwiesen.

Handschrift ergänzt durch die Nummerierung der einzelnen Gebiete, durch die Verweise auf die jeweils dazugehörige Karte, durch auf eine verlorene Handschrift zurückweisende Seitenzahlen (dazu gleich unten sowie oben S. 72 mit Anm. 44) und durch die Summe aller Gebiete/Karten von *Geogr.* 2. Element e) ist in der X-Klasse eine Variante des Buchtitels (a), in der RW-Klasse lautet der Untertitel Πρόλογος. Der Periorismos (d) findet sich nur in der RW-Klasse; er ist ein unptolemäischer, späterer Zusatz.

52 Müller 1880, 303.

53 Dazu auch oben S. 72 mit Anm. 44. Eine weitere Gemeinsamkeit von R und W: Am Ende der Kapitel zu Gallien wird die jeweilige Summe der Völker und Städte angegeben. R nennt diese Summen sogar am Ende eines jeden Kapitels.

54 So urteilte Cuntz aufgrund mehrerer Indizien auf den Karten von U und O, vgl. Cuntz 1923, 18–20; außerdem identifizierte Cuntz den Redaktor der Karten von O mit Hand 3 von U (siehe dazu unten die Beschreibung von Handschrift O, *Stemmatologische Notizen*, insbesondere auch Anm. 152 auf S. 232).

55 Cuntz 1923, 12 sprach etwas unpräzise von Archetyp.

Somit formulierte Cuntz erstmals richtig das Neben- und Ineinander zweier Textrezensionen bzw. -redaktionen (siehe dazu gleich unten) und ging aufgrund der zahlreichen Majuskelfehler in der Überlieferung beider Rezensionen davon aus, dass der gemeinsame Archetyp der zwei Klassen eine Majuskelhandschrift gewesen sein müsse. Während er eine Vielzahl von Namens- oder Koordinatenvarianten auf Korruptelen oder Interpolationen zurückführte, folgerte er für eine weitere Vielzahl von Doppelvarianten, dass von zwei Textredaktionen auszugehen sei, da beide Varianten durch die übrige antike Tradition gestützt würden. Beide Textredaktionen seien Ptolemaios selber zuzuschreiben und vielleicht im Rahmen einer Überarbeitung der *Geographie* entstanden. Nach Cuntz' Vorstellung standen die Varianten im „Handexemplar" des Ptolemaios nebeneinander. Sie seien in den ersten Abschriften des Werkes noch übernommen worden. Auf diese Phase würden die Verderbnisse des gemeinsamen Archetyps der beiden Textklassen zurückgehen. Erst in den Hyparchetypen der X- bzw. der RW-Klasse seien die Varianten selektioniert worden, nicht mit System, sondern nach Beliebigkeit.

Wie bereits erwähnt, hat Cuntz erstmals auch die Karten in den Handschriften systematisch für seine Teilausgabe ausgewertet. Er betrachtete Weltkarte und Teilkarten als freilich in der Überlieferung von Änderungen nicht unbeeinflusst gebliebene Rekonstruktionen des Agathodaimon, dessen Wirkungszeit er im 4. Jh. oder später vermutete (Cuntz 1923, 27).[56] In der Streitfrage über die Echtheit der Karten vertrat er dezidiert die Ansicht, dass Ptolemaios seinem Werk selbstverständlich Karten beigegeben hatte. Die Anlage der B-Redaktion schrieb er zu Recht dem Kartenredaktor von O und somit dem 14. Jh. zu (siehe dazu oben S. 43).

Cuntz führte neben den sieben ausgewählten vierzig weitere Handschriften auf, nannte insgesamt also 47 griechische *Geographie*-Handschriften. Dazu ist Folgendes zu bemerken:

1.) Von Handschrift L werden nur die auf dem Athos und in London aufbewahrten Teile erwähnt.

2.) Die Handschrift n wurde von Cuntz unwissentlich zweimal aufgeführt: Einmal erwartungsgemäß unter der Müller'schen Sigle Π als „Rom. monast. S. Gregorii in monte Coelio 15" mit dem Vermerk, dass der Verbleib dieser Handschrift unbekannt und die Suche nach ihr ergebnislos ausgefallen sei. In der Tat muss sich Handschrift n zu jenem Zeitpunkt längst in der Newberry Library in Chicago befunden haben (siehe dazu oben S. 2 und unten S. 173f.). Ein zweites Mal ohne Sigle als „Venet. monast. S. Michael" in derjenigen Gruppe von Handschriften, die lediglich die theoretischen Teile der *Geographie* mit dem Kommentar des Nikephoros Gregoras enthalten. Aus den knappen bibliographischen

56 Zu Agathodaimon Näheres unten S. 138f.; siehe dazu auch oben S. 49.

Angaben wird klar, dass hier wiederum auf Handschrift n verwiesen wird, auch wenn diese zwar den Kommentar des Gregoras aufweist, jedoch die *Geographie* ganz überliefert.

3.) Cuntz bezeichnete Handschrift g erstmals als unauffindbar, und diese Meldung wurde bis *dato* in der Sekundärliteratur so übernommen.[57] Zwar wunderte sich Schnabel später darüber,[58] mit dem Einwand, die Handschrift sei von Olivieri/Festa 1895 katalogisiert und beschrieben. Trotzdem war dies damals natürlich kein stichhaltiges Argument, da dieser Katalog deutlich älter als Cuntz' Recherchen ist und es ohne Weiteres denkbar gewesen wäre, dass g unterdessen ‚verschwunden' war – ganz abgesehen davon, dass Schnabel selber den Verbleib der Handschrift offenbar nicht näher überprüft hat. Vgl. dazu auch Müller 1867, 298, der die Handschrift noch gesehen hat, die damals allerdings noch im Bestand der Biblioteca di San Salvatore di Bologna aufbewahrt wurde. Cuntz muss unsachgemäß oder falsch informiert worden sein.

4.) Entsprechend seinem Konzept der Beschränkung auf sieben Handschriften, von denen jede die beste Vertreterin (oder eine der besten Vertreterinnen) einer Handschriftengruppe darstelle, wurden die übrigen Handschriften von Cuntz folgendermaßen geordnet:

O vertritt c, e, s, t, v.
R vertritt A, V, p.
S vertritt B, G, P.
U vertritt D, F, L, a, d, m, n, o, w, x.
W vertritt C, N, f.
X bildet (zusammen mit S bis *Geogr.* 2,10) allein eine Gruppe.
Z vertritt E, b.

Die Handschriften mit nur den theoretischen Teilen der *Geographie* wurden als besondere Gruppe behandelt, bestehend aus Q, h, n, q und y. Die verbleibenden Handschriften zählte er ohne Zuordnung zu einer Gruppe auf; es sind dies g, j, k, l, r; der Paris. gr. 2027; der Marc. gr. II, 103; der Vat. Ottob. gr. 67; schließlich die Handschrift Athos, Μονὴ Διονυσίου 175 (= Lambros Nr. 3709).

Effektiv zählte Cuntz demnach 46 Handschriften auf. Neben seinen sieben Leithandschriften hat er nach eigenen Angaben acht weitere Handschriften persönlich eingesehen, nämlich die übrigen Florentiner Handschriften (B, P und d), den Marc. gr. Z. 388 (p), drei Vatikan-Handschriften (A, V, e) und das Wiener Manuskript (m). Für die restlichen Handschriften bezog er sich lediglich auf Müllers Apparat, dessen Zuverlässigkeit (zu) oft nicht gewährleistet ist (s.o. S. 74). Neu gegenüber Müller führte er sieben Handschriften auf: Wichtigste Ergänzung ist das

57 Siehe dazu auch oben S. 2 mit Anm. 4.
58 Schnabel 1938, 32 mit Anm. 2.

Fragment F, dazu kommt die der B-Redaktion folgende Handschrift v, ferner Handschrift r, die sich auf die theoretischen *Geographie*-Teile beschränkt, schließlich die nur Exzerpte bietenden Handschriften j, k, Vat. Ottob. gr. 67 und Athos, Μονὴ Διονυσίου 175. Demgegenüber erwähnte Cuntz die beiden ebenfalls nur Exzerpte enthaltenden Parisini graeci 1411 und 2399 nicht mehr (letzteren zu Recht, siehe dazu unten S. 94). Beigezogen hat Cuntz außerdem probeweise die lateinischen Handschriften Vat. lat. 2052, 2053 und 5698.

Im wesentlichen Unterschied noch zu Müller hat Cuntz für die Konstituierung des Textes eine klare Klassifikation der Handschriften vorgenommen, die auf zwei Rezensionen (oder nach seinem Ermessen Redaktionen, s. o. S. 77) basiert. Von den daraus hervorgegangenen zwei Handschriften-Klassen maß er der X-Klasse den höheren Wert zu als der RW-Klasse. Erstmals wurde nun auch Handschrift U verwertet. Im Gegensatz noch zu Müller 1867, 282, der diese Handschrift dem 15. Jh. zugeordnet hatte, datierte Cuntz sie ins 11. Jh. (tatsächlich dürfte sie um 1300 entstanden sein). Daneben gehören die massive Selektionierung textkritisch relevanter Handschriften und die systematische Auswertung der Karten methodisch zu den wichtigsten Neuerungen der Cuntz'schen Teilausgabe.

Cuntz' Konzentration auf sieben textkritisch relevante Handschriften kann mit Sicherheit als sinnvolle, nötige und weitgehend treffende Maßnahme für die Konstituierung des griechischen Textes betrachtet werden, auch wenn er seine Auswahl aus heutiger Warte zu sehr reduzierte. Der Kritik Schnabels, dass Cuntz seine Folgerungen nur auf einen kleinen Textabschnitt gestützt habe, dessen Überlieferung außerdem in den Handschriften beider Rezensionen nicht allzu sehr schwanke, ist zwar zuzustimmen; Schnabels vernichtendes Fazit zu Cuntz' Arbeit ist jedoch undifferenziert und abzulehnen,[59] umso mehr, als Schnabel einige Erkenntnisse von Cuntz zu unrecht als falsch verwarf.[60]

59 „Von Cuntz' Behauptungen über die Klassifizierung der Handschriften der ‚Geographie' und die Entstehung der Karten in den Handschriften lässt sich heute [...] nicht eine einzige mehr aufrechterhalten" (Schnabel 1938, 41).

60 So schrieb bereits Cuntz die B-Redaktion der Karten im Plut. 28.49 (O) dem Kopisten dieser Handschrift zu, was Schnabel als unzutreffend einschätzte. Die seither vorgenommenen Untersuchungen zu Handschrift O geben jedoch Cuntz Recht (siehe auch oben S. 43 sowie unten die Beschreibung von Handschrift O, *Stemmatologische Notizen* und *Geschichte*).

1.6 Renous Teilausgabe

Für seine Teilausgabe des Ortskatalogs von Indien und dem Fernen Osten (*Geogr.* 7,1,1–7,4,13)[61] übernahm Louis Renou die Handschriftenklassierung von Cuntz. Somit beschränkte er sich vorwiegend auf die Leithandschriften der sieben von Cuntz definierten Gruppen (Handschriften O, R, S, U, W, X und Z).[62] Die Prüfung verschiedener weiterer Handschriften schien ihm die Cuntz'sche Einteilung zu bestätigen.

Weitere elf griechische Handschriften hat Renou nur punktuell herangezogen: einerseits die fünf Vatikan-Handschriften A, V, e, t und x, andererseits die sechs Pariser Manuskripte C, D, E, a, b und f. Für L stand ihm Langlois' Faksimile-Ausgabe[63] zur Verfügung, die nur den auf dem Athos verbliebenen Teil der Handschrift und deshalb für *Geogr.* 7 nur die Karten abbildet. Daneben wurden acht lateinische *Geographie*-Handschriften konsultiert, nämlich die drei Vaticani latini 2052, 2053 und 5698 (die ersten beiden ohne Karten, der letzte jedoch eine reine Kartenhandschrift ohne den Text) sowie die Parisini latini 4801–4805 (alle mit Karten) und 4838 (kartenlos). Wie Cuntz bezog auch Renou die in den betreffenden Handschriften vorhandenen Karten mit in seine Untersuchungen ein, unter denen beide Redaktionen vertreten waren.

Für den Ortskatalog in *Geogr.* 7 lassen sich die Handschriften gemäß Renou in drei Gruppen unterteilen: Dabei stehen X für die erste, A für die zweite und alle übrigen Handschriften für die dritte Gruppe. Handschrift X (Gruppe 1) ist auch nach Renous Wertung der beste Textzeuge der *Geographie*, bzw. die Ξ-Rezension („la tradition qu'il [*sc.* X] représente", Renou 1925, IX) der ω-Rezension überlegen. Für seine Ausgabe hielt er sich denn auch an die Lesungen von X (außer im Fall von offensichtlichen Fehlern), während die Koordinatenangaben (die in X in *Geogr.* 7 fehlen) aus A als der X am nächsten verwandten Handschrift ergänzt wurden. Denn für A (Gruppe 2) stellte Renou neben einer gewissen (oft fehlerhaften) Eigenständigkeit eine nähere Zugehörigkeit zu X fest als zu R, wie in Cuntz' Zuordnung.[64] Die übrigen Handschriften (Gruppe 3) spaltete Renou in zwei Untergruppen auf: Die erste Untergruppe bilden die fünf Handschriften RWbCV, wobei C und V als sekundär behandelt wurden. Wenn Renou in b den Archetypen dieser Gruppe sah, entging ihm, dass diese Handschrift die jüngste unter ihnen ist (für die Datierungen der entsprechenden Handschriften s.u. die Tabelle in Kap. III.3.3).

61 Die Inhaltsübersicht zu *Geogr.* 7 fehlt in der Teiledition.
62 Wie Cuntz brauchte auch Renou Müllers Siglen und bezeichnete U mit der Sigle Ur.
63 = Langlois 1867.
64 Eine Kollation der griechischen *Editio princeps* (Basel 1533) ließ Renou zu dem Schluss kommen, dass sie gleichsam identisch mit Handschrift A ist – die ja auch die Grundlage für diese Erstausgabe bildete.

Zu der zweiten Untergruppe zählte Renou die elf Handschriften U (mit ihren Töchtern D, f und x), S und O (zu ihnen gehörig e und t), Z (mit E) und schließlich a. Die hier in Klammern gesetzten Handschriften wurden wiederum als sekundär klassiert. Der Gesamtheit der Primärhandschriften aus Gruppe 3 gab Renou die Sigle ω.

Der griechische Text wird begleitet von einer französischen Übersetzung. Die Zählung folgt derjenigen der Ausgabe von NOBBE. Ein ausführlicher textkritischer Apparat führt in einem ersten Teil die Varianten der griechischen Handschriften (inklusive Karten) auf, in einem zweiten Teil die Lesungen der lateinischen Handschriften und Karten, in einem dritten Teil die geographischen Bezeichnungen aus einer Reihe von weiteren Quellen: aus den Büchern 1 und 8 der *Geographie*, in denen es vereinzelt um Indien geht; aus dem *Kanon der Bedeutenden Städte*; aus der Epitome von *Geogr.* 7,1–4, die in mehreren Handschriften unter den Anhängen auftaucht[65] und offenbar auch von den Parisini graeci 1407 (Sigle l) und 1411 überliefert wird;[66] aus griechischen, römischen und arabischen Schriftstellern, die Ptolemaios benutzt haben; schließlich aus einer Reihe von lateinischen bzw. griechisch-lateinischen *Geographie*-Editionen. Am Schluss des Bändchens befinden sich ein griechischer Index der geographischen Namen und sechs schwarzweiße Faltkarten: drei Reproduktionen der Asien-Karten 10–12 aus dem Marc. gr. Z. 516 (Sigle R), denen jeweils ihre Umzeichnung mit lateinischen Toponymen und arabischen Zahlen vorausgeht.

1.7 Fischers Faksimile-Ausgabe des Urbinas

In der aus 4 Bänden (bzw. genauer aus 2 in je 2 Bände segmentierten Teilen) bestehenden Faksimile-Edition des Urbinas graecus 82 (U) von Joseph Fischer steht das handschriftlich überlieferte Kartenwerk der *Geographie* im Vordergrund. Dies äußert sich unter anderem darin, dass die Karten dieser Handschrift zwar sehr wohl im Maßstab 1:1 faksimiliert wurden, nicht so aber der Text, den ein separater, kleinformatigerer Band enthält. Ein Mangel der Faksimile-Ausgabe besteht insofern darin, dass besonders *Geogr.* 8 gleichsam auseinandergerissen wurde und man die Karten in einem, den Text in einem anderen Band konsultieren muss und der Benutzer den Aufbau des betreffenden Buches selbst zu rekonstruieren hat.

Die Blätter mit dem *Geographie*-Text im ersten Band der Faksimile-Ausgabe (FISCHER 1932, 1) wurden schwarzweiß faksimiliert und grob

---

65 Siehe dazu unten S. 136.

66 Renou bezeichnet das Textstück als „Epitome de la Géographie“: „Le livre VII y est particulièrement développé et la majeure partie des noms s’y trouve, mais dans un ordre bouleversé et avec de multiples corruptions“ (RENOU 1925, XIII).

gesagt reduziert auf ein etwas kleineres Format als DIN-A4. Die Schutzblätter sind nicht abgebildet. Diesen Reproduktionen geht eine von Pio Franchi de' Cavalieri besorgte „Adnotatio critica“ voran (S. 1–37), gleichsam ein Nebenprodukt des ursprünglichen, aber verworfenen Vorhabens, den gesamten Text des Kodex transkribiert zu veröffentlichen (FISCHER 1932, 1, 1). In dieser „Adnotatio critica“ sind sämtliche Fehler, Rasuren, Korrekturen, Hinzufügungen und Scholien verzeichnet, die entweder auf den Kopisten des Urbinas selbst zurückgehen („m. 1“) oder aber von einer zweiten, etwas späteren Hand des 14. Jh. stammen („m. 2“).[67] Hübsch gelöst wurde das Problem der Zeilenzählung: Statt die faksimilierten Blätter durch Zeilennummern zu verunstalten, die jedoch jedem Benutzer sehr willkommen wären, ist dem Textband ein „Zeilenlineal“ beigegeben, das neben seiner Hilfsfunktion außerdem verdeutlicht, wie regelmäßig die Blätter über das ganze Manuskript hinweg gelayoutet wurden. Im zweiten, aufgrund seines Formates äußerst unhandlichen und schweren Faksimile-Band (FISCHER 1932, 2) werden nicht nur sämtliche Urbinas-Karten in Originalgröße und schwarzweiß wiedergegeben, sondern auch der gesamte Kartensatz der lateinischen *Geographie*-Handschrift Vat. lat. 5698 sowie die Europa-Karten 3, 6 und 10 des der B-Redaktion folgenden Urb. gr. 83 (t) reproduziert.

Die beiden verbleibenden Bände bilden zusammen den *Tomus prodromus* zu den Faksimiles. Dessen erster Teil (FISCHER 1932, tom. prodr. 1) enthält auf über 600 Seiten, wiederum in 3 Bücher unterteilt, Materialien zum Leben und vorwiegend zum geographischen Werk des Ptolemaios, zu den griechischen, den lateinischen und zu der arabischen Kartenhandschrift der *Geographie* sowie zum Nachleben dieses Werkes. Dabei liegt der Schwerpunkt stark auf der Untersuchung des Verhältnisses zwischen den Karten und dem Text und werden ausführlicher nur Kartenhandschriften vorgestellt, die der A-Redaktion folgen.[68] So werden im Mittelteil dieses Bandes die elf griechischen und insgesamt 48 lateinische Kartenhandschriften der A-Redaktion mehr oder weniger detailliert beschrieben, wobei sich diese Beschreibungen zum größten Teil der Schilderung der Karten widmen. Die Handschriften versah Fischer mit einem eigenen, zu umständlichen Siglensystem: Die griechischen Handschriften der A-Redaktion erhielten die Sigle A und eine Nummer von 1 bis 11, die griechischen Handschriften der B-Redaktion die Sigle B und eine Nummer von 1 bis 5, die lateinischen Handschriften, von denen keine der B-Redaktion folgt, wurden mit der Sigle L und einer Nummer von 1 bis 40 versehen (für einige in Fischers Augen eindeutig von einer genannten Handschrift oder einer Edition abhängige Handschriften besteht die Si-

---

67 Siehe FISCHER 1932, 1, 1; die Datierung wurde hier ergänzt aus DILLER 1975, 91.

68 Zu den Kartenredaktionen s. o. S. 43.

gle gar aus dem Buchstaben L, einer Nummer und einem kleinen lateinischen Buchstaben von a bis f).[69] Dass die Karten im Urb. gr. 82 (U) nicht auf der Grundlage des Textes dieser Handschrift hergestellt worden sein können, da zwischen Text und Karten zahlreiche Abweichungen und Unstimmigkeiten festzustellen sind, und dass demnach für den Text und für die Karten eine selbständige Überlieferung vorausgesetzt werden muss, ist aus der Sicht des heutigen Forschungsstandes wohl das wichtigste Ergebnis Fischers und mit Sicherheit unbestritten. Er betrachtete ferner den μηχανικός Agathodaimon, dessen Subskription in einer Vielzahl der Handschriften am Schluss des *Geographie*-Textes erscheint,[70] als den Autor der Weltkarte, die er, so wie sie sich in den überlieferten Handschriften präsentiert, für unptolemäisch hielt. Agathodaimon sei es auch gewesen, der sich entgegen Ptolemaios, der sich in der *Geographie* deutlich für den Vorzug der zwar komplexeren, aber wahrheitsgetreueren 2. Projektionsart ausspricht (*Geogr.* 1,24,28 f.), für die einfachere 1. Projektionsart entschieden habe. Die Teilkarten führte Fischer auf Ptolemaios selbst zurück. Außerdem schrieb er sowohl die A- als auch die B-Redaktion dem Ptolemaios zu. Dass die B-Redaktion auf Ptolemaios selbst zurückgehen soll, muss vom heutigen Stand der Kenntnisse aus verworfen werden.[71] Wie die Agathodaimon-Subskription zu verstehen und zu werten ist, kann jedoch auch heute noch nicht eindeutig erklärt werden.

Der zweite Teil des *Tomus prodromus* (FISCHER 1932, tom. prodr. 2) bietet insgesamt 83 reproduzierte Karten aus verschiedenen griechischen und lateinischen Handschriften sowie aus dem arabischen Kodex İstanbul, Ayasofya Müzesi 2610. Alle Kartenbilder sind schwarzweiß und gegenüber dem Original deutlich verkleinert wiedergegeben. Bedauerlicherweise wurde die Angabe der jeweiligen Folia unterlassen. Folgenden 14 griechischen Kodizes sind für diesen Band Kartenbilder entnommen worden (hier in alphabetischer Reihenfolge nach dem Ort ihrer Aufbewahrung gegeben; die mit einem Sternchen versehenen Karten folgen der B-Redaktion):[72]

- Città del Vaticano, Biblioteca Apostolica Vaticana, Urb. gr. 83 (t): Asien-Karten 24–25*.
- Firenze, Biblioteca Medicea Laurenziana, Conv. Suppr. 626 (d): Europa-Karte 9, Asien-Karte 12.

69 Der Sigle einiger Handschriften, die erst in den Nachträgen des Bandes besprochen werden, wurde zudem ein Asterisk beigefügt. Für die arabische Handschrift kreierte Fischer die Sigle „A u. B", um zu signalisieren, dass ihr Kartensatz sich sowohl aus A- als auch aus B-Karten zusammensetzt.

70 Siehe dazu unten S. 138 f.

71 Siehe dazu oben S. 43.

72 Aus der oben erwähnten arabischen Handschrift sind die Weltkarte und Europa-Karte 4 abgebildet. Auf eine Aufzählung der insgesamt 38 lateinischen Handschriften und ihrer reproduzierten Karten, die nicht Gegenstand der vorliegenden Arbeit bilden, wird hier verzichtet.

- Firenze, Biblioteca Medicea Laurenziana, Plut. 28.49 (O): Europa-Karte 19*.
- Hagion Oros, Μονή Βατοπεδίου 655 (L): Europa-Karten 1–2.
- İstanbul, Topkapı Sarayı, G. İ. 57 (K): Weltkarte, Europa-Karte 1.
- København, Universitetsbibliotek, Fabr. 23,2° (F): Europa-Karten 2 (östliche Hälfte), 5 (östliche Hälfte, in 2 Teilen), 6 (westliche Hälfte).[73]
- Leiden, Bibliotheek der Rijksuniversiteit, Voss. gr. F. 1 (z): Weltkarte, Afrika-Karte 4.
- London, British Library, Burney 111 (v): Europa-Karte 10*.
- Milano, Biblioteca Ambrosiana, D 527 inf. (s): Europa-Karte 10*.
- Paris, Bibliothèque nationale, gr. 1401 (a): Europa-Karte 4.
- Paris, Bibliothèque nationale, gr. 1402 (D): Weltkarte, Europa-Karte 2.
- Venezia, Biblioteca Nazionale Marciana, Cod. gr. Z. 516 (R): Europa-Karten 4 (östliche Hälfte) und 9.
- Venezia, Biblioteca Nazionale Marciana, Cod. gr. Z. 388 (p): Weltkarte.
- Wien, Österreichische Nationalbibliothek,Vind. hist. gr. 1: Asien-Karten 1 und 12.

Somit sind in diesem Tafelband von sämtlichen griechischen Kartenhandschriften Exempla konsultierbar, mit Ausnahme des der B-Redaktion folgenden Manuskripts İstanbul, Topkapı Sarayı, G. İ. 27 (c).

1.8 Schnabels Monographie

Die 1938 von Albert Herrmann herausgegebene Monographie Paul Schnabels zu Text und Karten der ptolemäischen *Geographie* (= Schnabel 1938) soll hier den Abschluss der ausführlicher vorgestellten Beiträge zur Erfassung der griechischen Handschriften der ptolemäischen *Geographie* und der Konstituierung ihres Stemmas bilden. Nicht, dass nach Schnabels Buch diese Themenbereiche keine Beachtung mehr gefunden hätten. Wie aber die seither erschienenen Publikationen gezeigt haben und wie schließlich auch in der vorliegenden Arbeit deutlich wird, sind die wichtigsten Grundzüge von Schnabel richtig erkannt und dargelegt worden, auch wenn freilich im Einzelnen die eine oder andere Zuordnung begradigt werden oder in Frage gestellt werden musste und muss. Zu einem gewissen Grad mag dies seine Ursache darin haben, dass Schnabel infolge schwerer Erkrankung nicht mehr dazu kam, seine Arbeit abzuschließen. Auch wenn er in einem Nachtrag zum Vorwort versichert, die Arbeit sei, mit Ausnahme des Abschnitts über den Vergleich des heutigen Handschriftenbestandes mit dem des Jahres 1400, fertig (Schnabel 1938, VI), fallen bei der Lektüre seines Buches zahlreiche Ungereimtheiten und Ungenauigkeiten auf, die eine Überarbeitung, so darf vermutet werden, hätte bereinigen können.[74] Problematischer und wohl anderen Gründen zuzuschreiben sind nicht selten

73 Von dieser Handschrift F sind somit alle erhaltenen Karten wiedergegeben.

74 Im Katalogteil (unten Kap. IV) wird hier und da auf solche Widersprüchlichkeiten hingewiesen, besonders in den *Stemmatologischen Notizen*.

festzustellende Fehlinformationen zu materiellen, inhaltlichen oder sachlichen Aspekten der Handschriften, insbesondere dort, wo sie für weitere Schlüsse nutzbar gemacht wurden. Dies ist auch nicht zu entschuldigen mit Schnabels Zielpublikum, das er unter den Geographen suchte und das ihm zufolge keine Griechischkenntnisse haben müsse (*ibid.* V). Eine von Schnabel geplante *Geographie*-Ausgabe, in der er den Text beider Rezensionen nebeneinander abdrucken wollte, kam nie zur Realisierung.[75]

Schnabel hatte viele der Handschriften, besonders die in Italien und Frankreich aufbewahrten, im Original gesehen. In seinem Katalogteil (Schnabel 1938, 5–33) zählte er insgesamt 46 mit einer Sigle versehene Handschriften auf. Dabei revidierte er zu Recht das Siglensystem nach den gebräuchlichen Vorgaben der Textkritik und gebot so der zunehmenden Zahl von Siglenvarianten Einhalt. Die heute üblichen und in dieser Arbeit verwendeten Siglen sind diejenigen Schnabels. Wenn Schnabel dennoch 54 Handschriften durchnummerierte, so hängt dies damit zusammen, dass er erstens fünf Handschriften aufführte, denen er keine Sigle verlieh (Athos, Μονὴ Διονυσίου 175 = Lambros Nr. 3709; Paris. gr. 1407 und 2027; Vat. Ottob. gr. 67; Venet. Marc. Gr. II, 103). Zweitens betrachtete er drei Handschriften, die ebenfalls ohne Sigle blieben und die einen *Ἔκθεσις τῶν πινάκων τῆς οἰκουμένης* genannten Text enthalten,[76] als Textzeugen der *Geographie*: die Parisini gr. 2399 (f. 33r–40v) und 2497 (f. 80r–85v) sowie den Florentiner Plut. 28.12 (f. 161r–183r).[77] Demgegenüber ist diese *Ekthesis*, die übrigens in jeder der genannten Handschriften eine andere Gestalt aufweist, nicht als Variante von *Geogr.* 8 zu werten, sondern als Teil der *Handlichen Tafeln* zu betrachten.[78] Somit umfasst Schnabels Katalogteil *de facto* 51 griechische *Geographie*-Handschriften. Gegenüber Cuntz kennt Schnabel demnach fünf weitere Handschriften: H, u, z, den Paris. gr. 1411 und die inzwischen von Adolf Deissmann im Topkapı Sarayı aufgefundene Handschrift K, die zuvor ein erstes Mal von Fischer vorgestellt worden war (siehe dazu oben Kap. III.1.7).[79] Die Handschriften g und n hielt auch

---

75 Diese Idee fand einen ersten Ausdruck in der Teiledition Humbach/Ziegler (wo im griechischen Text bisweilen mehr als eine Variante gegeben wird und die deutsche Übersetzung strikt auf der Basis der Handschriften Burney 111 [v] und Vat. Pal. gr. 388 [A]) erstellt ist) und wurde in der Ausgabe Stückelberger weitgehend umgesetzt.

76 So lautet der Titel des entsprechenden Textes im Paris. gr. 2399 (f. 33r); siehe dazu oben S. 46, Anm. 158.

77 Vgl. auch Schnabel 1930, 229–232.

78 Siehe Tihon 1992, 50.

79 Am Schluss von Schnabels Buch sind in acht Tafeln und starker Verkleinerung, schwarzweiß, qualitativ nicht schlechte Reproduktionen der vier Afrika-Karten aus dieser Handschrift angehängt. Zur Auffindung von Handschrift K s.u. S. 514f.

Schnabel für unauffindbar.[80] Zu einer Wertung von Schnabels Katalogteil s.u. S. 92f.

Im Anschluss an Cuntz' und Renous Arbeiten gruppierte Schnabel die Handschriften zu folgenden elf Textfamilien:[81]

1) Textfamilie ξ: X.
2) Textfamilie α: A.
3) Textfamilie ω: „Stammvater" O; v, s, c, t, e.
4) Textfamilie σ: „Stammvater" S; P, B.
5) Textfamilie γ: G.
6) Textfamilie ζ: „Stammvater" Z; E, H, b.
7) Textfamilie ρ: „Stammväter" R, V, C, W; p, Q, y, q, h, r, u.
8) Textfamilie κ: K.
9) Textfamilie φ: F.
10) Textfamilie ν: N, f.
11) Textfamilie ψ: „Stammvater" U; L, d, m, o, a, D, x, z, w, n, g.

Die erste Textfamilie mit ihrem einzigen Vertreter X stellt gleichzeitig den einzigen reinen Vertreter der von Schnabel definierten Rezension Ξ dar, während die übrigen Handschriften entweder der anderen Rezension, die Schnabel mit der Sigle Ω bezeichnete, angehören oder einen aus beiden Rezensionen gemischten Text aufweisen. Als reine Vertreter der Ω-Rezension zählte Schnabel die Handschriften K, F, N, U, G, R, V, C, und W auf. Zu den Mischhandschriften rechnete er die Handschriften A, O, Z und S. Außerdem unterschied er innerhalb der Ω-Rezension bzw. unter ihren reinen Vertretern zwei Textgruppen Δ und Π. Die Hauptvertreter der Textgruppe Δ sind nach Schnabel die Handschriften N, K und U (letztere nur in *Geogr.* 1–7); die wichtigsten Textzeugen der Π-Gruppe sind R, V, C, W und U (nur in *Geogr.* 8).[82]

Die Aufspaltung des Textes in Rezensionen führte Schnabel zwar auf eine Zeit vor dem 4. Jh. und auf den Schauplatz Alexandria zurück, aber nicht auf Ptolemaios. Die Textgruppen Δ und Π haben sich nach Schnabels Urteil nicht vor dem 4. Jh. herausgebildet, und zwar in Konstantinopel. Die Teilkarten der A-Redaktion wies Schnabel der Autorschaft des Ptolemaios zu, auch wenn er sie für stark überarbeitet und der Ω-Rezension angepasst hielt. Die Autorschaft der Weltkarte hingegen sprach

80 Schnabel wunderte sich zwar darüber, dass Handschrift g von Cuntz als unauffindbar bezeichnet worden war, „trotzdem sie Studi ital. di filol. class. III, 397–9 (1895) katalogisiert und beschrieben ist" (Schnabel 1938, 32 Anm. 2). Aber immerhin lagen zwischen dem erwähnten Katalog (Olivieri/Festa 1895) und Cuntz beinahe 30 Jahre und ein Weltkrieg; siehe dazu auch oben S. 78.

81 Die Handschriften j, l und k, die siglenlosen Handschriften und die Textzeugen der *Ekthesis* beachtete er nicht.

82 Handschriften F und G bieten nur Auszüge der *Geographie* und wurden deshalb keiner Gruppe zugeordnet.

Schnabel dem Ptolemaios ab. Auch die B-Redaktion der Karten betrachtete er nicht als auf Ptolemaios zurückgehend, sondern brachte sie in starken Zusammenhang mit der Entstehung der Ξ-Rezension. In einem Stammbaum hat Herrmann, der Herausgeber der Monographie, Schnabels Ergebnisse zu illustrieren versucht (Schnabel 1938, 120).

1.9 Textausgaben und Beiträge zum Stemma nach Schnabel

Von den Texteditionen und Untersuchungen zum Stemma der *Geographie*-Handschriften, die nach Schnabels Monographie erschienen, sei hier nur eine Auswahl vorgestellt, wobei die Nennung der Neuerungen gegenüber Schnabel im Vordergrund stehen sollen.[83]

Für seine Teilausgabe von *Geogr.* 6,9–21 kollationierte Italo Ronca insgesamt 31 griechische Handschriften (= Ronca 1971).[84] Diese Kollationen bestätigten die von Schnabel hergestellten Konstellationen weitgehend, mit wenigen Ausnahmen, von denen für unseren Zusammenhang folgende zwei nennenswert sind: Erstens erkannte Ronca, dass die Zuordnung der Handschrift v in die Textfamilie ω mit „Stammvater“ O unzutreffend ist; demgegenüber stellte er eine große Übereinstimmung zwischen v und A fest, die für ein Mutter-Tochter-Verhältnis der beiden Handschriften spricht.[85] Zweitens zeigte sich eine enge Zusammengehörigkeit zwischen den Handschriften c und t, die jedoch nicht auf eine Abhängigkeit der Handschrift t von Handschrift c hinwies, weshalb Ronca vermutete, dass t von s abhänge.[86] Interessant ist des Weiteren Roncas Befund für die Mischhandschriften A, O und Z: A und Z sind nach seiner Einschätzung Handschriften der Ξ-Rezension, die mit Lesarten aus der Textgruppe Π kontaminiert sind; Handschrift O gehört nach Roncas Urteil demgegenüber zur ω-Rezension, genauer zur Textgruppe Δ, ist jedoch mit Lesarten aus einer Vorlage von Z (also aus einer der Ξ-Rezension folgenden Handschrift) kontaminiert. Für textkritisch relevant im engeren Sinn hielt Ronca insgesamt zwölf Handschriften, namentlich den einzigen reinen Vertreter der Ξ-Rezension, also Handschrift X; die

83 Nicht behandelt wird hier der Beitrag von Maria Gabriela Schmidt (= Schmidt 1999), der unten S. 90f. näher vorgestellt wird.

84 Weitere 15 Handschriften überging er, weil sie entweder die von ihm edierte Textpartie nicht enthalten oder als textkritisch unbedeutend gelten. Sämtliche der insgesamt 46 genannten Handschriften sind auch bei Schnabel verzeichnet.

85 Diese verwandtschaftliche Beziehung war zuvor bereits von Diller vermutet worden (siehe Diller 1966, IX). Siehe dazu auch unten die vorläufigen Bemerkungen zu Handschrift A, insbesondere die *Stemmatologischen Notizen*.

86 Zum Verhältnis der drei Handschriften s, c und t siehe auch unten die vorläufigen Bemerkungen zu Handschrift t, vor allem die *Stemmatologischen Notizen*.

Hauptvertreter der Textgruppen Δ und Π, also U, K, N bzw. R, C, V, W; schließlich die vier Mischhandschriften A, v, O und Z.

Auf Roncas Basis stützt sich eine weitere Teiledition, diejenige von *Geogr.* 6,1–8, vorgenommen von Helmut Humbach und Susanne Ziegler (= HUMBACH/ZIEGLER). Ihre Kollationen beschränkten sich auf die von Ronca als textkritisch relevant bezeichneten Handschriften. Bemerkenswert ist, dass die Editoren Handschrift O nicht der Mischrezension, sondern der Textgruppe Δ zuordnen und, zumindest für den von ihnen bearbeiteten Textteil, keinen Einfluss einer Handschrift, die Z ähnlich wäre, feststellen konnten.

Auch die jüngste Gesamtausgabe der *Geographie* des Ptolemaios von STÜCKELBERGER geht von den in Vorgänger(teil)ausgaben und in weiteren Publikationen zum Thema erarbeiteten Ergebnissen aus. Als Leithandschriften wurden nur fünf Kodizes herangezogen: K (diese Handschrift wurde hier zum ersten Mal für eine Gesamtausgabe verwertet), U, V, R und X. Die Auswahl der elf Sekundärhandschriften (A, B, C, D, E, F, L, N, O, Z, v) wird nirgends begründet; ihr Heranziehen wurde dem Ermessen der einzelnen Buchbearbeitenden überlassen, die bei der Edition mitwirkten. Bei der Konstituierung des griechischen Textes zeichneten sich interessanterweise bisweilen Parallelen zwischen X und K ab; außerdem wurde in manchen Fällen eine enge Verbindung zwischen den Handschriften V, R, und A beobachtet. In dieser Textausgabe werden abweichende Toponyme und abweichende Koordinaten aus der Handschrift X neben dem ω-Text in runden Klammern abgedruckt. Dort, wo die Handschrift X „anscheinend den ursprünglichen Bestand bewahrt hat" (STÜCKELBERGER 33),[87] stehen aber allein die X-Varianten im Text und die entsprechenden ω-Varianten im Apparat. Durch dieses nicht strenge Auseinanderhalten der beiden Textrezensionen sollte als oberstes Ziel erreicht werden, „möglichst nahe an den ursprünglichen Text heranzukommen" (*ibid.*).

2. Methodische und konzeptionelle Überlegungen

Die handschriftliche Überlieferung der *Geographie* des Ptolemaios stellt sich, betrachtet man die bisherigen Studien dazu,[88] aus verschiedenen Gründen als äußerst komplexe und wenig geklärte Thematik dar.

Die Komplexität liegt einerseits im stark wissenschaftlich geprägten Charakter des Werkes begründet: Erstens erfordert das Verständnis der

87 Einen etwas anderen Eindruck der Handschrift X vermittelt die Aussage „einer einzig durch X vertretenen, wohl auf denselben Archetypus zurückgehenden, aber mit zahlreichen Korrekturen versehenen Ξ-Rezension" (STÜCKELBERGER 32).

88 Vgl. den Überblick oben Kap. III.1.

theoretischen Teile der *Geographie* (einschließlich der Illustrationen) geo- und trigonometrische Kenntnisse und entsprechendes Vorstellungsvermögen; dadurch beschränkt sich die Popularität des Werkes von Anfang an auf einen begrenzten Interessentenkreis. Zweitens besteht der Ortskatalog als Haupt- und Großteil der *Geographie* vornehmlich aus Listen von Toponymen und Koordinaten – aus Namen und Zahlen, die in der Textüberlieferung bekanntlich besonders fehleranfällig sind. Im Fall der *Geographie* erhöht sich diese Fehleranfälligkeit zusätzlich durch die beträchtliche Menge der Daten (allein 6345 Objekte mit Koordinatenangaben; s.o. S. 39, Anm. 136) und durch die „Exotik" mancher Namen respektive der Ähnlich- und Vertauschbarkeit mancher Zahlen.[89] Drittens setzt die Wiedergabe der Karten das Verstehen der Konstruktionsanleitungen und/oder zeichnerische Fertigkeiten voraus.[90] Zudem ist eine solche Wiedergabe mit beträchtlichem materiellem und zeitlichem Aufwand verbunden. Diese Ausgangslage stellte sich von jeher und stellt sich nach wie vor bei jeder Reproduktion des Werkes oder einzelner Teile von ihm. Die Komplexität der handschriftlichen Tradition hat demnach zunächst immanente Gründe.

Andererseits scheinen sich stemmatologische Feststellungen, die für das ganze Werk Gültigkeit haben, nur in sehr begrenztem Rahmen (z.B. was den unumstrittenen Sonderstatus des Vat. gr. 191 [X] oder die auffallend enge Abhängigkeit der Karten vom Text im Marc. gr. Z. 516 [R] betrifft) oder nur mit Einschränkungen und Vorbehalten machen zu lassen (z.B. die oft, aber bei weitem nicht immer zusammengehenden Handschriften Vat. Pal. gr. 388 [A], Vat. gr. 177 [V] und Marc. gr. Z. 516 [R]). Dies zeigt sich bei genauer Betrachtung der Entwicklung des Stemmas,[91] und dies hat die Mitarbeit an der neuen griechisch-deutschen *Geo-*

89 Treffend dazu BERGGREN/JONES 2000, 5: „[...] the most conscientious scribe was certain to introduce numerous errors in copying its interminable lists of numbers and place names, and some copyists did not resist the temptation to ‚emend' the text."

90 Ob eine Wiedergabe als Rekonstruktion auf der Basis der theoretischen Beschreibung oder aufgrund einer bereits bestehenden Kartenvorlage stattfindet, spielt dabei keine wesentliche Rolle. Für Ptolemaios selbst lässt sich einem zunehmenden Abweichen der Kopie vom Original in der Überlieferung nur durch klare Konstruktionsanweisungen entgegentreten (*Geogr.* 1,18,2): [...] τουτέστι τὸ δεῖξαι, πῶς ἂν καὶ μὴ προϋποκειμένης εἰκόνος ἀπὸ μόνης τῆς διὰ τῶν ὑπομνημάτων παραθέσεως εὐμεταχείριστον ὡς ἔνι μάλιστα ποιώμεθα τὴν καταγραφήν. Τό τε γὰρ ἀεὶ μεταφέρειν ἀπὸ τῶν προτέρων παραδειγμάτων ἐπὶ τὰ ὕστερα διὰ τῆς κατὰ μικρὸν παραλλαγῆς εἰς ἀξιόλογον εἴωθεν ἐξάγειν ἀνομοιότητα τὰς μεταβολάς. „[...] d.h., es ist zu zeigen, wie man – auch wenn keine Kartenvorlage vorhanden ist – einzig aufgrund der Angaben im Text so leicht wie möglich die Kartenzeichnung bewerkstelligen kann. Denn das ständige Kopieren von früheren Vorlagen auf spätere führt gewöhnlich durch die Summe von kleinen Abweichungen zu schwerwiegenden Veränderungen" (Übersetzung nach STÜCKELBERGER).

91 S.o. Kap. III.1; die Mehrzahl der Untersuchungen basiert nur auf kleineren Teilen der *Geographie*, so z.B. CUNTZ 1923 für *Geogr.* 2,7–3,1; RENOU 1925 für *Geogr.* 7,1–4; RONCA 1971 für *Geogr.* 6,9–21.

graphie-Ausgabe (Stückelberger) bestätigt: Die Bezüge der meisten Handschriften zueinander präsentieren sich nicht nur für jedes Buch der *Geographie* anders, sondern sind bisweilen gar abschnittweise zu definieren.[92] Traditionelles Kollationsverfahren lässt daher anscheinend wenig Klärung für die Position einzelner Handschriften im *Stemma codicum* erwarten; gerade in bezug auf den Ortskatalog werden die Grenzen klassischer Konjekturalkritik offenbar und besteht die Gefahr, den Text aus der Warte des modernen Sachkenntnisstandes heraus zu korrigieren.

Dass auch das Heranziehen der Nebenüberlieferung nicht unbedingt zu durchsichtigeren Ergebnissen führt, zu diesem Schluss ist Maria Gabriela Schmidt in einer umfassenden Kollation von *Geogr.* 8,21–25 gekommen.[93] In einer doppelten Synopse führt sie einerseits die Varianten der textkritisch relevanten Handschriften[94] des genannten Auszugs aus *Geogr.* 8 auf;[95] diesen stellt sie die Lesarten aus fünf Handschriften des *Kanons Bedeutender Städte* (*Κανὼν ἐπισήμων πόλεων*) gegenüber. Außerdem fügt sie die entsprechenden Angaben aus *Geogr.* 6[96] und aus der Edition von Nobbe an. Mit anderen Worten: Schmidt vergleicht miteinander zwei Stränge der engeren Nebenüberlieferung[97] der ptolemäischen *Geographie* mit deren Hauptüberlieferung, repräsentiert durch zwei Texteditionen. Damit kommt sie erstmals einer Forderung Schnabels nach, der sich von einem solchen Vorgehen eine Klärung einerseits der Überlieferungsverhältnisse und gegenseitigen Abhängigkeiten der Städtelisten im *Kanon* und in *Geogr.* 8, andererseits ihre Bezüge zum Ortskatalog und zu den Karten der *Geographie* versprach.[98] Ihr ernüchterndes Fazit: „Von Buch 6 zeigen vor allem die Hss. X vA Z [= Vat. gr. 191, Burney 111, Vat.

92 Zu dieser Einschätzung vgl. auch Schmidt 1999, 6: „Die Relevanz und Nicht-Relevanz der Hss. ist für jedes Buch der *Geographie* sicherlich neu zu bewerten.“ Ähnlich 13: „Es lässt sich festhalten, dass sich die Hss. für die jeweilige Edition offensichtlich in jeweils anderer Weise gruppieren. [...] D.h., dass die Relevanz und Nicht-Relevanz der Hss. für die Textkonstitution eventuell für jedes Buch der *Geographie* bzw. für einzelne Abschnitte jeweils neu bewertet werden muss.“ Ähnliche Beobachtungen machte bereits Renou 1925, IX: „M. Cuntz (p. 11) place le groupe RW et spécialement R aux antipodes de X, tandis que les autres manuscrits fourniraient un texte mixte. C’est plutôt l’inverse dans le livre VII.“

93 Vgl. Schmidt 1999, Kap. 8.

94 Schmidt lehnt sich hier wohl – *expressis verbis* finden sich keine Hinweise zu dieser Frage – an die Edition des 6. Buches der *Geographie* von Humbach/Ziegler an, die sich auf folgende zwölf Handschriften stützt: Arch. Selden. B. 46 (N), Burney 111 (v), Marc. gr. Z. 516 (R), Paris. Suppl. gr. 119 (C), Plut. 28.49 (O), Seragl. G. İ. 57 (K), Urb. gr. 82 (U), Vat. gr. 177 (V), 178 (W) und 191 (X), Vat. Pal. gr. 388 (A) und 314 (Z).

95 Es handelt sich dabei um die Beischriften (*Hypographai*) zu den Asien-Karten 5–9, auf denen die in *Geogr.* 6 beschriebenen Gebiete abgebildet sind.

96 Vgl. dazu oben Anm. 94 auf dieser Seite; Schmidt bezieht diese Angaben allein aus dem Haupttext der Ausgabe, ohne den dortigen Apparat einzubeziehen.

97 Zu dieser Klassifizierung vgl. Schmidt 1999, 16.

98 Vgl. dazu Schmidt 1999, 256.

Pal. gr. 388 und 314] ähnliche Lesarten der Namen und Koordinaten. [...] Aber nicht durchwegs. [...] Zusammenfassend muss festgestellt werden, dass sich die gegenseitigen Einflüsse von Buch 6, Buch 8 und dem *Kanon* nicht exakt abgrenzen lassen, wie es vom textgeschichtlichen und textkritischen Standpunkt aus gesehen wünschenswert wäre.[99] Es gibt wohl letztlich keine Möglichkeit, die teilweise widersprüchlichen Angaben der Überlieferung zu klären und damit den Anfang des Fadens zu finden" (Schmidt 1999, 256). Auch auf diesem umfassenderen Weg scheinen demnach nicht mehr als Tendenzen einzelner Handschriften für kürzere oder längere Abschnitte der *Geographie* zu eruieren sein.

Es stellt sich somit die Frage, inwiefern durch konventionelle textkritische Methoden noch weitere Erkenntnisse gewonnen werden können, sei dies zu einzelnen Handschriften, zum *Stemma codicum* oder zur Textgeschichte der *Geographie*. Die jüngste *Geographie*-Edition fußt, wie es in der Einleitung heißt, „schwergewichtig auf fünf vom Herausgeberteam bestimmten Leithandschriften" (Stückelberger 33). Dass unter diesen fünf *Codices primarii* drei zu den ältesten noch erhaltenen *Geographie*-Handschriften gehören (Urb. gr. 82 [U], Seragl. G. İ. 57 [K], Vat. gr. 191 [X]), macht diese schmale Basis nicht wesentlich solider. Das Phänomen der sich nicht stabil verhaltenden Handschriften bleibt auf jeden Fall auch nach dieser Textausgabe weiterhin unklar: „Allerdings lassen immer wieder auftretende überraschende, nicht ins Schema passende Befunde geraten sein, von der Vorstellung rein linearer Abhängigkeiten abzurücken und vermehrt mit Querbezügen und Einflüssen heute verlorener Handschriften zu rechnen" (Stückelberger 32).

Die hier vorgelegte Untersuchung konzentriert sich deshalb auf das bisher wenig bis gar nicht ausgeschöpfte Potenzial einer kodikologisch-paläographischen Untersuchung der Handschriften (bzw. einer Auswahl von Handschriften): Kann die Rolle einzelner Handschriften, können die Verhältnisse der Handschriften untereinander erhellt werden durch die Ermittlung ihrer ‚Biographie', ihres Schicksals,[100] soweit es aus den handschriftenkundlichen Befunden rekonstruierbar ist?[101] Erste, noch sehr un-

---

99 Auch ein jüngerer und umfassender angelegter Vergleich in der Textausgabe des *Kanons Bedeutender Städte* mit einer Gegenüberstellung der entsprechenden Daten aus *Geogr.* 8 und aus dem Ortskatalog der *Geographie* (siehe Stückelberger, EB 147–215) verhalf offensichtlich nicht zu einer klareren Einschätzung der Verhältnisse, siehe dazu oben S. 46f., Anm. 158.

100 Vgl. dazu Boris L. Fonkič, „Griechische Kodikologie" (in: Harlfinger 1980) 20: „[...] die Erhellung der ‚lebendigen', konkreten Geschichte des handgeschriebenen Buches[,] ist denn auch die Hauptaufgabe der Kodikologie."

101 Zu einem solchen Ansatz ermunterte Irmgard Hutter in ihrer Beschreibung der *Geographie*-Handschrift Arch. Selden. B. 46 (N): „M. E. ist es an der Zeit, das Thema Planudes und Ptolemaios sowie die Interdependenz und Chronologie der Geographie-Handschriften und -Atlanten neuerlich zu untersuchen; allerdings bedarf es dazu nicht nur einer wohl

systematische Einsichtnahmen von *Geographie*-Kodizes in der Biblioteca Apostolica Vaticana im Jahr 2003 haben mir bestätigt, dass eine paläographisch-kodikologische Untersuchung der Handschriften in mancherlei Hinsicht aufschlussreich ist. Eine Vertiefung in die Sekundärliteratur zu den Handschriften hat zum einen zwar weitere Ergebnisse zu Tage gebracht (z.B. die „Wiederentdeckung" der als verschollen geglaubten *Geographie*-Handschriften Bologna, Bibl. Univ. 2280 [g] und Ayer MS 743 [n]), zum anderen aber nicht selten zu divergierenden (bisweilen auch unzutreffenden) Angaben geführt oder die gewünschten Informationen nicht geliefert.

Der einzige Gesamtüberblick über die griechischen Handschriften der *Geographie* des Ptolemaios ist nach wie vor die Monographie von Paul Schnabel aus dem Jahr 1938.[102] Publikationen zur ptolemäischen *Geographie*, die nach Schnabels Buch erschienen, sind zu einem großen Teil auf seinem Wissensstand stehen geblieben. Neues zu den betroffenen Handschriften wurde kaum oder gar nicht zur Kenntnis genommen. Schnabels Katalogteil ist gut dreißig Seiten stark und somit wenig umfangreich,[103] vor allem aber unvollständig, unsystematisch, unausgeglichen – zu diesen Kritikpunkten muss angemerkt werden, dass eine nicht ausgeheilte Malariaerkrankung Schnabel an der Vollendung seiner Abhandlung gehindert hatte, die schließlich von seinem Kollegen Albert Herrmann herausgegeben wurde[104] – und überholt. Ganz klar hat Schnabels Einteilung der Handschriften in Textrezensionen, -gruppen und -familien in ihren großen Linien ihre Gültigkeit nicht verloren, auch wenn neuere Untersuchungen Einzelheiten in Frage stellen oder nicht bestätigen (etwa die [Nicht-]Zugehörigkeit des Burney 111 [v] zu Schnabels Textfamilie ω, siehe dazu unten die Beschreibung der Handschrift v, *Stemmatologische Notizen*). Auch zukünftige Ergebnisse werden dieses Grundgerüst kaum zum Einsturz bringen.[105] Der Überholungsbedarf von Schnabels Buch liegt vielmehr in einer inhaltlichen und kodikologisch-paläographischen Revision der Handschriften und in einer systematisierten Präsentation der dabei er-

---

noch subtileren Textkritik, sondern auch einer um vieles verfeinerten Berücksichtigung paläographischer Kriterien sowie aller zusätzlicher Indizien, von Korrekturen und Scholien bis zur künstlerischen Ausstattung und zu den Dekorationsgewohnheiten der Kopisten" (Hutter 1982, 3.1, 208). Allgemein dazu Mazal 1987, 50: „Die Forschung hat erkannt, dass ohne Berücksichtigung der Gesamtheit der kodikologischen Fakten keine adäquate Darstellung der Überlieferungsgeschichte gegeben werden kann."

102 Vgl. dazu ausführlicher oben S. 84–87.

103 Schnabel 1938, 5–37.

104 Siehe dazu Schnabel 1938, VI; Stückelberger, EB 460.

105 So hat die erstmalige großflächige Auswertung des Seragl. G. İ. 57 (K) in der Ausgabe von Stückelberger zwar den textkritisch hohen Wert dieser Handschrift wie erwartet betont und an vereinzelten Stellen durch ihr Zusammengehen mit dem Vat. gr. 191 (X) überrascht, an den Grundzügen des Stemmas ändert sich dadurch indessen nichts.

zielten Ergebnisse. Die vorliegende Arbeit ist ein Versuch, diesem Überholungsbedarf im Rahmen der gegebenen Möglichkeiten nachzukommen.

Eine eingehende Prüfung, vorzugsweise am Original, war zunächst für die ältesten, d.h. für die in das 13./14. Jh. datierten Handschriften vorgesehen. Diese Auswahl wurde im Lauf der Untersuchungen aus zwei Gründen erweitert: Erstens wurden im Zug der Bibliotheksbesuche jeweils möglichst auch diejenigen *Geographie*-Handschriften vor Ort eingesehen, die nicht zu der ursprünglichen Auswahl gehörten; die dabei erlangten Ergebnisse schienen zu empfehlen, auch solchen Handschriften mehr Aufmerksamkeit zu schenken. Zweitens bestärkten in dieselbe Richtung weisende Appelle in einem im Jahr 2007 erschienen Essay eines ausgewiesenen Kenners der ptolemäischen *Geographie* dieses modifizierte Vorgehen.[106] In die erweiterte Auswahl wurden daher Handschriften aufgenommen, die entweder a) bisher nicht oder kaum beschrieben wurden, oder die b) typische „working manuscripts" oder die c) schwer zugänglich sind.[107] Aus einem anderen Grund musste die ursprüngliche Auswahl der Handschriften jedoch auch reduziert werden: Bedingt durch die mehrjährige Schließung der Biblioteca Apostolica Vaticana kann von den dort aufbewahrten *Geographie*-Handschriften hier keine ausführliche Beschreibung gegeben werden; für einige Vaticani mögen vorläufige Bemerkungen im Katalogteil eine gewisse Vorstellung vermitteln.[108]

Auf die Tradierung der Karten, die bis in die Spätantike zurückreicht und weitgehend eigenständig bzw. vom Text der *Geographie* unabhängig verlief, wird in dieser Arbeit nicht näher eingegangen.[109]

106 Siehe Gautier Dalché 2007. Patrick Gautier Dalché weist mehrfach auf die Relevanz der von der Ptolemaios-Forschung bisher vernachlässigten „working manuscripts" hin, der äußerlich und inhaltlich weniger spektakulären und repräsentativen, häufig auch jüngeren *Geographie*-Handschriften, die z.B. keine Karten enthalten oder das Werk nur unvollständig überliefern; vgl. z.B. *ibid.* 319 Anm. 236: „As Milanesi so justly observes, ‚Whatever he [*sc.* J. Fischer, *Claudii Ptolemaei Geographiae Codex Urbinas graecus 82*, (Leiden 1932)] neglected has passed into oblivion' (M. Milanesi, „A Forgotten Ptolemy: Harley Codex 3686 in the British Library", *Imago Mundi* 48 [1996] 43) – that is to say, Fischer neglected the essential, all those manuscripts that reveal traces of a real working study of the *Geography*."

107 Beispiele: a) Unter den Forschern, die sich mit der *Geographie* auseinandersetzten, gilt die Handschrift Bologna, Bibl. Univ. 2280 seit bald 90 Jahren als nicht mehr auffindbar; sie ist aber vorhanden und wird in dieser Arbeit eingehend vorgestellt. b) Ein typisches „working manuscript" ist der kartenlose Plut. 28.9 (S), nach verschiedenen Vorlagen geschrieben, mit Textanpassungen und Randnotizen. c) Das Studium des Paris. gr. 1401 ist wegen seines kostbaren Einbandes und seiner reichen Illuminierungen in der Regel nur am Mikrofilm möglich; seine Beschreibung in dieser Arbeit hier basiert auf der Originalkonsultation.

108 Siehe dazu auch oben S. 4. Dass insbesondere die beiden aus dem 14. Jh. stammenden Vaticani graeci 176 (Q) und 178 (W) unberücksichtigt bleiben mussten, ist eine veritable Lücke der vorliegenden Studie. Zum Vat. gr. 176 nun aufschlussreich Tsiotras 2006, 127–155.

109 Siehe dazu oben S. 48–55 sowie S. 48, Anm. 162 mit weiterführender Literatur zu dieser Thematik.

3. Überblick über den handschriftlichen Bestand

3.1 Vermeintliche *Geographie*-Handschriften

Wie Albert Herrmann, der Herausgeber von Schnabels Monographie, in einem kurzen Nachtrag bemerkte (Schnabel 1938, 128), wurden von du Bus 1938, 82 sechs in Paris befindliche *Geographie*-Handschriften genannt, die Schnabel mit einer Ausnahme nicht aufzählte. Es sind dies die Parisini graeci 2394, 2397, 2399–2401 und der Coislin 338.[110] Herrmann schränkte ein, dass es sich hierbei „nur um Fragmente oder spätere Abschriften" handle, implizit um *Geogr.* 8,3–28 (also die *Hypographai* zu den Teilkarten, s.o. S. 42f.) oder zumindest Ausschnitte davon (du Bus 1938, 82, sprach von „tables de longitudes et latitudes de grandes villes").

Wie das Studium der Katalogeinträge Omonts (Omont 1886–1898, 2, 252f. und 3, 185) und eine kurze Konsultation aller fraglicher Pariser Handschriften am Mikrofilm ergab (November 2008), sind diese Handschriften jedoch nicht Textzeugen der *Geographie* des Ptolemaios, sondern – mit einer Ausnahme, dazu gleich unten – des *Kanons der ausgezeichneten Städte*, der zum Bestand der *Handlichen Tafeln* des Ptolemaios gehört[111] und in dem bekanntlich die geographischen Längen und Breiten, genau gleich wie im Ortskatalog der *Geographie*, in Graden angegeben werden, während dagegen in *Geogr.* 8,3–28 jeweils zuerst die Breite anhand der Dauer des längsten Tages und darauf die Länge mittels dem Abstand von Alexandria definiert wird (dazu auch oben S. 43). Im Falle des Paris. gr. 2397 hingegen dürfte es sich bei dem auf f. 19r–27r befindlichen Text (Omont bezeichnete ihn als „Expediti canones ad Syrum") lediglich um den von Tihon 1992, 70 erwähnten „mode d'emploi de Ptolémée" für die *Handlichen Tafeln* handeln, der von Heiberg 2, 159–185 unter dem Titel *Προχείρων κανόνων διάταξις καὶ ψηφοφορία* herausgegeben wurde.[112]

Ferner hat sich die Erwähnung eines Codex Toletanus unter den griechischen *Geographie*-Handschriften durch Müller 1867, 279 und 284 als Fehlinformation erwiesen.[113] Dass gemäß Dilke 1987b, 274 der Vat. Barb. gr. 128 eine *Geographie*-Handschrift sei, trifft nicht zu; diese

110 Davon wurde der Paris. gr. 2399 bereits von Müller 1867, 280f. und später auch von Schnabel 1938, 33 erwähnt (dazu auch oben S. 70 und 85).

111 Siehe auch Thion 1992, 49f.

112 Tihon 1992, 70: „Le manuel qui nous est parvenu n'est qu'un mode d'emploi sommaire et obscur, dont le text […] est certainement détérioré. […] ce mode d'emploi n'est pas accompagné des tables elles-mêmes dans la tradition manuscrite." Siehe dazu auch oben S. 27.

113 Mehr dazu oben S. 70.

Falschangabe hat ihren Ursprung vielleicht in der ehemaligen Handschriftennummer des Vat. Barb. gr. 163 (x), der in der Biblioteca Barberiniana die Nummer 182 trug, die in der Ausgabe von Müller zu 128 verschrieben wurde (siehe dazu Cuntz 1923, 31). Auch der in der Datenbank „Pinakes" des Institut de recherche et d'histoire des textes (siehe den Link unten auf S. 556) als *Geographie*-Handschrift aufgezählte Florentiner Plut. 86.8 ist keine solche. Auf den Blättern 322v–324v, auf denen sich laut „Pinakes" Text der *Geographie* befinden sollte, wird Ptolemaios zwar namentlich erwähnt (so f. 323v,[114] Z. 15), Zitate aus der *Geographie* konnten jedoch in diesen nicht leicht entzifferbaren Notizen nicht gefunden werden.[115]

3.2 Vorbemerkungen zur Tabelle

In der folgenden Tabelle werden die Handschriften in der alphabetischen Reihenfolge ihrer Sigle gemäß Schnabel 1938 gegeben (siehe zweite Spalte). Handschriften ohne Sigle sind am Schluss der Tabelle in alphabetischer Reihenfolge ihres Aufbewahrungsortes aufgeführt.

Die Nummerierung in der ersten Spalte dient lediglich dem Überblick und der Orientierung und hat keine weitere Bedeutung. Die Signaturen (dritte Spalte) werden hier in lateinischer und abgekürzter Form gegeben; Ausnahmen bilden die Nummern 34, 49 und 50, deren lateinische Form weniger gebräuchlich ist. Außerdem sind für Nr. 34 auch die beiden Olim-Signaturen angegeben; unter der zweitgenannten wurde die Handschrift bisher vergeblich gesucht.

In der vierten Spalte sind Angaben zum Beschreibstoff zu finden (Perg. = Pergament, Pap. = Papier ohne Wasserzeichen, Pap.* = Papier mit Wasserzeichen). Bei Papierhandschriften, deren Papiertyp (mit/ohne Wasserzeichen) in der Sekundärliteratur nicht näher definiert wird, steht ein Fragezeichen (Pap.?). Vermutlich handelt es sich jedoch in jedem dieser Fälle um Papier mit Wasserzeichen. In der siebten Spalte wird die aufgrund der Foliierung definierte Anzahl an Blättern angegeben. Ist ein Manuskript paginiert, wird hier die Gesamtseitenzahl angegeben und „p." hinzugefügt. Die Inhaltsangaben in der achten Spalte beschränken sich auf die *Geographie* des Ptolemaios („Ptol., *Geogr.*") bzw. auf entsprechende Teile daraus; weitere Informationen zum Gesamtinhalt der

114 Gemäß der Zählung der online-Version der Handschrift (für den Link s.u. S. 556; Bandini 1961, 3, 298–326 orientiert sich an der Foliierung in der oberen äußeren Ecke, die sich von der online-Zählung um den Wert –1 unterscheidet).

115 Bandini 1961, 3, 326, der von einer „pessima[e] et intricatissima[e] scriptura[e]" spricht, gibt für f. 323v (bei ihm f. 322b, siehe dazu vorangehende Anm.) als Inhalt unter anderem „De proprietatibus quorumdam [*sic*] populorum e Ptolemaeo" an.

betreffenden Handschrift sind allenfalls in der letzten Spalte zu finden. Die in der neunten Spalte angegebenen Foliozahlen (oder allenfalls Seitenzahlen, signalisiert durch „p.“) betreffen auch allfällige Anhänge zur *Geographie* und, falls vorhanden, die Karten. Lagen mir nicht eindeutige Angaben über Folio- oder Seitenzahlen vor (z.B. bezüglich des Blattes, auf welchem das Werk oder der Werkauszug endet), wurden diese grau markiert (so auch in der siebten Spalte sowie in der zehnten Spalte, die über die Anzahl der Kolumnen Auskunft gibt). Die Herkunftsangabe der Handschrift bezieht sich auf den Kopiervorgang des *Geographie*-Textes und allenfalls der Karten, nicht aber z.B. auf den Einband. Bei Sammelhandschriften beziehen sich die Angaben in der Tabelle auf diejenigen Blätter, welche die *Geographie* oder Auszüge aus diesem Werk enthalten, und nicht zwingend auf das ganze Manuskript.

Von den in der Liste aufgeführten Handschriften, die nicht im Katalogteil (s.u. Kap. IV) behandelt werden, gehen die erfassten Daten auf die in Richard 1995 verzeichneten einschlägigen Handschriftenkataloge und Publikationen zurück. Im Fall der Handschriften Q, e, h, k, l, o, q, y, Mediol. Ambr. R 98 sup. und Vat. gr. 1059 konnten die Angaben anhand einer kurzen Konsultation des Originals vervollständigt werden; für die Handschriften j und Paris. gr. 2027 standen Mikrofichen zur Verfügung.

3.3 Tabelle der griechischen Handschriften der *Geographie*

Nr.	Sigle	Signatur	Beschreib-stoff	Datierung	Format in mm	folia	*Geogr.*	*Geogr.* auf folia	Kol.	Karten	Herkunft	Bemerkungen
1.	**A**	Vat. Pal. gr. 388	Pap.*	Sept. 1435 – Nov. 1437	360 × 240	280	Ptol., *Geogr.*	1v–280v	1	–	KP; Schreiber: Notarios Dukas für Johannes Stojković von Ragusa; Vorbesitzer: Theobald Fettich	Mittel- und Schlussteil des Textes umgestellt; Vorlage für den griech. Erstdruck
2.	**B**	Flor. Laur. Plut. 28.38	Perg.	15. Jh. (Anfang)	233 × 162	177	Ptol., *Geogr.*	1r–177v	2	–	Italien (Florenz?); Schreiber: Leonardo Bruni (?)	
3.	**C**	Paris. Suppl. gr. 119	Pap.*	14. Jh. (erstes Viertel)	211 × 155	232	Ptol., *Geogr.* (Textanfang fehlend)	1r–232r	1	–	KP (?); Vorbesitzer: Guillaume Pellicier, Collège de Clermont (Paris), König Louis XV.	1–2 Blätter am Anfang der Handschrift verloren
4.	**D**	Paris. gr. 1402	Perg.	15. Jh. (Mitte/zweite Hälfte)	595 × 446	72	Ptol., *Geogr.* (B. 8 lückenhaft[113])	1r–71v	2	WK + Eu. 1–4[114]	Florenz (?); Schreiber: Ioannes Skutariotes; Vorbesitzer: Kardinal Ridolfi, Katharina von Medici	

113 Vorhanden sind nur die Kapitel 1–9, 15–18, 20, 23 und 28–30.

114 Eu. 3 und 4 sind unvollendet. Auch die übrigen Karten dürften vorgesehen gewesen sein.

Nr.	Sigle	Signatur	Beschreib-stoff	Datierung	Format in mm	folia	*Geogr.*	*Geogr.* auf folia	Kol.	Karten	Herkunft	Bemerkungen
5.	**E**	Paris. gr. 1403	Pap.*	ca. 1462 – ca. 1473	286 × 200	226	Ptol., *Geogr.*	1r–225v	1	–	Kreta (?); Schreiber: Michael Apostoles; Vorbesitzer: Kardinal Ridolfi, Katharina von Medici	vermutlich nach Hs. Z entstanden
6.	**F**	Haun. Bibl. Univ. Fabr. 23,2°	Perg.	wohl nach 1295 / nicht später als 1303	550 × 410	2	8,5; 8,8,3–7	1r–2v	2	Eu. 2 (östl. Hälfte), Eu. 5, Eu. 6 (westl. Hälfte)	KP (?); Kopist identisch mit Hand 2 von Hs. K; Vorbesitzer: Marquard Gude, Johann Albert Fabricius	nur 1 Bifolium erhalten
7.	**G**	Paris. gr. 2423	Pap.*	um 1300	261 × 200[115]	158	1,7,1–1,24,7 (ohne 1,14,7–10); 2,6,53 bis Anfang *Geogr.* 3	118r–133v	1	–	KP (?); Vorbesitzer: Kardinal Ridolfi, Piero Strozzi, Katharina von Medici	astronom.-philo-soph. Sammelhs.
8.	**H**	Parm. Pal. 9	Pap.*	um 1462–1475	293 × 210	228	Ptol., *Geogr.*	1r–205r	1	–	Kreta (?); Schreiber: Antonios Damilas, Michael Apostoles (die *Geogr.* hat Damilas kopiert)	f. 208r–227v *Periegese* des Dionysios

115 Am Vorderdeckel gemessen, da die einzelnen Kodikologischen Einheiten der Handschrift unterschiedliche Formate aufweisen.

Nr.	Sigle	Signatur	Beschreib-stoff	Datierung	Format in mm	folia	*Geogr.*	*Geogr.* auf folia	Kol.	Karten	Herkunft	Bemerkungen
9.	**K**	Const. Seragl. G. İ. 57	Perg.	wohl nach 1295 / nicht später als 1303	572 × 422	122	Ptol., *Geogr.*	1r–122r	2	WK + 26 TK	KP (?); Hand 2 ist identisch mit der Hand von Hs. F	einzige griech. Hs. mit einer WK in der 2. ptolemäischen Projektion
10.	**L**	Athous Vatoped. 655 (= L_A), Lond. Add. 19391 (= L_L), Paris. Suppl. gr. 443A (=L_P)	Perg.	14. Jh. (Anfang)	ca. 360 x ca. 267	325	1–8,25	L_A: 1r–54v; L_L: 14r–21v[116]	1	WK + 26 TK (As. 6 [östl. Hälfte] und As. 7 [westl. Hälfte] verloren)	KP (?)	geograph. Sammelhs.
11.	**N**	Ox. Arch. Selden. B. 46	Pap.	um 1300 (vor 1305/10)	252 × 166	277	Ptol., *Geogr.*	1r–274r	1	–	KP; Vorbesitzer: Dreifaltigkeitskloster (Insel Chalki)	von Maximos Planudes und Demetrios Triklinios annotiert
12.	**O**	Flor. Laur. Plut. 28.49	Perg.	14. Jh. (Anfang)	338 × 263	112	Ptol., *Geogr.*	1r–111r	2	WK + 64 TK	KP (?)	älteste Handschrift der B-Redaktion

116 In L_P sind keine Partien der *Geographie* des Ptolemaios enthalten.

Nr.	Sigle	Signatur	Beschreib-stoff	Datierung	Format in mm	folia	*Geogr.*	*Geogr.* auf folia	Kol.	Karten	Herkunft	Bemerkungen
13.	**P**	Flor. Laur. Plut. 28.42	Pap.*	19. Mai 1445	289 × 214	147	Ptol., *Geogr.*	1r–147v	2	–	Italien (Florenz?); Schreiber: Demetrios Kykandyles	
14.	**Q**	Vat. gr. 176	Pap.*	14. Jh.	270 × 173	193	1,1–2,1; 7,5; 8,1–2	1r–26r	1	–	KP (?)	mit Komm. des Nikephoros Gregoras; mit Komm. des Isaak Argyros (Autograph); geograph.-musiktheor. Sammelhs.
15.	**R**	Venet. Marc. gr. Z. 516 (= 904)	Pap.*	14. Jh. (letztes Fünftel)	307 × 223	208	Ptol., *Geogr.* (Textanfang fehlend)	5r–138r	1	22 ganze + 2 halbe TK (Af. 4, As. 1 [östl. Hälfte], As. 2, As. 3 [westl. Hälfte] fehlend)	östl. Mittelmeerraum; Schreiber: Andreas Teluntas; Vorbesitzer: Kardinal Bessarion	1 Blatt am Anfang der *Geographie* verloren; wissenschaftl. Sammelhs.

Nr.	Sigle	Signatur	Beschreib-stoff	Datierung	Format in mm	folia	*Geogr.*	*Geogr.* auf folia	Kol.	Karten	Herkunft	Bemerkungen
16.	**S**	Flor. Laur. Plut. 28.9	Pap.*	15. Jh. (erstes Viertel)	284 × 235	133	Ptol., *Geogr.*	1r–132r	2	–	Italien (Florenz?); Schreiber (zwei Hände) aus dem Kreis des Manuel Chrysoloras; Vorbesitzer: Kloster S. Marco (Florenz)	
17.	**U**	Vat. Urb. gr. 82	Perg.	wohl nach 1295 / nicht später als 1303	575 × 418	110	Ptol., *Geogr.*	1r–110r	2	WK + 26 TK	KP (?); Vorbesitzer: Manuel Chrysoloras, Palla Strozzi, Federico da Montefeltro (Herzog von Urbino)	
18.	**V**	Vat. gr. 177	Pap.	um 1300 (?)[117]	240 × 160	240	Ptol., *Geogr.*	2r–240v	1	–	KP (?); Vorbesitzer: Maximos Planudes (?), Andronikos Oinaiotes	
19.	**W**	Vat. gr. 178	Pap./ Pap.*	14. Jh.	183 × 125	216	Ptol., *Geogr.* (ohne 7,4,14–8,2)	1r–131v, 161r–165r	1[118]	–	KP (?)	wissenschaftl. Sammelhs.

117 Zur Problematik des Alters dieser Handschrift s.u. S. 524.
118 Ab *Geogr.* 7 Aufgabe der Einkolumnenschreibung geographischer Namen, so dass pro Zeile jeweils mehrere Namen zu stehen kommen.

Nr.	Sigle	Signatur	Beschreib-stoff	Datierung	Format in mm	folia	*Geogr.*	*Geogr.* auf folia	Kol.	Karten	Herkunft	Bemerkungen
20.	**X**	Vat. gr. 191	Pap.	um 1296–1302	340 × 250	397	Ptol., *Geogr.*	128v–169v	1/2/4	–	KP; Vorbesitzer: Manuel Chrysoloras, Kardinal Isidor von Kiev	einziger reiner Ξ-Vertreter; beruht auf Vorlage mit 27 TK; astronom.-math.-geograph. Sammelhs.
21.	**Z**	Vat. Pal. gr. 314	Pap.*	ca. 1462 – ca. 1473	280 × 190	224	Ptol., *Geogr.*	1r–223v	1	–	Kreta (?); Schreiber: Michael Apostoles; Vorbesitzer: Johannes Baptista Posthumus de Leone	
22.	**a**	Paris. gr. 1401	Perg.	15. Jh.	582 × 432	103	Ptol., *Geogr.*	1v–101v	2	WK + 26 TK	östlicher Mittelmeerraum/KP (?); Vorbesitzer: König François I. (?); königl. Bibl. zu Fontainebleau	die Karten wurden überarbeitet, ev. um 1531 in Italien (Rom?), und unterscheiden sich in Projektion und Ausführung von denjenigen anderer Karten-Hss.

Nr.	Sigle	Signatur	Beschreib-stoff	Datierung	Format in mm	folia	*Geogr.*	*Geogr.* auf folia	Kol.	Karten	Herkunft	Bemerkungen
23.	**b**	Paris. gr. 1404	Pap.*	15. Jh. (zweite Hälfte, ab 1462)	294 × 213	175	1–7,5 (ohne 3,2,3–3,8,8)	1r–175r	1	–	Kreta (?); Vorbesitzer: Lattanzio Tolomei, Charles-Maurice Le Tellier (Erzbischof von Reims)	nach Hs. H entstanden; der Textschluss ab *Geogr.* 6,12,3 (f. 151r ff.) wurde später ergänzt (16. Jh., erste Hälfte)
24.	**c**	Const. Seragl. G. İ. 27	Pap.*	15. Jh. (zweites Viertel; um 1440?)	401 × 289	106	Ptol., *Geogr.* (ohne 1,1–2,2; 7,4,14–7,7,4)	1r–87r	2	63 TK (Eu. 24 fehlt) + 4 KK	KP (?)	f. 89r–106r *Periegese* des Dionysios
25.	**d**	Flor. Laur. Conv. Suppr. 626	Perg.	15. Jh. (erstes Drittel)	592 × 457	104	Ptol., *Geogr.*	1r–104v	2	WK + 26 TK	Italien (Florenz?); Vorbesitzer: Badia fiorentina	
26.	**e**	Vat. Reg. gr. 82	Pap.*	16. Jh. (erste Hälfte)	330 × 220	166	Ptol., *Geogr.*	1r–166v	1	–	Schreiber: Michael Rosaitos	
27.	**f**	Paris. Coisl. 337	Pap.*	1311–1331	233 × 155	278	Ptol., *Geogr.*	1r–265r	1	–	KP (?); Vorbesitzer: Neophytos, Lavra-Kloster (Athos), Pierre Séguier, Henri-Charles du Cambout (Herzog von Coislin), Kloster St.-Germain-des-Prés (Paris)	f. 266r–274v Exzerpte aus *Synt.* 7–8

Nr.	Sigle	Signatur	Beschreib-stoff	Datierung	Format in mm	folia	*Geogr.*	*Geogr.* auf folia	Kol.	Karten	Herkunft	Bemerkungen
28.	**g**	Bonon. Bibl. Univ. 2280	Pap.*	10. April 1528	329 × 230	318	Ptol., *Geogr.*	1r–167v	1	–	Venedig (Konvent S. Antonio di Castello); Schreiber: Valeriano Albini und ein gewisser Fulgenzio;[119] Vorbesitzer: Konvent S. Salvatore (Bologna)	Datierung/Herstellungsort beziehen sich auf die *Geogr.*;[120] galt seit 1914 als verschollen;[121] Ptolemaios-Hs.
29.	**h**	Mediol. Ambr. N 289 sup. (= Martini/ Bassi gr. 581)	Pap.*	15. Jh. (Ende)	244 × 170	162	1,1–2,1; 7,5; 8,1–2	41r–76v	1	–	Vorbesitzer: Gian Vincenzo Pinelli	mit Komm. des Isaak Argyros; math.-geogr.-astronom. Sammelhs.
30.	**j**	Vat. Urb. gr. 80	Pap.?	14./15. Jh. (Wende)	290 × 200	279	Ptol., *Geogr.*: Kompendium	36r–90r	2	–	Schreiber: Ioannes Chortasmenos	Sammelhs.
31.	**k**	Paris. Suppl. gr. 673	Pap.*/ Pap.	15. Jh. (zweite Hälfte)	215 × 140	28	Exzerpte aus *Geogr.* 1 und 7	11r–28v	2/1	–	KP (?); Schreiber: Matthaios Kamariotes	Sammelhs.

119 Die *Geographie* wurde von Valeriano Albini kopiert.

120 Die übrigen Teile der Handschrift wurden mit Sicherheit in Italien angefertigt. Ein Teil wurde am 4. April 1529 abgeschlossen, die anderen entstanden im ersten Drittel des 16. Jh., aber nicht nach 1529. Siehe dazu unten S. 151.

121 Siehe dazu oben S. 2.

Nr.	Sigle	Signatur	Beschreib-stoff	Datierung	Format in mm	folia	*Geogr.*	*Geogr.* auf folia	Kol.	Karten	Herkunft	Bemerkungen
32.	**l**	Paris. gr. 1407	Pap.*	1438	270 × 190	215	3,16; Exzerpt aus *Geogr.* 8	1v, 203r–215r	1	–		geogr. Sammel-hs.
33.	**m**	Vind. hist. gr. 1[122]	Perg.	31. Okt. 1454	600 × 440	99	Ptol., *Geogr.*	1r–98v	2	WK + 26 TK	Italien (Florenz?); Schreiber: Ioannes Skutariotes; Karten angefertigt von Cyriacus von Ancona	
34.	**n**	Chicago, Newberry Library, Ayer MS 743 (olim Venet. Monast. S. Michaelis 15, Rom. Monast. S. Gregorii 15)	Pap.*	15. Jh. (erstes Drittel)	404 × 282	143	Ptol., *Geogr.*	1r–80v, 102r–136v	2	–	Italien (Florenz?); Vorbesitzer: Ermolao Barbaro d. J., Klöster San Michele di Murano (Venedig) und San Gregorio al Celio (Rom)	mit Komm. des Nikephoros Gregoras; f. 81–101 leer; galt seit 1923 als verschollen[123]

122 Zu dieser Handschrift siehe Herbert HUNGER, *Katalog der griechischen Handschriften der Österreichischen Nationalbibliothek,* Teil 1: *Codices historici, Codices philosophici et philologici* (Wien 1961) 1.

123 Siehe dazu oben S. 2.

Nr.	Sigle	Signatur	Beschreib-stoff	Datierung	Format in mm	folia	*Geogr.*	*Geogr.* auf folia	Kol.	Karten	Herkunft	Bemerkungen
35.	**o**	Ox. Arch. Selden. B. 45	Perg./ Pap.*	1482	292 × 184	185	Ptol., *Geogr.*	1r–176v	1	–	Buda (?); Schreiber: Ioannes Athesinos für Konrad Celtis	
36.	**p**	Venet. Marc. gr. Z. 388 (= 333)	Perg.	um 1453	583 × 437	104	Ptol., *Geogr.*	1r–101r	2	WK + 26 TK	Italien (Florenz und Bologna?); Schreiber: Ioannes Rhosos für Kardinal Bessarion	
37.	**q**	Ox. Laud. gr. 52	Pap.*	April 1568	319 × 213	84	1,1–2,1; Anhänge zur *Geogr.*	33r–80v	1	–	Kloster S. Giorgio Maggiore (Venedig); Schreiber: Antonios Episkopopulos	mit Komm. des Nikephoros Gregoras; geogr. Sammelhs.
38.	**r**	Paris. Coisl. 173	Pap.*	14. Jh. (erste Hälfte; 1320er-Jahre?)	298 × 222	312	1,1–2,1; 7,5–8,2	112r–147r	1	–	KP (?); Vorbesitzer: Lavra-Kloster (Athos)[124]	mit Komm. des Nikephoros Gregoras (Autograph); wissenschaftl. Sammelhs.
39.	**s**	Mediol. Ambr. D 527 inf. (= MARTINI/ BASSI gr. 997)	Pap.*	1361–1381	406 × 288	118	Ptol., *Geogr.*	2r–100r	2	WK + 64 TK + 4 KK	KP (?); Vorbesitzer: Manuel Sophianos	f. 101v–117r *Periegese* des Dionysios

124 Weitere Vorbesitzer: wie oben bei Handschrift f, Spalte „Herkunft“.

Nr.	Sigle	Signatur	Beschreib-stoff	Datierung	Format in mm	folia	*Geogr.*	*Geogr.* auf folia	Kol.	Karten	Herkunft	Bemerkungen
40.	**t**	Vat. Urb. gr. 83	Pap.*	15. Jh. (erste Hälfte)	410 × 290	118	Ptol., *Geogr.* (ohne 7,4,14–7,7,4)	20r–109ar	2	64 TK + 4 KK[125]	KP (?)	f. 1r–18r *Periegese* des Dionysios
41.	**u**	Cremon. 160[126]	Pap.*	15. Jh. (erstes Fünftel)	292 × 220	345	1,1–2,1; 7,5; 8,1–2; 7,6–7; 8,29	132r–153v	?	–	Schreiber: Isidor von Kiev	mit Komm. des Isaak Argyros; gramm.-biograph. Sammelhs.
42.	**v**	Lond. Burney 111	Perg.	14. Jh. (viertes Viertel) / 15. Jh. (erstes Viertel)	435 × 310	114	Ptol., *Geogr.*	3r–114r	2	WK + 64 TK + As. 12[127]	KP (?); Vorbesitzer: Charles Maurice de Talleyrand-Périgord	die Karten datieren, mit Ausnahme von As. 12 auf f. 1v, aus dem 15. Jh. (2.–4. Viertel)
43.	**w**	Scorial. gr. 502 (= ω I 1)[128]	Pap.?	1523	435 × 292	203	Ptol., *Geogr.*	119r–182r	?	–	Carpi (bei Modena); Schreiber: Bernardino Donato	diese Ptolemaios-Hs. enthält außerdem die *Synt.* und die *Tetrabiblos*

125 Die Kontinentkarten befinden sich auf f. 112v–116r.

126 Zu dieser Handschrift siehe Martini 1893–1902, vol. 1,2, 302–313 sowie Mario Manfredini, „Un codice copiato da Isidoro di Kiev: Cremon. 160", *Atti della Accademia Pontaniana* N. S. 51 (2002) 247–280.

127 Diese Karte gehört vermutlich zu einem Kartensatz der A-Redaktion. Sie ist auf f. 1v abgebildet.

128 Zu dieser Handschrift siehe Gregorio de Andrés, *Catálogo de los Códices Griegos de la Biblioteca de El Escorial*, t. 3: Codd. 421–649 (Madrid 1967) 116–118; Bernardinello 1979, 70 (Nr. 76), mit Tafel.

Nr.	**Sigle**	**Signatur**	**Beschreib-stoff**	**Datierung**	**Format in mm**	**folia**	***Geogr.***	***Geogr.* auf folia**	**Kol.**	**Karten**	**Herkunft**	**Bemerkungen**
44.	**x**	Vat. Barb. gr. 163[129]	Perg.	15. Jh. (zweite Hälfte)	217 × 156	233	Ptol., *Geogr.*	1r–231v	1	–	Florenz; Schreiber: Ioannes Skutariotes	
45.	**y**	Vat. gr. 193	Pap.*	15. Jh.	292 × 210	181	1,1–2,1; 7,5; 8,1–8,2,3	168r–175v	1	–		mit Komm. des Isaak Argyros; math. Sammelhs.
46.	**z**	Leid. Voss. gr. F. 1[130]	Pap.*	16. Jh.	545 × 425	50	27 Karten	2v–49r	–	WK + 26 TK	Italien	enthält nur Karten und keinen Text
47.	–	Brux. Bibl. reg. 11345–48[131]	Pap.?	16. Jh.	332 × 230	104	1–2,3,19	77r–104r	?	–		medizinisch-geographische Sammelhs.
48.	–	Bucarest. Acad. Rom. gr. 493[132]	Pap.?	17. Jh.	220 × 160	540 p.	7,5	p. 23–25	?	–	Vorbesitzer: Kollegium des Hl. Sava (Bukarest)	Sammelhs.

129 Vgl. Valentinus Capocci, *Codices Barberiniani graeci, tomus I. Codices 1–163* (in Bybliotheca [*sic*] Vaticana 1958) 284 f.
130 Siehe Meyïer 6: *Codices Vossiani* XVIII und 1 f.
131 Bei Henri Omont, *Catalogue des manuscrits grecs de la Bibliothèque royale de Bruxelles et des autres bibliothèques publiques de Belgique* (Gand 1885) 18 unter der Laufnummer 45 beschrieben.
132 Bei Constantin Litzica, *Catalogul manuscriptelor greceşti* (Bucureşti 1909) 324–327 unter der Laufnummer 624 beschrieben.

Nr.	Sigle	Signatur	Beschreib-stoff	Datierung	Format in mm	folia	*Geogr.*	*Geogr.* auf folia	Kol.	Karten	Herkunft	Bemerkungen
49.	–	Hagion Oros, Μονὴ Διονυσίου 175[133]	Pap.	15. Jh.	?	264	kurze Fragmente aus *Geogr.* 1, 7 und 8	f. 1r–3v	?	–		dogmatische Sammelhs. des 13. Jh.; die Blätter mit den *Geogr.*-Fragmenten sind deutlich jünger
50.	–	Hagion Oros, Μονὴ Ἰβήρων 126[134]	Pap.?	15. Jh.	8°[135]	94	5,14,1–5,15,8; 8,20,1[136]	1r–2v	1	–		geogr.-astronom.-theol. Sammelhs.
51.	–	Leid. Gron. 115[137]	?	17. Jh. (?)	8°	130	„Ptolemaei Geographica collata cum Ms. Abbatiae Florentinae“[138]	?	?	–	offenbar Handschrift des L. Th. Gronovius, eines Sohnes des Johann Friedrich Gronovius	geogr. Sammelhs. mit Kollationen

133 Im Katalog von Lambros hat diese Handschrift die Nummer 3709. Sie wird von Schmidt 1999, 6 als „Lambr. Mount Athos“ erwähnt.
134 Nummer 4246 im Katalog von Lambros.
135 Die Höhe des Buchrückens muss zwischen 185 und 225 mm liegen.
136 Die Ausschnitte betreffen vor allem Zypern und zum Teil Syrien.
137 Bei Geel 1852, dort 60, wird die Handschrift unter der Nummer 227 beschrieben.
138 So Geel 1852, 60; mit dem Manuskript der Abbatia Florentina muss Hs. d gemeint sein (s.o. Nr. 25).

Nr.	Sigle	Signatur	Beschreib-stoff	Datierung	Format in mm	folia	*Geogr.*	*Geogr.* auf folia	Kol.	Karten	Herkunft	Bemerkungen
52.	–	Leid. Periz. Q° 49[139]	Pap.?	18. Jh.	4°	230 (in 3 Teilen)	Ptol., *Geogr.*	Teil 3, 9v–46r	?	–	gehörte S. de Vries, der zu großen Teilen auch der Schreiber dieser Hs. war	Sammelhs.
53.	–	Mediol. Ambr. R 98 sup. (= Martini/ Bassi gr. 716)	Pap.*	16. Jh. (zweite Hälfte)	291 × 219[140]	361	1,1,1–1,1,6 (exzerpiert)	141r–145v	1	–	Italien (Padua?); Schreiber des *Geogr.*-Exzerpts: Gian Vincenzo Pinelli	griech.-lat.-it. Sammelhs.
54.	–	Mutin. α. Q. 5. 20 (gr. 87)	Pap.?	15. Jh.	235 × 170	181	8,30 (?)[141]	175v–178v	?	–		
55.	–	Ox. D'Orville 130[142]	Pap.?	18. Jh. (erste Hälfte)	222 × 171	43	Kollation der *Ed. princ.* mit einer Vatikanhs.	19r–28v	?	–		Sammelhs. mit Kollationen

139 Siehe dazu Meyïer 4: *Codices Perizoniani* 87–91 und Geel 1852, 60f.

140 Diese Maße beziehen sich nur auf den Teilkodex f. 133–152.

141 Puntoni 1965, 444 beschreibt den Inhalt folgendermaßen: „⟨Claudii Ptolemaei⟩ *παράλληλοι* in tab. 1–10 Europae, 1–4 Lybiae, 1–12 Asiae"; ob meine Vermutung, es handle sich dabei um *Geogr.* 8,30, zutrifft, bliebe nachzuprüfen.

142 Vgl. den Summary Catalogue Bd. 4, 68 unter der Laufnummer 17008; dort wird zur *Geographie*-Kollation hinzugefügt: „sent by Schottus to L. Holstenius."

Nr.	Sigle	Signatur	Beschreib-stoff	Datierung	Format in mm	folia	*Geogr.*	*Geogr.* auf folia	Kol.	Karten	Herkunft	Bemerkungen
56.	–	Ox. Holk-ham gr. 109[143]	?	15. Jh.	290 × 205	147	?	149r–151v		–		astronom.-astro-log. Sammelhs.
57.	–	Paris. gr. 1411	Pap.?	16. Jh. (erste Hälfte)	200 × 130	585	3,16;[144] Exzerpt aus *Geogr.* 8	567r–585v	1	–	Schreiber: Konstantinos Mesobotes	geogr. Sammelhs.
58.	–	Paris. gr. 2027	Pap.?	29. März 1449	200 × 140	235	8,29; 1,22–23,4	119r–122r	1	–	Schreiber: Ioannes Symeonakes; Vorbesitzerin: Katharina von Medici	philosoph.-moral.-natur-wissenschaftl. Sammelhs.
59.	–	Petro-polit. ОЛДП. F.171[145]	Pap.?	19. Jh. (Mitte) (?)	313 × 210	1	8,9,4 (Ende)	Recto-seite		Eu. 7, östl. Hälfte (Sizi-lien)	Athos, Vatopedi-Kloster; Schreiber/Kar-tenzeichner: Porphyrij Uspenskij od. Peter von Sevastjanov (?)	Kopie von Hs. L_A, f. 38r
60.	–	Vat. gr. 1059	Pap.*	1404–1413/1415[146]	298 × 220	598	1,1–2,1; 7,5; 8[147]	163r–201v	2	–	KP (?); Schreiber: Ioannes Chortasmenos	mit Komm. des Isaak Argyros; math.-astronom. Hs.

143 Zu dieser Handschrift siehe Ruth Barbour, „Summary description of the Greek manuscripts from the Library at Holkham Hall“, *The Bodleian Library Record* 6 (1957–1961) 591–613, dort 612.

144 Dieses Kapitel behandelt die Peloponnes.

145 Zu diesem Fragment s.u. S. 253f.

146 Diese Datierung gibt Tsiotras 2006, 196 an.

147 Bis *Geogr.* 8,2,3 offenbar vollständig, darauf verkürzt und mit Anhangmaterialien, die nicht den üblichen Anhängen entsprechen; siehe auch Tsiotras 2006, 195f.

Nr.	Sigle	Signatur	Beschreib-stoff	Datierung	Format in mm	folia	*Geogr.*	*Geogr.* auf folia	Kol.	Karten	Herkunft	Bemerkungen
61.	–	Vat. Ot-tob. gr. 67[148]	Pap.?	1435/1436	300 × 210	333	3,16 (Pelo-ponnes)	206r–207v	?	–	Schreiber: Petros Mpuas[149] für Georgios Palaiologos Kantakuzenos	Sammelhs.
62.	–	Vat. Pal. gr. 261	Pap.?	15. Jh.	4°	309	8,29	305r–307v	?	–	Vorbesitzer: Markos Musuros	Sammelhs.
63.	–	Venet. Marc. gr. Z. 385 (= 920)	Pap.*	14. Jh. (Mitte)	295 × 220	268	Index[150]	265v–268r	?	–	Schreiber des Index so-wie Vorbesitzer: Kardinal Bessarion[151]	f. 1v–265v Plutarchus, *Vitae parallelae*
64.	–	Venet. Marc. gr. II, 103 (= 1312)	Pap.*	16. Jh. (nicht nach 1553)	216 × 158	284	3,15–16 (exzer-piert)[152]	278r–281v	1	–	Griechenland; Schreiber: Pachomios Rhusanos; Vorbesitzer: Kloster Ἅγιος Γεώργιος τῶν Κρημνῶν (Zakynthos), Giacomo Nani	die Hs. enthält hauptsächlich Werke des Pachomios Rhusanos

148 Zu dieser Handschrift siehe Ernesto FERON / Fabiano BATTAGLINI, *Codices manuscripti graeci Ottoboniani Bibliothecae Vaticanae* (Romae 1893) 43 f.

149 Mpuas kopierte jedoch nur Teile dieser Handschrift; das Kapitel aus der *Geographie* stammt nicht von seiner Hand.

150 So MIONI, Thes. ant. 2, 141, ohne präzisere Angaben.

151 Das Textstück aus der *Geographie* entstand somit erst im 15. Jh.

152 Die beiden Kapitel behandeln Achaia und die Peloponnes.

4. Vorbemerkungen zum Katalog der griechischen Handschriften der *Geographie*

Zur Erfassung der Handschriften für den folgenden Katalog wurde eine „Katalogmaske“ erarbeitet, die einerseits von der Tatsache inspiriert ist, dass Handschriftenkataloge nach verschiedenartigsten Prinzipien erstellt werden (können). Anderseits wurde der Versuch unternommen, neuere Tendenzen in der Katalogisierung von Handschriften zu berücksichtigen,[153] sofern die äußeren Gegebenheiten (zeitlicher Aufwand, Instrumentarium, Lichtverhältnisse, Befugnisse) dies zuließen und die durch diese Tendenzen entstandenen Forderungen der Untersuchung hier dienlich sind. Schließlich wird dem Umstand Rechnung getragen, dass der Katalog der griechischen Handschriften der ptolemäischen *Geographie* keine Sammlung beschreibt, sondern einen thematischen Katalog bildet und auf Besonderheiten des Werkes eingehen will. Dem inhaltlichen Aspekt, sofern dieser die *Geographie* betrifft, wird hier wesentlich mehr Raum geschenkt als in Katalogen eines bestimmten Handschriftenfonds.

In diesem Katalog hier wurde bewusst und im Gegensatz zum üblichen Katalogisierungsstil auf stark abstrahierte Formulierungen, Formeln und Abkürzungen verzichtet, um den Inhalt leichter und rascher zugänglich zu machen. Für die Transkription von Zitaten aus Handschriften sowie für die Auflösung von Abkürzungen s.o. S. 4f.

4.1 Zu den Katalogmasken

In den Katalogmasken erscheint in der ersten Zeile des Titels die *Vollsignatur* der jeweiligen Handschrift unter Angabe der Stadt, Institution, des Fonds und der Signatur.[154] In der zweiten Zeile wird die *Sigle* der Handschrift gegeben,[155] allenfalls gefolgt von ihrem ‚Nickname‘.

Daran schließt sich ein ‚Steckbrief‘[156] der Handschrift, in dem ihr Inhalt knapp charakterisiert wird und Angaben zu Herkunft, Entstehungszeit, Material und Format (Höhe × Breite in mm[157]) gemacht werden.

---

153 Vgl. dazu besonders Gumbert 2004, Andrist 2006, Id. 2007.

154 Die Namensformen der Aufbewahrungsorte, -institutionen und der Fonds orientieren sich an Richard 1995.

155 Die Siglen richten sich nach Schnabel 1938, 6–33.

156 Mazal 1987, 14 und Hans Zotter u.a., *Grundkurs Kodikologie*, Fachdokumentation Konservierung und Restaurierung von Schriftgut, Grafik und Fotografie (Unterlagen zum Kurs in Graz 1998) (s. l. 1998) KB–1 sprechen von „Schlagzeile“; Hutter 1982, XV benutzt den Terminus „Kurz- oder Sammeltitel“.

157 Diese Messung wurde jeweils ungefähr in der Mitte der Handschrift, nach Möglichkeit dort in der Mitte einer Lage vorgenommen.

Ebenfalls im Steckbrief werden die *Blattformel* und die *Foliierungsformel* gegeben. Der Blattformel kann entnommen werden, wie viele Blätter die Handschrift insgesamt enthält (einschließlich unnummerierter Blätter) und wie viele Vor- und Nachsatzblätter vorhanden sind (in Klammern vor bzw. nach der Blattzahl angegeben). Durch einen Schrägstrich von der Blattformel abgetrennt folgt die Foliierungsformel, die Auskunft über den Zählungsmodus der Blätter und Schutzblätter gibt. Für unnummerierte Schutzblätter werden römische Zahlen verwendet und in spitze Klammern (⟨ ⟩) gesetzt;[158] die Nachsatzblätter werden zusätzlich durch einen hochgestellten Schrägstrich (′) gekennzeichnet. Schließlich sind nach einem Gedankenstrich allfällige Besonderheiten vermerkt; hierzu gehört z.B. die Angabe einer Olim-Signatur (einer ehemaligen Signatur), die nach wie vor im Umlauf ist.

Es folgt eine *Inhaltsangabe*, in der nach Möglichkeit die Kodikologischen Einheiten[159] (*KE*) und/oder Blöcke[160] der Handschrift verdeutlicht werden. In Handschriften befindliche Werke und ihre Autoren werden in lateinischer Form zitiert. In aller Regel und gegen den Usus werden in diesem Katalog hier die Editionen der in den Handschriften zu findenden Texte nicht angegeben, da er thematisch angelegt ist und die neben der *Geographie* vorkommenden Texte nicht näher betrachtet werden. Im folgenden Unterabschnitt werden die wichtigsten *Beigaben* genannt, d.h. Elemente, die sich in der Handschrift befinden, aber nicht zu deren Inhalt *stricto sensu* gehören. Dabei werden zuerst diejenigen Beigaben erwähnt, die sich auf die ganze Handschrift oder auf größere Teile der Handschrift beziehen, darauf folgen Bemerkungen zu einzelnen Blättern in deren Reihenfolge.[161] Bisweilen wird die Position einer Beigabe präzisiert. Hierbei bezeichnet grundsätzlich „oben" die obere Partie eines Blattes, „unten" die untere Partie eines Blattes, „Mitte" die mittlere Partie eines Blattes, „innen" die Partie des Blattes entlang des Falzes/Bundes und „außen" die Partie des Blattes entlang des äußeren Schnittes. Der Aus-

158 Zum Teil wurden auch weitere fehlende Folio- oder Seitennummern logisch ergänzt und deshalb in spitze Klammern gesetzt.

159 Dabei halte ich mich an die (vereinfachte Form der) Definition, die Johann Peter Gumbert in seinem grundlegenden Artikel zu den Kodikologischen Einheiten gibt (Gumbert 2004): Eine Kodikologische Einheit (*KE*) ist eine für sich stehende Anzahl von Lagen, die ein- und demselben Produktionsprozess entsprangen und einen vollständigen Text bzw. ein vollständiges Textensemble enthalten (*ibid.* 25: „a codicological unit is a discrete number of quires, worked in a single operation, containing a complete text or set of texts"). Vgl. dazu auch Andrist 2006, besonders 321f., und Id. 2007, 8.

160 Ein Block bezeichnet einen Teil einer Kodikologischen Einheit, der von sogenannten Zäsuren begrenzt wird. Unter einer Zäsur versteht man das Zusammenfallen einer beliebigen in der Handschrift auftretenden Änderung (z.B. bezüglich des Wasserzeichens, Seitenlayouts, Buchschmucks, Textes oder der Hand) und des Anfangs/Endes einer Lage (vgl. Gumbert 2004, 40; dazu auch Andrist 2007, 8).

161 Analog wird auch in folgenden Rubriken (z.B. in der Rubrik *Foliierung*) vorgegangen.

druck „am Rand" bezieht sich auf das Blattfeld oberhalb, unterhalb und zu beiden Seiten des Schriftspiegels.[162] Dementsprechend sind hier und im folgenden Bezeichnungen wie „am oberen Rand", „äußere Begrenzung des Schriftspiegels", „unten gegen innen" usw. zu verstehen. Die verschiedenartigen Stempel der Bibliotheken in den Handschriften, die zu den Beigaben gehören, werden in der Regel nicht berücksichtigt bzw. nur in Ausnahmefällen erwähnt, z.B. wenn sie zur Dokumentation der Geschichte der Handschrift beitragen.

Im Abschnitt *Foliierung* wird die Blatt- oder Seitennummerierung beschrieben.

Es folgt die Angabe des *Beschreibstoffes* (Pergament, Papier mit Wasserzeichen, Papier ohne Wasserzeichen) und gegebenenfalls der in der Handschrift festzustellenden *Wasserzeichen*. Mit dem hier neu eingeführten Terminus „Augen" werden sowohl ovale oder kreisförmige Löcher im Pergament als auch ebenso geformte Stellen bezeichnet, an denen das Pergament verdünnt und transparent ist.[163] Bei der Kontrolle der Wasserzeichen standen für diese Arbeit nur beschränkte Möglichkeiten zur Verfügung. Zum Teil konnte nur bei künstlichem Licht, im besseren Fall bei Tageslicht gearbeitet werden; in manchen Bibliotheken standen Wasserzeichen-Lesegeräte zur Verfügung. Ein Durchpausen der Wasserzeichen war in keinem Fall möglich, ebenso gestaltete sich das Messen von 20 Ripplinien als sehr schwierig oder war nicht durchführbar. Insofern konnte nicht jedes Wasserzeichen vermessen werden und müssen die vorhandenen Messdaten vor dem Hintergrund der gegebenen Umstände betrachtet werden. Außerdem bedeutete dies auch, dass für die Analyse der Wasserzeichen lediglich auf die jeweils vor Ort vorhandenen Repertorien zurückgegriffen werden konnte. Was die Definition des möglichen Entstehungszeitraums für eine Handschrift aus der Analyse der Wasserzeichen betrifft, wurden die von Andrist 2007, 26 vorgeschlagenen Richtwerte herangezogen: Im Fall von Wasserzeichen, die mit einem Wasserzeichen in einem Repertorium identisch sind, kann für die Handschrift ein Entstehungszeitraum von +/-5 Jahren des im Repertorium angegebenen Datums angenommen werden; handelt es sich um ein mit dem

162 Damit wird die visuell eigentlich präzisere, aber im Deutschen weniger geläufige Wendung „im Rand" vermieden.

163 Zumindest für die ovalen/kreisförmigen transparenten Stellen im Pergament (franz.: oeil, tache vitreuse; ital.: occhio vetroso; span.: ojo, defecto vidrioso; engl.: eye; vgl. Muzerelle 1985 bzw. http://vocabulaire.irht.cnrs.fr/vocab.htm, jeweils Nr. 125.06 sowie Maniaci 1996, 38) scheint es bisher keinen offiziellen deutschen Fachbegriff zu geben, während man im anderen Fall in der Regel einfach von Löchern spricht. Beide Arten von Defekt gehen auf dieselbe Ursache zurück und entstehen, wenn die Tierhaut zum Trocknen in einen hölzernen Rahmen gespannt wird, an Stellen, wo die Dermis beim Abhäutungsprozess mit einem Messer beeinträchtigt wurde (Muzerelle 1985, Nr. 125.05; Maniaci 1996, 37 s.v. „Cucchiaiata").

Beispiel im Repertorium sehr ähnliches oder ähnliches Wasserzeichen, wird ein Entstehungszeitraum von +/-10 Jahren des im Repertorium angegebenen Datums empfohlen; für Wasserzeichen, die mit einem Beispiel aus einem Repertorium lediglich vergleichbar sind, ist der Entstehungszeitraum der Handschrift um mindestens +/-15 Jahre des im Repertorium genannten Datums zu erweitern (für weitere Einzelheiten, die es zu beachten gibt, vgl. *ibid.*). Wenn von einem Wasserzeichen „auf der Kettlinie" gesprochen wird, so wird es von einer Kettlinie durchlaufen.

Der Abschnitt *Organisation der Lagen* vereint verschiedene Informationen zur Vorbereitung des Beschreibstoffes und zum Aufbau der Lagen. Die *Lagenformel* gibt die Zusammensetzung der Lagen in der Handschrift wieder. Dabei stehen römische Ziffern für regelmäßige Lagen (I = Unio, II = Binio, III = Ternio, IV = Quaternio usw.[164]) und arabische Zahlen für Lagen unbestimmbaren Charakters (arabische Zahl = Anzahl der Blätter dieser Lage). Tritt derselbe Lagentyp mehrmals hintereinander auf, wird dies durch eine arabische Zahl und einen Punkt unmittelbar vor der römischen Ziffer für den Lagentyp angezeigt (z.B. 11.IV für elf aufeinanderfolgende regelmäßige Quaternionen). Die hochgestellte Folio-Angabe nach der römischen Ziffer zur Angabe der Lage bzw. nach der arabischen Ziffer zur Angabe einer gewissen Anzahl von Blättern bezeichnet das die betreffende Lage (oder Lagenserie) oder das betreffende „Blatt-Ensemble" abschließende Blatt. Bei unregelmäßigen Lagen wird die Anzahl zusätzlicher oder fehlender Blätter unmittelbar nach der römischen Ziffer für den Lagentyp in Klammern und mit dem entsprechenden Zeichen +/- angegeben (z.B. IV(–3) für einen ursprünglich regelmäßigen Quaternio, der infolge eines Verlusts von 3 Blättern zu einer unregelmäßigen, 5 Blätter aufweisenden Lage geworden ist); im Anschluss an die Lagenformel wird in Worten präzisiert, wo sich dieser Blattzusatz bzw. -ausfall befindet und wie er zu erklären ist. Die Zusammensetzung der vorderen und hinteren Schutzblätter, hier bisweilen auch in die Lagenformel integriert,[165] steht in runden Klammern am Anfang und am Schluss. Pergamenthandschriften werden außerdem auf die *Gregory-Regel* überprüft; gegebenenfalls wird die Abfolge der Fleisch- und Haarseiten mittels einer Formel veranschaulicht, wobei F (= Fleischseite) und H (= Haarseite) jeweils die Qualität der Rectoseite des betreffenden Blattes und ein Schrägstrich die Naht der Lage symbolisieren[166] (z.B. FHFH/FHFH = „Standardlage" der griechischen Handschrift, d.h. ein der Gregory-Regel folgender, mit der Fleischseite beginnender Quaternio).

164 Die römische Ziffer gibt also die Anzahl der Bifolia wieder.

165 Dies ist eigentlich unüblich, siehe z.B. Andrist 2007, 28.

166 In Anlehnung an Muzerelle 1985, Nr. 313.15, „Remarque".

Bei Papierhandschriften wird des Weiteren die *Faltung* angegeben. Es folgt die Beschreibung der *Kustoden* (= Markierungen der Lagen, Lagenzählung) und der *Reklamanten* (= auf die Versoseite des letzten Blattes einer Lage geschriebene Anfangsworte der folgenden Lage).

Die *Liniierung* bildet den letzten Unterabschnitt zur Organisation der Lagen und wird zur leichteren Verständlichkeit und entgegen dem Usus in Katalogen zuerst mit Worten beschrieben, bevor für den Liniierungstyp die entsprechende Formel nach MUZERELLE 1999 gegeben wird (eingeleitet durch *Muz.*). Die Spalten werden hier ausschließlich als Kolumnen bezeichnet. Unter einer durchgezogenen oder durchgehenden Linie ist eine Linie zu verstehen, die sich in beide Richtungen bis zu den Blattkanten erstreckt. Ganz ausgeklammert (bzw. lediglich in sehr gut erkennbaren Fällen knapp erwähnt) wird die Bestimmung des Liniierungssystems, deren aufwändige Feststellung den Rahmen dieser Untersuchungen überschritten hätte.[167]

Unter dem Abschnitt *Seitenlayout* werden jeweils zuerst die gemeinsamen Merkmale für eine Sequenz von Seiten desselben Liniierungsschemas, darauf die detaillierten Zahlen für eine oder mehrere konkrete Seiten gegeben. Dabei wurde die Breite des Schriftspiegels jeweils ohne allfällige herausgestellte Initialen bemessen. Auf die Detailmaße zu Höhe und Breite der Seite (Höhe = oberer Rand + Schriftspiegel + unterer Rand, Breite = innerer Rand + Schriftspiegel + äußerer Rand) wurde hier verzichtet.[168] In unseren Handschriften ist ein Wechsel des Liniierungsschemas oft mit dem Inhalt verbunden: Der Ortskatalog (unter diesem Begriff wird *Geogr.* 2,2–7,4,13 verstanden) mit seinen Listen von Toponymen und Koordinatenangaben erfordert eine andere Einteilung der Seite als fortlaufender Text.

Der nächste Abschnitt ist dem/den *Kopisten* und den *Schriften* gewidmet. Bei der Beschreibung der Schrift wird jeweils zwischen der Schrift für den Text (hier „Haupttext" genannt) und den Auszeichnungsschriften (Schrift mit anderen Formen oder anderem Format, oft mit roter Tinte bzw. Auszeichnungstinte ausgeführt[169]) unterschieden. Eine Schrift wird

167 Hinzu kommt, dass der Ertrag einer Analyse des Liniierungssystems für das Verständnis einer Handschrift in der aktuellen Forschung umstritten ist bzw. die Standarddefinition der Systeme nach Leroy (dargestellt bei Julien LEROY / Jacques-Hubert SAUTEL, *Répertoire de réglures dans les manuscrits grecs sur parchemin* [Turnhout 1995] 30–37) den neuen Anforderungen nicht mehr genügt und weiterentwickelt werden muss.

168 Diese Forderung ist zwar berechtigt (vgl. ANDRIST 2007, 30) – ohne diese Detailmaße bleibt die Positionierung des Schriftspiegels auf der Seite unklar –, war aber aus Gründen der Befugnisse nicht in jedem Fall erfüllbar. Um der Einheitlichkeit der Angaben willen wurden sie deshalb durchgehend weggelassen.

169 Hingegen gilt eine Schrift, die sich in den Formen und im Format nicht von derjenigen des Haupttexts unterscheidet, aber mit einer anderen Tinte als dieser ausgeführt ist, nicht als Auszeichnungsschrift.

als „gedrängt" bezeichnet, wenn die Nuclei ihrer Buchstaben eine Form aufweisen, die gleichsam „von oben gequetscht" erscheint.[170] Ist eine Schrift oberzeilig, so stehen ihre Buchstaben auf der Schreiblinie; im Falle einer unterzeiligen Schrift erscheinen die Buchstaben gleichsam als an der Schreiblinie „aufgehängt".

Unter *Ausstattung, Buchschmuck, Illustrationen* geht es einerseits um *dekorative Elemente* in der Handschrift, anderseits um die *Konstruktionszeichnungen*, die den theoretischen Teil der *Geographie* illustrieren (dazu ausführlicher unten S. 124–132). Enthält die besprochene Handschrift *Karten*, wird diesen anschließend ein Abschnitt gewidmet.[171] Es sei hier jedoch wiederholt, dass der kartographische Aspekt und die von der Textüberlieferung weitgehend gesondert verlaufene Überlieferung der Karten in dieser Arbeit nicht näher behandelt werden.[172] Die *Teilkarten* in den Handschriften bestehen in der Regel aus folgendem Inventar:[173] Die Karten werden begrenzt von einem Kartenrahmen, der in Grade eingeteilt ist. „Über" diesen Kartenrahmen ist ein Gradnetz gelegt, bestehend aus Parallelen und Meridianen. Das Festland wird durch Umrisslinien vorgegeben und anhand weiterer Linien in Gebiete/Provinzen unterteilt. Oft werden die einzelnen Gebiete durch verschiedene Kolorierungen zusätzlich voneinander unterscheidbar gemacht. Meere sind entweder flächendeckend oder entlang ihrer Küsten eingefärbt. Flüsse wurden meist mit Tinte vorgezeichnet und darauf koloriert, daneben sind weitere hydrographische Elemente eingetragen. Gebirge werden als rundliche oder balkenförmige Objekte dargestellt, oft in Braun- oder Grüntönen. In die Karten eingetragene Orte weisen eine kästchenförmige Vignette auf, die mit „gartenhag-artigen" Zinnen bzw., im Fall von Bedeutenden Städten, mit üblicherweise drei Türmen versehen ist. Für Objekte wie Heiligtümer, Altäre o.ä. sind die Vignetten bisweilen anders und nicht selten als „gegenständliche" Miniatur gestaltet. Der Name des Ortes steht in manchen Handschriften innerhalb des Vignettenkästchens, in anderen darüber/daneben. Die exakte Position des Ortes wird meistens anhand eines Lokalisationspunktes oder Lokalisationskreuzes im Vignettenkästchen präzisiert. Auf einigen Karten[174] sind den Völkernamen verschie-

170 Im Italienischen spricht man in diesem Fall von einer „scrittura schiacciata" (‚flachgedrückte Schrift').

171 Dabei richten sich die Formen übersetzter Toponyme nach der deutschen Übersetzung der Ausgabe von STÜCKELBERGER.

172 Siehe dazu oben S. 48–55 und S. 48, Anm. 162 mit weiterführender Literatur zu den ptolemäischen Karten und deren Überlieferung.

173 Erwähnt wird hier nur so viel, wie zum besseren Verständnis der Kartenbeschreibungen im Katalogteil nötig scheint; vollständiger und ausführlicher dazu STÜCKELBERGER, EB 43–67.

174 Es sind dies die Europa-Karten 1 (Britische Inseln), 2 (Spanien), 3 (Gallien), 6 (Italien) und 10 (Griechenland) sowie die Asien-Karten 1 (Kleinasien), 4 (Syrien) und 10–11 (In-

denförmige kleine Symbole beigegeben. Dieselben Symbole werden in den Vignetten wiederholt und zeigen an, welche Orte zu welchem Volk gehören. Sie werden hier als Symbole für die ethnische Zugehörigkeit bezeichnet. In einigen Handschriften, darunter auch in solchen, die keine Karten enthalten, treten diese Symbole auch im Ortskatalog auf. Am rechten Rand der Karten werden in der Regel die Parallelkreise und die Dauer ihres längsten Tages angegeben. Die *Weltkarten* sind ähnlich wie die Teilkarten gestaltet, sie weisen jedoch kaum Detailobjekte und insbesondere keine Vignetten mit Zubehör auf. Neben der Angabe der Parallelkreise und der Dauer ihres längsten Tages werden zusätzlich die Klimata angegeben;[175] all diese Informationen befinden sich im Fall der Weltkarten am linken Kartenrand. Hinzu kommen ein Zodiakos am rechten Kartenrand und zwölf Windköpfe für die zwölf Himmelsrichtungen, um die Karte herum verteilt angeordnet.[176]

Es folgen eine Beschreibung des *Einbands*, zu dem auch die *Schutzblätter* gehören, und ein kurzer Befund des *Erhaltungszustands* der Handschrift.

In einem Abschnitt mit dem Titel *Stemmatologische Notizen* wird zuerst kurz referiert, welcher Platz der betreffenden Handschrift im *Stemma codicum* traditionellerweise zugeordnet wird; die Grundlage dieser Besprechung ist häufig SCHNABEL 1938. Darauf werden ausgewählte Textstellen und die Anhänge zur *Geographie* vorgestellt, die sich für das Verständnis der verwandtschaftlichen Beziehungen der Handschriften

---

dien). Im Ortskatalog werden die auf den genannten Karten abgebildeten Gebiete denn auch nach Völkern und den zu ihnen gehörenden Orten beschrieben (siehe dazu auch STÜCKELBERGER, EB 64 mit Anm. 84).

175 Unter einem Klima (κλίμα, eigentlich „Neigung [*sc.* der Erdachse]“) ist ursprünglich eine geographische Breitenzone zu verstehen. Sie wird dadurch definiert, dass für alle in ihr befindlichen Orte die Sonnenstrahlen mit demselben Neigungswinkel einfallen. Die klassische Siebenzahl der Klimata mit ihren Referenzorten (vom Äquator nach Norden) Meroë, Syene, Alexandria, Rhodos, dem Hellespont, der Mitte des Pontos und der Mündung des Borysthenes geht vermutlich auf Eratosthenes von Kyrene (ca. 276 – ca. 194 v. Chr.) zurück (siehe STÜCKELBERGER, EB 135).

176 Anzahl und Namen der Winde, die auf den Weltkarten in den Handschriften erscheinen, entsprechen dem System des Timosthenes von Rhodos, das durch Agathemeros überliefert ist und mit dem aristotelischen System konkurriert (siehe etwa Christian HÜNEMÖRDER, Art. „Winde [2] (meteorologisches Phänomen)“, DNP 12/2 [Stuttgart 2002] 516–518, dort 518). Jedoch erwähnt Ptolemaios weder in den Konstruktionsanweisungen (*Geogr.* 1,24) noch in der *Hypographe* zur Weltkarte (*Geogr.* 7,5), die sich auf die 1. und 2. Projektionsart beziehen, den Zodiakos oder die Winde. Er sieht diese Elemente aber für die Weltkarte gemäß der 3. Projektionsart vor (vgl. *Geogr.* 7,6,14 f.), d. h. für eine von einer Armillarsphäre eingeschlossene Darstellung der Oikumene. Eine solche Abbildung ist nicht erhalten. Offensichtlich wurden aber der Zodiakos und die Winde auf die Weltkarten nach der 1. und 2. Projektionsart übertragen. Die Positionierung dieser Zugaben dort entspricht freilich nicht mehr den in *Geogr.* 7,6,14 f. geäußerten Vorgaben.

untereinander als aufschlussreich erwiesen haben (dazu ausführlicher unten S. 132–140).

Den Abschluss der Beschreibungen bildet die Darstellung der *Geschichte* der Handschrift. Daneben werden die wichtigsten Befunde knapp zusammengefasst und die stemmatische Einordnung der Handschrift eingeschätzt. Es wäre zu begrüßen, wenn die hier gesammelten Daten und gezogenen Schlüsse durch künftige Forschungsarbeiten erweitert und präzisiert und die Darstellungen der Geschichte der Handschriften vervollständigt werden könnten.

Die *bibliographischen Zusammenstellungen* zu den einzelnen Handschriften beanspruchen keine Vollständigkeit.[177] Außerdem wird Sekundärliteratur, die keinen eigentlichen Gewinn für die hier besprochenen Fragen bringt, in der Regel nicht verzeichnet. Dasselbe gilt für Publikationen, in denen eine *Geographie*-Handschrift lediglich innerhalb einer Aufzählung genannt wird. Der Vermerk über die *Art der Kontrolle* gibt an, auf welcher Grundlage die Beschreibungen erarbeitet wurden.

4.2 Stemmatologische Kontrollen mit allgemeinem Befund

Nach den bisher vorliegenden textkritischen Untersuchungen zur *Geographie*[178] und der Mitarbeit an der Edition von Stückelberger zu urteilen, scheinen größer angelegte Kollationsarbeiten nicht in erwünschtem Grad zum besseren Verständnis der Verbindungen der Handschriften untereinander beizutragen.[179] Deshalb wird hier – neben der kodikologischen und paläographischen Auswertung der Handschriften – versucht, anhand von bestimmten punktuellen Vergleichen (Vergleich zweier textlicher Elemente, Vergleich der Konstruktionszeichnungen, Vergleich der Anhänge zur *Geographie*) die Abgrenzung der beiden Rezensionen ω und Ξ, der Textgruppen Δ und Π innerhalb der ω-Rezension (vgl. oben S. 86) und schließlich mögliche Abhängigkeiten von einzelnen Handschriften voneinander zu ermitteln und gegebenenfalls ihre Zugehörigkeit zu einer Textfamilie zu überprüfen.

Unter die textlichen Kontrollen fällt einerseits ein strukturelles Element (die Einteilung von *Geogr.* 1 in der Kapitelübersicht sowie im Text), anderseits eine Textlücke, die auf einem Kopierfehler beruht. Für beide textliche Kontrollen gibt es bisher keine ähnlich breit angelegte Unter-

177 Dies gilt insbesondere für Handschriften, zu denen in dieser Arbeit nur vorläufige Bemerkungen gegeben werden können (s.u. Kap. IV.2).

178 Siehe dazu oben Kap. III.1.

179 Vgl. oben S. 89–91.

suchung.[180] Mit den Konstruktionszeichnungen wird ein vom Text an sich unabhängiges, aber mit dem Textverständnis zusammenhängendes Element betrachtet, denn dass zumindest die Zeichnungen **1–5** in den Handschriften allgemein in den Text integriert sind und nicht nur als „Randfiguren" erscheinen, spricht dafür, dass sie von Anfang an Bestandteil des Werkes waren.[181] Eine gezielte Analyse der Konstruktionszeichnungen fehlt bisher gänzlich. Die (unptolemäischen) Anhänge zur *Geographie* wurden bereits von Paul Schnabel als aufschlussreich für die Erschließung des Stemmas erkannt und ansatzweise untersucht.[182] Sie werden hier erstmals umfassend zusammengestellt[183] und in den Beschreibungen systematisch analysiert. Den vorgestellten Vergleichselementen folgt ein kurzer genereller Befund auf der Basis der im Katalog präsentierten Handschriften;[184] weitere Details zu den jeweiligen Verhältnissen sind unten in Kap. IV in den betreffenden Handschriftenbeschreibungen unter dem Abschnitt *Stemmatologische Notizen* nachzulesen.

Die folgenden Übersetzungen aus dem Griechischen stammen entweder aus der Ausgabe von STÜCKELBERGER (dann stehen sie in doppelten Anführungszeichen [„ "]) oder sind von mir (in einfachen Anführungszeichen [‚ ']).

Ausgewählte Stellen

1 Kapitelübersicht zu *Geogr.* 1:

Die Kapitelübersicht zu *Geogr.* 1 enthält im Vat. gr. 191 (X) bzw. in der Ξ-Rezension 24 Kapitel, so wie auch der Text von *Geogr.* 1 in 24 Kapitel gegliedert ist. In der ω-Rezension, z.B. in den Handschriften Urb. gr. 82 (U), Seragl. G. İ. 57 (K) und Vat. gr. 177 (V), werden in der Kapitelübersicht die Kapitel η′ und θ′ zu einem Kapitel zusammengefasst, so dass insgesamt nur 23 Kapitel gezählt werden. Der Text von *Geogr.* 1 wird in diesen Handschriften aber dennoch in 24 Kapiteln geboten. Deshalb

180 Bisweilen werden in den Handschriftenbeschreibungen an dieser Stelle Einzelheiten zu weiteren Textstellen festgehalten, die zum Verständnis der Bezüge der Textzeugen untereinander beitragen können.

181 So in anderem Zusammenhang auch STÜCKELBERGER 1994, 18.

182 SCHNABEL 1938, besonders 58–61 und 64–67.

183 NOBBE hat die Anhänge **1** (inklusive **1a**), **2**, **5**, **6** und **7** in seine Edition mit aufgenommen. In der Ausgabe von STÜCKELBERGER finden sich alle Anhänge mit Ausnahme von Nummer **4**, die Anhänge **x** und **5a** aber ohne deutsche Übersetzung.

184 Im Befund werden die Handschriften nur mit ihren (Schnabel'schen) Siglen genannt; für eine Aufschlüsselung der Siglen siehe die Tabelle oben S. 97–112. Bisweilen scheiden Handschriften für ein Vergleichselement aus, z.B. wenn ihr Textanfang oder -schluss fehlt; auf solche Fälle wird im Befund nicht explizit hingewiesen. Für einzelne Textzeugen wurden die Vergleichselemente nicht vollständig erschlossen, da sich die Systematik der Kontrollen erst im Verlauf der Untersuchungen herauskristallisierte und eine Nachkontrolle in der Regel nicht mehr möglich war.

scheint die Kapitelübersicht nach der Ξ-Rezension die ursprüngliche und korrekte zu sein.

X: η' Ἡ αὐτὴ διόρθωσις ἀπὸ τῶν διανύσεων τῶν κατὰ τὰς ὁδοιπορίας. – θ' Ἡ αὐτὴ διόρθωσις ἀπὸ τῶν κατὰ πλοῦν διανύσεων. / „8. Gleiche Berichtigung ⟨*sc.* der Breitenausdehnung⟩ aufgrund der auf dem Landweg zurückgelegten Strecken. – 9. Gleiche Berichtigung ⟨*sc.* der Breitenausdehnung⟩ aufgrund der auf dem Seeweg zurückgelegten Strecken."

UKV: η' Ἡ αὐτὴ διόρθωσις ἀπὸ τῶν διανύσεων τῶν κατὰ τὰς ὁδοιπορίας καὶ τῶν κατὰ πλοῦν διανύσεων. – „8. Gleiche Berichtigung ⟨*sc.* der Breitenausdehnung⟩ aufgrund der auf dem Landweg und der auf dem Seeweg zurückgelegten Strecken."

Befund: Neben Handschrift X bieten auch die Handschriften der Schnabel'schen Textfamilien σ (also S, B und P) und ζ (Z, E, H und b) ihre Kapitelübersicht zu *Geogr.* 1 in 24 Kapiteln, dazu gesellen sich die Handschriften f und a. Während im Fall der Handschrift f eine Kapitelübersicht gemäß der Ξ-Rezension mit ihrer Verwandtschaft zu Handschrift N erklärt werden kann (zu dieser Handschrift gleich unten, siehe auch die *Stemmatologischen Notizen* zu N und f), erstaunt der Befund für Handschrift a, die indirekt auf Handschrift U zurückgeht.

Die Kapitelübersicht zu *Geogr.* 1 der übrigen Handschriften präsentiert sich in der Gestalt der ω-Rezension. Wie erwähnt, ist der Text des ersten Buches der *Geographie* auch in diesen Handschriften in 24 Kapitel gegliedert. Dabei wurden – grob zusammengefasst – die Kapitel bald unnummeriert gelassen (Handschrift g), bald mit den der Kapitelübersicht entsprechenden 23 Nummern versehen (Handschriften U und d, V und p, O und s – allesamt Handschriftenpaare, die eng zusammengehören), bald gemäß der Textgliederung mit 24 Nummern durchgezählt (die einander verwandten Handschriften L und D, die ebenso verwandten Manuskripte C und R sowie Kodex v).[185]

In einer Reihe von Handschriften wies die Kapitelübersicht ursprünglich ω-Gestalt auf und wurde im Nachhinein gemäß der Ξ-Rezension korrigiert, so geschehen in den Handschriften N (vielleicht intervenierte hier Maximos Planudes), r (vielleicht korrigierte hier Nikephoros Gregoras), G,[186] n und A.

2 Homoioteleuton-Lücke in *Geogr.* 1,24,17:
In *Geogr.* 1,24,17 weisen die Handschriften Urb. gr. 82 (U) und Seragl. G. İ. 57 (K), die prominentesten Vertreter der ω-Rezension und beide zur Δ-Gruppe gehörig, eine größere Textlücke auf, die auf einem Homoioteleuton beruht.

---

185 Nicht kontrolliert wurde die Nummerierung der Kapitel im Text von *Geogr.* 1 in Handschrift K.

186 Für dieses Manuskript kann eine Umarbeitung des Inhaltsverzeichnisses nur aufgrund der korrigierten Kapitelnummern im Text des ersten Buches vermutet werden.

[...] τὸ δὲ ζ, δι' οὗ γραφήσεται ὁ ἀφορίζων τὸ νότιον πέρας **καὶ ἀντικείμενος τῷ διὰ Μερόης· τὸ δὲ κ, δι' οὗ γραφήσεται ὁ ἀφορίζων τὸ βόρειον πέρας** ⟨καὶ ω⟩ διὰ Θούλης τῆς νήσου πίπτων.
‚Z dagegen wird der Punkt sein, durch welchen der die südliche Begrenzung bildende und Meroë gegenüberliegende ⟨*sc.* Parallelkreis⟩ gezeichnet wird, K schließlich der Punkt, durch welchen der die nördliche Begrenzung bildende und durch Thule fallende ⟨*sc.* Parallelkreis⟩ gezeichnet wird.'

Gemäß der Ausgabe von STÜCKELBERGER ist die fett gedruckte Passage (καὶ ἀντικείμενος τῷ διὰ Μερόης· τὸ δὲ κ, δι' οὗ γραφήσεται ὁ ἀφορίζων τὸ βόρειον πέρας) in den Handschriften U und K ausgefallen, wurde aber in U von zweiter Hand ergänzt.

Befund: Wie aus der Edition von STÜCKELBERGER nicht ersichtlich wird, lautet der Anfang der oben zitierten Stelle in den Handschriften U und K genau genommen «τότε ζ̄ ...» (statt τὸ δὲ ζ). Auch nicht vermerkt wird in der Ausgabe von STÜCKELBERGER, dass in Handschrift U der durch eine spätere Hand oberhalb der Zeile ergänzte fehlende Text beginnt mit «καὶ τὸ κ̄ ...» (statt mit τὸ δὲ κ).

In den untersuchten Handschriften weisen nun diejenigen, in welchen die Homoioteleuton-Lücke vorkommt, dieselbe Textvariante auf wie die Handschriften U und K. Darunter fallen L und d (vermutlich direkte Abschriften von U),[187] N und f (also Schnabels Textfamilie *ν*) sowie a (für diese Handschrift wurde zum Zeitpunkt der Kontrolle allerdings nur das Vorhandensein der Lücke festgestellt und der exakte Wortlaut nicht festgehalten). Eine einzige Handschrift, nämlich diejenige mit der Sigle n, hat die Homoioteleuton-Lücke nicht, gibt die Textstelle aber mit den Varianten der Handschrift U wieder, sowohl was den Anfang der Textstelle betrifft als auch den Beginn des ergänzten Passus; dieser Sachverhalt sowie weitere Recherchen zu der bisher wenig untersuchten Handschrift belegen, dass sie eine direkte Abschrift des Urbinas ist.

In den übrigen Handschriften ist die Homoioteleuton-Lücke nicht vorhanden und beginnt die Textstelle wie oben angegeben.[188] Die Handschriften von Schnabels Textfamilie ζ (Z, E, H und b) weisen eine ihnen eigentümliche Textvariante auf («... τὸ νότιον πέρας ἀντικείμενοι τῷ διὰ Μερόης ...»), während Handschrift X wiederum eine ihr eigene Variante bietet («... τὸ νότιον πέρας ἀντικείμενος τὸ διὰ Μερόης. τὸ δὲ κ̄ δι' οὗ γραφήσεται ὁ ἀφορίζων τὸ βόρειον πέρας διὰ Θούλης»), die von

187 Es ist bemerkenswert, dass in Handschrift d die Textstelle offenbar ohne Berücksichtigung des Nachtrages in Vorlage U wiedergegeben wurde, obwohl besagter Nachtrag zum Zeitpunkt der Anfertigung der Kopie im Urbinas bereits vorhanden gewesen sein muss.

188 In den Handschriften t und v müsste die Stelle noch nachgeprüft werden; für die Handschriften C, D, p, r und s wurde zum Zeitpunkt der Untersuchung nur das Fehlen der Lücke vermerkt, nicht aber der exakte Wortlaut festgehalten.

Schnabels Textfamilie σ (also S, B und P) – die gerade am Anfang des Werkes Charakteristika der Ξ-Rezension zeigt – interessanterweise nicht geteilt wird.

Die illustrierenden Zeichnungen

Als Referenz für die Zeichnungen sei auf die Abb. 1–8 verwiesen.[189] Korrekt platziert sind die Zeichnungen, wenn sie dem Textstück folgen, in dem ihre Konstruktion beschrieben wird.

Zeichnungen **1**–**4** sind in Buch 1, Zeichnung **5** ist in Buch 7 befindlich. Im Vat. gr. 191 (X) und in mit ihm zusammenhängenden Handschriften treten in Buch 1 die zwei zusätzlichen Skizzen **a** und **b** auf.

Zusätzliche Skizzen:

a) Skizze zum Bogensegment zwischen zwei Orten (zu *Geogr.* 1,2,5; siehe Abb. 1):

Skizze zur Veranschaulichung der verschiedenen Bogensegmente, die von den durch zwei Orte gezogenen Parallelkreisen und Meridianen und insbesondere von dem durch die beiden Orte gezogenen größten Kreis auf der Erdoberfläche gebildet werden.

Befund: Nach Stückelberger 62 Anm. 2 sollte die Zeichnung nicht bei *Geogr.* 1,2,5, sondern bei *Geogr.* 1,3,3 stehen („ … falso supra ad 1,2,5 in ima pagina addit X"). In der Tat würde die Skizze inhaltlich auch zu *Geogr.* 1,3,3 passen; ihre Zuordnung zu *Geogr.* 1,2,5 ist jedoch bezogen auf den Inhalt absolut möglich und nicht falsch. Die Beschriftung der Verbindungsstrecke zwischen den beiden πόλεις in Handschrift X lautet übrigens nicht διάστασις τῶν πόλεων, wie in der Ausgabe von Stückelberger (*ibid.*) angegeben, sondern «ὁ διὰ τῶν τόπων γρα̣(φόμενο)ς μέγιστ̣ο̣ς κύκλος». Da sich diese Beschriftung direkt an den Wortlaut eines Passus aus *Geogr.* 1,2,5 anlehnt (… πηλίκην ἀπολαμβάνουσιν οἱ δύο τόποι περιφέρειαν τοῦ δι' αὐτῶν ἐν τῇ γῇ γραφομένου μεγίστου κύκλου …), scheint es nicht gerechtfertigt, die Zeichnung einer anderen Textstelle zuordnen zu wollen. Außerdem spricht auch der kodikologische Sachverhalt in Handschrift X dagegen, dass die Platzierung der Zeichnung auf einem Irrtum beruht: Die Skizze wurde auf f. 129r

189 Abb. 1–7 basieren auf den in den griechischen Text eingefügten Abbildungen der Ausgabe von Stückelberger (im Folgenden die entsprechenden Seitenangaben: Zeichnung **a** 62, **b** 60, **1** 122 [Fig. 1a], **2** 126 [Fig. 2a], **3** 128 [Fig. 3a], **4** 134 [Fig. 4a], **5** 756 [Fig. 5¹a]; die „unverständliche Skizze" [Zeichnung **4a**] ist dort nicht reproduziert, siehe aber unten S. 131, Anm. 202). Gegebenenfalls wurden jedoch die Beschriftungen der Zeichnungen in Anlehnung an die Handschriften leicht adaptiert. Ich bin Alfred Stückelberger zu großem Dank verpflichtet für das Zurverfügungstellen der Abbildungen und die Erlaubnis ihrer Bearbeitung. Zeichnung **b** wurde unverändert übernommen, für die Adaptierungen der übrigen Zeichnungen danke ich herzlichst Peter Burri.

(*sic*, STÜCKELBERGER 63 Anm. 22 gibt versehentlich die Versoseite an) am unteren Rand, m.E. von einer späteren Hand im Nachhinein, hinzugefügt. Bei der Beschriftung der Skizze scheint es sich mir um die Hand des Manuel Chrysoloras zu handeln, wie auch bei den Randscholien auf dieser Seite (dazu GENTILE 2003b, 13 Anm. 27; siehe auch unten die Beschreibung der Handschrift X, *Beigaben*). Es kann nicht ganz ausgeschlossen werden, dass die Zeichnung selbst (ohne die Beschriftungen) allenfalls doch vom Kopisten angefertigt wurde. Dafür spricht, dass gegenüber f. 128v auf f. 129r die letzten sechs Schreiblinien leer gelassen wurden, vielleicht mit Absicht für die Platzierung der Zeichnung. Dies ändert nichts an der Feststellung, dass die Zeichnung mit Sicherheit nicht fälschlicherweise der Textstelle hier beigefügt wurde.

Die Skizze dürfte, wie oben dargelegt, eine spätere Hinzufügung sein und ist mit hoher Wahrscheinlichkeit Manuel Chrysoloras zuzuschreiben. Er kreierte die Skizze offenbar eigenständig und griff auf keine Vorlage zurück – eine Vermutung, die freilich der näheren Untersuchung von in diesem Buch nicht näher berücksichtigten Textzeugen bedürfte. Die Zeichnung tritt auch in S und B auf, die gerade im ersten Teil der *Geographie* in enger Verwandtschaft zu X stehen (siehe die *Stemmatologischen Notizen* zu Handschrift S). In S und B ist übrigens oben erwähnte Verbindungsstrecke zwischen den beiden πόλεις unbeschriftet geblieben.

b) Skizze zu den Bogensegmenten auf Erd-/Himmelskugel (zu *Geogr.* 1,2,8; siehe Abb. 2):
Skizze zur Veranschaulichung der Gleichheit der Bogensegmente auf Erd- und Himmelskugel, wenn sie von einem Winkel ausgeschnitten werden, dessen Scheitelpunkt mit dem für Erd- und Himmelskugel identischen Zentrum zusammenfällt.

Befund: Auch diese Zeichnung ist in Handschrift X auf f. 129v am äußeren Rand, etwas oberhalb der Mitte, zusammen mit Annotationen zum Text, von derselben späteren Hand – höchstwahrscheinlich des Manuel Chrysoloras – angebracht worden wie Zeichnung **a**.

Nun tritt diese Skizze außer in X nicht nur in S und B auf, sondern auch in r, n und g. In den ersten drei Handschriften ist sie unbeschriftet, in den letzten drei aber beschriftet. Dennoch scheint mir zum jetzigen Stand der Untersuchungen die in r angebrachte Skizze, die vermutlich auf Nikephoros Gregoras zurückgeht,[190] in keinem Zusammenhang zu stehen

190 Siehe dazu die Beschreibung von Handschrift r, dort *Ausstattung, Buchschmuck, Illustrationen*. Dass Vasilios Tsiotras, dessen Studie mir zum Zeitpunkt der Untersuchung von Handschrift r noch nicht bekannt war, zu demselben Schluss gekommen ist, bestärkt die Richtigkeit dieser Zuschreibung; siehe TSIOTRAS 2006, insbesondere 83–118 (112: Rekonstruktion der Skizze **b**).

mit derjenigen in X, trotz ihrer Ähnlichkeit. Offenbar haben beide Gelehrte unabhängig voneinander die Skizze zur Illustration des in der betreffenden Textstelle Dargelegten angefertigt. Die Unabhängigkeit der Skizzen in X und r wird auch dadurch belegt, dass sich in r zwei weitere zusätzliche Zeichnungen finden (Skizze zum Verkürzungsfaktor, Zeichnung zur Distanz zwischen Kap Kory und Kurula[191]), die in n und g wiederholt werden,[192] während sie weder in X noch S noch B auftauchen. Es scheint also zwei Sets zusätzlicher Zeichnungen zu geben: das Set nach X mit den Zeichnungen **a** und **b** (ohne Beschriftung) und das Set nach r mit **b** (mit Beschriftung), der Skizze zum Verkürzungsfaktor und der Zeichnung zur Distanz zwischen Kap Kory und Kurula.

1 Einfache/Geradlinige Kegelprojektion bzw. 1. ptolemäische Projektion (korrekte Platzierung zwischen *Geogr.* 1,24,7 und 1,24,8; siehe Abb. 3): Die Zeichnung erscheint in den Handschriften oft in doppelter Ausführung, wobei in der Regel neben der Bezeichnung der Punkte in der ersten Skizze nur die Werte der Einheiten für die Positionierung der Parallelkreise (entlang dem Mittelmeridian ηζ) eingetragen und in der zweiten Skizze nur die Namen der Parallelkreise angegeben sind. Vielleicht ist demnach der ursprüngliche Grund für die zweifache Darstellung der Zeichnung darin zu suchen, dass der Platz für sämtliche Beschriftungen in nur einer Skizze eng wird. Sehr oft ist in den Handschriften der Fehler zu beobachten, dass die Punkte μ und ν direkt auf dem Rechteck αβγδ statt außerhalb dieses Rechtecks liegen und noch dazu (unzutreffend) identisch mit den Punkten ρ und τ sind, die dann ebenfalls auf dem Rechteck αβγδ statt innerhalb dieses Rechtecks liegen; in einem solchen Fall befinden sich die Punkte μ und ν deshalb nicht auf dem südlichsten Parallelkreis, sondern falsch auf dem Äquator. Die Häufigkeit des Auftretens dieser fehlerhaften Darstellung geht vermutlich darauf zurück, dass die Zeichnung(en) aus der Vorlage kopiert wurde(n), ohne dass dabei ihre Richtigkeit in Frage gestellt worden wäre.

Befund: Zeichnung **1** taucht in den Handschriften N und f, in X, S und B sowie in R und in g in einfacher Ausführung an der richtigen Stelle auf (nur in Handschrift g ist sie zu früh eingefügt). Unter ihnen stellen Handschrift X, S und B die Verhältnisse korrekt dar, außerdem teilen sie für den Äquator die Beschriftung «ἰσημερία» (statt wie üblich ἰσημερινός); die anderen genannten Handschriften weisen den oben beschriebenen Mangel auf (Punkte μ und ν auf dem südlichsten Parallelkreis und iden-

191 Eine Rekonstruktion dieser Skizze gibt Tsiotras 2006, 114.

192 So übrigens auch in den in dieser Arbeit nicht näher untersuchten Handschriften Vat. gr. 176 (Q), Vat. gr. 193 (y), Vat. gr. 1059 (ohne Sigle) und Ambr. N 289 sup. (h); dieselben Skizzen treten vielleicht auch im Cremon. 160 (u) und im Laud. gr. 52 (q) auf, eine Vermutung, die allerdings der Nachprüfung bedürfte.

tisch mit den Punkten ρ bzw. τ). Mit einer Ausnahme (Handschrift G: vierfache Abbildung, korrekt platziert) enthalten die übrigen Manuskripte jeweils zwei Abbildungen der Zeichnung **1**, die – soweit in der Untersuchung erschlossen – allesamt den bekannten Fehler zeigen; einzig die Schnabel'sche Textfamilie ζ (Z, E, H und b) hat besagten Fehler nicht. Angeordnet sind die beiden Skizzen bald nebeneinander (U, K, L, d, D, a; O; Z, E, H, b), bald untereinander (v, A); bald wurde die erste Skizze etwas zu früh in den Text eingefügt (kurz vor dem Schluss von *Geogr.* 1,24,6), während die zweite Skizze an korrekter Stelle folgt (r, C, V, p); bald steht die erste Skizze am üblichen Platz, während die zweite etwas später (nach *Geogr.* 1,24,10) auftaucht (s, t).

2 Neigungswinkel (korrekte Platzierung zwischen *Geogr.* 1,24,12 und 1,24,13;[193] siehe Abb. 4):
Zeichnung zur Veranschaulichung der Neigung der Äquatorebene gegenüber der Blickebene um 23° 50′ „nach unten", wobei für die Blickebene die Ebene des Sommerwendekreises durch Syene bei 23° 50′N gewählt wird. Der Sommerwendekreis durch Syene ist vom südlichsten Parallelkreis der Oikumene bei 16° 25′S (Parallelkreis durch die Gegenbreite von Meroë bzw. durch Anti-Meroë) und vom nördlichsten Parallelkreis der Oikumene durch Thule bei 63° N je ca. 40° entfernt und bezeichnet somit ungefähr die Mitte der gesamten Breitenausdehnung der Oikumene.

Die Blickachse wird nicht durch den Schnittpunkt von Äquator und Mittelmeridian auf das Zentrum der Erdkugel gerichtet, sondern durch den Schnittpunkt von Syene-Parallel und Mittelmeridian. Der Blickpunkt ist so genau senkrecht auf dem Mittelpunkt der bekannten Oikumene positioniert, und die einander gegenüberliegenden Begrenzungen der Länge und der Breite der Oikumene werden von diesem Blickpunkt aus in gleicher Distanz wahrgenommen. Der Äquator und die übrigen Parallelkreise werden dadurch um 23° 50′ abgeneigt – entsprechend dem Bogenstück auf dem Mittelmeridian zwischen Syene-Parallel und Äquator. Die Definition des Neigungswinkels ist Voraussetzung für die Ermittlung des Punktes η in der folgenden Konstruktionszeichnung **3**. Die hier definierte Blickachse kommt unten in Konstruktionszeichnung **4** zum Einsatz.

Die intendierte stereometrische Darstellungsweise der Konstruktion erscheint in den Handschriften in der Regel in zwei- oder gar dreifacher Ausführung,[194] eingetragen sind meistens nur die Punkte α–ζ (im Katalogteil wird im Falle dieser Zeichnung deshalb nur dann auf die Beschriftungen eingegangen, wenn sie von dieser Regel abweichen). Der Mittel-

193 Nicht selten wird diese Zeichnung erst nach statt vor *Geogr.* 1,24,13 eingefügt, dieser Paragraph besteht aber nur aus einem einzigen kurzen Satz, weshalb in einem solchen Fall die Platzierung der Zeichnung dennoch als richtig betrachtet werden kann.

194 Erklärungen hierfür habe ich bisher nicht gefunden.

meridian αεγ wurde in den Zeichnungen nahezu durchgehend falsch so gezogen, dass er durch den Mittelpunkt des Kreises αβγδ verläuft und somit eine gedachte Verbindungsstrecke αγ diesen Kreis nicht der Länge nach halbieren würde; die Entstehung dieses Fehlers dürfte darin zu suchen sein, dass zur Ausführung des Mittelmeridians αεγ die Nadel des Zirkels jeweils auf dem Kreis αβγδ positioniert und der Radius so gewählt wurde, dass er durch den Mittelpunkt dieses Kreises führte. Auch der Syene-Parallelkreis βεδ bildet in den Handschriften, zumindest in einer der mehrfachen Skizzen, oft nicht einen Großkreis, sondern erscheint zu weit nach unten versetzt, vielleicht aus ähnlichem technischen Grund, wie er eben für den falsch dargestellten Mittelmeridian vermutet wurde. Die allgemein fehlerhafte Anfertigung von Zeichnung **2** in den Handschriften lässt den Schluss zu, dass die Figur von den Zeichnern nicht verstanden und lediglich auf der Basis der Vorlage kopiert wurde.

Befund: Zeichnung **2** wird in den Handschriften X, N und f nur einmal abgebildet: in X zu früh eingefügt und vereinfacht dargestellt, in N etwas zu spät platziert und mit richtig dargestelltem Mittelmeridian (aber falsch dargestelltem Syene-Parallelkreis/Äquator), in f genauso wie in N, aber an korrekter Stelle. In N markierte ein Korrektor (vielleicht darf er mit Maximos Planudes identifiziert werden), wo die Zeichnung eigentlich zu positionieren wäre; dies könnte der Grund sein, weshalb die Zeichnung in f, sehr eng verwandt mit N, an der richtigen Stelle erscheint.

In den übrigen Handschriften finden sich zwei oder drei Skizzen von Zeichnung **2**, in der Regel nebeneinander angeordnet und durchgehend mit falsch gezogenem Mittelmeridian. Handschriften mit zwei an der richtigen Textstelle eingefügten Skizzen: r (dort hat eine zweite Hand – Nikephoros Gregoras? – die Kreise der zweiten Skizze beschriftet und eine dritte, vereinfachte Skizze hinzugefügt); O, s, t; Z, E, H, b; V, p. In diesen Textzeugen erscheinen neben dem Mittelmeridian auch Syene-Parallelkreis und Äquator falsch, entweder in der ersten Skizze (r; O, t; V, p) oder in beiden Skizzen (b) oder in der zweiten Skizze (übrige). Zum selben Typ (zwei richtig platzierte Skizzen) gehört eigentlich auch Handschrift g, deren erste Skizze hinsichtlich der Kreise beschriftet und deren zweite Skizze vereinfacht dargestellt ist. Eine weitere Handschriftengruppe bildet die Zeichnung auch zweifach ab, bringt die Skizzen aber etwas zu spät erst in *Geogr.* 1, 24,15: U, K, L, d, D, a, n. Hier sind der Syene-Parallelkreis und der Äquator meist in der ersten Skizze falsch, in der zweiten richtig; in L sind diese Elemente aber in beiden Skizzen falsch, in n in beiden Skizzen richtig. Handschriften mit drei Skizzen bieten diese entweder am eigentlichen Platz von Konstruktionszeichnung **3** (S, B) oder aber die erste Skizze am richtigen Platz und die anderen beiden am Platz von Zeichnung **3** (v, A, C [in letzterer Handschrift kommt die erste

Skizze etwas später]). In S und B wurden in der zweiten und dritten Skizze Syene-Parallelkreis und Äquator fehlerhaft dargestellt, in v, A und C sind diese Kreise in der ersten und zweiten Skizze nicht richtig gezogen. Handschrift R bildet mit zweimal zwei Skizzen einen Sonderfall (siehe in der betreffenden Beschreibung den Abschnitt *Ausstattung, Buchschmuck, Illustrationen*).

3 Ermittlung des Punktes η (korrekte Platzierung zwischen *Geogr.* 1,24,16 und 1,24,17; siehe Abb. 5):
Die Ermittlung des Punktes η (bzw. die Berechnung des Radius ηζ des Kreisbogens βζδ) soll den korrekten Eintrag der Strecke λη in Konstruktionszeichnung **4** vorbereiten, die der Strecke ηζ in unserer Zeichnung **3** entspricht. Strecke ηζ in Zeichnung **3** (bzw. Strecke λη in Zeichnung **4**) bezeichnet den Radius des Äquatorkreises.[195]

Zeichnung **3** zur Ermittlung des Punktes η wird in den Handschriften in der Regel verständlich dargestellt, auch wenn die Relationen meistens so sind, dass die Strecke ηθ nicht senkrecht auf der Strecke βζ steht, wie dies eigentlich sein sollte (im Katalogteil wird dieser Mangel deshalb nicht explizit verzeichnet; tritt er jedoch nicht auf, wird dies festgehalten). Die Beschriftung der Skizze beschränkt sich fast immer auf den Eintrag der Punkte α–θ (im Katalogteil werden deshalb nur die Ausnahmen von dieser Regel vermerkt).

In vielen Handschriften befindet sich in der Nähe des Kreismittelpunktes (in der Regel im von den Strecken βε und εζ gebildeten rechten Winkel) ein Punkt ρ. Seine genaue Funktion ist nicht geklärt; in der Konstruktionsanleitung zu Zeichnung **3** wird von Ptolemaios kein Punkt ρ genannt.[196]

Befund: In der Mehrzahl der untersuchten Handschriften ist Zeichnung **3** korrekt platziert und verständlich dargestellt; einzig Textfamilie ζ (Z, E, H, b) weist geschlossen missglückte Skizzen auf. In den drei Textzeugen X, v und A erscheint die Zeichnung an dem eigentlich Konstruktionszeichnung **2** zugedachten Platz. In Handschrift C wurde Zeichnung **3** zu früh eingefügt (mitten in *Geogr.* 1,24,14), ähnlich in Handschrift R (nach *Geogr.* 1,24,22), wobei in diesem Manuskript die Skizze ein zweites Mal abgebildet ist, und zwar an ihrem richtigen Platz. Oben genannter Punkt ρ ist mit Sicherheit nicht eingetragen in den Handschriften X, V, d und g.[197]

195 Mit λ als Mittelpunkt werden in Konstruktionszeichnung **4** auch die übrigen Parallelkreisbogen (für Thule, Syene und Anti-Meroë) gezogen.

196 Vielleicht ist dieser Punkt bzw. diese Beschriftung ein Überbleibsel des genau genommen durch die Strecken βζ und εζ gebildeten Winkels, der 150⅓ Halbgrade (in griechischen Zahlzeichen $\overline{\rho\nu}$ γ′, vgl. *Geogr.* 1,24,15) misst.

197 In einer Reihe von Handschriften müsste das Vorhandensein dieses Punktes noch überprüft werden, nämlich in C, D, E, H, N, a, b, f, p, r, s. In den bisher nicht genannten ist der Punkt eingetragen.

4 Modifizierte/Gekrümmte Kegelprojektion bzw. 2. ptolemäische Projektion (korrekte Platzierung zwischen *Geogr.* 1,24,29 und 1,24,30; siehe Abb. 6):
Neben den Bezeichnungen der Parallelkreise von Thule, Syene, Anti-Meroë (d.h. des südlichsten Parallelkreises, griech. νότιος/νοτιώτατος [*sc.* παράλληλος]) und des Äquators sowie der Angabe der Punkte werden in den meisten Handschriften in dieser Zeichnung die Werte für die Abstände[198] der Meridiane voneinander auf den Parallelkreisen und dem Äquator angegeben. In manchen Handschriften sind auch die Werte der Einheiten[199] eingetragen, durch welche die Schnittpunkte der Parallelkreise und des Äquators mit der Strecke εζ festgelegt sind (die Strecke εζ teilt das Rechteck αβγδ in zwei Quadrate bzw. verläuft durch den Mittelmeridian). Übrigens kann auch in dieser Zeichnung (ähnlich wie in Konstruktionszeichnung **1**) oft beobachtet werden, dass die Punkte μ und ν nicht auf dem südlichsten Parallelkreis, sondern falsch auf dem Äquator eingetragen wurden. Zum Auftreten dieser Zeichnung sowie zum Befund siehe den folgenden Abschnitt **4a**.

4**a)** „Unverständliche Skizze“ (siehe Abb. 8A–C):
In den meisten Handschriften taucht in Ergänzung zu Konstruktionszeichnung **4** oder aber anstelle von dieser eine unverständliche Skizze auf, die höchst wahrscheinlich die modifizierte Kegelprojektion darstellen sollte.[200] Dabei erscheint die Skizze bereits im Seragl. G. İ. 57 (K; f. 10v) und im Urb. gr. 82 (U; f. 11r), die beide zu den ältesten erhaltenen Textzeugen der *Geographie* gehören und als Hauptvertreter der ω-Rezension gelten. Im Vat. gr. 191 (X), dem einzigen reinen Vertreter der Ξ-Rezension, tritt die unverständliche Skizze nicht auf. In dieser Handschrift fehlt aber auch Zeichnung **4**, für die aber ein Spatium frei gelassen wurde. Die Lücke befindet sich zwischen *Geogr.* 1,24,27/28, folglich etwas vor der traditionellen Stelle von Zeichnung **4**. Die hier in Handschrift X vorgeschlagene Positionierung (nach dem Abschluss der Beschreibung der modifizierten Kegelprojektion und vor den abschließenden Worten zu den beiden Projektionstypen) wäre aber eigentlich passender als die übliche. Ob in der Vorlage von Handschrift X an der entsprechenden Stelle eine korrekt ausgeführte Zeichnung **4** abgebildet war oder eine unverständliche Skizze, kann nicht beurteilt werden. Immerhin ist aufgrund der Größe des Spatiums (siehe f. 138r, Kol. 2) eher davon auszugehen, dass sich in der Vorlage nur die eine der beiden Zeichnungen befand. Der Ursprung der unverständlichen Skizze ist zum jet-

198 Ἰσοδυναμοῦντα τμήματα, τομαί, vgl. *Geogr.* 1,24,21.
199 Μοῖραι, vgl. *Geogr.* 1,24,17.
200 So wurde die Skizze unlängst nun auch von Alfred Stückelberger interpretiert (Stückelberger 2011, 144f.).

zigen Zeitpunkt noch ungeklärt. Allerdings suggeriert STÜCKELBERGER 2011, 144 mit Anm. 18 (siehe auch *ibid.* 146) zu Unrecht, unter den „einschlägigen Handschriften" befinde sich nur in Handschrift K neben der unverständlichen Skizze auch eine korrekt dargestellte Zeichnung der 2. ptolemäischen Projektion, also der Konstruktionszeichnung **4**; demgegenüber weisen unter den dort (*ibid.* 144 Anm. 18) aufgezählten Handschriften neben Handschrift K auch Handschrift U, der Plut. 28.49 (O) und der Paris. gr. 1401 (a) sowohl die unverständliche Skizze als auch Zeichnung **4** auf![201]

Befund: Grob gesagt präsentiert sich Zeichnung **4a** in drei Typen, die wir A, B und C nennen wollen (siehe Abb. 8A–C):[202] Bei Typ A befindet sich der kleinere Kreis (oder häufiger nur Halbkreis) im größeren Kreis, bei Typ B ist der kleinere Kreis gleichsam auf den größeren gesetzt, bei Typ C ist der größere Kreis eiförmig.

Nur vier der analysierten Handschriften bieten nur Zeichnung **4** und keine Zeichnung **4a**; es sind dies N und f (also Schnabels Textfamilie *ν*), r und g. Während die Skizze in N und r an der richtigen Stelle auftritt, erscheint sie in f und g zu früh (nach *Geogr.* 1,24,27 [f] – an derselben Stelle, wo sich in X der Leerraum befindet – bzw. in *Geogr.* 1,24,19 [g]). Demgegenüber enthalten sechs Kodizes nur Zeichnung **4a** und keine Zeichnung **4**, nämlich C, v und das ihm verwandte A, V und seine Abschrift p sowie R. In ihnen nimmt die unverständliche Skizze einheitlich die übliche Stelle von Zeichnung **4** ein und folgt Typ A. Alle anderen Handschriften (die Ausnahme X wurde oben besprochen) präsentieren beide Zeichnungen. Die Verteilung der Zeichnungen ist mannigfaltig: K bringt beide Skizzen an der für Zeichnung **4** gewohnten Stelle, links die unverständliche Skizze, rechts daneben die modifizierte Kegelprojektion. In U, d, a, D und n (allesamt Mitglieder von Schnabels Textfamilie ψ) ist die unverständliche Skizze am Platz von Zeichnung **4** eingefügt und weist Typ A auf (einzig in a könnte man von einer Übergangsform von Typ A zu Typ B sprechen), Zeichnung **4** selbst kommt erst nach dem Textschluss des ersten Buches (ähnlich sind die Verhältnisse auch in L, zur genauen Anordnung siehe die Beschreibung von L, *Ausstattung,*

201 Seine ungenaue Darstellung der Tatsachen führt Stückelberger zum Fehlschluss, für Handschrift L müsse, da sie sowohl die Zeichnung der modifizierten Kegelprojektion als auch die unverständliche Skizze enthält, neben Handschrift U (als deren direkte Abschrift sie – zweifellos zu Recht – gilt) auf weitere Vorlagen zurückgegriffen worden sein (STÜCKELBERGER 2011, 147 Anm. 22). Dagegen ist das Vorhandensein beider Zeichnungen sowohl in U als auch in L nur ein weiterer Punkt, in dem die beiden Handschriften übereinstimmen.

202 Für die Reproduktionen wurden bewusst Handschriften ausgewählt, die weder im Internet noch als Faksimile konsultiert werden können. Weitere Abbildungsbeispiele dieser Zeichnung, beide vom Typ A, jetzt auch bei STÜCKELBERGER 2011, 145 (Vat. gr. 177 [V]) und 147 (Athous Vatoped. 655 [L]).

Buchschmuck, Illustrationen). Somit weisen die Hauptvertreter der Textgruppe Δ, also Handschriften K, N, und U, hierin beachtliche Unterschiede auf. Gleichsam gerade umgekehrt als in Textfamilie ψ verhält es sich in Textfamilie σ: S und B bringen Zeichnung **4a**, in diesen Handschriften nach Typ B, erst ganz am Schluss von *Geogr.* 1, während die modifizierte Kegelprojektion deutlich früher als üblich in den Text eingefügt ist (bei *Geogr.* 1,24,22 [S] respektive in *Geogr.* 1,24,24 [B]). Textfamilie ζ (Z, E, H, b) hat Zeichnung **4** einheitlich am richtigen Platz und bildet die unverständliche Skizze etwas vorher ab, nach *Geogr.* 1,24,27 – genau dort, wo in X eine Lücke frei gelassen wurde. In E, H und b entspricht Zeichnung **4a** dem Typ C.[203] Ebenfalls nach *Geogr.* 1,24,27 steht in O, s und t Zeichnung **4** (also wie in f, s. o.), während diese drei Vertreter der Textfamilie ω die unverständliche Skizze bereits nach *Geogr.* 1,24,18 aufweisen. Diese seltsame Zeichnung erscheint in O in einer Übergangsform von Typ A zu Typ B, s und t bilden die Skizze eher nach Typ B ab. Es bleibt zu erwähnen, dass in s und t sowie dem weiteren Familienmitglied c eine (im Fall von s und t zweite) Zeichnung **4** nach Werkschluss (und im Fall von s vor Weltkarte und Kontinentkarten, im Fall von c vor den Kontinentkarten) auftritt.

5 Armillarsphäre mit eingeschlossener Oikumene (korrekte Platzierung zwischen *Geogr.* 7,6,11 und 7,6,12; siehe Abb. 7):[204]
Diese Zeichnung ist nur in wenigen Handschriften überliefert, in einigen Textzeugen wurde an der entsprechenden Stelle ein Leerraum für sie frei gelassen.

Befund: Zeichnung **5** tritt in r, den eng miteinander verwandten Handschriften v und A sowie sogar jeweils in doppelter Ausführung in Z, E und H (alle Textfamilie ζ) auf. Des Weiteren wurde sie im Nachhinein eingefügt in c und n. Ein Spatium für die Zeichnung enthalten X und C sowie V und seine Abschrift p.

Die Anhänge

Als Anhänge[205] werden alle Textstücke bezeichnet, die der Beischrift (*Hypographe*) zur letzten Teilkarte (*Geogr.* 8,28) bzw. gegebenenfalls dieser letzten Teilkarte selbst (= Asien-Karte 12: Taprobane) folgen.

---

203 Nicht aber in Z, wo man von Typ A sprechen könnte.

204 In der Ausgabe von STÜCKELBERGER wird die Zeichnung der Übersichtlichkeit wegen unterteilt in drei Abbildungen: Fig. 5^1 Skizze der Armillarsphäre mit eingeschlossener Erdkugel, Fig. 5^2 Konstruktion der perspektivischen Ansicht der Armillarringe, Fig. 5^3 Meridiane und Parallelkreise auf dem Erdglobus. Vgl. auch die Zeichnung in der Ausgabe von NOBBE 2, 186.

205 Gemäß STÜCKELBERGER 909 handelt es sich um „nicht genau datierbare Zusätze".

Für die Asien-Karte 12 werden 3 *Poleis diasemoi* genannt: *Geogr.* 8,28,3 Nagadiba (ohne Zusatz) – *Geogr.* 8,28,4 Talakori (ohne Zusatz) – *Geogr.* 8,28,5 Maagrammon (Zusatz: ἡ μητρόπολις).

In der Ξ-Rezension treten die Städte jedoch in folgender Reihenfolge auf: Talakori (Zusatz: τὸ ἐμπόριον) – Nagadiba (ohne Zusatz) – Maagrammon (Zusatz: ἡ μητρόπολις).

x) Notiz über eine Vorlage mit 27 Teilkarten:
Diese Notiz findet sich nur im Vat. gr. 191 (X) und folgt dort unmittelbar auf *Geogr.* 8,28 (f. 169v):

«Κλαυδίου Πτολεμαίου Γεωγραφικῆς Ὑφηγήσεως: τὰ η̅ ρλδ̅ ἢ κζ̅.
⟨Ἐ⟩νταῦθα κ̅ς̅ πίνακες [*sic*] κα⟨τα⟩τάσσει· ἐν αὐτῇ δὲ τῇ καταγραφῇ κζ̅· τὸν γὰρ ι̅ πίνακα τῆς Εὐρώπης εἰς δύο διαιρεῖ· εἰς ἕνα μὲν τάσσων τὴν Μακαιδονίαν· εἰς δὲ ἕτερον Ἤπειρον καὶ Ἀχαίαν καὶ Πελοπόνησον καὶ Κρήτην καὶ Εὔβοιαν.»
‚Des Klaudios Ptolemaios *Geographie*: 8 (Bücher), 134 (Blätter?[206]) oder 27 (Karten). Hier fügt er 26 Karten ein, in der zeichnerischen Ausführung selbst aber sind es 27: Die 10. Europa-Karte unterteilt er nämlich in zwei (Karten), indem er auf die eine Makedonien setzt, auf die andere Epirus, Achaia, die Peloponnes, Kreta und Euböa.‘

Die Notiz muss aus der Vorlage von X übernommen worden sein oder stammt sogar aus einer noch älteren Handschrift.

1 Liste der Provinzen oder Satrapien der Oikumene[207] (*Geogr.* 8,29,1–29):
Der Titel zu dieser Liste lautet in den Handschriften in der Regel:

In der ω-Rezension: Αἷδε εἰσὶν αἱ γνωσθεῖσαι ἐπαρχίαι ἢ σατραπίαι τῆς οἰκουμένης.
In der Ξ-Rezension: Αἷδε εἰσὶν αἱ γνωσθεῖσαι ἐπαρχίαι ἤτοι σατραπίαι.

Im Vat. gr. 191 (X), dem einzigen reinen Vertreter der Ξ-Rezension, steht vor dem Titel zusätzlich «ἐπιτομή», außerdem lautet der Titel fehlerhaft «... αἱ γνωσθεῖς καὶ ἐπαρχίαι ...» (f. 166r). Die Liste steht in dieser Handschrift zwischen *Geogr.* 7,6 und 7,7 (d.h. zwischen der Anleitung zum Zeichnen einer Armillarsphäre und der Beischrift zu dieser Zeichnung), und ihr folgt *Geogr.* 7,5,1 (der erste Paragraph der Beischrift zur Weltkarte).[208] Diese Platzierung ist sicherlich nicht sinnvoll. Sie hat in keiner anderen Handschrift eine Parallele.

Die Handschriften der ω-Rezension bieten die Namen der Provinzen bzw. Satrapien im Nominativ, während sie in Handschrift X zum Teil im

206 So bereits MÜLLER 1880, 301; ähnlich legte diese Zahl POLASCHEK 1965, 722 aus, der sie als Angabe der Seiten verstand.

207 NOBBE überschrieb das Textstück mit dem Titel Ἔκθεσις χωρῶν τῆς οἰκουμένης, bei STÜCKELBERGER hat es den Titel *conspectus provinciarum* (Ἐπιτομή) bzw. in Übersetzung „Verzeichnis der Länder der Oikumene (Auszug)“.

208 Vor der falschen Einfügung von *Geogr.* 7,5,1 schrieb der Kopist allerdings «⟨Τ⟩ὰ προγραφόμενα πρὸ της [*sic*] καιφαλαιώδης ὑπογραφης [*sic*] τῆς οἰκουμένης καὶ τῶν ἐπαρχιῶν».

Genitiv, zum Teil im Akkusativ stehen. Der Zweck der Gradangaben zu den Provinzen bzw. Satrapien ist unklar.[209] Die Gradangaben fehlen gänzlich in Handschrift X. Demgegenüber stehen im Plut. 28.49 (O) zu jeder Provinz Gradzahlen. Im Vat. gr. 177 (V) und im Vat. Pal. gr. 388 (A) werden sie nur zu den drei spanischen Provinzen geboten.[210] Die Gradangaben könnten auf eine frühere Stufe der Ξ-Rezension zurückgehen.

1a) Bruchstück dieser Liste (*Geogr.* 2,1,11 f.):
In einigen Handschriften hat sich ein offenbar der Ξ-Rezension zuzuordnendes Bruchstück dieser Liste erhalten, und zwar – unter den in dieser Arbeit untersuchten Handschriften – im Vat. gr. 177 (V) und seiner Abschrift Marc. gr. Z. 388 (p), im Lond. Burney 111 (v) und dem ihm nahe verwandten Vat. Pal. gr. 388 (A), im Paris. Coisl. 173 (r) sowie im Marc. gr. Z. 516 (R). Es handelt sich um den kurzen Abschnitt *Geogr.* 2,1,11–12, einer Liste der das 2. Buch betreffenden Provinzen. Die Handschriften, die den Auszug bieten, geben hier zu allen aufgeführten Provinzen Gradangaben an.

2 Scholien zur Armillarsphäre (*Geogr.* 8,29,30 f.):
Ursprünglich ‚Vorspann' oder Beischrift zu einer Armillarsphärendarstellung,[211] die in der Überlieferung aber nicht übernommen wurde. Die Scholien erklären, dass unter dem Tierkreis wohnenden Völkern die Sonne bei ihrem Abstieg von Norden nach Süden wie auch bei ihrem Aufstieg im Zenit erscheint und dass Menschen, die unter dem Äquatorkreis leben, ganz schwarze Hautfarbe haben, während sich die Haut der Menschen immer heller zeigt, je weiter weg vom Äquator nach Norden oder Süden hin sie leben. Im Vat. gr. 191 (X) stehen diese Scholien am Schluss von Buch 7 (also nach *Geogr.* 7,7,4), wo sie – nach der Beschreibung, wie eine Armillarsphäre mit eingeschlossener Oikumene dargestellt werden kann (*Geogr.* 7,6), und nach der Beischrift zu einer solchen planisphärischen Darstellung (*Geogr.* 7,7) – sinnvoller platziert sind als in der ω-Rezension.

---

209 Stückelberger 143 Anm. 13: „[…] nicht ganz geklärten Koordinatenangaben, welche in einigen Fällen die Lage einer ‚bedeutenden Stadt' bezeichnen"; 909 Anm. 76: „[…] möglicherweise […] eine Art Kartenindex". Was damit konkret gemeint ist, bleibt offen. In Stückelberger, EB 85 wird vorgeschlagen, die Liste sei aus einer Weltkarte exzerpiert und die Koordinaten gäben „wenn auch stark verdorben" den ungefähren Mittelpunkt des jeweiligen Landes an.

210 Im Marc. gr. Z. 516 (R) stehen Gradangaben nur bei der ersten spanischen Provinz (Hispania Baetica) (entgegen Stückelberger 909 Anm. 76).

211 Die Scholien werden eingeleitet von dem Titel Τὰ προγραφόμενα ἔξωθεν τοῦ ζωδιακοῦ ἐπὶ τῆς κρικωτῆς σφαίρας (‚Beischrift außerhalb des Tierkreises an der Armillarsphäre').

3 Tabelle des Sonnenlaufs (*Geogr.* 8,29,31^{a}):[212]
Die Tabelle reiht die 12 Monate in jeweils römisch-julianischer und (von Kaiser Augustus eingeführter) ägyptischer Namensform auf. Sie gibt zu jedem Monat den Durchlauf der Sonne durch das entsprechende Tierkreiszeichen und die Zu- bzw. Abnahme ihrer Deklination an, d.h. der jeweiligen Änderung der Deklination der Sonne während ihres Verweilens in dem betreffenden Tierkreiszeichen, wobei sich diese Angabe jeweils auf das letzte Drittel des genannten Monats bezieht.[213] Monats- und Sternzeichennamen der Tabelle dürften aus einer ellipsenförmigen Darstellung des Zodiakos exzerpiert worden sein, ähnlich derjenigen am östlichen Rand der Weltkarte in den Handschriften Urb. gr. 82 (U), Seragl. G. İ. 57 (K) und Plut. 28.49 (O). Diese Darstellung könnte ursprünglich in eine Abbildung der Armillarsphäre integriert gewesen und von dort abgelesen worden sein.[214]

Die Tabelle des Sonnenlaufs ist in beiden Rezensionen überliefert. Im Vat. gr. 191 (X), dem einzigen reinen Vertreter der Ξ-Rezension, fehlt sie zwar, sie steht aber im Plut. 28.49 (O) und im Vat. Pal. gr. 314 (Z), deren Textschluss der Ξ-Rezension folgt. In der Ξ-Rezension ist die Reihenfolge der Monatsnamen durcheinandergeraten, vermutlich beim Exzerpieren aus einer bildlichen Darstellung.[215] Wird die Reihenfolge wiederhergestellt (vgl. Schnabel 1938, 65), fällt auf, dass dem Juni die Zwillinge zugeordnet sind usw., also jeweils demjenigen Tierkreiszeichen, in dem die Sonne die ersten zwei Drittel des Monats verweilt. In der ω-Rezension dagegen ist dem Juni der Krebs zugeteilt usw., d.h. jeweils dasjenige Tierkreiszeichen, in dem die Sonne im letzten Monatsdrittel steht.[216]

---

212 Von Stückelberger erstmals in eine Textausgabe der *Geographie* aufgenommen und dort mit *Geogr.* 8,29,31^{a} bezeichnet.

213 Die Deklination bezeichnet das Bogenstück zwischen dem Standpunkt der Sonne auf der Ekliptik (d.h. auf dem imaginären Großkreis auf der Himmelskugel, der die Sonnenbahn bildet) und dem Himmelsäquator (den man sich wiederum als imaginären Großkreis auf der Himmelskugel vorzustellen hat, wenn sie von der Ebene des Erdäquators geschnitten wird). Ein Großkreis ist ein größtmöglicher Kreis auf einer Kugeloberfläche, dessen Mittelpunkt deshalb immer mit dem Mittelpunkt der Kugel zusammenfällt.

214 Eine Vorstellung dieser Hypothese gibt die Abbildung der Armillarsphäre bei Stückelberger 765. Polaschek 1965, 751 vermutete den Ursprung des Materials der Tabelle in einer „ellipsoiden Grundfigur des Tierkreises"; Kubitschek 1935, 109f. und Schnabel 1938, 64–67 gingen von einem Ablesen aus einer Weltkarte aus.

215 Die Reihenfolge der Monate in der Ξ-Rezension: Juni – Juli – August – Mai – September – April – Oktober – März – November – Februar – Dezember – Januar. In der ω-Rezension beginnt die Tabelle ebenfalls mit dem Juni, die übrigen Monate werden in der regulären Reihenfolge gegeben.

216 Für die hier nicht näher erörterte fehlerhafte Überlieferung der Deklinationsangaben für Oktober/Skorpion, November/Schütze und Februar/Fische sei verwiesen auf Polaschek 1965, 749f.

4 Epitome von *Geogr.* 7,1–4:
Die Funktion dieses meines Wissens bisher unedierten Textstückes ist unklar.[217] Es stellt einen Zusammenschnitt des ersten Teils von *Geogr.* 7 dar, der Indien dies- und jenseits des Ganges, das Land der Sinen und Taprobane behandelt und den Schluss des Ortskatalogs bildet. Dieser Zusammenschnitt widmet sich mehrheitlich den Völkernamen, weist aber gegenüber *Geogr.* 7,1–4 zahlreiche Unterschiede in der Reihenfolge und Ergänzungen auf und bietet einen stark korrupten Text. Die Handschriften, in denen sich die Epitome befindet, enthalten das 7. Buch der *Geographie* in intakter Form, wodurch das Anfügen der Epitome in den Anhängen seltsam und überflüssig wirkt. Gemäß Renou 1925, XIII ist der Ursprung der Epitome in der von Otto Cuntz definierten RW-Klasse zu suchen, so genannt nach ihren Hauptvertretern Marc. gr. Z. 516 (R) und Vat. gr. 178 (W).[218] Zumindest in der Handschrift R selbst, im Suppl. gr. 119 (C) – den Cuntz der Handschrift W zuordnete – und im Vat. gr. 177 (V) – diesen ordnete Cuntz der Handschrift R bei – taucht die Epitome jedoch nicht auf.[219] Sie befindet sich aber im Plut. 28.49 (O), dem „Stammvater" der B-Redaktion, und den von ihm abhängigen bzw. mit ihm in Verbindung stehenden Handschriften (s, c, t) sowie in Schnabels Textfamilien σ (S, B, P) und ζ (Z, E, H). Nicht festzustellen ist das Textstück in der Δ-Gruppe innerhalb der ω-Rezension.

5 Scholion zum Verkürzungsfaktor[220] (*Geogr.* $8,29,31^b$):
Das Scholion wurde erstmals in der griech.-lat. *Geographie*-Edition von Petrus Bertius (Amsterdam 1618) in das Textcorpus aufgenommen. Es ist auch abgedruckt in den Ausgaben von Nobbe 2, 260 und Stückelberger 916 (dort als *Geogr.* $8,29,31^b$). Das Scholion findet sich nur in Handschriften der ω-Rezension.

῞Οταν δὲ λέγῃ· „ὁ διὰ μέσου αὐτοῦ παράλληλος λόγον ἔχει πρὸς τὸν μεσημβρινόν", ὡς ἐπὶ τοῦ πρώτου πίνακος τῆς Εὐρώπης, „ὃν τὰ ι̅α̅ πρὸς τὰ κ̅", περὶ τῶν μοιρῶν λέγει τοῦ παραλληλογράμμου πίνακος, ὅπως ἔχει ἡ μοῖρα τοῦ μήκους πρὸς τὴν μοῖραν τοῦ πλάτους. Ὁ γὰρ διὰ μέσου αὐτοῦ παράλληλος ἡ ἑκάστη μοῖρα τοῦ μήκους ἐστὶν λόγον ἔχουσα πρὸς τὸν μεσημβρινὸν ἤτοι ἑκάστην μοῖραν τοῦ πλάτους, ὃν τὰ ι̅α̅ πρὸς τὰ κ̅. Ὡσαύτως δὲ καὶ ἐπὶ τῶν λοιπῶν παραλλήλων τὴν μοῖραν ἑκάστην τοῦ μήκους πρὸς ἑκάστην μοῖραν συγκριτέον τοῦ πλάτους, οὐχ ὅλον τὸ τοῦ πίνακος μῆκος πρὸς ὅλον τὸ αὐτοῦ πλάτος. Ἐκ δὴ τούτου συμβαίνει ἐν οἷς μὲν τῶν πινάκων πλεῖον γίνεσθαι τὸ μῆκος τοῦ πλάτους, ἐν οἷς δὲ τοῦ μήκους τὸ πλάτος. Ταῦτα δὲ οὐ στοχασμοῖς ὑπειληφότες γεγράφαμεν, ἀλλὰ πείρᾳ τὴν ἀκρίβειαν εὑρηκότες τῆς ἀληθείας.

---

217 Louis Renou hat die Epitome für seine Teilausgabe der *Geographie* (Renou 1925) auf der Grundlage der Handschrift Paris. gr. 1407 (l) zur Konstitution des Textes verwendet und zitiert sie unter der Sigle *H* in seinem textkritischen Apparat.

218 Vgl. dazu oben S. 76.

219 Wie sich die Lage in Handschrift W – die im Rahmen dieser Arbeit nicht untersucht werden konnte – verhält, bliebe zu überprüfen.

220 Zum Verkürzungsfaktor s. o. S. 42 f.

„Wenn er sagt: ‚Das Verhältnis der Mittelparallele zum Meridian entspricht 11:20', wie bei der ersten Europakarte, dann sind damit die Grade der rechtwinkligen Karte gemeint, d.h., wie der einzelne Längengrad zum Breitengrad sich verhält. Die Mittelparallele entspricht nämlich dem einzelnen Längengrad, der zum Meridian, d.h. zum einzelnen Breitengrad, in einem Verhältnis von 11:20 steht. Genauso muss für die anderen Parallelen immer der einzelne Längengrad mit dem einzelnen Breitengrad verglichen werden und nicht etwa die Breite der ganzen Karte mit ihrer Höhe. Daraus ergibt sich, dass bei manchen Karten die Breite ihre Höhe übertrifft, bei anderen die Höhe ihre Breite. Dies schreiben wir nicht aufgrund bloßer Vermutungen, sondern nachdem wir die Wahrheit durch Ausprobieren exakt ermittelt haben."

5a) Zweites Scholion zum Verkürzungsfaktor:[221]
Das Scholion steht in der Handschrift Marc. gr. Z. 516 (R) und folgt dort unmittelbar auf Anhang **6** = *Geogr.* 8,30 (f. 116r). Die Nummerierung der Sätze wurde zur leichteren Erklärung der Varianten dieses Scholions in den Handschriftenbeschreibungen vorgenommen:

1) «Ἰστέον ὅτι μήκους μοῖραι εἰσὶν αἱ εἰς τὸν παράλληλον τεμνόμεναι· πλάτους δὲ αἱ εἰς τὸν μεσημβρινὸν· ἤτοι εἰς τὸ κανόνιον· ἐπειδὴ μῆκος λέγεται τὸ ἀπὸ ἀνατολῶν εἰς δύσιν διάστημα· διὰ τὸ εἶναι πλέον, τοῦ ἀπὸ ἄρκτων εἰς μεσημβρίαν: πλάτος δὲ αὐτὸ τοῦτο δηλαδὴ τὸ ἀπ' ἄρκτων εἰς μεσημβρίαν. 2) Ὅταν δὲ λέγῃ ὅτι ὁ δὲ διὰ μέσου αὐτοῦ παράλληλος λόγον ἔχει πρὸς τὸν μεσημβρινὸν ὃν τὰ γ̅ πρὸς τὰ δ̅ ὡς ἐπὶ τοῦ πρώτου πίνακος τῆς Ἀσίας, τοῦτο φησὶν, ὅτι οἵων ἐστὶν ἡ τοῦ μεσημβρινοῦ μοῖρα τριῶν, τοιούτων ἐστὶν ἡ τοῦ παραλλήλου δ̅. 3) Ὀφείλεις οὖν τεμεῖν πρότερον τὴν τοῦ μεσημβρινοῦ εἰς τμήματα δ̅, εἶτα τὰ γ̅ ἀπολαβεῖν καὶ ποιῆσαι μίαν μοῖραν τοῦ παραλλήλου.»

1) ‚Man muss wissen, dass die Längengrade vom Parallelkreis geschnitten werden, die Breitengrade aber vom Meridian oder vom Lineal,[222] da man ja als Länge den Abstand von Osten nach Westen bezeichnet, weil er größer ist als der Abstand von Norden nach Süden; die Breite selbst ist natürlich der Abstand von Norden nach Süden. 2) Wenn er sagt: „Der Mittelparallel verhält sich zum Meridian wie 3 : 4", wie bei der ersten Asien-Karte, sagt er damit, dass der Teil von drei ⟨Einheiten⟩ des Meridians soviel ist, wie der Teil von vier ⟨Einheiten⟩ des Parallels. 3) Man muss also zuerst den ⟨Teil⟩ des Meridians in vier Abschnitte unterteilen, darauf drei Abschnitte davon wegnehmen und ⟨daraus⟩ einen Teil des Parallels machen.'

Variationen und Teile davon tauchen auch in den Handschriften Paris. Suppl. gr. 119 (C), Paris. Coisl. 337 (f), Ambr. D 527 inf. (s) sowie Urb. gr. 83 (t) auf.

6 Verzeichnis der Länge und Breite der einzelnen Karten (*Geogr.* 8,30): Sogenanntes Bertius-Stück, da es Petrus Bertius als Erster in seiner *Geographie*-Edition (dazu oben unter Anhang **5**) abdruckte.

---

221 Ein Abdruck des Scholions findet sich in der Ausgabe von STÜCKELBERGER 920 im textkritischen Apparat. Wir bieten im Folgenden eine diplomatische Transkription des Scholions.

222 Man hat sich wohl ein ähnliches Lineal vorzustellen, wie es in *Geogr.* 1,24,8 beschrieben wird.

Das Verzeichnis gibt für jede der 26 Teilkarten die Längen- und Breitenausdehnung an, die im Großen und Ganzen mit den Kartenbegrenzungen in den Handschriften Urb. gr. 82 (U), Seragl. G. İ. 57 (K), Fabr. 23,2° (F) und Marc. gr. Z. 516 (R) übereinstimmen.[223] Das Verzeichnis findet sich nur in der ω-Rezension.

7 Hexametergedicht auf die Weltkarte des Ptolemaios:
Das aus sieben Hexametern bestehende Gedicht beschreibt eine Darstellung der Oikumene (eine Weltkarte?) mit ihren Begrenzungen in allen vier Himmelsrichtungen. Es fehlt im Vat. gr. 191 (X), scheint demnach zur ω-Rezension zu gehören. Im Urb. gr. 82 (U) bildet das Gedicht den Textschluss und steht erst nach der Agathodaimon-Subskription (s. u. Anhang **8**).[224]

8 Agathodaimon-Subskription:
Die sogenannte Agathodaimon-Subskription ist in einer Ich- und in einer Er-Form überliefert. Grob gesagt weisen die Ich-Form die Vertreter der ω-Rezension und die Mischhandschrift Vat. Pal. gr. 388 (A) auf; in der Er-Form steht die Subskription im Plut. 28.49 (O) und einigen Sekundärhandschriften. Im Vat. gr. 191 (X) fehlt die Subskription.

Im Gegensatz zu Schnabel 1938, 93 halte ich die Ich-Form für die vermutlich ursprüngliche – die 1. Person Singular ist in Subskriptionen üblich. Die mediale Er-Form in Handschrift O könnte allenfalls durch die Fehlinterpretation der schnörkelartigen Abkürzung für τέλος im Anschluss an das letzte Wort ὑπετύπωσα, wie sie z.B. im Urb. gr. 82 (f. 109v) auftritt, zustande gekommen sein; vielleicht ist die Er-Form in Handschrift O aber auch der Redaktion des Kopisten dieser Handschrift zuzuschreiben, der sowohl mit dem Text- als auch mit dem Kartenmaterial der *Geographie* frei und innovativ umging (siehe dazu unten die Beschreibung der Handschrift O, insbesondere *Geschichte*).

> Ἐκ τῶν Κλαυδίου Πτολεμαίου γεωγραφικῶν βιβλίων ὀκτὼ τὴν οἰκουμένην πᾶσαν Ἀγαθὸς Δαίμων Ἀλεξανδρεὺς μηχανικὸς ὑπετύπωσα / ὑπετυπώσατο / ὑπετύπωσε.
> ‚Aus des Klaudios Ptolemaios acht Büchern der *Geographie* habe ich, Agathodaimon,[225] Ingenieur aus Alexandria, die ganze Oikumene zeichnerisch dargestellt (Ich-Form) / hat er, Agathodaimon, Ingenieur aus Alexandria, die ganze Oikumene zeichnerisch dargestellt (Er-Form).‘

---

223 So Stückelberger 917, Anm. 82.

224 Nicht so aber im Seragl. G. İ. 57 (K), s.u. die Beschreibung der Handschrift K, *Stemmatologische Notizen*.

225 Es dürfte sich bei Ἀγαθὸς Δαίμων um den (belegten) Vornamen Agathodaimon handeln und nicht lediglich um ein (humoristisches?) Pseudonym; die beiden im Ortskatalog der *Geographie* auftretenden Objekte mit dem Namen Ἀγαθὸς Δαίμων (*Geogr.* 4,5,39/42: Flusslauf im Nildelta, Name gemäß Stückelberger 433, Anm. 141 inschriftlich bezeugt; *Geogr.* 7,2,27: von Menschenfressern bewohnte Insel im Indischen Ozean) haben vermutlich keinen Zusammenhang mit dem in der Subskription genannten Agathodaimon.

Über die Identität und das Alter dieses Agathodaimon ist weiter nichts bekannt und kann nur spekuliert werden.[226] Vermutlich ist seine Lebenszeit in der Spätantike anzusiedeln. Auf jeden Fall ist der oft als am wahrscheinlichsten genannten Version, Agathodaimon habe etwa im 5. oder 6. nachchristlichen Jahrhundert gelebt,[227] entgegenzuhalten, dass schon vor dieser Zeit, konkret spätestens für das 4. Jh., die Existenz und der Gebrauch von Ptolemaios-Karten belegt sind.[228] Unklar ist es auch, wie die Subskription verstanden werden soll bzw. worin genau der Beitrag des Agathodaimon zur *Geographie* des Ptolemaios bestand. Ist das Zeichnen des gesamten Atlasteils seine Leistung? Hat er nur die Weltkarte gezeichnet? Oder nur die Teilkarten? Diesem bekannten Repertoire von Vermutungen sei hier eine weitere beigefügt:[229] Ob es sich bei diesem μηχανικός gar um einen Assistenten des Ptolemaios handelte, der die Kartenentwürfe seines Meisters für die ἔκδοσις des Werkes ausarbeitete? Ob seine Tätigkeit demnach gar nicht viel später als die Abfassung der *Geographie* eingeordnet werden sollte?

Befund: Bestand und Reihenfolge der Anhänge lässt die untersuchten Handschriften – sofern sie Anhänge aufweisen – in mehrere Gruppen zusammenfassen. Einmal mehr nimmt X mit den Anhängen **1**, **2** und **x** eine Sonderposition ein. Eine größere Gruppe von Textzeugen bietet folgende Anhänge in folgender Anordnung: **1**, **2**, **3**, **5**, **6**, **8**, **7**. Dazu gehören U, d, a (dem aber der letzte Anhang **7** fehlt), D, n und g (die beiden letztgenannten Manuskripte ohne die letzten beiden Anhänge **8** und **7**) sowie überraschenderweise C (in dem nach Anhang **7** noch ein Teil von **5a** und eine Variation von **5** folgt). Als weitere größere Gruppe können diejenigen Handschriften unterschieden werden, die dieselben Anhänge aufweisen, aber die letzten beiden in umgekehrter Reihenfolge bringen (**1**, **2**, **3**, **5**, **6**, **7**, **8**). Sie alle weisen – mit einer einzigen Ausnahme, nämlich Handschrift K – zusätzlich Anhang **1a** auf:[230] Neben K gehören v, A, V, p und R in diese Gruppe, wobei in letztgenannter Handschrift zwischen den Anhängen **6** und **7** Anhang **5a** eingeschoben ist. Vermutlich gehört auch r in diese Gruppe; dieses Manuskript enthält zwar nur die theoretischen Teile der *Geographie*, womit die Anhänge am Werkschluss wegfallen, jedoch

---

226 Aus den zahlreichen Auseinandersetzungen mit Agathodaimon sei hier stellvertretend verwiesen auf Joseph FISCHER, „Ptolemäus und Agathodämon“, Anhang zu: Hans von Mžik (Hrsg.), *Afrika nach der arabischen Bearbeitung der Γεωγραφικὴ ὑφήγησις des Claudius Ptolemaeus von Muḥammad ibn Mūsā al-Ḫwārizmī* (Wien 1916) 71–93; SCHNABEL 1938, 92–94; GAUTIER DALCHÉ 2009, 18.

227 So etwa DILKE 1987b, 271 oder GENTILE 1992b, 80.

228 Siehe dazu oben S. 48–55.

229 Zum Kontext siehe auch oben S. 49.

230 Es fragt sich freilich, ob man Handschrift K nicht eher in die zuvor genannte Gruppe einordnen möchte, wo sie aufgrund ihrer Reihenfolge der letzten beiden Anhänge aber ebenfalls eine Ausnahme bilden würde.

ist Anhang **1a** vorhanden. Durch Auswahl und Anordnung der Anhänge verbunden sind des weiteren die Handschriften der Schnabel'schen Textfamilien σ (S, B, P) und ζ (Z, E, H): sie alle haben die Anhänge **1**, **2**, **3**, **4** und **7**. Vielleicht müsste man auch Textfamilie ω (O, s, c, t) zu dieser Gruppe fassen, die genau dieselben Anhänge in derselben Abfolge aufweist, daran aber noch Anhang **8** reiht: Genau so gestalten sich die Anhänge in den Handschriften O und s, in letzterer finden sich aber am Anfang der Handschrift noch weitere Anhänge (**5**, **5a**, **7**, **6**); in c stehen nur Anhänge **1**–**4**, Handschrift t wiederum bietet nach den Anhängen **1**–**4** zusätzlich die Anhänge **5**, **5a** und **6**.[231] Nicht näher zuordnen lässt sich Handschrift f, die ganz am Anfang Anhänge **1** (unvollständig) und **3**, nach Werkende Anhänge **7**, **2**, **5** und **6** und ganz am Schluss Anhang **5a** aufweist.

231 Siehe dazu aber auch unten S. 491, Anm. 569.

IV. Katalog

Im Gegensatz zur Tabelle auf S. 97–112, in der die Handschriften in der alphabetischen Reihenfolge ihrer Sigle aufgezählt werden, ist der folgende Katalog nach dem Aufbewahrungsort der Handschriften in alphabetischer Reihenfolge geordnet; die Namensformen der Aufbewahrungsorte, -institutionen und der Fonds richten sich nach RICHARD 1995.

1. Handschriftenbeschreibungen

Bologna, Biblioteca Universitaria, Cod. 2280
Sigle **g**

Ich danke Angelo Bernasconi (Bologna) für seine Hilfe vor Ort und seine Informationen zu dieser Handschrift.

Ptolemaios-Handschrift.
A: Venedig (Konvent S. Antonio di Castello), **B–D:** Italien; **A:** 10. 04. 1528, **B:** 04. 04. 1529, **C–D:** 16. Jh. (erstes Drittel, nicht nach 1529); Papier mit Wasserzeichen; 329 × 230 mm; (1) 322 (1) / ⟨I⟩, 1–168, 2 folia s. n., 169–253, f. s. n., 254–304, f. s. n., 305–318, ⟨I′⟩. – Olim Ecclesiae Sancti Salvatoris 305.

Inhalt

A. (f. 1–168) CLAUDIUS PTOLEMAEUS, *Geographia*:
(f. 1r–19v) *Geogr.* 1. – (f. 19v–44v) *Geogr.* 2. – (f. 44v–70v) *Geogr.* 3. – (f. 70v–89v) *Geogr.* 4. – (f. 89v–114v) *Geogr.* 5. – (f. 114v–132r) *Geogr.* 6. – (f. 132r–147r) *Geogr.* 7. – (f. 147r–165r) *Geogr.* 8. – (f. 165r–167v) Anhänge zur *Geogr.* – (f. 167v–168r) Subskriptionen des Kopisten.
(f. 168v) *Liste der Monatsnamen* bei den Römern, Hellenen, Athenern, Hebräern, Ägyptern, Makedoniern, Bithyniern, Kyprioten und Kappadokiern.

B. (f. 169r–253v) ENARRATOR IGNOTI NOMINIS, QUEM TAMEN PROCLUM FUISSE QUIDAM EXISTIMANT, *In Claudii Ptolemaei Quadripartitum*, Titel «ἐξηγητὴς ἀνώνυμος εἰς τὴν τετράβιβλον Πτολεμαίου», inc. «Τὰ

προοίμια ποιεῖται ὁ Πτολεμαῖος», exp. «ἕξομεν τὰς ἀρχὰς πάντων τῶν κέντρων», mit Zeichnungen/Illustrationen.
C. (f. 254r–304v) Claudius Ptolemaeus, *Harmonica*, exp. «τὰς καθ' ἕκαστον πιθανῶς ἂν ἐπιτηρηθέντα διὰ τῶν γενομένων», Schlusstitel «τέλος τῆς Ἁρμονικῆς Πτολεμαίου», mit Zeichnungen/Illustrationen.
D. (f. 305–318) Porphyrius, *Varia*:
(f. 305r–311r) Porphyrius, *Introductio in Ptolemaei opus de effectibus astrorum*, mit Zeichnungen/Illustrationen.
(f. 311r–317v) Ps.-Demophilus / Porphyrius, *Annotationes ex Demophili scriptis excerptae*, mit Zeichnungen. – (f. 317v) Tabelle, Titel «Κανόνιον τοῦ ὅλου κύκλου τῶν ιη̅ [falso pro ιβ̅?][1] ζωδίων, καὶ πῶς μερίζεται εἰς τοὺς σχηματισμους [*sic*]».
(f. 318r) Darstellung eines Tierkreises unter Angabe der Häuser (οἶκοι) und Aufgänge der Gestirne (ὑψώματα), Titel «Ζήτησον τὴν αὐτοῦ ἐξήγησιν ἐν κειλω [*sic*, pro κεφαλαίῳ?] ρη̅». – (f. 318v) leer.
Die unnummerierten Blätter (zwei zwischen f. 168/169, eines zwischen f. 253/254, eines zwischen f. 304/305) sind leer.

Beigaben: (A [= *Geographie*-Teil], *passim*) Hier und dort an den Rändern mit der Tinte des Haupttexts Ergänzungen und Erklärungen, im Text Korrekturen des Kopisten. – (f. 1r) Am oberen Rand, gegen außen, mit schwarzbrauner Tinte alte Handschriftennummer «8». Am unteren Rand mit brauner Tinte Besitzvermerk «Iste liber est Mon.ii s.ti saluatoris Bononiae / signatus in Inventario numero. 8.», wobei «numero. 8.» *in rasura* steht, geschrieben mit etwas anderer Tinte, vielleicht von anderer Hand. Unterhalb des Besitzvermerks befindet sich ein roter Stempel der Bibliothèque nationale de France. – Vier Subskriptionen des Valeriano Albini, jeweils mit roter Tinte: **1)** (f. 167v, unten) «Ἐκ τῶν Κλαυδίου Πτολεμαίου γεωγραφικῶν βιβλίων ὀκτῶ [*sic*], τὴν οἰκουμένην πᾶσαν, Οὐαλεριάνος Φορολιουιεὺς φιλέλλην κελεύοντος τοῦ σεβαστοῦ, καὶ ἁγίου [*sic*], καὶ φιλολόγου πατρὸς περερίνου [*sic*] βονωνιέως, τουτότε τῆς ἡμετέρας πολιτείας ἄρχοντος, καὶ εὐδαιμόνως ποιμαίνοντος, ὑπετύππωσα [*sic*], ἐν μοναστηρίῳ τοῦ ἁγίου [*sic*] Ἀντωνίου, Ἐνέτιησιν [*sic*]. χιλιοστῷ, πεντακοσιοστῷ, εἰκοστῷ ὀγδόῳ ἔτει ἀπὸ τῆς θεογονίας δεκάτι [*sic*] τοῦ ἑκατομβαιῶνος. τέλος.». **2)** (f. 168r) «Ἐκ τῶν Κλαυδίου Πτολεμαίου γεωγραφικῶν βιβλίων ὀκτῶ [*sic*], τὴν οἰκουμένην, Οὐαλεριάνος Φορολιουιεὺς φιλέλλην, κελεύοντος τοῦ σεβαστοῦ, καὶ ἁγίου [*sic*] καὶ φιλολόγου πατρὸς περεγρίνου βονωνιέως τοῦ

---

1 So auch CCAG 4, 39, Nr. 17 (= Handschrift g) ad f. 317v; vgl. aber CCAG 1, 5, Nr. 6 (= Cod. Magliabech. 7) ad f. 172v: „Κανόνιον τοῦ ὅλου κύκλου τῶν ὀκτωκαίδεκα ζωδίων …"

τότε τῆς ἡμετέρας πολιτείας ἄρχοντος, καὶ εὐδαιμόνως ποιμαίνοντος, ὑπετύπωσα, ἐν μοναστηρίω τοῦ ἁγίου [*sic*] Ἀντωνίου Ἐνετίησιν [*sic*]. χιλιοστῷ, πεντακοσιοστῷ, εἰκοστῷ ὀγδόῳ ἔτει, ἀπὸ τῆς θεογονίας δεκάτῃ ἀπριλλίου.». Diese Subskription ist dargestellt in vier *culs-de-lampe*, den Rest der Seite füllen vier Sprichwörter. **3)** (f. 252v, unten – 253r, oben) «Ταύτην βίβλον μετέγραψεν ὁ Οὐαλεριανὸς Φορολιβιὲς ὁ Ἀλβίνου, κανονικὸς τῆς πολιτείας ἐπωνομασμένης τοῦ ἁγίου [*sic*] σωτῆρος, ἥ [*sic*] τότε ἤκμαζεν κατὰ πᾶσαν Ἰταλίαν [...] ἔτει ἀπὸ τῆς θεογονίας χιλιοστῷ πεντακοσιοστῷ τε καὶ εἰκοστῷ ἐνάτῳ μηνὸς Ἀπριλίου τετάρτῃ ἱσταμένου [*sic*]. ἀπὸ δὲ τῆς τοῦ κόσμου καταβολῆς κατὰ τὴν ἑβραικὴν ἀλήθειαν ἔτει πεντάκις χιλιοστῷ διακοσιοστῷ ὀγδοηκοστῷ ὀγδόῳ. Δόξα πατρὶ, καὶ υἱῷ, καὶ ἁγίῳ [*sic*] πνεύματι. τέλος.».[2] Auf f. 253r ist der Text dargestellt in zwei *culs-de-lampe*, der zweite davon steht auf dem Kopf. **4)** (f. 317v) «Καὶ ταύτην τὴν βίβλον αὔτος ἐγὼ Οὐαλεριανὸς Φορολιβιὲς ὁ Ἀλβίνου κανονικὸς τοῦ ἁγίου [*sic*] σωτῆρος μετέγραψα.». – (f. 317v) Am unteren Rand wurde ein roter Stempel der Bibliothèque nationale de France angebracht.

Foliierung

Auf der Rectoseite in der oberen äußeren Blattecke mit schwarzer Tinte arabische Zahlen: (f. 1–21) Mit spitzer Feder kleine Zahlen mit anschließendem Punkt. (f. 22–30) Mit breiterer Feder etwas größere Zahlen ohne Beigaben. (f. 31–318) Größere, weniger sorgfältig geschriebene Zahlen ohne Beigaben (wohl von derjenigen Hand, die vorher korrigiert hat, vgl. das Folgende). – Ursprünglich wurde versehentlich die Zahl 26 zweimal gesetzt, weshalb die eigentlichen f. 27–30 entsprechend korrigiert werden mussten. Ähnlich wurde zuerst die Zahl 154 übersprungen, weshalb die Seitenzahlen von dem eigentlichen f. 154 an entsprechend korrigiert sind, vermutlich von derselben Hand, die den Fehler verübt hat; ab f. 175 scheint der Irrtum bemerkt worden zu sein und waren die Korrekturen nicht mehr nötig. Genau gleich verhält es sich mit der Foliierung von f. 231–239 und von f. 316–318.

Beschreibstoff

Papier mit Wasserzeichen aus italienischer Produktion.

---

2 Den gesamten Wortlaut geben ALLEN 1890, 28 f. sowie OLIVIERI/FESTA 1895, 398 f. und MATHIESEN 1988, 376.

Wasserzeichen

1 (f. 1–168 [+ 2 unnummerierte Blätter]: siehe z.B. f. 24, 98, erstes unnummeriertes Blatt zwischen 168/169) *Ancre dans un cercle*, gekrönt von einem sechsstrahligen Stern, Gesamthöhe des Wasserzeichens ca. 53 mm, Durchmesser des Kreises ca. 33 mm; das Wasserzeichen wird von einer Kettlinie durchlaufen, die Ripplinien sind eher fein. Ähnlich wie Briquet *Ancre* 588 (Innsbruck 1521–1522), wobei in der Handschrift der Stern weniger dreieckige als vielmehr längliche, außen abgerundete Strahlen aufweist, oder Sosower *Ancre* 171 (Venedig, ca. 1541), wobei in der Handschrift das oberste Ende des Ankers den Kreis beinahe berührt.

2 (f. 169–178: siehe z.B. f. 174, 177, 178) *Échelle* (schlecht erkennbar), drei- oder eher viersprossige, gegen oben schmaler werdende Leiter in mit einfacher Linie gezeichnetem Schild, gekrönt von einem sechsstrahligen Stern, der vielleicht nicht unmittelbar mit dem Schild verbunden ist, Gesamthöhe des Wasserzeichens ca. 90 mm, Breite ca. 37 mm; das Wasserzeichen wird von einer Kettlinie durchlaufen, die Ripplinien sind sehr fein. Nicht unähnlich wie Briquet *Échelle* 5926 (Siena 1524), wobei in der Handschrift der Schild schmaler und länglicher ist, oder Sosower *Échelle* 5 (ca. 1570–1571), 9 (ca. 1545), 11 (Padua oder Venedig, ca. 1569), wobei sich in der Handschrift die Leiter gegen oben deutlich verschmälert.

3 (f. 179–198 und f. 254–304 [+ 1 unnummeriertes Blatt]: siehe z.B. f. 184, 189, 197 bzw. f. 262, 291, 302) *Ancre dans un cercle* (schlecht erkennbar), ähnlich wie oben Wasserzeichen 1, der Anker läuft hier aber in pfeilförmige Spitzen aus, die sich nur etwa auf die halbe Höhe des „Ankermittelstücks" hinaufbiegen, und der Stern hat dreieckförmige Strahlen, Gesamthöhe des Wasserzeichens ca. 65 mm, Durchmesser des Kreises ca. 42 mm; das Wasserzeichen wird von einer Kettlinie durchlaufen, die Ripplinien sind sehr fein.

4 (f. 199–253 [+ 1 unnummeriertes Blatt] und f. 305–318: siehe z.B. f. 201, 228, 251 bzw. 305, 308, 314) *Arbalète dans un cercle*, gekrönt von einer *fleur de lys*, Gesamthöhe des Wasserzeichens ca. 70 mm, Durchmesser des Kreises ca. 48 mm; das Wasserzeichen wird von einer Kettlinie durchlaufen, die Ripplinien sind äußerst fein. Nicht unähnlich wie Harlfinger *Arbalète* 65, Bsp. 1 (Venedig 1534) sowie Sosower *Arbalète* 19 (ca. 1545), wobei in der Handschrift die Armbrustbogen rund und nicht gegen außen geschwungen sind.

Organisation der Lagen

Lagen: 25.V$^{\text{f. 248}}$ + III$^{\text{f. 253 + f.s.n.}}$ + 5.V$^{\text{f. 303}}$ + 2$^{\text{f. 304 + f.s.n.}}$ + IV$^{\text{f. 312}}$ + III$^{\text{f. 318}}$. – Der *Geographie*-Teil (A) besteht aus 17 regelmäßigen Quinionen (17.V$^{\text{f. 1–168 + 2 folia s.n.}}$).
Faltung: in-folio.
*Kustoden: **1)*** (f. 1–168 [+ 2 unnummerierte Blätter]) Auf der ersten Rectoseite der Lage unterhalb der unteren äußeren Ecke des Schriftspiegels, flankiert von zwei Punkten, mit schwarzbrauner Tinte lateinische Großbuchstaben «A»–«R». – ***2)*** (f. 169–253 [+ 1 unnummeriertes Blatt]) Position und Beigaben wie vorher, aber mit rotbrauner Tinte griechische Ordinalzahlen «$\overline{\alpha}^{ov}$»–«$\overline{\theta}^{ov}$», in genau gleicher Art unterhalb davon «A»–«K». – ***3)*** (f. 254–304 [+ 1 unnummeriertes Blatt]) Position und Beigaben wie vorher, aber mit brauner Tinte «$\overline{\alpha}^{v}$»–«$\overline{\varsigma}^{v}$». Die Blätter 2–5 der Lagen dieser Serie sind zusätzlich an etwa derselben Position und mit derselben Tinte jeweils mit der entsprechenden Anzahl kurzer horizontaler Striche nummeriert «II»–«IIIII». – ***4)*** (f. 305–318) Position und Beigaben wie vorher, aber mit rotbrauner Tinte «$\overline{\alpha}^{ov}$»–«$\overline{\beta}^{ov}$», in genau gleicher Art unterhalb davon und parallel dazu «A»–«B».
Reklamanten: (f. 1–248, 305–312) Auf der letzten Versoseite der Lage unterhalb der unteren inneren Ecke des Schriftspiegels und in der Regel bündig mit dessen rechtem Rand, horizontal.
Liniierung (nur zu A [= Geographie-*Teil]):* Liniierung mit Blindgriffel, wobei die den Schriftspiegel begrenzenden Vertikalen öfter, selten auch die parallelen Linien dazu, mit Tinte nachgezogen wurden. In der Regel wurde die Liniierung auf der Versoseite angebracht, jedoch scheinen die vertikalen Linien oft auf der Rectoseite gezogen worden zu sein. Keine Einstichlöcher oder Ähnliches erkennbar. Der Schriftspiegel wird innen und außen von einer durchgezogenen Vertikale begrenzt. Außerhalb des Schriftspiegels im Abstand von etwa 6,5–9 mm zu diesen Vertikalen verläuft je eine durchgezogene Parallele; die dadurch entstandene Bahn dient der Platzierung von herausgestellten Initialen. Zwischen den inneren Vertikalen erstrecken sich in der Regel 34 horizontale Schreiblinien, die bisweilen bis zu den äußeren Vertikalen durchgezogen sind. In der ersten Lage dieser Kodikologischen Einheit ist zwischen oberster Schreiblinie und oberem Blattrand eine durchgezogene Horizontale sichtbar und wurden 36 Schreiblinien gezogen, wovon die letzten beiden jeweils leer gelassen wurden.

Im Ortskatalog (Beginn f. 21r, unten; Ende f. 143v, unterhalb der Mitte) wurde erst ab f. 23r, bisweilen mit Tinte, eine Vertikale von der obersten bis zur untersten Schreiblinie zur Ausrichtung der Gradangaben der Längen gezogen, manchmal zusätzlich eine weitere für diejenigen der Breiten. – Grundschema: *Muz.* 2-2-(1*J) / 0 / 0 / J(E).

Seitenlayout (nur zu A [= Geographie-Teil])

(f. 16r) 1 Kol., 34 Z., 328 × 226 mm, Schriftspiegel 238 × 125 mm.
(f. 48r) 1 Kol., 34 Z., 328,5 × 229 mm, Schriftspiegel 238 × 125 mm.
(f. 146r) 1 Kol., 34 Z., 328,5 × 229 mm, Schriftspiegel 238 × 125 mm.

Das Layout weist die für die erste Schaffensphase (1528 – ca. 1535) des Kopisten Valeriano Albini typischen kodikologischen Merkmale auf: durchgehend 34 Zeilen, Schriftspiegel rund 240 × 120 mm, Kustoden auf der ersten Rectoseite der Lage in der unteren äußeren Ecke mit griechischen Minuskeln, horizontale Reklamanten.[3]

Schreiber, Schrift, Tinte

Schreiber: (f. 1r–253v, 305r–318r) Valeriano Albini. – (f. 254r–304v = *Harmonica*) Fulgenzio von Forlì?[4] Konstantinos Mesobotes?[5] Aufschlussreich wäre eine Schriftanalyse dieser Blätter, die jedoch über den Rahmen dieser Untersuchung hinausgeht.
Folgende Beobachtungen beschränken sich auf die Schrift des Valeriano Albini:
Haupttext: Minimal rechtsgeneigte bis richtungslose Gebrauchsminuskel mit gut ausgebildeten Ober-/Unterlängen bei eher geringem Zeilenabstand, Worttrennung eingehalten, Verbindungsgrad der Buchstaben mittel bis hoch; nur wenige Abkürzungen. Schrift unterzeilig, schwarzbraune Tinte. Typische Ligaturen für ελ, εν, επι; Buchstaben in Verbindung mit ρ häufig in Supraposition (αρ, ερ, τρ).
Auszeichnungsschriften: In der Regel für Titel wenig vergrößerte und etwas mehr in die Breite gezogene Minuskel. Buchanfangs- und -endtitel, Kapiteltitel und weitere Hervorhebungen mit Auszeichnungstinte, die in der Regel von blasser bräunlichroter Farbe ist, bisweilen aber auch wässrig bis intensiv weinrot erscheint.

Die folgende Tabelle kombiniert die bisherigen Beobachtungen und zeigt klar eine Struktur von vier Kodikologischen Einheiten (*KE*) auf:

---

3 Siehe Palau 1986, 203f. Nur die Form der Kustoden folgt in unserer Handschrift nicht diesem Muster, siehe dazu oben *Organisation der Lagen*, *Kustoden*.

4 So CCAG 4, 39; Olivieri/Festa 1895, 399 und 401. Die Identifizierung von Fulgenzios Schrift geht aus der Subskription des Valeriano Albini im Cod. Bonon. Bibl. Univ. 2293 hervor (f. 185r), einer ebenfalls von den beiden Kopisten geschriebenen Handschrift. In der Subskription bezeichnet Albini Fulgenzio namentlich als seinen Mitarbeiter («Φουλγέντιος φορωλιβιὲς ὁ Γουλιήλμου προυγενώλεως [*sic*] ταύτην βίβλον μετέγραψεν …» [zitiert nach Olivieri/Festa 1895, 399 und 401]).

5 Vgl. „Elenco dei Lettori" (s.u. *Geschichte*), 26./27. Mai 1981, Eintrag von Annaclara Palau: «i ff. 254–304v sono stati scritti da Mesobotes».

KE	**Kustoden-serie**	**Inhalt**	**Wasser-zeichen**	**Lagen**	**Reklamanten**	**Kopist**
A	f. 1–168	*Geogr.*	*Ancre* (1)	Quinionen	Ja	Albini
B	f. 169–253	*In Quadripartitum*	*Échelle, Ancre* (3), *Arbalète*	Quinionen + Ternio	Ja	Albini
C	f. 254–304	*Harm.*	*Ancre* (3)	Quinionen + 2 Bl.	Nein	Fulgenzio? Mesobotes?
D	f. 305–318	Porph.	*Arbalète*	Quaternio + Ternio	Ja	Albini

Ausstattung, Buchschmuck, Illustrationen (nur zu A [= **Geographie-** *Teil])*

Eher nüchtern und vermutlich ohne Beizug eines Rubrikators gestaltete Kodikologische Einheit (die sich hierin jedoch nicht von den anderen Einheiten der Handschrift unterscheidet). Außer der anspruchslosen Ausschmückung der Initialen nur selten weitere Verzierungen in ähnlicher Art, z.B. f. 71r nach der Inhaltsübersicht und vor Kapitel 1 des 4. Buches (so auch an der entsprechenden Stelle der folgenden Bücher), f. 165r zwischen dem Schlusstitel von Buch 8 und dem Titel von Anhang **1**, f. 166v vor Anhang **5** usw. Der Schlusstitel eines Buches und der Anfangstitel des anschließenden Buches sind manchmal in *cul-de-lampe*-Form dargestellt, vgl. z.B. f. 89v.

Initialen: Herausgestellt, moderat vergrößert, einfach und wenig kunstvoll verziert, ausgeführt vom Kopisten.

Zeichnungen: **b)** (f. 3v, äußerer Rand, unten) Skizze zu den Bogensegmenten auf Erd-/Himmelskugel: Platzierung am Anfang von *Geogr.* 1,3 (statt am Schluss von *Geogr.* 1,2, wie im Vat. gr. 191 [X], Plut. 28.9 [S] und Plut. 28.38 [B]; siehe dazu oben S. 125f.).

1 (f. 17r, unterhalb der Blattmitte) Einfache Kegelprojektion: Eingefügt mitten in *Geogr.* 1,24,4 und somit etwas zu spät. Die Skizze ist weitgehend korrekt, abgesehen von dem oben S. 126 beschriebenen Fehler, der auch hier auftritt. Die Werte der Einheiten für die Positionierung der Parallelkreise stimmen, mit Ausnahme desjenigen für den südlichsten Parallelkreis. Vom Parallel von Thule zum Äquator, konkret von Punkt ξ zu ρ bzw. π zu τ, wurden bereits in dieser Skizze konvex gewölbte Bogen eingezeichnet, als handelte es sich um die modifizierte Kegelprojektion.

2 (f. 18r, unten, innere Blatthälfte) Neigungswinkel: Korrekt platziert, zweifach abgebildet. Die erste Skizze ist annähernd verständlich, jedoch bildet der Mittelmeridian keinen größtmöglichen Kreis auf der Kugel, da er zu nahe gegen Punkt β hin verschoben ist; neben den Punkten sind hier

auch der Parallelkreis von Syene und der Äquator beschriftet sowie der Mittelmeridian («ὁρίζων» [*sic*], „teilender Kreis"). Die zweite Skizze daneben bildet lediglich einen gevierteilten Kreis ab, eingetragen sind nur die Punkte.
3 (f. 18v, äußerer Rand, oben) Ermittlung des Punktes η: Neben der korrekten Textstelle platziert und verständlich gezeichnet.
4 (f. 18v, unten) Modifizierte Kegelprojektion: In *Geogr.* 1,24,19 und somit etwas zu früh eingefügt; grundsätzlich verständlich, aber etwas unglücklich gezeichnet (Proportionen zwischen Rechteck αβγδ und Kreisbogen stimmen nicht überein, so dass der Syene-Parallelkreis durch die oberen Eckpunkte des Rechtecks gehen würde; um dies zu verhindern, hat der Zeichner den Bogen nicht ausgezogen und die auf diesem Parallelkreis liegenden Punkte ξ und ο fälschlicherweise innerhalb des Rechtecks gesetzt; ähnlich liegen Punkte μ und ν in der Skizze nicht auf dem Rechteck, sondern innerhalb davon); die Werte für die Abstände der Meridiane voneinander sind nicht eingetragen. Der konvex gewölbte Bogen verband in der rechten Hälfte der Zeichnung zuerst falsch den Parallel von Thule mit dem Äquator (wie zuvor in Zeichnung **1**), wurde darauf aber radiert.

Dort, wo man Zeichnung **5** (Armillarsphäre) erwarten würde (f. 146v, oben), weist nichts darauf hin, dass eine Skizze vorgesehen gewesen wäre.
Zusätzliche Zeichnungen:[6] **1)** (f. 8v, äußerer Rand, oben) Zusätzliche Skizze zu *Geogr.* 1,11,2 (Skizze zum Verkürzungsfaktor); sie veranschaulicht, dass der Abstand eines Grades auf dem Parallelkreis von Rhodos weniger misst als auf dem Äquator und im Verhältnis 4:5 steht. **2)** (f. 10v, äußerer Rand, oben) Zusätzliche Skizze zu *Geogr.* 1,13,4; sie illustriert die Distanz zwischen Kap Kory und der Stadt Kurula.[7]

Die Zeichnungen sind sorgfältig unter Verwendung von Lineal und Zirkel mit der Tinte des Haupttexts, für Beschriftungen bisweilen auch mit roter Tinte ausgeführt. Zeichnungen **1**, **2** und **4** scheinen vor dem Kopieren des Textes eingefügt worden zu sein.

---

6 Siehe auch den entsprechenden Abschnitt in der Beschreibung der Handschrift n.

7 Nur nebenbei erwähnt sei die Angabe mehrerer Abstände mittels kurzer horizontaler Linien, deren Enden mit den entsprechenden Punkten bezeichnet sind, während der Wert des Abstandes entlang der Linie von unten nach oben eingetragen wurde (siehe f. 18r, äußerer Rand [neben Zeichnung **2**] und f. 18v, äußerer Rand [unter Zeichnung **3**]). Vgl. dazu auch den Kommentar zu Zeichnung **3** in der Beschreibung der Handschrift r.

Einband, Schutzblätter

Der noch weitgehend erhaltene Originaleinband wurde in der Werkstatt des sogenannten „secondo legatore alla Vignette"[8] angefertigt, die gemäß HOBSON/QUAQUARELLI 1998, 21 ungefähr von 1526–1529 in Bologna aktiv war. Der Einband ist mit dunkelbraunem Leder überzogen und mit Blindstempelmustern geschmückt. An der oberen, unteren und zweimal an der äußeren Seite des vorderen Buchdeckels sind insgesamt vier Schließen befestigt; sie bestehen aus gut 20 mm breiten Lederriemen, an deren Ende eine metallene Klammer angebracht ist (eine solche fehlt an der seitlichen unteren Schließe). Die Metallteile, die den Ansatz der Riemen zierten, sind verloren. Den Löchern nach müssen sich in jeder Ecke des eingepressten Quadrats auf der Deckelmitte eine Niete und an den äußeren Ecken des Buchdeckels Eckverstärkungen befunden haben. Am hinteren Buchdeckel befinden sich vier metallene Gegenstücke zu den Schließen. Etwa auf Dreiviertelhöhe steht außerdem in goldenen Lettern «ΠΤΟΛΕΜΑΙΟΥ ΓΕΩΓΡ» (die restlichen Buchstaben sind von der Rückenverstärkung überdeckt, vgl. Folgendes). Der Rücken wurde zu einem nicht mehr genau bestimmbaren Zeitpunkt (vielleicht im 19. Jh.) mit ähnlich braunem Leder verstärkt bzw. restauriert. Er hat vier Bünde und ist verziert mit blindgeprägten Linien und Blümchen. Auf dem unteren Ende klebt eine vergilbte Papieretikette mit der Aufschrift «2280 / EX BIB. S. SALVATORIS / 305» (Zahlen mit schwarzbrauner Tinte von Hand, Herkunftsbezeichnung gedruckt). Die Rückenverstärkung zieht sich ca. 70–80 mm über die Buchdeckel hin, wodurch ein beträchtlicher Teil der Einprägungen sowie hinten die Hälfte des Werktitels überdeckt wurden. Die überdeckten Verzierungen wurden durch nicht genau entsprechende, etwas einfachere Blindstempelmuster ergänzt. Die Rückenverstärkung weist im Gegensatz zu den Buchdeckeln keine Wurmfraßlöcher auf.

Die Spiegel sind mit zwei Papierschichten überzogen, wobei die obere Papierschicht, wie auf dem hinteren Spiegel zu erkennen ist, ein nicht näher identifizierbares Wasserzeichen in einem Kreis aufweist. Auf dem vorderen Spiegel oben in der Mitte klebt eine leicht schief zugeschnittene Etikette aus mehrfach durchlöchertem braunem Leder mit der Aufschrift in Schwarz «PTOLOMAEI / GEOGRAPH: / Cod: Graec. / M–S»; in der Mitte außen befindet sich eine aufgeklebte Papieretikette, identisch mit derjenigen auf dem Buchrücken.

Das vordere und das hintere Schutzblatt sind aus Papier mit Wasserzeichen (*Lettre G*: Mit einer doppelten Linie geformter Buchstabe G, in einen kleineren und einen größeren Kreis eingeschlossen; das Wasserzei-

8 Der Begriff „Vignette" ist nicht eigentlich zutreffend, präziser wäre die Bezeichnung „legatore alla cornicetta", vgl. HOBSON/QUAQUARELLI 1998, 19.

chen wird von einer Kettlinie durchlaufen, die Ripplinien sind sehr eng). Beide Schutzblätter sind leer.

Erhaltungszustand

Sehr gut erhaltene Handschrift. Papier weist wenige Feuchtigkeitsflecken und vereinzelt kleine Löcher auf, teilweise beginnender bis fortgeschrittener Tintenfraß feststellbar (besonders in Einheit B = *Kommentar zur Tetrabiblos*). Am Anfang und am Schluss der Handschrift sind wenige Wurmfraßspuren zu sehen, stärker von Wurmfraß befallen sind die Buchdeckel.

Stemmatologische Notizen

Müller 1867, 298 ordnete den Bonon. Bibl. Univ. 2280 (g) seiner Byzantinischen Gruppe zu, die weitgehend der ω-Redaktion entspricht. Schnabel reihte die Handschrift in seine Textfamilie ψ mit dem „Stammvater" Urb. gr. 82 (U) ein.
Ausgewählte Stellen: Die **Kapitelübersicht zu *Geogr.* 1** (f. 1r/v) präsentiert sich in der Handschrift gemäß der ω-Rezension in 23 Kapiteln, die mit roter Tinte durchnummeriert sind. Der Kopist platzierte den Titel von Kap. 21 (bzw. 22 bei einer Zählung mit 24 Kapiteln) und den Anfang des Titels von Kap. 22 (bzw. 23) zuerst auf f. 1r und schrieb das Ende des Titels von Kap. 22 sowie den Titel von Kap. 23 (bzw. 24) auf die Versoseite des Blattes. Dass er die genannten Zeilen anschließend ausradierte und die Verteilung des Textes neu arrangierte, d.h. f. 1r mit dem Titel von Kap. 20 (bzw. 21) enden ließ und die Titel der letzten drei Kap. 21–23 auf die Versoseite schrieb, dürfte lediglich damit zusammenhängen, dass er auf f. 1r zuerst die übliche Anzahl von 34 Zeilen überschritten hatte und dies ausgleichen wollte. Im Text werden die Kapitel nicht mehr nummeriert, Kapitel 8 und 9 sind jedoch entgegen der Inhaltsübersicht klar zwei eigenständige Kapitel.

Die **Homoioteleuton-Lücke** in *Geogr.* 1,24,17 tritt hier in Handschrift g nicht auf. Die Stelle beginnt mit «τὸ δὲ ζ̅» usw., zeigt also nicht den für die Handschriften U, Seragl. G. İ. 57 (K) und Arch. Selden. B 46 (N) charakteristischen Wortlaut.
Anhänge: Geogr. 8,28 bietet die *Poleis diasemoi* in der ω-Reihenfolge und endet auf f. 165r, Z. 3. Die Städte werden folgendermaßen wiedergegeben: «Ναγάδιβα» – «Ταλακόρι» – «Μαάγραμμον μ(ητ)ρόπολις». Die Anhänge schließen (nach einer mit einfachen Zierelementen gefüllten Zeile) nahtlos daran an und folgen voll und ganz der ω-Rezension.
1 (f. 165r, Z. 5 – 166r, Z. 3) Liste der Provinzen oder Satrapien der Oikumene gemäß der ω-Rezension, Darstellung in zwei Kolumnen, sämtliche Provinzen im Nominativ, keine Gradangaben.

2 (f. 166r, ab Z. 4) Scholien zur Armillarsphäre.
3 (f. 166r, Mitte) Tabelle des Sonnenlaufs nach der ω-Rezension.
5 (f. 166r, unten – 166v, oben) Scholion zum Verkürzungsfaktor.
6 (f. 166v, unten – 167v, oben) Verzeichnis der Länge und Breite der einzelnen Karten.

Anhang **7** (Hexametergedicht auf die Weltkarte des Ptolemaios) fehlt, Anhang **8** (Agathodaimon-Subskription) wurde vom Kopisten zu seiner eigenen Subskription umgearbeitet und in zwei Varianten präsentiert (s.o. *Beigaben*: Subskriptionen auf f. 167v unten und auf f. 168r).

Geschichte

Valeriano Albini, der Kopist des größten Teils unserer Handschrift, darunter auch des *Geographie*-Textes, pflegte sich φιλέλλην zu nennen, wie auch die Subskriptionen in dem hier besprochenen Codex 2280 der Bologneser Universitätsbibliothek (g) bezeugen (s.o. *Beigaben*). Für eine weitere Spezialität in Albinis Unterschriften gibt unsere Handschrift ebenfalls ein Beispiel, nämlich für seine Vorliebe für die Verwendung attischer Monatsnamen. Valeriano Albini (16. Jh., 1. Hälfte) stammte aus Forlì, unweit von Bologna. Er war regulärer Augustinischer Kanoniker des Konvents von S. Salvatore in Bologna, hielt sich aber zeitweise andernorts auf, unter anderem in Venedig, wo er Bibliothekar des Klosters S. Antonio di Castello war, und in Rom. Einer seiner Auftraggeber war Guillaume Pellicier (zu diesem vgl. die Beschreibung der Handschrift C, *Geschichte*). Um 1535 arbeitete der Kopist Konstantinos Mesobotes bei ihm in Bologna. Datierte Handschriften von Albini sind für den Zeitraum von 1528–1545 bezeugt.

Die Abschrift der *Geographie* schloss Albini am 10. April 1528 im Konvent S. Antonio di Castello in Venedig ab, die Kopie des *Kommentars zur Tetrabiblos* rund ein Jahr später, am 4. April 1529; wo dies geschah, vermerkte Albini in der Subskription zu diesem Werk nicht. Es ist kaum anzunehmen, dass die beiden Texte von Anfang an in demselben Einband vereint werden sollten. Vermutlich wurden sie aber sehr bald nach der Kopie des *Kommentars zur Tetrabiblos*, wahrscheinlich noch in demselben Jahr 1529, zusammen mit zwei weiteren Kodikologischen Einheiten (C und D), einer Abschrift der *Harmonik* des Ptolemaios, die nicht von der Hand des Albini stammt, und zwei kurzen Werken des Porphyrios, ebenfalls von Albini kopiert, zu einem Buch zusammengebunden, offenbar in Bologna. Aufgrund des Papiertyps darf angenommen werden, dass auch die Einheiten C und D etwa um dieselbe Zeit entstanden wie die datierten Einheiten A und B (ein *Terminus ante quem* ist das Jahr, in dem vermutlich der Einband entstand, also 1529), und mit Sicherheit kann für die Einheiten B–D von Italien als Entstehungsort ausgegangen werden.

Der zweite Schreiber von Handschrift g, der die *Harmonik* kopierte, ist vielleicht ein gewisser Fulgenzio, der wie Albini ebenfalls aus Forlì stammte und vielleicht wie dieser Kanoniker von S. Salvatore in Bologna war. Die beiden Schreiber haben weitere drei Bologneser Handschriften gemeinsam kopiert.[9] Nach einer anderen Einschätzung soll die zweite Hand diejenige des Konstantinos Mesobotes sein.[10]

Bevor die Handschrift in die Biblioteca Universitaria gelangte, befand sie sich in der Bibliothek der regulären Kanoniker (Konvent der Canonici Lateranensi) von S. Salvatore in Bologna, die im Jahr 1867 in die Universitätsbibliothek eingegliedert wurde. Im alten Handschriftenkatalog dieser Bibliothek ist unser Manuskript g unter der Nummer 305 eingetragen: «Ptolemaei Libri octo Geographiae. / Cod. chart. in folio Graecus Saec. XVI. folior. 319».[11] Die Nummer 8, die mehrfach in der Handschrift auftaucht (s.o. *Beigaben*), bezieht sich offenbar auf ihren ehemaligen Standort in der Bibliothek von S. Salvatore.

Die Biblioteca Universitaria führt einen „Elenco dei Lettori". Er beginnt mit einem Eintrag aus dem Jahr 1887, als der Deutsche Dr. Bruno Keil den Kodex untersuchte. Im folgenden Jahr konsultierte ihn Th. W. Allen aus Oxford, im Jahr 1901 der deutsche Bibliothekar Dr. Franz Boll. Der nächste Eintrag ist aus dem Jahr 1964, als sich ein Kunstprofessor aus Jugoslawien mit der Handschrift beschäftigte. In den Jahren 1977/78 setzte sich Silvio Bernardinello mit der Handschrift auseinander, in den 80er-Jahren sind Prof. Martin Sicherl (Universität Münster), Annaclara Palau und Simonetta Feraboli (Universität Genua) verzeichnet (wobei sich Sicherl und Feraboli offenbar nur Reproduktionen verschafften), in den 90ern schließlich der englische Prof. Anthony Hobson und Renzo Salvadì. Der „Elenco" weist demnach größere zeitliche Lücken ohne Einträge auf und ist nicht aktualisiert, dies ist aber gemäß der Auskunft der Biblioteca Universitaria auch bei anderen Handschriften der Fall und lässt keine Schlüsse zu.

Otto Cuntz suchte seinerzeit erfolglos nach der Handschrift: „Leider ist ihr Verbleib heute unbekannt. Der Direktor der Bibl. comunale dell' Archiginnasio in Bologna, A. Sorbelli, gab mir 1914 die Auskunft, dass sie weder in seiner Bibliothek sei noch in der R. Biblioteca Universitaria" (Cuntz 1923, 36). Seither galt die Bologneser Handschrift unter denjenigen Wissenschaftlern, die sich mit der ptolemäischen *Geographie* aus-

9 Cod. 2292 (gemäß RGK 1, S. 173 wurden f. 1–21 fälschlich dem Valeriano Albini zugewiesen), 2293 und 2294.

10 Siehe dazu oben S. 146 mit Anm. 5.

11 Bonon. Bibl. Univ. 4122 (16. Jh.) (zitiert nach der Mitteilung von Laura Miani, responsabile dell'Ufficio manoscritti, Biblioteca Universitaria di Bologna; eine Folio-Angabe liegt mir nicht vor).

einandersetzten, als verschollen.[12] Nachdem ich auf die recht ausführliche Beschreibung der Handschrift bei MATHIESEN 1988 gestoßen war, wandte ich mich im Januar 2006 direkt an die Biblioteca Universitaria, wo man sich über meine Angaben zur Unauffindbarkeit des Kodex wunderte und mir mitteilte, er befinde sich „regolarmente e ottimamente conservato“ in der Bibliothek.

Die punktuellen inhaltlichen Untersuchungen bestätigen, dass sich der *Geographie*-Text im Bonon. Bibl. Univ. 2280 (g) in der ω-Rezension präsentiert. Die Beobachtungen zu der Textstelle um die (in Handschrift g zwar nicht vorhandene) Homoioteleuton-Lücke (vgl. dazu auch den allgemeinen Befund oben S. 123f.) und die Analyse der Zeichnungen stellen jedoch die Einordnung von Handschrift g in die Schnabelsche Textfamilie ψ in Frage. Der Bestand der zusätzlichen Zeichnungen und die Anhänge (fehlendes Hexametergedicht, fehlende Agathodaimon-Subskription) zeigen Parallelen zu dem rund 100 Jahre älteren MS Ayer 743 (n) – in diesem wurden die zusätzlichen Zeichnungen allerdings von einem Ergänzer zu einem späteren Zeitpunkt hinzugefügt. Inwiefern zwischen Handschriften g und n Berührungspunkte bestehen (Verwendung einer gemeinsamen Vorlage?), bliebe näher zu prüfen.

Bibliographie

ALLEN 1890, 28f. (Nr. 25). – CCAG IV, 39, Nr. 17. – HOBSON/QUAQUARELLI 1998, 21. – MÜLLER 1867, 298. – Annaclara PALAU, „Les copistes de Guillaume Pellicier, évêque de Montpellier“, *Scrittura e civiltà* 10 (1986) 199–237, dort 202–204. – RGK 1, Nr. 336 (= 2, Nr. 452). – RICHARD 1995, 165. – SCHNABEL 1938, 32.

Art der Kontrolle

Original (Juni 2008).

Chicago (IL), Newberry Library, Ayer MS 743
Sigle **n**

CLAUDIUS PTOLEMAEUS, *Geographia*.
Italien (Florenz?); **A:** 15. Jh. (erstes Drittel), **B:** 15. Jh. (erstes Drittel, wenig später als A), **C:** 15. Jh. (Mitte oder zweite Hälfte); Papier mit Wasserzeichen; 404 × 282 mm; (0) 143 (0) / 1–143. – Olim-Signaturen: Venetus Monasterii Sancti Michaelis 15, Romanus Monasterii Sancti Gregorii in monte Coelio 15.

12 Schnabel äußerte zwar Zweifel daran, s.o. S. 86, Anm. 80.

Inhalt

A. Block 1 (f. 1–60) Claudius Ptolemaeus, *Geographia* 1–5,9,14:
(f. 1r–16v) *Geogr.* 1. – (f. 16v–30v) *Geogr.* 2. – (f. 30v–43v) *Geogr.* 3. – (f. 44r–54v) *Geogr.* 4. – (f. 54v–60v) *Geogr.* 5,1–5,9,14, exp. εἲς ὃπεραιοῦνται τὰ διὰ Κολχίδος καὶ τῆς.

B. Block 1 (f. 61–80) Claudius Ptolemaeus, *Geographia* 5,9,14–7,2,12:
(f. 61r–67r) *Geogr.* 5,9,14–5,20,8 (= Buchschluss), inc. Ἰβηρίας ἀνιόντα ὄρη, καλούμενα δὲ Καυκάσια. – (f. 67r–76v) *Geogr.* 6. – (f. 76v–80v) *Geogr.* 7,1–7,2,12, exp. συμβάλλοντες πρότερον ἀπὸ τῶν ὑπερκειμένων τῆς Χερσονήσου.

C. (f. 81–101) leer.

B. Block 2 (f. 102–122) Claudius Ptolemaeus, *Geographia* 7,2,12 bis Werkende:
(f. 102r–106v) *Geogr.* 7,2,12–7,7,4 (= Buchschluss), inc. ῥάχεων ἀνωνύμων. – (f. 106v–120v) *Geogr.* 8. – (f. 120v–122v) Anhänge zur *Geogr.*

A. Block 2 (f. 123–143) Claudius Ptolemaeus, *Geographia* 5,9,14–6,14,9:
(f. 123r–129v) *Geogr.* 5,9,14–5,20,8 (= Buchschluss), inc. Ἰβηρίας ἀνιόντα ὄρη, καλούμενα δὲ Καυκάσια. – (f. 129v–136v) *Geogr.* 6,1–6,14,9, exp. οἱ κοινῶς καλούμενοι Ἀλανοὶ Σκύθαι. – (f. 137–143) leer.

Beigaben: (A, Block 1 [ab *Geogr.* 2]) Mit dunkelbraun-schwärzlicher Tinte und eher spitzer Feder lateinische und griechische Randnotizen (Bemerkungen, Ergänzungen, Verweise, Korrekturen, Hervorhebungen) von Ermolao Barbaro (s.u. *Geschichte*), erstes Auftreten f. 17r, letztes Auftreten f. 43v;[13] z.B. f. 17r am äußeren Rand zum Schluss von *Geogr.* 2,1,6[14] «αλλοι γεωγραφοι [*sic*] ποι/οῦσι τὸν μερισμὸν καὶ / χωρίζουσι τὴν Λι/βύην ἀπὸ τῆς Ἀσίας τῶ / Νείλω.», f. 25r am äußeren Rand zu *Geogr.* 2,9,8 (zum Volk der Moriner) «Μορινοὶ περὶ ὧν ὁ Πλίνιος», f. 26v am äußeren Rand zu *Geogr.* 2,10,16 Οὐασιών «Οὐάκων. Pom. / 34.ạ.». – (A, Block 1; B, *passim*) Ab und zu an den Rändern, mit Bleistift, von einer modernen Hand (die nicht näher zuzuordnen ist), Seitenzahlen, sich auf die griechische *Editio princeps* beziehend. – (A, Block 2) Ergänzung der besonders ab *Geogr.* 6,9 häufig weggelassenen Kapiteltitel mit Bleistift von einer modernen Hand 1. – (*Geogr.* 1) An den Rändern und zwischen den Zeilen mit dunkelbrauner Tinte von einem späteren

---

13 Siehe aber auch die sich auf die Komposition der Handschrift beziehenden Anmerkungen Barbaros auf f. 60v und f. 123r sowie seinen Vermerk zum Textschluss auf f. 122v.

14 … ἵνα τε μὴ διασπῶμεν τὴν Αἴγυπτον τῷ Νείλῳ ποιούμενοι τὸν μερισμόν …

Ergänzer (15. Jh., Ende?)[15] Kommentar des Nikephoros Gregoras zur *Geographie*. – (f. 1r/v) An den Rändern und zwischen den Zeilen, mit hellbrauner Tinte und spitzer Feder, von einer späteren Hand 1, die zeitgenössisch mit dem Ergänzer sein könnte, jedoch eindeutig vor diesem interveniert hat, offenbar Beginn der Eintragung des Kommentars von Nikephoros Gregoras. Diese spätere Hand 1 – sie gehörte kaum zu einem Griechen/Byzantiner – brach ihr Werk jedoch sehr bald ab und wurde vom Ergänzer abgelöst: Auf f. 1v am äußeren Rand hat sie ein Scholion zu schreiben begonnen, das vom Ergänzer fortgesetzt und zu Ende geschrieben wurde. Danach taucht die Hand nicht mehr auf. – (f. 38v) Am unteren Rand, unterhalb von Kol. 2, in deren letzter Zeile Byzanz mit Koordinaten gegeben wird, mit brauner Tinte von einer späteren Hand 2 «Βυζάντιον, / ἡ Κωνσταντινούπολις.». – (f. 60v) Unterhalb der unteren inneren Ecke des Schriftspiegels, mit gräulichbrauner Tinte und eher spitzer Feder, kleinformatig, höchstwahrscheinlich von Ermolao Barbaro, Notiz zur Textfortsetzung «vide infra / ultimum quaternionem», jedoch durchgestrichen, wie es scheint mit derselben Tinte. Rechts von dieser Notiz, auf der Höhe ihrer ersten Zeile, mit Bleistift, von einer modernen Hand, die nicht näher zugeordnet werden kann, Aktualisierung dieser Notiz «fol. 123.». Unterhalb der Notiz, diagonal von unten nach oben geschrieben, mit Bleistift, von der modernen Hand 1 Verweis auf die (korrekte) Textstelle «βιβλιου Ε / κεφ θ» (*sic*).[16] Unterhalb dieses Verweises ebenso, mit Bleistift, von einer modernen Hand 2[17] Vermerk zum Handwechsel «ḷẹạṿẹṣ / from end / here / in different hand». – (f. 74r) Am äußeren Rand unten, mit Bleistift, wohl von der modernen Hand 1, Verweis auf die korrespondierende Textstelle in Einheit A, Block 2 «second / text ends here» (s.u. zu f. 136v). – (f. 80r) Am äußeren Rand, von der modernen Hand 1, Hinweis auf den Beginn von *Geogr.* 7,2 «κεφ β». – (f. 80v) Unterhalb der unteren inneren Ecke des Schriftspiegels, diagonal von unten nach oben, mit Bleistift, von der modernen Hand 2, schwer entzifferbare Notiz zur Textfortsetzung, etwa «text goes ọṇ unbroken / to the next ẉṛịṭṭẹṇ / pagẹ»; es sieht so aus, als hätte dieselbe Hand bereits zuvor eine einzeilige Notiz eingetragen und dann wieder ausradiert. – (f. 121v) Unmittelbar vor der Tabelle des Sonnenlaufs (= Anhang **3**) mit Bleistift von moderner Hand[18] (fragende, aber

15 So Diller 1936, 239.

16 Von derselben Hand dürften ab *Geogr.* 2 und an den entsprechenden Stellen auch die Verweise auf den jeweiligen Buchbeginn stammen (z.B. f. 16v am oberen Rand innen «Book II» usw.).

17 Vielleicht ist es dieselbe Hand, die auf dem vorderen Spiegelblatt die englische Inhaltsangabe angebracht hat, s.u. *Einband*.

18 Eine Zuordnung scheint schwierig; die Hand ist kaum identisch mit den modernen Händen 1 oder 2.

unpräzise) Markierung des Buchendes «End of Book VIII?». – (f. 122v) Unterhalb des Textschlusses mit brauner Tinte, kleinformatig, höchstwahrscheinlich von Ermolao Barbaro, Verweis auf den Textschluss «finis Ptolomẹi.». – (f. 123r) Am oberen Rand innen mit gräulichbrauner Tinte und eher spitzer Feder, kleinformatig, höchstwahrscheinlich von Ermolao Barbaro, Bemerkung zu Einheit A, Block 2 «hoc quod † a Ptolomẹo quidem est / 53 superfluum. totum.». Eine moderne Hand strich die Zahl mit Bleistift durch und schrieb darunter «41.»; sie muss sich auf die beiden Blöcke der Einheit B bezogen haben, die insgesamt 41 Folia umfassen. Am inneren Rand, neben dem Beginn von Kol. 1, mit Bleistift, minimal diagonal von unten links nach oben rechts ausgerichtet, von der modernen Hand 2 Verweis auf die (korrekte) Textstelle «Lib V / Cap 9». Ganz am oberen Rand außen, mit brauner Tinte, fast ganz weggeschnitten, vermutlich vom Kopisten (Haupthand 1), Überreste von 2–3 Wörtern erkennbar; vielleicht lautete das letzte Wort «χειρός». – (f. 136v) (Textschluss in der Handschrift) Unterhalb der unteren inneren Ecke des Schriftspiegels, mit Bleistift, blass, wohl von der modernen Hand 1, Verweis auf die korrespondierende Textstelle in Einheit B, Block 1 «Fol. 74R / col. 2.» (s.o. zu f. 74r). – (f. 143) Auf der Rectoseite in der unteren äußeren Ecke mit Bleistift von einer modernen Hand 3[19] Signatur «Ayer MS 743». Auf der Versoseite oben außen mit Bleistift von G. B. Hampton Vermerk zur Foliierung «Foliated / June 28, 2007 / 143 leaves / G B Hampton» (siehe dazu unten *Foliierung*).

Foliierung

Hauptfoliierung: (f. 1–143) Auf der Rectoseite in der oberen äußeren Ecke mit Bleistift, vorgenommen am 28. Juni 2007 von einem/einer gewissen G. B. Hampton (siehe oben *Beigaben* zu f. 143), der/die (nach der Auskunft von Robert Karrow) Volontär(in) in der Newberry Library gewesen sein muss, arabische Zahlen.[20]
Ältere Foliierungsreihen: ***1)*** Auf jedem zehnten Blatt auf der Rectoseite in der unteren äußeren Ecke mit Bleistift, wohl nicht von derselben Hand, die für die Hauptfoliierung verantwortlich war, Wiederholung der zutreffenden Foliozahl; nicht vorhanden jedoch auf f. 20 (wo die untere äußere Ecke verlustig ist) und auf den Folia 90 und 100 (in Einheit C, mit nur leeren Blättern). Hingegen steht auf f. 111 «90», auf f. 121 «100» und auf f. 131 «110»; die leeren Blätter von Einheit C wurden also bei dieser Foliierungsreihe nicht mitgezählt. – ***2)*** (f. 18–44) Auf der Rectoseite in der oberen äu-

19 Es ist dieselbe Hand, die auch die Signatur auf der Etikette des vorderen Spiegels angebracht hat, s.u. *Einband*.
20 Auf den Folia 18, 33 und 37 wurde diese Foliierung weggelassen.

ßeren Ecke, etwas weiter außen als die Hauptfoliierung, mit brauner Tinte arabische Zahlen (jedoch nicht auf f. 19, 31, 38 und 41). – ***3)*** (f. 45–143) Ab f. 45 wird Foliierungsreihe *2)* durch eine sehr kleinformatige Bleistiftfoliierung in arabischen Zahlen abgelöst (fehlend auf f. 61 und 72). *Ältere vereinzelte zusätzliche Zählungen:* (f. 17r) In der oberen äußeren Ecke, ganz außen, mit dunkelbrauner Tinte, kleinformatig, vielleicht von Ermolao Barbaro, «17.». In der oberen äußeren Ecke, ganz oben, mit dunkelbrauner Tinte, vielleicht von derselben Hand «.βος.», wohl für δεύτερος (z.B. λόγος?); auf dieser Seite beginnt der Prolog zu *Geogr.* 2.

Block 1 der Kodikologischen Einheit B war offenbar einmal anders foliiert. Es scheint sich dabei aber lediglich um eine leicht fehlerhafte Foliierung gehandelt zu haben, bei der entweder spätestens vor f. 71 in der Zählung versehentlich ein Blatt übersprungen oder vielleicht bereits ab f. 61, dem ersten Blatt des Blockes, fälschlicherweise mit der Zahl 60 begonnen worden war.

Beschreibstoff

A–B: Beigefarbenes, mitteldickes, leicht glänzendes bis eher mattes Papier mit gut sichtbaren Ripplinien. **C:** Beigefarbenes, mitteldickes, mattes Papier mit rauer Oberfläche und nur vage erkennbaren Ripplinien.

Wasserzeichen

A–B: ***1*** (f. 1–80, 102–143; erstes Auftreten f. 2, letztes Auftreten f. 143, bisweilen auf dem Kopf stehend eingebunden; gut sichtbar auf den Folia 47, 123, 129, 135, 138 und 143) *Tête de licorne*, von einer einfachen Kettlinie durchlaufen, während die übrigen Kettlinien „points d'attache" aufweisen (zu diesem Begriff MUZERELLE 1985, Nr. 134.17).

(f. 47) Höhe des Wasserzeichens ca. 57 mm, Breite des Wasserzeichens ca. 69,5 mm, Abstand zwischen der einfachen Kettlinie und der benachbarten Kettlinie zur Linken[21] 30 mm (von letzterer Kettlinie zur nächsten Kettlinie nach links 38 mm), Abstand zwischen der einfachen Kettlinie und der benachbarten Kettlinie zur Rechten 35 mm (von letzterer Kettlinie zur nächsten Kettlinie nach rechts knappe 40 mm).[22]

(f. 138) Höhe des Wasserzeichens ca. 61 mm, Breite des Wasserzeichens ca. 66 mm, Abstand zwischen der einfachen Kettlinie und der benachbarten Kettlinie zur Linken ca. 35 mm (von letzterer Kettlinie zur

---

21 Wenn das Wasserzeichen nicht auf dem Kopf steht, das Horn des Einhorns nach links gerichtet ist und das Wasserzeichen auf der Rectoseite betrachtet wird.

22 20 Ripplinien messen etwa 27 mm.

nächsten Kettlinie nach links knappe 40 mm), Abstand zwischen der einfachen Kettlinie und der benachbarten Kettlinie zur Rechten ca. 31 mm (von letzterer Kettlinie zur nächsten Kettlinie nach rechts ca. 39 mm).[23]

Die beiden ausgemessenen Wasserzeichen sind nahezu identisch; auffälligste Unterschiede: Das Horn des Einhorns ist auf f. 47 minimal länger, und die Abstände von der einfachen Kettlinie zu den benachbarten Kettlinien verhalten sich grob gesagt gerade „umgekehrt". Vielleicht handelt es sich um Zwillingswasserzeichen. Das Wasserzeichen in der Handschrift ist ähnlich wie Briquet 15822 (Bruxelles 1420–1422) (Höhe 56 mm, Breite knappe 73 mm, Abstand zwischen der einfachen Kettlinie und den benachbarten Kettlinien gute 30 bzw. genau 36 mm, 20 Ripplinien 21,5 mm) und Harlfinger *Licorne* 5b, erstes Bsp. (September 1422) (Höhe 57 mm, Breite knappe 72 mm, Abstand zwischen der einfachen Kettlinie und den benachbarten Kettlinien 31 bzw. 36 mm, 20 Ripplinien gute 27 mm).

C: ***2*** (f. 81–101; erstes Auftreten f. 85, letztes Auftreten f. 101, meistens auf dem Kopf stehend eingebunden) *Tour*, Höhe des Wasserzeichens 68 mm, Breite des Wasserzeichens gute 25 mm, Abstand zwischen den Kettlinien auf dem ganzen Blatt ca. 44 mm.[24] In den Repertorien ist kein überzeugendes Äquivalent dieses Wasserzeichens zu finden. Es ist nicht unähnlich wie Briquet 15898 (Köln 1452) und 15899 (Nürnberg 1485),[25] hingegen sind diese Beispiele etwas kleindimensionaler, außerdem ist in der Handschrift die *fleur de lys* auf der Spitze des Turmdaches etwas anders geformt und der obere Teil des Wasserzeichens (Zinne, Dach, *fleur de lys*) nicht mit dem unteren Teil verbunden.[26]

Für die Kodikologischen Einheiten A und B dürfte der anhand des Wasserzeichens in Frage kommende Entstehungszeitraum etwa auf die Jahre 1412–1432 bzw. etwas vorsichtiger formuliert auf das erste Drittel des 15. Jh. begrenzt werden. Die Kodikologische Einheit C ist aufgrund der nur entfernten Ähnlichkeit mit Beispielen aus den Repertorien nicht präziser datierbar als in die Mitte oder zweite Hälfte des 15. Jh.

Organisation der Lagen

Lagen: 4.X$^{\text{f. }80}$ + 3.21$^{\text{f. }143}$. Berücksichtigt und verdeutlicht man die Kodikologischen Einheiten und Blöcke, lautet die Lagenformel folgenderma-

---

23 20 Ripplinien messen auf diesem Blatt ungefähr 28 mm.

24 20 Ripplinien betragen, soweit messbar, ca. 28 mm.

25 Für das Papier mit diesen Wasserzeichen vermutet Briquet S. 798 trotz der Region seiner Verbreitung norditalienische Herkunft.

26 Nicht ganz unähnlich wie bei Briquet 15899, jedoch scheint dort die Verbindung der Linien weiter unten, am Turm selbst, unterbrochen zu sein.

ßen: 3.X$^{f. 60}$ + X$^{f. 80}$ + 21$^{f. 101}$ + 21$^{f. 122}$ + 21$^{f. 143}$. – Bei den letzten drei Lagen handelt es sich vermutlich jeweils um Lagen à 10 Doppelblättern (die Nähte befinden sich zwischen f. 90/91 bzw. f. 111/112 bzw. 132/133) mit einem hinzugefügten Blatt; eindeutig sichtbar ist diese Komposition jedoch nicht. Wie oben unter *Inhalt* nachvollzogen werden kann, setzt sich unser Manuskript aus drei Kodikologischen Einheiten zusammen, wobei die erste in zwei Blöcke geteilt ist, die den Anfang und den Schluss der Handschrift bilden, und die zweite zwischen die beiden Blöcke der ersten eingefügt ist, jedoch ihrerseits durch eine eingefügte dritte Kodikologische Einheit in zwei Blöcke unterteilt wird.
Faltung: in-folio.
Keine Kustoden und Reklamanten.
Liniierung: **A:** Liniierung ursprünglich vermutlich durchgehend auf jeder Seite mit Bleistift, auch wenn davon meist nur noch die vertikalen Linien sichtbar sind; auf den leer gelassenen Folia 137–143 am Schluss der Handschrift, die allesamt liniert sind, ist jedoch deutlich zu erkennen, dass auch die Schreiblinien mit Bleistift gezogen wurden. Einstichlöcher sind in der Regel am unteren Rand festzustellen. Der Schriftspiegel wird durch vier durchgezogene Vertikalen begrenzt, welche die beiden Kolumnen und das Interkolumnium (Breite: ca. 23 mm) definieren. Dazu gesellen sich 44–45 Schreiblinien (siehe dazu unten *Seitenlayout*), von denen die oberste und die unterste jeweils vom inneren bis zum äußeren Blattrand reichen, die übrigen sich aber auf die Kolumnenbreiten (ohne den Raum des Interkolumniums) beschränken (bei der inneren Kolumne wurden die Linien bisweilen ein Stück weit in den inneren Rand hinein gezogen). – Grundschema: *Muz.* 1-1-11 / 0 / 1-1 / JJ.
B: Liniierung ursprünglich vermutlich durchgehend auf jeder Seite mit Bleistift, auch wenn davon meist nur noch die vertikalen Linien sichtbar sind. Einstichlöcher sind in der Regel am oberen und unteren Rand festzustellen, außerdem ist sehr häufig auf jeder Seite in der Mitte des oberen Randes ein kleines Kreuz mit brauner Tinte erkennbar (bisweilen teilweise weggeschnitten). Soweit rekonstruierbar besteht die Liniierung lediglich aus vier Vertikalen, durch welche die beiden Kolumnen und das Interkolumnium (Breite: ca. 23 mm) vorgegeben werden, und aus jeweils 45 Schreiblinien, die sich aber wohl nur auf die Kolumnenbreite (ohne den Raum des Interkolumniums) beschränken. – Grundschema: *Muz.* 1-1-11 / 0 / 0 / JJ.
C: Unliniert, mit einer einzigen Ausnahme: Auf dem ersten Blatt dieser Einheit (f. 81) wurden auf der Versoseite, aber vermutlich nicht direkt, mit Blindgriffel 39 Schreiblinien gezogen, die nun eine innere Kolumne bilden. Diese Liniierung ist wohl mit derjenigen Hand in Verbindung zu bringen, die den verlorenen Text des stark beschädigten f. 80 nach des-

sen Restaurierung ergänzt hat (siehe dazu unten *Seitenlayout* und *Erhaltungszustand*).

Wie die Liniierung, die Maße des Schriftspiegels (dazu gleich unten *Seitenlayout*), aber auch ein Blick in die Handschrift selbst zeigen (vgl. insbesondere die einander gegenüberliegenden Blätter f. 60v = Ende von Einheit A, Block 1 und f. 61r = Anfang von Einheit B, Block 1), präsentiert sich das Layout der Kodikologischen Einheiten A und B sehr ähnlich. Da es sich in A und B um denselben Papiertyp handelt (s.o. *Wasserzeichen*), ist es zwar nicht auszuschließen, dass Hauptkopist 2 (zu den Kopisten s.u. *Schreiber*) einen Stapel an bereits linierten Blättern vorfand, die Hauptkopist 1 aus ungeklärten Gründen unbenutzt ließ. Wahrscheinlicher aber nahm Hauptkopist 2 (oder allenfalls ein „Assistent" von ihm) die Liniierung in B selbst vor und bemühte sich dabei, das Seitenlayout möglichst ähnlich wie in A zu gestalten.

Der Zweck der Kodikologischen Einheit C bleibt nach diesen Untersuchungen nach wie vor rätselhaft. Dass sie für die Platzierung von Karten eingefügt worden sei,[27] kann nicht ausgeschlossen werden, scheint aber in Anbetracht seiner Position doch eher unwahrscheinlich.[28] Allerdings ist es nicht ratsam, die ansatzweise Liniierung auf f. 81 zwingend dahingehend zu interpretieren, dass die Blätter von C für die Platzierung von Text vorgesehen waren. Erstens sind Blätter mit Karten in Handschriften, die den Kartensatz enthalten, nicht selten auch liniert; zweitens scheinen diese Liniierungsansätze im Zusammenhang mit der Ergänzung des verlorenen Textes auf dem restaurierten f. 80 zu stehen und haben mit dem ursprünglichen Zweck der Einheit C vielleicht nichts zu tun. Es ist vorstellbar, dass sich der Ergänzer des verloren gegangenen Textes verschätzte und damit rechnete, er werde für den zu ergänzenden Text mehr Raum brauchen, als dies schließlich der Fall war, weshalb er eine Kolumne zu viel vorlinierte.[29]

27 Siehe dazu unten, *Geschichte* (Quaritchs Einschätzungen).

28 Als einziges Argument für eine solche Positionierung käme der Umstand in Frage, dass es sich bei f. 80 um das letzte Blatt einer Lage handelt. Dennoch wäre eine Positionierung von leeren Blättern für Karten ganz am Ende des Werkes (in unserem Fall hier nach f. 122) besser angebracht gewesen.

29 Dass diese Liniierung durchgepaust ist und gleichzeitig beim Anbringen der Liniierung von Kol. 2 auf f. 80v entstanden wäre (oder allenfalls umgekehrt), scheint ausgeschlossen werden zu können, da Kol. 2 auf f. 80v unten eine Zeile weniger aufweist als Kol. 1 auf f. 81r.

Seitenlayout

A: Allgemein 2 Kol., 44 Z. (Block 1, Lage 1) bzw. 45 Z. (übrige Lagen).
(f. 11r) 2 Kol., 44 Z., 405 × 277 mm, Schriftspiegel 296 × 201 mm.
(f. 56r) 2 Kol., 45 Z., 405 × 281 mm, Schriftspiegel 293 × 198 mm.
(f. 126r) 2 Kol., 45 Z., 404 × 280,5 mm, Schriftspiegel 297 × 203 mm.
(f. 134r) 2 Kol., 45 Z., 404,5 × 279,5 mm, Schriftspiegel 293 × 202 mm.
B: Allgemein 2 Kol., 45 Z.
(f. 71r) 2 Kol., 45 Z., 405 × 282 mm, Schriftspiegel 293 × 200 mm.
(f. 112r) 2 Kol., 45 Z., 405 × 279,5 mm, Schriftspiegel 293 × 203 mm.
C:
(f. 91r) 404 × 279 mm.

Das stark beschädigte und restaurierte Blatt 80 bildet einen Sonderfall: (f. 80r, Kol.1) Geschrieben von Hauptkopist 2, 45 Z. – (f. 80r, Kol. 2; f. 80v, Kol. 1–2) Geschrieben vom Ergänzer: (f. 80r, Kol. 2) 40 Z. (wobei von der letzten Zeile nur die zweite Hälfte zur Platzierung eines Völkernamens benutzt wurde und die Kolumne eigentlich nur 39 Zeilen enthalten sollte); (f. 80v, Kol. 1) 39 Z.; (f. 80v, Kol. 2) 37 Z. (wobei zwei gezogene Schreiblinien am Schluss der Kolumne leer gelassen wurden).[30]

Der Ortskatalog beginnt auf f. 17v, Kol. 2, Z. 4 und endet auf f. 103v, Kol. 2, Z. 16.[31] Da weder in A noch in B zusätzliche vertikale Linien zur Ausrichtung der Koordinatenangaben gezogen wurden, sind die Kolonnen der Längen und Breiten zum Teil nicht besonders präzise eingehalten, vor allem in Einheit A.

Schreiber, Schrift, Tinte

Schreiber: (A) Haupthand 1. – (B) Haupthand 2.
Im Ayer MS 743 (n) können zwei Haupthände unterschieden werden, die auf Italien als Entstehungsort der Handschrift schließen lassen und nicht nur zeitgenössisch sein könnten, sondern vermutlich auch aus demselben Umfeld stammten.[32] Ein Handwechsel findet mitten in *Geogr.* 5 und mitten in einem Satz statt, fällt jedoch mit einem Blatt- und Lagenwechsel

---

30 Allerdings wäre diese Kolumne, wenn die beiden leeren Schreiblinien beschrieben worden wären, um eine Zeile „kürzer“ nicht nur gegenüber Kolumne 1 auf demselben Blatt f. 80v, sondern auch gegenüber der nur durch Liniierung vorgegebenen Kolumne 1 auf f. 81r. Dies deshalb, weil Zeile 1 von Kolumne 2 auf f. 80v weiter oben als die entsprechende Zeile von Kolumne 1 auf demselben Blatt steht, demgegenüber ist sie wiederum bündig mit Zeile 1 von Kolumne 1 auf f. 81r.

31 In der Kodikologischen Einheit A, Block 2, in der das Werkende fehlt, bricht der Text noch im Ortskatalog auf f. 136v ab.

32 Für diese Einschätzungen spricht auch, dass beide Hände denselben Papiertyp verwendeten (s.o. *Wasserzeichen*).

zusammen (A, Block 1 = Haupthand 1 / B, Block 1 = Haupthand 2). Der zweite Handwechsel ist kein eigentlicher Handwechsel: Nachdem Haupthand 2 die Abschrift des Werkes beendet hat (B, Block 2), folgt in der Handschrift eine weitere, von Haupthand 1 kopierte Einheit (A, Block 2), die eigentlich die Fortsetzung des von derselben Hand ausgeführten Blockes 1 der Einheit A darstellt, also textlich nicht an die von Haupthand 2 geschriebene Partie anschließt.

Die von Haupthand 2 kopierte Einheit B wurde durch äußere Einflüsse und Interventionen beeinträchtigt: Die äußere Hälfte von Blatt 80 ging komplett verloren (s. u. *Erhaltungszustand*) und wurde zu einem späteren Zeitpunkt restituiert, und zwar so, dass die noch vorhandene Blatthälfte auf ein ganzes Restaurationsblatt geklebt wurde. Original an f. 80 ist also nur noch die innere Hälfte der Rectoseite bzw. Kol. 1 auf f. 80r. Dort bricht Haupthand 2 vorübergehend ab. Auf dem bereits restaurierten Blatt trug der Ergänzer auf der Rectoseite in Kol. 2 und auf der ganzen Versoseite den verlustig gewordenen Text nach (inc. *Geogr.* 7,1,92 Ἰατούρ, exp. *Geogr.* 7,2,12 συμβάλλοντες πρότερον ἀπὸ τῶν ὑπερκειμένων τῆς Χερσονήσου). Darauf folgt Einheit C mit 21 leeren Blättern. Ab Block 2 von Einheit B, also ab f. 102r, wird der Text regulär und anschließend an den zerstörten und durch den Ergänzer ersetzten Passus von Haupthand 2 fortgesetzt.

Haupttext: (Haupthand 1) Eher kleinformatige, regelmäßige, richtungslose und undynamisch wirkende Minuskelschrift bei geringem Zeilenabstand und durchschnittlichen Ober-/Unterlängen; Verbindungsgrad der Buchstaben durchschnittlich, Worttrennung eingehalten; wenige Suprapositionen und Abkürzungen. Schrift unterzeilig; Tinte bald eher dunkelbraun, bald eher hellbraun. Trotz ihres kleinen Formats ist die Schrift breit, weist abgesehen davon jedoch keine hervorragenden Charakteristika auf, bemerkenswert ist jedoch der nicht seltene Gebrauch des „klassischen“ (gleichsam Ypsilon-förmigen) Minuskel-Beta.

(Haupthand 2) Richtungslose, recht hölzern und eckig wirkende Minuskelschrift bei geringem Zeilenabstand und durchschnittlichen Ober-/Unterlängen; Verbindungsgrad der Buchstaben durchschnittlich, Worttrennung eingehalten, aber nur durch sehr geringe Abstände markiert; nur wenige Suprapositionen und Abkürzungen. Schrift, soweit erkennbar, unterzeilig; braune Tinte. Auch diese Schrift zeichnet sich durch keine auffälligen Charakteristika aus. Bisweilen wurden auf der Rectoseite in der zweiten Kolumne am äußeren Rand des Schriftspiegels Schlussbuchstaben oder Abkürzungszeichen schwungvoll in den äußeren Rand hinein verlängert.

Auszeichnungsschriften: (Haupthand 1) Braune Auszeichnungstinte für den Werktitel, die Buchanfangs- und Schlusstitel, die Kapiteltitel, Initialen und weitere Hervorhebungen; diese Tinte ist zum Teil verblasst. Werktitel (f. 1r) in epigraphischer Auszeichnungsmajuskel («ΚΛΑΥΔΙΟΥΠΤΟ-ΛΕΜ/ΑΙΟΥΓΕѠΓΡΑΦΙΚΗΣ ΥΦΙ/ΓΗΣΕѠΣ [*sic*]»; die passenden Akzente und Spiritus wurden mit weinroter Auszeichnungstinte vom Ergänzer hinzugefügt). Bisweilen Kapiteltitel gegenüber dem Haupttext in größerformatiger, aber formgleicher Auszeichnungsminuskel, zum Teil ohne Verbindung der Buchstaben und mit höherem Anteil an Majuskelformen; vereinzelt Kapiteltitel in kalligraphischer Auszeichnungsminuskel (z.B. f. 29v, Kol. 2, unten; f. 131r, Kol. 1, unten).

(Haupthand 2) Blassbraune Auszeichnungstinte für die Buchanfangs- und Schlusstitel, für Kapiteltitel, Initialen sowie weitere Hervorhebungen. Kapiteltitel wurden nicht selten mit deutlich vergrößerten Buchstaben geschrieben und weisen mehr Majuskelformen als der Haupttext auf.

Ausstattung, Buchschmuck, Illustrationen

(Haupthand 1) Im Ortskatalog vor Kapiteltiteln mit der Auszeichnungstinte hübsche, filigrane, aber einfache Zierlinien. – (Haupthand 2) Vor Kapiteltiteln mit der Auszeichnungstinte hübsche, in der Regel einfache, vereinzelt auch kunstvollere Zierlinien (für ein kunstvolleres Beispiel siehe die zoomorphe Zierlinie auf f. 70r). Vor *Geogr.* 8 schmucker Zierbalken. – Auf f. 41r und 80r mit leuchtend roter Tinte Zierknoten vom Ergänzer.

Initialen: **A:** Die von Haupthand 1 mit der braunen Auszeichnungstinte ausgeführten Initialen sind herausgestellt, vergrößert, weisen oft die Formen der epigraphischen Auszeichnungsmajuskel auf und sind in der Regel filigran und dezent verziert und in *Geogr.* 1 meistens, in den übrigen Büchern bisweilen mit einem Zierelement unterhalb des Buchstabens versehen. Die Initialen wurden mehrfach nicht ausgeführt (in erhöhtem Maß in Block 2) und in Block 1 vom Ergänzer mit einer leuchtend roten Tinte nachgetragen;[33] er hat, vor allem in *Geogr.* 1, nicht nur die von ihm ausgeführten Initialen häufig im Stil von Haupthand 1, jedoch üppiger, verziert und sowohl ober- als auch unterhalb des Buchstabens mit Zierelementen bestückt, sondern zum Teil auch den Initialen von Haupthand 1 zusätzliche Verzierungen beigefügt. Im Ortskatalog sind seine ergänzten Initialen meist sehr einfach und in Minuskelform.

B: Die von Haupthand 2 mit der blassbraunen Auszeichnungstinte ausgeführten Initialen sind herausgestellt, vergrößert (in *Geogr.* 8 zum Teil beträchtlich) und weisen oft die Formen der epigraphischen Auszeichnungs-

---

33 In Block 2 wurden nur gerade auf f. 136v, der letzten mit Schrift versehenen Seite, mit leuchtend roter Tinte einige Initialen nachgetragen, die aber ihren Formen nach von einer anderen Hand stammen dürften.

majuskel auf; jeweils die erste Initiale eines Kapitels ist bescheiden (in *Geogr.* 8 kunstvoller) verziert. Der Ergänzer scheint in dieser Einheit (abgesehen von den infolge eines fast den ganzen Block 1 betreffenden Schadens nötig gewordenen Textwiederherstellungen, siehe dazu unten *Erhaltungszustand*, und den im Nachhinein eingefügten Skizzen, dazu gleich unten *Zeichnungen*) nur gerade auf den Blättern 103v–104r, 106v und 108r sowie in den Anhängen (konkret auf f. 120v–121v) interveniert zu haben: Auf f. 103v schmückte er eine Initiale aus, auf f. 104r füllte er neben wenigen anderen Interventionen einige wenige „Buchstabenbäuche" mit roter Tinte aus, auf f. 106v trug er in der Kapitelübersicht zu *Geogr.* 8 die Anzahl der Länder und Städte nach, die vom Kopisten zum Teil ausgelassen worden waren (vielleicht, weil ihre Ausführung mit Auszeichnungstinte vorgesehen gewesen wäre?), auf f. 108r schließlich beschränkt sich seine Intervention auf ein kleines rotes Kreuz an einem Absatzende.[34] Auf f. 120v–121v ergänzte er mehrere Titel, Untertitel und Initialen, für die der Kopist Raum ausgespart hatte; ihre Ausführung wäre sicherlich mit Auszeichnungstinte vorgesehen gewesen, war aber unterlassen worden.
Zeichnungen: ***1*** (f. 14v, Kol. 2, oben) Einfache Kegelprojektion: Zwei nebeneinander platzierte, an der korrekten Textstelle eingefügte, identische Skizzen. Für die Verteilung der Beschriftungen und die nicht ganz richtige Ausführung der Zeichnungen gelten die oben auf S. 126 gemachten Bemerkungen. Die Rechtecke sind deutlich zu wenig breit und erfüllen die Forderung des Ptolemaios, die Längsseiten sollten doppelt so lang wie die Breitseiten sein, nicht.
2 (f. 15r, Kol. 2, unten) Neigungswinkel: Die zwei nebeneinander platzierten, identisch gezeichneten und beschrifteten Skizzen sind in *Geogr.* 1,24,15 zwischen οἵων εἰσίν αἱ ὀρθαὶ τξ und ἡ λοιπὴ δὲ καὶ und somit zu spät, aber an genau derselben Stelle, wo sich die entsprechende Zeichnung im Urb. gr. 82 (U) befindet, in den Text eingefügt. Beide Skizzen weisen hinsichtlich des Mittelmeridians den bekannten Fehler auf (s. o. S. 127 f.), geben Syene-Parallelkreis und Äquator aber richtig wieder.
3 (f. 15v, Kol. 1, Mitte) Ermittlung des Punktes η: Diese Zeichnung ist an der korrekten Stelle in den Text eingefügt und einigermaßen verständlich, wenn auch nicht ganz korrekt dargestellt, da der Punkt θ nicht in der Mitte der Strecke βζ liegt. Es ist deutlich erkennbar, dass der Kopist ursprünglich eine Verbindungsstrecke zwischen den Punkten η und β zog, diese aber wieder löschte und korrigierend, aber nicht sehr schön und ohne Lineal, die Verbindungsstrecke ηθ eintrug. Unmittelbar beim Kreismittelpunkt steht, wie auch in Handschrift U an entsprechender Stelle, ein Punkt ρ (zu diesem oben S. 129 mit Anm. 196).

34 Es könnte jedoch sein, dass die für f. 106v und 108r genannten Ergänzungen eher von derjenigen Hand stammen, die auf f. 136v interveniert hat (siehe vorangehende Anm.).

4a) (f. 16v, Kol. 1, Mitte) „Unverständliche Skizze“: Sie ist an der eigentlichen Stelle von Zeichnung **4** eingefügt.
4 (f. 16v, Kol. 2, ganz oben) Modifizierte Kegelprojektion: Genau wie in Handschrift U, erscheint auch hier in Handschrift n diese Zeichnung erst nach dem Schlusstitel zu *Geogr.* 1 und somit zu spät. Die Skizze ist verständlich ausgeführt, jedoch bildet die direkte Verbindung der Punkte υσ bzw. ihrer Pendants ψφ nicht eine gerade Strecke, sondern einen konkaven Kreisbogen (im Gegensatz zum Vorbild U). Außerdem wurden einige Punkte fehlerhaft positioniert: μ und ν liegen auf dem Äquator statt auf dem südlichsten Parallelkreis, und τ scheint gleichsam denselben Punkt zu bezeichnen wie ω, während χ fälschlicherweise das Pendant zu Punkt ω bildet.
5 (f. 105v, am unteren Rand) Armillarsphäre: Diese Zeichnung wurde im Nachhinein mit dunkelbrauner Tinte angebracht, vermutlich vom Ergänzer. Sie ist beinahe identisch mit der entsprechenden Skizze in der Ausgabe von Nobbe 2, 186, gegenüber dieser jedoch um 90° im Uhrzeigersinn gedreht; deshalb muss die Handschrift um 90° gegen den Uhrzeigersinn gedreht werden, will man die eingetragenen Punkte korrekt sehen (die einzige Ausnahme bietet die Beschriftung «ὄψιν» [*sic*]). Für den eigentlichen Punkt γ scheint in der Handschrift eher der Buchstabe ν zu stehen, und für den eigentlichen Punkt σ steht ein β. Außerdem geht der Sehstrahl ωφ – im Gegensatz zu der entsprechenden Abbildung in der *Editio princeps* 451 – durch das Zentrum der beiden Kreise und ist der „oberste“ Sehstrahl (bzw. der äußerste Sehstrahl links, wenn man die Handschrift um 90° gegen den Uhrzeigersinn dreht) fälschlicherweise nicht mit dem Punkt α verbunden, sondern mit dem Schnittpunkt des inneren Kreises mit der Strecke αγ (bzw. αν in der Handschrift). Die Textstelle, an der die Figur eingefügt hätte werden müssen (Kol. 2, Z. 39, Ende), ist mit einem roten Punkt markiert, wie es scheint ebenfalls vom Ergänzer.

Die Zeichnungen sind anhand von Lineal und Zirkel vom Kopisten (Haupthand 1) mit der braunen Auszeichnungstinte recht sorgfältig ausgeführt und mit der Tinte des Haupttexts beschriftet worden (mit Ausnahme von Zeichnung **5** und der zusätzlichen Zeichnungen, zu letzteren gleich unten). Sie sind haargenau an denselben Textstellen eingefügt wie die Zeichnungen im Urb. gr. 82 (U). Auch die Ausführung der Zeichnungen ist (abgesehen von der linken Skizze der Zeichnung **2**) weitgehend identisch mit derjenigen in Handschrift U.
Zusätzliche, vom Ergänzer hinzugefügte Zeichnungen:[35] **1)** (f. 3r, in der Mitte des unteren Randes) Skizze zu den Bogensegmenten auf Erd-/Himmelskugel (= Zeichnung **b**): Die Skizze wurde auf derjenigen Seite angebracht, auf welcher das zweite Kapitel von *Geogr.* 1 endet und das ganze

35 Siehe auch oben Zeichnung **5**.

dritte Kapitel steht; insofern kann die Platzierung als korrekt betrachtet werden.[36] In der Skizze öffnet sich der Winkel nicht nach oben, sondern nach rechts. Beschriftet wurde die Skizze mit den Punkten α–η (in haargenauer Entsprechung zu derselben Skizze im Bonon. Bibl. Univ. 2280 [g], f. 3v), zusätzlich steht bei Punkt α «Ῥόδος.» und bei Punkt γ «Συήνη.».

2) (f. 7r, am unteren Rand, unterhalb von Kol. 2) Skizze zum Verkürzungsfaktor (siehe dazu oben S. 42 f.), hier *Geogr.* 1,11,6 zugeordnet; die Zeichnung hat wiederum eine Entsprechung in Handschrift g, die Beschriftung der Skizze ist jedoch nur teilweise identisch in den beiden Handschriften: In unserer Handschrift n beschränkt sie sich auf die drei Vermerke «τετρακόσια στάδ(ια) / ἡ μοῖρα.», «πεντακοσίων σταδιῶν ἡ μοῖρα.» und «ἰσημερινὸς κύκλος.».

3) (f. 8v, am unteren Rand innen) Zeichnung zur Distanz zwischen Kap Kory und Kurula zu *Geogr.* 1,13, genau gleich wie die entsprechende Skizze in Handschrift g, jedoch gegenüber dieser um 90° im Gegenuhrzeigersinn gedreht, wodurch das Rechteck auf der Kurzseite βδ steht. Die Beschriftungen sind fast identisch mit denjenigen in Handschrift g: In der Ecke γ des Rechtecks αβγδ steht «Κούρουρα», in der Ecke β «Κῶρυ». Zusätzlich in Handschrift n befindet sich rechts neben der Skizze der Eintrag «τῆς δ̅ γ̅ πόλεως».[37] Vielleicht wurde für diese Skizze kein Lineal verwendet.

4) (f. 14r, am inneren Rand, oberhalb der Mitte) Kleinformatige, ohne Lineal ausgeführte illustrierende Skizze zu *Geogr.* 1,24,1: Parallelogramm αβγδ, dessen Längsseiten doppelt so lang wie seine Breitseiten sind.

5) (f. 105r, am unteren Rand) Vorstufenzeichnung zu Zeichnung **5**, identisch mit der entsprechenden Skizze in der *Editio princeps* 453; einzig Punkt ρ ist in der Handschrift nicht eingetragen.

6) (f. 122v) Auf dem freien Raum dieser Seite (auf ihr endet der Text, der hier nur noch die ersten neun Zeilen von Kol. 1 beansprucht) befindet sich in der Mitte gegen außen ein „Planetensystem“ (Durchmesser 133,5 mm).

7) (f. 122v) Unten gegen außen eine weitere geometrische Skizze, die den Winterwendekreis und den Äquator darstellt (Durchmesser knapp 113 mm).[38]

---

36 Die Skizze bezieht sich auf *Geogr.* 1,2,8, d. h. auf den letzten Paragraphen des zweiten Kapitels (siehe dazu oben S. 125).

37 Die Bedeutung dieses Eintrags in Bezug auf die Passage *Geogr.* 1,13,1–4, die durch die Skizze illustriert wird, ist jedoch nicht ersichtlich.

38 Der Vollständigkeit halber sei erwähnt, dass auch hier im Ayer MS 743 (n) – ähnlich wie im Bonon. Bibl. Univ. 2280 (g) – auf f. 15r (am unteren Rand [unterhalb von Zeichnung **2**]) und auf f. 15v (am oberen Rand sowie links und rechts von Zeichnung **3**) mehrere Abstände auftauchen, die mittels kurzer horizontaler Linien dargestellt werden, deren Enden mit Punkten bezeichnet sind, während der Wert des Abstandes etwa auf mittlerer

Der Ergänzer hat die Skizzen wahrscheinlich unter Beizug von Zirkel und Lineal vorgezeichnet und dann mit dunkelbrauner Tinte nachgefahren und beschriftet.

Einband

Der vielleicht venezianische und vielleicht aus dem 15. Jh. stammende Einband[39] besteht aus zwei hölzernen Buchdeckeln, die etwa 7 mm dick und ohne Überzug und Schmuck sind, sowie einem mit braunem Leder überzogenen Buchrücken mit vier Bünden. Die Farbe des Leders ist etwa gleich wie diejenige der Holzplatten. Auf denjenigen Partien des Leders, die den Ansatz der Buchdeckel überlappen, sowie auf dem Buchrücken befinden sich einfache Blindstempelmuster. Zwischen dem ersten und dem zweiten Bund des Buchrückens von oben ist eine dunkelbraune Lederetikette angebracht, auf der in goldenen Lettern steht: «CL / PTOLOM / GEOGRA/PHIA. / GRAE.M». Die Etikette ist zum Teil beschädigt, es ist nicht auszuschließen, dass auf der zweitletzten Zeile nach dem Punkt und auf der letzten Zeile nach dem letzten Buchstaben – der vielleicht für „m(anuscriptum)“ oder „m(anuscripta)“ steht – ein weiterer Buchstabe folgte. An den äußeren Rändern der Buchdeckel sind deutliche Spuren von zwei nicht mehr vorhandenen Schließen zu erkennen. Es fällt außerdem auf, dass der äußere und untere Schnitt mit den Buchdeckeln bündig sind, während oben die Buchdeckel den Schnitt um 7–9 mm überragen. Auf dem Vorderdeckel sind etwas unterhalb der Mitte die Einkerbungen eines mit einem Zirkel gezogenen Kreises sichtbar, der einen Durchmesser von 132,5 mm aufweist. Außerdem scheint gerade unterhalb dieses Kreises ein von unten nach oben geschriebenes (vielleicht eingebranntes?) kurzes, nicht entzifferbares Wort zu stehen; beim ersten Zeichen könnte es sich um den Buchstaben G oder die Ziffer 6 handeln. Beide Spiegel sind mit qualitativ minderwertigem Pergament mit zahlreichen „Augen“ (zu diesem Begriff oben S. 115) und durch die Pergamentform bedingten fehlenden Ecken beklebt. In der Mitte des vorderen Spiegels prangt eine hochformatig rechteckige eingeklebte Papieretikette mit dem Aufdruck: «THE HENRY STEVENS / Ptolemy Collection / Begun in 1848 and since his death in 1886 / continued by his son Henry Newton / Stevens until acquired in 1898 by / EDWARD E. AYER / Introduction to Geography / Greek manuscript, about 1260–70. / The complete Greek text annotated / and corrected (1320–25) by Nice-

Höhe der Linien eingetragen ist. Siehe dazu auch den Kommentar zu Zeichnung **3** in der Beschreibung der Handschrift r.

39 Für diese Datierung siehe QUARITCH 1899, 139; DE RICCI/WILSON 1935, 1, 548 schlagen als Entstehungszeit für den Einband ca. 1700 vor.

phoras [*sic*] / Gregoras, the Byzantine historian / No maps». Dieser Text ist schwarz gedruckt, mit Ausnahme der zweiten Zeile in rot. Er wird umgeben von einem ganz in Schwarz gehaltenen Rahmen im „Holbein-Stil", der einem Kartenrahmen aus der lateinischen Basler Ptolemaios-Edition von 1540 nachempfunden ist.[40] In der oberen äußeren Ecke der Etikette, bereits außerhalb des Rahmens, steht mit Bleistift von der modernen Hand 3[41] die Signatur «Ayer MS 743». Oben in der Mitte des vorderen Spiegelblattes wurde noch vor dem Einkleben der Etikette mit brauner Tinte von einer modernen Hand die Inhaltsangabe «Geographia / Claudij Ptolemaei Geographia» notiert. Oben gegen außen, zum Teil diese Inhaltsangabe überschreibend, steht mit Bleistift, wohl von der modernen Hand 2, eine jüngere, englische Inhaltsangabe «Ptolemy / Geography / written about 1250». Rechts von der Etikette mit Bleistift, vermutlich von der modernen Hand 1, revidierender Datierungsvermerk «1260–70 incorrect / nearer 1370–90». Unterhalb der Etikette mit Bleistift, vielleicht von ebendieser Hand, Datierungsvermerk «C. 1260–1270». Am inneren Rand, etwa in der Mitte, sind Überreste einer eingeklebten Etikette zu sehen. Das hintere Spiegelblatt ist leer, bis auf eine am unteren Rand, etwa in der Mitte befindliche, mit brauner Tinte geschriebene und vielleicht von der späteren Hand 2 ausgeführte kleinformatige Notiz über 26 Karten «καὶ κ̅ς̅ π(ί)ν(α)κες».

Die Handschrift enthält keine Schutzblätter.

Erhaltungszustand

Die Handschrift ist im Großen und Ganzen gut erhalten, hat aber im Lauf der Zeit mehrere Schäden erfahren, die man zu beheben versuchte. Im Folgenden werden die auffälligsten Beeinträchtigungen beschrieben.

A, Block 1: Die Blätter 1–2 waren offenbar am inneren Rand, besonders an den Ecken oben und unten, sowie an der oberen äußeren Ecke und vor allem im unteren Bereich der inneren Textkolumne beschädigt und wurden zu einem späteren Zeitpunkt restauriert. Im Fall des letztgenannten Schadens im unteren Bereich der inneren Textkolumne hat auch der Text gelitten. Vermutlich handelte es sich um größere Löcher im Papier, die mit Papierstücken überklebt wurden; auf diesem fensterartig eingefügten Restaurationspapier, das sich qualitativ nicht wesentlich vom Hauptpapier zu unterscheiden scheint, hat der Ergänzer den verloren gegangenen Text nachgetragen.

B, Block 1: Ab f. 63–79 wurden die Blätter in der Mitte des unteren Randes beschädigt. Es sieht so aus, als hätte man jeweils ein dreieckförmiges

40 Dazu und zu der Symbolik dieses Rahmens siehe Lockwood 1929, 168.

41 Zu den späteren Händen 1–3 und den modernen Händen 1–3 siehe oben *Beigaben*.

Stück herausgeschnitten, das vorerst bis auf die Höhe des unteren Randes des Schriftspiegels reicht, sich aber mit zunehmender Foliozahl immer höher in das Interkolumnium hinaufzieht und zum Teil auch den Text beeinträchtigt. Auf f. 79 erstreckt sich dieses Dreieck mindestens bis auf Dreiviertelhöhe des Blattes. Vermutlich war dieselbe Art von Schaden verantwortlich dafür, dass die äußere Blatthälfte von f. 80 gänzlich verloren ging. Die übrige Blatthälfte wurde auf ein ganzes Restaurationsblatt geklebt.[42] Der Grund für diese Schäden ist vorerst nicht erklärbar. Sie wurden mit Papier repariert, das sehr feine Ripplinien und ein nicht näher bestimmbares Wasserzeichen aufweist (Wasserzeichenausschnitte sind auf f. 78 zu erkennen).[43] Außerdem hat der Ergänzer den weggeschnittenen Text mit dunkelbrauner Tinte bzw. gegebenenfalls mit roter Auszeichnungstinte nachgetragen.

B, Block 2: Der untere Rand der ersten und letzten beiden Blätter dieses Blockes (f. 102–103 bzw. f. 121–122) wurde mit Papier verstärkt; bei den ersten beiden und dem letzten Blatt betrifft dies gut die äußere Hälfte des unteren Randes, bei f. 121 beschränkt sich die Restaurierung auf eine kleine Stelle in der Mitte gegen innen. Ebenso wurde der obere Teil des äußeren Randes der Blätter 105–106 mit Papier geflickt. Außerdem wurden auf f. 122 im oberen Bereich der äußeren Kolumne Wurmfraßlöcher mit Restaurationspapier abgedeckt. Den dadurch betroffenen Text hat einmal mehr der Ergänzer wiederhergestellt.

A, Block 2: Mit Ausnahme des letzten Blattes (f. 143) ist dieser Block in der Mitte des unteren Randes beschädigt: Mit zunehmender Foliozahl fehlt ein zunehmend größeres Stück Papier ([unabsichtlich] herausgerissen oder herausgefressen?), hier allerdings ohne Beeinträchtigung des Textes. Außerdem ist der obere Teil des äußeren Blattrandes von f. 123 weggerissen und wurde die obere äußere Ecke des folgenden Blattes 124, die ebenfalls verloren gegangen war, mit hellem transparentem Papier restauriert. Auf den leeren Blättern 140–142 fehlt auf Dreiviertelhöhe ein Stück des äußeren Blattrandes.

Aufgrund der Schäden scheint man für die beiden Blöcke der Einheit A ein bis zur Zusammenführung in dem heutigen Ayer MS 743 weitgehend unabhängiges Schicksal zumindest in Betracht ziehen zu müssen: Der ab dem ersten Blatt beschädigte untere Rand von Block 2 ist offenbar keine Fortsetzung einer Beeinträchtigung, die auch Block 1 wenigstens am Schluss erfahren hätte. Auch die beiden Blöcke der Einheit B weisen deutliche Schadensunterschiede auf: Besonders die Beschädigung im un-

42 Zu f. 80 siehe auch oben *Schreiber*.

43 Diller 1936, 239 datiert dieses Restaurationspapier (zusammen mit der Hand des Ergänzers) in das späte 15. Jh. – Für die Restaurierung von f. 80 wurde anderes Papier verwendet.

teren Bereich der Blätter von Block 1, die sich immer höher in das Blatt hinaufzieht und bis zum Verlust der äußeren Hälfte des letzten Blattes führte, tritt in Block 2 nicht auf. Dass diese Unterschiede von einem zeitweilig separaten Schicksal der Blöcke zeugen könnten, muss als Möglichkeit ins Auge gefasst werden, auch wenn ein solches Szenario für die Entstehungsgeschichte der Handschrift schwer erklärbar scheint.
Die Holzdeckel weisen mehrere Wurmlöcher auf.

Stemmatologische Notizen

Der Ayer MS 743 (n) wurde von Schnabel zu Recht der Textfamilie ψ mit ihrer Leithandschrift Urb. gr. 82 (U) zugeteilt. Sowohl die Kodikologische Einheit A als auch die Kodikologische Einheit B des Ayer MS 743 (n) gehen eindeutig auf den Urb. gr. 82 (U) zurück. Bei Einheit B handelt es sich sogar mit Sicherheit um eine direkte Abschrift, wie eine durchgestrichene Passage auf f. 63r im Umfang von 8 Zeilen klar beweist: Interessanterweise fällt der letzte Eintrag vor dem Durchgestrichenen mit dem letzten Eintrag auf f. 42v im Urbinas zusammen, während der erste Eintrag nach dem Durchgestrichenen dem ersten Eintrag auf f. 43r des Urbinas entspricht. Der durchgestrichene Text selbst ist identisch mit dem Anfang der zweiten Kolumne auf f. 42v des Urbinas. Offensichtlich begann also der Kopist versehentlich die zweite Kolumne von f. 42v ein zweites Mal abzuschreiben, bemerkte den Irrtum relativ rasch, strich den überflüssigen Text durch und wendete sich der Abschrift des folgenden Blattes zu.[44]
Ausgewählte Stellen: Die **Kapitelübersicht zu *Geogr.* 1** hat gemäß der Ξ-Rezension 24 Kapitel, war jedoch ursprünglich nur in die 23 Kapitel der ω-Rezension unterteilt. Sie wurde vermutlich von zwei späteren Händen bearbeitet. Die eine Hand gehörte dem Ergänzer. Er löschte die Partie «πορίας καὶ» des ursprünglichen Wortlauts des Titels zu Kapitel 8 gemäß der ω-Rezension, die auf Zeile 34 stand.[45] Darauf ergänzte er mit einer braunen Tinte, die nur minimal dunkler als diejenige des Haupttexts ist, auf Zeile 33 die zweite Hälfte des Wortes «ὁδοι⟨πορίας⟩» (die Ergänzung ist in spitzen Klammern dargestellt), wobei er dazu den rechten Kolumnenrand deutlich übertreten musste. Schließlich schrieb er auf den zuvor gelöschten Anfang von Zeile 34 den Beginn des Kapitels 9 gemäß der Ξ-Rezension «Ἡ αὐτὴ διόρθωσις ἀπὸ». Zuvor schon hatte eine andere Hand, die mit spitzer Feder und gegenüber dem Haupttext mit etwas hellerer brauner Tinte schrieb – offenbar die spätere Hand 1 (siehe oben

44 Diese Beobachtungen sind Diller 1936, 238f. zu verdanken.
45 Zum vollständigen Wortlaut des Kapiteltitels s.o. S. 122. Wie der ursprüngliche Text gelöscht wurde, ist nicht klar zu bestimmen; das Papier weist keine evidenten Rasurspuren auf. Betrachtet man die Stelle jedoch mit dem Lightviewer, sieht man deutlich, dass das Papier hier beeinträchtigt ist.

Beigaben zu f. 1r/v) –, die meistens unterlassenen herausgestellten Initialen der Kapiteltitel ergänzt und diese Titel am linken Kolumnenrand mit griechischen Ordinalzahlen von 1–24 durchnummeriert. Der Ergänzer seinerseits wiederholte sowohl die Initialen als auch die Nummerierung, jedoch in Kardinalzahlen, mit wohl eigentlich leuchtend roter Auszeichnungstinte, die aber über der braunen Tinte weinrot wirkt. Im Text sind die Kapitel am linken Kolumnenrand mit Ordinalzahlen, auf die jeweils ein Punkt folgt, durchnummeriert. Die Zahlen stammen ebenfalls vom Ergänzer und sind in der Regel mit der weinroten, manchmal mit einer gräulichviolett wirkenden Auszeichnungstinte ausgeführt.[46]

Die **Homoioteleuton-Lücke** in *Geogr.* 1,24,17 ist zwar nicht vorhanden (vgl. f. 15v, Kol. 1); der Passus beginnt jedoch, genau wie im Arch. Selden. B. 46 (N) und im Coislin 337 (f), aber auch im Urb. gr. 82 (U) und im Seragl. G. İ. 57 (K), mit «τότε ζ̄» (statt τὸ δὲ ζ). Außerdem wurde er leicht fehlerhaft (siehe die kursiven Passagen) und mit einer kleinen, aber sehr aufschlussreichen Variante (fett hervorgehoben) kopiert: «τότε ζ̄ ⟨δι'⟩ *οὐ* [*sic*] γραφήσεται ὁ / ἀφορίζων τὸ νότιον πέρας. **Καὶ / τὸ κ̄** δι οὗ [*sic*] γραφήσεται ὁ ἀφορίζων / τὸ βόρειον πέρας (corr. ex μέρας).».[47] Die Variante entspricht haargenau dem Wortlaut der von einer späteren Hand ergänzten und ursprünglich fehlenden Passage in Handschrift U!

Anhänge: (f. 120v) *Poleis diasemoi* Taprobanes (*Geogr.* 8,28) in der Reihenfolge nach der ω-Rezension und in folgender Form: «Ναγάδιβα» – «Ταλακόρι» – «Μαάγραμμον μητρόπολις», haargenau gleich wie im Urb. gr. 82 (U).

1 (f. 120v, Kol. 1, unten – 121r, Kol. 2, oben) Liste der Provinzen oder Satrapien der Oikumene gemäß der ω-Rezension; für den Titel, die Angabe des jeweiligen Kontinents und der Kartennummer sowie den Schlussparagraphen (*Geogr.* 8,29,29) wurde zwar Platz ausgespart; diese Elemente, deren Ausführung vermutlich mit der Auszeichnungstinte vorgesehen war, und mehrere Initialen wurden jedoch mit dunkelbrauner Tinte vom Ergänzer nachgetragen.

2 (f. 121r, Kol. 2, unten – 121v, Kol. 1, oben) Scholien zur Armillarsphäre.

3 (f. 121v, Kol. 1, Mitte) Tabelle des Sonnenlaufs gemäß der ω-Rezension.

5 (f. 121v, Kol. 1, unten – Kol. 2, oben) Scholion zum Verkürzungsfaktor. Auf der Höhe der ersten Zeile dieses Anhangs, am äußeren Rand, hat eine spätere Hand, wohl eher nicht diejenige des Ergänzers, mit brauner Tinte und spitzer Feder «ἰστέον ὅτι» hinzugefügt.

46 Bei dieser gräulichvioletten Tinte handelt es sich höchstwahrscheinlich ebenfalls um die weinrote Tinte, die sich im Lauf der Zeit verfärbt hat, stellenweise bis zum Tintenfraß.

47 Die Korrektur stammt vom Kopisten selbst.

6 (f. 121v, Kol. 2, unten – 122v, Kol. 1, oben) Verzeichnis der Länge und Breite der einzelnen Karten.

Anhänge **4**, **7** und **8** (Epitome von *Geogr.* 7,1–4; Hexametergedicht auf die Weltkarte des Ptolemaios; Agathodaimon-Subskription) fehlen. Dass das Hexametergedicht und die Subskription nicht vorhanden sind, ist insofern bemerkenswert, als der Schluss des in dieser Handschrift letzten Anhangs **6** nur noch die ersten neun Zeilen der ersten Kolumne von f. 122v beansprucht und der Rest dieser Seite ursprünglich leer war.[48] Der Kopist (Haupthand 2) scheint demnach entweder diese Anhänge bewusst weggelassen (Platz dazu wäre zur Genüge vorhanden gewesen) oder in seiner Vorlage nicht vorgefunden zu haben. Da hingegen die Vorlage des von Haupthand 2 kopierten Textes mit höchster Wahrscheinlichkeit der Urb. gr. 82 (U) war, ist erstere Hypothese vorzuziehen.

Geschichte

Der Ayer MS 743 (n) entstand im ersten Drittel des 15. Jh. (Wasserzeichen!) in Italien[49] und ist eine direkte Abschrift des Urb. gr. 82 (U) (s.o. *Stemmatologische Notizen*). Kombiniert man die Ergebnisse der Wasserzeichenanalyse für die Datierung des Ayer mit den Stationen der Handschrift U (siehe die vorläufigen Bemerkungen zu Handschrift U, *Geschichte*), darf man davon ausgehen, dass unsere Handschrift n in Florenz kopiert wurde. Ungeklärt ist beim aktuellen Stand der Untersuchungen, weshalb der Ayer eine umfangreiche Textpartie doppelt enthält. Auf jeden Fall zeigen die leer gelassenen, aber linierten und somit zum Beschriften vorbereiteten Folia 137–143 am Schluss des Manuskripts, dass Hauptkopist 1 vermutlich durchaus plante, mit der Abschrift des Textes, die er auf f. 136v mitten im 6. Buch der *Geographie* unterbrach (wohl weil er am Ende einer Seite angelangt war und eine Pause einlegen wollte), zu einem späteren Zeitpunkt fortzufahren. Warum er nicht mehr dazu gekommen ist oder diesen Plan verwarf, ist unbekannt.

In den letzten Jahrzehnten des 15. Jh. gehörte unsere Handschrift dem aus Venedig stammenden Humanisten Ermolao Barbaro dem Jüngeren (1454–1493), der Philosophie-Professor in Padua und später Patriarch von Aquileia war. Barbaro hinterließ im ersten Block der Einheit A ab *Geogr.* 2 (für den theoretischen Teil der *Geographie* scheint er sich offensichtlich nicht näher interessiert zu haben) zahlreiche Randbemerkungen, die sich nicht selten auf Plinius' *Naturalis historia* und Pomponius Melas *Chorographie* beziehen; zu beiden Werken verfasste Barbaro Kommentare. Wie einige Ergänzungen zeigen, scheint Barbaro beim Stu-

48 Zu den nachträglich eingefügten Zeichnungen auf dieser Seite s.o. *Ausstattung*.
49 So auch DE RICCI/WILSON 1935, 1, 548 und MIONI 1958, 330.

dium unserer Handschrift n ein Vergleichsobjekt herangezogen zu haben. Dabei handelte es sich vermutlich um eine lateinische Edition.[50] Auf Grund einer Randnotiz des Ergänzers und unmittelbar darunter einer Bemerkung Barbaros (z.B. f. 17r, äußerer Rand) scheinen die Annotationen des letzteren zeitlich eher vor den Interventionen des Ergänzers angebracht worden zu sein, jedoch ist diese Einschätzung unsicher.[51]

Etwa um die Mitte des 18. Jh. gelangte der Ayer in das venezianische Kamaldulenserkloster San Michele di Murano. Giovanni Benedetto Mittarelli, der fast sein ganzes Leben in diesem Kloster verbrachte und ihm auch als Abt vorstand, scheint die Handschrift erworben zu haben (Mittarelli 1779, XVIII). In dem von ihm erstellten Katalog der reich bestückten Klosterbibliothek, der 1779 – zwei Jahre nach seinem Tod – gedruckt wurde, ist auch Handschrift n verzeichnet (s.u. *Bibliographie*).

Als Napoleon Bonaparte am 25. April 1810 sämtliche religiösen Institutionen per Dekret auflösen und ihre Güter beschlagnahem ließ, begannen die Mönche von San Michele di Murano, ihre besten Stücke in der Bibliothek zu verstecken oder zu verschachern, um sie vor dem Zugriff der französischen Besetzer zu bewahren. Ein beträchtlicher Teil des Bibliotheksbestandes gelangte jedoch in das Römer Kloster San Gregorio al Celio, das zu demselben Orden gehörte (Mioni 1958, 321f.). Die letzten beiden expliziten Zeugnisse des physischen Vorhandenseins unserer Handschrift n in der Klosterbibliothek von San Gregorio stammen von Giuseppe Valentinelli, dem Bibliothekar der Marciana, und von Karl Müller. Ersterer stattete der Klosterbibliothek 1865 einen Besuch ab, letzterer scheint unsere Handschrift im Sommer 1866 noch in Rom gesehen und kollationiert zu haben.[52] Spätestens seit Otto Cuntz' vergeblicher Suche nach der Handschrift (vgl. Cuntz 1923, 31) gilt sie unter den Forschenden, die sich mit der *Geographie* des Ptolemaios beschäftigen, als verschollen. Dies, obwohl Elpidio Mioni sie in einem bereits im Jahr 1958 veröffentlichten Artikel zum Verbleib der Bücher der Klosterbibliothek von San Michele di Murano mit dem Ayer MS 743 identifizieren

50 Diesen Schluss lässt eine Einfügung auf f. 31r zu: Die von Barbaro zwischen Tigullia und der Macra-Mündung (*Geogr.* 3,1,3) eingefügten drei Toponyme treten gemäß Nobbes und Müllers Ausgaben nur in einigen lateinischen Editionen auf. Offenbar hat Barbaro demnach durchaus lateinische Toponyme ins Griechische rückübersetzt; da er manche seiner Anmerkungen ganz in Griechisch hielt (s.o. unter den Beispielen in *Beigaben*), mag diese auf den ersten Blick vielleicht seltsam anmutende Hypothese des Rückübersetzens auf der Basis einer lateinischen Edition nicht unplausibel erscheinen.

51 Der Ergänzer wählte für seine Hinzufügungen in der Regel etwas großzügigere und vor allem regelmäßigere Zeilenabstände gegenüber der Marginalie auf f. 17r. Dies lässt vermuten, dass er das Kommentarstück zwar der korrekten Textstelle beifügen wollte und konnte, dann aber wegen der bereits vorhandenen Notiz Barbaros in Platznot kam und die Schrift dem Raum entsprechend anpasste.

52 Siehe dazu oben S. 69.

konnte (den er allerdings unter der Nummer 39 zitierte, unter der er im ersten Band des *Census of Medieval and Renaissance Manuscripts in the United States and Canada* [= DE RICCI/WILSON 1935] verzeichnet ist).

Im Zuge der Bildung des italienischen Nationalstaates konnte sich auch Rom trotz der Präsenz des Vatikans nicht länger der Aufhebung religiöser Institutionen entziehen. Die Bibliothek von San Gregorio sollte 1873 in die Biblioteca Nazionale Vittorio Emanuele überführt werden, ein Prozess, der offenbar höchst unkoordiniert und chaotisch ablief. Viele Bücher von San Michele bzw. San Gregorio verschwanden durch Veruntreuung und Diebstahl (zu diesen Ereignissen MIONI 1958, 326f.). Handschrift n muss genau dieses Schicksal erlitten haben. Allerdings tauchte sie in den Jahren 1898 und 1899 in zwei verschiedenen Verkaufskatalogen des Londoner Buchantiquars Quaritch wieder auf, wenn auch inkognito (für die Kataloge s.u. *Bibliographie*). Vermutlich war es der amerikanische Geschäftsmann und leidenschaftliche Buch- und Handschriftensammler Edward Everett Ayer (1841–1927), der sich das Manuskript erwarb, um die von ihm aufgekaufte Henry Stevens Ptolemy Collection weiterzuführen, zu der es auch heute noch gehört. 1911 schenkte Ayer seine Sammlungen, darunter auch die Henry Stevens Ptolemy Collection, der Newberry Library in Chicago.

Für den Ayer MS 743 (n) wird hier zum erstenmal überhaupt eine ausführliche Beschreibung gegeben. Noch nicht angesprochen wurde oben das Auftreten des von Nikephoros Gregoras verfassten Kommentars zur *Geographie*, der in unserem erwiesenermaßen direkt vom Urb. gr. 82 (U) abgeschriebenen Manuskript n (s.o. *Stemmatologische Notizen*) mit Sicherheit aus einer anderen Handschrift, die diesen Kommentar enthielt und deren Identität noch aufzuklären bleibt, ergänzt wurde. Außerdem ist es nicht auszuschließen, dass Zeichnung **5** und ihre Vorstufenzeichnung (siehe oben zusätzliche Zeichnung 5) auf der Basis der griechischen *Editio princeps* in die Handschrift eingetragen wurden; dies hätte freilich Konsequenzen für die Datierung der Hand des Ergänzers (dazu oben S. 155), sofern er tatsächlich für diese Zeichnungen verantwortlich war, wie hier vorgeschlagen wird. Trotz Rückfragen und eigenen Recherchen beim Antiquariat Bernard Quaritch Ltd (London) ist es bisher nicht gelungen, Näheres zum Weg der Handschrift n von Rom nach London und zum Verkauf des Kodex durch Quaritch herauszufinden.[53]

53 An dieser Stelle sei Nicholas Poole-Wilson und Katherine Spears vom Antiquariat Bernard Quaritch Ltd (London) mein herzlichster Dank ausgedrückt für ihre großartige Hilfsbereitschaft und für die Ermöglichung der Einsichtnahme von Geschäftsakten.

Bibliographie

Ruth Lapham Butler, *A Checklist of Manuscripts in the Edward E. Ayer Collection* (Chicago 1937) 89, Nr. 743.[54] – De Ricci/Wilson 1935, 1, 548 (Nr. 39) und 2, 2278. – Diller 1936, 238f. – Lockwood 1929, 166–169. – Mioni 1958, 318; 326f.; 330. – Mittarelli 1779, XVIII sowie 805 und 974. – Müller 1867, 279; 282f.; 286f. – Bernard Quaritch, *Catalogue No. 176: Manuscripts* (Jan. 1898) 13f., Nr. 40 = Id., *Catalogue No. 188: Geography, Voyages, Travels* (Mai 1899) 138f., Nr. 1160. – Richard 1995, 225. – Tsiotras 2006, 204–208. – Giuseppe Valentinelli, „Biblioteca di San Gregorio al Monte Celio in Roma“, *Archivio Veneto* 3 (1872) 152–156, dort 152.[55]

Art der Kontrolle

Original (Mai/Juni 2010).[56]

Firenze, Biblioteca Medicea Laurenziana, Conventi Soppressi 626 Sigle **d**

Claudius Ptolemaeus, *Geographia*.
Italien (Florenz?), 15. Jh. (erstes Drittel), Pergament, 592 × 457 mm; (2) 104 (1) / ⟨I–II⟩, 1–104, I′. – Olim Abbatiae 80. – Das erste Vorsatzblatt und das Nachsatzblatt sind aus Papier.

Inhalt

Claudius Ptolemaeus, *Geographia* + 1 Weltkarte + 26 Teilkarten:
(f. 1r–8v) *Geogr.* 1. – (f. 8v–17r) *Geogr.* 2. – (f. 17r–26v) *Geogr.* 3. – (f. 26v–33v) *Geogr.* 4. – (f. 33v–42r) *Geogr.* 5. – (f. 42r–48v) *Geogr.* 6. – (f. 48v–54r) *Geogr.* 7. – (f. 54v–55r) WK. – (f. 55v) leer. – (f. 56r–103r)[57] *Geogr.* 8 + 26 TK. – (f. 103v–104v) Anhänge zur *Geogr.*

---

54 Allerdings unter Angabe von teilweise ganz falschen Fakten: „Constantinople (?) 14th c. 230 pp. 40,8 cm.“

55 Offenbar Auszug aus einem bereits zuvor veröffentlichten Artikel in *Circolare della Libreria italiana*, Anno 2, Num. 18 (Milano 1865).

56 Die Handschrift wurde außerdem am 19. 09. 1991 mikroverfilmt.

57 Die 18 Folia 58v, 63r, 65r, 67r, 69r, 71r, 73r, 75r, 77r, 79r, 81r, 85r, 87r, 89r, 91r, 93r, 95r und 101r sind leer. Es handelt sich ausnahmslos um Karten-Rückseiten.

Beigaben: (*passim*) Häufig am Rand, seltener im Text mit der Tinte des Haupttextes, selten mit violetter Tinte, vom Kopisten Scholien oder Ergänzungen. – (f. 1r) Am oberen Rand mit rötlichbrauner Tinte vom Kopisten Schreiberspruch «εν ονοματι + τοῦ κυ(ρί)ου ἀμην :». Am unteren Rand, weggeschabt, nur der Spur nach sichtbar, mit hellbrauner Tinte Besitzvermerk (15. Jh.[58]) «Iste liber est monasterij sancte Marie sive Abbatie de Florentia s. [= signatus] LXXX. A. C.»; das Monogramm am Schluss («A. C.») ist mit blassbrauner Tinte von etwas anderem Farbton von anderer Hand hinzugefügt; zu seiner Bedeutung s.u. *Geschichte*. – (f. 53v–54r) Am Rand mit hellbrauner Tinte, wohl nicht von der Hand des Kopisten, Korrekturen.

Foliierung

Auf der Rectoseite in der oberen äußeren Ecke mit Bleistift von moderner Hand arabische Zahlen. Die Teilkarten sind oberhalb der Blattzahl mit brauner Tinte in arabischen Zahlen durchnummeriert von 1–26.

Beschreibstoff

Pergament von nicht höchster Qualität mit recht vielen „Augen".[59] Der Unterschied zwischen Fleisch- und Haarseite ist gut erkennbar.

Organisation der Lagen

Lagen: 13.IV$^{\text{f. }104}$. – Die Lagen beginnen in der Regel mit der Fleischseite und folgen der Gregory-Regel. Nur die 9. Lage (IV$^{\text{f. }65–72}$) im Atlasteil, die mit der Haarseite beginnt, bildet eine Ausnahme. Der Grund für dieses Abweichen von der Regel ist nicht ersichtlich.
Faltung: in-folio.
Kustoden: Alle in diesem Unterabschnitt beschriebenen Zeichen sind, sofern nicht anders vermerkt, mit brauner Tinte ausgeführt. Die Lagen werden jeweils auf der ersten Rectoseite und der letzten Versoseite in der Mitte des unteren Randes mit griechischen Zahlzeichen durchgezählt («$\overline{\alpha}$»–«$\overline{\iota\gamma}$»). – Zusätzliche Zählungen: ***1)*** Ab Lage 8 erscheint unterhalb der griechischen Zahl jeweils die entsprechende arabische oder römische Zahl. – ***2)*** Die Lagen 10–13 weisen jeweils auf der ersten Rectoseite eine zusätzliche Bezeichnung auf, die neben der Hauptkustode steht: (f. 73r) «primus», (f. 81r) «secundus», (f. 89r) «tetius» (*sic*), (f. 97r) «quartus». Warum diese Zählung ausgerechnet mit Lage 10, d.h. mitten im 8. Buch,

58 Datierung gemäß Gentile 1992b, 81.
59 Zu diesem Begriff s.o. S. 115.

mitten im Atlasteil und noch innerhalb der Beschreibung Europas auftritt, ist nicht ersichtlich. Ungeklärt ist auch, ob zwischen dieser Zählung und der von der Gregory-Regel abweichenden vorangehenden 9. Lage ein Zusammenhang bestehen könnte (s.o. *Lagen*). – ***3)*** Einige Blätter weisen auf der Rectoseite in der unteren äußeren Ecke Überreste einer weiteren Zählung auf: (f. 76r) «diiii 4» (es handelt sich um das 4. Blatt der 10. Lage), (f. 83r) «e iii» (3. Blatt der 11. Lage), (f. 90r) «fii 2» (2. Blatt der 12. Lage), (f. 91r) «fiii 3» (3. Blatt der 12. Lage), (f. 92r) «fiiii 4» (4. Blatt der 12. Lage), (f. 97r) «gi 1» (1. Blatt der 13. Lage). Diese Zählung setzte vermutlich in der 7. Lage mit „a" ein – immerhin sind auf den Blättern 66r und 67r, also in der 9. Lage, an den entsprechenden Stellen noch Schreibspuren mit brauner Tinte erkennbar, das Geschriebene ist jedoch weggeschnitten und nicht mehr entzifferbar. Warum wiederum ab der 7. Lage bzw. ab f. 49 mit dieser Zählung begonnen wurde, ist unbekannt; als mögliche Erklärung kommt in Frage, dass in der 7. Lage die erste Karte (nämlich die Weltkarte) auftritt und diese Zählung die korrekte Abfolge der Blätter garantieren bzw. eine Orientierung bieten sollte, nachdem die Blätter wohl nach der Abschrift des Textes und noch ungebunden dem Kartenzeichner überlassen wurden. – ***4)*** Nummerierung der Karten: (f. 58r [Eu. 1, östl. Hälfte]) am unteren Blattrand, sowohl innen beim Falz als auch in der Mitte «2» (die Weltkarte wurde offensichtlich als erste Karte mitgezählt), (f. 60r [Eu. 2, östl. Hälfte]) am unteren Blattrand in der Mitte «3», (f. 61r [Eu. 3]) am unteren Blattrand in der Mitte «59 4» (*sic*).

Keine Reklamanten.

Liniierung: Die Liniierung wurde mit Tinte auf jeder Seite angebracht; Einstichlöcher sind am oberen und unteren Blattrand gut sichtbar.

Jede der beiden Kolumnen wird gegen das Interkolumnium zu von je einer durchgezogenen Vertikale, gegen den Blattrand zu von je zwei im Abstand von +/-10 mm durchgezogenen parallelen Vertikalen begrenzt. Die Schreiblinien reichen von der inneren der jeweiligen Doppelvertikale bis zur inneren Kolumnenbegrenzung. Eine weitere durchgezogene Vertikale am äußeren Blattrand rundet das Linienschema ab. – Grundschema: *Muz.* 2-21-11 / 0 / 0 / JJ.

Im Ortskatalog (f. 9r–52v, mit Beginn der 2. Lage) werden die Kolumnen von je zwei weiteren, nicht bis zu den Blatträndern durchgezogenen Vertikalen unterteilt, die der Ausrichtung der Koordinatenangaben dienen. Manchmal, aber nicht mehr im Atlasteil, tritt am oberen Blattrand in der Mitte ein mit brauner Tinte gezeichnetes kleines Kreuz auf, sowohl auf Recto- als auch auf Versoseiten (zur Bestimmung der Mitte des Interkolumniums?).

Mehrere Folia, auf die Karten gezeichnet sind, weisen das Linienschema auch auf den bemalten Seiten auf (so bei der Weltkarte, den Europa-Karten 3–9 und der Asien-Karte 8). Andere Blätter sind auf den mit Karten versehenen Seiten nicht liniert (dies ist der Fall bei den Europa-Karten 1–2 und 10, allen vier Afrika-Karten und allen Asien-Karten mit Ausnahme der achten). Ab Europa-Karte 10, d.h. ab der 10. Lage, scheinen die Karten-Rückseiten, sofern sie leer sind, nicht mehr liniert zu sein (Ausnahmen bilden die Rückseite der westlichen Hälfte der Europa-Karte 10 [es handelt sich um die erste Karte in dieser Lage], wo noch das Grundmuster des Linienschemas, jedoch ohne Schreiblinien, zu erkennen ist, ebenso verhält es sich bei der Asien-Karte 4). Auf der Rückseite der östlichen Hälfte der Afrika-Karte 2, die mit der *Hypographe* zur Afrika-Karte 3 (*Geogr.* 8,15) beschrieben ist, also auf f. 78v, steht am oberen Rand gegen außen mit brauner Tinte ein erstes Mal «rigato» („liniert"); derselbe Eintrag, jeweils am oberen Rand, meist im äußeren Bereich, manchmal im inneren Bereich, tritt auch auf den Blättern 80v, 82v, 84v, 86v, 88v und 103v auf,[60] also ausnahmslos auf der Rückseite einer Karte bzw. eines Kartenteils.

Seitenlayout

Allgemein 2 Kol., 57–58 Z.
(f. 5r) 2 Kol., 57 Z., 590 × 459 mm, Schriftspiegel 430 × 320 mm.
(f. 49r) 2 Kol., 58 Z., 592 × 458 mm, Schriftspiegel 450 × 300 mm.

Schreiber, Schrift, Tinte

Schreiber: Schrift ähnlich derjenigen des thessalischen Kopisten Ioannes Skutariotes, dem sie zuerst fälschlicherweise zugeordnet wurde,[61] dessen Schrift aber etwas unausgeglichener, weniger rund, weniger gedrängt, aber etwas schwungvoller anmutet als diejenige im Laur. Conv. Suppr. 626 (d).
Haupttext: Ausgeglichene, gerade, eher runde und breite Gebrauchsminuskel mit durchschnittlichen Ober-/Unterlängen bei geringem Zeilenabstand; Worttrennung eingehalten, eher wenige Abkürzungen und Suprapositionen. Schrift unterzeilig, Tinte braun. Auffallend vor allem das breite Ypsilon, gerade auch in der Ligatur Epsilon-Ypsilon. Einige Elemente erinnern an das Modell Urb. gr. 82 (U) (dazu unten *Stemmatologische Notizen*), z.B. die ausgeprägte Form von Kappa bei mehreren aufeinanderfolgenden Zeilen, die mit καί beginnen (vgl. z.B. f. 34r, Kol.

60 Der Eintrag stand wohl auch auf f. 98v (wurde dort aber weggeschnitten, so dass er sich nur noch aus den noch vorhandenen Unterlängen der Buchstaben erraten lässt) und auf f. 102v (wo er aber weggeschabt wurde).

61 Vgl. dazu Fischer 1932, tom. prodr. 1, 262–265.

2, unten), oder stark hochgezogenes Majuskelgamma in der obersten Zeile (vgl. z.B. f. 32v–33r, 45r, 53r), oder die Verlängerung der Abkürzung für -ας am rechten Kolumnenrand (vgl. z.B. f. 53v, 82v). Die Schrift in *Geogr.* 7,7 (f. 54r, Kol. 2, unten) ist deutlich weniger ausgreifend und weist mehr Abkürzungen auf, zudem wird der rechte Kolumnenrand übertreten – ganz offensichtlich war der Schreiber bemüht, das Kapitel noch ganz auf dieser Seite unterzubringen, da die nächste Doppelseite bereits für die Weltkarte vorgesehen war.
Auszeichnungsschriften: Kapiteltitel und weitere Hervorhebungen (z.B. Völkernamen) mit mattroter, violetter oder dunkelblauer Tinte in meist leicht vergrößerter, weiter ausgreifender Minuskelschrift. (f. 9r, am Anfang des Ortskatalogs) Mit violetter Tinte in großen Majuskeln «ΕΥΡΩΠΗΣ».

Ausstattung, Buchschmuck, Illustrationen

(f. 1r, Kol. 1, oben) Farbige Titelkartusche (131 × 143 mm): Titel mit roter Tinte «ΚΛΑΥ/ΔΙΟΥ / ΠΤΟΛΕΜΑΙΟΥ, ΓΕΩ/ΓΡΑΦΙΚΗΣ / ΥΦΗΓΗ/ΣΕΩΣ», gerahmt von einem Vierpass, der von einem rosafarbenen, beidseitig von einer schwarzen Linie abgeschlossenen Band gebildet wird und in einem rechteckigen Teppich mit Goldgrund und eher einfachen Blumenmotiven in den Farben Grün, Blau und Rosa liegt. Der Teppich wird umgeben von einem rosafarbenen, beidseitig von einer schwarzen Linie abgeschlossenen rechteckigen Rahmen, dessen Ecken aus blauen Vierecken bestehen. An jeder Ecke „hängt" ein kleiner, den Rahmen übertretender schwarzer, mit Goldfarbe ausgefüllter Kreis. Abgesehen von den goldenen Flächen wurden die farbigen Partien mit Strukturen aus weißer Farbe belebt. Die Gestaltung der Titelkartusche ist ganz dem Modell Urb. gr. 82 (U) nachempfunden.[62]

Ab *Geogr.* 2 befinden sich vor Buch- und Kapiteltiteln meist einfache Zierlinien mit mattroter, violetter oder dunkelblauer Tinte, ganz selten zweifarbig (z.B. auf f. 86v).
Initialen: Die Initialen sind herausgestellt, am Buchanfang (manchmal auch andernorts) großzügig vergrößert und mit roter oder mattroter, violetter oder dunkelblauer Tinte ausgeführt, oft verziert; am Anfang von Absätzen sind sie weniger groß, mit mattroter, violetter oder dunkelblauer Tinte ausgeführt und manchmal leicht verziert. – Am linken Kolumnenrand sind auf f. 1r/v provisorische Initialen, andernorts (z.B. auf f. 29r/v) Pünktchen erkennbar, die signalisieren sollten, wo eine Initiale zu setzen war.

---

62 Gut lässt sich dies vergleichen in GENTILE 1992b, wo sowohl f. 1r mit der Titelkartusche der Handschrift U (Taf. V) als auch f. 1r mit der Titelkartusche unserer Handschrift d (Taf. VIII) farbig reproduziert sind. Zu Handschrift U als Modell s.u. *Stemmatologische Notizen.*

Zeichnungen: ***1*** (f. 7v, Kol. 1, Mitte) Einfache Kegelprojektion: Zwei korrekt platzierte, nebeneinander stehende Skizzen. In beiden Abbildungen liegt der Punkt μ (dasselbe würde auf den Punkt ν zutreffen, der aber in keiner der Skizzen eingetragen ist) direkt auf dem Rechteck αβγδ (zu dieser Darstellung s. o. S. 126). Neben den eingetragenen Punkten enthält die erste Zeichnung außerdem die Werte der Einheiten für die Positionierung der Parallelkreise (unvollständig), die zweite die Benennung der Parallelkreise.
2 (f. 7v, Kol. 2, unten) Neigungswinkel: Die Zeichnung, in zweifacher, fast identischer Ausführung nebeneinander angeordnet, ist eingeschoben nach *Geogr.* 1,24,15 οἵων εἰσὶν αἱ δύο ὀρθαὶ τξ und somit etwas zu spät, aber exakt dort, wo sie auch im Urb. gr. 82 (U) steht (wo sie auch doppelt auftritt). Haargenau wie in Handschrift U, ist auch hier in Handschrift d in beiden Skizzen der Mittelmeridian αεγ genau gleich, aber falsch so gezogen, dass er durch das Zentrum des Kreises αβγδ verläuft (siehe dazu oben S. 127 f.). Wiederum wie in Handschrift U, ist auch hier in Handschrift d in der Skizze links auch der Syene-Parallelkreis entsprechend eingetragen, während dieser und dadurch auch der Äquator in der Skizze rechts richtig gezogen wurden.
3 (f. 8r, Kol. 1, oben) Ermittlung des Punktes η: Korrekt platzierte und verständlich gezeichnete Skizze, wenn sich auch – wie üblich (s. o. S. 129) – die Strecke ηθ nicht rechtwinklig zur Strecke βζ verhält; der ominöse Punkt ρ (dazu oben S. 129) fehlt in dieser Zeichnung.
***4*a)** (f. 8v, Kol. 1, oben) „Unverständliche Skizze“: Sie befindet sich, in genauer Entsprechung zu Handschrift U, am eigentlichen Platz von Zeichnung **4**.
4 (f. 8v, Kol. 1, Mitte) Modifizierte Kegelprojektion: Die Zeichnung wurde nach dem Schlusstitel von *Geogr.* 1 und somit etwas zu spät eingefügt, jedoch genau dort, wo sie sich auch in Handschrift U befindet. Ihre Beschriftung ist abgesehen von Kleinigkeiten korrekt (so ist z. B. der Punkt ρ nicht eingetragen, der Punkt χ ist Pendant zu Punkt ω [statt zu Punkt τ], die Punkte μ und ν liegen auf dem Äquator [statt auf dem südlichsten Parallelkreis]); die Einträge sind, abgesehen von wenigen Auslassungen, weitgehend identisch wie in Handschrift U. Wiederum wie in Handschrift U tauchen auch hier die Werte für die Abstände der Parallelkreise voneinander auf der Strecke εζ auf (derjenige zwischen Syene-Parallelkreis und Äquator fehlt, der Wert des Abstandes zwischen Thule- und Syene-Parallelkreis lautet «δ̄ ζ′ η″ ιβ‴» und ist offenbar verdorben, aber identisch mit dem in Handschrift U angegebenen).

Zeichnung **5** (Armillarsphäre) fehlt gänzlich und scheint auch nicht vorgesehen gewesen zu sein.

Die Zeichnungen sind sehr sorgfältig anhand von Lineal und Zirkel und nur mit der Haupttinte ausgeführt.

Karten

1 Weltkarte + 26 Teilkarten (10 Europa-Karten, 4 Afrika-Karten, 12 Asien-Karten):
(f. 54v–55r) WK.
(f. 57v–58r) Eu. 1 (Hibernia, Albion), (f. 59v–60r) Eu. 2 (Hispania), (f. 61r) Eu. 3 (Gallia), (f. 62r) Eu. 4 (Großgermanien), (f. 63v–64r) Eu. 5 (Raetia, Vindelicia, Noricum, Pannonia Superior/Inferior, Illyricum), (f. 65v–66r) Eu. 6 (Italien, Korsika), (f. 67v–68r) Eu. 7 (Sardinien, Sizilien), (f. 69v–70r) Eu. 8 (Europäisches Sarmatien, Taurische Chersones), (f. 71v–72r) Eu. 9 (Gebiet der Ausgewanderten Iazygen, Dakien, Moesia Superior/Inferior, Thrakien, Thrakische Chersones), (f. 73v–74r) Eu. 10 (Makedonien, Epeiros, Achaia, Peloponnes, Kreta).
(f. 75v–76r) Af. 1 (Mauretanien), (f. 77v–78r) Af. 2 (Africa), (f. 79v–80r) Af. 3 (Cyrenaica und ganz Ägypten), (f. 81v–82r) Af. 4 (Inneres Libyen und Äthiopien).
(f. 83v–84r) As. 1 (Pontos und Bithynien, Eigentliches Asien, Lykien, Galatien, Pamphylien, Kappadokien, Kilikien), (f. 85v–86r) As. 2 (Asiatisches Sarmatien), (f. 87v–88r) As. 3 (Kolchis, Iberien, Albanien, Großarmenien), (f. 89v–90r) As. 4 (Zypern, Syrien, Palästina bzw. Judäa, Arabia Petraea, Mesopotamien, Arabia Deserta, Babylonien), (f. 91v–92r) As. 5 (Assyrien, Medien, Susiane, Parthien, Persis, Wüste Karmanien), (f. 93v–94r) As. 6 (Arabia Felix, Karmanien), (f. 95v–96r) As. 7 (Hyrkanien, Margiane, Baktrien, Land der Sogdianer, Land der Saken, Skythien diesseits des Imaongebirges), (f. 97r) As. 8 (Skythien jenseits des Imaongebirges, Serike), (f. 98r) As. 9 (Areia, Land der Paropanisaden, Drangiane, Arachosien, Gedrosien), (f. 99v–100r) As. 10 (Indien diesseits des Ganges), (f. 101v–102r) As. 11 (Indien jenseits des Ganges, Land der Sinen), (f. 103r) As. 12 (Taprobane).

Bei Karten, die zwei Blätter beanspruchen, wurde dem Falz entlang ein Streifen frei gelassen, so dass die beiden Kartenhälften nicht unmittelbar zusammenhängen; Ausnahmen: Weltkarte, westliche Hälfte der Europa-Karte 5 (die nahezu an den Falz reicht).

Gestaltung der Teilkarten: Gradnetz mit schwarzer Tinte ausgeführt (die Unterteilung, nur in ganze Grade, ist auf allen vier Seiten der Karte bzw. des Kartenteils angegeben), Parallele und Meridiane ab Europa-Karte 6 (neue Lage!) jedoch in Rot; am östlichen Kartenrand stehen jeweils die Klima- und Stundenangaben in schwarzer und roter Tinte; Festlandumrisslinien, Flussläufe usw. wurden mit schwarzer Tinte, seltener durch Einritzen (z.B. Gebirge auf Europa-Karte 3) vorgezeichnet; einige Provinzen wurden koloriert (verschiedene helle Brauntöne, grünlich); die Gewässer sind dunkel- oder wässrigblau, das Blau für Meere ist nicht deckend; Gebirge erscheinen gelblich, bräunlich, grün oder wässriggrün, manchmal wurden sie mit Tinte nicht sehr sorgfältig vorgezeichnet, bisweilen wurden sie „strukturiert“, um eine quasi perspektivische Darstellung zu erzeugen.[63] Meeres- und Länder-, manchmal auch Gebirgsnamen mit schwarzer Tinte in Majuskeln; übrige Beschriftungen mit schwarzer Tinte in Minuskeln, mit Ausnahme der Völker- und manchmal auch der Gebietsnamen in roter Tinte. Vignetten nur vereinzelt ausgeführt als rechteckige Kästchen, bisweilen mit roter Tinte, selten mit behelfsmäßigen Zinnen, in der Regel nicht koloriert; Städtenamen meistens von einem kleinen horizontalen Strich gekrönt, mit Lokalisationspunkt; keine Symbole zur Angabe der ethnischen Zugehörigkeit; *Poleis diasemoi* nur sporadisch durch ein Kreuzchen hervorgehoben (z.B. die Städte Rom, Ancona, Tarracina und Beneventum auf Europa-Karte 6). Einige Berge oder Seen sind manchmal nur vorgezeichnet und wurden nicht koloriert. Auf der westlichen Hälfte der Asien-Karte 7 fällt über dem Völkernamen «Σκύθαι» die feine Zeichnung zweier kniender männlicher Figuren auf – exakt wie in Handschrift U (wo die Zeichnung eine spätere Hinzufügung sein dürfte; die Abbildung eines Pferdes, auf derselben Höhe in der östlichen Kartenhälfte der Handschrift U von derselben Hand angebracht, wurde aber in Handschrift d nicht übernommen).

Asien-Karte 12 hebt sich in der Ausführung von den übrigen Karten ab: Das Meer ist mit schwarzen Wellenlinien belebt; Flüsse und Gebirge wurden mit Tintenstrichen in elaborierterer Weise als bei den vorhergehenden Karten strukturiert; die Vignetten auf dieser Karte sind durchgehend vorhanden und rosa koloriert; außerdem sind sie als große Burgen, Festungstürme u.ä. dargestellt, deren Stil sich vom byzantinischen Stil unterscheidet (siehe auch Fischer 1932, tom. prodr. 1, 269).

Gestaltung der Weltkarte: Im Gegensatz zu den Teilkarten ist im Fall der Weltkarte das Gradnetz mit brauner Tinte ausgeführt, das Blau der Gewässer kräftig und deckend, die Gebirge sind braun und grün gefärbt sowie mit Tinte perspektivisch schraffiert in kunstvollerer Weise als auf den Teilkarten. Die Angabe der Längengrade am oberen Rand ist vollständig, am unteren Rand wurde sie nur in der westlichen Hälfte vorgenommen. Am westlichen Kartenrand sind die 21 Parallelkreise mit zugehöriger Legende in roter und brauner Tinte verzeichnet, rund um die Karte befinden sich die zwölf Windköpfe, am östlichen Kartenrand die Tierkreiszeichen mit roten Sonnen, die mit recht langen, nach Westen gerichteten Strahlen versehen sind, sowie die griechischen und ägyptischen Monatsnamen. Auch die sehr feine Darstellungsweise und zarte Kolorie-

63 Diese Technik erinnert an die Darstellung der Gebirge in den lateinischen *Geographie*-Prachthandschriften des Piero del Massaio und Ugo Comminelli sowie des Henricus Martellus Germanus (vgl. Fischer 1932, tom. prodr. 1, 266) und hebt sich demnach vom byzantinischen Habitus ab.

rung der Windköpfe und Tierkreiszeichen orientiert sich nicht mehr an byzantinischem Geschmack.

Die Anlage der Karten entspricht derjenigen im Urb. gr. 82 (U): Für jede Karte eine Doppelseite, mit Ausnahme der üblichen fünf Teilkarten (Europa-Karten 3 und 4; Asien-Karten 8, 9 und 12), die nur jeweils eine Rectoseite beanspruchen. Auch in den Beschriftungen zeigt sich die Bemühung um Nachahmung des Modells U. Die meisten Karten wurden auf Haarseiten gezeichnet; Ausnahmen bilden die Weltkarte, die Europa-Karten 6–9 (die sich in der von der Gregory-Regel abweichenden Lage befinden, siehe dazu oben *Lagen*), sowie die lediglich eine Seite beanspruchenden Teilkarten Europa 3, Asien 8 und Asien 12. Auch befindet sich keine Karte auf dem mittleren Doppelblatt einer Lage.[64]

Einband, Schutzblätter

Der Einband, mit braunem Leder überzogen, weist auf den Deckeln ein einfaches Blindstempelmuster auf, bestehend aus einem rechteckigen Rahmen und den beiden Diagonalen, wobei sämtliche Linien dreifach sind. Die Buchdeckel sind etwa 17 mm dick und wohl aus Holz. Die Ecken und die Mitte der Buchdeckel sind geschmückt mit Messingbeschlägen aus recht grob und großzügig geformten Pflanzen- und Blumenmotiven. Der Buchrücken hat vier Bünde; er ist beschlagen mit 2 × 5 Messingdornen von jeweils quadratischem Grundriss, die in eine Spitze auslaufen. Auf dem vorderen Buchdeckel befindet sich im oberen Drittel links eine Etikette mit der Aufschrift «Conv. Soppr / 626», eingefasst von einem schmalen, leicht verzierten und mit vier Nägeln beschlagenen Metallrähmchen, überzogen mit Klarsichtfolie (35 × 53 mm). Am Außenrand des Vorderdeckels sind zwei Schließrasten aus Messing als Gegenstücke zu den Schließen befestigt; am äußeren Rand des hinteren Deckels befinden sich zwei kurze Lederriemen mit Schließen aus Messing.

Vorne und hinten treten je ein modernes Schutzblatt aus Papier auf; vorne befindet sich zusätzlich ein zweites Schutzblatt aus Pergament. Der vordere Spiegel ist außerdem mit demselben Papiertyp überzogen, aus dem das erste Vorsatzblatt besteht, die beiden Blätter hängen aber nicht zusammen.

Schutzblätter

(f. ⟨I–II⟩) Vorsatzblätter:

(f. ⟨I⟩r/v) leer. – (f. ⟨II⟩r) Oben außen mit schwarzer Tinte aktuelle und alte Signatur «Cod. Laur. 'Conv. Soppr. 626' / (olim Abbatie Florentine 80) / n. 2380.»; im oberen Drittel, zentriert, mit Bleistift Ver-

64 Mit Ausnahme von Europa-Karte 3, die aber ohnehin nur eine Seite beansprucht.

merk zu den Signaturen «Biblioth: olim Abb. Florentinae. / N° moderno 626 / (Segreteria sotto la Bibbia)». – (f. ⟨II⟩v) leer.
(f. I′) Nachsatzblatt, leer.

Erhaltungszustand

Die Prachthandschrift ist sehr gut erhalten und weist nur wenige Wurmlöcher und Feuchtigkeitsflecken auf. Die Teilkarten werden durch eine eingelegte gazeartige Folie geschützt.

Stemmatologische Notizen

Der Laur. Conv. Suppr. 626 (d) gilt als direkte oder indirekte Kopie des Urb. gr. 82 (U), dessen Einträge zweiter und dritter Hand (für Einzelheiten dazu: Handschrift U, *Schreiber*) sowohl im Text als auch auf den Karten der Kopist unserer Handschrift d nahezu vollständig übernommen hat. Text und Karten wurden nicht aufeinander abgeglichen und somit unabhängig voneinander kopiert, wie zahlreiche Divergenzen beweisen.[65] Handschrift d soll ihrerseits die direkte Vorlage für den Vind. hist. gr. 1 (m) gewesen sein.[66]
Ausgewählte Stellen: Die **Kapitelübersicht zu *Geogr.* 1** zählt gemäß der ω-Rezension 23 Kapitel (die eigentlichen Kapitel 8 und 9 sind also zu einem Kapitel zusammengefasst und mit der Nummer 8 versehen; Nummerierung am linken Kolumnenrand mit roter Tinte und griechischen Zahlzeichen). Im Text wurden ursprünglich ebenfalls 23 Kapitel gezählt (Angabe jeweils rechts oder links der Kolumne mit roter Tinte und griechischen Zahlzeichen). Das eigentliche Kapitel 9 weist zwar, wie die anderen Kapitel auch, einen roten Titel auf, wurde aber, wie zuvor bereits das eigentliche Kapitel 8 und in Anlehnung an die Kapitelübersicht, erneut mit «η′» bezeichnet; hingegen wurde die Nummer 9 (bzw. «θ′») etwa in der Mitte des eigentlichen Kapitels 9 an den Rand gesetzt, während das eigentliche Kapitel 10 ursprünglich gar nicht nummeriert wor-

65 Vgl. z.B. Μίσηνοι (*Geogr.* 3,1,6), das im Text von Handschrift U von zweiter Hand unter Λίτερνον eingefügt (dort f. 21r, Kol. 2, Z. 55: «Μίσγηνοι» [*sic*]) und in Handschrift d an der entsprechenden Stelle von erster Hand in den Katalog aufgenommen wurde (dort f. 17v, Kol. 2, Z. 28), aber in beiden Handschriften auf Europa-Karte 6 fehlt. Zu weiteren Beispielen vgl. Fischer 1932, tom. prodr. 1, 270f.

66 Die Karten der Wiener Handschrift m wiederum sind gemäß Harlfinger 1990, 227 das Werk des Cyriacus von Ancona, der sie vielleicht in seinen letzten Lebensjahren in Florenz hergestellt hatte, wobei er dazu sein altes, vielleicht mit Notizen versehenes Exemplar der *Geographie* herangezogen haben könnte (zu diesem Exemplar vgl. die Beschreibung der Handschrift P, *Geschichte*). In Handschrift m ist auf Europa-Karte 6 die Geburtsstadt des Cyriacus, Ancona, offenbar als einzige Stadt neben Rom mit einem schwarzen Kreuz markiert (Harlfinger 1990, Abb. IV).

den zu sein scheint und beim eigentlichen Kapitel 11, der ω-Zählung entsprechend, mit «ι'» weitergezählt wurde. Diese Angaben wurden jedoch mit dunkelroter Tinte korrigiert/ergänzt, wenn auch nur für die eigentlichen Kapitel 9–15, die nun mit genau diesen Zahlen (und folglich eigentlich nach der Ξ-Zählung) durchnummeriert sind, worauf die eigentlichen Kapitel 16–24 mit der ursprünglichen ω-Nummerierung 15–23 folgen. – (f. 8r, Kol. 1) Die **Homoioteleuton-Lücke** in *Geogr.* 1,24,17 ist vorhanden; zudem weist der Passus, genau gleich wie in Handschrift U, die Textvariante «τότε ζ̄ ...» auf.[67]

Anhänge: (f. 102v) Die *Poleis diasemoi* Taprobanes (*Geogr.* 8,28) präsentieren sich in der ω-Rezension und lauten – haargenau gleich wie im Urb. gr. 82 (U) – «Ναγάδιβα» – «Ταλακόρι» – «Μαάγραμμον μητρόπολις».

1 (f. 103v–104r) Liste der Provinzen oder Satrapien der Oikumene gemäß der ω-Rezension ohne Koordinatenangaben.

2 (f. 104r, Kol. 1, Mitte oben) Scholien zur Armillarsphäre.

3 (f. 104r, Kol. 1, Mitte unten) Tabelle des Sonnenlaufs gemäß der ω-Rezension.

5 (f. 104r, Kol. 1, unten – Kol. 2, oben) Scholion zum Verkürzungsfaktor.

6 (f. 104r, Kol. 2, unten – f. 104v, Kol. 2, oben) Verzeichnis der Länge und Breite der einzelnen Karten.

8 (f. 104v, Kol. 2, Mitte) Mit mattroter Tinte Agathodaimon-Subskription in Ich-Form, anschließend Zeichen für «τέλος».

7 (f. 104v, Kol. 2, unten) Mit mattroter Tinte Hexametergedicht auf die Weltkarte des Ptolemaios; pro Vers werden jeweils zwei Zeilen beansprucht, am Schluss steht wiederum ein Zeichen für «τέλος».

Geschichte

Dass der Laur. Conv. Suppr. 626 (d) in Italien produziert wurde, wird so gut wie sicher bezeugt durch den mehrfach auftretenden Vermerk in Vulgärsprache «rigato» (s.o. *Liniierung*). Kopist und Kartenzeichner von Handschrift d könnten gemäß Gentile 1992b, 81 identisch gewesen sein. Als Modell – m.E. als direkte Vorlage (s.u.) – sowohl für den Text als auch für die Karten diente der Urb. gr. 82 (U). Die Anfertigung der Handschrift d dürfte vor der Flucht Palla Strozzis aus Florenz nach Padua im Jahr 1434 anzusetzen sein (Näheres dazu in den vorläufigen Bemerkungen zu Handschrift U, *Geschichte*); insofern befindet sich der Laurentianus vermutlich noch heute an seinem Entstehungsort Florenz.

67 Siehe dazu auch oben S. 123 mit Anm. 187.

Wann genau die Prachthandschrift in die Badia von Florenz gelangte, ist nicht bekannt. In der Badia wurde Handschrift d gemäß weggeschabtem Besitzvermerk auf f. 1r unter der Nummer 80 aufbewahrt (s.o. *Beigaben*; so auch vermerkt in einem Katalog des 16. Jh. der Badia, in dem der Kodex samt Kurzbeschreibung und Signatur unter der Laufnummer 105 eingetragen ist).[68] Trotz der Initialen «A. C.», die im Anschluss an den weggeschabten Besitzvermerk stehen, gehörte unser Kodex nach heutigem Forschungsstand höchstwahrscheinlich nicht zum Nachlass des Antonio Corbinelli († 1425), der seine Buchsammlung 1424 dem Nicolò Corbizzi per Testament vermacht hatte mit dem Auftrag, sie nach seinem Tod der Badia von Florenz zu übertragen; das Monogramm wurde, wie auch im Fall von einigen anderen Handschriften, von der sogenannten Hand C zu dem von einer anderen Hand verfassten Besitzvermerk in Handschrift d hinzugefügt.[69] Der Besitzvermerk dürfte – nach der Aufhebung der religiösen Orden und der Verteilung ihrer Handschriften unter den öffentlichen Bibliotheken im Jahr 1809 – mit dem Ziel ausradiert worden sein, die Herkunft der Handschrift zu verbergen. Am 15. Januar 1815 wurde Handschrift d von der Kommune Florenz erworben und der Biblioteca Medicea Laurenziana geschenkt.

Der Laurentianus gilt als Antigraphon erstens für die Wiener Handschrift Vind. hist. gr. 1 (m), die vom 31. Oktober 1454 datiert, zweitens für die lateinische reine Kartenhandschrift Laur. Edili 175 aus dem letzten Viertel des 15. Jh., die dem Giorgio Antonio Vespucci gehörte, dem Onkel des berühmten Seefahrers Amerigo. Drittens war Handschrift d wohl Vorlage für die Karten des Paris. gr. 1402 (D). Vor allem aber wurde der Laurentianus zum Modell für die im 15. Jh. in Florenz produzierten Handschriften, die den Text in der lateinischen Übersetzung des Jacopo Angeli da Scarperia und die 27 Karten der sogenannten A-Redaktion mit ins Lateinische übersetzten Beschriftungen enthielten.[70] Nach der Biographiensammlung *Vite di uomini illustri del secolo XV* (Bologna 1892) des Florentiner Handschriftenhändlers Vespasiano da Bisticci († 1498) kommt Francesco di Lapacino und Domenico Buoninsegni, beide aus Florenz, das Verdienst zu, die griechischen Karteneinträge ins Lateinische übertragen zu haben, worauf sie zahlreiche lateinische Abschriften der *Geographie* anfertigten, die sehr gefragt waren.[71] Unsere Handschrift d war somit Muster für eine rege Reproduktionsserie des Werkes in Florentiner Werkstätten in der ersten Hälfte des 15. Jh., wobei vielleicht nicht jedes neue Manuskript direkt von ihr abstammte, sondern ein oder mehrere la-

68 Blum 1951, 118; siehe auch 161 und 186.

69 Blum 1951, 67 Anm. 20; 80.

70 Buonocore 1996, 358; Gentile 1992b, 82.

71 Fischer zog Lapacino und Buoninsegni gar als mögliche Autoren der Karten, ev. auch des Textes von unserer Handschrift d in Betracht (Fischer 1932, tom. prodr. 1, 187f. und 265).

teinische Modellhandschriften kursierten. In der zweiten Hälfte desselben Jahrhunderts, insbesondere zwischen 1466 und 1482, begannen sich einige Werkstätten in Florenz auf die ptolemäische Kartographie zu spezialisieren, so z. B. diejenige des Piero del Massaio, der sich, im Gegensatz etwa zu dem ebenfalls in Florenz wirkenden Donnus Nicolaus Germanus, getreu an die griechischen Vorlagen, d. h. an den Urbinas und seine Abschriften, also *a priori* an Handschrift d, hielt. Charakteristisch für diesen Maler waren Ptolemaios-Handschriften in Großfolioformat, die Verwendung von violetter Farbe für die Meere, die Markierung der Städte durch einen goldenen Punkt oder ein goldenes Dreieck (keine Vignetten) und die reliefartige Darstellung der Gebirge, worin sich die große Bedeutung der Perspektive in der florentinischen Malerei der Zeit widerspiegelt.[72]

Die Parallelen der Handschrift d zu Handschrift U sind sowohl im Großen (Großfolioformat, Anlage des Atlasteils) wie auch im Kleinen (Gestaltung der Titelkartusche, Zeichnungen, Zusammensetzung und Abfolge der Anhänge, Übernahme von in U nachträglich angebrachten Elementen im Text und auf den Karten) so frappant, dass der Urbinas die direkte Vorlage des Laurentianus gewesen sein dürfte. Für die Produktion von *Geographie*-Handschriften mit Karten in Westeuropa spielte Handschrift d (wie bereits hervorgehoben von GENTILE 1992b) die wichtigere Rolle als ihre Vorlage.

Bibliographie

AUJAC 1994/1995, 188. - BANDINI 1961, Suppl. 1, 28*. – BLUM 1951, 67 Anm. 20; 80f.; 118; 161; 186. – BUONOCORE 1996, 22 und 358f. – Filippo CAMEROTA (Hrsg.), *Nel segno di Masaccio. L'invenzione della prospettiva* (Firenze 2001) 262 (mit Reproduktion der Weltkarte, schwarzweiß). – DILKE 1987b, 271f. – FISCHER 1932, tom. prodr. 1, 261–271; tom. prodr. 2 (ohne Seitenzahlen, Sigle A6): Reproduktion der Europa-Karte 9 und der Asien-Karte 12, schwarzweiß. – GENTILE 1992, 295 mit Anm. 12; 297 Anm. 16; 308. – GENTILE 1992b, 80–82; Reproduktion von f. 1r (Taf. VIII), der Weltkarte (Taf. IX) und der Europa-Karte 1 (Taf. X), farbig. – GENTILE 2003, 176f. – RAGONE 1994/1995, 126f. mit Anm. 78, 178 Abb. 6 (f. 74r), 183 Abb. 12 (f. 83v), 184 Abb. 14 (f. 34r). – ROSTAGNO 1923, 32 (Nr. 33) und 58. – Enrico ROSTAGNO / Nicola FESTA, „Indice dei codici Greci Laurenziani non compresi nel Catalogo del Bandini“, *Studi italiani di filologia classica* 1 (1893) 129–232, dort 172 (ND in: BANDINI 1961, Supplementum 1, 3*–62*). – SCHNABEL 1938, 30.

72 Siehe dazu GENTILE 1992b, 82; AUJAC 1994/1995, 193.

Art der Kontrolle

Original (Jan. 2008).

Firenze, Biblioteca Medicea Laurenziana, Pluteus 28.9
Sigle **S**

Claudius Ptolemaeus, *Geographia.*
Italien (Florenz?), 15. Jh. (1. Viertel), Papier mit Wasserzeichen; 283,5 × 234,5 mm; (4) 134 (3) / ⟨I–IV⟩, 1–133, f. s. n., ⟨I′–III′⟩. – Das letzte Blatt (f. s. n. = f. ⟨134⟩) und alle Schutzblätter sind nicht nummeriert.

Inhalt

Block 1 (f. 1–112) Claudius Ptolemaeus, *Geographia* 1–7,6:
(f. 1r–20r) *Geogr.* 1. – (f. 20v–39v) *Geogr.* 2. – (f. 39v–58r) *Geogr.* 3. – (f. 58r–71v) *Geogr.* 4. – (f. 71v–89r) *Geogr.* 5. – (f. 89r–102r) *Geogr.* 6. – (f. 102v–112v) *Geogr.* 7,1–6, exp. «Κλικωτῆς [*sic*] σφαίρας μετὰ τῆς» (= Titel zu *Geogr.* 7,6, 1. Hälfte).

Block 2 (f. 113–<134>) Claudius Ptolemaeus, *Geographia* 7,6 bis Werkende:
(f. 113r–114v) *Geogr.* 7,6–7,7 (= Buchschluss), inc. «ὀικουμένης [*sic*] καταγραφὴ. [*sic*]» (= Titel zu *Geogr.* 7,6, 2. Hälfte). – (f. 114v–129v) *Geogr.* 8. – (f. 129v–132r) Anhänge zur *Geogr.* – (f. 132v–<134>v) leer.

Beigaben: (Block 1) Hier und da im Text oder am Rand vom Kopisten (Hand 1) Scholien (Korrekturen, Ergänzungen, Bemerkungen) bzw. vereinzelt mit rostbrauner Tinte und eher breiter Feder von einer späteren Hand Korrekturen und Bemerkungen (z.B. f. 26v–27r). – (Block 2) Selten am Rand vom Kopisten (Hand 2) Scholien (Ergänzungen). – (f. 1r) Am oberen Rand mit brauner Tinte, ausradiert oder ausgewischt,[73] einige nicht mehr lesbare Wörter: Es muss sich um die Angabe der Nummer des Regals handeln, auf dem sich der Kodex in der Bibliothek von San Marco befand (s.u. *Geschichte*). Diese Herkunftsangabe lautete wohl etwa „*de V banc(h)o ex parte occidentis*".[74] In der Tat ist etwa in der Mitte des Eintrags ein «p» mit einem kurzen, die Unterlänge kreuzenden horizontalen Strich als Abkürzung für „*p(ar)te*" erkennbar.[75] Im Anschluss an die aus-

73 Das Papier scheint an der betreffenden Stelle keine Rasuren aufzuweisen.
74 In Frage kommt auch die Formulierung „*in banc(h)o V…*".
75 Vgl. auch das Beispiel bei Ullman/Stadter 1972, Pl. I.2.

gelöschte Herkunftsangabe mit dunkelbrauner Tinte von anderer, späterer Hand erster Teil der Signatur «Pl. 28.». Anschließend und bereits am oberen äußeren Rand mit dunkelbrauner Tinte, großformatiger, vermutlich von einer weiteren anderen Hand zweiter Teil der Signatur «N° 9.». – (f. 132r) In der unteren inneren Ecke, unterhalb eines Stempels der Biblioteca Medicea Laurenziana, mit Bleistift, modern, Inventarnummer «202092».

Foliierung

(f. 1–133) ***1)*** Auf der Rectoseite in der oberen äußeren Ecke von den Kopisten griechische Zahlzeichen (Hand 1 setzte sie fast ausnahmslos zwischen zwei Punkte). Auf den Blättern 132–133 befinden sich zusätzlich, etwa an derselben Stelle, mit schwarzbrauner Tinte, geschrieben von einer späteren Hand, arabische Zahlen. Außerdem gaben beide Kopisten auf jeder Seite in der Mitte des oberen Blattrandes mit griechischen Zahlzeichen die passende Buchzahl der *Geographie* an; Hand 1 setzte sie zwischen zwei Punkte und krönte sie mit einem horizontalen Strich, Hand 2 beschränkte sich auf den Strich und machte die Angabe nur bis zum Beginn des 8. Buches (f. 115r). – ***2)*** Auf der Rectoseite in der unteren äußeren Ecke, klein, mit Bleistift, modern, arabische Zahlen (fehlend auf f. 133r). Etwa an derselben Stelle sind zum Teil Spuren einer vermutlich mit Bleistift ausgeführten, jetzt ausradierten Zählung in arabischen Zahlen sichtbar (z.B. f. 21–47; manchmal scheint sich die gelöschte Zahl auf der Versoseite befunden zu haben, siehe f. 103–106); vielleicht hängt diese gelöschte Zählung mit der Restaurierung der Handschrift zusammen (s.u. *Erhaltungszustand*).

Beschreibstoff

Papier mit Wasserzeichen, beige- bis cremefarben, häufig und besonders am oberen, äußeren und unteren Blattrand mit hellbraunen Flecken gesprenkelt (Feuchtigkeits- oder Vergilbungsflecken?). Das Papier ist eher fest, hat eine raue Oberfläche und sehr gut sichtbare Ripplinien.

Wasserzeichen

1 (nur f. 1) *Balance*, sehr ähnlich wie Briquet 2375 (Siena 1400; Dimensionen des Wasserzeichens 63 × 42 mm, Abstand zwischen den Kettlinien 28–32 mm, 20 Ripplinien messen 25 mm), jedoch insgesamt kleiner: Dimensionen des Wasserzeichens in der Handschrift 58 × 38 mm, Abstand zwischen den Kettlinien 25–28,5 mm, 20 Ripplinien messen 22,5 mm.
2 (z.B. f. 38, 46, 58, 75, 90, 132) *Monts*, ähnlich wie Briquet 11719 (Siena 1401–1419; Dimensionen des Wasserzeichens 72 × 32 mm,

Abstand zwischen den Kettlinien 31–37 mm, 20 Ripplinien messen 27,5 mm), jedoch insgesamt kleiner:[76] Dimensionen des Wasserzeichens 64,5 × 29 mm, Abstand zwischen den Kettlinien 28–33,5 mm, 20 Ripplinien messen 25 mm.

Organisation der Lagen

Lagen: ($3^{\text{f.}\,\langle\text{III}\rangle}$ + $1^{\text{f.}\,\langle\text{IV}\rangle}$) 7.$\text{VIII}^{\text{f. }112}$ + $\text{VI}^{\text{f. }124}$ + VI-$2^{\text{f.}\,\langle 134\rangle}$ ($3^{\text{f.}\,\langle\text{III}'\rangle}$). – Der letzten Lage fehlen die beiden hintersten Blätter (VI-$2^{\text{f. }125\text{–}\langle 134\rangle}$). Der Wechsel der Kopistenhände setzt mit dem ersten Sexternio ein ($\text{VI}^{\text{f. }113\text{–}124}$).
Faltung: in-folio.
Keine Kustoden.
Reklamanten: Regelmäßig auf der letzten Versoseite der Lage am unteren Rand, wenig rechts der Mitte, horizontal, von den Kopisten.
Liniierung: **Block 1** (f. 1r–21r) Mit Bleistift, offenbar auf jeder Seite, rechteckiger Rahmen, unterteilt von unterschiedlich vielen Horizontalen, wobei die Anzahl geschriebener Zeilen nicht zwingend der gezogenen Schreiblinienzahl entspricht. – (f. 21v) Auf dieser Seite geht das Layout von einer zu zwei Kolumnen über; entsprechend wurde das Linienschema vorgenommen, das in der oberen Hälfte dieser Seite dem Muster des eben beschriebenen entspricht (vgl. Liniierung zu f. 1r–21r), in der unteren Hälfte jedoch dem folgenden ähnelt (vgl. Liniierung zu f. 22v–112v; die beiden Kolumnen scheinen hier auf f. 21v durch je zwei zusätzliche Vertikalen zur Ausrichtung der Koordinatenangaben strukturiert zu sein). *Muz.* 1-1:J / 0 / 0 / J. – (f. 22r) Erstes vollständig in zwei Kolumnen gehaltenes Blatt; Linienschema wie auf f. 22v–112v, die Kolumnen werden aber auf dieser Seite nicht nur von je zwei, sondern von je vier Vertikalen zur Ausrichtung eines jeden Elements der Koordinatenangaben (Gradangabe der Länge, Minutenangabe der Länge; Gradangabe der Breite, Minutenangabe der Breite) unterteilt. Diese Vertikalen sind nicht durchgehend gezogen, sondern nur dort sichtbar, wo Koordinaten stehen. – (f. 22v–112v) Mit Bleistift, offenbar auf jeder Seite, rechteckiger Rahmen, von zwei Vertikalen in zwei Kolumnen mit Interkolumnium unterteilt, die Kolumnen ihrerseits unterteilt von unterschiedlich vielen horizontalen Schreiblinien. Die Kolumnen sind in ihrem rechten Bereich zusätzlich von je zwei Vertikalen strukturiert, die zur bündigen Platzierung der Längen- und Breitenangaben dienen und auf die bisweilen verzichtet wurde, wo der Ortskatalog von fortlaufendem Text unterbrochen wird (z.B. f. 35v; 36r, Kol. 1a; 71r, Kol. 1; 71v; 89r, Kol. 2; 99v

---

76 Die von Cuntz 1923, 2 vorgeschlagenen Wasserzeichen Briquet 11652, 11656, 11662 und 11663 weisen allesamt kein Kreuz auf dem mittleren der drei Berge auf, wie dies in der Handschrift der Fall ist.

usw.). Dadurch stellt sich die Frage, ob diese zusätzlichen Vertikalen erst nachträglich, d.h. nach der Abschrift des Textes und unter vorläufiger Auslassung der Koordinatenangaben, nur an den erforderlichen Stellen gezogen und die Koordinatenangaben erst im Nachhinein ergänzt wurden.[77] *Muz.* 1-1-(2)-11-(2):J / 0 / 1-1:J / JJ.
Block 2 (f. 113–⟨134⟩) Mit Blindgriffel, vier durchgezogene Vertikalen zur Begrenzung von zwei Kolumnen mit Interkolumnium und 30 horizontale Schreiblinien, wobei sich die oberste und unterste bis zu den Blatträndern erstrecken, während die übrigen nur vom äußeren Rand der einen zum äußeren Rand der anderen Kolumne reichen. Einstichlöcher an den äußeren Blatträndern gut sichtbar. *Muz.* 1-1-11 / 0 / 1-1 / J. – (f. ⟨IV⟩) Dieses Blatt, ursprünglich das erste Blatt der Handschrift (s.u. *Einband, Schutzblätter*), ist nicht liniert.

Seitenlayout

(f. 1r–21v Mitte) 1 Kol., ca. 25–33 Z. – (f. 9r) 1 Kol., 28 Z., 283 × 231,5 mm, Schriftspiegel 217 × 144 mm.
(f. 21v Mitte – 112v) 2 Kol., ca. 26–33 Z. – (f. 73r) 2 Kol., 29 Z., 284 × 234,5 mm, Schriftspiegel 214 × 140 mm.
(f. 113r–132r) 2 Kol., 30 Z. – (f. 119r) 2 Kol., 30 Z., 284 × 231,5 mm, Schriftspiegel 211,5 × 144 mm.

Die Aufteilung in zwei Kolumnen beginnt mit dem Einsetzen des Ortskatalogs (f. 21v, untere Hälfte) und wird auch nach dessen Ende (f. 111r, Kol. 1) beibehalten.

Schreiber, Schrift, Tinte

Schreiber: (Block 1) Hand 1. – (Block 2) Hand 2.
Beide Hände stammen aus derselben Zeit. Hand 1 schreibt ähnlich wie die beiden Chrysoloras-Schüler Palla Strozzi und Leonardo Bruni; bisweilen wird sie mit letzterem identifiziert.[78] Die Schrift dieser Hand gleicht mehr der Handschrift Brunis als derjenigen Strozzis,[79] scheint mir aber nicht identisch mit Brunis Hand: Die eckige, ungeübte Schrift von Hand 1 wirkt statischer als diejenige Brunis, außerdem ist Brunis Schrift gedrängter und leicht rechtsgeneigt. – Hand 2 schreibt sehr ähnlich wie Manuel Chry-

---

77 Dieselbe Vermutung bezieht sich auch auf f. 22r.
78 Gentile 2003, 175: „quasi sicuramente".
79 Für Brunis griechische Schrift vgl. RGK 3, Nr. 381; Bernardinello 1979, 52f. und Taf. 22. Für Strozzis griechische Schrift siehe RGK 1, Nr. 337bis; Bernardinello 1979, 52 und Taf. 21.

soloras.[80] Auffallend für diese Hand sind das Lambda, das immer in Majuskelform erscheint, und das Xi, das mit einem gegen den Uhrzeigersinn gezogenen Bogen ansetzt. Wegen seines charakteristischen Lambdas erhielt dieser Kopist kürzlich den Namen *Anonymus* λ.[81]
Haupttext: (Hand 1) Senkrechte, etwas steife Gebrauchsminuskel mit wenig ausgeprägten Ober- und Unterlängen, mittlerem Zeilenabstand und durchgehender Wort-, oft auch Buchstabentrennung; wenige Abkürzungen und Suprapositionen. Die Position der Schrift gegenüber der Hauptschreiblinie ist äußerst schwankend (bald steht die Schrift auf der Linie, bald zwischen den Linien, bald schwebt sie über der Linie, bald ist sie unterzeilig, bald „durchkreuzt" sie die Linie); schwärzliche Tinte. – (Hand 2) Zierliche, runde, leicht rechts geneigte kleine Minuskelschrift, ausgeglichen und akkurat, mit unauffälligen Ober- und Unterlängen bei eher großem Zeilenabstand und durchgehender Worttrennung; wenige Abkürzungen und Suprapositionen. Schrift unterzeilig, schwarzbraune Tinte.
Auszeichnungsschriften: (Hand 1) Mit roter oder blassbrauner Tinte: manchmal Buchtitel, diese bisweilen in Majuskeln; Initialen, meist herausgestellt, vergrößert, schlicht; Paragraphenzeichen, besonders rege verwendet im Ortskatalog. Als Rubrizierhilfe kurze schräge Striche/Doppelstriche am Kolumnenrand für zu setzende Paragraphenzeichen bzw. kleine provisorische Initiale am Seitenrand für auszuführende Initialen, was selten unterlassen wurde. – (Hand 2) Mit sehr blassbrauner Tinte: Buchtitel in Majuskeln; Initialen, herausgestellt, leicht vergrößert; Paragraphenzeichen. Als Rubrizierhilfe Punkt am Kolumnenrand für nachzutragende Paragraphenzeichen, kleine provisorische Initiale oder Punkt ebenda für zu ergänzende Initialen.

Ausstattung, Buchschmuck, Illustrationen

Nüchtern gehaltenes Manuskript.
Zeichnungen: **a)** (f. 2v, unterer Rand) Skizze zum Bogensegment zwischen zwei Orten: Platzierung (zu *Geogr.* 1,2,5, am unteren Rand) und Ausrichtung der Skizze entsprechen den Verhältnissen im Vat. gr. 191 (X). Es fehlt aber die Beschriftung der Verbindungsstrecke der beiden Orte (διάστασις τῶν πόλεων).
b) (f. 3v, äußere obere Ecke) Skizze zu den Bogensegmenten auf Erd-/Himmelskugel: Ausführung und Platzierung (zu *Geogr.* 1,2,8) wie in Handschrift X.

---

80 Für die Schrift des Chrysoloras vgl. Bernardinello 1979, 47 und Taf. 6 sowie Thorn-Wickert 2006, 167–174.

81 So taufte ihn David Speranzi; dieser Name wird erstmals vorgestellt in Gentile/Speranzi 2010, 28.

1 (f. 17v, unten und unterer Rand) Einfache Kegelprojektion: Die Zeichnung ist an der richtigen Stelle eingefügt und vollständig beschriftet. Die Punkte φ und χ befinden sich etwas zu nahe am Mittelmeridian (= Strecke ηζ), für den Äquator steht leicht fehlerhaft «ἰσημερία» (statt ἰσημερινός), der südlichste Parallelkreis ist angeschrieben mit «ὁ ἀντικείμενος ὁ διὰ Μερόης». Beide Beschriftungssonderheiten entsprechen exakt den Verhältnissen im Vat. gr. 191 (X). Die Punkte μ und ν liegen zwar auf den Breitseiten des Rechteckes αβγδ statt korrekt außerhalb des Rechteckes, jedoch sind sie hier richtig – und im Gegensatz zum Gros der Handschriften – auf dem südlichsten Parallelkreis platziert und nicht identisch mit den Punkten ρ und τ, die ihrerseits auf dem Äquator liegen.
2 (f. 18v, unten) Neigungswinkel: Skizze in dreifacher Ausführung nebeneinander, Beschriftungen auf die Angabe der Punkte beschränkt. Platziert sind die drei Skizzen dort, wo eigentlich Zeichnung **3** stehen müsste und somit etwas zu spät. In der ersten Skizze ist der Mittelmeridian αεγ falsch gezogen (zu diesem Fehler s. o. S. 127 f.). Denselben Mangel weist die zweite Skizze auf, zusätzlich ist hier auch der Syene-Parallelkreis βεδ falsch gezogen (auch dazu sei auf S. 128 verwiesen); außerdem ist in dieser Skizze Punkt ζ nicht eingetragen. Mit denselben Fehlern präsentiert sich auch die dritte Skizze, deren „Mittelmeridian" αεγ gegenüber Punkt β außerdem nicht konvex, sondern konkav ist, und die insgesamt um 90° im Uhrzeigersinn gedreht wurde (von den Bezeichnungen wurde nur Punkt γ „mitgedreht", die anderen stehen so, dass man sie lesen kann, ohne die Handschrift zu drehen; hier ist Punkt δ nicht eingetragen). Am unteren Blattrand, zum Teil abgeschnitten, werden die Skizzen mit der Tinte des Haupttexts und mittels griechischer Zahlen in die offenbar richtige Reihenfolge gebracht, die lautet: 1, 3, 2.
3 (f. 18v, unten und am unteren und inneren Rand) Ermittlung des Punktes η: Rechts neben den drei Skizzen von Zeichnung **2** positioniert und somit an korrekter Stelle in den Text eingefügt, verständlich gezeichnet. Im von den Strecken βε und εζ gebildeten rechten Winkel ist ein Punkt ρ eingetragen. Der Kreis αβγδ der Zeichnung war ursprünglich größer geplant, wurde dann aber, vermutlich aus Platzgründen, wieder gelöscht und noch einmal kleiner gezogen. Gemäß der Angabe der Reihenfolge der Skizzen am unteren Seitenrand (s. o. zu Zeichnung **2**) wird dieser Zeichnung hier die Nummer 4 beigefügt.
4 (f. 19r, unterer Rand) Modifizierte Kegelprojektion: Die Zeichnung steht bei *Geogr.* 1,24,22 und somit zu weit vorne. Aus Gründen des zur Verfügung stehenden Platzes ist ihr Rechteck αβγδ zu wenig hoch und zu breit geraten, weshalb Punkt λ, der ja weit über dieses Rechteck hinausragt, hier auf dieser Seite zwischen der zweituntersten und untersten Textzeile positioniert ist. Diese Umstände könnten darauf hin deuten, dass die Zeichnung vielleicht erst im Nachhinein ergänzt wurde und nicht

unbedingt auf dieser Seite geplant war. Die Zeichnung ist verständlich, aber nicht überall richtig und nicht vollständig beschriftet (Punkt ζ nicht eingetragen; Äquator nicht beschriftet, südlichster Parallelkreis dagegen als ἰσημερινός bezeichnet; der Punkt χ ist so positioniert, dass er das „Pendant“ zu Punkt ω [statt zu Punkt τ] bildet;[82] links des Mittelmeridians Angabe der Werte der Einheiten für die Positionierung der Parallelkreise; von den Abständen für die Meridiane werden nur die oberen beiden angegeben). An der eigentlich korrekten Stelle zum Einfügen der Zeichnung (f. 20r) steht am äußeren Rand von späterer Hand «σχῆμα ἄφης [*sic*] / ὀρδίνους ῑ.» („Skizze. 10 Zeilen frei/leer lassen!“).
4a) (f. 20r, unten) Ganz am Ende von *Geogr.* 1, nach dem Schlusstitel, taucht die „unverständliche Skizze“ auf. Nach dem Schlusstitel, am äußeren Rand, von späterer Hand, «σχῆμα ἄφες στ(ί)χ(ους) / ῑᾱ» („Skizze. 11 Zeilen frei/leer lassen!“).

Zeichnung **5** (Armillarsphäre) fehlt gänzlich; nichts deutet darauf hin, dass sie vorgesehen gewesen wäre.

Die Zeichnungen sind recht sorgfältig mit Lineal und Zirkel und mit der Tinte des Haupttexts angefertigt und beschriftet worden, offensichtlich vom Kopisten (Hand 1) selbst. Eine Person, die diese Handschrift zu einem späteren Zeitpunkt las, markierte, vermutlich anhand einer Vergleichshandschrift, am Schluss von *Geogr.* 1 zwei Stellen, an denen Freiraum für einzufügende Zeichnungen leer gelassen werden sollte (s. o. zu Zeichnung **4** und **4a**), vielleicht im Hinblick auf eine geplante Kopie von Handschrift S. Tatsächlich wäre an der ersten markierten Stelle Zeichnung **4** abzubilden. An der zweiten markierten Stelle befindet sich sowohl in unserer Handschrift hier als auch in mehreren anderen Handschriften die „unverständliche Skizze“ (siehe dazu oben S. 130 f.).

Einband

‚Legatura medicea‘ (16. Jh., 2. Hälfte); Einband mit rotem Leder restauriert, Originalbezug der Buchdeckel aus dunklem rotbraunen Leder aber zum großen Teil erhalten. Buchdeckel je ca. 10 mm dick, vermutlich aus Holz. Originaler Lederbezug auf beiden Buchdeckeln verziert mit demselben Blindstempelmuster. Auf dem Vorderdeckel oben Etikette, eingefasst von schmalem, mit sechs Nägeln beschlagenen Metallrähm-

82 Zwar ist Punkt χ somit genau gleich positioniert wie in der entsprechenden Zeichnung im Plut. 28.49 (O), die anderen Beobachtungen für Zeichnung **4** hier in S sind aber für O nicht gültig, so dass die unkorrekte Platzierung von Punkt χ auf eine andere (gemeinsame) Quelle zurückgehen muss.

chen (37 × 59 mm einschließlich Metallrähmchen); Etikette geschützt mit durchsichtiger Kunststofffolie; Etikettenaufschrift: «Κλαυδίου Πτολεμαίου / γεωγραφικὴ ὑφήγησις / Claudij Ptolemei ge/ographica sub figura» (*sic*). Unterhalb der Etikette großformatig mit ursprünglich wohl weißer, jetzt stark ausgebleichter Farbe Signatur «9. / P. 28.». In der Außenkante des Vorderdeckels sind zwei Metallstifte als Gegenstücke zu den Schließen verankert. Auf dem Rückendeckel, ungefähr auf DreivierteIhöhe, eine mit dunkler Farbe ausgeführte, nicht mehr gut sichtbare «9» (= Nummer der Handschrift). Zwei moderne Metallschließen sind mittels doppelten, zu schmalen Zöpfen geflochtenen dunkelroten Lederriemen am Rückendeckel befestigt. Auf beiden Deckeln Spuren der nicht mehr vorhandenen, für die Medici-Einbände typischen im Rechteck angeordneten runden Metallbuckel sichtbar. Am unteren Rand des Rückendeckels Metallkette (Länge ca. 701 mm).

(f. ⟨I–III⟩, ⟨I′–III′⟩) Moderne Restaurationsblätter aus rauem, gräulichem Papier mit horizontal verlaufenden Kett- und eher feinen Ripplinien, ohne Wasserzeichen. Mit demselben Restaurationspapier sind die Spiegel bezogen. – Blatt ⟨IV⟩, ohne Wasserzeichen, gehört zum alten Bestand der Handschrift.

Schutzblätter
(f. ⟨I–IV⟩) Vorsatzblätter:
(f. ⟨I–III⟩) leer.
(f. ⟨IV⟩r) In der oberen Blatthälfte, zentriert, mit Bleistift Signatur «9–28».
(f. ⟨IV⟩v) leer.
(f. ⟨I′–III′⟩) Nachsatzblätter, leer.

Erhaltungszustand

Erhaltungszustand sehr gut, abgesehen von häufig auftretenden bräunlichen Fleckchen (Feuchtigkeit? Vergilbung?) und wenigen Wurmlöchern in den letzten Seiten des Manuskripts.

Die Handschrift wurde im Jahr 2000 restauriert. Gemäß einem eingelegten Blatt wurden dabei folgende Arbeiten vorgenommen: „restauro parziale (con smontaggio), velatura e/o restauro di alcune carte, restauro legatura con smontaggio totale, rinforzo della cucitura, rifacimento della legatura con dorso alla greca, recupero dei piatti originali.“

Stemmatologische Notizen

Der Plut. 28.9 (S) bildet nach Schnabel zusammen mit dem Plut. 28.38 (B) und dem Plut. 28.42 (P) die Textfamilie σ. Zu dieser Familie gehört zusätzlich die heute verlorene Vorlage für die lateinische Übersetzung der *Geographie*.[83] Ob dieses verlorene Manuskript auch die Vorlage für S, B und P oder aber eine Schwesterhandschrift dieser drei Handschriften war, dazu äußerte sich Schnabel widersprüchlich. Die Handschriften dieser Familie sollen Abschriften einer stellenweise beschädigten oder unlesbaren, heute verlorenen Vorlage sein, wobei S diese Vorlage am zuverlässigsten wiedergebe.[84] Gemäß Gentile wurden S und B wohl aus einer gemeinsamen Vorlage kopiert, die zum Teil verdorbene oder unlesbare Stellen enthielt (Handschrift P wird nicht thematisiert). Anders als Schnabel nahm er aber an, dass die lateinische Übersetzung auf eine andere Vorlage zurückgehe als die Handschriften S und B, da die Übersetzung bald mit S, bald mit B übereinstimme; dieses andere Manuskript sei wahrscheinlich entweder der von Angeli für die Übersetzung benutzte Kodex selbst oder die Vorlage zu diesem Kodex gewesen.[85]

Die Handschriften der Textfamilie σ sind Mischhandschriften: Nach Schnabels Befunden[86] folgte ihr Hyparchetyp in *Geogr.* 1–2,10 (im 2. Buch betrifft dies das Material für die ersten drei Europa-Karten) der ⳨-Rezension. So präsentiert sich denn auch die Inhaltsübersicht zu *Geogr.* 2, abgesehen von kleinen Abweichungen, in der Kurzfassung des Vat. gr. 191 (X). Die beiden zusätzlichen Skizzen in X zu *Geogr.* 1,2 tauchen auch in S auf (s.o. *Ausstattung*). In *Geogr.* 2,11–5,19 (bis und mit zum vorletzten Kapitel des 5. Buches) geht der Text des Hyparchetyps nach Schnabel auf eine dem Paris. gr. 2423 (G) und dem Arch. Selden. B. 46 (N) nächstverwandte Vorlage der ω-Rezension mit Interpolationen der ⳨-Rezension zurück. Der Textschluss ab *Geogr.* 5,20 muss im Hyparchetyp, so Schnabel, eine schlechte Abschrift (bzw. Abschrift einer Abschrift, vgl. die Beschreibung der Handschrift O, *Stemmatologische Notizen*) der Mischhandschrift Plut. 28.49 (O) gewesen sein. Für Diller war die Vorlage von *Geogr.* 1–2,11,2 (d.h. bis in den Anfang des Kapitels zu Großgermanien) der Vat. gr. 191 (X) selbst,[87] für den Rest des 2. Buches

83 Müller 1867, 297 ordnete dieser Textfamilie außerdem ein heute verlorenes Manuskript zu, das im Besitz des Giovanni Pico della Mirandola gewesen war, der es von Italien nach Straßburg sandte. Die 1513 dort gedruckte lateinische *Geographie*-Ausgabe wurde offenbar auf der Basis dieses Manuskripts mit griechischen Namen ergänzt.

84 Schnabel 1938, 19f.; 36; 38; 56.

85 Gentile 1992b, 94; zu einer Adaptation dieser Einschätzung s.u. S. 199, Anm. 92.

86 Siehe v.a. Schnabel 1938, 56.

87 Ähnlich Cuntz 1923, 10 und 28f., der die Grenze der Vorlage genau zwischen *Geogr.* 2,11,1 und 2,11,2 feststellt. Er hält Handschrift S jedoch für eine „Bruderhandschrift“

die Handschrift G, für die Bücher 3–5 ein unbekanntes Manuskript oder vielleicht ebenfalls Handschrift G, die zu diesem Zeitpunkt noch vollständig(er) gewesen sein könnte,[88] und für den Textschluss ab *Geogr.* 5,19 die Handschrift O.[89]

Ausgewählte Stellen: Die **Kapitelübersicht zu *Geogr.* 1** bietet der Ξ-Rezension entsprechend 24 Kapitel, die am linken Rand des Schriftspiegels mit der Tinte des Haupttexts in griechischen Zahlen durchnummeriert werden; auch im Text werden die Kapitelnummern am linken Rand des Schriftspiegels mit von einem horizontalen Strich gekrönten und zwei Punkten flankierten griechischen Zahlen angegeben. – Die **Homoioteleuton-Lücke** in *Geogr.* 1,24,17 tritt nicht auf (f. 19r).

Anhänge: Auch hier äußert sich klar der Mischcharakter von Handschrift S.

(f. 129r, Kol. 2, unten – 129v, Kol. 1, oben) Die *Poleis diasemoi* Taprobanes (*Geogr.* 8,28) präsentieren sich in der Reihenfolge nach der Ξ-Rezension und folgender Form: «Ταλάκωρις τὸ ἐμπόριον» – «Ἀγάδειβα» – «Μάγραμμον ἡ μητρόπολις». Haargenau gleich sieht der Paragraph auch im Plut. 28.49 (O) aus.

1 (f. 129v, Kol. 1, unten – 130v, Kol. 1, oben) Liste der Provinzen oder Satrapien der Oikumene: Provinznamen im Nominativ gemäß der Ω-Rezension, Ausnahme *Geogr.* 8,29,25 «Δραγγιανῆς». Koordinatenangaben zu jeder Provinz; sinnigerweise werden in der Liste nicht die jeweiligen Nummern der Teilkarten, sondern mit blassbrauner Tinte, meistens am Rand, die entsprechenden Buchnummern angegeben (z. B. f. 129v, Kol. 2, unten: «Ἐν β̄ βιβλίῳ.».

2 (f. 130v, Kol. 1, Mitte) Scholien zur Armillarsphäre.

3 (f. 130v, Kol. 1, unten – Kol. 2, oben) Tabelle des Sonnenlaufs gemäß Ξ-Rezension: «ἥλιος» nur beim ersten Monat (Juni) ausgeschrieben, danach durch Sonnensymbol ersetzt; ägyptische Namensform erst ab drittem Monat (August) beigefügt; kein Sternzeichen zum Februar. Dem Juni ist der Krebs zugeordnet, dem Juli falsch die Zwillinge, in der Folge jedem Monat dasjenige Zeichen, unter dem sein Beginn steht.

4 (f. 130v, Kol. 2, unten – 132r, Kol. 1, oben) Epitome von *Geogr.* 7,1–4, Titel «Τὰ ἐντὸς Γάγγου ποταμοῦ Ἰνδικῆς γ κ [*sic*] χῶραι παράλιοι», inc. «Συραστρήνης ἐν κόλπω καλουμένω Κανθιν [*sic*] δύσταθμον ὄρος», exp. «καὶ μεσημβρινώτατοι Ῥογανδινοί, καὶ Ναναγηροί.».

7 (f. 132r, Kol. 1, unten – Kol. 2, oben [Rest der Kolumne leer]) Hexametergedicht auf die Weltkarte des Ptolemaios, ohne Titel, nicht mit einer

(*sic*) von X und schließt aus, dass S direkt aus X abgeschrieben sei, „denn es bietet das, was in X der Rubrikator ausgelassen hat".

88 Der Paris. gr. 2423 (G) enthält in seinem heutigen Erhaltungszustand nur noch unterschiedlich lange Teile der ersten drei Bücher der *Geographie* (vgl. Beschreibung der Handschrift G, *Inhalt*).

89 Diller 1966, X.

neuen Zeile beginnend, fortlaufend wie Prosa geschrieben, lücken- und fehlerhaft.[90]

Anhänge **5**, **6** und **8** (Scholion zur Berechnung der Längengradproportionen, Verzeichnis der Längen und Breiten der einzelnen Karten, Agathodaimon-Subskription) fehlen.

Geschichte

Die Handschrift Plut. 28.9 (S) wurde von zwei Kopisten geschrieben, die zum Kreis des Manuel Chrysoloras oder demjenigen seiner Schüler Palla Strozzi und Leonardo Bruni gehörten. Mit Bruni ist Hand 1 auch schon identifiziert worden, m. E. ist diese Zuweisung jedoch unzutreffend (s. o. *Schreiber*). Die Wasserzeichen deuten auf einen Entstehungszeitraum der Handschrift zwischen 1390 und 1429 hin. Bedenkt man, dass Manuel Chrysoloras seine Lehrtätigkeit in Florenz erst Anfang 1397 aufnahm, ist eine Datierung der Handschrift, zumindest ihres Abschlusses, in das erste Viertel des 15. Jh. wahrscheinlich.

Beide Schreiber sind bei der Vorbereitung und der Durchführung des Kopierprozesses individuell vorgegangen. Der erste Kopist, der auf Octernionen schrieb, zeichnete das Linienschema mit Bleistift vor. Regelmäßigkeit war ihm nicht wichtig (Anzahl der vorgezogenen Schreiblinien und Anzahl der geschriebenen Zeilen schwankend). Seine Schrift verrät, dass er keine Übung im Kopieren griechischer Texte hatte. Der Liniierung nach trug er im Ortskatalog die Koordinatenangaben zu den Toponymen offenbar erst in einem zweiten Schritt nach. Erst von der zweitletzten Lage an wechselt die Schreiberhand. Der zweite Kopist schrieb auf Sexternionen. Er zog die Linien mit Blindgriffel vor und hielt sich beim Kopieren sehr genau an die jeweils 30 vorgegebenen Schreiblinien. Informationen, die sich direkt auf die geographischen Karten beziehen, wurden von beiden Kopisten bisweilen weggelassen oder angepasst.

Warum während des Kopiervorgangs zweimal die Vorlage gewechselt wurde (s. o. *Stemmatologische Notizen*), oder aber warum bereits die Vorlage von S auf der Basis von drei verschiedenen Vorlagen angefertigt wurde, ist unklar. Nun weist die Sammelhandschrift Vat. gr. 191 (X) verschiedentlich Randbemerkungen des Manuel Chrysoloras auf, insbesondere auch zur *Geographie*, und war vermutlich im Besitz des Chrysoloras.[91] Vielleicht nahm Chrysoloras die Handschrift X (zusammen mit seinen anderen Büchern) im März 1400 nach Pavia mit, worauf die Vor-

---

90 Am auffälligsten sind das Fehlen des Wortes χεῖμα und des Passus ἐς ἠῶ, Ἰνδῶν τε sowie das zweitletzte Wort «ἀνατολικῆς» (statt ἀνατολίης).

91 Siehe dazu die vorläufigen Bemerkungen zu Handschrift X, insbesondere *Beigaben* und *Geschichte*.

lage von S oder S selbst von den Schülern des Chrysoloras auf der Basis von anderen Vorlagen angefertigt werden musste, damit die Abschrift des Werkes abgeschlossen werden konnte.[92] Die lateinische Übersetzung der *Geographie*, angefangen von Chrysoloras selbst und vollendet von seinem Schüler Jacopo Angeli da Scarperia, lehnt sich am nächsten dem Text der Handschriften S und Plut. 28.38 (B) an.

Eine nicht mehr lesbare Notiz auf f. 1r (s.o. *Beigaben*) scheint Teil des ausgewischten *Exlibris* der Bibliothek des Dominikanerklosters San Marco in Florenz zu sein und gab an, auf welchem Bibliotheksregal das Buch dort zu finden war. Der Eintrag wurde wohl – gemäß üblichem Umgang mit nicht mehr aktuellen Besitzvermerken – von einem frühen Bibliothekar der Biblioteca Medicea Laurenziana ausgewischt.[93] Im erhaltenen Katalog von San Marco[94] kann Handschrift S mit dem 3. Buch auf dem 5. Regal im westlichen Teil identifiziert werden.[95] Der Katalogeintrag lautet: «Ptolomei grographia [*sic*], in papiro.».[96]

Die Handschrift S wurde in der zweiten Hälfte des 16. Jh. zusammen mit etlichen weiteren Büchern auf Geheiß Cosimos I. von der Bibliothek von San Marco in die Bibliothek der Medici überführt, und zwar vor dem 11. Juni 1571, als diese der Öffentlichkeit zugänglich gemacht wurde. Wohl nach der Überführung in die Bibliothek der Medici

---

92 Gentile 2002b, 173; Id. 2003, 176; Id. 2003b, 12–14. Gentile denkt insbesondere an die Möglichkeit eines handlichen Arbeitsexemplars der *Geographie* (im Gegensatz zum Vat. gr. 191 [X], in dem die *Geographie* nur einer von über dreißig Titeln ist), das von Chrysoloras selbst oder in seinem Auftrag angefertigt wurde, für die lateinische Übersetzung des Werkes gedacht war (und dazu von Jacopo Angeli da Scarperia auch benutzt wurde) und außerdem als Vorlage für S und den Plut. 28.38 (B) diente. Gentile weicht in den eben zitierten Publikationen insofern leicht von einer früher vorgestellten Version der Verhältnisse ab (Gentile 1992b, 94; s.o. *Stemmatologische Notizen*), in der er für die Plutei 28.9 (S) und 28.38 (B) eine andere Vorlage annahm als für die lateinische Übersetzung der *Geographie*.

93 Gemäß Ullman/Stadter 1972, 118 befindet bzw. befand sich in den San Marco-Kodizes diese Notiz zusammen mit einem Besitzvermerk gewöhnlich auf einem Vorsatzblatt, das heute nicht selten verloren ist (z.B. aufgrund einer Erneuerung des Einbandes). Ob für Handschrift S verlorene Vorsatzblätter angenommen werden müssen, ist schwierig zu bestimmen. Eine Unsicherheit besteht darin, dass in S besagte Notiz auf einer Rectoseite steht, während die vier Beispiele bei Ullman/Stadter 1972, Taf. I–II den Besitzvermerk allesamt auf einer Versoseite aufweisen.

94 Sammelband, Modena, Archivio di Stato, Cancelleria ducale Estense, Documenti e carteggi di Stati Esteri: Firenze, busta 17 (nach einer anderen Quelle busta 13): *Repertorium sive index Librorum Latinae et Graecae bibliothecae conventus Sancti Marci de Florentia ordinis praedicatorum* (1499 oder 1500).

95 Ullman/Stadter 1972, 262, Laufnummer 1188.

96 Die Handschrift S ist auch in einem Inventar der Bibliothek San Marco verzeichnet, das gegen die Mitte des 16. Jh. (um 1543 oder 1545) zusammengestellt wurde und heute in der Biblioteca Ambrosiana in Mailand aufbewahrt wird (M 94 suss.). Der Eintrag in diesem Inventar lautet: «Ptolomaei Geographia» (siehe Ullman/Stadter 1972, 279, Nr. M 129).

ist dem Codex ein neuer Einband (eine sogenannte ‚legatura medicea‘) verpasst worden.

Zwar sind *Geogr.* 8,28 und Anhänge **1–4** hier in S nahezu identisch mit den betreffenden Stellen im Plut. 28.49 (O), aber besonders die lücken- und fehlerhafte Form des Hexametergedichts (Anhang **7**) in S stellt O als direkte Vorlage für den Schlussteil ab *Geogr.* 5,19/20 in Frage.[97] Dass in S in *Geogr.* 5,20 außerdem das letzte Toponym (Rhatta) fehlt, in O aber vorhanden ist, unterstützt diese Infragestellung. In den Plutei 28.38 (B) und 28.42 (P) fehlt Rhatta hingegen ebenso. Es ist sehr unwahrscheinlich, dass drei von verschiedenen Händen geschriebene Kodizes (S, B, P) aus ein- und derselben Vorlage (O) kopiert worden sein sollen und ein- und dieselbe Lücke aufweisen, umso mehr, als die betreffende Stelle in O unproblematisch ist. Diese Beobachtung unterstützt zudem die Vermutung, dass B und P eher in einem Tochter- als in einem Schwesterverhältnis zu S stehen.

Bibliographie

Bandini 1961, 2, 19f. – Cuntz 1923, 2f.; 10f.; 28f. – Dilke 1987, 192. – Dilke 1987b, 272. – Diller 1966, IXf. – Gentile 1992, 307. – Gentile 1992b, 92–94 (93: Reproduktion von f. 26v, schwarzweiß). – Gentile 2002, 421f. – Gentile 2002b, 173 und Anm. 53. – Gentile 2003, 175f. – Gentile 2003b, 11–14. – Gentile/Speranzi 2010, 28–31 und 46 = Taf. 6 (Reproduktion von f. 120v, schwarzweiß). – Müller 1867, 284; 293; 296–298. – Rollo 2002, 63 Anm. 121. – Rostagno 1923, 33 (Nr. 35) und 59. – Schnabel 1938, 19f. u.a. – Scudieri/Rasario 2000, 138. – Ullman/Stadter 1972, 262 und 279.
Die Handschrift und weitere Materialien können online über folgenden Link eingesehen werden (letzte Abfrage 16. 04. 2013):
http://teca.bmlonline.it/TecaRicerca/index.jsp

Art der Kontrolle

Original (Jan. 2008, kurze Nachkontrollen Feb. 2009).

97 Das Fehlen der Agathodaimon-Subskription (Anhang **8**) hier in S – in O ist sie vorhanden – könnte dadurch erklärbar sein, dass S keine Karten enthält und die Kopisten auch weitere Stellen, die auf die Karten anspielen, bearbeitet haben. Anderseits kann das Fehlen der Subskription natürlich auch ein zusätzlicher Beweis sein, dass der Schluss von S nicht direkt aus O abgeschrieben wurde.

Firenze, Biblioteca Medicea Laurenziana, Pluteus 28.38
Sigle **B**

Zahlreiche wichtige Hinweise und Informationen zu dieser Handschrift verdanke ich David Speranzi (Florenz).

CLAUDIUS PTOLEMAEUS, *Geographia*.
Italien (Florenz?), 15. Jh. (Anfang), Pergament, 233 × 162 mm; (2) 178 (1) / ⟨I–II⟩, 1–177, f. s. n., ⟨I′⟩. – f. ⟨I⟩ und ⟨I′⟩ sind aus Papier ohne Wasserzeichen. Das letzte Blatt (f. s. n. = f. ⟨178⟩) und alle Schutzblätter sind nicht nummeriert.

Inhalt

(f. 1–⟨178⟩) CLAUDIUS PTOLEMAEUS, *Geographia*:
(f. 1r–27r) *Geogr.* 1. – (f. 27v–52r) *Geogr.* 2. – (f. 52r–75v) *Geogr.* 3. – (f. 75v–93v) *Geogr.* 4. – (f. 94r–116v) *Geogr.* 5. – (f. 116v–134r) *Geogr.* 6. – (f. 134r–150v) *Geogr.* 7. – (f. 150v–174r) *Geogr.* 8. – (f. 174r–177v) Anhänge zur *Geogr.* – (f. ⟨178⟩r/v) leer.

Beigaben: Recht häufig im Text oder am Rand Korrekturen (besonders in *Geogr.* 2–3 und vor allem an den Koordinaten[98]) oder Ergänzungen des Kopisten, manchmal von späterer Hand (z.B. f. 125r). – Vereinzelt lateinische Randbemerkungen und/oder sich auf Koordinaten beziehende arabische Zahlen: (f. 38v) «⟨a⟩dverte bene», (f. 55v) «umbrorum», (f. 59v) «37¾», (f. 84v) «al(ias) 60¼». – Selten Kreuze am Rand mit nicht näher erkennbarer Funktion (z.B. f. 60v, 88r, 110r). – (f. 1r) In der oberen äußeren Ecke mit hellbrauner Tinte Signatur «N°. 38.». – (f. 177v) Unten gegen innen, unterhalb eines Stempels der Biblioteca Medicea Laurenziana, mit Bleistift, modern, Inventarnummer «202121».

Foliierung

(f. 1–177) Auf der Rectoseite unmittelbar unterhalb der unteren Begrenzung des Schriftspiegels und etwas weiter außen als die äußere Begrenzung des Schriftspiegels, mit Bleistift, kleine arabische Zahlen, modern. – (f. 177r) Zusätzlich in der oberen äußeren Ecke mit schwarzbrauner Tinte arabische Zahl.

98 Wie einige – zwar sehr oberflächliche und unsystematische – Stichproben gezeigt haben, gehen diese Korrekturen zum Teil in eine „fremde“ Richtung, die weder der ω- noch der Ξ-Rezension entspricht.

Beschreibstoff

Pergament, hell, glatt, fein, zum Teil sehr dünn, manchmal nahezu durchsichtig. Unterschied zwischen Fleisch- und Haarseite gut sichtbar.

Organisation der Lagen

Lagen: $(1^{\text{f.}\,\langle\text{I}\rangle} + 1^{\text{f.}\,\langle\text{II}\rangle})$ $17.\text{V}^{\text{f. }170} + \text{IV}^{\text{f.}\,\langle 178\rangle}$ $(1^{\text{f.}\,\langle\text{I}'\rangle})$. – Die Lagen beginnen mit der Fleischseite, die Gregory-Regel ist durchgehend eingehalten.
Faltung: in-4°.
Keine Kustoden.
Reklamanten: Regelmäßig auf der letzten Versoseite der Lage am unteren Rand innen, horizontal, vom Kopisten.
Liniierung: Mit Blindgriffel auf jeder Haarseite, Einstichlöcher am äußeren Blattrand sehr gut erkennbar. – (f. 1–28, 150–173, 176–⟨178⟩: Text in 1 Kolumne geschrieben) Schriftspiegel innen und außen begrenzt durch je zwei im Abstand von ca. 6 mm voneinander entfernte, durchgezogene, parallele Vertikalen, wobei zwischen das jeweils linke Vertikalenpaar die herausgestellten Initialen platziert wurden; zwei durchgehende Horizontalen begrenzen den Schriftspiegel oben und unten, die obere wird nicht als Schreiblinie genutzt; 24 horizontale Schreiblinien unterteilen den Schriftspiegel, sie reichen jeweils von der einen zu der anderen inneren Vertikale. – *Muz.* 2-2 / 0 / 1-1 / J.

(f. 29–149, 174–175: Text in 2 Kolumnen geschrieben) Wie vorher, zusätzlich zwei durchgehende parallele Vertikalen im mittleren Bereich der Seite im Abstand von ca. 10 mm zur Begrenzung der Kolumnen und zur Definierung des Interkolumniums. – *Muz.* 2-2-11 / 0 / 1-1 / J.

Seitenlayout

(f. 1r–29r oben / 150r–174r oben / 176r–177v) 1 Kol., 25 Z. – (f. 156r) 1 Kol., 25 Z., 232 × 161 mm, Schriftspiegel 156 × 99 mm.
(f. 29r unten – 149v / 174r unten – 175v) 2 Kol., 25 Z. – (f. 66r) 2 Kol., 25 Z., 232 × 161 mm, Schriftspiegel 157 × 97 mm.

Die Aufteilung in zwei Kolumnen beginnt wie üblich mit dem Ortskatalog (f. 29r unten) und wird nach dem Ende des Ortskatalogs (f. 145v, Kol. 1) vorübergehend beibehalten. Mit *Geogr.* 7,6,14 (ab ἐπέρχηται) beginnt ein neues Blatt (f. 150r – nicht aber eine neue Lage!) und mit ihm der Wechsel zurück zu einer Textkolumne. Die Anhänge **1**–**3** (f. 174r unten – 175v) sind wiederum in zwei Kolumnen gehalten. Mitten in Anhang **4** geht das Layout mit einem neuen Blatt (f. 176r – keine markante Stelle innerhalb der Lage) wieder in eine Kolumne über.

Schreiber, Schrift, Tinte

Schreiber: Die Hand wird einem Schüler des Manuel Chrysoloras zugeordnet. Sie schreibt sehr ähnlich wie Leonardo Bruni – um vieles ähnlicher als etwa Hand 1 im Plut. 28.9 (S) –, auch wenn vereinzelte Buchstaben (Zeta) und Ligaturen (Epsilon-Iota) von dieser großen Ähnlichkeit abweichen. Die Schrift hier ist zwar ähnlich derjenigen von Hand 1 im Plut. 28.9 (S), gegenüber dieser aber weniger senkrecht und abgesetzt, etwas gedrängter, fließender und ausgeglichener. Ich schließe nicht aus, dass Handschrift B tatsächlich von Leonardo Bruni kopiert wurde.[99]

Haupttext: Senkrechte bis leicht rechtsgeneigte, kleinformatige, leicht gedrängte Gebrauchsminuskel mit gemäßigten Ober- und Unterlängen bei mittlerem Zeilenabstand, klarer Worttrennung und nicht besonders hohem Verbindungsgrad der Buchstaben; wenige Abkürzungen und Suprapositionen. Schrift oberzeilig, Tinte braun. Majuskel-Gamma und Tau werden gerne hochgezogen, ihr horizontaler Strich ist von großzügiger Länge und meist sehr gerade oder am rechten Ende minimal nach oben gewölbt.

Keine Auszeichnungsschriften. Sehr zurückhaltender Einsatz von roter Tinte, die nur verwendet wurde für die Überschrift vor dem Werktitel (dazu unten *Stemmatologische Notizen*), für den Titel zu Buch 1, für die Kapitelzahlen in Buch 1 und – nur in den ersten 3 Lagen – für Paragraphenzeichen und für einige Initialen. Die Buchtitel zu *Geogr.* 2 und 3 sind nicht ausgeführt. Initialen oft fehlend, manchmal herausgestellt und/oder leicht vergrößert, sehr simpel in der Ausführung; manchmal am inneren oder äußeren Blattrand provisorische Initialen zu sehen. Paragraphenzeichen ab Lage 4 (d.h. ab f. 31) nicht mehr ausgeführt, an ihrer Stelle stehen nur (schon vorher auftretende) die Schreiblinien kreuzende kurze, schräg nach rechts geneigte Striche oder Doppelstriche.

Ausstattung, Buchschmuck, Illustrationen

Äußerst nüchtern gehaltenes Manuskript.

Zeichnungen: **a)** (f. 3v, äußerer Rand, oben) Skizze zum Bogensegment zwischen zwei Orten: Platzierung (zu *Geogr.* 1,2,5) wie im Vat. gr. 191 (X); wohl wegen der Platzverhältnisse wurde die Skizze hier jedoch gegenüber derjenigen in X um 90° gegen den Uhrzeigersinn gedreht, so dass die kürzeste Seite des Dreiecks nach oben zeigt. Dadurch steht ein

---

99 Diese Ansicht teilen Gentile 2003b, 11 und Gentile/Speranzi 2010, 35 (siehe auch unten den Abschnitt *Geschichte*). Für Specimina von Leonardo Brunis Hand siehe RGK 3, Nr. 381; Bernardinello 1979, 52 f. und Taf. 22. – Die Hände der Chrysoloras-Schüler, deren Schrift weitgehend diejenige ihres Lehrers graphisch imitiert, sind äußerst schwer voneinander zu unterscheiden.

Teil der Beschriftungen auf dem Kopf. Die Beschriftungen stimmen, inklusive Abkürzungen, genau mit denjenigen im Plut. 28.9 (S) überein.
b) (f. 4r, äußerer Rand, oben) Skizze zu den Bogensegmenten auf Erd-/Himmelskugel: Ausführung und Platzierung (zu *Geogr.* 1,2,8) wie in X.
1 (f. 24r, Mitte) Einfache Kegelprojektion: Die Zeichnung ist an der richtigen Stelle eingefügt und gleicht exakt der entsprechenden Skizze im Plut. 28.9 (S).
2 (f. 24v, unterer Rand / f. 25r, unten) Neigungswinkel: Skizze in dreifacher Ausführung nebeneinander, die erste Darstellung auf f. 24v, die anderen beiden auf f. 25r befindlich. Die Zeichnungen sind kurz vor *Geogr.* 1,24,16 und somit etwas zu spät angebracht. Die erste Darstellung korrespondiert genau mit der ersten Skizze in S. Die zweite Darstellung entspricht in Ausführung, Ausrichtung und Beschriftung haargenau der dritten Skizze in S. Die dritte Darstellung hier in Handschrift B entspricht weitestgehend der zweiten Skizze in S und ist fast identisch mit ihr. Die Änderung der Reihenfolge der Skizzen hier in Handschrift B dürfte mit einem entsprechenden Vermerk in S zusammenhängen, siehe dazu den Kommentar zu Zeichnung **2** in der Beschreibung der Handschrift S.
3 (f. 25r, unten und außen) Ermittlung des Punktes η: Rechts neben der dritten Darstellung von Zeichnung **2** positioniert (entsprechend der Platzierung in S) und an der korrekten Textstelle eingefügt. Ausführung und Beschriftung stimmen ganz mit der Skizze in S überein.
4 (f. 26r, unterer Rand) Modifizierte Kegelprojektion: Diese Zeichnung ist kurz nach Beginn von *Geogr.* 1,24,24 eingefügt und somit etwas zu weit vorne abgebildet, aber gleichsam an derselben Stelle, wo sich in S die entsprechende Skizze befindet. Disposition, Ausführung und Beschriftung der Zeichnung sind exakt wie in S (auch hier ist die Skizze in der Höhe gequetscht und in die Breite gezogen – vielleicht im vorliegenden Fall weniger aus Platzgründen als vielmehr, um die Zeichnung so genau wie möglich in Entsprechung zu ihrer Vorlage wiederzugeben –, und auch hier befindet sich Punkt λ bereits im Schriftspiegel, und zwar zwischen der untersten und zweituntersten Textzeile, genau wie in S).
***4*a)** (f. 27r, unten) Ganz am Ende von *Geogr.* 1, nach dem Schlusstitel, ist die „unverständliche Skizze" abgebildet. Haargenau wie in S befindet sich auch hier Punkt λ der unverständlichen Skizze im vorangehenden Text, genau nach demselben Absatz wie in S. Außerdem lautet der Schlusstitel hier genau gleich wie in S und weist sogar dieselbe Abkürzung für -ως und denselben kurzen horizontalen Strich im Anschluss an den Titel auf.

Zeichnung **5** (Armillarsphäre) fehlt gänzlich und scheint auch nie vorgesehen gewesen zu sein.

Die Zeichnungen sind sehr sorgfältig mit Lineal und Zirkel angefertigt. Sie sind mit der Tinte des Haupttexts und einer gegenüber dem

Haupttext spitzeren Feder ausgeführt. Vielleicht hat sie der Kopist selbst gezeichnet. Auf jeden Fall schrieb der Zeichner normalerweise Lateinisch, wie insbesondere die Buchstaben Alpha und in Zeichnung **1** auch My verraten. Wie der Durchschlag der Einstichlöcher des Zirkels auf f. 28–30 zeigt, wurden die Zeichnungen offensichtlich zu einem Zeitpunkt ausgeführt, als die Lage als solche schon als Einheit bestand.

Einband

‚Legatura medicea' (16. Jh., 2. Hälfte): Buchrücken mit vier Bünden, überzogen mit rotbraunem Leder, vermutlich restauriert. Je ca. 9 mm dicke Buchdeckel aus Holz, überzogen mit dunklerem, rötlichbraunem Leder. Beide Deckel weisen ein Blindstempelmuster auf, das demjenigen des Plut. 28.9 (S) gleicht. Auf dem Vorderdeckel oben Etikette, eingefasst von schmalem, mit zehn Nägeln beschlagenen Metallrähmchen (27 × 70 mm einschließlich Metallrähmchen); Etikettenaufschrift: «Πτολεμαίου γεωγραφία / Ptolemei Geographia». In den unteren zwei Dritteln des Vorderdeckels großformatig, mit weißlicher Farbe nachgezogen (darunter verblasste bräunliche Farbe sichtbar) Signatur «38 / P 28». Am Vorderdeckel gegen die Außenkante hin sind zwei Metallteile als Gegenstücke zu den Schließen befestigt. In der oberen Hälfte des Rückendeckels eine mit dunkler Farbe ausgeführte, großformatige «38.» erkennbar (= Nummer der Handschrift). Am äußeren Rand des Rückendeckels zeugen Überreste von zwei ledernen, abgerissenen Schließen. Auf beiden Buchdeckeln sind vier rechteckig angeordnete, runde Metallbuckel angebracht. Am unteren Rand des Rückendeckels Metallkette (Länge ca. 694 mm).

(f. ⟨I⟩ und ⟨I′⟩) Papier ohne Wasserzeichen, modern, beigefarben und fest, Kett- und Ripplinien erkennbar. Die Spiegel sind mit demselben modernen Papier überzogen.

Schutzblätter

(f. ⟨I–II⟩) Vorsatzblätter:

(f. ⟨I⟩r/v) leer.

(f. ⟨II⟩r) In der Blattmitte mit schwarzer Tinte Signatur «Laur- Plut 28 Cod 38».

(f. ⟨II⟩v) Oben zwei weggeschabte Textzeilen, die den Besitzvermerk des Klosters San Marco in Florenz (wohl untere Zeile) und die Angabe der Nummer des Regals, auf dem der Codex in der dortigen Bibliothek stand (obere Zeile, wobei das erste Drittel leer ist), enthielten.[100] Die Angabe der Regalnummer muss gelautet haben *de V*

100 Vgl. die Beispiele bei ULLMAN/STADTER 1972, Pl. I–II: Angabe der Regalnummer jeweils oberhalb des Besitzvermerks und das erste Drittel der Zeile freilassend.

banc(h)o[101] *ex parte occidentis*. Während in der unteren Zeile nichts mehr identifizierbar ist, scheinen in der oberen Zeile die Worte «p(ar)te occidentis» noch erkennbar. – Oben außen mit hellbrauner Tinte Inhaltsangabe «Geogrophia [*sic*!]. Tolomej.». – In der Mitte oben mit hellbrauner Tinte Signatur «N° 38.».
(f. ⟨I′⟩) Nachsatzblatt, leer.

Erhaltungszustand

Erhaltungszustand sehr gut, abgesehen von ein paar Wurmfraßlöchern am Anfang und am Ende der Handschrift sowie wenigen „Augen“ (zu diesem Terminus oben S. 115). Die untere Partie des Rückendeckels ist leicht beschädigt, die Schließen sind nicht mehr vorhanden.

Stemmatologische Notizen

Der Plut. 28.38 (B) bildet gemäß Schnabel zusammen mit seinen Schwesterhandschriften Plut. 28.9 (S) und Plut. 28.42 (P) die Textfamilie σ. Die Verwandtschaft von B zu S ist näher als diejenige von B zu P; B wird manchmal als „Zwilling“ von S bezeichnet.[102] Genau wie Handschrift S geht auch B auf drei verschiedene Vor(vor)lagen zurück.[103]
Ausgewählte Stellen: Die **Kapitelübersicht zu *Geogr.* 1** wird gemäß der Ξ-Rezension in 24 Kapiteln vorgestellt (f. 1r/v), die am linken Rand des Schriftspiegels mit der Tinte des Haupttexts in griechischen Zahlen durchnummeriert sind; auch im Text stehen die Kapitelnummern am Rand, sind mit roter Tinte geschrieben und weisen bald einen Überstrich, bald ein Apostroph, bald keine Zusätze auf. – Die **Homoioteleuton-Lücke** in *Geogr.* 1,24,17 ist nicht vorhanden (f. 25v).

Die Ähnlichkeiten von B und S sind, wie bereits oben für die Zeichnungen festgestellt, auch für verschiedenste weitere „Schlüsselstellen“ auffallend: In beiden Handschriften befindet sich auf f. 1r am oberen Rand, noch vor dem Werktitel, die mit roter Tinte ausgeführte Überschrift «ἔκτεσις [*sic*] τοῦ πρώτου» (siehe die Reproduktion der Seite für B bei Gentile 1992b, 95). Genau gleich wie in Handschrift S, fallen auch in Handschrift B die itazistische Schreibweise im Titel zu *Geogr.* 7,5 («Ὑπογραφὴ κεφαλεώδης ...», f. 145v) und der Fehler im Titel zu *Geogr.* 7,6 («Κλικωτῆς σφαίρας ...», f. 147v) auf (im Plut. 28.49 [O] sind die beiden Kapiteltitel demgegenüber orthographisch korrekt – ein

101 Auch die Variante *in banc(h)o V...* ist möglich.
102 Siehe z.B. Diller 1966, IX; Gentile 1992b, 92 und 94.
103 Für mehr Einzelheiten zu dieser Textfamilie siehe die Beschreibung der Handschrift S, *Stemmatologische Notizen* und *Geschichte*.

weiteres Indiz, das O als [direkte] Vorlage für den Schlussteil von S und B in Frage stellt, siehe dazu auch oben S. 200). Die Inhaltsübersicht zu *Geogr.* 2 ist auch hier in Handschrift B in der Kurzform der Ξ-Rezension gehalten (f. 27v). Des Weiteren finden sich in beiden Handschriften identische korrigierende oder ergänzende Randbemerkungen.[104]
Anhänge: Auch in den Anhängen manifestiert sich die enge Verwandtschaft von B und S.

(f. 173v–174r) *Poleis diasemoi* Taprobanes (*Geogr.* 8,28) haargenau wie in S und im Plut. 28.49 (O).
1 (f. 174r–175r) Liste der Provinzen oder Satrapien der Oikumene: Genau wie in S stehen die Provinznamen im Nominativ gemäß der ω-Rezension, wiederum mit der einzigen Ausnahme von *Geogr.* 8,29,25 «Δραγγιανῆς». Koordinaten sind, wie in S, zu jeder Provinz angegeben, Kartenangaben fehlen gänzlich.
2 (f. 175r) Scholien zur Armillarsphäre.
3 (f.175r/v) Tabelle des Sonnenlaufs gemäß Ξ-Rezension: Genau wie in S, hingegen zum zweitgenannten Monat (Juli/Zwillinge) oberhalb der Zeile mit roter Tinte, vielleicht von anderer Hand, Korrektur des Sternzeichens und der Deklinationsänderung: «λεοντι κ ν». Dem Februar, dem in S kein Sternzeichen beigefügt ist, sind hier, wie zuvor schon dem März, die Fische zugeordnet – exakt wie im Plut. 28.49 (O) –, obwohl konsequenterweise der Wassermann eingefügt sein müsste.
4 (f. 175v–177v) Epitome von *Geogr.* 7,1–4, genau wie in S.
7 (f. 177v) Hexametergedicht auf die Weltkarte des Ptolemaios, ohne Titel, nicht mit einer neuen Zeile beginnend, fortlaufend wie Prosa geschrieben, mit denselben Lücken und praktisch denselben Fehlern wie in S, außerdem wird auch hier genau wie in S zwischen dem vorletzten und letzten Vers (die beide verstümmelt sind) auf der Schreiblinie eine Lücke von ca. 30 mm leer gelassen.

Anhänge **5**, **6** und **8** (Scholion zur Berechnung der Längengradproportionen, Verzeichnis der Längen und Breiten der einzelnen Karten, Agathodaimon-Subskription) fehlen.

Geschichte

Die Handschrift Plut. 28.38 (B), sehr sorgfältig und ausgeglichen konzipiert und kopiert, bezüglich des Rubrizierens aber nicht ganz abgeschlossen, kann mit großer Wahrscheinlichkeit an den Anfang des 15. Jh. datiert werden und dürfte das Werk eines Schülers des Manuel Chrysoloras

104 Vgl. z.B. S (f. 15v) mit B (f. 21r), S (f. 16r) mit B (f. 21v), S (f. 90v) mit B (f. 119r), S (f. 91v) mit B (f. 120r), S (f. 109r) mit B (f. 142v–143r), S (f. 111v) mit B (f. 146r), S (f. 128v) mit B (f. 172v).

sein. Die Schrift zeigt eine sehr enge Verwandtschaft zu derjenigen Leonardo Brunis, ich möchte sie sogar diesem zuordnen.[105] Die Handschrift weist in mannigfacher Weise sehr große Ähnlichkeit mit dem Plut. 28.9 (S) auf, weshalb sie als dessen „Zwilling" gilt (dazu oben S. 206 mit Anm. 102). Es bleibt zu überprüfen, ob dieses verwandtschaftliche Verhältnis tatsächlich zutrifft oder B nicht eher eine Abschrift und somit Tochter von S ist.

B gehörte ursprünglich (wie auch S) zur Bibliothek des Klosters San Marco in Florenz. Das übliche *Exlibris* der Bibliothek befand sich auf f. ⟨II⟩v und wurde zu einem späteren Zeitpunkt, wohl von einem frühen Bibliothekar der Laurenziana, weggeschabt, da es nicht mehr gültig war.[106] Auch wenn der Wortlaut des Besitzvermerks kaum mehr erkennbar ist, sprechen einige Punkte dafür, dass es sich tatsächlich um das ausgelöschte *Exlibris* der Bibliothek von San Marco handelt (s.o. *Einband, Schutzblätter*). Im erhaltenen Katalog von San Marco[107] wird B mit dem 4. Buch auf dem 5. Regal im westlichen Teil identifiziert.[108] Mit Recht wurde aber angezweifelt, dass sich der entsprechende Katalogeintrag mit der Handschrift B vereinbaren lasse:[109] «Ptolomei tabule de situ terrae inhabitatae, in membranis». Diese Kürzestbeschreibung würde vielmehr zu einem Atlas nach Ptolemaios oder einer *Geographie* mit Kartensatz passen und weniger zu einem kartenlosen Manuskript wie B. Vielleicht bezieht sich der Katalogeintrag trotz allem dennoch auf B, oder aber er bezeichnet eine andere griechische Handschrift (welche?!), während B gar nicht katalogisiert wurde. Dies kam offenbar vor bei Büchern, die gerade von einem Mönch gelesen wurden und sich in dessen Zelle befanden, oder bei ausgeliehenen Büchern, oder bei Büchern, die im Privatbe-

---

105 So auch Gentile 2003b, 11. Auf jeden Fall interessierte sich Bruni für die *Geographie* und beteiligte sich offensichtlich an ihrer Übersetzung ins Lateinische. Dies geht aus einem Brief hervor, den Leonardo Bruni am 12. Oktober 1405 in Viterbo an Niccolò Niccoli schrieb: *Mihi autem ut* Geographiam *Ptolemaei mittas velim; his enim vigiliis, ut spero, illam faciam Latinam. Cum ipsa tamen eam particulam mittas, quam ex eo libro Chrysoloras transtulit. Praeterea libros meos tam Graecos quam Latinos tuo beneficio habere percupio; quare da operam, ut ad me ferantur, valde enim illis indigeo* (zitiert nach Hans Baron, *Leonardo Bruni Aretino: Humanistisch-philosophische Schriften* [Leipzig 1928] 105). Dieselbe Forderung äußerte Bruni offenbar im August 1406 zwei weitere Male (dazu Gautier Dalché 2007, 290 Anm. 30). Gentile 2002, 422 und 2003b, 11 vermutet, der von Bruni in dem zitierten Briefausschnitt erwähnte *Geographie*-Kodex sei unser Plut. 28.38 (B).

106 Das *Exlibris* von San Marco war in der Regel auf der Versoseite eines Vorsatzblattes angebracht, wie auch in unserer Handschrift (s.o. S. 199, Anm. 93).

107 Vgl. dazu S. 199, Anm. 94.

108 Ullman/Stadter 1972, 262, Laufnummer 1189.

109 Gentile 1992b, 94–96; Katalogeintrag zitiert nach Ullman/Stadter 1972, siehe vorangehende Anm.

sitz eines Mönches waren und erst nach der Anfertigung des Katalogs (1499/1500) als Schenkung in die Bibliothek gelangten.[110]

Für die Überführung der Handschrift in die Bibliothek der Medici und den neuen Einband vgl. die Beschreibung der Handschrift S, *Geschichte*.

Es scheint überlegenswert, ob die sehr genaue Entsprechung verschiedenster Elemente in dieser Handschrift gegenüber S nicht eher an ein Tochter- als ein Schwesterverhältnis für die Handschriften S und B denken lässt, d.h. ob B nicht eher eine Abschrift von S ist.[111] Diese Überlegung geschieht außerdem vor dem Hintergrund, dass die Griechischschüler des Manuel Chrysoloras, zu dessen Kreis der Kopist unserer Handschrift gehörte, vor allem auf möglichst originalgetreue Kopien bedacht waren.[112]

Bibliographie

Bandini 1961, 2, 64. – Cuntz 1923, 28f. – Dilke 1987, 192. – Dilke 1987b, 272. – Diller 1966, IXf. – Gentile 1992, 307. – Gentile 1992b, 94–96 (95: Reproduktion von f. 1r, schwarzweiß). – Gentile 2002, 421f. – Gentile 2002b, 173 und Anm. 53. – Gentile 2003, 175f. – Gentile 2003b, 11–14. – Gentile/Speranzi 2010, 31f.; 34; 47 = Taf. 7 (Reproduktion von f. 1r, schwarzweiß). – Müller 1867, 284; 293; 296–298. – Ragone 1994/1995, 166 Anm. 221. – Rollo 2002, 63 Anm. 121. – Rostagno 1923, 33 (Nr. 36) und 59. – Schnabel 1938, 20 u.a. – Scudieri/Rasario 2000, 138. – Ullman/Stadter 1972, 262.
Für die online-Konsultation der Handschrift siehe den in der Beschreibung der Handschrift S unter *Bibliographie* angegebenen Link.

Art der Kontrolle

Original (Jan. 2008, kurze Nachkontrollen Feb. 2009).

110 Ullman/Stadter 1972, 119.

111 Siehe auch die *Stemmatologischen Notizen* in den Beschreibungen der Handschriften S und P. In der Sekundärliteratur wird B allgemein als Schwesterhandschrift von S behandelt. Cuntz 1923, 29 Anm. 4 schreibt: „Eine direkte Abschrift von *Σ* [= S] scheint *Φ* [= B] nicht zu sein", nennt aber als Beweis nur eine einzige Stelle aus *Geogr.* 3,1,34, wo S «πλατωρις» statt richtig πραιτωρία liest (siehe *ibid.*, 88), ein Fehler, der in B nicht auftrete; B gibt die Stelle aber ähnlich falsch mit «πρατωρις» wieder. Auch Gentile 2003b, 14 schätzt S und B als Schwesterhandschriften ein: „Innanzitutto va detto che nessuno dei due è copia dell'altro. Deriverebbero cioè da un esemplare comune."

112 Vgl. dazu Antonio Rollo, „Mimetismo grafico alla scuola di Manuele Crisolora", in: C. Tristano / M. Calleri / L. Magionami (Hrsgg.), *I luoghi dello scrivere da Francesco Petrarca agli albori dell'età moderna. Atti del convegno internatzionale di studio (Arezzo, 8–11 ottobre 2003)* (Spoleto 2006) 85–108.

Firenze, Biblioteca Medicea Laurenziana, Pluteus 28.42
Sigle **P**

Claudius Ptolemaeus, *Geographia.*
Italien (Florenz?), 19. 05. 1445, Papier mit Wasserzeichen, 289 × 214 mm; (1) 148 (1) / ⟨I⟩, 1–147, f. s. n., ⟨I′⟩. – Das letzte Blatt (f. s. n. = f. ⟨148⟩) und die Schutzblätter sind nicht nummeriert.

Inhalt

(f. 1–⟨148⟩) Claudius Ptolemaeus, *Geographia*:
(f. 1r–21r) *Geogr.* 1. – (f. 21v–41r [+ 42r/v][113]) *Geogr.* 2. – (f. 41r–62r [ohne 42r/v]) *Geogr.* 3. – (f. 62r–77v) *Geogr.* 4. – (f. 77v–96v) *Geogr.* 5. – (f. 96v–111r) *Geogr.* 6. – (f. 111r–124v) *Geogr.* 7. – (f. 124v–144r) *Geogr.* 8. – (f. 144r–147v) Anhänge zur *Geogr.* – (f. ⟨148⟩r/v) leer.

Beigaben: Ab und zu Korrekturen im Text sowie Ergänzungen im Text und am Rand vom Kopisten. Ähnlich wie im Plut. 28.38 (B), wurden auch hier in Handschrift P korrigierende/ergänzende Randscholien aus der Vorlage als Randscholien wiedergegeben, wenn auch nur selten. Vgl. z.B. P (f. 118v) «ἐν ᾗ Νάρδος» mit Plut. 28.9 (S) (f. 109r) und B (f. 142v), oder P (f. 142v) «ἡ Παρδίωνος» mit S (f. 128v) und B (f. 172v). Demgegenüber steht eine Korrektur zu *Geogr.* 7,2,23 (Τρίγλυφον βασίλειον) in S (f. 109r) und B (f. 143r) am Rand, nicht aber in P, wo sie in den Text hineingearbeitet wurde (f. 118v). – (f. 1r) Obere innere Ecke: Mit brauner Tinte Inventarnummer «269.» (= Nummer von P in Vigilis Inventar, dazu unten *Geschichte*). Obere äußere Ecke: Mit brauner Tinte Handschriftennummer «N° 42». Oberer Rand, Mitte: Mit brauner, leicht verblasster Tinte bibliothekarischer Vermerk (wohl aus dem 16. Jh.[114]) «quaterni. 18.», sich auf die Zusammensetzung der Lagen beziehend; die Zahl in diesem Vermerk wurde mit schwarzbrauner Tinte durchgestrichen, aber oberhalb der durchgestrichenen Zahl wiederholt und mit einem Schrägstrich ergänzt. Es folgt als nächster Eintrag mit schwarzbrauner Tinte die Nummer «n° 654» (ehemalige Handschriftennummer?), die mit einer schwungvollen Linie zur Hälfte eingekreist und gleichzeitig durchgestrichen ist. Als letzter Eintrag mit schwarzbrauner Tinte ein weiterer bibliothekarischer Vermerk, bestehend aus der Ziffer «18ª» und einem nicht entzifferbaren Wort; auch dieser Eintrag ist

113 Siehe dazu unten *Foliierung.*
114 Aus demselben Jahrhundert stammen vielleicht auch die beiden folgenden Einträge auf f. 1r.

durchgestrichen, er bezieht sich vermutlich auf die letzte Lage der Handschrift. – (f. 104v) Am unteren Rand ein nicht entzifferbarer Eintrag (wohl aus dem 15. Jh., 2. Hälfte). – (f. 147v) Unterhalb der Mitte, in vergrößerter Schrift Subskription «Τέλος τῆς Γεωγραφικῆς Πτολεμαίου ἐγράφην[115] / δὲ χειρὶ Δημητρίου 1445 μηνὶ Μαίῳ ιθ. / ἤδη [*sic*] τέλος πέφυκεν ἡ βίβλος αὕτη.» („Ende der *Geographischen* ⟨*sc.* Anleitung⟩ des Ptolemaios; geschrieben wurde ich von der Hand des Demetrios am 19. Mai 1445. Endlich bildet ein Ende dieses Buch“).[116] Unten innen, unterhalb eines Stempels der Biblioteca Medicea Laurenziana, mit Bleistift, modern, Inventarnummer «202125».

Foliierung

(f. 1–146) Auf der Rectoseite in der oberen äußeren Ecke mit Bleistift arabische Zahlen, gefolgt von einem Punkt. – (f. 147) Wie vorher, aber mit schwarzbrauner Tinte und wohl von anderer Hand. Oberhalb davon mit brauner, stark verblasster Tinte eine weitere (Seiten-?)Zahl erkennbar («180»?).

Blätter 41 und 42 sind inhaltlich verdreht; inhaltlich korrekt wäre die Abfolge f. 40, 42, 41, 43.

Beschreibstoff

Papier mit Wasserzeichen, hellbräunlich, eher grob und dick.

Wasserzeichen

(z.B. f. 137, 140, 141, 143, 144) *Basilic*, siehe Harlfinger *Basilic* 21 und 22.

Organisation der Lagen

Lagen: $(1^{\text{f.}\langle\text{I}\rangle})$ $17.\text{IV}^{\text{f.}136} + \text{VI}^{\text{f.}\langle 148\rangle}$ $(1^{\text{f.}\langle\text{I}'\rangle})$. – Der Sexternio ist anders gefaltet als die Quaternionen (s.u. *Faltung*). Auch wenn f. 41 und 42 inhaltlich verdreht sind (s.o. *Foliierung*), ist keine Unregelmäßigkeit in den Lagen feststellbar.
Faltung: (f. 1–136) in-4°, (f. 137–148) in-folio.
Kustoden: Auf der letzten Versoseite der Lagen in der unteren inneren Ecke, mit derselben Tinte wie der Haupttext, griechische Zahlzeichen

---

115 Bandini 1961, 2, 66 transkribierte zu Unrecht „ἐγράφη“.
116 Diesen sprachlich nicht unproblematischen Satz übersetzte Bandini 1961, 2, 66 mit „Finem iam accepit hic liber“.

«α»–«ιη», die Zahl in der Regel gekrönt von einem horizontalen Strich und flankiert von zwei Punkten; manchmal als Ordinalzahl, z.B. «δ^{ov}». Der Sexternio weist die Kustode zweimal untereinander geschrieben auf, und zwar auf der Versoseite seines 7. Blattes (also nicht auf seinem letzten Blatt).

Keine Reklamanten.

Liniierung: (f. 1–147) Liniierung nicht gut erkennbar, mit Blindgriffel, häufiger auf der Verso-, manchmal auf der Rectoseite angebracht. Der Schriftspiegel wird auf der inneren Seite begrenzt durch zwei durchgezogene, parallele, ca. 7 mm voneinander entfernte Vertikalen und drei ebensolche auf der äußeren Seite. Von der jeweils innersten Vertikale des Zweier- bis zur innersten des Dreierpaares sind 28 Schreiblinien gezogen. Abweichend von diesem Grundmuster kann auch die äußere Seite des Schriftspiegels von nur zwei parallelen Vertikalen begrenzt werden (vgl. z.B. f. 29r); öfter kommt eine nur ein paar Millimeter von dem äußeren Blattrand entfernte Vertikale zum Grundmuster dazu (vgl. z.B. f. 77r). Am Anfang der Handschrift sind der äußere und untere Rand (dort nur im Bereich der Breite der Schreiblinien) oft mit zusätzlichen, enger beieinander liegenden Schreiblinien versehen, die vermutlich für Kommentare, Notizen und Ähnliches vorgesehen waren, zum allergrößten Teil aber leer blieben (vgl. z.B. f. 23r). In dieser Handschrift wurden im Bereich des Ortskatalogs keine Hilfsvertikalen für die Ausrichtung der Koordinatenangaben gezogen. – Grundschema: *Muz.* 2-3*(1) / 0 / 0 / J.

Das letzte Blatt (f. ⟨148⟩) ist nicht liniert.

Seitenlayout

(f. 1r–22v Mitte; 122v–144r; 145v–147v) 1 Kol., 28 Z. – (f. 13r) 1 Kol., 28 Z., 288 × 210 mm, Schriftspiegel 198 × ca. 115 mm.
(f. 22v Mitte – 122r; 144v–145r) 2 Kol., 28 Z. – (f. 102r) 2 Kol., 28 Z., 288,5 × 214 mm, Schriftspiegel 196 × ca. 114 mm.

Die Begrenzung der Kolumnen rechts wurde vom Kopisten durchgehend nicht genau eingehalten. – Die Aufteilung in zwei Kolumnen beginnt wie gewöhnlich mit dem Ortskatalog (f. 22v, untere Hälfte) und wird vorerst auch nach dessen Ende (f. 120v, Kol. 1, oben) weitergeführt. In *Geogr.* 7,5,16 (ab ἐν τῷ διὰ Μερόης), bereits mitten im fortlaufenden Text, springt das Layout mit dem Beginn einer neuen Seite (f. 122v – nicht aber einer neuen Lage) wieder auf eine Kolumne zurück. Wiederum auf einer neuen Seite, mitten in Anhang **1**, wird erneut auf zwei Kolumnen umgestellt, aber nur für eine Doppelseite. Mit einer neuen Seite (f. 145v – keine markante Stelle innerhalb der Lage) und Anhang **3** bis zum Schluss wird wiederum in einer Kolumne geschrieben.

Die Abfolge des Layout-Wechsels lehnt sich also an diejenige im Plut. 28.38 (B) an, auch wenn sich die betreffenden Stellen natürlich nicht genau überschneiden.

Schreiber, Schrift, Tinte

Schreiber: Demetrios Kykandyles (s.u. *Geschichte*).
Haupttext: Senkrechte, etwas unruhig wirkende, eher gedrängte Gebrauchsminuskel mit nicht besonders ausgeprägten Ober- und Unterlängen bei recht großzügigem Zeilenabstand, häufiger Verbindung von Buchstaben und durchgehender Worttrennung; wenige Abkürzungen, Suprapositionen v.a. mit Tau, *Spiritus asper* häufig „liegend" (d.h. als sich gegen oben öffnender Bogen). Schrift unterzeilig, Tinte schwarzbraun.
Auszeichnungsschriften: Auszeichnungsschrift leicht großformatiger, mit mehr Majuskelformen versetzt und häufigerer Buchstabentrennung; Werktitel, Büchertitel, Buchnummern, Initialen und Paragraphenzeichen in der Regel mit (zum Teil verblasster) roter Tinte, vereinzelt auch Kapiteltitel.

Ausstattung, Buchschmuck, Illustrationen

Nüchtern gehaltenes Manuskript ohne Verzierungen.
Initialen: Herausgestellt, manchmal vergrößert und verdickt sowie leicht verziert mit „Füßchen", kleinen Querbalken und Linien, Ausführung oft unterlassen. Auch Paragraphenzeichen bisweilen leicht verziert. Als Rubrizierhilfe am Kolumnenrand manchmal eine provisorische Initiale für nachzutragende Initialen, selten ein Punkt für ein zu setzendes Paragraphenzeichen.
Zeichnungen: Die Zeichnungen fehlen in Handschrift P gänzlich. Jedoch wurde auf f. 18v an korrekter Stelle zwischen *Geogr.* 1,24,7 und 1,24,8 für Zeichnung ***1*** (Einfache Kegelprojektion) ein Leerraum von 8 Schreiblinien freigelassen. Auch auf f. 20r sind die letzten beiden Schreiblinien leer gelassen, obwohl sich der Kopist sonst durchgehend sehr genau an die insgesamt 28 gezogenen Schreiblinien hielt und diese auszunützen pflegte; hier und am unteren Rand dürften, nach dem Muster der Plutei 28.9 (S) und 28.38 (B), die Zeichnungen **2** (Neigungswinkel) und **3** (Ermittlung des Punktes η) vorgesehen gewesen sein. Für die übrigen Zeichnungen in *Geogr.* 1 (ev. die beiden Zusatzzeichnungen a [zum Bogensegment zwischen zwei Orten] bzw. b [zu den Bogensegmenten auf Erd-/Himmelskugel], Zeichnung **4** [Modifizierte Kegelprojektion]) hätte an den betreffenden Stellen an den Rändern und nach Buchschluss genügend Raum zur Verfügung gestanden. In *Geogr.* 7 weist nichts auf eine vorgesehene Zeichnung **5** (Armillarsphäre) hin.

Einband

‚Legatura medicea' (16. Jh., 2. Hälfte), intakt: Einband mit rötlichbraunem Leder überzogen, Buchrücken mit drei Bünden, Buchdeckel aus Holz, weniger auffallend dick als diejenige der Plutei 28.9 (S) und 28.38 (B). Auf den Buchdeckeln Blindstempelmuster, bestehend aus ähnlichen, aber etwas anders kombinierten Elementen wie bei Handschrift S, Stempelverzierungen auch auf dem Buchrücken. Auf dem Vorderdeckel oben Etikette, eingefasst von schmalem, mit acht Nägeln beschlagenen Metallrähmchen (29 × 75 mm einschließlich Metallrähmchen); Etikettenaufschrift: «Πτολεμαίου Γεωγραφία / Ptolomei Geographia.». Unterhalb davon großformatig, mit ursprünglich wohl weißlicher Farbe Signatur «42 / P. 28». Am Vorderdeckel gegen die Außenkante hin zwei metallene Schließrasten als Gegenstücke zu den Schließen. Auf dem Rückendeckel mit dunkler Farbe «42» (= Nummer der Handschrift) sowie Überreste von zwei ledernen, abgerissenen Schließen. Auf beiden Buchdeckeln sind vier rechteckig angeordnete, runde Metallbuckel angebracht. Ungefähr in der Mitte der unteren Kante des Rückendeckels Metallkette (Länge ca. 730 mm).

Das Vorsatzblatt ist aus hellbraunem, gegenüber dem Hauptpapier etwas dunklerem Papier ohne sichtbare Kett- und Ripplinien. Es trägt ein nicht eindeutig lesbares Wasserzeichen, bestehend aus einem Schriftzug, der sich aus einem Zeichen oder Buchstaben («8» oder «B» oder «Z»?) und dem daran anschließenden Namen «Magnani» (?) zusammensetzt. Mit demselben Papier ist der vordere Spiegel überzogen. Das Nachsatzblatt ist, soweit sichtbar, verbunden mit dem auf die Innenseite des Rückendeckels geklebten Spiegelblatt (Faltung: in-folio). Auf dem Spiegelblatt Wasserzeichen *Cinq Croissants*, ohne genaue Entsprechung in den Repertorien, jedoch sehr ähnlich wie BRIQUET 5380 (Lucca 1562–1563); das Wasserzeichen in der Handschrift liegt jedoch auf der Kettlinie (und nicht zwischen den Kettlinien), sein Kreis ist ein wenig größer und die Lilie („fleur de lys") ein wenig kleiner, ihr Kelch etwas rundlicher.

Schutzblätter

(f. 〈I〉) Vorsatzblatt:

(f. 〈I〉r) in der Seitenmitte mit schwarzer Tinte Signatur «Laur- Plut. 28 Cod 42».

(f. 〈I〉v) leer.

(f. 〈I′〉) Nachsatzblatt, leer.

Erhaltungszustand

Gut erhaltenes Manuskript, abgesehen von ein paar Wurmfraßlöchern und bräunlicher Verfärbung des Papiers am Anfang und Schluss der Handschrift sowie deutlichen Wurmfraßspuren am Ledereinband und am Rückeninnendeckel.

Stemmatologische Notizen

Die Plutei 28.42 (P), 28.9 (S) und 28.38 (B) werden in der Regel als Kopien desselben (verlorenen) Originals, also als Schwesterhandschriften beurteilt.[117] Dabei biete Handschrift P gegenüber S bald schlechtere, bald aber auch bessere Lesarten.[118] Nach Diller hingegen wurde P größtenteils aus B abgeschrieben, mit Ausnahme des Schlussteils ab *Geogr.* 8,12,3 (also die Beischriften zu den Teilkarten sowie die Anhänge), für den S die Vorlage gewesen sei.[119]
Ausgewählte Stellen: Die **Kapitelübersicht zu *Geogr.* 1** kündigt gemäß der Ξ-Rezension 24 Kapitel an, die am linken Rand des Schriftspiegels mit der Tinte des Haupttexts durchnummeriert sind. Der Text von *Geogr.* 1 ist aber sogar in 25 Kapitel gegliedert, weil das eigentliche Kapitel 24 hier in zwei Kapitel (Kapitel 24 und 25) unterteilt wurde, wobei Kapitel 25 mit *Geogr.* 1,24,8 beginnt (d.h. nach der – in dieser Handschrift hier freilich fehlenden – Zeichnung **1**). Im Text werden die Kapitelnummern am äußeren Rand mit der Tinte des Haupttextes in griechischen Zahlen angegeben, die meistens von einem horizontalen Strich gekrönt und von zwei Punkten flankiert sind, ähnlich wie in S. – Wie in S und B tritt auch hier in P die **Homoioteleuton-Lücke** in *Geogr.* 1,24,17 nicht auf (f. 20r). – Es fällt auf, dass Florenz als einziges Toponym durch ein rotes Kreuz hervorgehoben ist (f. 44v, siehe dazu unten *Geschichte*).

Dass P bald große Ähnlichkeit mit S und B aufweist, sich aber bald wiederum von ihnen unterscheidet, zeigen auch weitere „Schlüsselstellen“: Im Gegensatz zu S und B steht in P der „Zusatztitel“ zu *Geogr.* 1 «ἔκθεσις τοῦ πρώτου» erst nach Werk- und Buchtitel und ist orthographisch korrekt; auch hier in P wurde er mit roter Tinte geschrieben. Wie in S und B wird der Titel zu *Geogr.* 7,5 itazistisch geschrieben («Ὑπογραφὴ κεφαλεώδης …»), der in S und B fehlerhafte Titel zu *Geogr.* 7,6 ist in P aber richtig. Interessanterweise hat der Kopist am Rand der Inhaltsübersicht zu *Geogr.* 2, die hier wie in S und B nach der Ξ-Rezension geboten wird, die Zusätze aus der Ω-Rezension (nicht ganz vollständig) nachgetragen. Er muss also eine Vergleichshandschrift zur Verfügung

117 Für Näheres dazu siehe die Beschreibung der Handschrift S, *Stemmatologische Notizen.*
118 So z.B. Cuntz 1923, 29; Schnabel 1938, 20.
119 Diller 1966, X.

gehabt haben, deren Text der ω-Rezension folgte. Vereinzelt sind am oberen Rand mit roter Tinte die entsprechenden Buchnummern mit griechischen Zahlzeichen angegeben, ähnlich wie in S.
Anhänge: (f. 143v unten – 144r oben) Die *Poleis diasemoi* Taprobanes (*Geogr.* 8,28) entsprechen in Schreibweise, Reihenfolge und Zusätzen genau den Verhältnissen in S, B und im Plut. 28.49 (O).
1 (f. 144r unten – 145r, Kol. 1, oben) Liste der Provinzen oder Satrapien der Oikumene: Der Titel weist zwei Aspirations- und einen Rechtschreibefehler auf, die in S und B und auch in O nicht auftreten: «⟨Α⟩ἵδε εἰσὶν αἳ γνωσθεῖσαι ἐπαρχίαι ἥτοι τραττπίαι» (*sic*); des Weiteren gibt P zwar, genau wie S, B und O, die Provinznamen im Nominativ gemäß der ω-Rezension an, weist aber neben der Ausnahme «Δραγγιανῆς» (*Geogr.* 8,29,25; so auch in O, S und B) zusätzlich die Ausnahme «Ἀλβανίαν» (*Geogr.* 8,29,19) auf. Koordinatenangaben stehen zu jeder Provinz; ähnlich wie in Handschrift S wird auch hier in P am Rand mit der Tinte des Haupttexts auf die zugehörigen Buchnummern verwiesen.
2 (f. 145r, Kol. 1, unten [nur noch die beiden letzten Zeilen] – Kol. 2 [deren unteres Viertel leer ist]) Scholien zur Armillarsphäre.
3 (f. 145v, oben) Tabelle des Sonnenlaufs gemäß Ξ-Rezension: Weitgehend gleich wie in S, hingegen sind hier in P dem Februar die Fische zugeordnet, wie zuvor schon dem März – in diesem Punkt entspricht P also haargenau O und B –, während S zum Februar kein Sternzeichen gibt.
4 (f. 145v unten – 147v oben) Epitome von *Geogr.* 7,1–4, genau wie in S.
7 (f. 147v unten, vor der Subskription [dazu oben *Beigaben*]) Hexametergedicht auf die Weltkarte des Ptolemaios, ohne Titel, nicht mit einer neuen Zeile beginnend, mit einem Hochpunkt vom vorangehenden Text abgegrenzt, fortlaufend wie Prosa geschrieben, mit genau denselben Lücken und Fehlern wie in S, außerdem wird auch hier, genau wie in S und B, zwischen dem vorletzten und letzten Vers (die beide verstümmelt sind) auf der Schreiblinie eine Lücke von ca. 30 mm leer gelassen.

Anhänge **5** und **6** (Scholion zur Berechnung der Längengradproportionen, Verzeichnis der Längen und Breiten der einzelnen Karten) fehlen, statt Anhang **8** (Agathodaimon-Subskription) steht die Subskription des Kopisten.

Geschichte

Welcher Demetrios hat auf f. 147v des Plut. 28.42 (P) subskribiert? Er wurde ursprünglich falsch mit Demetrios Raul Kabakes identifiziert,[120] dessen Schrift sich aber, wie auch nur ein flüchtiger Vergleich sofort klar

120 Vgl. MERCATI 1931, 168 sowie DE GREGORIO 1994, 269 Anm. 71.

macht, ganz anders gestaltet als diejenige in unserer Handschrift.[121] Genausowenig war es Demetrios Kydones, der 1397 oder 1398 verstarb und deshalb für die 1445 fertig kopierte Handschrift P weder als Schreiber noch als Besitzer in Frage kommt.[122] Nach einer anderen Version[123] soll P von Demetrios Sguropulos auf Bestellung des Francesco Filelfo geschrieben worden sein. Da Filelfo und Cyriacus von Ancona eine enge Freundschaft und gemeinsame philologische Arbeit verbanden, könnte P in Italien direkt aus der *Geographie*-Handschrift des Cyriacus abgeschrieben worden sein, die dieser während seines ersten Aufenthalts in Adrianopolis (Winter 1430/1431) aus einer Kriegsbeute der Türken unter Murat II. nach deren Eroberung von Thessaloniki im März 1430 erworben hatte. Diese *Geographie*-Handschrift brachte Cyriacus im Winter 1431/1432 bei einem Besuch in seiner Heimat mit nach Italien. In den Jahren 1440/1441 benutzte er die Handschrift, um sich über Epidauros und die Koordinaten von Ancona zu informieren.[124] Trotz dieser verlockenden Gegebenheiten scheidet jedoch auch Sguropulos aus paläographischen Gründen als möglicher Kopist des Plut. 28.42 klar aus.[125]

Bei unserem Kopisten handelt es sich vielmehr um Demetrios Kykandyles,[126] der die Kopierarbeit am 19. Mai 1445 abschloss.[127] Er arbeitete möglicherweise in Italien. Dass Florenz als einziges Toponym im Ortskatalog durch ein rotes Kreuz hervorgehoben ist, könnte ein Hinweis darauf sein, dass Demetrios Handschrift P tatsächlich in Florenz kopierte. Das Manuskript weist zwar keine Zeichnungen auf, wurde aber mit Sicherheit aus einer Vorlage abgeschrieben, die zumindest in *Geogr.* 1 die vier üblichen Konstruktionszeichnungen enthielt.

Im Jahr 1494 – vor der Flucht des Piero de' Medici aus Florenz am 9. November dieses Jahres – befand sich in der Bibliothek der Medici nur ein griechisches Exemplar der ptolemäischen *Geographie*: unsere Handschrift P. In dem zwischen 1508 und 1510 von Fabio Vigili zusammengestellten Inventar der griechischen Handschriften der Medici[128] ist sie

---

121 Vgl. das Schriftspecimen des Kabakes in RGK 1/C, Nr. 95.

122 Siehe Vogel/Gardthausen 103 Anm. 4; Mercati 1931, 168.

123 Ragone 1994/1995, 124 und 146 mit Anm. 156.

124 Über eine mögliche Identifizierung dieser *Geographie*-Handschrift des Cyriacus von Ancona s. o. S. 184, Anm. 66.

125 Siehe z. B. die Schriftprobe in RGK 1/C, Nr. 101.

126 Identifizierung nach RGK 1, Nr. 96; für ein Schriftspecimen s. a. Bernardinello 1979, Taf. 23.

127 In einigen Quellen wird die (arabische) Jahreszahl auf f. 147v mit 1444 gedeutet (vgl. z. B. RGK 1/A 70). Die letzte Ziffer ist nicht einfach zu interpretieren, ein Vergleich mit der Tafel RGK 1/C, Nr. 96 scheint aber für eine Fünf zu sprechen.

128 Vat. Barb. lat. 3185, f. 2r–76v (der modernen Foliierung).

unter der Nummer 269 verzeichnet, die sie auf f. 1r immer noch aufweist.[129]

Die Eigenheiten der Handschrift P gegenüber S sprechen dagegen, dass es sich bei P um eine „völlige Schwesterhandschrift von S" (so Schnabel 1938, 20) handelt. Wahrscheinlicher könnte P entweder zwar durchaus auf dieselbe Vorlage wie S zurückgehen, aber unter Beizug einer zweiten Vorlage kopiert worden sein. Oder aber P ist eine Tochterhandschrift von S, aber auch in diesem Fall unter Beizug einer zweiten Vorlage hergestellt worden. Folgende zwei Textstellen sollen die Gemeinsamkeiten und Unterschiede der Textfamilie σ (S, B, P) und zweier ihrer (vermutlich indirekten) Vorlagen, des Vat. gr. 191 (X) und des Plut. 28.49 (O), illustrieren:

Geogr. 3,1,6: Die Reihenfolge der Toponyme folgt in diesem Paragraphen in S, B, P und O der Ξ-Rezension. In X heißt der Ort Liternum «Λίτερνον», in S, B, P und O wird er «Λείτερνον» geschrieben (in S ohne Akzent). Der Ort Misenum fehlt in S; in B fehlte er ursprünglich auch, wurde aber an korrekter Stelle zwischen die Zeilen eingefügt, wahrscheinlich vom Kopisten; in P steht Misenum regulär im Text («Μισὴν $\overline{\lambda\theta}$ L´ / $\overline{\mu\alpha}$»), ebenso in O («Μίσγηνοι $\overline{\lambda\theta}$ L´ / $\overline{\mu\alpha}$ ς´»), wie auch in X («Μισηνοι $\overline{\lambda\theta}$ L´ / $\overline{\mu\alpha}$»).[130]

Geogr. 5,2,5 f.: Pitane steht in S, B, P und O unmittelbar nach Poroselene (*Geogr.* 5,2,5) statt korrekt in *Geogr.* 5,2,6 nach Kap Kaine. Diese falsche Positionierung Pitanes findet sich gemäß dem textkritischen Apparat bei Stückelberger auch in den Handschriften X, Seragl. G. İ. 57 (K), Vat. gr. 177 (V) und Vat. Pal. gr. 388 (A); hingegen wird dort nicht vermerkt, dass in X auf Poroselene zuerst Attaleia (das eigentlich in *Geogr.* 5,5,2 gehört) und dann erst Pitane folgt. Kyme (*Geogr.* 5,2,6) fehlt in S; in B fehlte es ursprünglich auch, wurde aber am äußeren Rand ergänzt, wie es scheint vom Kopisten; in P fehlt Kyme nicht, steht aber vor statt richtig nach Kap Hydra; in O und X steht Kyme am richtigen Ort.

---

129 Neben diesem griechischen Manuskript ohne Karten war die Bibliothek ferner mit fünf lateinischen *Geographie*-Handschriften bestückt, die mit einer Ausnahme alle Karten enthielten, zwei von ihnen sogar zusätzliche vier respektive fünf moderne Karten. Es handelt sich um die heutigen Handschriften Flor. Laur. Plut. 30.5 (ohne Karten), 30.3, 30.4, 30.1 (+ 5 Karten) und Milano, Biblioteca Nazionale Braidense (di Brera), AC. XIV 44 (+ 4 Karten).

130 Es ist allerdings festzuhalten, dass für *Geogr.* 3 wohl eine dem Paris. gr. 2423 (G) verwandte Handschrift zugrunde gelegen haben muss; vgl. die Beschreibung der Handschrift S, *Stemmatologische Notizen*.

Bibliographie

Bandini 1961, 2, 66. – Marcello Ciccuto, *Figure d'artista. La nascita delle immagini alle origini della letteratura* (Fiesole 2002) 190 Anm. 11. – Cuntz 1923, 28f. – De Gregorio 1994, 269 Anm. 71. – Dilke 1987b, 272. – Diller 1966, X. – Edmond Boleslav Fryde, *Greek manuscripts in the private library of the Medici 1469–1510*, 2 Bde. (Aberystwyth 1996), dort Bd. 2, 418f. und 777. – Gentile 1992, 307 Anm. 48. – Gentile 1992b, 96. – Mercati 1931, 168. – Müller 1867, 284; 293; 296–298. – Ragone 1994/1995, 124; 126f. mit Anm. 74–75 und 78; besonders 146 mit Anm. 156. – RGK 1, Nr. 96. – Rostagno 1923, 32 (Nr. 34) und 59. – Schnabel 1938, 20 u.a. – Vogel/Gardthausen 103 Anm. 4.
Für die online-Konsultation der Handschrift siehe den in der Beschreibung der Handschrift S unter *Bibliographie* angegebenen Link.

Art der Kontrolle

Original (Jan. 2008).

Firenze, Biblioteca Medicea Laurenziana, Pluteus 28.49
Sigle **O**

Ich danke Davide Baldi (Florenz) für seine Hilfe bei der Transkription griechischer Zitate und für weitere Hinweise.

Claudius Ptolemaeus, *Geographia*.
Konstantinopel (?), 14. Jh. (Anfang), Pergament, 338 × 263 mm; (2) 113 (2) / ⟨I–II⟩, 1–40, 40bis, 41–112, I′–⟨II′⟩. – f. 40bis ist aus Papier mit Wasserzeichen und kleineren Formats. Die beiden Vorsatzblätter und das letzte Nachsatzblatt sind nicht nummeriert.

Inhalt

(f. 1–112) Claudius Ptolemaeus, *Geographia* + 64 Teilkarten + 1 Weltkarte:

(f. 1r–10v) *Geogr.* 1. – (f. 10v–26v) *Geogr.* 2 + 13 TK (Eu. 1–13). – (f. 26v–41v) *Geogr.* 3 + 12 TK (Eu. 14–25). – (f. 42r–55r) *Geogr.* 4 + 8 TK (Af. 1–8). – (f. 55v) leer.[131] – (f. 56r–72r) *Geogr.* 5 + 13 TK (As.

131 Warum diese Seite leer gelassen wurde, ist nicht ersichtlich – vielleicht einfach deshalb, weil sich hier inhaltlich eine Buchgrenze und gleichzeitig die Grenze zwischen der Behandlung Afrikas und Asiens befindet. Doch würden weder dieser Umstand noch das Anlagekonzept der Handschrift (der textlichen Beschreibung folgt die entsprechende Illustration) das Leerlassen der Seite erfordern.

1–13). – (f. 72v–86v) *Geogr.* 6 + 15 TK (As. 14–28). – (f. 86v–97v; f. 90r leer[132]) *Geogr.* 7 + 3 TK (As. 29–31). – (f. 98r) leer. – (f. 98v–99r) WK. – (f. 99v) leer. – (f. 100r–109r) *Geogr.* 8 (zur textlichen Abfolge dieser Folia s.u. *Foliierung*). – (f. 109r–111r) Anhänge zur *Geogr.* (f. 111r, Kol. 1, unten) Claudius Ptolemaeus, *Syntaxis mathematica* 2,13 (Exzerpt), inc. «Ἐφωδευμένης δὴ καὶ τῆς τῶν γωνίων [*sic*] πραγματίας», exp. «ὅταν δυσ/μικώτερος ὁ ὑποκείμενος».[133]
(f. 111r, Kol. 2 – f. 112v) *Scholien geographischen Inhalts*: **1)** (f. 111r, Kol. 2 – f. 111v, Kol. 1) *Scholion geographisch-astronomischen Inhalts*, inc. «Πλάτος πόλεων λέγεται ἡ περιφέρεια τοῦ μεσημβρινοῦ», exp. «τὰ παρακείμενα τοῖς ♀. καὶ ταῦτα συντιθεὶς. ποιεῖς ἐπουσίαν ⅄̄ ἐτῶν.».[134] – **2)** (f. 111v, Kol. 2) *Scholien*, anscheinend die Verkürzungsfaktoren betreffend, in drei Abschnitte gegliedert: **a)** inc. «ἰστέον ὅτι πλατος [*sic*] λέγεται τὸ ἀπ᾽ ἄρκτου εἰς μεσημβρίαν κατερχόμενον / μῆκος δὲ τὸ ἀπὸ δύσεως εἰς ἀνατολὰς ἀνερχόμενον», exp. «ὕφελε τὰ θ̄ καὶ ποιοῦσι τὰ ῑᾱ τὴν μοίραν τοῦ μήκους:/ καὶ τοῦ θ̄ εἰς ξγ» (es folgt ein Leerraum von ca. sechs Zeilen); **b)** inc. «ὁμοίως μέτρησον τοῦ πρώτου πίνακος», exp. «ὕφελε τὴν μοίραν καὶ ποιοῦσι τὰ ῑᾱ. τὴν τοῦ μήκους μοίραν:/ τοῦ δὲ ζ̄ εἰς» (der Rest der Zeile ist zu ca. 4/5 leer; es folgt ein Leerraum von ca. zwei Zeilen); **c)** inc. «τοῦ δε [*sic*] ἐνάτου εἰς ῑε̄» (der Rest der Zeile ist zu ca. 3/4 leer) bzw. auf der nächsten Zeile «τοῦ ῑ εἰς ῑᾱ», exp. «τὰς τοῦ μήκους / καὶ τὰς τοῦ πλάτους». – (f. 112r) leer. – **3)** (f. 112v) *Scholien geographischen Inhalts*, zum Teil stark verblasst und nicht mehr entzifferbar; erkennbar sind «Ἴσα νῆσος ἐν τῶ Ἰονιῶ» (*sic*; Identifizierung?), «Δῖον κολώνιον», «Ἰλλυριοὶ, οἱ Ἀλβανιαι» (*sic*).[135]

132 Das Blatt steht am Anfang einer neuen Lage. Für die folgende, doppelseitig angelegte Asien-Karte 29 konnte f. 90r nicht benützt werden. Hätte man die Seite mit der Fortsetzung des Texts beschrieben, wäre dieser vielleicht der dazu passenden Karte „zu weit voraus" geraten. Nach dem Anlagekonzept der Handschrift sollte die Karte jeweils den unmittelbar vorangehenden Text illustrieren (vgl. dazu unten *Karten*).

133 = Heiberg 1.1, 188f. Es handelt sich interessanterweise um diejenige Stelle, an der Ptolemaios seine *Geographie* ankündigt (siehe dazu oben S. 31 mit Anm. 110).

134 Der Text endet hier auf f. 111v, Kol. 1 etwa in der Mitte der Blatthöhe; die untere Hälfte der Kolumne ist leer. Im Ambr. D 527 inf. (s) bricht der Text dieser Passage schon früher ab, nämlich dort, wo im Plut. 28.49 (O) in Zeile 15 eine Lücke von ca. 15 mm freigelassen ist (hier wurden mit Bleistift zwei kurze vertikale Striche eingetragen, vielleicht von einem modernen Bearbeiter, z.B. Paul Schnabel?). Die Textpassage setzt sich nach der Lücke auf dem Rest der Zeile und auf weiteren sieben Textzeilen bis zu dem zitierten *Explicit* fort. Dass diese restlichen rund acht Zeilen in der Handschrift s – die mit höchster Wahrscheinlichkeit eine Kopie unseres Plut. 28.49 (O) ist, siehe dazu die Beschreibung der Handschrift s, *Stemmatologische Notizen* – deshalb nicht vorzufinden sind, weil sie in O schlecht lesbar und deshalb vom Schreiber ausgelassen worden seien (so Müller 1867, 296; Schnabel 1938, 17), überzeugt nicht. Zumindest ist der betreffende Passus genau so gut lesbar wie das Vorangehende.

135 Es scheint sich nicht um Zitate aus der *Geographie* zu handeln.

Beigaben: (*passim*) Randbemerkungen zum Text (Korrekturen, Ergänzungen, Variantenangaben und Bemerkungen) vom Kopisten. Weitere Randbemerkungen mit brauner Tinte von einer (wohl späteren) Hand, die nicht an der Abschrift des Textes beteiligt war. – (f. 1r) In der unteren äußeren Ecke, mit brauner Tinte, kaum mehr sichtbar, alte Signaturnummer «336» (unter der die Handschrift zwischen 1492 und 1495 in der Privatbibliothek der Medici aufbewahrt wurde).[136] – (f. 40bis) Auf der Rectoseite Zeichnungen technischer Geräte mit Beschriftungen (z.B. Walze [ολμος (*sic*)], zwei verschiedene Abbildungen eines Hammers [σφυρα (*sic*)] usw.), ohne Zusammenhang mit dem Inhalt der Handschrift; um die Zeichnungen korrekt anzuschauen und ihre Beschriftungen problemlos zu lesen, muss die Handschrift um 90° gegen den Uhrzeigersinn gedreht werden. Versoseite leer. – (f. 97v, Kol. 2, im Anschluss an *Geogr.* 7, das auf derselben Seite mit Kol. 1 endet) Anders als der vorangehende Text mit wässrig graubrauner Tinte und breiterer Feder, vielleicht auch von einer anderen Hand, Scholion astronomischen Inhalts, inc. «το [*sic*] καταρχὰς ὁ Πτολεμαῖος ἐν ὧ [*sic*] διαλαμβάνει περὶ ἐνιαυσι/αίου μεγέθους, ἀποδείκνυσι τὸν ἐνιαυτὸν ἡμερῶ̣ν̣ ὄντα τξε / ιδ′ μη″.», exp. «τὸ κατα [*sic*] / τοὺς διδύμους ἀπογειότατον ὂν τῶ [*sic*] ἡλίῳ, περὶ / γειότατον ἐστὶ τῆς σελήνης». – (f. 111v) Oberhalb von Kol. 1, am oberen Rand, mit roter, blasser Tinte «Ἰαβαδὶου [*sic*]. σημαίνει κριθὴς [*sic*] τὸ̣ π̣έ̣ρ̣α̣ς̣» (= Anfang von *Geogr.* 7,2,29). – (f. 112v) In der unteren inneren Ecke, unterhalb eines Stempels der Biblioteca Medicea Laurenziana, mit Bleistift, modern, Inventarnummer «202132».

Foliierung

(f. 1–112) ***1)*** Auf der Rectoseite nahe der unteren äußeren Ecke des Schriftspiegels mit dunkelbrauner Tinte arabische Zahlen. – ***2)*** *(15. Jh.)* Auf der Rectoseite am unteren Blattrand, unterhalb von Foliierung 1 oder weiter außen, mit blassbrauner Tinte arabische Zahlen, z.T. abgeschnitten, manchmal mit Bleistift nachgetragen; diese Zählung ist gegenüber Foliierung 1 jeweils um den Wert +1 höher. – ***3)*** In der untersten äußersten Ecke, offenbar mit Bleistift, kleinformatige arabische Zahlen, oft fehlend; ab f. 43 hinkt diese Zählung der Foliierung 1 um den Wert –1 hinterher, nach f. 54 bricht sie ab. – (f. 40bis) Folioangabe auf der Rectoseite in der unteren äußeren Ecke mit Bleistift. – (f. 111) Zusätzlich auf der Rectoseite in der oberen äußeren Ecke mit Tinte «111~~12~~». – (f. 112) Zusätzlich auf der Rectoseite in der oberen äußeren Ecke mit Bleistift «112».

136 Gemäß Gentile 1992b, 84 müsste dieselbe Nummer auch auf f. 112v zu lesen sein, wo ich sie aber nirgends erkennen kann.

Die Folia werden in dieser Beschreibung immer nach Foliierung 1 zitiert.

Die textlich korrekte Abfolge in *Geogr.* 8 (f. 100r–109r) lautet: f. 100–102, 104, 103, 105–109. Vgl. die darauf hinweisenden Scholien am unteren Rand von f. 102v–104v; diese gestörte Reihenfolge beruht auf einem Versehen bei der Zusammensetzung der betroffenen Lage, siehe dazu unten *Organisation der Lagen*.

Beschreibstoff

Pergament mäßiger Qualität mit vielen „Augen“ (zu diesem Terminus s.o. S. 115) und häufig unregelmäßigen Rändern („Einbuchtungen“), ziemlich steif. Fleisch- und Haarseite sind nicht leicht voneinander zu unterscheiden. – (f. 40bis) Papier mit Wasserzeichen.[137]

Organisation der Lagen

Lagen: ($I^{\text{f. }\langle\text{II}\rangle}$) $5.IV^{\text{f. }40}$ + f. 40bis + $1^{\text{f. }41}$ + $7.IV^{\text{f. }97}$ + $I^{\text{f. }99}$ + $IV^{\text{f. }107}$ + $IV(-3)^{\text{f. }112}$ ($I^{\text{f. }\langle\text{II}'\rangle}$). – Der Unio $I^{\text{f. }98–99}$, dessen erste Rectoseite und letzte Versoseite leer sind, bietet die Weltkarte; er ist in eine Reihe von Quaternionen eingefügt. Der letzte Quaternio der Handschrift $IV(-3)^{\text{f. }108–112}$ ist verstümmelt: Blätter 5–7 der Lage sind abgeschnitten. Soweit erkennbar, scheinen die Lagen jeweils mit der Fleischseite zu beginnen und wird das Gregory-Gesetz weitgehend eingehalten, mit Ausnahme der zweitletzten Lage $IV^{\text{f. }100–107}$: Ihr mittleres Doppelblatt f. 103–104 fällt aus der Regel heraus (FHFF/HHFH), da es versehentlich „verkehrt herum“ in die Lage eingebunden wurde; dies ist auch der Grund für die gestörte Reihenfolge des Textes und der nötigen Umstellung von Blatt 103 und 104 zur Wiederherstellung seiner korrekten Abfolge (dazu oben *Foliierung*).
Faltung: in-fol.
Kustoden: Auf der ersten Rectoseite der Lage in der unteren äußeren Ecke, auf der Höhe der 1. Foliierung, aber weiter außen, mit der Tinte des Haupttexts griechische Ordinalzahlen; erkennbar nur noch auf f. 17r («γʹ») und f. 25r («δʹ»).
Keine Reklamanten.
Liniierung: Liniierung schlecht erkennbar; mit Blindgriffel, offenbar jeweils auf einer Haarseite angebracht, Einstichlöcher am äußeren Blattrand gut sichtbar. Die beiden Kolumnen und das Interkolumnium werden

---

137 Das Wasserzeichen konnte angesichts der beschränkten Zeit, die für die Konsultation des Originals zur Verfügung stand, nicht analysiert werden. Ein flüchtiger Blick ergab, dass es sich auf der Kettlinie und in einem Kreis von ca. 35 mm Durchmesser befindet; vielleicht handelt es sich um den Typ *Ancre* oder *Sirène*.

durch vier durchgezogene Vertikalen vorgegeben, dazu gesellt sich im Raum des äußeren Randes eine fünfte Vertikale. Oben und unten wird der Schriftspiegel begrenzt von je einer durchgezogenen Horizontale, von denen die obere manchmal, die untere regelmäßig als (oberste und unterste) Schreiblinie genutzt wurden; dazu kommt im Raum des unteren Randes eine dritte Horizontale. Die 45–47 Schreiblinien (zwischen oberer und unterer Begrenzung des Schriftspiegels) erstrecken sich in der Regel von der äußeren Begrenzung der einen bis zur äußeren Begrenzung der anderen Kolumne bzw. übertreten diese ein wenig.

Im Ortskatalog werden die Kolumnen zusätzlich von je zwei Vertikalen strukturiert, die von der obersten zur untersten Schreiblinie reichen und zur Ausrichtung der Längen- und Breitenangaben dienen; sie scheinen im fortlaufenden Text zu fehlen. – Grundschema: *Muz.* 1-11-(2J)-11-(2J) / 0-1 / 1-1 / J.

(f. 40bis) Nicht liniert. – (f. 111) Die durch die Liniierung vorgegebene Begrenzung von Kolumne 2 auf f. 111r bzw. von Kolumne 1 auf f. 111v (also die jeweils äußere Kolumne auf f. 111) wurde beim Kopierprozess nicht beachtet, so dass diese deutlich breiter als gewöhnlich geraten sind. – (f. 112v) Die Hand, die diese Seite beschrieb, hielt sich nicht an die Liniierung.

Seitenlayout

Allgemein 2 Kol., 47–49 Z. – Es scheint nur auf gezogenen Schreiblinien geschrieben worden zu sein.
(f. 4r) 2 Kol., 49 Z., 338 × 261 mm, Schriftspiegel 282 × 179 mm.
(f. 29r) 2 Kol., 47 Z., 338 × 262 mm, Schriftspiegel 272 × 172 mm.
(f. 104r) 2 Kol., 47 Z., 338,5 × 264 mm, Schriftspiegel 268 × 182 mm.
(f. 40bis) Kleineren Formats: 253 × 195 mm. – (f. 111r/v) Die jeweils äußere Kolumne ist deutlich breiter. – (f. 112v) In 1 Kol. geschrieben.

Schreiber, Schrift, Tinte

Schreiber: Über die Anzahl der zu unterscheidenden Hände in dieser Handschrift herrscht Uneinigkeit.

Nach Schnabel schrieb eine 1. Hand den Text bis zum Schluss des Ortskatalogs ab (*Geogr.* 1–7,4); eine 2. Hand kopierte anschließend *Geogr.* 7,5–8,25,3a (bis zu/mit den Worten ἡ μὲν Ἀρεία τὴν μεγίστην ἡμέραν ἔχει ὡρῶν ιδ γιβ′) nach einer der Ω-Rezension folgenden Vorlage, ließ darauf einen großen Raum leer und fuhr danach weiter mit *Geogr.* 8,26,15 bis zum Schluss, wobei sie für dieses letzte Textstück eine andere Vorlage als zuvor benützte, nämlich eine Vorlage, die der Ξ-Rezension folgte; eine 3., spätere Hand ergänzte schließlich das fehlende

Textstück *Geogr.* 8,25,3b–26,14 in dem freigelassenen Raum, aber ohne die Paragraphen 8,26,8 und 8,26,12, und wiederum aus einer Vorlage, die den ω-Text bot. Soweit Schnabel.[138] Dazu muss angemerkt werden, dass ein Handwechsel nach dem Schluss des Ortskatalogs nicht vorzuliegen scheint. Außerdem ist zu präzisieren, dass eine Hand 2 (= Schnabels 3. Hand) genau genommen erst nach den Worten «⟨ἡ⟩ μὲν Ἀρεία τὴν μεγίστην ἡμέραν ἔχει ὡρῶν ιδ̅ γιβʹ καὶ διέστηκεν Ἀλεξανδρείας» einsetzt und dieser Handwechsel gleichzeitig mit einem Zeilenwechsel zusammenfällt (vgl. f. 108r, Kol. 2, Z. 14). Die Haupthand (= Schnabels 1. und 2. Hand) brach den Kopierprozess also mitten in einem Satz auf f. 108r, Kol. 2 am Ende von Zeile 13 ab. Sie ließ vorerst den Rest dieser Kolumne (= ca. ¾ der Kolumne) sowie auf der Blattrückseite (f. 108v) die ganze erste Kolumne und die obere Hälfte der zweiten Kolumne leer und fuhr darauf dort mit dem Kopieren von *Geogr.* 8,26,15 weiter. In dem von Hand 2 (= Schnabels 3. Hand) in dem leer gelassenen Raum ergänzten Textstück fehlen die Paragraphen *Geogr.* 8,26,8 und 8,26,12 entgegen Schnabels Behauptung nicht. Diese Hand 2 hielt sich, besonders auf f. 108r, schlecht an die Begrenzungen der Kolumne und übertrat diese beidseitig. Für das nachzutragende Textstück stand der Hand 2 zu viel freier Raum zur Verfügung. Deshalb ist auf f. 108v die obere Hälfte von Kolumne 2 leer geblieben. Gleichzeitig hat sich Hand 2 bemüht, wenigstens die erste Kolumne ganz auszufüllen, indem sie den Schluss des von ihr kopierten Textstücks (*Geogr.* 8,26,14) in großformatigerer und breiterer Schrift ausführte.

Nach Gentile wurde die Handschrift von zwei Händen kopiert, wobei die 2. Hand nur für die Agathodaimon-Subskription auf f. 111r und „il resto della carta“ verantwortlich sei.[139] Demgegenüber wird m.E. die Haupthand erst nach der Agathodaimon-Subskription bzw. ab dem *Almagest*-Exzerpt (s.o. *Inhalt*) von einer anderen Hand abgelöst (f. 111r, Kol. 1, Z. 11),[140] die mit wässrigbrauner Tinte und breiterer Feder als bisher schrieb. Möglicherweise hat die zweite Kolumne auf f. 111r und den Text auf f. 111v wiederum eine andere Hand ausgeführt, die vermutlich auch f. 112v vollgeschrieben hat.

Zusammenfassend scheinen vier Hände unterschieden werden zu können: Die Haupthand (= Hand 1) kopierte die *Geographie* samt Anhängen, jedoch ohne das Textstück *Geogr.* 8,25,3b–26,14, für das sie aber Raum

138 Vgl. Schnabel 1938, 14 und 17f.

139 Vgl. Gentile 1992b, 85.

140 Freilich abgesehen von der Intervention derjenigen Hand, die das Textstück *Geogr.* 8,25,3b–26,14 nachgetragen hat. Vielleicht ist das letzte Wort der Agathodaimon-Subskription (Z. 9/10, «ὑπε/τυπώσατο») bereits von dieser anderen (oder noch einer weiteren?) Hand ergänzt. Auf jeden Fall ist das Wort mit dunklerer Tinte geschrieben, was natürlich auch auf anderen Gründen fußen kann.

leer ließ. Dieses fehlende Textstück wurde in dem leer gelassenen Raum im Nachhinein von einer Hand 2 ergänzt. Eine Hand 3 hat nach den Anhängen zur *Geographie* einen kurzen Passus aus dem *Almagest* angefügt. Den restlichen Text (Scholien geographischen Inhalts) scheint eine Hand 4 ausgeführt zu haben.

Nicht haltbar sind m.E. die Aussagen Dilkes (ganzes 8. Buch von einer anderen, weniger sorgfältigen Hand [*sc.* als *Geogr.* 1–7] geschrieben), Rostagnos (ganzes 8. Buch und „poche aggiunte" von einer Hand des 15. Jh. kopiert) und Cavallos (Kodex insgesamt von einer Hand geschrieben, mit Ausnahme von f. 112v).[141]

Haupttext: (Haupthand = Hand 1) Leicht rechtsgeneigte, sorgfältige Minuskelschrift mit wenig ausgeprägten Ober-/Unterlängen bei eher geringem Zeilenabstand und regelmäßiger Worttrennung, z.T. auch Buchstabentrennung; eher wenige Abkürzungen und Suprapositionen. Schrift unterzeilig; schwarzbraune bis schwarze, ab f. 14v braune Tinte, die von blassbraun bis kräftig dunkelbraun variieren kann. Auffallend die stark und schwungvoll nach links ausholende Oberlänge von Minuskeldelta am Zeilenanfang sowie die großzügigen Abkürzungen für -ων in der obersten Zeile, weiter das bauchige Beta, das bisweilen beinahe die Form eines leicht nach rechts gekippten Herzens hat.

Auszeichnungsschriften: Werktitel (f. 1r) sowie vereinzelte Hervorhebungen (z.B. f. 11r am unteren Rand innen «ἘΥΡΏΠΗΣ» [*sic*] zur Markierung des Beginns des Ortskatalogs, f. 12v am äußeren Rand Angabe der Legionen) in (meistens epigraphischer) Auszeichnungsmajuskel; Bücher- und manchmal Kapiteltitel oder „Kartentitel" (dazu unten *Karten*) in breiterer, abgesetzterer, von mehr Majuskeln durchdrungener Minuskelschrift oder in „Zierminuskel", die – besonders im Fall der „Kartentitel" – sehr schwungvoll sein kann. Titel, Initialen und Kapitelnummerierung mit Auszeichnungstinte ausgeführt, die entweder von sattem Rot mit einem rostroten Stich, manchmal verblasst, oder von einem bald satten, bald leicht wässrigen dunklen Rot mit einem weinroten Stich ist oder aber von einem sehr stark verblassten Orangerot, oder von leuchtendem, intensivem Rot sein kann.

(f. 40^{bis}r) Zeichnungen mit brauner, Beschriftungen mit roter Tinte.

Ausstattung, Buchschmuck, Illustrationen

(f. 1r, Kol. 1, oben) Ornamentfeld (Titelvignette oberhalb des Titels), sich über vier Schreiblinien erstreckend: Symmetrisch angelegtes Muster, ausgeführt mit dunkelbrauner, roter und goldener Tinte. – In der Regel vor Buchanfängen, im Ortskatalog (f. 11r–95r) auch vor Kapitelanfang

141 Siehe Dilke 1987b, 270; Rostagno 1923, 32; Cavallo 1994, 165.

und manchmal zusätzlich nach Kapitelschluss oder nach dem „Kartentitel“ (s.u. *Karten*) einfache Zierlinien mit Auszeichnungstinte.[142] – Symbole für die ethnische Zugehörigkeit, mit roter Tinte ausgeführt, tauchen auch im Text auf.
Initialen: Herausgestellt, vergrößert, mit Auszeichnungstinte, manchmal leicht verziert; in epigraphischer Auszeichnungsmajuskel, selten in Minuskelform. Die Initiale zu *Geogr.* 1,1 ist mit goldener Tinte übermalt (f. 1r, Kol. 2, oben). Selten sind mit der Auszeichnungstinte ausgeführte Punkte am Kolumnenrand sichtbar, die angeben sollten, wo eine Initiale zu setzen war (z.B. f. 48v).
Zeichnungen: ***1*** (f. 9r, unten, über die ganze Breite des Schriftspiegels) Einfache Kegelprojektion: Zeichnung doppelt ausgeführt und nebeneinander platziert, an korrekter Textstelle eingefügt. In beiden Abbildungen liegen die Punkte μ und ν (letzterer Punkt ist in der zweiten Skizze nicht eingetragen) direkt auf dem Rechteck αβγδ und nicht außerhalb des Rechtecks (dazu kann auf S. 126 oben verwiesen werden). Neben der Verzeichnung der Punkte enthält die Skizze links nur die Angabe der Werte der Einheiten für die Positionierung der Parallelkreise (unvollständig), die Skizze rechts die Benennung der Parallelkreise (der südlichste ist nicht beschriftet).
2 (f. 9v, Kol. 1, unterhalb der Mitte) Neigungswinkel: Zeichnung doppelt ausgeführt und nebeneinander platziert, an korrekter Textstelle eingefügt.[143] In beiden Abbildungen ist der Mittelmeridian αεγ falsch gezogen, in der Skizze links zusätzlich auch der Syene-Parallelkreis (zu diesen Phänomenen s.o. S.127f.). In der Skizze rechts ist der Syene-Parallelkreis korrekt eingetragen.
3 (f. 9v, Kol. 2, oberhalb der Mitte) Ermittlung des Punktes η: korrekt platziert, Beschriftung auf die Angabe der Punkte beschränkt (unklar bleibt die Bedeutung zweier zusätzlicher Punkte ν und ρ, ersterer etwa bei der Mitte der Strecke ηθ angebracht, letzterer – zu ihm s.o. S. 129 – beim Kreismittelpunkt).
4 (f. 10r, Kol. 2, Mitte) Modifizierte Kegelprojektion: Die Zeichnung ist nach *Geogr.* 1,24,27 und somit etwas zu früh eingefügt. Sie stellt den Sachverhalt verständlich dar und ist zum größeren Teil korrekt und vollständig beschriftet. Falsch gesetzt wurden die Punkte μ und ν, die sich auf dem Äquator statt auf dem südlichsten Parallelkreis befinden, und der Punkt χ, der hier das Pendant zu ω (statt zu τ) bildet. Der südlichste Parallelkreis ist nicht bezeichnet. Links vom Mittelmeridian wird zu den Parallelkreisen von Thule, Syene und Anti-Meroë (= südlichster Paral-

142 Manchmal auch „unterbrochene Zierlinien“, deren Teile den Titel flankieren.
143 Genau genommen wurden die Zeichnungen erst nach statt vor *Geogr.* 1,24,13 eingefügt, dieser Paragraph besteht aber nur aus einem einzigen kurzen Satz.

lelkreis) die geographische Breite angegeben. In der rechten Hälfte der Zeichnung, unterhalb der Parallelkreise, Angabe der Werte für die Abstände der Meridiane voneinander auf dem jeweiligen Parallelkreis.
4a) (f. 9v, Kol. 2, unten) „Unverständliche Skizze“, eingefügt nach *Geogr.* 1,24,18.

Zeichung **5** (Armillarsphäre) fehlt gänzlich; nichts weist darauf hin, dass sie vorgesehen gewesen wäre.

Die Zeichnungen sind sorgfältig mit Lineal und Zirkel angefertigt. Sie wurden mit roter Tinte ausgeführt und mit brauner Tinte beschriftet (Zeichnung **2** mit schwarzer Tinte). Zeichnung **1** ist stark verblasst.

Karten

64 Teilkarten (25 Europa-Karten, 8 Afrika-Karten, 31 Asien-Karten) + 1 Weltkarte:
(f. 11v) Eu. 1 (Hibernia), (f. 12v–13r) Eu. 2 (Albion), (f. 14r) Eu. 3 (Hispania Baetica), (f. 15r) Eu. 4 (Hispania Lusitania), (f. 17v–18r) Eu. 5 (Hispania Tarraconensis), (f. 19r) Eu. 6 (Gallia Aquitania), (f. 20r) Eu. 7 (Gallia Lugdunensis), (f. 21r) Eu. 8 (Gallia Belgica), (f. 22r) Eu. 9 (Gallia Narbonensis), (f. 23v–24r) Eu. 10 (Großgermanien), (f. 24v) Eu. 11 (Raetia, Vindelicia, Noricum), (f. 25v) Eu. 12 (Pannonia Superior/Inferior), (f. 26v) Eu. 13 (Illyricum, Liburnien, Dalmatien), (f. 29v–30r) Eu. 14 (Italien, Korsika), (f. 31r) Eu. 15 (Sardinien), (f. 32r) Eu. 16 (Sizilien), (f. 33v) Eu. 17 (Europäisches Sarmatien), (f. 34r) Eu. 18 (Taurische Chersones), (f. 35v) Eu. 19 (Gebiet der Ausgewanderten Iazygen, Dakien, Moesia Superior/Inferior), (f. 36v) Eu. 20 (Thrakien), (f. 38r) Eu. 21 (Makedonien), (f. 38v) Eu. 22 (Epeiros), (f. 39v) Eu. 23 (Achaia), (f. 40v) Eu. 24 (Peloponnes), (f. 41v) Eu. 25 (Kreta).
(f. 42v) Af. 1 (Mauretania Tingitana), (f. 44r) Af. 2 (Mauretania Caesariensis), (f. 45v–46r) Af. 3 (Africa), (f. 47r) Af. 4 (Cyrenaica), (f. 49v–50r) Af. 5 (Marmarica, Libyen, ganz Ägypten), (f. 51v–52r) Af. 6 (Inneres Libyen), (f. 53v–54r) Af. 7 (Äthiopien südlich von Ägypten), (f. 54v–55r) Af. 8 (Inneres Äthiopien).
(f. 56v) As. 1 (Pontos, Bithynien), (f. 58v) As. 2 (Eigentliches Asien, Lykien), (f. 60r) As. 3 (Galatien, Pamphylien), (f. 62r) As. 4 (Kappadokien, Kilikien), (f. 63v–64r) As. 5 (Sarmatien in Asien), (f. 64v) As. 6 (Kolchis, Iberien), (f. 65r) As. 7 (Albanien), (f. 66v) As. 8 (Großarmenien), (f. 67r) As. 9 (Zypern), (f. 69r) As. 10 (Syrien, Palästina), (f. 69v) As. 11 (Arabia Petraea), (f. 70v) As. 12 (Mesopotamien), (f. 71v–72r) As. 13 (Arabia Deserta, Babylonien), (f. 73r) As. 14 (Assyrien), (f. 74r) As. 15 (Medien), (f. 74v) As. 16 (Susiane), (f. 75v) As. 17 (Persis), (f. 76r) As. 18 (Parthien, Wüste Karmanien), (f. 78v–79r) As. 19 (Arabia Felix), (f. 80r) As. 20 (Karmanien), (f. 80v) As. 21 (Hyrkanien, Margiane), (f. 81v)

As. 22 (Baktrien, Land der Sogdianer), (f. 82r) As. 23 (Land der Saken), (f. 82v–83r) As. 24 (Skythien diesseits des Imaongebirges), (f. 83v) As. 25 (Skythien jenseits des Imaongebirges), (f. 84v) As. 26 (Serike), (f. 86r) As. 27 (Areia, Land der Paropanisaden, Drangiane, Arachosien), (f. 86v) As. 28 (Gedrosien), (f. 90v–91r) As. 29 (Indien diesseits des Ganges), (f. 93v–94r) As. 30 (Indien jenseits des Ganges, Land der Sinen), (f. 95r) As. 31 (Taprobane).
(f. 98v–99r) WK.

Die Teilkarten befinden sich in den Büchern 2–7, in der Regel jeweils nach der Beschreibung des auf ihnen abgebildeten Gebietes. Andernfalls gab der Kopist an, wo sie zu finden sind. Am Kapitelende steht jeweils in Auszeichnungsschrift und mit Auszeichnungstinte ein „Kartentitel" bzw. der Verweis auf die Stelle, wo die Karte abgebildet ist. Die Karten sind sehr sorgfältig gezeichnet und vielleicht von derselben Hand wie der Text ausgeführt (= Haupthand/Hand 1), auf jeden Fall von derselben Hand beschriftet. Ihr Format ist rechteckig bzw. bei doppelseitigen Karten bisweilen aus zwei unterschiedlich großen Rechtecken zusammengesetzt (siehe z.B. die Albion-Karte). Die Größe der Karten ist sehr unterschiedlich. Entlang des Falzes ist bei doppelseitigen Karten ein schmaler Streifen ausgespart worden. Die Positionierung der Weltkarte unmittelbar nach *Geogr.* 7 entspricht dem Konzept der A-Redaktion. Die Weltkarte wird nach der geraden Kegelprojektion geboten und entspricht weitgehend derjenigen im Urb. gr. 82 (U). Die Beschriftungen dürften vom Kopisten selbst stammen. Für Cuntz' These, dass sich auch in Handschrift O ursprünglich vier Kontinentkarten befanden – wie z.B. in der mit O verwandten Handschrift Ambr. D 527 inf. (s) –, die aber verloren gegangen seien, gibt es keine Hinweise in der Handschrift.[144]
Gestaltung der Teilkarten: Kartenrahmen und Gradnetz rot, Gradnetzbeschriftung braun (Unterteilung mit schwarzen bzw. braunen und roten Strichen, im Norden und Süden in bis zu 5′-Abschnitte, im Westen und Osten nur in ganze Grade); Grenzlinien rot, Provinzen nicht koloriert; Gewässer blau (Meere nur entlang der Küstenumrisse und gegebenenfalls der Innenseite des Kartenrahmens koloriert), Gebirge gelblichbraun, z.T. mit Tintenpünktchen und oder -strichen „strukturiert"; Vignetten rot, mit Zinnen versehen, manchmal von einem Kreuz oder von einem oder mehreren Türmen gekrönt, Symbole für die ethnische Zugehörigkeit in Rot, Lokalisationspunkte vorhanden, *Poleis diasemoi* mit drei- oder mehrturmiger Vignette hervorgehoben;[145] für gewisse Objekte

144 Siehe Cuntz 1923, 18 und bereits vor ihm Müller 1867, 295; dagegen Schnabel 1938, 15.

145 Einige Stichproben haben ergeben, dass auf den Karten die Auszeichnung von Städten als *Poleis diasemoi* nicht in jedem Fall mit den im Text als solche markierten korrespondiert.

wie z.B. Altäre „gegenständliche“ Vignetten. Beschriftungen in Minuskeln mit brauner Tinte, Völkernamen mit roter Tinte; Provinz- und z.T. Meeresnamen in Majuskeln. Die Bezeichnungen der Parallelkreise am westlichen und die Stundenangaben am östlichen Rand wurden bald mit brauner Tinte in kleinformatiger, senkrechter Schrift nachgetragen (die gegenüber den anderen Kartenbeschriftungen oft einen leicht verwischten Eindruck macht), bald sind sie mit knallroter Tinte eingetragen (von welcher Hand?), eher selten sind sie mit roter Tinte von dem Kopisten selbst ausgeführt (z.B. auf der Sizilien-Karte).

Vielleicht hätte Afrika-Karte 7 (f. 53v–54r: Äthiopien südlich von Ägypten), die hauptsächlich auf f. 54r angelegt ist und von f. 53v nur einen schmalen Streifen entlang des Falzes beansprucht (Kol. 1 wurde für den Text genutzt), ursprünglich auf die ganze Doppelseite gezeichnet werden sollen. Auf jeden Fall wurde der Kartenrahmen über die ganze Doppelseite angelegt und die Grenzlinie zwischen Äthiopien südlich von Ägypten und Innerem Äthiopien auf f. 53v verlängert bis zu dessen äußerer Blattkante. Im Westen beginnt die Karte nun beim 50. Längengrad (statt beim 24. Längengrad, wie der vorgezeichnete und nicht genutzte Kartenrahmen auf f. 53v ermöglicht hätte). – Ein hübsches Detail zur letzten Afrika-Karte auf f. 54v–55r (Af. 8: Inneres Äthiopien): Auf f. 55r, im Anschluss an den Schlusstitel zu *Geogr.* 4 und den Hinweis auf den Schluss der Beschreibung Afrikas («τέλος τῆς ὅλης Λιβύης») sowie gleichzeitig oberhalb der östlichen Hälfte der Karte des Inneren Äthiopien vermerkte der Kopist: «Ζήτει τὴν Μενουθιάδα νῆσον ἥτις ὤφειλε / καταγραφῆναι ἐν τῶ παρόντι τῆς ἐντὸς / Αἰθιοπίας πίνακι, εἰς τὸν πρὸ ταύτης / πίνακα» („Suche die Insel Menuthias, die auf der Karte hier des Inneren Äthiopien eingetragen worden sein sollte, auf der Karte vor diesem“). Eine andere Hand hat auf f. 54v, unmittelbar oberhalb der westlichen Hälfte der Karte des Inneren Äthiopien, ganz am äußeren Blattrand und zum Teil weggeschnitten, folgende Notiz hinterlassen: «⟨Μ⟩ενουθιὰς [*sic*] ἐστιν ὄπισθεν τοῦ / ⟨παρ⟩όντος φύλλου κάτω ἐν ⟨Τ⟩ραχεία θαλάσση» („Menuthias ist auf der Rückseite des Blattes hier, unten im Rauen Meer[146]“). Auf f. 54r, an der betreffenden Stelle auf der östlichen Hälfte der zweitletzten Afrika-Karte (Af. 7: Äthiopien südlich von Ägypten), ist die Insel Menuthias jedoch ausradiert worden, offensichtlich zu einem späteren Zeitpunkt; gleichzeitig wurde sie auf f. 55r, auf der östlichen Hälfte der letzten Afrika-Karte, nachgetragen und beschriftet. Da die Insel dort nicht, wie in dieser Handschrift üblich, entlang ihrer Küstenlinie mit blauer Farbe umrandet wurde, wurde diese

146 In der Ausgabe von STÜCKELBERGER (*Geogr.* 4,8,1) wird für Τραχεῖα θάλασσα der in einigen Sekundärhandschriften überlieferten Variante Βραχεῖα θάλασσα (übersetzt „Seichtes Meer“) der Vorzug gegeben.

Korrektur mit Sicherheit nach der Fertigstellung der Handschrift vorgenommen.[147]
Gestaltung der Weltkarte: Kartenrahmen und Gradnetz rot, Gradnetzbeschriftungen braun; Umrisslinien der Landmassen braun, Grenzlinien rot, Provinzen zum Teil beigefarben koloriert; Gewässer flächig blau, Gebirge bräunlich; Beschriftungen in Minuskeln, vereinzelt in Majuskeln,[148] mit brauner Tinte. Am westlichen Kartenrand sind die Klimata mit roter und die Parallelkreise mit brauner Tinte, am östlichen Kartenrand die Äquinoktialstunden für die Dauer des längsten Tages mit roter Tinte angegeben. Am südöstlichen Kartenrand Zodiakos mit roten, aber nicht langstrahligen Sonnen. Die Windköpfe um die Karte herum sind als bis zum Bauchnabel abgebildete „Büsten" mit langen „Blasrohren" dargestellt.

Einband

‚Legatura medicea' (16. Jh., 2. Hälfte), leicht restauriert mit rotem Leder (in ähnlicher Weise wie der Einband des Plut. 28.9 [S], siehe die Beschreibung der Handschrift S, *Einband*), sehr eng eingebunden. Originalbezug der Buchdeckel aus dunklem rotbraunen Leder, Blindstempelmuster nahezu identisch mit demjenigen auf den Deckeln des Plut. 28.42 (P). Auf dem Vorderdeckel oben Etikette, eingefasst von schmalem, mit acht Nägeln beschlagenen Metallrähmchen (mit Metallrähmchen 37 × 56,5 mm); Etikette geschützt mit durchsichtiger Kunststofffolie; Etikettenaufschrift: «Πτολεμαίου γεωγρα/φικὴ ὑφήγησις / Ptolemei geogra/phica narratio». Unmittelbar unterhalb der Etikette sowie im unteren Bereich des Vorderdeckels, kaum mehr sichtbar, steht in großen, ursprünglich weißen Lettern die Signatur der Handschrift, wohl etwa in folgender Form: «49 / P. 28». Auf dem Rückendeckel, oberhalb der Mitte, eine mit schwarzer Farbe ausgeführte, großformatige «49» (= Nummer der Handschrift). Die beiden Metallstifte als Gegenstücke zu den Schließen am Vorderdeckel und die beiden modernen, am Rückendeckel fixierten Metallschließen entsprechen genau denjenigen am Plut. 28.9 (S). Auf beiden Buchdeckeln sind vier rechteckig angeordnete, runde Metallbuckel angebracht. Die für die Medici-Einbände typische und von Fischer noch erwähnte Metallkette wurde, wohl im Zug der Einbandrestaurierung, entfernt.

147 In den beiden unserem Plut. 28.49 (O) verwandten Handschriften Ambr. D 527 inf. (s) und Seragl. G. İ. 27 (c) kann nichts von einer „Verlegung" der Insel Menuthias festgestellt werden. Sie erscheint denn auch in beiden Handschriften auf der richtigen Karte, d. h. auf der letzten Afrika-Karte (Af. 8: Inneres Äthiopien), während sie auf der jeweils vorangehenden nicht eingezeichnet ist.

148 Nur für den Δυτικὸς Ὠκεανός am Westrand der Karte und die Angabe der Himmelsrichtungen Δύσις und Ἀνατολή außerhalb der Karte.

Vorne und hinten je ein Unio (= je zwei Schutzblätter) aus Pergament, jeweils mit der Fleischseite beginnend.[149] Foliiert ist nur das erste Nachsatzblatt f. I′ (auf der Rectoseite in der unteren äußeren Ecke mit brauner Tinte «I′»). Vorderer und hinterer Spiegel sind mit Pergament überzogen.

Schutzblätter

(f. ⟨I–II⟩) Vorsatzblätter:

(f. ⟨I⟩r) leer.

(f. ⟨I⟩v) Im oberen Drittel, zentriert, großformatig, mit Bleistift Signatur «Plut. 28 / Cod. 49.». Ein wenig unterhalb der Mitte, in Falznähe, vermutlich mit Bleistift, Nummer «197» (alte Signaturnummer?).

(f. ⟨II⟩r) In der oberen inneren Ecke mit brauner Tinte von einer Hand des 16. Jh.[150] «n^{ro} 197»; oben mit derselben Tinte von derselben Hand Inhaltsangabe «Geographiae Ptolomei Libri VIII integri». Unterhalb der Inhaltsangabe gegen außen mit wässriger, dunkelbrauner Tinte von einer späteren Hand Signatur «Plut. 28. / Cod. 49.». In der Blattmitte mit brauner Tinte und spitzer Feder von einer anderen späteren Hand Signatur «Laur. Plut 28 Cod 49».

(f. ⟨II⟩v) leer.

(f. I′–⟨II′⟩) Nachsatzblätter:

(f. I′r) Unten, gegen die Mitte hin, mit brauner Tinte, von der Hand Enrico Rostagnos Signatur und Blattformel «Plut. 28, Cod. 49 / constat ff I-112-I′.», gefolgt von der Unterschrift Rostagnos. In der unteren inneren Ecke mit derselben Tinte und von derselben Hand Vermerk zu f. 40bis «NB. Tra le cc. 40 e 41 è / inserito un foglietto car-/taceo con alcuni grafici», gefolgt von dem Monogramm Rostagnos.

(f. I′v–⟨II′⟩v) leer.

Erhaltungszustand

Abgesehen von einigen Wurmfraßspuren ganz am Anfang und Ende der Handschrift und wenigen Feuchtigkeitsflecken Erhaltungszustand gut, auch wenn einige Karten recht verblichen sind. Der Einband und einzelne Blätter sind restauriert.

Stemmatologische Notizen

Der Plut. 28.49 (O) gilt als ältester Vertreter der Handschriften mit einem Kartensatz nach der B-Redaktion. Im Widerspruch zur Anlage der 64 Teilkarten in O wurde der sich auf eine Einteilung in 26 Teilkarten

---

149 Im Falle des vorderen Unios schwierig und nicht mit Sicherheit zu bestimmen.

150 So GENTILE 1992b, 84.

beziehende Text nicht den neuen Umständen angepasst. Dies betrifft insbesondere *Geogr.* 8, das hauptsächlich aus Beischriften zu den Teilkarten besteht, aber auch weitere Textstellen wie z.B. die Inhaltsübersicht zu *Geogr.* 2 (f. 10v), wo die Anzahl der sich auf dieses Buch beziehenden Karten gemäß der A-Redaktion mit 5 angegeben wird, während *Geogr.* 2 in dieser Handschrift hier 13 Teilkarten aufweist.

Bereits Cuntz hatte erkannt, dass O einen aus beiden Rezensionen gemischten Text bietet. Nach Untersuchungen punktueller Natur in Text und Karten kam er außerdem zum Schluss, dass der Kopist der Handschrift O den Urb. gr. 82 (U) konsultiert und in jener Handschrift auch Randnotizen hinterlassen hatte; demnach identifizierte er Hand 3 in U mit der Haupthand von O,[151] eine Zuordnung, die jedoch aus paläographischen Gründen verworfen werden muss.[152] Nach Schnabels Einteilung ist Handschrift O die Hauptvertreterin und „Stammesmutter" der Textfamilie ω. Von Handschrift O seien die Kartenhandschriften Ambr. D 527 inf. (s) und Burney 111 (v) sowie der kartenlose Vat. Reg. gr. 82 (e) abgeschrieben,[153] während aus s der Seragl. G. İ. 27 (c) und aus diesem wiederum der Urb. gr. 83 (t) kopiert worden seien, womit die Textfamilie komplett ist. Ein Indiz für Handschrift O als Mutter der genannten Handschriften ist die Auslassung von *Geogr.* 3,1,58 in O (f. 28v) und die Ergänzung dieses Paragraphen am unteren Rand: Die Handschriften s, c, t und vielleicht auch e[154] haben den Paragraphen aber nach Iguvium (*Geogr.* 3,1,53) in den Ortskatalog eingefügt – in O wiederum endet Kol. 1 auf f. 28v mit Iguvium, die Ergänzung am unteren Rand wurde also als Fortsetzung der Kolumne behandelt. Diese falsche Einfügung ist insofern verständlich, als der Kopist von O es unterließ zu zeigen, wo im Text

151 Siehe Cuntz 1923, 19f.

152 Gemäß Fischer 1932, tom. prodr. 1, 545 konnte Pio Franchi de' Cavalieri einen Vergleich direkt am Urb. gr. 82 (U) und am eigens zu diesem Zweck nach Rom gebrachten Plut. 28.49 (O) machen und kam zu dem Schluss, dass die beiden Hände zwar sehr ähnlich, aber nicht identisch seien. – Cuntz 1923, 4 unterschied in Handschrift U drei Hände: Die Haupthand, eine sehr ähnlich schreibende Hand 2 eines Korrektors, auf den die meisten Eingriffe zurückzuführen seien sowie eine etwas spätere Hand 3 des 14. Jh., deren Randnotizen und Textkorrekturen oft nur deshalb von Hand 2 unterscheidbar seien, weil der Athous Vatopedi 655 (L), eine direkte Abschrift von U, offenbar zu einem Zeitpunkt vor den Interventionen durch Hand 3 kopiert worden sei, da diese in L nicht übernommen wurden. Demgegenüber unterschied Fischer 1932, 2, 1 in Handschrift U nur zwischen der Hand des Hauptkopisten und derjenigen eines späteren Korrektors. Siehe dazu auch oben S. 82 und S. 76 mit Anm. 54.

153 Dieser Umstand trifft für das Manuskript Burney 111 (v) nicht zu, siehe dazu die Beschreibung der Handschrift v, *Stemmatologische Notizen*.

154 Im textkritischen Apparat der Ausgabe von Müller (1.1, 352, zu Z. 3) wird die fehlerhafte Positionierung des Paragraphen auch für Handschrift e vermerkt; gemäß Schnabel 1938, 19 ist e jedoch die einzige Kopie von O, die diesen Nachtrag am richtigen Ort in den Text eingefügt hat. Der Sachverhalt wäre also in der Handschrift selbst oder anhand einer Reproduktion von ihr zu überprüfen.

die Stelle nachzutragen wäre; vor dem Nachtrag steht zwar ein Zeichen, das man für ein Referenzzeichen halten könnte, man sucht aber vergeblich nach dessen Wiederholung im Text, denn es handelt sich um ein Symbol für die ethnische Zugehörigkeit und nicht um ein Referenzzeichen.

Der Text von O präsentiert sich gemäß Schnabel (für die Stellen s.u. *Bibliographie*) größtenteils, genau genommen bis und mit *Geogr.* 8,26,14, nach der ω-Rezension, und zwar nach einer Vorlage der Textgruppe Δ. Ab *Geogr.* 8,26,15 wurde der Text aus einer Vorlage kopiert, die der Ξ-Rezension folgte und mit 64 Teilkarten ausstaffiert gewesen sei.[155] Nach unserer Unterscheidung der Hände (s.o. *Schreiber*) hieße dies, dass die Haupthand (= Hand 1) bis und mit *Geogr.* 8,25,2 eine ω-Vorlage benutzt hätte, danach aber, nachdem sie für das Textstück *Geogr.* 8,25,3–26,14 eine größere Lücke frei gelassen hatte, ab *Geogr.* 8,26,15 bis zum Schluss des Werkes und seiner Anhänge, schließend mit der Agathodaimon-Subskription, aus einer Ξ-Vorlage kopiert hätte. Hand 2 hätte das fehlende Textstück *Geogr.* 8,25,3–26,14 auf der Basis einer ω-Handschrift ergänzt. Außerdem soll gemäß Schnabel O ab *Geogr.* 5,20 bis zum Textschluss Vorlage für diejenige *Geographie*-Handschrift gewesen sein, die Manuel Chrysoloras aus Konstantinopel nach Italien brachte und die darauf nicht nur der lateinischen Übersetzung der *Geographie* zugrunde lag, sondern auch als Vorlage für die Plutei 28.9 (S), 28.38 (B) und 28.42 (P) diente. Für Diller blieb die Vorlage von O für die Bücher 2–7 wegen des freien Textarrangements im Unklaren.[156] Für das Textstück *Geogr.* 7,5–8,25,3 nahm er die Handschrift Arch. Selden. B. 46 (N) als Antigraphon an, für den übrigen Text eine dem Vat. Pal. gr. 314 (Z) verwandte Handschrift. Es ist in der Tat auffällig, dass der ursprüngliche Teil von N fast genau dort aufhört,[157] wo die Haupthand (Hand 1) von O innehält, um nach einer größeren Lücke auf der Grundlage einer anderen Vorlage weiterzuschreiben; Schnabel hatte diese Verbindung zwischen N und O noch nicht hergestellt, obwohl er in O die Haupthand (bei ihm Hand 2) an haargenau derselben Textstelle enden lässt, an der in N der ursprüngliche Teil abbricht (nämlich bei *Geogr.* 8,25,3 ἡ μὲν Ἀρεία τὴν μεγίστην ἡμέραν ἔχει ὡρῶν ιδ γιβ′). Die Haupthand in O hört aber genau genommen erst nach den weiteren drei Worten

155 Nach Schnabel 1938, 36 und 55f. soll es sich dabei um dieselbe, heute verlorene Vorlage gehandelt haben, die Hand 4 der Handschrift Arch. Selden. B. 46 (N) für den Textschluss heranzog und die Michael Apostoles zur Abschrift des Vat. Pal. gr. 314 (Z) verwendete.

156 Diller 1966, VIII: „In libris II–VII textus stirpis incertae est verbis genuinis saepe libere mutatis." In der Tat weicht die Reihenfolge der Toponyme z.B. in *Geogr.* 3,1,53f. und 3,1,61–63 stark von der allgemein tradierten ab. Bereits Cuntz 1923, 14 war zum Urteil gekommen, dass der in O gebotene Text „stark durchredigiert" und „ein Ergebnis wissenschaftlicher Arbeit" sei – eine Aussage, die auch zu der neuartigen Kartenredaktion passt.

157 Siehe die Beschreibung der Handschrift N, *Schreiber*.

«καὶ διέστηκεν Ἀλεξανδρείας» auf (s.o. *Schreiber*). Aufgrund des stereotypen bzw. repetitiven Formulierungsmusters in den Beischriften in *Geogr.* 8,3–28 ist ein Zusammenhang zwischen dem abrupten Ende des Textes im ursprünglichen Teil von N und im von der Haupthand kopierten Teil von O dennoch nicht auszuschließen und aufgrund des Heranziehens einer anderen Vorlage von Hand 1 für das Textende in O sogar plausibel. Aufschlussreich sind außerdem die Beobachtungen Humbachs und Zieglers: In den Abweichungen in O insbesondere gegenüber dem Seragl. G. İ. 57 (K), dem Arch. Selden. B. 46 (N) und dem Urb. gr. 82 (U), die alle, wie auch O, zu Textgruppe Δ gehören, sehen sie selbständige Korrekturen des Schreibers von O, die den Text von nicht-originalen Zusätzen reinigen oder ihn besser verständlich machen sollten.[158]
Ausgewählte Stellen: (f. 1r) Die **Kapitelübersicht zu *Geogr.* 1** weist gemäß der ω-Rezension 23 Kapitel auf, die am rechten Kolumnenrand mit roter Tinte anhand griechischer Zahlzeichen durchnummeriert wurden; im Text sind die Kapitelnummern am Kolumnenrand und ebenfalls mit roter Tinte angegeben, wobei ober- und unterhalb der Buchstabenzahl meist je zwei kurze horizontale Striche und ein kurzer vertikaler Strich stehen. Den Anfang des eigentlichen Kapitels 9 markiert zwar eine große Initiale gleichsam als neues Kapitel (f. 3v), doch fehlt am Rand eine Kapitelnummer, so dass erst das eigentliche Kapitel 10 unter der Nummer 9 erscheint usw. und die Kapitelzählung in dieser Handschrift hier genau mit dem Inhaltsverzeichnis übereinstimmt. – Die **Homoioteleuton-Lücke** in *Geogr.* 1,24,17 tritt nicht auf (f. 9v). – (f. 104r, Kol. 1, oben) Der Eintrag zu Byzanz in *Geogr.* 8,11,7 wird mit einer besonders geschmückten Initiale begonnen, außerdem steht am inneren Rand mit Auszeichnungstinte «ἡ Κωνσταντινούπολις». – Symbole für die ethnische Zugehörigkeit, ausgeführt mit roter Tinte, befinden sich auch im Text. – In *Geogr.* 3,1 wird am Rand mit Auszeichnungstinte angegeben, an welchem Meer die betreffenden Völker angesiedelt sind. – (f. 103r, am oberen Rand, gegen innen) «Γ^{ov}»: Vermutlich Hinweis, dass hier (d.h. im untersten Drittel von Kol. 1) die Beischrift zur 3. Afrika-Karte beginnt; (f. 103v) analog «Δ^{ov}» für die 4. Afrika-Karte.
Anhänge: Die Anhänge richten sich generell nach der Ξ-Rezension. (f. 109r) *Poleis diasemoi* Taprobanes (*Geogr.* 8,28) in Reihenfolge nach Ξ-Rezension und folgender Form: «Ταλάκωρις τὸ ἐμπόριον» – «Ἀγάδειβα» – «Μάγραμμον ἡ μητρόπολις».
1 (f. 109r/v) Liste der Provinzen oder Satrapien der Oikumene: Provinznamen im Nominativ, Ausnahme *Geogr.* 8,29,25 «Δραγγιανῆς». Koordinatenangaben zu jeder Provinz; Hinweise auf die Karten fehlen.
2 (f. 110r, Kol. 1, oben) Scholien zur Armillarsphäre.

158 HUMBACH/ZIEGLER 1, 10.

3 (f. 110r, Kol. 1, Mitte) Tabelle des Sonnenlaufs gemäß Ƨ-Rezension: «ἥλιος» nur beim ersten Monat (Juni) ausgeschrieben, danach durch Sonnensymbol ersetzt; ägyptische Namensform erst ab drittem Monat (August) beigefügt, für die ersten beiden Monate wurden sie wegradiert.[159] Die Tabelle beginnt mit dem Juni, dem der Krebs zugeordnet ist; es folgt der Juli mit dem unzutreffenden Sternzeichen Zwillinge. Darauf wird jedem Monat jeweils dasjenige Zeichen beigefügt, unter dem sein Beginn steht. Einzig der Februar, dem, wie zuvor schon dem März, die Fische zugeordnet sind, weicht (zusammen mit dem bereits erwähnten Juni) von dieser Regel ab.
4 (f. 110r, Kol. 1, unten – 110v, Kol. 2, unten) Epitome von *Geogr.* 7,1–4, Titel «τα [*sic*] ἐντὸς Γάγγου ποταμοῦ Ἰνδικῆς γ̄ κ̄ χώραι [*sic*] παράλιοι», inc. «Συραστρήνης ἐν κόλπω καλουμένω Κανθιν [*sic*] δύσταθμον ὄρος», exp. «καὶ μεσημβρινώτατοι Ῥογανδινοὶ, καὶ Ναναγηροί.».
7 (f. 110v, Kol. 2, ganz unten – 111r, Kol. 1, oben) Hexametergedicht auf die Weltkarte des Ptolemaios, ohne Titel, nicht mit einer neuen Zeile beginnend, fortlaufend wie Prosa geschrieben; abgesehen von Kleinigkeiten vollständig, insbesondere auch die beiden letzten Verse (vgl. dagegen dieselbe Stelle in den Plutei 28.9 [S], 28.38 [B] und 28.42 [P]).
8 (f. 111r, Kol. 1, Mitte) Agathodaimon-Subskription in Er-Form: «Ἐκ τῶν Κλαυδίου Πτολεμαίου γαρ[160] γραφικῶν [*sic*] βίβλων ὀκτὼ τὴν οἰκουμένην πᾶσαν Ἀγαθός [*sic*] Δαίμων Ἀλεξανδρεὺς μηχανικός [*sic*] ὑπετυπώσατο».

Geschichte

Der Plut. 28.49 (O) ist der älteste erhaltene Textzeuge der B-Redaktion. Anlass für diese Redaktion mit einer Weltkarte und 64 Teilkarten könnte der Versuch gewesen sein, kleinformatigere und somit handlichere, aber auch kostengünstigere *Geographie*-Handschriften herzustellen, im Gegensatz zu den Kartenhandschriften der A-Redaktion, die meistens Großfolioformat aufweisen, schwer und sperrig sind und nicht selten einen hohen materiellen Aufwand erforderten. Außerdem deuten die häufigen Hinweise in Handschrift O, die der Übersichtlichkeit des Textes und der Orientierung über die Karten dienen sollen, sowie der freie Umgang mit dem Text- und dem Kartenmaterial auf die Bemühungen des Kopisten hin, ein verständliches, überschau- und brauchbares Buch zu

159 SCHNABEL 1938, 17 vermutet, dies sei geschehen, weil der Kopist sich der textlichen Unordnung gewahr geworden sei (dazu oben S. 135).
160 Es handelt sich hierbei um eine Verlesung von γεω-; vielleicht waren in der Vorlage (oder bereits in einer Vorlage der Vorlage) Epsilon und Omega in einer Ligatur geschrieben, so dass die Silbe einer Abkürzung für γάρ ähnelte und dementsprechend interpretiert wurde.

produzieren. Das Bearbeiten des Kartenmaterials scheint nicht unüblich gewesen zu sein: Von einer Aufteilung der Teilkarten zeugt eine Notiz am Schluss der *Geographie* im Vat. gr. 191 (X).[161]

Die Handschrift wurde wohl zu Beginn des 14. Jh. in Konstantinopel kopiert, offenbar aus einer Vorlage, deren Schluss fehlte; dieser konnte größtenteils von derselben Hand aufgrund einer anderen Vorlage nachgetragen werden. Eine zweite Hand ergänzte ein kurzes Textstück, das von der Haupthand übersprungen worden war, für das diese aber Raum vorgesehen hatte. Es bleibt freilich offen, warum das betreffende Textstück nicht von der Haupthand aus ihrer zweiten Vorlage gezogen werden konnte. Die Störung der Gregory-Regel und der Textreihenfolge in der zweitletzten Lage von O ist übrigens ein schönes Beispiel dafür, dass der Kopierprozess demjenigen des Zusammenfügens der Lagen vorausging.

Gemäß Rostagno 1923, 32 soll Codex O im frühen 15. Jh. von Griechenland nach Florenz gebracht worden sein und dem Antonio Corbinelli gehört haben. Spätestens ab 1491 oder 1492 soll sich O in der Bibliothek der Medici befunden haben.[162] Die alte Signatur «336» auf f. 1r (s.o. *Beigaben*) verrät denn auch, dass die Handschrift Teil der Privatbibliothek der Medici war, deren Bände 1492 mit Nummern versehen wurden. Vielleicht ist unser Plut. 28.49 (O) mit derjenigen Handschrift zu identifizieren, die in einem am 31. Oktober 1495 erstellten Inventar der Bibliothek der Medici unter der Beschreibung „Gre. Thopographia, hoc est de descriptione locorum qui continentur in eo qui a nobis mundus appellatur" verzeichnet wurde.[163] Sofern diese Identifizierung zutrifft, würde Handschrift O zu denjenigen Manuskripten gehören, die nach der Vertreibung des Piero de' Medici und der Plünderung des Palazzo Medici in der Via Larga (beide Ereignisse im November 1494) nicht, wie das Gros der Handschriften der Privatbibliothek der Medici, aus dem Palast evakuiert worden waren, da sie sich zu jenem Zeitpunkt bei einen Papierwarenhändler namens Meo zum Einbinden befanden.[164]

Ein bisher kaum beachteter, aber vielversprechender Ansatz dürfte die Herstellung eines Zusammenhangs zwischen dem Arch. Selden. B. 46 (N) als Vorlage, zumindest teilweise, für den Plut. 28.49 (O) sein.[165] Dass der Textschluss der Plutei 28.9 (S), 28.38 (B) und 28.42 (P) direkt

161 Siehe dazu oben S. 133 (Anhang **x**) sowie unten die vorläufigen Bemerkungen zu Handschrift X, *Stemmatologische Notizen*.

162 Cantile 2004, 165; Gentile 1992b, 85; Id. 2003b, 12 Anm. 24.

163 Siehe Enea Piccolomini, *Intorno alle condizioni ed alle vicende della libreria medicea privata* (Firenze 1875) 98, Nr. 744; Cavallo 1994, 165; Gentile 1992b, 27. Die Identifizierung ist jedoch unsicher und könnte sich auch auf den Plut. 9.28 beziehen, der die *Topographia christiana* des Kosmas Indikopleustes enthält.

164 Siehe dazu Cavallo 1994, 121.

165 Siehe dazu ausführlicher oben S. 233 f.

aus O abgeschrieben wurde, stellen einige punktuelle Kontrollen eher in Frage (siehe die *Stemmatologischen Notizen* zu den genannten Handschriften).

Bibliographie

ANTONIOU 1997, 315. – AUJAC 1994/1995, 188. – BANDINI 1961, 2, 71f. – BUONOCORE 1996, 23 und 362. – CANTILE 2004, 165 und 314 (dort Taf. 12: Reproduktion der Italien-Karte [f. 29v–30r], kleinformatig, farbig). – CAVALLO 1994, 165f. (166: Reproduktion der Weltkarte, farbig). – CUNTZ 1923, 5; 13f.; 18–22; 34f. – DILKE 1987, 191f. (mit z.T. widersprüchlichen und falschen Angaben gegenüber dem folgenden Verweis). – DILKE 1987b, 270–272. – DILLER 1966, VIIIf. – DINSE 1913, 383f. und 392f. Anm. 1. – FISCHER 1932, tom. prodr. 1, 211; tom. prodr. 2 (ohne Seitenzahlen, Sigle B1): Reproduktion der Europa-Karten 19–20 (f. 35v–36r), schwarzweiß. – GENTILE 1992b, 84f. sowie Taf. XIII (Reproduktion f. 67r: Text und Asien-Karte 9, farbig) und Taf. XIV (Reproduktion f. 98v–99r: Weltkarte, farbig). – GENTILE 2003, 176. – HUMBACH/ZIEGLER 1, 7f.; 10f. – MITTENHUBER 2009, 74–116; 265–319. – MÜLLER 1867, 284; 295f. – PAGONARI-ANTONIOU 1992, 126 und 134f. – Michael D. REEVE, „The Rediscovery of classical texts in the Renaissance“, in: Oronzo Pecere (Hrsg.), *Itinerari dei testi antichi* (Roma 1991) 115–157, dort 137 Anm. 36. – ROSTAGNO 1923, 32 (Nr. 32) und 59. – SCHMIDT 1999, 7–15. – SCHNABEL 1938, 14f.; 17f.; 80f.; 89–92; 109–115 u.a.

Für die online-Konsultation der Handschrift siehe die Angabe des Links in der Beschreibung der Handschrift S, *Bibliographie*.

Art der Kontrolle

Mikrofilm mäßiger Qualität aus dem Jahr 1961. Kurze Konsultation des Originals (2. Feb. 2008, 10. Feb. 2009).

Hagion Oros, Μονὴ Βατοπεδίου 655 / London, British Library, Additional 19391 / Paris, Bibliothèque nationale de France, Supplément grec 443A[166] Sigle L (= L_A,[167] L_L, L_P) („Vatopedi“)

Geographische Sammelhandschrift.
Konstantinopel (?), 14. Jh. (Anfang), Pergament/Papier mit Wasserzeichen,[168] ca. 360 × ca. 267 mm; L_A: (3) 297 (3); L_L: (5) 1–21 (44); L_P: (?) 1–11 (?) / L_A: ⟨I–III⟩, 1–65, 66.A΄., 66.B΄., 67–296, ⟨I΄–III΄⟩; L_L: A–C, ii, ⟨i⟩, 1–21, ⟨I΄–XLIV΄⟩; L_P: ?, 1–11, ?.

Inhalt[169]

L_A (f. 1–296):
(f. 1–54) Claudius Ptolemaeus, *Geographia* 1–6 + 22 komplette Teilkarten + 3 halbe Teilkarten; Teil 1 und 3 dieses Werkes:
(f. 1r–7v) *Geogr.* 1. – (f. 7v–14r) *Geogr.* 2. – (f. 14r–20r) *Geogr.* 3. – (f. 20v–24v) *Geogr.* 4. – (f. 24v–30r) *Geogr.* 5. – (f. 30r–33v) *Geogr.* 6. – (f. 34r) Eu. 2, östliche Hälfte. – (f. 34v–54v) *Geogr.* 8,5–25 + 24 TK.
(f. 55r–69v) Strabo, *Chrestomathiae*, Anfang fehlend; Teil 2 dieses Werkes.
(f. 70r–296r) Strabo, *Geographica*. – (f. 296v) leer.

L_L (f. 1–21):
(f. 1–13) *Varia geographica*:
(f. 1r, oben) Pinax.
(f. 1r, unten – 3r, oben) Anonymus, *Hypotyposis (Geographiae expositio compendiaria)* (= GGM 2, 494–509), Buch 2.
(f. 3r, unten – 4r, unten) Agathemerus, *Hypotyposis (Geographiae expositio compendiaria)* (= GGM 2, 471–487), bis Kap. 5 (Ende fehlend); Teil 1 dieses Werkes.
(f. 4r) Dionysius Byzantius, *De Bospori navigatione*, Schluss; Teil 2 dieses Werkes.
(f. 4r–7v) Anonymus, *Periplus Ponti Euxini.*
(f. 7v–8v) Arrianus, *Epistula ad Adrianum, in qua Periplus Ponti Euxini.*
(f. 9r–11v) Anonymus, *Periplus Maris Erythraei.*

---

166 Wenn in dieser Arbeit vom Vatopedi 655 (L) gesprochen wird, sind damit auch die heute in London und Paris aufbewahrten Teile dieser Handschrift gemeint.
167 Der Buchstabe A steht für den Heiligen Berg Athos.
168 Siehe dazu unten *Beschreibstoff.*
169 Die Folio-Angaben richten sich hier nach den entsprechenden (Teil-)Handschriften; für eine für die *Geographie* kohärente Blattzählung s.u. *Foliierung*.

(f. 12r) Hanno, *Periplus*.
(f. 12v–13r) Philo Byzantius, *De septem miraculis*, Fragment.
(f. 13v) Strabo, *Chrestomathiae*, Anfang (Text endet abrupt am Seitenende etwa in der Hälfte von Buch 1); Teil 1 dieses Werkes.

(f. 14–21) Claudius Ptolemaeus, *Geographia* 7–8,4 + 1 Weltkarte + 1 komplette Teilkarte + 1 halbe Teilkarte; Teil 2 dieses Werkes:
(f. 14r–17r) *Geogr.* 7. – (f. 17v–18r) WK. – (f. 18v–19r) *Geogr.* 8,1–3. – (f. 19v–20r) Eu. 1. – (f. 20v) *Geogr.* 8,4. – (f. 21r) vacat. – (f. 21v) Eu. 2, westliche Hälfte.

L$_P$ (f. 1–11):[170]
(f. 1r/v) leer.
(f. 2r, Z. 1–5a) Agathemerus, *Hypotyposis (Geographiae expositio compendiaria)*, Schluss; Teil 2 dieses Werkes.
(f. 2r, Z. 5b–23a) Aristoteles, *De ventis*.
(f. 2r, Z. 23b – 3v) Dionysius Byzantius, *De Bospori navigatione*, Anfang; Teil 1 dieses Werkes.
(f. 4r, Z. 1–42) Ergänzung des Schlusses des vorangehenden Textes (Dionysius Byzantius, *De Bospori navigatione*) durch Minoïdes Mynas.
(f. 4r, Z. 43–51) Zitierung eines Epigramms durch Mynas. – (f. 4v) leer.
(f. 5r) Hanno, *Periplus*, geschrieben von Mynas. – (f. 5v) leer.
(f. 6r–6v, oben) Strabo, *Chrestomathia ex geographicorum libro XVII*; Teil 3 dieses Werkes.
(f. 6v, unten – 9v) Ps.-Plutarchus, *De fluviis*.[171]
(f. 10r/v) Anonymus, *Diagnosis (Summaria ratio geographiae in sphaera intelligendae)* (= GGM 2, 488–493).
(f. 11r/v) leer.

Beigaben: (L$_A$ f. 273r) Am oberen Rand mit hellbrauner Tinte nicht entzifferbares Monokondylion.[172] – Vereinzelt sind Notizen des Nikolaos Sophianos festzustellen (z.B. L$_P$ f. 2r, am äußeren Rand, etwa auf mittlerer Höhe).[173]

---

170 Eingerückt dargestellt sind hier nicht zum ursprünglichen Bestand gehörende Blätter mit später durch Minoïdes Mynas ergänzten oder hinzugefügten Inhalten.

171 Somit ist dieser Traktat entgegen Eckart Olshausen, Art. „Plutarchos [2]“, DNP 9 (Stuttgart 2000) 1173 nicht nur in einer einzigen Handschrift (i.e. dem Heid. Pal. gr. 398) überliefert.

172 Eustratiades 1924, 131: „ἐπιγραφὴ δυσανάγνωστος“; in Codex 655, 27 mit Anm. 12 wird die Vermutung geäußert, es handle sich um eine Wiederholung der „codicographical note“, die sich ursprünglich auf der Rectoseite des letzten, heute verstümmelten Blattes 296 befunden haben müsse (siehe dazu unten *Erhaltungszustand*).

173 Darauf verwies bereits Diller 1937b, 182–184.

Foliierung

L_A: Auf der Rectoseite in der oberen äußeren Ecke mit blassbrauner Tinte arabische Zahlen mit anschließendem Punkt; Unregelmäßigkeiten: «65», «66.A΄.», «66.B΄.», « 67».
L_L: Auf der Rectoseite in der oberen äußeren Ecke mit Bleistift arabische Zahlen. Zusätzliche Zählung im *Geographie*-Teil: Auf f. 14r, ein wenig links der Foliozahl, steht mit Bleistift geschrieben «a», auf f. 15r genau gleich «b», auf f. 16r genau gleich «γ», auf f. 17r «δ», auf f. 18r «ε», auf den verbleibenden Blättern befindet sich ein unlesbares oder kein Zeichen. Zusätzliche Zählung auf der Weltkarte (f. 17v–18r): Auf f. 17v befindet sich in der unteren äußeren Ecke zusätzlich die Zahl « 18», und zwar so, dass sie nur dann richtig gelesen werden kann, wenn man die Karte um 180° dreht (und auch diese somit richtig sieht, vgl. dazu unten *Lagen*).
L_P: ***1)*** (f. 1–11) Auf der Rectoseite in der oberen äußeren Ecke, wahrscheinlich mit Tinte, arabische Zahlen. Auf f. 11 ist die Zahl durchgestrichen. Nach dieser Foliierung wird L_P zitiert. – ***2)*** (f. 2–3) Auf der Rectoseite am unteren Blattrand gegen außen arabische Zahlen «1»–«2». (f. 6–10) Wie vorher, arabische Zahlen «3»–«7». Foliierung 2 bezieht sich nur auf die originalen Blätter der Handschrift (siehe dazu S. 239, Anm. 170).

Insgesamt enthielt unser Kodex (ohne Schutzblätter) 325 Folia; heute befinden sich 21 Blätter davon in London, 297 Blätter nach wie vor im Kloster Vatopedi auf dem Athos und 7 Blätter in Paris. Die ptolemäische *Geographie* umfasste ursprünglich 63 Blätter; heute sind davon noch 62 Blätter erhalten, von welchen wiederum 8 in London und 54 im Vatopedi-Kloster aufbewahrt werden, während ein Blatt verloren ist (L_A f. 51*).

Für die *Geographie* des Ptolemaios kann folgende Abfolge der Blätter und Folio-Zahlen rekonstruiert werden:

f. „1–33“	(= L_A f. 1–33)	= 33 Bl.	*Geogr.* 1–6
f. „34–41“	(= L_L f. 14–21)	= 8 Bl.	*Geogr.* 7–8,4 + WK, Eu. 1, Eu. 2 (westl. Hälfte)
f. „42–58“	(= L_A f. 34–50)	= 17 Bl.	*Geogr.* 8,5–22 + Eu. 2 (östl. Hälfte), Eu. 3–10, Af. 1–4, As. 1–5, As. 6 (westl. Hälfte)
f. „59“	(= L_A f. 51*)	= 1 Bl.	*Geogr.* 8,23 + As. 6 (östl. Hälfte), As. 7 (westl. Hälfte)
f. „60–63“	(= L_A f. 51–54)	= 4 Bl.	*Geogr.* 8,24f. + As. 7 (östl. Hälfte), As. 8–12
insgesamt		= 63 Bl.	

Beschreibstoff

Pergament von nicht erstklassiger Qualität mit häufig auftretenden „Augen" (zu diesem Terminus s.o. S. 115), bisweilen beinahe transparent; Fleisch- und Haarseite recht gut voneinander unterscheidbar. Die leeren Blätter 1 und 11 sowie die Blätter 4–5 (auf diesen beiden Blättern befindet sich von Minoïdes Mynas kopierter Text, s.o. *Inhalt*) des Suppl. gr. 443A (L_P) sind aus Papier, höchstwahrscheinlich mit Wasserzeichen.[174]

Organisation der Lagen

Lagen: In $\mathbf{L_A}$ konnte das Lagenschema aus zeitlichen Gründen nicht näher analysiert werden; Hinweise dazu werden unter *Kustoden* vorgestellt.
$\mathbf{L_L}$: $II^{f. 4} + IV^{f. 12} + 1^{f. 13} + IV^{f. 21}$. – Der Binio ($II^{f. 1–4}$) beginnt mit der Fleischseite, die Gregory-Regel ist eingehalten. Auch der erste Quaternio ($IV^{f. 5–12}$) beginnt mit der Fleischseite und folgt der Gregory-Regel; es handelt sich hierbei um einen regelmäßigen und intakten Quaternio. Das anschließende Blatt 13 wurde offensichtlich mittels eines Falzstreifens an f. 5 befestigt. Der zweite Quaternio ($IV^{f. 14–21}$, es handelt sich um die Lage mit dem *Geographie*-Ausschnitt) ist ebenfalls regelmäßig und intakt, gehorcht der Gregory-Regel aber nicht, sondern beginnt mit einer Haarseite und hat folgenden Aufbau: HFHH/FFHF. Die Weltkarte ist auf die Innenseite des Mittelblattes dieser Lage und somit auf Fleischseiten gemalt, steht aber auf dem Kopf. Ob der Grund für die unregelmäßige Abfolge der Haar- und Fleischseiten im Bestreben zu sehen ist, die Weltkarte auf Fleischseiten anzubringen, ist fragwürdig; jedenfalls befinden sich die anderen Karten in L_L auf Haarseiten.

Die Konsultation des Mikrofilms von $\mathbf{L_P}$ ließ die Erfassung der Zusammensetzung der Lagen nicht zu.
Faltung: in-4°.
Kustoden: $\mathbf{L_A}$:[175] (f. 9r) Am unteren Rand gegen außen mit hellbrauner, verblasster Tinte bauchiges «β»; dieselbe Kustode erscheint auch auf f. 16v in der Mitte des unteren Randes. (f. 17r) In der Mitte des unteren Randes «γ», dieselbe Kustode erscheint auch auf f. 24v in der unteren äußeren Ecke. (f. 25r) Am unteren Rand, einmal in der Mitte, kleinformatig, einmal in der äußeren Ecke, größer, mit dunkelbrauner Tinte «δ»; dieselbe Kustode erscheint auch auf f. 32v in der unteren äußeren Ecke. Soweit scheinen vier regelmäßige und intakte Quaternionen vorzuliegen.

174 Der in Paris aufbewahrte Teil der Handschrift konnte nur anhand des Mikrofilms konsultiert werden, s.u. *Art der Kontrolle*.
175 Nur für die *Geographie*.

Die nächste Kustode «ε» taucht einmal auf f. 33r und einmal auf f. 34v auf, jeweils in der unteren äußeren Ecke; bei diesen beiden Blättern muss es sich demnach um das ursprünglich erste und letzte Blatt einer Lage gehandelt haben. Nun befindet sich auf f. 33v der Schluss von *Geogr.* 6, auf f. 34r die östliche Hälfte der Europa-Karte 2. Also gehörte zwischen diese beiden Blätter der „Quaternio" L_L $IV^{f.\,14–21}$ (auf dem keine Kustoden zu erkennen sind!), somit handelte es sich bei dieser 5. Lage ursprünglich um einen Quinio. Die nächste Kustode «η» ist auf f. 50r in der unteren äußeren Ecke zu erkennen. Also reihen sich offenbar an die 5. Lage zwei weitere Lagen 6 und 7, die zusammen 15 Blätter umfassen. Vermutlich handelt es sich um zwei Quaternionen, wobei der eine offenbar eines Blattes entbehrt (jedoch ohne Inhaltsverlust).
L_L: (f. 4v) Sowohl in der oberen als auch in der unteren äußeren Ecke mit brauner Tinte (also nicht der Haupttinte) «θ»; somit handelt es sich hier um das ursprüngliche Schlussblatt der 9. Lage. (f. 5r) In der oberen äußeren Ecke ebenso «ι»; demnach war dies ursprünglich das erste Blatt der 10. Lage. Auch auf f. 12v scheint man in der unteren äußersten Ecke eine Kustode „erraten" zu können. In der letzten Lage $IV^{f.\,14–21}$ sind keine Kustoden zu sehen (siehe dazu aber oben unter *Kustoden* in L_A).

Über allfällige Kustoden in **L_P** lassen sich auf der Basis des Mikrofilms keine zuverlässigen Aussagen machen.

Zur Rekonstruktion der im Laufe der jüngeren Geschichte auseinandergerissenen Lagen der ganzen Handschrift sei auf DILLER 1937b, 178 verwiesen.
Keine Reklamanten.
Liniierung:[176] Liniert sind sämtliche Blätter, die Linien wurden mit Blindgriffel gezogen; die Einstichlöcher sind sehr gut erkennbar. Der Schriftspiegel wird innen und außen begrenzt von je einer durchgehenden Vertikale. Die Schreiblinien wurden innen bis an den Falz gezogen, außen jedoch nur bis zur Vertikale, aber nicht besonders exakt und häufig ein wenig darüber hinaus. Es scheinen sehr regelmäßig 43 Zeilen gezogen worden zu sein, die der Kopist aber bei Bedarf nicht streng berücksichtigte (vgl. z.B. L_L f. 17r, auf dem der Schluss von *Geogr.* 7 Platz haben musste, da die folgende Doppelseite für die Weltkarte reserviert war, weshalb gegen Seitenende die Zeilen nicht mehr beachtet wurden, weil sonst zu wenig Platz für den Text übrig geblieben wäre). – Grundschema: *Muz.* 1-1 / 0 / 0 / C.

176 Nur für die *Geographie*, auf der Basis von L_L f. 14–21.

Seitenlayout (nur zur* Geogr. *des Ptol.; Messungen auf der Basis von L_L f. 14–21)

Allgemein 1 Kol., 43 Z.
(f. 17r) 1 Kol., 49 Z., 345 × 256 mm, Schriftspiegel 272,5 × 190 mm (ohne Schlusstitel von *Geogr.* 7, der ganz offensichtlich schon am unteren Rand steht).
(f. 15r) 1 Kol., 43 Z., 344 × 258 mm, Schriftspiegel 265 × 194 mm.

Der rechte Rand des Schriftspiegels wurde häufig übertreten. Im Ortskatalog sind die Toponyme und zugehörigen Koordinaten in drei bis sechs von links nach rechts (und nicht von oben nach unten) zu lesenden, oft unpräzisen „Kolonnen" dargestellt, die aber nicht streng eingehalten wurden (es treten z. B. Zeilenumbrüche zwischen Toponym und zugehörigem Koordinatenpaar auf) oder zu deren „Einhaltung" die Zeile manchmal in den rechten Rand übergreift; für beide Fälle vgl. z. B. L_A f. 21r. Das ganze Seitenlayout ist platzsparend angelegt.

Schreiber, Schrift, Tinte

Schreiber: Der Kodex wurde von zwei zeitgenössischen Händen kopiert, wobei die erste Hand für die verschiedenen „kleinen" geographischen Texte, die *Geographie* des Ptolemaios und die *Chrestomathie* Strabons verantwortlich war, während die zweite Hand die Abschrift von Strabons *Geographika* übernahm.[177] Die nicht zum originalen Blattbestand gehörenden f. 4–5 des Suppl. gr. 443A (L_P) können der Hand des Minoïdes Mynas zugewiesen werden.
Haupttext: (nur Hand 1) Kursive, leicht rechts geneigte Minuskelschrift mit durchschnittlichen Ober-/Unterlängen, undeutlicher Worttrennung, eher geringem Verbindungsgrad der Buchstaben und recht häufig auftretenden Abkürzungen. Die Schrift wird entweder „von der Schreiblinie durchkreuzt" oder ist unterzeilig; es wurde schwarze Tinte verwendet. In der obersten Zeile wurden die Buchstaben gerne hochgezogen (Gamma, Tau), Endungen hochgestellt (-τα) und Abkürzungen vergrößert (-ον in Form eines im Omikron eingeschlossenen Ny, -ου, -ων).
Auszeichnungsschriften: Werktitel und Kapitelüberschrift zu *Geogr.* 1,1 mit etwas „kraxelig" wirkenden Majuskeln und roter Auszeichnungstinte. Die übrigen Titel sind in der Regel in gegenüber dem Haupttext etwas größer- und breiterformatiger Auszeichnungsminuskel gehalten

177 Die von YOUNG 1955, 283 suggerierte Ähnlichkeit der Hände mit der Schrift des Demetrios Triboles/Trivolis, eines Kopisten des 15. Jh., ist aus paläographischen und chronologischen Gründen klar zu verwerfen.

und wurden mit der schwarzen Tinte, selten mit der Auszeichnungstinte geschrieben. Die heute mehr oder weniger verblasste rote Auszeichnungstinte kam für Initialen, Buch- und Kapiteltitel sowie weitere Hervorhebungen zum Einsatz, unter Verwendung einer relativ breiten Feder.

Ausstattung, Buchschmuck, Illustrationen (nur zur* Geogr. *des Ptol.)

Im Ortskatalog der *Geographie* tauchen in diesem insgesamt äußerst nüchtern gestalteten Kodex sporadisch am Ende eines Kapitels mit schwarzer Tinte anspruchslose Zierbalken auf.
Initialen: Die Initialen sind herausgestellt, vergrößert, mit der Auszeichnungstinte ausgeführt und manchmal leicht verziert („bouletées"). In *Geogr.* 8 hat der Rubrikator (der mit dem Kopisten identisch sein dürfte) seine Arbeit auf einigen Blättern unterlassen (vgl. z.B. in L_A f. 49v, 51r/v, 52r).
Zeichnungen: ***1*** (L_A f. 7r, oben) Einfache Kegelprojektion: Zwei an der richtigen Stelle in den Text eingefügte und nebeneinander positionierte Skizzen, wie üblich weitgehend verständlich dargestellt, aber leicht fehlerhaft beschriftet, ganz in Entsprechung zu den allgemeinen Bemerkungen oben S. 126, auch was die Verteilung der Beschriftungen auf die beiden Zeichnungen betrifft.
2 (L_A f. 7r, auf Drittelhöhe) Neigungswinkel: Auch diese Zeichnung, die hier im Vatopedi 655 (L_A) sehr kleinformatig ausgeführt wurde, erscheint zweimal nebeneinander und absolut identisch. Deshalb sind in beiden Skizzen sowohl der Mittelmeridian als auch der Äquator und der Syene-Parallelkreis falsch gezogen worden (s.o. S. 127f.). Eingefügt sind die Skizzen haargenau dort, wo sie sich auch im Urb. gr. 82 (U) befinden: In *Geogr.* 1,24,15 zwischen οἵων εἰσίν αἱ δύο ὀρθαὶ τξ und ἡ λοιπὴ δὲ καὶ und somit ein wenig zu spät.
3 (L_A f. 7r, unten innen) Ermittlung des Punktes η: Was zu dieser Zeichnung in Handschrift U gesagt wird (siehe die vorläufigen Bemerkungen zu Handschrift U, *Illustrationen*), trifft auch auf unsere Handschrift L zu. Interessanterweise ist hier jedoch ein weiterer Punkt eingetragen, für den es in keiner anderen Handschrift eine Parallele zu geben scheint: Ein Punkt π, von seiner Positionierung her offenbar identisch mit Punkt ζ.
4a) (L_A f. 7v, auf Drittelhöhe, innen) Gleichsam rechts neben den (unptolemäischen) letzten vier Paragraphen 30–33 von *Geogr.* 1, für die hier wegen der Skizze nicht die ganze Zeilenbreite beansprucht wurde, steht die „unverständliche Skizze".
4 (L_A f. 7v, unten außen) Modifizierte Kegelprojektion: Ganz am Schluss von *Geogr.* 1 und somit ein wenig zu spät eingefügt, ist diese Zeichnung sowohl allgemein als auch von den Proportionen her (zu sehr in die Breite gezogen) unfachmännisch, ja erinnert ein wenig an die entspre-

chende Zeichnung im Paris. gr. 1404 (b), da hier in Handschrift L die Verbindungsstrecke υωσ und der gekrümmte Meridian υτσ sowie ihre Pendants in der rechten Hälfte der Zeichnung eine Art Vorstufe zu der Tropfenform, wie sie im Parisinus auftritt, zu bilden scheinen (vgl. die Beschreibung der Handschrift b, *Ausstattung*). Die Punkte sowie die Werte für die Abstände der Meridiane voneinander sind unvollständig eingetragen.

Zeichnung **5** (Armillarsphäre) fehlt.

Die Zeichnungen wurden anhand eines Zirkels, aber ohne Lineal ausgeführt, weshalb sie zum Teil unsauber wirken. Sie dürften vom Kopisten selbst stammen, der für sie lediglich die schwarze Tinte des Haupttextes verwendete, mit Ausnahme von Zeichnung **1**, die der Zeichner mit der roten Auszeichnungstinte skizzierte, aber mit der schwarzen Tinte beschriftete.

Karten

1 Weltkarte + 26 Teilkarten (10 Europa-Karten, 4 Afrika-Karten, 12 Asien-Karten); es fehlen die östliche Hälfte der Asien-Karte 6 sowie die westliche Hälfte der Asien-Karte 7:

(L_L f. 17v–18r) WK.

(L_L f. 19v–20r) Eu. 1 (Hibernia, Albion), (L_A f. 34r, L_L f. 21v) Eu. 2 (Hispania), (L_A f. 34v) Eu. 3 (Gallia), (L_A f. 35r) Eu. 4 (Großgermanien), (L_A f. 35v–36r) Eu. 5 (Raetia, Vindelicia, Noricum, Pannonia Superior/Inferior, Illyricum), (L_A f. 36v–37r) Eu. 6 (Italien, Korsika), (L_A f. 37v–38r) Eu. 7 (Sardinien, Sizilien), (L_A f. 38v–39r) Eu. 8 (Europäisches Sarmatien, Taurische Chersones), (L_A f. 39v–40r) Eu. 9 (Gebiet der Ausgewanderten Iazygen, Dakien, Moesia Superior/Inferior, Thrakien, Thrakische Chersones), (L_A f. 40v–41r) Eu. 10 (Makedonien, Epeiros, Achaia, Peloponnes, Kreta).

(L_A f. 41v–42r) Af. 1 (Mauretanien), (L_A f. 42v–43r) Af. 2 (Africa), (L_A f. 43v–44r) Af. 3 (Cyrenaica und ganz Ägypten), (L_A f. 44v–45r) Af. 4 (Inneres Libyen und Äthiopien).

(L_A f. 45v–46r) As. 1 (Pontos und Bithynien, Eigentliches Asien, Lykien, Galatien, Pamphylien, Kappadokien, Kilikien), (L_A f. 46v–47r) As. 2 (Asiatisches Sarmatien), (L_A f. 47v–48r) As. 3 (Kolchis, Iberien, Albanien, Großarmenien), (L_A f. 48v–49r) As. 4 (Zypern, Syrien, Palästina bzw. Judäa, Arabia Petraea, Mesopotamien, Arabia Deserta, Babylonien), (L_A f. 49v–50r) As. 5 (Assyrien, Medien, Susiane, Parthien, Persis, Wüste Karmanien), (L_A f. 50v) As. 6, westliche Hälfte (Arabia Felix), (L_A f. 51r) As. 7, östliche Hälfte (Land der Sogdianer, Land der Saken, Skythien diesseits des Imaongebirges), (L_A f. 51v) As. 8 (Skythien jenseits des Imaongebirges, Serike), (L_A f. 52r) As. 9 (Areia, Land der Paropanisaden, Drangiane, Arachosien, Gedrosien), (L_A f. 52v–53r) As. 10 (Indien diesseits des Ganges), (L_A f. 53v–54r) As. 11 (Indien jenseits des Ganges, Land der Sinen), (L_A f. 54v) As. 12 (Taprobane).

Die Karten wurden recht unsorgfältig und weitgehend ohne Hilfe von Zirkel und Lineal gezeichnet.[178] Die Weltkarte steht auf dem Kopf. Einige Teilkarten sind nicht ganz fertig gestellt worden (fehlende Beschriftungen von Vignetten und Kartenrahmen). Die Anlage der Teilkarten (d.h. in der Regel doppelseitige Karten, mit Ausnahme der Europa-Karten 3–4 sowie der Asien-Karten 8–9 und 12) entspricht exakt dem Modell Urb. gr. 82 (U) (mehr dazu unten im Abschnitt *Stemmatologische Notizen*). Doppelseitige Karten erstrecken sich jeweils bis zum Falz. Das Fehlen der östlichen Hälfte der Asien-Karte 6 und der westlichen Hälfte der Asien-Karte 7 muss auf den Verlust eines Blattes zurückgehen, das ursprünglich zwischen den aktuellen Blättern 50 und 51 positioniert war (dieses fehlende Blatt wird hier als L_A f. 51* bezeichnet, siehe dazu oben *Foliierung*). Die folgenden Beschreibungen basieren auf L_L.

Gestaltung der Weltkarte: Das Gradnetz wurde mit dunkelbrauner Tinte angefertigt, die Unterteilung der Grade am oberen Kartenrand mit dunkelbrauner und roter Tinte ist recht unsauber, eine Nummerierung fehlt. Die Festlandumrisse wurden mit roter oder dunkelbrauner Tinte gezogen. Für die Kolorierung der Provinzen scheint das Pergament bald bloß gelassen worden zu sein, bald wurden verschiedene Farben eingesetzt (Hellrot, Olivgrün, Braungrün, Hellbraun, Braunrosé, Gelblich-hellbraun). Die Gewässer sind von grünbrauner, relativ deckender Farbe, die Gebirge dunkelgrün gemalt. Für die Beschriftungen, die eher von einer anderen Hand als der Haupttext stammen, wurde ausschließlich dunkelbraune Tinte und Minuskelschrift eingesetzt. Einige Einträge außerhalb der Karte im Südbereich sind verkehrt herum geschrieben. Am westlichen Kartenrand sind die Parallelkreise aufgeführt, am östlichen befindet sich der Zodiakos. Sehr schön gestaltet sind die Windköpfe. Entlang des Falzes wurde ein Streifen leer gelassen. Die Farben sind zum Teil abgeblättert, die Windköpfe im Südbereich und die Tierkreiszeichen stark weggewischt.

Gestaltung der ersten Europa-Karte: Das Gradnetz war wohl mit dunkelbrauner bis fast schwärzlicher Tinte vorgezeichnet und dann größtenteils mit roter Tinte nachgezogen worden. Die Gradeinteilungen wurden mit roter und dunkelbrauner Tinte vorgenommen, die Beschriftungen aber allesamt mit schwarzbrauner Tinte. Die Festlandumrisse sind mit dunkel-

178 Cuntz 1923, 33: „L ist ein rechtes Beispiel, wohin einfaches sorgloses Abzeichnen ohne Fixierung der Orte nach den Positionen führt." Fischer 1932, tom. prodr. 1, 239: „Die Kartenzeichnung des Urbinas aber verhält sich zu der des Athous wie das Kunstwerk eines vollendeten Meisters zu dem Probestück eines unbeholfenen Lehrjungen."

brauner Tinte gezogen; die Festlandteile wurden entweder nicht koloriert oder gelblichbräunlich, hellbraun, rötlichbraun und grünlichbraun eingefärbt. Die Gewässer sind von relativ deckendem Graugrünblau, der Kaledonische Wald erscheint dunkelgrün. Auch die Vignetten wurden ursprünglich mit dunkelbrauner Tinte eingezeichnet und darauf mit roter Tinte nachgezogen; ihr „Innenraum" ist nicht koloriert. Sie weisen Zinnen in verschiedener Anzahl und Breite auf, wobei offenbar nicht die Anzahl, sondern die Breite eine Stadt als bedeutend markiert. Symbole für die ethnische Zugehörigkeit, mit roter Tinte ausgeführt, sind vorhanden. Die Beschriftungen sind ausschließlich in Minuskelschrift gehalten; für die Völkernamen wurde rote Tinte verwendet.
Gestaltung der zweiten Europa-Karte: Die Gestaltung ist weitgehend vergleichbar mit derjenigen der ersten Europa-Karte. Auf der zweiten Europa-Karte sind jedoch die Gewässer grünblau und die Gebirge olivgrün. Die Vignetten wurden nur mit blassroter Tinte eingezeichnet. Wie Einstichlöcher vermuten lassen, wurden die Gradeinteilungen offenbar mit Hilfe eines Zirkels abgemessen.

Einbände, Schutzblätter

L$_A$: Die rund 300 im Vatopedi-Kloster verbliebenen Folia der Handschrift sind in einen intensiv roten Ledereinband eingekleidet, der wohl am Anfang des 20. Jh. angefertigt wurde.[179] Beide Buchdeckel sind mit einem ähnlichen, einfachen Blindstempelmuster verziert. Gegen den Buchrücken hin weisen beide Buchdeckel dunkle Flecken auf. Der Buchrücken hat fünf Bünde und ist mit goldenen Einprägungen versehen. Neben einfachen Verzierungen steht in goldenen griechischen Majuskeln «ΠΤΟΛΕΜΑΙΟΥ / ΓΕΩΓΡΑΦΙΑ / ΜΕΤΑ / ΠΙΝΑΚΩΝ 32 / ΚΑΙ / ΣΤΡΑΒΩΝΟΣ / ΧΡΙΣΤΟΜΑΘ(ΕΙΑΙ) [*sic*] ΚΑΙ ΓΕΩΓΡΑΦ(ΙΚΑ)». Im unteren Bereich des Buchrückens befindet sich eine „briefmarkenförmige", eierschalenfarbene Etikette, auf die mit blauer Farbe «N$^{\underline{o}}$» vorgedruckt war und mit schwarzem Filzstift von Hand «655» ergänzt wurde. Unter dieser Etikette sind Überreste von zwei früheren Etiketten zu sehen.

Beide Spiegel sind mit Papier überzogen. Auf dem vorderen Spiegel steht oben mit violettem Farbstift von moderner Hand die aktuelle Signatur der Handschrift. Die Handschrift wird vorne und hinten von je zwei modernen Blättern aus Papier geschützt, wobei sich das jeweils äußere ein Stück weit in den Spiegel hinzieht und auf denselben geleimt wurde; diese papierenen Schutzblätter sind unnummeriert und gänzlich leer (f. ⟨I–II⟩ bzw. ⟨II′–III′⟩). Den modernen Schutzblättern schließt sich ge-

179 So Diller 1937b, 184.

gen innen je ein originales Schutzblatt aus Pergament an, ebenfalls unnummeriert (f. ⟨III⟩ bzw. ⟨I′⟩).

Schutzblätter L_A

(f. ⟨I–III⟩) Vorsatzblätter:

(f. ⟨I–II⟩) leer.

(f. ⟨III⟩r) Oben, zuerst kleinformatig, darunter ein zweites Mal großformatig und unterstrichen, mit Bleistift, von ein- und derselben Hand (unzutreffende) Datierung «ΙΑ.′ αἰῶνος». Darunter, etwa auf Zweidrittelhöhe, mit dunkelbrauner Tinte Foliierungsvermerk «Ἡ παροῦσα βίβλος ἐσελιδώθη κατὰ τὸ 1858 · Ιουνίου : 20 :». Ungefähr in der Blattmitte befindet sich ein ovalförmiger, blauer Stempel der Bibliothek des Vatopedi-Klosters. Unterhalb des Stempels großformatig, mit breiter Feder und blassbrauner Tinte, Standortvermerk «θέσεως γ′».[180]

(f. ⟨III⟩v) Auf Viertelhöhe des Blattes, mit brauner Tinte, Buchstabenreihe; es scheint sich um eine sinkende Reihe griechischer Zahlen zu handeln, zuerst der Einer, darauf der Zehner, schließlich der Hunderter.[181]

(f. ⟨I′–III′⟩) Nachsatzblätter, leer.

L_L: Die in der British Library aufbewahrten Blätter der Athos-Handschrift wurden 1983 neu eingebunden. Die Buchdeckel dieses Einbands sind aus Karton, mit einer sandfarbenen, Stoffstruktur aufweisenden Folie überzogen und an den Ecken sowie am Rücken verstärkt mit dunkelweinrot eingefärbtem Leder. Auf dem Buchrücken steht in goldenen Lettern vertikal von unten nach oben (und in dieser Reihenfolge zitiert): zuunterst Überreste einer abgetrennten Papieretikette, dann «ADDITIONAL MS. / 19391», «BRITISH / LIBRARY», «TRACTATUS DE GEOGRAPHIA. GREECE»; zuoberst klebt eine rechteckige weiße Papieretikette mit dem Aufdruck in Schwarz «$1508 / E». Die Einträge werden durch goldene doppelte Horizontallinien voneinander getrennt. Beide Spiegel sind mit festem beigefarbenem Papier bezogen. Auf dem Vorderspiegel befindet sich unten gegen außen mit Bleistift ein Vermerk zur Foliierung der Weltkarte: «Exh. Sal. R. # 17v–18. / NB MS. to be shown / upside down. ie. Foliation at / bottom of page». Von den insgesamt fünf Vorsatzblättern sind die ersten drei aus festem, beigefarbenem Papier und weisen keine Blattzählung auf (f. ⟨A–C⟩); die übrigen

180 Den Eintrag «τράπεζα ϛ′», der sich laut Langlois 1867, VI auf dem „ersten Schutzblatt“ befinden soll, gibt es nicht. Vielleicht war damit der oben zitierte Hinweis gemeint und aus der Erinnerung falsch wiedergegeben worden.

181 Gemäß Codex 655, 27 Anm. 10 liegt hier eine Wiedergabe des griechischen Alphabets nach einem der kryptographischen Systeme vor.

zwei bestehen aus sehr festem, cremefarbenem Papier, das erste davon ist auf der Rectoseite in der oberen äußeren Ecke mit Bleistift bezeichnet mit «ii», das zweite ist unnummeriert (f. ⟨i⟩). Diese beiden Blätter müssen ursprünglich in umgekehrter Reihenfolge eingebunden gewesen sein, wie verschiedene „Abdrücke“ beweisen (dazu gleich unten). Auf dem hinteren Spiegel befindet sich in der unteren inneren Ecke ein roter Stempel der British Library («B.L. 1983»). Die insgesamt 44 (*sic*) Nachsatzblätter setzen sich zusammen aus einem Blatt aus sehr festem, cremefarbenem Papier (f. ⟨I′⟩), darauf folgen vierzig unnummerierte, leere Blätter aus dünnem, eierschalenfarbenem Papier (f. ⟨II′–XLI′⟩), schließlich drei Blätter aus festem, beigefarbenem Papier (f. ⟨XLII′–XLIV′⟩).

Schutzblätter L_L

(f. ⟨A–C⟩, ii, ⟨i⟩) Vorsatzblätter:

(f. ⟨A⟩r) Am oberen Rand schwarzer Stempel mit der Signatur «ADD.MS. 19391». – (f. ⟨A⟩v–⟨C⟩v) leer.

(f. iir) Am oberen Rand in der Mitte mit dunkelbrauner Tinte und spitzer Feder Handschriftennummer «19,391». In der Blattmitte, ebenso, Erwerbsvermerk «Purchased of M. C. Simonides, / (through Mrs B. Barker) / 12 March 1853.». Diesen Vermerk überdeckt ein nur an seiner linken Breitseite eingeleimter rechteckiger Zettel, nummeriert mit «i», mit einer Bleistiftnotiz von Leo Bagrow «Athos Ms. Ptol. / Reproduciert von Langlois / in Paris. – 1885 (?). / Einige Blätter von diese [*sic*] Ms / auch in Petersburg in / Museum d. Gesellschaft / Lyubitelei Drevnej Pismennosti / i Pechati. Leo Bagrow». Wiederum darüber, den erwähnten Zettel zu zwei Dritteln überdeckend, befindet sich ein an der linken Breitseite eingeleimtes rechteckiges kleines Blatt, nummeriert mit «2»; oben in dessen Mitte ist ein Siegel des British Museum eingeprägt; auf dieses Blatt haben drei verschiedene Hände Verweise auf Sekundärliteratur notiert: Verweis auf Langlois 1867 («The Rev. F.J. Fischer informs / me that this Ms. is part / of the Mount Athos Ms. / published in facsimile / by V. Langlois, Géographie / de Ptolémée, etc, Paris, 1867 † Oct. 1909»[182]), Verweis auf FHG 5, XVI sowie Verweis auf die 1927 erschienene Erstausgabe von Güngerich 1958, mit dem Vermerk «We are informed that more of this MS. / is at Paris (Bibl. nat., suppl. gr., 443A).». – (f. iiv) Auf der Versoseite dieses Blattes sind Abdrücke von f. 1r (*sic*!) zu sehen.

(f. ⟨i⟩r) Auf die Blattmitte wurde ein Zettel des British Museum geklebt, der die Nummer «1» aufweist; auf ihm befinden sich von drei verschiedenen Händen eingetragene Verweise auf Sekundärliteratur (konkret Verweise auf Diller 1937b, auf Id., *The Tradition of the*

182 Die Crux steht für nicht näher definierbare Initialen.

Minor Greek Geographers [Lancaster 1952] 10–14 u. a. sowie auf Young 1955). – (f. ⟨i⟩v) Auf diese Seite, auf der man den Abdruck des sich auf f. iir befindlichen Zettels mit der Nummer 2 sieht, ist ein weiterer Zettel geklebt, der die Nummer «3» trägt; auf ihm steht ein handschriftlicher Verweis auf Fischer 1932.

(f. ⟨I′–XLIV′⟩) Nachsatzblätter:

(f. ⟨I′⟩r) In der Blattmitte mit Bleistift Blattformel «ff ii + 21 folios». Außerdem hat das letzte Kartenblatt auf dieser Seite seine Abdrücke hinterlassen. – (f. ⟨I′v–XLI′⟩v) leer.

(f. ⟨XLII′⟩r) leer. – (f. ⟨XLII′⟩v) Aufgeklebte Tabelle mit dem Titel «DEPARTMENT OF MANUSCRIPTS / Record of Treatment, Extraction, Repair, etc.»; in die Tabelle wurde mit schwarzem Stift von Hand eingetragen «10.10.83 / EXAMINED AFTER BINDING / †».[183] – (f. ⟨XLIII′–XLIV′⟩) leer.

Zu Einband und Schutzblättern von $\mathbf{L_P}$, das nur am Mikrofilm untersucht wurde, können keine Aussagen gemacht werden.

Erhaltungszustand

$\mathbf{L_A}$: Grundsätzlich gut erhaltene Handschrift. Auf die Karten wurden zu deren Schutz rechteckige weiße, gazeartige Stoffstücke gelegt. Ungefähr die unteren drei Viertel von Blatt 296 wurden herausgeschnitten. Auf dem noch vorhandenen Rest der Rectoseite dieses Blattes endet der Text, die Rückseite ist leer. Vielleicht befand sich auf dem herausgeschnittenen Blattstück ein Besitzvermerk, der nicht mehr Gültigkeit hatte, als die Handschrift in den Besitz der Klosterbibliothek überging (siehe dazu auch oben *Beigaben*). Die Versoseite dürfte gänzlich leer gewesen sein. Mit Sicherheit noch bevor Uspenskij in den Jahren 1845/1846 den Athos bereiste und dabei auch unsere Handschrift L untersuchte (s. u. *Geschichte*), ging das ursprüngliche Blatt f. 51* verloren (zu dessen Position und Inhalt s. o. *Foliierung* und *Karten*).

Zum Erhaltungszustand von $\mathbf{L_L}$ s. o. *Karten*; zum Erhaltungszustand von $\mathbf{L_P}$ können auf der Basis des Mikrofilms keine näheren Angaben gemacht werden.

Stemmatologische Notizen

Der Vatopedi 655 (L) wird als Tochterhandschrift des Urb. gr. 82 (U) eingestuft. Dass der Urbinas die direkte Vorlage war, scheint eine größere

183 Die Crux symbolisiert die Unterschrift oder das Monogramm (?) der Person, die den Eintrag vorgenommen hat. Die Schrägstriche stehen hier zur Abtrennung der Spalten.

Lücke in der Athos-Handschrift zu bestätigen (*Geogr.* 4,7,3–11), die genau der zweiten Kolumne von f. 36v im Urbinas entspricht; diese wurde beim Kopierprozess offensichtlich aus Versehen übersprungen (vgl. DILLER 1937b, 176f.). Allgemein weist Handschrift L dieselben Lücken wie Handschrift U (und zusätzliche, die sich dort nicht befinden) sowie die meisten Korrekturen von zweiter Hand aus Handschrift U auf. Als Tochter von Handschrift U gilt Handschrift L als textkritisch irrelevant. *Ausgewählte Stellen:* Die **Kapitelübersicht zu *Geogr.* 1** ist erwartungsgemäß in 23 Kapitel unterteilt, d.h. *Geogr.* 1,8 und 1,9 sind zu einem Kapitel mit der Nummer 8 zusammengefasst. Im Text von *Geogr.* 1 werden die Kapitel am äußeren Rand durchnummeriert,[184] bald mit schwarzer, bald mit roter Tinte, entgegen der Kapitelübersicht werden jedoch regulär 24 Kapitel gezählt. – Die **Homoioteleuton-Lücke** in *Geogr.* 1,24,17 kommt auch in Handschrift L vor; der Passus beginnt mit derselben orthographischen Besonderheit («τό, τε ζ̄» [*sic*]) wie auch im Urb. gr. 82 (U). Siehe dazu ausführlicher oben S. 123.

Aufgrund des fehlenden Textendes ab *Geogr.* 8,26 sind hier in Handschrift L keine *Anhänge* vorhanden.

Geschichte

Der Vatopedi 655 (L) entstand wohl nicht auf dem Berg Athos, wo sich heute sein größter Teil im Vatopedi-Kloster befindet, sondern vermutlich in Konstantinopel. Für den *Geographie*-Teil scheint der Urb. gr. 82 (U) als direkte Vorlage gedient zu haben (s.o. *Stemmatologische Notizen*). Die beiden Schreiber, die an der Herstellung dieser geographischen Sammelhandschrift beteiligt waren, dürften ihr Werk am Anfang des 14. Jh. vollbracht haben. Viel mehr ist uns über die näheren Umstände der Produktion dieser Handschrift nicht bekannt.[185] So wissen wir auch nicht, wann und wie sie ins Vatopedi-Kloster gelangte. Auf jeden Fall ist Handschrift L unter der ohnehin nur geringen Zahl der Handschriften säkularen Inhalts, die heute auf dem Athos aufbewahrt werden (etwa 60 von rund 12000 Handschriften), eine der ältesten.[186]

Um 1540 fertigte der an Geographie und Kartographie interessierte Grieche Nikolaos Sophianos Kopien des anonymen Traktats *Diagnosis*

184 Manchmal sind die Nummern unterlassen, dieser Anschein entsteht vielleicht aber nur aufgrund der „beschnittenen“ Reproduktion der Blätter in der Faksimile-Ausgabe (s.u. *Art der Kontrolle*), vgl. etwa L_A f. 3r.

185 Nicht näher eingegangen werden kann hier auf den Zusammenhang zwischen unserer Handschrift L und der geographischen Sammelhandschrift Heidelberg, Universitätsbibliothek, Pal. gr. 398 (9. Jh., drittes Viertel); zu dieser Handschrift s.o. S. 54 und 57 sowie RONCONI 2007, 33–75.

186 WILSON 1967, 77.

und einiger weiterer im Vatopedi auftretender *Geographica minora* an; dabei hinterließ er vereinzelte Notizen in Handschrift L (s.o. *Beigaben*).[187]

Unsere Sammelhandschrift wurde 1840 vom russischen Grafen Orlov-Davydov im Kloster Vatopedi auf dem Athos „entdeckt". Seine Berichterstattung darüber, 1845 in St. Petersburg erschienen, blieb in Westeuropa jedoch vorerst unberücksichtigt.[188] Ein Jahr später hielt sich der Grieche Minoïdes Mynas im Auftrag des französischen Unterrichtsministeriums in den Athos-Klöstern auf. Am 7. Dezember 1841 beschrieb er unsere Handschrift L in einem Brief an das Ministerium, den Henri Omont erst 1916 veröffentlichen ließ (OMONT 1916, 29f.). Mynas erwarb sich damals sieben Blätter der Handschrift, auf weitere zwei Blätter kopierte er andere Teile der Handschrift (L_P f. 4–5). Diese insgesamt neun Blätter wurden – zusammen mit den anderen Handschrifen des Mynas – am 12. Feb. 1864 von der Bibliothèque nationale de France aufgekauft.[189]

In den Jahren 1845/1846 hielt sich der Archimandrit Porphyrij Uspenskij auf dem Athos auf. Er interessierte sich sehr für die auf dem Athos verwahrten Schätze und untersuchte in diesem Zusammenhang auch unsere Handschrift L. Wie von anderen Handschriften, Urkunden und Heiligenbildern auch, fertigte Uspenskij aus dem Vatopedi auszugsweise „die genauesten Facsimile's" an, indem er acht Karten mittels eines speziell zubereiteten durchsichtigen Papiers durchpauste.[190] Von Mynas' Besuch in Vatopedi und dessen Erwerb von sieben Blättern wusste Uspenskij nichts, so dass er in der Meinung war, die vollständige Handschrift vor sich zu haben. In einer kurzen Berichterstattung über seinen Aufenthalt auf dem Athos gab Uspenskij neben einer knappen Beschreibung von Handschrift L einen Überblick über dessen Kartensatz. Nur auf eine Summe von 25 Karten kam er dabei aus zwei Gründen: Erstens bemerkte er nicht, dass die Doppelseite L_A f. 33v–34r zwei separate, je nur eine Seite beanspruchende Karten enthält (Europa-Karten 3 und 4) und unterschlug deshalb in der Aufzählung Europa-Karte 4 (Großgermanien). Zweitens fiel ihm das Fehlen von L_A f. 51* nicht auf, weshalb er die westliche Hälfte von Asien-Karte 6 und die östliche Hälfte von Asien-Karte 7, die sich nun aufgrund des Blattverlustes einander gegenüberliegen, als eine intakte Karte verstand.

---

187 Vgl. DILLER 1937b, 183.

188 Graf Vladimir ORLOV-DAVYDOV, *Impressions de voyage dans l'Archipel, l'Asie Mineure, … (Putevyja vpečatlenija)*, Bd. 2 (St. Petersburg 1845) 214. Auch einer kurzen Erwähnung der Handschrift durch Eduard ZACHARIÄ, *Reise in den Orient in den Jahren 1837 und 1838* (Heidelberg 1840) 269 scheint kein weiteres Interesse geschenkt worden zu sein.

189 Siehe dazu auch SCHNABEL 1938, 27f.

190 Zu diesem Vorgang vgl. USPENSKIJ 1847, 4f. *Ibid.*, 9: „Auf die Frage, warum ich nicht mit allen [*sc.* Karten] so gethan, muss ich antworten: ‚Deus nobis otium non fecit'."

1852 wurden die 21 sich heute in London befindlichen Blätter von Konstantinos Simonides gestohlen und im März 1853 an das Britische Museum verkauft. Simonides lieferte das Fragment offenbar „in detached portions“ ab.[191] Nach dem Erwerb durch das Britische Museum wurde es zusammengebunden. Die Bibliotheksbestände des Britischen Museums wurden 1973 in die neu gegründete British Library integriert.

1857 unternahm der russische Staatsrat Peter von Sevastjanov eine Reise auf den Athos, wo er sich bereits 1852 zum ersten Mal aufgehalten hatte. Er wollte verschiedene Handschriften fotografieren, u. a. auch die durch Orlov-Davydov und Uspenskij bekannt gewordene Handschrift L. Dabei stellte er fest, dass seit Uspenskijs Recherchen mehrere Blätter verschwunden waren (nämlich die von Simonides nach London verkauften). Die noch vorhandenen 54 Blätter der *Geographie* des Ptolemaios fotografierte Sevastjanov. Entweder zerlegte er die Handschrift zu diesem Zweck in mehrere Teile (so impliziert von SCHNABEL 1938, 29), oder er fand sie bereits zerlegt vor – durchaus möglich, wenn man bedenkt, dass der Handschrift zuvor wiederholt Blätter entnommen worden waren. Sevastjanovs Fotografien bildeten die Grundlage der 1867 bei Ambroise Firmin Didot in Paris erschienenen Faksimile-Ausgabe der in L_A enthaltenen Teile der ptolemäischen *Geographie* (= LANGLOIS 1867). Im Vorwort dieser Ausgabe wird auf die Verstümmelung der Handschrift in der Zeit zwischen Uspenskijs und Sevastjanovs Besuch auf dem Athos hingewiesen,[192] der Verlust der Blätter ist aber noch nicht aufgeklärt; ja selbst dass der namentlich erwähnte Minoïdes Mynas bereits vor Uspenskij und Sevastjanov mit der Handschrift zu tun hatte, war Langlois offenbar nicht bekannt.[193] Erst Karl Müller erkannte dank Sevastjanovs Fotolithographien die Zusammengehörigkeit des Vatopedi (L_A) und der Blätter in London (L_L), die er einige Jahre zuvor selbst gesehen und kollationiert hatte (MÜLLER 1867, 298).

Dass sich Teile der ursprünglichen Handschrift heute in St. Petersburg befinden (s. o. *Schutzblätter L_L*),[194] kann ausgeschlossen werden: Die Russische Nationalbibliothek in St. Petersburg ist zwar, wie meine Anfrage ergab, durchaus im Besitz eines einzelnen Blattes mit Inhalten der *Geographie* des Ptolemaios (wie bereits beschrieben von LOPAREV 1892, 318), das unter der Signatur ОЛДП.F.171 aufbewahrt wird. Gemäß Loparev (*ibid.*) brachte Sevastjanov dieses Blatt von seiner Athos-Expe-

---

191 So gemäß FISCHER 1932, tom. prodr. 1, 235 f., von Charles STEWART, *A Biographical Memoir of Constantine Simonides, Dr. ph., of Stageira, with a Brief Defence of the Authenticity of his Manuscripts* (London 1859) referiert, leider ohne Seitenangaben.

192 LANGLOIS 1867, V.

193 *Ibid.*, IV.

194 Vgl. auch DILKE 1987b, 270 Anm. 61: „A penciled note by Leo Bagrow in the British Library Catalogue states that leaves of this manuscript are also found in Leningrad.“

dition mit. Es gehörte dann der wissenschaftlichen Vereinigung *Obšestvo ljubitelej drevnej pis'mennosti*, deren Sammlung 1932 in die Nationalbibliothek gelangte. Nach Auskunft der Russischen Nationalbibliothek ist das Einzelblatt aus Papier, misst 313 × 210 mm und wird dem 18. Jh. zugeordnet. Auf seiner Vorderseite befinden sich vier Zeilen Text (*incipit* und *explicit* angegeben bei Loparev, *ibid.*) und eine mit Tinte ausgeführte Skizze der Sizilien-Karte, in der oberen äußeren Ecke steht die Ziffer «38a», die Rückseite ist leer. Allem Anschein nach handelt es sich demzufolge um eine Kopie von L_A f. 38r; *incipit* und *explicit* der vier Textzeilen auf diesem Blatt (es handelt sich um den Schluss von *Geogr.* 8,9,4; vgl. LANGLOIS 1867, LXXV) stimmen exakt überein mit den von Loparev gemachten Angaben. Das Blatt könnte eine der von Uspenskij angefertigten „Facsimile's" (s.o.) sein oder auf Sevastjanov selbst zurückgehen und dürfte demnach sogar ins 19. Jh. zu datieren sein.

Trotz des engen verwandtschaftlichen Verhältnisses mit dem Urb. gr. 82 (U) und im Gegensatz zu anderen Abschriften des Urbinas wie etwa dem Laur. Conv. Suppr. 626 (d) weist der Vatopedi 655 (L) gestalterisch wenig Parallelen zu seiner Mutterhandschrift auf. Handschrift L ist vom Format und von der Ausstattung her weit weniger repräsentativ als Handschrift U angelegt, unter anderem wohl aus Spargründen, aber mit Sicherheit auch in Anbetracht des anderen Gesamtcharakters und Zwecks dieser geographischen Sammelhandschrift. Davon zeugt z.B. das Seitenlayout, aber auch die Anlage des Atlasteils (der Text steht in der Regel über der dazugehörigen Karte), Blätter wurden kaum leer gelassen.

Bibliographie

Catalogue of Additions to the Manuscripts in the British Museum in the Years 1848–1853 (London 1868, ND 1965) 228f. – CODEX 655, *passim*. – CUNTZ 1923, 31–33 (dort bezeichnet als „Athous Vatopedi monast. 9"). – DE VILLIERS 1914, 186. – DILLER 1937b, *passim*. – EUSTRATIADES 1924, 131. – FISCHER 1932, tom. prodr. 1, 210 und 234–243; tom prodr. 2 (ohne Seitenzahlen, Sigle A2): Reproduktion der Europa-Karten 1 (L_L f. 19v–20r) und 2, westliche Hälfte (L_L f. 21v). – GÜNGERICH 1958, VI–XIX. – FHG 5, XVI–XIX. – LANGLOIS 1867, *passim*.[195] – LOPAREV 1892, 318. – MONT ATHOS 258 und 261 (dort qualitativ gute Reproduktion der Europa-Karte 5 [L_A f. 35v–36r], kleinformatig, farbig). – MÜLLER 1867, 280f.; 284; 298. – OMONT 1883, 50. – OMONT 1886–1898, 3, 262. –

195 Die reproduzierten Blätter in dieser Faksimile-Ausgabe sind in leichter Verkleinerung abgebildet, siehe LANGLOIS 1867, VI: „Les clichés […] sont, à très-peu de chose près, de grandeur naturelle."

Omont 1916, 29f.[196] – Pagonari-Antoniou 1992, 126 und 130f. – Marcel Richard, *Inventaire des manuscrits grecs du British Museum*, 1: *Fonds Sloane, Additional, Egerton, Cottonian et Stowe, Publications de l'Institut de recherche et d'histoire des textes* 3 (Paris 1952) 33f. – Schnabel 1938, 27–30. – Uspenskij 1847, 8f.[197] – Wilson 1967, 77. – Young 1955, 283f.

Art der Kontrolle

L_A: Langlois 1867 (Exemplar Universitätsbibliothek Bern);[198] kurze Konsultation des Originals (Paris, 07. 07. 2009).[199]
L_L: Kurze Konsultation des Originals (31. 10. 2008).[200]
L_P: Mikrofilm (März 2009).

İstanbul, Topkapı Sarayı, G. İ. 27[201]
Sigle **c**

Geographische Sammelhandschrift.
Konstantinopel (?), 15. Jh. (zweites Viertel; um 1440?), Papier mit Wasserzeichen, 401 × 289 mm; (5) 106 (?) / ⟨I–V⟩, 1–106, ?. – Ob die Vorsatzblätter nummeriert sind und ob es Nachsatzblätter gibt, ist aufgrund der mir zur Verfügung stehenden Materialien nicht zu bestimmen (s.u. *Art der Kontrolle*).

196 = Veröffentlichung eines Briefes des Minoïdes Mynas an den französischen Unterrichtsminister; der Brief datiert vom 7. Dez. 1841 und enthält eine Beschreibung von L_A.

197 Deutsche Übersetzung des russischen Berichts des Porphyrij Uspenskij, *Journal du Ministère de l'Instruction publique de Saint-Pétersbourg* 55 (1847) (über die Seitenzahlen widersprüchliche Angaben: entweder S. 36, Nr. 7–8, oder S. 66f.) mit Reproduktion der Karten Eu. 8 (Europäisches Sarmatien) und As. 2 (Asiatisches Sarmatien); vgl. dazu Langlois 1867, IVf.; Schnabel 1938, 28. Die Übersetzung erschien im Juli 1847, ca. einen Monat vor der russischen, mit den Abbildungen versehenen Originalversion.

198 Besonders die Reproduktion der Karten (Kolorierung, Verlauf von Flüssen und Gebirgen) fiel offenbar je nach Exemplar der Faksimile-Ausgabe anders aus, vgl. dazu Fischer 1932, tom. prodr. 1, 239 („zuverlässig ist nur der Schwarzdruck").

199 Die Handschrift wurde in der Ausstellung „Le Mont Athos et l'Empire Byzantin. Trésors de la Sainte Montagne" (Paris, Petit Palais, 10. April – 5. Juli 2009) gezeigt. Dank der spontanen Hilfe und dem großartigen Engagement von Raphaëlle Ziadé, verantwortlich für die Byzantinische Abteilung des Petit Palais und Kommissarin der Ausstellung, war es möglich, die Handschrift vor dem Rücktransport kurz zu konsultieren.

200 Die damals im *Treasures Display „Maps"* der British Library ausgestellte Handschrift wurde an genanntem Datum freundlicherweise aus der Ausstellung geholt und für die Konsultation zugänglich gemacht.

201 Die korrekte Signatur für die im Topkapı Sarayı aufbewahrten abendländischen Handschriften, die dort neben arabischen, persischen und weiteren Handschriften lediglich eine Minderheit darstellen, lautet „Gayri İslami Eserler" (abgekürzt „G. İ.") für deutsch „nicht-islamische Werke" (ich danke Diether Roderich Reinsch für diese Information).

Inhalt

Block 1 (f. 1–88) Claudius Ptolemaeus, *Geographia* + 63 Teilkarten – es fehlen der Anfang des Werks (Beginn bei *Geogr.* 2,3) und der theoretische Teil des 7. Buches (*Geogr.* 7,4,14–7,7,4) sowie Europa-Karte 24; 4 Kontinentkarten:

(f. 1r–15v; f. 1v leer) *Geogr.* 2,3–16 + 13 TK (Eu. 1–13). – (f. 15v–29v) *Geogr.* 3 + 11 TK (Eu. 14–25; es fehlt Eu. 24). – (f. 30r–43r) *Geogr.* 4 + 8 TK (Af. 1–8). – (f. 43v–58v) *Geogr.* 5 + 13 TK (As. 1–13). – (f. 58v–71v) *Geogr.* 6 + 15 TK (As. 14–28). – (f. 71v–78v) *Geogr.* 7,1,1–7,4,13 (= Katalogteil von Buch 7) + 3 TK (As. 29–31). – (f. 79r–79v) *Geogr.* 8,1–2.[202] – (f. 79v–80v) Anhänge zur *Geogr.* – (f. 81r) Zeichnung **4**. – (f. 81v–83r) leer. – (f. 83v–84r) Kontinentkarte 1 (Europa). – (f. 84v–85r) Kontinentkarte 2 (Afrika). – (f. 85v–86r) Kontinentkarte 3 (Nordasien). – (f. 86v–87r) Kontinentkarte 4 (Südasien). – (f. 87v–88v) leer.

Block 2 (f. 89–106) Dionysius Periegeta, *Orbis descriptio*, fortlaufend wie Prosa geschrieben, mit stückweise dazwischen geschobener Paraphrase, anonym:[203]

(f. 89r) Titel «Διονισίου [*sic*] οἰκουμένης περιήγησις», inc. «Ἀρχόμενος γαῖαν τὲ [*sic*] καὶ εὐρέα [*sic*] πόντον ἀείδειν», exp. «ἀνταπόδοσις ἀνταξία μοι γένοιτο: / ἀμετρήτοιο θαλάσσης, τοὺς ἐν τῷ πελάγει γινομένους. / ἰχθὺς, λίθους καὶ ὁδοιπορίας – τῷ ῥά [*sic*] καὶ ἀλλοίην. / δια [*sic*] τοῦτο γὰρ διάφορα τὰ κλίματα καὶ αἱ φύσεις τῆς γῆς. / ἐπειδὴ καὶ διάφορον ἔχουσιν αὐτήν· ἄλλαι δ' ἀλλοῖαι. / ἡ τῶν αἰθερίων θέσις ποικιλόχρους.».[204] – (f. 106v) höchstwahrscheinlich leer.[205]

Beigaben (nur zu Block 1): (hier und da) Randscholien des Kopisten: Varianten (z.B. f. 77v zu *Geogr.* 8,27,6 «Τοῦγμα» am Rand «γρ(άφεται) ἡ δὲ Σίαγμα»; zu *Geogr.* 8,27,7 «Τρίγλυφον» am Rand «γρ(άφεται) τὸ καὶ Τρίλιγγον»; zu *Geogr.* 8,27,8 «Μαρεοῦρα» am Rand «γρ(άφεται) ἡ δὲ Μάλθουρα»), Stichwörter oder Ergänzungen zum Text (z.B. f. 16v, äußerer Rand: «Ἀδρίας κόλπος»; f. 75v, äußerer Rand: Völkernamen). Der Kopist hat außerdem die beiden Scholien unterhalb von Karten übernommen, die im Ambr. D 527 inf. (s) an den entsprechenden Stellen stehen, dort aber von einer Hand geschrieben wurden, die nicht an der

202 Die restlichen Kapitel (3–28) von *Geogr.* 8 wurden in dieser Handschrift hier zu den entsprechenden Karten gesetzt und somit in den Ortskatalog eingeflochten.

203 *In Dionysii Periegetis Orbis descriptionem paraphrasis* (GGM 2, 409–425).

204 Die *Paraphrase* endet mit den Worten «ἀνταπόδοσις ἀνταξία μοι γένοιτο» (vgl. GGM 2, 425). Der anschließende Text findet sich an entsprechender Stelle auch im Ambr. D 527 inf. (s).

205 Eine Reproduktion dieser Seite lag mir nicht vor.

Abschrift der *Geographie* beteiligt war:[206] (f. 33v) unterhalb von Afrika-Karte 3, «ποία πόλις ἐστὶν ἡ Θάρσ(ι̣ς̣)· ἐνθαυτα [*sic*] ᾿Ινδικὴν τίνα [*sic*] χώραν τὸν Τυ̣ναὶς ὀνόμασαν. οἱδὲ [*sic*] τὸν ᾿Ιζεκιηλ [*sic*] ἑρμηνεύσαντες· τὴν Καρχιδόνα [*sic*] τοὺς βύη̣ς [*sic*] προκαθημένην· οὕτως ἐκάλεσαν.»; (f. 56r) unterhalb von Asien-Karte 10, «καὶ ἐδούλευσε τῇ Βάαλ Τύριων οὗτος θ(εὸ)ς οἱ Ιώσηπος [*sic*]. ἡ δὲ Ἀστάρτη Σιδονίων ἣ καὶ τὰ ἀ̣ν̣ε̣τ̣έ̣θησαν ἑ̣αυτοὶ τη [*sic*] Ἀφροδίτη. Ἀστάρτη δὲ ἐστὶν ἡ παρα [*sic*] Ἕλλησιν ὀνομαζομένη Ἀφροδίτη. Σαμαρεία δέ ἐστιν ἡ νῦν Σεβαστὴ προσαγορευομένη, εν [*sic*] ᾗ περ ἣν [*sic*] τῶν δεκαφυλῶν τὰ βασίλεια.». – (f. 1v) Am unteren Rand, mit eher blasser Tinte, von einer nicht mit der Haupthand identischen, aber wohl zeitgenössischen Hand, nicht leicht zu entziffern, Scholien: In einer Art „ersten Kolumne“ (die aber nur aus einer Textzeile [Z. 1], drei leeren Zeilen und einer weiteren Textzeile [Z. 5] besteht), wird in Z. 1 der in dieser Handschrift fehlende Anfang der *Geographie* zitiert («ἡ γεωγραφία, μίμησίς ἐστι διὰ γραφῆς τοῦ κατειλημμένου τῆς γῆς μέρους ὅλου μετὰ τῶν ὡς ἐπίπαν αὐτῷ συνημμένων»), während die erste Hälfte der ganz am unteren Blattrand befindlichen 5. Zeile weggeschnitten ist und in der verbleibenden anderen Hälfte zwar einzelne Buchstaben zu unterscheiden sind, aber zusammenhängend mit Sicherheit einzig das Wort «μέχρι» entzifferbar ist. In einer Art „zweiten, schmaleren Kolumne“ mit 5 Zeilen (deren rechter Rand aufgrund von Flecken kaum oder nicht mehr lesbar ist[207]): Z. 1 inc. «ὅτι ἡ μὲν γεωγραφία …»; Z. 2–5 «τ̣ὸ̣ ἀνάπαλιν. καὶ τῇ μὲν γεωγραφία δεῖ μαθηματικῆς μεθόδου / χωρογραφία γραφικῆς τέχνης καὶ ὅτι ἡ μὲν γεωγραφία / θέσεώς τε καὶ φύσεως τῆς οἰκουμένης καὶ τ̣ῶ̣ν ἐν αὐτῇ … / καὶ μεγαλομ† … ἀφ' ἑκάστων πρὸς ἕκαστ̣α̣ …». Es scheint sich um eine Inhaltszusammenfassung von *Geogr.* 1,1 zu handeln. – (f. 15v) Am unteren Rand, unterhalb von Kol. 2, von fremder Hand, kurzer, unlesbarer Eintrag. – (f. 79v) Äußerer Rand, oben (zu *Geogr.* 8,2), Scholion zur Aufteilung der Karten und dem Einfügen der Kapitel 8,3–28 in den Ortskatalog, übernommen aus dem Ambr. D 527 inf. (s):[208] «Ση(μείωσ)αι Πρόσχες ὁ ἀναγινώσκον [*sic*], ὅτι τοὺς εἰρημένους πίκανακάς [*sic*] ἐπροεγράψαμεν [supra lineam add. ἡμεῖς] αὐτοὺς ὄπισθεν ἕκαστον εἰς τὸν τόπον οὗ ἐπέχει· ἤτοι ἑκάστης ἐπαρχίας, ἀνὰ ἕκαστον εἶς [*sic*] τὴν τοποθεσίαν αὐτοῦ. καθὸς [*sic*] ὁ ζητῶν μέλλει εὑρεῖν· δεικνύοντες ἑκάστης τοποθεσίας διασήμων πόλεων τὰς διαστάσεις ἀπὸ τοῦ [*sic*] Ἀλεξανδρείας· ἤτοι πρὸς ἀνατολὰς, ἢ πρὸς δυσμάς [*sic*] μεγέθεσιν τὴν ἔγγιστα ἡμερῶν ἰσημε-

206 Siehe die Beschreibung der Handschrift s, *Beigaben*.
207 Für nicht mehr lesbare Passagen werden hier Punkte gegeben («…»).
208 Es wird hier voll zitiert zur Illustration der orthographischen Unsicherheiten des Kopisten, siehe dazu unten *Stemmatologische Notizen*.

ρινῶν καὶ ἅπαξ ἢ δὶς ὁ ἥλιος γίνεται κατὰ κορυφὴν, ὅταν ἀπέχει [*sic*] τῆς θερινῆς τροπῆς ἐφ' ἑκάτερα μοίρας ὅσας καὶ δεικνύει εἰς τὰ ὄπιθεν προγραφέντα.».[209] – (f. 106r) Nach dem Schluss der *Paraphrase* der *Periegese* des Dionysios Gedicht in vier byzantinischen Zwölfsilblern auf Dionysios und sein Werk; Titel «Στίχοι», darauf jeder Vers mit einer neuen Zeile und einer herausgestellten Initiale (mit Auszeichnungstinte?) beginnend: «Τὴν γῆν τε πᾶσαν, ὠκεάνειον ῥόην, / ἔθνη ποταμοὺς, καὶ πόλεις πάντα φράσας, / σοφὸς Διονύσιος, ἡδὺς τοῖς λόγοις, / ἐνταῦθα τερμάτωσιν, ἐμπεριγράφη».

Foliierung

(f. 2–106) Auf der Rectoseite in der oberen äußeren Ecke von moderner Hand arabische Zahlen (auf f. 1r fehlt die Zahl entweder oder ist auf der Mikrofiche nicht zu sehen). – Auf f. 29r hat eine andere moderne Hand die Blattzahl an leicht versetzter Stelle und etwas größer wiederholt.

Beschreibstoff

Papier mit Wasserzeichen.

Wasserzeichen

Gemäß Deissmann 1933, 68 sind die „Wasserzeichen noch nicht geprüft", mit Verweis auf Uspenskij,[210] der eine „geometrische Figur" feststellen konnte. Laut Harlfinger 25 und 27 weist f. 69 (es befindet sich in *Geogr.* 6 und enthält auf seiner Versoseite auch eine Karte) das Wasserzeichen Harlfinger *Monts* 72 auf, das auch in zwei datierten Handschriften auftritt, dem Ambr. C 89 sup. (Venedig, 10. Januar 1439, Kopist Andronikos Chalkeopulos) und dem Neapol. III B 1 (August 1440, Kopist Ioannes Chandakenos). Dies lässt vermuten, dass unsere Handschrift, die in der Regel in die Zeit der Wende vom 14. zum 15. Jh. datiert wird, eher erst im zweiten Viertel des 15. Jh. und vielleicht um 1440 entstand.

Organisation der Lagen

Die *Lagen* können mit den zugrunde liegenden Materialien nicht bestimmt werden.
Faltung: Vermutlich in-folio (die Ripplinien verlaufen horizontal, vgl. auch oben die Maße der Handschrift).

209 Für eine Übersetzung des Scholions siehe die Beschreibung der Handschrift s, S. 294, Anm. 269.
210 S.u. *Bibliographie*; für Uspenskij gibt Deissmann falsch S. 44 statt richtig S. 250 an.

Keine Reklamanten.
Kustoden sind auf den Mikrofichen keine zu sehen.
Die *Liniierung* ist auf den Mikrofichen nicht erkennbar.

Seitenlayout

Allgemein 2 Kol., 54–58 Z. (wobei die jeweils zwei Kolumnen auf einer Seite nicht selten unterschiedliche Zeilenzahlen aufweisen).
(f. 16r) 2 Kol., 55 Z. (Kol. 1) bzw. 58 Z. (Kol. 2).
(f. 33r) 2 Kol., 57 Z. (Kol. 1) bzw. 57 Z. (Kol. 2).
(f. 62v) 2 Kol., 56 Z. (Kol. 1) bzw. 55 Z. (Kol. 2).

Schreiber, Schrift

Schreiber: Es sind zwei Hauptkopisten unterscheidbar. Hand 1 hat die ganze *Geographie* sowie den Anfang und ein Mittelstück der *Periegese* kopiert, Hand 2 war für den größeren Teil der *Periegese* verantwortlich, aber ohne den Anfang und das betreffende Mittelstück; nach diesem durch Hand 1 ausgeführten Mittelstück übernimmt wiederum Hand 2, hingegen ist auf f. 103v, wo dieser Handwechsel stattfindet, (auf den Mikrofichen) der Text bis zur Unkenntlichkeit verblasst und kann deshalb die Stelle des Handwechsels nicht genau bestimmt werden.

(f. 1r; 2r–91v; 101r, Kol. 1, Z. 21 – 103v, ?) Hand 1, (f. 92r–101r, Kol. 1, Z. 20; f. 103v, ? – 106r) Hand 2. – Vielleicht stammt der Text auf f. 96r, Kol. 2, Z. 1–35 von einer Hand 3, vielleicht ist er aber nach wie vor Hand 2 zuzuordnen, die hier kleinformatiger und ein wenig „gezügelter" schrieb.

Die Ablösung der Hände scheint, soweit dies auf der Basis der Mikrofiche entscheidbar ist, keine äußeren ersichtlichen Gründe zu haben. Gemäß Tudeer 1926, 157 wurde der Urb. gr. 83 (t) von derselben Hand geschrieben wie unser Seragl. G. İ. 27 (c).[211] Aufgrund vorläufiger Beobachtungen zu Handschrift t kann diese Aussage zum jetzigen Zeitpunkt nicht näher beurteilt werden; gewisse Ähnlichkeiten könnten Hand 2 in c (die nur an der Abschrift der *Periegese* des Dionysios beteiligt war) und Hand 2 in t (die nur die ptolemäische *Geographie* kopierte) haben.

Haupttext: (Hand 1) Lockere, minimal rechtsgeneigte bis gerade Minuskelschrift mit gut ausgebildeten, aber nicht überdurchschnittlich ausgeprägten Ober-/Unterlängen bei mittlerem bis großzügigem Zeilenabstand,

211 Es bliebe zu präzisieren, auf welche Hände sich diese Aussage bezieht, da sowohl im Seragl. G. İ. 27 (c) als auch im Urb. gr. 83 (t) jeweils 2 Hände unterschieden werden können; siehe dazu unten S. 489.

ansatzweiser Worttrennung (die durch den „luftigen“, zwischenraumreichen Schreibstil etwas „verwischt“ wirkt) und eher geringem Verbindungsgrad der Buchstaben. Charakteristisch sind das bauchförmige Minuskelalpha („alpha à panse“), dessen Bauch an einem ausgeprägten, sehr geraden Strich hängt, der oft verlängert wurde und schräg diagonal von oben nach unten bis noch flacher, ja annähernd horizontal verläuft; die Ligatur Epsilon-Kappa mit vergrößertem, aber meist „gequetschtem“ halbmondförmigem Epsilon („epsilon lunato“) ohne unterteilendem Horizontalstrich und verkleinertem Kappa (z. B. f. 72r, Kol. 2, mehrmals am Zeilenanfang); die eigenwillige Abkürzung für καί in Form eines „h“, dessen linker vertikaler Strich oben und rechter vertikaler Strich unten verlängert und nach rechts gebogen erscheinen. Für Delta wird sehr oft die Majuskelform verwendet, Epsilon steht in Majuskelform oder „liegt“ („epsilon couché“). In der *Periegese* des Dionysios gibt Hand 1 am Rand an, ob es sich um den Text selbst («κείμ(ε)νον») oder die Paraphrase («ἑρμην(εία)») handelt. – (Hand 2) Leicht fettäugige, schwungvolle und etwas unruhig wirkende Minuskelschrift ohne kalligraphische Ansprüche mit leichter Rechtsneigung und betonten Ober-/Unterlängen bei mittlerem Zeilenabstand, eher geringem Verbindungsgrad der Buchstaben und angedeuteter Worttrennung (die wegen des eher „gesperrten“ Schreibstils nicht deutlich wahrnehmbar ist). Auffallend sind das bauchige Beta; das stark vergrößerte, hakenförmige Majuskelgamma; die schwungvollen Abkürzungsstriche; die häufigen Inklusionen und vergrößerten, schwungvollen Suprapositionen (besonders in der obersten Zeile); punktuell die Ligatur Epsilon-Rho „ad asso di picche“.
Auszeichnungsschriften (nur zu Block 1 = Geogr.*):* (Hand 1) Kapiteltitel und Schlusstitel der Bücher sind mit Auszeichnungstinte geschrieben, in der Regel aber in Form und Format gleich wie der Haupttext. Bisweilen ist dort die Schrift jedoch deutlich vergrößert und schwungvoller (z. B. f. 29r, Schlusstitel zu *Geogr.* 3; f. 62r, Kapiteltitel zu *Geogr.* 6,7 [Arabia Felix]).

Gemäß Tudeer 1917, 68 wurde für den Text der *Geographie* schwarze und für die Initialen rote Tinte verwendet.

Ausstattung, Buchschmuck, Illustrationen

Keine Zierelemente wie Zierbalken oder -linien vorhanden.
Initialen: Herausgestellt, mäßig bis beträchtlich vergrößert und sich über 1,5–12 Zeilen erstreckend (inklusive Verzierungen), im Stil der epigraphischen Auszeichnungsmajuskel, mit „Häkchen“, „Füßchen“ und Verdickungen oder „Nobben“, häufig sehr hübsch mit pflanzenartigen Elementen verziert, offensichtlich mit Auszeichnungstinte.
Zeichnungen: Da *Geogr.* 1 und der theoretische Teil von *Geogr.* 7 nicht

vorhanden sind, fehlen die Konstruktionszeichnungen in dieser Handschrift. Von Zeichnung ***4*** (modifizierte Kegelprojektion) befindet sich jedoch eine Skizze auf f. 81r unten. Die Punkte sind zu einem guten Teil korrekt eingetragen, außer dass der eigentliche Punkt χ in der Handschrift falsch mit φ und der eigentliche Punkt φ in der Handschrift falsch mit ω bezeichnet wurde, während der in der Handschrift mit χ bezeichnete Punkt das Pendant zum eigentlichen Punkt ω bildet (Punkt ω ist der Schnittpunkt der Strecke υσ mit dem Parallelkreis von Syene; das Pendant dazu, den entsprechenden Punkt in der rechten Zeichnungshälfte, definierte Ptolemaios nicht näher). In der Skizze hier tauchen dadurch zwei nicht identische Punkte ω auf, der eine ist korrekt eingetragen (beim Schnittpunkt der Strecke υσ mit dem Parallelkreis von Syene), der andere falsch (beim Schnittpunkt der östlichen Begrenzung der Oikumene mit dem südlichsten Parallelkreis, korrekt Punkt φ). Auch in dieser Zeichnung liegen die Punkte μ und ν auf dem Äquator statt richtig auf dem südlichsten Parallelkreis. Der südlichste Parallelkreis ist nicht, die übrigen Parallelkreise sind korrekt beschriftet. Die Werte für die Abstände der Meridiane voneinander auf den jeweiligen Parallelkreisen stimmen, beim Parallel von Thule fehlt die Angabe aber. Außerdem sind die Breiten der Parallelkreise von Thule, Syene und des südlichsten Parallelkreises eingetragen. Damit stimmt diese Zeichnung haargenau mit der entsprechenden Zeichnung in der Handschrift D 527 inf. (s) f. 93r überein, mit der kleinen Ausnahme, dass dort auch beim Parallel von Thule der Wert für die Abstände der Meridiane angegeben ist. Außerdem werden hier in Handschrift c für die Punkte ausschließlich Minuskeln und keine Majuskeln, wie zum Teil in Handschrift s, verwendet. Die eher dilettantisch anmutende Ausführung der Zeichnung hier in Handschrift c impliziert, dass vielmehr sie auf einem Modell beruhte, als dass sie selbst als Modell diente.

Die Zeichnung scheint zumindest teilweise mit Lineal und Zirkel vorgezeichnet und mit Tinte, wahrscheinlich mit der Haupttinte, nachgezogen worden zu sein, wohl vom Kopisten (Hand 1).

Karten

63 Teilkarten (24 Europa-Karten, 8 Afrika-Karten, 31 Asien-Karten) + 4 Kontinentkarten (Europakarte, Afrikakarte, Nordasienkarte, Südasienkarte):

Europa-Karte 24 (Peloponnes) fehlt in dieser Handschrift.[212] Ebenso fehlt eine Weltkarte. Es könnte sein, dass eine solche auf den leeren

212 Asien-Karte 20 ist auf den mir zur Verfügung stehenden Materialien nicht reproduziert (s.u. *Art der Kontrolle*).

Blättern 81v–82r vorgesehen war (siehe dazu auch unten *Erhaltungszustand*). Diese Vermutung scheint die Anlage des Ambr. D 527 inf. (s), zu dem unser Seragl. G. İ. 27 (c) vielfache Parallelen aufweist (s.u. die Beschreibung der Handschrift s), zu unterstützen: In Handschrift s befindet sich auf der Vorderseite der westlichen Hälfte der Weltkarte eine (unfertige) Zeichnung der Armillarsphäre, die ihren Platz eigentlich nicht dort hätte. Auf das Blatt, auf dem die östliche Hälfte der Weltkarte abgebildet ist, folgt vor den vier Kontinentkarten eine leere Doppelseite (auf der linken Hälfte dieser Doppelseite befindet sich allerdings ein Scholion zur Welt- und zu den Kontinentkarten). Wäre nun in Handschrift c auf der leeren Doppelseite f. 81v–82r tatsächlich eine Weltkarte abgebildet, wäre auch hier auf der Vorderseite dieser hypothetischen westlichen Hälfte der Weltkarte eine Zeichnung platziert, die nicht hierhin gehört (f. 81r, Zeichnung **4**), und würde auch hier auf die hypothetische östliche Hälfte der Weltkarte eine leere Doppelseite folgen (f. 82v–83r), noch vor den Kontinentkarten.

(f. 1r) Eu. 1 (Hibernia), (f. 2v–3r) Eu. 2 (Albion), (f. 3v) Eu. 3 (Hispania Baetica), (f. 4v) Eu. 4 (Hispania Lusitania), (f. 6v–7r) Eu. 5 (Hispania Tarraconensis), (f. 8r) Eu. 6 (Gallia Aquitania), (f. 9r) Eu. 7 (Gallia Lugdunensis), (f. 10r) Eu. 8 (Gallia Belgica), (f. 11r) Eu. 9 (Gallia Narbonensis), (f. 12v–13r) Eu. 10 (Großgermanien), (f. 13v) Eu. 11 (Raetia, Vindelicia, Noricum), (f. 14v) Eu. 12 (Pannonia Superior/Inferior), (f. 15v) Eu. 13 (Illyricum, Liburnien, Dalmatien), (f. 18v–19r) Eu. 14 (Italien, Korsika), (f. 20r) Eu. 15 (Sardinien), (f. 21r) Eu. 16 (Sizilien), (f. 22v) Eu. 17 (Europäisches Sarmatien), (f. 23r) Eu. 18 (Taurische Chersones), (f. 24v) Eu. 19 (Gebiet der Ausgewanderten Iazygen, Dakien, Moesia Superior/Inferior), (f. 25v) Eu. 20 (Thrakien), (f. 27r) Eu. 21 (Makedonien), (f. 27v) Eu. 22 (Epeiros), (f. 28v) Eu. 23 (Achaia), (f. 29v) Eu. 25 (Kreta).

(f. 30v) Af. 1 (Mauretania Tingitana), (f. 32r) Af. 2 (Mauretania Caesariensis[213]), (f. 33v–34r) Af. 3 (Africa), (f. 35r) Af. 4 (Cyrenaica), (f. 37v–38r) Af. 5 (Marmarica, Libyen, ganz Ägypten), (f. 39v–40r) Af. 6 (Inneres Libyen), (f. 41v–42r) Af. 7 (Äthiopien südlich von Ägypten), (f. 42v–43r) Af. 8 (Inneres Äthiopien).

(f. 44r) As. 1 (Pontos, Bithynien), (f. 46r) As. 2 (Eigentliches Asien, Lykien), (f. 47v) As. 3 (Galatien, Pamphylien), (f. 49v) As. 4 (Kappadokien, Kilikien), (f. 50v–51r) As. 5 (Asiatisches Sarmatien), (f. 51v) As. 6 (Kolchis, Iberien), (f. 52r) As. 7 (Albanien), (f. 53v) As. 8 (Großarmenien), (f. 54r) As. 9 (Zypern), (f. 56r) As. 10 (Syrien, Palästina), (f. 56v) As. 11

213 Der Kopist schrieb im Titel zum betreffenden Kapitel (f. 31r) und im dazugehörigen „Kartentitel" (f. 31v) «Μαυριτανίας καὶ Σαρηνσίας [pro Μαυριτανίας Καισαρηνσίας] θέσις» (im Kapiteltitel sogar mit dem tachygraphischen Zeichen für καί geschrieben).

(Arabia Petraea), (f. 57r) As. 12 (Mesopotamien), (f. 58r) As. 13 (Arabia Deserta, Babylonien), (f. 59r) As. 14 (Assyrien), (f. 59v) As. 15 (Susiane), (f. 60v) As. 16 (Medien), (f. 61r) As. 17 (Persis), (f. 61v) As. 18 (Parthien, Wüste Karmanien), (f. 63v–64r) As. 19 (Arabia Felix), (zu As. 20 siehe S. 261, Anm. 212), (f. 65v) As. 21 (Hyrkanien, Margiane), (f. 66v) As. 22 (Baktrien, Land der Sogdianer), (f. 67r) As. 23 (Land der Saken), (f. 67v–68r) As. 24 (Skythien diesseits des Imaongebirges), (f. 68v) As. 25 (Skythien jenseits des Imaongebirges), (f. 69v) As. 26 (Serike), (f. 70v) As. 27 (Areia, Land der Paropanisaden, Drangiane, Arachosien), (f. 71r) As. 28 (Gedrosien), (f. 74v–75r) As. 29 (Indien diesseits des Ganges), (f. 76v–77r) As. 30 (Indien jenseits des Ganges, Land der Sinen), (f. 78v) As. 31 (Taprobane).
(f. 83v–84r) Kontinentkarte 1 (Europa), (f. 84v–85r) Kontinentkarte 2 (Afrika), (f. 85v–86r) Kontinentkarte 3 (Nordasien), (f. 86v–87r) Kontinentkarte 4 (Südasien).
Gestaltung der Teilkarten:[214] Gradeinteilung im Norden und Süden in bis zu 5′-Abschnitte, im Westen und Osten nur in ganze Grade. Umrisslinien der Landmassen gut erkennbar, Festlandteile scheinen nicht koloriert zu sein; Gewässer flächendeckend grün koloriert (im Gegensatz zu den Handschriften Plut. 28.49 [O] und Ambr. D 527 inf. [s], in denen die Gewässer nur entlang der Küstenlinie koloriert wurden); auch die Flüsse wurden vorgezeichnet, wohl mit Tinte, und anschließend mit Farbe nachgezogen; Gebirge braun; rote Vignetten mit Zinnen, für die *Poleis diasemoi* (und weitere Städte, siehe z.B. Europa-Karte 1) mit drei bis fünf mehr oder weniger großen Türmen versehen (die Vignetten von Rom, Jerusalem und weiteren Städten sind zusätzlich mit Flaggen ausgestattet), Symbole für die ethnische Zugehörigkeit vorhanden, keine Lokalisationspunkte; für Objekte wie z.B. Heiligtümer oder Altäre „gegenständliche“ Vignetten. Beschriftungen vorwiegend in Minuskeln, öfter werden aber diejenigen Länder/Gebiete, die Hauptgegenstand der betreffenden Karte bilden, und seltener Meeresteile mit Majuskeln bezeichnet. Fast immer folgt dem Namen der Toponyme ein Hochpunkt oder Punkt (oder ein Doppelpunkt oder drei Punkte). Am westlichen Kartenrand Angabe der Parallelkreise, am östlichen Kartenrand Angabe der Stunden und Klimata. Die Beschriftungen, zumindest diejenigen in Minuskeln, stammen vom Kopisten. Es wurde gerne über die Kartenrahmen hinaus gezeichnet, vgl. z.B. Europa-Karte 2 unten außen, Asien-Karte 4 unten, Asien-Karte 11 oben usw. Bei Karten, die über ein Doppelblatt angelegt sind, wurde ein schmaler Streifen entlang des Falzes frei gelassen.

Die Kontinentkarten sind ganz in gleicher Manier gestaltet. Die westliche Hälfte der vierten und letzten Kontinentkarte ist nicht ganz zu Ende

---

214 Die Angaben zu den Farben auf den Karten richten sich nach TUDEER 1917, 68.

geführt worden, die Kolorierung der Gewässer ist zum größten Teil nicht vollzogen.

In der Regel wird in einem „Kartentitel" – die „Kartentitel" sind, soweit erkennbar, meistens mit Auszeichnungstinte geschrieben – explizit auf den Inhalt der anschließenden Teilkarte hingewiesen. Bisweilen befindet sich das beschriebene Gebiet nicht auf einer unmittelbar folgenden Teilkarte; in einem solchen Fall besagt eine Notiz am Schluss der Gebietsbeschreibung, wo das zugehörige Kartenbild zu finden ist, z.B. auf f. 13v, Kol. 2, unten, am Schluss von *Geogr.* 2,13 (Noricum) «τὸ Νωρικὸν προδιεγράφη μετὰ Ῥαιτίας καὶ Οὐινδελκίας [*sic*] ἐφ' ἑνὶ πίνακι.», verweisend auf die entsprechende Karte in der oberen Hälfte dieses Folios. – Die Disposition der Teilkarten auf Recto-, Verso- und Doppelseiten entspricht fast durchgehend genau derjenigen im Ambr. D 527 inf. (s). Einzig Europa-Karte 1 und Asien-Karte 12 befinden sich hier in Handschrift c auf einer Rectoseite, während sie in Handschrift s auf eine Versoseite gezeichnet sind. Zum Fall der Europa-Karte auf f. 1r s.u. *Erhaltungszustand*. – Auch hier in Handschrift c, genau gleich wie im Plut. 28.49 (O) und im Ambr. D 527 inf. (s), wurde der Kartenrahmen der Afrika-Karte 7 (f. 41v–42r: Äthiopien südlich von Ägypten) über die ganze Doppelseite hin angelegt, obwohl die Karte, wie sie sich jetzt präsentiert, von f. 41v nur einen schmalen Streifen entlang des Falzes beansprucht. Bei diesem Phänomen in Handschrift c dürfte es sich lediglich um das getreue Kopieren der Vorlage handeln und nicht um einen ursprünglichen Plan, Afrika-Karte 7 über die ganze Doppelseite hin zu zeichnen (vgl. die Beschreibung der Handschriften O und s, *Karten*). – Genau gleich wie in Handschrift s, jedoch im Gegensatz zu Handschrift O und vor allem der in *Geogr.* 6 vorgegebenen Reihenfolge, wird auch hier in Handschrift c die Karte von Medien erst nach statt vor derjenigen der Susiane abgebildet.

Einband, Schutzblätter

Deissmann 1933, 68: „Orientalischer Einband mit Klappe rechts; schlecht erhalten." Derselbe gibt ebendort fünf leere Vorsatzblätter an („5 Blatt weiß"), Nachsatzblätter werden keine erwähnt. Die leere Versoseite des Blattes vor f. 1r in den Mikrofichen ist vermutlich die Rückseite des letzten Vorsatzblattes.[215]

---

215 Auf besagter Versoseite scheint sich in der oberen äußeren Ecke ein Eintrag von der Art einer Signatur o.ä. zu befinden, es könnte sich aber auch um einen Eintrag auf der Rectoseite des Blattes handeln, der durchscheint.

Erhaltungszustand

Offenbar Feuchtigkeitsflecken an den Blatträndern und punktuelle Blattrestaurierungen (z.B. f. 9r, äußerer Rand unten). Die Folia 103v (ganze Seite), 104r (v.a. Kol. 1 und die ersten vier Zeilen von Kol. 2), 104v–105r (diese Doppelseite v.a. in den oberen zwei Dritteln) sowie 105v–106r (v.a. in der oberen Hälfte) sind stark und zum Teil bis zur Unleserlichkeit verblasst (so zumindest der auf den Mikrofichen vermittelte Eindruck).

Es wird allgemein angenommen, dass das 1. Buch der *Geographie* unseres Seragl. G. İ. 27 (c) verloren ging.[216] Nicht auszuschließen ist, dass ursprünglich auch eine Weltkarte vorgesehen war, für die vielleicht und in Entsprechung zur Konstellation im Ambr. D 527 inf. (s) das leere Doppelblatt f. 81v–82r vorgesehen war (siehe dazu auch oben *Karten*).

Stemmatologische Notizen

Wie im Ambr. D 527 inf. (s) sind auch hier im Seragl. G. İ. 27 (c), der höchstwahrscheinlich eine direkte Abschrift von Handschrift s ist, die Kapitel *Geogr.* 8,3–28 in den Ortskatalog eingeflochten; sie folgen jeweils auf den betreffenden Passus des Ortskatalogs, entweder vor, bei oder nach der Abbildung der dazugehörigen Karte. Auch hier in Handschrift c wurde der Text von *Geogr.* 8 nicht verändert, obwohl sich seine Einteilung auf die 26 Teilkarten der sogenannten A-Redaktion bezieht und eigentlich nicht zu der Aufteilung in 64 Teilkarten in der Handschrift passt.

Die Kontrolle der *Ausgewählten Stellen* fällt hier wegen des Fehlens von *Geogr.* 1 weg. Die *Poleis diasemoi* werden im Text in der Regel nicht hervorgehoben. Rom ist jedoch mit einer herausgestellten, vermutlich mit Auszeichnungstinte ausgeführten Initiale versehen (f. 17r).[217] Es fällt auf, dass der Anfangsbuchstabe einiger Toponyme verdoppelt wurde, diese Toponyme aber gleichwohl bündig mit dem linken Kolumnenrand sind, z.B. f. 16r «ννεάπολις», f. 16v «ἀάγκὼν – μμεδιολάνιον», f. 25r «ββυζάντιον».[218] In vielen dieser Fälle handelt es sich um eine *Polis diasemos*, aber nicht in allen. Wie in den Handschriften Plut. 28.49 (O) und s sind auch in Handschrift c Symbole für die ethnische Zugehörigkeit im Text vorhanden, und ähnlich wie in O und s wurde auch in c bisweilen am Rand der Kolumne vermerkt, auf welche Gegend bzw.

216 Vgl. z.B. TUDEER 1917, 68; SCHNABEL 1938, 18.

217 Die Initiale hat hier gleichsam die Funktion einer „Zeigehand“: Vor den kompletten Eintrag «Ῥώμη μέγα ἄστυ» wurde am Rand eine vergrößerte, herausgestellte Initiale «Ρ‘» (*sic*) gesetzt.

218 Dieses Phänomen scheint vor allem aus westlichen Handschriften des 15. Jh. bekannt zu sein, siehe dazu SCHNEIDER 2009, 154.

auf die Küste welchen Meeres sich das Beschriebene bezieht. Sprachlich bemerkenswert in unserer Handschrift c sind die recht häufigen Itazismen sowie die orthographischen Unsicherheiten und grammatikalischen Fehler.

Unsere Handschrift bietet den Text der *Geographie* ab *Geogr.* 2,3. Der Kapiteltitel steht auf f. 1r am inneren Rand, in leicht kursiver Minuskel und offensichtlich mit Auszeichnungstinte geschrieben: «Ἀλουίωνος νήσου Βρεττανικῆς θέσις». Es scheint, dass dieser Titel im Nachhinein von einer mit der Haupthand zeitgenössischen Hand ergänzt wurde. In den Handschriften O und s steht der Titel zu *Geogr.* 2,3 regulär an seiner zu erwartenden Stelle. Auch in diesen beiden Handschriften geht, genau wie in Handschrift c, dem Kapitel 2,3 die 1. Europa-Karte unmittelbar voran und nimmt den oberen Teil des Folios ein;[219] in den Handschriften O und s handelt es sich hier allerdings, im Gegensatz zu Handschrift c, um eine Versoseite. – Auf f. 23r, unterhalb von Europa-Karte 18 (Taurische Chersones), steht «Εὐρώπης πίναξ δέκατος», also die Überschrift zu *Geogr.* 8,12, das die Beischrift (*Hypographe*) zu Europa-Karte 10 der A-Redaktion (Griechenland) darstellt. Insofern passt diese Überschrift hier in keiner Weise in den Kontext hinein. Es muss sich hier um ein Überbleibsel eines Fehlers in Handschrift s handeln, wo exakt an dieser Stelle zuerst versehentlich mit der Abschrift von *Geogr.* 8,12 begonnen wurde (siehe dazu die Beschreibung der Handschrift s, S. 309). Dies ist ein weiteres Indiz dafür, dass Handschrift c direkt von Handschrift s abgeschrieben wurde. – Zwischen f. 28v und f. 29r fehlen hier in Handschrift c der Auszug aus *Geogr.* 8 zu Achaia, das ganze Kap. 3,16 (Peloponnes) und die dazugehörige Europa-Karte 24.[220] Es fehlen demnach 180 „Nobbe-Zeilen" an Text bzw. knappe drei volle Textkolumnen in der Handschrift (eine Kolumne in der Handschrift entspricht etwa 64 „Nobbe-Zeilen") sowie die Karte. Je nach Disposition der Kolumnen würde das fehlende Text- und Kartenmaterial vermutlich ausgezeichnet auf die Recto- und Versoseite eines Blattes passen. Liegt also ein Blattausfall vor? Die Foliierung ist zwar regelmäßig, fällt aber als zusätzliches Kriterium aus, da sie von moderner Hand stammt. Eine Überprüfung der Lagen, die eine Antwort auf die Frage nach einem Blattausfall geben könnte, würde die Konsultation der Originalhandschrift bedingen. Auffälligerweise befinden sich jedoch in Handschrift s exakt die fehlende Textportion und die betreffende Karte auf f. 38 (f. 38r: Auszug aus *Geogr.* 8 zu Achaia, *Geogr.* 3,16,1–15; f. 38v: oben *Geogr.* 3,16,16–23 [= Ka-

219 In Handschrift O steht oberhalb der Karte, etwa das oberste Fünftel und beide Kolumnen des Folios beanspruchend, der Schluss des vorangehenden Kapitels *Geogr.* 2,2.

220 Das Fehlen der Peloponnes-Karte vermerkte bereits Dinse 1913, 384 Anm. 1, und notierte später auch Cuntz 1923, 35, wobei beide von einem Verlust ausgingen.

pitelschluss], unten Europa-Karte 24)! Der Schluss, dass der Kopist von Handschrift c dieses Blatt seiner Vorlage s versehentlich übersprungen hat, ist demnach äußerst nahe liegend. – Die beiden Scholien unterhalb von Karten auf den Folia 33v und 56r (s.o. *Beigaben*), die hier in Handschrift c vom Kopisten selbst, in Handschrift s jedoch von einer Hand geschrieben wurde, die nicht an der Abschrift der *Geographie* beteiligt war, sind ein weiterer Hinweis darauf, dass Handschrift c eine Abschrift von Handschrift s ist. Die beiden Scholien treten in Handschrift O, der „Stammesmutter" der Textfamilie ω, zu der auch die beiden Handschriften c und s gehören, nicht auf.

Anhänge: (f. 78r, Kol. 2) *Poleis diasemoi* Taprobanes (*Geogr.* 8,28) in der Reihenfolge nach der Ξ-Rezension und in folgender Form: «Ταλάκωρις τὸ ἐμπόριον» – «Αγάδειβα [*sic*]» – «Μαέγραμμον ἡ μετρόπολις [*sic*]». Es folgen vor den Anhängen Asien-Karte 31 (f. 78v: Taprobane) und *Geogr.* 8,1–2 (f. 79r/v); die Anhänge schließen unmittelbar an, ohne mit einer neuen Zeile zu beginnen.

1 (f. 79v, Kol. 1, Z. 27b – 80r, Kol. 1, Z. 18) Liste der Provinzen oder Satrapien der Oikumene: Provinznamen im Nominativ gemäß der ω-Rezension, Ausnahme *Geogr.* 8,29,25 «Δραγιανῆς» (*sic*). Koordinatenangaben zu jeder Provinz. Auffallend sind einige Itazismen wie z.B. «Κροίτη νῆσος», «Ἀρραβία πετρέα» usw.

2 (f. 80r, Kol. 1, Z. 19–33) Scholien zur Armillarsphäre.

3 (f. 80r, Kol. 1, Z. 34–45) Tabelle des Sonnenlaufs gemäß Ξ-Rezension: Für ἥλιος steht überall das Sonnensymbol; ägyptische Namensform erst ab drittem Monat (August) hinzugefügt (genau wie in O und s). Dem Juni ist der Krebs zugeordnet, dem Juli sind falsch die Zwillinge beigefügt, in der Folge dem entsprechenden Monat immer dasjenige Zeichen, unter dem sein Beginn steht, also dem Februar richtigerweise «ὑδροχῶν» (*sic*).

4 (f. 80r, Kol. 1, Z. 48 – 80v, Kol. 1, Z. 35a) Nach einem Spatium von zwei leeren Zeilen Epitome von *Geogr.* 7,1–4, ohne Titel (vielleicht wäre das Spatium für diesen vorgesehen gewesen), *incipit* wie in Handschrift O. Die Kompilation bricht aber mitten im Satz, mitten in der Zeile, mitten in der Kolumne und mitten auf der Seite unvermittelt ab mit «Ἰνδικῆς τῆς ἐκτὸς Γάγγου ποταμοῦ· χώραι [*sic*] μεσόγειοι κατέχουσι δὲ ταύτης τῆς χώρας· τὰ μὲν ἀπ' ἀνατολῶν τοῦ Γάγγου ποταμοῦ παρ' ὅ⟨λην⟩». Ab f. 80v, Kol. 1, Z. 35b ist die Seite leer. Die Stelle, an der die Kompilation hier in Handschrift c abbricht, ist in den Handschriften O (f. 110v, Kol. 1, Z. 35) und s (siehe f. 89v, Kol. 1, Z. 4) völlig unverdächtig.

Anhänge **5–8** fehlen in dieser Handschrift. Die *Geographie* endet hier demnach mit den unvollständigen und abrupt abbrechenden Anhängen.

Geschichte

Bei unserem Seragl. G. İ. 27 (c) muss es sich um eine direkte Abschrift des Ambr. D 527 inf. (s) handeln, wie mehrere kodikologische und inhaltliche Befunde beweisen (siehe v.a. oben *Stemmatologische Notizen*). Es ist anzunehmen, dass Handschrift c etwa im zweiten Viertel des 15. Jh., vielleicht um 1440, in Konstantinopel kopiert wurde, wo sie auch heute noch aufbewahrt wird. Zu ihrem Entstehungszeitpunkt befand sich ihr Antigraphon s offensichtlich nach wie vor in Konstantinopel, bevor es nach Chios gelangte (vgl. dazu die Beschreibung der Handschrift s, *Geschichte*).

Unser Manuskript c muss zu der Sammlung von Ptolemaios-Handschriften gehört haben, die sich Sultan Mehmet II. zusammengestellt hatte; der polyglotte Eroberer von Konstantinopel befasste sich intensiv mit den Werken des Ptolemaios, wie der byzantinische Historiograph Michael Kritobulos von Imbros berichtet.[221] Deissmann 1933, 33 und 69 vermutete, dass die arabische Übersetzung der *Geographie*, die Mehmet II. in Auftrag gab und in der Handschrift Ayasofya 2610 erhalten ist, auf der Basis von Handschrift c gemacht worden sein könnte.[222] Dass Handschrift c vielleicht identisch mit der *Geographie*-Handschrift sei, die der Mönch Joseph Bryennios 1421 testamentarisch der Hagia Sophia in Konstantinopel vermacht hatte,[223] scheint mit der hier präsentierten revidierten Datierung der Handschrift unwahrscheinlich.

Vermutlich bezieht sich der in einem Brief vom 27. Februar 1854 des englischen Paläographen Sir Frederic Madden an den bibliomanischen Sammler Sir Thomas Phillipps rapportierte Bericht über eine griechische Ptolemaios-Handschrift, die sich in einer Bibliothek des Serail befinde, auf den Seragl. G. İ. 27 (c).[224] In einem von Andreas Mordtmann im *Philologus* des Jahres 1854 veröffentlichten Verzeichnis der Handschriften in der Bibliothek des Sultans (s.u. *Bibliographie*) wird Handschrift c unter der Nr. 12 der griechischen Handschriften aufgezählt („Ptolemaei Geographia. Dionysii Periegetae Descriptio or-

---

221 Critobulus Imbriota, *Historiae* 5,10,5–8.

222 Als mögliche Vorlagen für die arabische Übersetzung werden auch der Ambr. D 527 inf. (s) und der Seragl. G. İ. 57 (K) gehandelt (siehe dazu die Beschreibung der Handschrift s, *Geschichte*).

223 Diese Vermutung äußerte Deissmann 1933, 69.

224 „The English influence now in Turkey would render it a capital opportunity to ascertain about the Greek MSS. said to be concealed in the Treasury of St. Sophia at Constantinople, or under one of the Seraglio Towers. Some years ago, I wrote to Lord Stratford de Redcliffe [Britischer Botschafter in Konstantinopel, Anm. der Verfasserin] on the subject, but he did not reply to my letter. When in England, however, he shewed me a list of some MSS. in a *library* of the *Seraglio*, & among them were Greek MSS. of Pindar & Ptolemy“ (zitiert nach Alan Noel Latimer Munby, *Philipps Studies*, vol. 4 [Cambridge 1956] 100, siehe auch ebendort Anm. 3).

bis"). Im Frühling 1887 hatte Friedrich Blass die Gelegenheit, mehrere griechische Handschriften im Serail zu besichtigen, die sich damals im „Bibliothekskiosk" befanden („einem unter Sultan Achmed III in den Jahren 1719–1720 errichteten, einzelnstehenden Gebäude"[225]). Dort lag ein in französischer Sprache gehaltenes Handschriftenverzeichnis vor,[226] in dem auch Handschrift c verzeichnet war. Der betreffende Eintrag lautete: „27. pap. 40/28 XV Géographie de Ptolémée (incomplète) et la Periégèse de Denys."[227]

Um die vorletzte Jahrhundertwende herum hatte Adolf Erik Nordenskiöld Fotos der Karten von Handschrift c für die Universitätsbibliothek von Helsingfors bestellt. Im Herbst 1929 nahm Adolf Deissmanns Sohn, der Student Gerhard Deissmann, die Handschrift inhaltlich genauer auf.

Wie bereits festgehalten, ist der Seragl. G. İ. 27 (c) mit aller Wahrscheinlichkeit eine direkte Kopie des Ambr. D 527 inf. (s). Die Fragen, weshalb Anhang **4**, der hier in Handschrift c textlich den Schluss des zur *Geographie* gehörenden Materials bildet, unvermittelt abbricht, und ob nicht doch im Anschluss an die Anhänge und parallel zum Textarrangement in Handschrift s der theoretische Teil von *Geogr.* 7 geplant war, bleiben offen. Ohne eine Untersuchung der Lagen der Originalhandschrift sind in diesen Punkten nur Spekulationen möglich.

Bibliographie[228]

Blass 1888, 221 und 223. – Cuntz 1923, 35. – Deissmann 1933, 68f. – Dinse 1913, 383f. – Andreas David Mordtmann, „Verzeichniss der Handschriften in der Bibliothek Sr. Maj. des Sultans", *Philologus* 9 (1854) 582–584, dort 583, Nr. 12. – Gaselee 1916, 10. – Pagonari-Antoniou 1992, 126 und 136f. – Tudeer 1917, 67–72. – Tudeer 1926, *passim* (159: Reproduktion der Kontinentkarte von Europa, kleinformatig, schwarzweiß). – Th. Uspenskij (Ouspensky), *Konstantinopol'skij Seral'skij kodeks vos'miknizija. L'Octateuque de la bibliothèque du Sérail à*

225 Blass 1888, 219.

226 Referiert von Eugen Abel, „Die Bibliothek des Matthias Corvinus", in: *Literarische Berichte aus Ungarn*, Bd. 2 (1878) 556–581, dort 565–567. Unsere Handschrift, die unter den Kodizes des 15. Jh. genannt wird, ist *ibid.* 567 unter der Nr. 25 verzeichnet: „Eine unvollständige, den modernen Anforderungen gemäß erweiterte und umgearbeitete Geographie des Ptolemaios. – Die Periegese des Dionysios Byzantios."

227 Blass 1888, 221. Vielleicht handelt es sich um dieselbe Liste, die Stephen Gaselee bei seinem kurzen Besuch der Bibliothek des Alten Serails im April 1909 vorlag (Gaselee 1916, 8: „There was a short list of some kind which was of assistance to me in going through the collection").

228 Tsavari 1990 erwähnt den Seragl. G. İ. 27 (c) erstaunlicherweise nicht.

Constantinople, Izvestija Russkago Archeologicheskago Instituta v Konstantinopole / Bulletin de l'Institut archéologique russe à Constantinople 12 (1907) 1–255, dort 250.

Art der Kontrolle

Mikrofichen schwarzweiß aus dem Jahr 1967 (IRHT, Section grecque, November 2008 / März 2009). Es fehlt die Reproduktion der Folia 64v–65r, d.h. inhaltlich von *Geogr.* 8,22,19–8,23,6 und 6,8,1–6,9,7 Z. 17, sowie von Asien-Karte 20 (Karmanien). Nicht reproduziert sind außerdem f. 106v, die Vor- und die Nachsatzblätter (mit Ausnahme der Versoseite des letzten Vorsatzblattes) sowie einige leere Folia.

København, Universitetsbibliotek, Fabricianus 23,2°
Sigle **F** („Fragmentum Fabricianum")

Claudius Ptolemaeus, *Geographia.*
Konstantinopel, nach ca. 1295 und wohl nicht später als 1303,[229] Pergament, 550 × 410 mm, (0) 2 (0) / ⟨1–2⟩.

Inhalt

(f. ⟨1⟩r)[230] Europa-Karte 2, östliche Hälfte (Hispania).
(f. ⟨1⟩v) *Geogr.* 8,5 (= *Hypographe* zu Europa-Karte 3 [Gallia]).
(f. ⟨2⟩r) Oben: *Geogr.* 8,8,3–7, Anfang fehlend, inc. «ἡ δὲ Νίκαια» (= *Hypographe* zu Europa-Karte 6 [Italien, Korsika]). – Unten: Europa-Karte 5, östliche Hälfte (Pannonia Superior/Inferior, Illyricum).
(f. ⟨2⟩v) Europa-Karte 6, westliche Hälfte (Italien, Korsika).

Beigaben: (f. ⟨1⟩v) Am oberen Rand außen, wahrscheinlich mit Bleistift, schwer lesbar, Signatur «Fabr. 2̣3̣ fol». Unmittelbar unterhalb der Blattmitte, beim Falz, mit brauner Tinte, alte und aktuelle Handschriftennummer «141 nu⟨nc⟩ N° 23.» (siehe dazu unten *Geschichte*). Im unteren Bereich der (leeren) zweiten Kolumne, mit derselben Tinte «K 8. N.» (vermutlich Hinweis auf frühere Signatur). – Zu weiteren Beigaben s.u. S. 274.

229 Zu dieser Datierung s.u. S. 523 mit Anm. 11.
230 Die von Schartau 1994 vorgeschlagene Foliierung wird der Inhaltsabfolge nicht gerecht, weshalb sie hier nicht übernommen wurde.

Beschreibstoff

Pergament; f. 1v–2r scheinen etwas heller/weißlicher zu sein, vermutlich handelt es sich um die Fleischseite des Doppelblattes.

Keine Foliierung

Organisation der Lagen

Lagen: Vorhanden ist nur noch ein Bifolium der Handschrift.
Hypothetische Rekonstruktion der Position des erhaltenen Bifoliums (fett markiert) in der Lage und deren Inhalt:[231]

(H: f. Ar) *Geogr.* 8,3 (= *Hypographe* zu Europa-Karte 1 [Britische Inseln]).
(F: f. Av) Europa-Karte 1, westliche Hälfte (Britische Inseln: Hibernia).
(F: f. Br) Europa-Karte 1, östliche Hälfte (Britische Inseln: Albion).
(H: f. Bv) Kol. 1: *Geogr.* 8,4 (= *Hypographe* zu Europa-Karte 2 [Hispania]). – Kol. 2: Europa-Karte 2, westliche Hälfte (Hispania).
(H: f. Cr) = **(f. ⟨1⟩r) Europa-Karte 2, östliche Hälfte (Hispania).**
(F: f. Cv) = **(f. ⟨1⟩v) *Geogr.* 8,5 (= *Hypographe* zu Europa-Karte 3 [Gallia]).**
(F: f. Dr) Europa-Karte 3 (Gallia).
(H: f. Dv) Kol. 1: *Geogr.* 8,6 (= *Hypographe* zu Europa-Karte 4 (Großgermanien). – Kol. 2: *Geogr.* 8,7, Anfang (= *Hypographe* zu Europa-Karte 5 [Raetia, Vindelicia, Noricum, Pannonia Superior/Inferior, Illyricum]).
(H: f. Er) Europa-Karte 4 (Großgermanien).
(F: f. Ev) Kol. 1: *Geogr.* 8,7, Schluss (= *Hypographe* zu Europa-Karte 5). – Kol. 2: Oben (Z. 1–16) *Geogr.* 8,8,1–3 (= *Hypographe* zu Europa-Karte 6 [Italien, Korsika], Anfang). Unten Europa-Karte 5, westliche Hälfte (Raetia, Vindelicia, Noricum).
(F: f. Fr) = **(f. ⟨2⟩r) Oben (jeweils über Z. 1–16): *Geogr.* 8,8,3–7, inc. «ἡ δὲ Νίκαια» (= *Hypographe* zu Europa-Karte 6 [Italien, Korsika], Schluss). Unten: Europa-Karte 5, östliche Hälfte (Pannonia Superior/Inferior, Illyricum).**

---

231 Vgl. auch FISCHER 1932, tom. prodr. 1, 243f. und DILLER 1940, 64. Die Buchstaben H und F stehen für Haar- bzw. Fleischseite.

(H: f. Fv) **= (f. ⟨2⟩v) Europa-Karte 6, westliche Hälfte (Italien, Korsika).**

(H: f. Gr) Europa-Karte 6, östliche Hälfte (Italien).

(F: f. Gv) Oben *Geogr.* 8,9, Anfang (= *Hypographe* zu Europa-Karte 7 [Sardinien, Sizilien]). Unten Europa-Karte 7, westliche Hälfte (Sardinien).

(F: f. Hr) Oben *Geogr.* 8,9, Schluss (= *Hypographe* zu Europa-Karte 7 [Sardinien, Sizilien]). Unten Europa-Karte 7, östliche Hälfte (Sizilien).

(H: f. Hv) Kol. 1: *Geogr.* 8,10 (= *Hypographe* zu Europa-Karte 8 [Europäisches Sarmatien, Taurische Chersones]). – Kol. 2: Europa-Karte 8, westliche Hälfte (Europäisches Sarmatien).

Falls diese Rekonstruktion im Großen und Ganzen zutrifft, wäre bemerkenswert, dass der Quaternio mit der Haarseite beginnt – natürlich vorausgesetzt, die Vermutung, dass es sich bei f. ⟨1⟩v–⟨2⟩r um die Fleischseite handle, sei richtig (s. o. *Beschreibstoff*). Der unübliche Beginn einer Lage mit der Haarseite kann auch im Seragl. G. İ. 57 (K) und im Urb. gr. 82 (U) beobachtet werden, deren Entstehung vermutlich in engem Zusammenhang mit unserer Handschrift F steht (siehe dazu unten S. 523 f.).

Faltung: in-fol.

Liniierung: Die Liniierung, offenbar mit Blindgriffel ausgeführt, ist auf der Basis der Fotografien nur schwer zu erkennen/bestimmen; am äußeren Rand sind Einstichlöcher zu sehen. Die beiden Kolumnen scheinen von je zwei doppelten Vertikalen begrenzt zu werden (die innere Begrenzung der inneren Kolumne ist vielleicht nur einfach). Dazu gesellen sich rund 53–54 Schreiblinien (zu dieser Zahl unten *Seitenlayout*), die vom Interkolumnium jeweils unterbrochen werden.

Seitenlayout

Allgemein 2 Kol., 53–54 Z.

(f. ⟨1⟩v) 2 Kol. (die zweite Kolumne ist leer), 41 Z. (davor 1 leere Zeile, eine sich über 1 Zeile erstreckende Zierleiste, ein sich über 3 Zeilen erstreckender Titel; danach 7–8 leere Zeilen).

(f. ⟨2⟩r) 2 Kol., 16 Z. (die unteren zwei Drittel des Blattes werden von einer Karte eingenommen).

Schreiber, Schrift, Tinte

Schreiber: Der Kopist des Fabr. 23,2° (F) wurde von Diller 1940, 62f. mit der zweiten Hand des Seragl. G. İ. 57 (K) identifiziert.[232]
Haupttext: Lockere, leicht rechtsgeneigte Minuskelschrift; unterzeilig, Tinte dunkelbraun.
Auszeichnungsschriften: Für den Titel auf f. ⟨1⟩v sowie für die Initialen im Allgemeinen wurde die epigraphische Auszeichnungsmajuskel verwendet; Tinte rötlichbraun und etwas verblasst.

Ausstattung, Buchschmuck, Illustrationen

(f. ⟨1⟩v) Zierleiste oberhalb des Titels von *Geogr.* 8,5, deren Stil sich durchaus mit Zierleisten vergleichen lässt, die im Urb. gr. 82 (U) auftauchen.
Initialen: In epigraphischer Auszeichnungsmajuskel, herausgestellt; die Initiale am Anfang von *Geogr.* 8,5 ist leicht verziert.

Karten

3 halbe Teilkarten:
(f. ⟨1⟩r) Europa-Karte 2, östliche Hälfte (Hispania).
(f. ⟨2⟩r) Europa-Karte 5, östliche Hälfte (Pannonia Superior/Inferior, Illyricum).
(f. ⟨2⟩v) Europa-Karte 6, westliche Hälfte (Italien, Korsika).

Gestaltung: Gradnetz rot, Gradnetzbeschriftungen dunkelbraun; Festlandumrisslinien dunkelbraun, Provinzen zum Teil koloriert (hellgrün, rosa). Gewässer in deckendem, kräftigem Blau, Gebirge waldgrün. Vignetten mit dunkelbrauner Tinte gezeichnet und mit Weiß ausgefüllt, nur selten mit Lokalisationspunkten versehen; Symbole für die ethnische Zugehörigkeit rot, *Poleis diasemoi* durch drei Türme hervorgehoben. In der Regel Meeres-, Länder- und Provinznamen in epigraphischer Auszeichnungsmajuskel,[233] alle übrigen Beschriftungen in Minuskeln. Für die Beschriftungen wurde braune bis schwarzbraune Tinte benutzt, nur die Völkernamen sind mit blasser hellroter Tinte geschrieben. Die Klima- und Stundenangaben sind auf den Fotos nicht erkennbar (vgl. dazu Fischer 1932, tom. prodr. 1, 245).

---

232 Nach Diller 1940, 63 ist diese Hand auch derjenigen Hand ähnlich, die im Urb. gr. 82 (U) die Agathodaimon-Subskription geschrieben hat. Da diese Subskription in Auszeichnungsschrift gehalten ist, fällt eine Beurteilung diesbezüglich schwer.

233 Namen angrenzender Länder/Provinzen, die auf einer anderen Teilkarte Hauptgegenstand sind, sind in Minuskeln geschrieben.

Auf f. ⟨2⟩r bzw. der östlichen Hälfte der Europa-Karte 5 sind mehrere im Nachhinein vorgenommene Einträge feststellbar, die mit brauner Tinte hinzugefügt wurden (gemäß FISCHER 1932, tom. prodr. 1, 245 sind die Einträge dem 15. Jh. zuzuordnen, vielleicht der zweiten Hälfte): So wurde z.B. am oberen Kartenrand ein in die Donau mündender linker Nebenfluss namens «arabon flu⟨v⟩i⟨us⟩» ergänzt.[234] Unten ist die Beschriftung Italiens nachgetragen («italie pars»), unterhalb der Karte steht «Longitudo». Daneben finden sich die lateinische Transkription einiger Provinz- und Gebirgsnamen und am unteren und rechten Kartenrand die Transkription der griechischen in arabische Zahlenangaben.[235]

Stemmatologische Notizen

Der Fabr. 23,2° (F) bildet nach Schnabels Einteilung eine eigenständige Textfamilie φ (SCHNABEL 1938, 25). Die Karten gehören zur A-Redaktion. Handschrift F ist eng verwandt mit dem Seragl. G. İ. 57 (K) und dem Urb. gr. 82 (U). Die drei Handschriften sind die ältesten noch erhaltenen *Geographie*-Handschriften mit Karten. Sie scheinen auf ein gemeinsames Konzept zurückzugehen, weisen aber deutliche Eigentümlichkeiten in der Organisation des Atlasteils auf (siehe dazu unten S. 523f.). Außerdem sind die Karten in Handschrift F bis unmittelbar an den Falz gezeichnet, während in U jeweils dem Falz entlang ein schmaler Streifen ausgespart wurde. Auch in der Verteilung des Kartenausschnittes auf die beiden Blatthälften sind Unterschiede zwischen den Handschriften F und U erkennbar. Auf der Basis des Wenigen, das von Handschrift F noch greifbar

234 Ein entsprechender Fluss fehlt im Urb. gr. 82 (U), doch mündet an derselben Stelle rechts ein namenloser Nebenfluss in die Donau, der gleichzeitig die Provinzgrenze zwischen Pannonia Inferior und Pannonia Superior bildet. So sieht das Kartenbild offenbar auch in der reinen Kartenhandschrift Vat. lat. 5698 aus, in der dieser rechte Nebenfluss mit «arabon fl⟨uvius⟩» beschriftet ist. Dieser Kodex, wohl die älteste lateinische Kartenhandschrift der *Geographie* (15. Jh., erstes Viertel), gilt als Abschrift des Urbinas, eventuell unter Beizug einer zweiten Quelle, und entstand wohl in Florenz (vgl. GENTILE 1992b, 83f.). Der Fluss Arabon wird im Ortskatalog mehrmals erwähnt (*Geogr.* 2,11,5; 2,14,1; 2,15,1/2); an erstgenannter Stelle ist er klar als rechter Nebenfluss der Donau definiert.
Auf der 5. Europa-Karte des Seragl. G. İ. 57 (K) wird an der entsprechenden Stelle ein aus nordöstlicher Richtung fließender linker Nebenfluss der Donau ohne Namensbezeichnung angedeutet. Der Zeichner dieser Karte, der um 1300 in Konstantinopel tätig war, wo sich Handschrift K noch heute befindet (siehe dazu die vorläufigen Bemerkungen zu Handschrift K, insbesondere den Abschnitt *Geschichte*), stellte die Verhältnisse also ähnlich dar, wie im 15. Jh. der Ergänzer des Nebenflusses in Fragment F, der – wie aus seinen lateinischen Einträgen zu folgern ist – vermutlich im westlichen Teil Europas tätig war, wo sich das Fragment zu jenem Zeitpunkt bereits befunden haben dürfte. In dieser kartographischen Ähnlichkeit einen „Sonderfehler der gemeinsamen Vorlage" der Handschriften K und F zu sehen (so MITTENHUBER 2009, 203), ist demnach ein eklatanter Anachronismus.

235 Für weitere Einträge siehe FISCHER 1932, tom. prodr. 1, 245f.

ist, scheinen nähere Aussagen zu Handschrift F und zu ihrem Bezug zu den beiden Handschriften K und U vorläufig nicht möglich zu sein.

Erhaltungszustand

Das Doppelblatt hat sich gut erhalten.

Geschichte

Die Handschrift, zu dem das Fragmentum Fabricianum ursprünglich gehörte, dürfte um 1300, wahrscheinlich nicht früher als 1295 und nicht nach 1303 hergestellt worden sein (dazu unten S. 523 mit Anm. 11), mit aller Wahrscheinlichkeit in Konstantinopel. Dass der Kopist von Handschrift F auch an der Abschrift der sehr ähnlichen *Geographie*-Handschrift Seragl. G. İ. 57 (K) beteiligt war, deren andere Hand außerdem mit dem Schreiber einer nachweislich von Maximos Planudes konsultierten Strabon-Handschrift identifiziert werden kann, lässt die Vermutung zu, dass unsere Handschrift F im Zusammenhang mit der „Wiederentdeckung" der *Geographie* durch Planudes steht und im Zuge des neu erweckten Interesses für dieses Werk entstand (siehe auch Handschrift K, *Geschichte* und unten S. 521–524).

Die fassbare Geschichte des Fabr. 23,2° (F) beginnt vermutlich im 15. Jh. und wahrscheinlich in der zweiten Hälfte: Damals nahm eine unbekannte Hand auf f. ⟨2⟩r lateinische Einträge vor, mit Sicherheit auf der Basis einer (lateinischen?) Vergleichshandschrift (dazu oben S. 274). Es ist anzunehmen, dass sich das Bifolium damals bereits im Westen befand. Zu einem wesentlich späteren Zeitpunkt[236] gehörte das Bifolium zur Handschriftensammlung des Holsteiner Philologen Marquardus Gudius (Marquard Gude, 1635–1689). Johann Albert Fabricius (1668–1736), Philologe und Theologe aus Hamburg, erwarb sich das Doppelblatt vermutlich 1709 in Hamburg aus dem Nachlass von Gudius. Hermann Samuel Reimarus (1694–1768), Schwiegersohn und Erbe des Fabricius, verwahrte nach dessen Tod die Handschriftensammlung seines Schwiegervaters. 1770 wurde Fabricius' Handschriftensammlung von der Universität Kopenhagen erworben; in einer im Hinblick auf diesen Verkauf gedruckten Übersicht über die Sammlung hat Handschrift F die Nummer 141 (vgl. oben *Beigaben*).[237] Von da an befand sich das Fragment in

---

236 Hierzu und zum Folgenden v.a. SCHARTAU 1994, 489–492 und 497.

237 *Designatio Auctorum Veterum cum Codd. MSS. collatorum: item Codicum manu exaratorum vett. & recentiorum ex bibliotheca J. A. Fabricii superstitum. Accedunt quaedam MSS. H. S. Reimari, Io. Adolphi Hofmanni, & Henr. Walth. Gerdes, quae iunctim vendenda eruditis offeruntur.* Catalogus Bibliothecae H. S. Reimari, vol. 2 (Hamburg 1770) 195–240.

der dortigen Universitätsbibliothek, deren Bestände seit 1938 in der Königlichen Bibliothek aufbewahrt werden.

Bibliographie

Cuntz 1923, 32. - Diller 1940, *passim*. – Fischer 1932, tom. prodr. 1, 210 und 243–247; tom. prodr. 2 (ohne Seitenzahlen, Sigle A3): Reproduktion (ohne f. ⟨1⟩v), schwarzweiß. – Charles Graux, „Rapport sur les manuscrits grecs de Copenhague“, *Archives des missions scientifiques et littéraires*, 3e série, 6 (1880) 133–242, dort 239;[238] ND in: Graux 1893, 225–336, dort 331. – Mittenhuber 2009, 136–209. – Pagonari-Antoniou 1992, 126. – Schartau 1994, 361 und 497f. – Schnabel 1938, 25. – Wilson 1981, 395.

Art der Kontrolle

Fotografien, farbig (zur Verfügung gestellt von der Ptolemaios-Forschungsstelle, Institut für Klassische Philologie, Universität Bern).

London, British Library, Burney 111
Sigle **v**

Claudius Ptolemaeus, *Geographia.*
Östlicher Mittelmeerraum (Konstantinopel?); **A:** 14. Jh. (letztes Viertel) oder 15. Jh. (erstes Viertel), **B:** 15. Jh. (2.–4. Viertel); Pergament; 435 × 310 mm; (2) 114 (3) / ⟨I–II⟩, 1–114, ⟨I′–III′⟩. – Die Schutzblätter sind nicht nummeriert.

Inhalt

A. (f. 1–114, ohne die unter B genannten Blätter) Claudius Ptolemaeus, *Geographia*:

Block 1 (f. 1–2) Ptol., *Geogr.*, Asien-Karte 12; Planud., *Epigramme*:
(f. 1r) leer.
(f. 1v) Asien-Karte 12 (Taprobane).
(f. 2r) leer.
(f. 2v) Maximos Planudes, *Vier Epigramme* auf die *Geographie* des Ptolemaios,[239] Titel vor Epigramm 1 «τοῦ σοφωτάτου μοναχοῦ κυ-

238 Zuvor erschienen als tirage à part (Paris 1879), dort 101.

239 Die Epigramme sind – auf der Grundlage der hier besprochenen Handschrift Burney 111 (v) – abgedruckt in der Ausgabe Nobbe XXXIII, Nr. VI–IX.

ροῦ Μαξίμου / τοῦ Πλανούδη. στίχοι ἡρωικοὶ / εἰς τὸν πίνακα τῆς γεωγραφίας, / Κλαυδίου Πτολεμαίου.», Titel vor Epigramm 2–4 «τοῦ αὐτοῦ»; nach Epigramm 4 Schlusswort «τέλος».
Block 2 (f. 3–114) Claudius Ptolemaeus, *Geographia*:
(f. 3r–13r) *Geogr.* 1. – (f. 13r–30v) *Geogr.* 2. – (f. 30v–45v) *Geogr.* 3. – (f. 45v–60v) *Geogr.* 4. – (f. 60v–79r) *Geogr.* 5. – (f. 79r–94v) *Geogr.* 6. – (f. 94v–107r) *Geogr.* 7. – (f. 107r–113r) *Geogr.* 8. – (f. 113r–114r) Anhänge zur *Geogr.* – (f. 114v) leer.
B. (f. 15–16, 20–21, 24, 26, 28, 33–34, 38, 43, 47, 51–53, 57–58, 61–62, 65, 68, 71, 74, 77–78, 80, 82, 85–86, 89–90, 92–93, 97–98, 101–102, 105–106) 64 Teilkarten nach Ptol., *Geogr.* + Ptol., *Geogr.*, Weltkarte: s. u. *Karten.*

Beigaben: (*Geogr.* 1 und 7–8) mit Auszeichnungstinte Scholien zur *Geographie*. – (f. 29v, 32r, 36v, 59r, 79r, 100v, 103r) Am oberen Rand mit blasser, hellbrauner Auszeichnungstinte vom Kopisten Verweis auf die Längen und Breiten («μῆκος. πλάτος»). – (f. 45r) Am äußeren Rand oben, vom Kopisten, Ergänzung von *Geogr.* 3,16,21 (Binnenstädte Messeniens).

Foliierung/Paginierung

Foliierung: Auf jeder Rectoseite in der oberen äußeren Ecke mit Bleistift arabische Zahlen.
Paginierung: ***1)*** Auf jeder Rectoseite (vielleicht ursprünglich auf jeder Seite, wenn auch auf einer Versoseite nur noch auf dem letzten Pergamentblatt f. 114v sichtbar) in der oberen alleräußersten Ecke mit brauner Tinte arabische Seitenzahlen, gefolgt von einem Punkt, durchgestrichen mit schwarzbrauner Tinte (wohl von der Hand, die Paginierung 2 vorgenommen hat). – ***2)*** Auf jeder Rectoseite (*sic*!) in der oberen äußersten Ecke mit schwarzbrauner Tinte arabische Seitenzahlen, gefolgt von einem Punkt; ab Seite 3 sind diese Seitenzahlen mit Bleistift durchgestrichen (vielleicht von derjenigen Hand, welche die Foliierung vorgenommen hat); diese Zählung ist gegenüber Paginierung 1 jeweils um den Wert –2 tiefer. Doppelt/parallel geführt (sichtbarer Anfang) werden die beiden Paginierungen ab f. 58r (= S. 117 nach Paginierung 1 bzw. S. 115 nach Paginierung 2).

Beschreibstoff

A: (Block 1 = f. 1–2) Recht dickes und steifes Pergament. – (Block 2) Pergament von guter, aber nicht erstklassiger Qualität, bisweilen sehr weich und fein; Fleisch- und Haarseite oft nicht eindeutig voneinander unterscheidbar.

B: Pergament von mäßiger Qualität mit recht häufig auftretenden „Augen" (zu diesem Begriff s.o. S. 115) und weiteren Defekten (z.B. fehlt dem f. 65 die obere äußere Ecke aufgrund der „Form" des Pergaments), nicht immer das passende Format aufweisend gegenüber der kodikologischen Einheit A (siehe z.B. f. 101–102: Das Doppelblatt ist vor allem zu wenig hoch und deshalb weder oben noch unten mit den benachbarten Blättern bündig; auch außen nicht bündig mit den benachbarten Blättern, wenn auch in sehr viel weniger drastischem Ausmaß).

Organisation der Lagen

Lagen: $\mathrm{I}^{\mathrm{f.\,2}} + \mathrm{IV}^{\mathrm{f.\,10}} + 12^{\mathrm{f.\,22}} + 13^{\mathrm{f.\,35}} + \mathrm{V}^{\mathrm{f.\,45}} + 14^{\mathrm{f.\,59}} + 13^{\mathrm{f.\,72}} + 15^{\mathrm{f.\,87}} + 16^{\mathrm{f.\,103}} + 11^{\mathrm{f.\,114}}$.

Vor dem Einfügen der Kartenblätter bestand diese Handschrift größtenteils aus regelmäßigen Quaternionen, mit Ausnahme der ersten Lage, einem Unio, und den beiden letzten Lagen, von denen die zweitletzte ($16^{\mathrm{f.\,88–103}}$) ursprünglich offenbar aus einem Unio (f. 88+91)[240] und einem Ternio (f. 94+103, 95+100, 96+99) bestand, während der ursprüngliche Aufbau der letzten Lage ($11^{\mathrm{f.\,104–114}}$), die ohne das eingefügte Doppelblatt mit der Weltkarte insgesamt 9 Blätter enthält, nicht genau bestimmbar ist. – Der Unio am Anfang der Handschrift scheint mit der Fleischseite zu beginnen, die anschließende Lage hingegen ($\mathrm{IV}^{\mathrm{f.\,3–10}}$), soweit sichtbar, mit der Haarseite; bei der Versoseite des letzten Blattes (f. 114v) scheint es sich ebenfalls um die Haarseite zu handeln. Ob die Gregory-Regel eingehalten war, bevor die Kartenblätter eingefügt wurden, bliebe zu überprüfen. – Äußerst häufig treten umgebogene Randstreifen oder Falzstreifen auf,[241] z.B. sechs Stück zwischen f. 10/11 (Lagenbruch), zwei Stück nach f. 11, je ein Stück nach den Blättern 24, 30 und 31, vier Stück zwischen f. 112/113, allgemein sehr oft vor/nach eingefügten Kartenblättern.
Faltung: in-folio.
Kustoden: Jeweils auf der ersten Recto- und der letzten Versoseite der Lage in der unteren äußeren Ecke mit blasser, hellbrauner Auszeichnungstinte griechische Zahlzeichen, zum Teil nicht mehr sichtbar (besonders die Kustode auf den Versoseiten); erstes Auftreten f. 11r «β», letztes Auftreten f. 88r «η».
Liniierung: Mit Blindgriffel; Einstichlöcher am oberen und unteren Rand gut erkennbar, bisweilen auch am äußeren Rand auftretend (z.B. f. 36, 40, 67, 96).

---

240 Das Pluszeichen symbolisiert, dass die beiden Blätter ein Doppelblatt bilden.

241 Für diese Begriffe siehe Schneider 2009, 122. Der französische *terminus technicus* für beide Phänomene, also sowohl für die Verlängerung eines Blattes als auch für die Gegenseite eines Falzstreifens (franz. „onglet"), an dem ein Einzelblatt befestigt ist, lautet „talon" (vgl. dazu Andrist 2007, 28).

A. Block 1: (f. 1) Sehr scharfe, das Blatt zum Teil beinahe zerschneidende Liniierung, vielleicht direkt auf der Versoseite angebracht. Der Liniierungstyp ist nicht genau erkennbar, scheint aber nicht identisch zu sein mit dem Grundschema von Block 2 (s. u.). – (f. 2) Liniierungstyp offenbar weder identisch mit demjenigen von f. 1 noch mit demjenigen von Block 2. – **Block 2:** Die jeweils zwei Kolumnen werden von vier durchgehenden Vertikalen gebildet (Kolumnenbreite ca. 101 mm, Breite Interkolumnium +/- 20 mm). Eine weitere durchgehende Vertikale halbiert die Breite des äußeren Randes. Die Schreiblinien, sehr regelmäßig 43 an der Zahl, beschränken sich auf die Kolumnenbreite. Am oberen und unteren Rand befindet sich je eine durchgezogene Horizontale.

Im Ortskatalog (dazu unten *Seitenlayout*) dienen je drei Vertikalen, die von der obersten bis zur untersten Schreiblinie reichen und die Kolumnen der Länge nach vierteilen, der Ausrichtung der Gradangaben,[242] wobei auf der Rectoseite die jeweils innerste, auf der Versoseite die jeweils äußerste keine Funktion hat. Soweit erkennbar, treten diese Zusatzvertikalen auch nach dem Ende des Ortskatalogs bis an den Schluss der Handschrift auf,[243] obwohl sie dort nicht mehr nötig wären und keine Funktion mehr haben.[244] – Grundschema: *Muz.* 1-11-(3J)-11-(3J) / 1-1 / 0 / JJ.
B: Die Kartenblätter sind nicht liniert (mit Ausnahme von f. 1, das aber zur kodikologischen Einheit A gehört).

Seitenlayout

Allgemein 2 Kol., 43 Z.
(f. 7r) 2 Kol., 43 Z., 437 × 312 mm, Schriftspiegel 330 × 224 mm.
(f. 59r) 2 Kol., 43 Z., 432,5 × 317 mm, Schriftspiegel 330 × 225 mm.
(f. 100r) 2 Kol., 43 Z., 432 × 311 mm, Schriftspiegel 328 × 228 mm.
Der Ortskatalog beginnt auf f. 13v, Kol. 2, Z. 5 und endet auf f. 103v, Kol. 1, Z. 19.[245]

242 Mit Sicherheit zu erkennen sind die Zusatzvertikalen ab f. 19.
243 Vielleicht nicht mehr auf dem letzten Blatt (f. 114), obwohl dort die Liniierung nicht sehr gut sichtbar ist und sich deshalb keine sichere Aussage machen lässt.
244 Einzig in der Tabelle des Sonnenlaufs (f. 113v) sind sie noch einmal dienlich für die Positionierung der Zu- bzw. Abnahme der Deklination des jeweiligen Tierkreiszeichens.
245 An das letzte Toponym in *Geogr.* 7,4,13 (Susuara, «Σουσουάρα») schließt sich in unserer Handschrift v noch die Angabe der vier äußersten Punkte Taprobanes in allen Himmelsrichtungen an, offenbar ein späterer Zusatz; diese vier Textzeilen sind hier noch zum Ortskatalog hinzugerechnet.

Schreiber, Schrift, Tinte

Schreiber: Der Kopist der Epigramme des Planudes (f. 2v) ist wahrscheinlich identisch mit dem Kopisten des *Geographie*-Textes. Außerdem könnten die Beschriftungen auf der Asien-Karte 12 (Taprobane) auf f. 1v ebenfalls von dem für den *Geographie*-Text verantwortlichen Kopisten stammen.
Haupttext: Leicht rechtsgeneigte, ausgeglichene Minuskelschrift mit allgemein gemäßigten Ober- und Unterlängen, die aber oft gezielt verlängert wurden, insbesondere in der obersten Zeile (Gamma, Tau) sowie in der untersten Zeile (Iota, Rho, Ligatur Epsilon-Iota); ähnlich wurde jeweils in der äußeren Kolumne ein Federzug des letzten Buchstabens auf einer Zeile gerne horizontal in den äußeren Rand hinein verlängert (siehe z.B. f. 35r, 56r, 111r); Zeilenabstand eher klein, Worttrennung eingehalten, Verbindungsgrad der Buchstaben eher gering; recht häufige Inklusionen mit Omikron, selten wurden „Buchstabenbäuche" mit Auszeichnungstinte ausgefüllt/koloriert; häufige Abkürzungen und Suprapositionen,[246] für „Termini technici" wie Sonne, Parallel u.ä. wurde gerne ein Symbol gesetzt. Schrift unterzeilig, Tinte braun. Charakteristische S-förmige Abkürzung für καὶ mit verlängertem, manchmal fast horizontal verlaufendem Akzent (Gravis) (siehe z.B. die Reihe auf f. 63v, Kol. 1, unten).
Auszeichnungsschriften: Für Auszeichnungen wurde bisweilen großformatiger und mit weiteren Abständen zwischen nicht verbundenen Buchstaben geschrieben. Unmittelbar vor dem Beginn des Ortskatalogs steht in epigraphischer Auszeichnungsmajuskel «ΕΥ̓ΡΏΠΗΣ» (f. 13v, Kol. 2, Z. 5–6). Tinte für Auszeichnungen entweder weinrot oder von blasser hellbrauner Farbe, auf f. 44r/v taucht eine rostrote Tinte auf; Auszeichnungstinte wurde verwendet für den Werktitel, die Büchertitel, Kapiteltitel, für herausgestellte Initialen, Scholien und weitere Hervorhebungen.[247]

Ausstattung, Buchschmuck, Illustrationen

Vereinzelt sehr einfache Zierelemente, vor Buchanfängen und vor dem Ortskatalog simple Zierbalken und Zierlinien, bald mit weinroter, bald mit blass hellbrauner Auszeichnungstinte, bei den Zierelementen manchmal auch kombiniert. Die Kapiteltitel sind in der Regel zentriert und von zwei dicken Linien flankiert, die entlang der Schreiblinie gezogen wurden und die Zeile ausfüllen.

---

246 In hohem Maß eingesetzt wurden Abkürzungen in den sprachlich stereotypen Beischriften (*Hypographai*) zu den Teilkarten in *Geogr.* 8.

247 So wurde z.B. der Passus μαλλοῖς γυναικείοις … ἐλέφαντας καὶ τίγρες (*Geogr.* 7,4,1) mit Auszeichnungstinte geschrieben (vgl. f. 103r).

Initialen: In der Regel epigraphische Auszeichnungsmajuskeln, seltener Minuskelformen, mit Auszeichnungstinte. Selten ist die Ausführung der Initialen unterlassen worden. Bisweilen sind kleine provisorische Initialen erkennbar, mit der Tinte des Haupttexts ausgeführt (z. B. f. 14r am linken Rand von Kol. 1, f. 14v am linken Rand der Kolumnen).
Zeichnungen: ***1*** (f. 11v, Kol. 1, untere Hälfte) Einfache Kegelprojektion: Zeichnung in doppelter, nahezu identischer Ausführung, untereinander angeordnet und an korrekter Stelle eingefügt. Für die Verteilung der Beschriftungen auf die beiden Zeichnungen und die fehlerhafte Positionierung von mehreren Punkten kann auf die Ausführungen auf S. 126 verwiesen werden.
2 (f. 12r) Neigungswinkel: Zeichnung in dreifacher Ausführung; die 1. Skizze befindet sich in der Mitte von Kol. 1 auf der linken Seite, die 2. und 3. Skizze sind in Kol. 2 oben (nach sechs Zeilen Text) nebeneinander angebracht. Die 1. Skizze ist an der richtigen Textstelle eingefügt,[248] während die 2. und 3. Skizze an der eigentlich für Zeichnung **3** vorgesehenen Stelle erscheinen. In der 1. Skizze bilden weder der Mittelmeridian αεγ noch der Syene-Parallelkreis βεδ einen Großkreis, da ersterer zu stark nach links, letzterer zu weit nach unten versetzt wurde; außerdem war der Äquator βζδ offenbar ursprünglich nicht eingezeichnet und wurde später mit sehr blasser, hellbrauner (wahrscheinlich aber nicht mit der Auszeichnungstinte identischer) Tinte ergänzt, dem Anschein nach ohne Zirkel, vielleicht von der Hand eines Korrektors. Die 2. Skizze ist nahezu identisch mit der 1. Skizze, der Äquator βζδ wurde hier jedoch von der Hand des Zeichners gezogen. Die 3., beste Skizze weist einen korrekten, die Kugel αβγδ halbierenden Syene-Parallelkreis auf, der Mittelmeridian αεγ bildet jedoch auch hier keinen Großkreis und erscheint zu weit nach links versetzt.
3 (f. 12r, Mitte von Kol. 1, rechte Seite) Ermittlung des Punktes η: An der eigentlich für Zeichnung **2** korrekten Textstelle und somit etwas zu früh eingefügt. Die Zeichnung gibt den Sachverhalt verständlich wieder. In der Nähe des Punktes ζ ist ein zusätzlicher Punkt ρ eingetragen (vgl. dazu oben S. 129). Der Punkt α wurde offensichtlich mit brauner (aber nicht mit der Tinte des Haupttexts identischer) Tinte von einem Korrektor nachgetragen. Nicht mit Sicherheit zu entscheiden ist, ob die Strecke βζ und der Abschnitt der Strecke ηθ unterhalb der Strecke βδ von einem Korrektor ergänzt wurden; auf jeden Fall sind die betreffenden Linien deutlich mit hellbrauner Tinte (aber nicht mit der blassen hellbraunen Auszeichnungstinte) und mit Hilfe eines Lineals gezogen worden.

248 Genau genommen wurde die Zeichnung erst nach statt vor *Geogr.* 1,24,13 eingefügt, dieser Paragraph besteht aber nur aus einem einzigen kurzen Satz.

4a) (f. 12v, Kol. 2, unten [vor den letzten zwei Textzeilen]) „Unverständliche Skizze“: Sie erscheint an der Stelle und anstelle von Zeichnung **4** (modifizierte Kegelprojektion).
5 (f. 104v, Kol. 2, unterhalb der Mitte) Armillarsphäre: Die Zeichnung ist an der richtigen Stelle in den Text eingefügt. Eingetragen sind nur die Punkte, die zum Teil so „zufällig“ platziert wirken, dass der Zeichner sie wohl nach Gutdünken dorthin setzte, wo sie ihm in der Vorlage zu stehen schienen.

Die Zeichnungen sind sauber und mit Hilfe von Lineal und Zirkel ausgeführt, vermutlich vom Kopisten selbst. Für die Skizzen wurde braune Tinte (die Tinte des Haupttexts) gebraucht, für die Beschriftungen die hellbraune Auszeichnungstinte.

Karten

1 Asien-Karte 12 gemäß der A-Redaktion + 64 Teilkarten gemäß der B-Redaktion (25 Europa-Karten, 8 Afrika-Karten, 31 Asien-Karten) + 1 Weltkarte:
(f. 1v) As. 12 (Taprobane).
(f. 15r) Eu. 1 (Hibernia), (f. 15v–16r) Eu. 2 (Albion), (f. 16v) untereinander Eu. 3–4 (Hispania Baetica; Hispania Lusitania), *(f. 20r) leer)*, (f. 20v–21r) Eu. 5 (Hispania Tarraconensis), (f. 21v) Eu. 6 (Gallia Aquitania), (f. 24r) Eu. 7 (Gallia Lugdunensis), (f. 24v) Eu. 8 (Gallia Belgica), (f. 26r) Eu. 9 (Gallia Narbonensis), *(f. 26v leer)*, (f. 28r) Eu. 10 (Großgermanien), (f. 28v) Eu. 11–13 (Raetia, Vindelicia, Noricum; Pannonia Superior/Inferior; Illyricum, Liburnien, Dalmatien), *(f. 33r leer)*, (f. 33v–34r) Eu. 14 (Italien, Korsika), (f.34v) Eu. 15–16 (Sardinien; Sizilien), (f. 38r) Eu. 17–18 (Europäisches Sarmatien; Taurische Chersones), (f. 38v) Eu. 19–20 (Gebiet der Ausgewanderten Iazygen, Dakien, Moesia Superior/Inferior; Thrakien), (f. 43r) Eu. 21–22 (Makedonien; Epeiros), (f. 43v) Eu. 23–24 (Achaia; Peloponnes), (f. 47r) Eu. 25 (Kreta).
(f. 47v) Af. 1 (Mauretania Tingitana), (f. 51r) Af. 2 (Mauretania Caesariensis), (f. 51v–52r) Af. 3 (Africa), (f. 52r) Af. 4 (Cyrenaica), (f. 52v–53r) Af. 5 (Marmarica, Libyen, ganz Ägypten), *(f. 53v leer)*, *(f. 57r leer)*, (f. 57v–58r) Af. 6 (Inneres Libyen), *(f. 58v leer)*, (f. 61r) Af. 7 (Äthiopien südlich von Ägypten), (f. 61v–62r) Af. 8 (Inneres Äthiopien).
(f. 62v) As. 1 (Pontos, Bithynien), (f. 65r) As. 2 (Eigentliches Asien, Lykien), (f. 65v) As. 3 (Galatien, Pamphylien), (f. 68r) As. 4 (Kappadokien, Kilikien), (f. 68v) As. 5 (Asiatisches Sarmatien), (f. 71r) As. 6–7 (Kolchis, Iberien; Albanien), (f. 71v) As. 8 (Großarmenien), (f. 74r) As. 9 (Zypern), (f. 74v) As. 10 (Syrien, Palästina), (f. 77r) As. 11–12 (Arabia Petraea; Mesopotamien), (f. 77v–78r) As. 13 (Arabia Deserta, Babylo-

nien), *(f. 78v leer)*, (f. 80r) As. 14 (Assyrien), (f. 80v) As. 15 (Medien), (f. 82r) As. 16–17 (Susiane; Persis), (f. 82v) As. 18 (Parthien, Wüste Karmanien), *(f. 85r leer)*, (f. 85v–86r) As. 19 (Arabia Felix), (f. 86v) As. 20–21 (Karmanien; Hyrkanien, Margiane), (f. 89r) As. 22–23 (Baktrien, Land der Sogdianer; Land der Saken), (f. 89v–90r) As. 24 (Skythien diesseits des Imaongebirges), (f. 90v) As. 25 (Skythien jenseits des Imaongebirges), (f. 92r) As. 26 (Serike), (f. 92v) As. 27 (Areia, Land der Paropanisaden, Drangiane, Arachosien), (f. 93r) As. 28 (Gedrosien), *(f. 93v leer)*, *(f. 97r leer)*, (f. 97v–98r) As. 29 (Indien diesseits des Ganges), *(f. 98v leer)*, *(f. 101r leer)*, (f. 101v–102r) As. 30 (Indien jenseits des Ganges, Land der Sinen), (f. 102v) As. 31 (Taprobane).
(f. 105r leer), (f. 105v–106r) WK, *(f. 106v leer)*.

Sämtliche Karten in dieser Handschrift, mit Ausnahme derjenigen auf f. 1v, wurden auf insgesamt zusätzlich 39 Blättern, die meist auf beiden Seiten für Abbildungen genutzt wurden, im Verlauf des 15. Jh. (2.–4. Viertel?) im Nachhinein in die Handschrift eingefügt.

Über jeder Karte steht ein „Kartentitel“, der besagt, was die Karte darstellt; diese Titel wurden mit sehr blasser, zum Teil nur noch vage sichtbarer rötlichbräunlicher Tinte ausgeführt. Außerdem wird jeweils bei der ersten Karte eines neuen Buches angegeben, um welches Buch es sich hier handelt. Die letzte Europa-Karte (Eu. 25) ist allerdings schon in den Text von *Geogr.* 4 eingefügt, obwohl sie eigentlich noch zu *Geogr.* 3 gehört. Ähnlich erscheinen die letzten beiden Afrika-Karten (Af. 7–8) bereits in *Geogr.* 5, beziehen sich aber eigentlich noch auf *Geogr.* 4.

Von f. 15, auf dem sich die erste und ein Teil der zweiten Europa-Karte befinden, ging die obere Hälfte verloren, offenbar durch Herausschneiden; die Kartenbilder sind jedoch vollständig. Das Format des Blattes wurde mit einem Stück Pergament wiederhergestellt, offensichtlich bevor die Schwärzung entlang des oberen, äußeren und unteren Blattrandes auftrat, denn das Restaurationsblatt weist diese Schwärzungen auch auf. Spuren einer Paginierung in der oberen äußeren Ecke der erhaltenen Blatthälfte müssen aus der Zeit vor der Restaurierung stammen. Die reguläre, mit Bleistift ausgeführte Foliozahl ist unterhalb der eben erwähnten Paginierungsspur angebracht. Gleichzeitig trägt das Restaurationsblatt am gewohnten Ort die gemäß Paginierung 1 (dazu oben *Foliierung*) korrekte Seitenzahl «29», während es sich bei der Paginierungsspur um eine andere Zahl gehandelt zu haben scheint. – Die Blätter 20–21 sind stark geflickt: Sie wurden offenbar herausgeschnitten; darauf scheinen die auf ihnen abgebildeten Karten (sie nehmen nicht den ganzen Raum der Seiten ein) wiederum ausgeschnitten worden zu sein. Auf jeden Fall präsentieren sich nun f. 20 aus drei und f. 21 aus zwei „zusammengeschusterten“ Blattstücken. Ähnlich ist auch f. 26 aus zwei Pergamentstücken zusammengesetzt. – Die Inhalte der Asien-Karten 15

(Medien) und 16 (Susiane) in dieser Reihenfolge hier in Handschrift Burney 111 (v) scheinen für den Plut. 28.49 (O) als Vorlage zur Herstellung der Karten zu sprechen, da sich in den Handschriften Ambr. D 527 inf. (s) und Seragl. G. İ. 27 (c) die Reihenfolge der Karteninhalte gerade umgekehrt verhält.[249]

Gestaltung der Asien-Karte 12 gemäß der A-Redaktion (Taprobane) auf f. 1v:[250] Der Kartenrahmen wurde mit schwärzlicher Tinte ausgeführt, aber offenbar nicht fertiggestellt, da keine Gradnetzbeschriftungen vorliegen; das Gradnetz ist mit leuchtend roter Farbe gezogen. Die Umrisslinien wurden wahrscheinlich mit schwarzer, blasser Tinte vorgezeichnet; das Festland ist gelblichbraun eingefärbt. Das Meer und die Flüsse sind mit deckender, graublauer Farbe ausgeführt, die Gebirge mit dunkelgrüner Farbe eingezeichnet. Ob das Innere der mit blassroter Tinte eingetragenen Vignetten mit weißer Farbe ausgefüllt oder einfach leer gelassen wurde und die Farbe des Pergaments aufweist, ist nicht mit Sicherheit festzustellen; die Vignetten weisen Zinnen auf, diejenigen der Bedeutenden Städte drei Türme. Lokalisationspunkte scheinen zum Teil sehr klein und vage sichtbar, Symbole für die ethnische Zugehörigkeit sind jedoch keine vorhanden. Alle Beschriftungen sind mit schwärzlicher Tinte und in der Regel in Minuskelschrift eingetragen, vielleicht von derselben Hand, die den Text der *Geographie* kopierte; die Namen der Meere und der Insel sind jedoch in epigraphischer Auszeichnungsmajuskel geschrieben. Angaben an den Kartenrändern zu den Stunden und Parallelen fehlen.

Gestaltung der Teilkarten gemäß der B-Redaktion (am Beispiel der Europa-Karte 14 [Italien, Korsika]): Kartenrahmen und Gradnetz mit blassbrauner Tinte, Gradeinteilung (nur in ganze Grade) und Gradnetzbeschriftungen sowie Stundenangaben am östlichen Kartenrand mit brauner Tinte. Festlandumrisse und Flüsse mit brauner Tinte vorgezeichnet; Gewässer koloriert mit tiefblauer, nicht deckender, wässriger Farbe (Meere nur entlang der Küstenumrisse und gegebenenfalls der Innenseite des Kartenrahmens eingefärbt); Gebirge mit brauner, wässriger Farbe ausgeführt. Einige Partien des Festlandes sowie einige Toponyme (z.B. diejenigen, die den Hauptgegenstand der Karte bilden) sind – gleichsam wie mit einem Leuchtstift – gelblich markiert. Vignetten mit blassroter Tinte, mit Zinnen und im Fall der Bedeutenden Städte mit drei bis fünf

---

249 Siehe auch oben S. 227 und 264 sowie unten S. 303. Allerdings wird die Reihenfolge der Karteninhalte an sich durch den Text vorgegeben und könnte vom Kartenzeichner selbst bei einer Vorlage mit verdrehter Reihenfolge wie in den Handschriften s und c theoretisch auf der Basis des Textes wiederhergestellt worden sein. Da im Fall der Handschrift v jedoch nur die Karten im Nachhinein gezeichnet und eingefügt wurden, ist es wahrscheinlicher, dass sich die dafür verantwortliche Person nur auf die Kartenabbildungen konzentriert und den Text nicht näher beachtet hat.

250 Zur Positionierung dieser Karte auf f. 1v s.u. *Stemmatologische Notizen* und *Geschichte*.

Türmen ausgestattet (fünf Türme weist z.B. Rom auf); Symbole mit ethnischer Zugehörigkeit sind mit blassroter Tinte eingetragen. Sämtliche Beschriftungen mit brauner Tinte (Ausnahme: Völkernamen mit blassroter Tinte) und in Minuskelschrift (einzige Ausnahme: Name Italiens in Majuskelschrift) ausgeführt.
Gestaltung der Weltkarte: Gradnetz sowie Stundenangaben am östlichen Kartenrand mit blassbrauner Tinte; Gradeinteilungen am Nord- und Südrand der Weltkarte in Intervallen von fünf Graden (so z.B. auch auf der Weltkarte des Plut. 28.49 [O]), entlang des Äquators in Halbgradintervallen (auf der Weltkarte der Handschrift O nur in Gradintervallen). Meere von fast deckend blauer Farbe; Festlandregionen mit hellblauer, wässrig dunkelbrauner, wässrig hellbrauner oder wässrig grüner Farbe koloriert. Beschriftungen (mit Ausnahme der Stundenangaben, s.o.) mit brauner Tinte, ausschließlich in Minuskelschrift. Rund um die Weltkarte sind die Windköpfe samt Oberkörper mit langen Blasrohren dargestellt, an der Südostecke der Karte der Zodiakos (offenbar ohne Sonnen).

Einband, Schutzblätter

Moderner Einband („Hauseinband" des British Museum) aus dem Jahr 1913: Die Buchdeckel, vermutlich aus Karton, sind überzogen mit braunem Leder. Die Ecken der Buchdeckel und der Buchrücken einschließlich der Partien des Übergangs vom Rücken zu den Deckeln sind mit dunkelbraunem Leder verstärkt, wobei die Verstärkungen von einer goldenen Doppellinie abgeschlossen werden. Der Buchrücken hat fünf Bünde. Von oben nach unten steht zwischen dem ersten und zweiten Bund in goldenen Lettern «CLAUDII / PTOLEMAEI / GEOGRAPHIA.», zwischen dem zweiten und dritten Bund ebenso «BRIT. MUS.», zwischen dem dritten und vierten Bund ebenso «BURNEY MS. / III.». Der Buchrücken ist bescheiden geschmückt mit einfachen oder doppelten, horizontal verlaufenden goldenen Linien. Oberhalb des ersten Bundes befindet sich eine rechteckige, weiße, aufgeklebte Papieretikette mit dem Aufdruck in schwarz «$681 / E» (Olim-Signatur? Siehe auch unten *Schutzblätter*). Den Spuren nach klebte auch auf der untersten Partie des Buchrückens vermutlich einmal eine Etikette.

Beide Spiegel sind überzogen mit dem braunen Lederbezug der Buchdeckel des früheren Einbandes aus dem 18. Jh. (vielleicht war dies der Einband des Vorbesitzers Talleyrand, s.u. *Geschichte*). Das Blindstempelmuster auf beiden Spiegeln ist identisch. Außerdem befindet sich jeweils oberhalb der Mitte ein goldenes Rähmchen mit abgerundeten Ecken, das von Pflanzenmotiven umgeben ist; in diesem Rähmchen steht in goldenen Buchstaben «Codex / Burneianus.».

Die Schutzblätter sind allesamt nicht nummeriert. Beide Vorsatzblätter bestehen aus modernem, festem hellbräunlichem Papier ohne Kett- und Ripplinien; die Rectoseite des ersten Vorsatzblattes (f. ⟨I⟩r) ist jedoch mit einem Marmormuster von glänzender Oberfläche in den Farben Dunkel- und Hellgrau, Dunkel- und Hellblau sowie Weiß und Schwarz überzogen. Von den drei Nachsatzblättern ist das erste (f. ⟨I′⟩) aus gräulichbräunlichem Papier mit Kett- und Ripplinien, aber ohne Wasserzeichen (Faltung in-folio); die beiden hinteren Nachsatzblätter (f. ⟨II′–III′⟩) sind aus demselben Papier wie die Vorsatzblätter, wobei die Versoseite des letzten Nachsatzblattes (f. ⟨III′⟩v) wiederum die bereits für f. ⟨I⟩r beschriebene Marmormusterung aufweist.

Schutzblätter
(f. ⟨I–II⟩) Vorsatzblätter:
(f. ⟨I⟩r) leer.
(f. ⟨I⟩v) In der unteren äußeren Ecke, mit Bleistift, modern, von verschiedenen Händen mehrere Einträge unbekannter Bedeutung: «$681E»; darunter von einer zweiten Hand «Sal. Cup $^{\underline{d}}$ 27 / Ḷ b.», wobei die zweite Hälfte des Eintrags ab der Zahl von einer anderen Hand (von der ersten Hand?) durchgestrichen wurde. Bevor die zweite Hälfte dieses Eintrags durchgestrichen wurde, schrieb eine dritte Hand oberhalb des Eintrags «48.B»; auch dieser Zusatz wurde, vermutlich wiederum von der ersten Hand, durchgestrichen. Ganz unten schließlich steht von einer vierten Hand «163^{a}. h.», wobei auch dieser Eintrag durchgestrichen wurde (von der ersten Hand?).
(f. ⟨II⟩r) Am oberen Blattrand, in der Mitte, in schwarzer Farbe, vermutlich gestempelt, Signatur «BURNEY 111.». – In der Blattmitte gegen innen rechteckiger, an seinem linken Rand eingeklebter Zettel von derselben Farbe wie das Blatt mit folgender Aufschrift: Oben mit schwarzem Stift von Hand Signatur «Burney MS 111»; darunter gedruckt «For printed text or notices of this MS. see:»; darunter mit schwarzem Stift von Hand bibliographische Verweise auf Fischer 1932 und Id., *75 Jahre Stella Matutina* (s.u. S. 290, Anm. 256); darunter, wiederum gedruckt, «Readers are requested to notify the Superintendent / of the Students' Room of any additions that may be made to the above».
(f. ⟨II⟩v) leer.
(f. ⟨I′–III′⟩) Nachsatzblätter:
(f. ⟨I′⟩r) In der Blattmitte, gegen innen, mit Bleistift von moderner Hand, schwer entzifferbarer Eintrag «114 Fols Ṣịṛ April 1872. / J̣ẈJ̣». – (f. ⟨I′⟩v) leer.
(f. ⟨II′–III′⟩) leer.

Erhaltungszustand

Die Pergamentblätter sind besonders entlang der Ränder geschwärzt (Verschmutzung?). Am stärksten betroffen sind die Blätter 1–2, die auch viele Wurmfraßlöcher aufweisen. Mehrere Folia sind außerdem mit Pergament restauriert, so z. B. f. 1–4 an der oberen äußeren Ecke (die bei den genannten Blättern mit Absicht weggeschnitten worden zu sein scheint) und im unteren Bereich des äußeren Randes. Des Weiteren sind öfter Restaurierungen im Bereich des Falzes festzustellen (z. B. f. 1–2, 24, 26 usw.). Der ganze untere Rand von f. 109 ist aus unbekanntem Grund weggeschnitten, allerdings ohne Textverlust. Das letzte Pergamentblatt (f. 114) weist, abgesehen von den Restaurationsarbeiten im Bereich des Falzes, am oberen Rand und an der unteren äußeren Ecke, einen Riss auf, der zusammengenäht wurde, sowie auf seiner Versoseite oben und unten kleine rundliche schwarzbraune Flecken, in die sich zum Teil ein Loch „hineingefressen" hat.

Bisweilen wurden die Kartendoppelblätter äußerst lose eingefügt, so z. B. f. 57–58 und 92–93. Die Farben der Karten haben Abdrücke auf den gegenüberliegenden Seiten hinterlassen (vgl. z. B. f. 17r, 37v). Zum Erhaltungszustand der eingefügten Kartenblätter siehe auch oben *Karten*.

Stemmatologische Notizen

Schnabel hat den Burney 111 (v), ohne Zweifel aufgrund des Kartensatzes, der Textfamilie ω mit dem Hauptvertreter Plut. 28.49 (O) zugeordnet, ja Handschrift v gar als „wenig veränderte Abschrift von O" eingeschätzt, wobei er f. 1 mit der Taprobane-Karte als nicht zur Handschrift v gehörig und einer anderen Handschrift entnommen betrachtete.[251] Demgegenüber dürfte gerade die Karte auf f. 1 als einzige zum alten Bestand der Handschrift gehören, während die übrigen Karten, wie bereits erwähnt, nachträgliche Einfügungen sind und nicht zum ursprünglichen Produktionsplan der Handschrift gehörten. Die Reihenfolge der Asien-Karten 15 und 16 könnte allerdings ein Indiz dafür sein, dass diese später eingefügten Karten tatsächlich auf Handschrift O zurückgehen (s. o. *Karten*). Wie die folgenden stemmatologischen Kontrollen zeigen, war Handschrift O jedoch mit Sicherheit nicht die Textvorlage der Handschrift v. Gemäß Diller weist Handschrift v einen ähnlichen, aber nicht identischen Mischtext wie der Vat. Pal. gr. 314 (Z) auf, dessen Textform er auf Einflüsse der Handschriften Vat. gr. 177 (V), Marc. gr. Z. 516 (R) und Suppl. gr. 119 (C) einerseits und des Vat. gr. 191 (X) anderseits zu-

251 SCHNABEL 1938, 16.

rückführte.[252] Der Textschluss ab *Geogr.* 8,20,27 (d. h. ab den letzten drei Paragraphen der Beischrift zu Asien-Karte 4) wertete Diller jedoch als reinen ω-Text. Gleichzeitig vermutete er, dass der Vat. Pal. gr. 388 (A) eine Abschrift von Handschrift v sei.
Ausgewählte Stellen: (f. 3r) Die **Kapitelübersicht zu *Geogr.* 1** gibt 23 Kapiteltitel an, da das 8. und 9. Kapitel zu einem Kapitel zusammengefasst sind. Die Kapitel sind am äußeren Rand der Kolumnen mit weinroter Tinte und griechischen Zahlzeichen durchnummeriert. Auch im Text werden die Kapitel auf dieselbe Weise am Kolumnenrand durchgezählt; dabei werden Kapitel 8 und 9 als selbständige Kapitel gezählt, hingegen erhielt das letzte Kapitel 24 keine Nummer mehr, weshalb die Kapitelzählung auch im Text mit der Nummer 23 endet. Das 24. Kapitel ist jedoch durch den Kapiteltitel und eine entsprechende Initiale als eigenständige Einheit gekennzeichnet, auch wenn eine Nummer fehlt. Eine kleine Besonderheit: Die Kapiteltitel setzen jeweils nicht auf einer neuen Zeile an, sondern schließen sich direkt an das Vorangehende. Die Kapitelanfänge werden jedoch immer auf eine neue Zeile gesetzt. – Die **Homoioteleuton-Lücke** in *Geogr.* 1,24,17 ist nicht vorhanden. – Symbole für die ethnische Zugehörigkeit finden sich auch im Text.
Anhänge: ***1a)*** (f. 13v) Bruchstück der Liste der Provinzen oder Satrapien der Oikumene unmittelbar vor dem Beginn des Ortskatalogs (d. h. zwischen *Geogr.* 2,1 und 2,2), ohne Titel.

(f. 113r) *Poleis diasemoi* Taprobanes (*Geogr.* 8,28) in der Reihenfolge nach der ω-Rezension und in folgender Form: «Ναγάδιβα» – «Ταλακῶρι» – «Μαάγραμμον».

1 (f. 113r, Kol. 2, Z. 7b – f. 113v, Kol. 1, Z. 3b [*sic*]) Liste der Provinzen oder Satrapien der Oikumene gemäß der ω-Rezension, unmittelbar an das Vorangehende anschließend, nicht mit einer neuen Zeile beginnend, in fortlaufender Schrift und nicht in Listenform: Alle Namen stehen im Nominativ, Koordinatenangaben werden keine gemacht.
2 (f. 113v, Kol. 1, Z. 3a [*sic*] – 15) Scholien zur Armillarsphäre, unmittelbar an das Vorangehende anschließend.
3 (f. 113v, Kol. 1, Z. 16–27) Tabelle des Sonnenlaufs gemäß der ω-Rezension.
5 (f. 113v, Kol. 1, Z. 28–41a) Scholion zum Verkürzungsfaktor.
6 (f. 113v, Kol. 1, 41b – f. 114r, Kol. 1, Z. 36) Verzeichnis der Länge und Breite der einzelnen Karten.
7 (f. 114r, Kol. 1, Z. 37 – Kol. 2, Z. 1) Hexametergedicht auf die Weltkarte des Ptolemaios, Titel mit der blass hellbraunen Auszeichnungstinte «Στίχοι ἡρωικοὶ εἰς τὴν Πτολεμαίου χωρογραφίαν».

252 Diller 1966, VIIIf.

8 (f. 114r, Kol. 2, Z. 3–6a)[253] Agathodaimon-Subskription in Ich-Form («[...] ἀγαθὸ δαίμων [...]», exakt wie im Vat. Pal. gr. 388 [A]). Den Rest der letzten Zeile der Subskription (f. 114r, Kol. 2, Z. 6b) füllt das Wort «τέλος», geschrieben mit der blass hellbraunen Auszeichnungstinte. Der Rest der Kolumne ist leer, aber liniert.

Die Reihenfolge der letzten beiden Anhänge **7** und **8** entspricht somit derjenigen in den Handschriften A und Marc. gr. Z. 516 (R), d.h. derjenigen der Textgruppe Π. In den Handschriften A und R befindet sich auch Anhang **1a**.

Geschichte

Über die Entstehungsgeschichte des Burney 111 (v) lässt sich mit Sicherheit nur sagen, dass sich sein Text in einem Typ von Mischrezension präsentiert, dessen Zustandekommen (noch) nicht näher bekannt ist, und dass die Handschrift ungefähr im Verlauf der ersten 100 Jahre nach ihrer Abschrift mit einem Kartensatz, bestehend aus insgesamt 64 Teilkarten und 1 Weltkarte, bestückt wurde. Zu diesem Zweck musste sie auseinander genommen und wieder zusammengebunden werden. Vermutlich diente als Vorlage für diese hinzugefügten Teilkarten der Plut. 28.49 (O). Da Handschrift O in Konstantinopel angefertigt worden sein dürfte und wohl erst am Anfang des 15. Jh. in den Westen gelangte (dazu die Beschreibung der Handschrift O, *Geschichte*), stammt vielleicht auch unser Burney aus Konstantinopel. Ein weiteres Indiz für eine Herkunft aus Konstantinopel könnte auch durch den Vat. Pal. gr. 388 (A) gegeben sein, der vielleicht eine Abschrift von Handschrift v ist. Auf jeden Fall wird auch für Handschrift A, die wohl zwischen 1435 und 1437 kopiert wurde, Konstantinopel als Herkunftsort angenommen (siehe dazu die vorläufigen Bemerkungen zu Handschrift A). Handschrift v enthielt vermutlich auch vor dieser „Einfüg-Aktion" einmal Karten; von ihnen (es dürfte sich um 26 Teilkarten und eventuell 1 Weltkarte gehandelt haben) ist heute aber nur noch die letzte Teilkarte erhalten (Asien-Karte 12: Taprobane); sie ist heute so eingebunden, dass sie f. 1v bildet, dürfte sich ursprünglich aber zusammen mit den übrigen Karten in einer den Atlas bildenden Kodikologischen Einheit am Schluss der Handschrift befunden haben. Sofern Handschrift A tatsächlich ein Apographon von Handschrift v ist, könnte Folgendes dafür sprechen, dass der ursprüngliche Kartensatz von Handschrift v zum Zeitpunkt der Herstellung von Handschrift A bereits nicht mehr vorhanden war: Erstens weist Handschrift A die 4 Epigramme des Planudes ebenfalls ganz am Anfang auf. Im Burney stehen dieselben Epigramme auf demjenigen Doppelblatt, auf dem die bereits erwähnte

253 Auf Zeile 2 dieser Kolumne (f. 114r, Kol. 2, Z. 2) befindet sich eine sehr simple Zierlinie.

Taprobane-Karte abgebildet ist. Dieses Doppelblatt wurde wohl im Verlauf der „Einfüg-Aktion“ oder bereits zu einem früheren Zeitpunkt, nachdem der kodikologisch unabhängige Atlasteil aus nicht näher bekannten Gründen aus der Handschrift entfernt worden war, an den Anfang der Handschrift versetzt (s. o.). Der Kopist der Handschrift A, ein Notarios namens Dukas, hat die Epigramme in seiner Vorlage v höchstwahrscheinlich bereits vor dem *Geographie*-Text vorgefunden und sie deshalb auch in Handschrift A an den Anfang gesetzt. Der ursprüngliche Kartensatz des Kodex Burney war demnach vermutlich um die Mitte der 1430er-Jahre – mit Ausnahme der Taprobane-Karte – nicht mehr vorhanden (siehe dazu auch unten S. 477 f.).

Zu einem wesentlich späteren Zeitpunkt war die Handschrift v im Besitz des französischen Außenministers und Diplomaten Charles-Maurice de Talleyrand-Périgord (1754–1838), bevor sie der klassische Philologe Charles Burney (1757–1817) am 8. Mai 1816 zu einem Preis von 66 Pfund und 3 Sterling bei Leigh & Sotheby's käuflich erwarb (lot 3463). Im Jahr 1818 verkaufte Burneys Sohn Charles Parr Burney die Bibliothek seines Vaters, zu der auch unsere Handschrift v gehörte, dem British Museum. 1973 wurde die Bibliothek des British Museum in die damals neu eröffnete British Library inkorporiert, in der Handschrift v heute aufbewahrt wird.

Die stemmatologischen Kontrollen scheinen die Vermutungen Dillers bezüglich der Vorlagen des Burney 111 (v) zu bestätigen; dennoch empfehlen sich in dieser Frage umfassendere Untersuchungen für ein zuverlässigeres Bild. Ebenfalls zuzutreffen scheint nach den hier vorgenommenen Stichproben Dillers Einschätzung, dass der Vat. Pal. gr. 388 (A) eine Abschrift von unserem Kodex v sein könnte.[254] Diese These ist insofern interessant, als sie die Berücksichtigung der Handschrift A bei der Konstituierung des Textes in Frage stellt.[255] – War Handschrift v auch vor dem nachträglichen Einfügen der B-Karten eine Kartenhandschrift, und zwar mit einem Kartensatz nach der A-Redaktion? Es scheint jedenfalls, dass die ganz am Anfang der Handschrift positionierte Karte auf f. 1v zu ihrem ursprünglichen Bestand gehörte,[256] auch wenn das Doppel-

254 In Handschrift A taucht außerdem auch Zeichnung **5** auf, die nur in wenigen Handschriften vorhanden ist.

255 Demgegenüber wurden die Handschriften A und v in der Teilausgabe von HUMBACH/ZIEGLER als textkritisch relevant behandelt. In der jüngsten Gesamtedition (STÜCKELBERGER) wurden A und v als Sekundärhandschriften herangezogen.

256 So auch SCGM 68. Dass die betreffende Karte zu einem Kartensatz der A-Redaktion gehört, ist in der Sekundärliteratur unbestritten. Die Karte wird sonst jedoch durchgehend als spätere Hinzufügung betrachtet, siehe z. B. Joseph FISCHER, „Der Codex Burneyanus graecus 111“, in: *75 Jahre Stella Matutina*, Festschrift Bd. 1 (Feldkirch 1931) 151–159, dort 153. M.E. weist der kodikologische Befund aber gerade darauf hin, dass die Karte zum Grundbestand der Handschrift gehörte.

blatt f. 1–2, auf dem sie sich zusammen mit einigen Epigrammen des Planudes befindet, wohl eigentlich an den Schluss der Handschrift gehören würde. Falls Handschrift v tatsächlich sämtliche Karten nach der A-Redaktion enthalten haben sollte, müssten sich diese aber wohl, ähnlich wie im Marc. gr. Z. 516 (R), erst ganz am Schluss nach dem *Geographie*-Text befunden haben. Die Disposition des Textes von *Geogr.* 8 in Handschrift v verhält sich nicht so, dass auf jede *Hypographe* die zugehörige Karte hätte folgen können. Die Annahme, dass sich dieser Kartensatz gemäß der A-Redaktion an das Ende der *Geographie* anschloss, lässt auch dessen Verlust einfacher erklären: Der Kartensatz war kodikologisch unabhängig von den Lagen, die den Text bieten, und konnte so ohne Weiteres vom Textblock losgelöst werden. Wie das Abhandenkommen der Karten zu erklären ist – ob sie verloren gingen, verkauft, verschenkt oder gestohlen wurden – und ob neben der noch vorhandenen Taprobane-Karte auch die übrigen Karten nach wie vor existieren, bleibt vorerst ungewiss.

Bibliographie

Catalogue of the Manuscript Maps, Charts and Plans, and of the Topographical Drawings in the British Museum, 3 Bde. (London 1844–1861), dort Bd. 1, 3–5. – De Villiers 1914, 169 und 186f. – Diller 1966, IX. – Fischer 1932, tom prodr. 1: 211, 289, 530; tom. prodr. 2 (ohne Seitenzahlen, Sigle B2): Reproduktion der Europa-Karte 10, schwarzweiß. – Josiah Forshall, *Catalogue of Manuscripts in the British Museum*, New Series, vol. 1, part 2, *The Burney Manuscripts* (London 1840) 45. – Pagonari-Antoniou 1992, 126 und 135f. – SCGM 68. – Schnabel 1938, 15f. – Tudeer 1926, 155f.

Eine kurze Beschreibung sowie mehrere reproduzierte Folia, v.a. mit Kartenabbildungen, sind auf folgender Webseite der British Library zu finden (letzte Abfrage 16. 04. 2013):
www.bl.uk/catalogues/illuminatedmanuscripts/record.asp?MSID=6388&CollID=18&NStart=111

Art der Kontrolle

Original (Oktober 2008).

Milano, Biblioteca Ambrosiana, D 527 inf.
(= Martini/Bassi gr. 997)
Sigle **s**

Geographische Sammelhandschrift.
Konstantinopel (?), ca. 1361–1381, Papier mit Wasserzeichen, 406 × 288 mm; (3) 118 (1) / A–B, 1–24, 24a, 25–76, 78–87, 87a, 87b, 88–118. – Blätter A und 118 sind modern. Der hintere Spiegel ist mit «119» nummeriert.

Inhalt

Block 1 (f. 2–93) Claudius Ptolemaeus, *Geographia* + 64 Teilkarten:

(f. 2r/v) Anhänge zur *Geogr.* – (f. 3r–10v) *Geogr.* 1. – (f. 10v–24av) *Geogr.* 2 + 13 TK (Eu. 1–13). – (f. 24av–39v) *Geogr.* 3 + 12 TK (Eu. 14–25). – (f. 40r–53r) *Geogr.* 4 + 8 TK (Af. 1–8). – (f. 53v–68v) *Geogr.* 5 + 13 TK (As. 1–13). – (f. 68v–82v) *Geogr.* 6 + 15 TK (As. 14–28). – (f. 82v–87bv) *Geogr.* 7,1,1–7,4,13 (= Katalogteil von Buch 7) + 3 TK (As. 29–31). – (f. 88r/v) *Geogr.* 8,1–2.[257] – (f. 88v–89v) Anhänge zur *Geogr.*

(f. 89v) Claudius Ptolemaeus, *Syntaxis mathematica* 2,13 (Exzerpt), inc. «Ἐφωδευμένης δὴ καὶ τῆς τῶν γωνιῶν πραγματίας», exp. «ὅταν δυσμικώτερος ὁ ὑποκείμενος».[258] – (f. 89v–90r) *Scholion geographisch-astronomischen Inhalts*, inc. «Πλάτος πόλεων λέγεται ἡ περιφέρεια τοῦ μεσημβρινοῦ», exp. «πλάτους δὲ, μοίρας ρνς νθ· ἀποχῆς δὲ μοίρας ρογ ιβ:».[259] – (f. 90v–91v) leer.

(f. 92r–93v) *Geogr.* 7,4,14–7,7,4 (= theoretischer Teil von Buch 7). – (f. 93v) Nach dem Schluss von *Geogr.* 7 und einer leeren Schreiblinie, *Scholion astronomischen Inhalts*, inc. «Τὸ καταρχὰς ὁ Πτολεμαῖος ἐν ὧ διαλαμβάνει περὶ ἐνι/αυσιαίου μεγέθους, ἀποδείκνυσι τὸν ἐνιαυτὸν ἡμερῶν / ὄντα τ ξ ε ιδ μη″», exp. «τὸ κατὰ / τοὺς διδύμους ἀπογειότατον ὂν τῶ ἡλίῳ, περιγειότατον / ἐστὶ τῆς σελήνης».[260]

---

257 Die restlichen Kapitel (3–28) von *Geogr.* 8 wurden in dieser Handschrift hier zu den entsprechenden Karten gesetzt und somit in den Ortskatalog eingeflochten.

258 Genau dasselbe Exzerpt aus dem *Almagest* steht nach den Anhängen zur *Geographie* auch im Plut. 28.49 (O), siehe dazu die Beschreibung der Handschrift O, *Inhalt*.

259 Exakt dasselbe Scholion schließt sich auch im Plut. 28.49 (O) an das Exzerpt aus dem *Almagest* an, allerdings bricht es hier im Ambr. D 527 inf. (s) vorzeitig ab (siehe dazu die Beschreibung der Handschrift O, *Inhalt*, insbesondere S. 220 mit Anm. 134).

260 Dieses Scholion wurde im Plut. 28.49 (O) genau an der korrespondierenden Stelle eingefügt, siehe dazu die Beschreibung der Handschrift O, *Beigaben*.

Block 2 (f. 94–100) Weltkarte zur *Geogr.* des Claudius Ptolemaeus + 4 Kontinentkarten:

(f. 94r) Unfertiger Entwurf von Zeichnung **5** (s.u. *Ausstattung*). – (f. 94v–95r) Weltkarte zur *Geogr.* – (f. 95v) *Scholion* (abschließende Worte zur Weltkarte, *Hypographai* zu den Kontinentkarten), in zwei Kolumnen, die beide nur bis zur Seitenmitte reichen; Kol. 1 inc. «Ἐπεὶ δὲ μετὰ τὴν ὑπογραφην [*sic*] της [*sic*] καθόλου διαθέσεως ὡς κατεγράψαμεν συμμέτρως, ὑπεδείξαμεν καὶ πῶς ἂν ἔχει τὸ τῆς γῆς ἡμισφαίριον ἐν ᾧ ἡ οἰκουμένη καταγράφοιτο»,[261] exp. «ἀπὸ δὲ ἀνατολῶν, τόν τε Τάναιν ποταμὸν, ὅστις καὶ διαχορίζη [*sic*] τὴν αὐτὴν Εὐρώπην καὶ τὴν Ἀσίαν. τήν τε Μαιώτιδα λίμνην. καὶ Εὔξεινον Πόντον καὶ Ἐλίσποντον [*sic*] καὶ Αἰγαῖον Πέλαγος. καὶ Κρητικὸν. ἕως τὴν Κρίτην [*sic*] νῆσον:»; Kol. 2 inc. «Ἡ δὲ Λιβύη, διαχορύζεται [*sic*], ἀπὸ τὸν εἰρημένον παράλληλον» (*sic*),[262] exp. «ἀπὸ δε [*sic*] ἄρκτων, τὰ εἰρημένα ὄρη. τό τε Κορωνὸν· καὶ Σάριφα καὶ Παροπάνισον· καὶ Καυκάσια· καὶ Ἰμᾶον:».[263] – (f. 96r) leer. – (f. 96v–97r) Kontinentkarte 1 (Europa). – (f. 97v–98r) Kontinentkarte 2 (Afrika). – (f. 98v–99r) Kontinentkarte 3 (Nordasien). – (f. 99v–100r) Kontinentkarte 4 (Südasien). – (f. 100v) leer.

Block 3 (f. 101–117) Dionysius Periegeta, *Orbis descriptio*, fortlaufend wie Prosa geschrieben, mit stückweise dazwischen geschobener *Paraphrase*, Anonym:[264]

(f. 101v) Titel «Διονισίου [*sic*] οἰκουμένης περιήγησις», inc. «Ἀρχόμενος γαῖαν τὲ [*sic*] καὶ εὐρέα [*sic*] πόντον ἀείδειν» (zur textlichen Abfolge der Folia 101–108 s.u. *Foliierung*), (f. 117r) exp. «ἀνταπόδοσις ἀνταξία μοι γένοιτο: / ἀμετρήτοιο θαλάσσης, τοὺς ἐν τῷ πελάγει / γινομένους. ἰχθὺς, λίθους καὶ ὁδοιπορίας – / τῷ ῥά [*sic*] καὶ ἀλλοίην. διὰ τοῦτο γὰρ διάφορα τὰ κλίματα καὶ / αἱ φύσεις τῆς γῆς. ἐπειδὴ καὶ διάφορον ἔχουσιν αὐτήν. / ἄλλαι δ' ἀλλοῖαι. ἡ τῶν αἰθερίων θέσις ποικιλόχρους.».[265] – (f. 117v) leer.

---

261 Der Wortlaut lehnt sich hier deutlich an *Geogr.* 7,6,1 an, das wohl als „Muster" diente.

262 Orthographisch korrekt müsste der Passus wohl lauten: Ἡ δὲ Λιβύη διαχωρίζεται ἀπὸ τῶν εἰρημένων παραλλήλων usw.

263 Auszüge des Scholions sind abgedruckt bei Fischer 1932, tom prodr. 1, 105 Anm. 1.

264 *In Dionysii Periegetis Orbis descriptionem paraphrasis* (GGM 2, 409–425).

265 Dieser Passus ist hier in Handschrift s sehr stark verblasst und kaum mehr lesbar. Insofern wurde die Transkription (Wortlaut, Orthographie, Akzente, Interpunktion) mit Hilfe der entsprechenden Stelle im Seragl. G. İ. 27 (c) erstellt (siehe die Beschreibung der Handschrift c, *Inhalt*). Der Schluss der *Paraphrase* («ἀνταπόδοσις ἀνταξία μοι γένοιτο», vgl. GGM 2, 425) endet hier in Handschrift s in der Spitze eines *cul-de-lampe*. Der anschließende Text wurde, wie im Seragl. G. İ. 27 (c), auf fünf Zeilen verteilt, die hier in s aber abweichend umgebrochen werden.

Beigaben: (Block 1, *passim*) An den Rändern mit schwarzer Tinte, von einer späteren Hand,[266] arabische Scholien. – (Blöcke 1–2, *passim*) Im Text und an den Rändern mit schwärzlicher, nicht satt zeichnender Tinte von einem späteren Scholiasten/Korrektor Scholien (Korrekturen, Ergänzungen, Bemerkungen). – Mit eher hellbrauner Tinte von einer Hand, die nicht an der Abschrift der *Geographie* beteiligt war (und die vielleicht auch Foliierung 2 [dazu unten *Foliierung*] und die Nachträge außerhalb der Kartenrahmen, wie etwa die Ergänzung von παράλληλος, vorgenommen hat [?]), zwei Scholien unterhalb von Karten:[267] (f. 43v) Unterhalb von Afrika-Karte 3 «ποία πόλις ἐστὶν ἡ Θαρσίς: ἐνθαυτα [*sic*] Ἰνδικήν τινα χώραν Τυναὶς ὀνόμασαν· οἷδε [*sic*] τὸν Ἰεζεκιὴλ [*sic*] ἑρμηνεύσαντες, τὴν / Καρχιδόνα [*sic*] τὴν τῆς Λιβύης προκαθημένην, οὕτως ἐκάλεσαν:». (f. 66r) Unterhalb von Asien-Karte 10 «καὶ ἐδούλευσε τῆ Βάαλ Τύριων, οὗτος θ(εὸ)ς· ὡς Ἰώσηπος [*sic*]· ἡ δὲ Ἀστάρτη Σιδονίων· ἣ [*sic*] καὶ τὰ ἄλση ἀνετẹ́θησαν ἡ αὐτὸς τῆ Ἀφροδίτη: / ⟨Ἀ⟩στάρτη δε ἐστὶν ἡ παρὰ Ἕλλησιν ὀνομαζομένη Ἀφροδίτη: / Σαμαρεία δέ ἐστιν ἡ νῦν Σεβαστὴ προσαγορευομένη, εν [*sic*] ἧ περ ἢν [*sic*] τῶν δεκαφυλῶν τὰ βασίλεια.». – (f. 88r) In der unteren äußeren Ecke, am Rand, mit der Tinte des Haupttextes,[268] von Hand 2 (dazu unten *Schreiber*), Scholion zur Aufteilung der Karten und dem Einfügen der Kapitel 8,3–28 in den Ortskatalog: «Ση(μείωσ)αι Πρόσχες ὁ ἀναγινόσκων [*sic*], ὅτι τοὺς εἰρημένους πίνακας, ἐπροεγράψαμεν [*sic*] ἡμεῖς αὐτοὺς [*sic*] ὄπισθεν ἕκαστον εἰς τὸν τόπον οὗ ἐπέχει· ἤτοι ἑκάστης ἐπαρχίας, ἀνὰ ἕκαστον εἰς τὴν τοποθεσίαν αὐτοῦ, καθὼς ὁ ζητῶν, μέλλει ευρεῖν [*sic*]. δεικνύοντες ἑκάστης τοποθεσίας διασήμων πόλεων τὰς διαστάσεις ἀπὸ τοῦ δι Αλεξανδρείας [*sic*], ἤτοι πρὸς ἀνατολὰς, ἢ πρὸς δυσμὰς μεγέθεσι τῶν ἔγγιστα ἡμερῶν ἰσημερινῶν. καὶ εἰ ἅπαξ ἢ δὶς ὁ ἥλιος γίνεται κατὰ κορυφὴν ὅταν ἀπέχει [*sic*] τῆς θερινῆς τροπῆς ἐφ᾽ ἑκάτερα, μοίρας ὅσας καὶ δικνύ† εἰς τὰ ὄπιθεν προγραφέντα.».[269] – (f. 90r) Rechts neben der ersten Zeile

---

266 So Martini/Bassi 1071.

267 Zu diesen beiden Scholien siehe auch die Beschreibung der Handschrift c, *Beigaben*.

268 Nur das erste Wort und die Initiale des zweiten Wortes des Scholions sind mit Auszeichnungstinte ausgeführt.

269 Für die korrupte Stelle vergleiche die Transkription des Scholions, wie es sich im Seragl. G. İ. 27 (c) präsentiert (Beschreibung der Handschrift c, *Beigaben*); das ganze Scholion wird leicht korrigiert zitiert von Kubitschek 1935, 116f. Dieses textlich und sprachlich nicht unproblematische Scholion dürfte etwa folgendermaßen zu verstehen sein: „Aufgepasst! Der Leser beachte, dass wir die besagten Karten selbst vorzeichneten, hinterher, eine jede an die Stelle, wo sie hingehört, bzw. von jeder Provinz entsprechend zu der Beschreibung ihrer Lage, weil der Suchende fündig werden soll. Dabei zeigen wir von jeder Beschreibung die Entfernungen der *Poleis diasemoi* von dem ⟨Meridian⟩ durch Alexandria in Richtung Osten oder Westen mittels der annähernden Dauer der Äquinoktialtage, und ob die Sonne einmal oder zweimal im Zenit steht, wenn sie vom Sommerwendepunkt zu bei-

von Kol. 1 (Kol. 2 auf dieser Seite leer), mit schwarzer Tinte und breiter Feder, von späterer Hand, nicht klar entzifferbarer Eintrag «ε̣ζ̣ο̣π̣α̣τ̣ε̣ο̣μ̣α̣ι̣» oder «ε̣ξ̣ο̣π̣α̣τ̣ε̣ο̣μ̣α̣ι̣» (?). – (f. 117r) Kol. 2, unten, mit roter Tinte von Hand 2 Schlussschrift «τέλος Διονυσίου, τοῦ τῆς οἰκουμένης τὴν περιήγησιν / συγγραψαμένου: ͵α̅ρ̅π̅ε̅ʹ».[270] Anschließend vier nicht ganz vollgeschriebene, stark verblasste und kaum entzifferbare Textzeilen, abgesehen von den rubrizierten Initialen mit der Tinte des Haupttexts geschrieben: Gedicht auf Dionysios und sein Werk.[271] Unmittelbar anschließend, auf der untersten Schreiblinie, mit roter Tinte, Schreiberspruch «τῷ δόντι τέρμα τῇ δε [*sic*] τῇ βίβλῳ χάρις», gefolgt von einem τέλος-Zeichen.

Foliierung

1) (f. 1–118) Auf der Rectoseite in der oberen äußeren Ecke mit Bleistift arabische Zahlen. Unregelmäßigkeiten: + f. 24a, 87a, 87b; kein f. 77 (ohne Textverlust); f. 118 von anderer, wohl moderner Hand nummeriert. – *2)* (f. 3–117) Auf jeder Seite ungefähr in der Mitte des unteren Randes mit brauner Tinte griechische Ordinalzahlen, beginnend auf f. 3r (= Anfang des *Geographie*-Textes!) mit «α^{ον}». Diese Zählung hinkt der Foliierung 1 zuerst um den Wert –2 hinterher, ab f. 25 nur noch um den Wert –1, ab f. 78 wiederum um den Wert –2, ab f. 88 stimmt sie mit Foliierung 1 überein. Die Zahlen von Foliierung 2 sind oft nicht mehr sichtbar (durch Wasser ausgewaschen, abgeschnitten).

Die textlich korrekte Abfolge der Blätter 101r–108v (Dionysius, *Orbis descriptio*, erste Hälfte) lautet: f. 101v–108r (nur Kol. 1, oben), 101r, 108r (ab Kol. 1, unten) – 108v. Vgl. auf f. 108r, Kol. 1, oben, mit roter Tinte, von der Hand des Kopisten die entsprechenden Hinweise zu der Textumstellung; diese gestörte Reihenfolge geht demnach auf ein Versehen beim Kopierprozess zurück.

Beschreibstoff

Papier mit Wasserzeichen,[272] bräunlich, recht dick und steif, mit sehr gut sichtbaren, groben Ripplinien, aber schlecht erkennbaren Kettlinien.

---

den Seiten so viele Grade entfernt ist, wie er auch zeigt [der Text ist hier korrupt; s.o. S. 258 die Parallelstelle im Seragl. G. İ. 27 (c)] in Hinsicht auf das hinten Beschriebene.“

270 Martini/Bassi 1071 zu dieser Zeitangabe (1185!): „sed hoc datum ex nostra sententia falsum est.“ Siehe dazu auch unten *Geschichte*.

271 Dasselbe Gedicht befindet sich an entsprechender Stelle im Seragl. G. İ. 27 (c), wo es den absoluten Textschluss bildet.

272 Schnabel 1938, 16 spricht ganz falsch von einer „Pergamenthandschrift“.

Wasserzeichen

1 (z.B. f. 72, 90 usw.; erstes Auftreten f. 13, letztes Auftreten f. 116) „Hirschkopf mit Torso und Vorderläufen“, keine genaue Entsprechung in den Repertorien. Vergleichbar mit Piccard *Vierfüßler* III, 467 und 469 (Wasserzeichenpaar, beide Pisa 1371), der Abstand zwischen den Kettlinien misst dort jedoch gut 43 mm, während er in unserer Handschrift rund 50 mm beträgt. Nicht unähnlich ist auch Briquet *Demi-cerf* 3273 (Spanien 1369), wo 20 Ripplinien ca. 53 mm messen (wie in der Handschrift auch), dieses Wasserzeichen wird aber von einer Kettlinie durchlaufen, was in der Handschrift nicht der Fall zu sein scheint.[273]
2 (z.B. f. 47, 57 usw.; erstes Auftreten f. 2, letztes Auftreten f. 113) *Navire*, sehr ähnlich wie Briquet 11957 (Genua 1371): 20 Ripplinien = 48,5 mm (Handschrift: 52 mm), Abstand zwischen den Kettlinien ca. 27 mm (Handschrift: ca. 28 mm), Dimensionen des Wasserzeichens 62,5 × 39 mm (Handschrift: ca. 63,5 × 40).[274] – Das Wasserzeichen *Navire* wird in der Handschrift von einer Kettlinie durchlaufen, der Mast des Schiffes verläuft sehr nahe entlang der Kettlinie oder fällt sogar mit dieser zusammen. Dieses Wasserzeichen tritt häufiger auf als das oben beschriebene, in der Sekundärliteratur wurde bisher jedoch nirgends darauf hingewiesen. Der hohe Ähnlichkeitsgrad des Wasserzeichens mit Briquet 11957 (Genua 1371) lässt den Entstehungszeitraum der Handschrift etwa auf die Jahre 1361–1381 begrenzen.[275]

Organisation der Lagen

Lagen: ($1^{f.\,A}$ + $I^{f.\,1}$) $11.IV^{f.\,87b}$ + $III^{f.\,93}$ + $I^{f.\,95}$ + $5^{f.\,100}$ + $2.IV^{f.\,116}$ + $1^{f.\,117}$ ($1^{f.\,118}$). – Die *Geographie* mit den 64 Teilkarten (einschließlich der vorausgehenden Anhänge zur *Geographie* auf f. 2) ist auf Quaternionen geschrieben, nur die letzte Lage ist ein Ternio. Die Weltkarte ist auf einem separaten Doppelblatt angebracht. Ebenso wurde jede der vier Kontinentkarten ursprünglich auf ein loses Bifolium gezeichnet. Darauf wurden diese insgesamt vier Bifolia hintereinandergereiht und zusammengeklebt: Die (leere) hinterste Seite des 1. Doppelblatts mit der (leeren) vordersten Seite des 2. Doppelblatts, die hinterste Seite des 2. mit der vordersten Seite des 3. Doppelblatts usw., wodurch eine aus fünf Blättern bestehende Lage mit zwei einfachen äußeren und drei doppelten inneren

273 Nicht zutreffend ist der Vergleich des Wasserzeichens mit Briquet *Tête de cerf* 15557 (so Pontani 1991, 568).

274 Nicht unähnlich ist auch Piccard *Anker* VII, 26 (Firenze, 1374/5): Abstand zwischen den Kettlinien 25 mm, Dimensionen des Wasserzeichens 58 × 36 mm.

275 Vgl. dazu Andrist 2007, 26. Weiteres zur Datierung unter *Geschichte*.

Blättern entstand.[276] Kodikologisch gesehen sind die Weltkarte einerseits und die Kontinentkarten andererseits unabhängig von den vorangehenden und anschließenden Lagen, genauso unabhängig von den übrigen Teilen der Handschrift ist die *Periegese* des Dionysios, die auf zwei Quaternionen und ein Einzelblatt kopiert wurde (zur Wertung der Teile als Blöcke s.u. *Geschichte*).
Faltung: in-folio.
Kustoden: Auf der ersten Rectoseite und der letzten Versoseite der Lage in der untersten äußersten Ecke mit brauner Tinte griechische Zahlzeichen; intakt sichtbar nur noch in Lage 18 (IV$^{f.\ 101–108}$).[277] Überreste von Kustoden sind zu erkennen auf f. 72v («θ») und f. 87av («ια»[278]). – (f. 100v) Untere äußere Ecke mit brauner Tinte «δ̄»; wahrscheinlich waren die Bifolia, auf welche die Kontinentkarten gezeichnet wurden, nummeriert mit ᾱ–δ̄.
Keine Reklamanten.
Liniierung: Liniierung kaum erkennbar, mit Blindgriffel, Einstichlöcher sind keine festzustellen. – Die Kolumnen werden von vier durchgezogenen Vertikalen vorgegeben. Im Abstand von ca. 6 mm von der äußersten dieser Vertikalen entfernt ist eine weitere Vertikale gezogen; die dadurch entstandene „Spalte“ dient zur Platzierung der Initialen. Eine letzte Vertikale befindet sich weiter gegen den äußeren Blattrand zu. Die Schreiblinien, in der Regel 57, scheinen von dem äußeren Rand der einen zu dem äußeren Rand der anderen Kolumne unter Aussparung des Interkolumniums gezogen. Eventuell befindet sich eine durchgezogene Horizontale im Raum des unteren Blattrandes. Ob im Ortskatalog als Hilfe zur Ausrichtung der Koordinatenangaben auch in dieser Handschrift zusätzliche Vertikalen gezogen wurden, ist nicht mit Sicherheit zu erkennen, eher scheinen solche aber zu fehlen. – Grundschema: *Muz.* 1-21-11 / 0-1? / 0 / JJ.

Seitenlayout (nur für Blöcke 1–2)

Allgemein 2 Kol., 57 Z.
(f. 15r) 2 Kol., 57 Z. (Kol. 1) bzw. 58 Z. (Kol. 2), 407,5 × 286 mm, Schriftspiegel 311 × 205 mm.
(f. 37r) 2 Kol., 57 Z., 404,5 × 286 mm, Schriftspiegel 310 × 203 mm.
(f. 55r) 2 Kol., 57 Z., 404,5 × 288 mm, Schriftspiegel 311 × 209 mm.

276 Zur Lagenzählung dieser Blätter vgl. aber die folgende Anm.
277 Diese Zählung des Quaternios f. 101–108 als 18. Lage muss sich dadurch erklären, dass die Lagenzählung mit dem ersten Quaternio f. 2–9 beginnt und in Block 2 bei den Kontinentkarten jedes einzelne Doppelblatt als separate Lage aufgefasst und gezählt wurde.
278 Weshalb sich diese Kustode nicht erst auf f. 87bv befindet, dem eindeutig letzten Blatt der Lage, ist unklar.

(f. 84r) 2 Kol., 57 Z., 407 × 289 mm, Schriftspiegel 311 × 201 mm. (f. 117) deutlich kleineren Formats, vielleicht aufgrund seines schlechten Erhaltungszustandes.

Schreiber, Schrift, Tinte

Schreiber: Gemäß Tsavari 1990, 127 ist der Schreiber identisch mit demjenigen des Urb. gr. 83 (t); Reeve 2004, 368 kommentierte diese Zuordnung folgendermaßen: „If she is right that they were also written by the same hand, something is amiss with her descriptions, which put a century between them." In der Tat wird der Urb. gr. 83 in die erste Hälfte des 15. Jh. datiert (s.u. die vorläufigen Bemerkungen zu Handschrift t), wodurch unwahrscheinlich wird, dass in s und t dieselbe Hand am Werk gewesen sein kann.

Im Gegensatz zu der bestehenden Sekundärliteratur über unseren Ambr. D 527 inf. (s) glaube ich in dieser Handschrift nicht nur eine, sondern zwei Hände unterscheiden zu können: (f. 1r–44r, Kol. 2, Z. 13) Hand 1, (f. 44r, Kol. 2, Z. 15[279] – 117r) Hand 2 (inc. «Λιβύης πίναξ δεύτερος» = *Geogr.* 8,14, hier eingefügt in *Geogr.* 4, passend zu Afrika-Karte 3). Ein äußerer Grund für den Handwechsel ist nicht feststellbar.
Haupttext: (Hand 1) Lockere, saubere, kleinformatige, breite und minimal rechtsgeneigte Gebrauchsminuskel mit moderaten Ober-/Unterlängen bei kleinem Zeilenabstand, ohne ausgeprägte Auffälligkeiten; undeutliche Worttrennung, abgesehen von Ligaturen weitgehende Buchstabentrennung; sehr wenige Abkürzungen und Suprapositionen. Schrift unterzeilig bis „die Linie durchkreuzend", Tinte beinahe schwarz. – (Hand 2) Sehr regelmäßige, exakte, kleinformatige, deutlich weniger breite, senkrechte Minuskelschrift mit mäßigen Ober-/Unterlängen bei kleinem Zeilenabstand, ausgeglichen und ohne hervorstechende Charakteristika; klare Worttrennung, gegenüber Hand 1 wesentlich weniger ausgeprägte Buchstabentrennung; wenige Abkürzungen und Suprapositionen. Schrift unterzeilig; Tinte braun, variierend von dunkelbraun bis blassbraun. Der Unterschied der Hände offenbart sich auch deutlich in der Form des in den Koordinatenangaben sehr häufig auftretenden Stigmas (ς).
Auszeichnungsschriften: Werktitel und Buchtitel zu *Geogr.* 7 mit Auszeichnungstinte in Majuskeln. Büchertitel, Kapiteltitel und weitere Hervorhebungen mit Auszeichnungstinte und meist in die Breite gezogener, manchmal leicht vergrößerter Minuskelschrift oder in „Zierminuskel". Hand 1 benutzte eine eher blasse bis sehr blasse rote Auszeichnungstinte mit bräunlichem Stich Richtung Altrosé, nur selten erscheint sie leuchtend rot; Hand 2 arbeitete durchgehend mit leuchtend roter Auszeichnungstinte.

279 Z. 14 ist leer.

Ausstattung, Buchschmuck, Illustrationen

(f. 3r) In Kol. 1 wurden die ersten fünf Schreiblinien (oberhalb des Werktitels) leer gelassen, vermutlich für eine Titelvignette, die jedoch nicht ausgeführt wurde.

Nach der Inhaltsübersicht von *Geogr.* 1, ab *Geogr.* 2 meistens vor den Buchtiteln, vor dem Beginn des Ortskatalogs, in der Regel vor Kapiteltiteln, oft vor den Exzerpten aus *Geogr.* 8 und bisweilen andernorts mit Auszeichnungstinte ausgeführte, geflochtene Zierbalken oder einfache Zierlinien; Hand 2 machte häufig nur lineare Balken.[280]

Initialen: Herausgestellt, vergrößert, mit Auszeichnungstinte, von Hand 1 selten spärlich, von Hand 2 bisweilen einfach verziert.

Zeichnungen: ***1*** Einfache Kegelprojektion in zweifacher Ausführung: **1)** (f. 9r, Kol. 2, Mitte) Diese Zeichnung ist an der richtigen Stelle eingefügt. Sie weist – neben dem bekannten Mangel, siehe dazu oben S. 126 – den Fehler auf, dass die Punkte ξ und π unterhalb (statt leicht oberhalb) der Strecke αβ liegen. Die Beschriftungen beschränken sich in dieser Zeichnung auf die Angabe der Punkte sowie der Werte der Einheiten für die Positionierung der Parallelkreise, wobei derjenige für die Strecke zwischen Äquator und südlichstem Parallelkreis falsch ist. **2)** (f. 9v, Kol. 1, Mitte) Die zweite Zeichnung befindet sich zwischen *Geogr.* 1,24,10 und 1,24,11 und ist somit etwas zu spät eingefügt. Die Fehler, die für die vorangehende Zeichnung beobachtet wurden, wiederholen sich hier. Außerdem sind auf dem Äquator die Punkte ρ und τ nicht eingetragen bzw. wurden die betreffenden Punkte fehlerhaft mit μ und ν bezeichnet. Auch Punkt υ sowie die Werte der Einheiten fehlen, dagegen wurden die Parallelkreise bezeichnet (mit Ausnahme desjenigen von Rhodos).

2 (f. 9v, Kol. 2, im zweiten Viertel der Kolumne) Neigungswinkel: Zeichnung doppelt ausgeführt, die zweite Zeichnung aus Platzgründen nicht neben, sondern schräg diagonal unterhalb der ersten angebracht; korrekt eingefügt.[281] Beide Zeichnungen einschließlich ihrer Beschriftungen stehen auf dem Kopf.[282] In beiden Skizzen ist der Mittelmeridian αεγ falsch gezogen, in der zweiten Skizze auch der Syene-Parallelkreis (vgl. dazu oben S. 127 f.).

---

280 All diese Zier- bzw. Strukturelemente manchmal auch als unterbrochene Linie, deren Teile einen Titel flankieren, oder aber die Linie füllt nur den verbleibenden Leerraum der vorhergehenden Zeile auf.

281 Eigentlich sollte die Zeichnung hier in der Handschrift nicht nach, sondern vor dem (jedoch nur kurzen) Paragraphen *Geogr.* 1,24,13 platziert sein. Genau gleich verhält es sich mit der Einfügung dieser Skizze im Plut. 28.49 (O).

282 Es gilt zu bedenken, dass, betrachtet man die Zeichnungen so, dass sie nicht mehr auf dem Kopf stehen (und so werden sie hier beschrieben), die zweite Skizze zur ersten und die erste zur zweiten wird.

3 (f. 9v, Kol. 2, unten) Ermittlung des Punktes η: Korrekt platzierte und verständlich dargestellte Zeichnung.
***4*a)** (f. 10r, Kol. 1, Mitte) „Unverständliche Skizze" (s.u. Abb. 8B), eingeschoben zwischen *Geogr.* 1,24,18 und 1,24,19.
4 (f. 10r, Kol. 2, unteres Drittel) Modifizierte Kegelprojektion: Die Zeichnung ist nach *Geogr.* 1,24,27 und somit etwas zu früh eingefügt (genau gleich wie im Plut. 28.49 [O]). Sie ist soweit korrekt gezeichnet, jedoch liegen die Punkte μ und ν auf dem Äquator statt dem südlichsten Parallelkreis (wie in O), außerdem wurde Punkt λ aus Platzgründen viel zu tief angesetzt. Der südlichste Parallelkreis ist nicht bezeichnet (wie in O). Des Weiteren wird zu den Parallelkreisen von Thule, Syene und Anti-Meroë (= südlichster Parallelkreis) die geographische Breite angegeben und sind die Werte für die Abstände der Meridiane voneinander auf den Parallelkreisen vermerkt (genau so auch in O).

Auf f. 93r ist der Schluss von *Geogr.* 7,6 in zwei Kolumnen so angeordnet, dass die untere Hälfte des Blattes frei blieb. Es kann sein, dass auf dieser leeren Seitenhälfte Zeichnung **5** (Armillarsphäre), die ihren Platz kurz vor dem Ende von *Geogr.* 7,6 hätte, vorgesehen war. Es kann aber auch sein, dass sich der Kopist entschied, die verbleibende Textmenge aus ästhetischen Gründen auf zwei halbe Kolumnen statt auf eine ganze Kolumne zu verteilen und der leer gebliebene Raum vorerst keinen bestimmten Zweck hatte. In dem Leerraum befindet sich nun aber eine großzügige, die ganze Blattbreite einnehmende Zeichnung **4** (modifizierte Kegelprojektion). Diese ist soweit korrekt ausgeführt, einige Punkte sind aber nicht oder fehlerhaft bezeichnet. Für Details siehe die Beschreibung der Handschrift c, *Zeichnungen*: Der Seragl. G. İ. 27 (c) weist eine Zeichnung der modifizierten Kegelprojektion auf, die nahezu identisch mit der hier behandelten in s ist. In unserer Handschrift hier sind die Punkte in der Skizze jedoch zum Teil anhand von Majuskeln statt Minuskeln angegeben.
5 (f. 94r = Vorderseite der westlichen Hälfte der Weltkarte) Auf diesem ursprünglich leeren Blatt hat der Korrektor/Scholiast (s.o. *Beigaben*) in der unteren Seitenhälfte mit seiner üblichen schwarzen, nicht satt zeichnenden Tinte mit der Skizze einer Armillarsphäre begonnen, die aber unfertig geblieben ist.

Sämtliche Zeichnungen sind sorgfältig mit Hilfe von Lineal und Zirkel ausgeführt. Sie sind (soweit nicht anders vermerkt) mit Auszeichnungstinte angefertigt und mit der Tinte des Haupttextes beschriftet.

Karten

64 Teilkarten (25 Europa-Karten, 8 Afrika-Karten, 31 Asien-Karten) + 1 Weltkarte + 4 Kontinentkarten (Europakarte, Afrikakarte, Nordasienkarte, Südasienkarte):
(f. 11v) Eu. 1 (Hibernia), (f. 12v–13r) Eu. 2 (Albion), (f. 13v) Eu. 3 (Hispania Baetica), (f. 14v) Eu. 4 (Hispania Lusitania), (f. 16v–17r) Eu. 5 (Hispania Tarraconensis), (f. 18r) Eu. 6 (Gallia Aquitania), (f. 19r) Eu. 7 (Gallia Lugdunensis), (f. 20r) Eu. 8 (Gallia Belgica), (f. 21r) Eu. 9 (Gallia Narbonensis), (f. 22v–23r) Eu. 10 (Großgermanien), (f. 23v) Eu. 11 (Raetia, Vindelicia, Noricum), (f. 24v) Eu. 12 (Pannonia Superior/Inferior), (f. 24av) Eu. 13 (Illyricum, Liburnien, Dalmatien), (f. 27v–28r) Eu. 14 (Italien, Korsika), (f. 29r) Eu. 15 (Sardinien), (f. 30r) Eu. 16 (Sizilien), (f. 31v) Eu. 17 (Europäisches Sarmatien), (f. 32r) Eu. 18 (Taurische Chersones), (f. 33v) Eu. 19 (Gebiet der Ausgewanderten Iazygen, Dakien, Moesia Superior/Inferior), (f. 34v) Eu. 20 (Thrakien), (f. 36r) Eu. 21 (Makedonien), (f. 36v) Eu. 22 (Epeiros), (f. 37v) Eu. 23 (Achaia), (f. 38v) Eu. 24 (Peloponnes), (f. 39v) Eu. 25 (Kreta).
(f. 40v) Af. 1 (Mauretania Tingitana), (f. 42r) Af. 2 (Mauretania Caesariensis), (f. 43v–44r) Af. 3 (Africa), (f. 45r) Af. 4 (Cyrenaica), (f. 47v–48r) Af. 5 (Marmarica, Libyen, ganz Ägypten), (f. 49v–50r) Af. 6 (Inneres Libyen), (f. 51v–52r) Af. 7 (Äthiopien südlich von Ägypten), (f. 52v–53r) Af. 8 (Inneres Äthiopien).
(f. 54r) As. 1 (Pontos, Bithynien), (f. 56r) As. 2 (Eigentliches Asien, Lykien), (f. 57v) As. 3 (Galatien, Pamphylien), (f. 59v) As. 4 (Kappadokien, Kilikien), (f. 60v–61r) As. 5 (Asiatisches Sarmatien), (f. 61v) As. 6 (Kolchis, Iberien), (f. 62r) As. 7 (Albanien), (f. 63v) As. 8 (Großarmenien), (f. 64r) As. 9 (Zypern), (f. 66r) As. 10 (Syrien, Palästina), (f. 67v) As. 11 (Arabia Petraea), (f. 67v) As. 12 (Mesopotamien), (f. 68r) As. 13 (Arabia Deserta, Babylonien), (f. 69r) As. 14 (Assyrien), (f. 69v) As. 15 (Susiane), (f. 70v) As. 16 (Medien), (f. 71r) As. 17 (Persis), (f. 71v) As. 18 (Parthien, Wüste Karmanien), (f. 73v–74r) As. 19 (Arabia Felix), (f. 75r) As. 20 (Karmanien), (f. 75v) As. 21 (Hyrkanien, Margiane), (f. 76v) As. 22 (Baktrien, Land der Sogdianer), (f. 78r) As. 23 (Land der Saken), (f. 78v–79r) As. 24 (Skythien diesseits des Imaongebirges), (f. 79v) As. 25 (Skythien jenseits des Imaongebirges), (f. 80v) As. 26 (Serike), (f. 81v) As. 27 (Areia, Land der Paropanisaden, Drangiane, Arachosien), (f. 82r) As. 28 (Gedrosien), (f. 85v–86r) As. 29 (Indien diesseits des Ganges), (f. 87v–87ar) As. 30 (Indien jenseits des Ganges, Land der Sinen), (f. 87bv) As. 31 (Taprobane).
(f. 94v–95r) WK.
(f. 96v–97r) Kontinentkarte 1 (Europa), (f. 97v–98r) Kontinentkarte 2

(Afrika), (f. 98v–99r) Kontinentkarte 3 (Nordasien), (f. 99v–100r) Kontinentkarte 4 (Südasien).

Die Teilkarten befinden sich, ähnlich wie im Plut. 28.49 (O), in den Büchern 2–7, nach oder im Verlauf der Beschreibung des auf ihnen abgebildeten Gebietes.[283] Ein „Kartentitel" in Auszeichnungstinte gibt jeweils an, was auf der betreffenden Teilkarte dargestellt ist. Die Teilkarten sind sorgfältig gezeichnet und beschriftet, beschriftet mit Sicherheit und gezeichnet eventuell von dem jeweiligen Kopisten.[284] Sie sind rechteckig und von unterschiedlicher Größe. Der Text von *Geogr.* 8,3–28, d.h. die Beischriften (*Hypographai*) zu den ptolemäischen 26 Teilkarten, wurde in die Bücher 2–7 eingearbeitet, meistens so, dass einem Kapitel der passende Abschnitt aus *Geogr.* 8 unmittelbar folgt. Der Wortlaut der Kapitel aus *Geogr.* 8, der sich ja auf die 26 Teilkarten der A-Redaktion bezieht, ist unverändert wiedergegeben. Die Weltkarte in gerader Kegelprojektion (wie in O) ist, im Gegensatz zum Sachverhalt in O und in den Kartenhandschriften der A-Redaktion, in unserer Handschrift s erst nach *Geogr.* 8 platziert; ihr folgen vier Kontinentkarten. Diese bilden in Handschrift s den Schluss der *Geographie*. Die westliche Hälfte der Weltkarte (f. 94) war einmal zerschnitten und wurde dann wieder zusammengeflickt.[285]

Gestaltung der Teilkarten: Gradnetz rot, Gradeinteilung im Norden und Süden in bis zu 5′-Abschnitte mit schwarzer und roter Tinte, im Westen und Osten nur in ganze Grade mit schwarzer Tinte; Umrisslinien der Landmassen braun, Grenzlinien rot, Provinzen nicht koloriert; Gewässer mit wässrigem Hellblau (Hand 1) oder hellem, deckendem Graublau (Hand 2), Meere nur entlang der Küstenumrisse und wo nötig entlang der Innenseite des Kartenrahmens koloriert; Gebirge grünlich (Hand 1) bzw. grünlich oder bräunlich und mit Tintenpünktchen und -strichen strukturiert (Hand 2); Vignetten rot, mit Zinnen oder für die *Poleis diasemoi* mit zwei bis vier Türmen versehen, Symbole für die ethnische Zugehörigkeit (rot) und Lokalisationspunkte (schwarz) vorhanden; für einige Objekte wie Altäre, Heiligtümer und dergleichen „gegenständliche" Vignetten. Beschriftungen mit schwarzer Tinte, außer den Gebiets- und Völkernamen mit roter Tinte, gewöhnlich in Minuskeln, abgesehen von den Pro-

283 Der erste Kopist (Hand 1) hat andernfalls in einem Vermerk darauf hingewiesen, auf welcher Karte das betreffende Gebiet abgebildet ist (z.B. f. 28v, am Ende von *Geogr.* 3,2: «ἡ Κῦρνος νῆσος προδιεγράφη μετὰ τῆς Ἰταλίας»).

284 Afrika-Karte 3 (f. 43v–44r; f. 44r Handwechsel!) könnte ein Gemeinschaftswerk beider Kopisten sein: Hand 1 hat die Karte angefangen, Hand 2 hat sie vollendet.

285 Dass es sich dabei um einen bewusst vorgenommenen Schnitt handelte, der die drei Erdteile voneinander trennen und den Zweck haben sollte, dem Hersteller der vier Kontinentkarten als Vorlage zu dienen, wie Miller 1931, 2f. vorschlägt, vermag nicht zu überzeugen.

vinznamen (jedoch nur den im jeweiligen „Kartentitel“ genannten) und gelegentlich von den Meeresnamen in Majuskeln; den Toponymen folgen fast immer ein (Hand 1) bzw. häufig zwei bis drei Punkte (Hand 2). Je nach Platzverhältnissen am westlichen und östlichen Kartenrand Angabe der Parallelkreise, Klimata und Stunden, von Hand 1 meist mit schwarzer, von Hand 2 mit roter Tinte. – Auf einige Orte (z. B. auf Athen, vgl. f. 37v, Europa-Karte 23), wurde mit einer „Zeigehand“ aufmerksam gemacht, vermutlich durch den Korrektor/Scholiasten.

Im Großen und Ganzen entspricht die Disposition der Teilkarten derjenigen im Plut. 28.49 (O). Einige Teilkarten sind hier in Handschrift s jedoch auf einer Versoseite abgebildet, während sie in O auf einer Rectoseite stehen (es sind dies die Europa-Karten 3 und 4 sowie die Asien-Karten 3, 4, 15, 18, 27 und 31) oder aber umgekehrt in s auf einer Rectoseite und in O auf einer Versoseite (Asien-Karten 1, 2, 17 und 28). Außerdem befindet sich Asien-Karte 13 in O auf einer Doppelseite, in s lediglich auf einer Rectoseite. – Genau gleich wie in Handschrift O und im Seragl. G. İ. 27 (c) erstreckt sich auch hier in Handschrift s der Rahmen der Afrika-Karte 7 (f. 51v–52r: Äthiopien südlich von Ägypten) über die ganze Doppelseite und wurde die Grenzlinie zwischen Äthiopien südlich von Ägypten und Innerem Äthiopien weit in f. 51v hinein verlängert. Dies, obwohl die Karte hauptsächlich auf f. 52r abgebildet ist und von f. 51v nur einen schmalen Streifen entlang des Falzes beansprucht. Im Westen beginnt sie nun beim 50. Längengrad statt beim 25., wie der vorgezeichnete Kartenrahmen auf f. 51v ermöglicht hätte. Soweit mit der Lupe erkennbar, wurde der Text auf f. 51v, Kol. 1 „über“ die unnötige Verlängerung der roten Grenzlinie geschrieben, also nachträglich. – Seltsamerweise und im Gegensatz zu O, aber auch im Gegensatz zu der in *Geogr.* 6 vorgegebenen Reihenfolge, wird die Karte von Medien in Handschrift s erst nach statt vor derjenigen der Susiane abgebildet.

Gestaltung der Weltkarte: Kartenrahmen und Gradnetz rot (die Parallelkreise scheinen mit Blindgriffel vorgezeichnet worden zu sein, vgl. f. 94), Gradnetzbeschriftungen rot und braun; Umrisslinien der Landmassen braun, Grenzlinien rot, Provinzen rötlich oder bräunlich koloriert; Gewässer flächig blau, Gebirge mit braunen punktierten Linien dargestellt; wenige rote, mit Türmen versehene Vignetten; Beschriftungen in Minuskeln, vereinzelt in Majuskeln,[286] auf dem Land mit brauner, im Gewässer mit schwarzer Tinte, wie es scheint von Hand 2. Am westlichen

286 Für den Δυτικὸς Ὠκεανός am Westrand der Karte und die Angabe der Himmelsrichtungen Δύσις und Ἀνατολή außerhalb der Karte. Der Einsatz von Majuskeln auf der Weltkarte des Plut. 28.49 (O) beschränkt sich haargenau auf diese drei Stellen (s. o. S. 230 mit Anm. 148). Anders hingegen auf der Weltkarte des Urb. gr. 82 (U): Dort sind nur gerade die Winde mit Majuskeln bezeichnet; die Himmelsrichtungen werden gar nicht angegeben.

Kartenrand sind die Parallelkreise, am östlichen Kartenrand die Äquinoktialstunden für die Dauer des längsten Tages angegeben. Am südöstlichen Kartenrand Zodiakos mit roten, aber nicht langstrahligen Sonnen. Die Zuteilung der Tierkreiszeichen zu den Monatsnamen deckt sich nicht mit derjenigen der Tabelle des Sonnenlaufs (s.u. *Anhänge*, Nr. **3**), da die Monate demjenigen Zeichen beigeordnet sind, unter welchem ihr letztes Drittel steht (z.B. Mai/Zwillinge, April/Stier usw.). Die Windköpfe um die Karte herum (zum Teil nicht fertig ausgeführt bzw. am rechten Kartenrand wohl abgeschnitten) sind als bis zum Bauchnabel abgebildete „Büsten" mit langen „Blasrohren" dargestellt.

Die vier Übersichtskarten sind von Hand 2 im Stil der Teilkarten ausgeführt, die Gewässer sind jedoch flächendeckend koloriert.

Einband

Der byzantinische Einband unserer Handschrift ist dem für das Prodromu-Petra-Kloster in Konstantinopel typischen Einband sehr ähnlich, hat aber andere Einbandstempel als dieser. Deshalb ordnet Cataldi Palau Handschrift s der „fraglichen Gruppe" („gruppo dubbio") dieses Einband-Typs zu. Ungeachtet der abweichenden Einbandstempel zeichnen sich die Handschriften dieser Gruppe gemäß Cataldi Palau durch andere, nicht den Einband betreffende Hinweise auf eine Herkunft aus dem Prodromu-Petra-Kloster aus.[287] Der Einband unserer Handschrift weist ein Deckelschema und einige Einbandstempel auf, die offenbar sehr ähnlich bis vielleicht sogar gleich wie diejenigen des Par. gr. 1570 sind, der einen Besitzvermerk des Prodromu-Petra-Klosters enthält. Handschrift s wurde demnach vielleicht, aber nicht mit Sicherheit im Prodromu-Petra-Kloster eingebunden.

Im Folgenden werden die allgemeinen Charakteristika des Einband-Typs Prodromu-Petra[288] dem Einband der Handschrift s gegenübergestellt: Dreifache Linien geben das Einbandschema vor (in s sind es durch vier parallele Linien gebildete drei Bahnen); Buchdeckel aus hellem Holz mit manchmal sehr ausgeprägter, in vertikaler Richtung verlaufender Maserung (bei s nicht sichtbar, da Spiegel mit Papier überklebt), 10–14 mm dick (in unserem Fall vorderer Deckel ca. 10 mm, hinterer Deckel ca. 13 mm dick), überzogen mit glattem oder mit Stempeln versehenem Leder (letzteres trifft in unserem Fall zu); Farbe des Leders dunkelbraun oder schwarz oder mit einer Farbe „rosso-rosa shocking/fragola" eingefärbt (in unserem Fall dunkelbraun); metallene Buckel, in den vier Ecken mandelförmig, in der Mitte rund oder sternenförmig (bei

287 Cataldi Palau 2001, 21 und 37f.
288 Vgl. dazu Cataldi Palau 2001, 22f.

s nur noch Löcher zu sehen, Buckel entfernt); Schließen in der Regel nicht mehr erhalten, entweder vier (1x oben, 1x unten, 2x außen) oder zwei Stück (außen), zu sehen meist nur noch die pro Schließe angebrachten drei Löcher am hinteren Deckel, die der Verankerung der Schließen dienten (in unserem Fall 4x je drei Löcher); Dekoration der Buchdeckel entweder „schema a cornici concentriche“ oder „schema rettangolo-losanga“ (letzteres in unserem Fall zutreffend).

Beide Spiegel sind mit Papier überzogen, das ein Wasserzeichen „Trois Croissants“ (ohne Entsprechung in den Repertorien) trägt: Drei neben- und aneinander gereihte, von links nach rechts kleiner werdende, allesamt gleich ausgerichtete Mondsicheln, bei der größten der „Rücken“ und bei der kleinsten die „Öffnung“ gegen außen; bei der mittleren ist das durch den „Rücken“ der Sichel vorgegebene Oval vervollständigt. Auf dem vorderen Spiegel in der Mitte oben mit Bleistift Signatur «D 527 Inf»; auf dem hinteren Spiegel in der unteren äußeren Ecke mit brauner Tinte Restaurierungsvermerk «Restaurato per la liberalità della / Società del Giardino. / Gianfranco Ravasi Prefetto / 3 aprile 1992».

Die Schutzblätter A, B, 1 und 118 sind aus Papier mit Wasserzeichen; es ist gegenüber dem übrigen Papier in der Handschrift heller und dünner und weist feinere Ripplinien auf. Blätter A–B sind auf der Rectoseite in der oberen äußeren Ecke mit Bleistift und lateinischen Großbuchstaben foliiert (für die Foliierung der Blätter 1 und 118 s. o. *Foliierung*).
Wasserzeichen der Schutzblätter: (f. A, 118) *Aigle* oder *Armoiries-Aigle*? Keine Entsprechung in den Repertorien: Doppelköpfiger Adler mit Krone, in der einen Kralle ein Schwert, in der anderen ein Szepter haltend, auf dem Torso offenbar ein Wappen, in dem aber nichts abgebildet scheint; unterhalb des Zeichens Monogramm FNF, wobei das erste F seitenverkehrt ist und die vertikalen Striche beider Buchstaben F zusammenfallen mit den beiden vertikalen Strichen von N. Das Wasserzeichen liegt auf einer Kettlinie und erstreckt sich beidseitig weit über die benachbarten Kettlinien hinaus. – (f. 1) *Main*, keine überzeugende Entsprechung in den Repertorien; entfernt verwandt mit Briquet 10712 (Palermo 1482), in der Handschrift ist die Hand aber kleiner, weist keine Linie über das Handgelenk auf und berührt die Blume beinahe.

Schutzblätter
(f. A–B, 1) Vorsatzblätter:

(f. Ar) In der Seitenmitte mit blauem Kugelschreiber, modern, Signatur «D. 527 INF.». – (f. Av) leer.

(f. Br) In der Seitenmitte innen kleines rechteckiges bräunliches Papierstück, nur an seiner linken Seite festgeklebt auf f. Br; darauf stehen, geschrieben mit schwarzbrauner Tinte von später Hand, wohl eines Bibliothekars, Herkunftsbezeichnung und Besitzvermerk

«Portato da Scio da Stephano / Maurogardato» (*sic*, vgl. unten *Geschichte*). – (f. Bv) leer.
(f. 1r) Oben gegen außen, mit schwarzbrauner Tinte, von einer anderen späten Hand Signatur «D. n.° 527»; mit brauner Tinte hinzugefügt, vermutlich von einer weiteren späten Hand «P.te INF». – Ungefähr in der Seitenmitte mit brauner Tinte, geschrieben von Antonio Olgiati,[289] Inhaltsangabe, Kurzbeschreibung der Handschrift, Herkunftsbezeichnung und Besitzvermerk: «Claudij Ptolemaei Geographia. / Dionysius de situ orbis, cum commentarijs Incerti Auctoris; / neque enim ea sunt, quae in hunc Poetam scripsit / Eustathius. / Codex optimus, atque annis ab hinc amplius quadringentis / scriptus. Ex Insula Chio advectus. 1606. Fuit Manuelis Sophiani.».[290] – (f. 1v) leer.
(f. 118) Nachsatzblatt, leer.

Erhaltungszustand

Die Buchdeckel (besonders der vordere) zeigen Spuren von Wurmfraß. Die Blätter sind, v. a. an den Rändern, sehr häufig mit anderem Papier restauriert, das zum Teil schon beschrieben war (mit lateinischer Schrift). Feuchtigkeitsflecken, besonders an den Blatträndern, v. a. oben und unten und dort an den inneren Ecken.

(f. 96r) Restauriert mit einem Stück Papier, auf dessen Rückseite nicht näher entzifferbare griechische Notizen (Federproben?) stehen. (f. 117) Auf der Rectoseite – der letzten mit Text versehenen Seite der Handschrift – ist die Tinte größtenteils stark und fast bis zur Unleserlichkeit verblasst (durch Wasser ausgewaschen?). Demgegenüber ist die Rubrizierung leuchtend rot und äußerst klar. War der Text auf dieser Seite bereits in einem solch schlechten Zustand, als der Rubrikator seine Arbeit ausführte? Die Rubrizierung scheint in dieser Handschrift aber von den Kopisten selbst ausgeführt worden zu sein. Ist die Rubrizierung auf dieser Seite zu einem späteren Zeitpunkt nachgezogen worden? War die rote Tinte gegenüber den zerstörenden Einflüssen soviel resistenter? Die Versoseite von f. 117 wurde leider mit wohl neuerem Papier überzogen, da das Blatt zuvor offenbar zerrissen war; die Versoseite scheint Notizen zu enthalten, die vielleicht weiteren Aufschluss zur Geschichte der Handschrift geben könnten, die aber nur noch an einer kleinen Stelle sichtbar sind.

289 Erster Präfekt der Ambrosiana († 1647).

290 Olgiati schätzte das Alter der Handschrift freilich zu hoch ein. Der Vermerk lehnt sich im Wortlaut an den Eintrag der Handschrift in ein kurz vor der Eröffnung der Ambrosiana entstandenes Bibliotheksinventar an, siehe dazu unten *Geschichte*.

Stemmatologische Notizen

Im Einklang mit Müller und Cuntz sah auch Schnabel im Ambr. D 527 inf. (s) eine Kopie des Plut. 28.49 (O); gegenüber O seien Text und Karten der Handschrift s aber „verderbt und willkürlich geändert".[291] Neben den bereits von Müller vorgebrachten Belegen für diese Abhängigkeit[292] nannte Schnabel weitere Argumente:[293] Der Textschluss ab *Geogr.* 8,25,3 ist in O von verschiedenen Händen und nach verschiedenen Rezensionen kopiert, in s aber vom Schreiber genau so übernommen und zum Teil auf *Geogr.* 6–7 verteilt; in s werden manchmal auf den Teilkarten Städte zu *Poleis diasemoi* gemacht, die in O keine sind, oder umgekehrt in s Städte nicht hervorgehoben, die in O *Poleis diasemoi* mit dreiturmiger Vignette sind; weitere fehlerhafte Abweichungen auf den Teilkarten in s von denjenigen in O.

Tatsächlich spricht Vieles dafür, dass unsere Handschrift s eine direkte Abschrift von O ist. Die Verteilung der Kapitel *Geogr.* 8,3–28 auf die Bücher 2–7 bzw. ihre Zuordnung zu den 64 Teilkarten hier in s zeugt aber von einer kritischen Auseinandersetzung mit dem Werk und einem eigenständigen Umgang mit dem Material. Trotzdem wurden die textlichen Hinweise auf die ptolemäischen 26 Teilkarten der sogenannten A-Redaktion übernommen und nicht an die Verhältnisse der B-Redaktion mit den 64 Teilkarten angepasst. Bemerkenswert ist des Weiteren die Platzierung des theoretischen Teils von *Geogr.* 7 ganz an den Schluss des Werkes, also auch nach *Geogr.* 8,1–2. Nach dem theoretischen Teil von Buch 7 folgen – nach einem Scholion astronomischen Inhalts, das auch in O genau an der entsprechenden Stelle auftritt – nur noch die doppelseitige Weltkarte sowie die ebenfalls je doppelseitigen vier Kontinentkarten. Der Seragl. G. İ. 27 (c) gilt als direkte Abschrift von s, der Urb. gr. 83 (t) wiederum als Kopie von c.[294]

---

291 SCHNABEL 1938, 46. Vgl. auch MÜLLER 1867, 295f.; CUNTZ 1923, 35.

292 Müllers Belege (siehe MÜLLER 1867, 295f., zusammengefasst bei Schnabel 1938, 17): Was in O von verschiedenen Händen geschrieben wurde, kopierte in s ein- und derselbe Schreiber; der in O auf f. 28v am unteren Rand nachgetragene Paragraph *Geogr.* 3,1,58 erscheint in s nach Iguvium (*Geogr.* 3,1,53) falsch platziert im Haupttext (siehe dort f. 26r, Kol. 2), während Iguvium in O auf f. 28v die letzte Zeile von Kol. 1 bildet (mehr dazu in der Beschreibung der Handschrift O, *Stemmatologische Notizen*); alles in O von zweiter Hand am Rand Hinzugefügte wurde in s vom Kopisten in den Haupttext übernommen; alle Scholien in O von zweiter Hand wurden in s von erster Hand kopiert; der Auszug aus dem *Almagest* am Schluss von O findet sich auch in s wieder, mit Ausnahme der in O schlecht lesbaren letzten acht Zeilen (mehr zu Inhalt und Lesbarkeit dieser in s nicht übernommenen Zeilen oben S. 220, Anm. 134); in der Tabelle des Sonnenlaufs wurden die ägyptischen Namen für Juni und Juli ausgelassen, da diese in O radiert sind.

293 SCHNABEL 1938, 17f.

294 TUDEER 1926, 158 und TSAVARI 1990, 324f. betrachteten auch den Urb. gr. 83 (t) als direkte Abschrift von unserer Handschrift s. Siehe dazu auch die vorläufigen Bemerkungen zu Handschrift t, *Stemmatologische Notizen*.

Vergleicht man die Zeichnungen hier in s mit denjenigen in O, sind zwar Parallelen deutlich feststellbar, es wurde aber – sofern O tatsächlich die direkte Vorlage von s war – nicht einfach „blindlings“ abgezeichnet, sondern es sind Anpassungen (z.B. an die Platzverhältnisse) zu beobachten. Ob in der Vorlage eine Zeichnung **5** abgebildet war, ist nicht mit Sicherheit zu bestimmen, da in s auch der Grund für den Leerraum nach *Geogr.* 7,6, wo die Zeichnung platziert werden könnte, nicht genau bestimmbar ist (siehe dazu oben *Zeichnungen*, Nr. **5**).
Ausgewählte Stellen: (f. 3, Kol. 1) Die **Kapitelübersicht zu *Geogr.* 1** bietet der ω-Rezension entsprechend 23 Kapiteltitel, die im Interkolumnium mit griechischen Zahlzeichen in Auszeichnungstinte durchgezählt werden. Die Zählung reicht jedoch nur von 1–20; dabei wird die Nummer 13 (ιγ) übersprungen (wohl aus Nachlässigkeit), dem Titel des 20. Kapitels (Περὶ τῆς ἀσυμμετρίας ...) keine Nummer beigefügt und der nächste Kapiteltitel mit der Nummer 20 versehen (Τίνα δεῖ τηρεῖν ...), während die verbleibenden drei Kapiteltitel nicht mehr nummeriert sind. Im Text werden die Kapitel ebenfalls am Rand mit Auszeichnungstinte in griechischen Zahlzeichen durchnummeriert; in der Regel befindet sich über und unter der Zahl ein kurzer horizontaler Strich, unter dem unteren ein kurzer vertikaler Strich. Die Zahlen sind manchmal durch die Restaurationsarbeiten verdeckt worden. Nicht so aber bei Kapitel 9, dem keine Nummer beigeordnet ist. Es dürfte der Kapitelübersicht entsprechend bewusst nicht nummeriert worden sein. Als 9. Kapitel wurde denn auch ursprünglich das nächste Kapitel nummeriert, das betreffende Zahlzeichen wurde aber zu einem späteren Zeitpunkt ausradiert und durch dasjenige für die Zahl 10 ersetzt. Auch die folgenden Kapitelnummern wurden nachträglich angepasst, jedoch nur bis Kapitel 16 (das ursprünglich die Nummer 15 trug). Deshalb folgt auf das korrigierte Kapitel 16 nochmals ein 16. Kapitel (Περὶ τῶν διαπεφωνημένων ...); nun läuft die Zählung regelmäßig bis zum Schluss weiter, weshalb das letzte Kapitel mit der Nummer 23 (und nicht 24) versehen ist. In *Geogr.* 1 scheinen in Handschrift s demnach ursprünglich sowohl die Kapitelübersicht als auch der Text übereinstimmend in 23 Kapitel unterteilt gewesen zu sein, genau wie sich die Einteilung in Handschrift O verhält. – Die **Homoioteleuton-Lücke** in *Geogr.* 1,24,17 fehlt auch in s (wie in O).

Auf f. 34v, unterhalb der Europa-Karte 20 (Thrakien), steht der dazu passende Ausschnitt aus *Geogr.* 8, in dem Byzanz als *Polis diasemos* genannt wird; am Rand dazu mit Auszeichnungstinte «ἡ Κωνσταντινούπολις» (genau gleich in O, wobei der Passus dort regulär in *Geogr.* 8 erscheint). Analog zu O treten auch in Handschrift s Symbole für die ethnische Zugehörigkeit im Text auf, ausgeführt mit Auszeichnungstinte. In *Geogr.* 3,1 wird, genau gleich wie in O, am Rand mit Auszeichnungstinte angegeben, an welchem Meer die betreffenden Völker angesiedelt sind.

Auf f. 32r unserer Handschrift s, unmittelbar im Anschluss an Kap. 3,6 und Europa-Karte 18 (Taurische Chersones), wurde versehentlich mit der Abschrift von Kap. 8,12 begonnen (*Hypographe* zu Europa-Karte 10 gemäß A-Redaktion: Griechenland). Am Ende der Seite bemerkte der Kopist wohl, dass dieses Kapitel hier viel zu früh eingefügt ist; dementsprechend erklärte er in einer Randnotiz «ἄφες τοῦτον τὸν πίνακα· καὶ ζήτει ἔμπροσθεν» und fuhr auf f. 32v korrekt mit Kap. 3,7 fort. Passend eingefügt wird der Anfang von Kap. 8,12 noch einmal auf f. 36r, unterhalb von Europa-Karte 21 (Makedonien). Es muss sich um ein bloßes Versehen handeln, die Taurische Chersones ist das letzte Objekt der Europa-Karte 8.
Anhänge: (f. 87br) *Poleis diasemoi* Taprobanes (*Geogr.* 8,28) in der Reihenfolge nach der Ξ-Rezension und folgender Form: «Ταλάκωρις τὸ ἐμπόριον» – «Ἀγάδειβα» – «Μαάγραμμον ἡ μητρόπολις», also wie im Plut. 28.49 (O), mit Ausnahme der Orthographie der letztgenannten Stadt. Den textlichen Schluss vor den Anhängen bildet in Handschrift s jedoch *Geogr.* 8,2.
1 (f. 88v, Kol. 1, Z. 17 – f. 89r, Kol. 1, Z. 3) Liste der Provinzen oder Satrapien der Oikumene (unmittelbar anschließend an *Geogr.* 8,2): Provinznamen im Nominativ gemäß der Ω-Rezension, Ausnahme *Geogr.* 8,29,25 «Δραγκιανῆς» (*sic*). Koordinatenangaben zu jeder Provinz; Hinweise auf die Karten fehlen.
2 (f. 89r, Kol. 1, Z. 4–18) Scholien zur Armillarsphäre.
3 (f. 89r, Kol. 1, Z. 19–30) Tabelle des Sonnenlaufs gemäß Ξ-Rezension: «ἥλιος» bei den ersten beiden Monaten ausgeschrieben (leicht abweichend von O), danach durch Sonnensymbol ersetzt; ägyptische Namensform erst ab drittem Monat (August) hinzugefügt (genau wie in O). Dem Juni ist der Krebs zugeordnet, dem Juli sind falsch die Zwillinge beigefügt, in der Folge dem entsprechenden Monat immer dasjenige Zeichen, unter dem sein Beginn steht (so auch in O). Dem Februar waren ursprünglich (in Entsprechung zu O) wohl auch hier in s, wie zuvor schon dem März, die Fische zugeordnet, dann aber ausradiert und von einer anderen Hand mit schwarzer Tinte korrekt durch «ὑδροχόω» ersetzt worden.
4 (f. 89r, Kol. 1, Z. 31 – f. 89v, Kol. 1, Z. 49a) Epitome von *Geogr.* 7,1–4, Titel und *incipit* mit vernachlässigbaren Abweichungen wie in O, exp. «καὶ μεσημβρινώτατοι, καὶ Ὀγανδινοί, καὶ Ναναγηροῖ.». Interessanterweise lautet die Stelle in O (und weiteren Handschriften) «καὶ μεσημβρινώτατοι Ῥογανδινοὶ ...» und ähnelt in O das Rho des Wortes Ῥογανδινοί dem S-förmigen tachygraphischen Zeichen für καί. Der Verdacht liegt nahe, dass der hier tätige zweite Kopist von Handschrift s das Rho als Zeichen für καί fehlinterpretiert hat.[295]

295 Der Hauptkopist des Plut. 28.49 (O), der auch für die betreffende Textstelle verantwortlich war, benutzte in der Regel übrigens nicht das S-förmige tachygraphische Zeichen für

7 (f. 89v, Kol. 1, Z. 49b–55a) Hexametergedicht auf die Weltkarte des Ptolemaios, ohne Titel, nicht mit einer neuen Zeile beginnend, fortlaufend wie Prosa geschrieben, jedoch dank einer kleinen Lücke vor und nach dem Gedicht als Einheit erkennbar;[296] mit einigen Fehlern und nur ansatzweiser Worttrennung, aber vollständigem Wortlaut. Der Titel wurde am äußeren Rand mit schwarzer, nicht satt zeichnender Tinte von der Hand des Scholiasten/Korrektors nachgetragen: «στίχοι εἰς τὴν Πτολεμαίου χωρογραφίαν: ἡρωικοὶ·».
8 (f. 89v, Kol. 1, Z. 55b–57) Agathodaimon-Subskription in Er-Form: «Ἐκ τῶν Κλαυδίου Πτολεμαίου γαρ[297] γρα/φικῶν [*sic*] βίβλων ὀκτῶ· τὴν οἰκουμένην πᾶσαν Ἀγαθὸς Δαίμων / Ἀλεξανδρεὺς μηχανικὸς ὑπετυπώσατο.». Exakt wie in O mit dem charakteristischen Fehler «γαρ γραφικῶν», wobei hier in Handschrift s eine spätere Hand (wohl der Korrektor/Scholiast) über «γαρ» mit schwarzer, nicht satt zeichnender Tinte richtig «γεω» schrieb. Die Subskription bildet hier auf f. 89v das Ende von Kol. 1. Unterhalb der Kolumne, am unteren Rand, fügte der Korrektor/Scholiast mit seiner gewohnten Tinte das Epigramm *Anth. Pal.* 9,577 hinzu und überschrieb es mit dem Titel «εἰς τὸν Πτολεμαῖον».[298]

Weitere Anhänge befinden sich in Handschrift s bereits auf f. 2r/v, also noch vor dem Beginn der *Geographie* und somit von Hand 1 ausgeführt (im Gegensatz zu oben beschriebenen Anhängen), darunter auch Anhang **7**, der demnach in s doppelt auftritt:
5 (f. 2r, Kol. 1, Z. 1–17a) Scholion zum Verkürzungsfaktor, Wortlaut gegenüber Stückelberger 916 leicht abweichend, inc. «Ὅταν δὲ λέγῃ, ὁ δὲ διὰ μέσου αὐτῶν παράλληλος λόγον ἔχει πρὸς τὸν μεσημβρινὸν, ὁ μὲν τοῦ πίνακος τῆς Εὐρώπης».
5a) (f. 2r, Kol. 1, Z. 17b–30a) Zweites Scholion zum Verkürzungsfaktor, leicht variiert: Beginn mit Satz 2), Fortsetzung mit Satz 1), Schluss statt Satz 3) folgendermaßen: «ἤγουν μέτρησον τυχὸν τὴν μεσημβρινὴν μοῖραν εἰς τρία. καὶ πρόσθες καὶ ἕτερα δύο τρίτα· καὶ ποίησον τὴν μοῖραν, τὴν ἀπὸ δύσεως εἰς ἀνατολήν.».
7 (f. 2r, Kol. 1, Z. 30b–37a) Hexametergedicht auf die Weltkarte des Ptolemaios, ohne Titel, nicht mit einer neuen Zeile beginnend, Worttrennung nur ansatzweise, fortlaufend wie Prosa geschrieben, vor dem Gedicht markiert jedoch eine Lücke und vier in diese eingefügte rote Punkte den Anfang eines neuen Textstückes, während der folgende Text absolut

καί, sondern das kringelförmige. Außerdem bleibt zu bedenken, dass der Vergleich der beiden Stellen in O und s zwar dafür spricht, dass s eine Abschrift von O ist, dass aber auch das Szenario einer gemeinsamen Vorlage von O und s in Frage kommt, wobei der Kopist von O die Stelle in der Vorlage so, der Kopist von s hingegen anders gelesen hat.

296 Der anschließende Text beginnt zudem mit einer roten Initiale.

297 Siehe dazu oben S. 235, Anm. 160.

298 Das Epigramm ist auch abgedruckt bei Nobbe XXXII (dort Nr. III).

nahtlos und ohne Interpunktionszeichen anschließt; der Wortlaut des Gedichts ist abgesehen von Kleinigkeiten vollständig, es handelt sich aber um andere Abweichungen als in der Wiederholung des Gedichts auf f. 89v.

6 (f. 2r, Kol. 1, Z. 37b – f. 2v, Kol. 1, Z. 14; Rest der Seite leer) Verzeichnis der Länge und Breite der einzelnen Karten, Titel «ἔκθεν [*sic*, -εν in Abkürzung] μήκους καὶ πλάτους, ἑκάστου πίνακος». Seltsamerweise wurde nach dem Titel und den ersten beiden Paragraphen abgebrochen und nochmals von vorne begonnen.

Geschichte

Die Analyse der Wasserzeichen gibt für den Ambr. D 527 inf. (s) einen ungefähren Entstehungszeitraum zwischen 1361 und 1381 vor. In Anbetracht dieses Zeitraums und der Schlussschrift, in der das – mit Sicherheit unzutreffende – Jahr 1185 genannt wird, könnte das Jahr 1385 als logische Kombination dieser Informationen die durchaus mögliche wirkliche Datierung der Handschrift sein. Die falsche Jahreszahl in der Schlussschrift ließe sich als Verschreibfehler erklären («,αρπε'» = 1185 statt ,ατπε' = 1385).[299] Ihren Einband erhielt die Handschrift vielleicht im Prodromu-Petra-Kloster in Konstantinopel. In dieser Stadt wurde die Handschrift mit höchster Wahrscheinlichkeit auch kopiert (s. u.).

Die ptolemäische *Geographie* präsentiert sich in Handschrift s mit dem Kartensatz nach der B-Redaktion, einer erst am Schluss des Werks beigefügten Weltkarte und vier doppelseitigen Kontinentkarten; s dürfte die älteste unter den Handschriften sein, die diese Kontinentkarten enthalten. Wie in anderen Handschriften auch, ist in s die *Geographie* mit einem andersartigen, ebenfalls antiken geographischen Text kombiniert, der *Periegese* des Dionysios. Paläographische, kodikologische und textgeschichtliche Argumente sprechen dafür, dass die drei Blöcke der Handschrift – *Geographie*, Weltkarte und Kontinentkarten, *Periegese* – von Anfang an als Einheit konzipiert waren.[300]

---

299 Auf jeden Fall scheint es eher unwahrscheinlich, Handschrift s in Verbindung mit dem wohl spätestens 1361 verstorbenen Nikephoros Gregoras bringen zu wollen (so MILLER 1931), obwohl sich dieser erwiesenermaßen mit der ptolemäischen *Geographie* auseinandergesetzt und zumindest in der *Geographie*-Handschrift Coislin 173 (r) auch seine Spuren hinterlassen hat (siehe die Beschreibung der Handschrift r, *Schreiber*). Solche scheinen in Handschrift s aber zu fehlen.

300 Die ganze Handschrift ist das Werk zweier Hände, die sich mitten in der ptolemäischen *Geographie* ablösen. Die Beschriftungen der Karten, vielleicht sogar auch die Anfertigung der Karten selbst, scheinen von denselben beiden Händen vorgenommen worden zu sein. Beide zu beobachtenden Papiertypen tauchen durch das ganze Manuskript hindurch auf. Auch in den Handschriften Seragl. G. İ. 27 (c), Urb. gr. 83 (t) und Parm. Pal. 9 (H) werden dieselben zwei Werke kombiniert.

Es war möglicherweise unsere Handschrift s, die als Vorlage für die arabische Übersetzung der ptolemäischen *Geographie* diente, die Sultan Mehmet II. in Auftrag gab und u.a. in der arabischen Handschrift Ayasofya 2610 aus dem Jahr 1465 erhalten ist.[301] Vielleicht stehen die arabischen Scholien im ersten Block der Handschrift in diesem Zusammenhang (s.o. *Beigaben*). Allerdings würde dieses Szenario nicht mit der Information zusammenpassen, dass Handschrift s wohl um die Mitte des 15. Jh. dem auf Chios lebenden Manuel Sophianos gehörte (siehe aber auch weiter unten).[302] Sie wurde, sehr wahrscheinlich zusammen mit weiteren 13 griechischen Handschriften[303] des Manuel Sophianos, von einem gewissen Stephanos Mavrokordatos[304] aus Chios weggebracht und 1606 von der Biblioteca Ambrosiana angekauft. All diese 14 Handschriften sind spätestens ins 15. Jh. datierbar. Ebenfalls im Jahr 1606 wurden 21 weitere griechische Handschriften aus Chios weggeschafft, die dem Gelehrten Michael Sophianos (gestorben 1565) gehört hatten,[305] einem

---

301 So Stückelberger, EB 42 und 353. Für die Weltkarte nach der modifizierten Kegelprojektion in diesem arabischen Manuskript sowie diejenigen Teilkarten, die der A-Redaktion mit 26 Teilkarten folgen (der Ayasofya 2610 bietet sowohl Teilkarten aus der A-Redaktion mit 26 als auch aus der B-Redaktion mit 64 Teilkarten), scheint hingegen der Seragl. G. İ. 57 (K) Modell gewesen zu sein. Allerdings befindet sich gemäß Stückelberger *l.c.* im Ayasofya 2610 die Weltkarte gleich am Anfang der Handschrift auf Seite 1f. (*sic*), einem separaten Pergamentblatt, weshalb sich die Frage stellt, ob das Pergamentblatt mit der Weltkarte zum ursprünglichen Bestand dieser Papier-Handschrift gehört. Die arabische Handschrift hingegen auch mit dem Vat. gr. 191 (X) in Verbindung bringen zu wollen, wie dies in Stückelberger, EB 42 und 354 geschieht, weil *Geogr.* 8,29 (= Anhang **1**) unmittelbar auf *Geogr.* 7 folge, während der gesamte Text von *Geogr.* 8 fehle, ist abzulehnen. Erstens sind die ersten beiden Kapitel von *Geogr.* 8 gemäß dem Arabisten Fuat Sezgin im Ayasofya 2610 sehr wohl vorhanden (siehe Klaudios Ptolemaios, *Geography.* Arabic Translation [1465 A.D.]. Reprint of the Faksimile Edition of the MS Ayasofya 2610, ed. by Fuat Sezgin [Frankfurt a.M. 1987] 16); nebenbei sei bemerkt, dass demgegenüber *ibid.* gemäß Sezgin die Kapitel *Geogr.* 7,6f. in der arabischen Handschrift fehlen, während Florian Mittenhuber und Celâl Şengör, „Die *Geographie* des Ptolemaios in der arabischen Tradition", in: Stückelberger, EB 336–355, dort 354, die beiden Kapitel in diesem Manuskript festgestellt haben wollen. Zweitens scheint die Positionierung von *Geogr.* 8,29, die insofern vermutlich nicht an *Geogr.* 7, sondern wahrscheinlich an *Geogr.* 8,1f. anschließt, zusätzlich zu bestätigen, dass unsere Handschrift s die Vorlage der arabischen Übersetzung war (vgl. dazu oben *Stemmatologische Notizen, Anhänge*). Übrigens ist der Ayasofya 2610 nicht der einzige Textzeuge der arabischen Übersetzung, wie in Stückelberger, EB wiederholt behauptet wird; eine weitere Handschrift dieser Übersetzung ist der Ayasofya 2596, der jedoch keine Karten besitzt.

302 Siehe Schnabel 1938, 35; vgl. Meschini 1981, 95–97.

303 Es sind dies die Handschriften Martini/Bassi gr. 297, 402, 438, 442, 487, 507, 534, 536, 640, 755, 1012, 1014 und 1017 (Schnabel 1938, 34 Anm. 1).

304 Zu diesem siehe Meschini 1981, 95f.

305 Es handelt sich um folgende Handschriften: Martini/Bassi gr. 48, 68, 186, 265, 299, 317, 320, 364, 411, 446, 466, 523, 602, 638, 687, 691, 795, 864, 881, 912 und 1006 (vgl. Schnabel 1938, 35 Anm. 1 und Meschini 1981, 98–100, die jedoch Nummer 317 nicht nennt und deshalb nur 20 [statt 21] Handschriften aufzählt).

Freund des Gian Vincenzo Pinelli (dessen Privatsammlung in den Besitz der Ambrosiana überging). Diese 21 des Michael Sophianos und die 14 des Manuel Sophianos sowie zwei weitere Handschriften der Ambrosiana, Martini/Bassi gr. 137 und 268, enthalten allesamt die von Antonio Olgiati, dem ersten Präfekten der Bibliothek, verfasste Herkunftsbezeichnung «Ex Chio advectus anno 1606».[306] Michael Sophianos soll die Handschriften des Manuel Sophianos (inklusive unsere Handschrift s) als Familienerbe übernommen haben,[307] worauf sämtliche Handschriften des Michael Sophianos in den Besitz des Stephanos Mavrokodatos übergegangen seien. Demzufolge müsste sich Handschrift s ab ca. 1500 bis 1606 (siehe Schnabel 1938, 35) auf Chios befunden haben. Michael Sophianos nannte sich „Byzantios“, ein Hinweis darauf, dass seine Familie aus Konstantinopel stammte, obwohl sie offenbar schon vor seiner Geburt auf Chios ansässig wurde. Daraus kann geschlossen werden, dass Handschrift s ursprünglich in Konstantinopel war, wofür ebenfalls spricht, dass sich der Seragl. G. İ. 27 (c), mit höchster Wahrscheinlichkeit eine direkte Kopie der Handschrift s, nach wie vor in Istanbul befindet. Ein weiteres Argument für eine Herkunft der Handschrift s aus Konstantinopel könnte sein, dass sie wohl im Konstantinopolitaner Kloster Prodromu-Petra eingebunden wurde.

In einem Inventar, das wohl zwischen 1608 und 1609 – kurz vor der Eröffnung der Biblioteca Ambrosiana (1609) – erstellt wurde,[308] als sich die gesammelten Manuskripte noch in Kisten befanden und dort nach Fonds sowie mehr oder weniger nach Format geordnet waren, ist unsere Handschrift auf den f. 115v–116r unter der Nummer 63 verzeichnet.[309]

Gemäß Schnabel 1938, 17 soll Fischer eine Veröffentlichung dieser Handschrift geplant haben, die aber nie realisiert wurde.[310]

306 In der Regel befindet sich die Notiz auf dem ersten Vorsatzblatt (siehe Meschini 1981, 94). Vermutlich bildeten in unserer Handschrift s f. B und f. 1 früher die einzigen Vorsatzblätter, womit jedoch f. 1, auf dem sich die Herkunftsbezeichnung befindet, das ursprünglich zweite Vorsatzblatt gewesen wäre.

307 In Martini/Bassi XVf. mit Anm. 32 werden die Verhältnisse gerade umgekehrt dargestellt: Manuel habe die Bücher von Michael geerbt, wobei letzterer nicht 21, sondern 22 Codices besessen habe. Zu diesem chronologischen Irrtum bezüglich des Manuel und des Michael Sophianos vgl. Pontani (s. u. *Bibliographie*) 551 mit Anm. 1 und Meschini 1981, 95f.

308 *Index librorum Graecorum manuscriptorum* (Ambr. X 289 inf., f. 110r–129v).

309 «Claudii Ptholomaei Geographia. Item Dionysius De situ orbis cum commentario incerti auctoris, neque enim ea sunt quae in hunc poetam scripsit Eustathius. Codex optimus atque annis ab hinc amplius quadringentis scriptus in folio ex insula Chio // advectus 1606. Fuit Manuelis Sophiani.». Diesen Eintrag übernahm Olgiati nahezu wörtlich und schrieb ihn auf f. 1r (siehe dazu oben *Schutzblätter*).

310 Schnabel 1938, 18 erteilte diesem Plan bereits im Voraus eine herbe Abfuhr: „Angesichts der Tatsache, dass nur eine photographische Wiedergabe von O wissenschaftlichen

Der Ambr. D 527 inf. (s) dürfte eine direkte Abschrift des Plut. 28.49 (O) sein, wobei das Textarrangement überarbeitet und dem Atlas vier Kontinentkarten hinzugefügt wurden. Dass in Handschrift s Anhangmaterial zur *Geographie* auftritt, das in O nicht vorkommt (nämlich die Anhänge **5–6**, die in Handschrift s – zusammen mit Anhang **7** – seltsamerweise der *Geographie* vorangehen), scheint jedoch darauf hinzudeuten, dass neben O eine weitere *Geographie*-Handschrift zum Vergleich vorlag. Beim jetzigen Stand der Untersuchungen ist unklar, um welche Vergleichshandschrift es sich hierbei gehandelt haben könnte.

Bibliographie

Cataldi Palau 2001, besonders 21 und 38. – *Codex. I tesori della Biblioteca Ambrosiana* (Milano 2000) 48f., Nr. 20 (mit zwei farbigen Abbildungen der Weltkarte [Gesamtansicht und Detail]). – Diller 1966, VIIIf.; XII; XIV. – Astrik Ladislas Gabriel, *A Summary Catalogue of Microfilm of One Thousand Scientific Manuscripts in the Ambrosiana Library, Milan* (Notre Dame, Indiana 1968) 130, Nr. 272 und Taf. VI (Reproduktion f. 87ar [und nicht gemäß Gabriel f. 86v!]: Asien-Karte 30, östliche Hälfte, schwarzweiß). – Fischer 1932, tom. prodr. 1, 211f.; tom. prodr. 2 (ohne Seitenzahlen, Sigle B3) Reproduktion der Europa-Karte 10 (f. 22v–23r), schwarzweiß. – Martini/Bassi XVI, Anm. 32; 1070f., Nr. 997. – Kubitschek 1935, 115–125. – Meschini 1981, 94–100. – Miller 1931, *passim* (Taf. I: Lichtdruck/Fotografie der Weltkarte, schwarzweiß/negativ; Taf. II–V: Lichtdrucke/Fotografien der vier Kontinentkarten, schwarzweiß/negativ; vor den Tafeln, ohne Seitenangabe, Übersichtsblatt der Taf. II–V in Steindruck, schwarzweiß). – Müller 1867, 282f.; 286; 295f. – Pagonari-Antoniou 1992, 126 und 135. – Cesare Pasini, *Bibliografia dei manoscritti greci dell'Ambrosiana (1857–2006)* (Milano 2007) 352. – Anna Pontani, „La Biblioteca di Manuele Sofianòs", in: Dieter Harlfinger / Giancarlo Prato (Hrsgg.), *Paleografia e Codicologia greca. Atti del II Colloquio internazionale (Berlino-Wolfenbüttel, 17–21 ottobre 1983)*, tomo 1: testo, tomo 2: tavole (Alessandria 1991) 551–569, dort 557 Anm. 14 und 568. – Reeve 2004, 368. – Paolo Revelli, *I Codici Ambrosiani di contenuto geografico* (Milano 1929) 57f., Nr. 94 und Taf. 9 (Reproduktion f. 31r: Hand 1 und arabische Glossen, schwarzweiß) und 10 (Reproduktion f. 87bv: Asien-Karte 31 [Taprobane], schwarzweiß). – Schnabel 1938, 16–18; 34–36; 46 u.a. –

Wert besitzt, müssen wir den Plan einer Veröffentlichung der Handschrift s als überflüssig bezeichnen, da er nicht einmal für die Geschichte der Kartographie irgendwelchen Wert besitzt"; *ibid.* 46: „Denn sowohl der Text wie die Karten von s sind gegenüber O so verderbt und willkürlich geändert, dass die Veröffentlichung von s an Stelle von O ein Fehler und jedenfalls völlig überflüssig wäre."

TSAVARI 1990, 127. – Gianluca TURCO, „Un antico elenco di manoscritti greci ambrosiani. L'Ambr. X 289 inf., ff. 110–141", in: Carlo Maria Mazzucchi / Cesare Pasini (Hrsgg.), *Nuove ricerche sui manoscritti greci dell'Ambrosiana. Atti del Convegno Milano, 5–6 giugno 2003* (Milano 2004) 79–143, besonders 104f. – Sever J. VOICU / Serenella D'ALISERA, *I.MA.G.E.S. Index in manuscriptorum graecorum edita specimina* (Roma 1981) 412.

Siehe nun auch die Kurzbeschreibung im Online-Katalog der Biblioteca Ambrosiana, in der die von mir eruierte Datierung bestätigt wird (letzte Abfrage 16. 04. 2013): http://ambrosiana.comperio.it/opac/detail/view/ambro:catalog:833853

Art der Kontrolle

Original (April/Mai 2008, Februar/Juni 2009).

Oxford, Bodleian Library, MS. Arch. Selden. B. 46 Sigle N

CLAUDIUS PTOLEMAEUS, *Geographia*.
Konstantinopel; **A:** um 1300 (vor 1305/10),[311] **B:** 14. Jh. (Anfang, wenig später als A); Papier ohne Wasserzeichen; 252 × 166 mm; (4) 274 (3) / ⟨A⟩, i–iii, 1–277. – Olim Seldenianus 41, SUMMARY CATALOGUE Nr. 3376. – Das erste Vorsatzblatt ist nicht bezeichnet.

Inhalt

A. (f. 1–272) PTOL., *Geogr.* 1–8,25,3a:
(f. 1r–37v) *Geogr.* 1. – (f. 38r–78r) *Geogr.* 2. – (f. 78r–120v) *Geogr.* 3. – (f. 120v–152r) *Geogr.* 4. – (f. 152r–192r) *Geogr.* 5. – (f. 192r–221v) *Geogr.* 6. – (f. 221v–246r) *Geogr.* 7. – (f. 246r–272v) *Geogr.* 8,1–8,25,3a, exp. «... ⟨ἡ⟩ μὲν Ἄρεια τὴν μεγίστην ἡμέραν ἔχει ὡρῶν ιδ̄ γʹιβʹ».

B. (f. 273–274) PTOL., *Geogr.* 8,25,3b; 8,25,6–8,28,5 (8,25,4f. und 8,26,4b–11a fehlen, siehe dazu unten *Schreiber*):
(f. 273r–274r) *Geogr.* 8,25,3b; 8,25,6–8,28,5, inc. «καὶ διέστηκεν Ἀλεξανδρείας πρὸς ἕω ὥρας γ̄. Τῶν δὲ Παροπανισάδων ...». – (f. 274v) leer.

311 Dieser *terminus ante quem* ergibt sich durch das ungefähre Todesjahr des Maximos Planudes, der die Handschrift Arch. Selden. B. 46 (N) annotierte (vgl. dazu HUTTER 1982, 3.1, 207); s.u. *Beigaben*.

Beigaben: (f. 1r–272v, *passim*) Mindestens zwei bis vielleicht drei verschiedene Hände (hier mit Korrektor 1–3 bezeichnet),[312] alle mit brauner Tinte und vermutlich nur wenige Zeit nach der Fertigstellung der Handschrift schreibend, haben mit verschiedensten Interventionen wie Korrekturen, Durchstreichungen, Ergänzungen und Bemerkungen zum Text sowie Nachbessern/-ziehen von verblassten Titeln und Textpartien ihre Spuren hinterlassen. Korrektor 1 war sehr wahrscheinlich Maximos Planudes (ca. 1255 – ca. 1305), Korrektor 3 ist vermutlich mit Demetrios Triklinios (ca. 1280 – ca. 1340) zu identifizieren. Die Unterscheidung der Hände dieser Textinterventionen ist nicht einfach und müsste fundierter untersucht werden, als es in diesem Rahmen hier möglich ist. Die folgende Aufteilung ist lediglich ein unverbindlicher Versuch nach einer ersten oberflächlichen Kontrolle.

Korrektor 1 / Maximos Planudes (kleinformatige, leicht rechts geneigte, etwas „nachlässige" Schrift): (z.B. f. 1r/v) Korrekturen, Durchstreichungen, Ergänzungen; (f. 32r) längeres Randscholion; (f. 261v) Randnotiz.

Korrektor 2 / vielleicht identisch mit Hand 4 (s.u. *Schreiber*) (kleinformatige, senkrechte, sorgfältige und mit spitzer Feder ausgeführte Schrift): (z.B. f. 4r, 6v–7r) Randscholien zur *Geographie*.

Korrektor 3 / Demetrios Triklinios (großformatige, leicht rechtsgeneigte, unsorgfältige Schrift): (z.B. f. 38r/v, 152r/v)[313] zum Teil Ergänzungen der Kartennummern, der Selidesnummern[314] und der Kapitelnummern in den Inhaltsübersichten der Bücher (vielleicht auch Ergänzung der Kapitelnummerierung im fortlaufenden Text) sowie Nachziehen von verblassten Textpartien und, besonders in Kapiteltiteln, Korrigieren von Orthographie- und Akzentfehlern.

(*passim*) Zahlreiche Gebiets-, Provinz- und Ortsnamen, transliteriert und teilweise übersetzt ins Arabische, im späten 14. oder im 15. Jh. (vgl. z.B. HUTTER 1982, 3.2, Abb. 501). – (bisweilen) Ganz am äußeren oder inneren Rand, mit schwarzbrauner Tinte, von moderner Hand arabische Zahlen, sich wohl auf eine Textausgabe beziehend; erstes Auftreten auf f. 45v (Zahl «35» zum Anfang von *Geogr.* 2,3,33), dann f. 47r (Zahl «36» zu *Geogr.* 2,4,11 [Κορδύβη]), f. 51r (Zahl «39» zu *Geogr.* 2,6,6 [Νοιγαουικεσία]) usw. – (vereinzelt) Bis zur Unleserlichkeit verblasste oder radierte Randnotizen: z.B. f. 38r ganz am oberen Rand, gegen außen, verblasste Notiz; f. 136v und 152v am unteren Rand weggeschabte Notiz. – (f. 274v) In der Seitenmitte, mit dunkelbrauner Tinte, von einer Hand des

312 Korrektor 2 ist vielleicht mit der an der Abschrift der *Geographie* beteiligten Hand 4 identisch, siehe dazu unten *Schreiber*.

313 Für weitere Stellen siehe WILSON 1981, 396.

314 Mehr dazu unten *Geschichte*.

16. Jh. (drittes Viertel),[315] Besitzvermerk des Trinitätsklosters auf Chalki, mit Fluchspruch und Invokation für den Gründer des Klosters, versifiziert: «ἡ βίβλος αὕτη πέφυκε τῆ(ς) παντουργοῦ Τριάδος / τῆς ἐν τῇ νησῷ [*sic*] Χάλκη [τὲ] μονῆς τε τοῦ Ἐσόπτρου. / καὶ εἴ τις βουληθῆ ποτὲ ταύτην ἀποστερῆσαι, / κεχαρισμένος ἔσεται Τριάδος τῆ(ς) ἁγίας / ἐν τῶ αἰῶνι τούτωγε, καὶ τῶ ἐλευσομένω. / οἱ π(ατέ)ρες μέμνησθε τοῦ Μ(ητ)ροφάνους».

Foliierung

(f. 1–270, 273–274) Auf der Rectoseite in der oberen äußersten Ecke mit schwarzbrauner Tinte von moderner Hand kleinformatige arabische Zahlen. – (f. 271–272, 275–277) Auf der Rectoseite in der oberen äußersten Ecke mit Bleistift von moderner Hand kleinformatige arabische Zahlen, nachträglich angebracht.[316] Dabei dürften f. 271–272 und f. 275–276 von derjenigen Hand nummeriert worden sein, welche die Blattformel auf f. 277r eintrug (s. u. *Einband*), während die Vorsatzblätter und wahrscheinlich auch f. 277 wohl von anderer Hand zu einem wenig früheren Zeitpunkt bezeichnet wurden; wahrscheinlich letztere Hand vermerkte unterhalb der Blattzahl von f. iii und f. 277 mit Bleistift «(ult)» (für *ultima* [sc. *pagina*] zur Bezeichnung des letzten Vorsatzblattes und des letzten Blattes der Handschrift – offenbar eine Gewohnheit der Katalogisatoren der Bodleian).

Beschreibstoff

Papier ohne Wasserzeichen, bisweilen recht dick, glatt, beigefarben; Kettlinien kaum zu erkennen, Ripplinien horizontal verlaufend, eher grob und öfter nicht gut erkennbar. Der offensichtlich im Nachhinein hinzugefügte Unio am Schluss (f. 273–274) scheint aus demselben Papier zu sein wie der ursprüngliche Bestand der Handschrift.

Organisation der Lagen

Lagen: ($3^{\text{f. ii}}$ + $1^{\text{f. iii}}$) 34.$\text{IV}^{\text{f. 272}}$ + $\text{I}^{\text{f. 274}}$ ($3^{\text{f. 277}}$). – Die Nähte sind wegen der festen Bindung meistens nicht zu sehen. Aus diesem Grund ist die Konstellation der ersten und letzten drei Blätter nicht eindeutig bestimmbar. – Der Unio am Schluss der Handschrift ($\text{I}^{\text{f. 273–274}}$) wurde offenbar im Nachhinein hinzugefügt.

315 So HUTTER 1982, 3.1, 207.

316 Von f. 271–272 ist der ganze äußere Blattrand restauriert, die ursprüngliche Foliierung ist also verloren.

Bereits Müller stellte fest, dass die Passage *Geogr.* 3,1,12–26 in der Handschrift Arch. Selden. B. 46 (N) umgestellt ist und diese Umstellung auf die Versetzung eines Blattes in der Vorlage von N hinweist.[317] Das umdisponierte Textstück *Geogr.* 3,1,12–26 (inc. «ἐν δὲ τῷ Ταραντίνῳ κόλπῳ ...», exp. «... τοῦ Ἀδρίου κόλπου ὁ») müsste eigentlich auf f. 80v nach Z. 15 beginnen; dort kennzeichnet eine Bleistiftnotiz am Rand zu *Geogr.* 3,1,11 (Λακίνιον ἄκρον), bestehend aus einem X-förmigen Zeichen und «p. 69» (sich auf eine Textausgabe beziehend?), die Textstelle unmittelbar vor dem hier ausgefallenen Passus. Dieser beginnt indessen erst auf f. 82r, Z. 5b, anschließend an «ἐν δὲ ταῖς Γραίαις Ἄλπεσιν Κευτρώνων» (*Geogr.* 3,1,37), und endet auf f. 83r, Z. 15a, während Z. 15b den korrekten Anschluss an die eben zitierte Stelle «[...] Κευτρώνων» bietet, nämlich «φόρος Κλαυδίου». Interessanterweise wird nun der Anfang des versetzten Textstücks ein erstes Mal bereits auf f. 81r unten eingeschoben, nach *Geogr.* 3,1,31 (Βέργομον), aber nur die ersten vier Zeilen davon (= *Geogr.* 3,1,12 ohne Taras), die denn auch durchgestrichen wurden, offenbar mit der Auszeichnungstinte und vermutlich vom Kopisten selbst. Auf f. 81v fährt der Text nach dieser Streichung regulär weiter mit *Geogr.* 3,1,31 (Φόρος Ἰουγουντῶν). Nun befindet sich dieser abgebrochene Versuch auf f. 81r exakt in der Mitte des vorgezogenen Textstücks.[318] Offensichtlich wies also die Vorlage zwei Blätter in verdrehter Reihenfolge auf. Außerdem scheint der Kopist unserer Handschrift nach dem Kopieren der Rectoseite des ersten dieser beiden Blätter (also desjenigen mit dem „vorgezogenen Text") zuerst versehentlich die Versoseite übersprungen und mit dem Abschreiben des zweiten dieser beiden Blätter begonnen zu haben. Nachdem er die ersten vier Zeilen dieses zweiten Blattes kopiert hatte, stellte er fest, dass er die Versoseite des ersten Blattes vergessen hatte, strich die vier Textzeilen durch und holte das Abschreiben der Versoseite des ersten Blattes nach.[319]

Acht Vermerke in lateinischer Sprache, mit Bleistift von moderner Hand geschrieben, zeugen von einer Störung der Lagen, die aber behoben wurde.[320] Rekonstruiert man die Anweisungen in diesen Vermer-

---

317 Vgl. dazu MÜLLER 1.1, 330, textkritischer Apparat zu Z. 3.

318 Zu dieser scharfsinnigen Beobachtung siehe DILLER 1936, 237. Müller war dieser Versuch offenbar entgangen, er erwähnt nichts dazu in seinem textkritischen Apparat zur Stelle (vgl. MÜLLER 1.1, 339).

319 Dass deswegen das erste der beiden Blätter lose gewesen sein müsse, wie Diller vorschlägt, muss nicht zwingend vorausgesetzt werden. Weiteres zu dieser Blattversetzung unten S. 356.

320 Für die Vermerke siehe f. 136v am unteren Rand innen, f. 137r am oberen Rand (= Bruch zwischen 17./18. Lage); f. 144v am unteren Rand innen, f. 145r am oberen Rand innen (= Bruch zwischen 18./19. Lage); f. 152v am unteren Rand außen, f. 153r am oberen Rand innen (= Bruch zwischen 19./20. Lage); f. 168v am unteren Rand innen, f. 169r am oberen Rand innen (= Bruch zwischen 21./22. Lage).

ken, die besagen, wo der Text fortfährt, ergibt sich daraus folgende einst durcheinander gebrachte Reihenfolge der Lagen: Lagen 1–17, 21, 20, 19, 18, 22–34. Die Vermerke stammen vielleicht von derselben Hand, die auf f. 80v auf den Ausfall der umdisponierten Textstelle aufmerksam machte (siehe weiter oben).
Faltung: in-folio.
Kustoden: Jeweils auf der ersten Rectoseite und der letzten Versoseite der Lagen, in der unteren äußersten Ecke, in der Regel mit der Tinte des Haupttexts, vereinzelt mit der Auszeichnungstinte, vom Kopisten, griechische Kardinalzahlen, manchmal beschnitten; erste noch sichtbare Kustode auf f. 25r («δ»), letzte auf f. 241r («λα»).
Keine Reklamanten.
Liniierung: Die Liniierung in der Handschrift Arch. Selden. B. 46 (N) ist sehr gut zu erkennen. Sie wurde mit Blindgriffel vorgenommen. Die Einstichlöcher sind am oberen, äußeren und unteren Blattrand meist sehr gut sichtbar. Das Grundmuster ist einfach: Der Schriftspiegel wird innen und außen von je einer durchgezogenen doppelten Vertikale begrenzt; die innere Doppelvertikale dient auf den Rectoseiten, die äußere auf den Versoseiten der Platzierung der herausgestellten Initialen. Dazu kommen 21 Schreiblinien, die oft über die Doppelvertikalen hinausgehen.

Die Liniierung wurde jeweils auf der Außenseite des äußersten und auf der Innenseite des innersten Doppelblattes der Lage eingeritzt (d.h. auf der 1. Rectoseite, der 4. Versoseite, der 5. Rectoseite und der 8. Versoseite des Quaternios). Ab f. 41 (mit dem der sechste Quaternio beginnt), kurz nach dem Anfang des Ortskatalogs auf f. 40r unten, kommen zusätzliche Linien (deren Ausdehnung noch erfasst werden müsste) für die Koordinatenangaben hinzu: Eine Doppelvertikale mit nur schmalem Abstand zwischen den Linien, den Schriftspiegel der Länge nach halbierend (sie dient der Ausrichtung der Längengradangaben), und, zu beiden Seiten dieser Doppelvertikale, je eine weitere einfache Vertikale, die wiederum den Abstand zwischen der einen Doppelvertikale am Rand des Schriftspiegels und derjenigen in der Mitte des Schriftraums in etwa halbiert, so dass der Schriftraum der Länge nach geviertelt ist. Von diesen einfachen Vertikalen dient bald die äußere (nämlich auf den Rectoseiten), bald die innere (auf den Versoseiten) der Ausrichtung der Breitengradangaben. Der Ortskatalog endet auf f. 239v, die Zusatzlinien wurden aber weiterhin gezogen, erst im letzten Quaternio ($IV^{f. 265–272}$) ließ man sie weg. Ab f. 41 bis an den Schluss des alten Bestands der Handschrift (f. 272) wurden außerdem 24 Schreiblinien gezogen. Auf f. 136 wurden am unteren Rand Linien für Scholien angebracht. – Grundschema: *Muz.* 2-2-(121J?) / 0 / 0 / E*.

Der am Schluss der Handschrift hinzugefügte Unio ($I^{f. 273–274}$) ist nicht liniert.

Seitenlayout

Allgemein 1 Kol., 21 (f. 1–40) bzw. 24 Z. (f. 41–272).
(f. 32r) 1 Kol., 21 Z., 249 × 162,5 mm, Schriftspiegel 185 × 110 mm.
(f. 109r) 1 Kol., 24 Z., 252 × 166 mm, Schriftspiegel 183 × 110 mm.
(f. 269r) 1 Kol., 24 Z., 251 × 165 mm, Schriftspiegel 182 × 110 mm.

Der 22. Quaternio (f. 169–176) ist in der Höhe knapp 10 mm kürzer und sein unterer Rand deshalb nicht bündig mit den benachbarten Lagen. Auch der untere Rand des 29. Quaternio (f. 225–232) ist nicht bündig mit den benachbarten Lagen, er verläuft gegen außen ein wenig schräg nach oben.

Der Schreiber hielt sich mit ganz wenigen Ausnahmen sehr genau an die Anzahl der vorgegebenen Schreiblinien (Ausnahme z.B. f. 248v mit 25 Zeilen; hier endet nicht nur der 31. Quaternio, sondern auch *Geogr.* 8,2, auf der nächsten Seite beginnen auf der neuen Lage die Beischriften/ *Hypographai* zu den Teilkarten).

Die drei Hände, welche den Textschluss ergänzten (Hände 2–4, dazu gleich unten) weichen, jede auf ihre eigene Weise, von dem Seitenlayout ab.

Schreiber, Schrift, Tinte

Der *Geographie*-Text im Arch. Selden. B. 46 (N) wurde von vier Händen kopiert, wobei Hand 1 für den Großteil verantwortlich war (*Geogr.* 1–8,25,3a, exp. «... ⟨ἡ⟩ μὲν Ἀρεία τὴν μεγίστην ἡμέραν ἔχει ὡρῶν ιδ̅ γʹιβʹ»). Schnabel äußerte sich über die Ablösung der Hände am Schluss der Handschrift unklar und ungenau bis unzutreffend.[321]

Im Folgenden die Ergebnisse meiner eigenen Untersuchungen zur Ablösung der Hände:

(f. 1r–272v: *Geogr.* 1–8,25,3a) **Hand 1** (= Haupthand). Sie bricht am Ende von f. 272v mitten in *Geogr.* 8,25,3a ab (s.o.). Es fällt auf, dass der Kopist in der letzten Textzeile den Schriftspiegel am äußeren Rand deutlich übertritt, was er sonst in diesem Maß nicht zu machen pflegt. Vielleicht hatte er kein weiteres Papier zur Hand (f. 272v ist die letzte Seite eines Quaternios; hier endet auch der ursprüngliche Bestand der Handschrift) und wollte zumindest alle Elemente der Stundenangabe beieinander haben.

(f. 273r: *Geogr.* 8,25,3b; 8,25,6–8,26,4) Eine **Hand 2** ergänzte den abgebrochenen Text auf einem hinzugefügten Doppelblatt (f. 273–274). Dabei schließt der Text oben auf f. 273r zuerst unmittelbar an die Stelle

321 Dies wirkte sich auch auf seine Folgerungen für die mit dem Arch. Selden. B. 46 (N) eng verwandte Handschrift Coislin 337 (f) aus; siehe dazu SCHNABEL 1938, 8 und 26.

unten auf f. 272v an und führt den Paragraphen *Geogr.* 8,25,3 zu Ende, darauf wurden jedoch zwei Paragraphen übersprungen (*Geogr.* 8,25,4 f.) und der Text geht mit *Geogr.* 8,25,6 weiter (inc. *Geogr.* 8,25,3b «καὶ διέστηκεν Ἀλεξανδρείας πρὸς ἕω ὥρας γ̄. Τῶν δὲ Παροπανισάδων ...», exp. *Geogr.* 8,26,4 «Ἡ δὲ Μουζουρὶς ... καὶ διέστηκεν Ἀλεξανδρείας πρὸς ἕω ὥρας γ̄ L´γ′»). Ob der Ausfall der Paragraphen *Geogr.* 8,25,4 f. seinen Ursprung in der Vorlage hat[322] oder auf einem homoioteleuton-artigen Lesefehler des Kopisten beruht (*Geogr.* 8,25,5 endet mit der Zahl γ̄ καὶ γ′), ist unklar. Warum Hand 2 nur diese eine Seite kopiert hat, ist ebenfalls nicht erklärbar.

(f. 273v–274r, Z. 1a: *Geogr.* 8,26,11–8,27,6) Die folgende **Hand 3**, die oben auf f. 273v einsetzt, kopiert nicht den unmittelbar an die Stelle unten auf f. 273r anschließenden Text, sondern nur vermeintlich, denn sie überspringt ein Textstück im Umfang von ungefähr einer Nobbe-Seite, nämlich *Geogr.* 8,26,4b–11a (inc. *Geogr.* 8,26,11 Mitte «ὁ δὲ ἥλιος δὶς τοῦ ἔτους ἐκεῖ γίνεται κατὰ κορυφὴν, ἀπέχων τῆς θερινῆς τροπῆς μοίρας κθ̄. Ἡ δὲ Βαρύγαζα ...», exp. *Geogr.* 8,27,6 «Ἡ δὲ Τοῦγμα ... ἀπέχων τῆς θερινῆς τροπῆς μοίρας κ̄.». Warum danach erneut ein Handwechsel stattfindet, ist wiederum nicht ersichtlich.

(f. 274r, Z. 1b–29 [= Textschluss]: *Geogr.* 8,27,7–8,28,5) Eine **Hand 4** (ev. identisch mit Korrektor 2, s. o. *Beigaben*) setzte den Text hier unmittelbar fort mit *Geogr.* 8,27,7 bis zum Schluss der *Geographie* 8,28,5.

Haupttext: (Hand 1 = Haupthand) Minimal rechtsgeneigte, kursive Minuskel mit gut ausgebildeten und oft schwungvoll betonten Ober- und Unterlängen und vielen Elementen des Fettaugenstils (bauchiges Beta, zum Teil vergrößertes Omikron, beinahe zu einem Kreis geschlossenes rundes und vergrößertes Ypsilon, mit einem Kringel ansetzendes breites Omega, häufig mit eingeschlossenem Ny); der Zeilenabstand ist in den ersten fünf Quaternionen (d. h. bis f. 40v) eher groß, danach gemäßigt (veränderte Zeilenzahl, s. o. *Seitenlayout*); Worttrennung angedeutet, Verbindungsgrad der Buchstaben eher tief; recht viele Suprapositionen, aber nur wenige Abkürzungen. Schrift unterzeilig; in der Regel dunkel- bis schwarzbraune Tinte, daneben auch hellbraune Tinte (f. 2r–4r Mitte, f. 113r [Beginn einer neuen Lage!] – 171r). Charakteristische Buchstaben sind das bauchförmige Minuskelalpha („alpha à panse“, mit tröpfchenförmigem, vom Schrägstrich völlig abgelöstem Bauch, manchmal reduziert zu einem kleinen Oval, Kreis, Punkt oder Strich), hochgezogenes Gamma und Tau, vergrößertes und die mittleren Parallellinien übertretendes Kappa, Pi mit nach links gebogenen Enden beider vertikaler Striche.

---

322 Der textkritische Apparat der Ausgabe von Stückelberger verzeichnet zur betreffenden Stelle nichts in diese Richtung.

Auszeichnungsschriften: (Hand 1 = Haupthand) Für den Werktitel, die Büchertitel und Buchschlusstitel, für Kapiteltitel und für weitere Hervorhebungen gegenüber dem Haupttext ein wenig großformatigere und gesetztere Minuskelschrift, durchzogen mit vergrößerten Buchstaben, in der Regel mit blassbrauner (vielleicht ursprünglich roter?) Auszeichnungstinte. Besonders im hinteren Teil der Handschrift werden die Kapiteltitel immer größer und schwungvoller, ja bisweilen gleichsam „monokondylisch“ (vgl. z.B. f. 233v oben, 251v Mitte).

Gemäß Hutter ist die Schrift des Hauptkopisten von N charakteristisch für das späte 13. Jh. bzw. die Zeit um 1300 und gleicht der Handschrift verschiedener der zahlreichen Amanuenses des Maximos Planudes, besonders der sogenannten Hand L aus dem Vat. gr. 191 (X).[323]
Hände 2–4: (Hand 2) Rechtsgeneigte kursive Minuskelschrift ohne herausragende Charakteristika. Braune und für Initialen und Kapiteltitel intensiv hellrote Tinte. – (Hand 3) Senkrechte, kursive und leicht gedrängte Gebrauchsminuskel. Tinten wie bei Hand 2. – (Hand 4) Leicht rechtsgeneigte, kleinformatige, zierliche und akkurate Minuskelschrift. Tinte braun und etwas weniger wässrig als bei den Händen 2 und 3, für die Auszeichnungen sattrote Tinte.

Ausstattung, Buchschmuck, Illustrationen

(f. 1r) Im oberen Seitendrittel sehr hübsches, aber stark verblasstes Ornamentfeld in Flechtwerkdekor (Titelvignette oberhalb des Werktitels), 68 × 110 mm, mit der blassbraunen Auszeichnungstinte und deshalb vermutlich vom Kopisten angefertigt (vgl. Hutter 1982, 3.2, Abb. 503; Beschreibung *ibid.* 3.1, 208).

Einfache, anspruchslose Zierlinien mit der Tinte des Haupttexts vor Buch- und Kapiteltiteln (bzw. manchmal den Titel flankierend), vermut-

---

323 Siehe Hutter 1982, 3.1, 207. Sie gibt jedoch versehentlich Turyn 1964, Taf. 68 als Schriftprobe des besagten Schreibers L an. Ein erster flüchtiger Blick auf die entsprechende Tafel vermochte mich nicht zu überzeugen. Stattdessen schien mir Taf. 63 manche identischen Charakteristika aus N aufzuweisen. Erst danach ergab die Konsultation von Turyns Kommentar, dass Taf. 63 tatsächlich Schreiber L zugeordnet wird, während Taf. 68 die Schrift des Schreibers Q wiedergibt. Hutter nennt als weitere Exempla außerdem Alexander Turyn, *Dated Greek Manuscripts of the Thirteenth and Fourteenth Centuries in the Libraries of Italy*, 2 Bde. (Text- und Tafelband) (Urbana, Illinois bzw. Urbana/Chicago/London 1972), Bd. 2, Taf. 64; 65; 68 (Ambr. C 126 inf. von 1294–1295) und Taf. 73 (Marc. gr. 481 von 1299) sowie Henri Omont, *Fac-similés des manuscrits grecs datés de la Bibliothèque nationale du IXe au XIVe siècle* (Paris 1891) Taf. 67–68 (Paris. gr. 1671 von 1296) und schließt: „Genauere Vergleiche werden es vielleicht ermöglichen, den Kopisten mit einer dieser Hände zu identifizieren.“ Neben Schreiber L aus Cod. Vat. gr. 191 (X) vermögen die übrigen Beispiele aber trotz unbestreitbarer Ähnlichkeiten nicht zu überzeugen.

lich vom Kopisten. Nur auf f. 45v und 48v treten etwas kunstvollere, mit der blassbraunen Auszeichnungstinte ausgeführte Zierleisten auf. Im Verlauf von *Geogr.* 3 (ab *Geogr.* 3,6) wird auf die Zierlinien und -leisten vor den Kapiteltiteln verzichtet, dagegen werden die Titel immer schwungvoller und „monokondylischer" geschrieben (siehe z.B. die Kapiteltitel auf f. 213r/v). Vereinzelt mit der Auszeichnungstinte hübsche knotenartige Zierelemente, z.B. f. 59v am oberen Rand, f. 64v am äußeren Rand unten, f. 74v am äußeren Rand Mitte usw. (vgl. HUTTER 1982, 3.2, Abb. 500–502).
Initialen: Herausgestellt, in der Regel mit der blassbraunen Auszeichnungstinte, bald epigraphische Auszeichnungsmajuskeln, zum Teil leicht verziert, bald vergrößerte Minuskeln. – Selten ergänzte oder nachgezogene Initialen mit leuchtend roter Tinte (z.B. f. 115r, 120v, 218r, 223v).
Zeichnungen: ***1*** (f. 33r, unten) Einfache Kegelprojektion: Die Skizze ist an der korrekten Textstelle eingefügt und weitgehend verständlich, aber mit dem bekannten Fehler (s.o. S. 126) dargestellt und beschriftet.
2 (f. 35r, oben) Neigungswinkel: Diese Zeichnung ist etwas zu spät eingefügt (kurz vor dem Ende von *Geogr.* 1,24,15, nach «αἱ δύο ὀρθαὶ, $\overline{\tau\xi}$»). Nicht richtig eingetragen sind der Syene-Parallelkreis und der Äquator (dazu oben S. 128). Dort, wo sich die Zeichnung eigentlich befinden sollte (genau genommen einen – aber nur kurzen – Paragraphen später), nach *Geogr.* 1,24,13 (f. 34v Mitte), schrieb der Korrektor 1 (? – zu ihm s.o. *Beigaben*) «ἐφεξῆς ἡ καταγραφὴ τοῦ σχημ(α)τ(ος) [*sic*]» („Anschließend die Zeichnung der Skizze"). Vor diese Notiz setzte er ein kleines, schlingenartiges Zeichen, an den äußeren Rand der betreffenden Stelle das Zeichen «·/·»; beide Zeichen wurden bei Zeichnung **2** auf der nächsten Seite oben (f. 35r) wiederholt.
3 (f. 35r, unten) Ermittlung des Punktes η: An der richtigen Stelle platziert und den Sachverhalt soweit verständlich wiedergebend (siehe auch oben S. 129). Angegeben sind nur die Punkte, es fehlt aber Punkt α.
4 (f. 37v, oben [nach der ersten Textzeile]) Modifizierte Kegelprojektion: Die Zeichnung ist an korrekter Stelle eingefügt und grundsätzlich verständlich, weist aber zum Teil Mängel in der Beschriftung auf. Die beiden Schnittpunkte des südlichsten Parallels mit dem Rechteck αβγδ sind unbezeichnet (es handelt sich eigentlich um die Punkte μ und ν), stattdessen stehen μ und ν für die Schnittpunkte des Äquators mit dem Rechteck αβγδ. Punkt χ ist in der Skizze fälschlich dort, wo sich der Parallelkreis von Syene und die Verbindungsstrecke φψ schneiden (er sollte eigentlich den Schnittpunkt des Parallelkreises mit der gewölbten Meridianlinie φψ bezeichnen).

Zeichnung **5** (Armillarsphäre) fehlt. Nichts weist darauf hin, dass sie an der betreffenden Stelle (f. 244v) vorgesehen gewesen wäre. In Handschrift N erscheint außerdem keine „unverständliche Skizze", wie sie in den meisten Handschriften an Stelle der modifizierten Kegelprojektion oder in Ergänzung dazu zu finden ist.

Die Zeichnungen sind mit brauner, deutlich hellerer Tinte als derjenigen des Haupttexts sorgfältig und mit Hilfe von Lineal und Zirkel ausgeführt, vermutlich nicht vom Kopisten selbst. Es scheint, dass der Kopist für die Skizzen Raum frei ließ (in jedem Fall jeweils sechs Schreiblinien). – Ein weiteres Randscholion auf f. 37r, zum Schluss von *Geogr.* 1,24,27, muss sich auf die Platzierung von Zeichnung **4** beziehen: Es lautet genau gleich wie das bereits zitierte auf f. 34v («ἐφεξῆς ἡ καταγραφή [*sic*] τοῦ σχημ(α)τ(ος) [*sic*]»), im Anschluss daran wiederum «·/.», ein Referenzzeichen dazu ist aber nirgends zu finden. Das Scholion ist anscheinend jedoch nicht von derselben Hand wie das gleichlautende Scholion auf f. 34v geschrieben. Der Vermerk soll wohl die originale Stelle von Zeichnung **4** angeben (siehe dazu unten den Abschnitt *Geschichte*).

Einband

Griechischer Blindstempeleinband;[324] beide Buchdeckel sind aus ca. 10 mm dicken Holzplatten, überzogen mit braunem, ziemlich glattem Leder, verziert mit identischen Mustern. Von den beiden Schließen, die sich an der Außenseite befanden, sind nur noch Spuren zu sehen. Der Einband dürfte aus dem 16. Jh. stammen und wurde vielleicht auf Chalki hergestellt. Die Bindung ist westlich. Hutters fragende Vermutung, dass sie erneuert wurde, möchte ich bejahen; ein Grund dafür könnte die Lagenstörung gewesen sein, die man beheben wollte (siehe dazu oben *Organisation der Lagen*). Auf dem vorderen Schnitt ist, stellt man das Buch aufrecht hin, in eher kleinen Ziffern die eingebrannte Zahl 80 zu erkennen. Auch auf dem unteren Schnitt scheint sich eine Aufschrift zu befinden, die aber nicht mehr entzifferbar ist. Der Buchrücken ist abgesehen von einem nur aus einer Linie bestehenden Rahmen schmucklos. Auf Zweidrittelhöhe steht in goldenen Lettern «PTOLEMAEI / GEOGRAPHIA.».

Beide Spiegel sind mit marmoriertem Papier in den Farben Schwarz, Blau, Dunkelrot und Gelb überzogen. Dieselbe Musterung zeigen die Rectoseite des ersten Vorsatzblattes (f. ⟨A⟩r, unnummeriertes Blatt) und die Versoseite des letzten Nachsatzblattes (f. 277v); die Rückseite des Marmorpapiers ist beigefarben. Die genannten Blätter scheinen jedoch nicht mit den Spiegelblättern verbunden zu sein. Auf dem vorderen Spiegel, in der oberen äußersten Ecke, befindet sich eine kleine rechteckige, beigefarbene, eingeklebte Papiermarke mit dem Aufdruck «S. C. 3376» (= Laufnummer der Handschrift im SUMMARY CATALOGUE).

---

324 Die Beschreibung lehnt sich an diejenige von HUTTER 1982, 3.1, 207 an, die sich auch ausführlicher zu den Mustern äußert.

Insgesamt hat die Handschrift vier Vorsatz- und drei Nachsatzblätter: Die Vorsatzblätter bestehen aus dem eben erwähnten unnummerierten Marmorblatt (f. ⟨A⟩), zwei modernen, beigefarbenen Blättern aus Papier ohne Wasserzeichen und ohne Kett- und Ripplinien (f. i–ii) und einem Blatt älteren Datums (f. iii) mit dem Wasserzeichen *Chapeau*,[325] sehr ähnlich wie Briquet 3417 (Venzone 1540).[326] Die Blätter i–iii sind auf der Rectoseite in der oberen äußersten Ecke mit Bleistift von moderner Hand mit römischen Zahlen (in Kleinbuchstaben) foliiert. Die Nachsatzblätter setzen sich aus zwei modernen, beigefarbenen Blättern desselben Papiertyps wie f. i–ii (f. 275–276) sowie aus dem schon erwähnten Marmorblatt (f. 277) zusammen. Zur Foliierung der Nachsatzblätter s.o. *Foliierung*.

Schutzblätter
(f. ⟨A⟩, i–iii) Vorsatzblätter:
  (f. ⟨A⟩r) leer. – (f. ⟨A⟩v) In der Seitenmitte, mit Bleistift, von moderner Hand Signatur «MS. Arch. Seld. B. 46».
  (f. i–ii) leer.
  (f. iiir) Ganz oben, gegen außen, mit dunkelbrauner Tinte und spitzer Feder, modern, Signatur «MS. Seld. Arch: B. 46.», darunter eine horizontale Linie. Unterhalb der Linie, mit dunkelbrauner Tinte und breiter Feder von anderer moderner Hand Signatur «(3376) B. 46», wobei die letzte Ziffer 6 korrigiert wurde, wahrscheinlich aus «8». – Oben in der Mitte, mit blassbrauner Tinte, von einer Hand des 16. Jh.,[327] Besitzvermerk eines Metropoliten «βιβλίον τοῦ μ(ητ)ροπολίτου ἐκτὸς τῆς ἐκκλη(σίας)». – (f. iiiv) leer.
(f. 275–277) Nachsatzblätter:
  (f. 275–276) leer.
  (f. 277r) Etwas oberhalb der Seitenmitte, mit Bleistift, von moderner Hand Blattformel «iii + 277 leaves. / (Checked & found correct) / A.J.D. 6. XI. 30)». – (f. 277v) leer.

Erhaltungszustand

Die Handschrift ist soweit gut erhalten, muss aber schon bald nach ihrer Entstehung durch Feuchtigkeit beeinträchtigt worden sein, wovon neben

325 Hut, gekrönt von einem Kreuz: Gesamthöhe des Wasserzeichens in der Handschrift ca. 63 mm, Breite des Hutrandes ca. 44 mm; Wasserzeichen auf der Kettlinie, Ripplinien fein; Faltung in-folio.

326 Die Ausmaße des Wasserzeichens in der Handschrift stimmen exakt mit Briquet 3417 überein (siehe vorhergehende Anm.). Die Abstände zwischen der das Wasserzeichen durchlaufenden Kettlinie und den benachbarten Kettlinien betragen hingegen in der Handschrift 30,5 bzw. 31,5 mm und bei Briquet 31,5 bzw. 34,5 mm.

327 Datierung gemäß Hutter 1982, 3.1, 207.

Feuchtigkeitsflecken verblasste und wieder nachgezogene Textpartien (sehr gut erkennbar auf f. 2v–4r) sowie die Wiederholung einiger verblasster Titel (z.B. auf f. 1r Werktitel und Titel zu *Geogr.* 1) zeugen. Diese Eingriffe wurden der Hand des Demetrios Triklinios zugeordnet.[328] Kleine Risse, (Wurmfraß-)Löcher u.ä. im Papier sind bisweilen restauriert. Bei den Blättern 271–272 wurde der ganze äußere Rand angesetzt, vermutlich in zwei Restaurationsschritten; zumindest sind zwei Typen von Restaurationspapier erkennbar, der eine mit Kett- und recht breiten Ripplinien, der andere ohne Strukturierung. Auch die offensichtlich im Nachhinein hinzugefügten Folia 273–274 sind am äußeren Rand restauriert, jedoch mit einem weiteren Typ Restaurationspapier, das Reste eines Wasserzeichens aufweist (siehe f. 273), bei dem es sich vielleicht um dasselbe handelt wie auf f. iii (s.o. *Einband*).[329] Von f. 273 waren zuvor zwei dreieckförmige Stücke aus dem (schon zuvor geflickten) äußeren Rand herausgeschnitten worden, von f. 274 fast der gesamte Streifen des äußeren Randes mit Ausnahme des obersten Stückes (vermutlich, um den Text nicht zu beeinträchtigen, denn dort reichen die Textzeilen bis an den äußeren Blattrand heran). Vielleicht waren die herausgeschnittenen Papierstücke stark zerlöchert, zumindest gibt es in dem Bereich einer geflickten Stelle Löcher, die den Text betreffen und vielleicht deshalb nicht weggeschnitten wurden, um weiteren Textverlust zu vermeiden. Die Schäden an diesen zwei Blättern könnten im Zuge der Neubindung behoben worden sein. – Der Einband ist gut erhalten, weist aber Wurmfraßspuren auf, besonders am vorderen Buchdeckel.

Stemmatologische Notizen

Der Arch. Selden. B. 46 (N) bildet gemäß Schnabel zusammen mit dem Coislin 337 (f) die Textfamilie ν. Bis *Geogr.* 8,26 „Mitte" (damit meinte Schnabel 1938, 26 wohl den Text bis zur und mit der Ergänzung durch Hand 2) sei Handschrift N die Vorlage für die Herstellung von Handschrift f gewesen. Zusammen mit dem Seragl. G. İ. 57 (K), dem Urb. gr. 82 (U) und dem Plut. 28.49 (O) bildet N die von Schnabel definierte Textgruppe Δ innerhalb der ω-Rezension.

Nach Hutter 1982, 3.1, 207f. sieht die Titelschrift von N den Rubriken und besonders den Ländernamen in den Karten der Handschrift U äußerst ähnlich. Außerdem ist es nach dem Urteil dieser Spezialistin für Buchschmuck auffällig, dass die Zierlinien mit den eher selten anzutref-

328 Nach Hutter 1982, 3.1, 207 ist diese Identifizierung Nigel Wilson zu verdanken.

329 Aufgrund der Überreste lässt sich dies nicht näher beurteilen; die Ripplinien scheinen ähnlich fein zu sein wie bei f. iii, der Abstand der Kettlinien ist jedoch nicht eindeutig feststellbar.

fenden „kantig geknickten S-Schleifen" sowohl in N als auch in U auftauchen – ein Hinweis darauf, dass beide Handschriften innerhalb derselben kürzeren Zeitspanne und im selben Milieu, nämlich im Kreis um Maximos Planudes, entstanden seien. Hutters Beobachtungen bestätigen somit die immer wieder hervorgehobene enge Übereinstimmung des Textes bis *Geogr.* 8,25 von N mit der Handschrift U. Hutter vermutet, N stamme aus einer frühen Phase der Beschäftigung des Planudes mit der ptolemäischen *Geographie* (um oder schon vor 1295, dem Datum des Briefes, in dem Planudes seine Suche nach Ptolemaios-Handschriften bekundete, vgl. dazu unten S. 523, Anm. 11). Das mehrfach ergänzte Ende von N lege nahe,[330] dass damals noch keine mit Verzeichnissen zu den Karten (*Geogr.* 8,29f.) und einem Atlas bestückte Handschrift greifbar gewesen sei. Die künstlerisch erstklassige Gestaltung der Titelvignette schließe aus, dass N als bloßes Arbeitsexemplar kopiert wurde, das „problematische Ende" weise vielmehr auf ein konkretes historisches Moment hin.

Ausgewählte Stellen: Die **Kapitelübersicht zu *Geogr.* 1** besteht aus den 23 Kapiteln der ω-Rezension, sie sind am äußeren Rand mit roter Tinte und griechischen Zahlzeichen durchnummeriert. Doch hat ein Korrektor (zu den Korrektoren s. o. *Beigaben*) mit brauner Tinte so interveniert, dass die Inhaltsübersicht nun der Ξ-Rezension entspricht (Durchstreichen des Titelschlusses von Kap. 8, Ergänzen des Titels von Kap. 9, Korrektur der folgenden Kapitelzählung). Ich schließe nicht aus, dass die Hand dieses Korrektors identisch ist mit derjenigen, die das Randscholion auf f. 32r geschrieben hat und von Nigel Wilson dem Maximos Planudes zugeordnet wurde.[331] Im Text des ersten Buches sind die Kapitel am äußeren Rand genau gemäß der ursprünglichen Nummerierung durchgezählt, zuerst offenbar mit der Tinte des Haupttexts, dann, ab Kap. 4, mit der Auszeichnungstinte (wobei der Titel von Kap. 9 zwar wie die anderen Kapiteltitel auch mit Auszeichnungstinte geschrieben, aber nicht mit einer Nummer versehen wurde), während der Korrektor mit seiner braunen Tinte die Nummer bei Kap. 9 ergänzte und die übrigen Nummern dementsprechend berichtigte. Auch in den anderen Büchern sind die Kapitel in der Inhaltsübersicht und im Text durchnummeriert, in der Regel aber wohl nicht vom Kopisten selbst (eine Ausnahme dürfte auf f. 38r die Inhaltsübersicht zu *Geogr.* 2

330 Hutter weist auf das ähnliche Ende des ‚Zwillings' von N hin; sie kann dabei nicht den Plut. 28.40 (so Hutter 1982, 3.1, 207) im Sinn haben (eine Strabon-Handschrift), sondern muss wohl den Plut. 28.49 (O) meinen. Vgl. dazu die Beschreibung der Handschrift O, *Stemmatologische Notizen*.

331 Wilson 1981, 395. Ob auch das Nachziehen der Titel auf f. 1r (siehe *Erhaltungszustand*) und der Kapitelnummerierung auf f. 1v von derselben Hand stammt, ist schwer zu beurteilen (ich vermute dahinter eher die Hand von Korrektor 3 / Demetrios Triklinios). Korrigiert ist übrigens auch das letzte Wort der Inhaltsübersicht aus «καταγράφει» oder «καταγράφειν» in «καταγραφήν» und anschließend im ersten Kapiteltitel «διαφαίρει» zu «διαφέρει» (alles auf f. 2r), vielleicht wiederum von Korrektor 3.

sein). Die Verweise auf die Karten in den Inhaltsübersichten des Ortskatalogs sind meist von der Hand eines Korrektors ergänzt (wahrscheinlich von Korrektor 3), zum Teil aber auch vom Kopisten geschrieben (z.B. f. 78r unten in der Inhaltsübersicht zu *Geogr.* 3 mit der blassbraunen Auszeichnungstinte «πίναξ ἔκτος» oder auf f. 121r in der Inhaltsübersicht zu *Geogr.* 4 mit ebendieser Tinte sämtliche Verweise auf die Karten).

Die **Homoioteleuton-Lücke** in *Geogr.* 1,24,17 ist in N vorhanden, genau wie in zwei weiteren Vertretern der Δ-Gruppe, dem Seragl. G. İ. 57 (K) und dem Urb. gr. 82 (U);[332] der Passus beginnt übrigens, genau wie im Coislin 337 (f), mit «τότε ζ̄» statt τὸ δὲ ζ (f. 35v Mitte). Gleich danach in *Geogr.* 1,24,18 wurden vom Korrektor anderthalb Textzeilen durchgestrichen, bei denen es sich wohl um ein in den Haupttext „gerutschtes" Scholion handelt: «ἐν [*sic*] ἑτέροις ἀντιγράφοις ἐπ᾽ αὐτοῖς ἀπολαμβάνειν δι᾽ οὗ [*sic*] τὴν ηλ̄ ἀλλὰ τὴν λη̄» (gemäß textkritischem Apparat *ad loc.* in der Ausgabe von Stückelberger findet sich dasselbe Scholion an derselben Stelle auch in den Handschriften U und K). Byzanz (f. 104r) ist ganz mit der blassbraunen Auszeichnungstinte geschrieben – soweit feststellbar als einziges Toponym; dies scheint Konstantinopel als Produktionsort der Handschrift zu bekräftigen.

Anhänge: Die (unptolemäischen) Anhänge zur *Geographie* fehlen in Handschrift N gänzlich. Auch das Bruchstück der Liste der Provinzen oder Satrapien der Oikumene vor dem Ortskatalog (Anhang **1a**) ist in N nicht vorhanden. (f. 274r) Die *Poleis diasemoi* Taprobanes (*Geogr.* 8,28) präsentieren sich in der Reihenfolge nach der Ξ-Rezension und folgender Form: «Ταλάκωρις τὸ ἐμπόριον» – «Ἀγάδειβα (oder Ἀγάσειβα?)» – «Μαάγραμμον». Dieser Abschnitt ist von Hand 4 geschrieben (zu den Händen s.o. *Schreiber*). Ihre Vorlage muss offensichtlich also Ξ-Text aufgewiesen haben.[333]

Geschichte

Die Handschrift Arch. Selden. B. 46 (N) entstand um 1300, spätestens aber um 1305/1310 (dazu oben S. 315, Anm. 311) in Konstantinopel und wurde von Maximos Planudes und Demetrios Triklinios benutzt. Sie wurde (bereits nach ihrer Abschrift) mit mindestens zwei weiteren Handschriften verglichen, wovon die eine höchstwahrscheinlich der Plut. 28.49 (O) war, dem Handschrift N zum Teil als Vorlage diente. Vielleicht bereits gegen Ende des 14. Jh., spätestens aber kurz nach der Eroberung

332 Bemerkenswerterweise aber nicht so im Plut. 28.49 (O) (siehe die Beschreibung der Handschrift O, *Stemmatologische Notizen*).

333 Ähnlich Diller 1966, VI („[…] textu inde ab VIII 25,3 in novis foliis alia manu aliunde suppleto"); Schnabel 1938, 26 schätzte den gesamten Text der Handschrift N als ω-Text ein.

Konstantinopels 1453 gelangte Handschrift N in den Besitz einer Person, die des Arabischen mächtig war.[334] Im 16. Jh. muss Handschrift N zuerst einem Metropoliten gehört haben, bevor Metrophanes III., zweimaliger Patriarch von Konstantinopel (1565–1572, 1579–1580), das Manuskript in das von ihm gegründete Dreifaltigkeitskloster auf der Insel Chalki (heute Heybeli), eine der Prinzeninseln im Marmarameer, brachte – davon zeugt am Schluss der Handschrift ein Besitzvermerk aus dem dritten Viertel des 16. Jh., der mit einer Invokation des Klosterbegründers endet (s.o. *Beigaben*).

Die drei Kapitel zu Arabien (*Geogr.* 5,17, 5,19 und 6,7) wurden 1643 durch Joannes Gravius (John Greaves, Professor für Astronomie, Bruder des Orientalisten Thomas Greaves, auf den die Handschriftensammlung Greaves zurückgeht) auf der Basis von Handschrift N ediert, sie sind heute offenbar erhalten im Kodex Oxford, Bodleian Library, Greaves 13 (Summary Catalogue Nr. 3785).[335]

Handschrift N kam 1659 mit der Handschriftensammlung des John Selden (1584–1654) in die Bodleian Library.

Die bereits von Schnabel erkannte Verwandtschaft des Arch. Selden. B. 46 (N) mit den anderen Hauptvertretern der Δ-Gruppe (Seragl. G. İ. 57 [K], Urb. gr. 82 [U] und Plut. 28.49 [O]) bestätigt sich in den stichprobeartigen Kontrollen. Wie diese vier auch zeitlich eng beieinander liegenden Handschriften genau zusammenhängen, ist jedoch beim jetzigen Stand der Untersuchungen nach wie vor nicht endgültig geklärt.[336] Es lässt sich immerhin soviel sagen, dass die Gestaltung der Kapitelübersicht in Handschrift N ursprünglich, wie diejenige in K, U und O auch, der ω-Rezension folgte; ein Korrektor, vielleicht Maximos Planudes selbst, hat sie jedoch, höchstwahrscheinlich aufgrund einer Vergleichshandschrift (vielleicht des Vat. gr. 191 [X]?), der Form der Ξ-Rezension angepasst. Die beiden Scholien in *Geogr.* 1,24, die angeben, wo Zeichnungen **2** und **4** einzufügen wären (im ersten Fall zu Recht, im zweiten Fall eigentlich zu Unrecht), verweisen interessanterweise genau auf diejenigen Stellen, an denen sich die entsprechenden Zeichnungen im Cois-

334 Dabei muss es sich nicht zwingend um einen gebildeten Türken gehandelt haben, wie Hutter 1982, 3.1, 207 vorschlägt; wie das Beispiel des Georgios Amirutzes zeigt (siehe Beschreibung der Handschrift s, *Geschichte*), beherrschten auch Byzantiner die arabische Sprache. Vielleicht sind die arabischen Einträge in Handschrift N sogar mit ihm oder anderen Personen um Mehmet II. in Zusammenhang zu bringen.

335 Siehe *Bibliothecae Bodleianae codicum manuscriptorum orientalium catalogus*, pars prima (Oxonii 1787) 218, Nr. 1003. Dieser Kodex wiederum bildete die Grundlage für John Hudson, *Geographiae veteris scriptores graeci minores*, vol. 3 (1712) pars 7.

336 Eine ausführliche Erfassung der Handschriften K und U, wie sie im Rahmen dieser Arbeit aus logistischen Gründen nicht möglich war (s.o. S. 4), könnte zum besseren Verständnis der Beziehungen zwischen den Vertretern der Δ-Gruppe beitragen. Näheres dazu auch unten S. 526–531.

lin 337 (f), aber auch im Plut. 28.49 (O) und im Ambr. D 527 inf. (s, mit höchster Wahrscheinlichkeit eine Abschrift von O) befinden. Die Ergänzung der Selidesnummern in der Kapitelübersicht zu *Geogr.* 2 (f. 38r) durch den Korrektor 3, der vielleicht mit Demetrios Triklinios gleichzusetzen ist, ist ein weiterer Hinweis dafür, dass Handschrift N mit einer anderen Handschrift verglichen wurde; in diesem Fall könnte es sich wiederum um Handschrift O oder aber U gehandelt haben, die beide diese Selidesnummern aufweisen. Aufschlussreich könnte die Beobachtung sein, dass in Handschrift N, anders als in den übrigen Hauptvertretern der Textgruppe Δ, die „unverständliche Skizze" nicht vorhanden ist. Außerdem brechen der alte Teil von Handschrift N und der von der Haupthand in O ausgeführte Text vor einer größeren, frei gelassenen Lücke an fast identischer Stelle in *Geogr.* 8,25,3 ab; offenbar hat der Kopist der Handschrift O unsere Handschrift N teilweise als Vorlage benutzt, vermutlich spätestens ab *Geogr.* 7,5,[337] und zwar noch bevor diese durch den Unio mit dem Textschluss ergänzt worden war.

Bibliographie

Henry Octavius Coxe, *Catalogi codicum manuscriptorum Bibliothecae Bodleianae*, t. 1 (= pars prima) recensionem codicum graecorum continens (Oxonii 1853); ND mit Korrekturen von Ruth Barbour und Nigel G. Wilson in: *Bodleian Library. Quarto Catalogues. I. Greek Manuscripts by Henry Octavius Coxe. Reprinted with corrections from the edition of 1853* (Oxford 1969) 603f. – Cuntz 1923, 36. – Aubrey Diller, „Lists of Provinces in Ptolemy's *Geography*", *Classical Philology* 34 (1939) 228–238, dort 229. – Diller 1966, VI. – Hans-Christian Günther, *The Manuscripts and the Transmission of the Paleologan Scholia on the Euripidean Triad* (Stuttgart 1995) 116. – Hutter 1982, 3.1, 207f.; 3.2, 158f. (Abb. 500–503). – Irmgard Hutter, „Decorative systems in Byzantine manuscripts, and the scribe as artist: evidence from manuscripts in Oxford", *Word & Image* 12,1 (Jan.–March 1996) 4–22, dort 16 Abb. 29 (Ornamentfeld auf f. 1r); 22 Anm. 81. – Müller 1867, 280f. (Nr. 12) und 286–288. – Schnabel 1938, 26, 47–53, 78, 92, 94 u.a. – Summary Catalogue Bd. 2/1, 620 (Nr. 3376). – Wilson 1981, 395f.

Eine knappe Beschreibung sowie die Reproduktion von f. 32r sind auf folgender Webseite der Bodleian Library zu finden (letzte Abfrage 16. 04. 2013):
www.bodley.ox.ac.uk/dept/scwmss/wmss/online/medieval/selden/selden-b.html

337 Siehe dazu Diller 1966, VIII sowie die Beschreibung der Handschrift O, *Stemmatologische Notizen*.

Art der Kontrolle

Original (Oktober 2008).

Paris, Bibliothèque nationale de France, Coislin 173
Sigle **r**

Sammelhandschrift mit naturwissenschaftlichen Texten.
Konstantinopel (?), 14. Jh. (erste Hälfte, ev. 1320er-Jahre), Papier mit Wasserzeichen, 298 × 222 mm; (2) 312 (2) / ⟨I–II⟩, 1–312, ⟨I′–II′⟩.

Inhalt

A. (f. 1–31) Synesius, *De insomniis*; Nicephorus Gregoras, *Scholien*:
(f. 1r–2v) Nicephorus Gregoras, Kommentar zu Synesius, *De insomniis*, Titel «προοίμιον εἰς τὴν ἐξήγησιν τοῦ περὶ ἐνυπνίων λόγου», geschrieben mit dunkelbrauner Tinte von Nikephoros Gregoras an Stelle des ursprünglichen Titels mit rötlichbrauner Tinte, der nicht mehr mit Sicherheit entzifferbar ist. Die letzten sieben Zeilen des Textes sind wiederum von Nikephoros Gregoras geschrieben.
(f. 3r–29v) Synesius, *De insomniis*, mit Interlinearscholien in roter Tinte und umfangreichen Randscholien des Nicephorus Gregoras in der schwarzbraunen Tinte des Haupttexts, alles geschrieben von der Haupthand.
(f. 30r) leer. – (f. 30v–31r) *Scholion* des Nicephorus Gregoras über den vorzeitigen Tod des Ptolemaios als Grund für den fehlenden Schluss der *Harmonica*;[338] Titel radiert, inc. «ταυτόν [*sic*] τι συνέβη …», exp. «διὰ τὸ προκαταλελυκέναι τὸν βίον.». Im Anschluss an das letzte Wort Rasur von ungefähr 30 Buchstaben.

B. (f. 31v–111v)[339] Claudius Ptolemaeus, *Harmonica*, mit Interlinear- und Randscholien.

C. (f. 112–147) Claudius Ptolemaeus, Theoretische Teile der *Geographia*, Titel «Κλαυδίου Πτολεμαίου Γεωγραφικῆς Ὑφηγήσεως»:
(f. 112r–137v) *Geogr.* 1 (mit Rand- und Interlinearscholien). – (f. 138r–139v) *Geogr.* 2,1: *Prolog* (ohne Inhaltsübersicht zu Buch 2, mit Interlinearscholien) + Anhang **1a** (= Bruchstück der Liste der Provinzen oder Satrapien der Oikumene mit Gradangaben). – (f. 140r–145r) *Geogr.* 7,5–7. – (f. 145r–147r) *Geogr.* 8,1f. – (f. 147v) leer.

---

338 Zu diesem Scholion siehe ausführlicher oben S. 12f. und 21.
339 Die Blätter 83v, 84v und 86v–87r sind leer.

D. (f. 148r–205v) Porphyrius, *In Ptolemaei Harmonica.*
E. (f. 206–222) *Varia*:
(f. 206r–211v) Nicomachus Gerasenus, *Harmonicum Enchiridium.*
(f. 211v–212v) Domninus Larissaeus, «Ἐγχειρίδιον εἰσαγωγικὸν ἀριθμητικῆς», eine kleine Schrift über die Subtraktion; Untertitel «πῶς ἐστὶ λόγον ἐκ λόγου ἀφελεῖν», inc. «Ὅταν ἐπιταττώμεθα λόγον ἀφελεῖν ἐκ λόγου …», exp. «ποιεῖ τὴν τοῦ συνθέτου πηλικότητα».
(f. 212v–216v) Ocellus Lucanus, *De universi natura.*
(f. 217r–222r) Bacchius, *Harmonica* («Εἰσαγωγὴ τῆς μουσικῆς Βακχείου τοῦ γέροντος»).[340]
(f. 222v) Mesomedes, *Hymnen* an Kalliope, Helios und Nemesis.
F. (f. 223r–262v) Manuel Bryennius, *Harmonica.*
G. (f. 263r–311r) Theon Alexandrinus, *„Großer" Kommentar zu den Handlichen Tafeln des Claudius Ptolemaeus*, mit verstümmeltem Ende (exp. «πρὸς τῇ κατὰ τὸ ἀπόγειον»). – (f. 311v–312r) leer. – (f. 312v) Geometrische Skizze.

Beigaben: (f. 1r) Am oberen Rand mit blassbrauner Tinte in kursiver Minuskel Besitzvermerk «βιλοιον [*sic*] τῆς σεβασμίας μεγάλης Λάβρας τοῦ ὁσίου καὶ θεοφόρου πατρὸς ἡμῶν Αθανασίου [*sic*] τοῦ ἐν τῶ Ἄθω». – (f. 112v) Am oberen Rand mit dunkelbrauner Tinte, offenbar nicht vom Hauptkopisten, aber mit Sicherheit auch nicht von Nikephoros Gregoras oder Nebenhand 1 (s.u. *Schreiber*, zu *KE* C), Scholion «Καὶ τὸ παρὸν βιβλίον διωρθώσατο καὶ ἐξηγήσατο μετὰ σχολίων Νικηφόρος ὁ Γρηγορᾶς».

Foliierung

(f. 1–311) Auf der Rectoseite über oder neben der oberen äußeren Ecke des Schriftspiegels mit brauner bis blassbrauner Tinte arabische Zahlen. – (f. 312) Auf der Rectoseite in der oberen äußeren Ecke mit Bleistift von anderer, späterer Hand arabische Zahl. – Die Blätter 144–147 wurden falsch eingebunden und folgen auf f. 135.

Beschreibstoff

Papier mit Wasserzeichen, cremefarben, eher raue, zum Teil von den Ripplinien leicht strukturierte Oberfläche.

---

340 Gemäß Devreesse 1945, 155 ist die Zuordnung des Textes auf den Blättern 220v–222r zu Bakchios unsicher, vgl. auch Mathiesen 1988, 261. Für diesen Text ist der Coislin 173 vielleicht der älteste Textzeuge (siehe Devreesse 1954, 245 Anm. 9).

Wasserzeichen

In dieser Handschrift können mindestens zehn verschiedene Wasserzeichen unterschieden werden:[341]
1 (f. 2, 5–6, 8, 11, 13, 15–20, 28, 30) *Flacon* (f. 13: Dimensionen des Wasserzeichens 45 × 43 mm, Abstand zwischen den das Wasserzeichen flankierenden Kettlinien 48,5 mm; f. 20: Dimensionen des Wasserzeichens 42 × 42 mm, Abstand zwischen den Kettlinien 48,5 mm), sehr ähnlich wie BRIQUET *Flacon ou Fiole* 6257 (Perpignan 1330), Dimensionen des Wasserzeichens 43 × 40 mm, Abstand zwischen den das Wasserzeichen flankierenden Kettlinien 47 mm. In der Handschrift wird jedoch die den unteren Teil des Flacons halbierende senkrechte Linie bis zum oberen Rand des waagrechten „Rings" heraufgezogen.
2 (f. 31) *Étoile* (Durchmesser des Wasserzeichens von der einen Spitze bis zur gegenüberliegenden Spitze ca. 40 mm, Wasserzeichen zwischen Kettlinien liegend, Rippdrähte fein), nicht unähnlich wie BRIQUET *Étoile* 6013 (Torcello 1322), Durchmesser des Wasserzeichens 45–48 mm. In der Handschrift ist der Stern aber kleiner sowie gleichmäßiger bzw. symmetrisch und verläuft eine gedachte Achse durch den oberen und unteren Strahl des Sterns weniger schräg gegenüber den Kettlinien.
3 (f. 36–39, 47–49, 52–53, 56–57, 61, 76–79, 82, 84, 86–87, 91, 93–95, 98, 100, 102–103, 106, 108, 116–119, 123, 125–127, 129–131, 135, 138–139, 142–143) *Lettre L* (Dimensionen des Wasserzeichens ca. 65 × 34 mm, zwischen fast nicht erkennbaren Kettlinien liegend, Ripplinien fein), von der Form her nicht unähnlich wie BRIQUET *Lettre L* 8276 (Bologna 1295), Dimensionen des Wasserzeichens ca. 24 × 12 mm, hingegen ist das Wasserzeichen in der Handschrift sehr viel größer.
4 (f. 42–43, 46, 65–66, 68, 71, 110–111, 146) *Enclume* (Dimensionen des Wasserzeichens ca. 44 × 42 mm, Wasserzeichen zwischen Kettlinien liegend, Rippdrähte eher fein), ähnlich wie BRIQUET *Enclume* 5951 (Torcello 1326), Dimensionen des Wasserzeichens ca. 35 × 42 mm. Gegenüber diesem Exemplum ist das Wasserzeichen in der Handschrift aber um 90° gegen den Uhrzeigersinn gedreht zwischen den Kettlinien positioniert.
5 (f. 148–150, 152, 157, 160–161, 163, 169–171, 174, 183, 206?, 207–208, 210, 215, 217?, 219, 221) *Férule* (Dimensionen des Wasserzeichens ca. 54 × 35 mm,[342] Wasserzeichen soweit sichtbar zwischen den Kettlinien liegend, Ripplinien fein), ähnlich wie BRIQUET *Férule* 6173

341 Zur Bestimmung waren lediglich die Repertorien von BRIQUET und HARLFINGER zur Hand.
342 Die Breite ist jedoch unsicher, da das Zeichen allgemein schlecht sichtbar und somit auch schlecht messbar ist.

(Bologna 1331), Dimensionen des Wasserzeichens 80,5 × 38 mm. Somit ist das Wasserzeichen in der Handschrift wesentlich kleiner.
6 (f. 180) *Lettre S*[343] (schlecht erkennbar, Kettlinien nicht sichtbar, Rippdrähte fein), ohne überzeugende Entsprechung bei Briquet und Harlfinger. Buchstabenform und Positionierung des Zeichens in der Handschrift sind in der Art von Briquet *Lettre S* 9015 (Verona 1328) und 9016 (Lucca 1327–1329), größenmäßig liegt das Wasserzeichen in der Handschrift etwa zwischen diesen Beispielen.
7 (f. 185–187, 191–193, 195, 197–201) *Noeud (de Salomon)* (Dimensionen des Wasserzeichens ca. 30 × 30 mm, Abstand zwischen den das Wasserzeichen flankierenden Kettlinien ca. 49–50 mm, Ripplinien fein), vgl. Briquet *Noeud (de Salomon)* 11979 (Pistoia 1311–1313), Dimensionen des Wasserzeichens 30 × 30 mm, Abstand zwischen den das Wasserzeichen flankierenden Kettlinien 51 mm.
8 (f. 223–224, 227–228, 235–238, 240–241, 243, 246, 250, 252–254, 256, 259–260) *Casque* (Dimensionen des Wasserzeichens 38 × 25 mm, soweit beurteilbar Wasserzeichen zwischen Kettlinien liegend, Ripplinien fein), ähnlich wie Briquet *Casque* 2884 (Bologna 1321), Dimensionen des Wasserzeichens 39 × 30 mm. Das Beispiel ist also etwas größer als das Wasserzeichen in der Handschrift.[344]
9 (f. 267–270, 275–278, 287, 289–290, 293) *Fruit* (Dimensionen des Wasserzeichens ca. 49 × 40 mm, Wasserzeichen zwischen Kettlinien liegend, Ripplinien fein), sehr ähnlich wie Briquet *Fruit* 7415 (Genua 1317), Dimensionen des Wasserzeichens ca. 48 × 37 mm, sich nur in den Maßen nicht ganz genau mit dem Wasserzeichen in der Handschrift deckend.
10 (f. 279, 281–282, 285, 298–302, 304–305, 308, 310) *Armoiries sans pièces: Écu écartelé en sautoir* (Höhe ca. 50,5 mm, Länge der gekreuzten Linien 35–37 mm, Abstand zwischen den das Wasserzeichen flankierenden Kettlinien knapp 50 mm, Ripplinien eher fein), vgl. Briquet *Armoiries sans pièces: Écu écartelé en sautoir* 890 (Siena 1325), Höhe 50,5 mm, Länge der gekreuzten Linien 35–36 mm, Abstand zwischen den das Wasserzeichen flankierenden Kettlinien knapp 50 mm; vgl. auch Harlfinger *Écu* 13 (Beispiel 2) (1337), Höhe 50,5 bzw. 51 mm, Länge der gekreuzten Linien 35–37,5 bzw. 34–37,5 mm,[345] Abstand zwischen den das Wasserzeichen flankierenden Kettlinien knapp 50 mm.

343 Ich danke Brigitte Mondrain (Paris), die mir bei der Identifikation dieses Wasserzeichens behilflich war.

344 Das Wasserzeichen korrekt identifiziert hat Marie-Louise Concasty, ehemalige Konservatorin der BnF, in einem Brief vom 27. Januar 1966 an G. H. Jonker. Den Brief gab mir freundlicherweise der jetzige Konservator Christian Förstel zur Ansicht (siehe dazu auch Jonker 1970, 40 [s.u. *Bibliographie*]).

345 Jeweils auf die Abbildung links und rechts von Beispiel 2 bezogen.

Besonders die Wasserzeichen 7, 9 und 10 erlauben eine Eingrenzung der Datierung der entsprechenden Blätter in einen Zeitraum von ungefähr 1301–1323 (Wasserzeichen 7), 1302–1332 (Wasserzeichen 9) und 1315–1347 (Wasserzeichen 10). Obwohl man erwartungsgemäß für diejenigen Wasserzeichen, für die hier keine besonders passende Entsprechung gefunden werden konnte, in anderen Repertorien fündig werden dürfte, und obwohl die Kodikologischen Einheiten dieser Sammelhandschrift einer präziseren Unterscheidung bedürfen und auch in der Datierung entsprechend zu differenzieren wären, liegen zwischen der Entstehung der einzelnen Teile sehr wahrscheinlich keine größeren Zeitspannen (siehe dazu auch unten *Schreiber*).

Organisation der Lagen

Lagen: I$^{\text{f. 2}}$ + III$^{\text{f. 8}}$ + 2.IV$^{\text{f. 24}}$ + IV-1$^{\text{f. 31}}$ + 13.IV$^{\text{f. 135}}$ + 4$^{\text{f. 147}}$ + 4.IV$^{\text{f. 171}}$ + IV-4$^{\text{f. 175}}$ + 2.IV$^{\text{f. 191}}$ + IV-2$^{\text{f. 197}}$ + 2.IV$^{\text{f. 213}}$ + IV+1$^{\text{f. 222}}$ + 8.IV$^{\text{f. 286}}$ + 7$^{\text{f. 293}}$ + 2.IV$^{\text{f. 309}}$ + 3$^{\text{f. 312}}$.

Die Bindung ist sehr eng, die Nähte sind deshalb oft nicht sichtbar. Wie die erste bzw. die ersten beiden Lagen genau aufgebaut sind, ist nicht eindeutig bestimmbar. Den Bleistiftkustoden gemäß (s.u. *Kustoden*) ist die erste Lage ein regelmäßiger Quaternio (IV$^{\text{f. 1–8}}$). Nach den griechischen Kustoden hingegen beginnt die erste Lage mit f. 3 und ist ein Ternio, wofür auch spräche, dass auf f. 3r in der Mitte des oberen Randes ein Kreuz steht; f. 1–2 wären dann eine Lage für sich („0. Lage": I$^{\text{f. 1–2}}$ + III$^{\text{f. 3–8}}$). Die 17. und die 18. Lage (4$^{\text{f. 144–147}}$ + IV$^{\text{f. 136–143}}$; sie betreffen also den *Geographie*-Teil) sind beim Einbinden verdreht worden (s.u. *Kustoden*). Die Auszüge aus der *Geographie* stehen auf vier Quaternionen und zusätzlichen vier Blättern, deren Zusammenstellung nicht eindeutig bestimmbar ist (in wiederhergestellter Reihenfolge: 3.IV$^{\text{f. 112–135}}$ + IV$^{\text{f. 136–143}}$ + 4$^{\text{f. 144–147}}$); die Kustoden der ersten drei Quaternionen (s.u. *Kustoden*) belegen, dass es sich beim *Geographie*-Teil ursprünglich um eine unabhängige Kodikologische Einheit handelte.

Faltung: in-fol.

Kustoden: Die Lagen sind jeweils auf der ersten Rectoseite ganz in der unteren inneren Ecke, zum Teil kaum sichtbar, mit Bleistift von moderner Hand mit arabischen Zahlen durchnummeriert von «1»–«40» (Unregelmäßigkeiten: … 11, 11bis, 12 …; 16, 18, 17, 19 …;[346] bei den Lagen 6–8 fehlen diese Kustoden oder sind nicht sichtbar). Nicht einverstanden mit dieser Einteilung bin ich im Fall der Blätter 222–230, die zu einer Lage zusammengefasst werden; f. 222 gehört aber aus Gründen des Inhalts

346 Hier aufgrund einer Lagenumstellung, s.o. *Lagen*.

und der Schrift vielmehr als zusätzliches Blatt zu dem vorangehenden Quaternio (f. 214–221), obwohl nicht zu erkennen ist, wie das Blatt eingefügt wurde, und obwohl die „Schlusskustode" dieses vorangehenden Quaternios noch auf f. 221v steht.

Ältere Kustodenreihen: (f. 3–31) Auf der ersten Rectoseite der Lagen mehr oder weniger in der oberen äußeren Ecke mit der Tinte des Haupttexts (Ausnahme f. 3r: mit blasser rötlichbrauner Tinte = Auszeichnungstinte) griechische Kardinalzahlen «α'»–«δ⟨'⟩». Außerdem scheint bei den ersten drei Lagen zusätzlich ein Kreuz auf der ersten Rectoseite der Lage in der Mitte des oberen Blattrandes den Beginn der Lage zu kennzeichnen (jeweils mit derselben Tinte wie die Kustoden auf der entsprechenden Seite, manchmal teilweise abgeschnitten). Bei der ersten Lage (f. 3–8) scheint auch auf der letzten Versoseite am unteren Rand gegen innen der Rest einer abgeschnittenen Kustode, mit der Haupttinte ausgeführt, übrig zu sein. – (f. 32–111) Auf der ersten Rectoseite und der letzten Versoseite der Lagen in der unteren inneren Ecke mit blassbrauner Tinte griechische Kardinalzahlen «α'»–«ι'». – (f. 112–135: *Geographie*-Teil) Auf der ersten Rectoseite und der letzten Versoseite der Lagen in der unteren inneren Ecke mit blassbrauner Tinte, stark verblasst, griechische Kardinalzahlen «α»–«γ». – (f. 176–183) Auf der ersten und letzten Versoseite der Lage in der Mitte des unteren Randes mit dunkelbrauner Tinte griechische Kardinalzahl «α'». – (f. 176–205) Auf der ersten Rectoseite der Lagen ganz in der unteren inneren Ecke mit hellbrauner Tinte, praktisch verblasst, griechische Kardinalzahlen «ε»–«η» (zum Teil mit horizontalem Strich über dem Zahlzeichen). Die Blätter 148–175 dürften demnach die Kustoden α–δ getragen haben. – (f. 206–221) Auf der letzten Versoseite der Lagen ungefähr in der Mitte des unteren Blattrandes mit dunkelbrauner Tinte griechische Kardinalzahlen «α'»–«β'». – (f. 223–262) Auf der ersten Recto- und der letzten Versoseite der Lagen ungefähr in der Mitte des unteren Blattrandes mit dunkelbrauner Tinte griechische Kardinalzahlen «α'»–«ε'», zum Teil nicht (mehr) vorhanden bzw. abgeschnitten.[347] – (f. 263–312) Auf der ersten Recto- und der letzten Versoseite der Lagen in der Mitte des unteren Randes mit blassbrauner Tinte griechische Kardinalzahlen «α'»–«ζ'», zum Teil fehlend.

Keine Reklamanten.

Liniierung (nur zu KE *C):* Liniierung mit Blindgriffel, zum Teil sind fast nur die Vertikalen zu erkennen, die Einstichlöcher sind noch sehr gut sichtbar. Die Liniierung besteht aus je einer durchgehenden Doppelver-

---

347 Auf f. 230v sind am unteren Blattrand gegen innen Überreste einer mit roter Tinte ausgeführten Kustode zu sehen, die vielleicht an der üblichen Stelle mit dunkelbrauner Tinte nachgetragen wurde, weil die rote Kustode fast ganz weggeschnitten wurde.

tikale (Abstand zwischen den ein Paar bildenden Vertikalen 8,5–9 mm) zu beiden Seiten des Schriftspiegels. Dazu kommen 24 waagrechte Schreiblinien, die von der inneren Vertikale der äußeren Doppelvertikale bis unregelmäßig über die innere Doppelvertikale hinaus reichen. Sehr gut zu sehen ist die Liniierung auf dem leeren f. 147v, auf dem sie direkt eingekerbt wurde. – Grundschema: *Muz.* 2-2 / 0 / 0 / F.

Seitenlayout (nur zu **KE** *C)*

Allgemein 1 Kol., sehr regelmäßig 24 Z.
(f. 115r) 1 Kol., 24 Z., 298 × 221 mm, Schriftspiegel 193 × 137 mm.
(f. 131r) 1 Kol., 24 Z., 297 × 224,5 mm, Schriftspiegel 194 × 136 mm.
(f. 147r) 1 Kol., 24 Z., 298 × 220 mm, Schriftspiegel 195 × 136 mm.

Ist der Kodex geschlossen, fällt auf, dass die Blätter 144–147 und 136–143 deutlich weniger breit sind als die übrigen (zu ihrer Abfolge s. o. *Organisation der Lagen*).

Schreiber, Schrift, Tinte

An dieser Handschrift haben mehrere Haupthände, „andere Hände“ (Hände, die zwar an der Abschrift des Haupttextes beteiligt waren, aber nur kurz auftreten) und Nebenhände gearbeitet, die aber alle aus derselben Zeit stammen dürften. Die Unterscheidung dieser Hände ist zum Teil schwierig und kann in diesem Rahmen nur grob vorgenommen werden; dabei müssen insbesondere die zahlreichen Nebenhände weitgehend unberücksichtigt bleiben. Eine der Hände kann Nikephoros Gregoras zugeordnet werden; vermutlich handelt es sich bei den übrigen Kopisten um Personen aus seinem Umfeld. Die Situation der Hände im *Geographie*-Teil ist verhältnismäßig klar (siehe dazu weiter unten). Im Folgenden ein provisorischer Vorschlag mit einer Unterscheidung von sechs Haupthänden, der Hand des Gregoras und fünf „anderen Händen“:

(f. 1r–32r, oberer Rand) **Haupthand 1**: Senkrechte, sehr klare, sorgfältige, gesetzte und kleinformatige Minuskelschrift mit gemäßigten Ober- und Unterlängen (abgesehen von hochgezogenem Gamma und Tau) bei mittlerem Zeilenabstand; Verbindungsgrad der Buchstaben tief, Worttrennung recht deutlich, wenig Abkürzungen und Suprapositionen; Tinte schwarzbraun. Auffallend die Ligatur Epsilon-Iota „in Form einer 4“ und die Ligatur Epsilon-Xi. Haupthand 1 kopierte den Text *De insomniis* von Synesios mit dem vorangehenden Kommentar des Nikephoros Gregoras zu diesem Werk; von den *Harmonica* des Ptolemaios schrieb sie nur noch das Inhaltsverzeichnis sowie vor und nach diesem je ein Scholion. Ausnahme: Von einer „anderen Hand“ 1 stammt jedoch die

Abschrift des Scholions des Gregoras zu den unvollendeten *Harmonica* (f. 30v–31r).

(f. 32r–147r) **Haupthand 2**: Ausgeglichene, rechtsgeneigte Minuskelschrift ohne auffällige Besonderheiten mit gemäßigten Ober- und Unterlängen bei mittlerem Zeilenabstand; Verbindungsgrad der Buchstaben mittelhoch bis eher tief, Worttrennung eingehalten, nur wenige Abkürzungen und Suprapositionen. Schrift unterzeilig, Tinte schwarz. Nennenswert die mit Alpha und Ypsilon verbundenen ausgeprägten akuten Akzente sowie das sehr oft, aber nicht immer auftretende kleine Häkchen nach rechts am unteren Ende des vertikalen Strichs von Tau. Haupthand 2 war verantwortlich für die Abschrift der *Harmonica* des Ptolemaios und der Exzerpte aus dessen *Geographie*. Ausnahmen: Auf f. 60r hat ein Schreiber aus dem Kreis um Nikephoros Gregoras die Zeilen 14b–21a geschrieben (inc. «Ὅτι οὐ δεῖ», exp. «γενῶν κατατομάς.»).[348] Die Blätter 81r/v und 87v kopierte Haupthand 1.[349]

(f. 148r–175v und f. 198r–205v) **Haupthand 3**; vielleicht stammen jedoch f. 198r–199r, Z. 19a von einer anderen, aber sehr ähnlich schreibenden Hand. Ausnahmen: (f. 148v, Z. 1–6) „andere Hand“ 2, (f. 152r) „andere Hand“ 3, (f. 162v, Z. 4–39 und f. 168r, Z. 1–12a) „andere Hand“ 4.

(f. 176r–196v, Z. 8a; f. 206r–222v) **Haupthand 4**; Ausnahme: (f. 196v Z. 8b – 197v) „andere Hand“ 5.

(f. 223r–229v, Z. 41) **Haupthand 5**.

(f. 229v, Z. 42 – 262v) Auf diesen Blättern wechseln sich mehrere zum Teil sehr ähnlich schreibende Hände ab, zu deren näherer Unterscheidung eine eingehende Untersuchung nötig wäre, die in diesem Rahmen nicht durchgeführt werden kann.

(f. 244v–245r) **Nikephoros Gregoras**. Zu seiner Schrift siehe gleich unten.

(f. 263r–311r) **Haupthand 6**.

Hand des Nikephoros Gregoras: Gemäß der aktuellsten Einschätzung von Bianconi 2005, 415 sind die Interventionen des Gregoras sehr viel zahlreicher, als im RGK 2 angegeben:[350] Neben den Marginalia auf den Blättern 31v–143v (also auch im *Geographie*-Teil) hat Gregoras auf f. 2v die Zeilen 18–24 (die letzten sieben Zeilen) geschrieben sowie auf den Blättern 14v, 205r, 205v (bei Bianconi falsch 206v), 222v und 263r am

348 Vgl. Bianconi 2004, 351 (dort werden die Z. 13–20 angegeben, da die gezogene erste Schreiblinie, die hier aber von einem Zierbalken eingenommen wird, offensichtlich nicht mitgezählt wurde).

349 Nicht aber die Randnotizen auf f. 81r, die zum Teil von Gregoras, zum Teil von einer Nebenhand stammen.

350 Dort werden dem Gregoras nur f. 196v–197v und die Marginalia auf den Blättern 31v–143v zugeschrieben.

unteren Rand Anmerkungen hinterlassen. Etliche Randnotizen auf den Blättern 223r–262v (sie enthalten die *Harmonica* des Bryennios) und mehrere Titel (z. B. f. 1r, 57v, 85r, 112r/v, 113v [im Fall der f. 112r/v und 113v scheint es mir unsicher, ob Bianconis Zuordnung zutrifft], 198r) stammen ebenfalls von Gregoras. Entgegen RGK 2 sollen f. 196v–197v (Bianconi spricht falsch von f. 194v–197v) jedoch nicht von Gregoras' Hand sein (dieser Beobachtung stimme ich vollumfänglich zu), eventuell aber f. 244v–245r. Im *Geographie*-Teil schrieb Gregoras seine häufigen Interlinear- und Randscholien mit braunschwarzer bis schwärzlicher Tinte und spitzer Feder und in der Regel sehr kleinformatig. Annotiert hat Gregoras nur *Geogr.* 1 und *Geogr.* 2,1, abgesehen von ganz wenigen und bescheidenen Interventionen in *Geogr.* 7.

War eine der Hände, die in unserer Handschrift interlineare Annotationen hinterlassen hat, diejenige des Neophytos Prodromenos, der vielleicht zum Intellektuellenkreis um Nikephoros Gregoras gehörte?[351] Ich schließe nicht aus, dass ein Teil der Scholien im *Geographie*-Teil zwar von einer sehr ähnlichen, aber doch nicht von Gregoras' Hand stammt, z. B. die Rand- und Interlinearscholien auf f. 128v. Auch sie sind mit schwarzbrauner Tinte und sehr spitzer Feder geschrieben, das Schriftformat scheint aber noch kleiner und das Schriftbild vor allem ruhiger, ausgeglichener zu sein, da einzelne Buchstaben kaum oder nur in reduziertem Ausmaß vergrößert werden, im Gegensatz zu Gregoras' Gewohnheiten.

Zu KE *C (*Geographie*-Teil):*
Der Kopist dieser Partie ist identisch mit der oben genannten Haupthand 2. – *Nebenhände:* Neben den oben erwähnten Interventionen des Nikephoros Greogras ist eine weitere Nebenhand 1 unterscheidbar: Sie schrieb nicht unähnlich wie Nikephoros Gregoras und benutzte eine ähnlich braunschwarze Tinte wie dieser. Ihre Schrift ist aber unruhiger, meistens auch großformatiger als die des Gregoras, außerdem kam eine etwas breitere Feder zum Einsatz, die manchmal nicht ganz satt zeichnete, und eine Tinte, die mehr in ihren Farbnuancen schwankt (von blassbraun bis schwärzlich) als diejenige des Gregoras. Nebenhand 1 ergänzte auf f. 137v unten, unmittelbar anschließend an das Ende von *Geogr.* 1, den *Periorismos*. Auf f. 138r hat sie auf Zeile 1 den (nicht ausgeführten) Titel zu *Geogr.* 2 nachgetragen.

351 So MONDRAIN 2000, 16 Anm. 19: „Ces deux livres [*sc.* Coislin 173, Paris. gr. 2345] riches en scholies portent des annotations interlinéaires de petit module dues à une main très proche de celle de Néophyte Prodroménos, mais dont je n'ose affirmer que c'est la sienne ou celle de Grégoras adoptant un style plus régulier dans un espace d'écriture plus réduit." Für ein Schrift-Specimen des Neophytos Prodromenos siehe RGK 2, Nr. 411.

Auszeichnungsschriften: (f. 112r–113r) Werktitel und Kapiteltitel zu *Geogr.* 1,1 und 1,2 mit blassbrauner Auszeichnungstinte in Auszeichnungsminuskel, vielleicht von Nikephoros Gregoras (siehe dazu oben *Hand des Nikephoros Gregoras*). Der Hauptkopist verwendete nicht selten eine intensiv leuchtend rote Tinte für Auszeichnungen, z.B. für Kapiteltitel oder auf f. 140v–141r für interlineare Textergänzungen.

Ausstattung, Buchschmuck, Illustrationen (nur zu KE *C)*

(f. 112r) Der Werktitel ist von sehr bescheidenen Blumenmustern geschmückt, ausgeführt mit derselben Tinte wie der Werktitel selbst und vermutlich auch von derselben Hand. – Vereinzelt treten sehr einfache Zierelemente auf, z.B. auf f. 137v unten gegen den Falz zu (vielleicht von dem Annotator, der den *Periorismos* nachgetragen hat; s.o. *Schreiber*, zu *KE* C), auf f. 138r am äußeren Rand oberhalb der Mitte (vielleicht vom Hauptkopisten). – Im Allgemeinen ist die gesamte Handschrift in Einklang mit ihren Inhalten sachlich schmucklos gehalten.
Initialen: Herausgestellt, vergrößert, manchmal ganz einfach verziert.
Zeichnungen: **b)** (f. 115r) Unten am äußeren Rand, zum Teil den Text überschneidend, Skizze zu den Bogensegmenten auf Erd-/Himmelskugel, der Textstelle *Geogr.* 1,3,3 beigeordnet. Im Gegensatz zu der entsprechenden Skizze im Vat. gr. 191 (X) ist sie beschriftet (bezeichnet sind die verschiedenen Punkte; neben die Punkte «α» und «γ» – sie sind die Schnittpunkte der Schenkel mit dem kleineren, die Erde darstellenden Kreis – wurden die Toponyme «Ῥόδος» und «Συήνη» gesetzt). Die Skizze, die ursprünglich offensichtlich nicht vorgesehen war – für sie wurde kein Platz ausgespart – wird in einem längeren Scholion am unteren Rand kommentiert. Das Scholion stammt von Nikephoros Gregoras. Es liegt nahe, ihm auch das Einfügen dieser Zeichnung zuzuweisen.[352] Die Zeichnung wurde mit Lineal und Zirkel angefertigt, die Kreise sind mit rötlichbrauner Tinte gezogen, der Winkel und die Bezeichnung der Punkte sind mit schwärzlicher Tinte ausgeführt. In der unteren äußeren Ecke desselben Blattes, zum Teil weggeschnitten, sind die Reste einer kleinen, mit brauner Tinte gezeichneten Skizze zu sehen, die vielleicht dasselbe darstellen sollte wie die zuvor genannte Skizze.
1 (f. 133v und 134r) Einfache Kegelprojektion: Die Zeichnung taucht zweimal in nahezu identischer Ausführung auf, die zweite ist ein wenig größer. Während die zweite Skizze genau am korrekten Platz eingefügt ist, befindet sich die erste etwas zu früh vor dem Ende von *Geogr.* 1,24,6. In beiden Zeichnungen tritt der bekannte, oben auf S. 126 dargelegte Fehler auf – abgesehen von diesem Mangel ist die Darstellung richtig und die

---

352 So auch Tsiotras 2006, 112, mit Rekonstruktion der Skizze. Siehe auch oben S. 125f.

Beschriftung vollständig. Die erste Zeichnung unterscheidet sich von der zweiten lediglich darin, dass die beiden den Kegel begrenzenden Geraden ηξθ und ηπλ das Rechteck αβγδ etwas unterhalb der Punkte μ/ρ bzw. ν/τ schneiden und diese Punkte somit nicht auf den Geraden liegen, wie sie eigentlich sollten. Es ist schwierig zu beurteilen, ob der Kopist die Zeichnung aus diesem Grund auf der nächsten Seite wiederholte, oder ob von Anfang an zwei Skizzen vorgesehen waren und dafür Platz freigelassen wurde. Beide Zeichnungen sind sehr sorgfältig mit Lineal und Zirkel sowie mit der schwarzen Tinte des Haupttextes gezeichnet worden, dem Anschein nach vom Kopisten selbst. Für die Beschriftungen wurde die intensiv rote Auszeichnungstinte verwendet.

2 (f. 135r) Neigungswinkel: Im unteren Viertel des Schriftspiegels befinden sich zwei Figuren nebeneinander, beide mit einem Zirkel und der Tinte des Haupttexts ausgeführt; bei beiden sind die Punkte mit der intensiv roten Auszeichnungstinte eingetragen. Platziert sind sie soweit korrekt (genau genommen erst nach statt vor *Geogr.* 1,24,13, einem nur kurzen Paragraphen). Die Skizze links ist unverständlich, die Punkte β und δ liegen viel zu weit unten und deshalb nicht auf einem größtmöglichen Kreis der Kugel. Ebenso sind die Punkte α und γ zu weit links angesetzt und somit ebenfalls nicht auf einem größtmöglichen Kreis der Kugel. Der Syene-Parallelkreis durch die Punkte βεδ hätte in der Skizze rechts ähnlich ausgesehen wie in der Skizze links, wie eine Rasur verrät. Eine weitere Rasur zeigt, dass der Mittelmeridian durch die Punkte α und γ zuerst korrekt als Großkreis vorgesehen gewesen wäre. Der Zeichner – sicher auch hier der Kopist selbst – korrigierte bzw. verschlimmbesserte die Figur so, dass sie den Sachverhalt zwar einigermaßen nachvollziehbar wiedergibt, insbesondere was den Syene-Parallelkreis betrifft. Der Mittelmeridian sieht nun aber ungefähr so wie in der Skizze links aus. Eine andere Hand, die höchstwahrscheinlich dem Nikephoros Gregoras gehörte, hat mit schwarzbrauner Tinte den eigentlich richtigen, aber radierten Mittelmeridian mit einer unterbrochenen Linie nachgezeichnet und an den entsprechenden Stellen einige Bezeichnungen nachgetragen («διὰ Συήνης», «ἰσημερινός», «μεσημβρινός», «ὁρίζων»). Zusätzlich hat dieselbe Hand in der unteren äußeren Ecke des Blattes eine weitere Figur angebracht, vermutlich mit Lineal und Zirkel vorgezeichnet und mit schwärzlicher Tinte nachgezogen. Sie stellt einen gevierteilten Kreis dar, in den ebenfalls mit schwärzlicher Tinte die Punkte α–ζ eingetragen sind.

3 (f. 135v) Ermittlung des Punktes η: Die Figur ist am richtigen Ort eingefügt. Sie nimmt zur Hälfte den Platz am unteren äußeren Rand und ein absichtlich für sie ausgespartes Stück Schriftspiegel in Anspruch (*Geogr.* 1,24,17 steht eigentlich rechts von der Figur, die Breite des Schriftspiegels wurde im unteren Drittel links etwas verschmälert). Die Skizze ist weitgehend korrekt gezeichnet und beschriftet. Auch diese Zeichnung ist vom Kopisten selbst sauber mit Lineal und Zirkel sowie mit der Haupttinte ausgeführt und mit der intensiv roten Auszeichnungstinte beschriftet worden. Gleichzeitig hat ein Scholiast, vermutlich wiederum Gregoras, auf dieser Seite am äußeren und oberen Rand mehrere Abstandslängen angegeben.[353]

4 (f. 137v) Modifizierte Kegelprojektion: Für diese Skizze wurde ursprünglich an korrekter Stelle nach *Geogr.* 1,24,29 oberhalb der Blattmitte ein Spatium freigelassen; die nun vorliegende Skizze stammt mit Sicherheit nicht vom Kopisten, vermutlich aber auch nicht von Gregoras (der jedoch für das Scholion am äußeren Rand neben der Skizze verantwortlich sein dürfte). Die Zeichnung wurde wohl vorskizziert und dann mit schwarzbrauner Tinte nachgezogen und beschriftet. Die Beschriftungen sind soweit korrekt und vollständig, jedoch bezeichnen μ und ν auch in dieser Skizze die Schnittpunkte des Kreisbogens des Äquators mit dem Rechteck αβγδ (statt richtig die entsprechenden Schnittpunkte des südlichen Parallelkreises, der aber nur bis zu den Punkten σ und φ gezogen wurde). Von diesen falsch positionierten Punkten μ und ν aus wurden von Hand die Verbindungsstrecken zu Punkt σ bzw. φ gezogen. Von den Werten für die Abstände der Meridiane wurde nur derjenige auf dem Parallelkreis von Syene eingetragen.

5 (f. 143v, unten) Armillarsphäre: Die Zeichnung ist am richtigen Platz eingefügt. Sie wurde sehr sorgfältig mit Lineal und Zirkel angefertigt, die Linien wurden mit der schwarzen Haupttinte gezogen, die Beschriftungen mit der leuchtend roten Auszeichnungstinte eingetragen. Der Zeichner war offensichtlich der Kopist selbst.

Zusätzliche Zeichnungen: **1)** (f. 121r) In der unteren äußeren Ecke dieses Blattes befindet sich eine mit schwarzbrauner Tinte von Hand gezogene kleine Skizze zum Verkürzungsfaktor, dem Schluss der Textstelle *Geogr.* 1,11,2 beigeordnet, den Beschriftungen nach wohl von Gregoras ausgeführt. Sie veranschaulicht, dass der Abstand eines Grades auf dem Parallelkreis von Rhodos weniger misst als auf dem Äquator und im Verhältnis 4:5 steht.

2) (f. 124r) Am äußeren Rand oberhalb der Mitte ist eine kleine Skizze zu der Textstelle *Geogr.* 1,13,5 (eigentlich bezieht sie sich auf § 4!) angebracht, wohl mit Lineal vorgezeichnet und mit schwarzbrauner Tinte nachgezogen. Die Skizze illustriert die Distanz zwischen Kap Kory und der Stadt Kurula (in der Handschrift steht allerdings «Κούρουρα»). Obwohl dunklere Tinte und eine breitere Feder verwendet wurden, als Gregoras für das Scholion am oberen Rand und im oberen Teil des äußeren Randes auf dieser Seite benutzt hatte, scheinen die Beschriftungen zu der Skizze auf seine Hand hinzuweisen.

353 Siehe dazu auch oben S. 148, Anm. 7 und S. 166, Anm. 38.

Einband, Schutzblätter

Der Einband ist sehr ähnlich wie derjenige des Suppl. gr. 119 (C).
Die beiden Buchdeckel sind vermutlich aus Karton. Sie sind mit braunem, marmoriertem Kalbsleder überzogen. Ein filigraner goldener Rahmen schmückt die Buchdeckel den Rändern entlang. Auch die Kanten und die Ränder auf der Innenseite der Buchdeckel sind mit einfachen, aber verschiedenartigen goldenen Zierbändern geschmückt. Der Buchrücken ist mit rotem Leder überzogen und mit goldenen Elementen verziert, vor allem mit *fleurs de lys* in drei verschiedenen Größen und mit dem Monogramm Ludwigs XVIII. (Regierungszeit 1814–1824); im oberen Teil steht zudem in goldenen Lettern «PTOLEMAEUS», unten ist eine rechteckige, einst weiße Papieretikette mit aufgedruckter aktueller Signatur und einem blauen und roten Punkt aufgeklebt.[354] Auf dem „entblößten" Buchrücken (siehe dazu unten *Erhaltungszustand*) ist unten die aktuelle Signatur zu lesen, mit schwarzem Stift von moderner Hand angebracht. Auf dem oberen Schnitt steht in Schwarz «Πτ(ο)λ(ε)μα(ι)ο(ς)».

Die Spiegel sind mit marmoriertem Papier überzogen (Farben: Rot, Dunkelgrünlich, Dunkelgrau). Auf dem vorderen Spiegel auf Zweidrittelhöhe in der Mitte klebt eine runde weiße Papieretikette mit dem Aufdruck «COISL / 173», darauf geklebt ein roter Punkt. Vorne und hinten befinden sich je zwei Schutzblätter aus jüngerem, hellerem, ecrufarbenem Papier mit Wasserzeichen. Auf f. ⟨II⟩ und f. ⟨I′⟩ ist das Wasserzeichen erkennbar: *Raisin*, ca. 46 × 25 mm, ohne Entsprechung bei Briquet, Wasserzeichen zwischen den Kettlinien liegend, Ripplinien nicht besonders fein. Der Stiel der Traube ist verhältnismäßig lang und dick und leicht „bischofsstabförmig", die Traube hat eine „klassische" Form und ist eher klein. Die Rectoseite des ersten Vorsatzblattes sowie die Versoseite des letzten Nachsatzblattes sind mit demselben marmorierten Papier bezogen wie die Spiegel.

Schutzblätter

(f. ⟨I–II⟩) Vorsatzblätter:

(f. ⟨I⟩r) leer. – (f. ⟨I⟩v) In der oberen äußeren Ecke, dem Blattrand entlang, Stempel «ATELIER RELIURE 1992».

(f. ⟨II⟩r) In der oberen äußeren Ecke mit dunkelbrauner Tinte von moderner Hand Signatur «Coislin 173.». Die obere Blatthälfte nimmt eine eingeklebte, rechteckige, aber unsauber ausgeschnittene und außerdem durch Löcher beschädigte beigefarbene Papieretikette

354 Mit der Etikette scheint der Name des Buchbinders in kleinen Lettern überklebt worden zu sein, der identisch sein könnte mit demjenigen auf dem Einband der Handschrift C (siehe die Beschreibung der Handschrift C, *Einband*).

mit einem lateinischen Pinax ein, der mit dunkelbrauner Tinte in „kraxeliger“ Schrift von einer anderen modernen Hand (18. Jh.?) geschrieben wurde; dieser Pinax nennt allerdings nur die Inhalte A–D und G (Synesius, *De insomniis*; Ptol., *Harmonica* und *Geographie*; Porphyrius, *Kommentar zu den Harmonica des Ptol.*; Theon, *Großer Kommentar zu den Handlichen Tafeln des Ptol.*). Wie das Wasserzeichen auf dieser Papieretikette verrät (es handelt sich um ein *Flacon*, s.o. *Wasserzeichen* 1), handelt es sich bei ihr um ein Fragment eines ursprünglichen Vorsatzblattes, aus dem sie herausgeschnitten wurde. In der Mitte der unteren Blatthälfte klebt eine rechteckige, beigefarbene Papieretikette mit einem zweiten lateinischem Pinax, mit brauner Tinte und eher breiter Feder von wieder anderer moderner Hand geschrieben, in dem alle Werke außer den *Hymnen* des Mesomedes aufgezählt werden; der Eintrag zur *Geographie* lautet «Ptolemaei ϴ Γεωγραφικῆς ὑφησεως» (*sic*). Vor dem Pinax steht auf der Etikette «Cod. Bom. num. [hier folgt eine Lücke, wohl für die Nummer] XIV. saeculi / cujus initio βιβλίον τῆς σεβασμίας μεγά-/λης λάβρας τοῦ ὁσίου καὶ θεοφόρου πατρὸς / ἡμῶν Αθανασίου τοῦ ἐν τῷ Ἄθῳ.». Innen am Rand klebt eine bräunliche Papieretikette mit dem Aufdruck von Omonts Katalogeintrag. – (f. ⟨II⟩v) Oben in der Mitte mit dunkelbrauner Tinte von moderner Hand Signatur «173 Coislin.» (vielleicht von derselben Hand, die den entsprechenden Eintrag auf f. ⟨II⟩r vornahm).

(f. ⟨I′–II′⟩) Nachsatzblätter, leer.

Erhaltungszustand

Der heikle Punkt dieser an sich gut erhaltenen Handschrift ist der Einband, der auseinandergefallen ist: Beide Buchdeckel sind vollständig abgetrennt vom Buchrücken, der Buchrücken selbst hat sich ebenfalls vom Kodex abgelöst. Im Buchinnern sind Feuchtigkeitsflecken besonders entlang des inneren, manchmal auch des äußeren Blattrandes zu vermerken, die den Text bisweilen beeinträchtigen. Daneben finden sich überall Wurmfraßspuren. Das Papier ist zum Teil restauriert.

Stemmatologische Notizen (nur **KE** *C betreffend)*

Der Coislin 173 (r) gehört zu Schnabels Textfamilie ρ mit dem „Familienoberhaupt“ Marc. gr. Z. 516 (R) – wie übrigens auch fünf weitere *Geographie*-Handschriften, die lediglich die theoretischen Teile des Werkes bieten, d.h. der Vat. gr. 176 (Q) aus dem 14. Jh., der Ambr. N 289 sup. (h) aus dem Ende des 15. Jh., der Laud. gr. 52 (q) von 1568, der Cremon. 160 (u) aus dem ersten Fünftel des 15. Jh. sowie der Vat. gr. 193 (y)

aus dem 15. Jh. Ob auch der siglenlose Vat. gr. 1059, der ebenfalls ausschließlich die theoretischen Teile der *Geographie* enthält, dieser Textfamilie zugeordnet werden kann, bliebe zu überprüfen.
Ausgewählte Stellen: Die ursprüngliche Form der **Kapitelübersicht zu *Geogr.* 1** entspricht der ω-Rezension, Kapitel η′ und θ′ wurden zusammengefasst zu einem Kapitel. Ein Korrektor – es dürfte sich um niemand anderen als um Nikephoros Gregoras handeln – hat hier so interveniert, dass sich die Inhaltsübersicht nun in der Form der Ξ-Rezension präsentiert. Dazu wurde der Titel von Kapitel η′ mit schwärzlicher Tinte wo nötig durchgestrichen respektive ergänzt. Darauf wurde bei den sieben folgenden Kapiteltiteln die mit leuchtend roter Tinte geschriebene Nummerierung ebenfalls mit schwarzer Tinte entsprechend angepasst. Anschließend wurde die Korrektur der Nummerierung offenbar nachgezogen mit der blassbraunen Tinte des Werktitels (den Bianconi 2005, 415 ja auch dem Gregoras zuordnet, s. o. *Schreiber*), und zwar nicht nur bei diesen sieben, sondern auch bei weiteren fünf Kapiteln, d. h. bei allen Kapiteltiteln auf f. 112r. Das Inhaltsverzeichnis geht auf f. 112v weiter. Ab f. 112v wurde über ein paar Seiten die blassbraune Tinte – und nicht mehr die leuchtend rote – als Auszeichnungstinte verwendet. Vermutlich hatte der Miniator (der vielleicht identisch war mit dem Hauptkopisten) auf diesem f. 112v noch nicht gewirkt, und Gregoras konnte mit der blassbraunen Tinte nicht nur die (hier von Anfang an „korrigierten" bzw. nach der Ξ-Rezension korrekten) Nummern der Kapiteltitel in der Inhaltsübersicht ergänzen, sondern auch die noch fehlenden Initialen sowie Titel und Kapitelnummer zu *Geogr.* 1,1. Ebenso fügte er auf f. 113v mit derselben blassbraunen Auszeichnungstinte den Titel, die Initiale und die Kapitelnummer zu *Geogr.* 1,2 ein.

Im Text von *Geogr.* 1 sind die Kapitel jeweils am Rand durchnummeriert, und zwar uneinheitlich von verschiedenen Händen zu verschiedenen Zeitpunkten und mit unterschiedlichen Vorstellungen von der Einteilung der Kapitel: Kapitel α–θ wurden mit blassbrauner Auszeichnungstinte durchgezählt, vermutlich also von Nikephoros Gregoras. Ab Kapitel η bis und mit ιε sind die Zahlen mit blassbrauner bis braunschwarzer Tinte, mit sehr spitzer Feder und kleinformatig ergänzt; sie stammen vermutlich ebenfalls von Gregoras, der dazu aber seine „gewöhnliche" Tinte und nicht mehr die blassbraune Auszeichnungstinte verwendete. Ab dem eigentlichen Kap. 16 sind die Kapitelnummern mit intensiv roter Tinte ausgeführt, also vom Miniator/Kopisten, und zwar gemäß der ω-Zählung (Kap. 16 hat also die Nummer 15 usw., Kap. 24 hat die Nummer 23). Auf f. 134r hat eine andere Hand (Gregoras?) mit braunschwarzer Tinte, aber nicht besonders spitzer Feder, das Zahlzeichen «κ̅δ̅» an den äußeren Rand hinzugesetzt, und zwar neben die mit der intensiv roten Tinte unmittelbar vor Zeichnung **1** platzierte Beischrift «ὁμοῦ ἡ ηζ εὐθεῖα ὅπερ ἐστι τὸ κανόνιον· ἔστι μοιρῶν ρλα γ΄ιβ΄.», die offensichtlich versehentlich als Kapiteltitel interpretiert wurde.

Die **Homoioteleuton-Lücke** in *Geogr.* 1,24,17 ist in Handschrift r nicht vorhanden.

Anhänge: Die Anhänge am Schluss der *Geographie* fehlen in dieser Handschrift, da nur die ersten beiden Kapitel von *Geogr.* 8 gegeben werden. Es findet sich aber unmittelbar anschließend an den Prolog in *Geogr.* 2 und somit an korrekter Stelle (f. 139r, unten – 139v, oben) Anhang **1a**, das Bruchstück der Liste der Oikumene mit Gradangaben. Kopiert wurde die Liste von Haupthand 2 und entspricht (mit wenigen orthographischen Abweichungen) der Version bei NOBBE (*Geogr.* 2,1,11b, Z. 4 – 2,1,12), abgesehen von dem fehlenden Titel in der Handschrift. Eine spätere Hand, vermutlich identisch mit der Nebenhand 1, hat so interveniert, dass dieser Anhang zu der Inhaltsübersicht von *Geogr.* 2 umgestaltet wurde, nur dass der Prolog, der ja hier direkt vorangeht, nicht erwähnt und die Gradangaben stehen gelassen wurden. Die Nebenhand hat den Titel ergänzt («τάδε ἔνεστιν ἐν τῷ β· ἔκθεσις τοῦ δυσμικωτέρου τῆς Εὐρώπης μέρους κατὰ τὰς ὑποκειμένας ἐπαρχίας, ἢ σατραπίας·»), die Pinax-Nummern angegeben, sogar die Selidesnummern beigefügt, die Kapitelnummern nachgetragen (wobei diesem Schreiber ein Fehler unterlaufen ist, den er jedoch bemerkte und korrigierte), die (noch nicht ausgeführten) Initialen eingesetzt und die in Anhang **1a** fehlenden letzten beiden Provinzen ergänzt, einschließlich der Summen der Provinzen und Karten.

Geschichte

Die Präsenz der Hand des Nikephoros Gregoras,[355] die auch die *Geographie*-Exzerpte betrifft, schließt eine Datierung der Handschrift ins 15. Jh. endgültig aus,[356] sondern weist auf das 14. Jh. hin – dies bestätigen nun auch die Wasserzeichen[357] – und lassen vermuten, dass diese in Konstantinopel entstanden ist.[358] Nikephoros Gregoras (1292/1293–1358/1361),[359] geboren in Herakleia (Pontos), lebte und wirkte in Konstantinopel, war Schüler des Theodoros Metochites (im Chora-Kloster) und des Ioannes Glykys und Lehrer des Isaak Argyros. Berücksichtigt

355 Die erste Verbindung zwischen Nikephoros Gregoras und dem Coislin 173 wurde ursprünglich bereits von DILLER 1966, IX geknüpft.

356 So z.B. noch CUNTZ 1923, 36 und SCHNABEL 1938, 24.

357 Siehe dazu auch die *Bemerkungen* am Schluss der Beschreibung der Handschrift C.

358 Abgesehen von den Publikationen, die sich auf die ptolemäische *Geographie* beschränken, sind die korrekte Datierung dieser Handschrift und ihr Bezug zu Gregoras allgemein rezipiert worden, siehe z.B. TIHON 1992, 73 Anm. 59. Jetzt ist besonders zu verweisen auf TSIOTRAS 2006, 73–126.

359 Schriftspecimen z.B. FOLLIERI 1969, Taf. 44.

man die Untersuchung der Wasserzeichen und der Hände – die freilich noch verfeinert werden könnte und müsste –, darf man die Sammelhandschrift, deren Teile wohl kaum in großen zeitlichen Abständen voneinander entstanden, vorsichtig in die erste Hälfte des 14. Jh. datieren und vermuten, dass sie in den 1320er-Jahren kopiert wurde. Dennoch beweisen mehrere Kustodenreihen, dass die einzelnen Teile der Handschrift mehr oder weniger unabhängig voneinander entstanden, d.h. dass die Komposition der Sammelhandschrift nicht von Anfang an so geplant war, wie sie heute aussieht. Zu welchem Zeitpunkt die Kodikologischen Einheiten so zusammengestellt wurden, wie sie sich jetzt eingebunden präsentieren (der aktuelle Einband muss zwischen 1814 und 1824 entstanden sein, s.o. *Einband*), bedürfte weiterer Recherchen; auf jeden Fall ist es bemerkenswert, dass ein lateinischer Pinax, der von einer neuzeitlichen Hand, die vielleicht in das 18. Jh. zu datieren ist, verfasst wurde, von den insgesamt sieben Kodikologischen Einheiten deren zwei (E und F) nicht erwähnt (s.o. *Schutzblätter*).

Zu einem unbekannten Zeitpunkt gelangte Handschrift r gemäß eines Vermerks auf f. 1r in den Besitz des Lavra-Klosters auf dem Athos. Im Zuge seiner Reisen in die Propontis und die nördliche Ägais besuchte der Kaufmann und Humanist Cyriacus von Ancona die Athos-Klöster. Bei seiner Besichtigung des Lavra-Klosters im Jahr 1444 konsultierte er dort unter anderem auch die Handschrift r.[360] Für die anschließenden 200 Jahre verfügen wir über keine konkreten Nachrichten über die Sammelhandschrift. In der Mitte des 17. Jh. wurde sie, wie auch der Coislin 337 (f), der demselben Kloster gehörte, nach Frankreich geschafft; zu den näheren Umständen vgl. die Beschreibung der Handschrift f, *Geschichte*. Im Inventar von Pierre Séguiers Bibliothek, 1672 erstellt nach dessen Tod, wurde der Wert unserer Handschrift mit 100 livres angegeben, womit sie unter den teureren war.

Leider konnten die anderen sechs Handschriften, die wie unser Coislin 173 (r) nur die theoretischen Teile der *Geographie* bieten (s.o. *Stemmatologische Notizen*), im Rahmen der vorliegenden Arbeit nicht näher untersucht werden. Zu ihrer textlichen Verwandtschaft kann nun auf Tsiotras 2006, insbesondere 194–222 verwiesen werden. Hingegen muss Handschrift r als Teilautograph des Nikephoros Gregoras der Prototyp dieser Reihe von Handschriften mit nur den theoretischen Passagen der *Geographie* sein:[361] Die einzige andere Handschrift, die auch in das

360 Edward W. Bodnar / Charles Mitchell (Hrsgg.), *Cyriacus of Ancona's Journeys in the Propontis and the Northern Aegean, 1444–1445* (Philadelphia 1976) 54 bzw. 68 mit Anm. 128.

361 Das „Familienoberhaupt" der Textfamilie ρ, der Marc. gr. Z. 516 (R), bietet alle acht Bücher der *Geographie* und weist auch den Atlasteil auf. Zur Frage, inwiefern diese

14. Jh. gehört, der Vat. gr. 176 (Q) – eine Analyse der Wasserzeichen dieser Handschrift ließe ihr Alter wahrscheinlich präzisieren –, ist ihrerseits Teilautograph des Isaak Argyros, eines Schülers des Nikephoros Gregoras. Die Vatikan-Handschrift ist offenbar etwas jünger als der Coislin – Tsiotras 2006, 132 (siehe auch 215 und 222) datiert sie in die erste Hälfte des 14. Jh. Was den Bestand an Zeichnungen betrifft, so zeigen unter den in dieser Arbeit näher untersuchten Handschriften besonders der Bonon. Bibl. Univ. 2280 (g), aber auch der Ayer MS. 743 (n), die aber beide der Textfamilie ψ angehören (zu ersterem siehe aber oben S. 153) und den gesamten *Geographie*-Text bieten, klare Parallelen zu unserer Handschrift r. Das Vorhandensein des Anhangs **1a** spricht in der Tat dafür, dass Handschrift r einen der Familie ρ folgenden Text aufweist. Bemerkenswert ist insofern auch, dass Zeichnung **4**, die in der Textfamilie ρ ganz durch die unverständliche Skizze **4a** ersetzt wurde (zumindest in den in dieser Arbeit untersuchten Migliedern dieser Textfamilie, siehe dazu oben S. 131), hier in Handschrift r erst im Nachhinein ergänzt worden zu sein scheint. Über die Vorlage zu Handschrift r kann beim jetzigen Stand der Untersuchungen nur soviel gesagt werden, dass sie sich kaum unter den in dieser Arbeit eingehend betrachteten Handschriften befindet, sofern sie überhaupt noch existiert.

Bibliographie

Bianconi 2004, 351. – Bianconi 2005, 415 (Nr. 25). – Constantinides 1993, 25 Anm. 49. – Cuntz 1923, 36. – Devreesse 1945, 154f. – Id. 1954, 91; 92 Anm. 2; 236 Anm. 1; 240 Anm. 10; 245 Anm. 9. – Amédée Gastoué, *Introduction à la Paléographie Musicale Byzantine. Catalogue des manuscrits de Musique Byzantine de la Bibliothèque nationale de Paris et des bibliothèques publiques de France* (Paris 1907) 89 (Laufnr. 52). – Goverdus Henricus Jonker, *Μανουὴλ Βρυεννίου Ἁρμονικά / The Harmonics of Manuel Bryennius* (Groningen 1970) 40 und 45 (dort unter der Sigle Pc). – Mathiesen 1988, 257–262. – Nicephori Gregorae *Explicatio in librum Synesii ‚de insomniis'. Scholia cum glossis*, hrsgg. von Paolo Pietrosanti (Bari 1999), dort XLV Anm. 29; LXXVII; LXXXI (Sigle U). – Mondrain 2000, 16 Anm. 19. – Omont 1886–1898, 3, 148. – RGK 2, Nr. 416. – Schnabel 1938, 24. – Synésios de Cyrène, tome 4: *Opuscules I*, par Jacques Lamoureux / Noël Aujoulat (Paris 2004) XXXII und LXI. – Paul Tannery, „Le manuel d'introduction arithmétique du philosophe Domninos de Larissa", *Revue des Études grecques* 19 (1906)

Handschrift tatsächlich als „Stammesmutter" der Textfamilie ρ betrachtet werden kann, siehe die Beschreibung der Handschrift R, *Stemmatologische Notizen*.

359–382, dort 364 und 368 (mit vielen Falschangaben). – TIHON 1992, 73 Anm. 59. – TSIOTRAS 2006, 83–118.

Art der Kontrolle

Original (Juli 2008).

Paris, Bibliothèque nationale de France, Coislin 337
Sigle **f**

CLAUDIUS PTOLEMAEUS, *Geographia*; *Syntaxis mathematica* (Exzerpte). Konstantinopel (?); **A:** ca. 1311–1331, **B:** wenig später als A; Papier mit Wasserzeichen; 233 × 155 mm; (6) 277 (5) / ⟨A–E⟩, I, 1–278, ⟨A′–D′⟩. – Die modernen Vor- und Nachsatzblätter (f. ⟨A–E⟩, ⟨A′–D′⟩) sind nicht bezeichnet.

Inhalt

A. (f. 1–265) CLAUDIUS PTOLEMAEUS, *Geographia*:
(f. 1r–32r) *Geogr.* 1. – (f. 32r–71v) *Geogr.* 2. – (f. 71v–113r) *Geogr.* 3. – (f. 113r–143v) *Geogr.* 4. – (f. 143v–182r) *Geogr.* 5. – (f. 182r–210r) *Geogr.* 6. – (f. 210r–233v) *Geogr.* 7. – (f. 233v–264r) *Geogr.* 8. – (f. 264r–265r) Anhänge zur *Geogr.*

B. (f. 266–277) CLAUDIUS PTOLEMAEUS, *Syntaxis mathematica* (Exzerpte):
(f. 266r–274v) *Synt.*, Exzerpte aus den Büchern 7–8 (Sternkatalog), Titel «ἀπὸ τῆς μεγάλης συντάξεως / Κλαυδίου Πτολεμαίου / ἔκθεσις τοῦ κατὰ τὸ βόρειον ἡμισφαίριον ἀστερισμοῦ», inc. «Ἄρκτου μικρᾶς ἀστερισμός», exp. «ἀμαυροὶ θ̄, καὶ ὁ πλόκαμος. / τέλος.».
(f. 275r) Oben längeres Scholion zum Verkürzungsfaktor der 26 Teilkarten der *Geographie* des Ptolemaios, inc. «Ἰστέον ὅτι ἑκάστου πίνακος τῆς Γεωγραφίας, μετρεῖν δεῖ τὰς μοίρας ἀκριβῶς μετὰ διαβήτου· / τάς τε τοῦ πλάτους καὶ τοῦ μήκους ὡς ἔστι παραδεδομένον· // μέτρησον τοῦ πρώτου πίνακος τῆς Εὐρώπης τὴν μοῖραν τοῦ πλάτους εἰς κ̄. καὶ ὕφειλε τὰ θ̄. καὶ τὰ ια̅ / ποιοῦσι τὴν μοῖραν τοῦ μήκους.» usw. für jede Karte, exp. «ὁ δὲ ια̅ος καὶ ιβ̅ος, ἐξισάζουσι τὰς αὐτῶν μοίρας τάς τε / τοῦ πλάτους καὶ τὰς τοῦ μήκους.». Unten Teil von Anhang **5a** zur *Geogr.* (dazu unten *Stemmatologische Notizen, Anhänge*).
(f. 276–277) leer.

Beigaben:[362] (*KE* A) Scholien: An den Rändern in sehr kleinformatiger, aber klarer scharfer Schrift mit der Tinte des Haupttexts vom Kopisten Scholien (vorwiegend in *Geogr.* 1) und Ergänzungen zum Text; an den Rändern und im Text, ebenfalls sehr kleinformatig, mit tiefschwarzer Tinte erklärende Bemerkungen zum Text, vielleicht von einem wohl zeitgenössischen gebildeten Leser (sich beschränkend auf *Geogr.* 1 und 3, dort v. a. zu Kap. 11 und 13 [Thrakien, Makedonien]). Am oberen Blattrand, ungefähr in der Mitte, tauchen nicht selten sowohl auf den Recto- als auch auf den Versoseiten 1–4 Kreuze auf, ausgeführt mit brauner Tinte (Tinte des Haupttexts?), mit unklarer Bedeutung/Funktion. – (f. 1r) Am oberen Rand, in recht großformatiger Schrift, mit brauner Tinte von Hand D[363] Besitzvermerk des Lavra-Klosters «βιβλίον τῶν κατηχουμενείων τῆς ἱερᾶς λαύ/ρας». Am unteren Rand von Hand C griechische Notizen. – (f. 32r) Am oberen Blattrand, in der Mitte, mit brauner Tinte, nach zwei Kreuzen Invokationsformel «θ(εότο)κε βοηθει μοι» (*sic*). – (f. 275v) Wiederum von Hand D ein zweiter Besitzvermerk des Lavra-Klosters «βιβλίον τῶν κατηχουμενείων / τῆς ἱερᾶς λαύρας / τοῦ ὁσ(ίου) π(ατ)ρ(ὸ)ς ἡμῶν / Ἀθανασίου τοῦ ἐν / τῶ Ἄθω».[364] – (f. 276r) Oben mit graubrauner Tinte von Hand E Mahnspruch «ἑαυτοὺς ἀδελφοὶ ἀ̣π̣ὸ̣ τῆς εξόδου [*sic*] κλαῦσωμεν [*sic*] πικρῶς, / δάκρυσι καλοῖς. ὅπως φύγωμεν δάκρυ». – (f. 277r) Oben von Hand C griechische Notiz über vier Zeilen, inc. «ἄρξου γαρ μου ἀγάθε ...» (*sic*). Unten mit graubrauner Tinte von Hand E Schreiberspruch «ὥσπερ ξένοι χαίρουσιν οἰδεῖν [*sic*] π(ατ)ρίδα, καὶ οἱ θαλαττεύοντες / ἐ⟨υ⟩ρεῖν [*sic*] λιμένα· ὁυτω [*sic*] καὶ οἱ βιβλωγράφοντες». – (f. 277v) Oben mit brauner Tinte Besitzvermerk eines gewissen Neophytos «τοῦ αμαρτωλοῦ [*sic*] Νεόφυτου [*sic*] τοῦ κρητικοῦ καὶ ευχεσθαί [*sic*] μοι / † πατέρες διὰ τὸν κ(ύριο)ν.».[365] In der Mitte mit schwarzer Tinte von Hand F derselbe, leicht variierte Schreiberspruch wie zuvor auf f. 277r. Ebenfalls in der Mitte von Hand C Federproben, Zeichnungen und griechische Gebete, inc. «τὰς εσπἓροινὰς υμὸν εὐχὰς ...» (*sic*); ebenso unten, inc. «ἀδελφοι [*sic*] καὶ πάτερες [*sic*] τῶν Νικοπο σιν ἀγάποι [*sic*] ...» (wobei «τῶν Νικοπο» über der Zeile steht).

Beschreibstoff

Papier mit Wasserzeichen, bisweilen recht dick, beigefarben; Ripplinien und besonders Kettlinien teilweise sehr schlecht bis nicht erkennbar.

---

362 Nicht berücksichtigt wurden allfällige Beigaben in der Kodikologischen Einheit B auf den Blättern 266r–274v.

363 Zu den Händen s. u. *Schreiber*.

364 „Buch der Katechumenen der Heiligen Lavra unseres frommen Vaters Athanasios auf dem Athos" (Athanasios Athonites gründete das Kloster im Jahr 961).

365 Die Crux steht für zwei ausradierte Wörter.

Wasserzeichen

1 (f. 1–217; vgl. z.B. f. 4, 86, 117, 213) *Lettre C*, vgl. Briquet 8102 (Torcello 1319);[366] der Buchstabe in der Handschrift wirkt jedoch etwas schlanker als bei Briquet.
2 (f. 218–265; vgl. z.B. f. 218, 220, 239, 240) *Cloche*, ähnlich wie Briquet 3913 (Siena 1321); neben den ähnlichen bis sehr ähnlichen Formen stimmt die Breite des unteren Randes der Glocke genau mit Briquet überein.

Für die Wasserzeichen kann von einem Verwendungsspielraum von ca. 1304–1319 (*Lettre C*) bzw. ca. 1311–1331 (*Cloche*) ausgegangen werden.[367] Es scheint ratsam, aus der Schnittmenge der Verwendungszeiträume beider Wasserzeichen für die Datierung von *KE* A ungefähr die Jahre 1311–1331 vorauszusetzen.

Ob die letzte Lage (f. 266–277) Wasserzeichen bietet, ist schwierig zu erkennen; vielleicht sind auf den Blättern 268 und 274 Teile eines (dritten?) Wasserzeichens zu sehen.

Organisation der Lagen

Lagen: ($5^{\text{f.}\,\langle E\rangle}$ + $1^{\text{f. I}}$) $10.\text{IV}^{\text{f. }80}$ + $9^{\text{f. }89}$ + $22.\text{IV}^{\text{f. }265}$ + $12^{\text{f. }277}$ (1^{278} + $4^{\langle D'\rangle}$). – Wegen der sehr engen Bindung und der Restaurierung ist eine genaue Bestimmung der Lagen zum Teil schwierig. Gemäß den Kustoden (dazu gleich unten) bestand die Handschrift ursprünglich aus 33 Lagen (f. 1–265), alles Quaternionen mit Ausnahme der 11. Lage, die insgesamt 9 Blätter enthält. Die Handschrift wurde wohl kurz nach ihrer Fertigstellung mit weiteren 12 Blättern ergänzt (f. 266–277).
Faltung: in-4°.
Foliierung: Auf der Rectoseite in der oberen äußeren Ecke mit schwarzer Tinte arabische Zahlen. – An den äußeren Rand der Blätter, auf denen ein neues Buch der *Geographie* beginnt, ist ein dunkelbrauner Stoffstreifen geheftet, zuerst, mit steigender Buchzahl, immer etwas weiter unten am Rand platziert, ab Buch 5 wiederum jeweils ein wenig nach oben versetzt; die Markierungen dienen dem schnellen Auffinden der Buchanfänge.
Kustoden: Auf der ersten Rectoseite und der letzten Versoseite der Lagen in der unteren inneren Ecke wohl mit der Tinte des Haupttexts griechische Zahlen «α′»–«λγ′» (der Apostroph fehlt oft). Die Zahl auf der

---

366 So bereits bestimmt durch M. Destombes in seinem Brief vom 21. 06. 1948 (vgl. die *Bemerkungen* ganz am Schluss der Beschreibung der Handschrift C), jedoch bezogen auf die ganze Handschrift.
367 Siehe dazu Andrist 2007, 26.

letzten Versoseite erscheint häufig doppelt, nämlich an beschriebener Position und ganz unten am Blattrand etwas mehr gegen außen; ab der 14. Lage (IV$^{\text{f. 106–113}}$) ist die zweite dieser Zahlen bisweilen um +1 höher und manchmal teilweise oder ganz ausradiert bzw. abgeschnitten oder aber korrigiert.
Keine Reklamanten.
Liniierung (nur zu KE *A):* Die Liniierung ist mit Blindgriffel ausgeführt und sehr schlecht sichtbar. Einstichlöcher sind besonders am oberen und unteren Blattrand manchmal noch zu erkennen. Der Schriftspiegel wird von je zwei etwa 5 mm voneinander entfernten durchgezogenen Vertikalen begrenzt, zwischen welche die herausgestellten Initialen gesetzt wurden. Zwischen der äußersten dieser Vertikalen und dem Blattrand befindet sich eine weitere durchgezogene Vertikale. Die jeweils 26 Schreiblinien scheinen sich vom inneren zum äußeren Blattrand zu erstrecken. Außerdem wird der obere Blattrand durch eine durchgehende Horizontale, der untere durch zwei parallele, etwa 7 mm voneinander entfernte durchgezogene Horizontalen unterteilt. Schließlich durchschneiden in regelmäßigen Abständen drei Vertikalen den Schriftspiegel, um die Ausrichtung der Koordinaten sowohl auf der Recto- als auch auf der Versoseite zu erleichtern; wo diese Vertikalen genau anfangen und enden, ist nicht eindeutig erkennbar, ebenso wenig, ob sie sich nur auf den Ortskatalog beschränken oder auch andernorts gezogen sind. – Grundschema: *Muz.* 2-21-111J(od. A?) / 1-2 / 0 / A.

Seitenlayout (nur zu **KE** *A)*

Allgemein 1 Kol., 26 Z.
(f. 21r) 1 Kol., 26 Z., 231,5 × 148,5 mm, Schriftspiegel 154 × 97 mm.
(f. 116r) 1 Kol., 26 Z., 233 × 155 mm, Schriftspiegel 156 × 92,5 mm.
(f. 230r) 1 Kol., 26 Z., 232,5 × 152 mm, Schriftspiegel 156 × 93 mm.

Schreiber, Schrift, Tinte

Schreiber: Neben dem Kopisten haben ein gewisser Neophytos und mehrere Hände die Handschrift annotiert. Soweit es die in diesem Rahmen mögliche Kontrolle zulässt, können – abgesehen vom Hauptkopisten und von Neophytos – acht Hände unterschieden werden, denen hier die Buchstaben A–H zugeteilt sind in der Reihenfolge, in der sie auftreten (siehe oben *Beigaben* und unten *Stemmatologische Notizen*).
Haupttext: Rechtsgeneigte, etwas gesetzte Gebrauchsminuskel mit mäßigen Ober-/Unterlängen bei eher kleinem Zeilenabstand; Worttrennung eingehalten, die einzelnen Buchstaben sind oft nicht miteinander verbunden; Abkürzungen und Suprapositionen sind nicht besonders häufig.

Schrift unterzeilig, Tinte dunkelbraun bis schwarz. Omega manchmal mit Inklusionen; Omega wird in der obersten Zeile gerne in Supraposition gestellt und stark vergrößert; am rechten Rand des Schriftspiegels schwungvoll verlängerte Abkürzungen und „Minutenzeichen".
Keine Auszeichnungsschriften.

Ausstattung, Buchschmuck, Illustrationen (nur zu KE *A)*

Insgesamt bescheiden und monochrom gestaltetes Manuskript, das aber durch hübsch verzierte Initialen und kleine kunstvolle Knoten verfeinert ist: (f. 1r) Oben vor dem Werktitel hübsche Titelvignette mit schwarzer Tinte in einfachem Flechtwerkdekor, 12 × 100 mm. – Vor Buch- und Kapiteltiteln einfache oder ineinander verschlungene Zierlinien, manchmal lediglich eine angebrochene Schreiblinie auffüllend. – Bisweilen am Rand knotenartige Verzierungen (z.B. f. 113v, 227v–228r).
Initialen: Initialen herausgestellt; einfache, vergrößerte Initialen bei Kapiteltiteln, verzierte und stärker vergrößerte Initialen bei Kapitelanfang, schmucklose und in der Regel in Minuskelform gehaltene Initialen bei Paragraphenanfängen (die beiden ersten Typen kommen selten auch andernorts vor). Die Ausführung der Initialen wurde selten unterlassen. Die provisorischen Initialen am äußeren Rand zum Anzeigen einer auszuführenden Initiale sind häufig ganz oder teilweise weggeschnitten (vgl. z.B. f. 54r/v, 57r/v usw.).
Zeichnungen: ***1*** (f. 28r, oben) Einfache Kegelprojektion: Die Zeichnung ist an der korrekten Stelle eingefügt, weist jedoch die üblichen Darstellungsfehler auf (dazu oben S. 126).
2 (f. 29r, unten) Neigungswinkel: Korrekt eingefügt (genau genommen um einen [jedoch nur kurzen] Paragraphen zu spät, dazu oben S. 127) und somit nicht genau dort platziert, wo die Zeichnung im Arch. Selden. B. 46 (N) auftritt (zum Verhältnis der Handschriften f und N s.u. *Stemmatologische Notizen*); die Punkte γ und ζ sind mit brauner Tinte ausgeführt und vielleicht erst später nachgetragen. Im Gegensatz zu den meisten anderen Handschriften ist in der Skizze hier der Kreis αεγ tatsächlich und richtigerweise der größtmögliche Kreis auf der Kugel; demgegenüber sind die Punkte β und δ zu tief unten angesetzt, weshalb der Syene-Parallelkreis und der Äquator „zu weit unten" zu liegen kommen und keine Großkreise bilden. Wie noch gut sichtbar ist, wurde ein erster Versuch, Syene-Parallelkreis und Äquator einzutragen, wieder ausradiert. Auffallend ist, dass die Skizze hier wie in Handschrift N auch, aber im Gegenteil zu dem Gros der Handschriften, nur einmal abgebildet ist.
3 (f. 29v, unten) Ermittlung des Punktes η: Auch diese Zeichnung ist am korrekten Ort eingefügt; sie ist auch korrekt beschriftet. Aus Platzgründen wurde der Punkt η aber zu weit unten angesetzt (man hätte ihn sonst

in den Text hochziehen müssen), weshalb der Winkel bei θ kein rechter Winkel ist.

4 (f. 31v, oberhalb der Mitte) Modifizierte Kegelprojektion: Die Zeichnung ist zwischen *Geogr.* 1,24,27 und 1,24,28 und somit ein wenig zu früh eingeschoben. Sie ist korrekt (abgesehen von Punkt λ, der, wiederum aus Platzgründen und weil man ihn nicht in den Text hinaufziehen wollte, zu tief unten gesetzt ist) und richtig beschriftet (nur beim südlichsten Parallelkreis sind die Bezeichnung und der Wert für die Abstände der Meridiane voneinander weggelassen). Entgegen den meisten anderen Handschriften liegen die Punkte μ und ν hier richtig auf dem südlichsten Parallelkreis. Es ist jedoch deutlich erkennbar, dass sie ursprünglich dem Äquator zugeordnet und dann wegradiert wurden (so wurde auch der Parallelkreis von Syene zuerst etwas flacher gezeichnet und dann wieder gelöscht).

Im Coislin 337 (f) erscheint keine „unverständliche Skizze", wie sie in den meisten Handschriften an Stelle der modifizierten Kegelprojektion oder in Ergänzung dazu zu finden ist; genau gleich fehlt die unverständliche Skizze auch im Arch. Selden. B. 46 (N). – Zeichnung **5** (Armillarsphäre) fehlt. Dort, wo sie eingefügt werden müsste, steht am äußeren Rand ein mit brauner Tinte ausgeführtes Kreuzchen. Ob es tatsächlich auf die Zeichnung hinweisen will, kann nur vermutet werden, da sich ähnliche Kreuze überall in der Handschrift befinden. – (f. 26v) Am äußeren Rand zu *Geogr.* 1,24,1 f. kleine, einfache Illustration des Rechtecks αβγδ, das doppelt so breit wie hoch ist; ohne Lineal gezeichnet.

Die Zeichnungen scheinen im Nachhinein an den vom Schreiber leer gelassenen Stellen eingefügt worden zu sein. Sie sind allesamt sorgfältig anhand von Zirkel und meist auch Lineal mit schwarzer Tinte angefertigt worden.

Einband

Der Einband ist modern und ganz in der Art von demjenigen des Suppl. gr. 119 (C) gehalten. Auf dem Buchrücken sind der Werktitel und das Monogramm von Charles X. eingeprägt; eine rechteckige, beigefarbene Papieretikette mit der Signatur «COISLIN / 337» ist so aufgeklebt, dass der Name des Buchbinders – wenn er überhaupt je vorhanden war (siehe dazu die Beschreibung der Handschrift C, *Einband*) – überdeckt ist.

Vorne und hinten befinden sich je vier moderne Schutzblätter des 20. Jh. (f. ⟨A–D⟩, ⟨A′–D′⟩). Sie sind in-8° gefaltet. Ihr Wasserzeichen bildet das Monogramm *M B.* Vorne gesellen sich dazu ein weiteres Schutzblatt aus Papier (f. ⟨E⟩), modern, aber älteren Datums (Anfang 19. Jh.? es erinnert an die Schutzblätter der Handschrift C) als die vorangehenden (Faltung in-4°, Wasserzeichen: nicht lesbarer Name), und ein

Schutzblatt aus Pergament (f. I). Blatt 278, auch aus Pergament, hat ebenfalls die Funktion eines Schutzblattes. Die Spiegel sowie die Rectoseite des ersten (f. ⟨A⟩r) und die Versoseite des letzten Schutzblattes (f. ⟨D′⟩v) sind mit marmoriertem Papier in Brauntönen und Schwarz überzogen; in der Mitte des vorderen Spiegels befindet sich eine aufgeklebte weiße Papieretikette, auf der die aktuelle Signatur angegeben wird. Auf dem oberen Schnitt steht mit schwarzer Tinte «Πτολεμαῖος», auf dem unteren etwas nicht mehr Entzifferbares.

Schutzblätter

(f. ⟨A⟩–⟨E⟩, I) Vorsatzblätter:

(f. ⟨A⟩–⟨D⟩) leer.

(f. ⟨E⟩r) In der oberen äußeren Ecke mit Bleistift Signatur «Coislin 337». Oberhalb der Mitte eingeklebte, bedruckte Papieretikette mit Omonts Katalogauszug. – (f. ⟨E⟩v) leer.

(f. Ir) Oben in der Mitte mit schwarzer Tinte von Hand A (siehe dazu oben *Schreiber*) Kaufvermerk «χρ̣ό̣σ̣ο̣ν̣ α′.».[368] Darunter mit schwarzbrauner Tinte von einer anderen Hand Inhaltsangabe «Ptolomaej Geographia / Et Libellus cum constellationibus»; mit brauner Tinte von einer weiteren Hand oberhalb dieses Eintrags Kurzbeschreibung «61 *Codex Bomb. XIV saec*»,[369] unterhalb des Eintrages Herkunftsangabe «*fuit Laurae S. Athanasii in / Monte Atho.*». Am äußeren Rand, so geschrieben, dass das Manuskript zum Lesen um 90° im Gegenuhrzeigersinn gedreht werden muss, über zwei Zeilen mit dunkelbrauner Tinte von Hand B Gebet, inc. «κ(ύρι)ε υι(ὲ) χ(ριστ)ε ο θ(εὸ)ς ελεσον …» (*sic*). – (f. Iv) Oben Auszug aus der Liste der Provinzen oder Satrapien der Oikumene (= Anhang **1**; siehe dazu unten *Stemmatologische Notizen, Anhänge*). In der Mitte Tabelle des Sonnenlaufs (= Anhang **3**). Rechts von und unter dieser Tabelle mit brauner Tinte von Hand C schwer entzifferbare griechische Notiz.

(f. 278, ⟨A′⟩–⟨D′⟩) Nachsatzblätter:

(f. 278r) Oben mit brauner Tinte von Hand G Gebetsspruch, inc. «ὅσιωτατο̣ς [*sic*] ἐν ιερόμοναχοις [*sic*] ἐν χ(ριστ)ῶ …»; in der Mitte mit dunkelbrauner Tinte von Hand H Gebetsspruch, inc. «τιμιώτατο̣ς ἐν ιερομόναχοις [*sic*] εὐχομαι [*sic*] κ(υρί)ω …»; unten von Hand C schwer lesbare griechische Notiz. – (f. 278v) Unten, diagonal nach oben geschrieben, mit Bleistift Signatur «Coi⟨s⟩lin 33.7».

(f. ⟨A′–D′⟩) leer.

368 So interpretiert Devreesse 1945, 322 diesen Eintrag.

369 Ob die Ziffer «61» von einer noch anderen Hand stammt, ist schwer zu beurteilen. Die Bedeutung der Ziffer ist unklar.

Stemmatologische Notizen

Der Coislin 337 (f) gehört zusammen mit dem Arch. Selden. B. 46 (N) zu Schnabels Textfamilie *v*. Gemäß Schnabel ist Handschrift f bis *Geogr.* 8,26 eine Abschrift von Handschrift N, in den restlichen Kapiteln bis *Geogr.* 8,28 „eine getreue Abschrift von Codex X [*sc.* Vat. gr. 191]".[370] Dass dieses Verhältnis zu Handschrift X nicht zutrifft, zeigt schon der einfache Umstand, dass der Coislin in *Geogr.* 8,28,3–5 der ω- und nicht der ϟ-Rezension folgt (dazu unten *Anhänge*). Die in Handschrift N beobachtete, auf ihre Vorlage zurückgehende Blattversetzung (vgl. die Beschreibung der Handschrift N, *Lagen*) und die dadurch entstandene Umstellung von *Geogr.* 3,1,12–26 lässt sich auch in Handschrift f feststellen: Am Anfang der umgestellten Passage (f. 74v unten) wurde mit Bleistift eine eckige Klammer angebracht, den Schluss der Passage (f. 76r oben) markiert ein mit brauner Tinte ausgeführter horizontaler Strich.[371]

Ausgewählte Stellen: Die **Kapitelübersicht zu *Geogr.* 1** präsentiert sich gemäß der ϟ-Rezension in 24 Kapiteln. Sowohl in der Kapitelübersicht als auch im Text sind die Kapitel am äußeren Rand mit schwarzer Tinte durchnummeriert. – Die **Homoioteleuton-Lücke** in *Geogr.* 1,24,17 ist vorhanden; auch hier beginnt der Passus, genau wie in Handschrift N, mit «τότε ζ̄.» (f. 30r) statt τὸ δὲ ζ. Die *Poleis diasemoi* sind durch eine herausgestellte Initiale markiert. In *Geogr.* 8 werden am Rand für jeden Erdteil die Provinzen durchnummeriert, vielleicht von späterer Hand (für Europa 31, für Afrika 7, für Asien 44 Provinzen).

Anhänge: (f. 264r) Die *Poleis diasemoi* Taprobanes (*Geogr.* 8,28) präsentieren sich in der Reihenfolge nach der ω-Rezension und folgender Form: «Ναγάσιβα [*sic*]» – «Ταλακωρί» – «Μαάγραμμον». Nach dem Textende der *Geographie* steht der Schlusstitel «Κλαυδίου Πτολεμαίου Γεωγραφικῆς Ὑφηγήσεως, τὸ ὄγδοον.».

7 (f. 264r, unten) Auf diesen Schlusstitel folgt das Hexametergedicht auf die Weltkarte des Ptolemaios. Es wurde kleinformatiger als der Haupttext geschrieben und in zwei Kolumnen dargestellt, wobei für die korrekte Textabfolge Kol. 1, Z. 1 / Kol. 2, Z. 1 / Kol. 1, Z. 2 / Kol. 2, Z. 2 usw. gelesen werden muss.

2 (f. 264v, oben) Scholien zur Armillarsphäre.

---

370 SCHNABEL 1938, 8. Vermutlich meinte Schnabel mit *Geogr.* 8,26 die Textstelle *Geogr.* 8,26,4, wo in Handschrift N Hand 2 abbricht (siehe dazu die Beschreibung der Handschrift N, *Schreiber*).

371 Wie es mit dem schon an einer früheren Stelle vorgenommenen Versuch, in Handschrift N das übersprungene Textstück einzufügen (siehe die Beschreibung der Handschrift N, *Lagen*), in Handschrift f steht, bleibt noch zu prüfen.

5 (f. 264v, Mitte) Scholion zum Verkürzungsfaktor mit etwas variierendem Anfang gegenüber dem üblichen Wortlaut, inc. «'Ιστέον ὅτι ὅταν λέγῃ ὁ διὰ μέσου αὐτοῦ παράλληλος λόγον ἔχει».
6 (f. 264v, unten – 265r) Verzeichnis der Länge und Breite der einzelnen Karten, gefolgt von «τέλος».

Ein weiterer Anhang zur *Geographie* befindet sich in Handschrift f auf f. 275r, nach dem Exzerpt aus dem *Almagest* und einem längeren, sich auf die *Geographie* beziehenden Scholion (dazu oben *Inhalt*): ***5*****a)** (f. 275r, unten) Zweites Scholion zum Verkürzungsfaktor, jedoch nur seine zweite Hälfte (Sätze 2–3).[372]

Schließlich befinden sich auf der Versoseite des letzten Vorsatzblattes (f. Iv), also noch vor dem Beginn der *Geographie*, weitere Anhänge: ***1*** (f. Iv, oben) Auszüge aus der Liste der Provinzen oder Satrapien der Oikumene, nur bestehend aus den Paragraphen 8,29,11/16/29 (Anzahl der Provinzen und Karten für die drei Kontinente und die Oikumene) in leicht geraffter Form. – ***3*** (f. Iv, Mitte) Tabelle des Sonnenlaufs gemäß der ω-Rezension.

Der Hauptteil von Anhang **1** (Liste der Provinzen oder Satrapien der Oikumene) und Anhang **8** (Agathodaimon-Subskription) fehlen in Handschrift f gänzlich.

Erhaltungszustand

Gut erhaltenes Manuskript. Papier am Anfang und Schluss der Handschrift, besonders am unteren Rand und an der unteren äußeren Ecke, restauriert. Ab und zu treten Feuchtigkeits- und Fettflecken sowie Tintenflecken in Form von Fingerabdrücken auf.

Geschichte

Der Coislin 337 (f) wurde bisher allgemein dem späten 14. Jh. oder der Wende vom 14. zum 15. Jh. zugeschrieben.[373] Demgegenüber weist nun die Analyse der Wasserzeichen eindeutig auf den Anfang des 14. Jh. hin: Für die Entstehung des Coislin dürfte ein Zeitraum zwischen 1311 und 1333 angenommen werden. Vermutlich wurde die Handschrift in Konstantinopel angefertigt, wo sich bis zum Ende des 14. Jh. und eventuell länger auch der Arch. Selden. B. 46 (N) befand, der eng verwandt mit dem Hauptteil unserer Handschrift f ist.

Der Coislin muss einmal einem Kreter namens Neophytos gehört haben, wie ein Besitzvermerk ganz am Schluss der Handschrift verrät

---

372 Siehe dazu oben S. 137.
373 Siehe z.B. CUNTZ 1923, 36; SCHNABEL 1938, 26; DEVREESSE 1945, 321.

(s. o. *Beigaben*). Anschließend gelangte Handschrift f in den Besitz des Athos-Klosters Lavra. Das Kloster scheint über eine Hauptbibliothek und eine Bibliothek für die Katechumenen verfügt zu haben; Handschrift f wurde in letzterer aufbewahrt (s. o. *Beigaben*). Dass sich ein Werk wie die ptolemäische *Geographie* in der Bibliothek der Katechumenen befand, erstaunt; neben dem Coislin sind jedoch eine Handvoll weiterer Manuskripte nicht-theologischen Inhalts bekannt, die aus derselben Bibliothek stammen.[374] Solche Bücher dürften ihren Weg in Klosterbibliotheken nicht selten über Personen gefunden haben, die beim Eintritt in ein Kloster ihre privaten Bücher mitnahmen.

Der heutige Fonds Coislin bildete ursprünglich die Sammlung griechischer Handschriften der Privatbibliothek des französischen Kanzlers Pierre Séguier (1588–1672). Séguier verdankte seine beträchtliche Kollektion griechischer Manuskripte größtenteils einem in Paris lebenden zypriotischen Priester namens Athanasios[375] (1571–1663), den er auf eine äußerst erfolgreiche Akquisitionsmission nach Griechenland sandte. Ab 1644 suchte Athanasios durch die Vermittlung des französischen Botschafters in Konstantinopel, Jean de La Haye, auch für den bibliophilen Staatsmann Jules Mazarin nach Manuskripten. Der über 70-jährige Athanasios brach im Herbst 1642 auf und verbrachte gute zehn Jahre im Osten, bis 1653. Aus seiner Heimat Zypern sandte er Séguier eine erste Ladung von insgesamt 46 Handschriften, die in den ersten Monaten des Jahres 1646 in Séguiers Sammlung Eingang fanden. Gemäß Devreesse lassen sie sich an der Signierung des Athanasios identifizieren. Unter ihnen soll sich auch unsere Handschrift f befunden haben.[376] Die erwähnte Unterschrift des Athanasios ist in ihr aber nicht (mehr?) zu finden. Die 46 Handschriften wurden auf dem Weg von Konstantinopel nach Zypern zusammengekauft und sind somit nicht zwingend zypriotischer Herkunft; Darrouzès (s. u. *Bibliographie*) hat Handschrift f nicht mit in seine Liste der zypriotischen Handschriften einbezogen. 1655 konfiszierte Séguier über 100 Bücher, die Athanasios für sich selbst gesammelt hatte, ohne dafür zu bezahlen. Trotz wiederholter Bemühungen erhielt Athanasios bis zu seinem Tod weder eine Entschädigung für seine Bücher noch die Bücher selbst wieder zurück. Kaum war Athanasios verstorben, ließ sich Séguier dessen restliche griechischen Handschriften überschreiben. Nach Séguiers Tod im Jahr 1672 erbte sein Enkel Henri-Charles du Cambout,

374 Es sind dies die Handschriften Coislin 136 (Cedrenus, Michael Attaleiates), 161 (Aristoteles), 170 (Aristoteles-Kommentare) und 323 (Aristoteles, Themistius, Demosthenes, Aristides) sowie der Scorialensis gr. 174 (Xenophon); auch der Marc. Gr. Z. 339 (= 916) (Eusebius, Socrates von Konstantinopel) kann in diese Reihe aufgenommen werden. Dazu und zu den Bibliotheken des Lavra-Klosters vgl. Wilson 1967, 67f.

375 Darrouzès 1950, 162: „Athanase le Rhéteur".

376 Devreesse 1945, Vf.

Herzog von Coislin und Bischof von Metz, die Bibliothek. Dieser betraute den „Vater der Paläographie“, den Benediktiner Bernard de Montfaucon des Pariser Klosters Saint-Germain-des-Prés, mit der Anfertigung eines Katalogs, der 1715 erschien.[377] Auf Grund dieser Verbindung übergab du Cambout zwischen 1715 und 1720 die Sammlung dem Kloster zur Verwahrung und vermachte sie ihm 1731 schließlich per Testament. 1792 wurde das Kloster im Zuge der Revolution und der Aufhebung der Orden geschlossen. Im Winter 1795/1796 gelangte der Fonds Coislin (und mit ihm die Handschrift f) zusammen mit allen anderen Handschriften von Saint-Germain in die Bibliothèque Nationale de France.

Trotz unbestreitbarer Parallelen des Coislin 337 (f) zum Arch. Selden. B. 46 (N) ist es aufgrund mehrerer Abweichungen, z. B. was die Platzierung der Zeichnungen betrifft, fragwürdig, ob Handschrift f in *Geogr.* 1–8,26,4 tatsächlich eine *direkte* Abschrift von Handschrift N ist (zur Positionierung von Zeichnung **2** siehe aber auch oben S. 323). Auf jeden Fall müsste Handschrift f dann zu einem Zeitpunkt von Handschrift N abgeschrieben worden sein, als in letzterem Manuskript die Kapitelübersicht in *Geogr.* 1 bereits von der ω-Form in die ξ-Form korrigiert worden war – ein Vorgang, den vielleicht Maximos Planudes persönlich in Handschrift N durchführte (siehe dazu die Beschreibung der Handschrift N, *Stemmatologische Notizen, Anhänge*). Dass der Schlussteil der Handschrift f aus dem Vat. gr. 191 (X) kopiert worden sei, kann nicht zutreffen. Offen bleibt vorerst die Frage, welcher Vorlage (oder welchen Vorlagen?) die Anhänge entnommen wurden, deren Auswahl und Arrangement in Handschrift f eine außergewöhnliche Form aufweisen.

Bibliographie

Antoniou 1997, 314. – Cuntz 1923, 36. – Constantinides 1993, 25 Anm. 49. – Jean Darrouzès, „Manuscrits originaires de Chypre à la Bibliothèque nationale de Paris“, *Revue des Études Byzantines* 8 (1950) 162–196. – Devreesse 1945, 321 f. – Diller 1966, XXIII. – Montfaucon 1715, 449 (Kurzbeschreibung) und 611–768 (Kollation der Lesungen in der Edition von Leiden 1618, herausgegeben von Petrus Bertius, bzw. im Coislin 337 [f]). – Omont 1886–1898, 3, 185. – Schnabel 1938, 26. – Wilberg, Vorwort Fasz. 1, Vf. und Tafel 1 (Reproduktion eines kleinen Ausschnittes aus f. 1r). – Wilson 1967, 67 (= Harlfinger 1980, 290).

Art der Kontrolle

Original (Februar/März 2008).

377 = Montfaucon 1715.

Paris, Bibliothèque nationale de France, grec 1401
Sigle **a**

Claudius Ptolemaeus, *Geographia*.
Text, Kartenentwürfe: Östlicher Mittelmeerraum/Konstantinopel (?), 15. Jh. / **Ausschmückung, Kartenüberarbeitung:** Italien (Rom?), 16. Jh. (um 1531?); Pergament; 582 × 432 mm; (1) 101 (0) / ⟨I⟩, ⟨1⟩–26, 29–103. – Olim Fonteblandensis-Regius 1802.

Inhalt

(f. 1–103) Claudius Ptolemaeus, *Geographia* + 1 Weltkarte + 26 Teilkarten:

(f. 1r) leer. – (f. 1v–7r) *Geogr.* 1. – (f. 7r–15v) *Geogr.* 2. – (f. 15v–24r) *Geogr.* 3. – (f. 24r–31v) *Geogr.* 4. – (f. 31v–39v) *Geogr.* 5. – (f. 39v–45r) *Geogr.* 6. – (f. 45r–49v) *Geogr.* 7. – (f. 50r) leer. – (f. 50v–51r) WK. – (f. 51v–52r) leer. – (f. 52v–100r)[378] *Geogr.* 8 + 26 TK. – (f. 100v–101v) Anhänge zur *Geogr.* – (f. 102r–103v) leer.

Beigaben: (*Geogr.* 1–7) An den Rändern und in den Interkolumnien, selten im Text mit der Tinte des Haupttextes vom Kopisten Scholien sowie Korrekturen, Ergänzungen und Bemerkungen zum Text. Ab und zu jeweils am äußeren Rand mit der Tinte des Haupttextes vom Kopisten „Zeigehand" (z.B. f. 7v, 8v, 32v, 45v, 47v usw.). – (f. 1r, 101v) Jeweils unten in der Mitte roter Stempel der Königlichen Bibliothek. – (f. 1r) In der oberen äußeren Ecke mit dunkelbrauner Tinte alte Handschriftennummer «1802.». – (f. 102v) Wie deutlich sichtbar ist, wurden auf diesem Blatt ein Titel in Majuskeln und 32 Textzeilen weggeschabt. Liniert ist nur die erste Kolumne, wobei die Schreiblinien nur bis an den Schluss des gelöschten Textes gezogen wurden und nicht darüber hinaus; der Titel war zwischen der dritten und vierten Schreiblinie platziert. Stehen geblieben ist auf dieser Seite nur ein für den Kopisten so charakteristischer Schlussschnörkel (siehe dazu unten *Schreiber, Schrift, Tinte*) im unteren Drittel der Seite.

Foliierung

(f. ⟨1⟩–102) Auf der Rectoseite an der oberen äußeren Ecke der zweiten Kolumne mit schwarzer Tinte arabische Zahlen; auf f. 1 fehlt die

378 Die 21 Blätter 54v, 57r, 60r, 62r, 64r, 66r, 68r, 70r, 72r, 74r, 76r, 78r, 80r, 82r, 84r, 86r, 88r, 90r, 92r, 96r und 98r sind leer. Abgesehen von f. 57r handelt es sich dabei durchgehend um Kartenrückseiten.

Foliozahl, auf f. 102 ist sie durchgestrichen. Die Foliierung weist eine Unregelmäßigkeit auf (ohne Textverlust): «… 25, 26, 29, 30 …». – (f. 103) Auf der Rectoseite in der obersten äußersten Ecke mit brauner Tinte, wohl von einer anderen Hand als die übrigen Blätter, Foliozahl «103».

Beschreibstoff

Pergament sehr hoher Qualität mit nur wenigen „Augen" (zu diesem Terminus s.o. S. 115); Haar- und Fleischseiten zum Teil nicht mit Sicherheit unterscheidbar. Einige Blätter sind sehr fein bis beinahe durchsichtig, so dass das auf der Rückseite Geschriebene stark durchscheint.

Organisation der Lagen

Lagen: ($1^{\mathrm{f.}\,\langle \mathrm{I} \rangle}$) $5.\mathrm{IV}^{\mathrm{f.}\,42}$ + $\mathrm{III}^{\mathrm{f.}\,48}$ + $\mathrm{V}^{\mathrm{f.}\,58}$ + $5.\mathrm{IV}^{\mathrm{f.}\,98}$ + $\mathrm{III}\text{-}1^{\mathrm{f.}\,103}$. – Die letzte Lage ist ein verstümmelter Ternio, dem vermutlich das letzte Blatt fehlt. Die Unterscheidung von Haar- und Fleischseite mit Auge und Tastsinn ist häufig nicht mit Sicherheit bestimmbar. Das Vorsatzblatt beginnt mit der Haarseite. Die Lagen scheinen in der Regel mit der (bei griechischen Handschriften untypischen) Haarseite anzufangen und zu enden, ihr innerstes Doppelblatt bei aufgeschlagenem Buch jedoch die Fleischseiten zu zeigen;[379] die Gregory-Regel wurde demnach offensichtlich nicht streng befolgt. Der Quinio ($\mathrm{V}^{\mathrm{f.}\,49\text{–}58}$), in dessen Verlauf der Atlasteil beginnt, scheint zumindest in der ersten Hälfte so organisiert worden zu sein, dass Weltkarte und Europa-Karte 1 (die auf dem Mittelblatt der Lage positioniert ist) jeweils auf Fleischseiten angebracht wurden; der Aufbau dieser Lage lautet offenbar HHFHH/FFHFF.
Faltung: in-folio. Die Doppelblätter scheinen zumindest zum Teil tatsächlich aus einem zusammenhängenden Pergamentbogen zu bestehen (eindeutig sichtbar im Fall des Mittelblattes der ersten und letzten Lage, sonst aber wegen der engen Bindung nicht festzustellen).
Kustoden: Auf der ersten Recto- und der letzten Versoseite der Lage in der Mitte des unteren Randes mit der Tinte des Haupttextes griechische Ordinal- oder Kardinalzahlen. Die letzte vollständig erkennbare Kustode befindet sich am Anfang der zehnten Lage ($\mathrm{IV}^{\mathrm{f.}\,75\text{–}82}$) auf f. 75r («ῑ»). Im hinteren Teil der Handschrift sind die Kustoden jeweils teilweise oder ganz weggeschnitten oder weggekratzt. – Weitere Zählungen: ***1)*** Zählung

379 So wurden die Titelvignette auf f. 1v und die Miniatur auf f. 2r auf Fleischseiten ausgeführt. Die zweite und dritte Lage ($\mathrm{IV}^{\mathrm{f.}\,9\text{–}16}$ + $\mathrm{IV}^{\mathrm{f.}\,17\text{–}24}$) sind vermutlich folgendermaßen arrangiert: HHHH/FFFF.

der Lagen und Blätter, offenbar im Zusammenhang mit der Anfertigung des Einbandes stehend (gemäß Christian Förstel, BnF), wobei die jeweils erste Hälfte der Blätter einer Lage durchnummeriert wurde: (f. 2r) In der unteren innersten Ecke mit dunkelbrauner Tinte «a 3», (f. 3r) ebenso «a 4», (f. 4r) «a 5»;[380] (f. 9r) ebenso «b 1», (f. 10r) «b 2», (f. 11r) «b 3», (f. 12r) «b 4»; (f. 17r) ebenso «c 1» usw. bis (f. 20r) «c 4»; usw. usf. bis zum letzten erkennbaren Eintrag dieser Reihe auf f. 101r «o 3». – ***2)*** Zählung der Karten: (f. 50r) In der untersten äußersten Ecke mit Bleistift «1», sich auf die Weltkarte beziehend; (f. 53r) ebenso «2», sich auf Europa-Karte 1 beziehend; (f. 55r) «3», (f. 57r) «4» usw.; letzte Zahl dieser Reihe auf f. 100r «27», sich auf Asien-Karte 12 beziehend.
Keine Reklamanten.
Liniierung: Die erste Lage ist durchgehend mit Blindgriffel liniert.[381] In den folgenden Lagen wurden die vertikalen Linien mit Tinte, die Schreiblinien mit Blindgriffel gezogen. Im Ortskatalog (zu seinem Umfang s. u. *Seitenlayout*) scheinen die Linien in der Regel auf der Rectoseite angebracht worden zu sein, die „Koordinatenvertikalen" (siehe dazu gleich unten) und bisweilen weitere Linien auch auf den Versoseiten. Im Atlasteil wurden die Linien soweit feststellbar nur noch mit Tinte gezogen. Kartenseiten und unbeschriebene Karten-Rückseiten sind nicht liniert.

Der gegebene Rahmen der kurzen Konsultierung des Originals ließ eine systematische Untersuchung des Linienschemas nicht zu. – Generell wird jede der beiden Kolumnen beidseitig von je zwei Vertikalen begrenzt. Die Schreiblinien beschränken sich auf die Kolumnenbreiten, die Interkolumnien sind ausgespart. Jede Kolumne wird von vier zusätzlichen Vertikalen zerschnitten, die von der obersten bis zur untersten Schreiblinie reichen oder manchmal etwas darüber hinaus ragen. Sie dienen der Ausrichtung der Koordinatenangaben, wobei die ersten beiden für die Gradangabe und das erste Element der Minutenangabe der Länge, die übrigen beiden für die Gradangabe und das erste Element der Minutenangabe der Breite bestimmt sind. Die „Koordinatenvertikalen" setzen genau mit Beginn des Ortskatalogs ein. Bisweilen erscheint auf Rectoseiten eine zusätzliche Vertikale im Raum des äußeren Blattrandes. Auch für längere Scholien wurden Schreiblinien gezogen.

---

380 Bestand die erste Lage ursprünglich aus neun Blättern? Obwohl f. 1r keine derartige Zählung aufweist, ist f. 2r bereits mit «a 3» bezeichnet und kann auf dem umgebogenen Randstreifen zwischen Vorsatzblatt und f. 1 zumindest noch ein «a» (für «a ⟨1⟩»?) erkannt werden.

381 Mit Ausnahme der „Koordinatenvertikalen" ab Beginn des Ortskatalogs, siehe dazu gleich unten.

Seitenlayout

Allgemein 2 Kol., 52–55 Z. (Normalfall 54 Z.).
(f. 4r) 2 Kol., 53 Z., 585 × 432 mm, Schriftspiegel 405 × 288 mm.
(f. 46r) 2 Kol., 55 Z. (Kol. 1) bzw. 54 Z. (Kol. 2), 585 × 431 mm, Schriftspiegel 398 × 288 mm.

Der Ortskatalog beginnt auf f. 7v, Kol. 2, oben und endet auf f. 48v, Kol. 2, Mitte.

Schreiber, Schrift, Tinte

Schreiber: Von der Hand des Hauptkopisten stammen neben dem gesamten Text der *Geographie* inklusive Anhänge eindeutig auch die Parallelen- und Stundenangaben sowie die Ausführung der „Parallelenkreuze“[382] an den östlichen Rändern der Karten, kaum aber die Beschriftungen auf den Karten.
Haupttext: Kalligraphische, schwach rechtsgeneigte, kleinformatige Minuskelschrift mit durchschnittlich ausgeprägten Ober-/Unterlängen bei mittlerem bis eher kleinem Zeilenabstand; Buchstaben bisweilen nicht miteinander verbunden, Worttrennung manchmal unterlassen; Abkürzungen, Suprapositionen und Inklusionen häufig. Schrift unterzeilig, Tinte dunkelbraun bis schwarz. Auffallend sind großes bauchiges Majuskel-Theta; stark in die Breite gezogenes Ny, Ypsilon und Omega; sowohl über die obere als auch über die untere der beiden Mittellinien gezogenes Gamma in Majuskelform; charakteristisches „sternförmiges“ Kappa bei mit diesem Buchstabe anlautenden Wörtern (vgl. z.B. die Serie auf f. 29r, Kol. 1, unten); bei Alpha am Zeilenanfang oder in Supraposition nahe des Zeilenanfangs von Kolumne 1 weite Heraussetzung dieses Buchstabens und großzügige Verlängerung des „Ansatzstrichs“ und des „Verbindungsstrichs“; schwungvolle, breite Abkürzungen für -ων; große, „V-förmige“ Abkürzungen für -ου in der obersten Schreibzeile; Wortendung -εν am Zeilenende stark vergrößert, verbreitert und stilisiert (v.a. in *Geogr.* 8). Sehr beliebt sind Verlängerungen von Buchstaben an den äußeren Kolumnenrändern und in der untersten Zeile in Form von übertrieben langen, schwung- und fantasievoll verschnörkelten Linien sowie stark vergrößerte Suprapositionen und Abkürzungen in der obersten Zeile, ferner ein „Untereinanderstapeln“ von mehreren Phi bei einem mit diesem Buchstaben beginnenden Wort in der untersten

---

382 Die Parallelkreise werden meist über den östlichen Rand der Karte hinausgezogen und mit einem kreuzartigen Zeichen abgeschlossen.

Zeile. Die von der obersten und untersten Schreibzeile ausgehenden Verzierungen erstrecken sich nicht selten über den ganzen oberen und unteren Rand. – Sehr geübte, professionelle Hand, die traditionell schreibt, einige Buchstaben und die erwähnten Verlängerungen aber ungewöhnlich und sehr charakteristisch gestaltet. Im Einvernehmen mit Christian Förstel (BnF) möchte ich diese Hand dem 15. Jh. zuordnen.

Auszeichnungsschriften: Vereinzelte Wörter wurden in stilisierter kalligraphischer Minuskel geschrieben (z.B. f. 8r, Kol. 2, unterste Zeile Colania [*Geogr.* 2,3,9]; f. 31r, Kol. 1, Z. 1 Insel Aprositos [*Geogr.* 4,6,34]). Buchtitel sind in der Regel in Majuskeln mit roter Auszeichnungstinte gehalten (Ausnahme: Titel zu *Geogr.* 2 erscheint in Minuskelschrift); die Kapiteltitel wurden in *Geogr.* 1 in Minuskeln mit roter Tinte geschrieben, in den Büchern 2–8 jedoch in Majuskeln mit roter Tinte. Majuskeln wurden auch für andere Hervorhebungen eingesetzt, z.B. für den „Titel" des Ortskatalogs vor *Georg.* 2,2 «ΠΊΝΑΞ / ΕΫ́ΡΏΠΗΣ» in Rot, mit Gold nachgezogen, wogegen der gleich anschließende Kapiteltitel ausnahmsweise in Minuskeln gehalten ist. Die Kapitelanfänge im Ortskatalog wurden bisweilen über ca. eine halbe Zeile mit Gold nachgezogen. Paragraphen beginnen mit herausgestellten roten Majuskeln, die bisweilen mit goldener Tinte nachgezogen sind.

Ausstattung, Buchschmuck, Illustrationen

(f. 1v) Große farbige Titelvignette (188 × 272 mm), die Breite beider Kolumnen einnehmend. Sie besteht aus einem stilisierten Vierpass violetter Farbe, dessen Rand von innen nach außen von einer feinen weißen, einer breiteren blauen und einer feinen gelben Linie abgeschlossen wird. Auf dem violetten Grund steht in goldenen Majuskeln «ΤΑ ΔΕ ΕΝΕΣΤΙΝ / ΚΛΑΥΔΙΟΥ ΠΤΟΛΕΜΑΙΟΥ ΓΕΩΓΡΑΦΙΚΗΣ ΥΦΗΓΗΣΕΩΣ / ΕΝ ΤΩ ΠΡΩΤΩ». Der Vierpass ist eingebettet in die Darstellung einer grünen Landschaft mit Bäumen und im Vordergrund einem auf einem Baumstumpf sitzenden kleinen Vogel. Über der Landschaft erstreckt sich ein wolkiger Himmel mit links oben der Sonne und rechts oben dem Mond, beide als Gesichter dargestellt. Das Landschaftstableau wird von einem rechteckigen, ca. 15 mm breiten orange-roten Rahmen umgeben, der mit goldenen Blumengirlanden verziert und von einer schwarzen Linie eingefasst ist. – Die Titelvignette ist insgesamt ganz anders gestaltet als diejenige im Seragl. G. İ. 57 (K), Urb. gr. 82 (U), Laur. Conv. Suppr. 626 (d) und Paris. gr. 1402 (D). Ungewöhnlich ist auch die Kombination des Werktitels mit dem Titel von *Geogr.* 1. Gemäß Auskunft von Marie-Thérèse Gousset (BnF) ist die Vignette dem 16. Jh. zuzuordnen und dürfte in Italien gemalt worden sein.

(f. 2r, Kol. 1, oben) Rechteckige Miniatur (128,5 × 124,5 mm):[383] Sie wird von außen nach innen gerahmt von einer feinen schwarzen, einer breiteren goldenen und einer feinen orangeroten Linie. Dargestellt ist rechts Ptolemaios mit Bart, den rechten Zeigefinger auf zwei Sternbilder des Zodiakos am Himmel gerichtet, in der Linken Winkelmass und Zirkel haltend. Links daneben sitzt ein Kartograph, der einen Globus bearbeitet und gerade an der Westküste Englands zeichnet. Ein Zipfel seines Gewandes ragt links über den Bildrahmen hinaus. Der Globus weist Längen- und Breitenkreise auf; er bildet auch den Süden Afrikas, Madagaskar und ein Stück Südamerikas ab. Auch diese Miniatur entstand wohl im 16. Jh. und vermutlich in Italien.
Initialen: Die erste Initiale am Textanfang (Ἡ γεωγραφία ...: f. 2r, Kol. 1, unterhalb der Miniatur mit Ptolemaios und dem Kartographen, sich über zehn Zeilen erstreckend) ist anthropomorph und stellt dar, wie Eva dem Adam den Apfel übergibt. Für diese Initiale wurde das innere Drittel der ersten zehn Textzeilen ausgespart, eine Technik, die gewöhnlich in lateinischen Handschriften zur Anwendung kommt, während in griechischen Manuskripten Initialen in der Regel herausgestellt werden. Marie-Thérèse Gousset (BnF) hält diese in traditioneller Motivik gehaltene Initiale für älter als die oberhalb davon befindliche Miniatur und rechnet sie dem 15. Jh. zu. Interessanterweise und gut sichtbar decken die Initiale und die ersten zwölf Textzeilen, die deutlich großformatiger, aber wohl von derselben Hand geschrieben sind wie das Folgende, einen Schriftraum ab, auf dem zuvor etwas stand, das anschließend – aber noch vor der jetzigen Beschriftung – weggeschabt wurde.

Die übrigen Initialen sind in der Regel mit roter Tinte ausgeführt, in Majuskelform und, sofern am Zeilenanfang, herausgestellt. Einige Buchstaben weisen gerundete Formen auf (z.B. Alpha, Kappa). Die Initialen bei Kapitelanfängen (und selten andernorts) sind teilweise sehr stark vergrößert, so dass allein der Buchstabe ohne Ausschmückung bis zu über sieben Textzeilen hoch sein kann, und üppig geschmückt mit arabeskenhaften und pflanzenähnlichen Girlanden. Die Ausführung der Initialen ist nur selten unterlassen worden. Manchmal stehen kleine provisorische Initialen mit schwarzer Tinte am linken Kolumnenrand (z.B. 63v).
Weitere dekorative Elemente: Die Kapiteltitel im Ortskatalog werden flankiert von blumenartigen Verzierungen. Ähnliche Ziermotive, wie sie auch für die Verzierung der Initialen eingesetzt wurden, tauchen bisweilen als zusätzliche Ausschmückung an den Rändern, selten andernorts auf. Allgemein scheint man die Handschrift, vielleicht zu einem späteren

383 Eine farbige Reproduktion dieser Miniatur dient als Umschlagbild von Aujac 1993. Zum Inhalt der Miniatur siehe auch Fischer 1932, tom. prodr. 1, 248f.

Zeitpunkt, mit goldener Tinte „herausgeputzt“ zu haben: Nach Kapitel- und bisweilen Paragraphenende wurde ein roter Punkt gesetzt, der oft mit goldener Tinte nachgezogen ist (z.B. in *Geogr.* 1 bei den Punkten nach Kapiteltiteln). Manchmal sind beim Schreiben entstandene Schlaufen von Buchstaben mit roter oder goldener Tinte ausgefüllt worden. Auf f. 2r sind die ersten vier Textzeilen mit goldener Tinte nachgezogen worden.

Zeichnungen: ***1*** (f. 6v, Kol. 1) Einfache Kegelprojektion: Am korrekten Ort eingefügt in zweifacher, nebeneinander angebrachter, praktisch identischer Ausführung. Die Verteilung der Beschriftungen entspricht den Ausführungen oben auf S. 126. Die Punkte sind nicht ganz vollständig und zum Teil fehlerhaft eingetragen, in der ersten Skizze finden sich nur die Werte für die Positionierung des Parallelkreises von Thule und des südlichsten Parallelkreises. Die beiden Rechtecke αβγδ wurden der Kolumnenbreite und dem für sie ausgesparten Raum angepasst und erscheinen deshalb in der Breite gequetscht. Die Grenzpunkte des Äquators liegen direkt auf den Breitseiten statt innerhalb des Rechtecks αβγδ, gleichzeitig ist der Kegel nicht vollständig dargestellt, sondern endet an den Außenseiten mit den Strecken ρφ und τχ,[384] so dass die Punkte μ und ν entfallen.

2 (f. 6v, Kol. 2, oben) Neigungswinkel: Kurz vor dem Ende von *Geogr.* 1,24,15 (zwischen οἵων εἰσὶν αἱ δύο ὀρθαὶ τξ und ἡ λοιπὴ δὲ καί) und somit etwas zu spät eingefügt, jedoch exakt an derselben Stelle wie in den Handschriften U, d und D. In zweifacher, sehr ähnlicher, nebeneinander angebrachter Ausführung. In beiden Skizzen sind Mittelmeridian und Syene-Parallelkreis falsch gezogen (siehe dazu oben S. 127f.), in der Skizze rechts ist der Syene-Parallelkreis aber etwas weiter oben positioniert als in derjenigen links.

3 (f. 6v, Kol. 2, unten) Ermittlung des Punktes η: Korrekt eingefügte und verständlich gezeichnete Skizze.

4a) (f. 7r, Kol. 2, ganz oben) „Unverständliche Skizze“: An der eigentlich für Zeichnung **4** richtigen Stelle taucht auch in diesem Manuskript die unverständliche Skizze auf, die sowohl in der Ausführung als auch in der Beschriftung derjenigen im Paris. gr. 1402 (D) sehr nahe kommt, doch ist in der Handschrift hier der Punkt ganz oben mit α (statt mit λ) bezeichnet.

4 (f. 7r, Kol. 2, Mitte) Modifizierte Kegelprojektion: Korrekt gezeichnete Skizze, ganz am Schluss von *Geogr.* 1 (nach Paragraph 33) und somit ein wenig zu spät eingefügt. Einige Punkte sind nicht oder falsch eingetragen; so ist auch in dieser Skizze hier der Punkt ganz oben mit α (statt

384 Die Linie τχ wird in der Handschrift von einem unbezeichneten Punkt und dem Punkt ψ begrenzt.

mit λ) beschriftet, und wie so oft in anderen Handschriften wird auch hier der Äquator (statt der südlichste Parallelkreis) von den Punkten μ und ν begrenzt.
Zeichnung **5** (Armillarsphäre) fehlt; dort, wo sie sich eigentlich befinden müsste (f. 49v, Kol. 1, unten), weist nichts darauf hin, dass sie vorgesehen oder in der Vorlage präsent gewesen wäre.

Alle Zeichnungen sind sorgfältig mit Lineal und Zirkel sowie mit roter Tinte ausgeführt.

Karten

1 Weltkarte + 26 Teilkarten (10 Europa-Karten, 4 Afrika-Karten, 12 Asien-Karten):
(f. 50v–51r) WK.
(f. 53v–54r) Eu. 1, nicht trapezförmig (Hibernia, Albion); (f. 55v–56r) Eu. 2, nicht trapezförmig (Hispania); (f. 57v–58r) Eu. 3 (Gallia); (f. 59r) Eu. 4, nicht trapezförmig (Großgermanien); (f. 60v–61r) Eu. 5, nicht trapezförmig (Raetia, Vindelicia, Noricum, Pannonia Superior/Inferior, Illyricum); (f. 62v–63r) Eu. 6 (Italien, Korsika); (f. 64v–65r) Eu. 7 (Sardinien, Sizilien); (f. 66v–67r) Eu. 8 (Europäisches Sarmatien, Taurische Chersones); (f. 68v–69r) Eu. 9 (Gebiet der Ausgewanderten Iazygen, Dakien, Moesia Superior/Inferior, Thrakien, Thrakische Chersones); (f. 70v–71r) Eu. 10 (Makedonien, Epeiros, Achaia, Peloponnes, Kreta).
(f. 72v–73r) Af. 1 (Mauretanien); (f. 74v–75r) Af. 2 (Africa); (f. 76v–77r) Af. 3 (Cyrenaica und ganz Ägypten); (f. 78v–79r) Af. 4, Gebiet südlich des Äquators „abgeknickt“ (Inneres Libyen und Äthiopien).
(f. 80v–81r) As. 1 (Pontos und Bithynien, Eigentliches Asien, Lykien, Galatien, Pamphylien, Kappadokien, Kilikien); (f. 82v–83r) As. 2 (Asiatisches Sarmatien); (f. 84v–85r) As. 3 (Kolchis, Iberien, Albanien, Großarmenien); (f. 86v–87r) As. 4 (Zypern, Syrien, Palästina bzw. Judäa, Arabia Petraea, Mesopotamien, Arabia Deserta, Babylonien); (f. 88v–89r) As. 5 (Assyrien, Medien, Susiane, Parthien, Persis, Wüste Karmanien); (f. 90v–91r) As. 6 (Arabia Felix, Karmanien); (f. 92v–93r) As. 7 (Hyrkanien, Margiane, Baktrien, Land der Sogdianer, Land der Saken, Skythien diesseits des Imaongebirges); (f. 94r) As. 8, „einseitig“ trapezförmig (Skythien jenseits des Imaongebirges, Serike); (f. 95r) As. 9, nicht trapezförmig (Areia, Land der Paropanisaden, Drangiane, Arachosien, Gedrosien); (f. 96v–97r) As. 10 (Indien diesseits des Ganges); (f. 98v–99r) As. 11 (Indien jenseits des Ganges, Land der Sinen); (f. 100r) As. 12 (Taprobane).

Der Kartensatz zeigt in Anlage und Darstellung Eigenständigkeit und lehnt sich nicht an das gewohnte Muster aus dem Urb. gr. 82 (U), Seragl. G. İ. 57 (K), Laur. Conv. Suppr. 626 (d) und Paris. gr. 1402 (D) an. Statt der üblichen fünf Teilkarten, die nur je eine Rectoseite beanspruchen (Europa-Karten 3–4; Asien-Karten 8–9 und 12) sind es hier im Paris. gr. 1401 (a) nur vier einseitige Teilkarten, da Europa-Karte 3 auf eine Doppelseite verteilt wurde. Auffallend und für eine griechische Kartenhandschrift einzigartig ist außerdem der Einsatz der sogenannten Donis-Projektion.[385] Nur fünf Teilkarten wurden nach der traditionellen Plattkartenprojektion gezeichnet (Europa-Karten 1–2 und 4–5; Asien-Karte 9), die übrigen in Trapezform (wobei Asien-Karte 8 nur auf der Ostseite Trapezform zeigt). Bei doppelseitigen Karten wurde dem Falz entlang ein Streifen von etwa 5 mm ausgespart.[386] Die Europa-Karten 1, 6 und 10 sind auf dem Mittelblatt einer Lage platziert.

Könnten die Karten ursprünglich nur skizziert und in unvollendetem Zustand gewesen sein (in der Art, wie sie uns heute in Handschrift D vorliegen), bevor sie überarbeitet, umgeändert und fertiggestellt wurden? Es ist deutlich sichtbar, dass die Kartenrahmen als rechtwinklige Plattkarten vorgezeichnet waren (Kartenrahmen durch doppelte Geraden im Abstand von gut 10 mm wohl mit Tinte oder Blei vorgezeichnet); der Kopist trug, bezogen auf diese vorgezeichneten Rahmen, an den östlichen Kartenrändern die „Parallelenkreuze" (siehe dazu oben S. 363, Anm. 382) sowie die Parallelen- und Stundenangaben ein, die dann nicht mehr zum überarbeiteten Kartenrahmen passten, so dass diese „Parallelenkreuze" bei der Überarbeitung zum Teil übermalt wurden. Gleichzeitig können vor allem unterhalb der Karten und an der Ostseite der Kartenrahmen Rasuren festgestellt werden. Die nicht trapezförmigen Karten wurden bei der Überarbeitung in ihrer Projektion belassen wie vorgezeichnet.[387] Gemäß Fischer dienten die Karten der lateinischen Römer-Editionen von 1478, 1490, 1507 und 1508 als Vorlage für die Überarbeitung der Karten in Handschrift a.[388] Der Einsatz der Farben, die naturalistische Darstellungsweise und die der Druckschrift nachempfundenen Majuskeln sprechen für eine später als die Abschrift des Textes entstandene Fertigstellung der Karten.

Gestaltung der Teilkarten: Balkenförmige Kartenrahmen, konturiert mit schwarzer Tinte und mit auffallenden Farben koloriert (Orange in Rot übergehend, leuchtendes Orange, Rot, Hell- oder Dunkelgrün, Lila); die Gradeinteilung (nur in ganze Grade) und die Gradnetzbeschriftungen wurden mit schwarzer oder goldener Tinte vorgenommen. Die Umrisslinien des Festlandes sind mit dunkelbrauner Tinte in wellenförmigen

385 Die trapezförmige Projektion, die Donnus Nicolaus Germanus (ca. 1420 – ca. 1490) für seine Bearbeitungen der lateinischen Version der *Geographie* einführte.

386 Europa-Karte 1 scheint davon ausgenommen zu sein.

387 Europa-Karte 5 wäre gemäß dem vorgegebenen Entwurf jedoch etwas größer konzipiert gewesen.

388 Fischer 1932, tom. prodr. 1, 251.

Linien gezogen und wurden bisweilen mit roter Tinte nachgezogen, wodurch nahezu ein dreidimensionaler Effekt entstand; die Provinzen sind bunt gefärbt (Grün-, Braun-, Gelb- und Rottöne, Orange, Lila) und strukturiert; „Ländergrenzen" wurden mit ausgezogenen, „Gebietsgrenzen" mit punktierten Linien markiert. Die Flüsse zeichnete man mit doppelten Linien vor; Meere und Flüsse sind mit eher hellem Blau ausgeführt, Inseln hell- oder dunkelgrün; Gebirge wurden plastisch-naturalistisch als „Maulwurfshügel" dargestellt, Wälder dunkelgrün und mit einzelnen Bäumen; auch für Altäre, Stelen usw. wurden gegenständliche Symbole gewählt. Es treten keine Vignetten auf, Lokalisationspunkte wurden dunkelbraun vorgezeichnet und rot koloriert, Symbole für die ethnische Zugehörigkeit fehlen, die *Poleis diasemoi* sind allgemein nicht hervorgehoben.[389] Die Beschriftungen sind in der Regel in Minuskeln gehalten, für Provinzen, Völkernamen und Meeresteile wurden jedoch Majuskeln eingesetzt, die „wie gedruckt" wirken. Die Einträge wurden allgemein mit schwarzer, in Meeren mit goldener Tinte vorgenommen und werden in der Regel von zwei Punkten oder zwei kleinen Dreiecken flankiert. Am östlichen Kartenrand befinden sich die Angabe der Parallelkreise (mit schwarzer Tinte und roten Initialen), die Stundenangaben (mit roter Tinte) und die „Parallelenkreuze" (in Rot, Schwarz und Gold). Die Parallelkreise und der Äquator sind in der Regel nur am Kartenrand angedeutet und auf der Karte selbst nicht eingezeichnet (Ausnahmen: Auf der Afrika-Karte 4 ist der Äquator golden eingetragen, auf der Asien-Karte 11 orange).

Gestaltung der Weltkarte: Der Rahmen der Weltkarte ist etwa 10 mm breit und besteht von außen nach innen aus einer braunen Tintenlinie und einem orangefarbenen und einem roten Band. Die Gradeinteilung in 12-Minuten-Schritte ist nur am westlichen Kartenrand nicht eingetragen, wo jedoch die Klimata mit blauer und die Parallelen mit goldener Tinte angegeben sind. Der Äquator ist mit roter und goldener Tinte in die Karte eingezeichnet, die Provinzen sind durch rote Linien abgegrenzt, die Gebirge mit Goldtinte verschönert. Die Karte weist außerordentlich viele Einträge auf. Sie liegt in einem Wolkenhimmel, in dem sich wohl mit brauner Tinte vorskizzierte, naturalistisch gemalte goldhaarige Windköpfe befinden; zwei der Windköpfe sind dunkelhäutig. Ein Zodiakos fehlt.

---

389 Rom ist mit einem kleinen und Florenz mit einem noch kleineren Kreuzchen ausgezeichnet, Byzanz aber durch nichts hervorgehoben.

Einband, Schutzblätter

Die Handschrift befindet sich wegen ihres kostbaren Einbandes in der „Grande Réserve" der Bibliothèque nationale de France. Der Einband stammt aus der Zeit von Henri II. (Regierungszeit 1547–1559). Für eine Beschreibung und Abbildungen dieses Prachteinbandes, der ab 1552 entstanden sein muss und im 19. Jh. überarbeitet wurde, sei hier auf den Beitrag von LAFFITTE/LE BARS 1999 verwiesen (s.u. *Bibliographie*).[390]

Der Buchschnitt ist golden. Sowohl der vordere als auch der hintere Spiegel sind mit Pergament überzogen. Auf dem vorderen Spiegel befindet sich in der oberen äußeren Ecke eine rechteckige, beigefarbene Papieretikette mit dem Aufdruck «ATLAS»; in der obersten innersten Ecke steht mit Bleistift «HH»; in der Mitte klebt eine sechseckige, beigefarbene Papieretikette mit dem Aufdruck «GR / 1401 / 1510-II».

Schutzblätter
(f. ⟨I⟩) Vorsatzblatt:

(f. Ir) Oben, von derselben Hand, die auch im Paris. gr. 1402 (D) an entsprechender Stelle einen ähnlichen Eintrag angebracht hat, mit schwarzer Tinte lateinische Kurzbeschreibung «Codex Membr. 14 saec. scriptus quo continetur Ptolaemei [*sic*] Geographia. ibi visuntur figurae, et tabulae Geographicae nitore et elegantia praestantes. Hasce tabulas ab Agathodaemone Alexandrino / Mechanico *quondam* delineatas librarius auctor est. quo vero tempore Agathodaemon ille vixerit ignoratur» (das kursiv gesetzte Wort steht über der Zeile eingefügt). In der Mitte mit brauner Tinte aktuelle Handschriftennummer «1401.». Unterhalb davon klebt eine rechteckige, beigefarbene Papieretikette mit der Kopie des Katalogeintrags von Omont.[391] – (f. ⟨I⟩v) leer.

Keine Nachsatzblätter.

Erhaltungszustand

Erkennbar sind wenige Wurmfraßspuren, außerdem recht häufig ursprünglich genähte kleine Risse (Naht jeweils aufgetrennt), z.B. auf f. 4 und f. 34. Auf der Weltkarte und der ersten Europa-Karte blättert die Farbe ein wenig ab. Fast überall, wo Illuminierungen auftauchen, wurden zu einem späteren Zeitpunkt dünne blaue Schutzblätter aus Papier eingefügt.

---

390 Siehe des weiteren Anthony HOBSON, *Humanists and Bookbinders* (Cambridge 1989) 204; 266; Abb. 171 (Einband, vorderer Buchdeckel, schwarzweiß) sowie Marie-Pierre LAFFITTE, *Reliures royales (1515–1559)* (Paris 2001) 81–95 und 110–121.

391 = OMONT 1886–1898, 2, 38.

Stemmatologische Notizen

Der Paris. gr. 1401 (a) geht gemäß SCHNABEL 1938, 31 indirekt auf den Urb. gr. 82 (U) zurück, und zwar über die „Enkelhandschrift M“ (*sic*); vermutlich meinte er damit den im Jahr 1454 entstandenen Vind. hist. gr. 1 (m), der seinerseits als Abschrift des Laur. Conv. Suppr. 626 (d) eingestuft wird. Gleichzeitig hob Schnabel hervor, dass Handschrift a Varianten aus anderen Textquellen bietet und den Text, besonders die Karteneinträge, in einer umgestalteten Form aufweist.
Ausgewählte Stellen: Die **Kapitelübersicht zu *Geogr.* 1** ist erstaunlicherweise in 24 Kapitel unterteilt. Sowohl in der Kapitelübersicht als auch im Text von *Geogr.* 1 werden die Kapitel am linken Kolumnenrand mit griechischen Majuskeln, die zuerst mit schwarzer Tinte ausgeführt und anschließend mit goldener Tinte nachgezogen wurden, durchnummeriert. – Die **Homoioteleuton-Lücke** in *Geogr.* 1,24,17 ist vorhanden. – Auch in Handschrift a befinden sich die wohl auf Selidesnummern einer Papyrusrolle zurückgehenden Zahlen in der Kapitelübersicht zu *Geogr.* 2. Die *Poleis diasemoi* sind im Text nur sporadisch und nicht systematisch durch eine herausgestellte Initiale in Majuskelform hervorgehoben (z.B. f. 17r, Kol. 1, Mitte «Ἄστυ Ῥώμη»; f. 20v, Kol 1, unten «Βυζάντιον»).
Anhänge: Geogr. 8,28,3–5 weist die für die ω-Rezension übliche Abfolge der *Poleis diasemoi* Taprobanes auf.
1 (f. 100v–101r, Kol. 1, oben) Liste der Provinzen oder Satrapien der Oikumene: Keine Gradangaben zu den Provinzen, jedoch ist vor allem am Anfang der Liste den Provinzen der jeweilige aktuelle Name beigefügt (z.B. «Ἰσπανία Λουσιτανία νῦν Πορτογάλια»).
2 (f. 101r, Kol. 1, Mitte) Scholien zur Armillarsphäre.
3 (f. 101r, Kol. 1, unten) Tabelle des Sonnenlaufs gemäß der ω-Rezension.
5 (f. 101r, Kol. 2, oben) Scholion zum Verkürzungsfaktor.
6 (f. 101r, Kol. 2, unten – 101v, Kol. 1, oben) Verzeichnis der Länge und Breite der einzelnen Karten.
8 (f. 101v, Kol. 1, unten) Agathodaimon-Subskription in Er-Form («… ὑπετύπωσε»).

Das Hexametergedicht auf die Weltkarte des Ptolemaios (Anhang **7**) ist nicht vorhanden.

Geschichte

Der Paris. gr. 1401 (a) ist mit Sicherheit die in all ihren Elementen am prächtigsten gestaltete griechische *Geographie*-Handschrift. Gleichzeitig ist der Parisinus eine geheimnisvolle Handschrift, die viele ungelöste

Fragen aufwirft bzw. über deren Herkunft und Entstehung fast nur spekuliert werden kann. So wird vermutet, dass die Handschrift byzantinischen Ursprung habe und deshalb nicht später als im 15. Jh. kopiert worden sein könne. Ein armer alter Mönch aus dem Kaiserhaus der Paläologen habe sie später dem französischen König François I. (Regierungszeit 1515–1547) zum Geschenk gemacht, und so sei sie in die Königliche Bibliothek zu Fontainebleau gekommen, wo sie unter der Nummer 1802 aufbewahrt wurde.[392] Die Handschrift könne ein Relikt aus der Kaiserlichen Bibliothek in Konstantinopel sein. Ein wohl 1531 verfasster Brief des Humanisten Janus Lascaris an seinen in Frankreich weilenden Sohn Angelo scheint diese Ereignisse zu bezeugen. In diesem Brief schrieb Lascaris: „Restando scrivime se el Re ha havuto el presente che li ha mandato el monacho palaeologo et si l'havuto à grado, affine che io possa scriver et all M.ta del Re, et al Monacho" (zitiert nach Fischer 1932, tom. prodr. 1, 252). Lascaris, selbst aus Konstantinopel gebürtig, schien offenbar eine Art Vermittlerrolle zwischen diesem Mönch und dem französischen Hof eingenommen zu haben. Die Motivation des Mönches, dem König eine „si bella et cara cosa come e quel ptolemaeo" zu schenken, sei die Spekulation auf eine Altersrente und einen wohlbehüteten Lebensabend. Vielleicht lieh sich Lascaris am 28. August 1531 eine Ptolemaios-Handschrift aus der Vatikanischen Bibliothek aus („Ptolemaei geographiam, librum parvum in papyro, in figuris"), um sie mit der Handschrift des verarmten Paläologen zu vergleichen. Dann wäre damals unser Parisinus wohl noch in Rom gewesen, bevor er kurz darauf nach Paris gesandt wurde. Das Hinzufügen der Miniaturen und wohl auch die Überarbeitung der Karten könnte noch in Rom in Auftrag gegeben worden sein und den Zweck gehabt haben, die Handschrift zu veredeln und den König freigiebiger zu stimmen; dies suggeriert ein weiterer Passus aus dem Brief des Lascaris. Ihren kostbaren Einband erhielt die Handschrift in den 1550er-Jahren (wohl zwischen 1552 und 1559) in Paris.

Ob die unmittelbare Vorlage des Paris. gr. 1401 (a) der Vind. hist. gr. 1 (m) war, der in dieser Arbeit nicht näher behandelt wird, bliebe zu überprüfen. Da die Wiener Handschrift sehr wahrscheinlich in Italien (Florenz?) entstand (s. o. S. 184), scheint mir diese Hypothese in Anbetracht der vermuteten byzantinischen Herkunft von Handschrift a wenig plausibel; anderseits müsste auch eine allfällige Herstellung von Handschrift a in Italien als Möglichkeit in Betracht gezogen werden. Mit Sicherheit gehört Handschrift a, wie Schnabel richtig einschätzte, in die Textfamilie ψ mit ihrem „Stammvater" Urb. gr. 82 (U). Dies zeigt etwa der Bestand und

392 Dazu und zum Folgenden Fischer 1932, tom. prodr. 1, 251–253; du Bus 1938, 82.

die Verteilung der Zeichnungen oder die Abfolge der Anhänge. Trotzdem weist Handschrift a gegenüber den anderen als Kartenhandschriften in Großfolioformat angelegten Familienmitgliedern viele Eigentümlichkeiten auf. Vielleicht wurde zu ihrer Anfertigung mehr als eine Vorlage beigezogen. Anderseits dürften diese Besonderheiten zum Teil auch mit der ungemein luxuriösen Anlage und mit der umfassenden Überarbeitung der Karten zusammenhängen.

Eine Sichtbarmachung des weggeschabten Textes auf f. 102v, die mit den heutigen technischen Möglichkeiten umsetzbar sein dürfte, könnte allenfalls weitere Aufschlüsse zur Herstellung und Geschichte dieser Handschrift liefern.

Bibliographie

Dilke 1987b, 271 und 273. – Fischer 1932, tom. prodr. 1, 210 und 247–253; tom. prodr. 2 (ohne Seitenzahlen, Sigle A4): Reproduktion der Europa-Karte 4 (f. 59r). – Laffitte/Le Bars 1999, 142f. (mit Abbildungen des Vorderdeckels und Buchrückens, farbig). – Omont 1886–1898, 2, 38. – Omont 1889, XVIII und 148 (Nr. 447). – Pagonari-Antoniou 1992, 126 und 133f. – Schnabel 1938, 31.

In der online-Datenbank „Mandragore“ (s.u. S. 556) der Bibliothèque nationale de France ist die Handschrift gr. 1401 zwar aufgenommen, aber ohne Bildmaterial.

Art der Kontrolle

Mikrofilm; punktuelle Kontrollen am Original (März 2008).

Paris, Bibliothèque nationale de France, grec 1402
Sigle **D**

Claudius Ptolemaeus, *Geographia.*
Florenz (?), 15. Jh. (Mitte/zweite Hälfte), Pergament, 595 × 446 mm; (1) 72 (0) / I, 1–72. – Olim Mediceus-Regius 1803,2.

Inhalt

(f. 1–72) Claudius Ptolemaeus, *Geographia* + 1 Weltkarte + 4 Teilkarten:

(f. 1r–7v) *Geogr.* 1. – (f. 7v–16r) *Geogr.* 2. – (f. 16v–25v) *Geogr.* 3. – (f. 25v–32r) *Geogr.* 4. – (f. 32r–40v) *Geogr.* 5. – (f. 40v–46v) *Geogr.* 6. – (f. 46v–52r) *Geogr.* 7. – (f. 52v–53r) WK. – (f. 53v) leer. –

(f. 54r–70r)[393] *Geogr.* 8 (lückenhaft[394]) + 4 TK (s. u. *Karten*). – (f. 70v–71v) Anhänge zur *Geogr.* – (f. 72r/v) leer.

Beigaben: (*Geogr.* 1, mit einer Ausnahme am Anfang von *Geogr.* 2 [f. 8r]) Am Rand, offensichtlich mit der Tinte des Haupttextes, Korrekturen oder Textvarianten, gekennzeichnet durch «αλλ»/«ἀλλ», vielleicht von einer anderen, mit dem Hauptkopisten gleichzeitigen Hand (z. B. haben Xi und Rho häufig eine andere Form als im Haupttext). – (f. 24v–25r, *Geogr.* 3,16 [Peloponnes]) Am Rand und im Text mit roter Tinte vom Kopisten Scholien, die hauptsächlich zur Angabe aktueller Namen von Toponymen dienen. – Mit brauner Tinte von einer späteren Hand (17./18. Jh.?) Notizen zu den *Hypographai*: **a)** (ab f. 49r [Anfang *Geogr.* 7,2] – 54r [Anfang *Geogr.* 8,2]) Notizen zu den Kapitelanfängen mit der Erklärung, um welches Kapitel in welchem Buch und allenfalls um welche Karte es sich handelt. **b)** (f. 62v = *Geogr.* 8,9 = *Hypographe* zu Europa-Karte 7) In der unteren inneren Ecke Notiz «λείπουσιν. ὁ. η̅ος ὁ θ̅ος καὶ ὁ ι̅ος. τῆς Εὐρώπης πίνακες.» (*sic*); (f. 63r [leer]) in der unteren inneren Ecke «λείπουσι. ὁ. α̅ς καὶ β̅ος τῆς Λιβύης πίνακες.»; (f. 66v = *Geogr.* 8,18 = *Hypographe* zu Asien-Karte 2) in der unteren inneren Ecke, zum Teil im Falz versteckt und nicht lesbar, ähnliche Notiz, wahrscheinlich betreffs fehlender *Hypographe* zu Asien-Karte 3 (siehe auch nächste Notiz); (f. 67r [leer]) in der unteren inneren Ecke «λείπει. ὁ. γ̅ος. πίναξ τῆς Ἀσίας.»; (f. 67v = *Geogr.* 8,20 = *Hypographe* zu Asien-Karte 4) in der unteren inneren Ecke ähnliche Notiz betreffs fehlender *Hypographai* zu Asien-Karten 5–6; (f. 68r = *Geogr.* 8,23 = *Hypographe* zu Asien-Karte 7, f. 68v [leer]) jeweils in der unteren äußeren Ecke, abgeschnitten, ähnliche Notiz, wohl betreffs fehlender *Hypographai* zu Asien-Karten 8–11 (siehe auch nächste Notiz); (f. 69r [leer]) ähnliche Notiz betreffs fehlender *Hypographai* zu Asien-Karten 8–11. Die Notizen beziehen sich offensichtlich nur auf die Beitexte zu den Karten, nicht auf die Karten selbst. – (f. 1r) Am oberen Rand gegen außen mit schwarzbrauner Tinte alte Handschriftennummer «1803», darunter, vielleicht mit anderer Tinte, «2.» (dazu Muratore 2009, 1, 792). In der unvollendeten Titelvignette Rundstempel kleineren Durchmessers der Königlichen Bibliothek in Rot. – (f. 71v) Im Anschluss an das Hexametergedicht (dazu unten *Stemmatologische Notizen*), mit dem der Text endet, Rundstempel größeren

393 Die elf Folia 56v, 61r, 62r, 63r, 64r, 65r, 66r, 67r, 68v–69r und 70r sind leer. Davon handelt es sich nur bei f. 56v um eine Karten-Rückseite.

394 Vorhanden sind nur die Kapitel 1–9 sowie 15–18 (wobei in Kap. 17 der letzte Paragraph fehlt), des Weiteren die Kapitel 20 und 23. Mit anderen Worten: Vorhanden sind die beiden einleitenden Kapitel 1–2, außerdem die sich auf die Europa-Karten 1–7, auf die Afrika-Karten 3–4, auf die Asien-Karten 1–2 sowie 4, 7 und 12 beziehenden Kapitel mit den *Hypographai* zu den genannten Karten.

Durchmessers in Rot, undeutlich, höchstwahrscheinlich ebenfalls der Königlichen Bibliothek. – (f. 72r) Oben gegen außen mit braunschwarzer Tinte Nummer unbekannter Bedeutung «174» (siehe auch Muratore 2009, 2, 213, der «774» liest). Unten in der Mitte eingeklebte rechteckige, beigefarbene Papieretikette, beschrieben mit brauner Tinte «Ptolomej Tabulae. Geograph/iae graecae Immembraneạẹ [*sic*] / 40» (siehe Muratore 2009, wie oben); neben der Zahl, vielleicht von anderer Hand «Tabulae / deficiunt». – (f. 72v) Oben in der Mitte mit schwarzer Tinte von der Hand des Camille Le Tellier Vermerk zum Einbinden der Handschrift «αὕτη ἡ βίβλος, / τὸ πρὶν ἠμελημένη, καὶ εἰκῇ κειμένη, / φροντίδος τε ἠξίωται, καὶ εἰς τὸ εὐπρεπέστερον / μετεσχηματίσθη, ἔτει αχϘθῳ. / ἑκατομβαιῶνος ἱσταμένου. / βασιλεύοντος μὲν ΛΟΔΟΪΚΟΥ, τοῦ ΙΔου, / τοῦ ΜΕΓΑΛΟΥ. / βιβλιοθήκης δὲ τῆς βασιλικῆς προεστῶτος μοναχοῦ / Καμίλλου τοῦ Τελλερίου.».[395]

Foliierung

1) (f. 1–62) In der oberen äußeren Ecke sowohl der Recto- als auch der Versoseite mit roter Tinte griechische Zahlen, in der Regel flankiert von zwei Punkten; in *Geogr.* 8 kommt diese Zählung nur noch auf den Rectoseiten vor, ab f. 60r gar nicht mehr (jedoch wird sie ab dort an der betreffenden Position durch entsprechende arabische Zahlen mit schwarzer Tinte ersetzt). Auf f. 62r taucht die Zählung mit griechischen Zahlzeichen an etwa derselben Position noch einmal auf, seltsamerweise steht dort aber «ξδ.» (d.h. „64“). – *2)* (f. 1–72) In der obersten äußersten Ecke der Rectoseite mit Bleistift arabische Zahlen, modern (auf f. 30r versehentlich «31»); auf den Blättern 61–71 fehlt diese Zählung. – *3)* (erstmals auf f. 13r) am unteren Blattrand in der Mitte mit brauner Tinte arabische Zahlen, oft ganz oder teilweise weggeschnitten.

(*Geogr.* 1–7) Sowohl auf den Recto- als auch auf den Versoseiten ist in der Mitte des oberen Randes mit roter Tinte in griechischen, recht großen Zahlen, in der Regel flankiert von zwei Punkten und gekrönt von einem Strich, die jeweilige Buchnummer angegeben. Im 8. Buch wurde diese Zählung sporadisch nachgetragen von einer späteren Hand, vielleicht von derselben, die auch für die Notizen zu den *Hypographai* verantwortlich war (s.o. *Beigaben*).

395 Der Hekatombaion ist der erste Monat des attischen Jahres und entspricht unserem Monat Juli.

Beschreibstoff

Pergament guter Qualität, Unterschied zwischen Haar- und Fleischseite leicht erkennbar; nur wenige „Augen" (zu diesem Begriff oben S. 115).

Organisation der Lagen

Lagen: (1$^{\text{f. I}}$) 8.IV$^{\text{f. 64}}$ + 2.I$^{\text{f. 68}}$ + II-1$^{\text{f. 71}}$ + 1$^{\text{f. 72}}$. – Bei dem Vorsatzblatt f. I und dem als Nachsatzblatt fungierenden f. 72 ist jeweils die Rectoseite die Fleischseite. In den Quaternionen – sie beginnen mit der Fleischseite – wird die Gregory-Regel durchgehend eingehalten. Der erste Unio I$^{\text{f. 65–66}}$ beginnt jedoch mit der Haarseite, die folgenden Lagen fangen aber wiederum mit der Fleischseite an. Dem Binio am Schluss fehlt das letzte Blatt, so dass er mit einer Haarseite endet; das nächste Blatt f. 72, dessen Rectoseite wie erwähnt eine Fleischseite ist, gehört nicht zu dieser Lage.
Faltung: in-fol. Die Bifolia wurden aus je zwei Einzelblättern zusammengefügt (ähnlich wie im Fall des Marc. gr. Z. 388 [p], s.u. S. 437).
Keine Kustoden und Reklamanten.
Liniierung: Mit Bleistift, vermutlich auf jeder Seite, doch ist die Liniierung auf den Haarseiten manchmal nicht oder kaum erkennbar; die Einstichlöcher sind zum Teil noch zu sehen. Die Kolumnen werden innen von einer und außen von je zwei durchgezogenen Vertikalen im Abstand von ca. 10 mm begrenzt. Eine zusätzliche durchgezogene Vertikale wurde am äußeren Blattrand angebracht; der Abstand zwischen dieser Vertikale und der äußersten Begrenzung der äußeren Kolumne beträgt 30 mm. Von den 57 Schreiblinien ziehen sich die oberste und unterste bisweilen über die äußere Kolumnenbegrenzung hinaus, manchmal sogar bis zu den Blatträndern (z.B. f. 4v–5r, 10v usw.), das Interkolumnium bleibt aber ausgespart; vereinzelt scheinen die oberen übertretenden Linien ausradiert worden zu sein (z.B. f. 3r, 6v). Die übrigen Schreiblinien begrenzen sich auf die Breite der Kolumnen (von der inneren Begrenzung zu der jeweils inneren der doppelten Vertikale am äußeren Kolumnenrand).

Im Ortskatalog (f. 8r, Kol. 2 – 50v, Kol. 1, Mitte) wurde als Hilfe zur exakten Ausrichtung der Längen- und Breitenangaben von der obersten zur untersten Schreiblinie (auf f. 50v nur bis Katalogende) in jeder Kolumne ein vertikal verlaufendes Parallelenpaar gezogen. Eine Besonderheit bietet f. 68r mit der *Hypographe* zur Asien-Karte 7: Die erste Kolumne wurde fast in die Blattmitte und die zweite Kolumne nahe gegen den Blattrand hin platziert. – Grundschema: *Muz.* 2-21-(2J)-11-(2J) / 0 / (1-1:EE od. AA)* / JJ.

Die leere Rückseite der östlichen Hälfte der Weltkarte (f. 53v) wurde nicht liniert, die ebenfalls leere Rückseite der östlichen Hälfte von Europa-Karte 1 (f. 56v) weist jedoch das Linienschema auf, wenn auch ohne Schreiblinien. Die übrigen Leerseiten (f. 61r, 62r, 63r, 64r, 65r, 66r, 67r, 68v–69r, 70r) sind allesamt unliniert.

Seitenlayout

Allgemein 2 Kol., 57 Z.
(f. 13r) 2 Kol., 57 Z., 595 × 447 mm, Schriftspiegel 414 × 300 mm.
(f. 45r) 2 Kol., 57 Z., 594,5 × 447,5 mm, Schriftspiegel 410 × 302 mm.

Schreiber, Schrift, Tinte

Schreiber: Ioannes Skutariotes (Identifizierung nach Ernst Gamillscheg, RGK 2).
Haupttext: Senkrechte, lockere Gebrauchsminuskel mit wenig ausgeprägten Ober-/Unterlängen bei eher geringem Zeilenabstand; Worttrennung eingehalten, nur wenige Abkürzungen und Suprapositionen. Schrift unterzeilig, Tinte schwarzbraun bis schwärzlich. Gamma meist in Majuskelform, vergrößert und in ein nach oben gerichtetes Häkchen auslaufend; charakteristisch sind die Epsilon-Ligaturen (Epsilon-Iota, Epsilon-My, Epsilon-Ny) und die Ligatur Kappa-Alpha.
Auszeichnungsschriften: Kapiteltitel in leicht vergrößerter Minuskel, für besondere Hervorhebungen Majuskeln (z. B. f. 1r Titel zu *Geogr.* 1, f. 8r am Anfang des Ortskatalogs «ΕΫ́ΡΏΠΗΣ»). Initialen, Buch- und Kapiteltitel wurden mit roter Auszeichnungstinte ausgeführt.

Ausstattung, Buchschmuck, Illustrationen

(f. 1r) Titelvignette, unvollendet; vorgezeichnet ist mit schwarzer Tinte nur der Vierpass, umgeben von einem Rechteck, 126,5 × 142 mm. Im Vierpass steht in roten Majuskeln «ΚΛΑΥ/ΔΊΟΥ, / ΠΤΟΛΕΜΑΊΟΥ, / ΓΕΩΓΡΑΦΙΚΗ͂Σ, / Ὑ͑ΦΗΓΉ/ΣΕΩΣ».

Im Ortskatalog befindet sich in der Regel vor Kapitelanfang, immer am Buchende sowie am Katalogende eine Zierlinie mit roter Tinte, in variierender Ausführung, mit Pflanzenmotiven, verknoteten/verschlungenen Bändern, selten mit Tierköpfen. In *Geogr.* 8 sind Zierlinien vor Buch- und Kapitelanfängen zu finden; in *Geogr.* 8,5–8; 18; 23 und 28 wurden die Zierlinien sowie auch die Initialen jedoch nicht mehr ausgeführt.
Initialen: Stark vergrößerte, verzierte Initialen mit roter Tinte in der Regel am Buchanfang, bisweilen auch andernorts. Übrige Initialen am Kapitelanfang meist größer und leicht verziert.

Vermutlich verrichtete der Schreiber selbst auch die Arbeit des Rubrikators, wogegen die Titelvignette und natürlich die Kolorierung der Karten vom Miniator hätten übernommen werden sollen.

Zeichnungen: ***1*** (f. 6v, Kol. 2, oben) Einfache Kegelprojektion in doppelter, nebeneinander angebrachter, identischer Ausführung, korrekt platziert; der Punkt μ (dasselbe würde auf den Punkt ν zutreffen, der aber nicht eingetragen ist – genau wie im Laur. Conv. Suppr. 626 [d]) liegt aber auf dem Rechteck αβγδ (statt außerhalb davon) und gleichzeitig auf dem Äquator (statt auf dem südlichsten Parallelkreis), außerdem wurde der Punkt χ versehentlich mit ψ bezeichnet. Zur Verteilung der Beschriftungen auf die beiden Skizzen s. o. S. 126.
2 (f. 7r, Kol. 1, Mitte) Neigungswinkel in doppelter, nebeneinander angebrachter, fast identischer Ausführung, etwas zu spät platziert, nämlich fast vor dem Ende von *Geogr.* 1,24,15 (zwischen οἵων εἰσὶν αἱ δύο ὀρθαὶ τξ und ἡ λοιπὴ δὲ καί), also haargenau dort, wo sich die betreffenden Skizzen auch im Urb. gr. 82 (U) und in Handschrift d befinden; genau gleich wie in Handschrift d verhält es sich auch hier im Paris. gr. 1402 (D) mit den Beschriftungen und den eingetragenen Kreisen (siehe die Beschreibung der Handschrift d, *Zeichnungen*, dort Nr. **2**).
3 (f. 7r, Kol. 1, unten) Ermittlung des Punktes η: Korrekt gezeichnete, beschriftete und platzierte Zeichnung.
***4*a)** (f. 7v, Kol. 1, Mitte) An der eigentlich der Zeichnung **4** zugedachten Stelle befindet sich, exakt nach dem Muster der Handschriften U und d, die „unverständliche Skizze“.
4 (f. 7v, Kol. 1, ganz unten) Modifizierte Kegelprojektion, platziert nach dem Schlusstitel zu *Geogr.* 1 und somit etwas zu spät, genau wie in den Handschriften U und d. Die Beschriftung ist abgesehen von Kleinigkeiten korrekt; so ist z. B. der Punkt ρ nicht eingetragen – genau wie in Handschrift d, und auch hier in Handschrift D, wiederum genau wie in Handschrift d, liegen die Punkte μ und ν auf dem Äquator statt auf dem südlichsten Parallelkreis.

Zeichnung **5** scheint nie vorgesehen gewesen zu sein.

Die Zeichnungen sind sorgfältig ausgeführt mit Lineal und Zirkel sowie mit brauner und/oder roter Tinte.

Karten

1 Weltkarte + 4 Teilkarten (4 Europa-Karten):
(f. 52v–53r) WK, Zeichnung nicht vollendet.
(f. 55v–56r) Eu. 1 (Hibernia, Albion); (f. 57v–58r) Eu. 2 (Hispania); (f. 59r) Eu. 3, Zeichnung nicht vollendet (Gallia); (f. 60r) Eu. 4, Zeichnung nicht vollendet (Großgermanien). – Die übrigen Karten fehlen.

Die Identifizierung der Haupthand ist klar ausgenommen von den Karten und deren Beschriftungen. Die Anlage der vorhandenen Karten entspricht genau derjenigen im Urb. gr. 82 (U) und im Laur. Conv. Suppr. 626 (d). Sowohl zwischen den beiden Hälften der doppelseitigen als auch bei den nur eine Seite beanspruchenden Teilkarten wurde entlang des Falzes ein schmaler Streifen freigelassen, auf dem sich Breitenangaben befinden, so dass die Karten(hälften) rund herum Gradangaben tragen. Diejenigen Seiten, auf welche die Karten gezeichnet wurden, sind in keinem Fall liniert. Die Weltkarte befindet sich auf dem innersten Doppelblatt[396] eines Quaternio, das die Fleischseiten zeigt. Auch Europa-Karte 3 ist auf einer Fleischseite platziert, die übrigen Karten sind jedoch auf Haarseiten gezeichnet.

Gestaltung und Zustand der Weltkarte: Die Weltkarte ist, abgesehen vom Gradnetz und der Zählung der Meridiane am oberen Rand mit braunschwarzer Tinte, nicht zu Ende geführt worden. Der Status quo zeigt deutlich, dass die beiden Hälften unabhängig voneinander bearbeitet und die einzelnen Arbeitsschritte offenbar nicht in genau derselben Reihenfolge durchgeführt wurden. So sind auf der westlichen Kartenhälfte zwar erst die Umrisse des Festlandes (zum Teil noch nicht vollendet) sowie die Flüsse, Seen und Gebirge vorgezeichnet, offenbar zuerst mit Bleistift, dann mit Tinte nachgezogen – bzw. bei Flüssen und Seen vorpunktiert (wobei die Punkte mancherorts bereits mit kurzen Tintenstrichen verbunden wurden) –, die Breiten- und Klimaangaben am äußeren Rand sind jedoch mit schwarzbrauner und roter Tinte vollständig da, ebenso die Namen der Windköpfe, auch die Windköpfe selbst wurden zum Teil bereits mit Bleistift vorskizziert und lassen auf die Intention einer ausgearbeiteten Darstellung schließen, ähnlich wie in Handschrift d. Die östliche Kartenhälfte dagegen ist kartographisch fertiggestellt: Das Blau der Gewässer ist kräftig und deckend, die Gebirge sind mittels verschiedener Brauntöne perspektivisch dargestellt, die Beschriftungen mit braunschwarzer Tinte und meist roter Initiale angebracht, Flussnamen wurden mit roter und Meeresnamen mit goldener Tinte eingetragen. Dagegen fehlen an den Kartenrändern die Tierkreiszeichen, Monatsnamen und Windköpfe samt Namen, mit Ausnahme eines kaum mehr erkennbaren vorskizzierten Windkopfes im Südosten der Karte. Sämtliche Beschriftungen sind in Minuskeln geschrieben, mit Ausnahme der Windnamen in Majuskeln.

Gestaltung und Zustand der Teilkarten: Die **erste Europa-Karte** ist die einzige fast fertiggestellte Karte (im Süden Englands sind nicht alle Flüsse benannt und fehlen ein paar Ortsnamen). Ihre Kolorierung entspricht größtenteils derjenigen der Weltkarte, nur sind hier die Ortsnamen nur mit braunschwarzer Tinte geschrieben, die Flussnamen bald mit schwarzbrauner, bald mit hellgrüner Tinte, die Völkernamen mit roter Tinte. Der Kaledonische Wald ist hellgrün eingezeichnet. Die Karte wird von einer hellbraunen Leiste eingefasst, in der die Gradangaben ohne

396 Es handelt sich jedoch um ein nicht-zusammenhängendes Doppelblatt, siehe dazu oben *Faltung*.

weitere Unterteilung stehen. Am rechten Kartenrand sind die Parallelen- und Stundenangaben mit braunschwarzer und roter Tinte verzeichnet. Für Provinz-[397] und Meeresnamen wurden Majuskeln verwendet, für die restlichen Beschriftungen Minuskeln. Die *Poleis diasemoi* sind nicht hervorgehoben. Die Ortsnamen sind in der Regel mit einem Lokalisationspunkt versehen und von einem kurzen horizontalen Strich gekrönt.

Die **zweite Europa-Karte** scheint zwar bezüglich der Zeichnung und Beschriftung vollständig zu sein (mit Ausnahme der Beschriftungen außerhalb der Karte), jedoch ist sie noch nicht koloriert. Der Kartenrahmen ist auf der westlichen Kartenhälfte erst mit Bleistift vorgezeichnet, zum Teil anscheinend zuvor durch Einkerbung vorgegeben, die Grade sind aber mit Tinte eingetragen. Ebenfalls auf der westlichen Kartenhälfte sind die Gebirge und Flüsse bereits durch Tintenlinien vorgezeichnet, auf der östlichen erst mit punktierten Linien. Die Meeresnamen sind higegen auf der ganzen Karte mit schwarzbrauner Tinte eingetragen, die Provinznamen (jedoch nur diejenigen, die Hauptgegenstand dieser Karte bilden) und die Flussnamen rot, ebenso die Provinzgrenzen. An der Nordküste Spaniens und auf den südöstlichen Inseln wurden einfache rechteckige Vignetten eingezeichnet.

Für die **dritte Europa-Karte** besteht bereits das Kartenraster und sind die Festlandumrisse, die Gebirge und die „punktierten" Flussläufe vorgegeben, sie weist jedoch noch keine einzige Beschriftung auf.

In ähnlichem Zustand wie die dritte ist auch die **vierte Europa-Karte**, auch wenn hier im Norden und Süden der Karte bereits die Grade und auf der Karte drei Toponyme eingetragen sind.

Einband, Schutzblätter

Die Verse auf f. 72v (s.o. *Beigaben*) weisen darauf hin, dass der Paris. gr. 1402 (D) von dem noch jungen Abbé von Louvois Camille Le Tellier, einem Neffen des Charles-Maurice Le Tellier, Erzbischof von Reims, in den ersten zehn Tagen des Juli 1699 neu eingebunden wurde.[398]

Die Buchdeckel bestehen offenbar aus Karton und sind überzogen mit glänzendbraunem, marmoriertem, zum Teil abgeblättertem Leder.

397 Wie allgemein in *Geographie*-Kartenhandschriften, trifft dies aber nur auf diejenigen Namen zu, die Hauptgegenstand der Karte bilden, während die Namen weiterer abgebildeter Gebiete in Minuskelschrift gehalten wurden. Siehe dazu auch oben S. 50.

398 Gemäß Omont 1889, XI, Anm. 1 müssten auch in unserer Handschrift D die beiden Distichen stehen, die in einer Reihe von Handschriften zu finden sind, die Le Tellier einband (so z.B. im Paris. gr. 2423 [G], s.u. die Beschreibung der Handschrift G, *Einband*): „Γυμνὸς ἐγὼ τὸ πάροιθεν ἀτάρ μ' ἐλέησε Κάμιλλος / Τελλερίδης, λευκὸν δ' ἔσθος ἐπαμφίεσεν. Nudus eram et vilis: sortem miseratus iniquam / donat me nivea Luvoides tunica." Der Eintrag hier in Handschrift D lautet zwar ein wenig anders, ist aber doch in demselben Geist geschrieben.

Auf den Buchdeckeln zieht sich entlang der Ränder ein diskreter goldener Rahmen hin, bestehend aus drei Parallelen; in der Mitte ist ein nicht zu großformatiges königliches Emblem in Gold eingeprägt. Von den goldenen Pflanzenmotiven entlang der Deckelkanten sind nur noch Reste erkennbar. Auf dem Buchrücken ist mehrmals ein goldenes Emblem eingepresst; zwischen den beiden obersten Bünden steht in goldenen Lettern «PTOLO… / TAB… / GEOG… / IN M… / M.»[399] (die rechte Hälfte der Aufschrift ist verloren). In der oberen äußeren Ecke des vorderen Spiegels klebt eine kleine rechteckige Papieretikette mit dem Aufdruck «ATLAS»; im oberen Teil in der Mitte befindet sich eine eingeklebte achteckige Papieretikette mit dem Aufdruck der Signatur «GR. 1402». Die Handschrift enthält ein Vorsatzblatt, das auf der Rectoseite in der oberen äußeren Ecke mit Bleistift die Foliierung «I» aufweist.

Schutzblätter

(f. I) Vorsatzblatt:

(f. Ir) Am oberen Blattrand in der Mitte mit brauner Tinte, vielleicht von derselben Hand, von der auch die Notizen zu den *Hypographai* stammen (s.o. *Beigaben*), Hinweis auf Zugehörigkeit der Handschrift zum Fonds Ridolfi «della XXII: caßa». Oben in der Mitte mit brauner Tinte, wohl wiederum von derselben Hand, griechische Inhaltsangabe von Matthaios Devaris (zu diesem unten S. 413 mit Anm. 447) «Κλαυδίου Πτολεμαίου οἱ γεωγραφικοὶ πίνακες † τὸ κείμενον / μετὰ καὶ τινῶν διαγραμμάτων τὰ δὲ λοιπὰ ὑφηρῆσθαι δοκεῖ».[400] Im oberen Teil mit schwarzer Tinte von anderer Hand lateinische Kurzbeschreibung «Codex Membr. 14 saec. scriptus quo continetur Ptolaemei [*sic*] Geographia: ibi plures tabulae geographicae desiderantur, quas ab Agathodaemone Alexandrino Mechanico delineatas Amanuensis contendit». In der Mitte mit schwarzer Tinte Anzahl der Blätter und Datum «Volume de 72 Feuillets / 18 Janvier 1886», rechts davon mit schwarzbrauner Tinte Handschriftennummer «1402.»; unterhalb davon eingeklebte rechteckige Papieretikette mit der Kopie des Katalogeintrags von Omont. Unten gegen innen mit schwarzbrauner Tinte alte Handschriftennummer «N°. 1803», wobei oberhalb der Zahl 3 mit blasserer Tinte eine «2» hingeschrieben wurde (dazu Muratore 2009, 1, 792). – (f. Iv) leer.

Keine Nachsatzblätter.

---

399 Für „Ptolomaei Tabulae Geographicae in membranis …“ (die Bedeutung des letzten Buchstabens M bleibt unklar, könnte aber z.B. „Manuscriptae“ sein).

400 Die Crux steht für ein nicht näher definierbares (Zahl-?)Zeichen. Vgl. aber auch Muratore 2009, 2, 213.

Erhaltungszustand

Die Handschrift ist gut erhalten, auch wenn ihr Einband durch starke Abnutzung beschädigt ist, insbesondere der Buchrücken (Leder über den Bünden größtenteils weggewetzt, am unteren Ende Lagen entblößt und Kapitälchen zerstört) sowie die äußeren Ecken und die Kanten der Buchdeckel.

Stemmatologische Notizen

Der Schreiber des Paris. gr. 1402 (D), Ioannes Skutariotes, kopierte auch den Vind. hist. gr. 1 (m), dessen Abschrift er am 31. Okt. 1454 abschloss. Für Handschrift m benutzte er offensichtlich den Laur. Conv. Suppr. 626 (d) als Vorlage, der seinerseits eine direkte Abschrift des Urb. gr. 82 (U) sein dürfte (vgl. die Beschreibung der Handschrift d, *Stemmatologische Notizen*). Im Fall unserer Handschrift D scheinen mit Sicherheit *Geogr.* 8 und die Karten indirekt auf Handschrift U bzw. direkt auf Handschrift d zurückzugehen. Man hat hinter den Karten von Handschrift D auch schon denselben Kartenzeichner vermutet, der die Karten in Handschrift d angefertigt hat (vgl. z.B. Schnabel 1938, 31). In *Geogr.* 1 sollen hingegen sehr viele Lesungen auf eine Handschrift der Ξ-Rezension hinweisen (*ibid.*). Schnabel ordnete unseren Parisinus wie auch die übrigen hier genannten Handschriften allesamt der Textfamilie ψ mit ihrem Oberhaupt U zu.
Ausgewählte Stellen: Die **Kapitelübersicht zu *Geogr.* 1** ist gemäß der ω-Rezension in 23 Kapitel unterteilt. Im Text von *Geogr.* 1 sind die Kapitel am Kolumnenrand mit roten griechischen Buchstaben durchnummeriert bis 24, da Kapitel 8 im Widerspruch zur Kapitelübersicht in zwei Kapitel unterteilt wurde. – Die **Homoioteleuton-Lücke** in *Geogr.* 1,24,17 ist nicht vorhanden.
Anhänge: ***1*** (f. 70v–71r, Kol. 1, oben) Liste der Provinzen oder Satrapien der Oikumene; sämtliche Ländernamen gemäß der ω-Rezension im Nominativ.
2 (f. 71r, Kol. 1, oberhalb der Mitte) Scholien zur Armillarsphäre.
3 (f. 71r, Kol. 1, unterhalb der Mitte) Tabelle des Sonnenlaufs gemäß der ω-Rezension.
5 (f. 71r, Kol. 1, unten – Kol. 2, oben) Scholion zum Verkürzungsfaktor.
6 (f. 71r, Kol. 2 oben – 71v, Kol. 1) Verzeichnis der Länge und Breite der einzelnen Karten.
8 (f. 71v, Kol. 1, unten) Agathodaimon-Subskription in Ich-Form, mit roter Tinte.
7 (f. 71v, Kol. 1, letzte zwei Zeilen – Kol. 2, erste zwölf Zeilen) Hexametergedicht auf die Weltkarte des Ptolemaios, mit roter Tinte.

Geschichte

Mit der Identifizierung der für den Text verantwortlichen Hand, die dem Ioannes Skutariotes gehörte (s. o. *Schreiber*), lässt sich der Paris. gr. 1402 (D) klar der Mitte oder der zweiten Hälfte des 15. Jh. zuordnen: Datierte Handschriften des Skutariotes erstrecken sich über den Zeitraum von 1442 bis 1494.[401] Gleichzeitig kann mit höchster Wahrscheinlichkeit von Florenz als Entstehungsort der Handschrift D ausgegangen werden. Als führender Kopist im Florenz der zweiten Hälfte des 15. Jh. arbeitete Skutariotes unter anderem auch im Auftrag der Medici. Seine Vorliebe für den Beschreibstoff Pergament sowie für eine großzügige Anlage/Ausstattung der Handschriften passt gut zum Projekt unserer Handschrift D. Der Parisinus soll Katharina von Medici (1519–1589, ab 1547 Königin von Frankreich) gehört haben und ursprünglich aus der Bibliothek des Kardinals Niccolò Ridolfi (1501–1550) stammen, wie ein italienischer Eintrag auf dem Vorsatzblatt verrät (s. o. *Schutzblätter*). Als ehemaliger Bestandteil von Ridolfis Bibliothek und Katharinas Besitztum teilte Handschrift D somit das Schicksal des Paris. gr. 2423 (G) (siehe dazu die Beschreibung der Handschrift G, *Geschichte*). Wie Handschrift G wurde zudem auch Handschrift D von Camille Le Tellier (1675–1718) neu eingebunden, gemäß einem Vermerk auf f. 72v in den ersten zehn Tagen des Monats Juli 1699. Überhaupt war das Einbinden von Handschriften gemäß einer von Jean Boivin verfassten Notiz auf einem am Ende der Handschrift Paris. gr. 3065 hinzugefügten Blatt Papier geradezu Le Telliers Steckenpferd: „[…] M. l'abbé de Louvois, qui estoit alors fort jeune et dont l'amusement le plus ordinaire, aux heures qu'on luy donnoit pour se divertir, étoit de relier des livres […].“[402]

Ob Fischers Urteil zutrifft, der Codex sei wegen der vielen Schreibfehler, des lückenhaften achten Buches, des unvollständigen Kartensatzes und der unfertigen Karten vermutlich eine „missglückte Erstlingsarbeit“ (Fischer 1932, tom. prodr. 1, 275), ist fraglich, auch nach der Identifizierung des Kopisten. Auch die von Fischer (*ibid.*) referierte Hypothese Mercatis, die Handschrift sei aus einer unvollständigen Vorlage abgeschrieben, bleibt wenig überzeugend. Vielmehr scheint die Handschrift – freilich aus vorerst unbekannten Gründen – nicht fertig gemacht und trotzdem zusammengebunden worden zu sein. Dafür spricht zum Beispiel auch das Unterlassen der Zierlinien und Initialen am Schluss von *Geogr.* 8. Außerdem deuten mehrere Einträge, deren Bedeutung noch nicht vollständig entschlüsselt ist (weshalb sie hier vor-

401 Dazu und zu den folgenden Informationen über Skutariotes vgl. die Einträge zu diesem Kopisten im RGK (Angaben unter *Bibliographie*).

402 Omont 1889, X.

läufig nicht vorgestellt werden sollen), die aber wohl mit den Lagen zusammenhängen, darauf hin, dass der Kodex in seinem jetzigen Zustand entweder nicht mehr oder noch nicht alle Lagen enthält, die einmal vorgesehen waren für die Platzierung der fehlenden Textstücke und Karten.

Mit Sicherheit lässt sich festhalten, dass die Handschriften Laur. Conv. Suppr. 626 (d), Vind. hist. gr. 1 (m) und Paris. gr. 1402 (D) allesamt nach dem Muster des Urb. gr. 82 (U) als Pergamenthandschriften in Großfolioformat mit einem Kartensatz nach der A-Redaktion angelegt sind und außerdem allesamt in Italien, höchstwahrscheinlich in Florenz, produziert wurden. Auch im Detail weisen die genannten Handschriften zahlreiche sehr enge Parallelen auf:[403] So hat der Urbinas eine durchschnittliche Anzahl von 57 Zeilen, der Laurentianus 57–58 Zeilen und unser Parisinus wiederum 57 Zeilen. In letzteren beiden Handschriften wird der Ortskatalog, mit Sicherheit nach dem Modell des Urbinas, mit dem Eintrag ΕỲΡΏΠΗΣ in Majuskeln eingeleitet.[404] Auch die Gestaltung und die Maße der Titelkartusche in den Handschriften d und D sind äußerst ähnlich. Ohne eine nähere Untersuchung des Vindobonensis ist vorläufig nicht zu entscheiden, ob unser Parisinus zeitlich vor oder nach der Herstellung dieser ebenfalls von Ioannes Skutariotes kopierten Handschrift abgeschrieben wurde. Ebenfalls eingehender müsste Schnabels Beobachtung untersucht werden, inwiefern zumindest im ersten Buch der Handschrift D Einflüsse der Ξ-Rezension vorhanden sind. Bemerkenswert scheint immerhin das Detail, dass hier in Handschrift D die Homoioteleuton-Lücke nicht auftritt, während sie in Handschrift d vorliegt.

Bibliographie

Cuntz 1923, 31. – Fischer 1932, tom. prodr. 1, 211 und 271–275; tom. prodr. 2 (ohne Seitenzahlen, Sigle A7): Reproduktion der Weltkarte (f. 52v–53r) und der Europa-Karte 2 (f. 57v–58r). – Philippe Hoffmann, „Un mystérieux collaborateur d'Alde Manuce: l'Anonymus Harvardianus", *Mélanges de l'École Française de Rome* 97 (1985) 45–143, insbesondere 102 Anm. 180. – Muratore 2009, 1, 287 mit Anm. 65 sowie 415; 2, 213 u.a. – Omont 1886–1898, 2, 38. – Omont 1889, Xf. – RGK 2, Nr. 242 (= 1, Nr. 183). – Schnabel 1938, 31. – Wilberg, Vorwort zu

403 Nicht berücksichtigt wird hier der Vind. hist. gr. 1 (m), der in dieser Arbeit nicht näher untersucht werden konnte.

404 Derselbe Eintrag steht zwar auch am Anfang des Ortskatalogs im Seragl. G. İ 57 (K) (vgl. f. 11v, Kol. 1), dort ist aber nur die Initiale in Majuskelform gehalten, die restlichen Buchstaben sind in vergrößerter Minuskel geschrieben.

Fasz. 1, V und Tafel 1 (Reproduktion eines kleinen Ausschnittes aus *Geogr.* 1).

Art der Kontrolle

Original (Febr. 2008).

Paris, Bibliothèque nationale de France, grec 1403
Sigle **E**

Claudius Ptolemaeus, *Geographia*.
Kreta (?), ca. 1462 – ca. 1473,[405] Papier mit Wasserzeichen; 286 × 200 mm; (5) 225 (5) / ⟨I–IV⟩, A, 1–226, ⟨I′–IV′⟩. – Olim Mediceus-Regius 2725. – Sämtliche Schutzblätter (f. ⟨I–IV⟩, A, 226, ⟨I′–IV′⟩) sind aus Pergament.

Inhalt

(f. 1–225) Claudius Ptolemaeus, *Geographia*:
(f. 1r–27r) *Geogr.* 1. – (f. 27r–58v) *Geogr.* 2. – (f. 58v–91r) *Geogr.* 3. – (f. 91v–115r) *Geogr.* 4. – (f. 115r–146v) *Geogr.* 5. – (f. 146v–168v) *Geogr.* 6. – (f. 168v–188r) *Geogr.* 7. – (f. 188r–220v) *Geogr.* 8. – (f. 220v–225v) Anhänge zur *Geogr.*

Beigaben: (*passim*) Im Text und am Rand mit der Tinte des Haupttexts, selten mit Auszeichnungstinte, vom Kopisten Scholien (Ergänzungen, Korrekturen, Bemerkungen zum Text), z.B. f. 61r in der Mitte zu *Geogr.* 3,1,22 Ariminum/Rimini «π(ατ)ρὶς Ἀγγέλου Βαδίου.»,[406] f. 64v oberhalb der Mitte zu *Geogr.* 3,1,61 Rom «μητρομήτωρ γραικόρουμ, νέων ῥωμαίων.». – (*passim*) Interventionen von drei Händen A–C, deren Unterscheidung schwierig ist und im gegebenen Rahmen nicht mit der erforderlichen Aufmerksamkeit untersucht werden konnte. Die folgende Einteilung sei als Versuch verstanden: Im Text und am Rand mit brauner Tinte von Hand A (gegenüber der Haupthand wohl zeitgenössisch oder ein wenig später) Ergänzungen und Korrekturen zum Text, bisweilen lateinisch, manchmal mit vorangestelltem «C. S.» (Bedeutung?) (z.B. f.

405 Höchstwahrscheinlich etwas später als der Vat. Pal. gr. 314 (Z).
406 Angelo Vadio aus Rimini war mit Michael Apostoles, dem Kopisten unserer Handschrift E, befreundet und stand mit ihm in Briefkontakt (siehe Manfredini 1985/1986, 140; 148; 149). Außerdem war Vadio Herausgeber der *Editio princeps* der lateinischen Übersetzung der ptolemäischen *Geographie*, die 1475 in Vicenza erschien.

5r/v). Ab f. 24v scheint eine „schöner" schreibende Hand B im Text und am Rand mit brauner Tinte korrigierend, ergänzend und kommentierend eingegriffen zu haben; vielleicht stammen die auf Lateinisch herausgeschriebenen Toponyme am Rand ab f. 57r und die in arabische Zahlen übertragenen Gradangaben (z.B. f. 61r) ebenfalls von dieser Hand. Ab f. 29r hat eine Hand C am Rand mit schwärzlicher Tinte einen Ortsnamen auf Lateinisch herausgeschrieben und Ergänzungen vorgenommen (z.B. f. 37r). – (f. 1r) Am oberen Blattrand gegen innen mit brauner Tinte Signatur «A 13» (gemäß der Auskunft von Christian Förstel war die Handschrift wohl unter dieser Signatur in der Bibliothek der Katharina von Medici verzeichnet). Am oberen Rand in der Mitte mit brauner Tinte Hinweis auf Zugehörigkeit der Handschrift zum Fonds Ridolfi «N°. 42. vigesimae quartae»; unser Manuskript war demnach der 24. (*sc.* cassa) der Kisten, in welchen die Handschriften des Fonds Ridolfi zeitweilig aufbewahrt wurden, zugeteilt (siehe Muratore 2009, 1, 292 und 304). Unter dem Wort «vigesimae» ein horizontaler Strich, unterhalb des Strichs alte Handschriftennummer nach dem Katalog von Rigault (1622)[407] «CIƆCCLXXXI.». Am oberen Rand außen mit schwarzer Tinte Handschriftennummer nach dem Katalog der Gebrüder Dupuy (1645) «1402», darunter mit brauner Tinte ein horizontaler Strich. Unterhalb des Strichs mit brauner Tinte ehemalige Handschriftennummer nach dem Katalog von Clément (1682) «2725», unter der die Handschrift in der Königlichen Bibliothek aufbewahrt wurde. – (f. 225v) Unten mit der Tinte des Haupttexts Subskription des Michael Apostoles «Μιχαῆλος Ἀποστόλης Βυζάντιος πενίᾳ συζῶν, καὶ ταύτην ἐξέ/γραψεν».

Foliierung

(f. 1–225) Auf der Rectoseite am oberen Rand gegen außen (etwa bündig mit dem äußeren Rand des Schriftspiegels) mit spitzer Feder und schwarzer Tinte arabische Zahlen.

Beschreibstoff

Papier mit Wasserzeichen und eher rauer, matter Oberfläche, vermutlich aus italienischer/venezianischer Produktion (siehe Briquet 1, 180).

407 Zu den Katalogen von Rigault, der Gebrüder Dupuy und von Clément (zu letzteren gleich anschließend) siehe Omont 1886–1898, 4, VII sowie Tafel V.

Wasserzeichen

In der ganzen Handschrift tauchen zwei ähnliche Varianten des Wasserzeichens *Balance dans un cercle, à plateaux circulaires* auf; für beide Varianten wurde jedoch keine überzeugende Entsprechung in den Repertorien (Briquet, Harlfinger, Piccard) gefunden.
1 (z.B. f. 39, 89, 171) *Balance dans un cercle, à plateaux circulaires*, Gesamthöhe des Wasserzeichens ca. 80 mm, Durchmesser des Kreises ca. 43 mm; Wasserzeichen auf der Kettlinie liegend, Ripplinien fein. Nicht unähnlich wie Harlfinger *Balance* 31, Bsp. 1 (1474), auch in den Ausmaßen (in der Handschrift zieht sich aber die der Kettlinie entlang verlaufende Vertikale, die das Wasserzeichen „halbiert", nur von oben bis etwa zu den horizontalen Balken der Waage hin, außerdem sind diese Balken außen geschwungen, ähnlich wie in Harlfingers Bsp. 2) oder Piccard *Waage* V 420 (Gemona del Friuli 1476), jedoch mit nicht vergleichbaren Maßen (außerdem wird in der Handschrift das Wasserzeichen oben klar von einem kleinen Kreis abgeschlossen und die bereits genannte Vertikale ist ohne Unterbrechung mit diesem Kreis verbunden).
2 (z.B. f. 38, 95, 139) *Balance dans un cercle, à plateaux circulaires*, Gesamthöhe des Wasserzeichens ca. 69 mm, Durchmesser des Kreises ca. 42 mm; Wasserzeichen auf der Kettlinie liegend, Ripplinien fein. Nicht unähnlich wie Harlfinger *Balance* 31, Bsp. 2 (= Zwillingswasserzeichen von Bsp. 1, s.o. Wasserzeichen 1 [1474]), auch in den Ausmaßen (in der Handschrift beschränkt sich aber die der Kettlinie entlang verlaufende Vertikale auf den obersten Teil des Wasserzeichens, also die „Aufhänge-Vorrichtung" [?] der Waage, außerdem ist diese Aufhänge-Vorrichtung gradlinig und endet mit einem auf der Spitze stehenden Tropfen).

Anhand der Analyse der Wasserzeichen lässt sich die Datierung unserer Handschrift in die zweite Hälfte des 15. Jh. nicht zuverlässig näher präzisieren.

Organisation der Lagen

Lagen: ($\mathrm{II}^{\mathrm{f.}\,\langle\mathrm{IV}\rangle}$ + $1^{\mathrm{f.\,A}}$) 20.$\mathrm{IV}^{\mathrm{f.}\,160}$ + IV+$1^{\mathrm{f.}\,169}$ + 7.$\mathrm{IV}^{\mathrm{f.}\,225}$ ($1^{\mathrm{f.}\,226}$ + $\mathrm{II}^{\mathrm{f.}\,\langle\mathrm{VIII}\rangle}$). – Die Handschrift besteht aus 28 regulären Quaternionen, mit Ausnahme des 21. Quaternios, dem ein Blatt hinzugefügt wurde.[408] Die auf den vorderen und hinteren Spiegel geklebten Pergamentblätter wurden in der Lagenformel als erstes bzw. letztes Schutzblatt behandelt, da sie mit den je drei gegen innen folgenden Pergamentblättern regelmäßige Binionen

408 Zwischen f. 168/169 befindet sich ein umgebogener Randstreifen. Da die Bindung der Handschrift sehr eng ist, lässt sich, wie häufig in dieser Handschrift, die genaue Komposition der Lage nicht bestimmen. Theoretisch könnte es sich bei dieser Lage aus neun Blättern auch um einen Quinio handeln, bei dem das zweitletzte Blatt entfernt wurde.

bilden, die nach der Gregory-Regel arrangiert sind (die Spiegel zeigen die Haarseite der Pergamentbogen).

Auf f. 96v und 97r hat der Kopist exakt denselben Text geschrieben: Auf beiden Seiten beginnt der Text mit «Σίουρ λιμήν» (*Geogr.* 4,3,4) und endet mit «Λέπτις μικρά» (*Geogr.* 4,3,10). Auf f. 97r steht am oberen Rand mit braunschwarzer Tinte, vielleicht von der Hand, welche die Foliierung angebracht hat «haec pagina fit inutilis; vid. fol. 96 verso.». Zwischen f. 96/97 ist ein Lagenbruch. Vielleicht hatte sich der Schreiber anhand des Stichwortes „μικρός" zu merken versucht, an welcher Textstelle er beim Kopiervorgang am Schluss der Lage verblieben war (die in seiner Vorlage mit einem Seitenende zusammenfiel, siehe dazu gleich unten). Als er in seiner Vorlage nach dem entsprechenden Stichwort suchte, entschied er sich wohl für Κόλλοψ μικρός (*Geogr.* 4,3,4) statt korrekt Λέπτις μικρά als Referenzstelle und setzte den Text auf der ersten Seite der neuen Lage (f. 97r) dort fort. Der letzte Eintrag in der vorangehenden Lage (f. 96v) lautet jedoch «Λέπτις μικρά» (*Geogr.* 4,3,10), während «Κόλλοψ μικρός» den letzten Eintrag auf f. 96r bildet. So schrieb der Kopist genau die Portion einer Seite versehentlich zweimal ab. In seiner Vorlage, dem Vat. Pal. gr. 314 (Z) (s.u. *Stemmatologische Notizen*), steht exakt dieselbe Textportion ebenfalls auf einer Seite (f. 93r), die sich aber mitten in einer Lage befindet.[409]

Faltung: in-folio.

Kustoden: Auf der ersten Rectoseite der Lage in der unteren äußeren Ecke in der Regel griechische Ordinalzahlen (z.B. «α.ον» für die erste Lage usw.), manchmal Kardinalzahlen (z.B. «κη.» für die letzte Lage). *Keine Reklamanten.*

Liniierung: Die Liniierung wurde mit Blindgriffel jeweils auf der Versoseite vorgenommen; Einstichlöcher o.ä. sind keine zu sehen. Die Breite des Schriftspiegels wird innen (soweit erkennbar) von einer, außen von zwei durchgezogenen Geraden, die in einem Abstand von ca. 7 mm nebeneinander verlaufen und der Platzierung der Initialen dienen, abgegrenzt. Die Höhe des Schriftspiegels bestimmen die 30 Schreiblinien zwischen der Geraden innen und der inneren Geraden außen. Zwei weitere, ca. 7 mm voneinander entfernte horizontale Geraden, in der Breite den Schreiblinien entsprechend, sind etwa in der Mitte des unteren Randes gezogen. Bisweilen scheint in ähnlicher Weise auch im Raum des oberen Randes eine einzelne Horizontale eingekerbt. Nicht überall ist zudem eine durchgezogene Vertikale im Raum des äußeren Randes sichtbar, die im Abstand von ca. 21 mm zu der äußeren der die Breite des Schriftspiegels begrenzenden Geraden verläuft. Für die Ausrichtung der Koordinatenangaben wurden in dieser Handschrift keine zusätzlichen Hilfsli-

409 Konkret ist in Handschrift Z f. 93 das fünfte Blatt des zwölften Quaternios.

nien gezogen, entsprechend schief sind die „Koordinatenkolumnen" bisweilen herausgekommen (vgl. z.B. f. 53r, 89r, 91r). – Grundschema: *Muz.* 1-2(1) / (1)-2:J / 0 / J.

Seitenlayout

Allgemein 1 Kol., 30 Z.
(f. 9r) 1 Kol., 30 Z., 285 × 198 mm, Schriftspiegel 182 × 105 mm.
(f. 125r) 1 Kol., 30 Z., 285 × 199 mm, Schriftspiegel 185 × 125 mm.
(f. 190r) 1 Kol., 30 Z., 286 × 196 mm, Schriftspiegel 186 × 133 mm.

Gegenüber der Großzahl der übrigen *Geographie*-Handschriften eher ungewohnt ist hier im Paris. gr. 1403 (E) die Disposition des Textes in *Geogr.* 8,3–28 (f. 190r–220v), übrigens ganz in Entsprechung zu seiner Vorlage Vat. Pal. gr. 314 (Z): Die rechte Hälfte des Schriftspiegels ist für die Stundenwerte reserviert, die, ähnlich wie im Ortskatalog die Koordinatenpaare, gleichsam in zwei Kolonnen angeordnet wurden, eine für die Stunden, die andere für die Minuten (ohne Hilfslinien und deshalb ungenau ausgerichtet). Dementsprechend wurde der Text auf die linke Schriftspiegelhälfte verteilt, Textzeilen wo nötig also etwa in der Mitte umgebrochen.

Schreiber, Schrift, Tinte

Schreiber: Michael Apostoles[410] (vgl. Subskription auf f. 225v, s.o. *Beigaben*; Identifizierung nach Ernst Gamillscheg, RGK 2, Nr. 379).
Haupttext: Leicht rechtsgeneigte bis richtungslose Gebrauchsminuskel ohne besondere Auffälligkeiten mit mäßigen Ober- und reduzierten Unterlängen bei mittlerem Zeilenabstand; Buchstaben oft nicht miteinander verbunden, Worttrennung respektiert; wenige Ligaturen und Abkürzungen. Schrift oberzeilig oder so positioniert, dass die Schreiblinie das Geschriebene gleichsam „durchstreicht"; Tinte braun. Charakteristisch sind hochgezogenes Gamma (in ein nach oben gerichtetes Häkchen auslaufend) und Tau (Querbalken nach rechts stark reduziert), die Ligatur Epsilon-Rho durch Supraposition von Epsilon oder die schwungvolle Abkürzung für -ται. – Apostoles ist ein typischer späterer Vertreter der sogenannten Chrysokokkes-Schrift, die den Triklinios-Stil (benannt nach seinem Protagonisten Demetrios Triklinios) zum Vorbild hatte.[411] Die Chrysokokkes-Schrift war um die Jahrhundertwende und im ersten Drittel des 15. Jh. in Konstantinopel vorherrschend, in der zweiten Hälfte

---

410 Zu Michael Apostoles siehe die Literaturangaben bei Martin Sicherl, *Johannes Cuno. Ein Wegbereiter des Griechischen in Deutschland. Eine biographisch-kodikologische Studie* (Heidelberg 1978) 83 Anm. 94; RGK 1, Teil A, 149.

411 Siehe Harlfinger 1977, 333.

des 15. Jh. wurde sie vor allem von aus Konstantinopel stammenden Kopisten geschrieben.
Keine Auszeichnungsschriften. Werk-, Buch- und Kapiteltitel sowie herausgestellte Initialen und bisweilen andere Hervorhebungen mit roter Tinte.

Ausstattung, Buchschmuck, Illustrationen

(f. 1r, Z. 1–3) Über dem Werk-/Buchtitel mit roter Tinte anspruchsloser Zierbalken mit Pflanzenmotiven. – Ansonsten schmuckloses Manuskript.
Initialen: Herausgestellt, gelegentlich mäßig vergrößert (z.B. am Kapitelanfang), manchmal in Majuskelform, oft aber in Minuskelform. Einige Initialen sind nicht ausgeführt (z.B. f. 120v in der Mitte, am Rand mit schwärzlicher Tinte von einem Korrektor nachgetragen; f. 128v in der Mitte, am Rand mit brauner Tinte von wohl demselben Korrektor nachgetragen und Initiale mit rotbrauner Tinte ergänzt; f. 139r in der Mitte, Initiale mit schwärzlicher Tinte in lateinischer Schrift von wohl demselben Korrektor nachgetragen).
Zeichnungen: ***1*** (f. 23r, unten) Einfache Kegelprojektion: Zwei korrekt platzierte, nebeneinander identisch gezeichnete Skizzen, die nur in der Beschriftung einige Unterschiede aufweisen: Das Rechteck αβγδ beider Skizzen ist quadratisch, die Punkte μ und ν sowie φ und χ sind nicht oder nicht richtig eingetragen, die Werte der Einheiten für die Positionierung der Parallelkreise sind nur in der Skizze links angegeben, aber unvollständig und zum Teil falsch.
2 (f. 24r, unten) Neigungswinkel: Zwei nebeneinander gezeichnete, am richtigen Ort eingeschobene Skizzen (genau genommen einen Paragraphen zu spät eingefügt, der aber nur aus einem kürzeren Satz besteht, s.o. S. 127). In der Skizze links sind Syene-Parallelkreis und Äquator richtig als größtmögliche Kreise auf der Kugel eingezeichnet, Kreisbogen αεγ hingegen nicht (Näheres dazu oben S. 127f.). In der Skizze rechts sind auch der Syene-Parallelkreis und der Äquator keine größtmöglichen Kreise der Kugel.
3 (f. 24v, unten) Ermittlung des Punktes η: Diese Zeichnung ist an korrekter Stelle eingefügt, aber falsch ausgeführt und beschriftet, ihr Zweck wurde vom Zeichner offensichtlich nicht verstanden.
4a) (f. 26r, unterhalb der Mitte) Vor *Geogr.* 1,24,28 ist die „unverständliche Skizze" eingefügt, deren „Kreis" hier eiförmig ist (s.u. Abb. 8C).
4 (f. 26v, Mitte) Modifizierte Kegelprojektion: Richtig platziert, weitgehend richtig dargestellt, wenn auch die Beschriftungen vermuten lassen, dass der Zeichner nicht verstand, was er kopierte (z.B. wird aus der Buchstabengruppe «κβδψ» nicht ersichtlich, dass mit κ und ψ eigentlich zwei Punkte bezeichnet würden und $\overline{\beta}$ δ′ sich auf einen Abstand der Meridiane voneinander bezieht; desgleichen unverständlich ist der Eintrag

«ωσοηννε» [oder «ωσοκννε»?], der wohl durch Zusammenzug der Bezeichnung von Punkt ω und der falsch entzifferten Angabe des Parallelkreises von Syene/Σοήνη entstanden ist).

5 (f. 187r, unterhalb der Mitte) Armillarsphäre: An korrekter Stelle eingefügt zwei nebeneinander angebrachte Skizzen, die in etwa dasselbe darzustellen versuchen, wobei in der Skizze links Punkt α oben ist und die Punkte βγδ in Richtung gegen den Uhrzeigersinn folgen, während sich in der Skizze rechts Punkt α auf der linken Seite befindet und βγ⟨δ⟩ im Uhrzeigersinn folgen. Aus den Beschriftungen lässt sich wiederum erahnen, dass der Ausführende nicht verstand, was er abzeichnete.

Die Zeichnungen sind offenbar ohne Sachkenntnis, aber nicht unsorgfältig, jedoch ohne Hilfe von Lineal und Zirkel angefertigt worden mit der Tinte des Haupttextes, mit Ausnahme von Zeichnung **5**, für die rote Tinte verwendet wurde.

Einband, Schutzblätter

Die Buchdeckel sind vermutlich aus Holz (?), der Einband ist aus braunem Leder mit leichtem Rotstich, geschmückt mit vergoldeten Blindstempelmustern, nicht unähnlich denjenigen des Paris. gr. 2423 (G). Die Buchdeckelkanten weisen eine Rille auf, entlang welcher eine goldene Linie verläuft.

Auf dem vorderen Buchdeckel sind in der Mitte des oberen und unteren Randes und zweimal am äußeren Rand Überreste von Metallbeschlägen zu sehen, die den Ansatz von vier Schließen zierten, die der Einband ursprünglich gehabt haben muss. In den Kanten des hinteren Buchdeckels sind an den entsprechenden Stellen Löcher sichtbar, in denen die Gegenstücke zu den Schließen verankert waren.

Auf dem Buchrücken ganz oben golden eingeprägt die Nummer «13.»; es handelt sich wohl um die Nummer, unter der die Handschrift in der Bibliothek der Katharina von Medici verzeichnet war, s.o. *Beigaben*. Ganz unten die Zahl «1604.», das Jahr, in dem der Einband angefertigt wurde. Oberhalb davon befindet sich eine achteckige, beigefarbene, aufgeklebte Papieretikette mit dem Aufdruck der aktuellen Signatur «Gr / 1403»; wiederum darüber, von unten nach oben, wechseln sich jeweils eine goldene *fleur de lys* und ein goldenes H mit aufgesetzter Krone ab (insgesamt drei Blumen und zwei Buchstaben). Zwischen dem oberstem H und der obersten *fleur de lys* steht in goldenen Lettern «PTOLOMAEI / GEOGR.». Der Buchschnitt ist vergoldet.

Die Vorsatz- (f. ⟨I–IV⟩, A) und Nachsatzblätter (f. 226, ⟨I′–IV′⟩) sind allesamt aus hellem Pergament.[412] Die ersten und letzten vier Pergament-

412 Die Blätter ⟨I⟩ und ⟨I′⟩ sind auf die Spiegel geklebt.

blätter sind unnummeriert und leer. Das Pergament der Blätter A und 226 ist eher steif, glatt und von gelblichbräunlicher Farbe. Diese beiden Blätter entstammen einem älteren Manuskript, sind beidseitig vollständig beschriftet und wurden für die Wiederverwertung als Schutzblätter in unserer Handschrift in der Blattbreite ein wenig beschnitten. Fleisch- und Haarseite sind hier nicht eindeutig unterscheidbar. Blatt A scheint mit dem Falzstreifen zusammenzuhängen, der zwischen f. 8/9 sichtbar ist (nach der ersten Lage); ebenso ist zwischen f. 217/218 (vor der letzten Lage) der Ansatz eines Falzstreifens erkennbar, der zu f. 226 gehören dürfte (wegen der engen Bindung nicht eindeutig bestimmbar). Für weitere Angaben zu diesen Blättern siehe gleich unten.

Schutzblätter

(f. ⟨I–IV⟩, A) Vorsatzblätter:

(f. ⟨I⟩v = vorderes Spiegelblatt) Unterhalb der Mitte befindet sich ein rechteckiges, weißlichbräunliches, eingeklebtes und mit brauner Tinte beschriebenes Stück Papier mit einer Kurzbeschreibung «2725 / Claudij Ptolemaei Geographicae / Commentationis Libri, / scripti manu Michaelis Apostolij / tum ad paupertatem redacti, ut / ipsemet ad calcem Libri notat / cod. chart.».

(f. ⟨II⟩r) In der unteren Blatthälfte mit schwarzer Tinte Handschriftennummer «1403.». Unterhalb davon ist eine rechteckige, beigefarbene Papieretikette eingeklebt, auf die der Katalogeintrag von Omont gedruckt ist. – (f. ⟨II⟩v–IVv) leer.

(f. Ar/v) Clemens Romanus / Clementina theol. (Pseudo-Clementina), *Clementinorum epitomae duae* (Ausschnitt: Ed. Dressel 115), inc. «ἀκολούθως τὰς πράξεις ἀποτελεσθείσας αὐτῶν τῇ γενέσει, λόγοις / μόνον οὐκ ἔχω σοι πείθεσθαι.», exp. «αὐτοῦ τὲ καὶ τῆς συμβίου τὴν γένεσιν ἀκριβῶς ἠπιστάμην. Καὶ ἰστωρήσας [*sic*] //».

(f. 226, ⟨I′–IV′⟩) Nachsatzblätter:

(f. 226r/v) Clemens Romanus / Clementina theol. (Pseudo-Clementina), *Clementinorum epitomae duae* (Ausschnitt: Ed. Dressel 136), inc. «τότε δὴ προσβλέψας καὶ τῶ π(ατ)ρὶ λέγει· τὸ γνήσιόν σου εἶδος αὐτοῖς οὐ / φαίνεται.», exp. «ἐπεὶ μὴ Σίμων ἐστιν οὗτος αλλὰ [*sic*] Φαῦστος ὁ ὑμέτερος ὄντως / π(ατ)ὴρ. //».[413]

(f. ⟨I′–IV′⟩) leer.

413 Das Wort «π(ατ)ὴρ» wurde unterhalb der letzten Zeile angefügt, bündig mit dem rechten Rand des Schriftspiegels. – Eine Kollation der Fragmente mit Dressels Ausgabe veröffentlichte Charles Emile Ruelle, „Fragments de l’Epitome prior des Clémentines recueillis sur les feuilles de garde d’un Parisinus: principales variantes“, *Revue de philologie, de littérature et d’histoire anciennes* n. s. 20.3 (1896) 149f.

Foliierung der Blätter A und 226: Auf der Rectoseite in der obersten äußersten Ecke mit Bleistift, die Zahl ist unterstrichen. Die Foliierung dieser Schutzblätter ist später als diejenige der Handschrift.

Auf f. Av befindet sich in der unteren inneren Ecke, ausgeführt mit blassbrauner (ursprünglich wohl roter) Tinte, die *Kustode* «κγ»; das Blatt bildete in seiner ursprünglichen Handschrift offfensichtlich die letzte Seite der 23. Lage.

Liniierung der Blätter A und 226: Liniierung mit Blindgriffel, auf f. A auf der Rectoseite, auf f. 226 auf der Versoseite angebracht; auf f. A sind oben und unten Einstichlöcher deutlich sichtbar. Der Schriftspiegel wird in der Breite begrenzt von je zwei vertikalen Parallelen im Abstand von 6–8 mm zueinander. Die 24 Schreiblinien erstrecken sich auf f. 226 von der einen zur anderen inneren Vertikale, auf f. A übertreten sie die Vertikalen.

Seitenlayout: (f. Ar) 1 Kol., 24 Z., 283 × 197 mm, Schriftspiegel 224 × 173 mm. – (f. 226r) 1 Kol., 24 Z., 285 × 192 mm, Schriftspiegel 224 × 175 mm.

Schrift auf den Blättern A und 226: Gerade, schwungvolle, eher groß- und breitformatige, regelmäßige Minuskelschrift mit durchschnittlichen, oft aber vergrößerten Ober-/Unterlängen bei mittlerem Zeilenabstand; Verbindungsgrad der Buchstaben recht hoch, Worttrennung nur andeutungsweise; Ligaturen, Abkürzungen, Suprapositionen u. ä. nicht häufig auftretend. Schrift unterzeilig und mit eher breiter Feder geschrieben, Tinte braun. Auffallend sind vergrößertes Tau mit breitem Horizontalbalken, eine schwungvoll nach links ausholende Oberlänge bei Minuskeldelta, einige vergrößerte und/oder bauchige Buchstaben (v. a. Zeta, Epsilon, Kappa, Phi), in die Breite gezogene Ligaturen (Epsilon-Ypsilon, Ypsilon-Pi) und breite Abkürzungen für -ων bzw. breite Zirkumflexe. – Der paläographische Befund spricht für eine Datierung der Schrift ins 12./13. Jh. (mit freundlicher Überprüfung von Jacques-Hubert Sautel).

Erhaltungszustand

Sehr gut konservierte Handschrift, abgesehen von ein paar kaum nennenswerten Beeinträchtigungen (am Anfang wenige Wurmfraßlöcher, bisweilen Vergilbungen [oder Feuchtigkeitsflecken?], selten Tintenflecken [z. B. f. 85v, 120v]). Die hinteren Schutzblätter f. ⟨I′⟩ und ⟨III′⟩ aus Pergament weisen Reste von Nähten auf, die beim Zusammennähen von Rissen entstanden sind. Das Manuskript wird in einer Kartonbox aufbewahrt.

Stemmatologische Notizen

Der Paris. gr. 1403 (E) entstammt ganz der Feder des Michael Apostoles. Die Handschrift gilt als „Duplikat" (siehe Schnabel 1938, 22) des Vat. Pal. gr. 314 (Z), der ebenfalls von Apostoles kopiert wurde. Beide Handschriften sind vom Schreiber subskribiert. Schnabel fasste sie mit den Handschriften Parm. Pal. 9 (H) und Paris. gr. 1404 (b) zur Textfamilie ζ zusammen, wobei er die Handschrift E als Tochter von Z und Manuskript b bis *Geogr.* 6,12 als Abschrift einer dieser beiden Handschriften einstufte. Zu Handschrift H äußerte er sich diesbezüglich nicht.[414]

Die Mischrezension, wie sie in Textfamilie ζ vorliegt, bildete sich wahrscheinlich um einige Zeit vor der Abschrift der Manuskripte Z und E durch Apostoles heraus, da bereits ältere Handschriften, namentlich der Paris. gr. 2423 (G) und der Plut. 28.49 (O), Teile dieser Textfassung bieten (siehe dazu Diller 1966, VIII). Gemäß Diller (*ibid.*) stellt der Text eine Mischung aus der Ξ-Rezension und aus einer Textform dar, wie sie in den Handschriften Vat. gr. 177 (V), Marc. gr. Z. 516 (R) und Paris. Suppl. gr. 119 (C) auftritt, also in den drei Hauptvertretern der Schnabel'schen Textgruppe Π innerhalb der ω-Rezension. Eine aufschlussreiche Stelle in Handschriftenfamilie ζ ist der letzte Paragraph des Kapitels zu Italien (*Geogr.* 3,1,80), wo eine Interpolation (im Folgenden in Athetese dargestellt) in den Text „hineingerutscht" ist: «Ἐν δὲ τῷ Ἰονίῳ πελάγει αἱ καλούμεναι Διομηδίαι νῆσοι πέντε· [κατὰ δὲ Στράβωνα, δύο]· ὧν θέσις· μ̄ γο'/μγ̄» (zitiert nach Handschrift E, f. 66r; s. a. Müller *ad loc.*). Vielleicht ein weiterer Hinweis von stemmatologischer Bedeutung ist die Nummerierung der Toponyme mit griechischen Zahlen von 6–25 im Periorismos der *Hispania Baetica* (*Geogr.* 2,4,5–7, in Handschrift E auf f. 33v), deren Funktion jedoch nicht ersichtlich ist.[415] Außerdem wurden unmittelbar vor *Geogr.* 1,24,28 (in E auf f. 26r, unten) zwei kurze Scholien, die in einigen Handschriften den ersten Satz des genannten Paragraphen kommentieren,[416] offensichtlich nicht näher verstanden; das eine Scholion wurde mit Auszeichnungstinte unter die vorangehende „unverständliche Skizze" (Zeichnung **4a**) geschrieben und macht den Anschein

414 Auch für Handschrift H ist Michael Apostoles als Schreiber identifiziert, jedoch nur für die Blätter 208r–227v (Subskription auf f. 227v), welche die *Periegese* des Dionysios bieten, nicht aber für die *Geographie* des Ptolemaios, wie oft, aber fälschlicherweise angegeben wurde (vgl. z. B. Schnabel 1938, 22; Manfredini 1985/1986, 140 Anm. 8 und 149); siehe auch die vorläufigen Bemerkungen zu Handschrift H, *Schreiber*.

415 Bei 6 beginnt die Nummerierung vielleicht, weil in den vorderen Paragraphen des Kapitels bisher 5 Punkte mit Koordinaten angegeben wurden. Warum der Schreiber die 6 einem Völkernamen ohne Koordinaten zuordnete («Τουρδητάνων»), ist so aber nicht nachvollziehbar. Im Folgenden bezieht sich die Nummerierung auf Toponyme mit Koordinatenangaben, beginnend mit 7 («Ὀνοβαλιστουρια» für Ὄνοβα Αἰστουάρια) bis zu 25 («Μαλάκα»).

416 Für die Scholien und ihre korrekte Positionierung siehe Nobbe 1, 57 Anm. *) und **).

einer „Legende" zu der Zeichnung oder vielleicht eher eines Zwischentitels: «ἡ περιφερεῖς ἔχουσα τοὺς μερισμούς·». Davor steht ein Referenzzeichen in Form eines Eta, auf dem sich ein Spiritus asper und ein Akut, die miteinander zusammenhängen, befinden; dieses Referenzzeichen wird am Rand von *Geogr.* 1,24,28, ebenfalls mit roter Tinte, wiederholt, an dieses Referenzzeichen schließt sich das zweite Scholion an: «τῆς ἐχούσης ἰθυ/τενεῖς τοὺς μερισ/μούς:».

Ausgewählte Stellen: Die **Kapitelübersicht zu *Geogr.* 1** ist in 24 Kapitel unterteilt, im Text sind diese am Rand in der Regel mit roter Tinte entsprechend durchnummeriert in Kardinal- oder Ordinalzahlen. – Die **Homoioteleuton-Lücke** in *Geogr.* 1,24,17 liegt in Handschrift E zwar nicht vor, die Stelle ist aber leicht fehlerhaft kopiert («... τὸ δὲ ζ̅ δι' οὗ γραφήσεται ὁ ἀφορίζων τὸ νότιον πέρας ἀντικείμενοι τῷ διὰ Μερόης») und von Hand B (siehe dazu oben *Beigaben*) berichtigt. Die *Poleis diasemoi* sind in keiner Weise hervorgehoben. In der Regel folgt auf jedes Toponym sowie nach jeder Grad- und Minutenangabe ein Punkt.

Anhänge: (f. 220v) Die Reihenfolge der *Poleis diasemoi* in *Geogr.* 8,28 folgt der Ξ-Rezension; die Namen lauten: «Ταλάκωρι τὸ ἐμπόριον» – «Ἀγάδειβα» – «Μαάγραμμον ἡ μητρόπολις».

1 (f. 220v, unten – 222v, oben) Liste der Provinzen oder Satrapien der Oikumene: Auf f. 220v steht nur noch der Titel «Αἵδε εἰσὶν αἱ γνωσθεῖσαι ἐπαρχίαι ἤτοι σατραπίαι», wobei der Textschluss der *Geographie* mit Z. 24 endet, Z. 25 leer gelassen wurde und der zitierte Titel auf Z. 26 steht, die übrigen Zeilen auf der Seite sind leer; die Provinznamen für Europa und Afrika stehen im Akkusativ (in Anbetracht der Untertitel «ἡ Εὐρώπη/Λιβύη ἔχει ἐπαρχίας λ̅δ̅/ι̅β̅» korrekt und nachvollziehbar), für Asien im Genitiv (obwohl auch hier die Einleitung obigem Muster entspricht). Diese Unterscheidung entspricht dem Muster im Vat. gr. 191 (X), nicht aber demjenigen im Plut. 28.49 (O), in dem alle Provinznamen im Nominativ stehen.[417] Demgegenüber sind jeder Provinz Koordinatenpaare beigeordnet, wie in O, aber gerade im Gegenteil zu X, das hier keine Gradangaben überliefert.

2 (f. 222v, Mitte) Scholien zur Armillarsphäre: Der Titel zu diesen Scholien lautet korrekt und ohne die beiden groben Fehler aus Handschrift X;[418] inc. «Ὅσα ἔθνη ὑπόκειται τῷ ζωδιακῷ», genau wie in X mit der Verbform im Singular; exp. « ἕως τῶν πόλων ἀμφοτέρων», exakt wie in X ohne die letzten beiden Worte des Scholions τοῦ ζωδιακοῦ.

417 Die Handschrift O soll in ihrem Schlussteil eine dem Vat. Pal. gr. 314 (Z) nahe verwandte Handschrift zur Vorlage gehabt haben, siehe die Beschreibung der Handschrift O, *Stemmatologische Notizen*.

418 Statt dem Titel Τὰ προγραφόμενα ἔξωθεν τοῦ ζωδιακοῦ ἐπὶ τῆς κρικωτῆς σφαίρας steht in Handschrift X «Τὰ προγραφόμενα ἔξω τοῖς [*sic*] τοῦ ζωδιακοῦ ἐπὶ τῆς κρικώδους [*sic*] σφαίρας».

3 (f. 222v, unten – 223r, oben) Tabelle des Sonnenlaufs, Titel «ζωδιακὸς» (*sic*). Die Tabelle folgt der Ξ-Rezension. Die Zuordnungen der Zeichen zu den Monaten stimmen in den ersten beiden Fällen nicht; dem Juni ist (an sich nicht falsch und gemäß dem Muster der ω-Rezension) der Krebs zugeordnet, dem Juli sind jedoch falsch die Zwillinge zugewiesen, aber *in rasura*. Diese Zuordnungen entsprechen also den Verhältnissen in Handschrift O. Die ägyptischen Namensformen sind für jeden Monat gegeben, für ἥλιος steht durchgehend das Sonnensymbol mit vorangehendem Artikel.
4 (f. 223r, unten – 225v, oben) Epitome von *Geogr.* 7,1–4, Titel «Τῆς ἐντὸς Γάγγου ποταμοῦ Ἰνδικῆς γ̄ κ̄ / χῶραι παράλιοι» (die Zahl ist gleichsam so dargestellt, als würden ihre beiden Elemente für eine Längen- und eine Breitenangabe stehen und müssten in zwei Kolonnen eingereiht werden; Zeile 2, ganz mit Auszeichnungstinte geschrieben, ist mehr oder weniger zentriert), inc. «Συραστρηνῆς ἐν κόλπῳ καλουμένῳ Κανθὶν. δύσταθμον ὄρος.» (*sic*), exp. «καὶ μεσημβρινώτατοι Ῥογανδινοὶ. καὶ Ναναγιροὶ.».
7 (f. 225v, Mitte) Hexametergedicht auf die Weltkarte des Ptolemaios, Titel «Στίχοι ἡρωικοὶ», der letzte Vers lautet «Ἰνδῶν τε Σηρῶν τ᾽ οὐ γὰρ πέρας ἀντολίης γῆς.».

Die Anhänge **5**, **6** und **8** fehlen (Scholion zum Verkürzungsfaktor, Verzeichnis der Länge und Breite der einzelnen Karten, Agathodaimon-Subskription). Auf f. 225v unten, anstelle der Agathodaimon-Subskription (= Anhang **8**) und nach dem Hexametergedicht, steht die Subskription des Kopisten (s. o. *Beigaben*).

Geschichte

Michael Apostoles[419] (* ca. 1420 wohl in Konstantinopel, † nach 1474 od. 1486 wohl auf Kreta), der Kopist unseres Paris. gr. 1403 (E), verwies in dieser Handschrift gleich zweimal auf Byzanz als seine Heimat (f. 11v und f. 78v, zum Wort Byzantion, am Rand «πατρὶς ἐμή»). Apostoles war Schüler des Plethon (vermutlich in Mistra) und im Jahr 1448 des Ioannes Argyropulos. Als Nachfolger von diesem unterrichtete er 1452 in Konstantinopel in der Schule des Xenon τοῦ Κράλη, die dem Prodromu-Petra-Kloster angegliedert war. Apostoles geriet bei der Eroberung von Konstantinopel 1453 in Gefangenschaft. Nach seiner Freilassung lebte er vorwiegend als Lehrer auf Kreta. Weitere mit Sicherheit bezeugte Stationen: Für die Jahre 1454, 1465/6 und 1468 sind Italien-Aufenthalte belegt, 1460/1 und 1463/4 war Apostoles in Konstantinopel auf Handschriftensuche, 1467 hielt er sich in Skutari (Albanien) auf. Neben seiner Ko-

419 Zu diesem s. u. *Bibliographie*, v. a. Bick, RGK und Talbot.

piertätigkeit wirkte er als Schriftsteller, Handschriftenhändler und Leiter eines großen Schreibateliers auf Kreta. Er war mit Bessarion befreundet und kopierte im Auftrag von diesem auch Manuskripte. Ein weiterer Auftraggeber war Federico da Montefeltro.

Wie bereits für den Vat. Pal. gr. 314 (Z) dargelegt, kann auch für Handschrift E aufgrund der Korrespondenz des Apostoles ein Entstehungszeitraum zwischen ca. 1462–1473 angenommen werden (für Einzelheiten siehe die vorläufigen Bemerkungen zu Handschrift Z, *Geschichte*), der von der Analyse der Wasserzeichen unterstützt wird.[420] Handschrift E wurde vermutlich direkt aus Handschrift Z abgeschrieben (siehe aber auch gleich unten), sehr wahrscheinlich auf Kreta. Es ist möglich, dass E oder Z oder gar beide Handschriften für Angelo Vadio kopiert wurden, der 1475 die lateinische *Editio princeps* der *Geographie* besorgte. Später gehörte sie, wie auch der Paris. gr. 2423 (G), dem Kardinal Ridolfi, gelangte dann in den Besitz der Katharina von Medici und schließlich in die Bibliothèque nationale de France.

In Anbetracht der Tatsache, dass der Paris. gr. 1403 (E) bei der Disposition des Textes auf der Seite zum Teil haargenau mit dem Vat. Pal. gr. 314 (Z) übereinstimmt, ist die Bezeichnung „Duplikat" für Handschrift E gerechtfertigt (s.o. *Stemmatologische Notizen*). Sie dürfte mit höchster Wahrscheinlichkeit eine direkte Abschrift von Handschrift Z sein, allerdings ist auch das Szenario nicht ganz auszuschließen, dass Z und E von einer gemeinsamen Vorlage abstammen, die vom Format und von der Disposition des Textes her sehr ähnlich gewesen sein müsste (siehe dazu die vorläufigen Bemerkungen zu Handschrift Z, *Geschichte*). Weniger in Frage kommt die Option, dass Z direkt und alleine von E abhängen könnte, da z.B. die Zeichnungen in Z zum Teil ein Mehr an Beschriftungen aufweisen. Vgl. zu Handschrift E auch unten das Kap. V.3.

Bibliographie

Josef Bick, *Die Schreiber der Wiener griechischen Handschriften* (Wien 1920) 110, Nr. 169. – Cuntz 1923, 35. – Diller 1966, VIII. – Diller 1975, 92. – Harlfinger 1977, 334. – Müller 1867, 280f.; 284–286; 289. – Muratore 2009, 1, 285 und 304; 2, 316f. u.a. – Omont 1886–1898, 2, 38. – Henri Omont, *Fac-similés de manuscrits grecs des XVe et XVIe siècles d'après les originaux de la Bibliothèque Nationale* (Paris 1887, ND Hildesheim 1974) Taf. 34 (Reproduktion f. 2r [schwarzweiß]). – Linos Politis, *Ὁδηγὸς καταλόγου χειρογράφων* (Athen

420 Weitere Datierungsvorschläge, deren Basis jedoch unerwähnt bleibt, zielen auf die Jahre gegen oder um 1460 (Omont, *Fac-similés* und Politis [s.u. *Bibliographie*]) bzw. etwa zwischen 1465–1470 (Diller 1975, 92).

1961) 124f. (Transkription f. 2r, obere Hälfte) und Taf. 8, Abb. 17 (Reproduktion f. 2r, obere Hälfte [schwarzweiß]). – Ronca 1971, 6. – Renou 1925, VII. – RGK 2, Nr. 379 (= 1, Nr. 278). – Schnabel 1938, 22. – Alice-Mary Talbot, Art. „Apostoles, Michael", ODB 1, 140f. – Vogel/Gardthausen 307. – Wilberg, Vorwort Fasz. 1, V.

Art der Kontrolle

Original (Juni 2008).

Paris, Bibliothèque nationale de France, grec 1404
Sigle **b**

Claudius Ptolemaeus, *Geographia*.
A: Kreta (?), 15. Jh. (zweite Hälfte, ab 1462);[421] **B:** Italien (?), 16. Jh. (erste Hälfte); Papier mit Wasserzeichen; 294 × 213 mm; (1) 176 (1) / ⟨I⟩, 1–175, f. s. n. (= ⟨176⟩), ⟨I′⟩. – Olim-Signaturen: Telleriano-Remensis 38, Regius 2725,2.

Inhalt

(f. 1–⟨176⟩) Claudius Ptolemaeus, *Geographia* 1–7,5:
A. (f. 1–150) Ptol., *Geogr.* 1–6,12,3a:
(f. 1r–23v) *Geogr.* 1. – (f. 23v–54v) *Geogr.* 2. – (f. 54v–79r) *Geogr.* 3 (es fehlen 3,2,3 ab Τιτιανὸς Λιμήν bis und mit 3,8,8 Ζερμίζιργα).[422] – (f. 79r–103v) *Geogr.* 4. – (f. 103v–135v) *Geogr.* 5. – (f. 135v–150v) *Geogr.* 6,1–6,12,3a, exp. «συμβάλλοντες ἐκείνοις πλείους».
B. (f. 151–⟨176⟩) Ptol., *Geogr.* 6,12,3b–7,5:
(f. 151r–158v) *Geogr.* 6,12,3b–6,21,6, inc. «ἀνώνυμοι, ὧν». – (f. 158v–175r) *Geogr.* 7,1–5. – (f. 175v–⟨176⟩v) leer.

Beigaben: (*passim*) Auf jeder Seite (*sic*) befindet sich am oberen Rand, mehr oder weniger in der Mitte, ein kleines, mit brauner Tinte ausgeführtes kleines Kreuz (in der Form eines Pluszeichens), dessen Funktion jedoch nicht ersichtlich ist; in *KE* B tritt das Zeichen nur noch sporadisch auf. – (*passim*) Interventionen von fünf anderen Händen A–E: Ab und zu am Rand und im Text mit brauner Tinte von einer Hand A Ergänzungen (z.B. f. 6v); vielleicht auch von dieser Hand die Ergänzungen im Text mit hellroter Tinte auf f. 33v, Z. 18 und 22. Am Rand und im Text mit blassbrauner Tinte von einer späteren Hand B Ergänzungen (z.B. f.

421 Mit Sicherheit nach dem Parm. Pal. 9 (H) entstanden.
422 Siehe dazu unten *Stemmatologische Notizen*.

55v, in der Mitte und unten). Am Rand und im Text mit brauner Tinte von einer ebenfalls späteren Hand C Ergänzungen und Korrekturen (z.B. f. 57r, in der Mitte und in der zweitletzten Zeile; f. 57v, Z. 1 «Πάδου» für «Τράδου»). Mit brauner Tinte Randbemerkung von einer späteren Hand D (f. 57v, zur eben genannten Stelle, «ἐκ τῆς ἀγνωσίας, σφάλμα / οὔτι σμικρὸν»). Zum Anfang von *Geogr.* 7, am äußeren Rand (f. 158v, in der Mitte), mit Bleistift, sehr klein, von einer modernen Hand E «Lib. VII.». – (vereinzelt[423]) Randscholien und Ergänzungen mit der Tinte des Haupttexts vom Kopisten, z.B. f. 57r unten zu *Geogr.* 3,1,22 Ariminum/Rimini «π(ατ)ρὶς Ἀγγέλου Βαδίου», exakt wie im Paris. gr. 1403 (E) (siehe die Beschreibung der Handschrift E, *Beigaben*); f. 60v, unterhalb der Mitte, zu *Geogr.* 3,1,61 Rom «μητρομήτωρ γραικόρουμ, νέων ῥωμαίων», wiederum genau wie in Handschrift E; f. 66r, unterhalb der Mitte, zu *Geogr.* 3,11,5 Byzanz «π(ατ)ρὶς Μιχαήλου τοῦ Ἀποστολου [*sic*]», vgl. die entsprechende Stelle in Handschrift E (siehe die Beschreibung der Handschrift E, *Geschichte*). – (f. 1r) Am oberen Rand, rechts von der Mitte, rechteckige beigefarbene eingeklebte Papieretikette ohne Aufschrift;[424] in der unteren äußeren Ecke mit dunkelbrauner Tinte Handschriftennummer «1404.», gleichsam unterstrichen von einer geschweiften Klammer. – (f. 1r, am inneren Rand; 175v, in der Blattmitte) Roter Stempel der Königlichen Bibliothek. – (f. 1v) Ganz am oberen Rand in der Mitte kleine rechteckige beigefarbene eingeklebte Papieretikette ohne Aufschrift (siehe dazu Anm. 424 auf dieser Seite). – (f. 175r) Nach dem Textschluss und «Τελως» (*sic*), zentriert, mit schwarzer Tinte, vermutlich nicht vom (zweiten) Kopisten (dazu unten *Schreiber*), Siglen des Lattanzio Tolomei «.+. / .Π$^{\theta}$. / .L. / .P^{ti}.»[425] (zu ihrer Bedeutung s.u. *Geschichte*).

Foliierung

1) Regelmäßige Foliierung: Auf der Rectoseite in der oberen äußeren Ecke mit schwarzer Tinte arabische Zahlen. – ***2)*** Auf der Rectoseite in der obersten äußersten Ecke mit blasser, graubrauner Tinte kleinforma-

423 Mit Scholien annotiert ist nur der alte Teil der Handschrift (*KE* A), mit einer Ausnahme (s.u. zu f. 158v).

424 Die Funktion dieser Etikette hier und derjenigen auf f. 1v (siehe gleich unten) ist vielleicht das Abdecken einer nicht mehr aktuellen Signatur oder eines entsprechenden Vermerks, vielleicht aber auch nur das behelfsmäßige Zusammenhalten des Risses in diesem Blatt.

425 Die vier Elemente sind kreuzförmig angeordnet: Das erste Element befindet sich oben, das zweite weiter unten links davon, das dritte auf derselben Höhe wie das zweite, aber rechts davon, das vierte noch weiter unten und „bündig" mit dem ersten. Haargenau gleich werden die Siglen dargestellt z.B. im Paris. Suppl. gr. 133 (f. 418r) und im Paris. Suppl. gr. 451 (f. 246r), jeweils nach Textschluss (Kontrolle am Mikrofilm). Eine Abbildung der Siglen gibt MERCATI 1926, Taf. VI.2 (Beispiel aus dem Vat. gr. 1334, f. 104v).

tige arabische Zahlen; f. 62 wurde versehentlich übersprungen, weshalb diese Foliierung gegenüber Foliierung 1 ab f. 63 um den Wert –1 hinterherhinkt; ebenso übersprungen wurde f. 89 (hier aber wohl, weil diesem Blatt die obere äußere Ecke fehlt und diejenige des folgenden Blattes „hervorguckt"), so dass der Wert des Rückstands gegenüber Foliierung 1 ab f. 90 jeweils –2 beträgt. Wiederum nicht nummeriert wurden f. 153–154, deshalb vergrößert sich der Wert des Rückstands gegenüber Foliierung 1 ab f. 155 auf –4. Übersprungen wurde ferner f. 158, daraus folgt ab f. 159 ein Rückstand um –5, und f. 165, mit einem Rückstand ab f. 166 von –6. Nochmals ausgelassen scheint f. 174, wobei dort Foliierung 2 mit blaugrüner Tinte nachgetragen wurde («168»), während f. 175 ebenfalls mit «168» foliiert ist.
Die Folia werden in dieser Beschreibung immer nach Foliierung 1 zitiert.

Beschreibstoff

A: Helles, beigefarbenes Papier mit Wasserzeichen mit leicht glänzender Oberfläche und sehr gut sichtbaren Kett- und Ripplinien.
B: Eierschalenfarbenes Papier mit Wasserzeichen, am unteren Rand unbeschnitten, Kettlinien gut sichtbar, Ripplinien äußerst fein.

Wasserzeichen

Für die insgesamt drei in der Handschrift auftretenden Wasserzeichen wurden in keinem Fall zufriedenstellende Entsprechungen in den Repertorien (Briquet, Harlfinger, Piccard) gefunden.
A: *1* (erstes Auftreten f. 2, letztes Auftreten f. 149; gut sichtbar z. B. auf f. 36, 70, 128, 146) *Fleur (Quatre Fleurs en forme de tulipe opposées deux à deux sur une tige terminée en croix)*, Höhe des Wasserzeichens (vom Ansatz der unteren Blumen bis zum Querbalken des Kreuzes) ca. 63 mm, Breite ca. 42 mm; Wasserzeichen auf einer wellenförmigen Kettlinie liegend, Ripplinien eher fein. Das Wasserzeichen weist eine gewisse Ähnlichkeit mit Briquet *Fleur* 6689 (Udine 1448) und Piccard *Blatt-Blume-Baum* II 1397 (Udine 1455) auf; in der Handschrift werden die Blütenblätter und der Kelch der Blumen jedoch nicht durch eine Trennlinie markiert, außerdem ist das Zeichen auf einer wellenförmigen Kettlinie platziert.[426]
2 (nur auf f. 89 und 93, also nur innerhalb der 12. Lage) *Balance (Balance dans un cercle à plateaux circulaires suspendus à l'attache médiane)*, Gesamthöhe des Wasserzeichens ca. 57 mm, Durchmesser des

426 So auch das sonst ganz anders geformte Wasserzeichen Harlfinger *Fleur* 115 (1460).

Kreises ca. 32 mm; Wasserzeichen zwischen zwei Kettlinien liegend, Ripplinien nicht besonders fein. Das Wasserzeichen hat eine gewisse Ähnlichkeit mit Briquet *Balance* 2528 (Zwickau 1470), Harlfinger *Balance* 32 (1473), Piccard *Waage* V 479 (Venedig 1468) und 482 (Neapel 1466); in der Handschrift liegt das Wasserzeichen jedoch zwischen zwei Kettlinien[427] und weist einen ganz anders geformten oberen Teil auf.

B: ***3*** (erstes Auftreten f. 151, letztes Auftreten f. ⟨176⟩; gut sichtbar auf f. 163, 172, ⟨176⟩) *Sirène*, Durchmesser des Kreises ca. 44,5 mm; das Wasserzeichen liegt auf einer zusätzlichen Kettlinie, die Ripplinien sind äußerst fein. Das Wasserzeichen ist nicht unähnlich wie Briquet *Sirène* 13885 (Florenz 1507) und 13888 (Pistoia 1523),[428] wobei ersteres Beispiel kleiner ist und die Meerjungfrau in letzterem Beispiel dickere Fischschwänze aufweist, als dies in der Handschrift der Fall ist.

Die nur annähernde Ähnlichkeit der Wasserzeichen in Handschrift b mit Beispielen aus den Repertorien lässt den Entstehungszeitraum der Kodikologischen Einheiten anhand der Analyse der Wasserzeichen nur grob begrenzen. Für A kommt die zweite Hälfte des 15. Jh., für B die erste Hälfte des 16. Jh. in Frage.[429]

Organisation der Lagen

Lagen: ($1^{\text{f. }\langle\text{I}\rangle}$) $21.\text{IV}^{\text{f. }166}$ + $\text{V}^{\text{f. }\langle 176\rangle}$ ($1^{\text{f. }\langle\text{I'}\rangle}$). – Die Handschrift besteht aus regelmäßigen Quaternionen, mit Ausnahme der letzten Lage, eines Quinios, dessen letztes Blatt (f. ⟨176⟩) zwar nicht mehr nummeriert ist, aber klar zu dieser Lage gehört. Das Manuskript weist zwei Kodikologische Einheiten auf: Die erste umfasst 19 Quaternionen ($19.\text{IV}^{\text{f. }1\text{–}150}$), die zweite besteht aus zwei Quaternionen und dem Quinio ($2.\text{IV}^{\text{f. }151\text{–}166}$ + $\text{V}^{\text{f. }167\text{–}\langle 176\rangle}$); sie ergänzt den Inhalt der ersten Kodikologischen Einheit, deren Ende offensichtlich aus unbekannten Gründen verloren ging.

Faltung: in-folio.

Kustoden: Kustoden finden sich nur im älteren Teil der Handschrift (A). (f. 1–70, 119–150 [= 1.–9. und 16.–19. Lage]) Auf der ersten Rectoseite der Lagen, unterhalb der unteren äußeren Ecke des Schriftspiegels, mit der Tinte des Haupttexts griechische Ordinal- (z. B. «$\bar{\alpha}^{\text{ον}}$») oder Kardinal-

427 Gemäß Abbildung liegt Piccard *Waage* V 482 zwar zwischen zwei Kettlinien (S. 195), wie dies auch bei unserer Handschrift der Fall ist; laut Beschreibung (S. 29) soll das Wasserzeichen aber auf der Kettlinie platziert sein.

428 Die zweite Kodikologische Einheit des Paris. Suppl. gr. 133 (f. 99–418), einer Handschrift, die denselben Vorbesitzer hatte wie die hier besprochene (s. u. *Geschichte*), weist zwar ein verwandtes Wasserzeichen auf, die Schrift unterscheidet sich aber deutlich von derjenigen der Kodikologischen Einheit B unserer Handschrift.

429 Für eine präzisere Datierung s. u. *Geschichte*.

zahlzeichen («δ̄»), in der Regel von einem Punkt ergänzt. – (f. 71–118 [= 10.–15. Lage]) Auf der ersten Rectoseite der Lagen in der unteren äußeren Ecke mit brauner Tinte griechische Kardinalzahlen (z.B. «ῑ»). In den Lagen 12–14 wurden außerdem die Doppelblätter ganz am unteren Rand, etwas innerhalb der Mitte, offensichtlich mit der Tinte des Haupttexts, mit griechischen Zahlen durchnummeriert von «α» bis «δ» (diese Nummerierung ist manchmal teilweise bis ganz weggeschnitten).
Keine Reklamanten.
Liniierung: **A.** Liniierung mit Blindgriffel, offenbar ausschließlich auf der Versoseite der Blätter; keine Einstichlöcher sichtbar. Der Schriftspiegel wird innen und außen von je einem durchgezogenen Parallelenpaar begrenzt; zwischen den zusammengehörenden Parallelen misst der Zwischenraum ca. 5–6 mm und dient der Platzierung der herausgestellten Initialen. Zwischen den beiden jeweils inneren Geraden dieser Parallelenpaare sind 30 Schreiblinien gezogen. Am äußeren Rand, etwa 23 mm von der äußeren Geraden des äußeren Parallelenpaars entfernt, befindet sich eine weitere durchgezogene Vertikale. Ca. 26 mm unterhalb der untersten Schriftlinie ist eine zusätzliche Horizontale gezogen, deren Begrenzung in der Breite derjenigen der Schreiblinien entspricht.

Im Ortskatalog (f. 25r, Mitte – 150v) scheinen zusätzlich innerhalb der Breitenausdehnung des Schriftspiegels drei durchgehende Vertikalen so gezogen worden zu sein, dass jeweils die zweite und dritte der Ausrichtung der Gradangaben von Länge und Breite auf der Rectoseite diente, die zweite und erste der Ausrichtung der Gradangaben von Länge und Breite auf der Versoseite (gut erkennbar ab f. 27); offenbar ab Lage 11 bzw. ab f. 79 beschränkte man sich auf zwei solche zusätzlichen Vertikalen (siehe z.B. f. 105). Bisweilen scheinen auch die sehr gut sichtbaren Kettlinien als solche Ausrichtungslinien benutzt worden zu sein (siehe z.B. f. 57r zweite und dritte „Vertikale“). – Grundschema: *Muz.* 2-21-(111*) / 0-1J / 0 / J.
B. Die Liniierung mit Blindgriffel ist kaum erkennbar, es dominieren die sehr gut sichtbaren Kettlinien. Soweit bestimmbar, wird der Schriftspiegel außen und innen von je einer durchgezogenen Vertikale begrenzt. Auf f. 167 ist etwa in der Blattmitte eine Vertikale erkennbar, die wahrscheinlich zur Ausrichtung der Längengradangaben gezogen wurde. Horizontal verlaufende Linien sind nicht zu sehen. Es fällt auf, dass die Zeilen oft leicht krumm geschrieben sind und sich gegen das Zeilenende hin ein wenig nach unten neigen. – Grundschema: *Muz.* 1-1 / 0 / 0 / 0.

Seitenlayout

A: Allgemein 1 Kol. und sehr regelmäßig 30 Z.

(f. 12r) 1 Kol., 30 Z., 295 × 216 mm, Schriftspiegel 197 × 117 mm.
(f. 60r) 1 Kol., 30 Z., 294 × 213,5 mm, Schriftspiegel 197 × 116 mm.

Häufig wurden ein bis drei Worte am Schluss einer Rectoseite, wenn sie sinngemäß zum Vorangehenden gehören, rechtsbündig auf eine 31. Zeile platziert und mit einem vor diese Zusatzzeile gesetzten Zeichen in Form einer spitzen Klammer («<») als Fortsetzung der vorderen Zeile markiert (z.B. auf f. 1r, 12r, 38r, 117r, 140r usw.). Kapiteltitel sind oft, Paragraphenüberschriften bisweilen zentriert.

B: Allgemein 1 Kol., Zeilenzahl stark schwankend zwischen 23–28 Z.
(f. 153r) 1 Kol., 25 Z., 294 × 215 mm, Schriftspiegel 189 × 143 mm.
(f. 172r) 1 Kol., 26 Z., 289,5 × 215 mm, Schriftspiegel 196 × 144 mm.

Die Kapiteltitel sind zentriert und in der Regel flankiert von links einem Kreuz und rechts einem horizontalen Strich.

Schreiber, Schrift, Tinte

Schreiber: (A = f. 1r–150v) Haupthand 1 (15. Jh., drittes Viertel). – (B = f. 151r–175r) Haupthand 2 (16. Jh., erste Hälfte).
Haupttext: (Haupthand 1) Gleichmäßige, sorgfältige, senkrechte Minuskelschrift mit gemäßigten Ober-/Unterlängen bei eher geringem bis mittlerem Zeilenabstand, mittlerem Verbindungsgrad der Buchstaben und „diskreter" Worttrennung;[430] wenige Abkürzungen, aber häufige Suprapositionen, v.a. mit Tau (το, τρ, τω) und Epsilon (ερ, εω), ab und zu Inklusionen. Schrift unterzeilig; dunkle, fast schwarze Tinte, deren Farbnuancen aber oft wechseln: Ab f. 71r (letzte Zeile) wirkt sie schwarzbraun, ab f. 79r (Beginn einer neuen Lage) braun, ab f. 114v (Z. 3) wiederum schwarzbraun. Betonung der Diagonale von oben links nach unten rechts durch die ausgeprägte Oberlänge von Minuskeldelta, von bauchförmigem Minuskelalpha („alpha à panse") und von Minuskellambda sowie durch die Verlängerung der entsprechenden Linie bei Majuskeldelta. Sporadisch wurden einzelne Buchstaben vergrößert, fast ein wenig im Stil der Fettaugenmode (v.a. Epsilon, Omikron, Sigma und Omega sowie in die Breite gezogenes Ypsilon). Charakteristische Ligaturen für μεν und ετα (mit Variationen, vgl. z.B. f. 122r im Wort μεταξὺ [Z. 5, 20, 27 und 30]). Sporadisch gewagtere Vergrößerungen von Suprapositionen in der obersten Zeile (vgl. z.B. f. 102r). – (Haupthand 2) Etwas unsicher wirkende, richtungs- und charakterlose Gebrauchsminuskel, vielleicht von

430 Wörter werden zwar abgesetzt, aber nur mit sehr bescheidenen Zwischenräumen voneinander getrennt.

einer im Griechischen eher ungeübten Hand;[431] Ober-/Unterlängen mäßig ausgeprägt, Zeilenabstände unregelmäßig, Buchstaben weitgehend zusammenhängend, Worttrennung sehr deutlich; recht viele Abkürzungen und Suprapositionen, die jedoch leicht entschlüsselbar sind. Blasse, graubraune Tinte.[432] Kappa wird gerne vergrößert.
Auszeichnungsschriften: (Haupthand 1) Kombination von Werktitel und Buchtitel zu *Geogr.* 1 sowie die ersten 13 Kapiteltitel in *Geogr.* 1 in epigraphischer Auszeichnungsmajuskel; sonst keine Auszeichnungsschriften. Die Auszeichnungstinte weist verschiedene Schattierungen auf von Rostrot über Blassrot und Weinrot bis hin zu Rotbraun und kräftigem oder blassem Orangerot. Buch-, Kapiteltitel und andere Hervorhebungen sind mit Auszeichnungstinte geschrieben. Generell kommt die Auszeichnungstinte etwas häufiger zum Einsatz als in anderen *Geographie*-Handschriften, siehe z.B. die ganz in Auszeichnungstinte gehaltene Inhaltsübersicht zu *Geogr.* 5 (f. 103v–104r) oder die längeren, mit Auszeichnungstinte ausgeführten Paragraphenüberschriften (f. 111r–112r). – (Haupthand 2) Auf f. 175r unterhalb des Textschlusses, zentriert, größer und mit golden glimmernder Tinte, vielleicht jedoch nicht von Haupthand 2, «Τελως» (*sic*); sonst keine Auszeichnungsschriften.

Ausstattung, Buchschmuck, Illustrationen

A: (f. 1r) Vor Werkbeginn befindet sich ein den Raum von vier Schreiblinien einnehmendes, einfacheres, hübsches Ornamentfeld, ausgeführt mit roter Auszeichnungstinte. Vor den Buchtiteln (die in dieser Handschrift häufig nach der Inhaltsübersicht wiederholt werden) wurden mit Auszeichnungstinte, vermutlich vom Kopisten selbst, einfache Zierbalken oder bescheidene, pflanzenähnliche Verzierungen angebracht. – **B:** Diese Kodikologische Einheit ist völlig schmucklos.
Initialen: (A) Herausgestellte, moderat vergrößerte Initialen bei Kapitel- und Paragraphenanfang, bald in Majuskel-, bald in Minuskelform, in ersterem Fall manchmal leicht verziert. Besonders in *Geogr.* 1 bei Kapitelanfang meist stärker vergrößerte und kunstvoller verzierte herausgestellte Majuskeln. – (B) Bei Kapitel- und Paragraphenanfang leicht vergrößerte, aber nicht herausgestellte Initialen.
Zeichnungen: ***1*** (f. 20r, Mitte) Einfache Kegelprojektion: Zwei nebeneinander platzierte, ähnliche, ohne Hilfe von Lineal und Zirkel angefertigte Skizzen, eingefügt an korrekter Stelle. Das Rechteck der Skizze links ist

---

431 Auch wohl aus Lesefehlern entstandene Verschreibfehler wie f. 151v (im oberen Drittel) «~~ασο~~ σακῶν» und f. 157v (in der untersten Zeile) «~~Γεωγραφι~~ Γεδρωσίας» weisen vielleicht in diese Richtung.

432 Die Schreiblinien sind nicht erkennbar (s.o. *Liniierung*), die Position der Schrift gegenüber der Schreiblinie kann deshalb nicht definiert werden.

deutlich breiter als dasjenige der Skizze rechts. Bei der Skizze rechts war der südlichste Parallelkreis ursprünglich so eingetragen, dass sein unterster Punkt zwar korrekt mit dem Punkt ζ/υ zusammenfiel, der Bogen aber ganz falsch durch die Punkte ρ und τ weitergezogen wurde, die ja auf dem Äquator liegen. Eine spätere Hand hat diesen Umstand korrigiert, so dass beide Skizzen nun grob gesagt identisch sind. Eingetragen sind in beiden Skizzen nur die Punkte, zusätzlich in der Skizze links nur für den Parallelkreis von Thule und den südlichsten Parallelkreis der Wert für ihre Positionierung, jedoch mit «ιβ» und «κυ» völlig unsinnig (genau so treten sie aber auch im Vat. Pal. gr. 314 [Z] auf[433]). Unterschiede in der Beschriftung der beiden Skizzen: In der Skizze links ist der eigentliche Punkt θ fälschlich mit ο bezeichnet (genau wie in Handschrift Z), die Punkte ε und χ sind nicht angegeben; in derjenigen rechts fehlt die Angabe des Punktes φ, der Punkt ν ist vielleicht später von dem Korrektor eingetragen worden. In beiden Skizzen sind die abgeschrägten Strecken ρφ und τχ nicht eingezeichnet, außerdem liegen die Punkte μ und ν fälschlicherweise in der Skizze links auf dem und in der Skizze rechts innerhalb des Rechtecks αβγδ.

2 (f. 21r, Mitte) Neigungswinkel: Zwei nebeneinander platzierte, ähnliche Skizzen, offensichtlich mit dem Zirkel vorgezeichnet und mit Tinte nachgefahren, eingefügt an korrekter Stelle (genau genommen erst nach statt vor Paragraph 1,24,13, der aber nur aus einem kürzeren Satz besteht). Die Skizze links ist etwas kleiner als diejenige rechts. Bei der Skizze links war der Mittelmeridian αεγ ursprünglich so eingetragen, dass er sich gegen Punkt β (statt δ) hin wölbte, was anschließend geändert wurde, hier vermutlich vom Kopisten selbst, so dass auch diese beiden Skizzen nun grob gesagt identisch aussehen. Sie stellen den Sachverhalt nicht korrekt dar, da in beiden Fällen sowohl der Mittelmeridian αεγ nicht den größtmöglichen Kreis der Kugel bildet als auch der Äquator und der Syene-Parallelkreis nicht als größtmögliche Kreise der Kugel dargestellt sind.

3 (f. 21v, oben) Ermittlung des Punktes η: Vermutlich mit Lineal und Zirkel vorgezeichnete und anschließend mit Tinte nachgefahrene Skizze, an korrekter Stelle eingefügt, aber völlig dem Zweck der Illustration entfremdet; sie entspricht genau der betreffenden Zeichnung in den Handschriften Z, E und H.

4a) (f. 22v, unterhalb der Mitte) Zwischen *Geogr.* 1,24,27/28 eingefügt ist die „unverständliche Skizze", die derjenigen in den Handschriften E und H beinahe aufs Haar gleicht. Insbesondere der zusammengedrückte, eiförmige „Kreis" und die Bezeichnung der Punkte stimmen mit der Dar-

433 Für die übrigen Mitglieder der Textfamilie ζ, die Handschriften Paris. gr. 1403 (E) und Parm. Pal. 9 (H), bliebe die Situation zu überprüfen.

stellung in den genannten Handschriften überein. Für das Rechteck αβγδ wurde wohl ein Lineal verwendet.
4 (f. 23r, Mitte) Modifizierte Kegelprojektion: Eingefügt an korrekter Textstelle, wurde die Skizze ganz dilettantisch gezeichnet und beweist, dass der Kopist sie überhaupt nicht verstand. So wurden z.B. die Verbindungsstrecke υωσ und der gekrümmte Meridian υτσ sowie ihre Pendants in der rechten Hälfte der Zeichnung zusammen als eine Art tropfenartige Gebilde dargestellt; die teilweise eben so unsinnigen Beschriftungen scheinen auf eine Zeichnung, wie sie in den Handschriften E und H auftritt, zurückzugehen. Das Rechteck αβγδ dieser Zeichnung wurde vermutlich mit Hilfe eines Lineals gezogen.

Da die Handschrift den Text nur bis und mit *Geogr.* 7,5 bietet, fehlt die zu *Geogr.* 7,6 gehörende Zeichnung **5**.

Die Zeichnungen sind mit der Tinte des Haupttexts ausgeführt und mit roter Auszeichnungstinte beschriftet, offensichtlich vom Kopisten selbst und ohne jeglichen Sachverstand.

Einband, Schutzblätter

Schlichter Einband mit einem braunen, glatten, glänzenden Lederüberzug ohne jegliche Verzierungen. Die Buchdeckel sind aus Karton. Der Buchrücken hat sechs Bünde; ganz oben muss den Spuren nach einmal eine nun verlorene Etikette gewesen sein; unten befindet sich eine ursprünglich achteckige, bräunliche Papieretikette mit dem Aufdruck der Signatur «Gr / 1404» – sie wurde offensichtlich über eine ältere rechteckige Papieretikette geklebt. Vor- und Nachsatzblatt bestehen eigentlich aus Doppelblättern, deren eine Hälfte auf die Spiegel geklebt ist. Das Vorsatzblatt (f. ⟨I⟩) ist aus etwas steifem, rauem, hellbräunlichem Papier ohne Wasserzeichen (Faltung in-4°). Das Nachsatzblatt (f. ⟨I′⟩) besteht aus eher dünnem, rauem, hellbräunlichem Papier mit feinen Ripplinien und einem nicht näher bestimmbaren Wasserzeichen[434] (Faltung in-folio). – Zum Einband siehe auch unten *Erhaltungszustand*.

Schutzblätter

(f. ⟨1⟩) Vorsatzblatt:

f. ⟨I⟩r leer. – (f. ⟨I⟩v) In der oberen inneren Ecke mit schwärzlicher Tinte und sehr spitzer Feder alte Handschriftennummer in der Samm-

434 Vielleicht handelt es sich um ein Wasserzeichen vom Typ *Fleur de lys* oder *Couronne*; innerhalb des Wasserzeichens scheint das Monogramm «LP» (für Lattanzio Tolomei / Lactantius Ptolemaeus?) erkennbar. Die Höhe des Wasserzeichens beträgt ca. 43 mm, die Breite ca. 33 mm; es liegt zwischen zwei Kettlinien, die es an den Rändern knapp „durchschneiden". Der Abstand zwischen den Kettlinien beträgt auf dem ganzen Blatt ca. 26 mm.

lung des Charles-Maurice Le Tellier «38». In der oberen Blatthälfte, mit brauner Tinte und spitzer Feder, von moderner Hand,[435] Kurzbeschreibung «Codex chart. 15 saec. scriptus quo continetur Ptolaemei [*sic*] Geographia». In der Blattmitte mit schwarzer Tinte von einer anderen modernen Hand «Volume de 175 Feuillets / 10 Janvier 1885». In der unteren Blatthälfte rechteckige beigefarbene eingeklebte Papieretikette mit dem Aufdruck von Omonts Katalogeintrag (s.u. *Bibliographie*). Unten mit dunkelbrauner Tinte Olim-Signaturen «Codex Telleriano-Remensis, 38. / Reg. 2725. / 2.».
(f. ⟨I′⟩) Nachsatzblatt, leer.

Erhaltungszustand

Der vordere Buchdeckel ist vollständig vom Rücken abgetrennt, ebenso das Vorsatzblatt. Das Leder im oberen Bereich des Buchrückens ist beinahe ganz weggerissen. Ansonsten ist die Handschrift gut erhalten, abgesehen von häufigen Feuchtigkeitsflecken, die den Text aber nicht beeinträchtigen, und vereinzelten Wurmfraßlöchern.

Die Handschrift besteht heute aus zwei Kodikologischen Einheiten, die sich voneinander vor allem im Papier, in der Hand und daraus erkennbar im Alter unterscheiden. Der ältere Teil der Handschrift endet auf f. 150v unten abrupt mit *Geogr.* 6,12,3a (exp. «συμβάλλοντες ἐκείνοις πλείους»); der jüngere Teil schließt ab f. 151r nahtlos und ergänzend daran an mit *Geogr.* 6,12,3b (inc. «ἀνώνυμοι, ὧν»). Vom älteren Teil sind 19 Quaternionen erhalten. Es ist anzunehmen, dass einmal weitere Lagen mit dem Textende daran anschlossen, die aus unbekannten Gründen verloren gingen. Der fehlende Text wurde ein paar Jahrzehnte nach der Abschrift des Kodex ergänzt, wobei die zwei Kapitel zur 3. ptolemäischen Projektion (Armillarsphäre) und das ganze 8. Buch – wie es aussieht bewusst – weggelassen wurden.

Stemmatologische Notizen

Die Zuordnung der Kodikologischen Einheit A des Paris. gr. 1404 (b) zur Textfamilie ζ durch Schnabel trifft mit Sicherheit zu.[436] Mit seiner Vermutung, bei diesem Teil handle es sich um eine Abschrift entweder vom Vat. Pal. gr. 314 (Z) oder vom Paris. gr. 1403 (E) dürfte Schnabel (und mit ihm zuvor schon Müller 1967, 281 und später ähnlich Ronca) je-

---

435 Es ist dieselbe Hand, die auch im Paris. gr. 2423 (G) auf f. ⟨A⟩r einen entsprechenden Vermerk notiert hat (siehe die Beschreibung der Handschrift G, *Schutzblätter*).

436 Für Näheres zu dieser Textfamilie siehe die Beschreibung der Handschrift E, *Stemmatologische Notizen*.

doch nicht richtig gelegen haben (s.u. *Geschichte*). Ähnlich schätzte Renou 1925, X die Bedeutung von Handschrift b falsch ein: Er betrachtete sie als Archetypen der Untergruppe RWbCV seiner dritten Handschriftengruppe (siehe dazu oben S. 80). Die Kodikologische Einheit B wurde gemäß Müller 1967, 287 und Schnabel vom Marc. gr. Z. 388 (p) abgeschrieben; aufgrund mehrerer gemeinsamer Fehler wies jedoch Ronca 1971, 9 nach, dass die Kodikologische Einheit B vielmehr direkt aus dem Vat. gr. 177 (V) (der seinerseits auch die Vorlage für Handschrift p war) abgeschrieben wurde.

Ausgewählte Stellen: Die **Kapitelübersicht von *Geogr.* 1** bietet 24 Kapitel, die am Rand mit Auszeichnungstinte und Kardinalzahlen entsprechend durchnummeriert sind; ebenso wurden die Kapitel im Text von *Geogr.* 1 am Rand mit Auszeichnungstinte und Ordinalzahlen in Majuskelform durchgezählt. – Die **Homoioteleuton-Lücke** in *Geogr.* 1,24,17 ist erwartungsgemäß nicht vorhanden; der Passus ist leicht fehlerhaft, aber genau gleich wie in den Handschriften Z, E und H.

Die *Anhänge* fehlen in Handschrift b, da sie den Text nur bis *Geogr.* 7,5 bietet.

Unmittelbar vor *Geogr.* 1,24,28 hat der Kopist zwei Scholien, die in einigen Handschriften den ersten Satz des genannten Paragraphen kommentieren, als zusammenhängenden Satz und Zwischentitel verstanden und entsprechend dargestellt (f. 22v unten); ganz ähnlich verhält es sich mit diesen Scholienteilen in den Handschriften Z und E. Interessanterweise sind auch in der Inhaltsübersicht zu *Geogr.* 2 die Kapitel durchnummeriert von α̅–ι̅ε̅ (ohne Prolog), genau wie in Handschrift Z,[437] im Text sind die Kapitelnummern jedoch nur sporadisch am Rand mit Auszeichnungstinte und einer roten Kardinal- oder Ordinalzahl in Minuskelform angegeben. Genau gleich wie in den Handschriften Z, E und H sind auch hier in Handschrift b die Toponyme im Periorismos der *Hispania Baetica* (*Geogr.* 2,4,5–7) mit griechischen Zahlen von 6–25 durchnummeriert (f. 29v–30r). Außerdem ist auch hier in Handschrift b, wie in den übrigen Handschriften dieser Textfamilie, ein ursprüngliches Scholion zu *Geogr.* 3,1,80 in den Haupttext „hineingerutscht“ (siehe dazu die Beschreibung der Handschrift E, *Stemmatologische Notizen*).

Die in Handschrift E beobachtete doppelt kopierte Passage von Σιοὺρ λιμήν (*Geogr.* 4,3,4) bis Λέπτις μικρά (*Geogr.* 4,3,10), die dort genau eine Seite einnimmt, wurde auch in unserer Handschrift b zweifach abgeschrieben: Die Wiederholung des Textstücks beginnt auf f. 84v, Z. 23 und endet auf f. 85r, Z. 22; je ein schräger Strich mit hellbrauner Tinte von späterer Hand am Textrand markieren Anfang und Schluss dieser Wiederholung.

---

437 Ob sich dies auch in den Handschriften E und H so verhält, bliebe zu überprüfen.

Bisher nirgends erwähnt wurde eine längere, in *Geogr.* 3 befindliche Textlücke: Auf f. 62v, Z. 26 springt der Text von *Geogr.* 3,2,3 «Τικαρίου ποταμοῦ ἐκβολή» direkt zu *Geogr.* 3,8,8 «Κομίδαυα» in der nächsten Zeile über. Ein fast nicht sichtbares Kreuz am Rand von Zeile 26 scheint auf diesen Umstand hinzuweisen. Bezeichnenderweise ist die Tinte ab Zeile 27 etwas heller und befindet sich dort am Textrand ein schräger Strich mit hellbrauner Tinte, vermutlich von derselben späteren Hand, die weiter unten auf f. 84v und 85r die Wiederholung der Passage *Geogr.* 4,3,4–10 markierte. Nun bildet im Parm. Pal. 9 (H) genau diese in Handschrift b fehlende Textpassage den Inhalt der 8. Lage (in Handschrift H f. 56–63); somit muss Handschrift H die Vorlage für die erste Kodikologische Einheit von Handschrift b gewesen sein[438] – obwohl damit noch nicht erklärt ist, weshalb der Kopist von Handschrift b den entsprechenden Quaternio nicht abgeschrieben hat. Vielleicht weist der Wechsel in der Farbnuance der Tinte auf f. 62v zwischen Z. 26/27 darauf hin, dass der Kopist hier eine Pause einlegte (er war mit der Abschrift eines Quaternios seiner Vorlage fertig) und beim Weiterfahren in der Vorlage versehentlich eine Lage übersprang.

Geschichte

Der Paris. gr. 1404 (b) wurde in der zweiten Hälfte des 15. Jh. höchstwahrscheinlich direkt aus dem Parm. Pal. 9 (H) abgeschrieben; es scheint jedoch eine Vergleichshandschrift aus derselben Textfamilie beigezogen worden zu sein (siehe weiter unten). Da die Entstehungszeit von H in die Jahre um 1462–1475 gelegt werden kann (siehe dazu unten die vorläufigen Bemerkungen zu Handschrift H, *Stemmatologische Notizen*), lässt sich die anhand der Wasserzeichen eruierte nur vage Datierung von Handschrift b in die zweite Hälfte des 15. Jh. mit dem Zusatz „ab 1462“ präzisieren. Handschrift b ist die jüngste einer Serie von vier kartenlosen *Geographie*-Handschriften, die in zwei Fällen von Michael Apostoles (Vat. Pal. gr. 314 [Z], Paris. gr. 1403 [E]) und in einem Fall von Antonios Damilas kopiert wurden (H), vielleicht auf Kreta. Aus nicht näher definierbaren Gründen gingen die letzten Lagen der ursprünglich vollständigen Handschrift b verloren (es ist nicht auszuschließen, dass Handschrift b gemäß ihrer Vorlage H neben der *Geographie* des Ptolemaios ebenfalls die *Periegese* des Dionysios enthalten hatte und dass diese zusammen mit

438 Zum Vergleich: In Handschrift Z steht Τικαρίου ποταμοῦ ἐκβολή auf f. 63r, Z. 19 (also etwas unterhalb der Mitte), auf einem Blatt, das keinen Lagenbruch markiert; Κομίδαυα befindet sich auf f. 71v, Z. 18, ebenfalls auf einem Blatt, das keinen Lagenbruch markiert. In Handschrift E steht Τικαρίου ποταμοῦ ἐκβολή auf f. 66v, Z. 19 (etwas unterhalb der Mitte), also auf einem Blatt, das keinen Lagenbruch markiert; Κομίδαυα befindet sich auf f. 75r, Z. 18, ebenfalls auf einem Blatt, das keinen Lagenbruch markiert.

dem Textschluss der *Geographie* verloren ging). Sie wurden zu einem späteren Zeitpunkt, in der ersten Hälfte des 16. Jh., ergänzt, offensichtlich von einer Hand, die nicht routiniert im Schreiben (griechischer Texte) war. Die Vorlage des ergänzten Teiles der Handschrift war der Vat. gr. 177 (V). Es bliebe zu recherchieren, wo sich dieser Kodex zum Zeitpunkt der Entstehung der Kodikologischen Einheit B unserer Handschrift b befunden hat;[439] hier kann lediglich vermutet werden, dass Kodex V und Handschrift b damals bereits in Italien waren. Der Vorbesitzer der Handschrift, Lattanzio Tolomei (zu ihm gleich unten) beherrschte die griechische Sprache und Schrift – könnte sogar er persönlich den fehlenden Teil unserer Handschrift b kopiert haben? Ein Vergleich mit einem Schriftbeispiel von seiner Hand dürfte diese Frage beantworten können.[440]

Die Siglen am Schluss der Handschrift (f. 175r) verweisen auf den Vorbesitzer der Handschrift b, den Humanisten Lattanzio Tolomei aus Siena (gestorben am 22./23. November 1543 in Rom).[441] Dieselben Siglen finden sich auch am Schluss der Handschriften Paris. Suppl. gr. 133, 449, 450 und 451, die außerdem allesamt einen Pinax von der Hand des Lattanzio Tolomei enthalten. Diese vier Kodizes gingen von Lattanzio in den Besitz seines ebenfalls in Siena ansässigen Enkels Filippo Tolomei über. Dieser schenkte sie am 1. Dezember 1589 dem Maurice Bressieu, einem Mathematikprofessor am Collège de France, der sich damals gerade in Rom aufhielt. Zumindest von dem Paris. Suppl. gr. 451 weiß man zudem mit Sicherheit, dass er einst dem Andrea Coner gehört hatte, bevor er in die Bibliothek des Lattanzio Tolomei kam.[442] Unsere Handschrift b gehörte zu einem späteren Zeitpunkt dem Charles-Maurice Le Tellier, Erzbischof von Reims († 1710). Über welche Stufen sie zu Lattanzio Tolomei und von diesem zu Charles-Maurice Le Tellier überging, ist jedoch nicht bekannt.

Die große Textlücke in *Geogr.* 3 im Paris. gr. 1404 (b), die im Parm. Pal. 9 (H) genau eine Lage einnimmt, kann als sicherer Beweis gelten,

---

439 In der vorliegenden Arbeit können zu dieser Vatikan-Handschrift nur vorläufige Bemerkungen gegeben werden, siehe dazu oben S. 4; für die vorläufigen Bemerkungen zu Handschrift V unten S. 492–497.

440 Leider ist mir ein solches nicht zugänglich. Zum Zeitpunkt der Recherchen in der Bibliothèque nationale de France, in der Kodizes mit einem von Tolomei handgeschriebenen Pinax aufbewahrt werden (dazu gleich unten), war die hier formulierte Hypothese noch nicht entwickelt.

441 Zu weiteren Handschriften aus dem Besitz des Lattanzio Tolomei siehe José Ruysschaert, „Costantino Gaetano, O.S.B., chasseur de manuscrits“, in: *Mélanges Eugène Tisserant* Bd. 7, *Studi e testi* 237 (Città del Vaticano 1964) 261–326, dort 281 Anm. 9. Zum Folgenden siehe die Ausführungen von Canart 1977–1979, 312 Anm. 1.

442 Denselben Weg Andrea Coner († 1527) – Lattanzio Tolomei machte auch der Paris. Suppl. gr. 195, der aber anschließend nicht an Filippo Tolomei und Bressieu weiterging (so Canart 1977–1979, 312 Anm. 1).

dass der alte Bestand der Handschrift b aus H abgeschrieben wurde. Eine kleine Unsicherheit in diesem Befund stellt einzig die Tatsache dar, dass die Scholienteile zu *Geogr.* 1,24,28, wie sie nicht nur in Handschrift b, sondern auch im Vat. Pal. gr. 314 (Z) und im Paris. gr. 1403 (E) festzustellen sind, in H offenbar nicht auftreten. Wurde beim Kopiervorgang neben H eine weitere Handschrift der Familie beigezogen? Für die gesamte Textfamilie ζ sei auch auf Kap. V.3 unten verwiesen.

Bibliographie

Canart 1977–1979, 312 Anm. 1. – Cuntz 1923, 35. – Omont 1886–1898, 2, 38. – Müller 1867, 280f.; 286–289. – Renou 1925, VII; IXf.; XIIf.; XV. – Ronca 1971, 6; 9f. – Schnabel 1938, 22. – Wilberg, Vorwort zu Fasz. 1, V.

Art der Kontrolle

Original (Juli 2008/2009).

Paris, Bibliothèque nationale de France, grec 2423 Sigle **G**

Astronomisch-philosophische Sammelhandschrift.
Konstantinopel (?), um 1300, Papier ohne Wasserzeichen, 261 × 200 mm;[443] (4) 159 (1) / ⟨A–C⟩, I, 1–8, 8bis, 9–156, 157–158, ⟨A′⟩. – Olim Mediceus-Regius 2815.

Inhalt

1 (f. 1r–24v) Anonyme Sammlung astrologischer Traktate (12. Jh.), mit Tabellen und Zeichnungen; Titel des ersten Traktats «περὶ ἀνατολῆς σελήνης, δύσεως, καὶ μέσης», inc. «Ἡ τῆς σελήνης ἀνατολὴ ἐστίν, ὅταν ἀπέχῃ ἀπὸ τοῦ ἡλίου μ^{οῖ} ιε΄.»; der letzte Traktat bricht unvollständig ab, exp. «ἡ δὲ Ἀφροδίτη, κατὰ τὴν β΄ ὥραν διέπει. καὶ ὁ Ἑρμῆς».[444]
2 (f. 25r–34v) Johannes Philoponus, *De usu astrolabii eiusque constructione libellus.*
(f. 35) leer.

443 Hier wurde am vorderen Deckel des Buches gemessen, da die einzelnen Kodikologischen Einheiten der Handschrift unterschiedliche Formate aufweisen.
444 Zu den einzelnen Abhandlungen, Tabellen und Zeichnungen siehe CCAG 8.1, 65–69; vier Traktate sind ediert (*ibid.* 194–199).

3 (f. 36r–51v) Ps.-Plutarchus, *De placitis philosophorum*.
4 (f. 51v–59v) Proclus Diadochus, Anfang der *Institutiones theologicae* (Kap. 1–78), exp. «καθ’ ἣν δυνάμẹị τί ἐστιν ἀτẹκὲς. δεῖσ̣τ̣α̣ι̣ν̣ο̣ν̣».
5 (f. 60r–72r) Menander Rhetor, *Opusculum de divisione causarum in genere demonstrativo*, Anfang und Ende fehlend, inc. «σχεδὸν ἀκήκοας̣. ἐμοὶ μὲν δοκοῦσι», exp. «πληροῖ γὰρ ἑκάτερον χροίαν» (*sic*).
(f. 72v) leer.
6 (f. 73 leer) – (f. 74r–101v) Proclus Diadochus, *Hypotyposis astronomicarum positionum*, mit Scholien und Zeichnungen.
7 (f. 102r–117r) Gregorius Corinthius, *Liber de dialectis*.
(f. 117v) leer.
8 (f. 118r–133v) Claudius Ptolemaeus, Teile aus der *Geographie*, mit Scholien und Zeichnungen; ohne Titel, inc. *a)* (f. 118r, Z. 1) «Ἐπὶ τοίνυν τοῦ πλάτους πρῶτον ὑποτίθεται μὲν καὶ αὐτὸς τὸν [*sic*] Θούλην νῆσον ὐπὸ [*sic*] τὸν παράλληλον τὸν /» = Anfang *Geogr.* 1,7 (ohne Kapiteltitel), mit braunschwarzer Tinte von späterer Hand ergänzt oberhalb des eigentlichen Schriftspiegels; inc. *b)* (f. 118r, Z. 2) «ἀφορίζοντα τὸ βορειότατον μέρος τῆς ἐγνωσμένης γῆς· τὸν δὲ παράλληλον τοῦτον ἀποδεί/κνυσιν» = ursprünglicher Seitenanfang, mit brauner Tinte von der Haupthand.

(f. 118r–121v) *Geogr.* 1,7,1–1,14,6 (ohne 1,14,7–10 = Schluss des Kapitels). – (f. 122r–125v) *Geogr.* 1,15,1–1,24,7. – (f. 126r–133v) *Geogr.* 2,6,53 (inc. «Οὐιρούεσκα») bis 2,16,14 = Schluss des Buches. – (f. 133v, letzte vier Zeilen) *Geogr.* 3, Inhaltsübersicht (exp. «Θράκην.»).

9 (f. 134r–135r) Johannes Philoponus, *De usu astrolabii eiusque constructione libellus*, unvollständig.[445]
10 (f. 135r–150r) Theon Alexandrinus, *Commentarius in expeditos canones Ptolemaei*, mit Tabellen und Scholien.
11 (f. 150r–156v) Anonymi *tractatus de rebus astronomicis libris duobus*, mit Tabellen, Zeichnungen und vereinzelten Scholien; inc. «Ἰστέον ὅτι ἐπὶ τῆς ἀνακαθάρσεως».
(f. 157–158) leer.

Beigaben: (f. 8bis) Eingefügtes Blatt: Auf der Rectoseite von zwei Händen des 16. Jh. Notizen historiographischen Inhalts. Versoseite leer. – Scholien (nur zu f. 118r–133v): (f. 118r–125v) Am Rand, vereinzelt vielleicht vom Kopisten, sonst von wohl zwei verschiedenen Händen, Korrekturen, Ergänzungen und Bemerkungen zum Text. Bsp.: (f. 118r, unterhalb der Mitte) Vielleicht vom Kopisten Korrektur «ὑπὸ τὸν»;

445 Im „neuen Teil“ des griechischen Inhaltsverzeichnisses (f. Ir, s.u. *Schutzblätter*) steht dazu: «λείπει ~~τὸ πλεῖστον μέρος~~ τὸ πᾶν πλὴν ~~τοῦ τέλους~~ δύο / σελίδων.».

(f. 118r, Mitte) Annotator 1 übertrug griechische in arabische Zahlen; (f. 118v, oben) Annotator 2 ergänzte aufgrund eines Homoioteleuton ausgefallenen Text (*Geogr.* 1,7,8 ἔτι δὲ τοῦ ἰσημερινοῦ βορειοτέροις, ⟨οἷον τοῖς περὶ Μερὸην [*sic*], ὑπὲρ γῆν γίνεσθαι, καθάπερ αὐτὸς ὁ Κάνωβος ἐνταῦθα τοῖς βορειοτέροις⟩ ἡμῶν μὴ φαινόμενος). (f. 126r–133v) In dieser Lage nur ganz wenige Randscholien, vermutlich vom Kopisten selbst oder allenfalls von einem Zeitgenossen. – (hier und da, z. B. f. 1r, im *Geographie*-Teil jedoch nirgends) In der Mitte des oberen Randes roter Stempel der Königlichen Bibliothek. – (f. 73r) Oben mit brauner Tinte von einer Hand des 16. Jh., zum Teil verblasst, Inhaltsangabe «⟨ἐ⟩ν τῆδε τῇ βίβλω Πρόκλου Διαδόχου ὑποτύπωσις τῶν ἀστρονομικῶν ὑποθέσεων / Πτολεμαίου γεωγραφικῆς ὑφηγήσεως τὸ ᾱ. καὶ Ἰωάννου Ἀλεξανδρέως τοῦ Θέωνος / ⟨τῆς⟩ τοῦ ἀστρολάβου χρήσεως.[446] καὶ τι̣ [*sic*] τῶν ἐν αὐτο̣ῖ̣ς̣ κ̣α̣τ̣α̣γεγραμμένων ἕκαστον̣ σημαίνο̣υ̣ [*sic*]. καὶ τοῦ αὐτοῦ / ⟨π⟩ροχείρους κανόνας»; darauf, den Rest der Zeile füllend, mit brauner, unverblasster Tinte, von der Hand des Matthaios Devaris[447] «αὔτη ἡ πραγματεία τοῦ Προκλου γέγραπται ἐν φύλλοις ἓξ πρὸς το̣ῖ̣ς̣ τριακοντα» (*sic*), unterhalb des letzten Wortes «λ̅ς̅».[448] Darunter, ganz innen gegen den Falz zu, mit brauner Tinte, ehemalige Handschriftennummer «2815». Am oberen Blattrand außen mit brauner Tinte «EPS :».[449] – (f. 121v) Unterhalb der letzten Textzeile, linksbündig mit dieser, mit schwarzbrauner Tinte, nicht von der Hand des Haupttexts, Notiz über das Fehlen eines Blattteils in der Vorlage (?) «λείπει. ὅ [*sic*] α^ον φύλλου η̣΄΄». – (f. 125v) Am unteren Blattrand innen mit schwarzbrauner Tinte Notiz über das Fehlen des Buchschlusses von *Geogr.* 1 «desideratur finis / libri Primi.»; eine weitere Textzeile, bestehend aus zwei Wörtern, ist weggeschnitten und nicht mehr lesbar (vielleicht lautete das zweite Wort «Cod:»). – (f. 126r) Am oberen Blattrand

446 Die Angabe dieser Autorschaft ist falsch, s. o. *Inhalt*, Text 9.

447 Devaris verfasste einen Katalog der Bibliothek des Kardinals Ridolfi. Ridolfi war der Vorbesitzer des Paris. gr. 2423 (G).

448 Eigentlich umfasst die *Hypotyposis* des Proklos, die hier gemeint sein dürfte, nur 26 Blätter (s. o. *Inhalt*, Text 6).

449 Die Bedeutung dieser Buchstaben ist unklar, es fällt jedoch auf, dass sie in drei weiteren Handschriften auftauchen, die ebenfalls Ridolfi gehörten. Wie unsere Handschrift G, waren auch diese drei Handschriften in der Ridolfi-Bibliothek der Sektion der mathematischen Handschriften zugeteilt. Die beiden ersten Handschriften sind heute zu einem Kodex, dem Paris. gr. 2357, zusammengebunden: Erste Handschrift = Paris. gr. 2357, f. 1–86 (Signatur in der Bibliothek des Ridolfi = ms. Math 23); die Buchstabengruppe befindet sich dort auf f. Ir. Zweite Handschrift = Paris. gr. 2357, f. 87–170 (ms. Math. 24 Ridolfi); die Buchstabengruppe steht auf f. 87r. Dritte Handschrift = Paris. gr. 2366 (ms. Math. 25 Ridolfi); die Buchstabengruppe ist auf f. Ir. Diese Informationen verdanke ich der freundlichen Auskunft von Davide Muratore (siehe dazu nun auch MURATORE 2009, 1, 185). Die Buchstabengruppe stand also jeweils am Anfang der betreffenden Handschrift; siehe dazu auch unten *Geschichte*.

gegen innen mit schwarzer Tinte Inhaltsvermerk «Lib. II. c. 5.», im Anschluss daran mit Bleistift, vielleicht von anderer Hand «p. 125 ed. Wilberg.». – (f. 133v) Am äußeren Rand unten mit dunkelbrauner Tinte Inhaltsvermerk «Claudii / Ptolemaei / Geographiae / lib. 2us.»*;[450] am unteren Rand innen mit derselben Tinte «reliqua desiderantur»*.

Foliierung

(f. 1–35) Auf der Rectoseite über der oberen äußeren Ecke des Schriftspiegels mit schwarzbrauner Tinte arabische Zahlen.

(f. 36–156) Zwei Foliierungen: ***1)*** (ursprüngliche Foliierung) Auf der Rectoseite, in der Regel über der oberen äußeren Ecke des Schriftspiegels mit schwarzbrauner Tinte arabische Zahlen, häufig durchgestrichen oder korrigiert; auf f. 36–59 stehen die Seitenzahlen «134»–«157»,[451] auf f. 60–72 die Seitenzahlen «73»–«85», auf f. 73–101 die Seitenzahlen «36»–«65»,[452] auf f. 102–117 die Seitenzahlen «124»–«133»,[453] auf f. 118–133 (dies sind die Blätter mit der *Geographie*) die Seitenzahlen «101»–«116», auf f. 134–141 die Seitenzahlen «93»–«100», auf f. 142–149 die Seitenzahlen «62»–«69» und auf f. 150–156 die Seitenzahlen «86»–«92». – ***2)*** (jetzt gültige Foliierung) Neben oder oberhalb der vorangehenden Foliierung mit grauer bis brauner Tinte arabische Zahlen, gefolgt von einem Punkt.

Auf f. 74–101 kommt eine dritte Foliierung hinzu: ***3)*** (älteste Foliierung) Am unteren Blattrand außen mit brauner Tinte arabische Zahlen, gefolgt von einem Punkt «1.»–«28.».

Das eingefügte Blatt (f. 8bis) ist auf der Rectoseite in der oberen äußeren Ecke mit weinroter Tinte foliiert: «8bis».[454] – (f. 73) Auf der Rectoseite, unterhalb der Inhaltsangabe und der Notiz des Devaris (s. o. *Beigaben*), gegen außen mit weinroter Tinte «73.». – (f. 102) (stark restauriertes Blatt, vor allem an seinem äußeren Drittel) Auf der Rectoseite in der obersten äußersten Ecke mit Bleistift, zusätzlich zu Foliierungen *1* und *2*, «102».

---

450 Die mit einem Asterisk (*) versehenen Einträge könnten von derselben Hand stammen, die den lateinischen Pinax auf f. ⟨A⟩r geschrieben hat. Siehe dazu auch unten S. 420.

451 Die Reihenfolge der Nummerierung ist am Schluss leicht gestört: … 148, 149, 152–157, 151, 150. Zu untersuchen wäre, ob die textliche Reihenfolge stimmt.

452 Mit Unregelmäßigkeiten und Durchstreichungen: 36, 37, 39, 40 … 59, 60, ~~38~~/61., ~~71~~/~~62~~., ~~63~~., ~~70~~/~~64~~., ~~72~~/~~65~~.

453 Zuerst regelmäßig bis 132, dann chaotisch weiter mit 121, 117, 119, 120, 122, 118, 133. Auch hier wäre die Stimmigkeit der textlichen Abfolge zu überprüfen.

454 Sämtliche Einträge mit weinroter Tinte scheinen von derjenigen modernen Hand zu stammen, die auf f. ⟨A⟩r die Blattformel notiert hat (siehe dazu unten *Einband, Schutzblätter*).

Beschreibstoff

Papier ohne Wasserzeichen verschiedenartiger Qualität und unterschiedlichen Formats. – Der *Geographie*-Teil (f. 118–133) steht auf beigebraunem Papier mit rauer Oberfläche; die Kettlinien sind kaum, die Ripplinien schlecht erkennbar; die Ripplinien verlaufen horizontal.
Das eingefügte Blatt 8bis ist aus hellerem, neuerem Papier.

Organisation der Lagen

Lagen: Aufgrund der engen Bindung sind die Nähte nicht zu sehen. Die Struktur der Handschrift sieht gemäß den Kustoden folgendermaßen aus: $4.IV^{f.\,32} + 3^{f.\,35} + III^{f.\,41} + 2.IV^{f.\,57} + 3^{f.\,60} + 7^{f.\,67} + 5^{f.\,72} + 3.IV^{f.\,96} + III^{f.\,102} + 7^{f.\,109} + 5.IV^{f.\,149} + 7^{f.\,156}$.

Leicht zu rechtfertigen wäre eine Änderung der Lagenwechsel zwischen den Lagen 14 und 15 ($III^{f.\,102} + 7^{f.\,109}$), denn ab f. 102 wechseln Foliierung *1*, Hand, Tinte und Inhalt. Dieses Blatt gehört somit eindeutig zu den anschließenden Blättern, und die Lagenformel muss korrekt lauten: $5^{f.\,97–101} + IV^{f.\,102–109}$ (bzw. im Gesamtzusammenhang $5^{f.\,102} + 6.IV^{f.\,149}$).[455] – Die Blätter mit der *Geographie* bestehen aus zwei regelmäßigen Quaternionen ($2.IV^{f.\,118–133}$) und bilden einen eigenständigen Block, vielleicht sogar eine eigenständige Kodikologische Einheit (die vorangehenden Blätter unterscheiden sich bezüglich Papierformat, vermutlich auch Papierqualität, Foliierung *1*, Tinte, Inhalt und vielleicht auch Hand; die folgenden Blätter unterscheiden sich bezüglich Foliierung *1* und Inhalt; siehe dazu auch unten *Geschichte*).
Faltung: Vermutlich in-8°.
Kustoden: ***1)*** (jetzt gültige Kustoden) Auf der ersten Rectoseite der Lage in der unteren äußeren Ecke mit blassbrauner Tinte, manchmal zu einem Teil weggeschnitten, vereinzelt auch auf der letzten Versoseite am unteren Rand innen, arabische Zahlen «1»–«21» (wobei Nummer 12 zweimal nacheinander verwendet wird für $IV^{f.\,73–80}$ und $IV^{f.\,81–88}$). Die Blätter mit der *Geographie* (f. 118–133) sind die Lagen «17»–«18». – ***2)*** (ältere Kustodenreihen, parallel zu der jetzt gültigen) Auf der ersten Rectoseite der zweiten Lage (f. 9r) am unteren Rand, ungefähr in der Mitte, mit brauner Tinte «β̄», (f. 17r) ebenso «γ̄». Auf f. 80v in der Mitte des unteren Randes mit roter Tinte «ᾱ», auf f. 88v ebendort mit brauner Tinte «β′».
Reklamanten: (f. 67v) Unterhalb der unteren inneren Ecke des Schriftspiegels und rechtsbündig mit diesem, von links nach rechts, mit anderer Tinte und vielleicht von anderer Hand als der Haupttext. – (f. 97v–100v,

455 Der Fehler hat seine Ursache vielleicht in der Restaurierung des Blattes 102, das dem Format der vorangehenden Blätter angepasst wurde, s.u. *Seitenlayout*.

d.h. in Lage 14) Am unteren Blattrand ganz innen, von links nach rechts, mit anderer Tinte und vielleicht von anderer Hand als der Haupttext. – Auf den Blättern mit der *Geographie* gibt es keine Reklamanten.
Liniierung (nur zu f. 118–133): Die Liniierung ist nicht (mehr) erkennbar (außer vielleicht auf f. 133, auf dessen Versoseite innen eine Vertikale sichtbar scheint) und wurde höchstwahrscheinlich mit Blindgriffel ausgeführt. Die unregelmäßige Zeilenanzahl pro Seite und die oft ungenau ausgerichteten Kolumnen im Ortskatalog lassen vermuten, dass sich die Liniierung auf die Abgrenzung des Schriftspiegels beschränkte, die mehr oder weniger respektiert wurde.

Seitenlayout (nur zu f. 118–133)

Allgemein 1 Kol., 29–35 Z.
(f. 122r) 1 Kol., 32 Z., 253 × 188 mm, Schriftspiegel 192,5 × 145 mm.
(f. 128r) 1 Kol., 35 Z., 252,5 × 189 mm, Schriftspiegel 200 × 148 mm.
(f. 131r) 1 Kol., 33 Z., 252,5 × 190 mm, Schriftspiegel 199 × 148 mm.

Die Toponyme im Ortskatalog sind gleichsam in zwei Kolumnen dargestellt, diese sind aber nicht von oben nach unten, sondern von links nach rechts zu lesen: Auf jeder Zeile stehen zwei aufeinander folgende Einträge. Diese beiden Kolumnen sind ihrerseits in je drei Teil-Kolumnen unterteilt, eine für den Namen des Toponyms, eine zweite für dessen geographische Länge und eine dritte für dessen geographische Breite.
Zur Handschrift insgesamt: Der durch die Blätter 118–133 gebildete Block, die anschließenden f. 134–158 sowie die Blätter 74–101 haben das größte der in der Sammelhandschrift auftretenden Formate. Folgende „Formateinheiten“ können unterschieden werden (nicht berücksichtigt sind f. 157–158 und die Schutzblätter; siehe auch unten *Geschichte*): ***1)*** f. 1–72 (wobei f. 61–72 ganz wenig breiter sind). – ***2)*** f. 73–101 (obwohl die Kustoden auch f. 102 zu diesem Block zählen, das aber restauriert ist nach dem Format der vorangehenden statt der folgenden Blätter). – ***3)*** f. 102–117. – ***4)*** (f. 118–156).

Schreiber, Schrift, Tinte (nur zu f. 118r–133v)

Schreiber: Die Schrift erinnert an Hand 2 des Vat. gr. 191 (X),[456] insbesondere auch die Darstellung der Koordinaten (kein Abstand zwischen Grad- und Minutenangabe); ein Vergleich bestätigte zwar gewisse Ähnlichkeiten, Identität ist aber auszuschließen.
Haupttext: Eher kleinformatige, kursive, richtungslose und unruhig wir-

456 Vgl. z.B. TURYN 1964, Taf. 59.

kende Minuskelschrift mit Fettaugen und stark reduzierten Ober-/Unterlängen bei kleinem Zeilenabstand, eher tiefem Verbindungsgrad der Buchstaben und nur andeutungsweiser Worttrennung sowie mit vielen Ligaturen, Abkürzungen und vor allem Suprapositionen. Position im Verhältnis zur Schriftlinie nicht bestimmbar (s.o. *Organisation der Lagen, Liniierung*), Tinte braun. Gamma und Tau werden gerne hochgezogen (Gamma hat dann die Form eines „Spazierstöckchens"; Tau ist in einem Zug geschrieben, die rechte Hälfte des Querbalkens schleifenförmig), Tau in Verbindung mit Omikron oft hochgestellt.
Auszeichnungsschriften: Keine Auszeichnungsschriften bzw. nicht bestimmbar, da Kapiteltitel oft fehlen bzw. Raum dafür freigelassen wurde (z.B. befindet sich auf f. 127v oben eine leere Zeile für den Titel zu Kap. 2,7; auf f. 132r, unterhalb der Mitte, ist die zweite Hälfte einer Zeile leer für den Titel zu Kap. 2,14).[457] Zu den ebenfalls oft nicht ausgeführten Initialen s.u. *Ausstattung, Initialen*. Fehlende Titel und Initialen wurden offensichtlich einem Rubrikator überlassen, der aber nicht zum Einsatz kam.
Zur Handschrift insgesamt: In dieser Sammelhandschrift lassen sich mehrere Hände unterscheiden, die alle fettaugig schreiben. Nach Tihon 1978, 145 sind die Blätter 36r–72r und 102r–117r[458] von derselben Hand geschrieben. Ich bin weitgehend damit einverstanden, schließe aber nicht aus, dass f. 60r–72r von einer zwar sehr ähnlich schreibenden, aber anderen Hand stammen.

Die Hände zeigen durchaus Ähnlichkeit zu den in Handschrift X auftretenden fettaugig schreibenden Händen. Es scheint nicht unangebracht zu vermuten, dass auch Handschrift G im Milieu des Planudes entstanden ist, wie Handschrift X, die zum Teil von Amanuenses des Planudes kopiert wurde (s.u. die vorläufigen Bemerkungen zu Handschrift X, besonders *Geschichte*). Auch die Inhalte dieses Manuskripts wären mit dem Interessenkreis um Planudes vereinbar.

---

457 Dass manchmal trotzdem Kapiteltitel vorkommen (vgl. z.B. f. 131v unterhalb der Mitte Titel zu Kap. 2,12: Schrift, Tinte und Initialen des Titels und Kapitelanfangs wie im Haupttext; f. 132r oberhalb der Mitte Titel zu Kap. 2,13: Schrift und Tinte wie im Haupttext, Initialen des Titels und Kapitelanfangs jedoch fehlend), hängt vielleicht mit der Hierarchie der Kapiteltitel zusammen, die hier offensichtlich anders gehandhabt wurde als üblich. So scheinen z.B. die Kap. 2,7–10 (die vier Provinzen Galliens) zu einem Kapitel zusammengezogen: Für Kap. 2,7 hätte der Rubrikator Titel und Initiale am Kapitelanfang ausführen sollen; Titel und Initiale am Anfang von Kap. 2,8 zeigen Schrift und Tinte des Haupttexts; Kap. 2,9 trägt weder einen Titel, noch ist dafür Platz freigelassen worden, der Text schließt mit einer gewöhnlichen Initiale an das vorangehende Kapitel an; der Titel von Kap. 2,10 entspricht in Schrift und Tinte dem Haupttext, die Initialen des Titels und des Kapitelanfangs wurden aber dem Rubrikator überlassen und fehlen deshalb.

458 Tihon schreibt falsch 177 – so viele Blätter liegen in Handschrift G gar nicht vor; aufgrund des Zusammenhangs gehe ich davon aus, dass sie f. 117 meinte.

Eine freilich nur flüchtige Kontrolle der Hände in unserer Handschrift G hat folgende Unterscheidung ergeben: (f. 1r–24v) Hand A. – (f. 25r–34v) Hand B. – (f. 36r–72r) Hand C. Vielleicht erfolgt ab f. 60r jedoch ein Handwechsel. – (f. 74r–101v) Hand D. – (f. 102r–117r) Hand C (bzw. = Hand f. 36r–59v). – (f. 118r–156v) Hand E. Auf eine eingehendere Analyse muss in diesem Rahmen verzichtet werden; für die Geschichte der Sammelhandschrift könnte eine solche Untersuchung aufschlussreich sein.

Ausstattung, Buchschmuck, Illustrationen (nur zu f. 118–133)

Der uns betreffende Block ist gänzlich schmucklos.
Initialen: Die herausgestellten Initialen bei Kapiteltiteln, Kapitelanfängen und vereinzelt andernorts fehlen in der ersten Lage des Blockes gänzlich, sind aber fast in jedem Fall mit schwarzbrauner Tinte und manchmal in Minuskelform von späterer Hand ergänzt worden (von derselben Hand, welche die Kapitel korrekt durchnummeriert hat? Siehe dazu unten *Stemmatologische Notizen, Ausgewählte Stellen*). Auch in der zweiten Lage scheinen die Initialen bei Kapiteltiteln und Kapitelanfängen durchgehend zu fehlen. Bisweilen ist hier eine kleine provisorische Initiale erkennbar, z. B. f. 127v oben bei «⟨Ἡ⟩ Κελτογαλατία» am äußeren Rand, fast vollständig weggeschnitten; f. 132r unterhalb der Mitte bei «⟨Π⟩αννονία» am inneren Rand, fast im Falz; f. 132v in der Mitte bei «⟨Ἡ⟩ κάτω Παννονία» am äußeren Rand (beim letztgenannten Beispiel wurde die Initiale außerdem mit schwarzbrauner Tinte von späterer Hand ergänzt, was in dieser Lage im Gegensatz zur ersten nur vereinzelt der Fall ist).
Zeichnungen: Aufgrund des unvollständigen Textes ist lediglich Zeichnung ***1*** vorhanden: (f. 125v, im Bereich der unteren zwei Drittel der Seite) Einfache Kegelprojektion: Zweimal zwei Skizzen nebeneinander, angeordnet in zwei waagrechten Reihen untereinander, also insgesamt vier Skizzen.[459] Eingefügt sind die Zeichnungen an der korrekten Textstelle.

Alle vier Skizzen sind mit der Haupttinte, ohne Lineal und zum Teil ohne Zirkel gezeichnet (nur die obersten Kreisbogen der Skizzen 1 und 2 und alle Kreisbogen der Skizzen 3 und 4 wurden mit Zirkel gezogen). Offenbar versuchte man mit Blindgriffel vorzuzeichnen (siehe Skizzen 1 und 4). Bei allen vier Skizzen ist das Rechteck αβγδ nicht viel länger als hoch (statt doppelt so lang wie hoch). Außerdem sind in den Skizzen der oberen Reihe die Strecken ημ und ην nicht korrekt als Geraden, sondern nahezu als konkave Verbindungslinien gezogen. Die beiden Skizzen auf

459 Im Folgenden ist mit Skizze 1 diejenige in der oberen Reihe links, mit Skizze 2 diejenige in der oberen Reihe rechts und mit Skizze 3 und 4 diejenige in der unteren Reihe links und rechts gemeint.

der linken Seite weisen neben den eingetragenen Punkten zusätzlich die Werte der Einheiten für die Positionierung der Parallelkreise auf, wobei die obersten beiden Werte zusammengezählt wurden (deshalb sind statt der üblichen fünf Werte nur vier angegeben) und die unteren beiden Werte falsch lauten («μ» und «κη» statt λ̅ς̅ und ι̅ς̅ γιβ′). Die Parallelkreise wurden in keiner der Skizzen beschriftet. In Skizze 4 wurden offensichtlich einige Angaben der Punkte von einer anderen Hand eingetragen oder korrigiert. Oberhalb der Zeichnungen 1–2 hat eine wohl spätere Hand mit dunkelbrauner Tinte vermerkt «οὐδὲν ὑγιές. τῆς καταγραφῆς λέγω. καὶ οὐ τοῦ κ̣ιμένου»; die auch *realiter* unterstrichenen Worte sind mit einem Asterisk versehen und geben wieder, was mit brauner Tinte von anderer Hand neben Skizze 2 geschrieben wurde und zum Teil verdeckt im Falz steht (auch dort von der späteren Hand unterstrichen und mit einem Asterisk versehen). Von dieser Notiz oberhalb der Skizzen 1 und 2 aus sind Linien gezogen zu Skizzen 1, 2 und 3 (aber nicht zur 4., korrigierten Skizze); die Linien und die Korrekturen in Skizze 4 könnten von derselben Hand stammen wie die Notiz. Durch einen Strich wurde Zusammengehörigkeit der Skizzen 3 und 4 signalisiert. Unterhalb der Skizzen 3 und 4 steht mit der Haupttinte «καταγραφαὶ πινακικαί».

Einband, Schutzblätter

Die Handschrift wurde von Camille Le Tellier, Neffe des Erzbischofs von Reims Charles-Maurice Le Tellier und von 1675–1717 Bibliothekar der Königlichen Bibliothek, eingebunden; davon zeugt ein von ihm verfasstes hübsches Distichon auf f. 158r oben: «τὸ βιβλίον περὶ ἑαυτοῦ. / Γυμνὸς ἐγὼ τὸ πάροιθεν· ἀτάρ μ᾽ ἐλέησε Κάμιλλος / Τελλερίδης· καλὸν δ᾽ ἔσθος ἐπαμφίεσεν.».[460]

Die Buchdeckel sind aus Karton. Der Kodex ist mit hellbraunem, glattem, glänzendem Leder eingebunden und der Einband mit vergoldeten Blindstempelmustern geschmückt. Die beiden Buchdeckel sind nicht unähnlich gestaltet wie diejenigen der Handschrift Paris. gr. 1403 (E). Die Kanten der Buchdeckel schmückt ein hübscher Fries aus Pflanzenblättern. Auf dem Buchrücken von oben nach unten eine goldene Krone, ruhend auf einer Art Kranz; darunter eine rechteckige aufgeklebte Etikette aus dunkelbraunem Leder, auf der in goldenen Lettern geschrieben steht «OPUSCULA / PHILOPONI / PLUTARCHI / PROCLI & a⟨l.⟩»; darunter folgen zwei weitere Kronen aufeinander wie oben; zuunterst eine regelmäßig achteckige, aufgeklebte Etikette aus weißem Papier mit dem Aufdruck «GREC / 2423». Der Schnitt war vielleicht einmal oran-

460 Siehe dazu auch DELISLE 1868, 293; MURATORE 2009, 1, 286. Vgl. das oben S. 380, Anm. 398 zitierte Distichon.

gerot gefärbt, wie Spuren dieser Farbe vermuten lassen. Am Schnitt ist deutlich sichtbar, dass der Einband mehrere kodikologische Einheiten unterschiedlichen Blattformats vereint und aus mindestens vier Teilkodizes zusammengesetzt ist.[461]

Die Spiegel der Handschrift sind mit demjenigen Papier beklebt, aus dem die Schutzblätter bestehen (dazu gleich anschließend). Auf den vorderen Spiegel ist eine unregelmäßig achteckige weiße Papieretikette mit dem Aufdruck der Signatur «Gr. / 2423» geklebt.

Die vordersten drei und hinteren drei Schutzblätter (f. ⟨A–C⟩; 157–158, ⟨A′⟩) sind aus Papier mit Wasserzeichen aus der Zeit der Anfertigung des Einbandes (Faltung in-4°; für das Wasserzeichen siehe f. ⟨C⟩, 158, ⟨A′⟩: *Traube*?). Ebenfalls aus neuerem, aber anderem Papier ist f. I (Faltung in-4°; auf der Rectoseite in der oberen äußeren Ecke mit Bleistift foliiert); auf f. Ir wurde der „alte" Teil des griechischen Pinax geklebt (dazu gleich unten); er scheint aber nicht auf gleiches Papier geschrieben worden zu sein, wie es für die Handschrift verwendet wurde.

Schutzblätter

(f. ⟨A–C⟩, I) Vorsatzblätter:

(f. ⟨A⟩r) In der obersten äußersten Ecke mit schwarzer Tinte von einer ersten modernen Hand ehemalige Handschriftennummer «2815.». Oberhalb der Mitte mit schwarzer Tinte und spitzer Feder von einer zweiten modernen Hand «Codex Bomby. 13 saec. scriptus quo continentur», im Anschluss daran lateinischer Pinax; zum *Geographie*-Teil steht: «8° Ptolaemai [*sic*] ~~De~~ Geographiae libri duo secundi desideratur initium». Unterhalb der Mitte rechteckige eingeklebte beigefarbene Papieretikette mit dem Aufdruck von Omonts Katalogeintrag (s.u. *Bibliographie*). Rechts davon mit schwarzer Tinte von einer dritten modernen Hand aktuelle Handschriftennummer «2423.», gleichsam unterstrichen von einer geschweiften Klammer. Unten mit weinroter Tinte von einer vierten modernen Hand Blattformel «Volume de 158 feuillets, plus un / feuillet intercalaire coté. 8bis. – Le feuillet 157 est blanc. / 9 juin 1876.».

(f. ⟨Av–Cv⟩) leer.

(f. Ir)[462] Ganz oben gegen innen mit blassbrauner Tinte Hinweis auf Zugehörigkeit der Handschrift zum Fonds Ridolfi «N.° 21. quintae.» (von derselben Hand, die auch im Paris. gr. 1403 [E] den entsprechenden Eintrag geschrieben hat, siehe die Beschreibung der Handschrift E, *Beigaben*). Ganz oben gegen außen mit dunkelbrauner

461 Siehe dazu oben *Seitenlayout*.

462 Zum besseren Verständnis der zahlreichen, von verschiedenen Händen vorgenommenen Einträge auf diesem Blatt s.u. *Erhaltungszustand*.

Tinte und breiter Feder «paq. 28.» (dazu Muratore 2009, 2, 202f. und 213). Oben mit brauner Tinte «Notitia / Codicis 2815°. Scripta manu Matthaei Devarii»* (sich beziehend auf den ursprünglichen Teil des griechischen Pinax, den Matthaios Devaris schrieb, dazu gleich unten); darunter, ganz innen, wurde ein Wort (vielleicht eine Unterschrift?) durchgestrichen. Oben außen mit brauner Tinte zwischen zwei horizontalen Strichen ehemalige Handschriftennummer «2815.». In der Mitte mit brauner Tinte in kursiver, sehr unruhiger Minuskelschrift von der Hand des Matthaios Devaris «τάδε ἔνεστιν ἐν τῆδε τῇ βίβλῳ:», daran schließt sich der ursprüngliche Teil des griechischen Pinax; am äußeren Rand, bereits auf dem Restaurationspapier (s.u. *Erhaltungszustand*) von späterer Hand mit dunkelbrauner Tinte Angabe der Foliozahlen, auf welchen die Texte beginnen. Unterhalb des ursprünglichen Teils des Pinax in der Mitte mit dunkelbrauner Tinte (vielleicht von derselben Hand wie oben der Eintrag «pag. 28.») arabische und griechische Nummer «N°. 21°. .κα̅ον.», wohl in Verbindung mit dem Fonds Ridolfi zu verstehen (s.o.); innen mit dunkelbrauner Tinte, mittels Asterisk auf den letzten Eintrag des ursprünglichen Teils des Pinax verweisend, «pertinet hoc / ad commentar. Philo-/poni εἰς τοὺς προχείρους / κανονας [*sic*].»*. Hier enden die Einträge auf dem älteren, auf das Restaurationsblatt geklebten Papier. Unten, bereits auf dem Restaurationspapier, mit dunkelbrauner Tinte, nicht von der Hand des Matthaios Devaris, aber wohl einer zeitgenössischen Hand, die vielleicht üblicherweise lateinisch schrieb,[463] ergänzter Teil des griechischen Pinax, der die Lücken des ursprünglichen Teils schließt; zu Text 8 (s.o. *Inhalt*) steht: «Κλαυδίου Πτολεμαίου γεωγραφικῆς ὑποθέσεως [*sic*] βιβλίον πρῶτον / ἄναρχον καὶ ἀτελές. / τοῦ αὐτοῦ γεωγραφικῆς ὑποθέσεως βιβλίον β̅.ον ἄναρχον.»). Unten am inneren Rand mit dunkelbrauner Tinte Notiz zum ergänzten Teil des griechischen Pinax «Videntur / haec omnia / abfuisse a / ~~Codice cujus~~ / fasciculo / ⟨c⟩ujus indi-/cem scrip-/sit Matth. / Devares.»* (*sic*; zum Asterisk s.o. S. 414, Anm. 450). – (f. Iv) leer.

(f. ⟨A´⟩) Nachsatzblatt:

(f. ⟨A´⟩r) leer. – (f. ⟨A´⟩v) Am inneren Rand in der Mitte kleine, rechteckige eingeklebte weiße Papieretikette mit dem Aufdruck «BIBLIOTHEQUE NATIONALE / Désinfection 19*83* / N° *septembre*» (kursiv Geschriebenes mit blauem Kugelschreiber von Hand ergänzt).

463 Der letzte Nachtrag im ergänzten Teil des griech. Pinax beginnt mit «Cap», das aber durchgestrichen und durch «Κεφαλαία» (*sic*) ersetzt wurde.

Erhaltungszustand

Das Manuskript ist nicht in bestem Zustand. Beschädigt ist vor allem der Einband: Der vordere Buchdeckel hat sich abgelöst; die unteren äußeren Ecken beider Buchdeckel sind stark abgenutzt. Von den Kodikologischen Einheiten (s. o. *Seitenlayout*) sind f. 102–117 am schlechtesten erhalten (Löcher im Papier, Beschädigungen vor allem des äußeren Randes, Feuchtigkeitsflecken) und zum Teil restauriert. Geflickt ist auch f. I, dessen Überreste so auf ein Restaurationsblatt geklebt wurden, dass sie etwa die oberen zwei Drittel des Blattes einnehmen und dabei gut 10 mm des äußeren Randes des Restaurationsblattes freilassen. Von dem eingefügten Blatt f. 8bis ist die untere Hälfte abgerissen, vielleicht auch ein Stück des oberen Blattbereichs; der Rest ist so in die Handschrift eingefügt, dass der obere Rand nicht bündig mit demjenigen der benachbarten Blätter ist, sondern etwa 38 mm unterhalb davon verläuft.

Der hier interessierende Teil f. 118–133 ist recht gut erhalten; mehrfach beschädigt und restauriert sind vor allem die äußeren und unteren Blattränder, zudem sind Feuchtigkeitsflecken und wenige Wurmfraßschäden festzustellen. Der Text ist jedoch nirgends in größerem Umfang beeinträchtigt.

Stemmatologische Notizen

Gemäß Schnabel bildet der Paris. gr. 2423 (G) eine eigenständige Textfamilie γ. Die Beziehungen von G bzw. γ zu anderen Textfamilien scheinen komplex und umstritten;[464] Verbindungen können zur Textfamilie ζ (Z, E, H, b) und σ (S, P, B) gezogen werden. Schnabel schloss nicht aus, dass Handschrift G (zusammen mit der von Familie ζ benutzten Handschrift der ω-Rezension und der von Familie σ in *Geogr.* 3–5 benutzten Handschrift der ω-Rezension) eine dritte Textgruppe der ω-Rezension neben den Gruppen Δ und Π darstellt.[465]
Ausgewählte Stellen: Eine **Kapitelübersicht zu *Geogr.* 1** liegt in Handschrift G wegen des fehlenden Anfangs nicht vor. Die Kapitel in *Geogr.* 1 sind am äußeren Rand ursprünglich mit brauner Tinte wohl von der Haupthand in griechischen Ordinalzahlen durchgezählt, wobei dem 8. Kapitel die Nummer 7, dem 9. Kapitel die Nummer 8 usw. zugeordnet wurde; eine zweite Hand (vielleicht dieselbe Hand, die am oberen Rand von f. 118r den Textanfang ergänzte, s. o. *Inhalt*, Text 8, inc. *a*)) hat diesen Sachverhalt mit schwarzbrauner Tinte berichtigt und auf f. 125r zum Titel von Kap. 24 die entsprechende Zahl nachgetragen, so auch auf f. 118r

464 Vgl. Cuntz 1923, 28; Diller 1966, IX; Schnabel 1938, 21.
465 Zu Schnabels Unterscheidung von Textrezensionen, Textgruppen und Handschriftenfamilien s. o. S. 86.

zu Kap. 7 am Rand der obersten, ergänzten Textzeile die zutreffende Kapitelzahl («κεφ. ζ»). Offensichtlich bestand *Geogr.* 1 in Handschrift G demnach ursprünglich nur aus 23 Kapiteln, obwohl der Grund nicht in dem für die ω-Rezension typischen Zusammenziehen des 8. und 9. Kapitels gelegen haben kann.[466] – Die Prüfung der **Homoioteleuton-Lücke** fällt weg, da Handschrift G den betreffenden Passus nicht enthält.

Geschichte

Aufgrund der inhaltlichen, kodikologischen und paläographischen Befunde lässt sich zu dieser hochkomplexen Sammelhandschrift vorläufig sagen, dass wahrscheinlich ihr Anfang (f. 1–35, Texte 1–2: Astrologische Traktate; Philoponus, *De usu astrolabii*) und mit Sicherheit zwei Zwischenteile (f. 73–101, Text 6: Proclus, *Hypotyposis*; f. 102–117, Text 7: Gregorius Corinthius) ursprünglich als voneinander unabhängige Kodikologische Einheiten in einem anderen buchtechnischen Zusammenhang existierten.[467] Aber auch die übrigen der insgesamt elf Texte (s.o. *Inhalt*) gehörten ursprünglich nicht zusammen bzw. waren in einer anderen Reihenfolge arrangiert. Wie weit auch hier statt von Blöcken von Kodikologischen Einheiten gesprochen werden müsste, wäre näher zu überprüfen.[468]

Der Fettaugenstil, den alle in dieser Handschrift versammelten Hände zeigen, und eine hier erstmals in Betracht gezogene Verbindung dieser Handschrift zu Maximos Planudes und seinem Milieu weisen auf eine Entstehungszeit aller Teilkodizes um 1300 hin.

Zu einem späteren Zeitpunkt gehörte Handschrift G dem Kardinal Niccolò Ridolfi. In seiner rund 800 Bücher umfassenden Bibliothek war sie der Sektion der mathematischen Handschriften zugeteilt und hatte die Nummer 21 (ms. Math. 21 Ridolfi). Allerdings könnte die Platzierung der (bis heute nicht entschlüsselten) Buchstabengruppe EPS auf f. 73r (s.o. *Beigaben*) darauf hinweisen, dass die Handschrift damals anders aussah als heute, nämlich dass f. 73 das erste Blatt der Ridolfi-Handschrift bildete.[469] Dafür spricht auch die Inhaltsangabe auf demselben Blatt, die vermutlich von Matthaios Devaris ergänzt wurde, der zusammen mit seinem Landsmann Nikolaos Sophianos mit der Katalogisierung der Bibliothek Ridolfis beauftragt worden war. Demgemäß scheinen im

466 Siehe dazu oben S. 121 f.

467 Dies erklärt auch den auf den ersten Blick seltsamen Umstand, dass der Paris. gr. 2423 (G) die Schrift über den Gebrauch des Astrolabs von Philoponus zweimal enthält. Siehe dazu auch oben *Seitenlayout*.

468 Zu den Begriffen „Kodikologische Einheit“ und „Block“ s.o. S. 114 mit Anm. 159 f.

469 Siehe dazu oben S. 413, Anm. 449.

16. Jh. die Texte 6, 8 (= *Geographie*), 9 und 10 einen Kodex gebildet zu haben; mit hoher Wahrscheinlichkeit gehörten Text 11 und eventuell Text 7 ebenfalls zu diesem Buchblock, obwohl sie in besagter Inhaltsangabe nicht explizit genannt werden.[470] Offenbar erhielt die Handschrift inhaltlich aber noch während ihres Verbleibs in der Bibliothek Ridolfis ihre heutige Form, wie der griechische, von Devaris geschriebene Pinax auf f. Ir vermuten lässt (s.o. *Einband, Schutzblätter*). Fraglich ist, inwiefern die Notiz zum ergänzten Teil des griechischen Pinax zutrifft, die besagt, dass die in diesem ergänzten Teil genannten Inhalte (darunter ist auch der *Geographie*-Block) noch nicht mit der von Devaris beschriebenen Handschrift vereint gewesen seien. Aufgrund der Inhaltsangabe auf f. 73r und dem Erhaltungszustand von f. I ist der Schluss wahrscheinlicher, dass in dieser Notiz der Sachverhalt falsch eingeschätzt wurde.

Die beiden Lagen, die Auszüge aus der *Geographie* bieten, müssen wohl einer ursprünglich vollständigen *Geographie*-Abschrift entstammen. Es ist möglich, dass dieser *Geographie*-Text mit den Texten 9–11 in einer Sammelhandschrift kombiniert war; zumindest weisen diese Blöcke dieselbe Hand und dasselbe Format auf. Allerdings war die *Geographie* vermutlich schon im 16. Jh. nur noch fragmentarisch erhalten, wie im ergänzten Teil des griechischen Pinax zu lesen ist.

Nach Ridolfis Tod am 31. Januar 1550 ging Handschrift G in den Besitz von Piero Strozzi über, der Ridolfis Bibliothek aufkaufte und sie nach Frankreich bringen ließ. Piero entstammte der Florentiner Patrizierfamilie der Strozzi, seine Mutter Clara war die Schwester des Lorenzo II. de' Medici, seine Gattin Laudomia ihrerseits die Schwester des Lorenzino de' Medici, in den Italienischen Kriegen kämpfte er jedoch auf der Seite der Franzosen. Als Piero Strozzi im Jahr 1558 bei der Belagerung von Thionville fiel, gelangte die ehemalige Ridolfi-Bibliothek und mit ihr unsere Handschrift G in die Bibliothek der mit Strozzi recht nahe verwandten Katharina von Medici.[471] Ende des 17. oder Anfang des 18. Jh. wurde Handschrift G vom Bibliothekar der Königlichen Bibliothek, Camille Le Tellier, neu eingebunden (s.o. *Einband*).

Der Paris. gr. 2423 (G) bietet die *Geographie* in zu fragmentarischer Form, als dass anhand der stichprobenartigen stemmatologischen Kontrollen weitere Schlüsse zu seiner textlichen Stellung gezogen werden könnten. Aufgrund seines Alters – er gehört zweifellos in die Zeit unmittelbar nach der Wiederentdeckung der *Geographie* durch Planudes und somit zu den ältesten noch erhaltenen Textzeugen – würde dieses *Geographie*-Fragment mit Sicherheit mehr Aufmerksamkeit gerade auch für

470 Für Text 11 sprechen dieselbe Hand wie in den vorausgehenden Blöcken und natürlich der Umstand, dass auf f. 150r Text 10 endet und Text 11 beginnt.

471 Siehe Delisle 1868, 209.

die Konstitution des griechischen Textes verdienen, als bisher geschehen. Nur so ließe sich allenfalls auch entscheiden, ob mit Handschrift G tatsächlich ein Vertreter einer dritten Textgruppe innerhalb der ω-Rezension vorliegt, wie Schnabel spekulierte (s. o. *Stemmatologische Notizen*).

Bibliographie

CCAG 8.1, 65–69 und 194–199. – Cuntz 1923, 28. – Marcel Cuvigny, „Giannotti, Turnèbe, Amyot: résultats d'une enquête sur quelques éditions annotées des *Moralia* de Plutarque", *Revue d'histoire des textes* 3 (1973) 57–77, dort 60 Anm. 2. – Diller 1966, IX. – Gentile 2003b, 11 f. mit Anm. 24. – Marie-Thérèse Le Léannec-Bavavéas, „Les papiers non filigranés médiévaux dans les manuscrits grecs de la Bibliothèque nationale de France", *Scriptorium* 53 (1999) 275–324, dort 285. – Muratore 2009, 1, 185 sowie 286 und 405; 2, 202 f. und 213. – Omont 1886–1898, 2, 258. – Johannes Philoponus, *Traité de l'Astrolabe*, éd. par A. P. Segonds (Paris 1981) 125. – Schnabel 1938, 20 f. – Tihon 1978, 144 f.

Art der Kontrolle

Original (Juli 2008).

Paris, Bibliothèque nationale de France, Supplément grec 119 Sigle **C**

Claudius Ptolemaeus, *Geographia*.
Konstantinopel (?), 14. Jh. (erstes Viertel), Papier mit Wasserzeichen, 211 × 155 mm; (2) 232 (2) / ⟨I–II⟩, 1–232, ⟨I′–II′⟩. – Die Schutzblätter sind nicht nummeriert.

Inhalt

(f. 1–232) Claudius Ptolemaeus, *Geographia* mit Anhängen:
(f. 1r–6v, 27r/v,[472] 7r–24v) *Geogr.* 1 (Anfang fehlend), inc. *Geogr.* 1,1,2 καθ' ἕκαστον εἶδος ἐπισημοτέρων. – (f. 25r–26v, 28r–61r) *Geogr.* 2. – (f. 61v–98v) *Geogr.* 3. – (f. 98v–125v) *Geogr.* 4. – (f. 126r–161v) *Geogr.* 5. – (f. 161v–184v) *Geogr.* 6. – (f. 185r–205v;

472 Auf diese Blattversetzung wies bereits Müller hin (vgl. die Ausgabe von Müller, App. ad *Geogr.* 1,8,4 Z. 30 ἀναγκαῖον).

f. 193v leer) *Geogr.* 7. – (f. 206r–228r) *Geogr.* 8. – (f. 228v–232r) Anhänge zur *Geogr.* – f. 232v leer.

Beigaben: (ab und zu) Randscholien, z.B. Bemerkungen (oft auf einen aktuellen Ortsnamen hinweisend) und Korrekturen bzw. Varianten zum Text (oft eingeleitet mit «γρ(άφεται)», seltener «ἐν ἄλλ(οις)») vom Kopisten (z.B. f. 10v–11r, 20v–21r, 78v–79r, 150v–151r, 209v–210r, 212r). – (*Geogr.* 2–8) Eine zweite, vielleicht etwas spätere Hand hat am Rand mit schwarzer Tinte die Kapitel sowohl in den Inhaltsverzeichnissen als auch im Text mit griechischen Zahlen durchnummeriert; in *Geogr.* 2 wurde dabei der Prolog nicht mitgezählt. Bisweilen stammen weitere, meist recht unschöne Interventionen von dieser Hand (vgl. z.B. f. 61v Korrekturen des Inhaltsverzeichnisses zu *Geogr.* 3, f. 68r erster Buchstabe von «Ἄστυ Ρῶμη» [*sic*] nachgefahren usw.). – (f. 1r) Am oberen Rand außen, mit brauner Tinte, Besitzvermerk «Coll. Paris. Socie^tis^ Jesu» (der Vermerk sollte zuerst am oberen Rand innen hingeschrieben werden, nach dem ersten Buchstaben wurde diese Platzierung aber offenbar verworfen). Am äußeren Rand oben, mit brauner Tinte, Angabe der (falschen) Gesamtblattzahl «231». Am inneren Rand, mit schwarzbrauner Tinte, von unten nach oben geschrieben Inventarisierungsvermerk «Paraphe au desir de l'arrest du 5. juillet 1763. / Mesnil» (s.u. *Geschichte*). Am unteren Rand gegen innen Stempel der Bibliothèque Impériale in rot, rechts daneben Stempel der Bibliothèque Royale in braun (18. Jh.). – (f. 6v) Am unteren Rand, mit Bleistift, modern, Vermerk zu einer Blattversetzung «ibi excidit folium, quod vide infra, fol. 27.». – (f. 232r) In der Blattmitte nach Textende Stempel der Bibliothèque Impériale in rot. – (f. 232v) In der oberen äußeren Ecke, mit Bleistift, alte Handschriftennummer «mss/2775».

Foliierung

Auf der Rectoseite in der oberen äußeren Ecke mit Bleistift arabische Zahlen (modern). – An den äußeren Rand von f. 98, etwa auf Zweidrittelhöhe, ist eine metallene Klammer geheftet, die das schnelle Auffinden des Anfangs des 4. Buches auf f. 98v ermöglichen soll. Ursprünglich war jedes Blatt, auf dem ein neues Buch beginnt, mit einer solchen Klammer versehen, die, je weiter hinten, desto tiefer unten am Blattrand angebracht war (ähnlich den Markierungen für die einzelnen Buchstaben in einem Telefonbuch), wie Spuren und Beeinträchtigungen des Papiers an den entsprechenden Blättern deutlich zeigen.

Beschreibstoff

Papier mit Wasserzeichen von relativ dicker Qualität, beigefarben; Kettlinien kaum erkennbar (f. 1–207 vermutlich Papier ohne Kettlinien, s.u. *Wasserzeichen*), Ripplinien fein und zum Teil sehr schlecht erkennbar.

Wasserzeichen

1 (f. 1–208; vgl. besonders f. 177–178, aber auch f. 8, 34, 57, 122, 146, 200 usw.) *Couronne*, vgl. BRIQUET 4595 (Genua 1313, Papier ohne Kettlinien); es muss sich jedoch um eine Variation dieses Wasserzeichens handeln, da der „Boden“ der Krone auf beide Seiten hin eine kleine Verlängerung aufweist, wie auf f. 177 deutlich erkennbar ist.
2 (f. 209–232;[473] vgl. 209–210, 216, 219 usw.) *Casque*, vgl. BRIQUET 2885 (Siena 1321).

Berücksichtigen wir, dass das Wasserzeichen *Couronne* in der Handschrift nicht identisch mit Briquets Exemplum ist, weiten wir aus diesem Grund den Verwendungszeitraum für dieses Wasserzeichen gegenüber Briquets Datierung um ca. +/-15 Jahre aus und kombinieren wir schließlich diese Überlegungen mit dem Wasserzeichen *Casque*, das etwa zwischen 1316 und 1326 zur Verwendung gekommen sein dürfte (1321 +/-5 Jahre), zeichnet sich für unsere Handschrift eine Datierung in das erste Viertel des 14. Jh. ab.

Zu den Wasserzeichen siehe auch die *Bemerkungen* am Schluss dieser Handschriftenbeschreibung.

Organisation der Lagen

Lagen: Eine genaue Bestimmung der äußerst heterogenen Organisation der Lagen ist wegen der sehr engen Einbindung schwierig. Die modernen Kustoden bezeichnen 30 Lagen: III$^{\text{f. 6}}$ + 2.7$^{\text{f. 20}}$ + 3$^{\text{f. 23}}$ + 7$^{\text{f. 30}}$ + IV$^{\text{f. 38}}$ + 9$^{\text{f. 47}}$ + 7$^{\text{f. 54}}$ + V$^{\text{f. 64}}$ + III$^{\text{f. 70}}$ + 9$^{\text{f. 79}}$ + 5.IV$^{\text{f. 119}}$ + 9$^{\text{f. 128}}$ + 7$^{\text{f. 135}}$ + 2.IV$^{\text{f. 151}}$ + 9$^{\text{f. 160}}$ + III$^{\text{f. 166}}$ + 9$^{\text{f. 175}}$ + IV$^{\text{f. 183}}$ + 7$^{\text{f. 190}}$ + 9$^{\text{f. 199}}$ + 3.IV$^{\text{f. 223}}$ + 9$^{\text{f. 232}}$. – Ein bis zwei Blätter am Anfang sind verloren. Das versetzte Folio 27 scheint in die Mitte eines Ternio eingeschoben worden zu sein, woraus die Lage 7$^{\text{f. 24–30}}$ entstand. Es befindet sich zwischen *Geogr.* 2,1 und 2,2, also unmittelbar vor dem Ortskatalog, der auf f. 28r beginnt, gehört textlich aber zwischen f. 6 und f. 7. Warum f. 193v leer gelassen wurde, ist nicht ersichtlich.

---

473 Das Wasserzeichen *Casque* taucht zum erstenmal auf f. 209 auf, der Papierwechsel erfolgt vermutlich schon ab f. 208, wo eine neue Lage beginnt.

Faltung: (f. 1–207) in-8°. In der 24. Lage ($IV^{f. 176–183}$) verlaufen die Ripplinien jedoch vertikal, die Wasserzeichen liegen unversehrt um 90° im Uhrzeigersinn gedreht ungefähr in der Mitte der unteren Blatthälfte; vermutlich handelt es sich hier um eine Faltung in-4°. – (f. 208–232) Die Wasserzeichen befinden sich am oberen Blattrand in der Mitte und sind vertikal halbiert; es scheint sich um eine Faltung in-8° zu handeln.
Kustoden: Mit Bleistift, modern (vermutlich gleichzeitig mit dem Einband), jeweils auf der ersten Rectoseite der Lage in der unteren inneren Ecke.
Keine Reklamanten.
Liniierung: Schlecht bis nicht erkennbar; mit Blindgriffel, scheinbar jeweils auf der Versoseite, vielleicht gar auf jeder Versoseite; Einstichlöcher v.a. am oberen und unteren Blattrand erkennbar. Im Ortskatalog (f. 28r–201r oben) wird der Schriftspiegel außen von zwei parallelen Vertikalen, zwischen denen ein Abstand von ca. 4 mm liegt, innen offenbar nur von einer Vertikalen begrenzt (die zwei parallelen Vertikalen außen dienen beim Beschreiben der Versoseite der Platzierung der Initialen). Der Raum zwischen den beiden inneren Vertikalen ist durch weitere drei Vertikalen regelmäßig unterteilt, so dass die mittlere und äußere davon zur Ausrichtung der Koordinaten auf der Rectoseite, die mittlere und innere zur Ausrichtung der Koordinaten auf der Versoseite bestimmt ist. Alle bisher genannten Vertikalen erstrecken sich wohl vom oberen bis zum unteren Blattrand (nicht eindeutig erkennbar). Zwischen den beiden den Schriftspiegel begrenzenden Vertikalen sind 24 Schreiblinien gezogen. Dazu gesellt sich eine weitere, wahrscheinlich durchgezogene Horizontale, die sich zwischen der untersten Schreiblinie und dem unteren Blattrand befindet. Im fortlaufenden Text ist das Linienschema kaum sichtbar, scheint aber dem Beschriebenen zu entsprechen, wobei die drei Vertikalen zur Ausrichtung der Koordinaten in der Regel weggelassen zu sein scheinen.[474] – Grundschema: *Muz.* 1-2-(111) / 0-1 / 0 / J.

Seitenlayout

Allgemein 1 Kol., 20–26 Z. („Normalfall“ 24 Z.)
(f. 4r) 1 Kol., 23 Z., 211 × 147 mm, Schriftspiegel 158 × 110 mm.
(f. 60r) 1 Kol., 24 Z., 211 × 155 mm, Schriftspiegel 154 × 110 mm.
(f. 180r) 1 Kol., 24 Z., 210 × 156,5 mm, Schriftspiegel 155 × 111 mm.

474 Sie sind noch erkennbar auf f. 201–207, die bereits fortlaufenden Text bieten. Hier wurde wohl die ganze Lage $IV^{f. 200–207}$, die noch den Schluss des Ortskatalogs enthält, entsprechend dem Linienschema für den Ortskatalog vorbereitet. Vielleicht verhält es sich ähnlich mit der Lage $7^{f. 24–30}$ (natürlich ohne das versetzte Blatt f. 27), in dem der Ortskatalog beginnt; zumindest ab f. 25 sind die zusätzlichen drei Vertikalen erkennbar.

Auf f. 169r/v und 171r stellte der Kopist für den Ortskatalog (d.h. für den nicht fortlaufenden Text) auf zwei Kolumnen um; auf f. 172r, das nur Ortskatalog-Angaben enthält, wird etwas oberhalb der Mitte von einer auf zwei Kolumnen gewechselt bis f. 172v, wobei auf diesen Seiten die Kolumnen durch eine rote vertikale Linie getrennt werden; auch f. 173r ist für den Ortskatalog in zwei Kolumnen gehalten. Der Grund für diese platzsparende, aber nur sporadische Maßnahme ist nicht ersichtlich.

Schreiber, Schrift, Tinte

Haupttext: Gerade bis ganz leicht rechtsgeneigte kursive Minuskelschrift mit wenig ausgebildeten Ober-/Unterlängen bei mittlerem bis eher geringem Zeilenabstand; zahlreiche Abkürzungen und Suprapositionen, Worttrennung eingehalten, oft auch Buchstaben nicht miteinander verbunden. Schrift unterzeilig bis die Schreiblinie gleichsam „durchkreuzend“; braune, bisweilen recht blasse Tinte.
Auszeichnungsschriften: Titel (Anfangs- und Schlusstitel der Bücher, in *Geogr.* 2–8 auch Kapiteltitel) mit roter Auszeichnungstinte manchmal etwas schwungvoller und leicht größer geschrieben; Einsatz der Auszeichnungstinte des Weiteren für Initialen sowie für weitere Hervorhebungen. Am Anfang des Ortskatalogs (f. 28r) mit roter Tinte in Majuskeln «ΕΫΡΏΠΗΣ ΘΈΣΙΣ». – Die rote Tinte ist durchgehend verblasst, stellenweise bis zur Unleserlichkeit.

Ausstattung, Buchschmuck, Illustrationen

Bescheiden gehaltenes, schmuckloses Manuskript. – Einfache Zierlinien jeweils vor Buchanfang mit brauner Tinte (f. 229r hat die mit schwarzer Tinte schreibende spätere Hand [s.o. *Beigaben*] die Zierlinie wiederholt, so dass der Eindruck einer zweifarbigen Zierlinie entstand). Titel in der Regel gesäumt von je vier kreuzförmig angeordneten Punkten (mit Variationen).
Initialen: Einfache Initialen, leicht vergrößert, am Zeilenanfang herausgestellt und manchmal stärker vergrößert, mit Auszeichnungstinte.
Zeichnungen: ***1*** Einfache Kegelprojektion in zweifacher, identischer Ausführung (Skizze 1: f. 20r, unten, nicht die ganze Kolumnenbreite einnehmend und etwas zu früh eingefügt; Skizze 2: f. 20v, in der unteren Blatthälfte, größer als die erste Skizze, korrekt platziert): Beide Skizzen sind, soweit noch sichtbar, genau gleich beschriftet und weisen alle beide den oben auf S. 126 beschriebenen Fehler auf. Beide Zeichnungen scheinen angefertigt worden zu sein, bevor das Blatt mit Text beschrieben wurde, da für den oberen Teil der Zeichnung jeweils zwei Textzeilen unterbrochen werden mussten, bei der ersten Skizze nicht einmal in der

Zeilenmitte, wobei auch der freie Raum rechts von der Zeichnung, etwa einem Viertel der Schriftraumbreite entsprechend, für den Text genutzt wurde.

2 Neigungswinkel in dreifacher, nahezu identischer Ausführung (Skizze 1: f. 22r, oben [nach der ersten Textzeile] auf der inneren Seitenhälfte, mitten in *Geogr.* 1,24,14 und somit zu spät platziert; Skizzen 2–3: f. 22v, ganz oben, zweimal nebeneinander, an der eigentlich für Zeichnung **3** richtigen Stelle): Alle drei Zeichnungen sind korrekt beschriftet. Die Zeichnung auf f. 22r und die erste Zeichnung auf f. 22v sind identisch, ihr Syene-Parallelkreis und ihr Äquator sind zu weit unten angesetzt und bilden keine größtmöglichen Kreise auf der Kugel; in der dritten Zeichnung sind diese beiden Kreise jedoch korrekt dargestellt. In allen drei Zeichnungen ist jedoch der Mittelmeridian falsch eingetragen (siehe dazu oben S. 127f.).

3 (f. 22r, oben [nach der ersten Textzeile] auf der äußeren Seitenhälfte, rechts neben der ersten Skizze von Zeichnung **2**) Ermittlung des Punktes η: Korrekt beschriftet, aber etwas zu früh eingefügt – ihr korrekter Platz wäre dort, wo sich die zweite und dritte Skizze von Zeichnung **2** befinden. Sie scheint vor der Anbringung des Textes ausgeführt worden zu sein, da sie in die oberste Textzeile hineinragt, in der deswegen eine Lücke freigelassen wurde.

4**a)** (f. 24r) An der eigentlichen Stelle für Zeichnung **4** befindet sich die „unverständliche Skizze“ (s.u. Abb. 8A).

(f. 204v) Dort, wo Zeichnung **5** (Armillarsphäre) zu erwarten wäre, ist ein großzügiger Leerraum ausgespart worden (nur die beiden obersten und untersten Schreiblinien wurden mit Text gefüllt), offensichtlich zur Anbringung der betreffenden Zeichnung.

Die Zeichnungen sind sorgfältig ausgeführt mit Lineal und Zirkel. Es wurde braune, für die Bezeichnungen zum Teil auch rote Tinte verwendet.

Einband

Moderner Einband: Die Handschrift wurde am 11. Mai 1816 in die Buchbinderei gesandt. Die Buchdeckel sind mit braunem, marmoriertem Kalbsleder überzogen. Sie werden von dezenten goldenen Rahmen geziert, die von außen gegen innen bestehen aus einer breiteren und einer feinen Linie sowie einer Blumengirlande; weitere goldene Zierlinien befinden sich auf den Kanten der Buchdeckel sowie entlang der äußeren Ränder der Buchdeckelinnenseiten. Der Buchrücken ist mit rotem Leder überzogen und mit goldenen Einprägungen versehen, darunter, neben *fleurs de lys* mit dem Monogramm von Ludwig XVIII., oben mit dem Titel «PTOLEMAE⟨I⟩ / GEOGRAPHIA» und unten mit dem Namen des Buchbinders in kleinen Lettern «R.F.I. P.LEFEBVRE». Oberhalb dieses Namens befindet sich eine aufgeklebte sechseckige beigefarbene Papieretikette mit der Signatur «SUPPL / GR / 119». Die Innenseiten der Buchdeckel sowie vorn die Rectoseite des ersten und hinten die Versoseite des letzten Schutzblattes (zu diesen gleich unten) wurden mit blauem marmoriertem Papier überzogen. In der Mitte der vorderen Buchdeckelinnenseite klebt eine weißliche sechseckige, in der Mitte der hinteren Buchdeckelinnenseite eine runde Papieretikette mit der aktuellen Signaturangabe.

Vorne und hinten befinden sich je zwei moderne, unnummerierte Schutzblätter (Faltung in-4°), die das Wasserzeichen des Buchbinders aufweisen: *P Lerye*.

Schutzblätter

(f. ⟨I–II⟩) Vorsatzblätter:

(f. ⟨I⟩r/v) leer. – (f. ⟨II⟩r) Oben, mit schwarzer Tinte Signatur «No. 119 Suppl.»; in der Mitte eingeklebte, gedruckte Papieretikette mit Omonts Katalogauszug.[475] – (f. ⟨II⟩v) leer.

(f. ⟨I′–II′⟩) Nachsatzblätter, leer.

Erhaltungszustand

Das Papier ist an den Rändern häufig beeinträchtigt durch Abnutzung, Falten, Risse, Löcher, Wurmfraß und vor allem Feuchtigkeitsflecken. Die Tinte erscheint zum Teil recht blass (besonders die Auszeichnungstinte), stellenweise bis zur Unlesbarkeit.

Stemmatologische Notizen

Der Suppl. gr. 119 (C) gehört zu Schnabels Textfamilie ρ. Er gilt neben dem Marc. gr. Z. 516 (R) und den Vat. gr. 177 (V) und 178 (W) als reiner Vertreter der Textfamilie Π innerhalb der ω-Rezension.

Ausgewählte Stellen: Die **Kapitelübersicht zu *Geogr.* 1** ist aufgrund des fehlenden Anfangs verloren, Kap. 8 und 9 sind im Text aber eigenständige Kapitel und entsprechend nummeriert. Die Kapitel werden im 1. Buch am äußeren Rand mit roter Tinte durchnummeriert. Dabei ist ein Fehler unterlaufen: Das eigentliche Kap. 17 (f. 14r) wurde noch einmal mit der Nummer 16 versehen, worauf die Nummerierung regelmäßig weitergeht, so dass dem eigentlichen Kap. 24 die Nummer 23 zugeordnet ist. – Die **Homoioteleuton-Lücke** in *Geogr.* 1,24,17 ist in Handschrift C nicht vorhanden.

---

475 = Omont 1886–1898, 3, 218.

Anhänge: **1** (f. 228v–229v, ganz oben [erste drei Zeilen]) Liste der Provinzen oder Satrapien der Oikumene: Nach einer simplen Zierlinie folgt der zum Teil bis zur Unlesbarkeit verblasste Titel des Anhangs mit roter Tinte. Eine spätere Hand hat am oberen Rand in zwei Zeilen den Titel nachgetragen, dessen zweite Zeile gut die Hälfte der Zierlinie überdeckt. Alle Länder- und Provinznamen stehen im Nominativ, Koordinatenangaben fehlen gänzlich.
2 (f. 229v, oben) Scholien zur Armillarsphäre.
3 (f. 229v, unten – 230r, ganz oben [erste zwei Zeilen]) Tabelle des Sonnenlaufs gemäß der ω-Rezension.
5 (f. 230r, oben) Scholion zum Verkürzungsfaktor.
6 (f. 230r, unten – 231v, oben) Verzeichnis der Länge und Breite der einzelnen Karten.
8 (f. 231v, oberhalb Mitte) Agathodaimon-Subskription in Ich-Form, inc. «Ἐκ τῶν τοῦ Κλαυδίου Πτολεμαίου …», dazu am äußeren Rand, wohl von der Hand des Kopisten, mit roter Tinte, leider kaum mehr entzifferbar «ὁ λόγος / περὶ ἑ̣τ̣έ̣ρ̣ο̣υ̣ [*sic*] / β̣ι̣β̣λ̣ί̣ο̣υ̣ /», darunter weitere ein bis zwei unlesbare Zeilen, die sich aber auch schon auf den nächsten Anhang beziehen könnten.
7 (f. 231v, Mitte) Hexametergedicht auf die Weltkarte des Ptolemaios, Titel mit roter Tinte «στίχοι ἡρωικοὶ εἰς τὴν Πτολεμαίου χωρογραφίαν».
5a) (f. 231v unten) Zweites Scholion zum Verkürzungsfaktor, aber nur Sätze 2–3 (siehe dazu oben S. 137).
5 (f. 232r, oben) Abgewandelte Version des Scholions zum Verkürzungsfaktor.

Geschichte

Für die Herkunft des Suppl. gr. 119 (C) gibt es keine konkreten Anhaltspunkte. Die Wasserzeichen zeigen, dass er bereits aus dem ersten Viertel des 14. Jh. stammt. Am wahrscheinlichsten bietet sich auf jeden Fall Konstantinopel als Entstehungsort an. Die Scholien erster Hand (s. o. *Beigaben*) weisen darauf hin, dass Handschrift C entweder unter Beizug mehrerer Vorlagen abgeschrieben wurde oder aber aus einer Vorlage, die diese Varianten bereits bot.

Die Handschrift gehörte einst Guillaume Pellicier (1490–1567), Bischof von Montpellier und 1539–1542 Botschafter des französischen Königs François I. in Venedig, woher er eine große Anzahl griechischer, syrischer und hebräischer Handschriften mit nach Frankreich brachte. In Pelliciers Bibliothek trug Handschrift C die Nr. 173. Wahrscheinlich ging unser Manuskript anschließend durch die Hände eines gewissen Claude Naulot, der nach Pelliciers Tod mit der Inventarisierung von dessen Handschriftensammlung beauftragt wurde. Die Sammlung gelangte im Verlauf der ersten Hälfte des 17. Jh. in den Besitz des von Jesuiten geführten Collège de Clermont in Paris, wovon ein Besitzvermerk auf f. 1r zeugt (s. o. *Beigaben*). Nach der Aufhebung des Ordens im Jahr 1763 versah der mit dem Inventar der Handschriften von Clermont betraute Justizbeamte Mesnil die Handschriften von Clermont, darunter auch unsere Handschrift C, mit seiner Unterschrift (s. o. *Beigaben*). Vor ihrem Verkauf erstellte François Clément einen Katalog der Sammlung,[476] in dem Handschrift C auf S. 68 unter der Nr. CCXIV verzeichnet ist und insgesamt 231 Blätter aufweisen soll (s. o. *Beigaben*). Die ganze Sammlung der Jesuiten von Clermont, bestehend aus 856 Handschriften, wurde schließlich von dem holländischen Gelehrten Gerard Meerman (1722–1771) erworben. Um die Erlaubnis zum Export der Sammlung nach Holland zu erlangen, wurde Meerman dazu angehalten, eine gewisse Anzahl Handschriften davon dem König von Frankreich Louis XV. zu schenken. Im April 1765 sollte Meerman dem König insgesamt 42 Handschriften überlassen (5 griechische, 8 lateinische und 29 französische), darunter auch unseren Kodex. Einige Handschriften scheint Meerman zwar unterschlagen zu haben, die Handschrift C ging aber auf jeden Fall an den König.

Der Suppl. gr. 119 (C) scheint mehr Parallelen zum Vat. gr. 177 (V) aufzuweisen als zum Marc. gr. Z. 516 (R). Auffällig ist z. B. die Disposition der doppelt vorhandenen, aber nicht nebeneinander, sondern nacheinander eingefügten Zeichnung **1** sowie der für Zeichnung **5** leer gelassene Raum in den Handschriften C und V. Dass Zeichnung **4** vollständig fehlt bzw. durch die „unverständliche Skizze" ersetzt ist, haben C, V und R gemeinsam. Allen drei Handschriften ist gemeinsam, dass unmittelbar vor dem Ortskatalog Εὐρώπης θέσις steht (in Handschriften der Textgruppe Δ lautet dieser „Titel" des Ortskatalogs lediglich Εὐρώπης), ferner dass in ihren Anhängen das Scholion zum Verkürzungsfaktor auftritt. Die Abfolge der Anhänge entspricht somit derjenigen im Burney 111 (v) und im Vat. Pal. gr. 388 (A), die alle beide zusätzlich, wie auch R und V, den Anhang **1a** in *Geogr.* 2 aufweisen, der hier in Handschrift C wiederum fehlt (in den Handschriften v und A wird der Ortskatalog übrigens nur mit Εὐρώπης eingeleitet). Abweichend ist in Handschrift C außerdem die verdrehte Reihenfolge der Anhänge **7** und **8**, also des Hexametergedichts und der Agathodaimon-Subskription, wie sie auch im Urb. gr. 82 (U) beobachtet werden kann, sowie nach den „regulären" Anhängen das Hinzufügen des zweiten Scholions zum Verkürzungsfaktor (Anhang **5a**) und einer Variante des ersten Scholions zum Verkürzungsfaktor. Demgegenüber fügt Handschrift R das zweite Scholion zum Verkür-

476 François Clément, *Catalogus manuscriptorum codicum Collegii Claromontani* (Paris 1764).

zungsfaktor zwischen die Anhänge **6** und **7** ein. In den Handschriften V, A und v hingegen fehlt dieses zweite Scholion zum Verkürzungsfaktor.

Bibliographie

Annaclara Cataldi Palau, „Les vicissitudes de la collection de manuscrits grecs de Guillaume Pellicier", *Scriptorium* 40 (1986) 32–53, v.a. 35 (mit Anm. 15); 49; 53. – Delisle 1868, 435f. – Omont 1883, IX und 15. – Henri Omont, „Catalogue des manuscrits grecs de Guillaume Pellicier", *Bibliothèque de l'École des Chartes* 46 (1885) 45–83 und 594–624, dort 596. – Omont 1886–1898, 3, 218. – Schnabel 1938, 24. – *Catalogue des manuscrits grecs: Supplément grec numéros 1 à 150*, par Charles Astruc, Marie-Louise Concasty, Cécile Bellon, Christian Förstel et al. (Paris 2003) 261 f.[477]

Art der Kontrolle

Original (Februar/März 2008).

Bemerkungen

Ein in der Bibliothèque nationale de France aufbewahrter, unveröffentlicher Brief von der Länge einer Seite, datiert vom 21. 06. 1948, geschrieben von M. (Marcel?) Destombes an Monsieur Porcher, Conservateur du Département des Manuscrits, Neuilly sur Seine, sowie eine drei Seiten lange Notice explicative und eine Feuille d'observations geben weitere Aufschlüsse über eine Anzahl von Handschriften, die uns interessieren.[478] Auf Porchers Anfrage im Zusammenhang mit der Redaktion eines Katalogs griechischer Handschriften untersuchte Destombes das Papier der ältesten griechischen *Geographie*-Handschriften der Bibliothèque nationale. Dabei ging Destombes von den Publikationen Fischers, Schnabels und Bagrows aus (s.u. *Literaturverzeichnis*), die in mehreren Punkten divergieren, sich aber darin einig sind, dass keine griechische *Geographie*-Handschrift älter ist als aus dem 13. Jh. Da Bagrow für die Entstehung der Karten das Ende des 13. Jh. annahm (gegen Fischer und Schnabel, welche die Karten für ptolemäisch hielten), schien die exakte Datierung der ältesten griechischen *Geographie*-Handschriften von äußerster Wichtigkeit. Zu ihrer Bestimmung untersuchte Destombes zuerst den Beschreibstoff und die Morphologie der Schrift.

477 Dort jedoch mit einem fatalen Druckfehler, infolgedessen die Handschrift in das erste Drittel des 16. Jh. datiert wird.

478 Ich danke Christian Förstel (BnF) für die Zurverfügungstellung dieses Dokuments.

Im Folgenden werden die vor Destombes' (unveröffentlichter) Untersuchung der Wasserzeichen gängigen und die durch Destombes revidierten Datierungen vorgestellt und mit den in der vorliegenden Arbeit ermittelten Datierungen verglichen:

- Paris. gr. 2399 (vor Destombes dem 13. Jh. zugewiesen): Wasserzeichen *Andruzo A.*, Briquet 12005 (Genua 1308, Udine 1309). Die Wasserzeichen weisen gemäß Destombes also auf den Anfang des 14. Jh. hin.
  Gemäß aktuellem Forschungsstand dürfte der Paris. gr. 2399 um 1300 entstanden sein; zu dieser Handschrift, die nicht zu den *Geographie*-Handschriften gehört, s.o. S. 94.
- Paris. gr. 2423 (G) (vor Destombes dem Ende des 13. Jh. zugewiesen): Gemäß Destombes „filigrane invisible" (es handelt sich um Papier ohne Wasserzeichen, siehe dazu die Beschreibung der Handschrift G, *Beschreibstoff*). Destombes schätzte die bisher angenommene Datierung für zutreffend ein.
  Der Paris. gr. 2423 (G) ist, wie unsere Untersuchungen ergeben haben, vermutlich um 1300 kopiert worden.
- Suppl. gr. 119 (C) (vor Destombes dem 14. Jh. zugewiesen): Wasserzeichen *Couronne*, Briquet 4595 (Genua 1313) und *Casque*, Briquet 2885 (Siena 3121). Sie weisen laut Destombes auf den Anfang des 14. Jh. hin.
  Ich schlage nach einer näheren Betrachtung der Wasserzeichen eine etwas vorsichtigere Datierung der Handschrift etwa in das erste Viertel des 14. Jh. vor (s.o. *Wasserzeichen*).
- Coislin 173 (r) (vor Destombes dem 15. Jh. zugewiesen): Wasserzeichen *Sphère*, gemäß Destombes keine Entsprechung bei Briquet (es handelt sich eigentlich um das Wasserzeichen *Flacon*, siehe dazu die Beschreibung der Handschrift r, *Wasserzeichen*); *Enclume*, Briquet 5951 (Torcello 1326, Genua 1331); *Fruit*, Briquet 7415 (Genua 1317, Pisa 1316); *Lettre L*, Briquet 8276 (Bologna 1295); *Feuille* (muss heißen: *Férule)*, Briquet 6173 (Bologna 1331). Die Wasserzeichen weisen demnach, wie Destombes folgerte, auf den Anfang des 14. Jh. hin.
  Der Coislin stammt nach meinen Untersuchungen mit Sicherheit aus der ersten Hälfte des 14. Jh., eventuell aus den 1320er-Jahren.
- Coislin 337 (f) (vor Destombes dem Ende des 14. Jh. zugeschrieben): Wasserzeichen *Lettre C*, Briquet 8102 (Torcello 1319, Artois 1319, Genua 1322, Bologna 1326). Das Wasserzeichen weist auf den Anfang des 14. Jh. hin.
  Für diese Handschrift wurde in der vorliegenden Arbeit ein Entstehungszeitraum etwa um 1311 bis 1331 ermittelt.

Venezia, Biblioteca Nazionale Marciana, Marcianus graecus Z. 388 (333) Sigle **p**

Claudius Ptolemaeus, *Geographia*.
Italien (Florenz und Bologna?), um 1453, Pergament, 583 × 437 mm; (8) 104 (2) / AA–BB, A–F, 1–104, AA′–BB′. – Olim Card. Bessarionis 243. – Die Blätter A–F werden in der Sekundärliteratur und deshalb auch hier mit I–VI bezeichnet.

Inhalt

(f. 1–101) Claudius Ptolemaeus, *Geographia* + 1 Weltkarte + 26 Teilkarten:

(f. 1r–7r) *Geogr.* 1. – (f. 7r–15r) *Geogr.* 2. – (f. 15r–23r) *Geogr.* 3. – (f. 23r–29v) *Geogr.* 4. – (f. 29v–37v) *Geogr.* 5. – (f. 38r–43v) *Geogr.* 6. – (f. 43v–49v) *Geogr.* 7. – (f. 50r) leer. – (f. 50v–51r) WK. – (f. 51v) leer. – (f. 52r-99r)[479] *Geogr.* 8 + 26 TK. – (f. 99v) leer. – (f. 100r–101r) Anhänge zur *Geogr.* – (f. 101v–104v) leer.

Beigaben: (f. 102r) Oben ein eingeklebtes Blatt (235 × 158 mm), das einen Ausschnitt aus der Weltkarte zeigt (östliches Afrika); in der oberen äußeren Ecke dieses Blattes steht «f. 50», unten in der inneren Ecke in Druckschrift «pr.lit.M.Fontana». Gemäß den zwei handschriftlichen Zeilen unterhalb des Blattes handelt es sich um ein chromolithographisches Faksimile, das einer Arbeit des Francesco Miniscalchi über den Nil beigefügt war und in den *Atti dell'I. R. Istituto Veneto* (1863) Fasz. 10 erschien. – (f. 103v) Monogramm «A. FR» (für Andrea de Franceschi[480]).

Foliierung

Auf der Rectoseite in der oberen äußeren Ecke arabische Zahlen; außerdem taucht vereinzelt in der unteren äußeren Ecke eine Zählung der Lagen mit der Nummer des betreffenden Blattes innerhalb der Lage auf (z.B. «a.2.», «a.3.»).

479 Die 17 Folia 54v, 59r, 61r, 63r, 64v, 67r, 71r, 73r, 74v, 76v, 80v, 83r, 84v, 87r, 89r, 91r und 97r sind leer. Es handelt sich ausnahmslos um Karten-Rückseiten.

480 Mioni, Thesaur. ant. 2, 143: „scilicet Antonius de Franciscis", jedoch mit Verweis auf den Katalogeintrag des Marc. gr. Z. 614 (899), der einst *Andrea* de Franceschi gehörte. Zu diesem s.u. *Geschichte*.

Beschreibstoff

Helles Pergament erstklassiger Qualität, sorgfältig geglättet.

Organisation der Lagen

Lagen: $III^{f.\ VI}$ + $2.V^{f.\ 20}$ + $2.VI^{f.\ 44}$ + $6.V^{f.\ 104}$. – Der Ternio beginnt mit der Haarseite, die übrigen Lagen fangen mit der Fleischseite an, die Gregory-Regel ist durchgehend eingehalten. Nur vier Karten sind auf das Mittelblatt einer Lage gemalt (Europa-Karten 5 und 10, Asien-Karten 1 und 6).
Faltung: Nach Marcon 1994, 189 handelt es sich, mit Ausnahme des Ternio, um eine Faltung „in folio atlantico (…) composto di fogli singoli uniti tra loro a formare bifolî successivamente assemblati in quinterni".
Kustoden: Jeweils auf der ersten Seite (am unteren Rand außen) und der letzten Seite (am unteren Rand innen) der Lagen. Im Atlasteil fehlen die Kustoden. Der Ternio hat keine Kustode und ist nicht in die Lagenzählung mit aufgenommen.
Keine Reklamanten.
Liniierung: Liniierung mit Blindgriffel. Die beiden Kolumnen werden an ihren Außenseiten von einer doppelten durchgezogenen Vertikale begrenzt, an ihrer Innenseite (d.h. gegen das Interkolumnium zu) jedoch nur von einer durchgezogenen Vertikale. Die jeweils 58 Schreiblinien sparen das Interkolumnium aus und brechen bei der inneren der genannten doppelten Vertikalen ab. Eine zusätzliche durchgezogene Vertikale befindet sich am äußeren Rand der Blätter.

Im Ortskatalog wurden außerdem zwischen der obersten und der untersten Schreiblinie einer jeder Kolumne weitere sechs Vertikalen gezogen, die zur Ausrichtung der Koordinaten dienten; in „Prosatextpassagen" können diese aber auch fehlen. – Grundschema: *Muz.* 2-21-(6J)-11-(6J) / 0 / 0 / JJ.

Der Ternio am Anfang der Handschrift, die Blätter mit der Weltkarte, leere Rückseiten von mit Karten bzw. Kartenteilen bemalten Blättern und f. 103–104 sind nicht liniert.

Seitenlayout

Allgemein 2 Kol., 58 Z.
(f. 39r) 2 Kol., 58 Z., 583 × 437 mm, Schriftspiegel 408 × 310 mm, Kolumnenbreite ca. 140 mm.

Besonders in *Geogr.* 8 werden die Paragraphen gerne in Form eines auf der Spitze stehenden Dreiecks (*cul-de-lampe*) abgeschlossen, die Kapitelenden manchmal in Form eines Rhombus dargestellt.

Schreiber, Schrift, Tinte

Schreiber: Ioannes Rhosos hat den *Geographie*-Text kopiert und die Beschriftungen in Gold auf den Karten vorgenommen; Bessarion war verantwortlich für die übrigen Ortsnamen auf den Karten (und natürlich für den Besitzvermerk auf f. Iv, dazu unten *Schutzblätter*).
Haupttext: Regelmäßige, schwungvolle und rechtsgeneigte Minuskelschrift mit ausgeprägten Diagonalen (Alpha und Delta gegenüber Gamma und Lambda) und Ober- und Unterlängen; Zeilenabstand mittelgroß, Worttrennung gewährleistet. Schrift unterzeilig, Tinte braun. In der obersten Zeile wurde der Schriftspiegel gerne übertreten, z.B. durch majuskelförmiges, hochgezogenes Gamma und Tau oder durch die charakteristische hochgestellte Abkürzung Omikron-Ypsilon (vgl. z.B. f. 34v, Kol. 1); auf Iota und Ypsilon steht regelmäßig ein Trema.
Auszeichnungsschriften: Buch-, Kapitelüberschriften und weitere Hervorhebungen mit goldener, manchmal mit roter Tinte und selten in Majuskelschrift.

Ausstattung, Buchschmuck, Illustrationen

Zu den hier beschriebenen Miniaturen siehe auch unten *Geschichte*.
(f. VIv) Farbenprächtige Darstellung des Ptolemaios als König mit Krone und purpur-goldenem Mantel, in der Rechten einen Astrolab haltend, vor einem Königspalast. Mit dem Zierrahmen misst das Bildnis 362 × 311 mm.

(f. 1r, Kol. 1, oben) Farbige Titelkartusche (87 × 137 mm): Titel «ΚΛΑΥΔΊΟΥ ΠΤΟΛΕ/ΜΑΊΟΥ ΓΕΩΓΡΑ/ΦΙΚΗ͂Σ ΥΦΗΓΗΣΕΩΣ [*sic*] / ΒΙΒΛΊΟΝ ΠΡΩ͂/ΤΟΝ», gerahmt von einem grünen, griechischen Vierpass und in einem „Teppich“ aus Pflanzen- und Tiermotiven liegend, der seinerseits eingefasst wird von einem perspektivischen Rahmen aus verschiedenen Rosatönen; dieser wird wiederum abgeschlossen von einem Goldrahmen.

(f. 1r, unten) Farbiges Wappen Bessarions, von einem Engel gekrönt, eingebettet in ein breites, kunstvolles Zierband, geschmückt mit Pflanzenmotiven, Tieren und Knaben; ohne die Verzierungen, die das Band übertreten, misst es 60 × 379 mm.[481]

Ab *Geogr.* 1,24 (in der Handschrift 1,23, s.u. *Stemmatologische Notizen*) begleiten den Text häufig ein- bis dreifarbige geflochtene Knoten und Zierbalken oder einfachere Ziermotive, ausgeführt mit goldener, blasser rötlichbrauner und gelblicher Tinte.

---

481 (f. VIv) abgebildet in: Gianfranco FIACCADORI (Hrsg.), *Bessarione e l'Umanesimo* (Napoli 1994) 106, Abb. 10; (f. 1r) abgebildet in: *ibid.* 186 (= MARCON 1994), Abb. 71; (f. 1r, unten) abgebildet in: *Miscellanea Marciana di studi Bessarionei* (Padova 1976) XVI, Taf. II.

Initialen: Allesamt herausgestellt. (f. 1r/v) Drei goldene Initialen auf rechteckigem, farbigem und filigran verziertem Grund am Anfang der Kapitel *Geogr.* 1,1–3. Die übrigen Initialen in den Büchern 1, 7 und 8,1–3 (in der Regel am Anfang der Kapitel, bisweilen eines Abschnittes) wurden ebenfalls mit Goldtinte ausgeführt und „liegen" in einem rechteckigen, farbigen „Zierteppich" (im Stil des Teppichs der Titelkartusche und des Zierbandes, in dem Bessarions Wappen liegt) mit zum Teil das Rechteck übertretenden Pflanzenmotiven; ebensolche Initialen treten zu Beginn eines jeden übrigen Buches auf. Weitere Initialen, z.B. in den Kapitelübersichten oder am Beginn von Paragraphen, sind in goldener oder roter Tinte gehalten, vergrößert und manchmal verziert.

Zeichnungen: **1** (f. 6r) Einfache Kegelprojektion: In doppelter, identischer Ausführung, zuerst in *Geogr.* 1,24,6 zwischen τὸν τῆς Ῥοδίας παράλληλον μήκους und καὶ τοὺς λοιποὺς δὲ τῶν παραλλήλων, ein zweites Mal am eigentlich korrekten Ort für die Zeichnung. Somit entsprechen die Positionierungen genau den Verhältnissen im Vat. gr. 177 (V).

2 (f. 6v) Neigungswinkel: In doppelter, nebeneinander stehender, fast identischer Ausführung, gegenüber dem korrekten Platz nur um einen Paragraphen verschoben und zwischen *Geogr.* 1,24,13/14 eingefügt, wiederum analog zu Handschrift V.

3 (f. 6v) Ermittlung des Punktes η: Am korrekten Platz in den Text eingefügt.

4a) (f. 7r) Anstelle von Zeichnung **4** (modifizierte Kegelprojektion) steht die „unverständliche Skizze"; den unptolemäischen Paragraphen *Geogr.* 1,24,30–33 wird zu Recht der Buchschlusstitel «Κλαυδίου Πτολεμαίου γεωγραφικῆς ὑφηγήσεως το ᾱον» vorausgeschickt. Wiederum sind die Parallelen zu Handschrift V offensichtlich.

(f. 49r) Exakt an der eigentlichen Stelle von Zeichnung **5** (Armillarsphäre) ist eine halbe Kolumne leer gelassen – genau wie in Handschrift V.

Die Zeichnungen sind allesamt sehr sorgfältig mit Lineal und Zirkel ausgeführt.

Karten

1 Weltkarte + 26 Teilkarten (10 Europa-Karten, 4 Afrika-Karten, 12 Asien-Karten):
(f. 50v–51r) WK.
(f. 53v–54r) Eu. 1 (Hibernia, Albion), (f. 55v–56r) Eu. 2 (Hispania), (f. 57r) Eu. 3 (Gallia), (f. 58r) Eu. 4 (Großgermanien), (f. 59v–60r) Eu. 5 (Raetia, Vindelicia, Noricum, Pannonia Superior/Inferior, Illyricum), (f. 61v–62r) Eu. 6 (Italien, Korsika), (f. 63v–64r) Eu. 7

(Sardinien, Sizilien), (f. 65v–66r) Eu. 8 (Europäisches Sarmatien, Taurische Chersones), (f. 67v–68r) Eu. 9 (Gebiet der Ausgewanderten Iazygen, Dakien, Moesia Superior/Inferior, Thrakien, Thrakische Chersones), (f. 69v–70r) Eu. 10 (Makedonien, Epeiros, Achaia, Peloponnes, Kreta).
(f. 71v–72r) Af. 1 (Mauretanien), (f. 73v–74r) Af. 2 (Africa), (f. 75v–76r) Af. 3 (Cyrenaica und ganz Ägypten), (f. 77v–78r) Af. 4 (Inneres Libyen und Äthiopien).
(f. 79v–80r) As. 1 (Pontos und Bithynien, Eigentliches Asien, Lykien, Galatien, Pamphylien, Kappadokien, Kilikien), (f. 81v–82r) As. 2 (Asiatisches Sarmatien), (f. 83v–84r) As. 3 (Kolchis, Iberien, Albanien, Großarmenien), (f. 85v–86r) As. 4 (Zypern, Syrien, Palästina bzw. Judäa, Arabia Petraea, Mesopotamien, Arabia Deserta, Babylonien), (f. 87v–88r) As. 5 (Assyrien, Medien, Susiane, Parthien, Persis, Wüste Karmanien), (f. 89v–90r) As. 6 (Arabia Felix, Karmanien), (f. 91v–92r) As. 7 (Hyrkanien, Margiane, Baktrien, Land der Sogdianer, Land der Saken, Skythien diesseits des Imaongebirges), (f. 93r) As. 8 (Skythien jenseits des Imaongebirges, Serike), (f. 94r) As. 9 (Areia, Land der Paropanisaden, Drangiane, Arachosien, Gedrosien), (f. 95v–96r) As. 10 (Indien diesseits des Ganges), (f. 97v–98r) As. 11 (Indien jenseits des Ganges, Land der Sinen), (f. 99r) As. 12 (Taprobane).

Bei Karten, die zwei Blätter beanspruchen, ist der Rand gegen den Falz hin freigelassen, so dass die beiden Kartenhälften nicht unmittelbar zusammenhängen. Ausnahmen: Weltkarte (beide Kartenhälften bis zum Falz gezeichnet), Europa-Karte 5 (westlicher Kartenteil bis zum Falz gezeichnet; diese Karte befindet sich auf dem Mittelblatt einer Lage).
Gestaltung der Teilkarten: Gradnetz mit brauner Tinte, Gradnetzbeschriftungen braun (Unterteilung nur in ganze Grade, an jeder Seite der Karte bzw. Kartenhälften); Grenzlinien fehlen oft, Provinzen nicht koloriert; Gewässer in deckendem, kräftigem Blau, Inseln z. T. mit Deckweiß auf das Blau der Gewässer aufgetragen; Gebirge in deckendem, kräftigem Grün. In der Regel keine Vignetten, abgesehen von einigen behelfsmäßigen „Kästchen", entweder kaum erkennbar mit Bleistift vorgezeichnet (vgl. z.B. Europa-Karte 2) oder mit Tinte ausgeführt (vgl. z.B. Europa-Karte 10), oder ganz fein vorgezeichneten Turmvignetten (vgl. insbesondere Asien-Karte 12);[482] keine Symbole für die ethnische Zugehörigkeit, keine Lokalisationspunkte, *Poleis diasemoi* nicht ausdrücklich hervorgehoben. Nach sämtlichen Namen folgt meistens ein,

482 Die Vorlage enthielt unbestreitbar sämtliche Vignetten; beim Ziehen der Festlandumrisslinien wurden „Ausbuchtungen" berücksichtigt, die von Küstenstädten herrühren, deren Vignetten in der Vorlage „ins Meer hinein" gezeichnet wurden, vgl. z.B. die Nordküsten Sardiniens und Siziliens auf Europa-Karte 7 oder die Nordküste Mauretaniens auf Afrika-Karte 1.

seltener zwei Punkte;[483] Meeres-, Länder- und Provinznamen in goldener Majuskel- oder vergrößerter Minuskelschrift, Völkernamen meistens mit roter Tinte in leicht vergrößerter Minuskelschrift, übrige Toponyme in der Regel mit brauner Tinte in Minuskeln, oft gekrönt von einem kleinen horizontalen Strich; Klima- und Stundenangaben am östlichen Kartenrand mit goldener und brauner Tinte in Minuskeln.

Gestaltung der Weltkarte: Die Weltkarte, umgeben von einem schmalen grünen Band, liegt in einem grün-goldenen, mit schwärzlicher Farbe filigran verzierten Teppich, in dem die Winde und Tierkreiszeichen abgebildet und am westlichen Kartenrand ebenfalls mit schwärzlicher Farbe die Klimata eingetragen sind. Ein Teil der Beschriftungen auf dem linken Blatt und einige Tierkreiszeichen auf dem rechten Blatt überschreiten den Teppich.

Die Anlage der Karten entspricht derjenigen im Urb. gr. 82 (U): Für jede Karte eine Doppelseite, mit Ausnahme von 5 Teilkarten, die nur jeweils eine Rectoseite beanspruchen (Europa-Karten 3 und 4; Asien-Karten 8, 9 und 12).

Einband, Schutzblätter

Der aktuelle Einband aus braunem Leder stammt aus dem 18. Jh. Auf beide Buchdeckel ist ein Zierrahmen und in der Mitte das Wappen Venedigs geprägt, der Schnitt ist golden. Die Spiegel sind mit marmoriertem Papier überzogen.

Die ersten beiden und die letzten beiden Schutzblätter sind aus Papier und jeweils mit «AA»–«BB» bezeichnet. Auf die beiden Vorsatzblätter aus Papier folgen sechs weitere Vorsatzblätter aus Pergament, bezeichnet mit «A»–«F» (in der Sekundärliteratur und hier jedoch mit I–VI).[484]

Die Blätter A (bzw. I) und 104 waren offenbar einst Spiegelblätter des originalen Einbandes.[485]

Schutzblätter

(f. AA–BB, I–IV) Vorsatzblätter:

(f. AAr) Eingeklebtes, gedrucktes Blatt, fast die ganze Seite einnehmend, mit Zanettis Katalogeintrag[486] (kurze lateinische Beschreibung

483 Hier stelle ich mich entschieden gegen Fischer 1932, tom. prodr. 1, 278, der in diesen Punkten Lokalisationspunkte sehen wollte. Sieht man sich aber die Toponyme, die Küsten beschreiben, näher an und bedenkt man, dass auch nach anderen, koordinatenlosen Bezeichnungen (wie Gewässer- und Völkernamen) häufig ein Punkt steht, wird klar, dass die Punkte keine kartographische Bedeutung haben.

484 Blatt A (bzw. I) ist auf der Versoseite bezeichnet.

485 Siehe Codex graecus 24.

486 Vgl. Zanetti 185f.

der Handschrift, Transkription des Epigramms von f. VIv, Zusammenstellung einiger Varianten im Kodex gegenüber der Edition von Bertius). – (f. AAv, BBr/v) leer.

(f. Ir) leer. – (f. Iv) Besitzvermerk von der Hand Bessarions «ἐν τόπω μθ'ω: / Γεωγραφία Πτολεμαίου ἐζωγραφημένη πάσας τοὺς τῆς οἰκουμένης πίνακας. κτῆμα Βησσαρίωνος καρδινάλεως τοῦ τῶν Τουσκλων.[487]/ Geographia Ptolemaei. optima. Cum picturis; liber. b(essarionis) Car. Tusculani. / In loco. 49.» (*sic*).

(f. IIr) Vermerk zur Blattanzahl (?) «107 [corr. ex 108] carte». – (f. IIv, III–V) leer.

(f. VIr) leer. – (f. VIv) Unter der Darstellung des Ptolemaios (s.o. *Ausstattung*), mit goldenen Majuskeln, Epigramm Nobbe XXXII, Nr. III (Οἶδ' ὅτι θνητὸς ἔφυν), Titel «ἐπίγραμμα ὅπερ εἶπε Πτολεμαῖος εἰς ἑαυτόν»; anschließend lateinische Übersetzung des Epigramms von Niccolò Perotti (dazu mehr unten im Abschnitt *Geschichte*).

(f. ⟨AA′–BB′⟩) Nachsatzblätter, leer.

Erhaltungszustand

Das kostbare Manuskript ist äußerst gut erhalten. Auf den Karten ist teilweise die grüne Farbe verblasst.

Stemmatologische Notizen

Gemäß Müller und Schnabel[488] ist der Text des Marc. gr. Z. 388 (p) aus dem Vat. gr. 177 (V) kopiert, während die Karten auf den Laur. Conv. Suppr. 626 (d), eine Tochterhandschrift des Urb. gr. 82 (U), zurückgehen.[489]

Ausgewählte Stellen: Die **Kapitelübersicht zu *Geogr.* 1** zählt nur 23 Kapitel (Kap. 8 und 9 werden zusammengefasst); der Text hält sich an diese Einteilung. – Die **Homoioteleuton-Lücke** in *Geogr.* 1,24,17 ist nicht vorhanden.

Anhänge: Die Anhänge präsentieren sich in der für die ω-Rezension typischen Form.

1a) (f. 7v) Bruchstück der Liste der Provinzen oder Satrapien der Oikumene.

---

487 „In Position 49: Geographie des Ptolemaios, illustriert mit allen Karten der Oikumene. Besitz des Kardinals Bessarion von Tusculum." Ob es sich bei der Positionsangabe am Anfang dieses Eintrages um eine alte Lokalisierungsnummer bzw. Signatur handelt? Ähnlich Fischer 1932, tom. prodr. 1, 276.

488 Müller 1867, 283; Schnabel 1938, 23.

489 So Fischer 1932, tom. prodr. 1, 283.

1 (f. 100r) Liste der Provinzen oder Satrapien der Oikumene: Provinznamen im Nominativ, Gradangaben nur zu den drei spanischen Provinzen (wie in den Handschriften Vat. gr. 177 [V] und Vat. Pal. gr. 388 [A]).
2 (f. 100r) Scholien zur Armillarsphäre.
3 (f. 100v) Tabelle des Sonnenlaufs.
5 (f. 100v) Scholion zum Verkürzungsfaktor.
6 (f. 100v–101r) Verzeichnis der Länge und Breite der einzelnen Karten.
7 (f. 101r) Hexametergedicht auf die Weltkarte des Ptolemaios.
8 (f. 101r) Agathodaimon-Subskription in der Ich-Form.

Geschichte

Die Prachthandschrift Marc. gr. Z. 388 (p) ist ein Werk mehrerer Personen. Sie wurde von Ioannes Rhosos geschrieben, der auch die Aufgabe des Rubrikators übernommen und die Toponyme mit goldener Tinte in die Karten eingetragen hat.[490] Die übrigen Ortsnamen auf den Karten sollen der Hand Kardinal Bessarions entstammen,[491] der die Handschrift für sich selbst in Auftrag gegeben hatte (vgl. Besitzvermerk auf f. Iv, s. o. *Schutzblätter*). Mit Ioannes Rhosos suchte sich Bessarion den bekanntesten Kalligraphen seiner Zeit zur Anfertigung der Handschrift aus.[492] Der aus Kreta (Candia) gebürtige Priester († 1498) pflegte im Auftrag oft einflussreicher Persönlichkeiten wie Palla Strozzi, Lorenzo de' Medici, Alessandro Farnese u. a. zu kopieren. Seine Tätigkeit begann wohl gegen die Mitte der 1450er-Jahre und erstreckte sich bis in die frühen 90er-Jahre des 15. Jh. Dabei pendelte Rhosos zwischen Rom, Venedig, Bologna, Florenz und Grottaferrata hin und her.

Aus einem Brief des Niccolò Perotti an Jacopo Costanzi kann gefolgert werden, dass unsere Handschrift etwa 1453 entstanden ist.[493] In diesem Brief, der in die zweite Hälfte des Jahres 1453 oder an den Anfang des folgenden Jahres datiert wird, schreibt Perotti, er habe im Auftrag von Bessarion das Epigramm auf Ptolemaios ins Lateinische übersetzt, das unter das Bildnis des Autors in der neu angefertigten „pulcherrima et pretiosissima Geographia" zu stehen kommen sollte (s. o. *Schutzblätter*).

Die Miniaturen wurden wahrscheinlich von einem Florentiner Künstler ausgeführt.[494] Diesem Miniator – vielleicht mit Francesco di

490 Nach Marcon 1994, 189 jedoch nur auf der Weltkarte.
491 Mioni 143; siehe auch Codex graecus 388, 30.
492 Vgl. die Informationen über diesen Kopisten im RGK 1, Nr. 178.
493 Codex graecus 388, 23 f.; siehe auch Fischer 1932, tom. prodr. 1, 284.
494 Dazu und zum Folgenden Codex graecus 388, 29 f. Vgl. auch Maria Cecilia Ferrari, „La Geografia del Tolomeo fatta miniare dal Cardinale Bessarione", *La Bibliofilia* 40 (1938) 23–37 (insbesondere zur Darstellung des Ptolemaios).

Antonio del Chierico zu identifizieren – sind die Titelkartusche und der *bas de page* (Bessarions Wappen) auf f. 1r zuzuschreiben, ferner die Tierkreiszeichen und die Winde auf der Weltkarte. Die Darstellung des Ptolemaios hingegen ist einem Miniator zu verdanken, der aus Bologna stammte oder zumindest dort tätig war. Vielleicht wurde die Handschrift in Florenz geschrieben und ausgeschmückt und anschließend in Bologna fertig gestellt.

Format, Material, Miniaturen, der prächtige „Teppich", in den die Weltkarte eingebettet ist und der sorgfältig kopierte, vielfach geschmückte Text zeugen von dem großen Aufwand, der zur Anfertigung dieser Handschrift nicht gescheut wurde. Abgesehen von den leuchtenden Farben für Gewässer und Gebirge und den zum Teil goldenen Beschriftungen stehen die mangelnde Ausführlichkeit und Genauigkeit der Teilkarten (Grobeinteilung in Grade, weder Vignetten noch Lokalisationspunkte, keine Kolorierung der Provinzen und Hervorhebung der Bedeutenden Städte) in einem seltsamen Gegensatz dazu.[495] Dies erstaunt umso mehr, als Bessarions wissenschaftliches Interesse an diesem Werk unbestritten ist und er offenbar persönlich an der Produktion der Karten mitwirkte. Die Urheberschaft der Karten scheint jedoch ungeklärt.

Mit der Schenkung seiner Privatbibliothek, zu der auch unser Kodex gehörte, an die Republik Venedig im Jahr 1468 legte Bessarion den Grundstein zur Biblioteca Marciana. Andrea de Franceschi (1472–1551), Cancellarius Magnus der Republik Venedig und Kustos der Marciana von 1545–1551, hinterließ auf f. 103v der Handschrift p sein Monogramm (s. o. *Beigaben*).

Die Analyse der Zeichnungen, ausgewählter Textstellen und der Anhänge sowie das Epigramm auf f. VIv bestätigen, dass der Text auf den Vat. gr. 177 (V) zurückgehen muss. Dies bekräftigt eine weitere Stichprobe: Handschrift p teilt in *Geogr.* 3 all diejenigen Textlücken mit Handschrift V, die letztere Handschrift nach der Ausgabe von Stückelberger als einzige aufweist.[496]

Bibliographie

Buonocore 1996, 23. – Guglielmo Cavallo (Hrsg.), *Cristoforo Colombo e l'apertura degli spazi. Mostra storico-cartografica*, 2 vol. (Roma 1992), dort vol. 2, 570f. (Reproduktion der Weltkarte). – Codex graecus

495 Marcon 1994, 189: „La delineazione delle carte geografiche è invece una veloce opera corsiva", ohne einen Urheber anzugeben.

496 Neun Zeilenausfälle im Ortskatalog: *Geogr.* 3,1,2 Nicaea im Gebiet der Massalioten; 3,1,35 Augusta Bagiennorum; 3,1,57 Alba Fucens; 3,3,4 Golf von Carales; 3,4,5 Mazara-Mündung; 3,4,6 Emporion von Akragas; 3,4,17 Hiera (Insel); 3,5,15 Alaunon (Berg); 3,16,19 Lysias; in 3,5,24 ein Homoioteleutonfehler und in 3,8,5 eine weitere Textlücke.

388. – Claudio GALLAZZI / Salvatore SETTIS (Hrsgg.), *Le tre vite di Artemidoro. Voci e sguardi dall'Egitto greco-romano* (Milano 2006) 218–221 (220f. Abbildung der Weltkarte). – FISCHER 1932, tom. prodr. 1, 275–284; tom. prodr. 2 (ohne Seitenzahlen, Sigle A8): Reproduktion der Weltkarte, schwarzweiß. – LABOWSKY 1979, 216 Nr. 462. – MARCON 1991, 52 Anm. 49. – MARCON 1994, 189–191. – MIONI, Thesaur. ant. 2, 143f. – Elpidio MIONI, „Bessarione scriba e alcuni collaboratori", in: *Miscellanea Marciana di studi Bessarionei* (Padova 1976) 263–318, dort 283; 303; 315. – PAGONARI-ANTONIOU 1992, 126 und 132f. – RGK 1, Nr. 178. – SCHNABEL 1938, 23. – WILBERG 1838–1845, Vorwort Fasz. 4.

Art der Kontrolle

Faksimile-Edition (CODEX GRAECUS 388); punktuelle Kontrollen am Original (März 2007).

Venezia, Biblioteca Nazionale Marciana,
Marcianus graecus Z. 516 (904)
Sigle **R**

Wissenschaftliche Sammelhandschrift.
Östlicher Mittelmeerraum, 14. Jh. (letztes Fünftel), Papier mit Wasserzeichen, 307 × 223 mm; (5) 209 (5) / ⟨A–C⟩, I–II, f. s. n., 1–208, III–IV, ⟨D–F⟩. – Olim Card. Bessarionis 266.

Inhalt[497]

(f. s. n.) *Medicamenta* (nur Bruchstück des Blattes erhalten).
(f. 1r) EURIPIDES, *Phoenissae* V. 182–199 (mit Rand- und Interlinearscholien).
(f. 1v–3r) Abbildungen, s.u. *Ausstattung*.
(f. 3v) ANONYMUS, *De inventione artium*.
(f. 4r) leer. – (f. 4v) Abbildung, s.u. *Ausstattung*.
(f. 5r–139v) PTOLEMAEUS, *Geographia* mit Anhängen + 24 Teilkarten: (f. 5r–19r) *Geogr.* 1 (Anfang fehlend), inc. *Geogr.* 1,1,6 «δεικνύναι καὶ τὰς θέσεις»; Titel «Ὁ μὲν σοφώτατος Πτολεμέως παρα θεοῦ τὴν σοφίαν λαβων καὶ ἐρ̣ε̣υ̣ν̣ί̣α̣ς̣, εὗρε τὰς / θέσις. καὶ τοὺς σχημα-

497 Zum Zeitpunkt der Untersuchung dieses Kodex unterschied ich noch nicht nach allfälligen Kodikologischen Einheiten und Blöcken; einige Anhaltspunkte vermögen die Lagen (s.u. *Organisation der Lagen*) und die Hände zu geben (s.u. *Schreiber*), für eine abschließende Stellungnahme wird jedoch eine Nachkontrolle an der Originalhandschrift nötig sein.

τισμοὺς τῆς γῆς. καὶ οὐρανίας κυνέσεως. καὶ φισὶν, δεῖ,» (*sic*).[498] – (f. 19v–36r) *Geogr.* 2. – (f. 36v–52r) *Geogr.* 3. – (f. 52r–65r) *Geogr.* 4. – (f. 65r–80v) *Geogr.* 5. – (f. 80v–91r) *Geogr.* 6. – (f. 91r–102r) *Geogr.* 7. – (f. 102r–114r) *Geogr.* 8. – (f. 114r–116r) Anhänge zur *Geogr.*

(f. 116v–138r) 24 Teilkarten, s.u. *Karten*. – (f. 138v–139v) leer, aber Kartenränder eingezeichnet.

(f. 140r–141v) Abbildungen, s.u. *Ausstattung*.

(f. 142r–156v) Aelianus Tacticus, *Tactica theoria*, mit Illustrationen.

(f. 156v–157v) Leo VI Sapiens, *Tactica* (Exzerpt).

(f. 158r) leer. – (f. 158v–160r) Abbildungen, s.u. *Ausstattung*. – (f. 160v–161v) leer.

(f. 162r–196r) Hero Alexandrinus, *Pneumatica*, mit Illustrationen.

(f. 196v–208r) Hero Alexandrinus, *Automata*, mit Illustrationen.

Beigaben: (f. 5–139, *passim*) Randscholien vom Kopisten in Form von Bemerkungen oder Nachträgen zum Text, z.B. Nennung der Anzahl der Provinzen/Städte/Inseln/Völker, Hinweise auf aktuellere Namen eines Toponyms, Angabe der dem Text entsprechenden Karte, Nachtragen von im Text fehlenden Wörtern oder kurzen Textstücken. – (f. 1r) Unten, in großer Minuskelschrift, mit roter Tinte, Besitzvermerk «τῳ αὐτοῦ / μαίστορος / τοῦ Ἀστραπὰ / ἡ Πτολεμαίου βύβλος» (*sic*). – (f. 5r) Am unterer Rand Inhaltsangabe und Besitzvermerk «τόπῳ εν ξε´(corr. ex νβ) γεωγραφία Πτολεμαίου. καὶ στρατηγικά· καὶ Ἥρωνος τὰ πνευματικά. Βησσαρίωνος καρδηναλεως τοῦ τῶν Τούσκλων / Ptolemei geographia. de acciebus [*sic*] bellicis. et Heronis de spirativis. / b(essarionis) Car. Tusculani. Locus. 65 (corr. ex 52).» (*sic*). – (f. 129r) Unter der östlichen Hälfte der Afrika-Karte 3, vermutlich vom Hauptkopisten, Scholion betreffs Afrika-Karte 4 «γύρισαι τὸν α̅´ πίνακα τῆς Ἀσίας καὶ εὑρήσεις τὸν δ̅´ πίνακα τῆς Λιβύης ἐπεὶ διὰ τὴν σμεικρότητα τῶν μοιρῶν καὶ τὴν στενότητα τοῦ τεύχους ἐτέθη ἐκεῖσεν ὡς ἐτέθη» (*sic*);[499] zu diesem

498 Zu diesem Titel s.u. *Organisation der Lagen*.

499 „Wende die erste Asien-Karte, und Du wirst die vierte Afrika-Karte finden, da sie aufgrund der Kleinheit der Grade [bzw. der Gradeinteilung] und der Enge [*sc.* des schmalen Breitformats] des Buches dorthin gesetzt wurde, wie sie positioniert ist." Partien des Scholions, insbesondere das letzte Wort (es könnte vielleicht auch «ἔχεται» lauten), sind nur mit Mühe entzifferbar. Bernardinello 1996/1997, 52, der als Erster auf das Scholion aufmerksam machte, las – neben weiteren diskussionswürdigen Kleinigkeiten – falsch γύρισαι τὸν ξ̅´ πίνακα ..., wodurch seine ohnehin unpräzise Übersetzung und seine ganze Erklärung der Sachlage – die 6. Asien-Karte, auf deren westlicher Hälfte die Ostküste Äthiopiens, die eigentlich Gegenstand der 4. Afrika-Karte ist, sehr ausführlich dargestellt sei, ersetze gleichsam die 4. Afrika-Karte, womit weder in der Vorlage von Handschrift R noch in R selbst ein Kartenverlust stattgefunden habe – hinfällig werden. Auch Florian Mittenhubers Umschrift (der statt «ἐκεῖσεν» mit Sicherheit falsch «ἐάσαι» liest) und sehr freie Übersetzung des Scholions sowie die bemühte Erklärung der Sachlage

Scholion s.u. *Geschichte*. – (f. 138r) Außen, rechts vom östlichen Teil der Asien-Karte 12, längeres Scholion, offenbar den Verkürzungsfaktor betreffend, zum Teil durchgestrichen, inc. «Ἰστέον ὅτι [*sic*] πλάτος λέγεται ἀπὸ ἄρκτου εἰς μεσημβρίαν κατερχόμενον», exp. «ὁ δὲ ἐνδέκατος [*sic*] καὶ δωδέκατος ἐξισάζουσι τὰς αὐτῶν μοίρας τὰς τοῦ πλάτους καὶ μήκους.». Der Anfang und weitere Teile dieses Scholions lauten identisch wie Scholion 2 im Plut. 28.49 (O) auf f. 111v. – (f. 208v) Schlussschrift des Hauptkopisten «ἀντέγραψα πολλὰ κείμενα ἐγὼ Ἀνδρέας Τελουντὰς υἱὸς κυροῦ Φράγγου ἐκ Ναυπλοίου τῆς Ῥωμανίας».

Foliierung

Auf der Rectoseite in der oberen äußeren Ecke arabische Zahlen. Der Atlasteil ist ab f. 117r–137v (also ab der östlichen Hälfte der Europa-Karte 1 bis zur westlichen Hälfte der Asien-Karte 12) zusätzlich jeweils beidseitig am unteren Rand regelmäßig durchgezählt von einer nicht mit dem Kopisten identischen, aber gleichzeitigen Hand mit «β̄»–«κβ̄».[500]

Beschreibstoff

Papier mit Wasserzeichen.

Wasserzeichen

1 (z.B. f. 17, 19, 60, 61, 139 usw.) *Lettre G*, identisch mit einem noch unveröffentlichten, von Silvio Bernardinello (Bernardinello 1996/1997, 54 mit Anm. 24) beschriebenen und identifizierten Wasserzeichen (Livorno 1389).
2 (f. 3) *Hirsch* (nicht in den Repertorien).
3 (f. 141) *Fleur à quatre pétales*, nicht unähnlich wie Mošin 3974–3977 (Dubrovnik 1318).[501]

überzeugen nicht: Das Scholion beziehe sich auf die Vorlage des Marcianus – dem ich zustimmen kann –, in der die 4. Afrika-Karte auf der Rückseite der 1. Asien-Karte platziert gewesen sei; diese 4. Afrika-Karte habe man zuvor unverändert aus der Vorlage der Vorlage entfernt und in die Vorlage der Handschrift R eingefügt, wobei die 2. Asien-Karte überklebt oder beschädigt worden sei; um den Schaden wieder zu beheben, sei das Blatt mit der 4. Afrika-Karte wiederum herausgetrennt und nie mehr ersetzt worden (Mittenhuber 2009b, 83; ebenso Id. 2009, 326–328 und Id., „The Tradition of Texts and Maps in Ptolemy's *Geography*", in: Jones 2010, 95–119, dort 111). Für einen alternativen Erklärungsversuch des unvollständigen Kartensatzes in Handschrift R s.u. *Geschichte*.

500 Auf der westlichen Hälfte der Europa-Karte 1 könnte demzufolge ⟨ᾱ⟩ ergänzt werden; siehe zu dieser Paginierung auch Bernardinello 1996/1997, 51f. mit Anm. 15.

501 Vgl. dazu aber wiederum die berechtigten Einwände Bernardinellos, das Wasserzeichen mit den Beispielen aus den Repertorien gleichsetzen zu wollen (Bernardinello 1996/1997, 54 Anm. 26).

Auf die Ungerechtfertigkeit der bisherigen Gleichsetzung des Wasserzeichens *1* mit Mošin 5258 = Briquet 8186 machte bereits Silvio Bernardinello aufmerksam (Bernardinello 1996/1997, 54 mit Anm. 23).[502] Seine Identifizierung des Wasserzeichens mit einem noch unveröffentlichten Beispiel erfordert eine Revision und Präzisierung der gängigen Datierungen der Handschrift R entweder an den Anfang des 14. Jh. oder ins 15. Jh. Der Marcianus dürfte demnach etwa in einem Zeitraum zwischen 1384–1394 oder etwas vorsichtiger ausgedrückt im letzten Fünftel des 14. Jh. entstanden sein.[503] Die Wasserzeichen *2* und *3*, beide auf der Basis der Repertorien nicht näher bestimmbar, tauchen außerdem jeweils nur je einmal auf und befinden sich zusätzlich auf Blättern, die nicht zum Kern der Handschrift gehören (siehe Bernardinello 1996/1997, *ibid.*). Für die Datierung der von Teluntas kopierten Partien (s. u. *Schreiber*) fallen sie nicht ins Gewicht.

Organisation der Lagen

Lagen: $3^{\text{f. }2} + \text{I}^{\text{f. }4} + \text{IV-1}^{\text{f. }11} + 16.\text{IV}^{\text{f. }139} + \text{I}^{\text{f. }141} + \text{IV}^{\text{f. }149} + \text{V}^{\text{f. }159} + \text{I}^{\text{f. }161} + 5.\text{IV}^{\text{f. }201} + 7^{\text{f. }208}$. – Die Komposition der Lagen ist besonders am Anfang und am Schluss der Handschrift wegen zahlreicher Restaurierungen schwierig nachzuvollziehen. Die *Geographie* (f. 5–139) kann als Block (oder gar Kodikologische Einheit?) betrachtet werden, der ursprünglich aus 17 regelmäßigen Quaternionen bestanden haben dürfte, wobei der erste Quaternio sein erstes Blatt verlor und heute nur noch aus sieben Blättern besteht, weshalb die *Geographie* ihres Textanfangs entbehrt. Dementsprechend wurde auf f. 5r, dem aktuell ersten Blatt der *Geographie*, am oberen Rand eine Zierlinie und ein sich über zwei Zeilen erstreckender, einleitender Titel ergänzt (s. o. *Inhalt*). Zu einem zweiten Block (bzw. zu einer zweiten Kodikologischen Einheit?) können die Werke Herons zusammengefasst werden (f. 162–208; siehe dazu auch unten *Kustoden*). Dieser Block besteht ebenfalls aus regelmäßigen Quaternionen.

---

502 Mošin 5258 = Briquet 8186 (Genua 1328): Schneckenhausförmiges G, von einem Kreuz mit doppeltem Querbalken überragt, um 90° gegen den Uhrzeigersinn gedreht, 34 × 38 mm; Abstand zwischen den Kettlinien 47 mm, keine Angabe der Ripplinien. In der Handschrift ist das Wasserzeichen aber nicht gedreht, das Kreuz weist nur einen Querbalken auf (= lateinisches Kreuz), der Buchstabe erscheint spiegelverkehrt, seine obere Rundung läuft in einen Schnörkel aus; das Wasserzeichen misst ca. 45 × 43 mm, der Abstand zwischen den Kettlinien ca. 50 mm (die in der Marciana gegebenen Möglichkeiten ließen leider keine präziseren Messungen der Wasserzeichen, Kett- und Ripplinien zu; auf das Ausmessen der Ripplinien musste ganz verzichtet werden).

503 Unerklärt und deshalb nicht ganz nachvollziehbar bleibt Bernardinellos Folgerung (Bernardinello 1996/1997, 54): „Corrisponde invece a un tipo prodotto a Livorno, ancora inedito e datato nel 1389: R appartiene dunque **a questi anni o, al massimo, ai 1401–1404**“ (Hervorhebungen von mir).

Ob die letzte Lage, die nur aus sieben Blättern besteht, ursprünglich ein vollständiger Quaternio war, ist nicht eindeutig zu entscheiden; auf jeden Fall endet der Text bereits auf der Rectoseite des letzten Blattes.
Faltung: in-folio.
Kustoden: Jeweils auf der ersten und letzten Seite der Lagen, in der Mitte des unteren Randes, griechische Buchstaben «α'»–«κε'». – (f. 162–208, Werke Herons) Zusätzliche bzw. wohl ursprüngliche Zählung «α'»–«ϛ'»; diese Kustoden befinden sich in der Mitte des unteren Randes, während die fortlaufende Kustodenzählung nur noch auf der jeweils ersten Rectoseite der Lage am unteren Rand innen erscheint. Die eingeschobenen Doppelblätter $I^{f. 140–141}$ und $I^{f. 160–161}$ weisen keine Kustoden auf.
Keine Reklamanten.
Liniierung (nur zu f. 5–139): Die Liniierung ist zu schlecht erkennbar, als dass hier ein verlässliches Grundschema gegeben werden könnte. Sie wurde mit dem Blindgriffel ausgeführt, meistens auf der Versoseite; die Einstichlöcher sind zum Teil sehr gut erhalten, besonders im Atlasteil, der ebenfalls liniert ist. Den Schriftspiegel zerschneiden, besonders im Ortskatalog, mehrere Vertikalen in regelmäßigen Abständen (auf f. 22 z.B. elf Vertikalen, auf f. 75 und 97 nur je fünf Vertikalen), welche die geordnete Darstellung der Toponyme und ihrer Koordinaten erleichtern sollten, über die sich der Schreiber aber bisweilen hinwegsetzte.

Seitenlayout (nur zu f. 5–139)

Allgemein eine Kolumne (auch innerhalb des Ortskatalogs); die Toponyme und Koordinaten sind jeweils in zwei bis drei Kolumnen gebündelt, die jedoch von links nach rechts (und nicht von oben nach unten) gelesen werden und bisweilen nachlässig eingehalten wurden.

(f. 56r) 1–2 Kol., 32 Z., 306,5 × 220 mm, Schriftspiegel 226 × 170 mm.

Schreiber, Schrift, Tinte

Schreiber: (f. 5r–138r, 142r-143r, 144r–156v Z. 28, 162r–177v, 181r Z. 25 – 208v) Andreas Teluntas.

Drei weitere zeitgenössische Schreiber kopierten die übrigen Seiten: (f. 1r, Kol. 1 [Euripides-Verse]) Hand a. – (f. 143v, 156v Z. 29 – 157v, 178r–181r Z. 24) Hand b. – (f. 158v–160r, Beischriften zu Abbildungen) Hand c. – Besonders Hände a und b zeigen, wie die Schrift des Teluntas auch (dazu gleich unten), Merkmale des Fettaugenstils.
Haupttext (nur zu f. 5–139): (Hauptkopist) Wenig sorgfältige, unruhig wirkende, rechts geneigte Minuskelschrift mit zahlreichen Abkürzungen und leichtem Fettaugen-Einschlag (z.B. vergrößertes Omikron, bauchi-

ges Beta); die Ober-/Unterlängen sind gut ausgeprägt, einzelne Buchstaben regelmäßig oder häufig vergrößert (Kappa, Tau); Zeilenabstand eher klein, Worttrennung eher undeutlich. Schrift unterzeilig, Tinte braun. *Auszeichnungsschriften (nur zu f. 5–139):* Der Titel zu *Geogr.* 2 (f. 19v) und der „Titel" zum Ortskatalog vor *Geogr.* 2,2 («ΕΥ̓ΡΏΠΗΣ ΘΈΣΙΣ», f. 21r) sind in Majuskeln gehalten, Kapitelüberschriften erscheinen bisweilen in vergrößerter Minuskelschrift. Die Auszeichnungstinte ist auf f. 5r–78r und f. 84r/v von blass- bis rötlichbrauner Farbe, auf f. 78v–83v und 85r–116r leuchtendrot. Die Marginalien mit Hinweisen auf Provinzen, Städte, Inseln u. ä., das Durchstreichen von Textteilen auf f. 6r/v sowie vereinzelte Korrekturen und Nachträge im Text (vgl. z. B. f. 25v, 51v) sind jedoch *passim* mit leuchtendroter Tinte ausgeführt. Im Ortskatalog wurden die Längenangaben nicht selten mit der Auszeichnungstinte geschrieben.

Ausstattung, Buchschmuck, Illustrationen

(f. 2v) Farbige Darstellung einer auf einem Elefanten sitzenden Frau unter einem Baldachin; am oberen Rand von späterer Hand «ἡ μεγάλη χατὼ» (*sic*). – (f. 3r) Farbige Darstellung des Ptolemaios, im Schneidersitz auf einem grünen Kissen sitzend, mit Bart, Turban und in türkischem, mit roten Adlern verziertem Gewand, in der Rechten ein rotes, langes, dünnes Szepter haltend. Der obere Rand des Blattes ist weggeschnitten; er muss ein Textstück enthalten haben (deutlich zu erkennen die Unterlängen der einst untersten Zeile), das aus einem bestimmten Grund entfernt worden ist. Über der Abbildung von erster Hand mit schwarzer Tinte «ὁ Πτολεμαῖος», links und rechts des Kopfs von späterer Hand mit roter Tinte zwei arabische Wörter (abgebildet bei Olshausen 1880, 417), vgl. dazu unten *Geschichte*. – (f. 4v) Farbabbildung mit großem Kreis bzw. Ring, der einen kleinen Kreis mit demselben Zentrum umschließt. Der kleine Kreis ist zweigeteilt, in der oberen Hälfte steht «ἡ γῆ», in der unteren Hälfte «ἄβησος». Der große Kreis ist in Drittel eingeteilt, davon das eine leer und außerhalb des großen Kreises mit «μερὶς κατεψυγμένου» bezeichnet. In das zweite Drittel ragen Teile von drei Kreisen hinein, die äußeren mit «ἥλιος» bzw. «σελήνη» beschriftet, der mittlere außerhalb des Ringes mit «μερὶς παραδείσου» angeschrieben. Das letzte Drittel, flankiert von zwei Sonnensymbolen, zeigt eine Weltkarte, nach Fischer eine „rohe ptolemäische Weltkarte",[504] mit der Beischrift «μερὶς οἰκουμένης» außerhalb des großen Kreises. Projektion und Ausdehnung der Karte scheinen tatsächlich von der ptolemäischen inspiriert zu sein, die Karte ist jedoch ungenau gezeichnet und lässt gewisse Charakteristika der ptolemäischen Karte nicht erkennen (so ist z. B. der Indische

504 Fischer 1932, tom. prodr. 1, 255.

Ozean im Osten nicht von Festland eingeschlossen und deshalb nicht ganz als Binnenmeer dargestellt; Schottland und Italien, zwei weitere „Schlüsselpunkte" zur Erkennung ptolemäischer Einflüsse, scheinen auf der Karte gar nicht eingezeichnet). – Für die Abbildungen auf f. 1v–2r, 140v–141v, 158v–160r, die sich allesamt nicht auf die *Geographie* beziehen und für unseren Kontext keine Rolle spielen, vgl. MIONI, Thesaur. ant. 2, 381 f.; Italo FURLAN, „Le illustrazioni alle opere di Tolomeo, Eliano ed Erone nel Marciano gr. 516", in: *Codici Greci Illustrati della Biblioteca Marciana* 4 (Padova 1981) 30–48.

Nur zu f. 5–139:
Einfache Zierlinien mit der Tinte des Haupttexts und/oder der Auszeichnungstinte vor Werkbeginn, vor dem Anfang der Bücher, bei Kapitelbeginn und vereinzelt an weiteren Stellen.
Initialen: Herausgestellt (wenn am Zeilenanfang), leicht vergrößert.
Zeichnungen: ***1*** (f. 17r) Einfache Kegelprojektion: Die Zeichnung ist an korrekter Stelle platziert, verständlich dargestellt und vollständig beschriftet. Aufgrund der Platzverhältnisse sind die Proportionen der Längs- und Breitseiten des Rechtecks αβγδ nicht ganz richtig, das Rechteck ist in der Breite leicht gequetscht. Außerdem sind die oft auftretenden Mängel zu beobachten, wie sie oben auf S. 126 beschrieben werden.
2+3 (f. 15v, 18r) Neigungswinkel / Ermittlung des Punktes η: In einer Reihe nebeneinander zuerst erste Zeichnung des Neigungswinkels, dann eine zweite, identische, aber kleiner ausgeführte Zeichnung des Neigungswinkels, aus Platzgründen etwas nach oben versetzt, schließlich die Zeichnung zur Ermittlung des Punktes η, wiederum auf derselben Höhe wie die erste Zeichnung des Neigungswinkels. Die ganze Skizzengruppe taucht einmal auf f. 15v zwischen *Geogr.* 1,22 und 1,23 und folglich zu früh auf, ein zweites Mal auf f. 18r am üblichen Ort von Zeichnung **3**. In den insgesamt vier Skizzen von Zeichnung **2** ist der Mittelmeridian durchgehend falsch eingetragen (siehe dazu oben S. 127 f.). Auf f. 15v sind in der ersten, großen Skizze auch der Syene-Parallelkreis und der Äquator zu weit nach unten versetzt und deshalb keine größtmöglichen Kreise auf der Kugel; auf f. 18r ist dasselbe Phänomen in der zweiten, kleinen Skizze zu beobachten. Die beiden Skizzen von Zeichnung **3** sind soweit verständlich dargestellt. Im Winkel zwischen den Strecken βζ und ζε (also nicht wie meistens beim Kreismittelpunkt) ist außerdem ein Punkt ρ zu erkennen.
***4*a)** (f. 19r) An der eigentlich für Zeichnung **4** (modifizierte Kegelprojektion) vorgesehenen Stelle befindet sich die „unverständliche Skizze". Den unptolemäischen Paragraphen *Geogr.* 1,24,30–33 wird zu Recht der Buchschlusstitel vorausgeschickt «Κλαυδίου Πτολεμαίου γεωγραφικῆς ὑφηγήσεως το [*sic*] α'».

Zeichnung **5** (Armillarsphäre) fehlt. An ihrer üblichen Stelle, hier f. 101r, sind vier Schreibzeilen leer gelassen, die aber nicht genügend Platz böten für die Zeichnung. Es ist denkbar, dass die Zeichnung auf dem fast leeren f. 91v hätte eingesetzt werden sollen; auf diesem Blatt stehen auf den beiden ersten Zeilen nur noch gerade die Titel von *Geogr.* 7,6f., als Schluss der Inhaltsübersicht zu *Geogr.* 7, also die zu der Zeichnung passenden Kapiteltitel, der Rest des Blattes ist leer.

Am unteren Rand von f. 28r befindet sich die Hälfte eines Rings, links davon «δ». Die Bedeutung/Intention dieser Skizze ist unbekannt.

Die Zeichnungen sind vielleicht mit Zirkel und Lineal vorgezeichnet und recht sorgfältig nachgezogen mit Tinte, jedoch ohne Hilfsmittel oder vereinzelt mit Zirkel.

Karten

Der Atlasteil des Marc. gr. Z. 516 (R) besteht aus 22 vollständigen Teilkarten und zwei Teilkarten-Hälften. Nicht vorhanden sind eine Weltkarte, die Afrika-Karte 4, die Asien-Karte 2, die östliche Hälfte der Asien-Karte 1 sowie die westliche Hälfte der Asien-Karte 3.[505] Im Gegensatz zu den üblichen Verhältnissen in der A-Redaktion sind die Karten hier in Handschrift R nicht in *Geogr.* 8 integriert, sondern folgen am Schluss dieses Buches. Fast jede Karte steht auf einer Doppelseite, wobei jede Recto- und Versoseite genutzt wurde; die Asien-Karten 8 und 9 beanspruchen nur je eine Seite. Damit unterscheidet sich die Anlage der Karten deutlich von derjenigen im Seragl. G. İ. 57 (K) und Urb. gr. 82 (U), in welchen auch die Europa-Karten 3 und 4 und Asien-Karte 12 nur einseitig sind. Gegen den Falz hin ist im Atlasteil der Handschrift R jeweils ein schmaler Streifen frei gelassen. Auf dem leeren Doppelblatt f. 138v–139r sind neben den mit Tinte vorgezeichneten, jeweils eine Seite einnehmenden Kartenrahmen deutlich zwei mit Blindgriffel eingekerbte Geraden zu sehen, die sich von der oberen inneren Ecke der Kartenrahmen bis zu den Außenseiten der Kartenrahmen erstrecken, beidseitig auf gleicher Höhe enden und so gleichsam einen Kegel bilden; könnte es sein, dass hier eine Weltkarte in der 1. ptolemäischen Projektion geplant war?

Kartographisch gesehen ist die Ausführung der Karten von mäßiger Qualität. Wie die Mitarbeit an der Ausgabe von STÜCKELBERGER gezeigt hat, lehnen sich die Karten sehr genau an die im Ortskatalog gegebenen Daten an bzw. wurden diese textgetreu auf den Karten umgesetzt. Der Schreiber Andreas Teluntas war neben dem Kopieren des Textes auch für das Zeichnen und Beschriften der Karten verantwortlich.

505 Ungenau dazu MIONI, Thesaur. ant. 2, 383. Für eine mögliche Erklärung der fehlenden Karten s.u. *Geschichte*.

24 Teilkarten (10 Europa-Karten, 3 Afrika-Karten, 11 Asien-Karten): (f. 116v–117r) Eu. 1 (Hibernia, Albion), (f. 117v–118r) Eu. 2 (Hispania), (f. 118v–119r) Eu. 3 (Gallia), (f. 119v–120r) Eu. 4 (Großgermanien), (f. 120v–121r) Eu. 5 (Raetia, Vindelicia, Noricum, Pannonia Superior/Inferior, Illyricum), (f. 121v–122r) Eu. 6 (Italien, Korsika), (f. 122v–123r) Eu. 7 (Sardinien, Sizilien), (f. 123v–124r) Eu. 8 (Europäisches Sarmatien, Taurische Chersones), (f. 124v–125r) Eu. 9 (Gebiet der Ausgewanderten Iazygen, Dakien, Moesia Superior/Inferior, Thrakien, Thrakische Chersones), (f. 125v–126r) Eu. 10 (Makedonien, Epeiros, Achaia, Peloponnes, Kreta).
(f. 126v–127r) Af. 1 (Mauretanien), (f. 127v–128r) Af. 2 (Africa), (f. 128v–129r) Af. 3 (Cyrenaica und ganz Ägypten), *Af. 4 fehlt*.
(f. 129v) As. 1 (*nur westliche Hälfte*: Pontos und Bithynien, Eigentliches Asien, Lykien, Galatien, Pamphylien, Kappadokien, Kilikien), *As. 2 fehlt*, (f. 130r) As. 3 (*nur östliche Hälfte*: Kolchis, Iberien, Albanien, Großarmenien), (f. 130v–131r) As. 4 (Zypern, Syrien, Palästina bzw. Judäa, Arabia Petraea, Mesopotamien, Arabia Deserta, Babylonien), (f. 131v–132r) As. 5 (Assyrien, Medien, Susiane, Parthien, Persis, Wüste Karmanien), (f. 132v–133r) As. 6 (Arabia Felix, Karmanien), (f. 133v–134r) As. 7 (Hyrkanien, Margiane, Baktrien, Land der Sogdianer, Land der Saken, Skythien diesseits des Imaongebirges), (f. 134v) As. 8 (Skythien jenseits des Imaongebirges, Serike), (f. 135r) As. 9 (Areia, Land der Paropanisaden, Drangiane, Arachosien, Gedrosien), (f. 135v–136r) As. 10 (Indien diesseits des Ganges), (f. 136v–137r) As. 11 (Indien jenseits des Ganges, Land der Sinen), (f. 137v–138r) As. 12 (Taprobane). – (f. 138v–139v) leer, aber Kartenränder eingezeichnet.
Gestaltung: Kartenrahmen und Gradnetzbeschriftungen (Feineinteilung in bis zu 5′-Schritte rund um die Karten herum) mit brauner Tinte, hingegen keine Gradnetze eingezeichnet; Grenzlinien mit brauner Tinte, Provinzen vorwiegend in Brauntönen koloriert (dunkelbraun, hellbraun, beige, rötlichbraun, gelblichbraun, hellblau); Festlandumrisslinien, vorgezeichnete Flussverläufe/Gebirge mit brauner Tinte; Gewässer in wässrigem, unregelmäßig aufgetragenem Blau; Gebirge braun, sich manchmal schlecht von der Kolorierung der Provinzen abhebend. Viereckige Vignetten mit brauner Tinte, koloriert (blassbraun, rot), gekrönt von nur durch kleine vertikale Striche angedeuteten, drei bis sechs Zinnen;[506] die Ortsnamen stehen nicht in den Vignetten; keine Symbole für die ethnische Zugehörigkeit, keine Lokalisationspunkte, *Poleis diasemoi* nicht hervorgehoben (Ausnahme: Rom auf Europa-Karte 6 mit rötlicher Farbe

506 Einige abweichende Formen z. B. für Turris Libisonis (*Geogr.* 3,3,5, Europa-Karte 7) oder die Altäre Alexanders (*Geogr.* 3,5,26, Europa-Karte 8), vgl. dazu auch FISCHER 1932, tom. prodr. 1, 258.

markiert). Sämtliche Beschriftungen in Minuskeln (manchmal vergrößert, z.B. für Meeres- oder Ländernamen) und mit brauner Tinte (abgesehen von einigen wenigen Eintragungen verschiedener Natur mit roter Tinte auf Europa-Karte 1 und Asien-Karte 1); oft stehen Namen von Toponymen, die auf der Karte keinen Platz mehr fanden, außerhalb der Karte am Rand und sind mit einem Zeichen versehen, das am entsprechenden Ort auf der Karte wiederholt wird. Klima- und Stundenangaben in der Regel am östlichen Kartenrand.

Einband, Schutzblätter

Der Einband ist mit braunem Leder überzogen. Auf dem vorderen und hinteren Buchdeckel befindet sich ein aus einer dreifachen Linie bestehender Rahmen, in jeder Ecke innerhalb des Rahmens ist eine kleine rhombenförmige Verzierung eingeprägt, in der Deckelmitte das Wappen Venedigs. Auf dem Buchrücken eine lederne Etikette mit der Aufschrift «PTOLEM. / GEOGR.» in goldenen Lettern, gerahmt von einer dreifachen goldenen Linie. Beide Spiegel sind mit marmoriertem Papier überzogen.

Die Handschrift weist sowohl vorne als auch hinten je fünf Schutzblätter auf, von denen die jeweils äußersten drei leer, unnummeriert und wohl gleichen Datums wie der Einband sind. Die jeweils zwei inneren Schutzblätter sind mit römischen Zahlen nummeriert («I»–«II» bzw. «III»–«IV»).

Schutzblätter

(f. ⟨A–C⟩, I–II) Vorsatzblätter:

(f. ⟨A–C⟩) leer. – (f. Ir) Oben, mit Bleistift Nummer unbekannter Bedeutung «XCII.7». Unten eingeklebtes, gedrucktes Blatt mit Zanettis Katalogeintrag.[507] – (f. II) leer.

(f. ⟨D–F⟩, III–IV) Nachsatzblätter, leer.

Erhaltungszustand

Beschädigungen und Flecken durch Feuchtigkeit, insbesondere am oberen Rand und in der oberen inneren Ecke. Fragment (f. s. n.) zwischen f. II und f. 1 stark verstümmelt. Von f. 3 ist der obere Rand weggeschnitten, von f. 208 der untere Rand; diese beiden Ränder am Anfang und Schluss des Manuskripts könnten Bemerkungen enthalten haben, die zu einem gewissen Zeitpunkt nicht mehr aktuell waren und deshalb eliminiert wurden. Papier an zahlreichen Stellen restauriert. Die Beschädigungen betreffen die Schrift jedoch nur gering.

---

507 Vgl. Zanetti 278.

Stemmatologische Notizen (nur zu f. 5–139)

Der Marc. gr. Z. 516 (R) ist nach Schnabels Klassifizierung „Stammvater" der Textfamilie ρ und – neben dem Vat. gr. 177 (V), dem Suppl. gr. 119 (C) und dem Vat. gr. 178 (W), alle ebenfalls zur Textfamilie ρ gehörig – einer der reinen Vertreter der Textgruppe Π. Die Karten folgen zwar der A-Redaktion, sind aber inhaltlich und formal zu einem gewissen Grad unabhängig von den anderen Vertretern dieser Redaktion, da sie sich sehr eng an den R-Text anlehnen, sich auch kartenzeichnerisch von den A-Vertretern abheben und sich *en bloc* am Schluss der Handschrift befinden.

Aufgrund der revidierten Datierung von Handschrift R ins letzte Fünftel des 14. Jh. (siehe dazu oben *Wasserzeichen* und unten *Geschichte*) gerät die Leitrolle der Handschrift innerhalb der Textfamilie ρ ins Schwanken: Zumindest Handschrift C scheint älter zu sein als R (siehe dazu die Beschreibung der Handschrift C, *Wasserzeichen*).[508]

Ausgewählte Stellen: Eine **Kapitelübersicht zu *Geogr.* 1** liegt wegen des fehlenden Anfangs nicht vor, Kap. 8 und 9 werden im Text aber als separate Kapitel aufgeführt und entsprechend nummeriert. Der Text von *Geogr.* 1 ist, beachtet man nur die Nummerierung, nur in 22 Kapitel unterteilt, da die eigentlichen Kapitel 23 und 24 zwar durch Initialen bei Kapiteltitel und -beginn als solche markiert sind, jedoch nicht nummeriert wurden. – Die **Homoioteleuton-Lücke** in *Geogr.* 1,24,17 weist Handschrift R nicht auf.

Anhänge: ***1a)*** (f. 20v) Bruchstück der Liste der Provinzen oder Satrapien der Oikumene.

(f. 114r) *Poleis diasemoi* Taprobanes (*Geogr.* 8,28) in der Reihenfolge nach der ω-Rezension und folgender Form: «Ναγάδιβα» – «Ταλακώρι» – «Μαάγραμμον ἡ μητρόπολις».

1 (f. 114r/v) Liste der Provinzen oder Satrapien der Oikumene: Provinznamen im Nominativ (gemäß ω-Rezension), fortlaufend wie Prosa geschrieben und nicht in Tabellenform dargestellt; Gradangaben werden nur zur ersten spanischen Provinz (Hispania Baetica) geboten.[509]

2 (f. 114v, unten – 115r, oben) Scholien zur Armillarsphäre.

3 (f. 115r, Mitte oben) Tabelle des Sonnenlaufs gemäß der ω-Rezension, fortlaufend und nicht in Tabellenform geschrieben; ägyptische Namensformen zu jedem Monatsnamen, für die Sonne steht durchgehend das Sonnensymbol.

5 (f. 115r, Mitte unten) Scholion zum Verkürzungsfaktor.

---

508 Handschrift W konnte in dieser Arbeit nicht näher betrachtet werden; die Analyse ihrer Wasserzeichen dürfte eine Präzisierung ihrer Datierung ins 14. Jh. erlauben. Zur Problematik der Datierung der Handschrift V s.u. S. 524f.

509 Unzutreffend dazu der Apparat in der Ausgabe von Stückelberger 908 Anm. 5.

6 (f. 115r, unten – 116r, oben) Verzeichnis der Länge und Breite der einzelnen Karten.
5a) (f. 116r, Mitte) Zweites Scholion zum Verkürzungsfaktor.
7 (f. 116r, unterhalb der Mitte) Hexametergedicht auf die Weltkarte des Ptolemaios, Titel «στίχοι ἡρωικοὶ εἰς τὴν Πτολεμαίου γεωγραφίαν», links und rechts flankiert von «τέλος»; fortlaufend geschrieben und nicht in Versform dargestellt; die Versenden wurden durch einen Hoch- oder Doppelpunkt sowie einen kleinen Zwischenraum vor dem nächsten Wort signalisiert.
8 (f. 116r, unten) Agathodaimon-Subskription in Ich-Form und «τέλος», anschließend «δόξα σοι ὁ θεὸς πάντων ἕνεκεν».

Geschichte

Zu dem Hauptkopisten des Marc. gr. Z. 516 (R) ist nicht mehr bekannt, als den Angaben in seiner Subskription entnommen werden kann (s.o. *Beigaben*): Er hieß Andreas Teluntas und war der Sohn eines gewissen Phrangos aus Nauplion (Peloponnes). Im *Geographie*-Teil hat er sowohl den Text kopiert als auch die Karten gezeichnet und beschriftet. Aufgrund einer gerechtfertigten Revision der Analyse der Wasserzeichen (s.o. *Wasserzeichen*) sowie paläographischer Beobachtungen (vgl. Bernardinello 1996/1997, 54f.) ist die Entstehungszeit unserer Handschrift in den letzten beiden Dekaden des 14. Jh. anzusiedeln. Der genaue Entstehungsort der Handschrift ist unbekannt, muss aber im östlichen Mittelmeerraum zu suchen sein.

Fest steht, dass die Vorlage zur *Geographie* in unserer Handschrift R den Atlasteil ebenfalls erst am Schluss des Werkes *en bloc* enthielt, und dass die Karten auf jedes zur Verfügung stehende Blatt gezeichnet waren. Außerdem wies die Abfolge der Karten in dieser Vorlage eine Besonderheit auf: Afrika-Karte 4 befand sich – laut einem Scholion unterhalb der ersten Asien-Karte, das unser Kopist aus der Vorlage übernommen hat, s.o. S. 446 mit Anm. 499 – zwischen den ersten beiden Asien-Karten. Als Grund für diese Umdisponierung werden in dem Scholion Platzverhältnisse genannt: In der Tat zeigt Afrika-Karte 4 einen von der geographischen Längen- und Breitenausdehnung her gegenüber anderen Karten größeren Ausschnitt, somit wird die Gradeinteilung auf dem zur Verfügung stehenden Doppelblatt enger. Wollte man die Karte durch diese Verschiebungsaktion auf ein zusammenhängendes Doppelblatt bringen, um dabei die ganze Breite der Blätter bis zum Falz hin besser und einfacher auszunutzen? Nun fehlen in Handschrift R zwei ganze und zwei halbe Teilkarten, die Lagen sind jedoch unversehrt, auch die zusätzliche Zählung der Karten (s.o. *Foliierung*) und die Kustoden sind regelmäßig und fortlaufend. Dafür kommen verschiedene Erklärungen in Frage: Entweder fehlten gemäß der gängigen Erklärungsvariante die betreffenden Karten und Kartenteile bereits in der Vorlage des Marcianus.[510] Oder aber unser Kopist hat beim Anfertigen der Karten in seiner Vorlage wohl aus Versehen drei aufeinander folgende Blätter übersprungen und deren Übertragung unterlassen; auf ihnen waren exakt die nun nicht vorhandenen Karten abgebildet (s. o. S. 452). Ob in der Vorlage eine Weltkarte vorhanden war oder nicht, bleibt offen.

Vielleicht weist der Vermerk «ἡ μεγάλη χατῶ» (die große Chātûn = Herrin, Fürstin) über der Abbildung auf f. 2v (s. o. *Ausstattung*) auf Sitt-Chatun hin, die erste Gemahlin Mehmets II., des Eroberers von Konstantinopel, der sich nachweislich für die ptolemäische *Geographie* interessierte (siehe dazu auch die Beschreibung der Handschriften c und s, *Geschichte*). Ob der auf f. 3r abgebildete Mann mit Melik Arslân, dem Bruder der Sitt-Chatun und Herrscher über Elbistan, zu identifizieren ist, trotz der griechischen Legende, die besagt, es handle sich bei dieser Figur um Ptolemaios? Auf jeden Fall scheint die Bedeutung der beiden arabischen Wörter links und rechts der Darstellung des Ptolemaios (f. 3r) ungewiss: Sie sollen übersetzt „Sultan Arslân" heißen, womit auf besagten Melik Arslân angespielt werde – so Olshausen 1880, der die Wörter für diese Interpretation jedoch stark konjizierte. Die wahrscheinlichere Übersetzung der arabischen Wörter lautet offenbar „Sultan Allah". Vielleicht gehörte die Handschrift zur Mitgift der Sitt-Chatun, die wohl im Frühjahr 1449 mit Mehmet II. verheiratet wurde.[511] Nach einer anderen Vermutung war die Handschrift im Besitz von Sitt-Chatuns Bruder Arslân, der sie seinem Schwager Mehmet II. zum Geschenk machen wollte, aber durch seinen vorzeitigen Tod – er wurde 1465 ermordet – an diesem Vorhaben gehindert wurde.[512]

Die Notiz, die ein gewisser Magister Astrapas auf f. 1r hinterlassen hat, verrät nicht, ob der Betreffende für die Abbildungen der Handschrift verantwortlich war oder die Handschrift besaß. Auf jeden Fall war Kardinal Bessarion im Besitz des Kodex, wie dies ein Eintrag von seiner Hand bezeugt (s. o. *Beigaben*).

---

510 Sie müssen sich auf drei aufeinander folgenden Blättern befunden haben: Das erste Blatt davon wies auf der Rectoseite die östliche Hälfte der Asien-Karte 1 auf, auf der Versoseite die westliche Hälfte der hierher versetzten Afrika-Karte 4. Das zweite Blatt enthielt auf der Rectoseite die östliche Hälfte der Afrika-Karte 4, auf der Versoseite hingegen die westliche Hälfte der Asien-Karte 2. Auf dem dritten Blatt schließlich waren auf der Rectoseite die östliche Hälfte der Asien-Karte 2 und auf der Versoseite die westliche Hälfte der Asien-Karte 3 abgebildet. Genau diese Karten und Kartenteile fehlen in Handschrift R. Vermutlich handelte es sich bei den drei Blättern um ein zusammenhängendes Doppelblatt (das Mittelblatt einer Lage, auf dessen „Innenseiten" die vierte Afrika-Karte angebracht war) und das darauf folgende Blatt.

511 So Raby 1987, 301.

512 Siehe Babinger 1949, 230f.

Für stemmatologische Beobachtungen vgl. die Ausführungen am Schluss des Abschnitts *Geschichte* in der Beschreibung der Handschrift C; ein näherer Vergleich des Scholions ganz am Schluss des Atlasteils auf f. 138r des Marc. gr. Z. 516 (R) (s.o. *Beigaben*) mit dem zum Teil gleichlautenden Scholion im Plut. 28.49 (O) am Schluss auf f. 111v (s.o. die Beschreibung der Handschrift O, *Inhalt*) könnte allenfalls Aufschlüsse zur Geschichte bzw. zum Zusammenhang der beiden Handschriften liefern.

Bibliographie

Babinger 1949, 230f. und Tafel 7 (Reproduktion von f. 2v). – Bernardinello 1996/1997, *passim*. – Diller 1966, VIIf. - Fischer 1932, tom. prodr. 1, 253–261; tom. prodr. 2 (ohne Seitenzahlen, Sigle A5): Reproduktion der Europa-Karte 4, östl. Hälfte (f. 120r) und 9 (f. 124v–125r), schwarzweiß. – Labowsky 1979, 168 Nr. 266 sowie 260 Nr. 287 und 291 Nr. 14. – Mathiesen 1988, 778 (mit viel zu früher Datierung ins 12. Jh.). – Mioni, Thesaur. ant. 2, 381–384. – Elpidio Mioni, „Le tavole aggiunte alla geografia di Tolomeo nel Cod. Marc. Gr. 516“, in: P. L. Leone (Hrsg.), *Studi bizantini e neogreci* (Galantina 1983) 57–67. – Mittenhuber 2009, 210–264. – Olshausen 1880, *passim*. – Pagonari-Antoniou 1992, 126 und 131f. – PLP 11, Nr. 27558. – Raby 1987, 301. – Renou 1925, am Schluss des Buches Reproduktionen der Asien-Karten 10–12, schwarzweiß. – Schnabel 1938, 22f. – Wilberg 1838–1845, Vorwort zu Fasz. 4.

Art der Kontrolle

Mikrofilm; punktuelle Kontrollen am Original (März 2007).

Venezia, Biblioteca Nazionale Marciana, Marcianus graecus II, 103 (1312)[513] ohne Sigle

Werke des Pachomios Rhusanos mit drei Exzerpten aus Werken anderer Autoren.
Griechenland, 16. Jh. (nicht nach 1553), Papier mit Wasserzeichen, 216 × 158 mm; (6) 286 (8) / I–VI, 1–284, ⟨285–286⟩ (bzw. 2 folia s. n.), ⟨I′–VIII′⟩. – Olim Nanianus 125.

Inhalt[514]

1 (f. 1r–260v; 20r/v leer) Pachomius monachus (Rhusanus), *Opera miscellanea.*[515]
2 (f. 261r–274r; 252r/v, 260r leer) Johannes Zonaras, Exzerpt aus den *Annales* 6,18–29: *De Hierosolymae expugnatione*. – (f. 274v–276v) leer.
3 (f. 277r) Nicephorus Gregoras, Fragment aus der *Historia Byzantina* 1,2: *De Constantinopoli a Latinis capta*. – (f. 277v) leer.
4 (f. 278r–281v) Claudius Ptolemaeus, zwei Exzerpte aus der *Geographia* 3,15f., Titel «ἐκ τῶν Πτολεμαικῶν·». – (f. 282r/v) leer.
(f. 278r–279v) *Geogr.* 3,15, Titel «Ἀχαίας θέσις·» (s.u. *Stemmatologische Notizen*).
(f. 280r–281v) *Geogr.* 3,16, Titel «Πελοποννήσου θέσις·» (s.u. *Stemmatologische Notizen*).
5 (f. 283r–284v) Pachomius monachus (Rhusanus), *Index operum eius*.

Beigaben:[516] (f. 1r) In der unteren inneren Ecke alte Handschriftennummer «⟨1⟩25», unter der sich der Kodex in der Bibliotheca Naniana befand (s.u. *Geschichte*). – (f. 67v, unten) Besitzvermerk des Klosters Ἅγιος Γεώργιος τῶν Κρημνῶν auf Zakynthos (siehe auch unten *Schutzblätter*).

---

513 In der modernen Sekundärliteratur zur *Geographie* des Ptolemaios wird die Signatur der Handschrift in der Regel ungenau und irreführend mit Venet. Marc. gr. 103 angegeben.
514 Zum Zeitpunkt der Untersuchung dieses Kodex unterschied ich noch nicht nach allfälligen Kodikologischen Einheiten und Blöcken; einige Anhaltspunkte vermögen die Lagen (s.u. *Organisation der Lagen*) zu geben, siehe auch unten die Bemerkungen auf S. 464.
515 Homilien, dogmatische Schriften und Reden, hagiographische Schriften, liturgische Stücke, Briefe, grammatische Stücke, kurzer Traktat über Musik (vgl. Mioni 1.1, 309–312, wo 33 Abteilungen unterschieden werden).
516 Nicht aufgenommen sind Stempel und Etiketten der Biblioteca Marciana sowie der Eintrag der aktuellen Signatur.

Foliierung

(f. 1–284) Auf der Rectoseite in der oberen äußeren Ecke arabische Zahlen, durchgehend und regelmäßig und deshalb nach dem Ausfall einiger Lagen (dazu unten *Lagen*) vorgenommen.

Beschreibstoff

Papier mit Wasserzeichen.

Wasserzeichen

1 (z.B. f. 4–5, 80, 224–225, 227) *Ancre*, nicht unähnlich wie Briquet 525 (Reggio d'Emilia 1553–1556):[517] Anker in einem Kreis, gekrönt von einem sechsstrahligen Stern, Gegenmarke bestehend aus dem Buchstabenpaar BA; Maße des Ankers 58 × 35,5 mm, Maße des Buchstabenpaars 15,5 × 17,5 mm; 20 Ripplinien messen 20,5 mm, Abstand zwischen der das Wasserzeichen durchlaufenden Kettlinie und den benachbarten Kettlinien ca. 28 mm, Abstand zwischen letzteren und den nächsten benachbarten Kettlinien gut 15 mm. In der Handschrift messen die Abstände zwischen den Kettlinien jedoch durchgehend regelmäßig ca. 33 mm, außerdem besteht die Gegenmarke aus dem Buchstabenpaar AB, dessen Maße ca. 20 × 20 mm betragen.[518]
2 (f. 281) Auf diesem Blatt (es befindet sich in derjenigen Lage, die einen Sonderfall darstellt, siehe dazu unten *Lagen*) ist der Rest eines nicht mehr näher bestimmbaren Wasserzeichens in einem Kreis zu sehen, das aber mit Sicherheit nicht identisch ist mit Wasserzeichen *1*. Der Abstand zwischen der das Wasserzeichen durchlaufenden Kettlinie und ihren benachbarten Kettlinien beträgt, soweit erkennbar, ca. 30 mm; der Abstand zwischen letzteren und den nächsten benachbarten Kettlinien misst ca. 40 mm.

Organisation der Lagen

Lagen: $\mathrm{IV}^{\mathrm{f.\,8}}$ + 2.$\mathrm{III}^{\mathrm{f.\,20}}$ + 32.$\mathrm{IV}^{\mathrm{f.\,276}}$ + $\mathrm{III}^{\mathrm{f.\,282}}$ + $\mathrm{II}^{\mathrm{f.\,\langle 286\rangle}}$. – Die 6., 22., 26. und 37. Lagen sind gänzlich ausgefallen, mit Textverlust (die Ptolemaios-Exzerpte sind nicht davon betroffen). Genau genommen bestand der Kodex ursprünglich aus 41 Lagen; Mioni 1.1, 308f. ging – in Anlehnung an die Kustoden – von ursprünglichen 40 Lagen aus, jedoch weist die 41. und

---

517 Bestimmung gemäß Mioni 1.1, 309.

518 Die in der Marciana gegebenen Möglichkeiten ließen keine präzisen Messungen der Wasserzeichen, Stege und Rippdrähte zu. Auf das Ausmessen der Rippdrähte musste ganz verzichtet werden.

letzte Lage, ein Binio (II$^{\text{f. 283–⟨286⟩}}$), keine Kustode mehr auf, vielleicht aus inhaltlichen Gründen (in ihrer ersten Hälfte befindet sich eine Übersicht über die Werke des Pachomios, die Blätter der zweiten Hälfte sind leer und unnummeriert).

Die Exzerpte aus Ptolemaios befinden sich in der zweitletzten Lage, einem Ternio (III$^{\text{f. 277–282}}$), zusammen mit den (vorausgehenden) Exzerpten aus Gregoras. Dieser Ternio bildet einen Sonderfall: Die inneren zwei Doppelblätter (f. 278–281) – auf ihnen steht das *Geographie*-Exzerpt – bestehen aus einem anderen Papiertyp (siehe dazu auch oben *Wasserzeichen*) und sind in-8° gefaltet. Die vier von der Breite her schmaleren Blätter wurden am äußeren Rand dahingehend verstärkt, dass ihre Breite nun den übrigen Blättern entspricht.

Faltung: Allgemein in-4°; f. 278–281 in-8°.

Kustoden: Auf der ersten Rectoseite und meistens zusätzlich auf der letzten Versoseite der Lagen in der unteren äußeren Ecke griechische Zahlzeichen «α′»–«μ′».

Keine Reklamanten.

Liniierung: Die Liniierung – sie wurde mit Blindgriffel vorgenommen – ist zu schlecht sichtbar für eine Beschreibung des Linienschemas. Für das Ptolemaios-Exzerpt, das sich von der Textgestaltung her wesentlich von den übrigen Texten unterscheidet, scheint keine andere, besondere Liniierung zur Anwendung gekommen zu sein.

Seitenlayout

(f. 153) 1 Kol., 25 Z., 216 × 158 mm, Schriftspiegel 148 × 88 mm.
(f. 280 [im Ptolemaios-Exzerpt]) 1 Kol., 25 Z., 215,5 × 154 mm, Schriftspiegel 147 × 82 mm.

Schreiber, Schrift, Tinte

Schreiber: Pachomios Rhusanos.

Haupttext: Kleine, akkurate und gerade bis leicht rechts geneigte Minuskelschrift, ausgeprägte Oberlängen (auffallend v.a. Tau) und Unterlängen (v.a. Chi); ziemlich große Zeilenabstände, Worttrennung angedeutet, wenige Abkürzungen (im Ptolemaios-Exzerpt etwas mehr). Tinte braun. Charakteristisches Tau (in Form eines oben nach links gebogenen „Spazierstocks“, oft aber auch oben in eine Spitze auslaufend) und charakteristische Ligatur Tau-Omikron (in Form einer „Suppenkelle“).

Keine Auszeichnungsschriften. Mit der roten Auszeichnungstinte wurden Titel und Initialen ausgeführt.

Ausstattung, Buchschmuck, Illustrationen

Anspruchslos gestaltetes Manuskript. Auf f. 21r taucht eine einfache Zierlinie über dem Werktitel auf; auf f. 147v ist eine simple Skizze am äußeren Rand zu sehen; f. 260v enthält eine grammatische Tafel.
Initialen: Herausgestellt, in der Regel vergrößert (besonders am Anfang eines Werkes erstrecken sie sich bis über acht Zeilen), mit Auszeichnungstinte, meist einfach verziert.

Einband, Schutzblätter

Die Buchdeckel bestehen aus Holz. Der Rücken wurde im Nachhinein mit Leder verstärkt, das mit einfachen Pflanzenmotiven gepresst ist. Am hinteren Buchdeckel sind zwei Lederriemen mit metallenen Schließen befestigt. Auf dem unteren Schnitt steht «Παχωμίου μοναχοῦ».

Die sechs Vorsatzblätter sind mit römischen Ziffern nummeriert, die acht Nachsatzblätter weisen keine Zählung auf. Mit dem ersten Vorsatz- und dem letzten Nachsatzblatt hängen die Spiegelblätter zusammen, so dass genau genommen sowohl vorne als auch hinten das Spiegelblatt und das äußerste Schutzblatt aus einem Doppelblatt bestehen, dessen Innenseite außerdem in Pergamentimitat gehalten ist. Diese beiden Doppelblätter sind späteren Datums.

Schutzblätter
(f. I–VI) Vorsatzblätter:
  (f. Ir–IIr) leer. – (f. IIv) Oben Besitzvermerk des Klosters Ἅγιος Γεώργιος τῶν Κρημνῶν auf Zakynthos. – (f. IIIr–VIv) leer.
(f. ⟨I′–VIII′⟩) Nachsatzblätter:
  (f. ⟨I′⟩r–⟨VII′⟩r) leer. – (f. ⟨VII′⟩v) Zwei Besitzvermerke des Klosters Ἅγιος Γεώργιος τῶν Κρημνῶν auf Zakynthos. – (f. ⟨VIII′⟩r/v) leer.

Erhaltungszustand

Abgesehen von Wurmfraßlöchern und wenigen Feuchtigkeitsflecken gut erhaltenes Manuskript. Die das Ptolemaios-Exzerpt enthaltenden Blätter (f. 278–281) sind am äußeren Rand so verstärkt, dass sie in der Breite den anderen Blättern entsprechen (siehe dazu auch oben *Lagen*).

Stemmatologische Notizen (nur zu f. 278–281)

Schnabel erwähnt den Marc. gr. II, 103 unter „Auszüge und Bruchstücke“ (Schnabel 1938, 33), ohne weiter auf ihn einzugehen.

Der Titel des ersten exzerpierten Kapitels *Geogr.* 3,15 lautet korrekt «Ἀχαίας θέσις».[519] Während anfänglich pro Toponym und zugehörige Koordinaten eine Zeile verwendet wurde, stehen in *Geogr.* 3,15,14–22 (Aufzählung der Städte im Landesinnern von Hellas) in der Regel jeweils zwei Toponyme mit Koordinaten auf einer Zeile, manchmal zusätzlich ein Gebietsname; zugleich werden von nun an mehrere Toponyme weggelassen.[520] In der Folge ist der Text wieder vollständig. Dieselbe gedrängte Darstellungsweise wird noch einmal für *Geogr.* 3,15,26f. gewählt, hier jedoch ohne Textausfälle oder -überspringungen. Die letzten drei Paragraphen des Kapitels (*Geogr.* 3,15,28–30) fehlen gänzlich.

Vom nächsten Kapitel *Geogr.* 3,16 wird der Text vollständig wiedergegeben bis und mit Paragraph 14, daraufhin wiederum stark exzerpiert, wobei die Paragraphen 16f., 19 und der letzte Paragraph 23 gänzlich fehlen. Bis Ende *Geogr.* 3,16,14 wird pro Toponym mit zugehörigen Koordinaten eine Zeile verwendet, im exzerpierten Teil, in dem es um die Städte im Landesinnern des Eigentlichen Achaia geht, stehen pro Zeile der Name des Gebiets und jeweils zwei in diesem liegende Städte mit Koordinaten.

Der Text folgt der ω-Rezension. Während die Koordinatenangaben in den nicht gekürzten Teilen beider Kapitel recht zuverlässig sind, werden sie in den exzerpierten Partien seltsamerweise sehr häufig ebenfalls „exzerpiert" wiedergegeben: oft ohne oder nur mit dem ersten Teil der Minutenangaben. Die zwei Kapitel wurden so arrangiert, dass von der Aufzählung der Binnenstädte eine Auswahl getroffen wurde, offenbar der wichtigsten Städte. Die Inseln wurden, abgesehen von Euböa, Thera und Kia im 15. Kapitel, ganz weggelassen. Dass der Schreiber im Ptolemaios-Exzerpt mit etwas mehr Abkürzungen arbeitet, kann eine Folge des technischen Charakters des Textes sein, könnte aber auch von der Vorlage übernommen worden sein.

Geschichte

Der Marc. gr. II, 103 kann der Hand des Theologen und Mönchs Pachomios Rhusanos (* 1508 auf Zakynthos, † 1553 bei Naupaktos) zugeschrieben werden und ist somit zum größten Teil Autograph. Die insgesamt fünf textlichen Einheiten müssen nicht zwingend an demselben Ort und zu derselben Zeit kopiert worden sein. Pachomios lebte zuerst auf seiner Heimatinsel Zakynthos und später auf dem Athos. Natürlich bildet

519 Man bedenke, dass z.B. im Urb. gr. 82 (U), im Vatopedi 655 (L) und im Plut. 28.49 (O) an der entsprechenden Stelle der Titel «Ἀχαίας τῆς καὶ Ἑλλάδος θέσις» steht.

520 In *Geogr.* 3,15,20 z.B. Thisbe, Koroneia, Hyampolis, Chaironeia, Kopai, Haliartos, Akraiphia, Tanagra und Delion, also neun von insgesamt vierzehn Toponymen.

aber das Todesjahr des Kopisten einen *Terminus ante quem* für die Abfassung. Nach Pachomios' Tod ging seine Handbibliothek und mit ihr auch unser Manuskript in den Besitz des auf Zakynthos befindlichen Klosters Ἅγιος Γεώργιος τῶν Κρημνῶν über; die drei Besitzvermerke des Klosters am Anfang, am Schluss und mitten in der Handschrift (s.o. *Beigaben* und *Schutzblätter*) dürften ein Hinweis darauf sein, dass sie sich damals wie heute gleich zusammensetzte. Bevor die Handschrift in den Besitz der Biblioteca Marciana gelangte, gehörte sie dem venezianischen Admiral Giacomo Nani, der eine Sammlung von 309 Handschriften sein eigen nannte.[521]

Kodikologisch gesehen sind das Zonaras-Exzerpt einerseits, das zwei Quaternionen beansprucht (wobei die letzten fünf Seiten leer sind), und das Gregoras-Fragment mit dem Ptolemaios-Exzerpt andererseits, zusammen auf einen Ternio geschrieben, unabhängig von den Schriften des Pachomios. Die Zusammenstellung der eigenen Schriften unterschiedlicher Natur und der Exzerpte aus anderen Werken verdeutlicht wohl mehr die vielseitigen Interessen des Pachomios, als dass in dieser Kombination ein innerer Zusammenhang zu suchen ist. Das Zonaras-Exzerpt und das Gregoras-Fragment scheinen immerhin darauf hinzuweisen, dass Pachomios, ganz im Geist des byzantinischen Topos von der Gleichsetzung Konstantinopels mit Jerusalem, die Eroberungen dieser beiden Städte in einen Zusammenhang setzte.[522]

Beim Ausschnitt aus der *Geographie* handelt es sich um ein Exzerpt, die beiden ausgewählten Kapitel sind nicht vollständig wiedergegeben. Die Tatsache, dass Pachomios bewusst bestimmte Ausschnitte aus Zonaras und Gregoras exzerpierte, spricht dafür, dass er auch im Falle des Ptolemaios für das Textarrangement verantwortlich ist. Fragwürdig bleibt freilich, warum die Wiedergabe der Koordinaten in den gekürzten Teilen mangelhaft ist.

Das Ptolemaios-Exzerpt zeigt, dass Pachomios offenbar Interesse an der und Zugang zur *Geographie* hatte; dabei scheint es plausibel, von einer kompletten Vorlage auszugehen, die der Mönch für seine Zwecke exzerpierte. Um welche *Geographie*-Handschrift es sich dabei handelte und ob diese heute noch vorliegt, bleibt vorerst ungeklärt. Es scheint sich jedoch um eine der ω-Rezension folgende Vorlage gehandelt zu haben. Eine nähere Analyse der Wasserzeichen nicht nur desjenigen Papiertyps, der für die Abschrift des *Geographie*-Ausschnittes gebraucht wurde, sondern auch des in der Handschrift dominierenden Papiertyps[523] könnte

521 Dazu und zum Vorangehenden PRINZING 1938, 354f.

522 PRINZING 1983, 358.

523 Die Kongruenz des Wasserzeichens in der Handschrift mit dem von MIONI vorgeschlagenen Exemplum aus BRIQUET ist zu wenig groß, als dass daraus der Entstehungszeitraum klarer definiert werden könnte.

eine engere Eingrenzung der Entstehungszeit der Texte und – in Kombination mit der Biographie des Kopisten – allenfalls auch ihres Entstehungsortes ermöglichen.

Bibliographie

Mioni 1.1, 308–312. – Prinzing 1983. – Schnabel 1938, 33.

Art der Kontrolle

Original (März 2007).

2. Vorläufige Bemerkungen zu einigen nicht näher untersuchten Handschriften

Città del Vaticano, Biblioteca Apostolica Vaticana, Palatinus graecus 314 Sigle **Z** (Vorläufige Bemerkungen)

An dieser Handschrift wurden nur punktuelle Kontrollen vorgenommen, um die Verhältnisse der Textfamilie ζ mit ihren vier Mitgliedern Vat. Pal. gr. 314 (Z), Paris. gr. 1403 (E), Parm. Pal. 9 (H) und Paris. gr. 1404 (b) besser zu verstehen.
Claudius Ptolemaeus, *Geographia*.
Kreta (?), ca. 1462 – ca. 1473, Papier mit Wasserzeichen, 280 × 190 mm; (2) 225 (1) / ⟨I⟩–⟨II⟩, 1–183, 184a, 184–224, ⟨I′⟩.

Inhalt

(f. 1–224) Claudius Ptolemaeus, *Geographia*:
(f. 1r–23v) *Geogr.* 1. – (f. 23v–55r) *Geogr.* 2. – (f. 55r–87v) *Geogr.* 3. – (f. 88r–111r) *Geogr.* 4. – (f. 111r–142v) *Geogr.* 5. – (f. 142v–165r) *Geogr.* 6. – (f. 165r–185r) *Geogr.* 7. – (f. 185v–218v) *Geogr.* 8. – (f. 218v–223v) Anhänge zur *Geogr.* – (f. 224r/v) leer.

Beigaben: (*passim*) An den Rändern einzelne Textvarianten oder -erläuterungen vom Kopisten, z.B. auf f. 57v in der Mitte zu *Geogr.* 3,1,22 Ariminum/Rimini «π(ατ)ρὶς Ἀγγέλου Βαδίου.», auf f. 61r oberhalb der Mitte zu *Geogr.* 3,1,61 Rom «μητρομήτωρ γραικόρουμ, νέων ῥωμαίων.», auf f. 75r oben zu Byzantion «πατρὶς ἐμή». An den äußeren Rändern Textvarianten von anderer, wohl späterer (humanistischer?) Hand, z.B. f. 14r, 16r, 18v, 55v. – (f. ⟨II⟩) Auf der Rectoseite Herkunftsbezeugung: Druck eines Wappens, das auf die ursprüngliche Bibliotheksheimat der Handschrift, Heidelberg, hinweist;[524] die Versoseite ist leer. – (f. 1r, Z. 1) Gegen innen, aber nicht bündig mit dem linken Rand des Schriftspiegels, von späterer Hand Besitzvermerk «Joh. baptista posthumus de leone.». – (Später eingefügtes Blatt = f. 184a) Rectoseite leer; auf der Versoseite befindet sich eine Skizze der Zeichnung **5** (s.u. *Illustrationen*). – (f. 223v) Nach den Anhängen zur *Geographie*, etwas unterhalb der Blattmitte, Subskription des Kopisten Michael Apostoles: «Μιχαῆλος Ἀποστόλῃς Βυζάντιος, πενίᾳ συζῶν ἐξέγραψεν».

Beschreibstoff

Papier mit Wasserzeichen vom Typ *Balance* und *Tête de boeuf*.

Organisation der Lagen

Lagen: 22.IV$^{\text{f. 176}}$ + (IV+1$^{\text{f. 184a}}$)$^{\text{f. 184}}$ + 5.IV$^{\text{f. 224}}$. – Die Handschrift besteht aus insgesamt 28 regelmäßigen Quaternionen. Im 23. Quaternio wurde nachträglich zwischen das vorletzte und letzte Blatt der Lage ein Blatt kleineren Formats eingefügt.
Faltung: in-folio.
Kustoden: Auf der Rectoseite des ersten Blattes der Lage in der unteren äußeren Ecke, dem Anschein nach mit der Tinte des Haupttexts und von dem Kopisten selbst, griechische Kardinalzahlen mit einem anschließenden Punkt.
Keine Reklamanten.
Liniierung: Die Liniierung ist auf dem Mikrofilm nicht erkennbar. (Blindgriffel). – Krumm verlaufende „Koordinaten-Kolonnen" (z.B. f. 133v, Längengradangaben) lassen vermuten, dass für die Ausrichtung der Koordinatenangaben keine zusätzlichen Linien gezogen wurden.

Seitenlayout

Allgemein 1 Kol., sehr regelmäßig 30 Z.

Das eingefügte Blatt f. 184a ist von wesentlich kleinerem Format.

524 Oben, zentriert, in Druckschrift «Sum de Bibliotheca, quam Heidelberga / capta, Spolium fecit, & / P. M. / GREGORIO XV. / trophaeum misit. / Maximilianus Vtriusq; Bauariae Dux &c. / S.R.I. Archidapifer et Princeps Elector».

Schreiber, Schrift, Tinte

Schreiber: Michael Apostoles (vgl. Subskription auf f. 223v, s. o. *Beigaben*; zu seiner Schrift siehe die Beschreibung der Handschrift E, *Schreiber*).

Illustrationen

Zeichnungen: **1** (f. 20r, unten) Einfache Kegelprojektion: Zwei nebeneinander platzierte, nahezu identische Skizzen, an korrekter Textstelle eingefügt. Die Zeichnungen stellen den Sachverhalt grundsätzlich richtig, aber in stark verzerrten Dimensionen dar, da die Rechtecke αβγδ gleichsam quadratisch sind. Eingetragen sind nur die Punkte. In der Skizze links fehlt der Punkt ε, der eigentliche Punkt θ hat hier die Bezeichnung ο (womit in dieser Skizze zwei verschiedene Punkte ο auftreten!), jedoch sind die Punkte ρ und τ auf dem Äquator sowie μ und ν auf dem südlichsten Parallelkreis korrekt eingetragen (ganz im Gegensatz zum Sachverhalt in den meisten anderen Handschriften, s. o. S. 126); die Werte der Einheiten für die Positionierung der Parallelkreise sind unvollständig und zum Teil falsch angegeben. In der Skizze rechts fehlen sie. Ebendort missglückte der südlichste Parallelkreis zuerst, wurde darauf mit mehreren kurzen Strichen annulliert und schließlich korrekt nachgetragen.
2 (f. 21r, unterhalb der Mitte) Neigungswinkel: Zwei nebeneinander platzierte, ähnliche Skizzen, an korrekter Textstelle eingefügt (genau genommen einen Paragraphen zu spät, der aber nur aus einem kürzeren Satz besteht). In beiden Skizzen ist der Mittelmeridian αεγ ähnlich so eingezeichnet, dass er mehr oder weniger durch den Mittelpunkt des Kreises geht, deshalb nicht größtmöglicher Kreis der Kugel ist. In der Skizze links sind Syene-Parallelkreis und Äquator einigermaßen verständlich dargestellt, nicht so aber in der Skizze rechts, wo der Syene-Parallelkreis durch das Zentrum des Kreises verläuft und, genau wie auch der Äquator, keinen größtmöglichen Kreis der Kugel bildet (siehe dazu auch oben S. 128).
3 (f. 21v, Mitte) Ermittlung des Punktes η: Völlig verzerrt bis falsch ausgeführte, aber am richtigen Ort platzierte Skizze. Im Winkel bei Punkt ζ steht ein Punkt ρ (dazu oben S. 129). Jedoch wurde eine Skizze der Zeichnung **3** auf der vorangehenden Seite (f. 21r) am unteren Rand mit eher spitzer Feder und mit Hilfe von Lineal und Zirkel sauber und vollkommen korrekt nachgetragen, aus Platzgründen um 90° im Uhrzeigersinn gedreht. Vielleicht stammt sie von dem späteren (humanistischen?) Scholiasten (zu diesem auch oben unter *Beigaben*).
4a) (f. 22v, unten) Zwischen *Geogr.* 1,24,27/28 ist die „unverständliche Skizze" eingefügt. Im Gegensatz zu den Handschriften E, H und b ist der Kreis in der Zeichnung hier in Z nicht eiförmig.

4 (f. 23r, unterhalb der Mitte) Modifizierte Kegelprojektion: Die Skizze ist an der richtigen Stelle eingefügt. Sie gibt den Sachverhalt korrekt wieder, ist aber ähnlich dilettantisch wie die übrigen Zeichnungen ausgeführt. Punkt υ ist nicht eindeutig platziert, die Punkte μν liegen falsch auf dem Äquator statt auf dem südlichsten Parallelkreis. Zwischen die Punkte κ und ψ ist der Abstand β̅ δ′ so eingefügt, dass die vier Buchstaben gleichsam ein „Wort" bilden, was vermuten lässt, dass der Zeichner die Bedeutung der Beschriftungen nicht verstand. Der Abstand auf dem Parallelkreis von Syene ist mit δ̅ ςιβ′ (statt δ̅ Lιβ′) leicht falsch angegeben, vermutlich aufgrund eines Verlesungsfehlers.[525] Auch der Abstand auf dem südlichsten Parallelkreis ist mit δ̅ ςγ′ (statt δ̅ ιγ′) fehlerhaft. Die Beschriftungen der Parallelkreise sind lücken- und fehlerhaft: Der südlichste Parallelkreis ist nicht beschriftet. Der Äquator bietet die Beschriftung «ἰσημερινῶν», also die Plural- statt der üblichen Singularform. Beim Parallelkreis von Syene steht der Eintrag «ωσοηννε», wobei das Omega eigentlich den Schnittpunkt des Parallelkreises mit der Geraden υσ bezeichnen sollte, was aber undeutlich ist; die restlichen Buchstaben «σοηννε» richten sich vermutlich nach einer Vorlage, in welcher der Parallelkreis von Syene in der Form Σοήνης παράλληλος angegeben war (ähnlich im Paris. gr. 1403 [E], vgl. die Beschreibung der Handschrift E, *Ausstattung*). Schließlich sind in diese Zeichnung hier zwei Werte der Einheiten für die Positionierung der Parallelkreise (die üblicherweise in Zeichnung **1** angegeben werden) eingefügt, derjenige für den südlichsten Parallelkreis korrekt, derjenige für den Syene-Parallelkreis mit κεγ (?) jedoch falsch.

5 (f. 184r, oben [nach zwei Textzeilen]) Armillarsphäre: Zwei an korrekter Stelle eingefügte, nebeneinander angebrachte, ohne Hilfsmittel gezeichnete und unbeholfen wirkende Skizzen, die in etwa dasselbe darzustellen versuchen. Die Skizze links ist ganz und diejenige rechts nahezu identisch mit den entsprechenden Skizzen im Paris. gr. 1403 (E), hingegen sind in die Skizze rechts einige Punkte eingetragen, die in Handschrift E offensichtlich nicht übernommen wurden (nämlich die Punkte ζ und θ links und rechts von Punkt β sowie der Punkt χ zwischen dem inneren und dem äußeren Kreis unten). Auf der Versoseite des eingefügten Folios 184a befindet sich jedoch eine weitere Version der Zeichnung **5**, wesentlich gekonnter sowie mit Lineal und Zirkel und spitzer Feder ausgeführt von späterer Hand, die wohl wiederum dem (humanistischen?) Scholiasten gehörte. Diese Zeichnung ist der Abbildung in der Ausgabe von Nobbe 2, 186 sehr ähnlich: Sie ist genau gleich ausgerichtet, die Handschrift muss aber um 90° im Uhrzeigersinn gedreht werden, damit

525 Die Verlesung von L zu ς bzw. von ς zu L ist gerade im Ortskatalog in zahlreichen Handschriften zu beobachten.

die Punkte korrekt gelesen werden können. Der erste und zweite Strahl von links von Punkt ω aus (der nicht zusätzlich mit ὄψις beschriftet ist) fehlen in der Handschrift. Demgegenüber weist die Zeichnung in der Handschrift mehr Eintragungen von Punkten auf, außerdem sind innerhalb des inneren Kreises (der den Erdglobus darstellt) weitere Verbindungslinien angedeutet und einige Streckenlängen in Einheiten (zu ganzen Zahlen abgerundet) angegeben.

Die Zeichnungen sind (mit Ausnahme der später hinzugefügten) ohne Anwendung von Lineal und Zirkel dilettantisch angefertigt. Die Linien wurden zum Teil durch Aneinanderfügen mehrerer abgesetzter kurzer Striche gezogen. Die Zeichnungen sind ausschließlich mit der Haupttinte ausgeführt. Sie dürften von dem Kopisten selbst gezeichnet worden sein.

Stemmatologische Notizen

Schnabel klassierte Handschrift Z zu Recht als „Stammesmutter" der Textfamilie ζ. Bereits Müller 1867, 284f. und 289 hatte zuvor die enge Zusammengehörigkeit unseres Vat. Pal. gr. 314 (Z) mit dem Paris. gr. 1403 (E) erkannt und behandelte die beiden Handschriften, denen er eine gemeinsame Quelle zuschrieb, als nur einen Textzeugen. Außerdem stellte er eine Verbindung von Z und E zum Paris. gr. 2423 (G) und zu der (verlorenen) Vorlage für die lateinische Übersetzung der *Geographie* her und hielt fest, dass die Varianten im Ortskatalog dieser Textzeugen Parallelen zum *Periplus* des Markianos von Herakleia zeigten, der die ptolemäische *Geographie* benutzt hatte.[526] Daraus schloss Müller, dass die in Z, E und G (sowie in der lateinischen Übersetzung) überlieferte Textform bereits auf die Spätantike zurückgehen müsse.

Ausgewählte Stellen: (f. 1r/v) Die **Kapitelübersicht zu *Geogr.* 1** besteht aus 24 Kapiteltiteln, die am äußeren Rand mit blassroter Auszeichnungstinte und griechischen Kardinalzahlen, denen ein Punkt folgt, durchnummeriert sind. Im Text stehen die Kapitelnummern am äußeren Rand als Kardinalzahlen, teils in Minuskel-, teils in Majuskelform, wiederum mit einem anschließenden Punkt und mit der Auszeichnungstinte ausgeführt. Auch in der Kapitelübersicht von *Geogr.* 2 (f. 23v) sind die Kapitel durchnummeriert von «α̅»–«ι̅ε̅» (ohne Prolog), im Text stehen Kapitelnummern jedoch nur bei den ersten drei Kapiteln am Rand mit einer Kardinalzahl, im Fall der Kap. 1–2 in Minuskelform mit Auszeichnungstinte, bei Kap. 3 in Majuskelform mit der Haupttinte. – Die **Homoioteleuton-Lücke** in *Geogr.* 1,24,17 tritt in Handschrift Z nicht auf (vgl. f. 22r); der Passus ist leicht fehlerhaft, aber lautet genau gleich wie in Handschrift E

526 Siehe dazu oben S. 57.

(s. o. S. 395), wobei hier in Handschrift Z die Endung des Wortes «ἀντικείμενοι» nicht ganz klar ist (Intervention des Kopisten [?]: Korrektur von Iota zu Sigma?). In der Kapitelübersicht zu *Geogr.* 2 (f. 23v) sind neben den Kartennummern («πίναξ α^ον.» usw.) auch die Selidesnummern angegeben, die auf eine frühere Vorlage zurückgehen müssen (siehe dazu oben S. 72 mit Anm. 44).

In *Geogr.* 3,1,80 (f. 62v) ist eine Interpolation in den Text „hineingerutscht" (siehe dazu die Beschreibung der Handschrift E, *Stemmatologische Notizen*). Genau wie in den übrigen Handschriften der Familie, ist auch hier in Handschrift Z die Nummerierung der Toponyme mit griechischen Zahlen von 6–25 im Periorismos der *Hispania Baetica* (f. 29v–30r, *Geogr.* 2,4,5–7) festzustellen. Vor *Geogr.* 1,24,28, das auf einer neuen Seite, nämlich f. 23r, beginnt (unmittelbar vorher, auf f. 22v unten, befindet sich die „unverständliche Skizze"), steht am oberen Rand, zentriert, geschrieben mit der Auszeichnungstinte «ἧ περίφερεῖς [*sic*] ἔχουσα τοὺς μ(ε)ρ(ισμ)ούς·»; nach einer Lücke folgt am oberen und äußeren Rand in derselben Weise «τῆς ἐχόυσης ἰθυτενεῖς / τοὺς μερισμούς». Vor beiden Einträgen befindet sich ein Referenzzeichen in Form eines Eta mit einer Art Spiritus asper und Akut, zusammenhängend. Dieses Referenzzeichen wird aber im Text nirgends wiederholt, so dass unklar bleibt, worauf sich die Einträge beziehen.

Anhänge: In der *Hypographe* zur zwölften und letzten Asien-Karte werden die *Poleis episemoi* nach der Reihenfolge der Ξ-Rezension aufgezählt («Ταλάκωρι τὸ ἐμπόριον» – «Ἀγάδειβα» – «Μαάγραμμον ἡ μ(ητ)ρόπολις»).

1 (f. 218v, unten – 220v, oben) Die Liste der Provinzen oder Satrapien der Oikumene trägt den Titel «Αἵδε εἰσὶν αἱ γνωσθεῖσαι ἐπαρχίαι, ἤτοι σατραπίαι», der auf f. 218v steht, nach dem Schluss der *Geographie* (Z. 21) und zwei leeren Zeilen, während die restlichen Zeilen der Seite leer gelassen wurden. Die Provinznamen für Europa und Afrika stehen im Akkusativ, für Asien im Genitiv. Jeder Provinz sind Koordinatenangaben zugeordnet. Die Kontinente werden eingeleitet mit «ἡ Εὐρώπη ἔχει ἐπαρχίας $\overline{\lambda\delta}$» (wobei das Verb durchgestrichen ist und oberhalb der Zeile die Korrektur «περιέχει» steht) bwz. «Λιβύης δὲ ἐπαρχίας $\overline{\iota\beta}$» bzw. «Ἀσίας ἠπείρου μεγάλης ἐπαρχίας $\overline{\mu\eta}$». Die Einleitung zu Europa lautete jedoch ursprünglich «⟨Εὐ⟩ρώπης μὲν ἐπαρχίαι εἰσὶν $\overline{\lambda\delta}$» und wurde zur obigen Variante korrigiert, dem Anschein nach vom Kopisten selbst.

2 (f. 220v, Mitte) Scholien zur Armillarsphäre: Der Titel ist korrekt und ohne die beiden groben Fehler, wie sie im Vat. gr. 191 (X) auftreten; inc. «Ὅσα ἔθνη ὑπόκειται τῷ ζωδιακῷ», exp. – exakt wie in Handschrift X, siehe dazu die Ausgabe von STÜCKELBERGER 914 mit textkritischem Ap-

parat – «ἕως τῶν πόλων ἀμφοτέρων». Der Passus präsentiert sich in den Handschriften E und H haargenau gleich.[527]
3 (f. 220v, unten – 221r, oben) Tabelle des Sonnenlaufs, Titel «ζωδιακὸς» (*sic*). Auch die Tabelle folgt der Ξ-Rezension, hingegen stimmen die Zuordnungen der Zeichen zu den Monaten in den ersten beiden Fällen nicht; dem Juni ist (an sich nicht falsch und gemäß dem Muster der ω-Rezension) der Krebs zugeordnet, dem Juli jedoch falsch die Zwillinge. Alle ägyptischen Monatsnamen sind angegeben; beim ersten Monat (Juni) wurde «ἥλιος» ausgeschrieben (ohne Artikel), anschließend jeweils nur der Artikel «ὁ» hingeschrieben, aber kein Sonnensymbol hinzugesetzt; entweder hat der Kopist hierin seine Vorlage nicht verstanden, oder aber wollte er wahrscheinlicher die Sonnensymbole im Nachhinein „en bloc" hinzufügen, was er aber vergaß.
4 (f. 221r, unten – 223v, oben) Epitome von *Geogr.* 7,1–4, Titel «Τῆς ἐντὸς Γάγγου ποταμοῦ Ἰνδικῆς γ̅. κ̅. / χῶραι παράλιοι» (wobei dieser Titel haargenau gleich wie in Handschrift E dargestellt ist), inc. «Συραστρηνῆς ἐν κόλπω καλουμένω Κανθὶν, δύσταθμον ὄρος.», exp. «καὶ μεσημβρινώτατοι, Ῥογανδινοὶ. καὶ Ναναγιροὶ.». In den Handschriften E und H präsentiert sich die Stelle genau gleich.
7 (f. 223v, Mitte) Hexametergedicht auf die Weltkarte des Ptolemaios, ohne Titel, exp. «Ἰνδῶν τε Σηρῶντ. οὐ γὰρ πέρας ἀντολίης γῆς.» (*sic*).

Die Anhänge **5**, **6** und **8** fehlen (Scholion zur Berechnung der Längengradproportionen, Verzeichnis der Länge und Breite der einzelnen Karten, Agathodaimon-Subskription). Nach dem Hexametergedicht, gleichsam anstelle von Anhang **8**, steht die Subskription des Kopisten (s. o. *Beigaben*). In den Handschriften E und H verhält es sich mit den fehlenden Anhängen und der Subskription genau gleich.

Geschichte

Der Vat. Pal. gr. 314 (Z) wurde von Michael Apostoles kopiert (zu diesem vgl. die Beschreibung der Handschrift E, *Geschichte*), sehr wahrscheinlich auf Kreta und vermutlich ungefähr im Zeitraum zwischen 1462 und 1473. Dieser Zeitraum lässt sich aus Briefen des Apostoles erschließen, die in diese Jahre datiert werden.[528] In Brief 27bis, adressiert an seinen Freund Angelo Vadio und wohl um 1462–1463 geschrieben, äußerte Apostoles seine Absicht, Vadio auf Zypern, wo dieser damals

527 Da in Handschrift b der Text nach *Geogr.* 7,5 abbricht, kann sie nicht zum Vergleich herangezogen werden.

528 Der Zeitraum schließt außerdem die von Aubrey Diller vorgeschlagene Datierung der Handschrift in die Jahre 1465–1470 mit ein (siehe Diller 1966, VIII; Id. 1975, 92). Aufgrund welcher Kriterien Diller das Alter der Handschrift bestimmte, legte er nicht dar (Wasserzeichen?).

lebte, aufzusuchen und ihm neben weiteren Büchern einen Ptolemaios mitzubringen.[529] Obwohl es vermutlich nie zu dieser geplanten Reise gekommen ist,[530] und obwohl in diesem Brief nur der Name Ptolemaios und kein Werktitel genannt wird, ist es nahe liegend, dass die Rede hier von einer *Geographie*-Handschrift ist, die Apostoles dem Vadio – dem zukünftigen Erstherausgeber der lateinischen Version der *Geographie* – zukommen lassen wollte. Aus dem Brief nicht herauszulesen ist freilich, ob der erwähnte Ptolemaios ein von Apostoles kopiertes Buch war oder nicht, und ob in ersterem Fall die Abschrift bereits abgeschlossen war bzw. um welche Handschrift es sich dann konkret gehandelt haben könnte. Expliziter ist eine Stelle in Brief 121 aus den Jahren 1471–1473, der sich wiederum an Angelo Vadio richtet: Apostoles meldete dem Vadio, dass er gerade dabei sei, für ihn die *Geographie* des Ptolemaios zu kopieren.[531] Wenn man bedenkt, dass in den beiden erhaltenen von Apostoles geschriebenen *Geographie*-Exemplaren, den Handschriften Z und E, *expressis verbis* auf den Geburtsort des Angelo Vadio aufmerksam gemacht wird (siehe dazu oben *Beigaben*), dürfte das in Brief 121 erwähnte Exemplar wohl durchaus mit einer dieser beiden Handschriften identifiziert werden.[532] Entweder Handschrift Z oder Handschrift E oder gar alle beide, die vielleicht nur kurz nacheinander angefertigt wurden, waren folglich höchstwahrscheinlich in diesen Jahren gerade im Entstehen begriffen.

Gemäß dem Besitzvermerk in Handschrift Z auf f. 1r (s. o. *Beigaben*), der wohl dem 15. oder 16. Jh. zuzuschreiben ist,[533] gehörte die Handschrift einst einem gewissen Johannes Baptista Posthumus de Leone. Anschließend und spätestens 1560 befand sich Handschrift Z in der Bibliotheca Palatina in Heidelberg; um diese Zeit verzeichnete sie Johannes Sylburg in seinem Katalog der griechischen Handschriften der Heidelberger Palatina; in demselben Katalog erscheint übrigens auch der Vat. Pal. gr. 388 (A). Im Verlauf des Dreißigjährigen Krieges, nach der Eroberung Heidelbergs durch den Feldherrn Johann t'Serclaes Graf von Tilly im September 1622, machte der siegreiche Herzog Maximilian von Bayern die Palatina dem Papst Gregor XV. zum Geschenk. Beide Handschriften Z und A gelangten 1623 zusammen mit mehr als 3500 weiteren Handschrif-

---

529 Siehe Noiret 1889, 65: „[...] ἀλλὰ Κύπρον μόνον ἰδεῖν καὶ σὲ τὸν ἄλλον ἐμέ [...] παρέξοντα γοῦν σοι Διόδωρόν τε καὶ Ἀπολλώνιον καὶ Πτολεμαῖον κᾇτα πολλά.“

530 So Manfredini 1985/1986, 140.

531 Noiret 1889, 134: „[...] σοῦ γε εἵνεκα ἀντιγράφω τὴν τοῦ Πτολεμαίου Γεωγραφίαν [...].“

532 Noiret 1889, 28 will außerdem ein von Apostoles in Brief 114 erwähntes, nicht näher definiertes „griechisches Buch“ mit unserer Handschrift Z identifizieren, gibt aber für diese Identifizierung keine Begründung an. Dieser Brief datiert aus den Jahren 1471–1473 und hat einen weiter unbekannten Michael zum Empfänger.

533 So Cuntz 1923, 5.

ten und ca. 13000 Drucken als Kriegsbeute in die Vatikanische Bibliothek. Dort werden die Handschriften Z und A bis heute aufbewahrt.

Die im Paris. gr. 1403 (E) doppelt kopierte Passage von Σιοὺρ λιμήν (*Geogr.* 4,3,4) bis Λέπτις μικρά (*Geogr.* 4,3,10) erscheint zwar im Vat. Pal. gr. 314 (Z) nur einfach, nimmt aber auch dort genau den Platz einer Seite ein, wobei es sich um die Rectoseite des fünften Blattes innerhalb eines Quaternios handelt (f. 93r). Daraus folgt nahezu sicher, dass der Parisinus direkt aus dem Palatinus abgeschrieben wurde.[534] Theoretisch ist aber auch möglich, dass beide Handschriften auf dieselbe – offensichtlich heute verlorene – Vorlage zurückgehen, die, genau gleich wie Z und E, ebenfalls 30 Zeilen pro Seite aufwies und die in Handschrift E doppelt vorhandene Textportion ebenfalls auf genau einer Seite bot. Z und E stehen also zueinander in einem Mutter-Tochter-Verhältnis oder eventuell in einem Schwesternverhältnis. Eine Analyse der Wasserzeichen unseres Palatinus wäre in Ergänzung zu dem aus Briefen des Apostoles präzisierten Datierungsvorschlag (s. o.) wünschenswert.

Die Zusammensetzung der Anhänge (Auftreten von Anhang **4** = Epitome von *Geogr.* 7,1–4; Fehlen der Anhänge **5** und **6**) gestaltet sich in Handschrift Z und ihrer Textfamilie ζ (zu dieser auch unten Kap. V.3) ähnlich wie im Plut. 28.49 (O), dem Hauptvertreter der Textfamilie ω, sowie in der Textfamilie σ mit ihren Mitgliedern Plut. 28.9 (S), 28.38 (B) und 28.42 (P) sowie der verlorenen Vorlage zur lateinischen Übersetzung (dazu auch oben *Stemmatologische Notizen*).

Bibliographie

Paul Canart, „Scribes grecs de la Renaissance. Additions et corrections aux répertoires de Vogel-Gardthausen et de Patrinélis“, *Scriptorium* 17 (1963) 56–82, dort 73. – Cuntz 1923, 5; 35 u. a. – Diller 1975, 92. – Manfredini 1985/1986, 149. – Müller 1867, 282–286 und 289. – RGK 3, Nr. 454 (= 1, Nr. 278; 2, Nr. 379). – Rinaldi 1999, 109 und 115.[535] – Ronca 1971, 6 und 8. – Schnabel 1938, 21 f. – Stevenson 1885, 179. – Wilberg, Vorwort Fasz. 1, VI. – Young 1955, 284.

Art der Kontrolle

Mikrofilm (zur Verfügung gestellt von der Ptolemaios-Forschungsstelle, Institut für Klassische Philologie, Universität Bern); kurze Nachkontrollen am Original (März 2012).

---

534 Zu diesem Ergebnis kam auch Ronca 1971, 6 und 8 im Zusammenhang mit seiner Teilausgabe von *Geogr.* 6, 9–21.

535 Dass der Paris. gr. 2423 (G) zum Teil von Handschrift Z abhänge, wie Rinaldi an erstgenannter Stelle ausführt, ist natürlich unmöglich, da Handschrift G wesentlich älter ist als Z.

Città del Vaticano, Biblioteca Apostolica Vaticana, Palatinus graecus 388 Sigle **A** (Vorläufige Bemerkungen)

Claudius Ptolemaeus, *Geographia.*
Konstantinopel, Sept. 1435 – Nov. 1437, Papier mit Wasserzeichen, 360 × 240 mm; (2) 278 (1) / ⟨I–II⟩, 1–47, 152, 48–150, 153–177, 179–240, 242–280, ⟨I′⟩. – Es fehlen die Blattnummern 151, 178 und 241 (offensichtlich ohne Textverlust). Die inhaltliche Abfolge des Textes ist gestört; die Foliierung (mit Bleistift) wurde erst nach der inhaltlichen Umstellung vorgenommen, ist also fortlaufend.

Inhalt

(f. 1–280) Claudius Ptolemaeus, *Geographia*:

(f. 1r) Maximos Planudes, *Vier Epigramme* auf die *Geographie* des Ptolemaios,[536] Titel vor Epigramm 1 «τοῦ σοφωτάτου μοναχοῦ κυροῦ Μα/ξίμου τοῦ Πλανούδη στίχοι ἡρωικοὶ / εἰς τὸν πίνακα τῆς γεωγραφίας, / Κλαυδίου Πτολεμαίου.», Titel vor Epigramm 2–3 «τοῦ αὐτοῦ», Titel vor Epigramm 4 «αὐτοῦ»; nach Epigramm 4 Schlusswort «τέλος».[537]

(f. 1v–26v) *Geogr.* 1. – (f. 26v–47r, 152r–169r) *Geogr.* 2.[538] – (f. 170r–213r) *Geogr.* 3. – (f. 214r–247v) *Geogr.* 4. – (f. 250r–280v, 48r–61v) *Geogr.* 5. – (f. 64r–104v) *Geogr.* 6. – (f. 106r–129r) *Geogr.* 7. – (f. 132r–147r) *Geogr.* 8. – (f. 147r–150r) Anhänge zur *Geogr.*

Leere Seiten (29 Versoseiten + 1 Rectoseite): f. 36v, 45v, 47v, 65v, 68v, 80v, 84v, 91v, 94v, 96v, 102v, 129v, 150v, 153v, 155v, 164v, 167r, 169v, 180v, 182v, 188v, 207v, 211v, 213v, 225v, 228v, 235v, 240v, 245v, 272v.

Leere Blätter (insgesamt 53): f. 33, 52, 54, 56, 59, 62–63, 69, 71, 73, 75, 81–82, 85, 87, 90, 92, 95, 97, 99, 103, 105, 114–115, 120–121, 124, 130–131 (im Anschluss an das 7. Buch), 162, 177, 185, 189, 195, 198, 202, 204, 208, 216, 220, 226, 236, 246, 248–249, 252, 257, 262, 268–269, 273, 275, 277.[539]

536 Die Epigramme sind auf der Grundlage des Burney 111 (v) abgedruckt in der Ausgabe von Nobbe XXXIII, Nr. VI–IX.

537 In fast identischer Weise werden die vier Epigramme im Burney 111 (v) auf f. 2v präsentiert; s.o. die Beschreibung der Handschrift v, *Inhalt*.

538 Für *Geogr.* 2 gilt es zu beachten, dass f. 152 unmittelbar an f. 47 anschließt, die restlichen Blätter 153–169 aber erst weiter hinten in der Handschrift folgen.

539 Leere Doppelseiten liegen insgesamt 21 vor. Auf jeden Fall trifft es nicht gänzlich zu, dass sich die Menge und Disposition der leeren Blätter in dieser Handschrift so verhält, dass

Beigaben: (f. 1r) In der oberen äußeren Ecke Vermerk zur gestörten Blattabfolge «Librorum & chartarum series aliquot levis confusa» (*sic*). – (f. 47v) In der oberen äußeren Ecke Vermerk zur gestörten Blattabfolge «sequi debet / Κελτογαλατία / Λουγδωνησία infra 152, & / quae deinceps se/quuntur usque ad / finem. inde suc/currendum / ad Κύπρου θέ/σιν, quae est / pag. seq. 48.». – (f. 152r) In der oberen äußeren Ecke Vermerk zur gestörten Blattabfolge «Haec ponenda / supra post / folium 47». – (f. 150r) Unten mit rötlichbrauner Tinte vom Kopisten Schlussschrift «τέλος σὺν θεῷ ἁγίῳ ἀμήν: / ἀρχὴ καὶ τέλος τῆς βίβλου ταύτης καλίστη [*sic*] / ἐτελειώθη ἡ παροῦσα βίβλος διὰ χειρὸς / ἐμοῦ νοταρίου τοῦ Δούκα [*sic*]. διὰ σὐνδρομὴς [*sic*] / καὶ ἐξόδου, τοῦ ἁγιωτάτου καὶ καθολικοῦ / τῆς συνόδου πατρὸς ἡμῶν, ἱερωμονάχου φρᾶ / 'Ιω(άνν)ου, ὁ ἀπὸ τὴν 'Ραγουζίαν».[540]

Beschreibstoff

Papier mit Wasserzeichen.

Wasserzeichen

In dieser Handschrift tritt (gemäß provisorischer Beobachtungen ausschließlich) das Wasserzeichen *Licorne* auf, siehe HARLFINGER *Licorne* 13 (Konstantinopel Sept. 1435/Nov. 1437).

Schreiber, Schrift, Tinte

Schreiber: Gemäß der Schlussschrift hieß der Kopist des Vat. Pal. gr. 388 (A) Dukas (s.o. *Beigaben*).
Haupttext: Senkrechte Gebrauchsschrift bei recht großem Zeilenabstand und eingehaltener Worttrennung. Auffallend die breiten, von einem Akut durchkreuzten Abkürzungen für -ων; in der Regel Trema über Iota und Ypsilon. Braune bis schwarzbraune Tinte.

---

sich im Text von *Geogr.* 2–7 „freie sich gegenüberliegende Seiten im ganzen 64mal, dazu noch einmal am Schluss von Buch VII" befinden, wie von SCHNABEL 1938, 11 behauptet und von DILLER 1966, IX wiederholt.

540 „Ende mit dem Heiligen Gott, Amen. Schönster Anfang und Ende dieses Buches. Das vorliegende Buch wurde vollendet durch meine, des Notarios Dukas, Hand, zwischen der Ankunft und der Abreise [*sc.* in bzw. von Konstantinopel] unseres heiligsten und katholischen Vaters des Konzils [*sc.* von Basel], des Hieromonachos Fra Ioannes von Rhaguzia."

Illustrationen

Zeichnungen: ***1*** (f. 22v, unten und 23r, oben) Einfache Kegelprojektion: Zwei sehr ähnliche, untereinander angeordnete Zeichnungen, an korrekter Stelle. Für die Verteilung der Beschriftungen und die fehlerhafte Positionierung einiger Punkte vgl. S. 126 oben. Die Verhältnisse entsprechen ganz denjenigen im Burney 111 (v), siehe die Beschreibung der Handschrift v, *Ausstattung*.
2 (f. 24r, Mitte links [1. Skizze]; f. 24v, nach den fünf ersten Schreibzeilen [2. und 3. Skizze, nebeneinander]) Neigungswinkel: Von den insgesamt drei Skizzen ist die erste am korrekten Platz eingefügt (genau genommen erst nach statt vor *Geogr.* 1,24,13). Ihr Äquator ist mit der Auszeichnungstinte eingetragen. Die anderen beiden Skizzen stehen an der eigentlichen Stelle für Zeichnung **3**. Was zu Handschrift v über die Großkreise referiert wird, trifft voll und ganz auch auf Handschrift A zu.
3 (f. 24r, Mitte, rechts) Ermittlung des Punktes η: Diese Zeichnung befindet sich an der eigentlichen Stelle von Zeichnung **2**; die Darstellung entspricht sehr genau der entsprechenden Zeichnung in der Handschrift v, hier in Handschrift A steht die Strecke ηθ jedoch und richtigerweise nahezu senkrecht auf der Strecke βζ.
***4*a)** (f. 26r, unten [vor den letzten fünf Textzeilen]) Anstelle von Zeichnung **4** (modifizierte Kegelprojektion) erscheint die „unverständliche Skizze".
5 (f. 128r, unterhalb der Mitte) Armillarsphäre: Die Zeichnung ist an der richtigen Stelle in den Text eingefügt. Eingetragen sind nur die Punkte; auch hier, wie in Handschrift v, wirken diese zum Teil eher zufällig arrangiert.[541]

Die Zeichnungen wurden mit der Tinte des Haupttexts vom Kopisten ausgeführt und mit der rötlichbraunen Auszeichnungstinte beschriftet. Zum Teil wurden Lineal und Zirkel eingesetzt zum Vorzeichnen, darauf wurden die Linien mit Tinte nachgezogen.

Stemmatologische Notizen

Schnabel sah den Vat. Pal. gr. 388 (A) als (einzigen erhaltenen) Vertreter einer eigenständigen Textfamilie α.[542] Der Palatinus sei aufgrund zweier

541 Auf f. 127r und f. 127v befindet sich außerdem zu *Geogr.* 7,6,7 je eine weitere, ähnliche Skizze von späterer Hand. Blatt 127 ist breiter als die Norm der Blätter dieser Handschrift und wurde durch Hineinfalten des überlappenden Außenrandes der Norm angepasst. Ist nun f. 127r aufgeschlagen und wird der gefaltete Außenrand aufgeklappt, erscheint die eine Zeichnung (sie entspricht der Zeichnung bei Nobbe 2, 183). Ist f. 127v bei aufgeklapptem Außenrand aufgeschlagen, wird die andere Zeichnung (wie die Zeichnung bei Nobbe 2, 186) sichtbar.

542 Schnabel 1938, 13.

Vorlagen kopiert worden, wovon die eine dem Vat. gr. 177 (V) und die andere dem Vat. gr. 191 (X) sehr nahe gewesen sein müsse.[543] Gemäß Diller ist Kodex A dagegen eine Abschrift des Burney 111 (v).[544]
Ausgewählte Stellen: Die **Kapitelübersicht zu *Geogr.* 1** (f. 1v–2r) weist die 23 Kapiteltitel der ω-Rezension auf; eine spätere Hand hat jedoch sowohl die Titel als auch die Zählung am linken Kolumnenrand dahingehend korrigiert, dass die Übersicht nun der Ξ-Rezension folgt. Der Text des ersten Buches scheint von Anfang an in 24 Kapitel unterteilt und entsprechend durchnummeriert gewesen zu sein. Auch hier in Handschrift A kann die bereits für Handschrift v festgestellte Besonderheit beobachtet werden, dass die Kapiteltitel jeweils nicht auf einer neuen Zeile ansetzen, sondern direkt an das Vorangehende anschließen. Die Kapitelanfänge werden jedoch immer auf eine neue Zeile gesetzt und hier in Handschrift A mit einer großzügigen, verzierten herausgestellten Initiale markiert. – Die **Homoioteleuton-Lücke** in *Geogr.* 1,24,17 tritt nicht auf (vgl. f. 24v).
Anhänge: ***1a)*** (f. 28r/v) Bruchstück der Liste der Provinzen oder Satrapien der Oikumene.

(f. 147r) *Poleis diasemoi* Taprobanes (*Geogr.* 8,28) in der Reihenfolge nach der ω-Rezension; die Toponyme lauten «Ναγάδιβα» – «Ταλακῶρι» – «Μαάγραμμον», exakt wie in Handschrift v.
1 (f. 147r–148r) Liste der Provinzen oder Satrapien der Oikumene gemäß der ω-Rezension, in fortlaufender Schrift und nicht in Listenform: Namen im Nominativ, Koordinatenangaben nur zu den spanischen Provinzen (in Handschrift v fehlen Koordinatenangaben ganz).
2 (f. 148r) Scholien zur Armillarsphäre.
3 (f. 148r/v) Tabelle des Sonnenlaufs gemäß der ω-Rezension.
5 (f. 148v) Scholion zum Verkürzungsfaktor.
6 (f. 148v–149v) Verzeichnis der Länge und Breite der einzelnen Karten.
7 (f. 149v) Hexametergedicht auf die Weltkarte des Ptolemaios.
8 (f. 150r) Agathodaimon-Subskription in Ich-Form («[...] ἀγαθὸ δαίμων [...]»).

Geschichte

Der Vat. Pal. gr. 388 (A) wurde vom Schreiber Dukas kopiert, dessen Lebenszeit in die erste Hälfte des 15. Jh. datiert wird. Dukas war Notar der Megale Ekklesia (Hagia Sophia) zu Konstantinopel. Zwischen 1435 und 1437 arbeitete er für Johannes Stojković von Ragusa, der in diesen Jahren

543 *Ibid.* 34. Die vier Epigramme des Planudes befinden sich weder in V noch in X; sie bilden ein starkes Argument für den Burney 111 (v) als Vorlage, siehe gleich Folgendes.
544 Diller 1966, IX. Siehe dazu auch die Beschreibung der Handschrift v, *Stemmatologische Notizen* und *Geschichte*.

als Abgesandter des Konzils von Basel in Konstantinopel weilte. Zwischen 1435 und 1437 dürfte somit auch unsere Handschrift A entstanden sein, die gemäß der Schlussschrift auf f. 150r ein Auftragswerk des Stojković war (s.o. *Beigaben*).[545] Diese chronologischen Überlegungen werden bestätigt durch die Datierung des Wasserzeichens durch Harlfinger (s.o. *Wasserzeichen*).

Der Palatinus wurde zu einem unbekannten Zeitpunkt und aus unbekanntem Grund auseinandergenommen und wieder zusammengefügt; dabei kam die textliche Reihenfolge durcheinander, wobei grob gesagt der Mittelteil und der Schlussteil der Handschrift miteinander vertauscht wurden (die aktuelle, gestörte Reihenfolge des Textes setzt sich also aus dem Anfangsteil, dem ursprünglichen Schlussteil und dem ursprünglichen Mittelteil der Handschrift zusammen). Die Foliierung wurde jedoch nach dieser Umstellung der Buchblöcke angebracht.

Die griechische *Editio princeps*, von dem berühmten Humanisten Desiderius Erasmus von Rotterdam herausgegeben[546] und 1533 bei Hieronymus Froben in Basel gedruckt, wurde auf der Basis von Handschrift A vorbereitet, die Erasmus von Theobald Fettich, einem Arzt aus Ingolstadt, zugespielt worden war (siehe auch oben S. 72, Anm. 43).

Die hier gegebenen vorläufigen Bemerkungen zum Vat. Pal. gr. 388 (A) sind nicht ausreichend, um das Verhältnis zu seiner eventuellen Vorlage Burney 111 (v) abschließend zu beurteilen. Die Stichprobe der Anhänge zeigt zwar klare Parallelen in Inhalt, Abfolge und einigen Details, andere Details und die Disposition des Textes[547] heben sich aber auch ab von Handschrift v. Es ist nicht auszuschließen, dass zur Anfertigung der Handschrift A neben der Vorlage v eine zweite Vergleichshandschrift hinzugezogen wurde (wie dies Schnabel bereits vermutet hatte, allerdings ohne Einbezug der Handschrift v).

Um die Entstehung und Rolle der Handschrift A besser einordnen zu können, wäre insbesondere eine Analyse der Lagen vorzunehmen, die Aufschluss über die 53 leeren Blätter geben könnte: Sind sie als Ergänzung zu den 30 leeren Seiten oder unabhängig davon zu verstehen? Was könnte ihre genaue Funktion sein? Sollten auf ihnen die Karten platziert werden?

Bibliographie

Cataldi Palau 2001, 21. – Antoine de Smet, „Érasme et la cartographie", in: Joseph Coppens (Hrsg.), *Scrinium Erasmianum* vol. 1 (Leiden 1969) 277–291. – Diller 1966, IXf. – RGK 3, Nr. 183 (= 1, Nr. 111,

545 Zu weiteren geschichtlichen Einzelheiten siehe Schnabel 1938, 12f. sowie oben S. 472f.

546 Siehe dazu aber auch oben S. 63, Anm. 1.

547 In Handschrift v sind *Geogr.* 8,28, Anhang **1** und Anhang **2** fortlaufend aneinandergehängt.

mit Reproduktion von f. 126r). – SCHNABEL 1938, 11–14. – STEVENSON 1885, 250. – Alexander TURYN, *The Byzantine Manuscript Tradition of the Tragedies of Euripides* (Urbana 1957) 199 Anm. 194. – WILBERG 1838–1845, Vorwort Fasz. 1, VI. – YOUNG 1955, 284.
Die Handschrift war auf der Grundlage eines digitalisierten Mikrofilms online abrufbar unter einem nun nicht mehr aktiven Link (s.u. S. 556, „Ptolemy Manuscripts").

Art der Kontrolle

Mikrofilm online; kurze Nachkontrollen am Original (März 2012).

Città del Vaticano, Biblioteca Apostolica Vaticana, Urbinas graecus 82 Sigle **U** („Urbinas") (Vorläufige Bemerkungen)

An der berühmtesten griechischen *Geographie*-Handschrift, die faksimiliert wurde (FISCHER 1932, tom. 1–2) und über die es zahlreiche Sekundärliteratur gibt (eine kleine Selektion der unumgänglichen sowie der m.E. aufschlussreichsten Publikationen wird unten angegeben, vgl. *Bibliographie*), konnten hier nur punktuelle Kontrollen vorgenommen werden, die insbesondere ihr Verhältnis zu den Handschriften Seragl. G. İ. 57 (K) und Arch. Selden. B. 46 (N) sowie zu ihren direkten Abschriften Vatopedi 655 (L), Laur. Conv. Suppr. 626 (d) und Ayer MS 743 (n) dokumentieren sollen.
CLAUDIUS PTOLEMAEUS, *Geographia*.
Konstantinopel, nach ca. 1295 und wohl nicht später als 1303,[548] Pergament, 575 × 418 mm; (1) 110 (1) / ⟨I⟩, 1–110, ⟨I′⟩.
Meine Folioangaben beziehen sich auf die handschriftliche Foliierung, die sich jeweils auf der Rectoseite in der oberen äußeren Ecke befindet.[549]

548 Zu dieser Datierung s.u. S. 523 mit Anm. 11.
549 Eine zweite, gedruckte Zählung, jeweils auf der Rectoseite in der unteren äußeren Ecke, bezieht das Vor- und Nachsatzblatt mit ein und kommt deshalb auf insgesamt 112 Blätter; sie ist der handschriftlichen Foliierung jeweils um den Wert +1 voraus.

Inhalt

(f. 1–110) Claudius Ptolemaeus, *Geographia* + 1 Weltkarte + 26 Teilkarten:

(f. 1r–10v) *Geogr.* 1. – (f. 10v–20r) *Geogr.* 2. – (f. 20r–29v) *Geogr.* 3. – (f. 29v–36v) *Geogr.* 4. – (f. 36v–46r) *Geogr.* 5. – (f. 46r–53r) *Geogr.* 6. – (f. 53r–59r) *Geogr.* 7. – (f. 59v–60r) WK. – (f. 60v) leer. – (f. 61r–107v) *Geogr.* 8 + 26 TK.[550] – (f. 108v–110r) Anhänge zur *Geogr.* – (f. 110v) leer.

Beschreibstoff

Pergament; für den Text wurde allgemein dünneres, für die Karten dickeres Pergament verwendet.[551]

Organisation der Lagen

Lagen: ($1^{f. \langle I \rangle}$) $IV\text{-}1^{f. 7}$ + $6.IV^{f. 55}$ + $IV\text{-}2^{f. 61}$ + $IV^{f. 69}$ + $V^{f. 79}$ + $3.IV^{f. 103}$ + $IV\text{-}1^{f. 110}$ ($1^{f. \langle I' \rangle}$). – Für die Faksimilierung musste der Kodex auseinandergenommen werden; dabei ließ sich das Lagenschema bequem erfassen (vgl. Fischer 1932, tom. prodr. 1, 223). Obwohl die Lagenformel auf den ersten Blick den Eindruck einer unregelmäßigen Komposition erwecken könnte, besteht der Urbinas grob gesagt aus 13 Quaternionen und einem Quinio, also insgesamt aus 14 Lagen.[552] Dem ersten Quaternio (Lage 1) fehlt das erste Blatt. Der achte Quaternio (Lage 8) weist die beiden letzten Blätter nicht auf, der letzte Quaternio (Lage 14) hat kein letztes Blatt. Der Quinio bildet die 10. Lage der Handschrift.
Faltung: in-fol.
Keine Kustoden und Reklamanten.
Liniierung: Mit Blindgriffel, wohl direkt auf jeder Haarseite angebracht. Zum Teil sind Einstichlöcher in Form von kurzen länglichen Schlitzchen erkennbar. Grundsätzlich werden die Kolumnen beidseitig mit jeweils zwei im Abstand von ca. 9 mm verlaufenden durchgezogenen Vertikalen vorgegeben. Zusätzlich befindet sich ein ebensolches Vertikalenpaar (in der ersten Lage jeweils nur eine einfache Vertikale) am äußeren Rand, während den oberen Rand zwei im Abstand von ca. 9 mm verlaufende durchgezogene Horizontalen durchschneiden. Die jeweils ersten beiden und letzten beiden Schreiblinien erstrecken sich bis zu den Blatträndern;

---

550 Die 17 Folia 64r, 68r, 70r, 72r, 74r, 76r, 79v, 82r, 84r, 86r, 87v, 90r, 92r, 96r, 98r, 100r und 106r sind leer. Es handelt sich ausnahmslos um Kartenrückseiten.

551 Zu dieser verbreiteten Praxis (für Buchmalereien dickeres Pergament) vgl. Schneider 2009, 107.

552 Gentile 1992b, 78 zählte versehentlich nur 12 Quaternionen.

die übrigen 53 Schreiblinien reichen nur von der äußersten Begrenzung der einen bis zur äußersten Begrenzung der anderen Kolumne, wobei das Interkolumnium nicht ausgespart wurde. Auch der Atlasteil ist liniert.

Ab f. 11r (d.h. ab dem Mittelblatt der zweiten Lage und gleichzeitig dort, wo der Ortskatalog einsetzt) bis zu f. 55 (dem Ende der siebten Lage, sie ist die letzte Lage vor der ersten mit Karten versehenen Lage) werden die Kolumnen durch die bemerkenswert hohe Zahl von jeweils 14 zusätzlichen durchgezogenen vertikalen Linien im Abstand von 8–9 mm unterteilt, die zur Ausrichtung der Koordinatenangaben dienten; ähnlich viele solcher zusätzlicher Vertikalen treten auch im Seragl. G. İ. 57 (K) auf (s.u. die vorläufigen Bemerkungen zu Handschrift K, *Liniierung*). – Grundschema: *Muz.* 2-22*-(vierzehn)-22-(vierzehn) / 2-0 / 2-2 / E.

Seitenlayout

Allgemein 2 Kol., 57 Z., 575 × 418 mm, Schriftspiegel 420 × 295 mm, Spaltenbreite 128–130 mm.

Schreiber, Schrift, Tinte

Kopiert von einer die Perlschrift imitierenden Hand mit bräunlichschwarzer bis schwärzlicher Tinte, die bisweilen auch braun bis blassbraun erscheint, besonders in der achten Lage (f. 56–61). Die (ursprünglich wohl rote) Auszeichnungstinte ist von blasser brauner bis rötlichbrauner Farbe.

Während Franchi de' Cavalieri in seiner „Adnotatio critica" (in: Fischer 1932, tom. 1, 1–37, dort 1) neben der Hand des Kopisten eine spätere Hand eines Scholiasten unterscheidet – so auch Diller 1975, 91, der diese ins 14. Jh. datiert –, sind es bei Gentile 1992b, 78 neben der Haupthand Interventionen von zwei weiteren zeitgenössischen Händen, wobei die eine gesetzter schrieb und Randscholien sowie Korrekturen im Text vornahm, die andere kursiver schrieb und den Text meist mit roter Tinte annotierte und korrigierte.

Illustrationen

Zeichnungen: **1** (f. 9r, Kol. 2, oben) Einfache Kegelprojektion: Zwei nebeneinander platzierte, an der korrekten Textstelle eingefügte, nahezu identische Skizzen. Die Verteilung der Beschriftungen entspricht genau den oben auf S. 126 festgehaltenen Beobachtungen, ebenso die leicht fehlerhafte Ausführung der Skizzen. Außerdem sind die Rechtecke αβγδ deutlich zu wenig breit (besonders bei der rechten Skizze) und erfüllen die Forderung des Ptolemaios, die Längsseiten sollten doppelt so lang wie die Breitseiten sein, nicht; Grund dafür wird der bei Einhaltung der Kolumnenbreite zu knappe zur Verfügung stehende Platz gewesen sein (Interkolumnium und äußerer Rand hätten allerdings theoretisch zusätzlich genutzt werden können).

2 (f. 9v, Kol. 1, unten [vor den letzen vier Zeilen]) Neigungswinkel: Zwei nebeneinander platzierte, in *Geogr.* 1,24,15 zwischen οἵων εἰσὶν αἱ δύο ὀρθαὶ τξ und ἡ λοιπὴ δὲ καὶ und somit zu spät in den Text eingefügte Skizzen, stark verblasst. Der Mittelmeridian αεγ wurde in beiden Skizzen genau gleich, aber falsch gezogen (siehe dazu oben S. 127f.). In der Skizze links ist auch der Syene-Parallelkreis analog fehlerhaft eingetragen, weshalb auch der Äquator völlig falsch dargestellt ist; in der Skizze rechts dagegen wurden Syene-Parallelkreis und Äquator richtig gezogen.

3 (f. 9v, Kol. 2, oben [nach den ersten acht Zeilen]) Ermittlung des Punktes η: Richtig platzierte und weitgehend korrekt dargestellte Zeichnung. Deutlich erkennbar ist in der Nähe des Kreismittelpunktes (genau genommen in dem von den Strecken βε und εζ gebildeten Winkel) ein Punkt ρ eingetragen (dazu oben S. 129 mit Anm. 196).

***4*a)** (f. 10r, Kol. 2, unterhalb der Mitte) „Unverständliche Skizze“: Sie ist am eigentlichen Platz von Zeichnung **4** (nach *Geogr.* 1,24,29) eingefügt. Auf die Skizze folgen zuerst die (wohl unptolemäischen) Paragraphen 30–33, die den Schluss des Kapitels und des ersten Buches bilden, darauf – ganz unten am Ende der zweiten Kolumne dieser Seite – der Schlusstitel «Κλαυδίου Πτολεμαίου γεωγραφικῆς ὑφηγήσεως τὸ πρῶτον». Daran schließt sich die Konstruktionszeichnung der 2. ptolemäischen Projektion an (siehe gleich unten), die am Anfang der ersten Kolumne auf der Versoseite des Blattes steht. Insofern sind hier in Handschrift U die einzelnen Elemente (unverständliche Skizze, Paragraphen 30–33, Schlusstitel, Zeichnung **4**) anders arrangiert als im Seragl. G. İ. 57 (K), s.u. die vorläufigen Bemerkungen zu Handschrift K, *Illustrationen*, dort Zeichnung **4a**.

4 (f. 10v, Kol. 1, oben) Modifizierte Kegelprojektion: Diese Zeichnung erscheint erst nach dem Schlusstitel zu *Geogr.* 1 und somit zu spät. Die Darstellung ist verständlich, die gekrümmten Meridiane sind deutlich erkennbar.[553] Die Beschriftung ist abgesehen von Kleinigkeiten korrekt (so ist z.B. der Punkt χ Pendant zu Punkt ω [statt zu Punkt τ], die Punkte μ und ν liegen auf dem Äquator [statt auf dem südlichsten Parallelkreis]), es fehlen jedoch die Werte für die Abstände der Meridiane. Eingetragen sind aber die Werte der Einheiten, durch welche die Schnittpunkte der Parallelkreise und des Äquators mit der Strecke εζ definiert werden (der

553 Demgegenüber behauptet Stückelberger 2011, 146 falsch, eine korrekte Konstruktionszeichnung der 2. ptolemäischen Projektion sei unter den „maßgebenden Handschriften“ nur in Handschrift K zu finden; siehe dazu auch oben S. 131.

Wert für den Streckenabschnitt zwischen Thule- und Syene-Parallelkreis lautet «δζ η ιβ» [*sic*] und ist verdorben).

5 (f. 58v) Armillarsphäre: Die Zeichnung fehlt, es wurde auch keine Lücke frei gelassen für sie. Allerdings fällt auf, dass die Textstelle, an der sie einzufügen wäre (Kol. 2, Zeilen 6–7), an beiden Kolumnenrändern mit einem kleinen Kreuz markiert wurde. Da diese Kreuze mit dunklerer, „kräftigerer" Tinte als der Haupttext (der auf dieser Seite in verblasstem Hellbraun erscheint, s. o. *Schreiber*) ausgeführt sind, wie auf derselben Seite auch einige Korrekturen/Nachziehungen im Haupttext und ein Eintrag am linken Rand, stammen die Kreuze wohl nicht vom Kopisten, wie die anderen Interventionen auch nicht, sondern von einer späteren Hand.

Die Zeichnungen wurden äußerst sorgfältig anhand von Lineal und Zirkel gänzlich mit der blassbraunen Auszeichnungstinte ausgeführt, vermutlich vom Kopisten selbst.

Karten

1 Weltkarte + 26 Teilkarten (10 Europa-Karten, 4 Afrika-Karten, 12 Asien-Karten):

(f. 59v–60r) WK.

(f. 62v–63r) Eu. 1 (Hibernia, Albion), (f. 64v–65r) Eu. 2 (Hispania), (f. 66r) Eu. 3 (Gallia), (f. 67r) Eu. 4 (Großgermanien), (f. 68v–69r) Eu. 5 (Raetia, Vindelicia, Noricum, Pannonia Superior/Inferior, Illyricum), (f. 70v–71r) Eu. 6 (Italien, Korsika), (f. 72v–73r) Eu. 7 (Sardinien, Sizilien), (f. 74v–75r) Eu. 8 (Europäisches Sarmatien, Taurische Chersones), (f. 76v–77r) Eu. 9 (Gebiet der Ausgewanderten Iazygen, Dakien, Moesia Superior/Inferior, Thrakien, Thrakische Chersones), (f. 78v–79r) Eu. 10 (Makedonien, Epeiros, Achaia, Peloponnes, Kreta).

(f. 80v–81r) Af. 1 (Mauretanien), (f. 82v–83r) Af. 2 (Africa), (f. 84v–85r) Af. 3 (Cyrenaica und ganz Ägypten), (f. 86v–87r) Af. 4 (Inneres Libyen und Äthiopien).

(f. 88v–89r) As. 1 (Pontos und Bithynien, Eigentliches Asien, Lykien, Galatien, Pamphylien, Kappadokien, Kilikien), (f. 90v–91r) As. 2 (Asiatisches Sarmatien), (f. 92v–93r) As. 3 (Kolchis, Iberien, Albanien, Großarmenien), (f. 94v–95r) As. 4 (Zypern, Syrien, Palästina bzw. Judäa, Arabia Petraea, Mesopotamien, Arabia Deserta, Babylonien), (f. 96v–97r) As. 5 (Assyrien, Medien, Susiane, Parthien, Persis, Wüste Karmanien), (f. 98v–99r) As. 6 (Arabia Felix, Karmanien), (f. 100v–101r) As. 7 (Hyrkanien, Margiane, Baktrien, Land der Sogdianer, Land der Saken, Skythien diesseits des Imaongebirges), (f. 102r) As. 8 (Skythien jenseits des Imaongebirges, Serike), (f. 103r) As. 9 (Areia, Land der Paropanisaden, Drangiane, Arachosien, Gedrosien), (f. 104v–105r) As. 10 (Indien diesseits des Ganges), (f. 106v–107r) As. 11

(Indien jenseits des Ganges, Land der Sinen), (f. 108r) As. 12 (Taprobane).

Die Disposition der Karten entspricht haargenau derjenigen im Seragl. G. İ. 57 (K) (siehe dazu die vorläufigen Bemerkungen zu Handschrift K, *Karten*): In der Regel sind die Karten doppelseitig, jedoch mit fünf Ausnahmen (Eu. 3 und 4; As. 8, 9 und 12), die jeweils nur eine Rectoseite beanspruchen, während die sich auf die betreffende Karte beziehende *Hypographe* jeweils auf der gegenüberliegenden Versoseite steht. Im Gegensatz zu Handschrift K wurde hingegen hier in Handschrift U eine *Hypographe* nie auf der Seite bzw. den Seiten des Kartenbildes angebracht.

Stemmatologische Notizen

Der Urb. gr. 82 (U) ist der „Stammvater" von Schnabels Textfamilie ψ, die unter den elf Schnabel'schen Textfamilien die Familie mit den zahlreichsten Mitgliedern stellt. Handschrift U bildet zusammen mit dem Seragl. G. İ. 57 (K) und dem Arch. Selden. B. 46 (N) die Textgruppe Δ innerhalb der ω-Rezension, folgt jedoch im Gegensatz zu K und N ab *Geogr.* 8,3[554] nicht der Δ-Gruppe, sondern der Π-Gruppe, als deren reinste Vertreter die Handschriften Vat. gr. 177 (V) sowie 178 (W), Marc. gr. Z. 516 (R) und Suppl. gr. 119 (C) gelten.

Ausgewählte Stellen: (f. 1r) Die **Kapitelübersicht zu *Geogr.* 1** präsentiert sich in Handschrift U gemäß der ω-Rezension mit 23 Kapiteln (die Kapitel 8 und 9 der Ξ-Rezension sind also zu einem Kapitel mit der Nummer 8 zusammengefasst), die am äußeren Kolumnenrand mit Auszeichnungstinte in Kardinalzahlen durchnummeriert sind. Auch im Text werden die Kapitel mit Auszeichnungstinte und in Kardinalzahlen durchgezählt; die eigentlichen Kapitel 8 und 9 der Ξ-Rezension sind hier in Handschrift U zwar sowohl durch ihren Titel als auch durch eine herausgestellte Initiale deutlich als zwei unabhängige Kapitel markiert, hingegen erhielten beide die Nummer 8 und wurden so in Entsprechung zum Inhaltsverzeichnis gebracht. – (f. 9v) Die **Homoioteleuton-Lücke** in *Geogr.* 1,24,17 ist vorhanden. Als äußerst aufschlussreich erweist sich nun ein Detail, das aus der Ausgabe von Stückelberger nicht ersichtlich wird und dort auch nicht im textkritischen Apparat verzeichnet ist: Die Stelle beginnt nämlich mit «τότε ζ̄» (statt mit τὸ δὲ ζ, s.o. S. 123), also genau gleich wie in den Handschriften K und N. Außerdem – auch dies

554 Schnabel macht widersprüchliche Angaben darüber, bis wo Handschrift U Π-Text aufweist: Bald handelt es sich um *Geogr.* 8,3–26 (siehe Schnabel 1938, 48), bald impliziert er *Geogr.* 8,3–28 (*ibid.* 52). Zumindest für die Anhänge, d.h. ab *Geogr.* 8,29, kann der Urbinas klar der Δ-Gruppe zugeordnet werden (siehe gleich unten).

wird in der Ausgabe von Stückelberger nicht erwähnt – beginnt in Handschrift U der durch eine spätere Hand oberhalb der Zeile ergänzte fehlende Text nicht mit τὸ δὲ κ, sondern mit «καὶ τὸ κ̄» – genau so wurde die Stelle im Ayer MS 743 (n) übernommen, der eine direkte Abschrift unserer Handschrift U ist. Siehe dazu auch die Beschreibung der Handschriften N und n sowie die vorläufigen Bemerkungen zu Handschrift K, jeweils den Abschnitt *Stemmatologische Notizen*.
Anhänge: (f. 107v) Die *Poleis diasemoi* Taprobanes (*Geogr.* 8,28) präsentieren sich in der ω-Rezension und lauten «Ναγάδιβα» – «Ταλακόρι» – «Μαάγραμμον μητρόπολις». Insofern unterscheidet sich jeder Eintrag minimal von den entsprechenden Einträgen in Handschrift K.
1 (f. 108v–109r, Kol. 1, oben) Liste der Provinzen oder Satrapien der Oikumene: Provinznamen ausnahmslos im Nominativ und ohne Koordinatenangaben.
2 (f. 109r, Kol. 1, Mitte) Scholien zur Armillarsphäre.
3 (f. 109r, Kol. 1, unten) Tabelle des Sonnenlaufs gemäß der ω-Rezension, sämtliche ägyptische Monatsnamen vorhanden, durchgehende Verwendung des Sonnensymbols.
5 (f. 109r, Kol. 2, oben) Scholion zum Verkürzungsfaktor.
6 (f. 109r, Kol. 2, unten – 109v, Kol. 2, oben) Verzeichnis der Länge und Breite der einzelnen Karten.
8 (f. 109v, Kol. 2, unten) Agathodaimon-Subskription in Ich-Form, gefolgt von «τ(έλ)ος», in kalligraphischer Kursivschrift.
7 (f. 110r, Kol. 1, oben) Hexametergedicht auf die Weltkarte des Ptolemaios; der Rest der Seite ist leer.

Der Urbinas präsentiert also die letzten beiden Anhänge – anders als in Handschrift K – in umgekehrter Reihenfolge und bringt das Hexametergedicht auf die Weltkarte des Ptolemaios ganz am Schluss und erst nach der Agathodaimon-Subskription.

Geschichte

Der Urb. gr. 82 (U) wurde wohl nach 1295, vermutlich aber nicht später als 1303 in Konstantinopel angefertigt (mehr zu seiner Entstehungsgeschichte unten S. 521–524). An der Abschrift des Textes war nur ein Schreiber beteiligt, dessen Perlstil-Imitation über lange Zeit zu wesentlich zu früh eingestuften Datierungen der Prachthandschrift ins 11.–12. Jh. geführt hatte.[555]

Wie Handschrift U nach Italien gelangte und was ihr dort widerfuhr, ist insbesondere dank der Veröffentlichung des Handschrifteninventars

555 Vgl. z.B. Cuntz 1923, 4; Schnabel 1930, 232. Siehe dazu auch Fischer 1932, tom. prodr. 1, 220f.; Diller 1940, 66.

von Palla Strozzi (ca. 1372–1462) sowie durch das Auffinden von Strozzis Testamenten sehr viel besser bekannt als noch zur Zeit der Faksimilierung der Handschrift durch Joseph Fischer (FISCHER 1932, tom. 1–2).[556] Als der byzantinische Diplomat Manuel Chrysoloras (ca. 1350–1415) im Jahr 1397 auf Einladung von Coluccio Salutati eine Griechischprofessur in Florenz antrat, brachte er neben weiteren griechischen Kodizes auch unseren Urbinas mit nach Italien.[557] Falls diese Handschrift ursprünglich tatsächlich für den Kaiser Andronikos II. Palaiologos (Regierungszeit 1282–1328) hergestellt worden war (siehe dazu unten S. 523), wäre es denkbar, dass sie sich in der kaiserlichen Bibliothek in Konstantinopel befand, bis sie Chrysoloras, der in kaiserlichen Diensten stand, nach Italien exportierte – eine hier erstmals formulierte These, die freilich genauer auf ihre Wahrscheinlichkeit hin zu untersuchen wäre. In Italien gelangte der Foliant in den Besitz des bibliophilen Chrysoloras-Schülers Palla Strozzi.[558] Als Strozzi 1434 Florenz aus politischen Gründen verlassen musste, nahm er seine Bibliothek mit in sein Exil nach Padua.[559] Nach seinem Tod erbten seine Söhne Nofri und Giovanfrancesco den *Geographie*-Kodex. Zu einem späteren Zeitpunkt, spätestens aber im Jahr 1482, wie aus einem in jenem Jahr verfassten Bibliotheksinventar hervorgeht,[560] befand sich Handschrift U im Besitz des Federico da Montefeltro, Herzog von Urbino, dessen Sammlung seit 1657 den Fonds der Urbinaten in der Biblioteca Apostolica Vaticana bildet.

Der Urbinas, gemäß dem Zeugnis Strozzis der erste *Geographie*-Kodex in Italien (siehe Anm. 558 auf dieser Seite), war, zum Teil mittels

---

556 Zum Handschrifteninventar vom 24. August 1431 vgl. Vittorio FANELLI, „I libri di messer Palla di Nofri Strozzi (1372–1462)“, *Convivium*, raccolta nuova [18] (1949) 57–73, dort 72f.; DILLER 1961, 314; Mark L. SOSOWER, „Palla Strozzi's Greek Manuscripts“, *Studi Italiani di Filologia Classica* 79 (1986) 140–151, dort 146f. Zu den beiden Testamenten von 1447 und 1462 siehe insbesondere DILLER 1961, 316; GENTILE 1992b, 88–90 mit Fig. 7 (Reproduktion p. 27 des Testaments von 1462); THORN-WICKERT 2006, 160f. (mit weiterer Literatur in Anm. 620).

557 GAUTIER DALCHÉ 2007, 287–290 und 2009, 146–149 hält es für nicht gesichert, dass es Chrysoloras war, der die erste *Geographie*-Handschrift nach Florenz brachte (er zieht auch Jacopo Angeli da Scarperia oder Palla Strozzi in Betracht) und dass es sich bei dieser *Geographie*-Handschrift um den Urb. gr. 82 (U) handelte.

558 Weder der genaue Zeitpunkt noch, ob Strozzi die Handschrift kaufte oder lediglich in Verwahrung nahm, sind bekannt, siehe dazu THORN-WICKERT 2006, 164. Dem Wortlaut des Testaments von 1462 nach (dazu oben Anm. 556) scheint mir letztere Variante plausibler, wobei man m.E. auch eine Schenkung in Betracht ziehen könnte. Folgender Passus aus dem Testament von 1462 wird zitiert nach GENTILE 1992b, 88: „[...] perché fu propria quella ⟨*sc.* Cosmographia⟩ che recò messer Manuello Crisolora, greco di Constantinopoli, quando a Firenze venne condocto ad insegnar greco nel 1397. E fu la prima che fosse in queste parti, e a me la lasciò e così ò conservata.“

559 Siehe FISCHER 1932, tom. prodr. 1, 180; GENTILE 2003, 177; GENTILE/SPERANZI 2010, 14.

560 Vgl. FISCHER 1932, tom. prodr. 1, 221 mit Anm. 2; GENTILE 1992b, 78.

seiner direkten Abschrift Laur. Conv. Suppr. 626 (d), maßgebend für die im Westen entstandenen griechischen und lateinischen *Geographie*-Handschriften, insbesondere für die Kartenhandschriften. Während unsere Untersuchung ausgewählter Stellen und der Konstruktionszeichnungen seine sehr enge Verwandtschaft mit dem Seragl. G. İ. 57 (K) bestätigt, zeigt die Analyse der Anhänge, dass der Schluss der beiden Handschriften nicht mehr dieselbe Kongruenz aufweist. Die Homoioteleuton-Lücke im ersten Buch, aber auch eine längere Textinterpolation und -wiederholung in *Geogr.* 6 (siehe dazu unten S. 526–531) heben aber auch die enge Verbindung des Urbinas zur kartenlosen Handschrift Arch. Selden. B. 46 (N) hervor, die zwar bereits mehrfach angedeutet wurde,[561] bisher jedoch nicht die ihr gebührende Aufmerksamkeit erhielt, obwohl ihr Pfad näher an die Umstände der Wiederentdeckung der *Geographie* durch Maximos Planudes führen dürfte.

Bibliographie

Diller 1936, 236–239. – Diller 1940, *passim*. – Diller 1961, 313–316. – Diller 1966, VII. – Fischer 1932, tom. 1–2 (Faksimile); tom. prodr. 1, 219–234 u.a. – Gentile 1992, *passim*. – Gentile 1992b, 78–80; Taf. V (Farbreproduktion f. 1r), VI (Farbreproduktion f. 59v–60r = WK), VII (Farbreproduktion f. 62v–63r = Europa-Karte 1). – Marcon 1991, 49 mit Anm. 43. – Mittenhuber 2009, 74–116; 136–209. – Pagonari-Antoniou 1992, 126 und 129f. – Schnabel 1938, 26f. u.a. – Stornajolo 1895, 128f. – Thorn-Wickert 2006, 6 und 160f.

Art der Kontrolle

Faksimile-Edition (Fischer 1932, tom. 1–2); kurze Nachkontrollen am Original (März 2012).

561 Zuerst wohl vom genialen Diller 1936, 236–238; siehe auch Schnabel 1938, 47–53 (der die Handschriften K, N und U zur Textgruppe Δ zusammenfasste) und Hutter 1982, 207f.

Città del Vaticano, Biblioteca Apostolica Vaticana, Urbinas graecus 83 Sigle **t** (Vorläufige Bemerkungen)

Geographische Sammelhandschrift.
Konstantinopel (?), 15. Jh. (erste Hälfte),[562] Papier mit Wasserzeichen, 410 × 290 mm; (3) 117 (3) / ⟨I–II⟩, f. *a*,[563] 1–18, 20–109, 109a, 110–118, ⟨I′–II′⟩. – Das Vorsatzblatt *a* und das als Nachsatzblatt fungierende f. 118 sind aus Pergament; die unnummerierten je zwei Schutzblätter ganz am Anfang und ganz am Ende der Handschrift sind aus modernem Papier ohne Wasserzeichen (die jeweils äußeren) bzw. mit Wasserzeichen (die jeweils inneren). Blatt 19 wurde von Cosimo Stornajolo versetzt und ist jetzt f. 109a.[564]

Inhalt[565]

(f. 1–18) Dionysius Periegeta, *Orbis descriptio*, fortlaufend wie Prosa geschrieben, mit stückweise dazwischen geschobener Paraphrase, anonym:

(f. 1r) inc. «Ἀρχόμενος γαῖαν τὲ [*sic*] καὶ εὐρέα πόντον ἀείδειν», exp. «ἡ τῶν αἰθερίων θέσις ποικιλόχρους»;[566] der Text der *Periegese* wird jeweils mit «κείμενον», derjenige der Paraphrase mit «ἑρμηνεία» markiert.

(f. 20–111) Claudius Ptolemaeus, *Geographia* (ohne 7,4,14–7,7,4 = theoretischer Teil von *Geogr.* 7) + 64 Teilkarten. – Textschluss auf f. 109ar. – (f. 109av–111v) leer.
(f. 112v–116r) 4 Kontinentkarten: Εὐρώπη, Λιβύη, Ἀσία, Ἀσίας μέ(ρος) (Europa, Afrika, Asien, ein Teil Asiens).
(f. 117r/v) leer.

---

562 Auf diesen Entstehungszeitraum weisen die Wasserzeichen hin (s. u. *Wasserzeichen*). Die Handschrift scheint also älter als allgemein angenommen (sie wird üblicherweise dem Ende des 15. Jh. zugeordnet).

563 Das Blatt ist eigentlich unbezeichnet (f. s. n.); ich übernehme hier die Bezeichnung von Stornajolo 1895, 129.

564 Siehe dazu Stornajolo 1895, 129 sowie den handschriftlichen Eintrag Stornajolos auf f. ⟨II⟩r oben.

565 Die Flüchtigkeit der Analyse (s. u. *Art der Kontrolle*) ließ kein Urteil über die Unterscheidung von allfälligen Kodikologischen Einheiten und Blöcken zu. Vermutlich bildet die *Periegese* einen Block und die *Geographie* einen zweiten (siehe dazu auch unten *Schreiber*); ob die Kontinentkarten einen weiteren Block darstellen, müsste näher untersucht werden.

566 Vgl. dazu die Beschreibung der Handschrift c, *Inhalt*, Block 2.

Beigaben: (f. 9r) Mit roter Tinte Notiz, dass einige Verse mit ihrer Paraphrase auf f. 1v zu finden seien. – (f. 18v) Nach dem Schluss der Paraphrase der *Periegese* des Dionysios Gedicht in vier byzantinischen Zwölfsilblern auf Dionysios und sein Werk: «Τὴν γῆν τε πᾶσαν, ὠκεάνειον ῥόον, / ἔθνη, ποταμοὺς καὶ πόλεις πάνταφράσας [*sic*] / σοφὸς Διονύσιος, ἡδὺς τοῖς λόγοις, / ἐνταῦθα τερμάτωσιν ἐμπεριγράφη». – (f. 108v) Am äußeren Rand (zu *Geogr.* 8,2) Scholion zur Aufteilung der Karten und dem Einfügen der Kapitel 8,3–28 in den Ortskatalog, übernommen aus dem Ambr. D 527 inf. (s), siehe dazu die Beschreibung der Handschrift s, *Beigaben*.

Beschreibstoff

Papier mit Wasserzeichen.

Wasserzeichen

1 (erstes Auftreten f. 11, letztes Auftreten f. 78) *Balance à plateaux triangulaires*, ähnlich wie Briquet 2394 (Viterbo 1370) und 2399 (Venedig 1409–1415).
2 (erstes Auftreten f. 2, letztes Auftreten f. 114) *Chien avec un collier*, ähnlich wie Briquet 3611 (Grammont/Belgien 1440).

Schreiber, Schrift, Tinte

Schreiber: (f. 1r–18v = *Periegese* des Dionysios) Hand 1. – (f. 20r–109ar = *Geographie* des Ptolemaios) Hand 2.
Haupttext: (Hand 1) Nervös wirkende, richtungslose Minuskelschrift mit auffällig vergrößerten Endungen in Supraposition (-ῶ, -ων, -ος), insbesondere in der obersten Zeile oder am rechten Rand der Kolumnen, sowie weit über die Zeile hinausragenden Buchstaben wie großbauchigem Minuskelbeta, Gamma und Tau. – (Hand 2) Regelmäßige, markant wirkende Minuskelschrift mit wenigen Abkürzungen. Breite Feder, bräunlichschwarze Tinte. Der Text ist in zwei Kolumnen geschrieben.

Illustrationen

Zeichnungen: ***1*** (f. 26r/v) Einfache Kegelprojektion: Zwei nahezu gleichgroße und identische Skizzen. Was die Korrektheit der Darstellung und die Verteilung der Beschriftungen auf die zwei Skizzen betrifft, so treffen voll und ganz die oben S.126 gemachten Angaben zu. Während die erste Skizze an der richtigen Textstelle nach *Geogr.* 1,24,7 eingefügt ist, steht die zweite Skizze zwischen *Geogr.* 1,24,10 und 1,24,11. Die Verteilung der Skizzen entspricht somit haargenau den Verhältnissen im Ambr. D 527 inf. (s).

2 (f. 26v) Neigungswinkel: Zeichnung doppelt ausgeführt, die zweite Zeichnung schräg diagonal unterhalb der ersten angebracht. Die Skizzen sind vor *Geogr.* 1,24,13 und somit korrekt eingefügt (siehe dazu oben S. 127, Anm. 193). Beide Zeichnungen einschließlich ihrer Beschriftungen stehen auf dem Kopf[567] – alles exakt wie in Handschrift s). In beiden Skizzen ist der Mittelmeridian falsch gezogen, in der ersten Skizze auch der Syene-Parallelkreis, außerdem ist dort Punkt γ nicht eingetragen. In der zweiten Skizze wurde der Syene-Parallelkreis richtig eingetragen.
3 (f. 27r) Ermittlung des Punktes η: Auf diese Skizze treffen auch die zu Zeichnung **3** gemachten Bemerkungen in der Beschreibung der Handschrift s zu. Ein Punkt ρ ist an gewohnter Stelle eingetragen (vgl. dazu oben S. 129).
4**a)** (f. 27r) „Unverständliche Skizze", eingeschoben nach *Geogr.* 1,24,18, also exakt an derselben Textstelle wie in Handschrift s.
4 (f. 27v) Modifizierte Kegelprojektion: Auch für diese Zeichnung kann ganz auf die betreffende Zeichnung in Handschrift s verwiesen werden. – (f. 110r) Großformatige Zeichnung **4**, möglicherweise von einer anderen Hand angebracht.

Die Zeichnungen sind sorgfältig ausgeführt; sie wurden vermutlich mit Lineal und Zirkel vorgezeichnet und ohne Lineal mit leuchtend roter Tinte (die aber nicht identisch mit der hellbraunen Auszeichnungstinte ist) nachgezogen sowie mit schwarzer Tinte beschriftet.

Karten

64 Teilkarten, die, genau wie im Ambr. D 527 inf. (s), auch hier im Urb. gr. 83 (t) jeweils nach den sie betreffenden Beschreibungen in den Ortskatalog eingefügt wurden. Ebenso wie in Handschrift s befinden sich auch hier in Handschrift t die passenden *Hypographai* aus *Geogr.* 8,3–28 bei den Karten.

Wäre auf den Blättern f. 110v–111r die Weltkarte vorgesehen gewesen? In Entsprechung zur Konstellation im Ambr. D 527 inf. (s) und im Seragl. G. İ. 27 (c) ist dies nicht auszuschließen (vgl. dazu die Beschreibung der Handschrift c, *Karten*).

Stemmatologische Notizen

Anhänge (f. 108v–109av):
1 Liste der Provinzen oder Satrapien der Oikumene: Koordinatenangaben zu jeder Provinz.

567 Insofern wird, wenn man die Zeichnungen so betrachtet, dass sie nicht mehr auf dem Kopf stehen (und so werden sie hier beschrieben), die zweite Skizze zur ersten und die erste zur zweiten.

2 Scholien zur Armillarsphäre.
3 Tabelle des Sonnenlaufs gemäß Ξ-Rezension: Für ἥλιος steht überall das Sonnensymbol; ägyptische Namensform erst ab dem drittem Monat (August) hinzugefügt. Dem Juni ist der Krebs zugeordnet, dem Juli sind falsch die Zwillinge beigefügt, in der Folge dem entsprechenden Monat immer dasjenige Zeichen, unter dem sein Beginn steht.
4 Epitome von *Geogr.* 7,1–4; die Kompilation bricht haargenau an derselben Stelle ab, wo sie auch im Seragl. G. İ. 27 (c) abrupt endet (vgl. dazu die Beschreibung der Handschrift c, *Stemmatologische Notizen*, Anhang **4**).
5 Scholion zum Verkürzungsfaktor (Wortlaut gegenüber STÜCKELBERGER 916 leicht abweichend).
5a) Zweites Scholion zum Verkürzungsfaktor, leicht variiert: Beginn mit Satz 2).[568]
6 Verzeichnis der Länge und Breite der einzelnen Karten.

Eine Stellungnahme zum Urb. gr. 83 (t) ist aufgrund des vorläufigen Charakters dieser Bestandsaufnahme schwierig. Die Ähnlichkeiten der Handschrift t sowohl zum Ambr. D 527 inf. (s) als auch zum Seragl. G. İ. 27 (c) sind zweifelsohne groß. Grundsätzlich gilt es zu entscheiden, ob Handschrift t eine Abschrift von Handschrift s oder von Handschrift c ist (beide Varianten werden in der Sekundärliteratur vertreten, siehe dazu die Beschreibung der Handschrift s, *Stemmatologische Notizen*). Das Fehlen des theoretischen Teils von *Geogr.* 7, die Positionierung der zusätzlichen Zeichnung **4** auf f. 110r und der unvollständige Anhang **4** scheinen Indizien dafür zu sein, dass eher Handschrift c die Vorlage von Handschrift t war. Dagegen scheinen auf den ersten Blick die Anhänge **5**, **5a** und **6** zu sprechen, die hier in Handschrift t auf Anhang **4** folgen, der auf f. 109v abbricht. Sie befinden sich jedoch auf f. 109a, das ursprünglich f. 19 der Handschrift war, also dem *Geographie*-Text vorausging. Betrachtet man die Positionierung der entsprechenden Anhänge in Handschrift s,[569] nämlich noch vor dem Beginn der *Geographie*, erscheint die Umstellung des Blattes durch Stornajolo in Handschrift t als ungerechtfertigt und möchte man eher Handschrift s als Vorlage für Handschrift t vermuten. Anderseits bleibt es dennoch möglich, Handschrift c für die direkte Vorlage von Handschrift t zu halten, vorausgesetzt, dass Handschrift c zum Zeitpunkt der Herstellung von Handschrift t noch das erste Buch der *Geographie* und, in Entsprechung zu Handschrift s, einige Anhänge vor *Geogr.* 1 aufwies.

---

568 Vermutlich genau gleich wie im Ambr. D 527 inf. (s), vgl. die Beschreibung der Handschrift s, *Stemmatologische Notizen*, Anhang **5a**.

569 Zwischen Anhang **5a** und **6** befindet sich in Handschrift s zusätzlich Anhang **7**; es wäre nachzuprüfen, ob sich dies auch hier in Handschrift t so verhält.

Bibliographie

CUNTZ 1923, 34f. – FISCHER 1932, 2, Taf. LV–LVII: Reproduktion von f. 30v–31r (mit Europa-Karte 1), f. 36v–37r (mit Europa-Karte 7) und f. 40v–31r (mit Europa-Karte 10), schwarzweiß; tom. prodr. 2 (ohne Seitenzahlen, Sigle B4): Reproduktion der Asien-Karten 24–25, schwarzweiß. – REEVE 2004, 368. – STORNAJOLO 1895, 129f. – TSAVARI 1990, 193f.

Art der Kontrolle

Kurze Konsultation des Originals (März 2012).

Città del Vaticano, Biblioteca Apostolica Vaticana, Vaticanus graecus 177 Sigle **V** (Vorläufige Bemerkungen)

CLAUDIUS PTOLEMAEUS, *Geographia*.
Konstantinopel (?), um 1300 (?), Papier ohne Wasserzeichen, 240 × 160 mm; (4) 240 (1) / A–D bzw. I–IV,[570] 1–240, ⟨I′⟩.

Inhalt

(f. 2–240) CLAUDIUS PTOLEMAEUS, *Geographia*:
(f. 2r–30v) *Geogr.* 1. – (f. 30v–66v) *Geogr.* 2. – (f. 66v–102v) *Geogr.* 3. – (f. 102v–131r) *Geogr.* 4. – (f. 131r–167r) *Geogr.* 5. – (f. 167r–191v) *Geogr.* 6. – (f. 191v–213r) *Geogr.* 7. – (f. 213r–237r) *Geogr.* 8. – (f. 237r–240v) Anhänge zur *Geogr.*

Beigaben: (f. 1r) Ungefähr in der Blattmitte, sorgfältig geschrieben von einer Hand des 14. Jh.,[571] lateinischer Besitzvermerk «Claudii Ptolemei liber geographie et est p(ro)p(r)ius / d(omi)ni maximi philosophi greci ac monaci in / monacerio chore in Constantinup(o)li / emptus a quodam Andronico Yneote.»; zwischen «quodam» und «Andronico» befindet sich ein mit roter Tinte angefertigtes Kryptogramm des Andronikos Yneotes/Oinaiotes. An derselben Stelle scheinen Buchstaben erkennbar, die mit der gleichen Tinte geschrieben waren, aber ausradiert wurden. Die Seite f. 1r ist mittels zweier diagonal verlaufender, sich überkreu-

570 Beide Zählungen treten parallel auf.
571 Datierung gemäß MERCATI/FRANCHI 1923, 204.

zender Linien mit dunkelbrauner Tinte „durchgestrichen". Das Kryptogramm scheint den letzten Buchstaben von «quodam» leicht zu überdecken und muss deshalb wohl nachträglich in der frei gelassenen Lücke angebracht worden sein. – (f. 1v) Oben, vielleicht von derselben Hand wie der Besitzvermerk auf f. 1r,[572] vierzeiliges Epigramm, Titel «ἐπίγραμμα. ὅπερ εἶπε Πτολεμαῖος εἰς ἑαυτόν·»: «οἶδ' ὅτι θνητὸς ἔφυν καὶ ἐφάμερος. ἀλλ' ὅταν ἄστρων. | / μαστεύω πικνὰς [*sic*] ἀμφιδρόμους ἕλικας. | οὐκἔτ' [*sic*] / ἐπιψαύω γαίης ποσὶν. ἀλλὰ παρ' αὐτῶ|Ζηνὶ, θεο/ τροφέος πιμπλαμαι [*sic*] ἀμβροσίης.».[573] Knapp oberhalb der Seitenmitte, gegen außen, von einer Hand des 17. Jh.,[574] Inhaltsangabe «Κλαυδίου Πτολεμαίου γεωγραφία». – (f. 2r) Am oberen Rand Besitzvermerk des Andronikos Oinaiotes «Ἀνδρονίκου τοῦ Οἰναιώτου». Die vier Silben des Vornamens sind kreuzförmig in der Reihenfolge oben-unten-links-rechts angeordnet, diejenigen des Familiennamens inklusive vorangestelltem Artikel ebenfalls kreuzförmig in der Reihenfolge oben-links-Zentrum-rechts-unten. – (f. 240r) Ganz unten (unterhalb von Anhang **6**) mit brauner Tinte und gegenüber dem Haupttext dickerer Feder weiterer, fast identischer Besitzvermerk des Andronikos Oinaiotes (die Silben des Familiennamens inklusive vorangestelltem Artikel sind hier aber kreuzförmig in der Reihenfolge oben-Zentrum-unten-links-rechts angeordnet). – An den Rändern von einer Hand, die nicht mit dem Kopisten identisch ist, sich auf Karten beziehende Scholien, z.B. f. 213r, am äußeren Rand, zum Anfang von *Geogr.* 8 «ἐνταῦθα καταγράφεται ὁ πί/ναξ ὁ περιέχων ὅλην τὴν / οἰκουμένην μεθ' ὃν / γράφεται ταῦτα ἕως τοῦ ὁ πρῶτος / πίναξ τῆς Εὐρώπης / εἶτα γράφεται ἐκεῖνο † / ἑπομένου πρώτου πίνακος μ̣ε̣τ̣ὰ̣ / τοῦ ὁ δεύτερος πίναξ»;[575] f. 237r, am äußeren Rand, zu Anhang **1** «ταῦτα ὀφείλ̣ε̣ι̣ γραφ̣ε̣σ̣θ̣α̣ι̣ [*sic*] / μετὰ τὸν τελευταῖον / πίνακα.».[576] Zu diesen Scholien siehe auch unten S. 524f.

---

572 So MERCATI/FRANCHI 1923, 204.

573 Das Epigramm ist abgedruckt in der Ausgabe von NOBBE XXXII, Nr. III.

574 Datierung gemäß MERCATI/FRANCHI 1923, 204.

575 Die Crux steht für ein nicht mehr entzifferbares Wort, das durch Wurmfrass beeinträchtigt ist; derselbe Schaden macht auch das folgende «μετὰ» nicht mit Sicherheit lesbar. „Hier wird die Karte gezeichnet, welche die ganze Oikumene umfasst [*sc.* die Weltkarte]. Nach ihr wird dieses hier geschrieben [*sc. Geogr.* 8,1–2] bis zu ‚Die erste Karte Europas' [= *Geogr.* 8,3, Titel]. Darauf wird jenes † geschrieben [gemeint muss das Kapitel 8,3 sein], gefolgt von der ersten Karte [*sc.* Europa-Karte 1] mit ‚Die zweite Karte' [*Geogr.* 8,4]." Das Scholion wird von MITTENHUBER 2009b, 82 (genau gleich auch ID. 2009, 325f. und ID., „The Tradition of Texts and Maps in Ptolemy's *Geography*", in: JONES 2010, 95–119, dort 110) vorgestellt; der zweite Teil des Scholions ist jedoch überall fehlerhaft transkribiert, ungenau übersetzt und unzutreffend interpretiert. Siehe dazu auch unten S. 524f.

576 „Dies [*sc.* Anhang **1** und die folgenden Anhänge] muss nach der letzten Karte [*sc.* Asien-Karte 12] geschrieben werden."

Seitenlayout

Allgemein 1 Kol., 25 Z., Schriftspiegel 165 × 105 mm.

Illustrationen

Zeichnungen: ***1*** (f. 26r/v) Einfache Kegelprojektion: Zwei Skizzen, die erste auf f. 26r in der Mitte, gegen das Ende von *Geogr.* 1,24,6 und somit zu früh eingefügt;[577] die zweite auf f. 26v, Mitte, richtig platziert. Die erste Skizze ist weitgehend korrekt gezeichnet und beschriftet, außer im Bereich der Punkte μ und ν bzw. ρ und τ, wo die Skizze ungenau ist und die Punkte deshalb nicht klar zugeordnet sind. Auch die zweite Skizze ist im Großen und Ganzen richtig gezeichnet und beschriftet; die Punkte μ und ν bzw. ρ und τ sind hier zwar klar definiert, aber falsch, denn μ/ρ und ν/τ sind fälschlicherweise identisch und liegen auf dem Rechteck αβγδ (siehe dazu auch oben S. 126).
2 (f. 28r, oben) Neigungswinkel: Diese Zeichnung ist in zwei nebeneinander angeordneten Skizzen repräsentiert. Die Platzierung der Skizzen ist korrekt (genau genommen um einen jedoch nur kurzen Paragraphen zu spät nach *Geogr.* 1,24,13). In beiden Skizzen ist der Mittelmeridian αεγ falsch eingetragen, in der Skizze links wurden zusätzlich der Syene-Parallelkreis und der Äquator nicht richtig gezogen (Näheres zu diesen charakteristischen Fehlern oben auf S. 127 f.).
3 (f. 28v, oben [nach der ersten Textzeile]) Ermittlung des Punktes η: Die Skizze stellt den Sachverhalt richtig dar und ist auch an der korrekten Stelle in den Text eingefügt.
***4*a)** (f. 30v, oben) Anstelle der modifizierten Kegelprojektion, deren Zeichnung fehlt, ist hier die „unverständliche Skizze“ eingefügt. Nach der Skizze steht zuerst «Κλαυδίου Πτολεμαίου γεωγραφικῆς ὑφηγήσεως τὸ ᾱ», bevor der Rest des ersten Buches folgt (*Geogr.* 1,24,30–33).[578] Diese Konstellationen entsprechen haargenau den Verhältnissen im Marc. gr. Z. 516 (R).

Zeichnung **5** (Armillarsphäre) fehlt zwar, jedoch wurde exakt dort, wo sie hingehörte, Platz freigelassen, nämlich grob gesagt die untere Hälfte von f. 211v sowie die obere Hälfte von f. 212r.

Die Zeichnungen wurden recht sorgfältig vom Kopisten selbst anhand von Lineal und Zirkel mit der braunen Haupttinte ausgeführt und mit der blassen rötlichbraunen Auszeichnungstinte beschriftet (von

---

577 Die Skizze befindet sich genau genommen zwischen … διὰ τῆς Ῥοδίας παράλληλον μήκους und καὶ τοὺς λοιποὺς δὲ τῶν παραλλήλων γράφομεν …

578 Die Paragraphen 32 und 33 wurden in der umgekehrten Reihenfolge kopiert, worauf der Schreiber am Rand mit griechischen Ordinalzahlen «α′» und «β′» hinwies.

Zeichnung **2** ist die erste Skizze ganz mit Auszeichnungstinte ausgeführt). Vermutlich wurden sie erst nach dem Kopiervorgang eingefügt in dafür frei gelassene Leerräume.

Stemmatologische Notizen

Der Vat. gr. 177 (V) gehört zu Schnabels Textfamilie ρ (benannt nach ihrem „Stammvater“, dem Marc. gr. Z. 516 [R]) und somit zur Textgruppe Π innerhalb der ω-Rezension. Der Marc. gr. Z. 388 (p) und der ergänzte Teil (Kodikologische Einheit B) des Paris. gr. 1404 (b) gelten als direkte Abschriften von Handschrift V.

Ausgewählte Stellen: Die **Kapitelübersicht zu *Geogr.* 1** (f. 2r/v) verzeichnet gemäß der ω-Rezension nur 23 Kapiteltitel, die Titel der Kapitel 8 und 9 sind zu einem Kapiteltitel zusammengezogen. Alle Kapiteltitel im Inhaltsverzeichnis werden am äußeren Rand des Schriftspiegels mit der Auszeichnungstinte, die vereinzelt intensiv rot, meist aber von blassem Rötlichbraun ist, mittels minuskelförmiger griechischer Kardinalzahlen durchgezählt. Im Text wurden die Kapitel am äußeren Rand ebenso nummeriert, bisweilen fehlt die Zählung aber, so z.B. bei Kapitel 8 (f. 9r). Dem 9. Kapitel ist einerseits am inneren Rand die majuskelförmige griechische Zahl 9, anderseits am äußeren Rand die minuskelförmige griechische Zahl 8 beigegeben (f. 10r). Zum eigentlichen 13. Kapitel ist am äußeren Rand jedoch klar die griechische Zahl 12 zu lesen (f. 15r). Analog verhält es sich bei den eigentlichen Kapiteln 18 und 19, in der Handschrift mit den griechischen Zahlen 17 und 18 bezeichnet (f. 20r bzw. 21r). Genauso ist es auch bei den folgenden Kapiteln, sofern die Nummerierung vorhanden und erkennbar ist. Beim letzten Kapitel des 1. Buches ist dies zwar nicht der Fall, die Nummer dürfte wohl aber 23 (und nicht 24) lauten bzw. gelautet haben. – Die **Homoioteleuton-Lücke** in *Geogr.* 1,24,17 ist nicht vorhanden (vgl. f. 28v).

Anhänge: ***1*a)** (f. 32v–33r) Bruchstück der Liste der Provinzen oder Satrapien der Oikumene.

Die Reihenfolge der Bedeutenden Städte Taprobanes richtet sich nach der ω-Rezension: «Ναγάδιβα » – «Ταλακῶρι» – «Μαάγραμμον μ(ητ)ροπολις [*sic*]» (siehe f. 237r). Der Text der *Geographie* endet auf f. 237r mit Zeile 15. Die drei anschließenden Schreibzeilen wurden ursprünglich leer gelassen, bevor eine spätere Hand in diesem Leerraum den Titel zu Anhang **1** ergänzte, wobei dieser auf zwei Zeilen verteilt wurde, die sich über die Liniierung hinwegsetzen. Auf Z. 19 beginnt der Text des ersten Anhangs:

1 (f. 237r–238r, oben) Liste der Provinzen oder Satrapien der Oikumene: Titel mit Auszeichnungstinte, hinzugefügt von späterer Hand (s.o.).

Sämtliche Provinznamen erscheinen im Nominativ. Den drei spanischen Provinzen sind Koordinatenangaben beigefügt. Die Aufzählung der Provinzen erfolgt fortlaufend und nicht in Tabellenform.[579]
2 (f. 238r, Mitte) Scholien zur Armillarsphäre.
3 (f. 238r, unten – 238v, oben) Tabelle des Sonnenlaufs gemäß ω-Rezension; ägyptische Namensformen zu jedem Monatsnamen, für die Sonne steht durchgehend das Sonnensymbol.
5 (f. 238v, Mitte) Scholion zur Berechnung der Längengradproportionen.
6 (f. 238v, unten – 240r) Verzeichnis der Länge und Breite der einzelnen Karten.
7 (f. 240v, oben) Hexametergedicht auf die Weltkarte des Ptolemaios, Titel «Στίχοι ἡρωικοὶ· εἰς τὴν Πτολεμαίου χωρογραφίαν». Das Gedicht beginnt nach dem Titel mit einer neuen Zeile, wurde aber fortlaufend wie Prosa und nicht in Versform geschrieben.
8 (f. 240v, unten) Agathodaimon-Subskription in Ich-Form: Unmittelbar an das Hexametergedicht anschließend, aber auf einer neuen Zeile beginnend.

Die bisherige stemmatologische Einordnung des Vat. gr. 177 (V) trifft unbestreitbar zu (Textfamilie ρ, Textgruppe Π). Die Analyse der Zeichnungen und Anhänge unterstreicht seine enge textliche Verwandtschaft zum Marc. gr. Z. 516 (R). Überdenkens- und überprüfenswert ist m.E. jedoch die frühe Datierung der Handschrift (heute hat sich allgemein die Datierung ins 13. Jh. durchgesetzt);[580] für Weiteres dazu und zur Geschichte dieser Handschrift sei auf die Ausführungen unten auf S. 524f. mit Anm. 15 verwiesen.

Bibliographie

Antoniou 1997, 314f. – Bernardinello 1996/1997, 55. – Cuntz 1923, 29. – Stefano Martinelli Tempesta, „Per l'identificazione della scrittura latina di Massimo Planude“, *Italia medievale e umanistica* 46 (2005) 377–383, dort 378f. – Mercati/Franchi 1923, 204. – Müller 1867, 282f. – PLP 9, Nr. 21022. – Rinaldi 1999, 108 und 115. – Ronca 1971, 8. – Schnabel 1938, 23.
Die Handschrift war auf der Basis eines digitalisierten Mikrofilms unter einem nun nicht mehr aktiven Link konsultierbar (s.u. S. 556, „Ptolemy Manuscripts“).

579 Eine kleine Ausnahme bieten die zweite und dritte spanische Provinz, die zusammen mit ihren Koordinatenangaben je eine Zeile beanspruchen, also in „Katalogform“ dargestellt sind.
580 Renou 1925, VII sowie Cuntz und Müller (s.u. *Bibliographie*) gingen vom 14. Jh. aus.

Art der Kontrolle

Mikrofilm online; kurze Nachkontrollen am Original (März 2012).

Città del Vaticano, Biblioteca Apostolica Vaticana, Vaticanus graecus 191 Sigle **X** (Vorläufige Bemerkungen)

Astronomisch-mathematisch-geographische Sammelhandschrift. Konstantinopel, je nach Teilkodex um 1296–1302,[581] Papier ohne Wasserzeichen, 340 × 250 mm; (6) 408 (0) / I–VI bzw. A–F, 1–30, 30a–c, 31–63, 63a, 64–127, 127a–b, 128–291, 291a–c, 292–296, 296a, 297–319, 319a, 320–397.

Inhalt

Inhaltlich zerfällt der Vat. gr. 191 (X) grob gesagt in drei große Teile.[582] Die meisten Texte sind mit Figuren illustriert.
(f. 1r) Pinax. – (f. 1v) Sechs Verse, Notizen.
(f. 2–74) ***(Pseudo-)Euklidisches und der Μικρὸς ἀστρονόμος.***
(f. 75–286) ***Astrologische, astronomische und geographische Schriften:***

(f. 128–169) Claudius Ptolemaeus, *Geographia*:
(f. 128r) leer. – (f. 128v–138r) *Geogr.* 1. – (f. 138r–144v) *Geogr.* 2. – (f. 144v–150r) *Geogr.* 3. – (f. 150r–153v) *Geogr.* 4. – (f. 153v–158v) *Geogr.* 5. – (f. 158v–162v) *Geogr.* 6. – (f. 162v–166v) *Geogr.* 7. – (f. 166v–169v) *Geogr.* 8.

(f. 287–397) ***Mathematische und musiktheoretische Schriften.***

Beigaben: (f. 2r) Am oberen Rand mit brauner Tinte von der Hand des Manuel Chrysoloras zweisprachige Inhaltsangabe, gleichsam arrangiert in zwei Kolumnen; „Kol." links «ἀστρονομικὸν καὶ μαθηματικόν. καὶ

581 Gemäß Noack 1992, 167 setzt sich der Vat. gr. 191 (X) aus acht Teilkodizes zusammen, die sie bedauerlicherweise nicht näher definiert. Die dritte kodikologische Einheit muss aufgrund eines Eintrags auf den Blättern 108r–111v vor dem 22. April 1302 geschrieben worden sein, während die siebte kodikologische Einheit aufgrund einer Notiz auf f. 319v um das Jahr 1296 entstanden sein dürfte. Zur Anzahl Kodikologischer Einheiten siehe aber auch unten S. 502 mit Anm. 592.

582 Für eine detaillierte Inhaltsangabe sei auf Mercati/Franchi 1923, 220–227 verwiesen.

γεωγραφία: / Πτολεμαίου.», „Kol." rechts «astronomicu(m) et ⟨mathema⟩/ticu(m) et geogra⟨phia⟩ Ptolemei:» (Wortschluss von «geogra⟨phia⟩» verwischt).[583] – (f. 128v–130r, 131r–137v, 138v, 165r/v) Mit brauner bis blassbrauner Tinte in kleinformatiger, rechtsgeneigter Schrift von der Hand des Manuel Chrysoloras Rand- und Interlinearscholien zu den theoretischen Teilen der *Geographie*.[584]

Seitenlayout

Der Text dieser Handschrift ist mehrheitlich in einer Kolumne oder in zwei Kolumnen gehalten.
Nur zu f. 128–169:
(f. 128v–129v; 138v) 1 Kol. – (f. 130r–138r) 2 Kol. – (f. 139r–169v) 4 Kol.

Schreiber, Schrift

Im ganzen Kodex sind 16 Kopistenhände und die Hand eines Revisors festzustellen.[585] Sie schrieben grob gesagt entweder in archaisierendem Stil oder in dem für das 13./14. Jh. typischen Fettaugenstil.
Schreiber (nur zu f. 128–169):
Im *Geographie*-Teil des Vat. gr. 191 (X) sind vier Haupthände unterscheidbar:[586]

583 Ein ähnlicher Eintrag befindet sich auch auf dem ersten Vorsatzblatt (f. I bzw. A). Auf der Rectoseite dieses – nicht zum ursprünglichen Kodex gehörenden – Blattes, etwas oberhalb der Mitte, wurde ein rechteckiges Blattfragment eingeklebt (ca. 87 × ca. 120 mm, wohl Bestandteil eines originalen Vorsatzblattes), auf dessen unterer Hälfte mit brauner Tinte von der Hand des Manuel Chrysoloras steht: «μαθηματικὸν. καὶ ἀστρονομι/κὸν. καὶ γεωγραφία Πτολεμαίου· / astronomicu(m) et mathematicu(m) et geographia / Ptolemei». Das Wort «geographia» wurde von einer späteren Hand ergänzt (Mercati/Franchi 1923, 227 ordneten sie dem 16. Jh. zu); vielleicht dieselbe Hand brachte über den Endungen der Wörter «astronomicu(m)» und «mathematicu(m)» jeweils ein korrigierendes «a» an. Der Eintrag ist abgebildet bei Mercati 1926, Taf. IV.2. Mehr zu diesen zweisprachigen Inhaltsangaben unten im Abschnitt *Geschichte*.

584 Die Identifikation der Hand, die auch andere Partien des Manuskripts annotiert hat, ist Sebastiano Gentile zu verdanken (Gentile 2003b, 12f.). Im *Geographie*-Teil könnten allenfalls auch die nur sehr sporadischen Einträge auf den Blättern 139r, 141v, 143v, 144v, 146v, 148v, 149r, 150r, 153v, 154v und 155r von Manuel Chrysoloras stammen.

585 So Turyn 1964, 90f.; ähnlich Bianconi 2004, 325–327 (siehe aber auch folgende Anm.!) und Rossi 2008, 239 mit Anm. 11, wobei letztere Turyns Hände E und K demselben Kopisten zuordnen möchte. Noack 1992, 167f. unterscheidet 15 Kopistenhände und 16 Marginalhände.

586 Bezeichnungen der Hände nach Turyn 1964, 90f.; Definierung der Handwechsel von mir präzisiert. Bianconi 2004, 326 Anm. 40, der auch von 16 Kopisten und einem Revisor ausgeht, schlägt eine Neueinteilung der Hände vor, gemäß welcher die Ablösung der Hände auf den Blättern 128–169 folgendermaßen aussieht (seine Siglen sind jedoch nicht identisch mit denjenigen von Turyn!):

(f. 128v–129v; 135r–139r [auf letztgenannter Seite nur die beiden Textzeilen am oberen Rand]) Hand **D**, stark fettaugig schreibend.
(f. 130r–134v; 139r [ohne die beiden Textzeilen am oberen Rand] – 157r, Kol. 1, Z. 2) Hand **E**, kleinformatig und leicht fettaugig schreibend.
(f. 157r, Kol. 1, Z. 3 – 161r, Kol. 1, Z. 43) Hand **F**, sehr kleinformatig und leicht fettaugig schreibend.
(f. 161r, Kol. 1, Z. 44 – 169v) Hand **A**: Archaisierender, dem Ideal der Perlschrift des 11. Jh. nacheifernder Stil, wie er für den vorliegenden Fall von naturwissenschaftlichen Texten überrascht, da diese in der Regel in platzsparender, von vielen Abkürzungen durchsetzter Schrift ohne ästhetische Ansprüche geschrieben wurden.

Illustrationen

Zeichnungen: **a)** (f. 129r, unten [zum Teil den unteren Rand beanspruchend]) Skizze zum Bogensegment zwischen zwei Orten; vgl. dazu oben S. 124f.
b) (f. 129v, äußerer Rand, oberhalb der Mitte) Skizze zu den Bogensegmenten auf Erd-/Himmelskugel; vgl. dazu oben S. 125f.
1 (f. 137r, Kol. 1, oben [nach den ersten zwei Zeilen]) Einfache Kegelprojektion: Die Skizze ist an korrekter Stelle in den Text eingefügt. Sie erscheint hier im Vat. gr. 191 (X) nur in einfacher Ausführung, allerdings beansprucht sie nur die halbe Höhe des für sie frei gelassenen Raumes, nämlich dessen untere Hälfte.[587] Die Beschriftungen sind richtig, es fehlen jedoch die Werte der Einheiten für die Positionierung der Parallelkreise. Die Bezeichnung des Äquators lautet «ἰσημερία», der südlichste Parallelkreis ist angeschrieben mit «ὁ ἀντικείμενος ὁ διὰ Μερόης». Auch wenn die Proportionen der Zeichnung nicht stimmen (so ist z.B. das Rechteck zu wenig breit, die Punkte μ und ν liegen auf den Breitseiten des Rechtecks αβγδ statt außerhalb davon, die Punkte φ und χ sind viel zu nahe bei Punkt ζ/υ positioniert), sind die Punkte μ und ν richtig auf dem südlichsten Parallelkreis und die Punkte ρ und τ auf dem Äquator angebracht.[588]
2 (f. 137r, äußerer Rand, untere Hälfte) Neigungswinkel: Diese Skizze

(f. 128v–129v; 135r–138v) Hand E.
(f. 130r–134v; 139r–157r, Kol. 1, Z. 2; 158v, Kol. 3, Z. 1; 158v, Kol. 4, Z. 1–3) Hand F.
(f. 157r, Kol. 1, Z. 3 – 158v, Kol. 2; 158v, Kol. 3, Z. 12–54; 158v, Kol. 4, Z. 4 – 161r, Kol. 1, Z. 43) Hand G.
(f. 158v, Kol. 3, Z. 2–11; 161r, Kol. 1, Z. 44 – 169v) Hand B.

587 Wie nur der Blick in die Originalhandschrift offenbarte, war auch in der oberen Hälfte des leeren Raumes eine Zeichnung angebracht (wohl vorerst ohne Beschriftungen), die dann aber durch Wegschaben entfernt wurde, vermutlich, weil der Versuch (mit Recht) als misslungen betrachtet wurde.

588 Fast in allen untersuchten Handschriften sind die Punkte μ und ρ einerseits und ν und τ andererseits identisch und auf dem Äquator eingetragen; siehe dazu auch oben S. 126.

wurde aus unklaren Gründen nicht in die für sie vorgesehene Lücke auf f. 137v oben eingefügt, sondern neben dem vorangehenden Text und somit etwas zu früh an den Blattrand gezeichnet. Die Zeichnung stellt die Verhältnisse vereinfacht dar, da der Mittelmeridian αεγ und der Syene-Parallelkreis lediglich als gerade Verbindungsstrecken, die den Kreis αβγδ halbieren, und nicht perspektivisch als Kreisbogen gezogen wurden. Neben den eingetragenen Punkten α–ζ wurden zusätzlich der Syene-Parallelkreis und der Äquator beschriftet.
3 (f. 137v, Kol. 1, oben) Ermittlung des Punktes η: Die Zeichnung befindet sich eigentlich in dem der Zeichnung **2** zugedachten Leerraum. Dort, wo sie hingehörte, wurde jedoch ebenfalls eine genau gleich große Lücke leer gelassen (f. 137v, Kol. 2, oben). Die Skizze ist absolut korrekt gezeichnet; neben den Punkten α–θ sind auch der Äquator und der Syene-Parallelkreis beschriftet.
4 (f. 138r, Kol. 2, oben [nach den ersten fünf Zeilen]) Modifizierte Kegelprojektion: Auch diese Zeichnung fehlt, war aber vorgesehen, wie ein offen gelassener Leerraum zwischen *Geogr.* 1,24,27/28 beweist. Die Lücke kommt somit etwas früher gegenüber der traditionellen Stelle, an der Zeichnung **4** aufzutreten pflegt, allerdings wäre die hier in Handschrift X vorgeschlagene Positionierung (nach dem Abschluss der Konstruktionsbeschreibung für diese Skizze und vor den abschließenden Worten zu den beiden Projektionstypen) passender.
5 (f. 166r, Kol. 1, oben) Armillarsphäre: Für diese Zeichnung wurde an der korrekten Textstelle eine Lücke leer gelassen. Die Lücke scheint aber mit rund 48 × 48 mm sehr knapp bemessen, um die Zeichnung tatsächlich fassen zu können.

Es macht den Anschein, dass für die Zeichnungen vorerst Raum leer gelassen wurde und man diese, wenn auch nicht alle, erst im Nachhinein einfügte. Mit Ausnahme der Zeichnungen **a**, **b** und größtenteils auch **1** wurden die Figuren recht sorgfältig unter Einsatz von Zirkel und Lineal mit brauner Tinte angefertigt. Farblich unterscheidet sich die Tinte nicht sichtbar von der Tinte des Haupttextes. Zumindest die Zeichnungen **a**, **2** und **3** scheinen aber mit einer feineren Feder ausgeführt worden zu sein. Fraglich ist, ob die Zeichnungen, vermutlich abgesehen von Zeichnung **1**, nicht erst zu einem gegenüber der Abschrift des Textes wesentlich späteren Zeitpunkt ergänzt wurden. Es sei hier die Vermutung geäußert, dass mit hoher Wahrscheinlichkeit Zeichnungen **a** und **b**, vielleicht auch Zeichnungen **2** und **3** der Hand des Manuel Chrysoloras zugeordnet werden können, wie dies bereits für die Scholien zu den theoretischen Teilen der *Geographie* möglich war (siehe dazu auch oben S. 498 mit Anm. 584 und unten S. 525 f.).

Stemmatologische Notizen

Der Vat. gr. 191 (X) gilt als einziger reiner Vertreter der Ξ-Rezension, die gegenüber der ω-Rezension nicht selten den besseren, d.h. „authentischeren" Text zu bieten scheint. Bereits DILLER 1966, V f. hielt den Hauptcharakter der in Handschrift X feststellbaren Lesefehler fest, die häufig auf echte Majuskelfehler zurückgeführt werden können. Zu erwähnen ist das Fehlen der Koordinatenangaben ab *Geogr.* 5,13,16 Σιγοῦα (f. 157r, Kol. 1, Z. 3); es hängt mit dem Umstand zusammen, dass ab der erwähnten Textstelle ein anderer Kopist (Hand F, s.o. *Schreiber*) übernahm, der die Längen- und Breitenangaben vermutlich in einem zweiten Schritt einfügen wollte, der aber nie zur Ausführung kam.[589] Möglicherweise gab der Beginn einer neuen Lage ab Blatt 157 Anlass zum Handwechsel (auch wenn die ersten zwei Zeilen von Kol. 1 noch von Hand E ausgeführt wurden).

Ausgewählte Stellen: Zur **Kapitelübersicht von *Geogr.* 1** vgl. oben S. 121 f. – Die **Homoioteleuton-Lücke** in *Geogr.* 1,24,17 ist in Handschrift X nicht vorhanden. Die Stelle lautet exakt folgendermaßen (f. 137v, Kol. 2):[590] «[...] τὸ δὲ ζ̄ δι' οὗ γραφήσεται / ὁ ἀφορίζων τὸ νότιον πέρας ἀντικείμενος / τὸ [*sic*] διὰ Μερόης. τὸ δὲ κ̄ δι' οὗ γραφήσεται / ὁ ἀφορίζων τὸ βόρ̣ε̣ι̣ο̣ν πέρας· διὰ Θούλης / τῆς νήσου πίπτων.».

Anhänge: ***1*** (f. 166r, Kol. 2, unten – Kol. 3, obere zwei Drittel) Liste der Provinzen oder Satrapien der Oikumene (siehe dazu auch oben S. 133): Dieser Anhang steht in Handschrift X unmittelbar nach *Geogr.* 7,6. An den Anhang schließt sich *Geogr.* 7,5,1 an, das an seinem eigentlichen Platz fehlt, dort gleichsam übersprungen wurde. Der Nachtrag dieses Paragraphen wird eingeleitet vom Titel «⟨Τ⟩ὰ προγραφόμενα πρὸ της [*sic*] καιφαλαιώδης [*sic*] ὑπογραφης [*sic*] τῆς οἰκουμένης καὶ τῶν ἐπαρχιῶν». Wiederum daran schließt sich *Geogr.* 7,7 an, darauf folgt nun Anhang **2**.

2 (f. 166v, Kol. 1, oben [ab Z. 9] – Mitte) Scholien zur Armillarsphäre: Nach diesem Anhang folgt hier in Handschrift X das achte Buch der *Geographie* (f. 166v–169v). Die Reihenfolge und Schreibweise der *Poleis*

---

589 Dasselbe trifft auf den anschließenden, von Hand A kopierten Schlussteil der *Geographie* zu. Hinweise auf eine ähnliche Praxis (Kopieren der Toponyme und erst in einem zweiten Schritt Hinzufügen der Koordinaten) finden sich auch in anderen *Geographie*-Handschriften. Betrachtet man z.B. die Verteilung der Hilfslinien zur Ausrichtung der Koordinatenangaben im Plut. 28.9 (S), scheinen diese Hilfslinien und somit auch die Koordinatenangaben selbst erst nach dem Kopieren des Textes und der Ortsnamen eingefügt worden zu sein (siehe die Beschreibung der Handschrift S, *Liniierung*).

590 Die Stelle wird hier in vollem Wortlaut wiedergegeben, weil dieser aus der Ausgabe von STÜCKELBERGER nicht erschlossen werden kann. Der Passus hat sich jedoch für die Beziehung einer Gruppe von Handschriften untereinander als äußerst wichtig erwiesen, siehe dazu die *Stemmatologischen Notizen* in den vorläufigen Bemerkungen zu den Handschriften K und U sowie in den Beschreibungen der Handschriften N und n.

diasemoi im letzten Kapitel dieses Buches (f. 169v, Kol. 4, Mitte) lautet «Ταλακωρι [*sic*] τὸ ἐμπόριον» – «Ναγαδίβα» – «Μαάγραμμον ἡ μητρόπολις». Unmittelbar danach steht Anhang **x**.

x) (f. 169v, Kol. 4, unten) Notiz über eine Vorlage mit 27 Teilkarten. Dieser Anhang kommt nur in Handschrift X vor; ausführlicher dazu oben S. 133. Die übrigen Anhänge treten in Handschrift X nicht auf.

Geschichte[591]

Die Geschichte des Vat. gr. 191 (X) ist ähnlich komplex wie seine Zusammensetzung und entsprechend schwierig zu rekonstruieren, da er aus mehreren Einzelkodizes besteht (über deren Anzahl in der Forschung Uneinigkeit herrscht[592]), die sich inhaltlich und zum Teil auch chronologisch deutlich voneinander abgrenzen und erst sekundär zusammengebunden wurden.

Aus einer Notiz auf f. 1r unten, unterhalb des Pinax, kann geschlossen werden, dass die Erstellung des Pinax selbst und somit die Zusammenstellung der Einzelkodizes zu der heutigen Handschrift X vor dem 1. September 1303 stattgefunden haben muss. Möglicherweise wurden sämtliche in Handschrift X enthaltene Texte im Auftrag ein- und desselben Gelehrten kopiert, der mit dem Verfasser des Pinax und der Hand eines Revisors, der in der ganzen Handschrift seine Spuren hinterlassen hat, identisch sein könnte. Die Texte wurden wohl von seinen Freunden, Schülern oder Kopisten zwischen 1296 und 1298 abgeschrieben und von ihm bis zur Komposition des Kodex annotiert.[593] Dass dieser Gelehrte der Astronom Gregorios Chioniades (ca. 1240/1250 – ca. 1320) gewesen sein könnte, der im April 1302 nach einem längeren Aufenthalt in Persien wieder in seine Geburtsstadt Konstantinopel zurückkehrte, gilt nach aktuellem Forschungsstand aus paläographischen Gründen für nicht mehr haltbar.[594] Überzeugender ist die Vermutung, dass der Vaticanus im Um-

591 Vgl. insbesondere NOACK 1992, 167–171.

592 Vgl. TURYN 1964, 89: drei Teilkodizes; NOACK 1992, 167: acht Teilkodizes (siehe auch oben S. 497, Anm. 581); BIANCONI 2004, 325 und ROSSI 2008, 239: elf Kodikologische Einheiten.

593 Handschrift X ist denn auch ein Musterbeispiel eines Gelehrtenkodex; zu diesem Begriff und zur Handschrift selbst siehe Peter SCHREINER, „Literarische Interessen in der Palaiologenzeit anhand von Gelehrtencodices: Das Beispiel des Vaticanus gr. 914", in: Werner Seibt (Hrsg.), *Geschichte und Kultur der Palaiologenzeit* (Wien 1996) 205–219, dort 205 sowie 206 Anm. 4 und 209 Anm. 26.

594 Diese Identifizierung stammt von David Edwin PINGREE, „Gregory Chioniades and Palaeologan Astronomy", *Dumbarton Oaks Papers* 18 (1964) 133–160, dort 143; aufgenommen wurde sie von Leendert Gerrit WESTERINK, „La profession de foi de Grégoire Chioniadès", *Revue des Études Byzantines* 38 (1980) 233–245, dort 234 und 239. Siehe dazu aber Anne DUHOUX-TIHON, „Les tables astronomiques persanes à Constantinople

feld des Maximos Planudes produziert wurde, obwohl auch diese Hypothese weiterer Verifizierung bedarf.[595] Mit Sicherheit war Planudes eine der treibenden Kräfte der aufblühenden naturwissenschaftlichen Studien in Konstantinopel um 1300. Außerdem weisen mehrere Schreiberhände der Sammelhandschrift auf den Kreis um Planudes hin (siehe dazu auch unten S. 525). Nicht zuletzt enthält der Kodex mit der *Geographie* des Ptolemaios und der *Arithmetik* Diophants zwei Werke, mit denen sich Planudes nachweislich auseinandersetzte.

Inzwischen ist bekannt, dass die griechisch-lateinische Inhaltsangabe (vgl. f. Ir und 2r, s.o. S. 497f. mit Anm. 583), wie sie unterdessen bereits in 29 weiteren Handschriften ausfindig gemacht wurde, die Zugehörigkeit des Manuskripts zu der Bibliothek des Manuel Chrysoloras bezeugt.[596] Außerdem konnte im Fall von mehreren Scholien, auch im *Geographie*-Teil, die Hand des Manuel Chrysoloras identifiziert werden.[597] Insofern sei hier die Vermutung geäußert, dass Handschrift X entweder mit Chrysoloras nach Italien gelangte, als dieser im Herbst 1396 Konstantinopel verließ und Anfang Februar 1397 seine Griechischprofessur am *Studium* in Florenz antrat, oder zumindest durch die Vermittlung des Chrysoloras nach Italien kam.

Zwischen 1453 und 1463 gelangte der Kodex nach Rom; er war zu jener Zeit im Besitz des Kardinals Isidor von Kiev, der die besagten Jahre in Rom verbrachte. Seiner Hand entstammen denn auch sechs Verse auf

---

dans la première moitié du XIVe siècle", *Byzantion* 57 (1987) 471–487, dort 473–476 mit Taf. 1; Bianconi 2004, 329f.

595 Siehe Turyn 1964, 96; Wilson 1981, 395; Id. 1983, 232; Bianconi 2004, 333: „ipotesi assai suggestiva, ma ancora bisognosa di argomentazioni più sicure"; Rossi 2008, *passim*, aber 240: „Singolare è tuttavia il dato che proprio nella sezione n. 5 (ff. 112–172v), costituita primariamente della *Geographia*, […] si rilevi la presenza di mani di impianto calligrafico e non immediatamente rapportabili al *milieu* planudeo in mancanza di altri indizi che conducano in quella direzione."

596 Dazu Thorn-Wickert 2006, 150–157, inklusive einer Liste von insgesamt 29 bekannten Handschriften mit „bilingualen Titeln" (anstelle dieses von Thorn-Wickert benützten, wohl dem italienischen „titoli bilingui" nachempfundenen Terminus ziehe ich die hier vorgeschlagene, m.E. präzisere Bezeichnung „zweisprachige Inhaltsangaben" vor). In der Liste nicht verzeichnet ist die Handschrift London, British Library, Add. 22733, in der ebenfalls eine zweisprachige Inhaltsangabe gefunden wurde, siehe Annaclara Cataldi Palau, „I manoscritti di Manuele Crisolora: un nuovo codice con ‚titolo bilingue'?", *Italia medievale e umanistica* 46 (2005) 397–403 mit Taf. XIX.1–2. Thorn-Wickert stützt sich insbesondere auf die maßgeblichen Untersuchungen von Anna Pontani, „Primi appunti sul Malatestiano D.XXVII.1 e sulla biblioteca di Crisolora", in: Fabrizio Lollini / Pietro Lucchi (Hrsgg.), *Libraria Domini. I manoscritti della Biblioteca malatestiana: Testi e decorazioni* (Bologna 1995), 353–386 und Ead., „Manuele Crisolora: libri e scrittura (con un cenno su Giovanni Crisolora)", in: Santo Lucà / Lidia Perria (Hrsgg.), *Opora. Studi in onore di Mgr. Paul Canart per il LXX compleanno*, vol. 3, *Bollettino della Badia Greca di Grottaferrata*, n.s. 53 (1999) 255–283.

597 Siehe insbesondere Gentile 2003b, 12f.; vgl. dazu auch oben *Illustrationen* sowie oben S. 498 und unten S. 525.

f. 1v. Unter Papst Paul II. (1464–1471) wurde unsere Handschrift X zusammen mit 32 weiteren Handschriften aus der Erbmasse Isidors in die Biblioteca Apostolica Vaticana überführt. Ab 1475 bis 1548 ist Handschrift X in den Katalogen der Vaticana ununterbrochen aufgeführt, im ersten Drittel des 16. Jh. zudem dreimal im Ausleihregister eingetragen: Am 04. 02. 1518 lieh das Manuskript der italienische Humanist und Dichter Pietro Bembo aus, am 24. 09. 1531 Kardinal Ridolfi, irgendwann zwischen 1485 und ca. 1527 der deutsche Humanist Jakob Aurelius Questenberg. Irgendwann zwischen 1538 und 1584 ließ sich Pietro Vettori (Petrus Victorius) den Vaticanus nach Florenz bringen, wo Vettori als Griechisch- und Lateinlehrer tätig war. Er benutzte die Handschrift offenbar zur Verbesserung und Ergänzung der astronomischen Sammelhandschrift Plut. 28.39, wobei er auch Handschrift X annotierte. Im Zuge der Besetzung Roms durch Napoleon 1797 wurde Handschrift X nach Paris weggeschafft, nach dem Wiener Kongress hingegen wieder in die Vaticana zurückgeführt.

In Anbetracht der unbestrittenen (nicht nur textlichen) Sonderstellung des Vat. gr. 191 (X), seines Alters (für die *Geographie* ist er einer der frühesten Textzeugen) und der nur in dieser Handschrift bezeugten Notiz über eine Vorlage mit 27 Teilkarten, aber auch vor dem Hintergrund der nun dem Manuel Chrysoloras zuweisbaren Scholien und der Frage nach Alter/Urheberschaft der Zeichnungen (hier wird zum ersten Mal in Betracht gezogen, auch sie – mit Ausnahme von Zeichnung **1** – dem Chrysoloras zuzuordnen) erscheinen weitere Untersuchungen des *Geographie*-Teils und des Gesamtzusammenhangs mit einer vertieften Aufarbeitung der Geschichte des ganzen Kodex vielversprechend und wünschenswert.

Bibliographie[598]

Bianconi 2004, 324–333. – Diller 1966, V f. – Follieri 1969, 63–65. – Gentile 2003b, 12 f. – Mercati/Franchi 1923, 220–227. – Müller 1880, *passim*. – Muratore 2009, 1, 75 f. mit Anm. 85. – Noack 1992, 155–171 u.a. – Rossi 2008, *passim* (mit zahlreichen weiteren Literaturangaben). – Schnabel 1938, 6–10 u.a. – Thorn-Wickert 2006, 154 und 156. – Turyn 1964, 89–97 mit Taf. 54–69.

Die Blätter 119v–174r (ohne f. 127v–128r), die auch den *Geographie*-Teil bieten, waren auf der Grundlage eines digitalisierten Mikrofilms online abrufbar unter einem nun nicht mehr aktiven Link (s. u. S. 556, „Ptolemy Manuscripts“).

598 Aus der Fülle der Sekundärliteratur zum Vat. gr. 191 (X) wird hier nur eine kleine Auswahl gegeben, die Grundlegendes mit Neuerem kombiniert.

Art der Kontrolle

Mikrofilm online; kurze Nachkontrollen am Original (März 2012).

İstanbul, Topkapı Sarayı, G. İ. 57
Sigle **K** („Seragliensis“)
(Vorläufige Bemerkungen)

Claudius Ptolemaeus, *Geographia*.
Konstantinopel, nach ca. 1295 und wohl nicht später als 1303,[599] Pergament, 572 × 422 mm; (?) 123 (?) / ?, 1–7, 7D,[600] 8–122, ?. – Gemäß Deissmann 1933, 89 liegen drei Schutzblätter vor.

Inhalt

(f. 1–122) Claudius Ptolemaeus, *Geographia* + 1 Weltkarte + 26 Teilkarten:

(f. 1r–10v) *Geogr.* 1. – (f. 10v–22r) *Geogr.* 2. – (f. 22r–34v) *Geogr.* 3. – (f. 34v–44r) *Geogr.* 4. – (f. 44r–56r) *Geogr.* 5. – (f. 56r–65r) *Geogr.* 6. – (f. 65r–73r) *Geogr.* 7. – (f. 73v–74r) WK. – (f. 74v–120r) *Geogr.* 8 + 26 TK.[601] – (f. 120v–122r) Anhänge zur *Geogr.* – (f. 122v) leer.

Foliierung

(f. 1–7, 7D, 8–122) Auf jeder Seite in der Mitte unten mit rotem Stift (?) arabische Zahl und auf Rectoseiten «r» respektive auf Versoseiten «v». Diese moderne Foliierung entstand im Rahmen der Restaurierung der Handschrift 1929 (s.u. *Erhaltungszustand*).

Beschreibstoff

Schafspergament von hoher Qualität; wie auch in anderen Handschriften zu beobachten, sind die Pergamentblätter im Atlasteil (ab f. 73; auf den Folia 73v–74r befindet sich die Weltkarte, die den Atlasteil eröffnet) deutlich dicker.

---

599 Zu dieser Datierung s.u. S. 523 mit Anm. 11.

600 Bei diesem Blatt handelt es sich um eine textliche Dublette von f. 7.

601 Die 13 Folia 75v, 78r, 86r, 88r, 92r, 94r, 96r, 98r, 102r, 104r, 108r, 112r und 118r sind leer. Es handelt sich ausnahmslos um Karten-Rückseiten.

Organisation der Lagen

Lagen: Die Zusammensetzung des Seragl. G. İ. 57 (K) ist nicht mehr eindeutig bestimmbar (siehe dazu unten *Erhaltungszustand*). Gemäß DEISSMANN 1933, 89 bestand die Handschrift aus Binionen; FUCHS/OLTROGGE 2009, 27 stimmen dem zu, vermuten allerdings aufgrund der Liniierung, dass sich zumindest der Anfang der Handschrift aus andersartigen Lagen zusammensetzte. DILLER 1940, 63 legte jedoch überzeugend dar, dass die Handschrift vielmehr Quaternionen aufgewiesen haben dürfte: Ein Vergleich zwischen Handschrift K und der von ihrem ersten Kopisten abgeschriebenen Strabon-Handschrift Paris. gr. 1393 (zu dieser ausführlicher unter dem Abschnitt *Geschichte*) zeigte, dass der Prozess des Abschreibens vor dem Zusammenbinden der losen Bifolia zu Lagen stattfand.[602] Dies verraten eine Stelle im Serагliensis und sechs Stellen im Parisinus: So begann der Kopist z.B. denjenigen Text, der im Parisinus auf f. 8r steht, zuerst auf f. 15v zu schreiben und strich ihn dann durch; offensichtlich hatte er den Text versehentlich auf die linke statt korrekt auf die rechte Hälfte des in der Mitte gefalteten Bifoliums zu schreiben begonnen, das nun das äußerste Blatt eines Quaternio bildet.[603] Leider gibt Diller die betreffende Stelle im Seragliensis nicht an, ein paralleler Fehler des Kopisten kann aber aus demjenigen gefolgert werden, was Diller als weitere strukturelle Gemeinsamkeit der Handschriften K, Urb. gr. 82 (U) und Paris. gr. 1393 nannte. Diller stellte sowohl im Parisinus als auch im Urbinas eine erste Lage von nur sieben (statt acht) Blättern fest. Dasselbe Phänomen vermutete er auch für den Seragliensis, da in diesem der auf f. 40v, Kol. 2 stehende Text zuerst auf f. 47r, Kol. 1, Z. 1–7 geschrieben und anschließend durchgestrichen wurde (siehe DILLER 1940, plate I). Daraus schloss er mit Sicherheit zu Recht, dass die beiden Blätter 40 und 47 das äußerste Doppelblatt eines Quaternio bildeten. Die Blätter 1–39 müssten dann die ersten fünf Quaternionen der Handschrift umfassen, wobei einem dieser Quaternionen, höchstwahrscheinlich dem ersten, wie im Urbinas und im Parisinus, ein Blatt fehlen musste.[604] Demnach würde die erste Lage aus den Blättern 1–7 bestanden haben. Diese Erklärung scheint überzeugender als der Vorschlag von FUCHS/OLTROGGE 2009, 27, die Dublette f. 7D als ursprünglichen Bestandteil der Handschrift zu betrachten. Zumindest bis

---

602 Eine verbreitete Praxis, siehe dazu die Beschreibung der Handschrift O, *Organisation der Lagen*.

603 Siehe dazu auch DILLER 1975, 71.

604 Diese Vermutungen sind auch vereinbar mit der Tatsache, dass die Blätter 50/53 und 51/52 noch miteinander zu Doppelblättern verbunden sind (s.u. *Erhaltungszustand*). Sie bildeten demnach vermutlich nicht einen Binio, sondern stellten die inneren beiden Blätter des die Folia 48–55 umfassenden siebten Quaternio der Handschrift dar.

und mit f. 55 scheint demnach die Annahme von regelmäßigen Quaternionen statt Binionen plausibler. Möglicherweise folgten zwei weitere regelmäßige Quaternionen f. 56–63 und f. 64–71, darauf ein Binio f. 72–75, auf dessen innerem Doppelblatt die Weltkarte abgebildet ist. Zu den Lagen siehe auch Anm. 605 auf dieser Seite.

Der Seragliensis beginnt mit der Haarseite, genauso auch der Urbinas, während die erste Seite von Handschriften in der Regel die Fleischseite ist;[605] zumindest für die erste Lage (f. 1–7) sowie für die 13. Lage (den Quaternio f. 92–99, siehe dazu unten *Karten*) von Handschrift K ist die Einhaltung der Gregory-Regel erwiesen. Genau wie im Urbinas – so war es vermutlich auch im Fabr. 23,2° (F), s. o. S. 271 f. – beginnt der Atlasteil ab Europa-Karte 1 im Seragliensis mit einer neuen Lage, die in dieser Handschrift hier außerdem mit einem Handwechsel zusammenfällt (s. u. *Schreiber*).

Vorgeschlagene hypothetische Lagenformel: IV-1$^{\text{f. 7}}$ + 8.IV$^{\text{f. 71}}$ + II$^{\text{f. 75}}$ + 5.IV$^{\text{f. 115}}$ + IV-1$^{\text{f. 122}}$. – Für diese Lagenzusammensetzung spricht auch die untersuchte und bekannte Komposition des Urbinas (siehe die vorläufigen Bemerkungen zu Handschrift U, *Lagen*).

Faltung: in-fol.

Keine Kustoden und Reklamanten.

Liniierung: Mit Blindgriffel, offenbar jeweils direkt auf jeder Haarseite angebracht. Über das Grundschema liegen mir keine Angaben vor, außer (siehe Fuchs/Oltrogge 2009, 27) dass die Vertikalen und Schreiblinien unregelmäßig, in unregelmäßigen Abständen und zum Teil schief angebracht sind, und dass ab f. 8 (bzw. vermutlich ab dem zweiten Quaternio, in ihm setzt der Ortskatalog ein) bis f. 71 (also offenbar bis zum neunten Quaternio, auf ihn folgt der Atlasteil) die Kolumnen durch die auffällig hohe Zahl von je 17–18 Vertikalen in unregelmäßigen, aber durchschnittlich ca. 9–10 mm betragenden Abständen unterteilt wurden, die zur Ausrichtung der Koordinatenangaben dienten. Falls auch hier in Handschrift K die Kolumnen beidseitig durch doppelte Vertikalen vorgegeben werden und diese in der Zahl der eben genannten zusätzlichen Vertikalen eingeschlossen sind, ergäbe sich eine frappante Änlichkeit mit den Verhältnissen in Handschrift U (siehe zu dieser Handschrift den Abschnitt *Liniierung*). Wie allgemein in anderen Kartenhandschriften, wurden auch die Blätter liniert, auf denen Karten abgebildet sind.

---

605 Dies dürfte jedoch zumindest für die erste Lage mit dem fehlenden ersten Blatt zusammenhängen, dessen Rectoseite folglich die Fleischseite und dessen Versoseite die Haarseite gezeigt haben müsste; auf jeden Fall soll im Urb. gr. 82 (U) explizit das erste Blatt der ersten Lage nicht vorhanden sein (siehe dazu die vorläufigen Bemerkungen zu Handschrift U, *Lagen*).

Seitenlayout

Allgemein 2 Kol., 36–53 Z.,[606] 572 × 422 mm, Schriftspiegel 402–449 × 302–324 mm, Kolumnenbreite 122–134 mm.

Schreiber, Schrift, Tinte

Schreiber: (f. 1r–75v bzw. *Geogr.* 1–8,2) Hand 1. – (f. 76r–122r bzw. *Geogr.* 8,3–28 und Anhänge) Hand 2.

Der Handwechsel findet bei einem Lagenbruch statt. DILLER 1940, 62f. identifizierte Hand 1 mit dem Kopisten der Strabon-Handschrift Paris. gr. 1393 und Hand 2 mit dem Schreiber des Fabr. 23,2° (F).[607]

Haupttext: (Hand 1) Runde, schnörkelreiche, senkrechte bis richtungslose kalligraphische Minuskelschrift mit gut ausgebildeten und oft vergrößerten Ober-/Unterlängen bei eher geringem Zeilenabstand; Worttrennung eingehalten, Verbindungsgrad der Buchstaben durchschnittlich.

---

606 Diese beträchtlichen Schwankungen scheinen ein Charakteristikum des ersten Kopisten zu sein, der auch in der ebenfalls von ihm geschriebenen Strabon-Handschrift Paris. gr. 1393 von 30 bis zu 53 Zeilen variiert (siehe dazu DILLER 1940, 63).
FUCHS/OLTROGGE 2009, 27f. schließen aus der disparaten Zeilenzahl auf den Blättern 1–7 ([f. 1–2] 52 Z., [f. 3] 41 Z., [f. 4] 40 Z., [f. 5–6] 36 Z., [f. 7–7D] 53 Z.), dass sich diese nicht aus Binionen, sondern aus Unionen zusammensetzten. Diese Folgerung scheint jedoch vor dem Hintergrund ihrer Feststellung, die Liniierung sei „seitenweise“ vorgenommen worden, nicht zwingend. Für die Blätter 8–23 zählten sie jeweils 45 Zeilen, weshalb es sich hier um Binionen handle; genau so gut könnten diese Blätter jedoch aus zwei Quaternionen bestanden haben (siehe dazu oben den Abschnitt *Lagen*). Die Folia 24–75 à 41–42 Zeilen weisen einige Ausnahmen auf, nämlich f. 25–26 und f. 73–74 mit jeweils 45 Zeilen. Dies wird wiederum als Hinweis darauf ausgelegt, dass die Doppelblätter mit jeweils 45 Zeilen das innere Element der Binionen f. 24–27 und f. 72–75 bildeten. Daraus wird geschlossen, dass vor f. 50 und f. 72 jeweils mindestens ein Unio gewesen sein müsse. Eleganter und plausibler scheint die Lösung, von regelmäßigen Quaternionen bis f. 71 und einem anschließenden Binio f. 72–75 auszugehen, auch wenn damit die Ausnahme des Doppelblatts f. 25–26 à 45 Zeilen nicht erklärt würde. Wenn f. 76–83 je 53 Zeilen aufweisen, könnten diese genauso gut als Quaternio (statt als zwei Binionen) interpretiert werden. Ähnlich ist es genau so möglich, für die Blätter 92–122 (also den Schluss der Handschrift), die regelmäßig 45 Zeilen haben, von Quaternionen statt von Binionen auszugehen; in beiden Fällen würde der letzten Lage ein Blatt fehlen. Es ist freilich möglich, aus den Zeilenzahlen der Blätter 84–85 (je 41 Z.) und 86–91 (je 40 Z.) auf insgesamt vier Unionen statt auf einen Quaternio zu schließen; dies scheint umso verlockender, als die Folia 84–85 tatsächlich ein bis in den Falz erhaltenes Kartendoppelblatt seien, das jedoch Ibscher im Rahmen der Restaurierung getrennt habe (s. u. *Erhaltungszustand*), um durch Papieranstückungen Europa-Karte 6 (Italien, f. 83v–84r) zusammenzufügen. Wie jedoch die Lagenkomposition in anderen Kartenhandschriften gezeigt hat, erwies sich die Hypothese, dass Karten in der Regel auf Doppelblätter angebracht worden seien, als unzutreffend, und so scheint es nicht gerechtfertigt, sie zur Rekonstruktion von Lagenzusammensetzungen vorauszusetzen.

607 Zu einem späteren Zeitpunkt schrieb Diller offenbar auch das Fragmentum Fabricianum der Hand 1 von Handschrift K zu, siehe DILLER 1975, 71; zur Hand des Paris. gr. 1393 *ibid.* 70 mit Anm. 3.

Nicht besonders viele Abkürzungen, jedoch häufige Suprapositionen und Inklusionen, die in der obersten Zeile gerne stark vergrößert und verschnörkelt sowie weit in den oberen Rand hineingezogen wurden. Schrift soweit erkennbar unterzeilig, Tinte braun. Einzelne Buchstaben, vor allem Beta, Gamma und Kappa, sind bisweilen überdimensional vergrößert. Dieser Kopist hatte eine Vorliebe dafür, den Text nach Möglichkeit so zu arrangieren, dass mehrere aufeinanderfolgende Zeilen mit immer demselben Buchstaben beginnen (vgl. z.B. die Kappa-Reihe[608] auf f. 31v, Kol. 2 oder die Pi-Reihe auf f. 24v, Kol. 2).[609] – (Hand 2) Ähnliche, aber etwas weniger schwung- und schmuckvolle kalligraphische Minuskel.

Illustrationen

Zeichnungen:[610] ***1*** (f. 9v, Kol. 1, etwa in der Mitte) Einfache Kegelprojektion: Zwei nebeneinander platzierte, an der korrekten Textstelle eingefügte, identische Skizzen. Die Verteilung der Beschriftungen und die fehlerhafte Ausführung der Skizzen entsprechen den oben auf S. 126 geschilderten Beobachtungen. Die Rechtecke αβγδ sind deutlich zu wenig breit und erfüllen die Forderung des Ptolemaios, die Länge sollte doppelt so lang wie die Höhe sein, nicht; Grund dafür wird der zu knappe zur Verfügung stehende Platz gewesen sein, obwohl für die Disposition der beiden Zeichnungen der rechte Kolumnenrand ein Stück weit übertreten wurde.

2 (f. 10r, Kol. 1, etwa in der Mitte) Neigungswinkel: Diese zwei nebeneinander platzierten, in *Geogr.* 1,24,15 zwischen οἵων εἰσὶν αἱ δύο ὀρθαὶ τξ und ἡ λοιπὴ δὲ καὶ und somit zu spät in den Text eingefügten Skizzen sind auf den Fotografien äußerst schlecht sichtbar. Der Mittelmeridian αεγ wurde jedoch in beiden Skizzen genau gleich, aber falsch gezogen (siehe dazu oben S. 127f.); in der Skizze links ist eindeutig auch der Syene-Parallelkreis entsprechend eingetragen.

3 (f. 10r, Kol. 1, unten) Ermittlung des Punktes η: Die Zeichnung ist korrekt platziert und soweit richtig dargestellt. Auch hier in Handschrift K befindet sich in der Nähe des Kreismittelpunktes (genau genommen in dem von den Strecken βε und εζ gebildeten Winkel) ein Punkt ρ.[611]

608 Ein schönes Beispiel ist abgebildet in Diller 1940, plate III, es stammt hingegen aus der Strabon-Handschrift Paris. gr. 1393.

609 Diller 1940, 63 Anm. 5 wertete diese Schrift als eine weitere Entwicklungsstufe der Schrift, die in der von Roger II. von Sizilien gewährten Gründungsurkunde für das Kloster in Carbone (Basilicata) von 1132 zu beobachten ist.

610 Die Zeichnungen sind auf den Fotografien (s.u. *Art der Kontrolle*) schlecht erkennbar und so kleinformatig, dass die Beschriftungen nur der Spur nach zu sehen sind.

611 Zu diesem Punkt ρ s.o. S. 129 mit Anm. 196.

4a) und **4** (f. 10v, Kol. 2, etwas oberhalb der Mitte) Die „unverständliche Skizze“ und die Zeichnung der modifizierten Kegelprojektion sind hier in Handschrift K nebeneinander platziert und am korrekten Ort für Zeichnung **4**, also nach *Geogr.* 1,24,29 eingefügt; bevor die (wohl unptolemäischen) Paragraphen 30–33 folgen, die den Schluss des Kapitels und des ersten Buches bilden, steht der Schlusstitel «Κλαυδίου Πτολεμαίου γεωγραφικῆς ὑφηγήσεως».[612] Die Zeichnungen selbst sind auf der Fotografie nicht besonders gut erkennbar. Beide Rechtecke αβγδ weisen aber in etwa die richtigen Längen- und Breitenproportionen auf, weshalb besonders die unverständliche Skizze links weit in das Interkolumnium hineinreicht und auch die Skizze der modifizierten Kegelprojektion rechts den rechten Kolumnenrand deutlich übertritt. Soweit sichtbar ist Zeichnung **4** weitgehend verständlich dargestellt und korrekt beschriftet.

Zeichnung **5** (Armillarsphäre) fehlt vollkommen. Dort, wo sie eingefügt sein müsste (f. 72v, Kol. 1), weist nichts darauf hin, dass sie je vorgesehen gewesen wäre.

Die Zeichnungen wurden sorgfältig anhand von Zirkel und Lineal mit Blindgriffel vorgeritzt und mit Auszeichnungstinte ausgeführt.[613]

Karten

1 Weltkarte + 26 Teilkarten (10 Europa-Karten, 4 Afrika-Karten, 12 Asien-Karten):

(f. 73v–74r) Weltkarte nach der modifizierten Kegelprojektion.

(f. 76v–77r) Eu. 1 (Hibernia, Albion), (f. 78v–79r) Eu. 2 (Hispania), (f. 80r) Eu. 3 (Gallia), (f. 81r) Eu. 4 (Großgermanien), (f. 81v–82r) Eu. 5 (Raetia, Vindelicia, Noricum, Pannonia Superior/Inferior, Illyricum), (f. 83v–84r) Eu. 6 (Italien, Korsika), (f. 84v–85r) Eu. 7 (Sardinien, Sizilien), (f. 86v–87r) Eu. 8 (Europäisches Sarmatien, Taurische Chersones), (f. 88v–89r) Eu. 9 (Gebiet der Ausgewanderten Iazygen, Dakien, Moesia Superior/Inferior, Thrakien, Thrakische Chersones), (f. 90v–91r) Eu. 10 (Makedonien, Epeiros, Achaia, Peloponnes, Kreta).

(f. 92v–93r) Af. 1 (Mauretanien), (f. 94v–95r) Af. 2 (Africa), (f. 96v–97r) Af. 3 (Cyrenaica und ganz Ägypten), (f. 98v–99r) Af. 4 (Inneres Libyen und Äthiopien).

(f. 100v–101r) As. 1 (Pontos und Bithynien, Eigentliches Asien, Lykien, Galatien, Pamphylien, Kappadokien, Kilikien), (f. 102v–103r)

---

612 Eventuell schließt sich daran ein «α» an (für τὸ πρῶτον), das aber auf der Basis der Fotografie nur erahnt werden kann.

613 So Fuchs/Oltrogge 2009, 28. Ob auch für die Beschriftungen die Auszeichnungstinte verwendet wurde, bliebe nachzuprüfen.

As. 2 (Asiatisches Sarmatien), (f. 104v–105r) As. 3 (Kolchis, Iberien, Albanien, Großarmenien), (f. 106v–107r) As. 4 (Zypern, Syrien, Palästina bzw. Judäa, Arabia Petraea, Mesopotamien, Arabia Deserta, Babylonien), (f. 108v–109r) As. 5 (Assyrien, Medien, Susiane, Parthien, Persis, Wüste Karmanien), (f. 110v–111r) As. 6 (Arabia Felix, Karmanien), (f. 112v–113r) As. 7 (Hyrkanien, Margiane, Baktrien, Land der Sogdianer, Land der Saken, Skythien diesseits des Imaongebirges), (f. 114r) As. 8 (Skythien jenseits des Imaongebirges, Serike), (f. 115r) As. 9 (Areia, Land der Paropanisaden, Drangiane, Arachosien, Gedrosien), (f. 116v–117r) As. 10 (Indien diesseits des Ganges), (f. 118v–119r) As. 11 (Indien jenseits des Ganges, Land der Sinen), (f. 120r) As. 12 (Taprobane).

Die Karten sind in der Regel doppelseitig, mit fünf Ausnahmen (Eu. 3 und 4; As. 8, 9 und 12), die jeweils nur eine Seite beanspruchen. Dabei handelt es sich in jedem Fall um eine Rectoseite, während die sich auf die betreffende Karte beziehende *Hypographe* jeweils auf der gegenüberliegenden Versoseite steht. Außerdem wurde die *Hypographe* der Europa-Karten 5 und 7 sowie der Asien-Karte 8 oberhalb der entsprechenden Karte angebracht, eine Anordnung, die im Urb. gr. 82 (U) nicht zu beobachten ist.[614]

Die Karten wurden mit Sicherheit nicht von ihrer Vorlage abgepaust. Für die Farbgebung und verwendete Farbmittel siehe Fuchs/Oltrogge 2009, 30–32. Gemäß Schnabel 1938, 127 wurden die Afrika-Karten ausnahmslos auf Fleischseiten gemalt; geht man vom oben vorgestellten hypothetischen Lagenschema aus (s. o. *Lagen*), befinden sich die Afrika-Karten allesamt in dem die Blätter 92–99 umfassenden Quaternio, der dann mit der Haarseite beginnen (zu diesem bemerkenswerten Charakteristikum s. o. *Lagen*) und perfekt der Gregory-Regel gehorchen würde.

Einband, Schutzblätter

Der Einband ist komplett verloren, allerdings sind offenbar drei Schutzblätter (dem Anschein nach ohne Nummerierung) erhalten (Deissmann 1933, 89).

Erhaltungszustand

Der prekäre Erhaltungszustand der Handschrift erklärt sich vorwiegend durch den Umstand, dass sie über lange Zeit in einem der Keller des Schatzhauses des Topkapı Sarayı aufbewahrt worden war.[615] Zwei vonei-

---

614 Siehe dazu unten S. 523 f.

615 Siehe Deissmann 1933, 3.

nander unabhängige Feuchtigkeitsschäden haben die Handschrift massiv beeinträchtigt:[616] Zum einen führte ein vom vorderen Schnitt ausgehender Pilzbefall in unterschiedlichem Grad zu purpurner Verfärbung der Blätter und Beschädigung der Blattränder. Zum anderen muss der Buchrücken über längere Zeit Kontakt mit Wasser gehabt haben, wodurch die betroffenen Pergamentpartien verfaulten, brüchig wurden und schließlich herausbrachen; von diesem Schaden betroffen ist insbesondere ein größerer Teil der (von der Rectoseite her gesehen) unteren inneren Ecke der Blätter. Die Folia lagen bei der Auffindung der Handschrift durch Deissmann größtenteils lose durcheinander, doch konnte er ab f. 50 noch einige Lagen (Binionen) feststellen (Deissmann 1933, 89). Heute sind nur noch die Blätter 50/53 und 51/52 am Falz miteinander verbunden und somit als Doppelblätter zu bestimmen. Zum Erhaltungszustand siehe auch oben *Einband*.

Von Ende September bis Ende Oktober 1929 weilte auf Initiative des „Wiederentdeckers" der Handschrift, Adolf Deissmann, der Berliner Konservator Kustos Dr. h. c. Hugo Ibscher im Topkapı Sarayı, um Restaurierungsarbeiten an den Kartenblättern auszuführen. Seither werden die Blätter in zwei Mappen aufbewahrt.[617] Für die Wiederherstellung der Blätterfolge war Deissmanns Sohn, stud. phil. Gerhard Deissmann, verantwortlich; dieser fertigte im Herbst 1929 auch eine Beschreibung zuhanden von Joseph Fischer an (Deissmann 1933, 90).

Stemmatologische Notizen

Schnabel sah im Seragl. G. İ. 57 (K) eine gesonderte Textfamilie κ repräsentiert, betonte aber gleichzeitig seine enge Verwandtschaft zum Arch. Selden. B. 46 (N) (siehe z.B. Schnabel 1938, 26). Diese beiden Handschriften bilden nach Schnabels Klassifizierung zusammen mit dem Urb. gr. 82 (U) die reinen Vertreter der Textgruppe Δ innerhalb der ω-Rezension.[618]

Ausgewählte Stellen: (f. 1r) Die **Kapitelübersicht zu *Geogr.* 1** setzt sich aus den 23 Kapiteln der ω-Rezension zusammen. – Die **Homoioteleuton-Lücke** in *Geogr.* 1,24,17 ist vorhanden (siehe f. 10r, Kol. 2). Die Stelle beginnt mit «τότε ζ̄» (und nicht mit τὸ δὲ ζ, wie in der Ausgabe von Stückelberger impliziert ist), also haargenau gleich wie im Arch. Selden. B. 46 (N), im Urb. gr. 82 (U) und im Coislin 337 (f). Das feh-

616 Dazu Fuchs/Oltrogge 2009, 26.

617 In der einen Mappe befinden sich die nicht restaurierten Blätter: f. 2–72, f. 121, die drei Schutzblätter sowie die Dublette f. 7D. In der anderen Mappe werden die restaurierten Blätter 73–120 (= Atlasteil), f. 1 und f. 122 aufbewahrt.

618 Ausgenommen davon ist hingegen der Schluss von Handschrift U ab *Geogr.* 8,3, siehe dazu oben S. 484 mit Anm. 554.

lende Textstück scheint hier in Handschrift K nicht ergänzt worden zu sein.[619]

Anhänge: (f. 119v) Die *Poleis diasemoi* Taprobanes (*Geogr.* 8,28) präsentieren sich in der Reihenfolge der ω-Rezension und lauten «Ναγάδειβα» – «Ταλάκωρι» – «Μαάγραμμον ἡ μητρόπολις». Im Bereich der Anhänge sind die Blätter bereits stark beschädigt, insbesondere das letzte Blatt 122 ist nur noch fragmentarisch erhalten.

1 (f. 120v – 121r, Kol. 1, oben[620]) Liste der Provinzen oder Satrapien der Oikumene: Soweit erkennbar, stehen sämtliche Provinzen im Nominativ und werden keine Koordinaten gegeben, genau wie in Handschrift U.

2 (f. 121r, Kol. 1, unten – Kol. 2, oben) Scholien zur Armillarsphäre.

3 (f. 121r, Kol. 2, Mitte) Die Tabelle des Sonnenlaufs ist in K entweder bis zur absoluten Unkenntlichkeit verwischt[621] oder wurde aus ungeklärtem Grund nicht kopiert, war in diesem Fall jedoch vermutlich vorgesehen (auf der Fotografie macht die Stelle den Eindruck von einem leer gelassenen Raum).[622]

5 (f. 121r, Kol. 2, unten) Scholion zum Verkürzungsfaktor.

6 (f. 121v–122r, Kol. 1, oben) Verzeichnis der Länge und Breite der einzelnen Karten.

7 (f. 122r, Kol. 1, Mitte) Hexametergedicht auf die Weltkarte des Ptolemaios. Die Verse scheinen jeweils auf je zwei Zeilen (eine ganze und grob gesagt eine halbe Zeile) verteilt zu sein.

8 (f. 122r, Kol. 1, unten)[623] Agathodaimon-Subskription in der Ich-Form.[624] Entgegen der Ausgabe von STÜCKELBERGER (siehe textkritischen Apparat *ad loc.*) steht die Agathodaimon-Subskription hier in Handschrift K also nicht, wie in Handschrift U, vor dem Hexametergedicht auf die Weltkarte des Ptolemaios, sondern erst nach dem Gedicht und bildet deshalb den textlichen Schluss der Handschrift.

---

619 Diese Aussage lässt sich trotz des beschädigten äußeren Randes dieses Blattes machen.

620 Eigentlich beansprucht die Liste den größeren Teil dieser Kolumne, etwa fünf Sechstel davon.

621 So SCHNABEL 1938, 64.

622 Da abgesehen vom prekären Zustand des Pergamentblattes das Geschriebene hier, soweit erhalten, sehr gut lesbar ist, stellt sich in der Tat die Frage, ob die Tabelle überhaupt je hier stand.

623 Genau genommen nimmt der gesamte Text auf f. 122r (Schluss von Anhang **6**, Anhänge **7** und **8**) nur etwa zwei Drittel der ersten Kolumne ein; der Rest der Rectoseite sowie die ganze Versoseite scheinen – soweit dies in Anbetracht des schlechten Erhaltungszustandes dieses Blattes beurteilt werden kann – leer zu sein.

624 Der Text ist hier weitestgehend verloren, mit Ausnahme der Zeilenenden, auf deren Basis die Ich-Form jedoch eindeutig festgestellt werden kann.

Geschichte

Der Seragl. G. İ. 57 (K) wurde um 1300 in Konstantinopel angefertigt; zu der Begrenzung seines Entstehungszeitraums und zu seiner Vorlage sei auf die Ausführungen im Epilog verwiesen (s.u. S. 521–524). Die Handschrift ist materiell luxuriös angelegt und neben dem Urb. gr. 82 (U) und dem Fabr. 23,2° (F) mit Sicherheit einer der ältesten erhaltenen *Geographie*-Atlanten. Zwei Kopisten übernahmen die Abschrift des Textes. Die Strabon-Handschrift Paris. gr. 1393 wurde nicht nur von derselben Hand geschrieben, die auch für den ersten Teil unserer Handschrift K verantwortlich war, sondern weist auch kodikologische Ähnlichkeiten mit K auf (s.o. *Organisation der Lagen*). Beim Parisinus handelt es sich um eine Handschrift aus Papier ohne Wasserzeichen (Format 490 × 325 mm) in Einkolumnenschreibung, geschrieben im ausgehenden 13. Jh. in Konstantinopel. Sie wurde nachweislich von Maximos Planudes benutzt, der aus ihr eine Zusammenstellung von Exzerpten zog, die heute noch in fünf Handschriften erhalten ist.[625] Diese Parallelen bestätigen die sich unterdessen vielfach manifestierende, ursprünglich von Diller 1940 hergestellte Verbindung von Handschrift K und ihren nahe verwandten Handschriften U und F zum Milieu des Planudes. Verschiedentlich wurde in Handschrift K das Privatexemplar des Planudes gesehen.

Der Serагliensis scheint seinen Entstehungsort nie verlassen zu haben. Auf die Möglichkeit, dass es sich bei ihm um diejenige *Geographie*-Handschrift handelte, die der Mönch Joseph Bryennios im Jahr 1421 der Hagia Sophia per Testament vermachte, gibt es keine Hinweise (so auch Deissmann 1933, 93). Jedenfalls scheint der Seragliensis im Sommer 1465 in den Besitz des Eroberers von Konstantinopel, Mehmet II., gekommen zu sein.[626]

Adolf Deissmann, der „Wiederentdecker" des Seragliensis, bekam die Handschrift zum ersten Mal am 25. Oktober 1927 anlässlich seines ersten Besuchs im Topkapı Sarayı zu Gesicht;[627] eine erste nähere Untersuchung der Handschrift nahm er ein Jahr später im Oktober 1928 vor, im darauffolgenden Jahr wurden dank seiner Bemühungen vorwiegend die Kartenblätter restauriert (s.o. *Erhaltungszustand*).

---

625 Siehe Diller 1937, 297f. und 1975, 75 sowie Radt 2002, XIV.

626 Siehe John Brian Harley / David Woodward (Hrsgg.), *The History of Cartography*, vol. 2,1: *Cartography in the Traditional Islamic and South Asian Societies* (Chicago/London 1992) 210; Deissmann 1933, 90 geht von einer Zeit erst nach 1465 aus.

627 „Am meisten fesselte mich sonst ein fast völlig in seine Teile aufgelöster riesiger griechischer Codex der Geographie des Ptolemaios; seine ursprüngliche Schönheit und Farbenpracht hatte auch von den zerstörenden Schicksalen, denen er offenbar ausgesetzt gewesen war, nicht völlig vernichtet werden können. Aber er zeigte überall die Narben schlimmer Jahrhunderte und flehte um Mitleid und Pflege" (Deissmann 1933, 4f.).

Wie strukturelle und kodikologische Elemente sowie die Prüfung einiger Textstellen ergeben haben (s.o. *Ausgewählte Stellen* und unten S. 526–531), ist die Verwandtschaft des Seragl. G. İ. 57 (K) zum Urb. gr. 82 (U) und insbesondere zum Arch. Selden. B. 46 (N) vielleicht sogar enger als von Schnabel vermutet: Es scheint sich um Schwesterhandschriften zu handeln. Unterschiede zwischen den Kartenhandschriften K und U sind vor allem in den Anhängen feststellbar. Für die Entstehung(szeit) der Handschrift K könnte allenfalls eine Untersuchung der drei noch vorhandenen Schutzblätter nach allfälligen Einträgen weitere Hinweise geben.[628]

Bibliographie

DEISSMANN 1933, 89–93. – DILLER 1940, *passim*. – FISCHER 1932, tom. prodr. 1, 515–523; tom. prodr. 2 (ohne Seitenzahlen, Sigle A10*): Reproduktion der Weltkarte (f. 73v–74r) und der Europa-Karte 1 (f. 76v–77r), schwarzweiß. – FUCHS/OLTROGGE 2009, *passim*. – GAUTIER DALCHÉ 2009, 83 (406f. [= Taf. I.1.–2.]: Reproduktion der Weltkarte, farbig). – MITTENHUBER 2009, 74–116; 136–209. – PAGONARI-ANTONIOU 1992, 126. – SCHNABEL 1938, 25; 127f. mit Tafeln I–VIII (qualitativ gute, aber relativ kleinformatige Reproduktionen der vier Afrika-Karten, schwarzweiß). – Alfred STÜCKELBERGER / Renate BURRI / Florian MITTENHUBER, „Die ‚neue' Ptolemaios-Handschrift von Istanbul (Cod. Seragliensis GI 57): Vorläufige Erkenntnisse", *Museum Helveticum* 60,4 (2003) 211–221.

Art der Kontrolle

Kurze Konsultation des Originals (Jan. 2003) und der Fotos (Negative) aus dem Jahr 1929 (Juni 2010, Newberry Library, Chicago/IL).[629]

---

628 Ob die Schutzblätter leer sind oder nicht, ist offenbar bis jetzt ungeklärt. DEISSMANN 1933, 89 stellte hierzu nur die Frage „ob teilweise beschrieben?"; FUCHS/OLTROGGE 2009 äußern sich nicht zu diesem Punkt.

629 Ca. 234 × ca. 174 mm, der Newberry Library im Jahr 1937 durch die Vermittlung Aubrey Dillers von Adolf Deissmann verkauft, in dessen Auftrag sie angefertigt worden waren (DEISSMANN 1933, 90). Ein zweiter Satz an Fotografien sollte sich in der Universitätsbibliothek Halle befinden (siehe SCHNABEL 1938, 25 Anm. 1, der dafür die Signaturen Yp 86 und 87 nennt, und DILLER 1940, 62 Anm. 3). Zumindest die Fotografien in Halle waren 2001 nicht mehr auffindbar (diese Information entnehme ich Materialien, die mir Alfred Stückelberger freundlicherweise zur Verfügung stellte). Die Fotografien der Newberry Library befinden sich in den dortigen Special Collections, sind jedoch nicht katalogisiert.

Parma, Biblioteca Palatina, Palatinus 9
Sigle **H**
(Vorläufige Bemerkungen)

Für diese Handschrift wurden nur punktuelle Kontrollen vorgenommen, um die Verhältnisse der Textfamilie ζ mit ihren vier Mitgliedern Vat. Pal. gr. 314 (Z), Paris. gr. 1403 (E), Parm. Pal. 9 (H) und Paris. gr. 1404 (b) besser zu verstehen.
Geographische Sammelhandschrift.
Kreta (?), um 1462–1475, Papier mit Wasserzeichen, 293 × 210 mm; (5) 228 (5) / ⟨A–D⟩, I, 1–48, 48bis, 49–228, ⟨A′–D′⟩.

Inhalt

Block 1 (f. 1r–202v) Claudius Ptolemaeus, *Geographia* (mit Anhängen). – (f. 205v–207v) leer.
Block 2 (f. 208r–227v) Dionysius Periegeta, *Orbis descriptio*, jeder Vers mit einer neuen Zeile beginnend; Titel «Διονυσίου οἰκουμένης περιήγησις», inc. «Ἀρχόμενος γαῖαν τε καὶ εὑρέα [*sic*] πόντον ἀείδειν», exp. «αὐτῶν ἐκ μακάρων ἀντάξιος εἴη ἀμοιβή.». – (f. 228r/v) leer.

Beigaben: (f. 205r, ganz unten) Subskription des Antonios Damilas «Ἀντώνιος Δαμιλᾶς Κρῆς τὸ γένος καὶ ταύτην ἐξέγραψεν, / ἐπίκουρον ἔχων τὸν Ἰ(ησοῦ)ν Χ(ριστό)ν». – (f. 227v) Subskription des Michael Apostoles «Μιχαῆλος Ἀποστόλιος Βυζάντιος μετὰ τὴν ἅλωσιν τῆς ἱε/ρᾶς καὶ προσφιλοῦς π(ατ)ρίδος αὐτοῦ, πενίᾳ συζῶν, τῷ κακί/στῳ πάντων θηρίῳ, καὶ τόδε τὸ βιβλίον ἐξέγραψεν· οὐκ / ἄνευ μέντοι μισθοῦ» (*sic*).

Wasserzeichen[630]

1 (f. 1–40) *Couronne*, ähnlich wie Briquet 4846 (Genova 1465) und Harlfinger *Couronne* 31 (1463).
2 (f. 41–48) *Tête de boeuf, surmontée d'une fleur* vom Typ Briquet 14878 (Bayern 1468–1470) und 14879 (Brescia 1470) sowie Piccard *Ochsenkopf* XII 901 (Ansbach, Augsburg, Höchstädt, Lienz, Neuenstadt a.K., Wallerstein 1468–1471) und 902 (*ibid.* 1470–1473).
3 (f. 48bis–207) *Balance dans un cercle*, ohne Entsprechung in den Repertorien.
4 (f. 208–227) *Balance dans un cercle*, entfernt ähnlich wie Piccard *Waage* V 252 (Süddeutschland 1470).

630 Die Angaben stützen sich auf Eleuteri 1993, 13.

Eleuteri 1993, 13 datierte den Parm. Pal. 9 (H) in das dritte Viertel des 15. Jh.

Schreiber

(Block 1) Antonios Damilas. – (Block 2) Michael Apostoles.[631]

Illustrationen (nur zu Block 1)

Zeichnungen: ***1*** (f. 17r, unten) Einfache Kegelprojektion: Zwei praktisch identische, nebeneinander und an korrekter Stelle eingefügte Skizzen. Für weitere Einzelheiten vgl. die Bemerkungen zu Zeichnung **1** im Paris. gr. 1403 (E) (siehe die Beschreibung der Handschrift E, *Ausstattung*), die auch auf Handschrift H zutreffen.
2 (f. 18r, Mitte) Neigungswinkel: Die beiden Zeichnungen präsentieren sich sehr ähnlich wie in Handschrift E.
3 (f. 18v, Mitte) Ermittlung des Punktes η: Für Einzelheiten kann wiederum auf die entsprechende Zeichnung in Handschrift E verwiesen werden.
4**a)** (f. 19v, Mitte) Vor *Geogr.* 1,24,28 ist die „unverständliche Skizze“ eingefügt, die hier gleichsam ein in einem Rechteck platziertes „Osterei“ repräsentiert.
4 (f. 20r, Mitte) Modifizierte Kegelprojektion: Richtig platziert, weitestgehend richtig dargestellt, wenn auch die Beschriftungen vermuten lassen, dass der Zeichner nicht verstand, was er kopierte (z.B. wird aus der Buchstabensequenz «μβδψ» [für „richtig“ «κβδψ» in Handschrift E] nicht ersichtlich, dass mit μ und ψ eigentlich zwei Punkte bezeichnet würden und $\overline{\beta}$ δ′ sich auf einen Abstand der Meridiane voneinander bezieht; desgleichen unverständlich ist der Eintrag «ωσοηννε» [oder «ωσοκννε»?], vgl. dazu die Ausführungen zu der entsprechenden Zeichnung in der Beschreibung der Handschrift E sowie in den vorläufigen Bemerkungen zu Handschrift Z).
5 (f. 169v, Mitte) Armillarsphäre: Für die beiden hier auftretenden Skizzen vgl. die Bemerkungen zu Zeichnung **5** in der Beschreibung der Handschrift E, die auch für H gültig sind.

Die Zeichnungen wurden dilettantisch und offenbar ohne Sachkenntnis ausgeführt, zwar ohne Verwendung eines Lineals, aber (für Zeichnungen **2**, **3** und **5**) mit Zirkel, wie es aussieht vom Kopisten selbst.

Stemmatologische Notizen

Schnabel führte den Parmensis Palatinus 9 (H) zu Recht unter der von ihm definierten Textfamilie ζ auf. Ihre Beziehung zu den anderen Fami-

631 Für weitere in der Handschrift auftretende sekundäre Hände siehe Eleuteri 1993, 14.

lienmitgliedern Vat. Pal. gr. 314 (Z), Paris. gr. 1403 (E) und 1404 (b) spezifizierte er jedoch nicht.
Ausgewählte Stellen: In der **Kapitelübersicht zu *Geogr.* 1** (f. 1r/v) werden 24 Kapiteltitel gegeben, doch fehlt eine Kapitelnummerierung, ebenso wurde das Rubrizieren der Initialen unterlassen. Im Text von *Geogr.* 1 sind die Kapitel am Rand mit griechischen Ordinal- oder Kardinalzahlen durchnummeriert. – Die **Homoioteleuton-Lücke** in *Geogr.* 1,24,17 liegt nicht vor; die betreffende Stelle ist leicht fehlerhaft kopiert, lautet aber haargenau gleich wie in den Handschriften Z, E und b.

Die Interpolation in *Geogr.* 3,1,80 (siehe dazu die Beschreibung der Handschrift E, *Stemmatologische Notizen*) ist auch in Handschrift H feststellbar (f. 55v). Genau wie in Handschrift E werden auch hier in H im Periorismos der *Hispania Baetica* die Toponyme mit griechischen Zahlen von 6–25 durchnummeriert (f. 26r/v). Die zwei kurzen Scholien, die in den Handschriften E und b vor und neben *Geogr.* 1,24,28 stehen, erscheinen seltsamerweise in H nicht (vgl. f. 19v).
Anhänge: (f. 200r/v) Die Reihenfolge der *Poleis diasemoi* in *Geogr.* 8,28 folgt der Ξ-Rezension; die Namen lauten: «Ταλάκωρι τὸ ἐμπόριον» – «Ἀγάδειβα» – «Μαάγραμμον ἡ μητρόπολις», exakt wie in Z und E.[632] Darauf folgt nach einer leeren Schreiblinie auf Z. 14 (also etwa in der Seitenmitte), linksbündig mit dem vorangehenden Text, lediglich der Titel zu Anhang **1** («Αἵδε εἰσὶν αἱ γνωσθεῖσαι ἐπαρχίαι, ἤτοι σατραπίαι»); der Rest der Seite ist leer. Die Verhältnisse entsprechen also ganz denjenigen in den Handschriften Z und E.
1 (f. 201r–202v, oben) Liste der Provinzen oder Satrapien der Oikumene: Die Einleitungen zu jedem Kontinent, die grammatikalischen Kasus der Provinznamen und die Koordinatenangaben zu jeder Provinz sind allesamt haargenau gleich wie in Handschrift E.
2 (f. 202v, in der Mitte oben) Scholien zur Armillarsphäre, in identischer Form wie in Z und E.
3 (f. 202v, in der Mitte unten) Die Tabelle des Sonnenlaufs präsentiert sich wiederum haargenau wie in Handschrift E, außer dass sie hier in H keinen Titel aufweist.
4 (f. 202v, ganz unten – 205r, oben) Epitome von *Geogr.* 7,1–4, Titel «Τῆς ἐντὸς Γάγγου ποταμοῦ Ἰνδικῆς γ̅ κ̅ // χῶραι παράλιοι», wobei die letzten beiden Wörter gleichsam als Titel am oberen Rand von f. 203r stehen (in Handschrift E ist die Darstellung der Stelle identisch, sie liegt jedoch nicht bei einem Blattwechsel oder Seitenumbruch, sondern mitten auf einem Blatt), inc. «⟨Σ⟩υραστρηνῆς ἐν κόλπω καλουμένω Κανθὶν. δύσταθμον ὄρος.» (*sic*), exp. «καὶ μεσημβρινώτατοι, Ῥογανδινοὶ. καὶ

632 In Handschrift b bricht der Text bereits mit *Geogr.* 7,5 ab.

Ναναγιροὶ.». Insgesamt präsentiert sich dieser Anhang also wiederum ganz wie in Z und E.

7 (f. 205r, unten) Hexametergedicht auf die Weltkarte des Ptolemaios, Titel «Στίχοι ἡρωικοὶ» (*sic*), exp. «Ἰνδῶν τε Σηρῶν τ'. οὐ γὰρ πέρας ἀνατολίης γῆς.», also nicht vollkommen identisch wie in Z und E.

Die Anhänge **5**, **6** und **8** fehlen (Scholion zum Verkürzungsfaktor, Verzeichnis der Länge und Breite der einzelnen Karten, Agathodaimon-Subskription). Anstelle der Agathodaimon-Subskription (= Anhang **8**), nach dem Hexametergedicht, steht die Subskription des Kopisten (f. 205r, ganz unten; s. o. *Beigaben*).

Die im Paris. gr. 1403 (E) beobachtete doppelt kopierte Passage von Σιοὺρ λιμήν (*Geogr.* 4,3,4) bis Λέπτις μικρά (*Geogr.* 4,3,10), die dort genau eine Seite einnimmt, wurde auch im Parm. Pal. 9 (H) zweifach abgeschrieben: Auf f. 84v, Z. 5 bis und mit f. 85r, Z. 2 steht die Wiederholung der betreffenden Stelle.[633] Handschrift H ist somit eindeutig eine Abschrift von Handschrift E.[634] Für Handschrift E kann ein Entstehungszeitraum zwischen 1462 und 1473 angenommen werden (siehe den Abschnitt *Geschichte* in der Beschreibung der Handschrift E und in den vorläufigen Bemerkungen zu Handschrift Z); kombiniert man diese Datierung mit Eleuteris auf der Analyse der Wasserzeichen basierender Datierung für Handschrift H in das dritte Viertel des 15. Jh., kann für diese von einer Entstehungszeit um 1462–1475 ausgegangen werden. Auch in den Konstruktionszeichnungen und Anhängen ist die Ähnlichkeit von Handschrift H zu den Handschriften Z und vor allem E frappant. Allerdings erscheinen die Scholienteile, die in den Handschriften Z, E und b vor und neben *Geogr.* 1,24,28 stehen, in Handschrift H nicht (vgl. f. 19v), was in Frage stellt, dass Handschrift b eine direkte Abschrift von Handschrift H sein solle (siehe dazu die Beschreibung der Handschrift b, *Stemmatologische Notizen*). Für Handschrift H sei auch auf Kap. V.3 unten verwiesen.

Bibliographie

Eleuteri 1993, 13–15. – Martini 1893–1902, 154f. – Reeve 2004, 368. – Schnabel 1938, 22. – RGK 1, Nr. 22. – Tsavari 1990, 166.

Art der Kontrolle

Mikrofichen aus dem Jahr 1965 (IRHT, Section grecque, Juli 2009).

633 Die Mikrofiche ist hier sehr geschwärzt, jedoch scheinen, soweit erkennbar, keine Zeichen, Einträge o. ä. auf den Umstand dieser Textwiederholung hinzuweisen.

634 Siehe dazu die Beschreibung der Handschrift E, *Lagen*; Eleuteri 1993, 14: „A f. 84v lin. 5 […] il copista prosegue con σιοὺρ λιμήν, ripetendo fino a f. 85 lin. 3, dove riprende con θάψος, una porzione di testo che nell'antigrafo doveva occupare un foglio."

V. Epilog

1. Maximos Planudes und die *Geographie* des Ptolemaios in Konstantinopel

Wie wir weiter oben gesehen haben (s.o. S. 61), war die *Geographie* des Ptolemaios in Konstantinopel, wo die meisten der erhaltenen Handschriften dieses Werkes produziert wurden, schon in der Spätantike und auch noch im 12. Jh. bekannt. Zumindest im 9. Jh. muss das Werk, sowohl Text als auch Karten, dort auch physisch in Form einer (oder mehrerer?) Handschriften vorhanden gewesen sein. Dennoch hatte Maximos Planudes (ca. 1255/1260 – ca. 1305/1310), der die Überlieferungsgeschichte der *Geographie* des Ptolemaios – wie auch weiterer antiker Werke – entscheidend beeinflusste, vorerst offenbar keinen Zugang zu diesem Werk. Die genaueren Umstände, wie Planudes schließlich doch zu einer *Geographie*-Handschrift kam, wann dieses Ereignis genau stattfand, um was für eine bzw. um welche Handschrift es sich dabei handelte und wie dieser umfassend gebildete Mönch, der vielleicht dem Chora-Kloster angehörte,[1] anschließend auf die Gestaltung und handschriftliche Verbreitung dieses Werkes wirkte, vermochten auch die hier vorgestellten Untersuchungen nicht wesentlich zu erhellen. Die heute gängige Version der Geschichte[2] beginnt mit der Auffindung eines *Geographie*-Kodex durch Planudes im Konstantinopel des ausgehenden 13. Jh., vielleicht nach 1295.[3] Zur Rekonstruktion der weiteren Vorgänge um diese Wiederentdeckung dienen Anhaltspunkte aus Briefen des Planudes, vier kurze Gedichte und vor allem ein aus 47 Hexametern bestehendes Lobgedicht auf die ptolemäische *Geographie*.[4] Außerdem soll der kartenlose Vat. gr. 177

1 Der einzige „explizite" Hinweis auf ein Verweilen des Planudes im Chora-Kloster ist das lateinische Exlibris in der *Geographie*-Handschrift Vat. gr. 177 (V) (siehe die vorläufigen Bemerkungen zu Handschrift V, *Beigaben*), vgl. dazu unten S. 524.

2 Siehe dazu STÜCKELBERGER 1996, *passim* sowie STÜCKELBERGER EB, 325–331; Dieter HARLFINGER, *Die Wiedergeburt der Antike und die Auffindung Amerikas. 2000 Jahre Wegbereitung einer Entdeckung* (Hamburg 1992) 64f.; GAUTIER DALCHÉ 2009, 82–84.

3 Siehe dazu unten S. 523, Anm. 11.

4 Die jüngste und beste Edition des Gedichts mit englischer Übersetzung nun bei PONTANI 2010, 197–200 (den von ihm ausfindig gemachten sechs Textzeugen des Gedichts kann hier der Mutin. α. Q. 5. 20 [gr. 87] hinzugefügt werden, der das Gedicht auf f. 174v–175r enthält [siehe PUNTONI 1965, 444, bei dem allerdings unklar bleibt, ob das Gedicht auf f. 175r oder erst auf f. 175v endet]). Das Lobgedicht ist auch in den beiden in Anm. 2

(V) gemäß seines lateinischen Exlibris ein persönliches Exemplar des Planudes gewesen sein. Planudes sei zuerst auf diese Handschrift gestoßen und habe darauf versucht, anhand des Textes die fehlenden Karten zu rekonstruieren – dies scheint eine Überschrift zu dem Lobgedicht zu implizieren, die in einer Handschrift steht, welche das Hexametergedicht enthält.[5] Danach aber habe Planudes einen alten, prächtigen Kodex mit komplettem Kartensatz entdeckt,[6] der ihn zu seinem Lobgedicht veranlasste. Gemäß diesem Lobgedicht betraute der damalige Kaiser Andronikos II. Palaiologos den Patriarchen von Alexandria, Athanasios II., mit

---

gleich oben zitierten Publikationen von Stückelberger mit deutscher Übersetzung abgedruckt.

5 Ambr. A 119 sup. (Martini/Bassi gr. 43) f. 2v: «Τοῦ ἁγιωτάτου καὶ σοφωτάτου κυροῦ Μαξίμου τοῦ Πλανούδη εἰς τὸ διάγραμμα τοῦ Πτολεμαίου, ὃ αὐτὸς ἀπὸ τῆς βίβλου τοῦ Πτολεμαίου, μὴ παρά τινος λαβὼν ἀρχάς, διενοήσατο καὶ διέγραψεν» (‚Des ehrwürdigsten und weisesten Herrn Maximos Planudes ⟨Verse⟩ auf die Karte des Ptolemaios, die er selber nach dem Buch des Ptolemaios ohne fremde Hilfe durchdacht und entworfen hat‘ [Übersetzung von mir]).

6 Es ist vor allem dieses Element, in dem bezüglich des Hergangs der Geschichte der Wiederentdeckung der *Geographie* durch Planudes nach wie vor Uneinigkeit besteht: Hatte Planudes tatsächlich (auch) zu einer Handschrift mit Karten Zugang, oder lag ihm lediglich ein kartenloses Manuskript vor, anhand dessen er die Karten rekonstruierte? Da die Frage der Karten und ihrer Überlieferung in dieser Arbeit nicht näher besprochen wird, soll hier lediglich festgehalten werden, dass mir erstens keine faktischen Belege bekannt sind, die überzeugend beweisen, dass Planudes Kartenvorlagen zur Hand hatte. Dagegen wird die enge Übereinstimmung von Text und Karten in den drei ältesten, offenbar mit Planudes im Zusammenhang stehenden (dazu gleich unten) Kartenhandschriften Seragl. G. İ. 57 (K), Urb. gr. 82 (U) und Fabr. 23,2° (F), die für die Rekonstruktionsthese spricht, immer wieder betont, z.B. von Mittenhuber 2009b, 69f. Die Unterschiede zwischen Text und Karten dieser Handschriften (für eine Zusammenstellung siehe *ibid.* 74f.), die gemäß dem Autor Beweise für Kartenvorlagen sein sollen, können m.E. genau so gut auf eine Redaktion durch eine universalgebildete Persönlichkeit wie Planudes zurückgeführt werden, insbesondere Mehrinformationen auf den Karten, die nicht aus dem Text erschlossen werden können, und gegenüber dem Text bessere Lesarten für Toponyme auf den Karten. Der Text in den genannten Handschriften dürfte von den Schreibern ohne Bearbeitung aus der Vorlage übernommen worden sein; demgegenüber ist Planudes bei der Rekonstruktion der Karten eine kritische Überarbeitung der Daten zuzutrauen. Ob es ein Zufall ist, dass die sich auf den Karten manifestierenden Unterschiede nicht selten mit den Angaben im Vat. gr. 191 (X) kongruieren, der mit sehr hoher Wahrscheinlichkeit im Milieu des Planudes entstand (dazu unten S. 525), müsste näher überprüft werden.
Zweitens bleiben sämtliche Anhaltspunkte, die uns Planudes in seinen Briefen und Gedichten gibt, auch dann unproblematisch und verständlich, wenn wir mit Diller 1940, 66f. davon ausgehen, dass Planudes nur zu einer kartenlosen *Geographie*-Handschrift Zugang hatte, auf deren Basis er die Karten rekonstruierte. So kann z.B. das hexametrische Lobgedicht ohne weiteres als ein Feiern der durch die Rekonstruktion wieder sichtbar gemachten Karten gelesen werden.
Drittens wird durch die These, Planudes habe die Karten aus dem Text und ohne Kartenvorlagen entworfen, keineswegs gleichzeitig bestritten, dass Ptolemaios seinem Werk Karten beigab und dass wir für deren Existenz in der Spätantike und darüber hinaus über Nachweise verfügen (siehe dazu auch oben Kap. II.2.3 sowie S. 55–62).

der Anfertigung einer Kopie dieser Handschrift.[7] Diese Kopie dürfte einer der drei besten Repräsentanten der ω-Rezension sein, der Seragl. G. İ. 57 (K), der Urb. gr. 82 (U) oder der Fabr. 23,2° (F). Die Verwandtschaft dieser Handschriften in der Textkonstitution (sie gehören alle zur Gruppe Δ) und ihre ähnliche, luxuriöse Gestaltung (Großfolioformat, kolorierter Kartensatz) lassen vermuten, dass sie alle unter einer gemeinsamen Anleitung ausgeführt wurden, die vermutlich dem Planudes oblag.[8] Die Verbindung zu Planudes wird besonders dadurch bekräftigt, dass die Strabon-Handschrift Paris. gr. 1393 von demselben Kopisten geschrieben wurde, der für die erste Hälfte des Seragliensis verantwortlich war. Außerdem benutzte Planudes diese Strabon-Handschrift nachweislich, um das Werk zu exzerpieren,[9] ja vielleicht gehörte sie sogar dem Planudes.[10] Bedenken wir die historischen Konstellationen, kommen für das Vorhaben der Anfertigung dreier Ptolemaios-Atlas-Folianten am wahrscheinlichsten die Jahre nach 1295 bis spätestens 1303 in Frage,[11] wobei Handschrift K als persönliches Exemplar für Planudes hergestellt worden, Handschrift U dagegen dem Kaiser zugedacht gewesen sei (so Diller, siehe Anm. 10 auf dieser Seite). Für die Handschriften U, K, F sowie den Vatopedi 655, ein direktes Apographon der Handschrift U, stellte Aubrey Diller kodikologisch-strukturelle Parallelen insbesondere in der Komposition der Lagen sowie in der Verteilung von Text und Karten im Atlasteil fest.[12] Während im Urbinas diese Strukturen offenbar sehr bewusst gestaltet wurden, wurden sie im Seragliensis und noch mehr im Fa-

7 Athanasios verbrachte aufgrund der Mamluken-Herrschaft in Ägypten den größten Teil seines Patriarchats (1275–1315) im Exil, davon viele Jahre in Konstantinopel (ab 1275/1276 bis ca. 1289 und nochmals 1293–1303). Endgültig die Stadt verlassen musste er 1305 (vgl. Alice-Mary Talbot, Art. „Athanasios II", ODB 1, 219).

8 Vgl. dazu insbesondere Diller 1940, 66. Siehe dazu auch oben S. 50–53.

9 Siehe Diller 1937, 297f. Siehe auch oben S. 514.

10 So Diller 1940, 66.

11 Im Sommer 1295 äußerte Planudes in einem Brief an seinen Freund, den General Alexios Philanthropenos, dem kurz zuvor in der Nähe von Milet ein militärischer Erfolgsschlag gegen die Seldschuken gelungen war, seine Sehnsucht, „die Bücher des Ptolemaios zu erhalten": [...] οὕτως ἐραστὴς τοῦ στρατηγήματος τοῦδε γίνομαι, ὥστε οὐκ ἂν μᾶλλον ηὐξάμην τὰς Πτολεμαίου μοι βίβλους γενέσθαι, ἢ τοῦδε μεριστὴς εἶναι τοῦ κατορθώματος (Planud., *Epist.* 119,167–170, zitiert nach der Edition von Maximilian Treu [Hrsg.], *Maximi Monachi Planudis Epistulae* [Breslau 1890, ND Amsterdam 1960] 171). Obwohl Planudes hier nicht eindeutig von der *Geographie* spricht, wird diese Textstelle doch immer wieder dahingehend ausgelegt (unlängst wieder von Pontani 2010, 182). Insofern scheint es möglich, dass Planudes zum Zeitpunkt der Abfassung dieses Briefes noch keinen direkten Zugang zur *Geographie* hatte.
Da Athanasios II. von Alexandria in Konflikt mit seinem Amtsgenossen in Konstantinopel, Athanasios I., stand und 1303 vergeblich gegen dessen Wiedereinsetzung als Patriarch von Konstantinopel kämpfte, scheint die Zeit danach für ein Unterfangen wie das „Patronat" zur Anfertigung dreier Prachthandschriften wenig wahrscheinlich zu sein.

12 Diller 1940, *passim*.

bricianus zunehmend vernachlässigt und im Vatopedinus gar größtenteils aufgegeben. Daraus schloss Diller, dass diese Charakteristika keinen funktionellen Zweck hatten und von rein struktureller Natur waren, da sie innerhalb eines kurzen Zeitraums bald nicht mehr zur Anwendung kamen. Er wertete also den Grad der Ausprägung dieser Charakteristika für die Reihenfolge der Entstehung der vier Handschriften aus.

Was nun den Vat. gr. 177 (V) betrifft, so ist aufgrund verschiedener sachlicher Überlegungen die Verbindung dieser Handschrift zu Planudes zumindest zu überdenken. Zu der heute gängigen frühen Datierung dieser Handschrift an das Ende des 13. Jh. laden zwar freilich die Schrift, der lateinische Besitzvermerk auf f. 1r mit seiner Auslegung und der Papiertyp (ohne Wasserzeichen) ein. Wie jedoch erste paläographische Recherchen meinerseits ergeben haben, vereint die Schrift ältere und jüngere Formen und ist deshalb als archaisierend einzustufen.[13] Außerdem wirft die übliche Interpretation des Besitzvermerks (Planudes als Vorbesitzer der Handschrift) bei näherer Betrachtung mehrere Fragen auf.[14] Die Handschrift könnte später entstanden sein als der Urbinas, der Seragliensis und der Fabricianus.[15] Dass es sich bei Handschrift V um den ersten *Geographie*-Kodex handeln soll, der dem Planudes in die Hände gelangte, ist m. E. höchst fragwürdig. Schließlich sei vermerkt, dass einige Randscholien, die eindeutig auf Karten Bezug nehmen (siehe dazu die vorläufigen Bemerkungen zu Handschrift V, *Beigaben*), mit Sicherheit nicht von der Hand des Hauptkopisten, sondern eindeutig von einer anderen, späteren Hand stammen. Dass sich diese Scholien auf die Vorlage der Handschrift V beziehen und beweisen sollen, dass diese Vorlage einen Kartensatz nach der A-Redaktion mit der üblichen Disposition der Teilkarten in Buch 8 enthielt, ist deshalb abzulehnen.[16] Vielmehr könnte der Scholiast bei der Lektüre des Vaticanus eine Vergleichshandschrift mit Karten zur Verfügung gehabt haben und vermerkte an den betreffenden Stellen, wo welche Karte einzufügen wäre.[17] Ich vermute, dass diese

13 In den Tafelbänden des RGK konnten vorerst keine Exempla gefunden werden, die hilfreich zur näheren Einstufung der Schrift wären. Ich danke Jacques-Hubert Sautel und Msgr. Paul Canart sehr herzlich für ihre Hilfe und Beratung bei der Prüfung der Schrift des Vat. gr. 177 (V).

14 Vgl. dazu Costas N. Constantinides, *Higher education in Byzantium in the XIIIth and early XIVth centuries (1204–ca. 1310)* (Nicosia 1982) 66–89; Renate Burri, „Die Wiederentdeckung der *Geographie* des Ptolemaios durch Planudes", *Antike Naturwissenschaft und ihre Rezeption* 13 (2003) 127–136, dort 135.

15 Vgl. auch Diller 1940, 67 Anm. 16.

16 Zu dieser Ansicht, offensichtlich ohne Berücksichtigung des kodikologischen Kontexts, kam Florian Mittenhuber (Literatur zitiert oben S. 493, Anm. 575).

17 Dies schließt freilich nicht vollständig aus, dass die Vorlage der Vatikan-Handschrift Karten enthalten haben könnte, auf deren Übernahme aber verzichtet wurde. Theoretisch muss diese Möglichkeit bei jeder kartenlosen Handschrift in Betracht gezogen werden.

Scholien im Zusammenhang mit der von Kardinal Bessarion in Auftrag gegebenen Kartenhandschrift Marc. gr. Z. 388 (p) stehen, die um 1453 angefertigt wurde und deren Textvorlage Handschrift V gewesen sein muss (siehe dazu die Beschreibung der Handschrift p, *Stemmatologische Notizen*).

Keine Beachtung in der Geschichte der „Wiederentdeckung" der *Geographie* durch Planudes wird allgemein drei weiteren Handschriften geschenkt, die jedoch ebenfalls in seinen Einflussbereich gehört haben dürften. Zumindest für eine dieser Handschriften gilt der Bezug zu Planudes oder zum Kreis um Planudes heute als paläographisch gesichert: Das kartenlose Manuskript Arch. Selden. B. 46 (N), das neben den Handschriften K und U zu den reinen Vertretern der Δ-Gruppe innerhalb der ω-Rezension gehört, enthält ein Randscholion von der Hand des Planudes. In dem kartenlosen, aber gemäß einer Schlussnotiz auf einer Vorlage mit Karten beruhenden[18] Vat. gr. 191 (X), dem einzigen reinen Vertreter der Ξ-Rezension, verweisen nicht nur mehrere der um die dreißig unterscheidbaren Hände, sondern auch die Inhalte auf das intellektuelle Umfeld des Planudes.[19] In der vorliegenden Arbeit neu vorgeschlagen wird eine Verbindung des Paris. gr. 2423 (G) zum Milieu des Planudes. Dafür sprechen vor allem paläographische, inhaltliche und chronologische Aspekte.[20] Ob sich diese Hypothese erhärten wird, bedingt ein vertieftes Studium insbesondere der Hände und Marginalien dieser Handschrift, das im Rahmen dieser Arbeit nicht möglich war.

Obwohl die hochkomplexe Sammelhandschrift Vat. gr. 191 (X) für die Textüberlieferung der *Geographie* als einzige reine Repräsentantin der Ξ-Rezension – die gegenüber der ω-Rezension gemäß dem aus der Mitarbeit an der Ausgabe von Stückelberger entstandenen Eindruck näher an der ursprünglichen Textform zu sein scheint – zweifellos einzigartig ist, wird durch die Identifizierung der Hand des Manuel Chrysoloras für mehrere Marginalien „propädeutischen" Charakters zu den theoretischen Teilen der *Geographie* (vgl. Gentile 2003b, 12f. und Anm. 27) und, gemäß meiner vorläufigen Untersuchungen, offensichtlich auch für die meisten Zeichnungen (s.o. vorläufige Bemerkungen zu Handschrift X, *Illustrationen*) die „Originalität" der Handschrift gewissermaßen relativiert. Insbesondere die über den üblichen Bestand an Zeichnungen hinausgehenden Illustrationen in *Geogr.* 1 scheinen demnach nicht

---

Mit Sicherheit nehmen die erwähnten Scholien in Handschrift V jedoch nicht Bezug auf deren Vorlage.

18 Siehe dazu oben S. 133.

19 Zu diesen Befunden vgl. v.a. Turyn 1964, 96; Wilson 1981, 395–397. Einen Bezug zu Planudes schließt auch Bianconi 2004, 333 nicht aus. Siehe dazu auch die vorläufigen Bemerkungen zu Handschrift X, *Geschichte*.

20 Näheres zu diesen Punkten oben in der Beschreibung der Handschrift G.

dem Geist der Entstehung der Handschrift X zu entstammen oder gar auf die Vorlage zurückzugehen, sondern sind vielmehr dem Humanisten Chrysoloras zuzuschreiben.[21] Bemerkenswert für die wohl im Zeitraum 1296–1302 entstandene Handschrift X, die somit ähnlich alt sein dürfte wie die Handschriften K, U und F, ist die von Diller 1966, Vf. gemachte und in der Ausgabe von Stückelberger bestätigte Beobachtung, dass viele Textfehler auf echte Majuskelfehler zurückzuführen sind. War die direkte Vorlage unseres Vaticanus eine Majuskelhandschrift? War diese Vorlage die erste *Geographie*-Handschrift, die Planudes seinerzeit auffinden konnte? Fand der Prozess des Metacharakterismos im Fall der Ξ-Rezension der *Geographie* erst um 1300 statt?

Wenden wir uns dem Arch. Selden. B. 46 (N) zu. Seine enge Zugehörigkeit zur Textgruppe Δ lässt sich nun wesentlich konkretisieren aufgrund einer längeren Textrepetition in *Geogr.* 6,7,11 ff., die in den Handschriften N, K und U zu beobachten ist.[22] Die Stellen- und Zeilenangaben in der Spalte ganz links in der folgenden Tabelle beziehen sich auf die Ausgabe von Nobbe, die sich am besten dazu eignet, die Problematik nachzuzeichnen, und die den Vorteil hat, eine Zeilennummerierung aufzuweisen.[23] Die Koordinatenangaben wurden aus Gründen der Übersichtlichkeit weggelassen, sind jedoch grob gesagt einheitlich in allen in die Tabelle aufgenommenen Handschriften;[24] treten Wiederholungen/Entsprechungen von Toponymen auf, lauten deren Koordinaten in den Handschriften jeweils gleich wie bei ihrer ersten Nennung. Das Symbol **x** bedeutet, dass die entsprechende Passage in der jeweiligen Handschrift durchgestrichen ist. Nach den in der Tabelle beschriebenen Textabfolgen schließt sich in jeder Handschrift *Geogr.* 6,7,14 an.

---

21 Zumindest für Zeichnung **a** gibt es in den im Rahmen der vorliegenden Arbeit eingehend vorgestellten Handschriften kein älteres Beispiel. Zeichnung **b** hingegen tritt bereits im Coislin 173 (r) auf (14. Jh., erste Hälfte), wo sie vermutlich von Nikephoros Gregoras eingefügt wurde. Siehe dazu aber auch Näheres oben S. 125 f.

22 Sie tritt auch im Coislin 337 (f) auf, die genaue Zusammensetzung der Stelle in jenem Manuskript – auf die ich zu einem Zeitpunkt aufmerksam wurde, als die Möglichkeit einer Kontrolle nicht mehr bestand – bleibt noch zu prüfen. Die Stelle wurde auch von Schnabel 1938, 51 beschrieben, doch werden dort die Verhältnisse und weitere Einzelheiten nicht immer korrekt referiert und nicht mit der Ξ-Rezension verglichen; Handschrift f wird in diesem Zusammenhang außerdem nicht genannt.

23 Die Zitate in der Tabelle sind direkt aus den Handschriften transkribiert; der Einfachheit halber werden sie hier nicht, wie sonst in diesem Buch, mit den üblichen Guillemets gekennzeichnet. Ebenfalls wird darauf verzichtet, auf fehlende Akzente, orthographische Unregelmäßigkeiten und dergleichen hinzuweisen. Die Schreibungen in Handschrift N beruhen auf der Edition von Humbach/Ziegler, die genauen Angaben der Folia und Zeilen wären für diese Handschrift bis auf eine Ausnahme noch nachzutragen.

24 Im Vat. gr. 191 (X), von dem am ehesten Abweichungen zu erwarten wären, fehlen die Koordinaten in diesem Bereich bereits, siehe dazu die vorläufigen Bemerkungen zu Handschrift X, *Stemmatologische Notizen*.

	Arch. Selden. B. 46 (N)	**Seragl. G. İ. 57 (K)**	**Urb. gr. 82 (U)**	**Vat. gr. 191 (X)**
a) *Geogr.* 6,7,11, Z. 7	Κωσεύδη	Κωσεύδη f. 59r, Kol. 2, Z. 36	Κωσεύδη f. 48r, Kol. 2, Z. 48	–
b) *Geogr.* 6,7,11, Schluss (Z. 8–10)	– Μαντίον Ἀρτέμιδος – Ἄβυσσα – Κορόδαμον ἄκρον	– Μαντεῖον Ἀρτέμιδος – Ἄβισσα – Κορόδαμον ἄκρον f. 59r, Kol. 2, Z. 37–39	– Μαντεῖον Ἀρτέμιδος – Ἄβισσα – Κορόδαμον ἄκρον f. 48r, Kol. 2, Z. 49–51	–
c) *Geogr.* 6,7,12, Anfang (Z. 11–12)	Ἐν τοῖς στε-νοῖς τοῦ Περ-σικοῦ κόλπου, Κρυπτὸς λιμήν	Ἐν τοῖς στε-νοῖς τοῦ Περ-σικοῦ κόλπου, Κρυπτὸς λιμήν f. 59r, Kol. 2, Z. 40–41	Ἐν τοῖς στε-νοῖς τοῦ Περ-σικοῦ κόλπου Κρυπτὸς λιμήν f. 48r, Kol. 2, Z. 52–53	–
d) *Geogr.* 6,7,12, Mitte (Z. 13–18), „Kü-stengebirge“ Teil 1 = Interpo-lation Teil 1	Ὄρη παρ-άλια … Δίδυμα ὄρη	Ὄρη παρ-άλια … Δίδυμα ὄρη f. 59r, Kol. 2, Z. 42 – f. 59v, Kol. 1, Z. 5	**x** 〈Ὄ〉ρη παρ-άλια … Δίδυμα ὄρη f. 48r, Kol. 2, Z. 54 – f. 48v, Kol. 1, Z. 2	–
e) *Geogr.* 6,7,12, Schluss, jedoch ohne letzte Zeile (Z. 19–20), „Küstenge-birge“ Teil 2 = Interpolation Teil 2	Μέλανα ὄρη … ἐπέχει μοίρας	〈Μ〉έλανα ὄρη … ἐπέχει μοίρας f. 59v, Kol. 1, Z. 6–7	**x** 〈Μ〉έλανα ὄρη … ἐπέχει μοίρας f. 48v, Kol. 1, Z. 3–4	–
f) *Geogr.* 6,7,13, jedoch ohne letzte Zeile, „Flusskatalog“ = Interpolation Teil 3	vorhanden	vorhanden f. 59v, Kol. 1, Z. 8–15	**x** vorhanden f. 48v, Kol. 1, Z. 5–12	–
a2) *Geogr.* 6,7,13, letzte Zeile (entspricht *Geogr.* 6,7,11, Z. 7)	Κώσαρα πόλις (mit gleichen Koordinaten wie Κωσεύδη)	Κώσαρα πόλις (mit gleichen Koordinaten wie Κωσεύδη) f. 59v, Kol. 1, Z. 16	**x** Κώσαρα πόλις (mit gleichen Koor-dinaten wie Κωσεύδη) f. 48v, Kol. 1, Z. 13	Κώσαρα πόλις f. 159v, Kol. 3, Z. 48

	Arch. Selden. B. 46 (N)	Seragl. G. İ. 57 (K)	Urb. gr. 82 (U)	Vat. gr. 191 (X)
b2) *Geogr.* 6,7,11, Schluss (Z. 8–10)	**x** – Μαντεῖον Ἀρτέμιδος – Ἄβισα πόλις – Κορόδαμον ἄκρον	– Μαντεῖον Ἀρτέμιδος – Ἄβισα πόλις – Κορόδαμον ἄκρον f. 59v, Kol. 1, Z. 17–19	**x** – Μαντεῖον Ἀρτέμιδος – Ἄβισα πόλις – Κορόδαμον ἄκρον f. 48v, Kol. 1, Z. 14–16	– Μαντεῖον Ἀρτέμιδος – Ἄβισα πόλις – Κορόδαμον ἄκρον f. 159v, Kol. 3, Z. 49–51
c2) *Geogr.* 6,7,12, Anfang (Z. 11–12)	**x** Ἐν τοῖς στενοῖς τοῦ Περσικοῦ κόλπου, Κρυπτὸς λιμήν	Ἐν τοῖς στενοῖς τοῦ Περσικοῦ κόλπου, Κρυπτὸς λιμήν f. 59v, Kol. 1, Z. 20–21	**x** ⟨Ἐ⟩ν τοῖς στενοῖς τοῦ Περσικοῦ κόλπου, Κρυπτὸς λιμήν f. 48v, Kol. 1, Z. 17–18	Ἐν τοῖς στενοῖς Κρυπτὸς λιμήν f. 159v, Kol. 3, Z. 52
e2) *Geogr.* 6,7,12, Schluss, jedoch ohne letzte Zeile (Z. 19–20)	**x** Μέλανα ὄρη ... ἐπέχει μοίρας	Μέλανα ὄρη ... ἐπέχει μοίρας f. 59v, Kol. 1, Z. 22–23	Μέλανα ὄρη ... ἐπέχει μοίρας f. 48v, Kol. 1, Z. 19–20	Μέλανα ὄρη ... ἐπέχει μοίρας f. 159v, Kol. 3, Z. 53–54
g) *Geogr.* 6,7,12, letzte Zeile (Z. 21), „Küstengebirge" Teil 3	**x** Ἀσαβῶν ἄκρον	Ἀσαβῶν ἄκρον f. 59v, Kol. 1, Z. 24	Ἀσαβῶν ἄκρον f. 48v, Kol. 1, Z. 21	Ἀσαβῶ ἄκρον f. 159v, Kol. 3, Z. 55
Umfang[25]	(?)	22 Zeilen	22 Zeilen	–
Bemerkungen	Durchstreichungen (= f. 203r, Z. 4–10) wohl von späterer Hand.	Keine Durchstreichungen.	Durchstreichungen vom Kopisten.[26]	Keine Durchstreichungen.

Die fehlerhafte Textstelle wurde in den Handschriften N, K und U genau gleich abgeschrieben, offensichtlich aus derselben Vorlage, die diese Textrepetitionen in genau derselben Abfolge präsentierte, in der sich aber keine Hinweise auf die überflüssigen Wiederholungen befanden. Die Gegenüberstellung zeigt, dass die Genese der Problemstelle komplexer war, als Schnabel annahm. Offenbar hatte erstens ursprünglich ein Bearbeiter die an den Küsten der Arabia Felix gelegenen Gebirge aus den Paragraphen *Geogr.* 6,7,2/8/9/10/11/12 exzerpiert und zusammengestellt („Küs-

25 Angegeben wird der Umfang der Textstelle in der entsprechenden Handschrift von Ὄρη παράλια bzw. nach dem ersten Auftreten von Κρυπτὸς λιμήν bis und mit der Wiederholung von Κρυπτὸς λιμήν.

26 Siehe Fischer 1932, 1, 29.

tengebirge" Teile 1–2), ähnlich die Flüsse der Arabia Felix mit ihren Mündungen aus den Paragraphen *Geogr.* 6,7,5/10/11/14 („Flusskatalog"). Diese Interpolationen, die der Bearbeiter vermutlich an die Ränder der von ihm benutzten Handschrift schrieb, wurden bei einer Kopie dieser Handschrift in den Haupttext integriert und zwischen *Geogr.* 6,7,12 Κρυπτὸς λιμήν und Μέλανα ὄρη (also mitten im Periorismos der Arabia Felix) platziert. Da alle drei Handschriften N, K und U diese Interpolation aufweisen und zudem an genau derselben Stelle, ist anzunehmen, dass sie in ihrer gemeinsamen Vorlage bereits in den Haupttext inkorporiert war.[27] Zweitens muss ein Textstück im Umfang von rund sechs Zeilen wiederholt bzw. gleichsam vorweggenommen worden sein (a–c), das sich dann im Text etablierte; ob sich dies vor, nach oder mit dem Einschließen der Interpolation in den Haupttext ereignete und wie diese Vorwegnahme genau zustande kam, ist beim jetzigen Stand der Untersuchungen nicht abschließend entschlüsselt. Der entscheidende Punkt ist wohl in den Toponymen Κωσεύδη/Κώσαρα zu suchen, welchen eine identische geographische Lage zugewiesen wird. Es ist außerdem auffällig, dass in den Handschriften K und U der Passus von Κωσεύδη bis vor Κώσαρα 22 Zeilen umfasst, also genau gleich lang ist wie der Passus nach dem ersten Auftreten von Κρυπτὸς λιμήν bis zu dessen Wiederholung. Während nun der Kopist des Seragliensis den Text so beließ, wie er ihn in seiner Vorlage vorgefunden hatte, und auch später nie jemand auf diese Repetitionen aufmerksam machte, fiel dem Kopisten der Handschrift U noch vor dem Rubrizieren (bzw. bevor der Rubrikator Hand anlegte) auf, dass eine längere, insgesamt 22 Zeilen umfassende Passage Einträge aus vorausgehenden Paragraphen wiederholte oder aber aus kommenden Paragraphen vorwegnahm, und strich diese durch (d, e, f, a2, b2, c2). Die Handschriften Vatopedi 655 (L) und Ayer MS 743 (n), beide direkte, wenn auch zu völlig unterschiedlichen Zeitpunkten und an völlig verschiedenen Orten entstandene Abschriften von Handschrift U, haben den in U durchgestrichenen Passus logischerweise weggelassen; dementsprechend präsentiert sich in ihnen die Problemstelle wiederum unproblematisch und ohne Textwiederholungen (a, b, c, e2, g).[28] In Handschrift N hat wohl erst ein späterer Korrektor Hand an die Problemstelle gelegt. Mit gegenüber dem Haupttext hellerer brauner Tinte strich er sämtliche Wiederholungen sowie die Zeile Ἀσαβῶν ἄκρον durch (b2, c2, e2, g),

27 Außerdem befindet sich die Problemstelle in allen drei Handschriften an unauffälliger Stelle in einer Lage.

28 Demgegenüber ist in Handschrift L die Homoioteleuton-Lücke in *Geogr.* 1,24,17 vorhanden, weil die entsprechende Lücke ihrer Vorlage U zu jenem Zeitpunkt noch nicht von der späteren Hand ergänzt worden war, während der Schreiber von Handschrift n, die viel später kopiert wurde, diese Ergänzung bereits übernehmen und in den Haupttext integrieren konnte, siehe dazu oben S. 171.

hingegen nicht die „Pseudo-Wiederholung“ Κώσαρα πόλις (a2), so dass sich die Stelle auch hier in Handschrift N unproblematisch und grob gesagt wiederholungsfrei präsentiert (a, b, c, d, e, a2), wenn man absieht von den Interpolationen sowie Κώσαρα (a2), dem ja dieselben Koordinaten zugeordnet sind wie zuvor schon Κωσεύδη (a). Kombiniert man die Analyse dieser Problemstelle mit den Beobachtungen, die Diller für einige Textstellen in den Handschriften N und U machte,[29] nämlich dass sowohl der Schreiber von N als auch der Schreiber von U an mehreren identischen Stellen offensichtlich schwankten, wie sie die Information aus ihrer Vorlage auslegen sollten, lässt sich für die Handschriften N, K und U nicht nur ein- und dieselbe Vorlage annehmen, sondern auch vermuten, dass die drei Handschriften direkt aus dieser Vorlage kopiert wurden. Diller konnte außerdem in den von ihm geprüften Stellen keine echten Majuskelfehler (wie z. B. die Verwechslung von Α, Δ und Λ) feststellen. Vielmehr weisen die Varianten auf eine Mischung aus Minuskel- und Majuskelformen hin. Daraus folgerte er überzeugend, dass die Vorlage nicht früher als aus dem 10. Jh. stammen könne, nachdem sich die Minuskelschrift längst durchgesetzt hatte und der strenge Kanon der Minuskel zunehmend durch Majuskelformen aufgebrochen wurde. Zweitens zeigte er anhand einer direkt auf diese Vorlage zurückgehenden Blattversetzung, die sich nun in der Textabfolge in Handschrift N äußert (siehe dazu die Beschreibung der Handschrift N, *Organisation der Lagen*), und im Vergleich zum Umfang der umdisponierten Textportionen in Handschrift U, dass der Text zweier Blätter der Vorlage etwa den Platz von zwei Kolumnen in Handschrift U einnehmen würde und demnach ein Format von rund 300 × 200 mm aufgewiesen haben müsse. Dem kann man vielleicht nach der Analyse der oben vorgestellten „Problemstelle“ beifügen, dass diese Vorlage vermutlich rund 22 Zeilen pro Seite hatte. Meines Erachtens muss aus dem rekonstruierten Format jedoch nicht zwingend abgeleitet werden, dass diese Vorlage somit keine Karten aufgewiesen haben könne;[30] zumindest liegen uns mit dem Vatopedi 655 (L) (345 × 260 mm) und dem Marc. gr. Z. 516 (R) (307 × 223 mm) zwei Kartenhandschriften der A-Redaktion vor, die so viel großformatiger auch nicht sind.

Bereits Diller 1936, 238 wies darauf hin, dass sich der Urbinas ab *Geogr.* 8,3 textlich wesentlich von Handschrift N unterscheidet. Schnabel ordnete denn auch Handschrift U ab genannter Stelle nicht mehr der Textgruppe Δ, sondern der Textgruppe Π zu. Des weiteren machte Diller (*ibid.*) neben der textlichen Ebene auch auf die strukturelle Ebene aufmerksam: Mit *Geogr.* 8,3 beginnt in Handschrift U eine neue Lage; genau

29 Diller 1936, 236–238.
30 So Diller 1936, 238.

gleich verhält es sich auch in Handschrift N. Dem kann hier der Seragliensis beigefügt werden, der an der betreffenden Stelle neben dem Lagen- auch einen Handwechsel aufweist (s.o. die vorläufigen Bemerkungen zu Handschrift K, v.a. *Organisation der Lagen* und *Schreiber*). Offensichtlich geht der Urbinas ab *Geogr.* 8,3 textlich auf eine andere Quelle zurück als die Handschriften N und K, mit denen er bis dort eine äußerst enge Verwandtschaft zeigt.[31] Wenn Diller für den Suppl. gr. 119 (C) und den Vat. gr. 177 (V), also für zwei reine Vertreter der Schnabel'schen Textgruppe Π, von demselben Archetyp wie im Fall der Handschriften U, K und N ausging (Diller 1936, 238), allerdings über eine gemeinsame Zwischenquelle, müsste man für den Urbinas ab *Geogr.* 8,3 auf dieselbe Zwischenquelle schließen. Die Tatsache, dass die Handschrift N (wie übrigens auch die Handschrift X) keinerlei Anhänge und einen von mehreren Händen ergänzten und trotzdem lückenhaften Schluss aufweist, könnte auf eine Vorlage mit unvollständigem Textende zurückgehen, die frei von den (ohnehin nicht zu der *Geographie* gehörenden) Anhängen war. Eventuell ist der Grund für das Heranziehen einer anderen Vorlage ab *Geogr.* 8,3 bei der Herstellung des Urbinaten genau in diesem unbefriedigenden Zustand der bis hierhin gemeinsamen Vorlage zu suchen. Es ist anhand dieser Überlegungen nicht auszuschließen, dass Handschrift N zeitlich etwas vor den Handschriften U, K und F entstand. Auf jeden Fall lässt sich vorerst festhalten, dass neben diesen vier Handschriften auch der Paris. gr. 2423 (G) und der Vat. gr. 191 (X) in den Jahren um 1300 entstanden sind, während für den Vat. gr. 177 (V), für den in der Regel ein ähnliches Alter vorausgesetzt wird, nähere Abklärungen zur Datierung wünschenswert wären.

Die um die Mitte des 2. Jh. n.Chr. entstandene *Geographie* scheint seit frühester Zeit bearbeitet worden zu sein, insbesondere bezüglich des Ortskataloges, der den größten Teil des Werkes ausmacht. Es ist nicht nur der Charakter des Werkes als Datensammlung, der sich für eine Bearbeitung gleichsam anbietet.[32] Ptolemaios selbst forderte *expressis verbis* zu einer Bearbeitung der *Geographie* auf: „Die Gradangaben von Orten, die nicht so häufig bereist werden, sind wegen der Seltenheit und Unüberprüfbarkeit der Berichte annäherungsweise zu bestimmen in Anglei-

---

31 Hutter 1982, 3.1, 207 stellte für die Handschriften U und N auch von der textlichen Ebene losgelöste Gemeinsamkeiten fest, die sich in ähnlichen paläographischen und dekorativen Elementen äußern, s.o. die Beschreibung der Handschrift N, *Stemmatologische Notizen*.

32 Siehe dazu etwa Martin L. West, *Textual Criticism and Editorial Technique* (Stuttgart 1973) 16: „Some kinds of text were always subject to alteration. Commentaries, lexica and other works of a grammatical nature were rightly regarded as collections of material to be pruned, adapted or added to, rather than as sacrosanct literary entities."

chung an Orte oder Umrisslinien, die sicherer lokalisiert sind, damit kein Ort, der von uns zur vollständigen Darstellung der ganzen Oikumene eingetragen werden soll, einen unbestimmten Platz hat. Deswegen haben wir auch die Gradangaben zu jedem Ort im äußeren Bereich jeder Spalte in Tabellenform hinzugesetzt, indem wir die Längengrade vor die Breitengrade setzten, damit die Möglichkeit besteht, wenn infolge weiterer Erforschung irgendwelche besseren Resultate anfallen sollten, diese in die leeren Zwischenräume der Spalten einzutragen" (*Geogr.* 2,1,2f.).[33] Wie bereits Schnabels Untersuchungen ergaben, erfolgte die Aufspaltung der Textüberlieferung in eine ϟ- und in eine ω-Rezension wohl nicht später als im 3. Jh., die Herausbildung der Textgruppen Δ und Π innerhalb der ω-Rezension vermutlich zwischen dem 4. und dem 6. nachchristlichen Jahrhundert.

So erstaunt es nicht, dass sowohl der Text der *Geographie* als auch ihr Atlas-Teil bald nach ihrer „Wiederentdeckung" durch Planudes Bearbeitungen, Umformungen und Ergänzungen erfuhren. Dabei standen einerseits die theoretischen Teile der *Geographie*, d.h. die Frage der Abbildung der gesamten Oikumene auf einer Weltkarte, im Mittelpunkt. Es entstanden Abschriften, die nur diese theoretischen Teile enthalten, während der umfangreiche Ortskatalog, die *Hypographai* zu den Teilkarten sowie sämtliche Karten weggelassen wurden. Gleichzeitig wurden diese theoretischen Teile, insbesondere das erste Buch der *Geographie*, kommentiert und mit zusätzlichen Skizzen illustriert. An Namen können in diesem Zusammenhang der vor allem für sein Geschichtswerk Ῥωμαικὴ Ἱστορία bekannte Nikephoros Gregoras, der um 1314/1315 nach Konstantinopel kam, und einer seiner Schüler, der Mathematiker und Astronom Isaak Argyros, der sich in den 1360er-/1370er-Jahren zu einem eigentlichen Ptolemaios-Spezialisten profilierte, genannt werden. So weist etwa die vermutlich in den 1320er-Jahren in Konstantinopel entstandene Sammelhandschrift Coislin 173 (r) nicht nur Partien und Marginalien auf, die Gregoras eigenhändig schrieb, sondern ist wohl auch der älteste Textzeuge für eben jene Beschränkung auf die theoretischen Teile der *Geographie*, die dafür mit zusätzlichen Illustrationen und kommentierenden Scholien versehen wurden. Der Kommentar des Nikephoros Gregoras zu den theoretischen Teilen der *Geographie* fand auch Eingang in spätere *Geographie*-Handschriften (vgl. z.B. den Laud. gr. 52 [q]), auch in solche, die den *Geographie*-Text vollständig bieten (wie z.B. der Ayer MS 743 [n]). Der Kommentar des Isaak Argyros zu den theoretischen Teilen der *Geographie* ist als Autograph im Vat. gr. 176 (Q) zu finden.[34]

33 Übersetzung nach der Ausgabe von STÜCKELBERGER mit wenigen Anpassungen.

34 Zu den Handschriften mit den Scholien des Gregoras und des Argyros siehe auch Lauri O. Th. TUDEER, „Studies in the *Geography* of Ptolemy, I. The Scholia of Nicephorus Grego-

Andererseits erfuhr der Teilkartensatz eine umfassende Bearbeitung. Die dem Konzept des Ptolemaios entsprechend auf 26 Teilkarten wiedergegebene Oikumene (die sogenannte A-Redaktion, treffender wohl ptolemäische Redaktion, siehe dazu oben S. 43) wurde nun umorganisiert und auf 64 Teilkarten abgebildet (sogenannte B-Redaktion, besser byzantinische Redaktion, s. o. S. 43). Dieses neue Kartenarrangement sollte wohl hauptsächlich den Vorteil haben, weniger stark an Großformate gebunden zu sein und somit die Produktion von handlicheren und weniger teuren *Geographie*-Kodizes zu ermöglichen. Initiant der überarbeiteten Kartenredaktion dürfte der Kopist des Plut. 28.49 (O) gewesen sein, dessen Identität unbekannt ist. Textlich bietet Handschrift O, die am Anfang des 14. Jh. produziert wurde, eine Mischung aus den Rezensionen Ξ und Ω. Die in dieser Handschrift neu präsentierte Kartenredaktion erfreute sich in Konstantinopel in der zweiten Hälfte des 14. Jh. und später einer Weiterführung, die noch heute in den fünf Handschriften Ambr. D 527 inf. (s), Urb. gr. 83 (t), Seragl. G. İ. 27 (c), Burney 111 (v) und Vat. Reg. gr. 82 (e) greifbar ist.[35] In Westeuropa und in der Tradition der lateinischen Übersetzung der *Geographie* erlangte die Kartenredaktion mit 64 Teilkarten jedoch keine Fortführung. Hingegen scheint sie, vermutlich über die Handschrift s, Einfluss auf die arabische Version des Werkes gehabt zu haben.[36]

Von den insgesamt 64 heute erhaltenen *Geographie*-Handschriften sind deren 21 mit Sicherheit oder hoher Wahrscheinlichkeit in Konstantinopel angefertigt worden.[37] Für weitere vier Handschriften steht eine Herstellung im östlichen Mittelmeerraum fest, nämlich für den Marc. gr. Z. 516 (R), den Paris. gr. 1401 (a), den Marc. gr. II, 103, dessen Herkunftsgegend Griechenland gewesen sein muss, und den sicherlich im Vatopedi-Kloster auf dem Athos entstandenen Petropolit. ОЛДП.F.171. Dazu gehören natürlich außerdem die vier höchstwahrscheinlich auf Kreta

ras", *Annales Academiae Scientiarum Fennicae* 21/4 (1927–1928) 3–24. Eine Studie über die Auseinandersetzung dieser beiden (und weiterer) Gelehrten mit der *Geographie* und über ihre Kommentare zu diesem Werk bietet jetzt Tsiotras 2006 (383–432: kritische Edition der Scholien).

35 Im Fall des Burney 111 (v) beschränkt sich der Bezug zum Plut. 28.49 (O) allerdings allein auf die im Nachhinein eingefügten Karten.

36 Vgl. dazu die Beschreibung der Handschrift s, *Geschichte*.

37 Es sind dies die Handschriften Vat. Pal. gr. 388 (A), Suppl. gr. 119 (C), Fabr. 23,2° (F), Paris. gr. 2423 (G), Seragl. G. İ. 57 (K), Vatop. 655 (L), Arch. Selden. 46 B (N), Plut. 28.49 (O), Vat. gr. 176 (Q), Urb. gr. 82 (U), Vat. gr. 177 (V), Vat. gr. 178 (W), Vat. gr. 191 (X), Seragl. G. İ. 27 (c), Coisl. 337 (f), Suppl. gr. 673 (k), Coisl. 173 (r), Ambr. D 527 inf. (s), Urb. gr. 83 (t), Burney 111 (v) und Vat. gr. 1059 (ohne Sigle). Für eine weitere Handschrift, den Paris. gr. 1401 (a), ist eine Herkunft aus Konstantinopel ebenfalls nicht ausgeschlossen. – Einen Überblick über die Handschriften, über deren Herkunft sowie über weitere Daten bietet die Tabelle oben S. 97–112.

entstandenen Handschriften, die weiter unten noch einmal zur Rede kommen sollen (S. 536f.). Für zwanzig Handschriften – sie gehören ausnahmslos zu denjenigen, für die in der vorliegenden Arbeit weder eine eingehende Beschreibung noch vorläufige Bemerkungen gegeben werden – können vorerst keine Aussagen über ihre Herkunft gemacht werden. Abgesehen von der vermutlich in Buda kopierten Handschrift Arch. Selden. B. 45 (o) wurden die verbleibenden 14 Handschriften in Italien hergestellt. Die meisten davon, neun an der Zahl, wurden mit Sicherheit oder hoher Wahrscheinlichkeit in Florenz angefertigt.[38] Für weitere zwei Handschriften ist Venedig als Produktionsort belegt, nämlich für den Bonon. Bibl. Univ. 2280 (g) und den Laud. gr. 52 (q). Der Scor. gr. 502 (w) wurde in Carpi bei Modena kopiert, der (siglenlose) Ambr. R 98 sup. vielleicht in Padua, vom Leid. Voss. gr. F. 1 (z) ist soweit nur bekannt, dass er italienischen Ursprung hat. Um diese in Italien entstandenen griechischen *Geographie*-Handschriften geht es im folgenden Abschnitt.

2. Der Transfer der *Geographie* nach Westeuropa: Manuel Chrysoloras und seine Schüler

Zu den byzantinischen Gelehrten nach Planudes im Konstantinopel des 14. Jh., die sich vorwiegend für die technisch-mathematischen Aspekte der *Geographie* des Ptolemaios interessierten, gehörte auch Manuel Chrysoloras. Zwar ist unklar, ob er sich noch vor seiner Niederlassung in Italien ab 1397 näher mit der *Geographie* befasste, oder ob das vertiefte Studium des Werkes mit dem Interesse zusammenhing, das es offensichtlich unter den Humanisten in Florenz auslöste, die Chrysoloras Griechisch lehrte. Auf jeden Fall setzte sich Chrysoloras mit den theoretischen Teilen der *Geographie* auseinander, wie seine Randbemerkungen und Illustrationen im Vat. gr. 191 (X), der in seinem Besitz war, beweisen (siehe dazu oben S. 525f.).[39] Außerdem war es Chrysoloras, der kurz vor 1400 in Florenz mit der Übersetzung des Werkes ins Lateinische begann, die dann sein Schüler Jacopo Angeli da Scarperia spätestens 1410 zu Ende führte.[40] Ob Chrysoloras dieses Unternehmen aus eigener Initiative

---

38 Es sind dies die Handschriften Plut. 28.38 (B), Paris. gr. 1402 (D), Plut. 28.42 (P), Plut. 28.9 (S), Laur. Conv. Suppr. 626 (d), Vind. hist. gr. 1 (m), Ayer MS 743 (n), Marc. gr. Z. 388 (p) und Vat. Barb. gr. 163 (x). Handschrift p könnte teils in Florenz, teils in Bologna angefertigt worden sein.

39 Im Fall der meisten Illustrationen, vielleicht auch im Fall der noch nie näher betrachteten Marginalien, könnten Manuels Interventionen freilich auf der Basis einer Vergleichshandschrift erfolgt sein.

40 Siehe dazu Gautier Dalché 2007, 291 und 2009, 151.

in Angriff nahm oder aufgrund des regen Interesses seiner Schüler an dem Werk dazu ermuntert wurde, wissen wir nicht. Durch ihn muss jedenfalls die erste *Geographie*-Handschrift – allem Anschein nach der Urb. gr. 82 (U) – nach Florenz gelangt zu sein.[41] Dem kann hier hinzugefügt werden, dass der Plut. 28.9 (S), den zwei Kopisten aus dem Kreis um Chrysoloras oder zumindest aus dem Umfeld der Chrysoloras-Schüler abschrieben, textlich unmittelbar verwandt mit der heute verlorenen Vorlage zu der lateinischen *Geographie*-Übersetzung ist, und dass außerdem der Text dieser Mischhandschrift S in seinen Anfangspartien auf die Ξ-Rezension zurückgeführt werden kann (s. o. die Beschreibung der Handschrift S, insbesondere *Schreiber*, *Stemmatologische Notizen* und *Geschichte*). Vielleicht kommt demnach auch Handschrift X, die dem Chrysoloras gehörte,[42] als Kandidatin für die erste *Geographie*-Handschrift in Florenz in Betracht, oder aber die genannte Vorlage zur lateinischen Übersetzung.

Die ptolemäische *Geographie* weckte in Italien andere Interessen als zuvor in Byzanz: Es war nun vor allem der Ortskatalog als Fundgrube und Quelle für toponomastische Fragen, der in humanistischen Kreisen studiert wurde. Die theoretische Seite des Werkes trat eher in den Hintergrund.

Außerdem eignete sich die *Geographie* mit ihren Karten hervorragend für die Herstellung von großformatigen, kostbaren, illuminierten, repräsentativen Prachthandschriften, die sich bei den Vermögenden als Prestigeobjekte großer Beliebtheit erfreuten. So entstanden in Italien im Verlauf des 15. Jh. mehrere griechische Handschriften mit Kartensatz nach dem Muster des Urb. gr. 82 (U), auch wenn das griechische Original zunehmend von der lateinischen Übersetzung und mit der lateinischen *Editio princeps* von 1475 und den in Folge erschienenen Ausgaben die Kodizes schließlich von gedruckten Büchern verdrängt wurden. Der Laur. Conv. Suppr. 626 (d), angefertigt im ersten Drittel des 15. Jh. in Florenz, ist nicht nur in Text und Karten, sondern in seiner Gesamtanlage (Buchschmuck, leere Seiten im Atlasteil usw.) eine Kopie des Urbinas. Diese Handschrift d wurde spätestens nach dem Abtransport des Urbinas nach Padua durch Palla Strozzi im Jahr 1434 (siehe dazu die vorläufigen Bemerkungen zu Handschrift U, *Geschichte*) maßgebend für die Produktion weiterer griechischer, aber auch lateinischer Ptolemaios-Atlanten. Unter den griechischen sind z. B. der Vind. hist. gr. 1 (m) und der Paris. gr. 1402 (D) zu nennen, aber auch der Marc. gr. Z. 388 (p) gehört dazu, auch wenn sein Text auf dem Vat. gr. 177 (V) beruht. Die weitaus aufwändigste und alle anderen an Schmuck und „verschwenderischem“

41 Ausführlicher dazu in den vorläufigen Bemerkungen zu Handschrift U, *Geschichte*.
42 Siehe Gentile 2003b, 12; Thorn-Wickert 2006, 150; 154; 179.

Umgang mit dem Material übertreffende griechische *Geographie*-Handschrift ist der Paris. gr. 1401 (a), der noch im 15. Jh. im östlichen Mittelmeerraum, vielleicht sogar in Konstantinopel, kopiert worden zu sein scheint, jedoch betreffs der Karten und des Buchschmuckes kräftig „aufgerüstet“ wurde, vermutlich um 1531 in Italien, vielleicht in Rom. Schließlich wurde der Handschrift in den 1550er-Jahren in Paris mit einem äußerst kostbaren Einband gleichsam die Krone aufgesetzt.

3. Die kretischen *Geographie*-Handschriften

Die vier Handschriften Vat. Pal. gr. 314 (Z), Paris. gr. 1403 (E) und 1404 (b) sowie Parm. Pal. 9 (H) wurden von Schnabel zu Recht zu einer Textfamilie zusammengefasst (Textfamilie ζ: Schnabel 1938, 21 f.). Wie den einzelnen Handschriftenbeschreibungen in Kap. IV entnommen werden kann und wie die allgemeinen Befunde zu den stemmatologischen Kontrollen zeigen (oben S. 120–140), sind die Gemeinsamkeiten dieser vier Textzeugen, die vermutlich allesamt auf Kreta entstanden und einen Mischtext aus Ξ und Π überliefern, besonders zahlreich. Zwei zwischen 1462 und 1473 kopierte *Geographie*-Abschriften, der Vat. Pal. gr. 314 (Z) und der Paris. gr. 1403 (E), entstammen beide der Feder des wohl in Konstantinopel geborenen und nach der Eroberung der Stadt durch die Türken vorwiegend auf Kreta lebenden Michael Apostoles. Entweder benutzte Apostoles für beide Kopien ein- und dieselbe Vorlage, die in diesem Fall vom Format und von der Textdisposition her sehr ähnlich ausgesehen haben muss wie ihre Abschriften. Wahrscheinlicher aber kopierte Apostoles zuerst Handschrift Z aus einer heute verlorenen Vorlage und schrieb darauf Handschrift E aus der Vorlage Z ab. Beide Handschriften sind äußerlich sehr ähnlich (s.u. Tabelle): Sie weisen fast dasselbe Format auf, bestehen grob gesagt aus je 28 Quaternionen,[43] ihr Text ist in einer Kolumne à 30 Zeilen gehalten und bisweilen haargenau gleich auf die Seite verteilt.

Mindestens das eine dieser Manuskripte wenn nicht alle beide kopierte Apostoles für seinen Freund und Briefkorrespondenten Angelo Vadio (Angelos Badios/Vadios),[44] der aus Rimini stammte, offenbar längere Zeit auf Zypern ansässig war, spätestens ab 1475 aber wieder in Italien lebte. Vadios Interesse an der *Geographie* dürfte im weiteren Zusammenhang mit seiner Vorbereitung der Erstausgabe dieses Werkes in

43 Für Einzelheiten siehe die vorläufigen Bemerkungen zu Handschrift Z und die Beschreibung der Handschrift E, jeweils den Abschnitt *Organisation der Lagen*.

44 Dies ist einem Brief zu entnehmen, den Apostoles um 1471–1473 dem Vadio sandte, siehe dazu die vorläufigen Bemerkungen zu Handschrift Z, *Geschichte*.

lateinischer Übersetzung stehen, die 1475 in Vicenza erschien.[45] Ob Vadio jedoch tatsächlich einmal im Besitz der Handschrift Z oder E war, kann nicht nachgewiesen werden. Auf jeden Fall wurde Handschrift E als Vorlage für eine weitere Handschrift benutzt, die höchstwahrscheinlich ebenfalls auf Kreta entstand: den Parm. Pal. 9 (H), der neben der *Geographie* des Ptolemaios auch die *Periegese* des Dionysios enthält und in den Jahren um 1462–1475 (aber mit Sicherheit später als Handschrift E) abgeschrieben worden sein dürfte. Die *Periegese* kopierte Apostoles, die *Geographie* jedoch der Kreter Antonios Damilas, der sich äußerst eng an sein Antigraphon hielt.[46] Auch diese Handschrift diente als Vorlage für ein weiteres *Geographie*-Manuskript, den Paris. gr. 1404 (b), der in der zweiten Hälfte des 15. Jh., aber nicht vor 1462 und mit Sicherheit nach Handschrift H entstanden sein muss, vielleicht auch auf Kreta. Der (nicht identifizierbare) Schreiber dieser Handschrift folgte seiner Vorlage sehr genau und wählte für sie auch ein ähnliches Format und Layout.

Textfamilie ζ	**Vat. Pal. gr. 314 (Z)**	**Paris. gr. 1403 (E)**	**Parm. Pal. 9 (H)**	**Paris. gr. 1404 (b)**
Datierung	ca. 1462–1473	ca. 1462–1473; wohl nach Hs. Z	um 1462–1475; nach Hs. E	15. Jh. (zweite Hälfte, ab 1462); nach Hs. H
Format in mm	280 × 190	286 × 200	293 × 210	294 × 213
Layout (Schriftspiegel in mm, Kolumnen, Zeilen)	? 1 Kol. 30 Z.	186 × ca. 130, 1 Kol. 30 Z.	[47]195 × 120, 1 Kol. 32 Z.	197 × ca. 117, 1 Kol. 30 Z.
Schreiber	Michael Apostoles	Michael Apostoles	Antonios Damilas (*Geogr.*), Michael Apostoles (*Periegese*)	?
Vorlage	verloren	wohl Hs. Z	Hs. E	Hs. H und allenfalls eine weitere Hs. der Familie

45 Vgl. oben S. 63.
46 Vgl. die Beschreibung der Handschrift E und die vorläufigen Bemerkungen zu Handschrift H, insbesondere die Abschnitte *Zeichnungen* und *Stemmatologische Notizen*.
47 Diese Angaben beziehen sich lediglich auf den *Geographie*-Teil.

4. Chronologischer Überblick über die Produktion von *Geographie*-Handschriften

Überblicken wir die Verteilung der noch erhaltenen griechischen *Geographie*-Handschriften im Zeitraum der grob gesagt 550 Jahre, während deren sich die Kopiertätigkeit abspielte, erweist sich das 15. Jh. als das produktivste. Wie wir oben gesehen haben, setzte die Anfertigung der heute noch greifbaren Handschriften ungefähr nach 1295 ein. In einem ersten „Schub“, der kaum nach 1303 zu Ende ging, entstanden neben den drei „Codices Planudei“ Vat. gr. 191 (X), Arch. Selden. B. 46 (N) und Paris. gr. 2423 (G) die drei eng miteinander verwandten Prachthandschriften Seragl. G. İ. 57 (K), Urb. gr. 82 (U) und Fabr. 23,2° (F).[48]

Aus dem 14. Jh. sind uns heute noch elf *Geographie*-Handschriften erhalten: Während sich die Entstehungszeit der Vaticani graeci 176 (Q) und 178 (W) wohl anhand einer Analyse der Wasserzeichen näher bestimmen ließe, gehören die fünf Handschriften Vatopedi 655 (L), Plut. 28.49 (O), Coislin 173 (r) und 337 (f) sowie der Suppl. gr. 119 (C) in das erste Drittel des 14. Jh.,[49] der Ambr. D 527 inf. (s) und der Marc. gr. Z. 516 (R) in die zweite Hälfte des 14. Jh. und der Burney 111 (v) sowie der Urb. gr. 80 (j) bereits in die Wendezeit des 14. zum 15. Jh. Die Entwicklung der handschriftlichen Produktion nach der planudeischen Wiederentdeckung der *Geographie* kann demnach vorerst nicht als „stürmisch“ bezeichnet werden. Dem Interesse und der Nachfrage des Werkes waren in dieser „Zwischenzeit“ und im – zumindest politisch – zunehmend schrumpfenden byzantinischen Raum doch wohl Grenzen gesetzt.[50]

Eine neue, starke Zunahme lässt sich für das 15. Jh. feststellen, in dem insgesamt 32 Handschriften (bzw. genau die Hälfte des erhaltenen Bestandes) kopiert wurden. Diese Zunahme hängt auch mit der Verbreitung des Werkes in Westeuropa zusammen, an dessen Anfang der erwähnte Übergang des Manuel Chrysoloras von 1397 steht (s.o. Kap. V.2). Für acht der im 15. Jh. produzierten Textzeugen kann diese Grobdatierung vorerst nicht präzisiert werden.[51] Im Verlauf des ersten Drittels des 15. Jh. entstanden die sechs Manuskripte Vat. gr. 1059, Cremon. 160 (u), Plut. 28.9 (S) und 28.38 (B), Laur. Conv. Suppr. 626 (d) und Ayer MS 743 (n). Nach dem ersten Drittel und um die Mitte des 15. Jh. wurden die

48 Zur problematischen chronologischen Einordnung des Vat. gr. 177 (V) s.o. S. 524.

49 Für Einzelheiten zu den hier in größere Zeiträume zusammengefassten Handschriften sei auf die Überblickstabelle verwiesen (s.o. S. 97–112.).

50 Zu weiteren Gründen, die in jener „Zwischenzeit“ auch mitgespielt haben mögen, siehe auch oben S. 88f.

51 Dies trifft auf den Paris. gr. 1401 (a), den Vat. gr. 193 (y) sowie auf die siglenlosen Handschriften Μονὴ Διονυσίου 175, Μονὴ Ἰβήρων 126, Mutin. α. Q. 5. 20, Ox. Holkham gr. 109, Vat. Pal. gr. 261 und Venet. Marc. gr. Z. 385 zu.

zehn Handschriften Vat. Ottob. gr. 67 (ohne Sigle), Vat. Pal. gr. 388 (A), Paris. gr. 1407 (l), Seragl. G. İ. 27 (c), Plut. 28.42 (P), Paris. gr. 2027 (ohne Sigle), Urb. gr. 83 (t), Marc. gr. Z. 388 (p), Vind. hist. gr. 1 (m) und Paris. gr. 1402 (D) angefertigt. Insgesamt acht Handschriften können der zweiten Hälfte des 15. Jh. zugeordnet werden; während die eine Hälfte davon bezüglich Herstellungsort und Inhalt disparaten Charakter aufweist,[52] bildet die andere Hälfte eine Serie von vier eng verwandten, kartenlosen *Geographie*-Handschriften, die allesamt wohl nicht vor 1462 vermutlich auf Kreta entstanden (s. o. Kap. V.3).

Im Verlauf des 15. Jh. ließen mehrere wichtige und neue Faktoren das Interesse an griechischen *Geographie*-Handschriften in der Folgezeit deutlich zurückgehen: Die lateinische Version der *Geographie* gewann zunehmend an Bedeutung, gedruckte Bücher begannen sich als neue Medien durchzusetzen (1475 erschien in Vicenza die erste Druckausgabe der *Geographie* in lateinischer Übersetzung), die Entdeckungen „neuer Welten" ließ das von Ptolemaios präsentierte kartographische Datenmaterial veralten und der Fall von Konstantinopel beeinträchtigte das Fortleben byzantinischer Kultur einschneidend.

So erstaunt es nicht, dass unter den heute noch erhaltenen Abschriften nur noch deren neun im 16. Jh. angefertigt wurden. Davon können vorläufig keine genaueren Angaben zur Entstehungszeit für den Vat. Reg. gr. 82 (e), den Leid. Voss. gr. F. 1 (z) und den siglenlosen Brux. Bibl. reg. 11345–48 gemacht werden. In die erste Hälfte des 16. Jh. gehören die siglenlosen Handschriften Paris. gr. 1411 und Marc. gr. II, 103. Dasselbe trifft auf die beiden Handschriften Scorial. gr. 502 (w) und Bonon. Bibl. Univ. 2280 (g) zu, die 1523 bzw. 1528 und somit kurz vor der Erscheinung der griechischen *Editio princeps* im Jahr 1533 geschrieben wurden. Erst in der zweiten Hälfte des 16. Jh. entstanden hingegen der Laud. gr. 52 (q), der nur *Geogr.* 1–2,1 und die Anhänge aufweist und 1568 in Venedig kopiert wurde, sowie der Ambr. R 98 sup. (ohne Sigle), in dem der paduanische Humanist Gian Vincenzo Pinelli die exzerpierten Anfangsparagraphen der *Geographie* mit italienischen Annotationen versah. Die Produktion griechischer Handschriften der *Geographie* begann somit in demselben Jahrhundert auszuklingen, in dem die Kodizes zunehmend von gedruckten Büchern verdrängt wurden und das Werk *per se* seine geo- und kartographische Referenzfunktion endgültig verlor.[53] Den Abschluss der handschriftlichen Reproduktion der *Geographie* bilden je zwei griechische Manuskripte aus dem 17 Jh. (Bucarest. Acad.

52 Es handelt sich um die Handschriften Suppl. gr. 673 (k), Vat. Barb. gr. 163 (x), Arch. Selden. B. 45 (o) und Ambr. N 289 sup. (h).

53 Die Integration der ptolemäischen *Geographie* in verschiedene kulturelle Bereiche der westeuropäischen Renaissance dokumentieren nun Shalev/Burnett 2011.

Rom. gr. 493 und Leid. Gron. 115) und aus dem 18. Jh. (Leid. Periz. Q° 49 und Ox. D'Orville 130) sowie schließlich der wohl in der Mitte des 19. Jh. kopierte Petropolit. ОЛДП.F.171.

5. Zusammenfassung

Abschließend sei noch einmal knapp auf die wichtigsten Ergebnisse und Neueinschätzungen dieser Arbeit hingewiesen. Vorweggenommen sei, dass für die meisten Handschriften hier zum ersten Mal eine ausführliche und systematische Beschreibung gegeben wird und von mancher Handschrift bisher überhaupt keine nähere Beschreibung vorlag; dies trifft insbesondere auf die Parisini graeci zu, für die bisher mit den ein paar wenige Zeilen umfassenden Katalogeinträgen von OMONT 1886–1898 Vorlieb genommen werden musste.

Über den aktuellen Bestand sämtlicher bekannten noch erhaltenen griechischen Handschriften der *Geographie* des Ptolemaios gibt Kap. III.3 Auskunft. Dabei liefert die Überblickstabelle auf S. 97–112 nicht nur eine bloße Handschriftenliste, sondern auch eine Reihe weiterer wissenswerter Angaben zu den einzelnen Textzeugen. In Kap. III.4.2 werden die Elemente, die in jeder Handschrift systematisch analysiert wurden (ausgewählte Textstellen, Konstruktionszeichnungen, Anhänge), vorgestellt und in einem allgemeinen Befund besprochen. Die systematische Struktur der Handschriftenbeschreibungen erlaubt eine rasche Orientierung und nach Belieben eine selektive Lektüre; von allgemeinerem Interesse dürften dabei jeweils die Abschnitte *Stemmatologische Notizen* und *Geschichte* sein.

Während meine Untersuchungen die auf SCHNABEL 1938 zurückgehende Zuordnung der Handschriften zu den Textrezensionen und Textgruppen weitgehend bestätigten, konnten vor allem auf der Ebene der Textfamilien Zugehörigkeiten und Verhältnisse präzisiert werden. Im Folgenden werden die Schnabel'schen Textfamilien (zu diesen auch oben S. 86) kurz rekapituliert und bezüglich möglicher Neubewertungen kommentiert. Auf den jeweils in Klammern hinzugefügten Seiten kann Näheres zum hier Zusammengefassten nachgelesen werden.

Die Sonderstellung des Vat. gr. 191 (X), des einzigen reinen Vertreters der Ξ-Rezension und des alleinigen Repräsentanten von Schnabels **Textfamilie** ξ, kann bekräftigt werden; seine Verbindung nicht nur zu Maximos Planudes, sondern auch zu Manuel Chrysoloras betont seine Bedeutung für die Tradierung der ptolemäischen *Geographie* (S. 124–126, 497–505, 525 f.).

Vieles spricht dafür, der **Textfamilie** α, die nach Schnabel lediglich aus dem Vat. Pal. gr. 388 (A) besteht, auch den Burney 111 (v) zuzuordnen, der bei der Herstellung von Handschrift A offenbar als Vorlage herangezogen wurde (S. 287–291). Der Text von Handschrift v ist eindeutig keine Abschrift des Plut. 28.49 (O), auch wenn sein – nachträglich eingefügter – Kartensatz nach der sogenannten B-Redaktion (bzw. besser byzantinischen Redaktion) auf die Karten von O zurückgehen dürfte. Die Einzelkarte nach der A-Redaktion (oder präziser ptolemäischen Redaktion) im Burney dürfte außerdem zum ursprünglichen Bestand der Handschrift gehört haben (S. 289f.). Insofern ist Handschrift v aus Textfamilie ω auszuschließen.

Die Verwandtschaft unter den verbleibenden Mitgliedern der **Textfamilie** ω (O, s, c, t) ist besonders unter dem Ambr. D 527 (s), dem Seragl. G. İ. 57 (c) und dem Urb. gr. 83 (t) sehr eng: Vermutlich ist Handschrift c eine Kopie von Handschrift s und Handschrift t eine Kopie von Handschrift c (S. 269, 314 und 491). Für die Herstellung des Ambrosianus wiederum, bekanntlich einer Abschrift von Handschrift O, muss noch ein anderer Textzeuge herangezogen worden sein, wie vor allem aus dem Anhangmaterial der Mailänder Handschrift hervorgeht (S. 309–311), die übrigens von zwei (und nicht nur einem) Kopisten geschrieben wurde (S. 298).

Bei den Mitgliedern der **Textfamilie** σ, d.h. dem Plut. 28.9 (S), dem Plut. 28.38 (B) und dem Plut. 28.42 (P), scheint es sich nicht um Schwesterhandschriften (so Schnabel) zu handeln; vielmehr sind Handschriften B und P wohl Abschriften und somit Tochterhandschriften von S (S. 209), wobei zumindest im Fall von P von einer weiteren Vorlage ausgegangen werden muss (S. 218). S und B können zudem klar dem Schülerkreis um Manuel Chrysoloras zugeordnet werden. Umso mehr muss der Zusammenhang zwischen Handschrift X und den beiden Plutei S und B betont werden, die zusätzlich und bekanntlich eine ähnliche Textform aufweisen, wie sie die lateinische Übersetzung der *Geographie* zeigt, die Chrysoloras persönlich begonnen hatte und von seinem Schüler Jacopo Angeli da Scarperia fertiggestellt wurde. Demgegenüber ist eine teilweise direkte Abhängigkeit der Handschriften S, B und P von Handschrift O eher in Frage zu stellen (S. 200 und 218).

Für den Paris. gr. 2423 (G), der alleine **Textfamilie** γ darstellt, wird eine Beziehung zum Kreis um Maximos Planudes in Betracht gezogen (S. 417 und 525); auf jeden Fall handelt es sich bei diesem nur fragmentarisch vorliegenden Textzeugen – dies vermutlich der Grund seiner weitgehenden Vernachlässigung in der Forschung – um eine der ältesten *Geographie*-Handschriften, die vielleicht weitere Aufschlüsse zur Wiederentdeckung des Werkes durch Planudes erbringen könnte.

Im Fall der **Textfamilie** ζ (Z, E, H, b) ist es aufgrund von Textausfällen und Textwiederholungen gelungen aufzuzeigen, in welcher Abfolge die insgesamt vier in kurzem Zeitraum entstandenen Familienmitglieder kopiert wurden (S. 397, 410f., 473 und 519; siehe auch Kap. V.3).

Nicht zu allen Mitgliedern von **Textfamilie** ρ kann hier näher Stellung genommen werden, doch ergibt die Kontrolle der Wasserzeichen des Marc. gr. Z. 516 (R) eine neue, wesentlich spätere Datierung, wodurch die Führungsrolle dieses Textzeugen innerhalb seiner Handschriftenfamilie in Frage gestellt wird (S. 455). Auch die Datierung des Vat. gr. 177 (V) müsste m. E. überdacht werden; auf jeden Fall kann die neulich vertretene Ansicht, seine Vorlage habe Karten enthalten, aus paläographischen Gründen widerlegt werden (S. 524 f.). Der Coislin 173 (r) wurde nicht erst, wie bisher zum Teil vertreten, im 15. Jh. produziert; davon zeugt die Analyse der Wasserzeichen, die zusätzlich von der Identifizierung der Hand des Nikephoros Gregoras bestätigt wird, dessen Anteil an den Interventionen in dieser Handschrift hier näher bestimmt wird (S. 338 f.). Während sich der Paris. Suppl. gr. 119 (C) in einigen Punkten eher von seiner Textfamilie ρ abzuheben scheint, können gewisse Ähnlichkeiten zwischen dieser Textfamilie und Textfamilie α, wie sie bereits Diller feststellte, bestätigt werden (S. 433 f.).

Textfamilie κ mit ihrem einzigen Vertreter Seragl. G. İ. 57 (K), **Textfamilie** φ, allein aus dem Fabr. 23,2° (F) bestehend, **Textfamilie** ν mit den Mitgliedern Ox. Arch. Selden. B. 46 (N) und Coislin 337 (f) sowie die zahlreiche **Textfamilie** ψ mit ihrem Familienoberhaupt Urb. gr. 82 (U) gehören vielleicht sogar noch enger zusammen als von Schnabel vorgeschlagen. N, U, K und höchstwahrscheinlich auch das nur noch fragmentarisch erhaltene F dürften Schwesterhandschriften sein, wobei Handschrift N wohl als eine Vorstufe zu den ältesten Kartenhandschriften U, K und F zu betrachten ist (S. 326 f.).

Was Textfamilie ν betrifft, so scheinen sich Verbindungen zwischen den Handschriften N und X anzudeuten (S. 322, 328 f.); außerdem kann der Umfang der Interventionen des Maximos Planudes in Handschrift N hier näher definiert werden (S. 316, 327 und 329). Auch die Handschriften N und O stehen wohl in engerem Bezug zueinander (S. 233 f., 330). Bei der Anfertigung von Handschrift f, die übrigens, wie die Wasserzeichen beweisen, beträchtlich älter ist als in der Sekundärliteratur meist angegeben, muss neben der Vorlage N ein weiterer Textzeuge konsultiert worden sein (S. 359); außerdem gehen die letzten Kapitel von *Geogr.* 8 in Handschrift f entgegen früherer Ansichten eindeutig nicht auf Handschrift X zurück (S. 356).

Kommen wir noch einmal auf Textfamilie ψ zurück, obwohl auch in ihrem Fall nicht jedes ihrer Mitglieder zur Sprache kommen kann. Handschrift U, deren Geschichte an Konturen gewonnen hat, diente nicht nur und bekanntlich für den Vatopedi 665 (L) und den Laur. Conv. Suppr. 626 (d) als direkte Vorlage, sondern auch für den Ayer MS. 743 (n), ein Manuskript, das mit dem verschollen geglaubten Rom. Monast. S. Gregorii 15 identifiziert werden kann (S. 172–174). Auch der Bonon. Bibl. Univ. 2280 (g) ist keine verlorene Handschrift, wie man lange Zeit meinte; seine Zugehörigkeit zu Textfamilie ψ muss allerdings aufgrund der stemmatologischen Kontrollen in Frage gestellt werden (S. 153).

Literaturverzeichnis

1. Bibliographische Abkürzungen

CBM *Corpus der byzantinischen Miniaturenhandschriften*, hrsg. von Otto Demus, Redaktion Irmgard Hutter (Stuttgart 1977–), Bde. 1–3: Oxford, Bodleian Library (1977–1982); Bd. 4: Oxford, Christ Church (1993); Bd. 5: Oxford, College libraries (1997).

CCAG *Catalogus codicum astrologorum graecorum* 1–12 (Bruxelles 1898–1953), t. 1: *Codices Florentinos* descripsit A. Olivieri (1898); t. 4: *Codices Italicos, praeter Florentinos, Venetos, Mediolanenses, Romanos* descripserunt D. Bassi / F. Cumont / Aem. Martini / A. Olivieri (1903); t. 5: *Codices Romanos* descripserunt F. Cumont / F. Boll / G. Kroll / J. Heeg / S. Weinstock (1904–1940); t. 8,1: *Codices Parisinos* descripsit F. Cumont (1929).

DNP *Der Neue Pauly. Enzyklopädie der Antike*, hrsg. von Hubert Cancik / Helmuth Schneider / Manfred Landfester, 16 Bde. (Stuttgart 1996–2003).

FHG *Fragmenta historicorum graecorum*, ed. C. Müller, 5 Bde. (Frankfurt 1975, zuerst erschienen Parisiis 1841–1938).

GGM *Geographi graeci minores*, rec., proleg., annot., indic. instr., tabulis aere incisis illustr. C. Müller, 3 Bde. (Parisiis 1855–), versch. Aufl.

HAMA Otto Neugebauer, *A History of Ancient Mathematical Astronomy* (= HAMA) (Berlin/Heidelberg/New York 1975).

ODB *The Oxford Dictionary of Byzantium*, hrsg. von Alexander P. Kazhdan u.a., 3 Bde. (New York/Oxford 1991).

PLP *Prosopographisches Lexikon der Palaiologenzeit*, erstellt von Erich Trapp (Wien 1976–1996).

RGK *Repertorium der griechischen Kopisten 800–1600*, erstellt von Ernst Gamillscheg, Dieter Harlfinger und Herbert Hunger (Wien 1981–), Bd. 1: *Handschriften aus Bibliotheken Großbritanniens* (1981), Bd. 2: *Handschriften aus Bibliotheken Frankreichs und Nachträge zu den Bibliotheken Großbritanniens* (1989), Bd. 3: *Handschriften aus Bibliotheken Roms mit dem Vatikan* (1997); jeder Band ist in folgende drei Teilbände unterteilt: A. Verzeichnis der Kopisten, B. Paläographische Charakteristika, C. Tafeln.

SCGM *Summary Catalogue of Greek Manuscripts*, vol. 1 (London, The British Library 1999).

2. Bibliographie

ALLEN 1890: Thomas William Allen, *Notes on Greek Manuscripts in Italian Libraries* (London 1890).

ANDRIST 2006: Patrick Andrist, „La descrizione scientifica dei manoscritti complessi: fra teoria e pratica", *Segno e Testo* 4 (2006) 299–354.

ANDRIST 2007: Patrick Andrist, *Les manuscrits grecs conservés à la Bibliothèque de la Bourgeoisie de Berne – Burgerbibliothek Bern. Règles de catalogage*, version 3.0 (Bern 2007).

ANTONIOU 1997: Perséphone (Persephoni) Antoniou, „Sur les notes marginales des manuscrits de Ptolémée (Géographie 3,11–15)", *Scriptorium* 51,2 (1997) 314–316.

AUJAC 1993: Germaine Aujac, *Claude Ptolémée astronome astrologue géographe* (Paris 1993/[2]1998).

AUJAC 1994/1995: Germaine Aujac, „Le peintre florentin Piero del Massaio, et la ‚Cosmographia' de Ptolémée", *Geographia Antiqua* 3–4 (1994/1995) 187–209.

BABINGER 1949: Franz Babinger, „Mehmed's II. Heirat mit Sitt-Chatun (1449)", *Der Islam* 29 (1950) 217–235.

BAGROW 1945: Leo Bagrow, „The Origin of Ptolemy's Geographia", *Geografiska Annaler* 27 (1945) 318–387.

BANDINI 1961: Angelo Maria Bandini, *Catalogus codicum manuscriptorum Bibliothecae Mediceae Laurentianae*, accedunt supplementa tria ab Enrico Rostagno et Nicola Festa congesta, necnon additamentum ex inventariis Bibliothecae Laurentianae depromptum, accuravit Fridolf Kudlien, 3 Bde. in 2 (Lipsiae 1961 = ND der Ausgabe Florentiae 1764–1770, mit Supplementen).

BERGGREN/JONES 2000: John Lennart Berggren / Alexander Jones, *Ptolemy's* Geography. *An Annotated Translation of the Theoretical Chapters* (Princeton/Oxford 2000).

BERNARDINELLO 1979: Silvio Bernardinello, *Autografi greci e greco-latini in occidente* (Padova 1979).

BERNARDINELLO 1996/1997: Silvio Bernardinello, „Le carte dell'Africa nella *Geografia* di Tolomeo: lettura dal codice Marciano gr. Z. 516", *Atti e memorie dell'Accademia Patavina di Scienze, Lettere ed Arti* 109 (1996/1997) 49–95.

BIANCONI 2004: Daniele Bianconi, „Libri e mani. Sulla formazione di alcune miscellanee dell'età dei Paleologi", in: CRISCI/PECERE 2004, 311–363.

BIANCONI 2005: Daniele Bianconi, „La Biblioteca di Cora tra Massimo Planude e Niceforo Gregora. Una questione di mani", *Segno e Testo* 3 (2005) 391–438.

BLASS 1888: Friedrich Blass, „Die griechischen und lateinischen Handschriften im alten Serail zu Konstantinopel", *Hermes* 23 (1888) 219–233 und 622–625.

BLUM 1951: Rudolf Blum, *La biblioteca della Badia Fiorentina e i codici di Antonio Corbinelli* (Città del Vaticano 1951).

BOLL 1894: Franz Boll, „Studien über Claudius Ptolemäus. Ein Beitrag zur Geschichte der griechischen Philosophie und Astrologie“, *Jahrbücher für classische Philologie*, Suppl. 21 (1894) 49–244.

BRIQUET: Charles Moïse Briquet, *Les filigranes: dictionnaire historique des marques du papier dès leur apparition vers 1282 jusqu'en 1600*, 4 Bde. (Paris 1907, facsimile of the 1907 edition with supplementary material contributed by a number of scholars [151 Seiten Zusatzmaterial am Anfang von Bd. 1] Amsterdam 1968).

BUONOCORE 1996: Marco Buonocore (Hrsg.), *Vedere i classici. L'illustrazione libraria dei testi antichi dall'età romana al tardo medioevo* (s. l. 1996).

CANART 1977–1979: Paul Canart, „Démétrius Damilas, *alias* le ‚Librarius Florentinus'“, *Rivista di Studi Bizantini e Neoellenici* N. S. 14–16 (24–26 / 1977–1979) 281–347.

CANTILE 2004: Andrea Cantile u.a. (Hrsgg.), *Rappresentare e misurare il mondo. Da Vespucci alla modernità* (Firenze 2004).

CARRA DE VAUX 1897: Maçoudi, *Le livre de l'avertissement et de la revision*, traduction par Bernard Carra de Vaux (Paris 1897).

CATALDI PALAU 2001: Annaclara Cataldi Palau, „Legature costantinopolitane del monastero di Prodromo Petra tra i manoscritti di Giovanni di Ragusa († 1443)“, *Codices manuscripti* 37/38 (2001) 11–50.

CAVALLO 1994: Guglielmo Cavallo (Hrsg.), *I luoghi della memoria scritta. Manoscritti, incunaboli, libri a stampa di Biblioteche Statali Italiane* (Roma 1994).

CODEX 655: Κλαύδιος Πτολεμαῖος, Γεωγραφικὴ ὑφήγησις, Ὁ κώδικας 655 τῆς Ἱερᾶς Μεγίστης Μονῆς Βατοπαιδίου τοῦ Ἁγίου Ὄρους / Claudius Ptolemaeus, *Geographia*, Codex 655 of the Holy Great Monastery of Vatopaidi on Mount Athos, Introductory texts: Sotirios N. Kadas, Leonora Navari; Palaeographic transcription of texts: Agamemnon Tselikas (Alimos 1999[?]) (Begleitband zur Faksimile-Ausgabe der Hs.).

CODEX GRAECUS 388: Κλαύδιος Πτολεμαῖος, Γεωγραφικὴ ὑφήγησις, Ὁ ἑλληνικὸς κώδικας 388 τῆς Μαρκιανῆς Βιβλιοθήκης τῆς Βενετίας / Claudius Ptolemaeus, *Geographia*, Codex graecus 388 of the Marciana Library of Venice, Introductory texts: Marino Zorzi, Susy Marcon, Leonora Navari; Palaeographic transcription of texts: Agamemnon Tselikas (Alimos 1999[?]) (Begleitband zur Faksimile-Ausgabe der Hs.).

CONSTANTINIDES 1993: Costas N. Constantinides / Robert Browning, *Dated Greek Manuscripts from Cyprus to the Year 1570* (Nicosia 1993).

CRISCI/PECERE 2004: Edoardo Crisci / Oronzo Pecere (Hrsgg.), *Il codice miscellaneo. Tipologie e funzioni*, Atti del Convegno intenazionale Cassino 14–17 maggio 2003, *Segno e Testo* 2 (2004).

CUNTZ 1923: Otto Cuntz, *Die Geographie des Ptolemaeus: Galliae, Germania, Raetia, Noricum, Pannoniae, Illyricum, Italia. Handschriften, Text und Untersuchung* (Berlin 1923).

DE GREGORIO 1994: Giuseppe De Gregorio, „Attività scrittoria a Mistrà nell'ultima età paleologa: il caso del Cod. Mut. gr. 144“, *Scrittura e Civiltà* 18 (1994) 243–280.

DEISSMANN 1933: Adolf Deissmann, *Forschungen und Funde im Serai, mit einem Verzeichnis der nichtislamischen Handschriften im Topkapu Serai zu Istanbul* (Berlin 1933).

DELISLE 1868: Léopold Delisle, *Le Cabinet des Manuscrits de la Bibliothèque Impériale*, tome 1 (Paris 1868).

DE RICCI/WILSON 1935: Seymour de Ricci / William Jerome Wilson, *Census of Medieval and Renaissance Manuscripts in the United States and Canada*, vol. 1 (New York 1935, ND s.l. ⟨New York⟩ 1961), vol. 2 (*ibid.* 1937).

DE VILLIERS 1914: J. A. J. de Villiers, „Famous maps in the British Museum", *The Geographical Journal* 44 (1914) 168–188.

DEVREESSE 1945: Robert Devreesse, *Bibliothèque nationale, Département des manuscrits, Catalogue des manuscrits grecs,* partie 2: *Le fonds Coislin* (Paris 1945).

DEVREESSE 1954: Robert Devreesse, *Introduction à l'étude des manuscrits grecs* (Paris 1954).

DILKE 1987: Oswald Ashton Wentworth Dilke, „The Culmination of Greek Cartography in Ptolemy", in: HARLEY/WOODWARD 1987, 177–200.

DILKE 1987b: Oswald Ashton Wentworth Dilke, „Cartography in the Byzantine Empire", in: HARLEY/WOODWARD 1987, 258–275.

DILLER 1936: Aubrey Diller, „Incipient Errors in Manuscripts", *Transactions and Proceedings of the American Philological Association* 67 (1936) 232–239.

DILLER 1937: Aubrey Diller, „Codices Planudei", *Byzantinische Zeitschrift* 37 (1937) 295–301.

DILLER 1937b: Aubrey Diller, „The Vatopedi Manuscript of Ptolemy and Strabo", *American Journal of Philology* 58 (1937) 174–184.

DILLER 1940: Aubrey Diller, „The Oldest Manuscripts of Ptolemaic Maps", *Transactions and Proceedings of the American Philological Association* 71 (1940) 62–67.

DILLER 1961: Aubrey Diller, „The Greek codices of Palla Strozzi and Guarino Veronese", *Journal of the Warburg and Courtauld Institutes* 24 (1961) 313–321.

DILLER 1966: Aubrey Diller, „De Ptolemaei Geographiae codicibus editionibusque" (introductio), in: NOBBE (ND 1966/1990) V–XV.

DILLER 1975: Aubrey Diller, *The textual tradition of Strabo's Geography*, with appendix: *The Manuscripts of Eustathius' Commentary on Dionysius Periegetes* (Amsterdam 1975).

DINSE 1913: Paul Dinse, „Die handschriftlichen Ptolemäuskarten und ihre Entwicklung im Zeitalter der Renaissance", *Zentralblatt für Bibliothekswesen* 30 (1913) 379–404.

DODGE 1970: Bayard Dodge (Hrsg.), *The Fihrist of al-Nadīm. A Tenth-Century Survey of Muslim Culture*, 2 Bde. (New York/London 1970).

DU BUS 1938: Charles du Bus, „Les manuscrits de Ptolémée dans les bibliothèques de France", *Comptes Rendus du Congrès International de Géographie Amsterdam 1938*, tome deuxième, travaux de la section IV (Leiden 1938) 81–88.

DÜRING 1930: Ingemar Düring, *Die Harmonielehre des Klaudios Ptolemaios* (Göteborg 1930).
Editio princeps: Κλαυδίου Πτολεμαίου Ἀλεξανδρέως φιλοσόφου ἐν τοῖς μάλιστα πεπαιδευμένου, περὶ τῆς γεωγραφίας βιβλία ὀκτώ, μετὰ πάσης ἀκριβείας ἐντυπωθέντα / Claudii Ptolemaei Alexandrini philosophi cum primis eruditi, De Geographia libri octo, summa cum vigilantia excusi (Basileae 1533).
ELEUTERI 1993: Paolo Eleuteri, *I manoscritti greci della Biblioteca Palatina di Parma* (Milano 1993).
EUSTRATIADES 1924: Sophronios Eustratiades (Sofronios Efstratiadis), *Catalogue of the Greek Manuscripts in the Library of the Monastery of Vatopedi on Mt. Athos* (Cambridge 1924).
FISCHER 1932: Josephus Fischer, *Claudii Ptolemaei Geographiae Codex Urbinas graecus 82*, Codices e Vaticanis selecti quam simillime expressi 19, 1: Textus, cum appendice critica Pii Franchi de' Cavalieri; 2: Tabulae geographicae. – Tomus prodromus: *De Claudii Ptolemaei vita operibus geographia praesertim eiusque fatis*, pars 1: Commentatio; pars 2: Tabulae geographicae LXXXIII graecae – arabicae – latinae e codicibus LIII selectae (Leiden 1932).
FOLKERTS 2001: Menso Folkerts u.a., Art. „Ptolemaios [65], Klaudios", DNP 10 (Stuttgart/Weimar 2001) 559–570.
FOLLIERI 1969: Henrica Follieri, *Codices Graeci Bibliothecae Vaticanae selecti temporum locorumque ordine digesti commentariis et transcriptionibus instructi* (apud Bibl. Vat. 1969).
FUCHS/OLTROGGE 2009: Robert Fuchs / Doris Oltrogge, „Der Codex Seragliensis GI 57, eine kodikologische Beschreibung", in: STÜCKELBERGER, EB 26–33.
GAMBA 2000: Ermis Gamba, „Claudio Tolomeo: Uno studio sulle fonti biografiche", *Acme (Annali della Facoltà di Lettere e Filosofia dell'Universtià degli Studi di Milano)* 53,2 (2000) 75–124.
GASELEE 1916: Stephen Gaselee, *The Greek Manuscripts in the Old Seraglio at Constantinople* (Cambridge 1916).
GAUTIER DALCHÉ 1999: Patrick Gautier Dalché, „Le souvenir de la ‚Géographie' de Ptolémée dans le monde latin médiéval (VIe–XIVe siècles)", *Euphrosyne* N. S. 27 (1999) 79–106.
GAUTIER DALCHÉ 2007: Patrick Gautier Dalché, „The Reception of Ptolemy's *Geography* (End of the Fourteenth to Beginning of the Sixteenth Century)", in: David Woodward (Hrsg.), *The History of Cartography*, vol. 3,1: *Cartography in the European Renaissance* (Chicago/London 2007) 285–364.
GAUTIER DALCHÉ 2009: Patrick Gautier Dalché, *La Géographie de Ptolémée en Occident (IVe–XVIe siècle)* (Turnhout 2009).
GEEL 1852: Iacobus Geel, *Catalogus librorum manuscriptorum qui inde ab anno 1741 Bibliothecae Lugduno Batavae accesserunt* (Lugduni Batavorum 1852).
GENTILE 1992: Sebastiano Gentile, „Emanuele Crisolora e la ‚Geografia' di Tolomeo", in: Mariarosa Cortesi / Enrico Valdo Maltese (Hrsgg.),

Dotti bizantini e libri greci nell'Italia del secolo XV (Napoli 1992) 291–308.

GENTILE 1992b: Sebastiano Gentile (Hrsg.), *Firenze e la scoperta dell'America. Umanesimo e geografia nel '400 fiorentino*, Catalogo della mostra (Firenze 1992).

GENTILE 2002: Sebastiano Gentile, „*Marginalia* umanistici e tradizione platonica", in: Vincenzo Fera / Giacomo Ferraù / Silvia Rizzo (Hrsgg.), *Talking to the text: Marginalia from papyri to print*, Proceedings of a Conference held at Erice, 26 september–3 october 1998 (Messina 2002) 407–432.

GENTILE 2002b: Sebastiano Gentile, „Note sulla traduzione crisolorina della *Repubblica* di Platone", in: Riccardo Maisano / Antonio Rollo (Hrsgg.), *Manuele Crisolora e il ritorno del greco in occidente* (Napoli 2002) 151–173.

GENTILE 2003: Sebastiano Gentile, „La rinascita della Geographia di Tolomeo nel Quattrocento fiorentino", in: Andrea Cantile (Hrsg.), *Leonardo genio e cartografo. La rappresentazione del territorio tra scienza e arte* (Firenze 2003) 171–193.

GENTILE 2003b: Sebastiano Gentile, „Umanesimo e cartografia: Tolomeo nel secolo XV", in: Diogo Ramada Curto / Angelo Cattaneo / André Ferrand Almeida (Hrsgg.), *La Cartografia europea tra primo rinascimento e fine dell'illuminismo*, Atti del Convegno Internazionale *The Making of European Cartography* (Firenze, BNCF-EUI, 13–15 dicembre 2001) (Firenze 2003) 3–18.

GENTILE/SPERANZI 2010: Sebastiano Gentile / David Speranzi, „Coluccio Salutati e Manuele Crisolora", in: Concetta Bianca (Hrsg.), *Coluccio Salutati e l'invenzione dell'Umanesimo*. Atti del Convegno (Firenze, 8–10 ottobre 2008) (Roma 2010) 3–40.

GRAUX 1893: *Les articles originaux publiés dans divers recueils par Charles Graux*, édition posthume augmentée de notes inédites, dirigée par son père et surveillée par Ch.-Émile Ruelle (Paris 1893).

GUMBERT 2004: Johann Peter Gumbert, „Codicological Units: Towards a terminology for the Stratigraphy of the Non-Homogeneous Codex", in: CRISCI/PECERE 2004, 17–42.

GÜNGERICH 1958: Rudolf Güngerich, *Dionysii Byzantii Anaplus Bospori*, una cum scholiis X saeculi (Berlin ^{2}1958).

HALMA 1828: *Traité de Géographie de Claude Ptolémée d'Alexandrie*, traduit pour la première fois, du grec en français, sur les manuscripts de la bibliothèque du roi, par M. l'abbé Halma (Nicolas Halma [1755–1828]) (Paris 1828).

HARLEY/WOODWARD 1987: John Brian Harley / David Woodward (Hrsgg.), *The History of Cartography*, vol. 1: *Cartography in Prehistoric, Ancient, and Medieval Europe and the Mediterranean* (Chicago/London 1987).

HARLFINGER: Dieter und Johanna Harlfinger, *Wasserzeichen aus Griechischen Handschriften*, 2 Bde. (Berlin 1974–1980).

HARLFINGER 1977: Dieter Harlfinger, „Zu griechischen Kopisten und Schriftstilen des 15. und 16. Jahrhunderts", in: *La Paléographie grecque et byzantine* (Paris 1977) 327–362.

HARLFINGER 1980: Dieter Harlfinger (Hrsg.), *Griechische Kodikologie und Textüberlieferung* (Darmstadt 1980).

HARLFINGER 1990: Dieter Harlfinger, „Ptolemaios-Karten des Cyriacus von Ancona", in: *Id.* (Hrsg.), *ΦΙΛΟΦΡΟΝΗΜΑ. Festschrift für Martin Sicherl zum 75. Geburtstag: Von Textkritik bis Humanismusforschung* (Paderborn u.a. 1990) 225–236.

HEIBERG: Claudii Ptolemaei Opera quae exstant omnia, ed. Johan Ludvig Heiberg, vol. 1, pars 1–2: *Syntaxis Mathematica* (Lipsiae 1898–1903); vol. 2: Opera astronomica minora (*ibid.* 1907).

HOBSON/QUAQUARELLI 1998: Anthony R. A. Hobson / Leonardo Quaquarelli (Hrsgg.), *Legature bolognesi del Rinascimento* (Bologna 1998).

HONIGMANN 1929: Ernest Honigmann, *Die sieben Klimata und die ΠΟΛΕΙΣ ΕΠΙΣΗΜΟΙ. Eine Untersuchung zur Geschichte der Geographie und Astrologie im Altertum und Mittelalter* (Heidelberg 1929, ND Frankfurt a. M. 1992).

HUMBACH/ZIEGLER: Helmut Humbach / Susanne Ziegler, *Ptolemy,* Geography*, Book 6: Middle East, Central and North Asia, China*, Part 1: Text and English/German Translations (Wiesbaden 1998); Part 2 in collaboration with Klaus Faiss: Maps in Simplified Reconstruction, Notes and Indexes with a Supplement: NW and W India (*ibid.* 2002).

HUTTER 1982: Irmgard Hutter, CBM 3 (3.1: Textband, 3.2: Tafelband): *Oxford, Bodleian Library,* hrsg. von Otto Demus (Stuttgart 1982).

JONES 2010: Alexander Jones (Hrsg.), *Ptolemy in Perspective. Use and Criticism of his Work from Antiquity to the Nineteenth Century* (Dordrecht 2010).

KUBITSCHEK 1935: Wilhelm Kubitschek, „Die sogenannte B-Redaktion der ptolemäischen Geographie", *Klio* 28 (1935) 108–132.

KUNITZSCH 1974: Paul Kunitzsch, *Der Almagest. Die Syntaxis Mathematica des Claudius Ptolemäus in arabisch-lateinischer Überlieferung* (Wiesbaden 1974).

LABOWSKY 1979: Lotte Labowsky, *Bessarion's Library and the Biblioteca Marciana. Six Early Inventories* (Roma 1979).

LAFFITTE/LE BARS 1999: Marie-Pierre Laffitte / Fabienne Le Bars, *Reliures royales de la Renaissance. La Librairie de Fontainebleau 1544–1570* (Bibliothèque nationale de France 1999).

LAMBROS: Spyridon Pavlos Lambros (Spyridon Pavlou Lampros), *Catalogue of the Greek Manuscripts on Mount Athos. Κατάλογος τῶν ἐν ταῖς βιβλιοθήκαις τοῦ Ἁγίου Ὄρους ἑλληνικῶν κωδίκων*, 2 Bde. (Cambridge 1895–1900, ND Amsterdam 1966).

LANGLOIS 1867: *Géographie de Ptolémée*. Reproduction photolithographique du manuscrit grec du monastère de Vatopédi au Mont Athos, exécutée d'après les clichés obtenus sous la direction de M. Pierre de Séwastianoff, et précédée d'une introduction historique sur le Mont Athos, les monastères et les dépôts littéraires de la presqu'île sainte, par Victor Langlois (Paris 1867).

LOCKWOOD 1929: Frank C. Lockwood, *The life of Edward E. Ayer* (Chicago 1929).

Loparev 1892: Chrysanf Loparev, *Opisanie rukopisej imperatorskago Obšestva ljubitelej drevnej pis'mennosti*, *Izdanija Obšestva ljubitelej drevnej pis'mennosti*, t. 100 (Sanktpeterburg' 1892): *Chast' I – Rukopisi v' list'*.

Manfredini 1985/1986: Mario Manfredini, „Michele Apostolis scriba, dalla sua corrispondenza", *Annali della Facoltà di Lettere e Filosofia dell'Università di Napoli* N. S. 16 (1985–1986) 139–153.

Maniaci 1996: Marilena Maniaci, *Terminologia del libro manoscritto* (Roma 1996).

Manitius 1963: Ptolemäus, *Handbuch der Astronomie*, deutsche Übersetzung und erläuternde Anmerkungen von Karl Manitius, Vorwort und Berichtigungen von Otto Neugebauer, 2 Bde. (Leipzig 1963, Neuausgabe der Erstausgabe Leipzig 1912–1913).

Marcon 1991: Susy Marcon, „La silloge dell'Anonimo Marucelliano: un episodio di calligrafia epigrafica", *Quaderni per la storia dell'Università di Padova* 24 (1991) 31–56.

Marcon 1994: Susy Marcon, „La miniatura nei manoscritti latini commissionati dal cardinal Bessarione", in: Gianfranco Fiaccadori (Hrsg.), *Bessarione e l'Umanesimo* (Napoli 1994) 171–195.

Martini 1893–1902: Emidio Martini, *Catalogo di manoscritti greci esistenti nelle biblioteche italiane*, vol. 1,1–2 (Roma 1967, ND der Ausgabe Milano 1893–1896); vol. 2 (Roma 1967, ND der Ausgabe Milano 1902) (Mss. di Brescia, Como, Cremona, Ferrara, Genova, Mantova, Milano, Napoli, Palermo, Parma, Pavia, Torino, Roma [Bibl. Vallicelliana]).

Martini/Bassi: Emidio Martini / Domenico Bassi, *Catalogus codicum graecorum Bibliothecae Ambrosianae* (Milano 1906, ND Hildesheim/New York 1978).

Mathiesen 1988: Thomas J. Mathiesen, *Ancient Greek Music Theory. A Catalogue Raisonné of Manuscripts* (München 1988).

Mazal 1986: Otto Mazal, *Lehrbuch der Handschriftenkunde* (Wiesbaden 1986).

Mazal 1987: Otto Mazal, *Zur Praxis des Handschriftenbearbeiters* (Wiesbaden 1987).

Mercati 1926: Giovanni Mercati, *Scritti d'Isidoro, il cardinale ruteno e codici a lui appartenuti che si conservano nella Biblioteca Apostolica Vaticana*, *Studi e testi* 46 (Roma 1926, ND Città del Vaticano 1969).

Mercati 1931: Giovanni Mercati, *Notizie di Procoro e Demetrio Cidone, Manuele Caleca e Teodoro Meliteniota ed altri appunti per la storia della teologia e della letteratura bizantina del secolo XIV* (Città del Vaticano 1931).

Mercati/Franchi 1923: *Codices Vaticani graeci*, tom. 1, Codd. 1–329, rec. Iohannes (Giovanni) Mercati / Pius (Pio) Franchi de' Cavalieri (Romae 1923).

Meschini 1981: Anna Meschini, *Michele Sofianòs* (Padova 1981).

Meyïer: *Bibliotheca Universitatis Leidensis, Codices manuscripti*, descripsit Karel Adriaan de Meyïer, 4: *Codices Perizoniani* (Lugduni Batavorum 1946); 6: *Codices Vossiani graeci et miscellanei* (*ibid.* 1955).

MILLER 1931: Konrad Miller, *Die ältesten Separatkarten der 3 Erdteile, wahrscheinlich von Nikephoros Gregoras um 1350 in Konstantinopel entworfen* (Selbstverlag des Herausgebers, Stuttgart 1931).

MIONI: Elpidio Mioni, *Bibliothecae Divi Marci Venetiarum codices graeci manuscripti* (Roma 1960–), vol. 1,1: Codices in classes a prima usque ad quintam inclusi (1967); Thesaurus antiquus 1: Codd. 1–299 (1981); Thesaurus antiquus 2: Codd. 300–625 (1985); Indices omnium Codicum Graecorum, Praefatio, Supplementa, Addenda (1985).

MIONI 1958: Elpidio Mioni, „I manoscritti greci di S. Michele di Murano", *Italia medioevale e umanistica* 1 (1958) 317–343.

MITTARELLI 1779: I. B. (Giovanni Benedetto) Mittarelli, *Bibliotheca codicum manuscriptorum monasterii S. Michaelis Venetiarum prope Murianum, una cum appendice librorum impressorum saeculi XV. Opus posthumum* (Venetiis 1779).

MITTENHUBER 2009: Florian Mittenhuber, *Text- und Kartentradition in der Geographie des Klaudios Ptolemaios. Eine Geschichte der Kartenüberlieferung vom ptolemäischen Original bis in die Renaissance* (Bern 2009).

MITTENHUBER 2009b: Florian Mittenhuber, „Karten und Kartenüberlieferung", in: STÜCKELBERGER, EB 34–108.

MONDRAIN 2000: Brigitte Mondrain, „La constitution de corpus d'Aristote et de ses commentateurs aux XIIIe–XIVe siècles", *Codices manuscripti* 29 (2000) 11–33.

MONT ATHOS: *Le Mont Athos et l'Empire byzantin. Trésors de la Sainte Montagne*, Petit Palais – Musée des Beaux-Arts de la Ville de Paris, 10 avril – 5 juillet 2009 (Paris 2009).

MONTFAUCON 1715: *Bibliotheca Coisliniana, olim Segueriana; sive manuscriptorum omnium Graecorum, quae in ea continentur, accurata descriptio* … studio et opera D. Bernardi de Montfaucon (Parisiis 1715).

MOŠIN: Vladimir A. Mošin / Seid M. Traljić, *Filigranes des XIIIè et XIVè siècles*, 2 Bde. (Zagreb 1957).

MÜLLER: *Κλαυδίου Πτολεμαίου Γεωγραφικὴ Ὑφήγησις / Claudii Ptolemaei Geographia*, e codicibus recognovit, prolegomenis, annotatione, indicibus, tabulis instruxit Carolus Müllerus (Karl [Carl/Charles] Müller); vol. 1.1: *Geogr.* 1–3 (Parisiis 1883); vol. 1.2 (ed. C. Th. Fischer): *Geogr.* 4–5 (*ibid.* 1901); *Tabulae XXXVI in Claudii Ptolemaei Geographiam* (*ibid.* 1901) (unvollständig herausgegeben bis und mit Asien-Karte 4).

MÜLLER 1867: Karl Müller, „Rapports sur les manuscrits de la Géographie de Ptolémée", *Archives des missions scientifiques et littéraires*, 2° série, 4 (1867) 279–298.

MÜLLER 1880: Karl Müller, „Codex Vaticanus Nr. 191", *Hermes* 15 (1880) 300–305.

MURATORE 2009: Davide Muratore, *La biblioteca del cardinale Niccolò Ridolfi*, 2 Bde. (Alessandria 2009).

MUZERELLE 1985: Denis Muzerelle, *Vocabulaire codicologique: Répertoire méthodique des termes français relatifs aux manuscrits* (Paris 1985).

MUZERELLE 1999: Denis Muzerelle, „Pour décrire les schémas de réglure. Une méthode de notation symbolique applicable aux manuscrits latins (et autres)", *Quinio* 1 (1999) 123–170.

NEWTON 1977: Robert R. Newton, *The Crime of Claudius Ptolemy* (Baltimore/London 1977).

NOACK 1992: Beate Noack, *Aristarch von Samos. Untersuchungen zur Überlieferungsgeschichte der Schrift περὶ μεγεθῶν καὶ ἀποστημάτων ἡλίου καὶ σελήνης*, *Serta Graeca* 1 (Wiesbaden 1992).

NOBBE: *Claudii Ptolemaei Geographia*, ed. Carolus Fridericus Augustus (Carl Friedrich August) Nobbe (Lipsiae 1843–1845; ND *ibid.* 1881/1887, Hildesheim u.a. 1966/1990 cum introductione a Aubrey Diller); vol. 1 (Lipsiae 1843): *Geogr.* 1–4; vol. 2 (*ibid.* 1845): *Geogr.* 5–8; vol. 3 (*ibid.* 1845): *Indices*.

NOIRET 1889: Hippolyte Noiret, *Lettres inédites de Michel Apostolis* (Paris 1889).

OLIVIERI/FESTA 1895: Alessandro Olivieri / Nicola Festa, „Indice dei codici greci delle Biblioteche Universitaria e Comunale di Bologna", *Studi italiani di filologia classica* 3 (1895) 385–495; ND in: *Catalogi codicum graecorum qui in minoribus bibliothecis italicis asservantur in duo volumina collati et novissimis additamentis aucti*, volumen primum accuravit Christa Samberger, indicem adiecit Dino Raffin (Lipsiae 1965) 3–113.

OLSHAUSEN 1880: J. Olshausen, „Eine merkwürdige Handschrift der Geographie des Ptolemaeus", *Hermes* 15 (1880) 417–424.

OMONT 1883: Henri Omont, *Inventaire sommaire des manuscrits du Supplément grec de la Bibliothèque nationale* (Paris 1883).

OMONT 1886–1898: Henri Omont, *Inventaire sommaire des manuscrits grecs de la Bibliothèque nationale*, 4 Bde. (Paris 1886–1898, ND Hildesheim/Zürich/New York 2000).

OMONT 1889: Henri Omont, *Catalogues des manuscrits grecs de Fontainebleau sous François Ier et Henri II* (Paris 1889).

OMONT 1916: Henri Omont, *Minoïde Mynas et ses missions en Orient: 1840–1855* (Paris 1916) (= Extrait des *Mémoires de l'Académie des inscriptions et belles-lettres* 40 [1916] 337–419).

PAGONARI-ANTONIOU 1992: Persephoni Pagonari-Antoniou, „Οἱ χάρτες τῶν νησιῶν τοῦ Αἰγαίου στὰ χειρόγραφα τῆς Γεωγραφίας τοῦ Κλ. Πτολεμαίου / Les cartes des îles de l'Archipel d'après les manuscrits de la Géographie de Ptolémée", *Παρουσία / Parousia* 8 (1992) 125–168.

PICCARD: Gerhard Piccard, *Wasserzeichen* (diverse Bände nach Motiven geordnet), Veröffentlichungen der staatlichen Archivverwaltung Baden-Württemberg; Sonderreihe der Wasserzeichenkartei Piccard im Hauptstaatsarchiv Stuttgart (Stuttgart 1961–1997).

POLASCHEK 1965: Erich Polaschek, Art. „Ptolemaios als Geograph", RE Suppl. 10 (1965) 680–833.

PONTANI 2010: Filippomaria Pontani, „The World on a Fingernail: An Unknown Byzantine Map, Planudes, and Ptolemy", *Traditio* 65 (2010) 177–200.

PRINZING 1983: Günter Prinzing, „Ein bisher unerkanntes Gregoras-Fragment im Cod. *Marc. gr.* II, 103", *Byzantion* 53 (1983) 354–358.

PUNTONI 1965: Vittorio Puntoni, „Indice dei codici greci della Biblioteca Estense di Modena“, *Studi italiani di filologia classica* 4 (1896) 379–536; ND in: *Catalogi codicum graecorum qui in minoribus bibliothecis italicis asservantur*, volumen primum accuravit Christa Samberger, indicem adiecit Dino Raffin (Lipsiae 1965) 295–452.

RABY 1987: Julian Raby, „East & West in Mehmed the Conqueror's Library“, *Bulletin du Bibliophile* 3 (1987) 297–321.

RADT 2002: *Strabons Geographika*, mit Übersetzung und Kommentar, hrsg. von Stefan Radt, Bd. 1: *Prolegomena. Buch I–IV: Text und Übersetzung* (Göttingen 2002).

RAGONE 1994/1995: Giuseppe Ragone, „Umanesimo e ‚filologia geografica‘: Ciriaco d'Ancona sulle orme di Pomponio Mela“, *Geographia Antiqua* 3–4 (1994/1995) 109–185.

REEVE 2004: Michael D. Reeve, „Dionysius the Periegete in Miscellanies“, in: CRISCI/PECERE 2004, 365–378.

RENOU 1925: Louis Renou, *La Géographie de Ptolémée. L'Inde (VII, 1–4)* (Paris 1925).

RICHARD 1995: Marcel Richard, *Répertoire des bibliothèques et des catalogues de manuscrits grecs*, 3e éd. entièrement refondue par Jean-Marie Olivier (Turnhout 1995).

RINALDI 1999: Michele Rinaldi, „La revisione parrasiana del testo della ‚Geografia‘ di Tolomeo ed il ‚Programma‘ del Regiomontano“, *Rendiconti della Accademia di Archeologia, Lettere e Belle Arti [di Napoli]* N. S. 68 (1999) 105–126.

ROHDE 1878/1879: Erwin Rohde, „*Γέγονε* in den Biographica des Suidas. Beiträge zu einer Geschichte der litterarhistorischen Forschung der Griechen“, *Rheinisches Museum für Philologie* N. F. 33 (1878) 161–220 und 638–639 sowie N. F. 34 (1879) 620–623 (Nachtrag).

ROLLO 2002: Antonio Rollo, „Problemi e prospettive della ricerca su Manuele Crisolora“, in: Riccardo Maisano / Antonio Rollo (Hrsgg.), *Manuele Crisolora e il ritorno del greco in occidente* (Napoli 2002) 31–86.

RONCA 1971: Italo Ronca, *Ptolemaios, Geographie 6,9–21 (Ostiran und Zentralasien)* (Rom 1971).

RONCONI 2007: Filippo Ronconi, *I manoscritti greci miscellanei. Ricerche su esemplari dei secoli IX–XII* (Spoleto 2007).

ROSENTHAL 1965: Franz Rosenthal, *Das Fortleben der Antike im Islam* (Zürich/Stuttgart 1965).

ROSSI 2008: Annalisa Rossi, „Tipologia, struttura e caratteristiche dei codici planudei: il caso del Vat. Gr. 191“, in: Basile Atsalos / Niki Tsironi, *Actes du VIe Colloque International de Paléographie Grecque (Drama, 21–27 septembre 2003)* (Athènes 2008) 235–243.

ROSTAGNO 1923: Enrico Rostagno, „Mostra storica di Geografia inaugurata nella Laurenziana il 29 marzo 1921: Indice“, *Rivista delle Biblioteche e degli Archivi* n. s. 1 (1923) 27–59.

SCHARTAU 1994: Bjarne Schartau, *Codices Graeci Haunienses. Ein deskriptiver Katalog des griechischen Handschriftenbestandes der Königlichen*

Bibliothek Kopenhagen, mit zwei Appendices von Erik Petersen (Copenhagen 1994).

SCHMIDT 1999: Maria Gabriela Schmidt, *Die Nebenüberlieferung des 6. Buches der Geographie des Ptolemaios* (Wiesbaden 1999).

SCHNABEL 1930: Paul Schnabel, „Die Entstehungsgeschichte des kartographischen Erdbildes des Klaudios Ptolemaios", *Sitzungsberichte der Preussischen Akademie der Wissenschaften, Philosophisch-historische Klasse* (1930) 214–250.

SCHNABEL 1938: Paul Schnabel, *Text und Karten des Ptolemäus*, Quellen und Forschungen zur Geschichte der Geographie und Völkerkunde 2, hrsg. von Albert Herrmann (Leipzig 1938).

SCHNEIDER 2009: Karin Schneider, *Paläographie und Handschriftenkunde für Germanisten. Eine Einführung*, 2., überarbeitete Auflage (Tübingen 2009).

SCUDIERI/RASARIO 2000: Magnolia Scudieri / Giovanna Rasario (Hrsgg.), *La Biblioteca di Michelozzo a San Marco tra recupero e scoperta* (*s. l.* 2000).

SHALEV/BURNETT 2011: Zur Shalev / Charles Burnett (Hrsgg.), *Ptolemy's Geography in the Renaissance* (London 2011).

SOLOMON 2000: Ptolemy, *Harmonics*: Translation and Commentary by Jon Solomon (Leiden 2000).

SOSOWER: Mark L. Sosower, *Signa officinarum chartariarum in codicibus graecis saeculo sexto decimo fabricatis in bibliothecis Hispaniae* (Amsterdam 2004).

STEVENSON 1885: *Codices manuscripti Palatini graeci Bibliothecae Vaticanae descripti*, recensuit et digessit Henricus (Henry M.) Stevenson (Romae 1885).

STORNAJOLO 1895: *Codices Urbinates Graeci Bibliothecae Vaticanae*, rec. Cosimus Stornajolo (Romae 1895).

STÜCKELBERGER: Ptolemaios, *Handbuch der Geographie*, hrsg. von Alfred Stückelberger und Gerd Graßhoff, Teilband 1: Einleitung und Buch 1–4; Teilband 2: Buch 5–8 und Indices (Basel 2006).

STÜCKELBERGER, EB: Ptolemaios, *Handbuch der Geographie*, Ergänzungsband mit einer Edition des *Kanons bedeutender Städte*, hrsg. von Alfred Stückelberger und Florian Mittenhuber (Basel 2009).

STÜCKELBERGER 1994: Alfred Stückelberger, *Bild und Wort. Das illustrierte Fachbuch in der antiken Naturwissenschaft, Medizin und Technik* (Mainz 1994).

STÜCKELBERGER 1996: Alfred Stückelberger, „Planudes und die *Geographia* des Ptolemaios", *Museum Helveticum* 53 (1996) 197–205.

STÜCKELBERGER 2011: Alfred Stückelberger, „Das Ptolemaios-Diagramm des Planudes. Ein Nachtrag zum Problem der Kartenüberlieferung", *Museum Helveticum* 68,2 (2011) 141–147.

SUMMARY CATALOGUE: Falconer Madan u. a., *A Summary Catalogue of Western Manuscripts in the Bodleian Library at Oxford which have not hitherto been catalogued in the Quarto Series*, 7 Bde. in 8 (Bd. 2 in 2 Teilen) (Oxford 1895–1953, ND [mit Korrekturen in Bd. 1 und 7] München 1980).

THORN-WICKERT 2006: Lydia Thorn-Wickert, *Manuel Chrysoloras (ca. 1350–1415)* (Frankfurt a. M. 2006).

TIHON 1978: Anne Tihon, *Le «Petit commentaire» de Théon d'Alexandrie aux Tables faciles de Ptolémée* (Vatican 1978).

TIHON 1992: Anne Tihon, „Les *Tables Faciles* de Ptolémée dans les manuscrits en onciales (IXe–Xe siècles)", *Revue d'histoire des textes* 22 (1992) 47–87.

TOOMER 1981: Gerald J. Toomer, Art. „Ptolemy", *Dictionary of Scientific Biography* 11 (New York 1981) 186–206.

TOOMER 1984: Ptolemaeus Claudius, *Ptolemy's Almagest*, translated and annotated by Gerald J. Toomer (London 1984).

TSAVARI 1990: Isabelle Tsavari, *Histoire du texte de la description de la terre de Denys le Périégète* (Jannina 1990).

TSIOTRAS 2006: Βασίλειος Ι. Τσιότρας (Vasilios I. Tsiotras), *Ἡ ἐξηγητικὴ παράδοση τῆς Γεωγραφικῆς ὑφηγήσεως τοῦ Κλαυδίου Πτολεμαίου. Οἱ ἐπώνυμοι σχολιαστές* (Ἀθήνα 2006).

TUDEER 1917: Lauri O. Th. Tudeer, „On the Origin of the Maps Attached to Ptolemy's Geography", *The Journal for Hellenic Studies* 37 (1917) 62–76.

TUDEER 1926: Lauri O. Th. Tudeer, „Some Maps attached to Ptolemy's Geography", in: *Commentationes philologicae in honorem professoris emeriti I.[var] A.[ugust] Heikel*, edd. discipuli (Helsingforsiae 1926) 154–163.

TURYN 1964: Alexander Turyn, *Codices Graeci Vaticani saeculis XIII et XIV scripti annorumque notis instructi*, *Codices e Vaticanis selecti* 28 (in civitate Vaticana 1964).

ULLMAN/STADTER 1972: Berthold Louis Ullman / Philip Austin Stadter, *The public library of Renaissance Florence. Niccolò Niccoli, Cosimo de' Medici and the Library of San Marco* (Padova 1972).

USPENSKIJ 1847: Porphyrij Uspenskij, „Über die Urkunden der Klöster des Berges Athos", *Archiv für wissenschaftl. Kunde von Russland*, hrsg. von Adolf Erman, Bd. 7 Heft 1 (1847) 3–9.

VAN BRUMMELEN 2009: Glen Van Brummelen, *The Mathematics of the Heavens and the Earth. The Early History of Trigonometry* (Princeton/Oxford 2009).

VAN DER WAERDEN 1959: Bartel Leendert van der Waerden u. a., Art. „Klaudios Ptolemaios", RE 23,2 (1959) 1788–1859.

VOGEL/GARDTHAUSEN: Marie Vogel / Victor Gardthausen, *Die griechischen Schreiber des Mittelalters und der Renaissance* (Leipzig 1909, ND Hildesheim 1966).

WILBERG: *Claudii Ptolemaei Geographiae libri octo*, edd. Frid. Guil. (Friedrich Wilhelm) Wilberg / Car. Henr. Frid. (Carl Heinrich Friedrich) Grashof (Essen 1838–1845) (erschienen sind nur *Geogr.* 1–6).

WILSON 1967: Nigel Guy Wilson, „The Libraries of the Byzantine World", *Greek, Roman and Byzantine Studies* 8 (1967) 53–80, ND in: HARLFINGER 1980, 276–309.

WILSON 1981: Nigel Guy Wilson, „Miscellanea Palaeographica", *Greek, Roman and Byzantine Studies* 22 (1981) 395–404.

YOUNG 1955: Douglas C. C. Young, „Professor Aubrey Diller's researches in the tradition of the minor greek geographers", *Scriptorium* 9 (1955) 281–290.

ZANETTI: Antonio M. Zanetti / Antonio Bongiovanni, *Graeca D. Marci Bibliotheca codicum manu scriptorum* (s.l. 1740).

3. *Internet-Seiten*

http://ambrosiana.comperio.it/
Suchportal der Veneranda Biblioteca Ambrosiana, u.a. für Handschriften, für die auch Kurzbeschreibungen gegeben werden (letzte Abfrage 16. 04. 2013).

www.bodley.ox.ac.uk/dept/scwmss/wmss/online/medieval/selden/selden.html
Elektronischer Katalog des Fonds Selden der Bodleian Library, Oxford (letzte Abfrage 16. 04. 2013).

www.codices.ch/catalogi/t_Bern_gr.html
Elektronische Fassung von Andrist 2007 (letzte Abfrage 16. 04. 2013).

http://mandragore.bnf.fr/jsp/rechercheExperte.jsp
„Mandragore“: Base des manuscrits enluminés de la Bibliothèque nationale de France (letzte Abfrage 16. 04. 2013).

www.mss.vatlib.it/gui/console?service=scan
Online-Handschriftenkatalog der Biblioteca Apostolica Vaticana mit Biliographie zu den Handschriften (letzte Abfrage 16. 04. 2013).

www.onb.ac.at/sammlungen/hschrift/bibliographie/
Literatur zu Handschriften der Österreichischen Nationalbibliothek (letzte Abfrage 16. 04. 2013).

www.philoscience.unibe.ch/projects/show-all/478-ptolemy-manuscripts
„Ptolemy Manuscripts“: Online-Konsultation der *Geographie*-Handschriften Marc. gr. Z. 516 (R), Vat. Pal. gr. 388 (A), Vat. gr. 177 (V) und Vat. gr. 191 (X) auf der Basis von digitalisierten Mikrofilmen, bereitgestellt vom Lehrstuhl für Wissenschaftsgeschichte und Wissenschaftstheorie der Universität Bern (nicht mehr aktiver Link).

http://pinakes.irht.cnrs.fr
„Pinakes“: Handschriften-Datenbank mit verschiedenen Suchfunktionen, erstellt auf der Basis von Handschriftenkatalogen (letzte Abfrage 16. 04. 2013).

http://prodigi.bl.uk/illcat/searchMSNo.asp
Online-„Catalogue of illuminated manuscripts“ der British Library, London (letzte Abfrage 16. 04. 2013).

www.scriptorium.be
Elektronisches Medium der Zeitschrit *Scriptorium* und des *Bulletin codicologique* mit u.a. einem kumulativen Index zu den in den Zeitschriften behandelten Manuskripten und einem katalographischen Index der vom *Bulletin* rezensierten Werke und Artikel (letzte Abfrage 16. 04. 2013).

http://teca.bmlonline.it/TecaRicerca/index.jsp
„PluteiOnline“: Suchportal der Biblioteca Medicea Laurenziana zur Konsultierung des digitalisierten Fonds der Plutei (letzte Abfrage 16. 04. 2013).

http://vocabulaire.irht.cnrs.fr/vocab.htm
Répertoire méthodique des termes français relatifs aux manuscrits avec leurs équivalents en anglais, italien, espagnol par Denis Muzerelle (vgl. Muzerelle 1985) (letzte Abfrage 16. 04. 2013).

Index

Kommt ein Lemma nur in einer Anmerkung vor, steht nach der Seitenzahl ein Asterisk (*).

1. Namen und Sachen

2. Stellenregister zur **Geographie** *des Ptolemaios*

Abbildungen

Die Autorin dankt Prof. Dr. Alfred Stückelberger für die großzügige Zurverfügungstellung der Konstruktionszeichnungen (Abb. 1–7) und die Erlaubnis zu deren Bearbeitung (siehe dazu auch oben S. 124, Anm. 189). Ein weiterer Dank geht an die Biblioteca Ambrosiana und die Bibliothèque nationale de France für die Reproduktionen aus ihren Handschriften (Abb. 8A–C) und für die Gewährung der Copyrights.

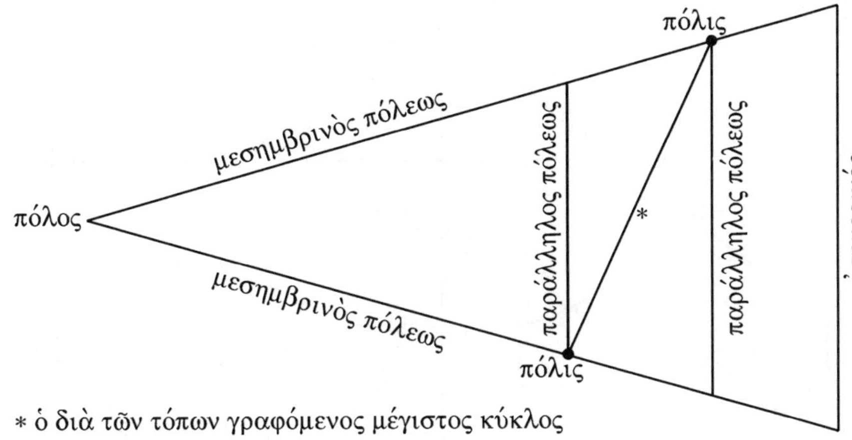

Abb. 1: Zeichnung **a**: Skizze zum Bogensegment zwischen zwei Orten

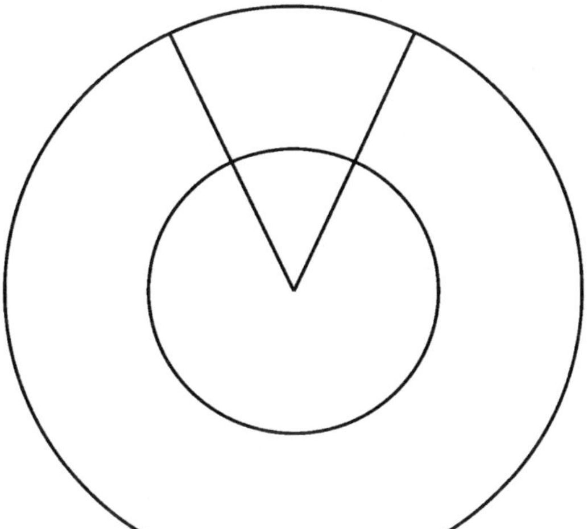

Abb. 2: Zeichnung **b**: Skizze zu den Bogensegmenten auf Erd-/Himmelskugel

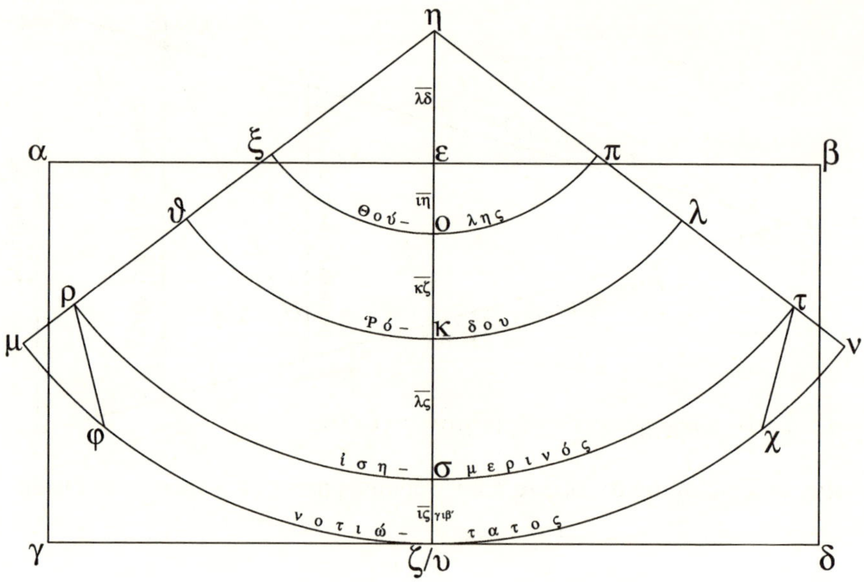

Abb. 3: Zeichnung **1**: Einfache/Geradlinige Kegelprojektion bzw. 1. ptolemäische Projektion

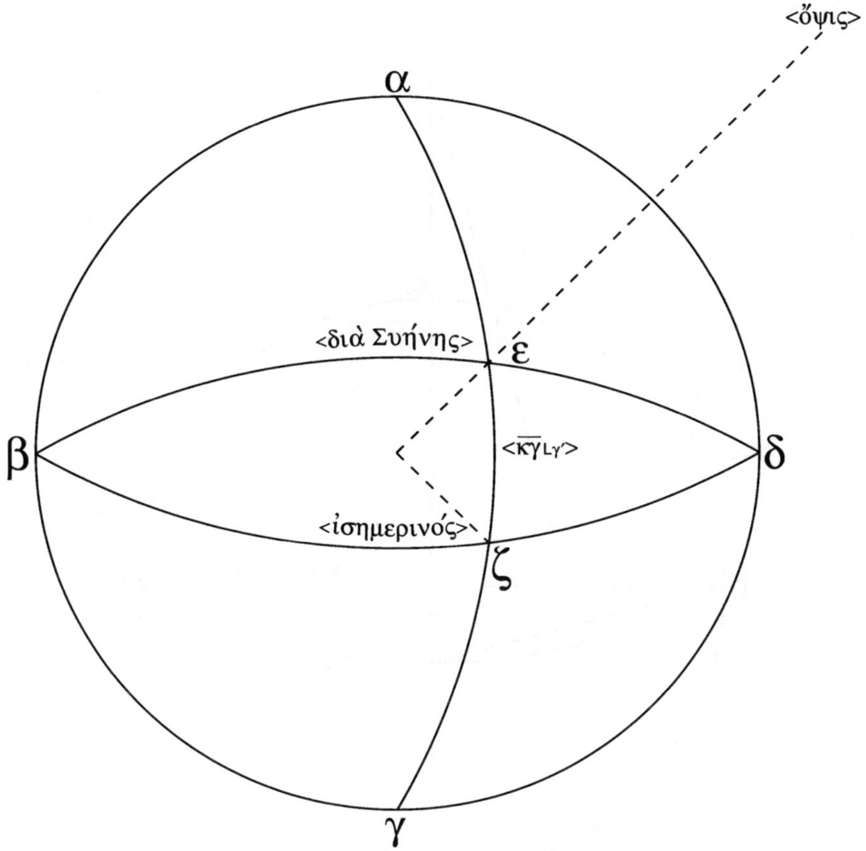

Abb. 4: Zeichnung **2**: Neigungswinkel

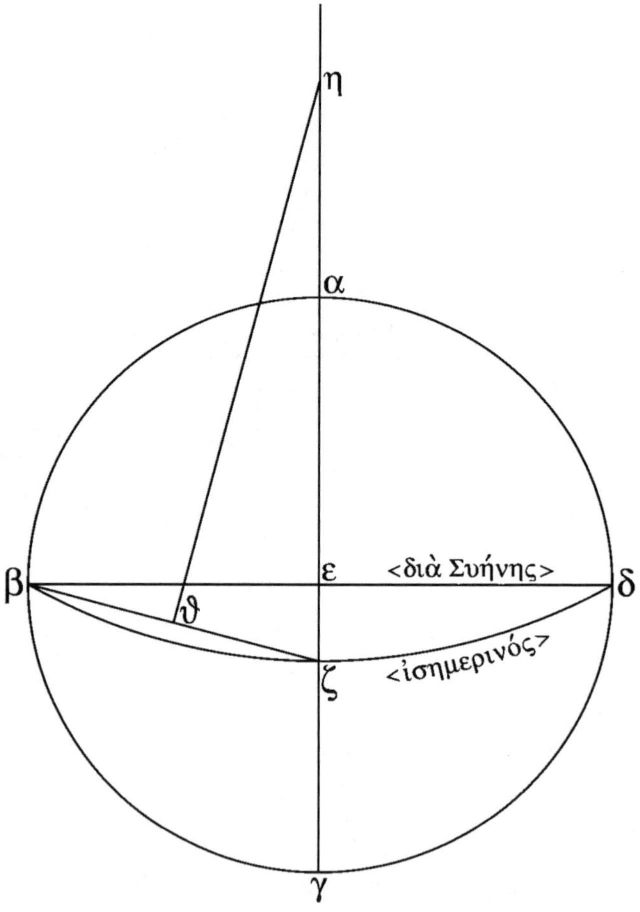

Abb. 5: Zeichnung **3**: Ermittlung des Punktes η

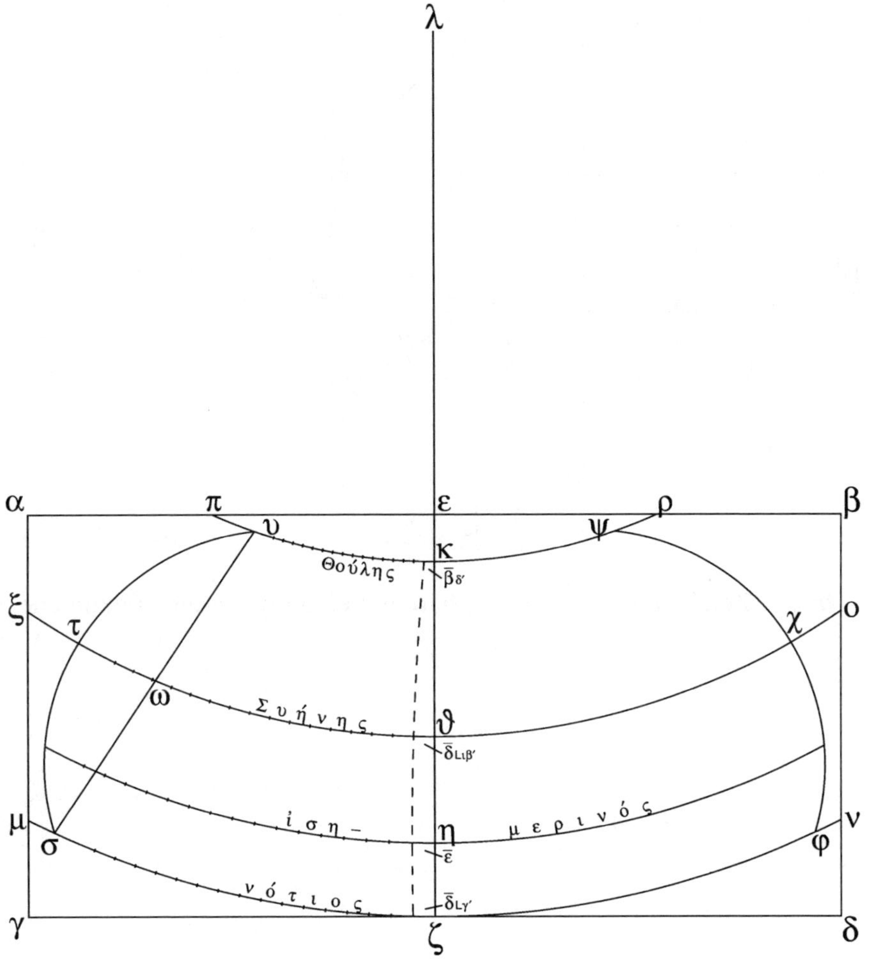

Abb. 6: Zeichnung **4**: Modifizierte/Gekrümmte Kegelprojektion bzw. 2. ptolemäische Projektion

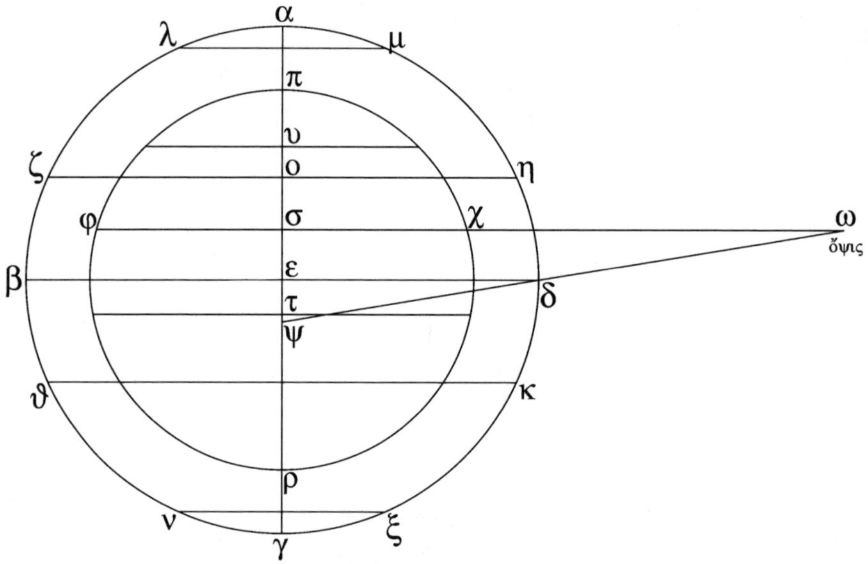

Abb. 7: Zeichnung **5**: Armillarsphäre mit eingeschlossener Oikumene

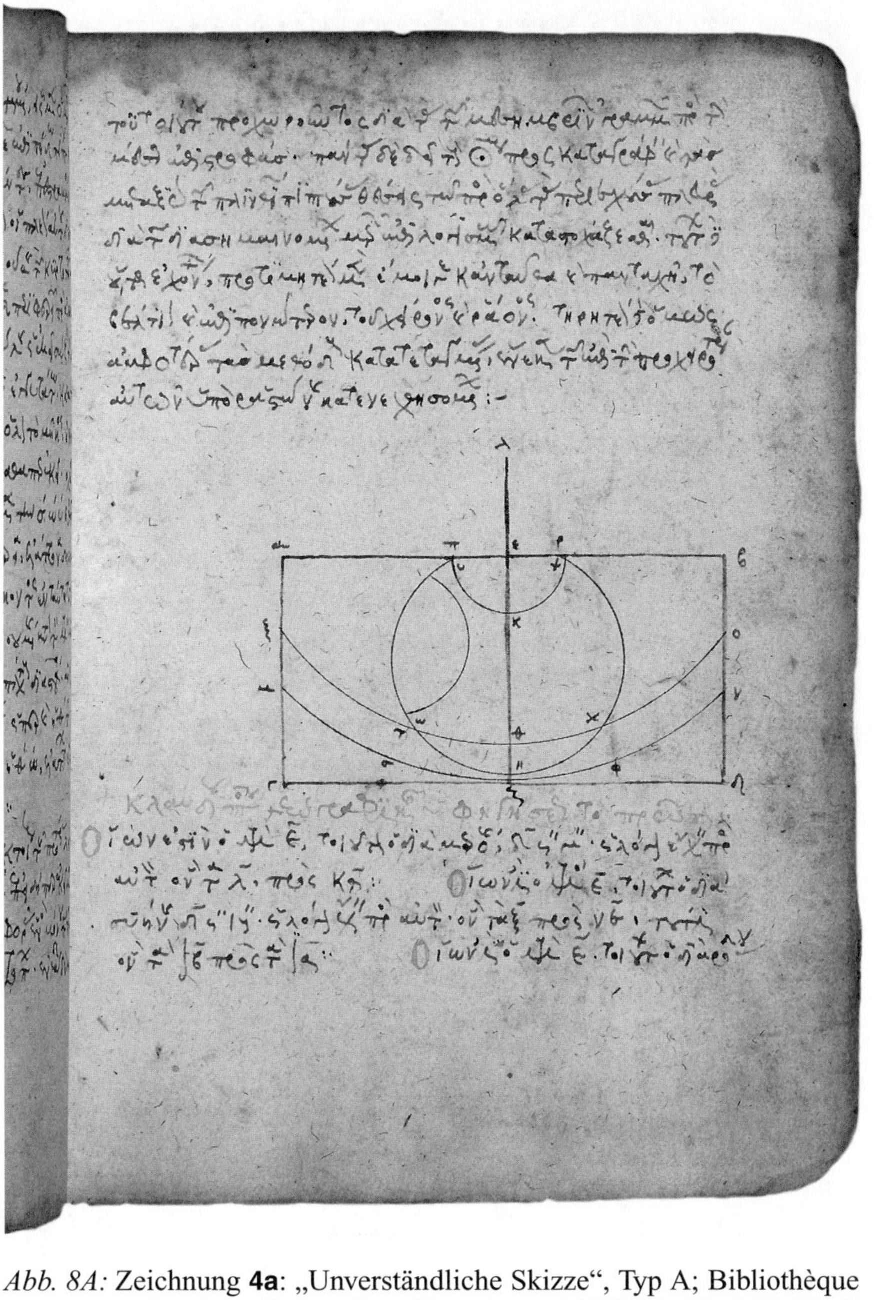

Abb. 8A: Zeichnung **4a**: „Unverständliche Skizze“, Typ A; Bibliothèque nationale de France, Supplément grec 119 (Sigle C), f. 24r ©BnF

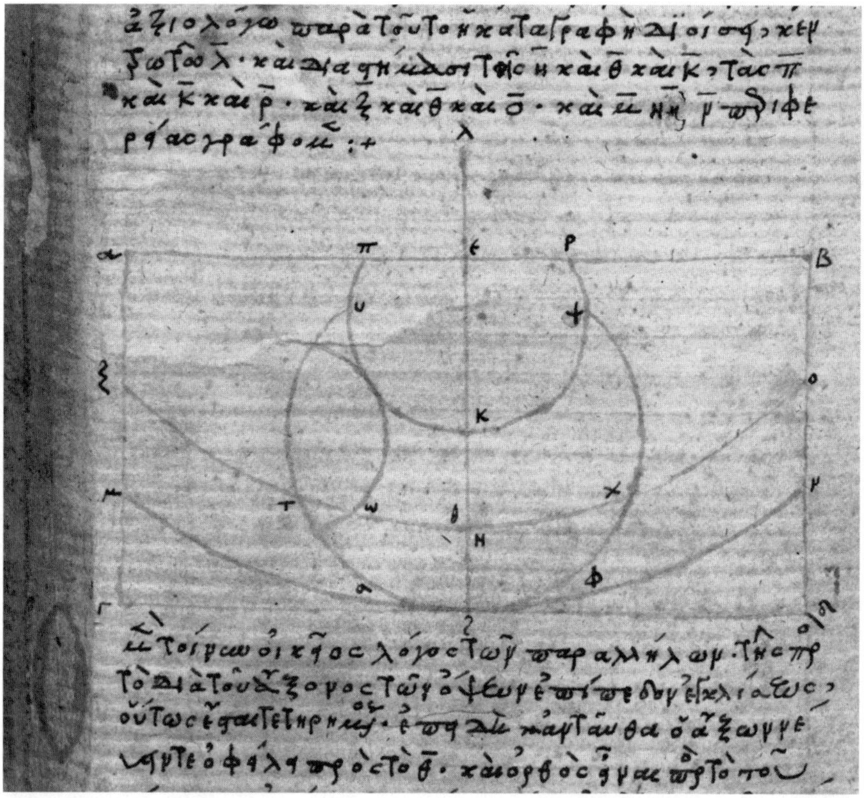

Abb. 8B: Zeichnung **4a**: „Unverständliche Skizze“, Typ B; Biblioteca Ambrosiana, D 527 inf. (Sigle s), f. 10r, Kol. 1 ©Veneranda Biblioteca Ambrosiana – Milano/De Agostini Picture Library

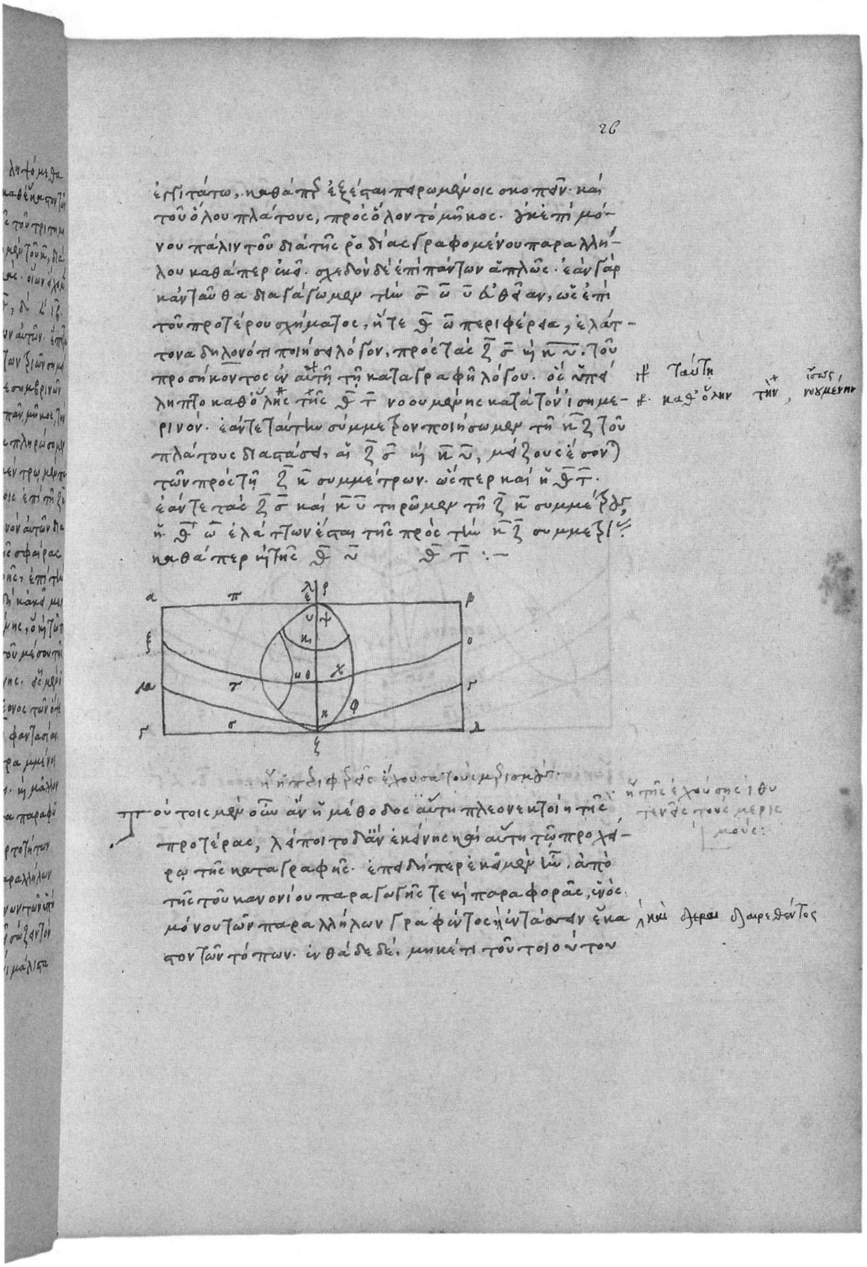

Abb. 8C: Zeichnung **4a**: „Unverständliche Skizze“, Typ C; Bibliothèque nationale de France, grec 1403 (Sigle E), f. 26r ©BnF